中小型水电站
设备运行技术问答

ZHONGXIAOXING SHUIDIANZHAN
SHEBEI YUNXING JISHU WENDA

尹斌勇　李一平　编著

中国电力出版社
CHINA ELECTRIC POWER PRESS

内 容 提 要

　　本书根据作者多年的工作实践并在广泛收集国内外有关资料的基础上，针对水电站运行与检修人员在理论学习、监视操作、巡检维护、安装检修等工作中的需要，系统总结了我国中小型水电站机电设备的基本理论、基本结构、基本概念、技术要求、基本操作等。主要内容包括综述、水轮机、发电机、辅助设备、调速器、变压器、电气一次系统、电气二次系统、计算机监控系统、安全知识等十章。本书内容涵盖水电站所有机电设备，考虑到实际生产的需要，除辅助设备中的油、气、水系统外，还将日常工作中需要熟悉和掌握的水力测量、焊接检测、钢铁及热处理、起重知识、轴承与润滑、钳工知识、公差与配合等内容也作了介绍。

　　本书内容全面，实用性强，面向基层，可供中小型水电站机电设备安装、运行与维修人员培训上岗使用，同时也可供生产制造、设计科研的工程技术人员以及专业院校师生参考使用。

图书在版编目（CIP）数据

　　中小型水电站设备运行技术问答/尹斌勇，李一平编著. —北京：中国电力出版社，2017.10
　　ISBN 978-7-5198-0396-4

　　Ⅰ.①中… Ⅱ.①尹… ②李… Ⅲ.①水力发电站-电力系统运行-问题解答 Ⅳ.①TV737-44

　　中国版本图书馆 CIP 数据核字(2017)第 028665 号

出版发行：中国电力出版社
地　　址：北京市东城区北京站西街 19 号（邮政编码 100005）
网　　址：http://www.cepp.sgcc.com.cn
责任编辑：韩世韬
责任校对：郝军燕
装帧设计：张俊霞　赵姗姗
责任印制：蔺义舟

印　　刷：三河市百盛印装有限公司
版　　次：2017 年 10 月第一版
印　　次：2017 年 10 月北京第一次印刷
开　　本：787 毫米×1092 毫米　16 开本
印　　张：56.25
字　　数：1333 千字
定　　价：**148.00 元**

序

应作者之邀为本书写序。作者出身书香门第，高校毕业之后，投身水电站生产一线工作，注重积累与总结经验，十年之内就能编写出这本厚厚的书稿，实在不易。在当前浮躁、功利之世俗社会中，在繁忙的工作之余，能静下心来，坐在电脑前，忘掉窗外花花世界的种种诱惑，潜心于书稿编写之中，尤为可贵。没有平和的心态，没有一定的毅力是很难完成这本书稿的。

本书是写给中小型水电站的运行、检修人员看的。那些没有经过专业学习与培训的大型水电站运行、检修人员也值得一看。那些缺少生产经验的管理人员也尽可以看看，熟悉一下生产环境，有利于更好做好管理工作。

本书没有什么高深理论与独特观点，更没有什么深奥的数学推导。但是，本书是实用的，既介绍了水电站一些基本知识，尤其是机电设备概况，又阐述了水电站机电设备的操作管理、检修维护要点，对一些技术力量较弱的中小水电站，尤其是农村小水电站来说，可以作为培训教材与工作手册。也可供从事水电相关工作（如水电建设、安装队伍）人员与学校教职员工、学生学习和参考。

本人也好舞文弄墨，时常写点文字，深知要写一本书不那么容易。写一篇文章简单许多，可以就一个观点论述，不必考虑其他，而一本书要前后呼应，互不冲突，没有点文字功底是不行的。尤其对于学理工科的工程技术人员更不容易。

写这本书的两个年轻人是值得学习的有为青年，玩物丧志作为千年古训，发人深思。

当与不当，任人评说。支持年轻人做点有益社会的正事是我的目的。是为序。

西北勘测设计研究院　田树棠

2017 年 4 月

前　言

　　进入 21 世纪以来，随着我国中小型水电站的快速发展，许多新设备、新技术得到了广泛应用，相对于以前的老设备而言，有很多不同之处，广大电力职工亟须对这些新设备、新技术全面地了解和掌握。目前来看，这方面的书籍较少，且有些书籍不够系统。鉴于这种情况，作者编辑本书，采用问答的形式，有针对性和较全面地介绍在实际工作中所要熟悉和掌握的水电站机电设备的相关知识和操作技能，以满足水电站运行与检修人员在理论学习、监视操作、巡检维护、安装检修等工作中的需要。

　　本书内容主要包括综述、水轮机、发电机、辅助设备、调速器、变压器、电气一次系统、电气二次系统、计算机监控系统、安全知识等十章，水电站运行的专业知识基本都纳入其中。其中，对于辅助设备部分，考虑到实际生产中应用的需要，本书中将其范围进行了扩展，除了编写有辅助设备中的油、气、水系统外，还将日常工作中需要熟悉和掌握的水力测量、焊接检测、钢铁及热处理、起重知识、轴承与润滑、钳工知识、公差与配合等内容也纳入其中。此外，由于在近几年中，贯流式水电站得到了迅速发展，因此本书中也特别将贯流式水电站的有关内容编入其中。

　　本书的编写原则是精练、全面和实用，其主要特点有：①基础性与全面性相结合。在本书中，对各部分的介绍，主要是从基本理论、基本结构、基本概念、技术要求、基本操作等需要基本掌握的知识点入手，并从理论到实践、从安装到检修、从运行到维护等予以了较全面的介绍。②理论性与实践性相结合。本书除了对我们在实际工作中所需要掌握的基本理论等知识点进行了介绍之外，同时还结合实际工作，把具有实用性和常识性的东西予以总结、归纳、整理，且做到图文并茂。③系统性与前沿性相结合。在本书中，虽然是采用技术问答的形式，但对各个章节和各个知识点都是由浅入深，从易到难，呈系统分布，做到条理清晰，同时，还根据当前中小型水电站中新设备、新技术的发展情况，将有关较新的内容也纳入其中。所以，本书不仅适合于电站安装、运行与维修人员培训上岗使用，同时也可供生产制造、设计科研的工程技术人员以及专业院校师生参考使用。

本书第一章、第二章、第三章、第四章、第五章、第十章由尹斌勇编写，第六章、第七章、第八章、第九章由李一平编写。在本书的编写过程中，编者查阅和参考了大量参考文献，在此对各参考文献的作者一并表示诚挚的感谢。此外，本书承蒙西北勘测设计院田树棠教授级高工、中国电建集团中南勘测设计研究院有限公司薛瑞宝教授级高工、湖南省大源渡航电枢纽王兵高级工程师、湖南省大源渡航电枢纽孙小兵高级工程师对本书各部分章节予以审查，并对相关内容提出了许多宝贵意见，田树棠教授为此书作序。在此，对审者的辛勤劳动表示衷心感谢，也衷心感谢长沙市湘江综合枢纽工程办公室、湖南省水运建设投资集团有限公司、湖南省大源渡航电枢纽、华自科技股份有限公司、永州潇湘水电站各级领导和同事对本书的大力支持。

由于编者水平有限，加上时间仓促，书中难免存在不当或错误，敬请广大读者批评指正。

作者

2017 年 5 月

目　录

第二章　水　轮　机

第一节　水轮机基本理论 ……………………………………………………… 59

💡 第三章 发 电 机

💡 第四章　辅　助　设　备

第九节 焊接及其检测 ······ 385

第五章 调速器

第六章 变 压 器

🔆 第七章 电气一次系统

第八章　电气二次系统

第九章 计算机监控系统

🔆 第十章 安 全 知 识

第一章

综　述

❀ 第一节　水电站基础知识

1-1-1　什么是水力发电，它有哪些优点？

答：水力发电是利用河川、湖泊、海洋等位于高处具有位能的水流至低处，将其中所含的位能转换成水轮机的动能，再以水轮机为原动机，推动发电机产生电能。水力发电从某种意义上讲是水的势能变成机械能，又变成电能的转换过程。

水能是自然界众多能源中的一种，水电能源是一种可再生的清洁能源，水力发电具有以下优点：①水电是一种再生能源，具有取之不尽、用之不竭的特点，运行成本低；②水电机组启停迅速，作为事故备用可快速投入系统，能根据用户需要快速调整负载，从而可提高供电安全性；③水力发电无污染，并能同时发挥防洪、灌溉等综合效益；④与火电、核电相比，水电站装置简单，设备元件少，便于实现计算机控制和综合自动化。

1-1-2　什么是水电站，它有哪些类型？

答：水电站是将水能转换为电能的综合工程设施。一般包括由挡水、泄水建筑物形成的水库和水电站引水系统、发电厂房、机电设备等。有些水电站除发电所需的建筑物外，还常有为防洪、灌溉、航运、过木、过鱼等综合利用目的的其他建筑物，这些建筑物的综合体称水电站枢纽或水利枢纽。

水电站的种类很多。按水能来源分为利用河流湖泊水能的常规水电站、可发电及抽水的抽水蓄能电站、利用海洋潮汐能发电的潮汐电站、利用海洋波浪能发电的波浪能电站；按水库的调节能力分为无调节（径流式）和有调节（日调节、周调节、年调节和多年调节）；按工作水头分为高水头（大于 70m）、中水头（70～30m）和低水头（小于 30m）水电站；按装机容量分为大型（大于 25 万 kW）、中型（25 万～2.5 万 kW）和小型（2.5 万 kW 以下）水电站；按在电力系统中的作用可分为基荷、腰荷及峰荷水电站等；按发电水头和组成建筑物的形成方式分为堤坝式、引水式以及混合式水电站，而在堤坝式中，按照厂房位置的不同，又分为坝后式和河床式两种。

1-1-3　水电站是怎样发出电的？

答：在水电站中，利用水力（具有水头）推动水力机械（水轮机）转动，将水能转变为机械能，如果在水轮机上接上发电机，使其随着水轮机转动便可发出电来，这时机械能就转变成了电能。一般来说，经水电站所发出来的电能，其电压较低，要输送到远距离的用户，需再经升压变压器、开关站和输电线路输入电网，然后再经降压变压器降低为适合于家庭用户、工厂等用电设备的电压，并由配电线路输送到各工厂及家庭用户中去，如此，才能实现发电到用电。在这个过程中，从发电到用电之间的输电网络，既不储存电能也不生产电能，电能是随发随用的。

1-1-4　什么是径流式水电站？

答：无调节水库的电站称为径流式水电站。此种水电站按照河道多年平均流量及所可能获得的水头进行装机容量选择。这种水电站全年不能满负载运行，其保证率约为 80%，一般仅达到 180 天左右的正常运行，枯水期发电量急剧下降，小于 50%，有时甚至发不出电，即受河道天然流量的制约，而丰水期又有大量的弃水。

1-1-5　水电站由哪些部分组成，各有什么作用？

答：水电站是生产电能的工厂，为完成将水能转换为电能的任务，其组成部分有以下几个方面。

（1）水工建筑物。一般俗称为大坝，它由挡水建筑物、引水建筑物、输水建筑物、泄水建筑物等组成，其任务是用来挡水形成落差，并向机组输水，然后将发电厂用过的水流排走。

（2）水电站厂房及厂房建筑物。它是固定和保护机电设备正常运行的主要建筑物。其任务是通过一系统的工程措施，将水流平稳地引入及引出水轮机，将各种必需的机电设备安装在恰当的位置，并创造良好的安装、运行及检修条件，以利于最大限度地提高工效和提高运行质量。

（3）发电系统。它是指水电站内生产电能的设备，并完成能量转换和传输的任务。按照这些设备在水电站生产传输电能过程中的作用划分，又可分为下述四大系统：①主机设备系统。由水轮机及相应的进出水设备组成。②辅助设备系统。包括水电站的油、水、气系统，主阀或快速闸门及其操作设备等。③电气一次系统。由发电机、发电机引出线、发电机电压配电装置、主变压器、厂用变压器、高低压电气设备及相应的各种母线、电力电缆等组成。④电气二次系统。包括发电机同期装置、励磁系统、调速系统（电气部分）、保护系统、直流系统、监控系统、监测系统、自动及远动装置等。

1-1-6　水电站中各水工建筑物的作用是什么，大坝的类型有哪些？

答：水电站的水工建筑物主要包括：①挡水建筑物，如拦河坝、河床式电站的厂房等，一般俗称为大坝。大坝的功用是拦截河流的壅水，用以形成水库，积蓄水量，抬高水位，形成水力发电的基本条件。②引水建筑物，又称取水建筑物，即进水口，其作用是将水库或河道中需要利用的水引入电站或其他用水系统。③输水建筑物，如渠道、隧洞、渡槽、压力水管等，其作用是将通过引水建筑物引来的水输送到用水设备处。④泄水建筑物，如溢洪道、陡坡、跌水和其他泄水结构，其作用是用以排泄洪水及其多余水量，同时还可用来排冰及漂浮物、排除库底泥沙等。⑤其他辅助建筑物，即水电站的专门水工建筑，如调压室和压力前池等，但这并非各个水电站都有设置，有时也将其包括在水电站的引水建筑物中，并合称为水电站引水系统。其中，调压室的作用是消除水击现象对压力引水管的影响，而压力前池则起调节水量、拦阻杂物、沉降泥沙等作用。

在挡水建筑物中，大坝根据其结构型式等的不同，可以分为多类型，如图 1-1-1 所示。

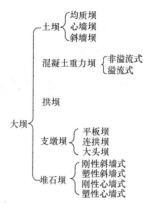

图 1-1-1　大坝类型表

1-1-7　有些水电站为什么要设置压力前池和调压室，其作用分别是什么？

答：压力前池和调压室是水电站的专门水工建筑物，这并非各个水电站都有设置。一般在引水式水电站的引水渠道（或无压引水隧洞）末端，常设有一个水池，用来连接引水渠道和水轮机的压力水管，这个水池称为前池，又叫压力前池。它的作用包括：①将渠道的来水，分配给压力水管，并且可以截流，以便检修压力水管和水轮机；②前池具有一定的容积，当水电站负载变化时，有短时间调节水量，减少水位波动，平稳水头的作用；③拦阻杂物进入压力水管和水轮机，前池中水流的流速较低，可使泥沙沉降，通过冲沙孔排走，冬季如有冰块时，也可将冰块由排冰孔道排出；④当水电站停止运行时，经由前池的溢流设备，可将水送往下游，满足下游用水的需要。

在压力引水式或一些坝后式水电站中，由于水电站的负载突然变化，在压力引水管中将会出现水击现象。由于水击的作用对引水管的管壁产生极大的附加压力，而使得引水管的管壁和水轮机室墙壁要加厚，并且使水轮机的运行条件恶化。为了消除这一影响，通常在水轮机压力水管和引水道之间修建调压室。当水轮机需水量突然减少时，从引水道中流来的多余水量就暂时进入调压室。而当水轮机需水量突然增大时，调压室中的水又可首先予以补充，这就可以减小水轮机压力水管和引水道中的水击压力。

1-1-8　对于不同布置方式的水电站，其各自的特点怎样？

答：水电站的布置方式按照集中落差方式的不同，分为堤坝式、引水式和混合式三大基本类型，堤坝式水电站根据电站厂房位置的不同，又可分为河床式与坝后式两种。如图 1-1-2 所示。其各自的特点如下：

（1）堤坝式水电站是指在河道上修建大坝拦蓄河水，使上游水位抬高，形成水库。然后用输水管或隧洞，把水库里的水引入厂房，通过水轮发电机组发电。河床式水电站是指水电站厂房位于河床中，它与大坝布置在一条直线上或成一角度，厂房本身是坝体的一部分，也起挡水作用。这种型式的水电站多建在平原地区低水头大流量的河流上。坝后式水电站的厂房位于坝后（即坝的下游），厂房建筑与坝分开，不承受水压力，常用于河床较窄、洪水流量较大、溢流段要求较长的情况。此外，还有一种厂房布置在坝里面的水电站，称为坝内式水电站。

（2）引水式水电站是指厂房和坝不直接相接，发电用水由引水建筑物引入厂房。若水头较高时，可在引水道之后，用压力管引水进入水轮机，多用在山区地势险峻、水流湍急的河道中、上游河段，以及河道坡度较陡的地方。常用于高水头水电站。

（3）混合式水电站兼有堤坝式和引水式的特点，其落差部分由拦河坝集中，另一部分由引水道集中。

1-1-9　水电站厂房的功用是什么，它由哪些部分组成，各部分的作用是什么？

答：水电站厂房的功用是将水能转换为机械能进而转换为电能的场所，它是通过一系列

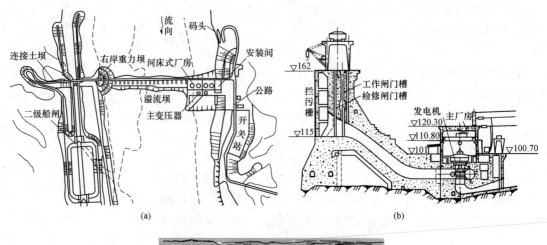

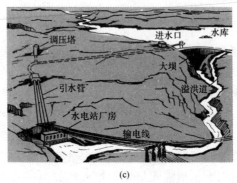

图 1-1-2　水电站的布置方式

(a) 河床式水电站；(b) 坝后式水电站；(c) 引水式水电站

工程措施，将水流平顺地引入及引出水轮机，将各种必需的机电设备安置在恰当的位置，为这些设备的安装、检修和运行提供条件，也为运行人员创造良好的工作环境。

水电站厂房是建筑物及机械、电气设备的综合体。其组成通常分为厂房的机电设备和厂房建筑物等两大部分。其中，厂房建筑物又可分为四部分：主厂房、副厂房、变压器场及高压开关站。主厂房（含装配场）是指由主厂房构架及其厂房块体结构所形成的建筑物，其内装有水轮发电机组及主要的控制和辅助设备，并提供安装、检修设施和场地；副厂房是指为了布置各种控制或附属设备以及工作生活用房而在主厂房邻近所建的房屋，主厂房及相邻的副厂房习惯上也简称为厂房；变压器场一般设在主厂房旁，场内布置主升压变压器，将发电机输出的电流升压至输电线电压；高压开关站常为开阔场地，安装高压母线及开关等配电装置，向电网或用户输电。

通常情况下，我们所指的厂房一般是主厂房或是主厂房和副厂房。

1-1-10　水电站的厂房有哪些类型，各有什么特点？

答：根据厂房在水电站枢纽中的位置及其结构特征，水电站厂房分为以下三种类型。

(1) 坝后式厂房。厂房位于拦河坝下游坝址处，厂房与大坝直接相连，发电用水直接穿过坝体引入厂房，如三峡水电站。在坝后式厂房的基础上，将厂坝关系适当调整，并将厂房结构加以局部变化后形成的厂房型式还有：①挑越式厂房。厂房位于溢流坝坝趾处，溢流水舌挑越厂房顶泄入下游河道，如贵州乌江渡水电站。②溢流式厂房。厂房位于溢流坝坝趾处，厂房顶兼作溢洪道，如浙江新安江水电站。③坝内式厂房。厂房移入坝体空腹内，如湖南凤滩水电站等。

（2）河床式厂房。厂房位于河床中，本身也起挡水作用，如广西西津水电站。若厂房机组段内还布置有泄水道，则成为泄水式厂房（或称混合式厂房），如长江葛洲坝水利枢纽大江、二江电厂的厂房内均设有排沙用的泄水底孔。

（3）引水式厂房。厂房与坝不直接相接，发电用水由引水建筑物引入厂房。当厂房设在河岸处时称为引水式地面厂房，如湖南南津渡水电站。引水式厂房也可以是半地下式的，如浙江百丈漈一级水电站；也有地下式的，如云南鲁布革水电站。

此外，水电站厂房还可按机组类型分为竖轴机组厂房及横轴机组厂房；按厂房上部结构的特点分为露天式、半露天式和封闭式厂房。

1-1-11　在副厂房中所设立的中央控制室，其作用是什么，对其有什么要求？

答： 在水电站的设计中，中央控制室（中控室）一般布置在副厂房，它是水电站最关键最重要的房间，它是整座水电站厂房运行、监视、控制的中心。它应靠近主厂房，使控制电缆短，同时要求它与低压开关室及水电站升压开关站距离短，以缩短电力电缆长度。室内要求通风良好，光线良好，无噪声干扰，表盘布置要求监视方便，避免太阳西晒及光线直射盘面，控制室内温度和湿度，保证仪表和电子元器件的灵敏度和准确性。中央控制室不宜布置在尾水平台上或主变压器场的下层，因为出现的噪声和震动将会影响继电保护设备的整定值，并使值班人员注意力分散和过度疲劳。

1-1-12　在水电站中，主厂房的高程如何划分，为什么在有些电站中用高程数值命名？

答： 水电站的主厂房在高度上分为数层。对安装立式混流式机组的厂房，一般分为装配场层、发电机层、水轮机层及阀室层。且习惯上把发电机层以上的部分称为上部结构及主机房，发电机层以下统称为下部结构，而水轮机层以下则称为下部块体结构。对于安装卧式机组的厂房，其一般分为装配场层、电缆夹层（油气水层）、水轮机廊道层。

在实际工作中，对于各层的命名，通常是按照其各层的功能予以命名，如发电机层称为发电机层，廊道层称为廊道层。但在有些电站中，由于其厂房层数较多，不便于对各层划分，而即使划分了也容易混淆，所以，通常是采用具有唯一性的各层所对应的高程数值来予以表示和称呼，如发电机层的高程 45m，我们则将其俗称为"45（层）"，这样简单明了，也方便记忆和使用。

1-1-13　水电站厂房的机电设备由哪些部分组成？

答： 为了安全可靠地完成由水能变为电能并向电网或用户供电的任务，水电站厂房内配置了一系列的机械、电气设备，通常将其归纳为以下五大系统。

（1）水力系统。即水轮机及其进出水设备，包括拦污栅、引水钢管、水轮机前的蝴蝶阀（或球阀）、蜗壳、水轮机、尾水管及尾水闸门等。

（2）电气系统。即所谓电气一次回路系统，包括发电机、发电机引出线、母线、发电机电压配电设备、主变压器、高压开关及配电设备等。

（3）机械控制设备系统。包括水轮机的调速设备，如操作柜、油压装置及接力器，蝴蝶阀的操作控制设备，减压阀或其他闸门、拦污栅等的操作控制设备。

（4）控制设备系统。包括励磁系统、计算机监控系统、保护系统、直流系统、控制电缆、自动及远动装置、通信及调度设备、自动化元器件等。

（5）辅助设备系统。即为设备安装、检修、维护、运行所必需的各种电气及机械辅助设备，包括：①厂用电系统：厂用变压器、厂用配电装置。②起重设备：厂房内外的桥式起重机、门式起重机、闸门启闭机等。③油系统：透平油及绝缘油的存放、处理、流通设备。④气系统（又称风系统或空压机系统）：高低压压气设备、贮气罐、气管等。⑤水系统：技术供水、生活供水、消防供水、渗漏排水、检修排水、厂房排水等。⑥其他：包括各种电气及机械修理室、试验室、工具间、通风采暖设备等。

1-1-14 水电站有哪三大主设备，各起什么作用，水电站在电力系统中的主要作用是什么？

答：水电站的三大主设备为：水轮机、水轮发电机、电力变压器。其中，水轮机的作用是把水能变为旋转机械能；水轮发电机的作用是把水轮机传给它的旋转机械能变为电能；而电力变压器的作用是把发电机发出的较低电压和较大电流变换为高电压和较小的电流，以适应远距离送电的需要。

由于水力发电耗用的水能具有可逆性，电力生产成本低，机组效率高，且启动迅速，自动化程度高。因此，它在电力系统中，除提供电能外，根据不同的情况和特点，还具有以下特殊作用：①担任系统调峰、调频任务，改善电力系统运行条件，降低系统发电成本；②承担系统的事故备用、检修备用和旋转备用，以提高系统的供电质量；③水轮发电机可以根据电力系统的需要改为调相运行，为系统提供无功功率，调节系统的电压；④抽水蓄能式水电站还可在系统低谷负荷时将水从下游抽到上游水库储存起来，待系统高峰负荷时，又将上游水库的水用来发电，以提高设备利用率及系统运行的经济性。

1-1-15 什么是日调节、周调节、年调节和多年调节？

答：日调节是指一昼夜内进行的径流重新分配，即调节周期为 24 小时；周调节是调节周期为一周（7 天）的；年调节是对径流在一年内重新分配，当汛期洪水到来时发生弃水，仅能存蓄洪水期部分多余水量的径流调节，称不完全年调节（或季调节），而能将年内来水完全按用水要求重新分配，又不需要弃水的径流调节则称完全年调节；多年调节是当水库容积足够大的可把多年期间的多余水量存在水库中，然后以丰补欠，分配在若干枯水年才用的年调节。

1-1-16 什么是河流的落差和比降，河流的流量、径流总量、多年平均流量是什么含义？

答：所被利用河流段的两个断面水面的高程差称为落差；河源与河口两个断面水面的高程差称为总落差。单位长度的落差称为比降。

流量是指在单位时间内水流通过河流（或水工建筑物）过水断面的体积，以立方米/秒表示；径流总量是指在一个水文年内通过河流该断面水流总量之和；多年平均流量是指河流断面按已有水文系列计算的多年流量平均值。

1-1-17 什么是水电站的保证出力，有什么意义，什么又是装机年利用小时数？

答：水电站在较长时段工作中，该供水期所能发出的相应于设计保证率的平均出力，称作该水电站的保证出力。水电站的保证出力是一项重要指标，在规划设计阶段是确定水电站装机容量的重要依据。

水电站的装机年利用小时数是指机组在年内平均满负荷运行的时间。它也是衡量水电站经济效益的一项重要指标，小水电站的年利用小时数一般要求达到 3000 小时以上。

1-1-18 水电站的主要经济指标有哪些，各是如何计算的？

答：水电站的主要经济指标有：①单位千瓦投资，是每千瓦装机需要的投资；②单位电能投资，是每千瓦时电量需要的投资；③电能成本，是每千瓦时电量支付的费用；④装机年利用小时数，是衡量水电站设备利用程度；⑤电能售价，是每千瓦时电量售给电网的价格。

水电站主要经济指标按下列公式计算：①单位千瓦投资＝水电站建设总投资/水电站总装机容量；②单位电能投资＝水电站建设总投资/水电站多年平均发电量；③装机年利用小时数＝多年平均发电量/总装机容量。

1-1-19 什么是电力系统，对电力系统运行的基本要求是什么？

答：发电机将原动机机械能转化为电能，变压器、电力线路输送分配电能，电动机、电炉、电灯等用电设备消费电能。这些生产、输送、分配、消费电能的发电机、变压器、电力线路、各种用电设备连在一起组成的整体就是电力系统。与电力系统相关联的还有电力网络和动力系统。前者指电力系统中除发电机和用电设备外的一部分，后者指电力系统和动力部分的总和。所谓动力部分，包括火电厂的锅炉、汽机、热力网和用电设备、水电厂的水库、水轮机以及核电厂的核反应堆等，所以电力网络是电力系统的一个组成部分，而电力系统又是动力系统的一个组成部分。

对电力系统运行的基本要求是：①保证可靠的持续供电；②保证良好的电能质量；③保证系统经济运行。以上三个要求相互关联，而且常常是相互矛盾、相互制约的。因此，在电网的实际运行中，要三者兼顾，不能只择其一而不顾其他。

1-1-20 水电站接入电力系统的电压一般是如何估算选定的？

答：水电站接入系统设计的主要内容，就是合理地选择水电站的送电电压、送电线路回路数和导线截面，以保证将水电站发出的电能经济、可靠、合理地送入系统。对于水电站接入电力系统电压的选择和确定，一般来说是根据其输送功率和送电距离来选定的（在水电站中，一般选用 110kV 和 220kV 的较多），具体可见表 1-1-1。

表 1-1-1 　　　　　　　　　　　　输送功率和送电距离

额定电压 （kV）	输送功率 （MW）	送电距离 （km）	额定电压 （kV）	输送功率 （MW）	送电距离 （km）
3	0.1～1	1～3	110	10～50	50～150
6	0.1～1.2	4～15	220	100～500	100～300
10	0.2～2	6～20	330	200～800	200～600
35	2～15	20～50	500	1000～1500	200～850
60	3.5～30	30～100	750	2000～2500	大于 500

1-1-21　水电站接入电力系统电压选择的原则是什么？

答：一般地说，送电线路电压越高，其输送的电力（容量）越多，输送的距离越远。当线路输送同样的功率时，线路电压越高，通过线路导线的电流越小，所选用导线的截面也越小，投资也可降低，但提高线路电压后，所需的线路杆塔、绝缘子、变压器及开关电器等的费用也随之增大，因此，在设计时，必须选择一个技术经济上最为合理的方案。其原则有以下几点。

（1）在方案比较中，当经济指标相近时，一般优先选用电压较高的方案。

（2）如要与已建成的系统相连接时，其电压选择要尽可能与原有电网的电压相配合。

（3）为了避免在水电站中建造复杂的变电枢纽，其升高电压应尽量采用一种，一般不应超过两种，且送电线路的回路数不宜太多。

1-1-22　电力系统的运行状态有哪几种，各有什么特点？

答：（1）正常运行状态。电力系统的频率和各母线电压均在正常运行的允许范围内；各电源设备和输变电设备又均在额定范围内运行；系统内的发电设备和输变电设备均有足够的备用容量。此时，系统不仅能以电压和频率均合格的电能满足负载用电的需求，而且还具有适当的安全储备，能承受系统正常的干扰（如断开一条线路或停止一台发电机组），而不致造成不良的后果（如设备过载等），系统能迅速地达到新的正常运行状态。

（2）警界状态。是指系统所发出的功率与用户相等，安全储备系数大为减少，对外界的抗干扰能力下降了，如果再有一新的干扰，有可能使某些条件越限，如设备过载等，从而使系统的安全运行受到威胁或遭到破坏。

（3）紧急状态。当系统发生一个相当严重的干扰（如发生短路故障或一台大容量发电机组退出运行等），引起电力系统振荡，且使得电力系统的某些参数超限，如变压器过载，系统的电压、频率超过或低于允许值，这种情况称为紧急状态，通常也叫电力系统稳定破坏。

（4）系统崩溃。在紧急状态下，如果不及时采取措施，或采取措施不当，或采取了错误的措施，那么这个系统就会失去稳定运行，进而使电力系统频率崩溃、电压崩溃，造成系统瓦解，形成几个子系统。此时，由于发电机的额定功率与负载之间的不平衡，不得不大量切除负载及发电机，从而导致各个电力系统的崩溃，并造成大面积停电事故状态。

（5）恢复状态。在紧急状态之后，或者在系统瓦解之后，待电力系统大体上稳定后，系统转入恢复状态。这时，运行人员应采取各种措施，迅速而平稳地恢复对用户的供电，使停运的机组投入运行，使解列的小系统逐步并列运行，并使系统恢复到正常状态。

1-1-23　电力网的负载由哪几个部分组成，什么是高峰负载、低峰负载、平均负载？

答：电力网的负载一般由以下几个部分组成：用电负载、线路损失负载、供电负载。其中，用电负载是用户在某一时刻对电力系统所需求的功率；线路损失负载是指电能从发电厂到用户的输送过程中，不可避免地会发生功率和能量的损失，与这种损失所对应的发电功率，也称为线损；供电负载是指用电负载加上同一时刻的线路损失负载，是发电厂对外供电时所承担的全部负载。而我们通常所称的负载一般是指用电负载。

由于电力系统的负载时刻都在发生变化，按负载发生时间的不同，一般分为以下几类：

①高峰负载：是指电网或用户在单位时间内所发生的最大负载值。为了便于分析，常以小时用电量作为负载。高峰负载又分为日高峰负载和晚高峰负载，在分析某单位的负载率时，选一天 24h 中最高的一个小时的平均负载作为高峰负载。②低谷负载。是指电网中或某用户在一天 24h 内，谷负载的时间，对于电力系统来说，峰、谷负载差越小，用电则越趋近于合理。③平均负载。是指电网中或某用户在某一段确定的时间阶段内平均小时用电量。为了分析负载率，常用日平均负载，即一天的用电量除以一天的用电小时，为了安排用电量，往往也用月平均负载和年平均负载。

1-1-24　为什么要将负载分成不同等级，一类负载、二类负载、三类负载各是怎样划分的？

答：在电力系统中，将负载按重要程度分为三类：一类负载、二类负载、三类负载。

（1）一类负载。指突然中断供电将会造成人身伤亡或会引起对周围环境严重污染，造成经济上的巨大损失，如重要产品或用重要原料生产的产品大量报废，连续生产过程被打乱，且需很长时间才能恢复生产；以及突然中断供电将会造成社会秩序严重混乱或产生政治上的严重影响，如重要的交通与通信枢纽、医院等用电负载。对于一级负载的用电设备，应按有两个以上的独立电源供电，并辅之以其他必要的非电力电源的保安措施。

（2）二类负载。是指突然中断供电会造成较大的经济损失，如生产的主要设备损坏，产品大量报废或减产，连续生产过程需较长时间才能恢复；突然中断供电将会造成社会秩序混乱或在政治上产生较大影响，如交通与通信枢纽、城市主要水源、广播电视等的用电负载。需双回线路供电。但当双回线路供电有困难时，允许由一回专用线路供电。

（3）三类负载。是指不属于上述一类和二类负载的其他负载，对这类负载，突然中断供电所造成的损失不大或不会造成直接损失。对供电无特殊要求，允许较长时间停电，可用单回线路供电，但也不能随意停电。

1-1-25　水电站的系统图有什么作用，它包含哪些内容？

答：水电站的系统图是为了简洁明了地说明各个系统中各设备的连接关系及其工作原理而绘制的图纸。它不仅是设备安装时的基础图纸，也是设备投产以后，运行与维护人员在工作中了解设备情况、处理故障、分析问题时所必备的图纸。根据其设备性质的不同，一般将系统图分为三大部分，即机械部分、电气部分、水工部分，而在这几部分中，又根据不同的设备予以细分，具体如下。

（1）机械部分。①机组总装图。说明机组的整体结构组成。②油系统图。说明整个电站油系统的布置，包括调速器油系统图、轴承油系统图、油库系统图等。③水系统图。说明整个水电站水系统的布置，包括机组冷却水系统图、供水系统图（技术供水、消防供水）、排水系统图（渗漏排水、检修排水、厂区排水）等。④气系统图。是指整个水电站的供气系统（包含低压气系统和高压气系统）。

（2）电气部分。①与电力系统连接图。②电气主接线图。③励磁系统图。④厂用电接线图。⑤直流系统图。⑥继电保护及测量系统图等。

（3）水工部分。①厂房结构图。说明厂房的整体构造，并对各个部位的高程予以说明。②大坝结构图。说明大坝的整体构造，以及闸门或弧门的简要布置情况。

第二节 水电站运行

1-2-1 什么是水电站的运行工作，其值班方式有哪些？

答：在水电站（各发电厂）中，为了保持机组正常运行，对机组及相关设备所进行的监视、巡视、操作等一系列工作，统称为运行工作或运行值班。而针对运行工作所成立的职能部门，一般称为运行部或发电部。水电厂的运行值班方式，根据其机组自动化程度高低的不同，分为多人值班、少人值班、无人值班，机组的自动化程度越高，其值班人数越少。现在的大多数水电站一般为少人值班方式，有些小水电或是梯级开发的高自动化水电站也采用无人值班方式。

1-2-2 进入水电站运行岗位工作，应进行哪些培训和教育？

答：进入水电站运行岗位工作，都需要进行上岗前的培训和考核，并通过考试合格后方可上岗。其培训内容一般分为安全知识、专业知识、岗位知识等方面，具体如下。

（1）安全知识。包括《电力安全工作规程》和各电厂自身制定的《安全文明生产管理规定》，其学习时间一般为一周，学习完后，需通过考试合格后，才能进入电站进行下一步的实习培训。

（2）专业知识。通过对运行规程、电站系统图，以及各个电站自己汇编的培训教材进行学习，其内容有：①厂房部分。了解厂房的结构组成和电站设备，熟悉设备安装地点。②机械部分（油气水系统、机组整体结构、机械辅助设备）。③电气部分（电气各系统图、电气一次部分、励磁系统、调速系统、监控系统、保护系统、直流系统等）。④水情部分（水情预报、水库调度）。在以上各部分的学习中，主要是理论联系实际，对各部分的结构组成、工作原理、运行参数、操作方法等予以熟悉。

（3）岗位知识培训。包括调度规程、工作票的审核与办理、操作票的填写与执行、事故处理的原则与方法、应急预案等一系列工作内容。

对以上各部分的学习，通常是采取师傅带徒弟的跟班学习方式。在学习时间上，根据培训人员专业和接受能力的不同，分有 3 个月、6 个月、12 个月不等，并经过各阶段的考试和考核合格后，方可上岗。

1-2-3 运行技术管理的基本任务有哪些？

答：运行技术管理的基本任务有：①按照电网的调度，完成电网下达的调频、调压任务，保证电网的供电质量；②进行机电设备的启停操作、负载调整、巡视检查、缺陷和异常处理，保证水轮发电机组的安全运行；③预防事故和分析事故发生原因，及时采取对策，防止事故发生和处理已发生的事故；④做好运行日志、操作记录和其他有关生产及管理的原始记录，建立健全必要的台账，为企业的生产、经营管理提供依据；⑤开展节水增发、经济运行活动，降低发电水耗和厂用电量，提高企业经济效益；⑥建立健全生产调度系统，贯彻执行"两票三制"，教培运行值班人员，提高他们的素质，关心他们的生活；⑦随时督促运行值班人员对备用设备按设备定期轮换试验制规定周期，进行设备切换运行和启动试验；⑧根据有关规定和设备、系统的现状，对现场运行规程，特别是新投产设备的现场运行规程、事故处理规程应及时组织修正、补充和完善。

1-2-4 运行技术管理的主要内容有哪些？

答：运行技术管理的基本内容根据其基本任务的要求和工作特点而定的，主要如下。

（1）严格执行两票三制。严格按照安全规程的规定，贯彻执行"两票三制"是预防"两误"（误触电、误操作）事故发生的重要基本安全措施，提高"两票"合格率是运行技术管理的重要内容。

（2）岗位分析。①值班人员在值班时间内对仪表活动进行分析；②对所管辖岗位设备参数的变化进行分析；③对设备异常和缺陷、操作异常等情况进行分析。

（3）专业分析。①对设备运行状态进行分析，摸索规律，找出薄弱环节，有针对性地制定事故防范措施；②将运行记录、运行日志进行整理并进行定期的系统分析；③分析机组运行的经济性和安全性，找出其影响因素并加以解决；④分析设备磨损老化的趋势及应采取的措施。

（4）专题分析。①专题分析是针对在专业分析中发现的突出问题进行专门、深入、细致的分析；②新机组启、停过程的分析；③检修前设备运行状况及缺陷情况的分析，并提出改进意见；④检修或设备改进后的运行工况对比及运行效果分析。

（5）事故及异常分析。①发生事故后及时调查，并按"三不放过"原则对事故处理和有关操作认真进行分析；②分析事故原因，采取事故对策；③总结经验教训，提高运行技术水平。

（6）技术经济指标分析。①按月、季、年对经济指标完成情况进行分析；②分析节水增发措施的执行情况、效果及存在的问题；③经济调度情况及计量仪表的可靠性分析。

（7）生产培训严格按照管理处生产培训制度执行。

1-2-5 运行人员的"三熟""三能"分别指哪些内容？

答：运行人员的"三熟"是指：①熟悉设备、系统和基本原理；②熟悉操作和事故处理；③熟悉本岗位的规程和制度。

"三能"是指：①能正确地进行操作和分析运行状况；②能及时地发现故障和排除故障；③能掌握一般的维修技能。

1-2-6 什么是运行规程，什么是调度规程，各有什么作用？

答：运行规程是水电站根据运行岗位需要，对各个设备在运行参数、操作方法、注意事项、故障处理等方面所做的说明和规定。其主要内容包括该设备的技术规范，它的正常和极限运行参数、操作程序、操作方法（如设备启动前的准备，启动、并列、解列、停机等操作方法）、设备事故原因的判别、事故处理的操作程序和方法等。它是运行操作、监视和定期检查维护的依据。

调度规程是电力调度机构（电力局或电力公司）对电力系统发电、供电、用电等各环节及其他与电力调度有关的行为在调度管理、调度操作、事故处理等方面所做的说明及规定。它是执行调度指令和运行操作的依据。调度规程一般是由各省根据其电力系统的实际情况而制定。运行值班人员须经过调度规程考试合格后才能上岗。

1-2-7 调度机构是如何设置的，调度管理的任务是什么？

答：调度机构的设置，在各省的电力系统中，一般是设置三级调度机构，即省级电力调度机构（简称省调）、地区（市、州）级电力调度机构（简称地调）、县（市、区）级电力调度机构（简称县调）。在省调以上，则为国家电力调度机构（一般简称国调或网调）。各级电力调度机构应设立与其相适应的调度运行、运行方式、调度计划、继电保护、调度自动化和通信等专业部门或岗位，配备相适应的专业技术人员。

调度管理的任务是组织、指挥、指导、协调电力系统的运行，保证实现下列基本要求：①按资源优化配置原则，实现优化调度，减少环境污染，充分发挥电力系统的发、供电设备能力，最大限度地满足社会和人民生活用电的需要；②按照电力系统运行的客观规律和有关规定，确保电力系统安全、稳定、连续、正常运行，电能质量符合国家规定标准；③按照电力市场规则，依据有关合同或者协议，维护发电、供电、用电等各方的合法权益。

1-2-8 水电站运行值班人员的任务是什么？

答： 值班人员（包括值长）在值班时间内对分管的设备和运行事务负责，并应严格按照规程、制度及上级值班人员的要求进行生产活动和运行工作，其具体任务如下。

（1）按照交接班制度规定，接班人员必须提前 15 分钟进入厂房，由交班人员介绍设备运行情况，接班人员对设备按规定检查项目逐项进行检查，若无异常，在交接班记录簿上签字交接班。

（2）负责与调度、维护、水情等相关部门联系，确定每日负荷申报、电站主设备运行方式的变换、缺陷汇报、水情统计等工作。

（3）在值班期间按规定抄录发电机、主变压器、线路、厂用电等全部表计的指示值。

（4）监盘操作：即监视运行设备，并及时调整设备的各项运行参数，使之满足系统的需要和规定。

（5）负责填写操作票，在值（班）长或主值的监护下进行倒闸操作。

（6）当发生事故或异常情况时，应在值（班）长的领导下尽快正确地处理事故与异常情况，并做好详细真实的运行及事故记录。

（7）为检修人员办理工作票的开工和结束手续，并做好相应的安全措施。

（8）每班应按规程规定对设备进行定期巡视检查。

（9）发现设备缺陷应及时设法消除，或向值（班）长汇报，并做好记录。

（10）做好设备间钥匙、操作工具、安全用具、图纸、资料和测量仪表等的保管工作。

（11）在交班前做好运行日志、记录本等的填写，并搞好办公区域卫生工作。

（12）交班时，应向接班人员介绍本班运行情况及注意事项。如本班在当班运行中发生了事故，一般应待事故处理完毕后才能下班，下班后应由值长立即召开事故分析会。

1-2-9 什么是交接班制度，其包含哪些内容？

答： 在水电站中，由于运行值班是 24 小时轮流值班（三班倒或四班倒），为了保证各班工作之间的连续性，在交班和接班之间所建立起来的一种工作制度称为交接班制度。

交接班手续的好坏、彻底与否与安全经济运行有着密切的关系，同时给分清事故责任带来方便。其内容有：①规定交接班时间。接班者必须提前 15 分钟到达生产场地接班，交班者必须在下班前半小时做好清扫场地、检查设备等交班的准备工作。②规定交接班内容。接班者应详细查看运行日记等记录，对不清楚的地方应提出疑问，弄清楚为止。③明确交接班程序。按照交接班程序进行，接班者检查完毕，双方在运行日志上签字后，交班者方可离开现场下班。④交接班过程中发现事故苗头，应由交班者进行处理；如接班者愿意接受处理事故隐患，可由接班者接班后继续处理；一时不能处理好的事故隐患应在交接班记录本上作详细的说明，并报告生产负责人。⑤处理事故和倒闸操作时应停止交接班，接班者应自动离开现场，如交班者邀请接班者帮助处理事故和操作，接班者可以协助处理，待恢复正常运行，方可进行交接班。对于交接班制度的具体内容，各电站应根据其自身情况而定，但以上几点必不可少。

1-2-10 在交接班时，其程序怎样，交接的主要内容有哪些，什么是"三接""五不交"?

答：交接班的一般程序是：查阅记录、询问情况、检查设备、召开班前会、接班值长签名、交班值长签名、就位接班。

交接班的主要内容有：①值长记录或运行日志、记录（岗位日志）的查阅；②设备运行、设备缺陷、检修情况和运行方式变动情况；③安全用具、工具、规程、资料等备品的清点；④设备场地的清洁卫生。其中，值长记录的内容包括：①运行方式；②继电保护、自动装置、监控系统运行及变更情况；③设备运行状况；④倒闸操作、双票执行情况；⑤检修维护工作；⑥其他工作或领导要求。而需重点了解的内容有：①运行方式；②检修安全措施；③主要设备运行工况；④安全工器具，图纸资料有无缺损；⑤上级命令、指示及现场设备卫生情况。

为了保证交接班的良好执行，在交接班时，应注意"三接""五不交"。"三接"为：口头接、书面接、现场接；"五不交"为：①主要操作未告一段落或异常事故处理未完结不交；②设备保养及定期切换工作未按要求做好不交；③环境及设备卫生不清洁不交；④记录不齐全，仪表等设备损坏未查明好不交；⑤接班人精神不正常等不交。

1-2-11 水轮发电机组的正常运行状态（运行方式）有哪几种，各有什么区别?

答：水轮发电机组的正常运行状态根据其导叶位置、转速、发电机出口开关位置、励磁开关位置的不同，一般分为停机备用状态、空转状态、空载运行、负载运行、调相运行等几种，有的还设置有进相运行，其区别如下。

（1）停机备用状态。也就是机组在静止状态，此时机组的导叶全关，转速为零，发电机出口开关、励磁开关（或者是励磁开关在合上位置，但并没有提供励磁电流）都在断开位置，并且此时水轮发电机组及其附属设备保持完好状态，具备开机条件，需要时可及时启动。

（2）空转状态。此时机组导叶打开一定开度，转速为额定转速，但发电机出口开关、励磁开关仍都在断开位置（发电机出口没有电压）。

（3）空载运行。此时机组导叶打开一定开度，转速为额定转速，并且励磁开关已经合上且提供了励磁电流，发电机已升压至额定电压，但发电机出口开关仍在断开位置（没有并入系统）。

（4）负载运行。此时机组的转速为额定转速，并且励磁开关已经合上且提供了励磁电流，发电机已升压至额定电压，同时发电机出口开关也已经在合上位置，机组已并入到系统且带上一定负载。其中，负载运行又分为区域电网单机运行、大电网并列调差运行两种不同运行工况。

（5）调相运行。就是发电机只向系统输送无功，同时吸收少量的有功功率来维持发电机转动的运行方式，其工作在电动机状态（即空转的同步电动机），此时导叶全关，发电机出口开关、励磁开关都在合上位置，机组转速由系统维持为额定转速。调相运行方式在大型水轮发电机组中多有采用，在小型水轮发电机组中较少采用。

1-2-12 水轮发电机组的正常运行监视包含哪些内容，其中哪个参数最为重要，为什么？

答：对水轮发电机组的运行监视包括设备正常监视和定期设备巡视。运行人员应严格监视监视屏上的表计变动情况，并每隔一段时间对机组及电气设备的主要参数进行记录（在现在所采用的计算机高自动化机组中，这些工作都由计算机代替，值班人员只需定时查看，注意报警即可）。值班人员还应定期进行设备巡视，对发电机组及其附属设备进行检查。其中，对水轮发电机组的监视内容主要有以下几个方面：①发电机温度、温升监视；②发电机冷却水（气体）温度的监视；③机组轴承温度的监视；④发电机电压、电流的监视；⑤机组频率的监视；⑥机组摆度、振动的监视；⑦发电机绝缘电阻的监视；⑧测量、控制、保护屏的监视。

在以上所监视的参数中，温度参数（包括发电机的温度、轴瓦温度）最为重要，这是因为其参数可控性小，若是温度达到上限，则会限制机组所带负载，若是温度超限，则机组不能运行。而相对而言，其他参数则可以通过一些措施略为调整，且一般不会限制负载或造成停机。

1-2-13 为什么要对发电机的温度、温升和冷却水（气体）温度进行监视，各有什么要求？

答：发电机在运行中，因铜损和铁损而产生的热量，会使发电机定子绕组和铁芯的温度升高，其最高温度不能超过绝缘材料允许的最高温度，当温度超过绝缘材料的温度时，绝缘材料的特性会恶化，机械强度会降低且迅速老化，从而引起绝缘破损造成绕组短路事故，所以需要对发电机的温度和温升进行监视。同样，为了避免绝缘过热老化，也需对发电机冷却水（气体）温度予以监视。

对发电机温度和温升的要求是：水轮发电机组一般采用 F 级或 B 级绝缘，当发电机采用 B 级绝缘时，其极限温度为 $130℃$，如制造厂家无明确规定，则定子绕组温度不得超过 $130℃$，转子绕组最高温度不得超过 $130℃$，同时铁芯的温度不得高于绕组的温度。

对冷却气体温度的规定是：其进口风温一般不应超过 $50℃$，出口温度不应超过 $75℃$。一般发电机冷却空气的温升为 $25\sim30℃$，如温升显著增高，则说明发电机冷却系统的工作已不能满足要求，这时应减小发电机的定、转子电流或增大发电机冷却水量，使运行中的发电机各部分温度限额在允许范围内。对于采用开敞式通风的发电机，冷却空气进口允许最低温度不得低于 $5℃$（对于个别小型水电站，周围冷却空气温度可按不低于 $0℃$ 和不高于 $40℃$ 考虑），温度过低会使绕组端部绝缘变脆，易损坏。对于密闭式通风冷却的发电机，其进风温度一般不低于 $15\sim20℃$，以免在空气冷却器上凝结水珠。

1-2-14 为什么要对机组的轴承温度进行监视，对其要求如何？

答：对于轴承温度的监视，广义上来说，一般包括两个部分：一个是轴瓦温度的监视，另一个是轴承油温的监视。对于轴瓦的监视，由于它是机组最主要的工作部位之一，一旦温度过高，则会出现烧瓦的严重事故，故而需要严密监视。对它的要求是：瓦温通常是控制在 $50\sim60℃$ 为宜，超过 $60℃$ 时属于偏高，一般在 $65℃$ 或 $70℃$ 则会发出报警信号，到 $70℃$ 或

75℃时则会事故停机，超过75℃则会出现轴瓦熔化现象。所以，水轮发电机组运行时，其各轴承的最高温度不得超过70℃。

对于轴承油温的监视，由于它与轴瓦的温度紧密相关，一方面轴承油温会影响轴瓦的温度，另一方面，也从侧面反映了轴瓦的工作情况，所以一般对轴承油温不能允许太高。再则，轴承油本身也有使用要求，由试验得知：当油温不大于30℃时，油基本上不发生氧化作用，当油温升高到50℃时，氧化作用明显加快；当油温在60℃以上时，油温每增加10℃，油的氧化速度增加一倍。所以，一般规定透平油的油温不得高于45～50℃，以防止油质迅速老化。而对于轴承而言，透平油的温度应控制在15～30℃，温升最高不超过40℃。此外，对推力、上导、下导及水导等轴承还应监视其油槽的油位正常、油色正常、油质良好，轴承冷却水系统工作正常等。

1-2-15 对发电机频率和电压、电流的监视有什么要求？

答： 机组频率也是供电的重要质量标准之一。发电机在运行中，应保持在额定频率运行，但由于系统负荷经常在调整，系统的频率也会有所波动。我国规定额定频率为50Hz，其允许偏差为±(0.2～0.5)Hz。当系统频率在(50±0.5)Hz范围内变动时，发电机可长期按额定容量运行。在机组频率升高或降低时，必须密切监视发电机的定子电压、励磁电压或励磁电流、定子、转子铁芯和绕组的温度等参数。另外还应对功率因数和负载等进行监视，并根据实际情况进行调整。

对发电机电压、电流的监视，其要求是：水轮发电机组的运行电压变动范围应在额定电压的±5%以内。发电机的三相输出电流差，不应超过额定值的20%。在额定容量和额定功率因数下，水轮发电机组的运行电压变动范围应在额定电压的±5%以内。一般来说，在发电机电压变化±5%，定子电流也相应地变化±5%时，即发电机的转子电流为额定，在此范围内变化时，发电机可带满负荷长期运行。

1-2-16 如何对发电机的绝缘电阻进行监视，其要求是什么？

答： 发电机每次启动前及停机后，都要用1000～2500V绝缘电阻表测量定子绕组的绝缘电阻，并做好记录。启动频繁的机组可以适当减少次数，但至少每月应测量一次，以便掌握发电机在运行过程中的绝缘状况，保证安全运行。定子绕组的安全绝缘电阻值，规程上未做具体规定，一般是通过与前次测量结果比较来进行判断。如果所测得的绝缘电阻较上次降低$1/3$～$1/5$时，则认为绝缘不良。在测量绝缘电阻的同时，还应测量发电机绝缘的吸收比，要求$R_{60s}/R_{15s}=1.3$，若低于1.3，则说明发电机绝缘已受潮，应予以干燥。对发电机转子绕组及励磁回路的绝缘电阻的测量，使用500～1000V绝缘电阻表。发电机转子绕组绝缘电阻往往和励磁回路一起测量，只有当发现问题时才分开测量。在热状态下解列停机后，全部励磁回路的绝缘电阻应不小于0.5MΩ。为了防止发电机产生轴电流，轴承对地应该是绝缘的，用1000V绝缘电阻表测量时，其绝缘电阻应不小于1MΩ，在轴承油管和水管全部组装好的情况下，用1000V绝缘电阻表测量，轴承对地绝缘电阻应不小于0.5MΩ。

绝缘电阻是随着温度的升高而降低的，为了使测得的数据有可比性，每次测量的结果应换算成75℃时的绝缘电阻值，换算方法如下：$R_{75}=R_t/2^{[(75-T)/10]}$，式中：$R_t$为实际测量的绝缘电阻值，$T$为测量时的环境温度。如测量的绝缘电阻不合格，并判断是因为受潮所致，就必须对发电机进行干燥。

1-2-17 对机组振动、冷却系统以及测量、控制、保护屏的监视有什么要求？

答：运行中的发电机组，应监视其振动和摆度，要求无异常振动。各处的振动、摆度值不应超过制造厂家规定的容许范围。引起机组振动的原因很复杂，一般包含机械、电气、水力等三个方面。若是水力因素引起的振动，应设法改变运行工况，避开振动区运行。若在某些部件处出现振动、摆度明显增大或发电机内部有金属摩擦、撞击声响，或发出微小异味、定子端部有明显的电晕等情形时，则发电机不可继续运行，应紧急停机进行检查。

对冷却系统的监视，其要求是：轴承冷却水温度应在 $5\sim40℃$，机组的总冷却水压力正常，推力、上导、下导、水导轴承的冷却器水压正常，各示流继电器指示正常，各管路阀门不漏水。发电机的空气冷却器不漏水，无大量结露，发电机的风洞内无异常气味和声响。

对测量、控制、保护屏的监视要求是：对机旁盘、测温盘及制动柜，要求各动力设备的自动开关在合闸位置，水车盘电源隔离开关在合闸位置，各熔断器熔丝完好无损；机组保护盘无掉牌；各压板投、切位置正确；各继电器工作良好，整定值无变化；测温装置工作良好，指示正确。

1-2-18 什么是事故，什么又叫事故处理？

答：在水电站中，所谓事故，是指已经发生并有迅速恶化的严重趋势，且正在对人身造成伤害或设备造成损坏，必须迅速果断处理的紧急情况。

事故处理是指在事故发展阶段中，为了迅速处理事故，不使事故延伸扩大而进行的紧急处理和切除故障点以及有关设备恢复运行的操作或在发生人身触电时，紧急断开有关设备电源的操作。

1-2-19 对水轮发电机组事故处理的一般原则是什么？

答：进行事故处理的一般原则主要有以下几点。

（1）事故处理的主要任务是尽量限制事故的扩大，首先解除对人身和设备的危害，其次坚持设备的继续运行，并尽力保证厂用电。同时需注意考虑泄水闸门的运行状态和对航运的影响。

（2）事故处理的领导人为值长。值长必须掌握事故的全面情况。交接班时发生事故，而交接班工作尚未结束时，由交班者负责处理，接班者在交班者的要求下可协助处理。待恢复正常运行，方可进行交接班。若事故一时处理不了，在接班者许可时，可交由接班者继续处理。

（3）凡危及人身伤亡和重要设备损坏，运行人员不需要请示调度和厂领导同意，首先进行紧急事故处理，解危后，再将有关情况汇报。处理事故时，值班员应迅速、沉着，不要惊慌失措。

（4）处理事故后，应向电力调度及厂（站）领导汇报事故的详细经过，包括事故发生的原因、过程、现象、处理方法及事故处理后仍存在的问题，并在运行日志上做好事故的登记工作。

（5）出了事故后，相关部门应组织有关人员进行事故分析，分清事故的原因和责任，总结经验，吸取教训，提高运行水平和反事故能力。

1-2-20 在停机过程中，当发电机出口开关跳不开时，应如何处理？

答：水轮发电机组在正常停机过程中，可能会由于开关跳闸时间超过整定值、计算机监控系统的程序模块出现故障、开关控制回路故障（如跳闸线圈故障等）、开关本体操动机构故障等原因而造成不能正常跳开。此时的机组状态为：发电机出口开关、励磁开关都在合上位置，水轮机导叶在空载开度位置左右，机组维持很小的有功和无功。在这种情况下若按下"紧停"，则有可能造成机组进相运行的后果，从而使发电机阻尼绕组产生高温，甚至熔断，且使励磁屏柜起火等一系列问题，后果非常严重。其原因是：发电机出口开关由于先前的固有故障在停机过程中给了跳闸令还没有跳开，而按下"紧停"后，由于先前故障，它仍然不会动作跳闸，而此时却使励磁开关跳开，导叶全关，如此便造成机组进相运行。

面对这种情况的正确处理方法是：①机组在零负载时并网情况稳定，可先停止操作，观察机组情况，同时将事故情况向调度及上级有关领导汇报，等待检查处理；②若检查发现确系出口开关本身问题，造成机组无法与系统解列，而又未出现紧急情况的前提下，可先将本组接线的另一台机解列后，再拉开相连的主变压器高压侧开关，使故障机组与系统成功解列；③若已发生紧急情况，则立即拉开对应的主变压器高压侧开关，使故障机组与系统强行解列。

1-2-21 当发生全厂停电的事故时，其处理原则怎样？

答：在水电站中，因水淹厂房、输电线路倒塌等事故造成机组全停，此时便全厂停电，当全厂停电事故发生以后，运行人员应该在值长的统一指挥下进行事故处理，并遵循下列原则。

（1）根据信号系统反馈及其他现象，准确判断分析故障点及故障原因，尽快限制发电厂内部的事故发展，消除事故根源并解除对人身和设备的威胁。

（2）优先恢复厂用电系统供电，在自用电消失的情况下可采用外来电源供电方式。

（3）尽快使失去电源的重要辅机（如调速器油泵、励磁交流电源等）恢复供电。

（4）积极与调度联系，尽快恢复与系统的联系。

（5）在机组无电气事故的情况下，可以考虑保持机组转速，并有效地利用发电机的剩磁逐步恢复发电机电压，以便恢复厂用电系统。

（6）尽快利用备用电源（柴油发电机）对泄水闸进行操作调度，确保大坝安全。

1-2-22 如何防止全厂停电事故的发生？

答：为了防止全厂停电事故的发生，应及时将厂用电系统（即带厂用电的水轮发电机组）与电网解列，特别是当系统发生低频率、低电压事故时，是一项较为有效的措施。厂用电系统解列运行后，如果能保证其可靠地连续供电，这对尽快恢复全厂正常生产将会起到非常重要的作用。此外，当带厂用电的水轮发电机组与电网解列后，由于失去了与系统的联络，而且容量较小，任何微小的干扰都将引起频率和电压的变化，特别是频率较高时，稍有不慎（如调速系统故障等）就会引起机组因过速跳闸而使厂用电源中断，因此在带厂用电系统的水轮发电机组与系统解列期间，必须安排值班人员专门负责监视及调整工作，并对其有关保护进行调整，且按有关规定严格执行。

1-2-23 机组的非正常停机方式有哪几种情况，为什么要设置这几种停机，有什么区别？

答：相对于正常停机而言，由机械故障或电气故障等原因所造成的机组停机，我们统称为非正常停机。根据其严重程度的不同，通常将其分为事故停机和紧急事故停机（有的电站也称紧急停机），其中在事故停机中，根据其原因性质的不同，又分为机械事故停机和电气事故停机。设置这几种停机方式，其目的主要是当机组或辅助设备出现故障时，使机组能自动判断，并及时地通过自动或手动方式将机组停下来，防止故障继续扩大，以保护设备和人身安全。

事故停机一般是在机组遇到一些对其影响不大的故障（或事故）时所动作的一种停机方式。而紧急事故停机，则是在遇到较大故障或是紧急情况时所动作的一种停机方式。相对于事故停机而言，紧急事故停机的停机速度要快（通过落快速闸门、动作旁通阀等措施实现）。另外，事故停机一般是通过调速器来执行，即通过动作快关阀（紧急停机电磁阀），使调速器主配压阀迅速开到关闭状态的最大位置，导叶在较快的速度下关闭；而紧急事故停机则是考虑到调速器因某种原因不能动作时，通过动作快速闸门、旁通阀等措施，在不通过调速器（绕开调速器）的情况下使机组停下来。紧急事故停机是在机组出现事故时保证机组或电站安全的最后一道屏障。

1-2-24　事故停机与紧急事故停机各在什么条件下执行，其动作情况各有什么不同？

答：事故停机与紧急事故停机的动作条件各有不同，其动作情况也有所区别，具体见表1-2-1（不同电站，其动作条件和动作情况的设置会略有差别，但大体上都基本相同）。

表 1-2-1　　事故停机与紧急事故停机的动作条件

		动作条件	动作情况	备注
事故停机	机械事故	1. 手动事故停机令； 2. 油压装置事故低油压、低油位； 3. 润滑油箱装置低油位； 4. 轴承润滑油中断； 5. 轴承瓦温过高	1. 动作快关阀关导叶； 2. 同时启动停机流程	不甩负荷
	电气事故	1. 发电机逆功率保护动作； 2. 发电机过电压保护动作； 3. 发电机失磁保护动作； 4. 发电机差动保护动作； 5. 发电机负序过电流保护动作； 6. 主变压器事故及连锁切机动作； 7. 发电机复合电压闭锁过电流保护动作	1. 立即跳发电机出口开关、励磁开关（国产机组一般设置为不跳励磁开关，只进行灭磁）； 2. 同时动作快关阀关导叶； 3. 同时启动停机流程	甩负荷
紧急事故停机		1. 手动紧急事故停机令； 2. 事故停机过程中剪断销剪断； 3. 机组转速达到160%ne； 4. 调速器主配压阀阀卡超过3s； 5. 机组火灾报警	1. 立即跳发电机出口开关、励磁开关； 2. 同时动作事故配压阀快速关闭导叶（在液压系统不冲突的情况下，有的也会同时动作快关阀），或动作快速闸门； 3. 同时启动停机流程	甩负荷

注　1. 快关阀在国内的一些电站中，又称为紧急停机电磁阀。
　　2. 事故配压阀又称为旁通阀。

1-2-25　进行反事故演习的目的有哪些，考问讲解的目的有哪些？

答：进行反事故演习的目的有：①定期检查生产人员处理事故的能力，当设备的运行发生不正常的现象时，值班人员是否能迅速准确地运用现场规程正确判断和处理；②使生产人员掌握迅速处理事故和异常现象的正确方法；③贯彻反事故措施，帮助生产人员更好地掌握现场规程，熟悉设备运行特性；④发现运行设备上的缺陷和运行组织上存在的问题以及规程中的不足之处。

考问讲解的目的是：①检查生产人员对设备的性能和构造的熟悉程度；②督促生产人员正确维护设备，掌握合理的操作方法及工艺方法，学会排除设备可能发生的故障；③检查本单位和上级发给的事故通报贯彻情况，生产人员是否接受了事故教训，并掌握预防事故的方法；④检查对新技术、新设备采用后的知识掌握情况；⑤检查各种规程制度及上级指示是否得到认真贯彻。

1-2-26 巡视检查的目的是什么？

答：巡视检查的目的是及时发现设备的不正常运行状况，并及时处理。坚持巡回检查制度能防止事故的扩大，并对设备的运行状况做到心中有数。对于当前自动化程度较高的机组，一般是一天或一班巡视一次。对于带病运行的设备，在高温、高峰季节，应增加检查次数，并对检查情况作详细的记录。

1-2-27 巡视检查的项目有哪些，巡视的主要内容是什么？

答：以灯泡贯流式机组电站为例，所巡视的项目主要有：①水轮机灯泡体；②水轮机廊道；③发电机灯泡头；④调速器液压系统；⑤高位油箱和轮毂油箱；⑥空压机室；⑦公用设备（包括消防水泵、技术供水泵、各供水母管等）；⑧中控室屏柜；⑨机组现地控制屏；⑩主变压器；⑪高压开关室；⑫厂用系统；⑬近区系统；⑭弧门配电系统；⑮柴油发电机组系统。在不同的电站中，由于其机组的类型不同，其巡视项目会略有不同，但基本上都相近。

对于以上这些巡视项目，其巡回检查的主要内容一般是：设备的运行位置状态是否正确；设备的各项运行参数是否正常；运行区域是否有不安全的因素（包括人行过道）；设备的温度、声音、气味是否正常；设备有否磨损、腐蚀、结垢、漏油、漏水和漏气等现象。各项目应根据具体情况详细列出。在巡视中发现缺陷时，应按照设备缺陷管理制度，及时向值长和维护人员报告。

1-2-28 巡视时的检查方法有哪些，如何进行？

答：巡视方法一般是采用看、听、触、闻、测五字原则进行。看：近看、远看、对比看，从上至下逐段看，环绕设备对角看，发现异常反复看，减少设备死角和遗漏；听：采用正常听，用在上下风口听，用听针接触设备外壳听，设备不应有不均匀声、敲击声、松动声和其他异常声音；触：主要是对温度高低、振动大小、阀门位置的检查与比较，巡视时应用手进行不同部位的触试；闻：检查设备过热、过温、短路所产生的烧焦、烧糊异味；测：测量直流绝缘电阻、电流、电压。

1-2-29 巡视检查所发现的缺陷有哪几种，什么是一般缺陷、重要缺陷、严重缺陷？

答：在巡视检查工作中，对于所发现的缺陷，根据其严重程度和对设备影响的不同，将其分为一般缺陷、重要缺陷、严重缺陷。对其规定和判别如下。

一般缺陷：该类缺陷在一定时期内不影响安全并可继续运行，但长期运行会对设备的安全产生一定的影响，如设备的某些地方出现的漏油、漏水、漏气等。

重要缺陷：该类缺陷是设备出现非正常运行状况，但表面看没有迅速恶化的趋势，可作进一步的密切监视和判断后再进行处理的缺陷，如某些电动机、水泵有较明显的异常声音。

严重缺陷：该类缺陷是指不立即消除将直接危及人身、设备安全和影响设备额定功率并导致设备损坏或停止运行的缺陷，如某些设备的某些部位出现明显的冒烟、冒火等情况。

1-2-30　"巡回检查制度"对巡回检查的要求是什么，什么是巡回检查的"五定"？

答：对巡回检查的要求是：①检查按时间路线安排顺序，内容按规定，项目不遗漏；②检查时应携带必要的工具，如手电筒、手套和检测工具等，真正做到耳听、鼻嗅、手摸、眼看；③熟悉设备的检查标准，掌握设备的运行情况，发现问题应分析原因并及时做出处理与防患措施。

巡回检查的"五定"内容为：①定路线：找到一条最佳的巡回检查路线；②定设备：在巡回检查路线上标明要巡视的设备；③定位置：在所检查的设备周围标明值班员应站立的合理位置；④定项目：在每个检查位置，标明应检查的部位和项目；⑤定标准：检查的部位及项目的正常标准和异常的判断。

在当前电站中，已逐步淘汰了过去那种通过巡视卡巡视的方法，而是建立了智能巡检系统，或是基于生产管理系统（IMS 系统）的巡检系统，这种巡检方法是通过手持机扫射设备条码对各设备区的巡视项目和内容进行巡检，然后将其传输到计算机，再通过生产管理系统的软件对其进行智能化统计和管理，极大地提高了生产效率。

1-2-31　对高压设备进行巡视时，应注意哪些问题？

答：高压设备有高电压，人一旦被电击，将会产生严重后果，所以在巡视时应注意以下问题。

（1）巡视高压设备时，只能耳听、鼻嗅、眼看，不可手摸，且必须在安全距离以外进行检查。

（2）经本单位批准允许单独巡视高压设备的人员巡视高压设备时，不得进行其他工作，不得移开或越过遮栏，且对运行中的高压设备其中性点接地系统的中性点应视作带电体。

（3）雷雨天气，需要巡视室外高压设备时，应穿绝缘靴，并不得靠近避雷器和避雷针。

（4）火灾、地震、台风、洪水等灾害发生时，如要对设备进行巡视，应得到设备运行管理单位有关领导批准，巡视人员应与派出部门之间保持通信联络。

（5）高压设备发生接地时，室内不得接近故障点 4m 以内，室外不得接近故障点 8m 以内。进入上述范围人员应穿绝缘靴，接触设备的外壳和构架时，应戴绝缘手套。

（6）巡视配电装置，进出高压室，应随手关门。

（7）高压室的钥匙至少应有 3 把，由运行人员负责保管，按值移交。一把专供紧急时使用，一把专供运行人员使用，其他可以借给经批准的巡视高压设备人员和经批准的检修、施工队伍的工作负责人使用，但应登记签名，巡视或当日工作结束后交还。

1-2-32　为什么要制定安全距离，对高压设备安全距离的规定各是多少？

答：安全距离就是在各种工作条件下，带电导体与周围接地的物体、地面，其他带电体以及工作人员之间所必须保持的最小距离或最小空气间隙。这个间隙不但应保证各种可能出现的最大工作电压或过电压的作用下不发生闪络放电，而且还应保证工作人员在对设备进行维护、检查、操作和检修时的绝对安全。安全距离主要是根据空气间隙的放电特性确定的，但在超高压电力系统中，还应考虑静电感应和高压电场的影响。另外，当相同的空气间隙承受不同电压时，其电气强度变化很大。所以，为确保工作人员和设备的安全，必须确定合理、可靠的安全距离。根据 Q/GDW 1799.1—2013《国家电网公司电力安全工作规程（变电部分）》中 5.1.4 的规定，对电气设备不停电时的安全距离，规定见表 1-2-2（注：表中未列电压按高一挡电压等级的安全距离）。

表 1-2-2　　　　　　　　　　　　　电气设备不停电时的安全距离

电压等级(kV)	10 及以下(13.8)	20、35	63(66)、110	220	330	500
安全距离(m)	0.70	1.00	1.50	3.00	4.00	5.00

1-2-33　为什么运行中的星形接线设备的中性点必须视为带电体？

答：这是因为，在电力系统中，不论是中性点直接接地的系统，还是中性点不接地的系统，在正常运行中，中性点都存在位移电压。对中性点经消弧线圈接地或不接地的系统来说，它是因导线排列不对称、相对地电容不相等以及负载不对称而产生的。即使中性点直接接地系统中的变压器的中性点也具有一定的电位，它们在系统发生故障时，电位会更高，其数值可达等级值额定电压的 10% 以上。如果我们在停电时不注意将其中性点与运用中设备的中性点断开，就有可能会使这些电压引到检修设备上去，那将是很危险的。所以，设备停电时，必须将检修设备各方面的电源断开，特别应注意将运用中设备的中性点和停电设备的星形中性点解开。

1-2-34　雷雨天气巡视电气设备时，为什么要穿绝缘靴，并不得靠近避雷装置？

答：雷雨天气可能出现大气过电压。阴雨又使设备绝缘降低，绝缘脏污处容易发生对地闪络。雷电产生的过电压会使出线避雷器和母线避雷器放电，很大的接地电流流过接地点向周围呈半球形扩散，所产生的高电位也是按照一定的规律降低。这样，在该接地网引入线和接地点附近，人体步入一定的范围内，两腿之间就存在着电位差，通常称为跨步电压。为防止该跨步电压对运行人员造成伤害，雷雨天气巡视设备时应穿绝缘靴。

阀型避雷器放电时，若雷电流过大或不能切断工频续流就会爆炸。避雷针落雷时，泄雷通道周围存在扩散电压，强大的雷电磁场不仅会在周围设备上产生感应过电压，而且假如该接地体接地电阻不合格，它还可能使地表及设备外壳和架构的电位升得很高，反过来对设备放电形成反击。所以巡视有关设备时，值班人员与避雷装置必须保持规定的安全距离。通常，避雷、接地装置与道路或建筑物的出入口等处的水平距离应大于 3m。

1-2-35　机组在运行中的定期工作有哪些，为什么要进行定期工作？

答：机组在运行中的定期工作根据其分工的不同，包括运行定期工作和维护定期工作。对设备进行定期工作，其主要目的是保持各运行设备的良好运行，其主要内容和具体原因如下。

（1）运行定期工作的内容：①定期切换处在运行状态下的主备用泵（如油压装置油泵、导轴承的油泵、冷却水泵、高压气机等），以防电动机受潮；②定期启动厂内柴油发电机组，以防发电机受潮和机械部分锈蚀；③定期对备用电动机（如公用设备的水泵电动机等）进行绝缘摇测；④220V直流主备用每月切换一次；⑤开关站每月熄灯检查一次有无明显异常火花等；⑥时钟核对：每月与地调核对一次；⑦定期对供排水设备的滤网冲洗（半月一次）；⑧定期启停厂房主风机。

（2）维护定期工作的内容：①定期检查无油位监视设备的油位和油色，如空压机油位、水泵油位等，防止因油位偏少或油质变化而损坏设备；②定期对调速器的各活动机构处注油，防止其干摩擦或卡阻；③定期对长期不操作的阀门进行开关操作并加油或调整，防止其活动部分锈死；④定期对各气水分离器、空压机集水器放水，以保持汽水分离器的工作效果；⑤定期进行机组极性倒换（一般是每半年一次）。

对定期工作时间的确定，应根据各厂设备的具体实际情况而定。

1-2-36　为什么要对电气设备摇测绝缘电阻，怎样衡量电气设备绝缘电阻是否合格？

答：电气设备的绝缘及绝缘电阻，主要靠专业试验人员在大小修时按照电力部颁发的DL/T 596—1996《电力设备预防性试验规程》的规定要求，定期进行监督。在正常运行维护中，为了及时发现缺陷，值班人员有时也需测量绝缘电阻。通常情况下，送电前除了感应电压比较高的设备或架构高不好测量的设备外，均要测量绝缘电阻。

绝缘电阻的好坏，直接决定设备能否送电，一般可按下述掌握：①每千伏工作电压，绝缘电阻应不小于1MΩ。另外，有具体要求的设备还需根据其具体要求而定。②出现以下异常情况之一时，应报告领导，并查明原因：绝缘电阻已降至前次测量结果（或制造厂出厂测试结果）的1/3～1/5；绝缘电阻三相不平衡系数大于2；绝缘电阻吸收比 $R_{60}/R_{15}<1.3$（粉云母绝缘小于1.6）。在排除干扰因素，确认设备无问题后，方可送电。否则，送电可能造成设备事故。

1-2-37　摇测绝缘电阻时应注意哪些事项？

答：（1）应遵守《电力安全工作规程》的有关规定。①测量高压设备绝缘电阻，应由2人进行；②测量绝缘电阻时，必须将设备从电源的各方面断开，验明无电压且对地放电，确证检修设备无人工作，测量线路绝缘尚应取得对方同意，方可进行；③测量绝缘电阻时，被测线路有感应电压，必须将另一回线路停电，方可进行，雷电时，严禁测量线路绝缘；④绝缘电阻表的引线不得使用双股绞线，或把引线随便放在地上，以免因引线绝缘不良（相当于在被测设备两端并联一个小电阻），引起错误结果；⑤测量绝缘电阻时，绝缘电阻表及人员应与带电设备保持安全距离，同时，采取措施，防止绝缘电阻表的引线反弹至带电设备上，引起短路或人身触电；⑥绝缘电阻测量结束后，应将被测试设备对地放电。

（2）拆除设备的接地点。摇测绝缘电阻前：①应将一次回路的全部接地线拆除，拉开接地隔离开关；②将设备的工作接地点（如TV）或保护接地点临时甩开；③对于低压回路（380/220V），应将负载（电压表、电能表、信号灯、继电器）的"中性"线甩开。

（3）正确选择使用绝缘电阻表。其内容主要包括：绝缘电阻表电压的选择、绝缘电阻表容量的选择、正确进行接线、测量前对绝缘电阻表进行检查等。

1-2-38　摇测绝缘电阻时，如何正确选用绝缘电阻表？

答：（1）绝缘电阻表电压的选择。除摇测水冷发电机绝缘电阻，应使用专用绝缘电阻表或规定的仪表进行测量外，通常情况，被测设备的额定电压高，所使用绝缘电阻表的工作电压也应相应高一些，否则设备缺陷不能充分暴露。绝缘电阻表的电压，一般可参考表 1-2-3 的推荐值选用。测量带有电子元器件（二极管、三极管、晶闸管、集成电路、电脑及其终端）或电子成套设备回路的绝缘电阻时，因电子元件及设备耐压低，为了防止被击穿，应先将这些元件及设备从回路上甩开或短接，再用绝缘电阻表对线路或连接回路进行测量。电子元器件及电子设备的回路绝缘状况只能用万用表（放欧姆挡）进行测量检查。

（2）绝缘电阻表容量的选择。绝缘电阻表应选用容量足够大且负载特性比较平坦的定型表计。否则，当绝缘电阻比较低或吸收电流比较大时，其输出电压急剧下降，将影响测量结果。以 ZC-7 型绝缘电阻表为例。该表额定电压为 2500V，当被测绝缘电阻分别为 20MΩ 及 5MΩ 时，其输出电压为 2000V 及 1000V，仅为额定电压值的 80% 及 40%。

（3）正确进行接线。绝缘电阻表有三个接线柱：L—接被测设备；E—接地；G—接屏蔽。其中，L、E 不能反接，否则将产生较大的测量误差。

（4）测量前对绝缘电阻表进行检查。在额定转速时，绝缘电阻表两端开路，应指"∞"；低速旋转，短路时，应指"0"。测量时，在额定转数下持续 1 分钟。

表 1-2-3　　　　　　　　　　　　　　绝缘电阻表电压

设备额定电压(V)	100 以下	100～500	500～3000	3000～10 000	10 000 以上
绝缘电阻表电压(V)	250	500	1000	2500	2500 或 5000

1-2-39　为什么摇测电缆绝缘前先要对电缆进行放电？

答：因为电气设备的电缆等设备相当于一个电容器，在其上施加电压运行时被充电，停电后，电缆芯上积聚的电荷短时间内未被完全释放掉，故留有一定的残压，此时，若用手触及则会使人触电，若接上绝缘电阻表，会使绝缘电阻表损坏。所以摇测设备绝缘电阻前，要先对地放电，以确保人身和检测设备的安全。

1-2-40　为什么绝缘电阻表测量用的引线不能编织在一起？

答：在摇测绝缘电阻时，为了使测量值尽量准确，要求两条引线分开，不能编织在一起。因为绝缘电阻表测出的电压较高，如果将两条引线编织在一起，当导线绝缘性能不好、裸露导线或其绝缘水平低于被测设备时，相当于在被测设备上并接了一个电阻，会影响绝缘结果。尤其在测量电气设备的吸收比时，由于分布电容的存在更会影响其测量的准确性。

1-2-41　影响设备绝缘电阻阻值的外部因素有哪些，怎样对其测试结果进行分析和判断？

答：影响设备绝缘电阻阻值的外部因素主要有三个方面：温度、湿度及放电时间。初步判定某设备绝缘电阻不合格时，为了慎重，值班人员应找同一电压等级的绝缘电阻表进行核对，以证实原有的绝缘表无问题。若确定设备绝缘电阻有问题时，应通知高压试验人员复查。同时，可按以下步骤查找原因。

（1）加屏蔽再进行测量，以排除湿度及绝缘表面脏污的影响。

（2）将绝缘电阻折算到同一温度进行比较。绝缘电阻随温度按指数规律变化。不同设备，折算方法如下：变压器绝缘电阻，折算到 20℃ 的绝缘电阻 R_{20} 按下式计算：$R_{20} = 1.5^{[(t-20)/10]} \cdot R_t$；电动机为热塑性绝缘，折算到 75℃ 的绝缘电阻 R_{75} 按下式计算：$R_{75} =$

$R_t/2^{[(75-t)/10]}$；电动机为 B 级热固性绝缘，折算到 100℃的绝缘电阻 R_{100} 按下式计算：$R_{100} = R_t/1.6^{[(100-t)/10]}$。上三式中，$R_t$ 为温度为 t 时测得的绝缘电阻值，单位为 MΩ；t 为测量时设备的温度，单位为℃。

（3）与该设备的出厂试验、交接试验、历年大修试验的数值进行比较；与同型设备或设备本身的三相之间进行比较。

（4）在排除各种干扰因素的影响后，绝缘电阻仍不合格，说明设备确实存在缺陷，不得送电运行或列为备用，应继续查找原因，直至消除缺陷。

1-2-42 水轮发电机组的正常运行操作有哪些？

答：电力生产发、供电是同时完成的，根据用户用电负载的变化，水轮发电机组需经常启、停操作。水轮发电机组主要有停机备用状态、空转状态、空载运行、负载运行、调相运行等几种运行状态。也就是说，根据电力系统用户用电的需要，水轮机组会经常在这几种工况间进行转换，这就要进行相应的运行操作。这些操作主要是：①机组的首次启动操作；②顶转子操作；③机组的并列（并网）操作；④机组正常启动发电操作；⑤机组正常停机操作；⑥机组调相运行操作；⑦机组停机备用转检修操作。

1-2-43 什么是"两票三制"，指的是哪些内容？

答："两票"是指操作票、工作票；"三制"是指交接班制度、巡回检查制度和设备缺陷管理（定期试验与轮换）制度。"两票""三制"的执行是进一步落实有关人员的岗位责任制，进一步加强安全生产的重要措施，确保设备正常运行，稳定生产秩序行之有效的办法。

操作票制度涉及需要操作的设备与操作人、监护人、操作票签发人之间的关系。工作票制度涉及检修、运行人员与被检修设备之间的关系。交接班制度涉及交、接班运行人员与运行设备之间的关系；巡回检查制度牵涉当班运行人员与运行设备之间的关系；设备缺陷管理制度牵涉运行、检修试验及有关人员与存在缺陷的运行设备之间的关系。

1-2-44 水电站的工作票有哪几种，其执行程序如何，有哪些注意事项？

答：水电站的工作票，根据其工作性质的不同，一般分为：电气一种工作票、电气二种工作票、水力机械检修工作票、工作任务单、动火工作票等 5 种。

工作票的执行程序根据实际工作情况，一般如下：工作票签发——接受工作票——布置和执行安全措施——工作许可——开始工作——工作监护——工作延期——检修设备试运——工作终结——工作票终结——拆除临时措施与接地线等——工作票审核存档。其中，需要特别注意的是：①在接受工作票时，第一种工作票应在开工前一天 16：00 前交给值班人员，其他工作票可在当天交给值班员；②值班人员在接受工作票时，对其安措审核时应进行"四考虑"。其他具体情况在《电力安全工作规程》中做了详细规定，执行工作票时，应严格按照规定程序执行，严防习惯性违章。

1-2-45 运行值班人员在接受工作票进行安措审核时，所需做的"四考虑"指的是什么？

答：在水电站的工作中，许多时候，在同一时间、同一工作地点、同一设备区会进行多项工作，为了保证各项工作的有序进行，互不干扰，运行值班人员在接受工作票时，需要对各工作票的安全措施进行审核"四考虑"，以确保各项工作的安全。其内容是指：考虑电气一次、二次的相互影响；考虑电气、机械方面的相互影响；考虑各检修作业面的相互影响及检修与运行设备的影响；考虑可能引起的问题与注意事项。

1-2-46 第二种工作票注意事项栏内应填写哪些内容？

答： 由于填用第二种工作票的工作种类繁多，而且大多是在带电设备或部分停电的屏盘上进行的。注意事项栏应针对可能出现的不安全现象或现场周围环境中存在的危险因素，具体地填写出防范措施。其主要内容有以下两个方面。

（1）防止误动、误碰运行中的二次设备。对二次回路或设备上以及保护定检等工作，应填明：防止电压（互感器）回路短路，如将××（标号）线从×端子排上断开并绝缘包扎固定；防止电流回路开路，在×端子排处或设备接线柱处将××回路可靠短接；工作设备与运行保护有关连接的压板的投、退，有关部分是否使用封条、锁具，遮栏隔开的工作设备与相邻保护的情况。

（2）防止人员触电。低压电源干线、照明回路上的工作，应填明需要装设接地线的数量、处所，装设绝缘挡板数量、处所，提醒作业人员在工作地点采取安全措施，指明应检修的工作地点，以及警示值班人员禁止向某设备合闸送电等。它是保证电气工作人员安全的重要技术措施。在进行工作的工作票中，应在安全措施栏中写明。

1-2-47 什么是电气安全标识牌，其作用是什么？

答： 电气安全标识牌由安全色、几何图形和图形符号构成，是用以表达特定安全信息的一种标识物。其作用是悬挂在电气设备上，用来警告作业人员不断接近设备的带电部分，提醒作业人员在工作地点采取安全措施，指明应检修的工作地点，以及警示值班人员禁止向某设备合闸送电等。它是保证电气工作人员安全的重要技术措施。在进行工作的工作票中，应在安全措施栏中写明。标示牌要求有良好的绝缘性，一般是用木材、塑料或其他绝缘材料制作，不得用金属板制作。

1-2-48 常用的电气安全标识牌有哪几种，各有哪些使用要求？

答： 电气安全标识牌根据其用途的不同，一般分为警告类、允许类、提示类和禁止类等四类共八种，其标识牌的名称、式样、悬挂处所（使用要求）见表1-2-4。

表 1-2-4　　　　　　　　　电气安全标识牌的名称、式样、悬挂处所

序号	名称	悬挂处所（使用要求）	式样		
			尺寸（mm×mm）	颜色	字样
1	禁止合闸，有人工作！	一经合闸即可送电到施工设备的断路器和隔离开关操作把手上	200×100 和 80×50	白底，红色圆形斜杠，黑色禁止标识符号	黑字
2	禁止合闸，线路有人工作！	线路断路器和隔离开关操作把手上	200×100 和 80×50	白底，红色圆形斜杠，黑色禁止标识符号	黑字
3	禁止分闸	接地隔离开关与检修设备之间的断路器（开关）操作把手上	200×160 和 80×65	白底，红色圆形斜杠，黑色禁止标识符号	黑字

续表

序号	名称	悬挂处所（使用要求）	式样		
			尺寸（mm×mm）	颜色	字样
4	在此工作！	室外和室内工作地点或施工设备上	250×250 和 80×80	绿底，中有直径200mm和65mm白圆圈	黑字，写于白圆圈中
5	止步，高压危险！	施工地点邻近带电设备的遮栏上；室外工作地点的围栏上；禁止通行的过道上；高压试验地点；室外构架上；工作地点邻近带电设备的横梁上	300×240 和 200×160	白底，黑色正三角形及标识符号，衬底为黄色	黑字
6	从此上下！	工作人员上下的铁梯、梯子上	250×250	绿底，中有直径200mm白圆圈	黑字，写于白圆圈中
7	从此进出	室外工作地点围栏的出入口处	250×250	绿底，中有直径200mm白圆圈	黑体黑字，写于白圆圈中
8	禁止攀登，高压危险！	高压配电装置构架的爬梯上，变压器、电抗器等设备的爬梯上	500×400 和 200×160	白底，红色圆形斜杠，黑色禁止标识符号	黑字

1-2-49 什么叫作一个电气连接部分？

答：一个电气连接部分指的是：配电装置的一个电气单元与其他电气部分之间装有能明显分段的隔离开关，在这些隔离开关之间进行部分停电检修时，只要在各隔离开关处断路器侧或待修侧施以安全措施，就可以保证作业安全。比如高压母线或送电线路，它们与系统各个方向各端都可以用隔离开关明显地隔开，可以称为一个电气连接部分。

1-2-50 什么是安全色，水电站中的设备为什么要采用安全色，它们是如何规定的？

答：安全色是表达安全信息含义的颜色，国家标准GB/T 2893—2008规定：红色、黄色、蓝色、绿色4种颜色为安全色。红色传递禁止、停止、危险或提示消防设备、设施的信息；黄色表示注意、警告；蓝色表示指令、必须遵守的规定；绿色表示安全状态、通行。另外，对比色是使安全色更加醒目的反衬色，使安全色看起来更加醒目，更容易识别，对比色为黑白两种颜色，安全色与其对应的是：红—白、黄—黑、蓝—白、绿—白。在水电站中，为了便于识别设备、防止误操作、确保电气工作人员的安全，通常用安全色来区分各种设备。

在电气上，用黄、绿、红三色分别代表 A、B、C 三相；涂成红色的电器外壳是表示其外壳有电；涂成灰色的电器外壳是表示其外壳接地或接零；线路上黑色代表工作零线；明敷接地扁钢或圆钢涂黑色；用黄绿双色绝缘导线代表保护零线。低压电网的中性线用淡蓝色作为标志。二次系统中，交流电压回路、电流回路分别采用黄色和绿色标识。直流回路中正、负电源分别采用红、蓝两色，信号和警告回路采用白色。另外，为了保证运行人员更好地操作、监盘和处理事故，在设备仪表盘上，在运行极限参数上画有红线。

1-2-51 电气运行人员常用的工具、防护用具和携带型仪表各有哪些，如何维护和保管？

答：电气运行人员常用的工具有剪丝钳、尖嘴钳、螺丝刀、电工刀、活扳手、电烙铁、手电筒、验电笔等。常用的防护用具有绝缘手套、绝缘鞋（靴）、高压验电器、绝缘拉杆、绝缘垫和绝缘夹钳等。常用的携带型仪表有万用表、绝缘电阻表、钳形电流表等。对安全用具的维护和保管应做到：①工器具、仪表、标识牌等应存放在干燥、通风良好的地方，并保持整洁；②绝缘手套应放在专用支架上；③绝缘拉杆应垂直存放，吊挂在支架上，但不要靠墙壁；④各种仪表、绝缘鞋、绝缘夹等应存放在柜内，且做到对号入座、存取方便；⑤验电笔（器）应存放在专用的盒内；⑥接地线应编号入位，放在固定地点；⑦安全工具上面不准堆放其他物品，不准移作他用，橡胶制品不可与石油类的油脂接触，使用安全工具前应检查有无破损和是否在有效期内；⑧应定期对各种绝缘用具进行检查和试验（以上是一些大概的措施，具体的应见安全用具部分）。

1-2-52 什么叫倒闸及倒闸操作，水电站倒闸操作的主要内容有哪些，其执行程序怎样？

答：运用中的电气设备系统，分为运行、热备用、冷备用、检修 4 种状态。将电气设备由上述一种状态转变为另一种状态的过程叫作倒闸，倒闸时所进行的操作叫作倒闸操作。倒闸操作可以通过就地操作、遥控操作、程序操作完成，遥控操作、程序操作的设备应满足有关技术条件。

在水电站及电网的倒闸操作中，其内容一般有：①水轮发电机组的启动、并列和解列；②电力变压器的停、送电；③电力线路的停、送电；④网络的合环与解环；⑤母线接线方式的改变（即倒换母线）；⑥中性点接地方式的改变和消弧线圈的调整；⑦继电保护和自动装置使用状态的改变；⑧接地线的拆装与拆除等。

倒闸操作的执行程序一般是：发布和接受操作任务—填写操作票—审查与核对操作票—操作准备—操作执行命令的发布和接受—进行倒闸操作—复查—汇报、盖章与记录。

1-2-53 倒闸操作应遵循哪些基本原则？对倒闸操作的基本要求是什么？

答：倒闸操作的基本原则就是不能带负载拉、合隔离开关。

对倒闸操作的基本要求：手动合隔离开关时，必须迅速果断，但合到底时不能用力过猛，以防合过头及损坏支持绝缘子。隔离开关一经合上，不得再行拉开。手动拉开隔离开关时应谨慎，特别是刀片刚离开刀嘴时，如发生大电弧应立即合上，停止操作并查明原因；如无大电弧产生，则迅速拉开。

在一般情况下，断路器不允许带电手动合闸。这是因为手动合闸慢，易产生电弧。在遥控操作断路器时，为防止损坏控制开关及断路器合闸后又跳闸，操作时不得过猛或返回太快。在断路器操作后，应检查有关信号及测量仪表的指示以判断断路器动作的正确性。

1-2-54 电力系统中的设备有哪几种状态？什么是热备用，什么是冷备用？

答：电力系统的设备状态一般划分为运行、热备用、冷备用和检修 4 种状态。

热备用和冷备用是指设备的相对状态，其中热备用是指设备只有断路器处在断开位置；而冷备用是指断路器、隔离开关均断开。另外，检修状态是指在冷备用状态下，且布置了安全措施。而运行状态则是指设备处于正常的工作状态。

1-2-55 倒闸操作前应做好哪些准备工作，需注意些什么？

答：倒闸操作前的准备工作一般包括以下几个方面。

（1）接受操作任务。操作任务通常由操作指挥人或操作领导人（调度员、值长或上级领导）下达，是进行倒闸操作准备的依据。有计划的复杂操作或重大操作，应尽早通知相关单位的人员做好准备。接受操作任务后，值班负责人要首先明确操作人及监护人。

（2）确定操作方案。根据当班设备的实际运行方式，按照规程规定，结合检修工作票的内容及地线位置，综合考虑后确定操作方案及操作步骤。

（3）填写操作票。操作票的内容及步骤，是操作任务、操作意图及操作方案的具体化，是正确执行操作的基础和关键。所以填写操作票时，务必严肃、认真、准确，且注意以下几点：①操作票必须由操作人填写；②填好的操作票应进行审查，达到准确无误；③特定的操作，按规定也可使用固定操作票；④准备操作用具及安全用具，并进行检查。

此外，准备停电的设备如带有其他负载，倒闸操作的准备工作还包括将这些负载转移的操作。例如，停电的线路上有接负载时，应事先将其倒出。

1-2-56 为什么要填写操作票，操作票的范围是什么，哪些倒闸操作可不用操作票？

答：填写操作票的目的是拟定具体操作内容和顺序，防止在操作过程中发生顺序颠倒或漏项。而对于倒闸操作所使用操作票的范围，在水电站及电网的倒闸操作时，对于1000V以上的高压电气设备，正常运行情况下进行任何操作，都必须填写操作票。

而下述情况下进行倒闸操作时可以不用操作票：①处理事故时，为了能迅速断开故障点、缩小故障范围，尽快恢复供电，允许不填操作票进行操作。在事故处理结束后，应尽快向上级运行负责人汇报，并做好记录。②在高压断路器与隔离开关之间有连锁装置时，并且全部高压断路器和隔离开关都能在控制盘上（或上位机上）进行遥控操作。③在简单设备上进行单一操作时，如拉合高压断路器，拉开隔离开关的接地刀，拆装一组临时接地线，380V开关室内单项设备的停送电操作等。④寻找直流接地。⑤浮充电动机、短充电动机与蓄电池的并列操作等。

1-2-57 操作票应填写哪些内容，为什么操作票中应填写设备双重名称？

答：在操作票上必须填写高压断路器和隔离开关的操作步骤，此外还应填写下列内容：①拉开和合上高压断路器的操作电源（取下或装上操作熔断器），拉开和合上电压互感器的隔离开关，以及取下或装上电压互感器的熔断器；②检查高压熔断器和隔离开关的实际开合位置；③使用验电器检验需要接地部分是否确已无电；④使用或停用继电保护和自动装置，或改变其整定值，以及切断或合上它们的电源；⑤拆、装接地线并检查有无接地；⑥进行两侧具有电源的设备的同期操作。

操作票填写设备名称和编号的作用有两个：一是使操作票简洁、明了，避免某些语句在书写和复诵上过于繁冗；二是通过使用双重名称，可以避免发令和受令时在听觉上出错，特别对在操作票中，为了保证设备的可靠运行，防止走错间隔和误操作，一般在操作票中需填写设备双重名称。同一变电站内同音或近音的设备尤为必要。应该注意的是，发电厂和变电站内的设备，编号要能明显地区分开来，不得重复编号。

1-2-58 填写操作票时"四个对照""五不操作""四不开工""五不结束"指的是什么？

答：四个对照是指：①对照运行设备系统图；②对照运行方式和模拟接线图；③对照工作任务；④对照固定操作票。

五不操作是指：①未进行模拟预演不操作；②操作任务或操作目的不清楚不操作；③未经唱票复诵和思考不操作；④操作中发生疑问或异常不操作；⑤操作项目的检查不仔细不操作。

四不开工是指：①工作地点或工作任务不明确不开工；②安全措施的要求或布置不完善不开工；③审批手续或联系工作不完善不开工；④检修和运行人员没有共同赴现场检查或检查不合格不开工。

五不结束是指：①检修（包括试验）人员未全部撤离工作现场不结束；②设备变更和改进交代不清或记录不明不结束；③安全措施未全部拆除不结束；④有关测量试验工作未完成或测试不合格不结束；⑤检修（包括试验）和运行人员没有共同奔赴现场检查或检查不合格不结束。

1-2-59 倒闸操作前书写操作票时应考虑哪些问题？

答： 在倒闸操作前，为了保证倒闸操作的正确性和安全性，值班人员要认真考虑以下问题。

（1）改变后的运行方式是否正确、合理及可靠：①在确定运行方式时，应优先采用运行规程中规定的各种运行方式，使电气设备及继电保护尽可能处在最佳状态运行。②制定临时运行方式时，应根据以下原则：保证设备额定功率、满发满供、不窝额定功率、不过负载；保证运行的经济性、系统功率潮流合理，机组能较经济地分配负载；保证短路容量在电气设备的允许范围之内；保证继电保护及自动装置正确运行及配合；厂用电可靠；运行方式灵活，操作简单，处理事故方便。

（2）倒闸操作是否会影响继电保护及自动装置的运行。在倒闸操作过程中，如果预料有可能引起某些保护或自动装置误动或失去正确配合，要提前采取措施或将其停用。

（3）要严格把关，防止误送电，避免发生设备事故及人身触电事故。为此，在倒闸操作前应遵守以下要求：①在送电的设备及系统上，不得有人工作，工作票应全部收回。同时设备要具备以下运行条件：发电厂或变电站的设备送电，线路及用户的设备必须具备受电条件；一次设备送电，相应的二次设备（控制、保护、信号、自动装置等）应处于备用状态；电动机送电，所带机械必须具备转动条件，否则应切断；防止下错令，将检修中的设备误接入系统送电。②设备预防性试验合格，绝缘电阻符合规程要求，无影响运行的重大缺陷。③严禁约时停送电、约时拆挂地线或约时检修设备。④新建电厂或变电站，在基建、安装、调试结束及工程验收后，设备正式投运前，应经本单位主管领导同意及电网调度下令批准，方可投入运行，以免忙中出错。

（4）制定倒闸操作中防止设备异常的各项安全技术措施，并进行必要的准备。

（5）进行事故预想。电网及变电站的重大操作，调度员及操作人员均应做好事故预想。发电厂内的重大电气操作，除值长及电气值班人员要做好事故预想外，其他主要车间的负责人及工作人员也要做好事故预想。事故预想要从电气操作可能出现的最坏情况出发，结合本专业的实际，全面考虑，拟定对策及具体可行的应急措施。

1-2-60 怎样进行倒闸前的模拟操作，现场操作应如何进行？

答： 为核对操作票的正确性，经班长批准进行模拟操作。此时监护人按操作票的项目顺序唱票，由操作人对照模拟图板，以核对其操作票是否正确。

在进行现场操作时，操作人和监护人携带操作工具进入现场。操作前，先核对被操作设备的名称、编号应与操作票相同。当监护人认为操作人站立位置正确和使用安全用具符合要求时，按操作票的顺序及内容高声"唱票"，操作人应再次核对设备名称和编号，稍加思考（即3秒思考）无误后，复诵一遍。监护人确认无误后，下达"对，执行"的命令。此时，操作人方可按照命令进行操作。操作人在操作过程中，监护人还应监视其操作方法是否正确。当操作人操作完一项时，监护人立即在操作项目左侧作一个记号"√"，然后继续进行下一项操作。

1-2-61　操作票制度在执行中有哪些要求？

答： 电气操作票是"两票三制"中的重要内容之一。其制度在执行中的一般要求如下。

（1）操作票的操作范围不得任意扩大。按照《电力安全工作规程（变电部分）》的规定，允许下列电气操作可以不使用操作票：①事故应急处理；②拉合断路器（开关）的单一操作。上述操作在完成后应做好记录，事故应急处理应保存原始记录。

（2）操作票的使用，应符合下述规定：①操作票应先编号，并按照编号顺序使用；②一个操作任务填写一张操作票；③操作票中所填设备名称，实行双重编号。

（3）操作票中应填写的内容：①操作任务；②应拉合的断路器及隔离开关的名称、编号；③检查断路器及隔离开关的分、合实际位置；④投入或取下控制回路、信号回路、电压互感器回路的熔断器（保险）；⑤定相或检查电源是否符合并列条件；⑥检查负载分配情况；⑦断开或投入保护连接片和自动装置；⑧检查回路是否确无电压；⑨装、拆接地线（合拉接地隔离开关），检查接地线（接地隔离开关）是否拆除（拉开）等。倒闸操作中的辅助操作包括：测量设备的绝缘电阻；变压器或消弧线圈改变分接头位置；启停强油循环变压器的油泵；接通或断开断路器的合闸动力电源及隔离开关的控制电源或气源等。这些操作是否写入操作票中，应根据各厂制定的操作规程的规定而定。

（4）操作票实行三级审查制。"三审"是指操作票填好后，必须进行三次审查：①自审，由操作票填写人进行；②初审，由操作监护人进行；③复审，由值班负责人（值长）进行。三审后的操作票，经值长批准生效，得到调度正式操作令后执行操作。

（5）固定操作票的使用。对于与电气运行方式关系不大的频繁操作或特定操作，在不违反《电力安全工作规程》、不降低安全水平的情况下，经领导批准，可以使用内容、格式统一的固定操作票，并要注意以下事项：①使用固定操作票，也要审票，并严格执行操作票制度的有关规定；②一般可考虑使用固定操作票的操作有：高低压电动机停送电；备用励磁机定期测绝缘电阻、试转、升压；发电机解、并列；设备定期联动试验；分段母线的预试等。

1-2-62　操作监护制在执行中有哪些要求？

答： 操作监护制是我国发供用电运行部门普遍实行的一种基本工作制度，即倒闸操作时实行一人操作、一人监护的制度。这个制度在执行中有以下基本要求。

（1）倒闸操作必须由两人进行。通常由技术水平较高、经验比较丰富的值班员担任监护，另一人担任操作。发电厂、变电站、调度所及用户，每个值班人员的监护权、操作权应在岗位责任制中明确规定，通过考试合格后由领导以书面命令正式公布，并取得合格证。

（2）操作前应进行模拟预演。经"三审"批准生效的操作票，在正式操作前，应在"电气模拟图"上，按照操作票的内容和顺序模拟预演，对操作票的正确性进行最后检查、把关。

（3）每进行一项操作，都应遵循"唱票—对号—复诵—核对—操作"这5个程序进行。

具体地说，就是每进行一项操作，监护人按操作票的内容、顺序先"唱票"（即下操作令），然后操作人按照操作令查对设备名称、编号及自己所站的位置无误后，复诵操作令，监护人听到复诵的操作令后，再次核对设备编号无误，最后下达"对，执行！"的命令，操作人方可进行操作。

（4）操作票必须按顺序执行，不得跳项和漏项，也不准擅自更改操作票内容及操作顺序。每执行完一项操作，做一个记号"√"。

（5）除非发生特殊情况（如操作人突然生病，或中途发生事故、受伤等），不要随便更换操作人或监护人。

（6）操作中发生疑问或发现电气闭锁装置动作，应立即停止操作，报告值班负责人，查明原因后，再决定是否继续操作。

（7）全部操作结束后，派人对操作过的设备进行复查，并向发令人回报。

1-2-63 倒闸操作时监护复诵应怎样进行？

答：监护复诵实际上是对操作实施进行全过程安全监护的制度。模拟预演结束，因为监护人较之于操作人更熟悉设备，经验丰富，所以，操作人应由监护人带领前往操作现场。以油断路器单元设备为例，操作之前，监护人持票面向待操作设备，站于操作人附近身后，两人立准位置，首先核对设备名称、编号和位置正确，准备开始操作，监护人记录开始操作时间，发布操作命令，高声唱票。操作人听令，核对设备名称编号位置，无误后以手指示高声复诵一遍并做好操作准备。监护人审查操作人所诵所指行为正确无误，发出"执行"的命令。操作人接到命令即动手操作，用钥匙打开电气防误闭锁装置，操作完毕复位，听候监护人下一项命令，监护人监督操动后设备状态合乎要求，则在该项上按规定打钩，接着唱诵下一项操作指令，如此按顺序进行，直至全部项目完结后，再全部进行一次复查，证明设备状态良好，监护人记录操作结束时间，带领操作人离开操作现场。

1-2-64 倒闸操作中应重点防止哪些误操作事故？防止误操作的措施有哪些？

答：水电站若发生误操作事故，可能导致设备损坏，危及人身安全以及造成大面积停电，对国民经济带来巨大损失，常出现的倒闸误操作事故有：①误拉、误合断路器或隔离开关；②带负载拉合隔离开关；③带电挂地线或带电合接地隔离开关；④带地线合闸；⑤非同期并列等。除以上5点外，防止操作人员高处坠落、误入带电间隔、误登带电架构、避免人身触电，也是倒闸操作中须注意的重点。

不少误操作事故都直接或间接与误拉、误合断路器或隔离开关有关。所以，防止误操作应采取以下措施：操作前进行三对照，操作中坚持三禁止，操作后坚持复查，整个操作要贯彻五不干。①三对照：对照操作任务、运行方式，由操作人填写操作票；对照"电气模拟图"审查操作票并预演；对照设备编号无误后再操作。②三禁止：禁止操作人、监护人一齐动手操作，失去监护；禁止有疑问时盲目操作；禁止边操作、边做与操作无关的工作（或聊天），分散精力。③五不干：操作任务不清不干；应有操作票而无操作票时不干；操作票不合格不干；应有监护而无监护人不干；设备编号不清不干。

1-2-65 断路器在操作和使用中应注意什么？

答：断路器是倒闸操作中最基本的操作电器。它在操作和使用中应注意以下几点。

（1）操作断路器时：①拉合控制开关（SA），不得用力过猛或操作过快，以免合不上闸；②断路器合闸送电或跳闸后试发，人员应远离现场，以免因带故障合闸造成断路器损坏，发生意外；③远方（电动或气动）合闸的断路器，不允许带工作电压手动合闸，以免合闸在故障回路使断路器损坏或引起爆炸。

（2）当断路器出现非对称开合闸时，首先要设法恢复对称运行（三相全合或全开），然后再做其他处理。发电厂及变电站的运行规程应结合本单位的一次接线，明确规定故障发生在不同回路（发电机或出线）时的具体处理步骤和方法。

（3）断路器经合后，应到现场检查其实际位置，以免传动机构开焊，绝缘拉杆折断（脱落）或支持绝缘子碎裂，造成回路实际未拉开或未合上。

（4）拒绝拉闸或保护拒绝跳闸的断路器，不得投入运行或列为备用。

（5）其他注意事项：①对于外皮带电的断路器，倒闸操作时应与其保持安全距离，间隔门或围栏不得随意打开。②在电弧作用下，SF_6气体将生成有毒的分解物。发现 SF_6 断路器漏气，人员应远离故障现场，以免中毒。在室外，至少应离开漏气点 10m 以上（戴防毒面具、穿防护服除外）并站在上风口；在室内，应立即将人员撤至室外，开起全部通风机。③对液压传动的断路器，操作后如油系统不正常，应及时查明原因并进行处理。处理中，特别要防止"慢"分闸。④对弹簧储能机构的断路器，停电后应及时释放机构中的能量，以免检修时发生人身事故。⑤手车断路器的机械闭锁应灵活、可靠，防止带负载拉出或推入，引起短路。⑥断路器累计切断短路次数达到厂家规定，应适时安排进行检修。⑦检修后的断路器，应保持在断开位置，以免送电时隔离开关带负载合闸。

1-2-66 隔离开关在操作及使用中应注意什么？

答： 隔离开关也是倒闸操作中重要的操作电器。隔离开关在操作及使用中应注意以下几点。

（1）按照允许的使用范围进行操作。根据电力工业部 1980 年制定的《电力工业技术管理法规（试行）》的规定，当回路中未装断路器时，允许使用隔离开关进行下列操作：①拉、合电压互感器和避雷器；②拉、合母线和直接连接在母线上设备的电容电流；③拉、合变压器中性点的接地线，但当中性点接有消弧线圈时，只有在系统没有接地故障时才可进行；④与断路器并联的旁路隔离开关，当断路器在合闸位置时，可拉合断路器的旁路；⑤拉、合励磁电流不超过 2A 的空载变压器和电容电流不超过 5A 的无负载线路，但当电压为 20kV 及以上时，应使用屋外垂直分合式的三联隔离开关；⑥用屋外三联隔离开关可拉合电压 10kV 及以下、电流15A 以下的负载电流；⑦拉、合电压 10kV 及以下，电流 70A 以下的环路均衡电流。

（2）禁止用隔离开关进行的操作。隔离开关没有灭弧装置，当开断的电流超过允许值或拉合环路压差过大时，操作中产生的电弧超过本身"自然灭弧能力"，往往引起短路。为此，禁止用隔离开关进行下列操作：①当断路器在合入时，用隔离开关接通或断开负载电路（符合规定者除外）；②系统发生一相接地时，用隔离开关断开故障点的接地电流；③拉合规程允许操作范围外的变压器环路或系统环路；④用隔离开关将带负载的电抗器短接或解除短接，或用装有电抗器的分段断路器代替母联断路器倒母线；⑤在双母线中，当母联断路器断开分母线运行时，用母线隔离开关将电压不相等的两母线系统并列或解列，即用母线隔离开关合拉母线系统的环路。

（3）操作隔离开关时应注意的事项：①拉合隔离开关时，断路器必须在断开位置，并经核对编号和位置无误后，方可操作。②远方操作的隔离开关，不得在带电压的条件下就地手动操作，以免失去电气闭锁，或因分相操作引起非对称开断，影响继电保护的正常运行。③就地手动操作的隔离开关：合闸，应迅速果断，但在合闸终了不得有冲击，即使合入接地或短路回路也不得再拉开；拉闸，应慢而谨慎，特别是动、静触头分离时，如发现弧光，应迅速合入，停止操作，查明原因，但切断空载变压器、空载线路、空载母线或拉系统环路，应快而果断，促使电弧迅速熄灭。④分相操作的隔离开关，拉闸操作时先拉中相，后拉边相；合闸操作时相反。⑤隔离开关经拉合后，应到现场检查其实际位置，以免传动机构或控制回路（指远方操作）有故障，出现拒合或拒拉现象。同时检查触头的位置应正确，合闸后，工作触头应接触良好；拉闸后，断口张开的角度或拉开的距离应符合要求。

（4）其他注意事项：①隔离开关操动机构的定位销，操作后一定要销牢，防止滑脱引起带负载切合电路或带地线合闸。②已装电气闭锁装置的隔离开关，禁止随意解锁进行操作。③检修后的隔离开关，应保持在断开位置，以免送电时接通检修回路的地线或接地隔离开关，引起人为三相短路。

1-2-67 倒闸操作时继电保护及自动装置的使用原则是什么？

答：倒闸操作时继电保护及自动装置的使用原则如下。

（1）设备不允许无保护运行。一切新设备均应按照 GB/T 14285—2006《继电保护和安全自动装置技术规程》的规定，配置足够的保护及自动装置。设备送电前，保护及自动装置应齐全，图纸、整定值应正确，传动良好，保护出口压板按规定位置加用。

（2）倒闸操作中或设备停电后，如无特殊要求，一般不必操作保护或断开压板。但在下列情况要特别注意，必须采取措施。①倒闸操作将影响某些保护的工作条件，可能引起误动作，则应提前停用。例如，电压互感器停电前，低电压保护应先停用。②运行方式的变化将破坏某些保护的原工作方式，有可能发生误动时，倒闸操作前也必须将这些保护停用。例如，当双回线接在不同母线上，且母联断路器断开运行时，线路横联差动保护应停用。③操作过程中可能诱发某些联动跳闸装置动作时，应预先停用。例如，发电机无励磁倒备用励磁机，应预先把灭磁开关连锁连接片断开，以免恢复励磁，合灭磁开关时，引起发电机主断路器及厂用变压器跳闸。

（3）设备虽已停电，但如该设备的保护动作（包括校验、传动）后，仍会引起运行设备断路器跳闸时，也应将有关保护停用，连接片断开。例如，一台断路器控制两台变压器，应将停电变压器的重瓦斯保护连接片断开；发电机停机，应将过电流保护跳其他设备（主变压器、母联及分段断路器）的跳闸连接片断开。

1-2-68 倒闸操作时系统接地点应如何考虑？

答：工作电压为 110kV 及以上的系统均为大电流接地系统，任何情况下均不得失去接地点运行。为了保证电网的安全及继电保护正确动作，系统接地点的数量、分布，接地变压器的容量，均应符合电网调度规程的规定。制订系统接地点的实施方案时，通常从以下几方面考虑。

（1）使单相短路电流不超过三相短路电流。

（2）在低压侧或中压侧有电源的发电厂（变电站），该厂（所）至少应有一台主变压器的高压侧中性点接地，以保证与电网解列后不失去接地点。

（3）三绕组升压变压器，高压侧停电后该侧中性点接地闸应合上，以保证单相短路时，变压器差动保护及零序电流保护能够动作。

（4）倒闸操作中，为了防止发生操作过电压及铁磁谐振过电压，根据需要，允许将平时不接地的变压器中性点临时接地。

1-2-69 倒闸操作时对解并列操作有何要求？

答：解并列操作重点要防止非同期并列、设备过载及系统失去稳定等问题。其具体要求如下。

（1）系统解并列。①两系统并列的条件：频率相同，电压相等，相序、相位一致。发电机并列，应调整发电机的频率、电压与系统频率、电压之差在允许范围内，且电压的相位基本一致；电网之间并列，应调整地区小电网的频率、电压与主电网一致。如调整困难，两系统并列时频差最大不得超过 0.25Hz，电压差允许 15%。②系统并列应使用同期并列装置。必要时也可使用线路的同期检定重合闸来并列，但投入时间一般不超过 15min。③系统解列时，必须将解列点的有功功率调到零，电流调到最小方可进行，以免解列后频率、电压异常波动。

（2）拉合环路。①合环路前必须确知并列点两侧相位正确，处在同期状态。否则，应进行同期检查。②拉合环路前，必须考虑潮流变化是否会引起设备过载（过电流保护跳闸），或局部电压异常波动（过电压），以及是否会危及系统稳定等问题。为此，必须经过必要的计算。③如估计环流过大，应采取措施进行调整或改变环路参数加以限制，并停用可能误动的保护。④必须用隔离开关拉合环路时，应事先进行必要的计算和试验，并严格控制环路内的电流，尽量降低环路拉开后断口上的电压差。

（3）变压器解并列。①变压器并列的条件：接线组别相同；电压比及阻抗电压应相等。符合规定的并列条件，才能并列。②送电时，应由电源侧充电，负载侧并列；停电时操作顺序相反。当变压器两侧或三侧均为电源时，应按继电保护运行规程的规定，由允许充电的一侧充电。③必须证实投入的变压器已带负载，才能停止（解列）运行的变压器。④单元连接的发电机变压器组，正常解列前应将工作厂用变压器的负载，转至备用厂用变压器；事故解列后要注意工作厂用变压器与备用厂用变压器是否为一个电源系统，倒停变压器要防止在厂用电系统发生非同期并列。

1-2-70 倒闸操作时使用哪些安全用具？如何检查及有哪些问题？

答：倒闸操作中使用的安全用具主要有：绝缘手套、绝缘靴、绝缘拉杆、验电器等。按照《电力安全工作规程》的要求，这些安全用具必须进行定期耐压试验，试验合格的安全工具才能使用。安全用具使用前应进行一般检查，要求如下。

（1）用充气法对绝缘手套进行检查，应不漏气，外表清洁完好。同时，要注意高、低压绝缘手套不能混用。

（2）对绝缘靴、绝缘拉杆、验电器等进行外观检查，应清洁无破损。

（3）禁止使用低压绝缘鞋（电工鞋）代替高压绝缘靴。

（4）对声光验电器应进行模拟试验，检查声光显示正常，设备电路完好。

（5）所有安全用具均应在有效试验期之内。

1-2-71 倒闸操作使用绝缘棒时为什么还要戴绝缘手套，绝缘棒为什么要加装防雨罩？

答：这是从全面周密的安全角度来考虑。首先，绝缘棒的绝缘并不绝对，当它保管不当受潮时，绝缘能力将会降低，表现为泄漏电流增大，假如使用这样的绝缘棒操作，绝缘棒上就会产生电压降，如果操作人不戴绝缘手套，则其两手之间的接触电压将对人身安全造成威胁；其次，如果操作中出现错误引起设备接地，那么，地电位升高，操作人两手之间同样要承受接触电压而被伤害。因此，在使用绝缘棒进行倒闸操作时，还必须戴手套。

下雨天对倒闸操作来说是一种特殊气候，必须有针对性地采取措施。绝缘棒的绝缘部分加装的防雨罩是喇叭口形的。使用时注意，罩的上口必须和绝缘部分紧密接触，无渗漏。这样的话，它就可以把绝缘棒上顺流下来的雨水阻断，保持一定的耐压，而不至于形成对地闪络。增加了防雨罩，还可以保证绝缘棒上的一部分不被淋湿，提高它的湿闪电压。

1-2-72 倒闸操作在哪些情况下应穿绝缘靴，为什么在有雷电活动时应禁止倒闸操作？

答：穿绝缘靴是为了防止设备外壳带有较高电位时操作人员受到跨步电压的危害。《电力安全工作规程》中指出：雨天操作室外高压设备时，绝缘棒应有防雨罩，还应穿绝缘靴。接地网电阻不符合要求的，晴天也应穿绝缘靴。在实际操作中应严格遵守上述规定，并注意在出现以下情况时穿好绝缘靴：①电气设备出现异常的检查巡视中，包括小电流接地系统接地检查时；②雨天、雷电活动中设备巡视和用绝缘棒进行操作时；③发生人身触电，前往解救时；④对接地网电阻不合格的配电装置进行倒闸操作和巡视时。

在雷雨天时应禁止进行倒闸操作，其原因主要是有雷电活动时，雷电波会通过母线在线路之间溃散。雷电流是相当大的，而高压断路器的遮断容量是有限的，如果恰好在操作中遇上那一瞬间开断雷电流，就会发生严重后果。有雷电活动时，输电线路及其他电气设备发生故障的概率也高，操作条件恶劣，对人身和设备风险都大，工作无安全保障。

1-2-73 母线倒闸操作的一般原则要求是什么？

答：母线倒闸操作的一般原则要求如下。

（1）倒母线必须先合母联断路器，并取下控制回路熔断器（保险），以保证母线隔离开关在并、解列时满足等电位操作的要求。

（2）在母线隔离开关的合、拉过程中，如可能发生较大火花时，应依次先合靠母联断路器最近的母线隔离开关；拉闸的顺序则与其相反。目的是尽量减小操作母线隔离开关时的电位差。

（3）断开母联断路器前，母联断路器的电流表应指示为零；同时，母线隔离开关辅助触点、位置指示器应切换正常。以防"漏"倒设备，或从母线电压互感器二次侧反充电，引起事故。

（4）倒母线的过程中，母线差动保护的工作原理如不遭到破坏，一般均应投入运行。同时，应考虑母线差动保护非选择性开关的拉、合及低电压闭锁母线差动保护连接片的切换。

（5）母联断路器因故不能使用，必须用母线隔离开关拉、合空载母线时，应先将该母线电压互感器二次侧断开（取下熔断器或断开自动开关），防止运行母线的电压互感器熔断器熔断或自动开关跳闸。

（6）其他注意事项：①严禁将检修中的设备或未正式投运设备的母线隔离开关合入；②禁止用分段断路器（串有电抗器）代替母联断路器进行充电或倒母线；③当拉开工作母线隔离开关后，若发现合入的备用母线隔离开关接触不好、放弧，应立即将拉开的隔离开关再合入，并查明原因；④停电母线的电压互感器所带的保护（如低电压、低频、阻抗保护等），如不能提前切换到运行母线的电压互感器上供电，则事先应将这些保护停用，并断开跳闸连接片。

1-2-74 在倒闸操作中为什么要验电，验电操作时有哪些要求？

答：在倒闸操作中，为了检查倒闸操作的可靠性，确保倒闸操作后的工作绝对安全，在倒闸操作时，需对设备的相应部位进行验电。在进行验电时，一要态度认真，克服可有可无的思想，避免因走过场而流于形式；二要掌握正确的判断方法和要领。其要求是：①高压验电，操作人必须戴绝缘手套。②验电时，必须使用试验合格、在有效期内、符合该系统电压等级的验电器。特别要禁止与不符合系统电压等级的验电器混用。因为，在低压系统使用电压等级高的验电器，有电也可能验不出来；反之，操作人员安全得不到保证。③雨天室外验电，禁止使用普通（不防水）的验电器或绝缘拉杆，以免受潮闪络或沿面放电，引起人身事故。④先在有电的设备上检查验电器，应确认验电器良好。⑤在停电设备的两侧（如断路器的两侧、变压器的高低压侧等）以及需要短路接地的部位，分相进行验电。

1-2-75 验电的方法有哪些，各有什么特点？

答：验电的方法：①试验验电器，不必直接接触带电导体。通常验电器清晰发光电压不大于额定电压的 25%。因此，完好的验电器只要靠近带电体（6、10、35kV 系统，分别约为 150、250，500mm），就会发光或有声光报警。②用绝缘拉杆验电要防止钩住或顶着导体。室外设备架构高，用绝缘拉杆验电，只能根据有无火花及放电声判断设备是否带电，不直观，难度大。白天，火花看不清，主要靠听放电声。在噪声很大的场所，思想稍不集中，极易做出错误判断。因此，操作方法很重要。验电时如绝缘拉杆钩住或顶着导体，即使有电也不会有火花和放电声，因为实接不具备放电间隙。正确的方法是绝缘拉杆与导体应保持虚接或在导体表面来回蹭，如设备有电，通过放电间隙就会产生火花和放电声。

1-2-76 进行现场验电时怎样判断有电或无电？

答：正确掌握区分有无电压是验电的关键。可参考以下方法进行判断。

（1）有电。因工作电压的电场强度强：①验电器靠近导体一定距离，就发光（或有声光报警），显示设备有工作电压；然后，验电器离带电体越近，亮度（或声音）就越强。操作人细心观察、掌握这一点对判断设备是否带电非常重要。②用绝缘拉杆验电，有"吱吱"放电声。

（2）静电。对地电位不高，电场强度微弱，验电时验电器不亮。与导体接触后，有时才发光；但随着导体上静电荷通过验电器→人体→大地放电，验电器亮度由强变弱，最后熄灭。停电后在高压长电缆上验电时，就会遇到这种现象。

（3）感应电。与静电差不多，电位较低，一般情况验电时验电器不亮。

（4）在低压回路验电，如验电笔亮，可借助万用表来区别是哪种性质的电压。将万用表的电压挡放在不同量程上，测得的对地电压为同一数值，可能是工作电压；量程越大（内阻越高），测得的电压越高，可能是静电或感应电压。

1-2-77 装设接地线的保护作用是什么？应遵循什么原则？

答：装设接地线的保护作用是：①可将电气设备上的剩余电荷泄入大地，同时当出现突然来电时，可促使电源开关迅速跳开；② 可以限制发生突然来电时设备对地电压的升高。

装设接地线的原则是：①对可能送电至停电设备的各个电源侧，均应装设接地线，从电源侧看过去，工作人员均应在接地线的后面，在接地线的保护之下；②当有产生危险感应电压的可能时，要视情况适当增挂接地线；③进行线路工作时，除应遵循以上两条外，还应在每个工作台班的工作地段两侧悬挂接地线，即使是单端有电源的受电线路也应在工作地点的两端分别挂接地线。在水电站中，所有的高压设备停电检修时，都需装设接地线。

1-2-78 装设接地线时应注意哪些事项？

答：装设接地线时主要应防止麻电和触电烧伤，防高处摔伤，挂设正确合格，装设中应注意以下几个方面。

（1）装设之前，应先根据设备接地处所的位置选择合适的接地线，提前进行检查，保证接地线合格良好待用。

（2）准备好所使用的工器具和安全防护用具。如：阴雨天气，应备好雨具，登高时的梯子需在杆塔上挂设时，必须系好安全带等。

（3）现场应先理顺展放好地线。因挂地线是和验电一起进行的。验明确无电压后，操作人先将接地端装好，选择挂设时合适的站立位置。如：在平台、凳子上操作时应站稳，注意人身防护，保持好接地线与周围带电设备的安全距离，特别是部分停电地点，空间距离窄小时更应注意把持安全距离。在接通导体端的整个过程中，操作人员身体不得挨靠接地线金属部分。

（4）对同杆架设的双回线、双母线、旁路母线等电气设备，停一回而另一回运行及其他产生感应电压突出明显的设备，应尽量使用接地隔离开关接地。在无接地隔离开关的设备上所挂的地线，均应为带有长绝缘操作杆的地线，以减小操作人员的风险。

（5）挂设导体端时，应缓慢接近导电部分，待即将接触上的瞬间果断地将线夹挂入，并应检查接触良好。

1-2-79 挂、拆接地线有什么要求，为什么严禁用缠绕的方法进行接地或短路？

答：当验明设备确已无电压后，应立即将检修设备接地并三相短路。对于可能送电至停电设备的各方面或停电设备可能感应电压的都要装设接地线，所装接地线与带电部分应符合安全距离的规定。同杆架设的多层电力线路挂接地线时，应先挂下层导线，后挂上层导线；先挂离人体较近的导线（设备），后挂离人体较远的导线（设备）。装设接地线必须由两人进行。接地线应用多股软裸铜线，其截面应符合短路电流的要求，不得小于 $25mm^2$。装设接地线必须先接接地端，后接导体端，必须接触良好。拆接地线的顺序与此相反。接地线必须使用专用的线夹固定在导体上，严禁用缠绕的方法进行接地或短路。装设接地线时应使用绝缘棒或绝缘手套，人体不得接触接地线或未接地的导线。

缠绕接地或短路时，应注意：①接地线接触不良会导致其在通过短线电流时过早地被烧毁；②接触电阻大，在流过短路电流时检修设备上产生较大的电压降，这是极其危险的，所以严禁采用这样的方法。

1-2-80 为什么装设接地线必须由两人进行？

答：装设接地线在实施安全技术措施停电、验电之后进行，很多情况下要在带电设备附近进行操作。不仅装设接地线，而且拆除接地线也应遵守高压设备上工作的规定，由两人配合进行，以防无人监护而发生误操作，以及带电挂地线发生人身伤害事故时无人救护的严重后果。为此，必须遵守《电力安全工作规程》的有关规定。对单人值班变电站布置安全技术措施时，只允许通过操动机构合接地隔离开关，或使用基本安全工具绝缘棒合接地隔离开关。

1-2-81 装设接地线为什么要先接接地端？拆除时后拆接地端？

答：先装接地端后接导体端完全是操作安全的需要，这是符合安全技术原理的。因为在装拆接地线的过程中可能会突然来电而发生事故，为了保证安全，一开始操作，操作人员就应戴上绝缘手套。使用绝缘杆接地线应注意选择好位置，避免与周围已停电设备或地线直接碰触。操作第一步即应将接地线的接地端可靠地与地极螺栓良好接触。这样在发生各种故障的情况下都能有效地限制地线上的电位。装设接地线还应注意使所装接地线与带电设备导体之间保持规定的安全距离。拆接地线时，只有在导体端与设备全部解开后，才可拆除接地端子上的接地线。否则，若先行拆除了接地端，则泄放感应电荷的通路即被隔断，操作人员再接触检修设备或地线，就有触电的危险。

1-2-82 发电厂、变电站的电气设备和电力线路应接地的部分有哪些？

答：发电厂、变电站的电气设备和电力线路接地的部分如下：①电动机、变压器、断路器及其他电气设备的金属外壳或基座；②电气设备的传动装置；③互感器的二次线圈（继电保护另有规定者除外）；④屋内、外配电装置的金属或钢筋混凝土构架；⑤配电盘、保护盘及控制盘（台）的金属框架；⑥交、直流电力及控制电缆的金属外皮、电力电缆接头的金属外壳及穿线的钢管等；⑦居民区中性点非直接接地架空电力线路的金属杆塔和钢筋混凝土杆塔；⑧避雷针、避雷线的引下线，装有避雷针、避雷线的金属或钢筋混凝土杆塔或构架；⑨带电设备的金属护网、遮栏；⑩配电线路杆塔上的配电装置、电容器等金属外壳；⑪易燃、易爆介质的容器，油区的铁路轨道；⑫发电厂厂区内的桥机、门机等起重设备的轨道等。

1-2-83 对系统合环与解环操作有哪些要求？

答：（1）合环前必须确认相位一致。

（2）合环前应将电压差调整到最小，220kV 线路一般不超过额定电压的 20%，最大不超过额定电压的 30%，500kV 一般不超过额定电压的 10%，最大不超过额定电压的 20%。

（3）合环时，一般应经同期装置检定，功角差不大于 30°。

（4）解环前，应先检查解环点的有功潮流、无功潮流，确保解环后系统各部分电压在规定范围内，任一设备不超过动稳极限及继电保护等方面的规定。

1-2-84 线路的停送电操作有哪些规定？

答：（1）220kV 及以上线路停、送电操作时，都应考虑电压和潮流变化，特别注意使非停电线路不过载，使线路输送功率不超过稳定极限，停送电线路末端电压不超过允许值。对充电投入长线路时，应防止发电机自励磁及线路末端电压超过允许值。

（2）220kV 及以上线路检修完毕送电操作时，应采取相应措施，防止送电线路投入时发生短路故障，引起系统稳定破坏。

（3）对线路进行充电时，充电线路的开关必须至少有一套完备的继电保护，充电端必须有变压器中性点接地。

（4）线路停电解备时，应在线路两侧断路器断开后，先拉开线路侧隔离开关，后拉开母线侧隔离开关，确认两侧线路隔离开关已拉开后，然后合上线路接地隔离开关。对于一个半开关接线的厂站，应先断开中间断路器，后断开母线侧断路器。

（5）线路送电时，首先应拆除线路上的安全措施，核实线路保护按要求投入后，再合上母线侧隔离开关，后合上线路侧隔离开关，最后合上线路侧断路器。一个半开关接线的厂站应先合母线侧断路器，后合中间断路器。

（6）线路解备时线路可能受电的各侧都应停止运行，在隔离开关拉开后，才允许在线路上做安全措施；反之，在未拆除线路上的安全措施之前，不允许线路任一侧恢复备用。

（7）检修后的相位可能变动的线路必须校对相位正确后，方能送电。

1-2-85 防止带负载拉合隔离开关有哪些措施？

答： 防止带负载拉合隔离开关的具体措施如下。

（1）按照隔离开关允许的使用范围及条件进行操作。拉合负载电路时，严格控制电流值，确保在全电压下开断的小电流值在允许值之内。

（2）拉合规程规定之外的环路，必须谨慎，要有相应的技术措施。①操作前应经过计算或试验，使 $\Delta U < \Delta U_G$，操作方案经批准后，方可执行。②选择有利的操作方式，尽量使用室外隔离开关进行操作（L_2大）。③设备、环境、人身安全应符合要求：隔离开关最好有引弧角，且禁止使用慢分合的隔离开关拉合环路；隔离开关与周围建筑物保持安全距离（应不小于 L_2），主导电部分上方不得有建筑物，以防飞弧引起接地短路；在条件允许的情况下宜尽可能远方操作，如手动操作，就地要有保证人身安全的防护措施。④拉合环路电流，应与对应的允许断口电压差相配合。环路电流太大时，不得进行环路操作。

（3）加强操作监护，对号检查，防止走错间隔、动错设备、错误合拉隔离开关。同时，对隔离开关普遍加装防误操作闭锁装置。

（4）拉合隔离开关前，现场检查断路器，必须在断开位置。隔离开关经操作后，操动机构的定位销一定要销好，防止因机构滑脱接通或断开负载电路。

（5）倒母线及拉合母线隔离开关，属于等电位操作，$\Delta U = 0$，故必须保证母联断路器合入，同时取下该断路器的控制熔断器（保险），以防止跳闸。

（6）隔离开关检修时，与其相邻运行的隔离开关机构应锁住，以防止误拉合。

（7）手车断路器的机械闭锁必须可靠，检修后应实际操作进行验收，以防止将手车带负载拉出或推入间隔，引起短路。

1-2-86 防止带电挂地线（带电合接地隔离开关）有哪些措施？

答： 带电挂地线（带电合接地隔离开关），除引起接地短路、损坏设备停电外，因电弧温度很高（表面达 3000～4000℃，中心约 10 000℃），往往烧伤操作人员，危及生命安全，造成终身残疾或死亡。因此，带电挂地线必须绝对禁止。其具体措施是：①断路器、隔离开关拉闸后，必须检查实际位置是否拉开，以免回路电源未切断；②坚持验电，及时发现带电回路，查明原因；③正确判断正常带电与感应电的区别，防止误把带电当静电；④隔离开关拉开后，若一侧带电，一侧不带电，应防止将有电一侧的接地隔离开关合上，造成短路。当隔离开关两侧均装有接地隔离开关时，一旦隔离开关拉开，接地隔离开关与隔离开关之间的机械闭锁即失去作用，此时任意一侧接地隔离开关都可以自由合上；⑤普遍安装带电显示器，并闭锁接地隔离开关，有电时不允许接地隔离开关合上。

1-2-87 防止带地线合闸有哪些措施？

答： 防止带地线合闸事故具体执行以下措施。

（1）加强地线的管理。按编号使用地线；拆、挂地线要做记录并登记。

（2）防止在设备系统上遗留地线。①拆、挂地线或拉合接地隔离开关，要在电气模拟图上做好标记，并与现场的实际位置相符。交接班检查设备时，同时要查对现场地线的位置、数量是否正确，与"电气模拟图"是否一致。②禁止任何人不经运行值班人员同意，在设备系统上私自拆、挂地线，挪动地线的位置，或增加地线的数量。③设备第一次送电或检修后送电，运行值班人员应到现场进行检查，掌握地线的实际情况；调度人员下令送电前，事先应与发电厂、变电站的运行值班人员核对地线，防止漏拆接地线。

（3）对于一经操作可能向检修地点送电的隔离开关，其操动机构要锁住，并悬挂"禁止合闸，有人工作"的标示牌，防止误操作。

（4）正常倒母线，严禁将检修设备的母线隔离开关误合入。事故倒母线，要按照"先拉后合"的原则操作，即先将故障母线上的母线隔离开关拉开，然后再将运行母线上的母线隔离开关合上，严禁将两母线的母线隔离开关同时合上并列，使运行的母线再短路。

（5）设备检修后的注意事项：①检修后的隔离开关应保持在断开位置，以免接通检修回路的地线，送电时引起人为短路；②防止工具、仪器、梯子等物件遗留在设备上，送电后引起接地或短路；③送电前，坚持摇测设备绝缘电阻。若遗留地线，通过绝缘电阻表测量绝缘可以发现。

1-2-88　为防止事故扩大，事故单位可不待调度指令进行哪些操作？

答：为防止事故扩大，事故单位可不待调度指令进行以下紧急操作：①将直接威胁人身安全的设备停电；②将事故设备停电隔离；③解除对运行设备安全的威胁；④恢复全部或部分厂用电及重要用户的供电。

第三节　水电站检修

1-3-1　水力机组的检修分为哪几类，各有什么特点？

答：所谓水电站的水力机组检修，就是对水电站中机电设备的检查和修理。根据机组大小、水电厂管理和维护水平等情况，通常将水电站的检修分为三大类或是三种制度，分别是：事后维修、定期预防检修、状态检修。其具体分类如图1-3-1所示。

图1-3-1　水电站机组检修分类

事后维修是过去的一种检修制度，也叫故障检修，它是对设备缺陷、故障缺乏认识或发现不及时，在发生临时的事故或故障时，在设备坏了以后再进行修理的方式。这种维修方式设备基本上处于失修状态，工作方式为被动式，较为落后，现在已基本不予采用。

定期预防检修是通过时间经验积累，从众多水电厂的统计规律或本水电厂长期的经验出发，事先拟定机组的检修周期和基本内容。这种维修方式的策略是以预防为目的，定期进行。在定期预防检修中，根据其有无计划的情况，又分为临时性检修和计划性检修。

状态检修是根据机组状态来进行的一种检修制度。这种检修方法克服了最初事后维修的方法而造成的设备处在该修未修或完全失修的状态，也避免了计划性检修中不该修也修的盲目性问题，从而可以根据运行设备的运行状态正确地制订出维护或检修的计划和范围，提高了检修工作的效率和管理，这是检修工作的一大进步，也是目前较为先进的一种检修方法和管理手段。水电站的检修工作也逐步向状态检修发展。

1-3-2 水力机组的检修有哪几个等级，新的检修等级与原检修等级有什么不同？

答： 水力机组的检修等级根据其检修规模和停用时间来划分，过去分为小修、大修、扩大性大修三个等级。而在新的电力行业标准《发电企业设备检修导则》（DL/T 838—2003）中对水轮发电机的检修规定作了一些修改，将原机组扩修、大修、小修改为 A、B、C、D 4 个检修等级。其基本任务见表 1-3-1。

表 1-3-1 水力机组各级检修的基本任务

名称	基本任务	与过去检修对应
A 级检修	是指对发电机组进行全面的解体检查和修理，以保持、恢复或提高设备性能	与扩大性大修相对应
B 级检修	是指针对机组某些设备存在的问题，对机组部分设备进行解体检查和修理。B 级检修可根据机组设备状态评估结果，有针对性地实施部分 A 级检修项目或定期滚动检修项目	与大修相对应
C 级检修	是指根据设备的磨损、老化规律，有重点地对机组进行检查、评估、修理、清扫。C 级检修可进行少量零件的更换、设备的消缺、调整、预防性试验等作业以及实施部分 A 级检修项目或定期滚动检修项目	与一般性小修相对应
D 级检修	是指当机组总体运行状况良好，而对主要设备的附属系统和设备进行消缺。D 级检修除进行附属系统和设备的消缺外，还可根据设备状态的评估结果，安排部分 C 级检修项目	与诊断性小修相对应

1-3-3 对于小修、大修及扩大性大修，其各自的基本任务是什么？

答： 在过去的检修工作中，根据检修规模的大小，分为小修、大修、扩大性大修等几个等级，其各自的任务及周期划分见表 1-3-2。

表 1-3-2 小修、大修、扩大性大修的基本任务

名称	基本任务	时间周期
小修	是在停机的情况下进行，依据故障、事故或运行中掌握的设备缺陷，对某些项目进行处理。且大部分是发生了设备故障或事故需立即处理时的项目，或有目的地检查和修理机组的某一重要部件。通过小修能掌握被修部件的使用情况，为编排大修项目提供依据	小修的周期一般为半年或一年，时间每次 2～8 天
大修	大修是有计划地较全面地检查、修理机组运行中出现的、小修中无法消除的严重设备缺陷。全面地检查机组各组成部分的结构及其技术参数，并按照规定数值进行调整工作。大修在水轮机转轮不分解、不吊出的情况下进行	大修一般是 3～5 年一次，每次 10～35 天
扩大性大修	全面、彻底地检查机组每一部件的结构及其参数，并按规定数值进行调整处理。它是一种为消除运行过程中由于零部件的严重磨蚀、损坏导致整个机组性能和技术经济指标严重下降的机组修复工作。机组扩大性大修时，通常要将机组全部分解、拆卸、转子吊出，检修所有被损坏的零部件，协调机组各部件和各机构间的相互联系，有时还要进行较大的技术改造工作	扩大性大修的一般周期为 8～10 年

1-3-4 什么是水力机组的定期检查，它包含哪些内容，主要检查的项目有哪些？

答：水力机组的定期检查是在不停机状态下进行的，其主要内容是检查运行情况，测量、记录某些参数，以及进行必要的清洗、切换、润滑等工作。其目的在于维护机组，掌握机组的日常运行情况，并为检修积累必要的资料。定期检查工作通常也纳入定期预防检修中，一般是每周一次，每次半天，在汛期、高温季节时，其周期可以适当增加。

定期检查的主要项目有：①对水轮机、发电机、调速器等几大主体系统的外观予以检查，应无过大的振动，无异常的响声；②检查油、气、水系统中各管路等部件，要求各接头严密无渗漏等情况，各阀门动作灵活，压力正常，并对许久没有启动工作的阀门、水泵、油泵等设备应进行试启动的试验性检查，或用手盘动检查是否转动灵活；③检查机组的运行摆度，应符合规定；④检查各部轴承及受油器等用油部位，要求油质、油色、油位、油味、油温等正常；⑤检查各表记，要求指示准确。

1-3-5 什么是机组的状态检修，状态检修有什么特点？

答：状态检修（Condition Based Maintenance）的定义为：根据状态监测和诊断技术提供的设备状态信息，评估设备的状况，在故障发生前进行检修的方式。强调以设备状态为检修依据，该修才修也必修。

状态检修是在掌握设备目前"状态"的基础上，即以设备目前的性能和运行状态为考察点，在性能监测和状态诊断基础上，根据分析结果来安排检修时间和检修项目。状态检修是建立在设备广义的监测与诊断、设备的可靠性评价与预测、设备的评估与管理基础之上的。和传统检修模式相比，状态检修最主要的改进是用科学的分析和组织方法，代替依赖规程和经验制定的检修周期、工艺及质量标准。状态检修是运用综合性技术和管理手段，准确掌握设备状态、预知设备故障而进行检修决策和管理的一种先进设备管理模式，它与设备的制造质量、状态检测水平乃至检修体制、先进的工器具等都是密不可分的。

1-3-6 实现状态检修的基本步骤怎样？

答：在实现状态检修时，要结合实际情况予以施行，但一些工作上的环节基本差不多，下面的步骤可供参考：①从在线监测到状态检修的实现，是一个较长时期的过程。在实施之前，需要根据最终目的和本厂的条件，确定实施的范围、步骤，列出需要解决的关键技术问题及所需采取的技术措施，并组织人员予以落实。②在构筑状态诊断专家系统的框架时，可以采取渐进的方式，先有一个基本框架，然后再逐步填充或补充内容予以逐步完善。③配置必要的在线监测系统和数据分析软件。④确定监测对象，并为每一个监测对象确定表示状态的参数及其标准。⑤确定引起状态参数变化的因素（原因）、表示这些因素的数据及判据，这是至关重要的一步，这项工作需要相当的知识、丰富的经验和一个逐步积累的过程。⑥为每一个对象编写状态诊断程序（逻辑推理过程），并逐步完善。⑦汇总每一个监测对象的诊断程序所需要的数据和知识，分别放入数据库和知识库，以便于汇总统计和随时提用。

1-3-7 状态检测和故障诊断的任务是什么？

答：状态检测和故障诊断是实现状态检修的关键。状态检测的任务是了解和掌握设备的运行状态，包括采用各种检测、监视、分析和判别方法，结合系统的历史和现状，考虑环境因素，对设备运行状态进行评估，判断其处于正常或非正常状态，并对状态进行显示和记录，对异常状态发出报警，以便运行人员及时加以处理，并为设备的故障分析、性能评估、合理使用和安全运行提供信息和准备基础数据。

故障诊断的任务是根据状态监测所获得的信息，结合已知的结构特性、参数及环境条件，结合该设备的运行历史（包括运行记录、曾发生过的故障及维修记录等），对设备可能要发生的或已发生的故障进行预报、分析和判断，确定故障的性质、类别、程度、原因及部位，指出故障发生和发展的趋势及其后果，提出控制故障继续发展和消除故障的调整、维修、治理的对策措施，并加以实施，最终使设备恢复到正常状态。

1-3-8　什么是设备的正常状态、异常状态和故障状态？

答：对于机电设备的运行，通常将其分为正常状态、异常状态和故障状态等三种情况。正常状态指设备的整体或局部没有缺陷，或虽有缺陷但其性能仍在允许的限度以内。异常状态指缺陷已有一定程度的扩展，使设备状态信号发生一定程度的变化，设备性能已劣化，但仍能维持工作，此时应特别注意设备性能的发展趋势，即设备在监护下运行。故障状态是指设备性能指标已有大的下降，设备不能维持正常工作。设备的故障状态，可视其严重程度分为：①已有故障萌生，并有进一步发展趋势的早期故障；②程度尚不严重，设备尚可勉强"带病"运行的一般功能性故障；③已发展到设备不能运行且必须停机的严重故障；④已导致灾难性事故的破坏性故障；⑤由于某种原因而瞬时发生的突发性紧急故障。

1-3-9　对于水轮发电机组，其状态检测与诊断分析的主要内容有哪些？

答：水轮发电机组状态监测与诊断分析，一般分为发电机、水轮机、轴系、励磁系统、调速系统、变压器与断路器、辅助设备7个部分。它综合了设备各个专项状态监测信息和离线监测信息，并可进行初步的诊断、分析。其主要内容如下。

（1）发电机状态监测与诊断单元：①定、转子电气状态（电压、电流、波形、有功、无功、频率等）监测；②定、转子间气隙监测；③绝缘监测；④定子线棒振动监测；⑤臭氧、湿度监测和分析；⑥流量监测，包括定子冷却水流量、定子冷却空气流量等；⑦温度监测，包括定子绕组温度、定子铁芯温度、定子冷却水温度、冷却空气温度、滑环温度等。

（2）水轮机状态监测与诊断单元：①噪声监测；②空蚀监测；③流态监测；④导叶动作协调性监测；⑤转轮叶片表面粗糙度监测；⑥尾水管、蜗壳和顶盖压力脉动监测；⑦效率监测。

（3）励磁系统状态监测与诊断单元：①励磁调节器各项性能监测；②励磁调节器各项功能监测；③励磁控制稳定性监测；④励磁变压器稳定监测；⑤功率单元状态监测；⑥灭磁开关动作次数及相应工况统计；⑦过电压保护单元状态监测。

（4）调速系统状态监测与诊断单元：①与调速器计算机单元（如可编程控制器和工业控制机等）接口获取调速系统状态信息；②电气部分各项功能监测；③电气部分各项性能监测；④系统控制稳定性监测；⑤机械液压监测，包括控制响应、不灵敏度和机械死区；⑥压力油系统监测，包括压力油压力和油位、回油箱油位、油泵及其电动机启停占空比等；⑦协联关系监测。

（5）轴系状态监测与诊断单元：①振动监测，包括推力轴承、机架和楼板振动；②摆动监测，即轴承摆度的监测；③大轴轴向窜动监测；④稳定监测，包括轴瓦温度、发电机轴承润滑油温度；⑤流量监测，包括冷却水流量（轴承）、润滑油流量。

（6）变压器与断路器状态监测与诊断单元：①变压器油色谱分析；②变压器绝缘监测；

③断路器动作次数与动作工况统计。

（7）辅助设备状态监测与诊断单元：①水系统监测；②气系统监测；③油系统监测。

根据上述状态监测系统获得的设备状态信息和专家知识数据库，并运用人工智能技术自动地对异常现象进行甄别，分析异常原因，提出检修决策方案；同时对未最终准确定位的故障，判断其工作状态如何，并向检修工程师给出测试方案提示。

1-3-10 在水电站中，对于机组的检修管理，常规的实施方法怎样？

答： 在水电站的现代化检修管理中，一般采用 PDCA（P—计划、D—实施、C—检查、A—总结）循环的管理方法，其内容包括以下几个方面。

（1）计划。根据设备运行状况、技术监督数据和历次检修情况，确立检修项目，然后根据检修项目落实检修费用、材料和备品配件计划，编制机组检修实施和进度计划，制定质量管理制度等准备工作。

（2）实施。在施工中对检修项目根据进度按照解体、检查、修理和装复的程序进行，并在整个过程中应有详尽的技术检验和技术记录，字迹清楚，数据真实，测量分析准确，所有记录应做到完整、正确。

（3）检查。对于检修的质量控制和监督，一般是在施工过程中或施工结束后进行，其实施方法通常是实行质检点检查（停工待检点和现场见证点）和三级验收相结合的方式，必要时可引入监理制。

（4）总结。机组检修完成后，对检修中的安全、质量、项目、工时、材料和备品配件、技术监督、费用以及机组试运行情况等进行总结并做出技术经济评价。然后对设备检修技术记录、试验报告、质检报告、设备异动报告、质量监督验收单、检修管理程序或检修文件等技术资料应按规定归档。

1-3-11 在确立检修项目和规模时，应把握哪些原则？

答： 在组织对机组的检修工作之中，其中检修周期和工期的确定是较为重要的一项工作。因为目前我国的大多数水电站还并没有达到状态检修的技术层次，所以仍然是以计划性检修为主。由此，在这种情况下就应当根据机组的工作条件、特点及各水电站机组的具体损坏情况，来确定检修的周期和规模。而为了更好地管理好设备和组织好检修，在确立检修周期和检修规模的时候，应把握以下几点原则：

（1）如没有特殊需要，应尽量避免拆卸工作性能良好的部件和机构，因为任何这样的拆卸和随之进行的装配，都有损于它们的工作状态，甚至会出现新的问题。

（2）尽量延长检修周期，要考虑零部件的磨损情况和类似设备的实际运行经验，以及该设备在运行中某些性能指标下降情况等因素。

（3）应避免分解、拆卸机组的所有部件和机构，特别是推力轴承、油压装置、自动化元件及转桨式水轮机的转轮等。

1-3-12 机组损坏的情况有哪几种，如何根据水力机组的情况来确立检修周期和规模？

答： 机组损坏通常分为两种：一是事故损坏，二是经常性损坏。事故损坏的概率相对较小，它不决定检修的周期；经常性损坏是指设备在连续运行的过程中，由于各种因素所导致的损坏过程，如相对运行构件间的摩擦、水流对机组的空蚀磨损、由各种原因引起的振动缺陷、漏油漏水漏气的地方等，这一过程是持续的、渐变的，也是可以预测的。

在通常规定的大修周期内，如果运行情况表明机组并未产生明显的异常现象，同时又预示在以后相当长的时间内机组仍将可靠运行，则可延长大修的周期。如果对机组的正常运行并无任何怀疑，而一味地按照规定的大修周期来拆卸机组的部件或机构，实践表明，这将恶化机组的运行状态。所以，从某一方面来说，延长检修周期，缩短检修期，降低检修规模，均具有重大的实际意义。一般来说，为了充分利用水能及便于检修，机组的检修通常都安排在枯水期，这样就不会因弃水的发生而造成电能的损失和影响电站的发电效益。

1-3-13　水轮发电机组检修的进度计划如何制订，有哪些方法，各有什么特点？

答：检修的进度计划一般要提出工作任务，明确检修要求，确定检修负责人和完成检修日期等这几部分内容。这样可使所有参加检修的人员心中有数，责任清楚，目标明确，有条不紊地进行工作。此外，还应综合考虑任务的轻重、参加检修人员的技术水平、熟练程度及施工机械与工具等条件。

在制订检修进度计划时，一般有三种方法，分别是进度表、横道图和网络图。其中，进度表是一种较为简单的常规方法，该方法只明确检修项目、负责人、工作时间等，在早期的检修管理中所采用；横道图的方法可以明确地表示各项工作的划分、工作的开始时间和完成时间、工作的持续时间、工作之间的相互搭接关系，以及整个检修项目的开工时间、完工时间和总工期等，比进度表又要略为先进；而网络图是一种现代化的科学管理方法，具有更加细化、更加详细、效率更高的特点。

1-3-14　什么叫作检修施工中的网络技术，它具有什么特点？

答：网络技术是一种现代化的科学管理方法。所谓网络，就是用点与点之间的连线来表示所要研究对象的相互关系，并标注上相应数量指标的一种图形。网络图是网络技术的基础。网络技术是指研究网络的一般规律和计算方法的技术。在检修施工中采用网络图克服了设备检修进度表（包括进度表和横道图）的大部分缺点，它具有以下主要特点：①网络图能明确表达各项工作之间的先后顺序关系；②通过网络图时间参数的计算，可以找出关键线路和关键工作，也就明确了检修进度控制中的工作重点，可以更有效地控制机组检修的进度；③通过网络图时间参数的计算，可以明确各项工作的机动时间，有利于机动调配；④网络图可以利用计算机来进行计算、优化和调整，使其成为更有效的进度控制方法。

由此可见，通过网络图可以把整个设备检修项目有效地组织起来，反映出各检修项目之间相互制约、相互依赖的关系。在计划执行过程中，某项检修项目因故提前或推迟完成，可以预见到它对整个检修安排的影响程度，从而可以预知哪些项目是关键性的。这样既能从全局考虑问题，又能抓住重点，并且还可以找到哪些检修项目在时间上还有潜力可挖。

1-3-15　检修施工中的网络图由哪几部分组成？

答：网络图又叫箭头图或统筹图，它由项目（事项）、工序和路线三部分构成，如图1-3-2所示。

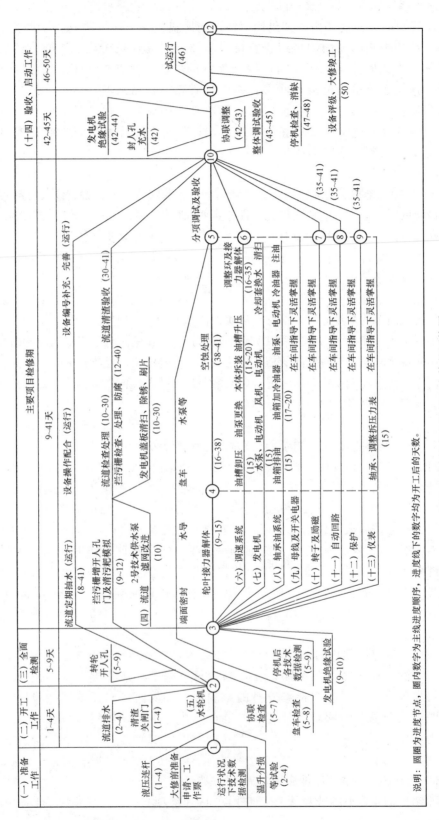

图 1-3-2 某水电站机组大修的网络图

（1）项目是指某一项检修项目的完成与开始，通常用圆圈表示，它是两条或两条以上箭线的交接点，又称为节点。第一个圆圈代表网络的始点项目，表示检修工作开始；最后一个圆圈代表网络的终点项目，表示检修工作结束；介于始点与终点之间的圆圈，则代表中间项目的完成与开始。网络图中的所有节点要统一编号，从左到右，由小到大；也可跳着编号，中间适当空出几个编号，以便在修改网络图时，若节点（项目）有所增减，则不致打乱全部编号。

（2）工序是指某项检修工作的具体活动过程。它的特点是需要人力、物力参加，经过一定时间才能完成。工序一般用箭线表示，箭线方向表示工序前进方向，箭尾表示工序开始，箭头表示工序结束。箭线上方注明工序编号，箭线下方注明作业所需时间等。

（3）路线是指从始点项目开始，顺着箭头方向连续不断地到达终点项目为止的一条通道。一条通道上各工序作业时间之和称为路长。一个网络图中往往有几条路线，每条路线的路长不一样，其中所需时间最长的路线称为关键路线。关键路线用双箭线或带颜色的箭线表示。

1-3-16 如何绘制检修施工中的网络图？

答：在绘制网络图前，首先应对检修项目、工期、计划安排及以往检修经验进行认真分析，搞清检修项目所包括的全部工序及工序间的逻辑关系和每道工序所需的时间。

绘制网络图的步骤为：①划分工序项目；②分析和确定各工序之间的前后衔接关系；③确定每个工序的作业时间；④列出工序明细表；⑤绘制网络图；⑥予以审查并进行必要的调整和修改。

绘制网络图应遵循的原则：①不允许出现循环路线；②节点编号不能重复；③箭线必须从一个节点开始，到另一个节点结束；④两节点之间只能有一条箭线，而出入某节点的箭线可以有若干条；⑤网络图中只能有一个始节点和一个终节点，在中间不允许出现始节点和终节点。

1-3-17 什么叫作现场见证点和停工待检点，它们在检修过程中各有什么要求？

答：在现代化的检修项目管理中，为了更好地对检修项目进行细化管理、质量控制和科学决策的验收管理，以保证检修质量，我们通常对检修项目施行质检点管理，即是在工序管理中，根据某道工序的重要性和难易程度而设置的关键工序质量控制点，这些控制点不经质量检查鉴证不得转入下道工序。其中，"H"点（Hold point）为不可逾越的停工待检点，"W"点（Witness point）为现场见证点。

所谓现场见证点，就是在工作次序中到某个特定的步骤时，在此要求指定的人员对该步骤的作业过程进行见证或检查，目的是验证该步骤的工作是否已按批准的控制程序完成的。停工待检点重要性高于现场见证点的质量控制点，它通常是针对"特殊过程"或"特殊工艺"而言，凡列为停工待检点的控制对象，都要求必须在规定的控制点到来之前通知监理方派人对控制点实施监控，如果监理方未能在约定的时间到现场，施工单位应停止进入该控制点相应的工序，并按合同规定等待监理方，未经认可不能越过该点继续工作。

现场见证点和停工待检点通常是由业主单位在质量计划中明确，如果施工单位对现场见证点和停工待检点的设置有不同意见，应与业主单位协商修改，达成一致意见并得到上级审批后方可执行。

1-3-18 现场见证点的运作程序怎样，如何实施，应注意些什么？

答： 现场见证点的运作程序和监督要求如下：①施工单位应在到达某个见证点之前的一定时间，书面通知监理工程师，说明将到达该见证点准备施工的时间，请监理人员届时到现场进行见证和监督。②监理工程师收到通知后，应在"施工跟踪档案"上注明收到该通知的日期并签字。③监理人员应在约定的时间内到达现场见证。监理人员应对见证点的实施过程进行监督、检查，并在见证表上作详细记录后签字。④如果监理人员在规定的时间内未能到现场见证，施工单位可以认为已获监理工程师认可，有权进行该项施工。⑤如果监理人员在此之前已到现场检查，并将有关意见写在"施工跟踪档案"上，则施工单位应写明已采取的改进措施或具体意见。

1-3-19 什么是电厂的设备维护和检修 ABC 制度，其作用和意义如何？

答： 设备维护和检修 ABC 制度是一套介于设备定期维护与状态检修的设备管理制度（从法国电力公司引进），它是对电厂中各个设备根据其维修工作性质的不同，将其分为 A、B、C 三类，并对其实行标准化、规范化和制度化管理。其核心在于"将有关设备检修的要素，如检修项目、周期、安全措施、工期、人工等标准化"，即将设备维护和检修的方法和程序制度化、表格化、档案化，并贯穿整个检修过程。

设备维护和检修 ABC 制度最重要的作用是通过标准化、规范化的方式把企业内每一位员工的个人智慧和所积累的成熟工作技术经验，通过文件的方式把它有形地保存起来，实现了技术共享，杜绝了技术垄断，为生产设备持续、可靠的运行提供强有力的技术保障。更因为有了 ABC 制度，每一项工作就是换了不同的人来操作，也不会因为不同的人而出现太大的差异，保证了设备维护的可靠性、数据记录的可信性和设备维护检修的质量。有了 ABC 制度，也为企业实施"一专多能"提供了良好的技术支持。实施 ABC 制度之后，因为已经有了标准的工作操作方法 ABC 文件，部门内部的交叉培训变得简单易行。

1-3-20 在电厂的设备维护和检修 ABC 制度中，"ABC"的具体含义是什么？

答： A：设备不需要退出系统运行就能进行的日常维护工作，如设备巡查、数据记录、状态信号等；B：设备需要退出系统运行才能进行的维护工作，如在线仪器仪表校验、传感元件测试以及系统测试等；C：设备需要退出运行并进行解体的检修工作，如断路器大修等。简单地说，A 类工作就是系统不需退出备用的工作，而且工作时是以眼看、耳听、鼻闻等直接方式进行的，不需要借助其他的仪器仪表进行测量和分析等。B、C 类工作就是系统需要退出备用的工作，并且工作时需要使用仪器仪表或其他的工具才能进行。对于 B、C 类的划分，主要区别就是 C 类工作是指要对设备进行彻底解体的检修工作。

每类工作主要包括：①设备维护和检修的周期和工期；②工作的风险分析，针对各种风险布置相应的安全措施；③工作的步骤分析，详细列出工作的步骤，包括事前要做的安全措施、需准备的材料和工具、需要的人员配置、具体的工作步骤等；④维护检修的关键步骤和部位的检查见证点分析，包括所需的测试仪器、测试的标准、测试的步骤等；⑤维护检修工作结束后记录的入档管理。

1-3-21 什么是电厂的设备点检与点检制？

答： 点检就是对于一些设备需要定期进行一些维修、试验或巡视，这些工作并不需要将设备退出运行，也不需要进行隔离操作，如设备巡查、记录某些参数数据或状态信号等。

设备点检制度是以设备点检为中心的设备管理制度，是操作和维修之间的桥梁与核心。它是按照一定标准、一定周期、对设备规定的部位进行检查，以便早期发现设备的故障隐患，及时加以修理调整，使设备保持其规定功能的设备管理方法。设备点检制不仅是一种检查方式，而且也是一种制度和管理方法，还是一种较为先进的设备维修管理制度，现在已在许多电厂得到推行试用。在设备点检制度中，专职点检人员负责设备的点检，又负责设备管理，点检员对其管理区内的设备负全权责任，严格遵守标准进行点检，制定维修标准、编制点检计划、检修计划、管理检修工程、编制材料计划及维修费用的预算等。点检体系一般由 5 个方面组成：岗位操作人员的日常点检；专业点检人员的定期点检；专业技术人员的精密点检；专家的技术诊断和倾向性诊断；技术专家的精度测试检查。

1-3-22　水轮发电机组检修技术的发展及国内外现状怎样？

答：水轮发电机组的检修制度与其他工业领域一样，经历了以下三个阶段的发展。

（1）在早期的工业化时代，由于设备简单，设备承担的任务主要以减轻人的体力劳动为目的，靠人为操纵，自动化水平低，采取的是事后维修制度，使设备经常处在该修未修或完全失修状态。

（2）第二次世界大战期间，由于对武器装备的可靠性和可利用率的要求提高，美、英等国开始倡导预防检修，即定期计划检修。该检修策略以预防为目的，定期进行，克服了设备失修问题，但盲目性大，出现不该修也修，造成人力、物力和财力的极大浪费。目前，我国水电厂中仍然主要采取这种检修制度。

（3）20 世纪 50 年代中期，美国 GE 公司提出了状态检修的概念，强调以设备状态为检修依据，该修才修也必修，是检修制度真正进入了科学发展的轨道。20 世纪 70 年代，随着状态检测和故障诊断技术的发展，状态检修发展并完善成为以可靠性为中心的预知检修。到 80 年代，发达国家已制定出相应的标准。

而在我国，从 20 世纪 70 年代开始，在水电厂状态检修方面进行了大量的探索，目前这项技术工作还处于推广试用的阶段。所以，在我国的中小型水电站中，目前仍然是以定期预防维修为主的检修制度，并逐步在向状态检修发展。

1-3-23　水轮发电机检修中有哪些检修规程可以参照？

答：我国国家标准以大写字母 GB 表示，电力行业标准以大写字母 DL 表示，/后的 T 表示推荐，不带 T 的表示为强制性标准。电力行业标准目前多以推荐形式发布，作为设备检修的指导。目前，水轮发电机的检修，主要依据是电力行业的推荐标准。但由于各厂机组的情况相差很大，因此，各发电机设备检修单位，应参照这些标准，制定出适合本单位发电机组检修的《发电机检修规程》。

可供参考的主要标准有：《三相同步电机试验方法》(GB/T 1029—2005)；《旋转电机定额和性能》(GB/T 755—2008)；《水轮发电机基本技术条件》(GB/T 7894—2009)；《水轮发电机组安装技术规范》(GB/T 8564—2003)；《电力设备预防性试验规程》(DL/T 596—2005)；《进口水轮发电机(发电/电动机)设备技术规范》(DL/T 730—2000)；《水轮发电机运行规程》(DL/T 751—2014)；《立式水轮发电机检修技术规程》(DL/T 817—2014)；《发电企业设备检修导则》(DL/T 838—2003)。除以上这些规程外，设备制造单位的随机技术文件，如安装技术规程、检修维护手册、发电机运行维护手册、绝缘规范、原始数据等均应作为制定发电机检修规程的重要依据。

1-3-24　电力标准对水轮发电机组的检修有什么规定？

答：发电机是发电厂的主设备，它的运行好坏直接关系到整个电力系统和社会经济的运行。因此，对发电机组的检修历来都有比较明确的规定。

1987 年，国家主管部门原水利电力部修订颁发的《发电厂检修规程》（SD 230—1987），是对发电企业设备检修计划编制、审批和实施做出的强制性规定，贯彻的是"应修必修，修必修好"的检修原则。2002 年，电力行业水电站水轮发电机标准化技术委员会发布了电力行业 15MW 以上立式水轮发电机检修的推荐性标准《立式水轮发电机检修技术规程》（DL/T 817—2002），这是专门针对水轮发电机检修而制定的标准。制定该标准时，考虑到我国大部分水电厂仍然是采用"计划检修"体制，因此，发电机的检修计划和检修项目的制定，仍然是与计划性检修体制的要求相对应的。

而随着电力系统的改革，国家经济贸易委员会发布了电力行业标准《发电企业设备检修导则》（DL/T 838—2003），以代替 SD 230—1987，将原强制性标准改为推荐性标准，用以指导各电站进行检修。

1-3-25　在《水轮发电机组安装技术规范》中，其"一般规定"包含哪些内容？

答：在《水轮发电机组安装技术规范》（GB/T 8564—2003）中，其"一般规定"的内容如下。

（1）设备在安装前应进行全面清扫、检查，对重要部件的主要尺寸及配合公差应根据图纸要求并对照出厂记录进行校核。设备检查和缺陷处理应有记录和签证。具有制造厂质量保证的整装到货设备在保证期内可不分解；

（2）设备基础垫板的埋设，其高程偏差一般不超过 −5～0mm，中心和分布位置偏差一般不大于 10mm，水平偏差一般不大于 1mm/m。

（3）埋设部件安装后应加固牢靠。基础螺栓、千斤顶、拉紧器、楔子板、基础板等均应点焊固定。埋设部件与混凝土结合面，应无油污和严重锈蚀。

（4）地脚螺栓的安装，应符合下列要求：

1）检查地脚螺栓孔位应正确，孔内壁应凿毛并清扫干净。螺孔中心线与基础中心线偏差不大于 10mm；高程和螺栓孔深度符合设计要求；螺栓孔壁的垂直度偏差不大于 $L/200$（L 为地脚螺栓的长度 mm，下同），且小于 10mm；

2）二期混凝土直埋式和套管埋入式地脚螺栓的中心、高程应符合设计要求，其中心偏差不大于 2mm，高程偏差不大于 0～+3mm，垂直度偏差应小于 $L/450$；

3）吊脚螺栓采用预埋钢筋、在其上焊接螺杆时，应符合以下要求：①预埋钢筋的材质应与地脚螺栓的材质基本一致；②预埋钢筋的断面积应大于螺栓的断面积，且预埋钢筋应垂直；③螺栓与预埋钢筋采用双面焊接时，其焊接长度不应小于 5 倍地脚螺栓的直径；采用单面焊接时，其焊接长度不应小于 10 倍地脚螺栓的直径。

（5）楔子板应成对使用，搭接长度在 2/3 以上。对于承受重要部件的楔子板，安装后应用 0.05mm 塞尺检查接触情况，每侧接触长度应大于 70%。

（6）设备安装应在基础混凝土强度达到设计值的 70% 后进行。基础板二期混凝土应浇筑密实。

（7）设备组合面应光洁无毛刺。合缝间隙用 0.05mm 塞尺检查，不能通过；允许有局部间隙，用 0.10mm 塞尺检查，深度不应超过组合面宽度的 1/3，总长不应超过周长的 20%；组合螺栓及销钉周围不应有间隙。组合缝处的安装面错牙，一般不超过 0.10mm。

（8）部件的装配应注意配合标记。多台机组在安装时，每台机组应用标有同一系列号码的部件进行装配。同类部件或测点在安装记录里的顺序编号，对固定部件，应从 +Y 开始，顺时针编号（从发电机端视，下同）；对转动部件，应从转子 1 号磁极的位置开始，除轴上盘车测点为逆时针编号外，其余均顺时针编号；应注意制造厂的编号规定是否与上述一致。

（9）有预紧力要求的连接螺栓，其预应力偏差不超过规定值的 ±10%。制造厂无明确要求时，预紧力不小于设计工作压力的 2 倍，且不超过材料屈服强度的 3/4。安装细牙连接螺栓时，螺纹应涂润滑剂；连接螺栓应分次均匀紧固；采用热态拧紧的螺栓，紧固后应在室温下抽查 20% 左右螺栓的预紧度。各部件安装定位后，应按设计要求钻销钉孔并配装销钉。螺栓、螺母、销钉均应按设计要求锁定牢固。

（10）机组的一般性测量应符合下列要求：①所有测量工具应定期在有资质的计量检验部门检验、校正合格；②机组安装用的 X、Y 基准线标点及高程点，相对于厂房基准点的误差不应超过 ±1mm；③各部位高程差的测量误差不应超过 ±0.5mm；④水平测量误差不应超过 0.02mm/m；④中心测量所使用的钢琴线直径一般为 0.3～0.4mm，其拉应力应不小于 1200MPa；⑤无论用何种方法测量机组中心或圆度，其测量误差一般不大于 0.05mm；⑥应注意温度变化对测量精度的影响，测量时应根据温度的变化对测量数值进行修正。

（11）现场制造的承压设备及连接件进行强度耐压试验时，试验压力为 1.5 倍额定工作压力，但最低压力不得小于 0.4MPa，保持 10min，无渗漏及裂纹等异常现象。设备及其连接件进行严密性耐压试验时，试验压力为 1.25 倍实用额定工作压力，保持 30min，无渗漏现象。单个冷却器应按设计要求的试验压力进行耐压试验，设计无规定时，试验压力一般为工作压力的两倍，但不低于 0.4MPa，保持 60min，无渗漏现象。

（12）设备容器进行煤油渗漏试验时，至少保持 4h，应无渗漏现象，容器做完渗漏试验后一般不宜再拆卸。

（13）单根键应与键槽配合检查，其公差应符合设计要求；成对键解合后，平行度应符合设计要求。

（14）机组及附属设备的焊接应符合下列要求：①参加机组及附属设备各部件焊接的焊工应按 DL/T 679《焊工技术考核规程》或制造厂规定的要求进行定期专项培训和考核，考试合格后持证上岗；②所有焊接焊缝的长度和高度应符合图纸要求，焊接质量应按设计图纸要求进行检验；③对于重要部件的焊接，应按焊接工艺评定后制定的焊接工艺程序或制造厂规定的焊接工艺规程进行。

（15）机组和调速系统所用透平油的牌号应符合设计规定，各项指标符合 GB 11120《涡轮机油》的规定。

（16）机组所有的监测装置和自动化元件应按出厂技术条件检查试验合格。

（17）水轮发电机组的部件组装和总装配时以及安装后都必须保持清洁，机组安装后必须对机组内、外部仔细清扫和检查，不允许有任何杂物和不清洁之处。

（18）水轮发电机组各部件的防腐涂漆应满足下列要求：①机组各部件，均应按设计图纸要求在制造厂内进行表面预处理和涂漆防护；②需要在工地喷涂表层面漆的部件（包括工地焊缝）应按设计要求进行，若喷涂的颜色与厂房装饰不协调时，除管道颜色外，可作适当变动；③在安装过程中部件表面涂层局部损伤时，应按部件原涂层的要求进行修补；④现场施工的涂层应均匀、无起泡、无皱纹，颜色应一致；⑤合同规定或有特殊要求需在工地涂漆的部件，应符合规定。

1-3-26 对于新安装和大修后的机组，为什么要进行启动试运行？

答： 水轮发电机组在安装完成后应进行启动试运行，其主要目的有以下几点。

（1）全面检查鉴定机组的结构可靠性和制造、安装与调整质量，检查机组是否符合设计要求和有关规程、规范的规定，为正式并网运行创造条件。

（2）试验和调整主机与有关电气及辅助设备协联动作的正确性，并检验自动化元件的可靠性。

（3）掌握机组的运转性能，测定某些技术参数、特性曲线等，为正式运行提供依据。

（4）及时发现和处理设备本身在安装检修后影响机组安全运行的一切问题。

在机组的试运行中，待各项试验合格并交接验收后，方可正式投入运行。

1-3-27 进行启动试运行的步骤怎样，包含哪些内容？

答： 在进行启动试运行时，其相关步骤和内容如下。

（1）水轮发电机组启动试运行前的检查：包括引水系统的检查；水轮机部分的检查；发电机部分的检查；辅助设备油气水系统的检查；电气一次、二次设备的检查；调速器的无水调试试验和检查。

（2）水轮发电机组充水试验：在前面的各项检查试验合格后，则可进行充水试验。先对尾水管充水，再对压力钢管充水，充水好后提起检修闸门，并在充水过程中检查各过水设备有无漏水处，且予以处理。

（3）水轮发电机空载试运行：确认充水无异常后，则可进行空载试运行，并进行手动开机试验、机组空转试验、机组空载运行下调速系统的调整试验、手动停机试验等一系列的试验项目。

（4）水轮发电机组带主变压器及高压配电装置试验、主变压器冲击合闸试验：主要有水轮发电机组对主变压器高压侧及高压配电装置短路升流试验、水轮发电机组带主变压器及高压配电装置零起升压试验、电力系统对主变压器冲击合闸试验等三项试验，同时对机组的各种继电保护进行整定。

（5）水轮发电机组并列及负载试验：在这项试验中包含水轮发电机组空载并列试验、水轮发电机组带负载试验、负载突变试验、水轮发电机组甩负荷试验。此外在机组带额定负载下，根据实际情况，一般还应进行下列各项试验：调速器低油压关闭导水叶试验、事故配压阀动作关闭导水叶试验、动水关闭工作闸门或主阀试验、水轮发电机组调相运行试验、效率试验等。

待上述全部试验内容合格后，机组已具备并入电力系统带额定负载连续72h试运行的条件。

1-3-28 在机组试运行过程时，需进行哪些试验，其各自的目的是什么？

答： 在机组试运行过程时，按照其大体顺序，需进行的试验项目，主要如表1-3-3所示。

表 1-3-3 机组试运行过程进行的试验项目

序号	试验项目	试验目的
1	手动开机试验	检查开机程序中，每一步程序的可靠性，为自动开机创造条件
2	机组空转试验	测量机组各部瓦温（轴瓦温升试验）、振动、摆度是否稳定且符合要求
3	空载运行下调速系统的调整试验	调整在空载状态时的调速器最佳 PID 参数，检查调速器的灵敏性与稳定性应符合相关要求（同时记录油压装置的送油时间及工作周期）
4	手动停机试验	检查停机程序中，每一步程序的可靠性，为自动停机创造条件
5	动平衡试验	当机组振动超标时才进行此项试验，检查振动超标的原因，并予以处理
6	过速试验	检验机组转动部分的强度与安装质量情况，试验后检查转动部分无变形等异常
7	自动开停机试验	检查自动开停机流程的执行情况，是否可靠，为后续试验和以后运行创造条件
8	发电机短路特性试验	测量并录制定子绕组三相短路时的稳态短路电流与励磁电流的关系曲线，可以判断转子线圈有无匝间短路等
9	发电机短路干燥试验	使发电机绝缘符合要求，以满足后面试验的需要（根据定、转子绕组对地绝缘电阻和吸收比的情况而定）
10	发电机空载特性试验（零起升压试验）	测量并录制发电机定子电压与转子电流的关系曲线，可以判断转子线圈有无匝间短路、定子铁芯有无局部短路，分析电压变动时发电机的运行情况等
11	空载下励磁调节器的调整和试验	检查励磁系统电压控制水平及自动调节能力，即对励磁系统部分的低励磁、过励磁、断线、过电压、均流等保护的调整及模拟动作试验，检查其动作的正确性，检查逆变灭磁的可靠性等
12	发电机组对主变压器高压侧及高压配电装置短路升流试验	检测主变压器、开关站及线路各保护电流互感器二次侧电流值及相量；检测主变压器、开关站及线路各保护电流继电器通流动作及表计指示的准确性
13	发电机组带主变压器及高压配电装置零起升压试验	检查主变压器、开关站及线路各保护电压互感器二次侧电压值及电压继电器动作情况；检查同期回路的电压相序、相位及转角应正确
14	电力系统对主变压器冲击合闸试验	检查主变压器差动保护躲开变压器励磁涌流后的灵敏度；检查主变压器冲击合闸时对气体继电器灵敏度的影响；检验主变压器在冲击合闸时有无异常
15	同期假并试验	在正式并列前，检查自动同期装置工作的正确性和可靠性，为正式并列创造条件
16	发电机组空载并列试验	检查同期回路的正确性和可靠性
17	发电机组带负载试验	在带负载下，检查各部位运转情况，有无振动区；检查和调整调速系统的参数；检查励磁系统工作是否正常和符合要求
18	负载突变试验	分析调节系统在负载突变时的动态特性，选择带负载工况下调速器的最佳调节参数值
19	甩负荷试验	检验调速器的动态特性及机组继电保护的灵敏度；检验是否满足调保要求
20	低油压关闭导叶试验及其他功能试验	检验机组在事故低油压下能否可靠关闭导叶；此外检查事故配压阀动作关闭导水叶试验、动水关闭工作闸门或主阀试验等其他功能是否可靠
21	发电机温升试验	检查定子电流达到额定值时，定子绕组温升是否在规定范围内（有的电厂也将此试验放在短路干燥后，采用空载短路法进行）

序号	试验项目	试验目的
22	72h满负载试运行	进一步考验机组长期满负载运行的各种性能，检查机组各部瓦温、摆度、振动、继电保护及自动装置均符合要求
23	效率试验	检查水轮机实际运行效率是否符合厂家保证值（视情况而定）

1-3-29 在机组的首次手动启动试验中，应注意哪些事项？

答：应注意如下事项：①记录机组的启动开度和空载开度。当达到额定转速时，校验电气转速表应位于100％的位置；②在机组升速过程中应加强对各部位轴承温度的监视，不应有急剧升高及下降现象，机组启动达到额定转速后，在半小时内，应每隔1～2min测量一次推力瓦和导轴瓦的温度，以后可适当延长记录时间间隔，并绘制推力瓦的温升曲线，观察轴承油面的变化，油位应处于正常位，待温度稳定后标好各部油槽的运行油位线，记录稳定的温度值，此值不应超过设计规定值；③机组启动过程中，监视各部位应无异常现象，如发现金属碰撞声，水轮机室窜水，推力瓦温度突然升高，推力油槽甩油，机组摆度过大等不正常现象则应立即停机；④监视水轮机主轴密封及各部位水温、水压，记录水轮机顶盖排水泵运行情况和排水工作周期；⑤记录全部水力量测系统表计读数和机组附加监测装置的表计读数（如发电机气隙监测、蜗壳差压监测等）；⑥记录机组运行摆度（双幅值），其值应小于轴承间隙或符合厂家设计规定值；⑦记录机组各部位振动，其值应不超过规定值，当振动值超过标准时应进行动平衡试验；⑧测量发电机一次残压及相序，相序应正确；⑨打磨发电机转子集电环表面。

1-3-30 在对机组进行过速试验及检查时，对动平衡试验有什么要求？

答：在机组的首次手动启动试验中，如果振动超标，那么在进行机组过速试验前，则应进行动平衡试验，且需符合下列要求：①当发电机转子长径比 $L/D<1/3$ 时，可只做单平面动平衡试验；当 $L/D>1/3$ 时，应进行双平面动平衡试验。②动平衡试验应以装有导轴承的发电机上下机架的水平振动双幅值为计算和评判的依据，推荐采用专门的振动分析装置和相应的计算机软件。③转速超过300r/min的机组，一般应做动平衡试验。

1-3-31 发电机在什么情况下要定相，定相时应进行哪几项检查？

答：凡是可能使发电机一、二次系统电压相序发生变化的情况，都要进行定相。定相的操作方法根据一次系统实际接线而定。遇有下列情况之一时，应进行定相：①发电机新投入或检修后投入，或易地安装；②发电机内外接线变更或改动一次回路；③发电机电压互感器新投入或检修后投入、同期装置电压回路有变动、更换二次电缆、拆动过电压线头等。

发电机定相的内容包括以下三项试验：①检查发电机的相序。在发电机电压互感器二次侧进行，电压的相序应为正相序。②检查发电机电压互感器的接线。设法给发电机的电压互感器及母线的电压互感器加上同一电源电压，以母线电压互感器为标准接线组别，检查发电机电压互感器的接线组别，两者应一致。③检查发电机同期回路接线。当发电机的电压互感器及母线的电压互感器为同一电源时，投入发电机的同期开关，接入手动同期装置。此时，若同期表指示"同期"、同期继电器的触点闭合，则说明同期回路接线正确。

1-3-32　发电机定相的目的是什么？相序不一致并列有何危害？

答：发电机定相的目的，就是通过实测，检查发电机的相序与系统的电压相序是否一致。发电机绕组哪一相叫 A 相都是可以的，但必须依次按正相序 ABC 连接，并保证电压互感器及同期回路的接线与一次系统的相序连接相互对应。新安装的发电机就位后必须测定出定子绕组的相序，也就是在绕组引出线上标明 U、V、W，否则无法配置继电保护与自动装置及测量仪表的电流互感器和电压互感器。

因为相序不一致时，待并电压与系统电压肯定存在相位差。并列发电机将发生以下危险：首先，产生相当大的冲击电流，其值可能超过发电机出口三相短路电流，使发电机定子绕组严重发热或损坏；其次，冲击电流产生与原动机旋转方向相反的电磁力矩，不仅损坏发电机，而且损坏原动机，使大轴产生不允许的机械应力，缩短设备寿命。

1-3-33　为什么假同期试验不能代替发电机定相？

答：假同期试验时，发电机的母线隔离开关不合，但其辅助触点人为接通。其目的是用以检验自动准同期装置的各种特性，看其工作是否正常。

假同期试验本身发现不了发电机一、二次系统电压相序、相位的连接错误。若不经定相，在存在上述错误的情况下，同期装置照样可以发出并列合闸命令，到真并列时将会发生非同期合闸。因此，假同期试验不能代替发电机定相。

每当新机投入或检修后并网前，一定要按照：①发电机定相；②检查电压互感器及同期回路接线；③进行假同期试验，这样三个步骤进行试验检查。若一切正常，同期装置反映的相角差和待并断路器两侧电源的实际相角差才会一致，并列时才能确保合闸后并在同期点。

1-3-34　对变压器进行定相序试验时，应注意哪些事项？

答：在对变压器进行定相序试验时，应注意如下事项：①发电机、变压器、出口断路器，它们之间应可靠连接；②发电机后备保护出口断开；③发电机失磁保护退出；④发电机励磁在手动，励磁开关在分，励磁控制电源切；⑤联系调度定相用的母线或线路停电；⑥合上发电机变压器出口断路器（与停电母线或线路相连），做好发电机对线路或母线递升加压准备；⑦发电机自动开机，转速正常后，励磁控制电源投，合上发电机励磁开关，发电机手动加压至额定；⑧在发电机电压互感器和母线（或线路）电压互感器二次侧定相。值得注意的是，在试验升压过程中，如发现发电机定子回路有电流流过，则立即断开发电机励磁开关。

1-3-35　什么叫机组的黑启动？有何意义？

答：机组的黑启动也称零启动，它是指在全厂交流电源失电压后（厂用电消失），而系统又无法倒送电时，电站全部停电，处于全"黑"状态，此时需依靠直流电源使机组启动起来，迅速恢复厂用电，并向近区供电，或带孤立负载运行，或在调度的安排下恢复电力系统正常运行。在中小型水电站中，受蓄电池容量、调速系统油压等因素的影响，真正意义上的黑启动通常是较难实现的，一般情况下，都是采用备用的柴油发电机带厂用电，维持调速系统油压、辅助设备启动及直流系统的交流电源来实现机组的"黑启动"。

水电站机组的"黑启动"一般是在整个电网系统全部停电时才会出现。它的意义在于当电网出现故障而使系统瓦解时，由于火电厂受锅炉等众多条件的影响，开机时间较长，而水电厂开机时间短，一般只需几分钟。因此，通过水电站机组的"黑启动"可由小容量水电厂开机建压向其他电厂（含火电）供给厂用电，确保其他电厂迅速开机，使瓦解的系统迅速恢复正常运行，有效地防止事故的进一步扩大。

1-3-36 电气试验的种类有哪些，各有什么目的和作用？

答：电气试验根据电气设备制造、安装、投运和使用的不同阶段可分为出厂试验、交接验收试验、大修试验、预防性试验等。其中，出厂试验是电力设备生产厂家根据有关标准和产品技术条件规定的试验项目，对每台产品所进行的检查试验。试验目的在于检查产品设计、制造、工艺的质量，防止不合格产品出厂。大容量重要设备（如发电机、大型变压器）的出厂试验应在使用单位人员监督下进行。每台电力设备制造厂家应出具齐全合格的出厂试验报告。

交接验收试验、大修试验是指安装部门、检修部门对新投设备、大修设备按照产品技术条件及国家、行业相关标准规定进行的试验。新设备在投入运行前的交接验收试验，用来检查产品有无缺陷，运输中有无损坏等；大修后设备的试验用来检查检修质量是否合格等。

预防性试验是指设备投入运行后，按一定的周期由运行部门、试验部门进行的试验，目的在于检查运行中的设备有无绝缘缺陷和其他缺陷。与出厂试验及交接验收试验相比，它主要侧重于绝缘试验，其试验项目较少。

按照试验的性质和要求，电气试验又分为绝缘试验和特性试验两大类。

1-3-37 什么是电气设备的绝缘试验，什么是电气设备的特性试验？

答：绝缘试验是指测量设备绝缘性能的试验。绝缘试验以外的试验统称特性试验。绝缘试验一般分为两大类：第一类是非破坏性试验，是指在较低电压下，用不损伤设备绝缘的办法来判断绝缘缺陷的试验，如绝缘电阻吸收比试验、介质损耗因数试验、泄漏电流试验、油色谱分析试验等。这类试验对发现缺陷有一定的作用与有效性。但这类试验中的绝缘电阻试验、介质损耗因数试验、泄漏电流试验由于试验电压较低，发现缺陷的灵敏性还有待于提高。但目前这类试验仍是一种必要的不可放弃的手段。第二类是破坏性试验，如交流耐压试验、直流耐压试验，用较高的试验电压来考验设备的绝缘水平。这类试验优点是易于发现设备的集中性缺陷，考验设备绝缘水平；缺点在于电压较高，个别情况下有可能给被试设备造成一定损伤。

一般来说，破坏性试验必须在非破坏性试验合格之后进行，以避免对绝缘的无辜损伤乃至击穿。例如，互感器受潮后，绝缘电阻、介质损耗因数试验不合格，但经烘干处理后绝缘仍可恢复。若在未处理前就进行交流耐压试验，将可能导致绝缘击穿，造成绝缘修复困难。

特性试验主要是对电力设备的电气或机械方面的某些特性进行测试，如断路器导电回路的接触电阻，互感器的变比、极性，断路器的分合闸时间、速度及同期性等。

1-3-38 在水工金属结构涂漆工艺中，对涂漆颜色怎样规定？

答：对于涂漆颜色的规定如下：

（1）颜色的选择应符合 GB/T 3181—2008《漆膜颜色标准》和 GSB 05—1426—2001《漆膜颜色标准样本》的规定。

（2）警觉部位。警觉部位宜采用黄色和黑色相间的斜道。黄道和黑道的宽度相等，一般为 100mm。根据机械的大小和安全标志位置的不同，可以采用适当的宽度。在较小的面上，每种颜色应不少于两道。斜道一般与水平面成 45°角。黄黑道倾斜的方向以机械的中心线为对称轴呈对称形。也可采用红白道。

（3）转动件。对于裸露且未加防护的转动部件，如飞轮、皮带轮、齿轮、行星轮等的轮辐及外露转动轴的端部均涂红色。

（4）润滑件。润滑系统的油嘴、油杯、油塞、注油孔、注油器、压力润滑器等外表面或安装部位均涂红色。

（5）防险装置。防险装置的按钮、紧急信号指示器、安全标志等表面涂红色。

（6）各种管器涂层的颜色。①压力管路：红色；②回油管路：黄色；③空气管路：浅蓝色；④蒸气管路：棕红色；⑤高压水管：红色；⑥一般水管：绿色；⑦氧气管路：红色；⑧电线管路：灰色。

（7）已涂漆的外来配套件，如漆膜未被破坏，且不影响产品美观，可不再涂漆。

1-3-39　在通用涂漆技术条件中，对涂层的选择有什么要求？

答：（1）选择油漆品种的依据。选择油漆品种必须由以下 4 个方面综合考虑而确定：①产品工作和储存时的环境条件；②产品的基体材料；③油漆品种的型号、组成、性能和用途；④油漆品种的配套要求。

（2）对底漆的要求。无论是用于水上还是水下的钢结构件，均要求底漆有优良的防锈能力和附着力，漆膜坚韧耐久，涂底漆应根据金属电位差的不同，在钢铁件、镀锌件和铜合金零件上涂铁红类底漆。对于内装件和不直接浸水、盐雾、风、阳光等侵蚀的产品可采用铁红醇酸底漆。对防锈要求高的产品可采用红丹醇酸底漆。对处于油介质中的工件涂耐油漆。

（3）对面漆的要求。①水上使用的产品：经常受阳光、风、雨、霜、盐雾的侵蚀，要求面漆有良好的耐盐雾、耐候、结合力强、机械强度高等性能，故采用各种醇酸磁漆。对于有高装饰要求的产品，可考虑采用氨基或硝基锤纹漆。②水下使用的产品：长期受水浸泡、冲刷和水生动植物的寄生腐蚀，要求漆面抗水性强、有极强的附着力、耐浸泡、耐冲刷摩擦，并能阻止水生寄生物的生长，故采用氯化橡胶类、沥青类或环氧树脂类漆。③水上水下交替使用的产品，要求面漆耐水、耐摩擦，故采用聚氨酯防腐漆、水线漆或氯化橡胶铝粉漆。④水利电力系统金属结构及机电产品的涂漆配套参照标准中的附录 A。

1-3-40　在通用涂漆技术条件中，在对金属结构涂漆前，对其表面处理有什么要求？

答：（1）金属结构常采用的处理方法有：人工敲铲、风动打磨、机械处理、喷砂处理、高压水与高压水砂处理、磷化处理、带锈涂料处理等十多种方式。其中，常用处理方式有人工敲铲、喷丸、抛丸、喷砂等几种。

（2）表面处理的质量标准。①标准对表面处理的要求分为四级：1 级，喷射除锈到出白。应完全除去氧化皮、油污、锈蚀物及其他污染物，最后表面用清洁干燥的压缩空气或干净的刷子清理，该表面应具有均匀一致的灰白色金属色泽。2 级，非常彻底地喷射除锈，应将氧化皮、油污、锈蚀物及其他污染物清除到仅剩有轻微的点状或条纹状痕迹的程度。最后表面用清洁干燥的压缩空气或干净的刷子清理。3 级，彻底地喷射除锈。应除去几乎所有的氧化皮、油污、锈蚀物及其他污染物。最后用清洁干燥的压缩空气或干净的刷子清理表面，该表面应稍呈灰色。4级，轻度喷射除锈。应除去疏松的氧化皮、油污、锈蚀物及其他污染物。水上使用的产品一般达到3级。水下和水上交替使用的产品和出口产品均应达到2级。②经过表面处理后的钢材表面其粗糙度应在 $40\sim70\mu m$ 的范围内，最大不超过 $100\mu m$。

（3）不加工表面的处理：①铸件、锻件、冲压件及金属结构的不加工表面，可视具体情况采用砂轮、粗砂布、钢丝刷、喷砂、喷丸和抛光处理；②铸件等毛坯清理完毕后并经检验合格，即可进行涂装底漆工作；③铸件涂装底漆后仍有凹凸不平时应刮腻子2～3道，每层厚度不得超过 0.5mm。

（4）表面处理后即应涂底漆，经喷处理后的工件应在24h内进行。潮湿天气应在12h内进行。

（5）经喷砂处理后工作的个别部位若达不到标准要求，则需用各种工具再次进行处理。

1-3-41　在通用涂漆技术条件中，对涂装的技术要求有何规定？

答：涂装的技术要求规定：①涂漆工作应在清洁干燥、通风良好、温度不低于5℃，相对湿度应保持在70%以下的环境中进行。在严寒冻结、烈日暴晒、刮风、雨、雪及其他恶劣气候下应采取必要措施，确保涂装质量，否则不得进行。②构件装配后不易或不能涂装的表面，应在装配前涂装。③分次涂装的涂层，必须待前次涂漆干透后，才能进行再涂装。④油漆未干透前，应将涂层保护好，防止脏污或损伤。⑤两种不同颜色的油漆相接处，界限必须明显整齐，不得有不规则互相交错的交接线。⑥两个需经常拆卸的零件，其连接处的涂层面必须平整，接缝线应明显，不得有崩脱或涂在一片的现象。⑦表面涂层应涂得均匀、细致，光泽和颜色一致，不得有粗糙不平、流挂、裂纹、气泡、缩皱、脱皮、发白等缺陷，更不得有漏涂或颜色不合规定等现象。⑧表面涂层每层的颜色应稍有差异，以便识别。最后一层面漆应在试运转合格后进行（不装箱的产品在发运前涂最后一层面漆）。⑨现场安装调试的产品、在安装调试后涂最后一道面漆。⑩涂装方式：一般采用刷涂或喷涂，最好采用高压无气喷涂。⑪运输与安装中被碰掉的涂层漆膜，应予补涂，其层数和厚度不得减少。⑫漆膜加工等级分类见标准中的附表。

另外，在涂装时，对油漆质量及油漆调制也有要求，其规定为：①各种油漆的质量均应符合有关标准的规定；②凡牌号不清、品质不明、包装破损或超过储存期的油漆，未经检验鉴定，不准使用；③油漆必须在原桶或清洗干净的容器中按油漆使用说明书的规定黏度进行调制，不得随意增稀减料；④两种油漆或不同厂制造的同一种油漆在未了解其成分和性能之前，不准掺和使用。

1-3-42　电力生产企业必须严格执行的九项技术监督制度是指哪些？

答：电力生产企业必须严格执行的九项技术监督制度是指绝缘监督、金属监督、化学监督、热工仪表监督、电气仪表监督、电能质量监督、继电保护监督、节能监督、环保监督制度。

第二章

水 轮 机

第一节 水轮机基本理论

2-1-1 什么叫作水轮机，现代水轮机有哪些类型？

答：水轮机是将水流的能量转换为旋转机械能的水力机械。所谓水力机械，是指将液体与固体之间进行能量转换的机械。按照能量转换方式的不同，又分为水力原动机和水力工作机。将液体机械能转换成固体机械能的称为水力原动机，如水轮机；相反，将固体机械能转换成液体机械能的称为水力工作机，如一系列的水泵。

现代水轮机，按其水流作用原理和结构特征，可分为两大类：一类为仅利用水流动能的，称为冲击式水轮机；另一类为同时利用水流动能和势能的，称为反击式水轮机。上述两类水轮机，根据其水流相对水轮机轴的流动方向以及结构型式的不同，可进一步细为各种水轮机，如图 2-1-1 所示。

除上列各种型式外，近年来随着抽水蓄能电站的发展，出现了可逆式水轮机。常见的可逆式水轮机也有混流式、斜流式和轴流式三种。

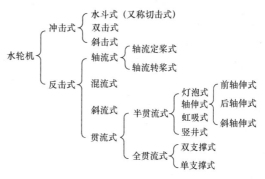

图 2-1-1　水轮机分类图

2-1-2 什么叫作反击式水轮机，什么叫作冲击式水轮机，它们各有什么特点和区别？

答：反击式水轮机是当其工作时，把水流的绝大部分能量转换成压能，在转轮叶片前后形成压差。而当水流流经转轮时便对转轮有个反作用力，这个反作用力使转轮旋转，把水流的能量转换成转轮旋转的机械能。这种水轮机主要以水流压能（也有一小部分利用水流的动能）来进行工作，由于它主要是利用水流的反作用力来推动转轮旋转的水轮机，所以我们称其为反击式水轮机。如混流式、轴流式、贯流式、斜流式等都属于此类。

而冲击式水轮机则是在其工作时，把水流的位能全部转换为动能，具有动能的高速水流冲击转轮叶片，使转轮旋转，将水流动能转换成转轮旋转的机械能。这种全部利用动能来工作的水轮机，称为冲击式水轮机。如水斗式、双击式、斜击式等都属于此类。

它们的主要区别是：反击式水轮机主要依靠压能原理工作，而冲击式水轮机主要依靠动能原理工作。

2-1-3 不同类型的水轮机，其适用范围怎样，各有什么优缺点？

答： 不同类型的水轮机，其适用范围和优缺点见表2-1-1。

表 2-1-1　　　　　　　　　　　　　　　水轮机的适用范围

类型	型式	使用水头 (m)	特　　点
反击式	混流式	15～700	适用水头范围较宽，运行稳定，最高效率值大，但高效率区较窄
	轴流式	2～90	过水能力大，运行稳定性较好，高效率区范围较宽，但适用的水头范围不如混流式
	斜流式	40～120	应用水头较高，运行范围广，有广阔的高效率区，空蚀性能好
	贯流式	0.5～30	过水能力大，流道通畅，水力损失小，效率较高，但只适用低水头
冲击式	水斗式	100～2000	结构简单，适用于高水头、小流量的电站，虽高效率区较为宽广，但高效率值较低
	斜击式	20～300	效率较低，但结构简单，制造方便，适用水头范围较广
	双击式	5～100	效率较低，但结构简单，制造方便，适用水头范围较窄

2-1-4 为什么反击式水轮机不宜在低水头和低出力下运行？

答： 反击式水轮机一般不宜在低水头和低出力下运行，其原因主要有以下几点。

（1）反击式水轮机在低于设计最小水头下运行时，可能产生以下危害：①由于较大地偏离设计工况，因而在转轮叶片入口处的冲角偏差很大，从而产生撞击损失以及在出口处水流的剧烈旋转，不仅大大降低了水轮机效率，而且还会增加水轮机的振动和摆度，使空蚀情况恶化，水轮机运行工况偏离设计工况越远，这种不良现象就越严重；②由于水头低，水轮机的出力达不到额定值，同时在输出同一出力时，水轮机的引用流量要增加；③水头低就意味着水位过低，有可能出现使有压水流变为无压水流，容易造成水流带气，使过水压力系统不能稳定运行，特别是在甩负荷过程中，容易造成引水建筑物和整个水电站发生振动；④可能卷起水库底部的淤积泥沙，增加引水系统和水轮机的磨损。

（2）水轮机在低出力下运行时，机组的效率（包括水轮机和发电机的效率）会明显地下降，而若发出同样的出力，则水轮机的引用流量增大，不利于电站的经济运行。

所以，为了减轻水轮机的空蚀、振动、噪声、泥沙磨损和提高机组效率，反击式水轮机都规定了最小出力限制。混流式为额定出力的50%；转桨式由于其桨叶角度可以随负载改变，大大改善了工作特性，其最小出力限制为水轮机刚进入协联工况时的出力；定桨式水轮机最好在额定出力附近运行。

2-1-5 国产水轮机的型号由哪几部分组成？

答： 根据我国"水轮机型号编制规则"的规定，水轮机型号一般由三部分组成，如图2-1-2所示。第一部分：代表水轮机的型式和转轮型号（即比转速代号）；第二部分：代表水轮机主轴的布置形式和引水室的特征；第三部分：代表水轮机转轮标称直径，以cm表示。

型号示例1：HL220-LJ-410，HL表示混流式水轮机，转轮型号为220（比转速），立轴，金属蜗壳，转轮标称直径为410cm；型号示例2：GZ995-WP-470，其表示的意思是：G表示贯流式；Z表示转桨式水轮机；995表示转轮型号（比转速）；W表示卧轴布置；P表示灯泡式；470表示转轮标称直径为470cm。

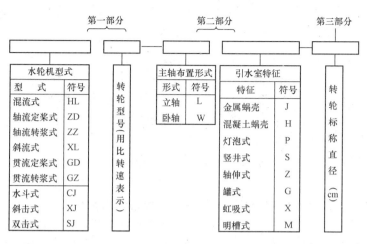

图 2-1-2　水轮机型号的表示方法

2-1-6　水轮机的主要工作参数有哪些，其概念是如何定义的？

答：反映水轮机工作过程特性的一些参数，称为水轮机的工作参数。其主要工作参数有：工作水头、流量、功率、效率、转速等 5 个。

（1）工作水头（H）。水轮机的工作水头是指水流在水轮机进口断面与尾水管出口断面的单位能量之差，单位为米（m），也称为水电站的净水头。

（2）流量（Q）。水轮机流量是指单位时间内流过水轮机既定断面的水量，单位为 m^3/s。可按下式计算：$Q = F \cdot v$（F—水轮机过水断面面积，m^2；v—过水断面平均流速，m/s）。水轮机在额定功率及设计水头时，通过水轮机的流量，称为设计流量。

（3）功率（N）。水轮机功率是水轮机在单位时间内从主轴上向外输出的机械功率，单位为 kW。额定功率是指在设计水头、设计流量下水轮机的轴功率。其表达式为：$N = N_i \cdot \eta = 9.81QH\eta$（$N_i$—水流输入给水轮机的功率；$Q$—水轮机流量；$H$—水轮机工作水头；$\eta$—水轮机效率）。

（4）效率（η）。水轮机效率是表示水流能量的有效利用程度，它为水轮机轴输出功率与水流输入给水轮机功率之比，即：$\eta = N/N_i$。水轮机总效率由三个部分组成，即水力效率 η_h，容积效率 η_v，机械效率 η_m，它们的关系为：$\eta = \eta_h \cdot \eta_v \cdot \eta_m$。水轮机效率与运行工况有关，在最优工况时水轮机效率最高。由于水轮机在工作过程中有能量损耗，故效率恒小于 1，目前水轮机效率最高可达 93%～95%。

（5）转速（n）。水轮机转速是水轮机主轴单位时间内旋转的次数，用 n 表示，单位为 r/min。水轮机额定转速是在设计时选定的同步转速，计算公式：$n = 60f/p$（f—电网的频率；p—发电机磁极对数）。

2-1-7　什么叫作静水头、设计水头、工作水头、有效水头，它们的区别和关系如何？

答：（1）静水头。静水头就是水电站上、下游水位高程的差值，单位为米（m），也称为毛水头。在实际工作中我们通常所俗称的水头一般都是指静水头。

（2）工作水头。工作水头是指水流在水轮机进口断面与尾水管出口断面的单位能量之差，单位为米（m），也称水电站的净水头。水轮机工作水头也可表示为水电站毛水头（静水头）与引水建筑物水头损失之差，用表达式为：$H = H_{st} - \Delta h$。工作水头中一般有三个特征水头，即最大水头 H_{max}、最小水头 H_{min}、设计水头 H_r。工作水头是一个变量，它随实际运行情况中上、下游水位差而变化。

（3）设计水头。水轮机在额定流量下发出额定出力时的最小水头称为设计水头。设计水头是一个定量，在最初设计时，根据上、下游水位差，并结合机组在额定流量下所发出额定出力时所需的水头而定。当工作水头大于设计水头时，在额定流量下，机组可超负载运行；当工作水头等于设计水头时，在额定流量下，机组可满负载运行；当工作水头低于设计水头时，在额定流量下，机组为欠负载运行。

（4）有效水头。水轮机的工作水头减去水轮机内部的水头损失，称为有效水头。

2-1-8　水轮机的过流部件由哪几部分组成，其作用分别是什么？

答：对能量转换有直接影响的过水部件叫作水轮机的过流部件。任何种类的水轮机，其主要过流部件按水流方向来看，是指引水部件、导水部件、工作部件和泄水部件等四部分。各部件的作用如下。

（1）引水部件。引水部件主要是以引水室构成，对于引水室为蜗壳式的，还包含座环。它是水流进入水轮机的第一个过流部件。引水室的作用是以较小的水力损失把水流均匀地、轴对称地引入导水部件，并且在进入导叶前形成一定的环量。而座环则是位于蜗壳和导水部件之间用来连接蜗壳和导水机构的。

（2）导水部件。导水部件又称为导水机构，它位于引水部件和工作部件之间，其作用是调节进入转轮的流量和形成转轮所需要的环量，并通过改变流量调节水轮机的出力，实现开停机，调节转速等功能。

（3）工作部件。工作部件就是转轮，它是水轮机的核心，是进行能量交换的部件，水轮机的型号由转轮的形式决定。转轮的结构和形状决定着水轮机的性能，而且转轮的形式和尺寸又决定着其他过流部件的形式和尺寸。代表转轮的主要几何尺寸是标称直径。

（4）泄水部件。泄水部件一般称为尾水管，它安装在水轮机的后面，是最后一个过流部件，通过它把工作完的水流引到下游尾水渠。

2-1-9　什么叫作转轮的标称直径，各类型转轮的标称直径是如何定义的？

答：所谓转轮的标称直径，它是代表转轮主要几何尺寸的一个参数，通常用 D_1 表示，对于不同类型的转轮有着不同的定义，具体如下，并如图 2-1-3 所示。

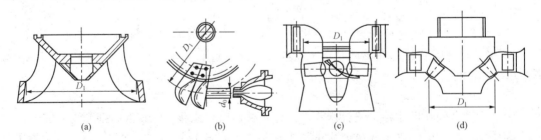

图 2-1-3　转轮标称直径
（a）混流式；（b）水斗式；（c）轴流式；（d）斜流式

（1）对于混流式，D_1 表示转轮进水边的最大直径，如图 2-1-3(a)所示。

（2）对于轴流式、斜流式和贯流式，D_1 表示与转轮叶片轴线相交处的转轮室内径，如

图 2-1-3(c)、(d)所示。

（3）对于水斗式转轮，指转轮水斗与射流中心线相切的节圆直径，如图 2-1-3(b)所示。

2-1-10 什么叫作水轮机的装置方式，它是如何分类的？

答：在水电站中，水轮机和发电机连接在一起，共同组成水轮发电机组，简称为机组。水轮机的装置方式，就是指机组主轴的连接方式和主轴的布置方式。其中，主轴的连接方式分为直接连接和间接连接两种。直接连接是指机组的两个轴通过法兰盘用螺栓直接连在一起，这是目前应用最广泛的连接方式；间接连接是指机组的两根轴通过传动装置连接的方式。这种方式由于结构复杂，效率低，现在很少采用。

主轴的布置方式有立轴和卧轴两种。所谓立轴布置，是指水轮机轴和发电机轴在同一垂直面内，发电机在上，水轮机在下。这种结构的优点是发电机不易受潮，轴与轴承受力良好，所有轴向力均由推力轴承承受，径向力由导轴承承受，主要受力轴承为推力轴承。这种布置方式在大中型水轮机中被广泛采用；而卧轴布置，是指水轮机轴和发电机轴呈水平或近似水平的布置，这种布置方式主要应用在小型水轮机中，目前被广泛开发的贯流式机组就是卧轴布置。

2-1-11 水电站是如何对水轮机进行选择的，一般包含哪些内容和要求？

答：水轮机的选择直接关系到电站的经济效益和投资多少，这是一项比较重要的工作。其程序一般是先根据电站的型式、动能计算以及水工建筑物的布置等初选若干个方案，然后进行技术经济比较，再根据国内外的生产情况及制造水平，最后确定所需的水轮机的型号和尺寸。水轮机选择的主要内容有：①确定单机功率和机组台数；②选择型号和装置方式；③确定转轮直径、额定转速、吸出高度和安装高程等基本参数；④绘制水轮机运转综合特性曲线；⑤计算水轮机的外形尺寸，估算重量及价格；⑥拟订制造任务书，提出对水轮机型号、尺寸、结构、性能、材质及运行方式等方面的要求。

对于水轮机选择，其基本要求有：①水轮机的能量特性要好，在设计水头时，要能够发出额定功率，在设计水头以下时，受阻容量要小，水轮机效率要高；②水轮机的抗空蚀性能要好，运行要稳定、灵活、安全可靠；③水轮机的结构要合理，且要具有先进性，对于多泥沙的电站，要有抗磨装置，水轮机要便于安装、运行和检修；④要考虑最大部件运行的可能性。

2-1-12 水轮机的型号选择应根据什么来确定，高比速转轮与低比速转轮各有什么特性？

答：水轮机的型号选择主要是根据水电站的特征水头，特别是最大水头来选择。水轮机应用水头的上限是根据普通钢的强度确定，如果转轮采用合金钢，则可根据其允许应力的大小适当提高转轮应用的最大水头界限。在交界水头范围内，即在某一水头范围内有两种或两种以上的转轮型号时，选择哪种型号的转轮则需进行综合比较后再确定。通常情况下，我们通过对转轮的比速来进行比较和参考。

对于高比速转轮，其能量特性参数较高，而转轮尺寸较小，机组成本比较低。但高比速转轮的抗空蚀性较差，即空蚀系数较大，而水轮机吸出高度较小，安装高程较低，当吸出高度为负值时，电站挖方多，从而使土建投资增加，当吸出高度的负值太大时，则会造成向转轮下补气的困难。而对于低比速转轮，其能量特性参数较低，水轮机内的流速也较低，这有利于提高水轮机的抗磨性能。因为低比速转轮的抗空蚀性较好，即空蚀系数 σ 较小，而水轮机的吸出高度 H_s 较大，所以使得向转轮下补气比较容易。

2-1-13 什么是"水轮机的单位参数"，其有什么意义，怎样换算？

答：在对不同模型尺寸的同型水轮机进行模型试验时，绘出的是不同的特性曲线，这在实际工程中既不便于应用，也不便于水轮机之间的比较。为了解决这个问题，可将不同尺寸的模型试验结果均按相似律换算成转轮直径 $D_1 = 1m$ 和试验水头 $H = 1m$ 时的水轮机参数，这就是所谓的水轮机单位参数，这样有利于水轮机综合特性曲线的研究。水轮机的单位参数包括单位转速 n_1'、单位流量 Q_1' 和单位功率 N_1'。从模型到真机的换算关系如下：

单位转速（r/min）：$n_1' = \dfrac{nD}{\sqrt{H}}$

单位流量（m^2/s）：$Q_1' = \dfrac{Q}{D_1^2 \sqrt{H}}$

单位功率（kW）：$N_1' = \dfrac{N}{D_1^2 H^{3/2}}$

2-1-14 什么叫作水轮机的比转速，提高水轮机的比速对水电站有什么意义？

答：当水头为 1m，发出功率为 1kW 时水轮机所具有的转速，称为比转速，简称为比速，用符号 n_s 表示。其计算公式为

$$n_s = 3.65 n_1' \sqrt{Q_1' \eta} \quad (m \cdot hp) \quad 或 \quad n_s = \frac{n \sqrt{N}}{H^{5/4}} \quad (m \cdot hp)$$

式中：n_s 为比转速；n 为转速；n_1' 为单位转速；Q_1' 为单位流量；N 为出力；H 为水头。

从以上公式可见，比速与 D_1 无关，但由于比速公式综合了转速 n、水头 H 和出力 N，并反映了单位参数之间的关系，所以比速是一个综合的相似参数。它是水轮机的一个重要参数，在我国水轮机的代号中常用比速来表示。同型号的水轮机在相似工况下的比速相等，在最优工况下的比速称为最优比速。通常情况下，用最优比速或限制工况下的比速来对不同型式的水轮机进行比较。

同样，由以上公式可见，对于相同尺寸的水轮机，当 n、H 一定时，提高 n_s，则可提高其出力，或者可采用较小尺寸的水轮机发出相同的出力；当 H、N 一定时，提高 n_s 可增大 n，从而可使发电机外形尺寸减小，同时可使机组零部件的受力减小，即可减小零部件的尺寸。总之，提高比速对提高机组动能效益及降低机组造价都具有重要的意义。

2-1-15 如何提高水轮机的比速，提高比速对水轮机又有什么影响？

答：由问题 2-1-14 中的公式可知，因为 $N = 9.81 H Q \eta$，所以当 H 一定时，n_s 的大小取决于 n、Q 和 η 的大小。由于近代水轮机的 η 已达到较高的水平，进一步提高 η 已很有限，因此，提高 n_s 的主要途径就是采用新型的水轮机结构、改善过流部件的水力设计等，如采取增大 b_0/D_1、缩短流道长度、减少叶片数和减缓翼型弯曲程度等措施，以提高水轮机的 n、Q 值。但在 n、Q 值增大的同时，转轮出口流速也随之增大，从而对尾水管性能的要求明显提高，而且最致命的是，水轮机空蚀性能将明显变差，这将会增大厂房的开挖深度和土建投资。因此，对于高比速水轮机，空蚀条件是限制其应用水头范围的主要因素，n_s 越高，适用

的水头 H 越低。

2-1-16　比速与水轮机的型式有什么关系？

答：高比速水轮机由于导叶的相对高度较大而且叶片数较少，所以它的转轮强度较低，因此它不能应用于高水头水电站；另外，由于高比速水轮机的空蚀系数较大，所以电厂的挖深也较大，因而有时要受到挖深的限制，这也使它不能应用于高水头水电站。因此，高比速水轮机的型式一般采用轴流式和贯流式。低比速水轮机应用于高水头水电站，所以水轮机的型式一般为水斗式。中比速水轮机应用于中高水头水电站，所以水轮机的型式一般为混流式。各种型式的水轮机比速见表 2-1-2。

表 2-1-2　　　　　　　　　各种型式的水轮机比速的关系

型式	水斗式	混流式	斜流式	轴流式	贯流式
比速	10～35	50～300	150～350	300～850	600～1000

比速是一个十分重要的参数，根据比速的大小，可定性地分析出水轮机的应用水头范围、水轮机的轮廓形状及其主要特性等。从充分利用水流能量的观点看，一般认为，高比速的水轮机较好。提高比速的途径主要是设法提高水轮机的单位转速和单位流量。目前，世界各国都在努力向提高水轮机比速的方向发展。

2-1-17　水轮机的转轮直径是如何确定出来的？

答：水轮机的转轮直径是在水轮机进行选择的时候予以确定的。当水轮机的型号基本确定好之后，则需要进一步确定好水轮机的主要参数。其主要参数是指转轮直径 D_1、额定转速 n 和吸出高度 H_s。这些参数通常是根据模型的主要综合特性曲线来选择的。当大型水轮机不采用标准转轮型号时，主要参数可根据比速 n_s 按统计曲线来选择。对转轮直径的选择方法如下：

转轮直径（m）的确定根据以下公式来确定：

$$D_1 = \sqrt{\frac{N}{9.81 Q_1' H_r^{3/2} \eta}}$$

式中：N 为水轮机额定功率，它可根据发电机额定功率，通过公式 $N = N_g / \eta_g$ 求出；Q_1' 为单位流量，它可根据模型综合特性曲线来选择或根据型谱来确定，Q_1' 应取设计工况下的单位流量，以保证在此 Q_1' 和 H_r 下所计算出的 D_1 能使水轮机发足额定功率；效率取额定功率时的原型效率，一般为 0.9 左右。按上述方法计算出 D_1 后，根据标准直径表取标准值，多数取偏大的标准直径。当所选标准值明显不合理时，也可不取标准值，而取其计算值，特别是对高水头或大容量的水轮机。

2-1-18　机组的额定转速是如何确定出来的？

答：在水轮机的选择中，机组的额定转速就是根据水轮机的额定转速而得出的。在进行水轮机的选择过程中，对额定转速 n（r/min）的确定，其计算公式为

$$n = n_1' \frac{\sqrt{H_{av}}}{D_1}$$

式中：D_1 为已初步确定的转轮直径；H_{av} 为加权平均水头，一般可用设计水头代替；n_1' 为水轮机单位转速，对混流式水轮机，取 $n_1' = (1—1.05)n_{10}'$，对轴流式水轮机，取 $n_1' = 1.1n_{10}'$，最优单位转速 n_{10}' 可根据转轮型号在水轮机型谱上或模型主要综合特性曲线上查得。

由上式求出转速后，则再从标准额定转速系列表中选取额定转速，一般取接近的额定转速值，但当计算出的额定转速介于两个额定转速之间时，应同时取两个额定转速方案，然后进行比较。比较的方法是将每一方案的 n 和 D_1，按 H_{max} 和 H_{min} 分别求出相应的单位转速 n_{1max}' 和 n_{1min}'，然后根据以上两个单位转速在模型综合特性曲线图上画出水轮机的工作区，通常选取包括高效率区这种方案的转速。在得出水轮机的转速后，则可通过这个转速确定发电机的磁极以及其尺寸。

2-1-19　在进行水轮机选择的过程中，如何确定水轮机的吸出高度？

答：在进行水轮机的选择时，对其吸出高度的确定，其计算公式为：$H_s = 10 - (\nabla/900)—K_\sigma\sigma H$，式中：$H_s$ 为吸出高度，m；K_σ 为安全系数，一般取 $1.1\sim1.35$；σ 为空蚀系数；H 为工作水头，m。其中，空蚀系数 σ 可在模型主要综合特性曲线上查得，与水头 H 相应的 n_1' 线和 Q_1' 线的交点处的 σ 值即为所求的空蚀系数。吸出高度 H_s 值可用最大水头和设计水头分别计算，对轴流式水轮机，有时还可用最小水头算出 H_s 值，从上面算出的 H_s 值中选择一个设计允许值，一般选择最小值。

2-1-20　什么叫作水轮机模型试验，为什么要进行水轮机的模型试验？

答：水轮机的模型试验是按一定比例将原型水轮机缩小成模型水轮机，然后通过试验测出模型水轮机各工况下的工作参数，再用相似公式换算出该轮系水轮机在各相似工况下的综合参数（如 n_1'、Q_1'、η 和 σ 等）。这些综合参数在水轮机设计、选择和运行中都有着重要的作用。

进行水轮机的模型试验的主要原因是：在实际应用中，为了设计出一个性能良好的水轮机机型，一般需要通过理论计算和试验研究相结合的方法。而在进行试验时，因现代水轮机是一种大型机器，它的尺寸很大，若在原型水轮机上进行试验，其规模大、时间长、费用高，而且其中的水头等参数不能任意改变，所以原型试验既不经济，也不方便。而模型水轮机因其尺寸小，且进行模型试验时参数易改变，测量精度高，所以模型试验既经济又方便，并且可以测出水轮机的各种特性。因此，在进行新型水轮机的试验研究时，通常采用通过同比例缩小的模型来进行试验。

2-1-21　水轮机模型试验的任务是什么，它包含哪些内容？

答：模型试验的任务是确定水轮机各工况下的参数，并计算出水轮机的效率和空蚀系数，即给出能量特性和空蚀特性，绘出水轮机的模型主要综合特性曲线，同时还可以确定水轮机某些过流部件的力特性、飞逸特性以及在非设计工况下的不稳定性等。

水轮机模型试验主要有能量试验、空蚀试验、飞逸特性试验和轴向水推力特性试验等几种。水轮机效率是水轮机能量转换性能的主要综合指标。因此，模型水轮机的能量试验主要是确定模型水轮机在各种工况下的运行效率。在进行模型能量特性试验时，需要测定的参数有水头、流量、转速和功率等，其目的是求出各工况下的效率、单位转速和单位流量。在进行模型能量特性试验时，一般按表 2-1-3 记录。

表 2-1-3 转轮型号与转轮直径

转轮型号：		转轮直径 D_1（mm）：			开度 a_o（mm）：		
工况点号	水头 H（m）	转速 n（r/min）	荷重（负载）P（N）	堰顶水深 h（m）	流量 Q（m³/s）	单位流量 Q'（m³/s）	单位转速 n'（r/min）	效率 η（%）
1								
…								

2-1-22 什么叫作水轮机的特性曲线，具体包含哪些部分，各有什么意义？

答：所谓水轮机的特性曲线，是指表示水轮机各参数之间关系的曲线，它分为线型特性曲线和综合特性曲线两大类，其具体概念和意义见表 2-1-4。

表 2-1-4 线型特性曲线与综合特性曲线

名称及定义		概念	意义
线型特性曲线	线型特性曲线是在假定某些参数为常数的情况下另两个参数之间的关系曲线，它又分为工作特性曲线、水头特性曲线和转速特性曲线。它主要是针对原型水轮机而言的	工作特性曲线	当 D_1、H 和 n 均为常数时的 $\eta = f(N)$、$\eta = f(Q)$ 及 $Q = f(N)$ 曲线，统称为水轮机的工作特性曲线，其中 $\eta = f(N)$ 又称为效率特性曲线；$Q = f(N)$ 又称为流量特性曲线	它是反映水轮机在水头不变情况下的实际运行特性
		水头特性曲线	为了了解水轮机在导叶开度一定时，N 和 η 随 H 的变化关系，需绘制在 D_1、n 和 a_o 均为常数时的 $N = f(H)$ 及 $\eta = f(H)$ 曲线，这些曲线称为水轮机的水头特性曲线	主要是反映水头变化对水轮机工作性能的影响
		转速特性曲线	当水轮机在 D_1、H 和 a_o 均为常数时，绘制的 $Q = f(n)$、$N = f(n)$ 和 $\eta = f(n)$ 的关系曲线统称为水轮机的转速特性曲线	它不反映原型水轮机的实际运行情况，但通过这些曲线可看出 Q、N、η 随 n 和 a_o 的变化规律
综合特性曲线	综合特性曲线是多参数之间的关系曲线，能较完整地描述水轮机各种运行工况的特性。综合特性曲线根据水轮机模型和原型的区别，又分为模型综合特性曲线和运转综合特性曲线	模型综合特性曲线	它主要是针对水轮机模型而言的，简称综合特性曲线，它以单位转速 n'_1 和单位流量 Q'_1 为纵、横坐标而绘制的几组等值曲线。图中常绘有下列等值线：等效率 η 线；导叶（或喷针）等开度 a_o 线；等空蚀系数 σ 线；混流式水轮机的出力限制线；转桨式水轮机转轮叶片等转角 φ 线等	在水轮机有关手册或制造厂产品目录中，一般都提供模型综合特性曲线。一方面，它反映出了同型号水轮机的全部特性；另一方面，通过它可以绘制出水轮机原型的线型特性曲线和运转综合特性曲线。所以，在实际应用中，它具有非常重要的作用
		运转综合特性曲线	它主要是针对水轮机原型而言的，简称运转特性曲线，它是在转轮直径 D_1 和转速 n 为常数时，以水头 H 和出力 N 为纵、横坐标而绘制的几组等值线。图中常绘有下列等值线：等效率 η 线；等吸出高度 H_s 线；出力限制线；此外，有时图中还绘有导叶（或喷针）等开度 a_o 线、转桨式水轮机转轮叶片等转角 φ 线等	它表示出水轮机的能量特性和空蚀特性等综合性能，还可表示出水轮机的运行区和非运行区以及最优工作区。运转综合特性曲线可根据原型水轮机试验测出的各参数进行绘制，也可根据由模型试验参数换算出的原型参数进行绘制

線型特性曲线可根据模型的主要综合特性曲线绘制，也可根据原型试验测出相应的参数绘制而成

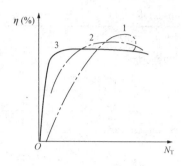

图 2-1-4　水轮机工作特性曲线
1—混流式；2—轴流转桨式；
3—水斗（冲击）式

2-1-23　对于不同型式的水轮机，其工作特性有何差别？

答： 从水轮机的工作特性曲线中我们可以看出，它是指在转轮直径、转速和水头一定时，表示水轮机出力与效率的变化关系。水轮机的型式不同，其工作特性曲线也各不相同。图 2-1-4 为三种型式水轮机的工作特性曲线。由图可知，混流式水轮机的最高效率值最大，但高效率区较窄，适应出力变化的范围较小；水斗式水轮机的最高效率值最小，而效率比较稳定，高效率区宽广，适应出力变化的范围最大；而轴流转桨式水轮机的效率介于两者之间，最高效率值比较大，高效率区也相当宽，适应出力在相当大的范围内变动。

同时，三种型式水轮机的最大出力点与效率最高点并不一致，可见，水轮机在满负载下运行时效率并不是最高的。如混流式水轮机约在额定出力的 85%～100% 范围内出现最高效率点。

2-1-24　在水轮机综合特性曲线中，其各曲线的含义是什么？

答： 水轮机在不同工况下的参数，是通过模型试验获得的，并表示在以 Q' 和 n' 为坐标的直角坐标系内，称为综合特性曲线。水轮机综合特性曲线的绘制主要是根据水轮机模型试验中能量试验、空蚀试验所测得的参数而确定。其主要内容有等效率 η 线、导叶（或喷针）等开度 a_0 线、等空蚀系数 σ 线、混流式水轮机的出力限制线、转桨式水轮机转轮叶片等转角线 φ 等，如图 2-1-5 所示。在综合特性曲线图上各曲线的含义如下：①等效率 η＝常数线，它与单位流量 Q'，以及它们的乘积 $Q' \cdot \eta$ 表征了能量性能；②等空蚀 σ＝常数线，表征空蚀

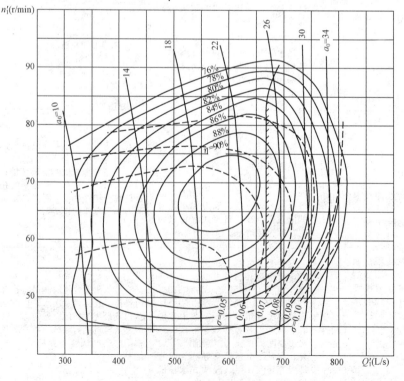

图 2-1-5　HL160-46 转轮综合特性曲线

性能；③等开口 a_0=常数线，表示导水叶的位置；④等转角 φ=常数线，表示叶片角度的位置；⑤ 5％出力储备线，即留出 5％出力储备量，但在 5％出力储备线至最大出力之间，效率下降快，功率随流量增加缓慢，而空蚀显著变坏，因此，在此范围内是不经济的。对贯流式水轮机在 95％处时，效率低，空蚀系数大，同样不宜选取。所以，在贯流式水轮机综合特性曲线上，一般不绘出力储备线。

2-1-25 在水轮机运转特性曲线中，为什么要设置出力限制线？

答：在水轮机直径、转速为一定值的情况下，以水头 H 为纵坐标，出力 N 为横坐标，效率为参变数所绘制的效率、水头和出力之间关系的曲线叫水轮机的运转综合特性曲线，即 $H = N(\eta)$，如图 2-1-6 所示，简称运转特性曲线。图中出力限制线由垂直线和斜线两部分组成，斜线段是水轮机出力限制线，垂直线段是发电机出力限制线，两线交点的纵、横坐标分别为水轮机设计水头和水轮机额定出力。这两条限制线表示水轮发电机组的最大出力与水头的关系。

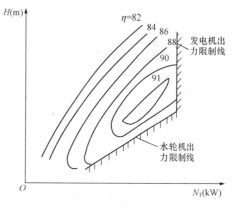

图 2-1-6 混流式水轮机运转特性

水轮机出力限制线表示水轮机的实际允许出力与水头的关系。对反击式水轮机来说，当导叶的开度超过某一极限（相应于某一极限出力）时，虽然流量继续增加，但由于水力损失等迅速增加，效率急剧下降，水轮机的出力反而减小，机组会出现出力波动而处于不稳定的运转状态。为避免进入这种区域工作，并留有一定余地，模型特性曲线上在比最大出力小 5％的地方绘出了所谓 5％出力限制线，因此，在运转综合特性曲线上绘出了相应的 5％出力限制线，所以说，原型水轮机的实际允许出力，一般为水轮机可能发出的最大出力的 95％。

由于水轮机的额定出力是相应于设计水头和相应的最优导叶开度下获得的，所以，当水轮机的工作水头大于设计水头时，机组发出的出力将受到发电机额定出力的限制，发电机的出力限制线是限制发电机不超出该出力线运行，使发电机的温升不超过允许值。否则发电机将超过额定出力，出现超载现象，相应的温度升高会超过允许值，导致发电机绝缘老化加快。

2-1-26 水轮机综合特性曲线与运转特性曲线相比，有什么联系，又有什么区别？

答：运转综合特性曲线是针对具体的原型水轮机而绘制的。与模型综合特性曲线相比，它能更直观地反映原型水轮机在各种工况下的特性，更便于查用。运转综合特性曲线在水电站设计、运行管理中有着重要的指导作用。目前，在水轮机有关手册或制造厂产品目录中，一般都提供模型综合特性曲线，一个轮系的水轮机有一份模型综合特性曲线。而运转综合特性曲线一般都是根据模型综合特性曲线换算出来的，当然也可根据原型水轮机试验测出的各参数进行绘制，但相对而言，后者较为麻烦。

另外，在实际应用中，还有一种水轮机运行特性曲线，它是表示在实际运行工况下，水轮机的水头 H、流量 Q、出力 N、效率 n 等之间的相互关系。制造厂提供的水轮机运行特性曲线对指导电厂高效、多发、耗水量小、合理经济地利用水能具有重要意义。在运行特性曲线图上，纵坐标为水轮机流量 Q、横坐标为水头 H。

2-1-27　什么叫作水轮机的运行工况，什么又是水轮机的最优工况，如何保证最优工况？

答：所谓水轮机的运行工况，是指水轮机在运行过程中对应的流量、水头和转速的情况。水轮机的每一种工况都有相应固定的流量、水头和转速。水轮机在工作时，除过渡过程外，应经常保持在额定转速下运行，我们可以认为在各种工况下转速不变，但流量和水头是在变化的，尤其是流量，它经常随外负载的变化而变化，所以水轮机的运行工况是在不断变化的。但通常情况下，我们也都认为，如果机组稳定在一种状态下运行，没有进行调整，我们就认为这是一种稳定工况。

在水轮机全部运行工况中，有一个损失最小、效率最高的工况，通常称此工况为最优工况。对水轮机运行工况起决定作用的是水流在水轮机内的运行情况，特别是决定于转轮进、出口水流的运动情况。在水轮机中，水力损失最小的条件是转轮进口为无撞击进口，转轮出口为法向出口。所以，最优工况只有在某一固定流量、水头和转速下才能出现，而且要同时满足无撞击进口和法向出口这两个条件，这在一般情况下是很难达到的。通常情况下，机组在接近和达到最优工况运行时，其振动和噪声也是最小的。

2-1-28　什么叫作水轮机水流的无撞击进口，满足无撞击进口的条件是什么？

答：转轮入口水流的相对速度与叶片骨线相切的进口，称为无撞击进口。满足无撞击进口的条件是冲角为零。水流相对进水角与叶片进口角之差称为冲角（见图 2-1-8），通常用 $\Delta\alpha$ 表示。当冲角等于零时，即 $\beta_1 = \beta_{b1}$ 时 [见图 2-1-7（b）]，进口为无撞击进口，此时水流与叶片表面形状相吻合，在这种情况下不发生撞击损失和脱流旋涡损失，实践证明，当冲角 $\Delta\alpha < 8°$ 时，水力损失也很小，基本属于无撞击进口，因此在叶片设计时通常让叶片进口角比 β_1 角小 $\Delta\alpha$，即 $\beta_{b1} = \beta_1 - \Delta\alpha$，这样虽然在设计工况下水力损失稍大，但它有利于改善整个流道的水力性能，且可以减

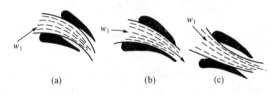

图 2-1-7　转轮进口水流条件

(a) $\beta_1 > \beta_{b1}$；(b) $\beta_1 = \beta_{b1}$；(c) $\beta_1 < \beta_{b1}$

β_1—水流在进入水轮机转轮时的相对进水角；

β_{b1}—叶片进口角

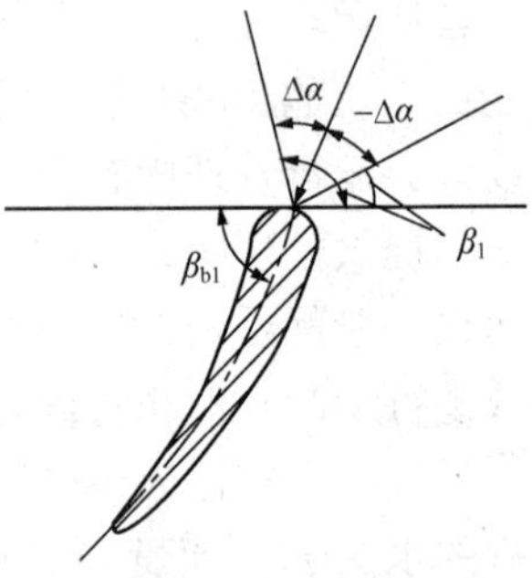

少叶片的弯曲程度；当冲角大于零时，即 $\beta_1 > \beta_{b1}$ 时 [见图 2-1-7（a）]，为正冲角，此时水流对叶片进口的正面产生撞击，在叶片背面出现脱流，从而造成撞击损失和脱流旋涡损失；当冲角小于零时，即 $\beta_1 < \beta_{b1}$ 时 [见图 2-1-7（c）]，为负冲角，此时水流对叶片背面产生撞击，在叶片正面发生脱流，这种情况所造成的损失最大，水轮机的效率急剧下降。

2-1-29　什么叫作水轮机水流的法向出口？

答：在水轮机的运行过程中，转轮的出口水流一般有三种情况。第一种情况为水流绝对出口角等于 90°；第二种为小于 90°；第三种为大于 90°。其中，当水轮机水流的出口角等于 90° 时，说明绝对速度的方向与圆周切线方向垂直，与法线方向一致，这种出口一般称为法向出口。此时，水轮机转换的有效能

图 2-1-8　冲角

量最多。从理论上讲，当出口为法向出口时，水轮机转轮和尾水管内的水力损失最小，水力效率最高。但试验表明，当出口角略小于90°时，水力损失最小。这是因为有一微小的圆周分速度，它使出口有一较小的与转轮旋转方向一致的旋转水流，它可以减小尾水管内的脱流损失，从而使尾水管内的总损失最小。

2-1-30　什么叫作空蚀，引起空蚀的条件是什么，空蚀与沸腾又有何区别？

答： 当水的温度不变，降低外界大气压力，当外界压力降到该水温下的气化压力时，水同样由液体变成气体，且形成许多水蒸气泡，这些蒸气泡随水流运动，当气泡流到高压区时，由于受到水流的压力，气泡又迅速凝聚，甚至破裂，这种现象就称为空蚀。

从空蚀的定义中可知，空蚀的条件取决于气体空泡外部压力的降低，当压力降到气化压力时，液体便开始气化，即产生空蚀。我们通常把液体开始气化时的饱和气压称为气化压力。所以，产生空蚀的条件有两个方面：一是水流压力下降到该水温下的气化压力，这是产生空蚀的必要条件，也可以称为外因；二是在水中存在气体空泡，也就是所谓的空蚀核，它是产生空蚀的胚胎，属于内因。

与空蚀相比，沸腾则是通过升高水的温度使水发生气化，这种现象叫作沸腾。它们的区别在于：沸腾取决于气体空泡内部压力的升高，而空蚀取决于气体空泡外部压力的降低，当压力降到气化压力时，液体便开始气化，即产生空蚀。

2-1-31　水轮机发生空蚀的过程怎样，空蚀对水轮机的运行有什么影响？

答： 水轮机空蚀的过程是：当水轮机中某一局部区域的水流压力降低到气化压力时，水就发生气化，出现大量的气泡，在气泡的不断产生和凝结的过程中，水流紊乱，压力波动，高速度的水流质点，像锐利的刀尖一样，周期性地猛烈打击着叶片表面，使叶片表面出现破坏，并发生噪声。所以，引起水轮机空蚀的主要原因是水轮机内部水流压力的降低。

空蚀对水轮机的影响主要存在以下几个方面：①空蚀直接破坏过流部件，特别是叶片。轻度空蚀使水轮机过流部件如转轮叶片表面侵蚀成麻点、粗糙不平，严重的侵蚀呈海绵状，甚至使转轮叶片穿孔、掉块。②空蚀使水轮机效率降低。发生空蚀现象时本身不利于水轮机的运行，而当造成叶片表面破损后，则更会加大水轮机的摩擦损失，同时影响水轮机运行时水的流态。③空蚀缩短了检修周期，增加了检修工期和费用。

2-1-32　水轮机的空蚀有哪些类型，各有什么特点？

答： 水轮机根据其空蚀部位的不同，一般分为翼型空蚀、间隙空蚀、空腔空蚀和局部空蚀四种（见表2-1-5）。

表2-1-5　　　　　　　　　　　　　　　　　空蚀的类型

名称	定　义	特　点
翼型空蚀	翼型空蚀是指发生在转轮叶片上的空蚀，产生的原因是由于水流绕流叶片时，在叶片背面的速度增加，从而引起压力降低，当某点压力降低到该水温下的气化压力时，便产生翼型空蚀	这种空蚀多发生在叶片背面的出口边附近。翼型空蚀与叶片本身的线形及运行工况有关，在运行时，若叶片冲角越大则越容易在叶片背面形成翼型空蚀

名称	定　义	特　点
间隙空蚀	间隙空蚀是通过较小通道或缝隙时，由于流速升高压力降低，或缝隙前后压降太大所产生的空蚀	在转桨式水轮机中，叶片与转轮室之间和叶片与转轮体之间的间隙处容易发生间隙空蚀，在混流式水轮机中，间隙空蚀主要发生在上、下止漏环的间隙处，另外在导叶的端面和立面间隙处也经常发生间隙空蚀。
空腔空蚀	空腔空蚀一般发生在尾水管内，空腔空蚀的产生与尾水管内形成的涡带有关，此外，涡带除可能产生空腔空蚀外，还会引起压力脉动、机组振动和噪声	空腔空蚀的破坏作用，主要发生在上冠附近或尾水管中
局部空蚀	局部空蚀是由于过流部件表面的局部地方出现凸凹不平，从而使绕流的水流形成旋涡，当旋涡中心压力下降到气化压力时，将产生局部空蚀	局部空蚀一般发生在有局部凸凹的部分之后，如在轴流式水轮机的叶片固定螺钉处，转轮室的各段连接处；在混流式水轮机转轮上冠的泄水孔后面等

2-1-33　运行水头对水轮机的空蚀会产生什么影响？

答： 水轮机的运行工况主要取决于运行水头、功率（或流量）以及吸出高度（或下游尾水位），这些因素都会对水轮机的空蚀产生一些影响。其中，运行水头对空蚀破坏的影响，通常分为两种情况：一是对翼型空蚀的影响，二是对空腔空蚀的影响。

（1）水头对翼型空蚀的影响。试验表明，水轮机翼型空蚀随水头的增加而变得严重，这是因为水头越高流速越大，压力降低得越多，从而导致翼型空蚀严重。一般有如下一些规律：①当运行水头低时，叶片背面空蚀破坏面积大，但深度较浅，叶片正面也有空蚀，但面积较小。大面积空蚀说明背面水流脱流严重，因低水头偏离最优工况，破坏了无撞击进口。在进口处产生很大的负冲角，使进口水流严重脱流，流速增加，压力下降，故在进口的正背面均产生空蚀；②当运行水头增加时，叶片进水边工作面的空蚀逐渐消失，叶片背面的空蚀面积随水头的增加而减小，空蚀区的位置逐渐向下环方向移动，而空蚀深度则明显加深。其原因是随着水头的增加负冲角逐渐减小，在进水边正背面空蚀空泡逐渐消失，所以进水边空蚀消失；③当在高水头低负载运行时，虽能产生空蚀空泡，但此时相对速度小，故在叶片背面进水边空蚀破坏不严重；④当在高水头大负载运行时，在进口处产生较小的冲角，所以进水边空蚀较轻。由于相对速度从上冠向下环是递增的，而且在下环附近为最大，所以在叶片背面靠近下环处空蚀最严重。

（2）水头对空腔空蚀的影响。当水头与最优工况相对应时，水轮机在最优工况附近运行，出口基本保持法向，空腔空蚀较小；当运行水头较低时，破坏了法向出口，在转轮出口产生正向旋转水流，使涡带旋转，从而产生空腔空蚀；当运行水头较高时，同样破坏了法向出口，并且产生了反方向旋转的水流，其结果也将产生空腔空蚀。

2-1-34　功率不同对水轮机的空蚀会产生什么影响？

答： 在水轮机的运行中，功率的不同也会对空蚀产生影响，主要有以下几个方面。

（1）功率对翼型空蚀的影响。试验表明，同型号的水轮机在相同水头下运行时，翼型空蚀破坏随功率的增加而加重，其原因是当功率增加时，流量也增加，结果流速加大，压力降低，致使空蚀破坏严重。

（2）功率对空腔空蚀的影响。当水轮机的功率或流量与最优工况相对应时，水轮机保持在最优工况运行。当功率变化时，如在低负载下运行，则破坏了法向出口，使水流在出口处形成与转轮旋转方向相同的旋转，从而产生空腔空蚀；当负载较大时，同样破坏了法向出口，使水流反向旋转而产生空腔空蚀。

由上可知，水轮机翼型空蚀随着水头和功率的增加而更加严重。水轮机在低水头、低负载或高水头、大负载下运行时，空腔空蚀均较严重。由此可见，限制水轮机在低水头、低负载下运行，主要是考虑空腔空蚀对水轮机运行的影响。

2-1-35 什么是吸出高度，它的意义是什么？

答：吸出高度就是指水轮机内的静力真空值 H_s，也就是为转轮叶片上压力的最低点高程与下游尾水位高程之差。水电站选定水轮机型式后，水轮机的空蚀系数便已确定，由不产生空蚀的条件可知，要想不产生空蚀，必须使 $\sigma_p > \sigma$，σ_p 的大小主要决定于静力真空值 H_s（吸出高度），因此，水轮机运行时能否产生翼型空蚀，就决定于吸出高度的选择是否合理，这在设计时就必须计算出来，并作为确定机组安装高程的一个主要依据。当我们知道下游尾水位的前提下，通过计算和选定合理的吸出高度，然后就可以确定水轮机的安装高程，这样就保证了水轮机在该安装高程下，其吸出高度满足要求，也就不会由于水轮机的空蚀系数不满足要求而发生翼型空蚀和空腔空蚀。

通常情况下，吸出高度有正负之分，其值的选择越小越好，但若越小则会造成机组的安装高程越低，即机组在建设过程中的开挖量越大。所以，对于吸出高度的选择和确定，一般只要满足不发生空蚀的要求就可以了。运行中的水轮机，下游尾水位是经常变化的，所以根据吸出高度的定义可知，吸出高度随下游尾水位的变化而变化，也就是说下游尾水位会影响水轮机的翼型空蚀情况。

2-1-36 不同型式、不同装置方式的水轮机，其吸出高度的位置是如何规定的？

答：根据吸出高度的概念，由于最低点的位置很难确定，为了计算方便，对不同型式、不同装置方式的水轮机，做如下统一规定。

（1）对于立轴轴流式和斜流式水轮机的吸出高度为转轮标称直径计算点高程与下游尾水位高程之差，如图 2-1-9（a）、（b）所示。

（2）立轴混流式水轮机的吸出高度为水轮机底环平面高程与下游尾水位高程之差，如图 2-1-9（c）所示。

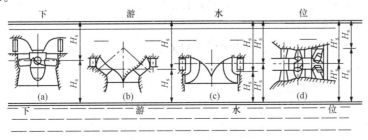

图 2-1-9 不同型式的水轮机的吸出高度

（3）卧轴或斜轴水轮机的吸出高度为转轮叶片最高点高程与下游尾水位高程之差，如图2-1-9（d）所示。

另外，吸出高度有正负之分，当吸出高度计算点在下游尾水位高程以上时，为正吸出高度，而若在下游尾水位高程以下，则为负吸出高度。

2-1-37　如何进行吸出高度的计算？

答： 对于水电站吸出高度的计算，我们常采用引入水电站装置空蚀系数来计算吸出高度，根据不同的情况，计算方法有如下几种。

（1）修正系数 $\Delta\sigma$ 法：$H_s = 10 - \nabla/900 - (\sigma + \Delta\sigma)H$（$\nabla$—水轮机安装高程；$H$—水头值）。式中，$\sigma$ 为进行模型试验时确定的模型

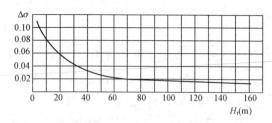

图 2-1-10　空蚀系数的修正值表

空蚀系数，而计算的吸出高度 H_s 为原型水轮机的。考虑到模型与真机之间的尺寸不同、制造精度不同等因素的影响，应加上空蚀系数的修正值 $\Delta\sigma$。修正值 $\Delta\sigma$ 与水头有关，其关系如图 2-1-10 所示。

（2）安全系数 K_σ 法：$H_s = 10 - \nabla/900 - K_\sigma\sigma H$。安全系数 $K_\sigma = \sigma_p/\sigma$（$\sigma_p$—水轮机装置空蚀系数；$\sigma$—水轮机空蚀系数），$K_\sigma$ 的取值范围在 1.1～1.4，一般可按下述原则选取：①选取较大的 K_σ 值的情况：水中含沙量、含气量大，水温偏高时；要求减少空蚀失重，延长水轮机的检修周期时；水轮机运行经常接近最大使用水头值时；采用地下厂房时。②选取较小的 K_σ 值的情况：电站机组台数多时；转轮采用抗空蚀材料时，采用不锈钢转轮时：$K_\sigma \leqslant 1.1～1.2$；转轮局部采用抗空蚀措施时：$K_\sigma = 1.2 ～ 1.4$；采用碳钢时，一般取 $K_\sigma \geqslant 1.4$。

以上两式中，空蚀系数 σ 的选取与运行工况有关，应先根据不同的水头 H 和流量 Q 求出单位转速和单位流量，然后在模型特性曲线上查得相应的 σ 值，将对应的 H 与 σ 值代入上式即可算出 H_s。

2-1-38　什么叫作名义吸出高度，它与吸出高度有什么区别，又是如何规定的？

答： 为了便于计算安装高程，给出名义吸出高度的概念，即安装高程与下游尾水位高程之差，称为名义吸出高度。从概念可以看出，吸出高度是转轮叶片上压力的最低点高程与下游尾水位高程之差，而名义吸出高度是安装高程与下游尾水位高程之差。根据其定义，对名义吸出高度 H_s^1 规定如下：对立轴轴流式和斜流式水轮机：$H_s^1 = H_s$；立轴混流式水轮机：$H_s^1 = H_s + b_0/2$（b_0—导水机构的高度，m）；对卧轴水轮机：$H_s^1 = H_s - D_1/2$（D_1—转轮直径，m）。

2-1-39　在水电站中，下游尾水位为什么会对空蚀产生影响？

答： 对于已安装好的水轮机，其吸出高度随下游尾水位的变化而变化。也就是说，下游尾水位影响水轮机的空蚀情况。下游尾水位抬高，水轮机的运行吸出高度变小，水轮机内的真空值减小而压力增加，所以水轮机不易产生翼型空蚀和空腔空蚀。当下游尾水位降低时，运行吸出高度增加，水轮机内真空值增大，使压力降低，此时，既容易形成翼型空蚀，也容易产生空腔空蚀。由此可见，吸出高度影响水轮机的装置空蚀系数，即影响水轮机的空蚀安

全系数。由以上分析可知，空蚀安全系数 K_σ 大的水轮机遭受空蚀破坏小，甚至当空蚀安全系数 $K_\sigma > 2$ 时，即使是碳钢的转轮，也可以避免空蚀破坏。但根据我国一些电站的运行实践表明，某些电站在 $K_\sigma > 2$ 时，仍有较严重的空蚀产生，这是因为 K_σ 对局部空蚀不起作用，所以不能单靠加大 K_σ 值来解决空蚀问题。

2-1-40　什么叫作水轮机空蚀系数？

答： 空蚀是水轮机工作过程中客观存在的一种现象，在空蚀的四种类型中，最主要的是翼型空蚀，我们一般所说的水轮机抗空蚀性能的好坏，实际上是指抗翼型空蚀性能的好坏。所以，我们通常用与翼型空蚀有关的所谓空蚀系数的大小来表示其抗空蚀性能的好坏。

要保证水轮机不发生翼型空蚀，在转轮叶片上的任意一点压力必须大于该水温下的气化压力。在水轮机的实际运行中，水轮机工作时存在一些点的压力小于大气压，即为真空。而其真空值由静力真空和动力真空两部分组成，静力真空值（在水轮机装置中也称为吸出高度）与水轮机的安装高程和下游尾水位有关，与水轮机本身的性能无关；而动力真空值与水轮机本身的性能和运行工况有关，即与速度有关。此外，流速均与水头的平方根成正比，对于同一水轮机，当应用水头不同时，其水的流速也不一样，所以其动力真空值也不同。因此，动力真空值的大小不能确切地反映水轮机的空蚀特性，同时也不便于比较不同型式水轮机的抗空蚀性能，所以便采用动力真空的相对值来表示水轮机的空蚀性能，这便称为水轮机的空蚀系数。

水轮机的空蚀系数是动力真空的相对值，即为动力真空与水头之比，其表达式为：$\sigma = H_d / H$。水轮机空蚀系数与转轮叶片翼型和水轮机运行工况以及尾水管的性能有关，同一型号的水轮机在不同的工况下有不同的空蚀系数，相似工况的空蚀系数必相等。水轮机空蚀系数的大小可表示水轮机抗空蚀性能的好坏，一般来说，水轮机空蚀系数越小，水轮机抗空蚀性能越好。

2-1-41　什么叫作水轮机装置的空蚀系数，它与水轮机的空蚀系数有什么联系和区别？

答： 在水轮机空蚀系数中，我们只考虑动力真空值，而在水轮机装置的空蚀系数中则要考虑静力真空值。水轮机装置的空蚀系数为大气压力减去静力真空值和气化压力，然后再除以水头所得到的值，其表达式为

$$\sigma_p = \frac{\dfrac{p_a}{\rho g} - H_s - \dfrac{p_{\sigma s}}{\rho g}}{H}$$

而在实际计算中则换算为：$\sigma_p = \dfrac{10 - \dfrac{\nabla}{900} - H_s}{H_r}$（$\nabla$ 为水轮机安装高程）

水轮机工作时任意一点的真空值由静力真空和动力真空两部分组成，水轮机的空蚀系数为内空蚀指标，它涉及的主要参数是动力真空值，与水轮机本身的性能和运行工况有关。而水轮机装置的空蚀系数则是外空蚀指标，它涉及的主要参数是静力真空值，与水轮机的安装高程和下游尾水位有关。

我们知道，当任意一点的压力等于气化压力时，恰好发生空蚀，也就是正好 $\sigma_p = \sigma$ 时开始产生空蚀，如此一来，我们便可通过确定水轮机装置的空蚀系数 σ_p 值来测定水轮机的空蚀系数 σ，在实验室条件下，通常是通过降低下游尾水位的压力，即通过抽真空的办法来改变 H_s，使水轮机装置内产生空蚀，从而测定水轮机空蚀系数 σ 值。

由此可见，要使水轮机不发生空蚀，另一种表达式为：$\sigma_p \geqslant \sigma$，即水轮机装置的空蚀系数大于水轮机的空蚀系数时，水轮机中不产生翼型空蚀，反之，当 $\sigma_p < \sigma$ 时，水轮机便发生翼型空蚀。

2-1-42 引起水轮机空蚀的原因有哪些，又有哪些防止和处理空蚀的措施？

答：引起水轮机空蚀的原因有多方面，如：转轮结构和叶型在设计时选择不合理或是制造时质量不合格；安装高程选择不满足要求；转轮材料抗空蚀性能差；与运行工况有关，经常在低水头、低负载下运行容易造成空蚀，当运行尾水位偏低时也有可能发生空蚀等。水电站在防止和处理空蚀的措施中，应找出空蚀的真正原因，根据不同的情况采取相应的处理办法。除在设计时要合理选择机型（包括叶型、叶片数目、耐腐蚀材料）和合理的安装高程外，还应注意以下几个方面。

（1）合理拟定电站的运行方式，避开可能产生严重空蚀的运行工况区域。一般来讲，水轮机在低水头、低出力或高水头、大负载下运行时都比较容易发生空蚀。例如，混流式水轮机在某一区域出现空蚀，可以从水压表、真空表指针摆动情况，尾水管内部的撞击爆炸声，顶盖内部水流如炒豆似的杂音等现象摸索出规律，尽量避免长期在这种不利工况下运行。

（2）采用补气装置，向尾水管内送入空气，以破坏尾水管中高真空的水流涡带。

（3）提高检修工艺水平，对已空蚀破坏的叶片采用不锈钢堆焊，堆焊时要严格控制叶片型线，防止变形，并保证检修后表面光洁。因为粗糙的表面容易产生空蚀，提高叶片的表面光洁度将减轻空蚀作用。

（4）在叶片上涂刷抗空蚀涂料。常用的是环氧树脂、聚酰胺脂等，现在在抗空蚀涂料上已取得了较快发展，出现了多种类型的抗空蚀涂料，如各种高分子材料（如贝尔佐纳高分子材料），既可以在强度上起到抗空蚀的作用，而且还可以增加叶片的表面光洁度，提高水轮机的效率。

2-1-43 贝尔佐纳材料对处理和防止水轮机空蚀的作用如何，其工艺过程怎样？

答：贝尔佐纳高分子材料是一种从美国贝尔佐纳公司引进的高分子修补材料，它含有多个系列，可用于修补和处理腐蚀、空蚀、锈蚀、冲蚀、机械磨损、配合间隙不当、变形、裂纹、孔洞等各种缺陷和故障，且有施工简单、修补效果好、使用寿命长的特点。对于水轮机的空蚀处理，一般是采用1311陶瓷金属＋1341超滑金属系列。其中，1311陶瓷金属用于修补受损部位，而1341超滑金属是涂覆在1311陶瓷金属表面，用以保护设备防止化学腐蚀，并有提高表面光洁度、提高设备效率、延长设备使用寿命的作用。

其工艺过程：①防护：对设备不需要处理的部位进行严密防护，防止喷沙、打磨时沙子和杂物进入；②预清洁：对缺陷部位的表面及其周围区域进行清洁，除油、除垢、除锈；③表面粗糙：用喷沙、磨光机、粗锉刀等方法对基体表面进行处理，彻底除出锈和氧化皮，显出母体本色；④基体清洁：用丙酮对已进行表面粗糙的部位进行清洁处理；⑤修补：用1311陶瓷金属（需要调配）对受损部位进行修补，对已进行表面粗糙的部位全面施敷一层，并要尽量保证涂层压实和厚度均匀，且与原型线一致。待 6～7h 初步固化后，再涂刷1341超滑金属，然后再等24h 左右，待完全固化后，其修补工作结束。

贝尔佐纳高分子材料有多种系列，根据设备受损情况的不同，其搭配方法和处理程序各有不同，由于其对工艺要求较高，所以需通过专业技术人员并严格遵照技术要求来施工，才能保证处理效果。

2-1-44　反击型转轮的空蚀破坏常发生在什么部位，转轮空蚀检查包括哪几项内容？

答：反击式水轮机转轮的空蚀破坏部位如下：①混流式水轮机的转轮空蚀常发生在：叶片背部出水边的下半部靠近下环处；叶片进水边的背面和进水边正面的下侧。②轴流式水轮机转轮空蚀常发生在：叶片背部边缘靠出水边处；叶片吊孔附近、叶片根部、转轮室及法兰下半部。

转轮的空蚀检查一般包括空蚀的部位、面积和深度三项内容。其检查方法通常采用涂色翻印法，即在发生空蚀部位的周边刷上有色颜料，待涂料干燥前用纸印下，再将取印纸放在刻有 10mm×10mm 方格的玻璃板下面，用数方格的方法求出空蚀部位的面积。空蚀的深度可用探针或大头针插入空蚀发生处，用钢板尺量出插入的深度，或用空蚀深度测量器测量。对于某一空蚀部位，通常可以测量出若干个有代表性的点，然后求出平均空蚀深度。

2-1-45　什么叫作空蚀指数，对空蚀补焊需注意哪些问题？

答：在水电站中，通常用空蚀的面积和深度来比较不同水轮机发生的空蚀程度，常用空蚀指数的大小来表示这一概念。它反映了叶片在单位时间、单位面积上的平均金属空蚀量。在对空蚀处进行补焊时，应注意以下问题：

（1）焊条选择。焊条的选择应根据母材的性质确定，通常选用含铬、镍较高的不锈钢焊条及高锰铬耐空蚀堆焊焊条。

（2）焊条处理。焊条应保持干燥，不许掉皮。使用前应在 300℃ 的烘箱中烘干 1h 以上，且在焊接时放在保温筒中予以保温。

（3）焊机接法。采用直流反极性接法，即焊把接正极，转轮接负极。并用小电流短弧堆焊。

（4）环境温度。焊缝环境的温度，要求保持在 20～30℃ 范围内。其目的是防止焊缝产生裂纹。

（5）焊接方法。采用对称分块跳步焊的方法，能使转轮受热均匀，防止热量过分集中。

（6）焊道处理。除了第一道焊和退火层外，每道焊都要进行锤击，以减小焊接内应力。

（7）变形处理。在堆焊的过程中，要随时监测叶片的变形。通常采用加固、支撑或反变形的方法防止变形。若发现变形，应立即停焊，查找原因，进行校形处理并采取有效的防变形措施后，再继续施焊。

2-1-46　转轮的空蚀破坏区应如何处理，有什么要求，转轮空蚀区清理后如何进行补焊？

答：采用电弧气刨将空蚀破坏区的空蚀层剥掉，然后用轴砂轮机磨去表面的渗碳层，使其露出新鲜的金属，对清理的要求有：要清理的区域应比实际空蚀区略大些，一般应扩大 30～40mm；空蚀铲除的厚度，应由空蚀区向非处理区逐渐减小；对于个别空蚀较深的点，允许保留，但其周围 95% 的面积上应露出基体金属。

当转轮空蚀区清理后，应对其进行补焊处理，相关注意事项如下：对于空蚀破坏深度小于 8mm 的区域，经过清理后，一般可直接用抗空蚀焊条进行堆焊；空蚀破坏深度超过 8mm，属于重破坏区，清理后可先用与母材化学成分相近的结 427 等焊条打底，然后再用抗空蚀焊条堆焊；如果个别部位出现掉边等严重破坏，可采用整块镶补法，整块镶补通常用不锈钢钢板；对于穿孔的空蚀破坏，一般应对破坏处的正面和背面分别进行处理、补焊。

2-1-47 对混流式转轮进行空蚀补焊，应达到什么质量要求？

答：对于混流式转轮进行空蚀补焊，其需要注意的质量要求有两个方面，具体如下。

（1）补焊后的质量要求：①经探伤检查，叶片各处不得有裂纹；②叶片曲面光滑，不得有深度超过 0.5mm、长度大于 50mm 的沟槽或凹凸不平处；③叶片整形处理后与样板的间隙应在 2～3mm 以内；④补焊的抗空蚀层应不薄于 3mm，如只焊两层则不应薄于 5mm。

（2）转轮变形的质量要求：①转轮上冠与下环圆度的单侧变形，从止漏处测量应小于原有单侧变形的±10％；②转轮上冠与下环不同心度的变形，应在原定止漏环间隙的±10％范围之内；③转轮轴向变形小于 0.5mm；④叶片开口变形小于检修前叶片开口的 1％～1.5％；⑤法兰变形小于 0.02mm/m，不得有凸高点。

2-1-48 什么叫作水轮机的安装高程，不同类型的机组，其安装高程是如何规定的？

答：水轮机的安装高程是指水轮机中心线所在的海拔高程。对于不同类型的机组，安装高程的规定是不一样的，具体规定如下。

（1）对立轴轴流式和斜流式水轮机，安装高程规定为叶片中心线的高程，即转轮标称直径计算点高程。

（2）对立轴混流式水轮机，安装高程规定为导叶中心线的高程。

（3）对卧轴水轮机，安装高程规定为主轴中心线的高程。

2-1-49 如何计算水轮机的安装高程？

答：水轮机安装高程的计算公式为：$\nabla = \nabla d + H_s^1 \text{(m)}$（$\nabla d$——尾水位高程；$H_s^1$——名义吸出高度）。在设计过程中，即在确定好了名义吸出高度之后，再根据电站的尾水位高程，就可得出水轮机安装高程。而对于尾水位高程的确定，在实际工程中，通常是根据电站的最低尾水位来计算安装高程，最低尾水位一般规定如下：对于多机组电站的尾水位，一般按与一台机满负载运行时的流量相应的下游尾水位进行计算，对于一台机电站的尾水位，一般按与半负载运行时的流量相应的下游尾水位进行计算。

2-1-50 运行中的水轮机为什么会存在振动，其原因是什么？

答：水轮机在运行过程中，由于各种原因会存在振动，而且不同的机组其振动情况不一样，同一种机组在不同工况下其振动情况也不同。从运行实践中可以看出，水轮机振动一般是由机械、水力、电磁等几方面的因素引起的。

（1）水力方面的因素有：①水力不平衡引起的振动，如导叶和转轮叶片的开口不等，转轮止漏间隙不均匀或流道内卡有异物等均可引起水力振动；②转轮进口的压力脉动，如导叶数与转轮叶片数配合不当或导叶和转轮之间的距离过小等也可引起水力振动；③转桨式水轮机不保持最优协联关系，即转轮叶片的进水角与导叶的出水角没有达到最佳的配合状态；④冲击式水轮机尾水上涨引起的振动或水斗式水轮机的射流和水斗的关系不合适引起的振动；⑤混流式水轮机中尾水管内的空腔空蚀和涡带引起的压力脉动诱发水轮机振动；⑥卡门涡列引起的振动。

（2）机械方面的因素有：①由于主轴弯曲倾斜或挠曲、推力轴承调整不良、轴承间隙过大、主轴法兰连接不紧和机组对中心不准引起空载低转速时的振动；②转动部分重量不平衡引起的。

（3）电磁方面的因素有：①由于转频引起的振动，转频振动的振动频率等于转速频率或它的整数倍。产生转频振动的原因有：转子不圆、转子几何中心与旋转中心不一致、主轴弯曲、转子不平衡以及转子产生匝间短路等，这些都会产生磁力不平衡，从而引起水轮机的振动和摆动。②由于极频引起的振动，极频振动的频率一般为100Hz。产生极频振动的主要原因有：定子不圆、合缝间隙过大、定子铁芯装压不紧、负序电流引起的反转磁势、齿谐波磁势以及并联支路内的环流产生的磁势等。

2-1-51 我国标准对机组振动的允许范围是如何要求的？

答： 在表征水轮机运行稳定性的振动、摆度和压力脉动等几个主要参数中，其中振动是影响机组运行稳定性的主要因素，因此水轮机振动的大小反映出水轮机运行稳定性的好坏。水轮机在运行过程中都存在着不同程度的振动现象，不影响安全运行和机组寿命的轻微振动是允许的，但不允许超过表2-1-6中所规定的允许振动值。

表 2-1-6　　　　　　　　　　水轮发电机组各部位振动允许值

序号		项　　目	额定转速（r/min）			
			<100	100～250	250～375	375～750
立式机组	水轮机	顶盖水平振动	0.09	0.07	0.05	0.03
		顶盖垂直振动	0.11	0.09	0.06	0.03
	水轮发电机	带推力轴承支架的垂直振动	0.08	0.07	0.05	0.04
		带导轴承支架的水平振动	0.11	0.09	0.07	0.05
		定子铁芯部位机座水平振动	0.04	0.03	0.02	0.02
		定子铁芯振动（100Hz双振幅值）	0.03	0.03	0.03	0.03
卧式机组		各部轴承垂直振动	0.11	0.09	0.07	0.05
灯泡贯流式机组		推力支架的轴向振动	0.10	0.08		
		各导轴承的径向振动	0.12	0.10		
		灯泡头的径向振动	0.12	0.10		

注 振动值是指机组在除过速运行以外的各种稳定运行工况下的双振幅值。

2-1-52 机组振动的主要危害有哪些？

答： 机组振动所带来的危害有：①引起机组零部件金属和焊缝中疲劳破坏区的形成和扩大，从而使之发生裂纹，甚至断裂损坏而报废，严重时造成断裂事故；②使机组各部位紧密连接部件松动，不仅会导致这些紧固件本身的断裂，而且加剧被其连接部分的振动，促使它们迅速损坏，促进破坏的产生；③加速机组转动部分的相互磨损，如大轴的剧烈摆动可使轴与轴瓦的温度升高，使轴承烧毁，发电机转子的过大振动会增加滑环与电刷的磨损程度，并使电刷冒火花；④尾水管中的水流脉动压力可使尾水管壁产生裂缝，严重的可使整块钢板剥落；⑤共振所引起的后果更严重，如机组设备和厂房的共振，会使机组、厂房及设备受损害。所以，对于机组的振动应将其控制在合理的范围内。

2-1-53 对于由于水力方面引起的振动，消除振动的主要措施有哪些？

答： 机组在运行中的振动是不可避免的，适当的振动也是合理的，但振动过大则会影响机组的正常工作，轻则运行不稳定，重则引起机组和厂房的损坏，因此查清水轮机振动的原因，针对不同的情况，采取不同的减振措施，对提高机组运行的可靠性和延长其寿命具有重要意义。我们针对水力方面引起振动的原因，通常采取的措施有以下几个方面。

（1）由于水力不平衡引起的振动，如导叶和转轮叶片的开口不等，转轮止漏间隙不均匀或流道内卡有异物等均可引起水力振动，我们通常在安装和检修过程中对导叶和转轮叶片开度进行检查并严格要求。在实际运行中，我们通常会发现，当有的导叶由于剪断销被剪断而使导叶失去控制后，便会造成由于水力不平衡引起机组的间歇性振动，振动大的甚至会出现转轮的扫膛现象。

（2）对于转轮进口的压力脉动，如导叶数与转轮叶片数配合不当或导叶和转轮之间的距离过小等引起的水力振动，应在模型试验和设计时及时地调整和选择好。

（3）对于转桨式水轮机不保持最优协联关系，即转轮叶片的进水角与导叶的出水角没有达到最佳的配合状态，在这种情况下需重新调整协联关系，在实践中通常可以发现，改变机组的协联关系可明显发现机组的振动情况发生改变，协联关系差，机组振动比较严重，而协联关系调整好了，振动明显好转。

（4）对于尾水管内的空腔空蚀和涡带引起的压力脉动诱发水轮机振动（这种情况通常在混流式水轮机中发生），一般的处理措施是在转轮出口附近的尾水管上装设补气装置或采取其他补气措施，另外还可采取加长泄水锥或加同轴扩散形内层水管段，一些大中型水电站在尾水管入口处加装导流瓦和导流翼板等都可使涡带引起的振动减轻或消失。

（5）对于卡门涡列引起的振动。当水流流经非流线型障碍物时，在其后面尾水流中分裂出一系列变态旋涡，即所谓卡门涡列。这种涡列交替地做顺时针或反时针方向旋转。在其不断形成与消失过程中，会在垂直于主流方向引起交变的振动力。当卡门涡列的频率与叶片固有频率接近时，叶片动应力急剧增大，有时会发出响声，甚至使叶片根部振裂。卡门涡列一般发生在 50% 额定出力以上的某种工况。对于属于这种情况的振动，常采用改变卡门涡列频率或叶片固有频率的办法，可以减轻卡门涡列振动，如将叶片出水边削薄或改型。

2-1-54　什么是涡列，其作用原理如何？

答：当水轮机在偏离设计参数较远的工况运行时转轮叶片绕流条件变坏，叶片出水边界层水流从壁面分离，导致叶片出口脱流涡流的形成，通常把这种在叶片后面非对称形式上下交错释放到尾流中的涡流称为涡列。

随着涡列的出现，产生垂直流向的交变侧向力，即不均匀的侧向压力，该力作用在叶片上激起叶片微幅振动。由于振动的反馈，叶片附近的水流受到激发和干扰，又产生新的作用于叶片周期性脉动压力。如此反复，随着绕流体的尺寸和速度的变化，脱流旋涡频率可能接近叶片自然频率，此时将产生共振。靠近叶片尾流的进入同步的共同振荡将输入到弹性叶片变形体中而激起更大振幅的振动。

2-1-55　对于机械和电气方面的振动，消除的主要措施有哪些？

答：机械振动主要是由于水轮机和水轮发电机的结构不良或制造、安装质量较差造成的。对于由于机械方面引起的振动，如：①由于主轴弯曲倾斜或挠曲、推力轴承调整不良、导轴承间隙过大、主轴法兰连接不紧和机组对中心不准引起空载低转速时的振动；②转动部分重量不平衡引起的，这种振动随速度上升振动增大，而与负载无关。这类振动的特点是振动频率与水轮机频率一致，发电机上、下机架及导轴承体横向振动的振幅与转速的平方成正比。对于这种振动，应查清原因，并采取相应的措施，如通过动平衡，调整轴线或调整轴瓦间隙等，就能消除。

电气方面的振动，其主要是由于水轮发电机设计不合理或制造、安装质量不良所产生的电磁力而造成的。如：①由于转频引起的振动，转频振动的振动频率等于转速频率或它的整数倍。产生转频振动的原因有：转子不圆、转子几何中心与旋转中心不一致、主轴弯曲、转子不平衡以及转子产生匝间短路等，这些都会产生磁力不平衡，从而引起水轮机的振动和摆动。②由于极频引起的振动，极频振动的频率一般为 100Hz。产生极频振动的主要原因有：定子不圆、合缝间隙过大、定子铁芯装压不紧、负序电流引起的反转磁势、齿谐波磁势以及并联支路内的环流产生的磁势等。对于电磁原因引起的振动，同样需查清振动的原因，然后采取相应的措施予以处理。

2-1-56 机组的振动情况与其本身的哪些因素有关？

答： 机组振动主要是由于水力、机械、电磁等几个方面所引起的，而其振动情况则在不同的机组或不同工况等自身因素下而各有不同。其主要与本身的下列因素有关：①水轮机的类型。冲击式与反击式的水轮机振动情况会有不同，而在反击式水轮机中，混流式、轴流式、贯流式等又会不同。②水轮机的参数。这与机组的尺寸大小、结构、水头、转速等参数有关，同一类型的机组，其参数不同，振动也会不同。③发电机的结构型式。如悬式、伞式、半伞式的结构，以及与导轴承的数量、型式、布置位置等因素也有关系。④机组的布置型式。立轴或横轴。⑤水轮机的工况。与水轮机运行时的水头、导叶开度、负载大小、导桨叶协联等运行工况有关。⑥其他因素。如机组的安装质量、进水口水的流态、进水口拦污栅的压差、抗压盖板下是否存有气体（只在贯流式机组中）等因素有关。

2-1-57 机组转速的测量方式有哪几种，运行时有哪几种转速工况，其整定值一般为多少？

答： 机组转速的测量方式一般有三种，分别是：通过永磁发电机的永磁机——LC 测频、通过发电机电压互感器的发电机残压——脉冲测频、通过机械齿盘的齿盘、磁头——脉冲测频。其中，第一种转速测量方式，在早期含有永磁机的机组中应用较为广泛（现已较少采用），而后两种转速测量方式，则主要是在现在的机组中广泛应用，而且一般是结合使用，通常是当转速小于 47Hz 时，由齿盘测速工作，当机组转速大于 47Hz 时，则由调速器（数字调速器的内部静态继电器触点）或监控系统将其转换到残压测频。

对于运行中的机组，其转速工况根据不同转速通常分为 4 种，分别为：转速过高、电气过速、机械过速、飞逸转速。在不同的电站，其整定值和处理方式各有不同。其中，转速过高的整定值一般为 $115\% \sim 120\% ne$，当机组达到这个转速时，则会发出报警，或自动调整到 100% 转速，或动作紧急停机；$140\% \sim 150\% ne$ 为电气过速，当机组达到这个转速时，则会通过电气回路动作紧急停机；$160\% \sim 170\% ne$ 为机械过速，当机组达到这个转速时，则会通过机械装置（过速飞摆等）动作，以控制调速器的液压系统来实现紧急停机；而飞逸转速则根据不同的机组各有不同，其一般为额定转速的 $1.5 \sim 2.7$ 倍。

2-1-58 什么叫水轮机的飞逸转速，它对机组有什么危害？

答： 当系统发生故障使发电机突然甩去全部负荷，此时又因为某种原因（如调速器失灵）使水轮机导叶不能关闭，导致机组转速升高超过额定转速，并达到某一最大值时，此时的转速称为飞逸转速。其最大值由水轮机制造厂提供，一般为额定转速的 $1.5 \sim 2.7$ 倍。冲击式水轮机的飞逸转速是额定转速的 $1.8 \sim 1.9$ 倍，混流式水轮机的飞逸转速是额定转速的

1.7～2.2 倍。水轮机的飞逸转速可由模型试验来测定，在每个开度下，负载为零时所测得的转速即为该开度时的飞逸转速，根据飞逸转速可绘出飞逸特性曲线。而水轮机的飞逸特性一般用单位飞逸转速来表示，由相似公式可以得到单位飞逸转速的表达示，即：$n_{1R}^1 = n_R D_1 / \sqrt{H}$（$n_{1R}^1$——单位飞逸转速，r/min；$n_R$——飞逸转速，r/min；$D_1$——转轮直径，m；$H$——工作水头，m）。

机组出现飞逸转速时，转动部件的离心力急剧增加，从而增大它的振动与摆度，其至大大超过规定的允许值，可能引起转动部分与静止部分的碰撞而使部件遭受破坏。如发电机转子与定子的碰撞，转轮与转轮室的碰撞等。此外，也会使各部轴承损坏，基础螺栓松动，蜗壳及尾水管产生裂纹等，严重的甚至会造成设备的破坏和人员伤亡。

2-1-59 最大飞逸转速是如何计算的？

答：在设计水轮机时，我们通常要求计算最大飞逸转速，以便在设计和制造时有足够的强度保证其在承载飞逸工况时而不发生破坏。其计算表达式为：$n_R = n_{1R}^1 \cdot \sqrt{H_{max}} / D_1$（$n_{1R}^1$——单位飞逸转速，r/min；$n_R$——飞逸转速，r/min；$D_1$——转轮直径，m；$H_{max}$——最大水头，m）。单位飞逸转速可根据导叶的最大可能开度（一般为 $1.05\alpha_{0max}$），在飞逸特性曲线中查得，而对于轴流转桨式水轮机，由于导桨叶的协联关系，其最大飞逸转速不发生在最大水头处，而是在从最小水头到最大水头之间的某一水头下，所以在计算其最大飞逸转速时需乘以一个修正系数 K（$K = 0.9 \sim 0.95$）。

2-1-60 防止水轮机发生飞逸的措施有哪些？

答：在机组运行中，尽管机组转动部分的强度是按飞逸转速设计的，但不允许水轮机在飞逸工况下长时间运行，我国水轮机制造厂家一般只保证水轮机在飞逸工况下运行 2min，因此必须采取防飞逸和降低飞逸转速的措施，以保证机组的安全运行。目前，防止飞逸的措施大体分两类：一类是当调速系统失灵时，截断水轮机流量；第二类是不截断流量，在转轮上增加旋转阻力，使机组产生制动作用，从而降低飞逸转速。其中，对于采用制动的措施，主要是对于转桨式的水轮机而言，国外有采用制动叶片或将叶片转到制动位置的方法来使水轮机退出飞逸工况的。我国则通常采用开大叶片转角的方法来降低转速。

2-1-61 在通过截断流量来防止发生飞逸的措施中，常用的方法有哪些？

答：为了防止水轮机发生飞逸，最为常用的方法是采取截断流量的措施，主要有以下几种方法。

（1）装快速闸门。在水轮机进口的压力引水管内或尾水管出口处设置快速闸门。当机组转速达到额定转速的 1.4 倍时，保护系统发出指令，让快速闸门在动水情况下关闭并保证在 2min 内截断水流。装在进口的快速闸门可采用球阀（适用高水头）、蝴蝶阀或平板闸门（适用中低水头）。近来还有采用装在固定导叶与活动导叶之间的圆筒阀门。低水头水电站可安装快速尾水门，此装置结构简单，投资少。

（2）事故配压阀。在导水机构接力器的供油管上设置事故配压阀，当调速器失灵时，若机组转速达到额定转速的 1.4 倍，保护系统就发出指令操作事故配压阀动作，压力油就直接流入接力器的关闭侧，使导水机构紧急关闭。在贯流式机组中，通常通过事故配压阀（也称旁通阀）将接力器的开、关腔接通，导叶在关闭重锤的作用下自动关闭。此装置结构简单、成本低廉，因此应用比较普遍，但对于立式机组（无关闭重锤装置），此装置的可靠性差，当发生油压下降事故时不能关闭导叶。

（3）导水机构自关闭。当调速系统失灵时，将接力器活塞两侧的油压解除，导叶靠水力矩作用自行关闭。我国目前生产的导叶，一般在大于空载开度时，作用在导叶上向关闭方向的水力矩均能克服摩擦力矩，实现导叶自关闭。对于某些不能实现自关闭的导水机构，需在接力器上安装向关闭方向作用的助力弹簧，利用弹力补偿自关闭能力的不足，可实现导叶在全开度范围内自关闭。水力矩曲线的变化与导叶偏心矩和翼型有关，因此要全部实现自关闭，必须设计合适的偏心矩和翼型。

2-1-62　在运行过程中，当机组发生飞逸时，应如何进行处理？

答：在机组运行中，需极力避免机组出现飞逸工况，而且在实际情况中，由于现在的机组其保护系统已经配置得比较完善，通常在飞逸转速前设置了转速过高（120%额定转速）、电气过速（160%额定转速）、机械飞摆过速（170%额定转速）等几步保护装置，所以机组出现飞逸转速的概率比较小。但一旦机组出现飞逸，我们则应针对实际情况及时采取一系列措施，防止设备受到损害，通常应采用以下一些措施：①当发现机组转速过高而保护系统没有动作时，应立即施行手动停机，并检查导叶是否关闭，如果未关闭，则应手动操作关闭导叶；②检查事故配压阀是否动作，若未动作，则应手动操作；③当经上述两项操作无效时，应立即操作进水口的快速闸门使其下落或使主阀关闭，切断水流；④在机组停机过程中，当机组转速下降至额定转速的 35%～40% 时，监视制动装置是否自动加闸，若不能，应以手动操作加闸停机。总之，应及时采取有效措施，尽快将机组停下来。

2-1-63　为什么水轮机效率总是小于 1，效率受哪些因素的影响？

答：水轮机的效率 η 为水轮机轴输出功率 N_T 与输入水轮机的水流理论功率 N_t（$N_t = 9.81HQ$）之比。由于水轮机在工作过程中不可避免地要产生一些能量损失，因此其轴上输出功率总是比进入水轮机水流功率要小，即 $N_T < N_t$，所以其比值一定小于 1。水轮机的能量损失主要是受容积损失、水力损失和机械损失这三种损失的影响，这些损失分别用容积效率、水力效率和机械效率来衡量，其详细情况如下。

（1）容积效率。进入水轮机的流量 Q 并未全部进入转轮做功，其中有一小部分流量 q 从水轮机的旋转部分与固定部分之间的空隙（如水轮机上、下冠止漏装置间隙，转轮室间隙等）中漏掉了。进入转轮的有效流量与进入水轮机的流量之比，称为容积效率 η_v，即：$\eta_v = [(Q-q)/Q] \times 100\%$。

（2）水力效率。从水轮机进口断面开始，水流经引水部件、导水机构、转轮、尾水管等，由于摩擦、撞击、脱流等，将产生水头损失 $\Sigma \Delta H$。所以，水流实际做功的有效水头为 $H_e = H - \Sigma \Delta H$，水流由 H_e 转换的功率与进入转轮的水流功率之比，称为水力效率 η_s，即 $\eta_s = [(H - \Sigma \Delta H)/H] \times 100\%$。水力损失比较复杂，一般主要由以下几个部分组成：①摩擦损失。这部分损失主要取决于水轮机内水流行程的长度、过水断面的水力半径、通流表面的糙率等因素；②撞击和旋涡损失。当水轮机偏离最优工况时，水流在转轮室内产生旋涡和碰撞而大量消耗水能，引起效率显著降低。此外，还有转轮制造（检修）工艺粗糙、叶形偏离设计值、不符合流线型、尾水管出口水流总是有一定速度的，故存在水流出口的动能损失等。

（3）机械效率。机组的导轴承、推力轴承以及各轴承的油封、水封和其他密封装置的转动与静止部分之间的相对运动，都要产生摩擦损失，称为机械损失。水轮机轴的输出功率 N_T 为水轮机的有效功率 N 与机械功率损失 ΔN_j 之差，即 $N_T = N - \Delta N_j$，那么，机械效率为 $\eta_j = [(N - \Delta N_j)/N] \times 100\%$。

所以，水轮机总效率为容积效率、水力效率、机械效率的乘积，即 $\eta_T = \eta_v \cdot \eta_s \cdot \eta_j$。近代的中、大型水轮机的效率 $\eta_T = 90\% \sim 95.8\%$，中、小型的 $\eta_T = 75\% \sim 85\%$ 左右。

2-1-64 提高运行中水轮机的效率主要有哪些措施？

答：针对水轮机的能量损失，提高运行中水轮机效率的主要措施有：①维持水轮机在最优工况运行，避免在低水头、低负载下运行，以减少水力损失；②保持设计要求的密封间隙，减少转轮止漏装置和大轴轴封的漏水量，以减少容积损失；③焊补过的转轮和导叶要保持原设计线型，并保持叶片表面的光洁度和减少波浪度；④保持转动部分与固定部分之间有良好的润滑；⑤水轮机在低负载运行时，可向尾水管适当补气，如破坏尾水管内的水流旋涡，既减小振动和空蚀，也可提高水轮机的效率；⑥对于轴流转桨式水轮机，应尽可能保持其在最佳协联工况下运行。

第二节 混流式水轮机

2-2-1 什么是混流式水轮机，与其他类型的水轮机相比，它有哪些特点？

答：混流式水轮机也称为幅向轴流式水轮机。这种水轮机，当水流开始进入转轮叶片时为幅向进入，在转轮叶片上改变了方向，最后流出叶片时为轴向流出，故称为混流式或幅向

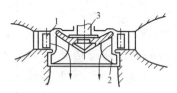

图 2-2-1 混流式水轮机
1—导叶；2—转轮叶片；3—主轴

轴流式水轮机，如图 2-2-1 所示。最早发明这种水轮机的是 1847 年在美国工作的英国工程师法兰西斯，所以也有人称为法兰西斯水轮机。这种水轮机结构简单，制造、安装方便，效率高，运行稳定可靠，适用于中水头。与其他型式的水轮机相比，当运行条件相同时，混流式的能量特性比水斗式好，而抗空蚀性能比轴流式强，额定负载效率高，因而得到广泛应用。

2-2-2 混流式水轮机由哪些部件组成，各部件的作用是什么？

答：混流式水轮机主要由叶片、上冠、下环、泄水锥、减压装置和止漏装置组成，如图 2-2-2 所示。

（1）叶片是转轮的核心，它对转换能量的多少起决定作用。叶片上端与上冠相接，下端与下环连成一整体。叶片呈扭曲状，其断面形状为翼型，叶片数目通常为 14～18 片。叶片的光洁度、尺寸、形状和厚度是否均匀、合理和一致，对水轮机的性能（如效率、空蚀）都会产生不同程度的影响。

（2）上冠的作用是支承叶片并与下环形成过流通道。通常在上冠的中心开有中心孔，以减轻重量，并

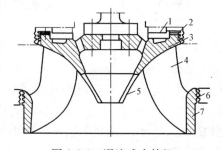

图 2-2-2 混流式水轮机
1—减压装置；2—上止漏环；3—上冠；
4—叶片；5—泄水锥；6—下止漏环；7—下环

可由此向转轮内补气，消除真空。

（3）下环位于转轮叶片的下端，通过它将叶片的下端连接在一起，以增加转轮的强度和刚度，并与上冠一起构成过流通道。

（4）泄水锥的作用是引导经叶片流道出来的水流迅速而又顺利地变成轴向下泄，防止水流相互撞击，以减少水力损失，提高水轮机的效率。所以，泄水锥的形状和尺寸，直接影响水轮机的效率和振动。

（5）止漏装置也称止漏环，它的作用是形成阻力，以减少水轮机上、下转动间隙的漏水损失。一般转轮在上冠和下环处分别装有上部止漏环和下部止漏环，且每个止漏环又分别由转动和固定两个环组成，其固定部分分别安装在顶盖和座环或底环上。

（6）减压装置的作用是减少作用在转轮上的轴向水推力，以减轻推力轴承的负载。通常有两种形式：减压板与泄水孔式和均压管与泄水孔式。

2-2-3　混流式水轮发电机组的整体结构主要由哪些部件组成？

答：依照从下往上的顺序，混流式水轮发电机组的结构组成一般为：尾水管—基础环—座环/蜗壳、导水机构—水轮机—水轮机顶盖/控制环—水轮机导轴承—水轮机主轴—发电机主轴—发电机下机架—发电机下导轴承—发电机转子/发电机定子—发电机上机架—发电机上导轴承—发电机推力轴承—集电装置等。具体如图 2-2-3 所示。

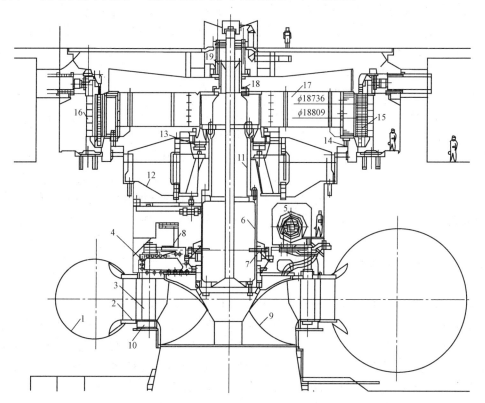

图 2-2-3　混流式水轮发电机组结构

1—蜗壳；2—座环；3—导水机构；4—顶盖；5—接力器；6—水轮机轴；7—水导轴承；8—控制环；9—转轮；10—底环；11—尾水管；12—下机架；13—推力轴承；14—转子顶起装置；15—定子铁芯；16—定子机架；17—转子；18—发电机上端轴；19—发电机上导轴承

2-2-4　为什么混流式转轮有不同的形状，如何分类，各有何特点？

答：混流式水轮机的转轮，根据其应用水头和流量的不同，其结构形状也不相同。应用

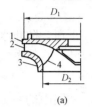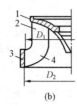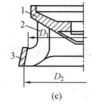

图 2-2-4　混流式水轮机转轮

(a)$D_1>D_2$；(b)$D_1=D_2$；(c)$D_1<D_2$

1—上冠；2—进水边；3—下环；4—出水边

在高水头、小流量的转轮，由于转轮水力性能的要求，转轮进口高度较小，转轮进口直径 D_1 大于出口直径 D_2，如图 2-2-4(a) 所示；用于低水头、大流量的转轮，由于过水断面面积大，需要的导叶高度较大，因此转轮进口边高度尺寸较大，这类转轮出口直径 D_2 大于进口直径 D_1，如图 2-2-4（c）所示；应用在中等水头和流量的转轮，介于上述二者之间，转轮进口高度适中，进口直径 D_1 等于出口直径 D_2，如图 2-2-4(b) 所示。

2-2-5　混流式转轮有哪几种结构型式，各有何特点？

答：混流式转轮由于制造方法不同，一般分为 4 种结构型式，即包铸、整铸、分瓣和焊接结构型式。

整铸结构是指转轮上冠、叶片和下环三个主要部分被整体铸造而成的结构，多采用 ZG30 整铸，它的铸造和焊接性能好，具有一定的强度和抗空蚀性能，应用普遍。对有特殊要求的转轮，为提高其强度和抗磨、抗空蚀能力，在采用普通碳钢或低合金钢整铸的叶片背面堆焊耐磨或抗蚀材料，对空蚀严重或比较重要的电厂，有时采用不锈钢整铸。其特点是：对不同情况可采用不同的材料，但容易产生铸造缺陷。

分瓣结构是由于整铸转轮时受到运输条件的限制，不能整体运输时，必须分瓣制造，到工地后再连成一整体。一般情况下，当外径超过 4.6m，高度超过 2.3 m 时就需分瓣。分瓣转轮的连接方式很多。在我国主要采用上冠用螺栓接，下环采用焊接的结构。

焊接结构的转轮是由于一些特殊要求，如转轮要求采用不同的材料或者用钢量一次性不够等一些原因而采用的一种结构，它通常是将上冠、叶片和下环分件铸造，再焊成整体。焊接转轮的不同部件可采用不同的材料，如上冠和下环可采用碳钢或低合金钢，而叶片可采用特殊合金钢，如 ZGCr13Ni6N 适合焊接转轮采用，这样既增加了抗空蚀能力，又节省镍等稀有金属，焊缝一般取在叶片与上冠、叶片与下环的结合面上，也有的把上部焊缝取在离上冠一定距离的叶片上，焊接方法可采用手工焊，也可采用电渣焊。

2-2-6　混流式水轮机分半转轮在制造和出厂时应符合哪些要求？

答：混流式水轮机分半转轮应根据专门制定的焊接工艺规范进行焊接及热处理。焊接及热处理后的转轮应符合下列要求：①转轮应无裂纹。转轮下环的焊缝不允许有咬边现象，用超声波进行检查，应符合 JB 1152—81（钢制压力容器对接焊缝超声波探伤）中Ⅰ级焊缝探伤的要求。②上冠组合缝间隙符合设备安装的常规要求，即设备组合面应光洁无毛刺。合缝间隙用 0.05mm 塞尺检查，不能通过；允许有局部间隙，用 0.1mm 塞尺检查，深度不应超过组合面宽度的 1/3，总长不应超过周长的 20％；组合螺栓及销钉周围不应有间隙。组合缝处的安装面错牙一般不超过 0.1mm。③上冠法兰下凹值不应大于 0.07mm/m，上凸值不应大于 0.04mm/m。④下环焊缝处错牙不应大于 0.5mm。⑤叶片填补块安装焊接后，叶型应

符合设计要求。⑥抗磨、抗空蚀层的堆焊应按设计要求进行，打磨后，厚度不应小于 4mm，粗糙度应与已打磨部分一致。

2-2-7 混流式转轮叶片在何种情况下要进行整形处理？

答：对于混流式水轮机，叶片的型线直接影响水轮机的空蚀、磨损和能量指标，而且有可能使水轮机在运行中产生振动。我们经常会发现：同一厂家生产的水轮机，安装在同一个水电站内，运行条件基本相同，但各台机的空蚀程度不一样，有时差别很大，而且即使在同一台机组上，各个叶片之间空蚀损坏的情况也相差很大。在电站中，因多次检修、焊补，叶片型线已有不同程度的变化，所以，根据运行的实际条件，对叶片的型线应及时进行检查和合理修整，这样，不仅可以提高水轮机的出力和效率，改善机组振动，而且空蚀、磨损也得到减轻。

通常情况下，当叶片线型出现以下情况时，应进行整形处理：①由于制造等原因，各叶片的翼形不完全一样，运行后各叶片所产生的空蚀破坏程度也不相同。通常可以空蚀性能好的叶片翼形为准，对空蚀性能较差的叶片进行整形处理。②叶片受力后可能发生塑性变形，或者空蚀补焊后使型线变坏，都要用整形的方法加以校正。

2-2-8 对转轮叶片进行修型时，如何保证工艺及质量要求？

答：当转轮需要进行整形时，需对叶片修型工艺及要求注意以下几点：①按选择好的叶片部位做好样板。②对需要修型的叶片，要测绘出修型部位的叶片型线、叶片厚度和出水边开口，以便在修型后万一出现不良后果时，作为复型之用。③将要修型部位的叶片型线与标准样板逐条画出来，定出需切割和填补的范围和数值。④在需要修型的叶片部位放出样板位置线，并在两端打上记号，用油漆画出修型中心和修型范围。⑤切割高出的部分，首先沿样板位置线用圆碳弧气刨割出一条沟，边割边用样板检查对照，沟槽比样板线低约 3mm，然后以此沟作为切割的基准线，向周围扩散割刨，直至割完整个区域为止。用砂轮磨去表面渗碳层，在修割区内堆焊一层抗空蚀层，最后再用砂轮磨光，其型线应与样板吻合，表面光洁度应符合要求。⑥填补低洼部分。对于叶片上的低洼部分，按所要求填补的高度进行焊补，堆焊区用样板检查，一般应高出样板 1~2mm，然后用砂轮按样板进行磨光。⑦用修型样板作修型的最后检查，允许误差在 0.5mm 以内。

以上是在现场进行局部修型的处理方法，而若是需对转轮叶片作较大的修改时，则必须认真对待，最好与设计、科研、制造等部门结合起来，在有条件时应先进行模型试验。此外，在修型前后一定要做水轮机的效率试验（或相对效率试验）以及稳定性试验，最好能同时测量空蚀特性，以确定修型的效果。

2-2-9 混流式水轮机转轮的止漏装置有哪几种类型，其应用范围和要求如何？

答：混流式水轮机转轮的止漏装置，不仅会影响水轮机的效率，而且对稳定运行也有很大影响。因此水轮机转轮应采用合理的止漏装置结构和间隙尺寸。止漏装置按其所构成的间隙形状，分为缝隙式、迷宫式、梳齿式和阶梯式等 4 种型式。

（1）缝隙式止漏环。它是以动件与不动件之间形成很小的直通间隙以减少漏水，其间隙一般为 $\delta \geq 0.001D_1$，如图 2-2-5（b）所示，这种止漏环结构简单，与转轮的同心度高，制造、安装和测量均方便，抗磨性能好。但止漏效果差，一般应用在水头 $H<200$m，水中泥沙含量较大的水电站，水头较高时常与梳齿式配合使用。

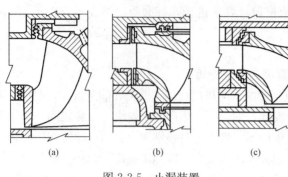

图 2-2-5 止漏装置

(a) 迷宫式；(b) 缝隙式；(c) 阶梯式

（2）迷宫式止漏环。其结构如图 2-2-5（a）所示，在两个环面上车制了迷宫槽，使间隙形成忽大忽小的变化，利用增大局部阻力减少漏水量，间隙一般控制在 $\delta=0.0005D_1$。它止漏效果较好，但抗磨性能较差，且安装精度较高，一般应用在水头 $H<200m$ 的水质清洁的电站。

（3）梳齿式止漏环。梳齿式止漏环的转动部分和固定部分呈犬牙交错配合，形成若干直角转弯的间隙，使水流方向和过流断面大小发生变化以增大阻力而减少漏水。其止漏效果较好，一般应用在 $H>200m$ 的水电站，常与缝隙式配合使用，梳齿式止漏环的间隙对水轮机的运行稳定性影响较大，为保证稳定性，它通常水平安放，间隙 1～2mm，轴向间隙要求为径向间隙加上抬机高度，其不足之处是与转轮的同心度不易保证，间隙不易测量，安装不方便。这种结构多用于中、高水头的水轮机。

（4）阶梯式止漏环。其结构如图 2-2-5（c）所示，它具有迷宫式及梳齿式止漏的优点，效果较好，安装方便。

止漏环的材料一般采用 ZG30 或 A3 钢板，在泥沙含量大的电站可采用不锈钢止漏环与转轮的连接方式，在安装上采用热套或螺钉固定两种型式，对水质较清洁、尺寸不太大的转轮，也有直接在转轮上冠、下环外表面车制迷宫槽。

2-2-10　在止漏环的安装检修中，如何对其测圆及圆度处理？

答： 止漏环在工地装焊前，其与转轮对应处的圆度应符合一定的圆度要求；装焊后，止漏环应贴合严密，焊缝无裂纹。对于分半转轮止漏环磨圆时，测点不应少于 32 点，圆度应符合要求。而由于安装质量不良或止漏环材质不好，在运行中会出现止漏环被磨成椭圆或局部掉边的现象。如不及时处理，则会加剧水力不平衡，产生机组振动和破坏。因此，大修时必须进行测圆工作。测圆的装置如图 2-2-6 所示。一般情况下，测圆架由轴承和桁架结构的转臂组成。测圆前，先用砂纸将上、下止漏环打光，个别高点用锉刀或砂轮除去，用抹布擦净。然后在整圆内均布 8～32 个点，由两人轻轻转动测圆架，测量出各点数值并记录下来。

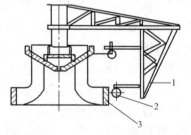

图 2-2-6　止漏环测圆装置

1—测圆架；2—百分表；3—转轮

对止漏环圆度的技术要求是其不圆度（即 180°方向上两点数值之差）的绝对值不得大于止漏环平均间隙的 10%。当超过这一规定时，要进行处理。如果高点仅在个别地方存在，可用手砂轮或刮刀、锉刀削去；如果高点分布面较广，可借助专用支架，用砂轮磨削，然后用砂纸打光、抹布擦净，再进行测圆，直至合格为止。当发现止漏环严重破坏（如大片掉边、被啃坏）时，可先用不锈钢焊条（如奥 202 或堆 277）补焊，以高出原来 2～4mm，然后在车床上进行铣圆、铣沟槽，或用砂轮机及其他方法进行磨圆处理。

2-2-11 混流式水轮机的减压装置有哪几种，其工作原理和具体结构如何，各有何特点？

答：常用的减压装置有两种型式：减压板与泄水孔式和均压管与泄水孔式。

(1) 减压板与泄水孔式。其结构如图 2-2-7 (a) 所示。减压板分为固定和转动两部分，固定部分为固定在顶盖下部的环板上，转动部分是装置在上冠表面的平面环板上。另外在上冠开有数个泄水孔，孔的方向一般为向水流方向倾斜（$\beta = 20°\sim30°$）。转轮旋转时，进入两环板间的漏水受离心力作用向外甩出，逸至顶盖减压板上部的宽敞流道，经泄水孔排至转轮下方，这样漏水压力主要作用在顶盖上。由于减压环板环内圈的间隙 E 很小，上冠内圈表面的水要经间隙 E 流入环板之间的阻力大，上冠表面 E 处的水压力呈阶梯状降低，也减小了作用在转轮上冠表面的水压力。

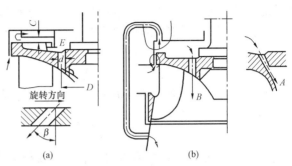

图 2-2-7 减压装置
(a) 减压板与泄水孔式；(b) 均压管与泄水孔式

(2) 均压管与泄水孔式。其结构如图 2-2-7 (b) 所示，这种减压结构是在顶盖与尾水管之间连有几条均压管，在上冠也开有泄水孔，运行时，经止漏环漏到转轮上面的水一方面经均压管排走，另一方面经泄水孔排向转轮下方，从而减小了作用在转轮上的轴向水压力。这种装置结构简单，效果好，多用于中小型水轮机。

泄水孔的位置有两种情况：一种是泄水孔布置在泄水锥外的上冠上，如图 1-2-7 中的 B 所示；另一种是泄水孔布置在泄水锥内的上冠上，如图 1-2-7 中的 A 所示。前者有可能在泄水锥流面上产生空蚀和磨损，后者有可能影响转轮中心的补气。

2-2-12 混流式转轮各部位的同轴度及圆度有什么要求？

答：转轮各部位的同轴度及圆度，以主轴为中心进行检查，各半径与平均半径之差，应符合表 2-2-1。

表 2-2-1 转轮各部位的允许偏差

额定水头（m）	部 位	允许偏差	说 明
<200	1. 止漏环 2. 止漏环安装面 3. 桨叶外缘	±10%设计间隙值	桨叶外缘只有认为必要时，并在外甩量等于零时测量
	1. 引水板止漏圈 2. 兼作检修密封的法兰保护罩	±15%设计间隙值	
≥200	1. 上冠外缘 2. 下环外缘	±5%设计间隙值	对应固定部位为顶盖及底环
	1. 上梳齿止漏环 2. 下止漏环	±0.10mm	

2-2-13 水轮机为什么要设补气装置，起什么作用，常用的有哪几种方式？

答：水轮机在非最优工况运行时，如混流式水轮机在低水头、小负荷（30%～60%额定出力）运行时，由于出口水流非法向流动，尾水管中出现涡带和压力脉动，涡带剧烈扰动，使机组产生空蚀振动。尾水管中空腔空蚀严重时，甚至发生功率摆动和机组低频垂直振动，同时也使空蚀加剧。为了改善这种不良工况，降低空蚀破坏和减轻振动，我们通过设置补气装置补入适量的空气，以增加水的弹性，减轻机组振动，改善水轮机的运行状态。同时由于补气破坏了真空，还能防止机组突然甩负荷导水机构紧急关闭时，由于尾水管内产生负水击，下游尾水反冲所产生的强大冲击力或抬机现象。

补气按其补气原理分为自然补气和强迫补气两种方式。一般均采用自然补气，只有在下游水位高，水轮机吸出高度 H_s 的负值较大，尾水管内压力较高，很难用自然补气方式满足时，才采用压缩空气强迫补气方式。常用的补气装置有尾水管十字架补气、尾水管短管补气、轴心孔补气等三种。

2-2-14 对于不同的补气装置，它们各有什么特点？

答：尾水管十字架补气和短管补气都属于尾水管补气装置，其结构简单、工作可靠。尾水管补气的效果取决于补气量、补气位置以及补气装置结构型式。一些试验表明，补入某一空气量，对消除尾水管压力脉动最有效，称为最优补气量，它约为 1.5% 过流量。补气位置应使所补入的空气顺利地进入压力脉动区，反击式尾水管最大压力脉动区一般在离转轮出口 $(0.3 \sim 0.4) D_1$ 处，补气装置的位置应与此相应。而且补气架本身就是一种稳流结构物，对涡带起破碎作用，它可以提高尾水管的效率。另外，补气降低了尾水管的真空度以及结构物对水流的阻力损失，从而降低了水轮机的有效水头，效果较好，应用比较广泛。但不足是其控制进气的止回阀在冬天容易被冻住，如果冻在开启位置则会发生倒喷水现象，所以在平时的维护和检修中应及时对其进行检查和保养。

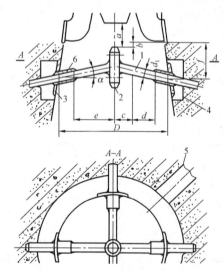

图 2-2-8　尾水管十字架补气装置
1—横管；2—中心体；3—衬板；4—均气槽；
5—进气管；6—不锈钢衬

而轴心孔补气的特点是补气阀容易锈蚀老化发卡，容易造成倒喷水现象，工作可靠性不高。而且补气量小，难以消除尾水管涡带引起的压力脉动，并且噪声较大。在以上三种补气方式中，为了防止水的倒流问题，在补气装置中通常都装设有止回阀。

2-2-15 尾水管十字架补气装置的结构如何，对其布置有什么要求？

答：尾水管十字架补气由横管和中心体组成，它布置在尾水管入口处，如图 2-2-8 所示。当 $D_1 <$ 2m 时，用三根横管；2.25m $< D_1 <$ 6m 时，用四根横管。横管到转轮下环的距离 $f = (1/3 \sim 1/4) D_1$。横管与水平面夹角 $\alpha = 8° - 11°$，当 $D_1 \leqslant 3m$ 时，横管直径 $d_1 = 100 \sim 150mm$；当 3m $< D_1 \leqslant 6m$ 时，$d_1 = 150 \sim 250mm$。

在横管上的 d 区开有小补气孔，孔口位于背水侧。图中 $d = 1/4D, c = 1/8D$。补气小孔总面积为补气孔面积的 1.5 倍。中心体的大小以能装焊横管为宜，中心体与转轮下环的距离 $b = 30 \sim 50mm$。中心体补气小孔总面积为补气孔面积的 1.2 倍。中心体距转轮泄水锥的距离 $a \leqslant 1/4D_1$。为防止十字架脱落，应将横管的根部埋入混凝土内，同时应在与尾水管里衬连接部分包焊不锈钢衬套，衬套到中心的距离 $e = 7/16D$。此外，在尾水管里衬外部设有均气槽，它可使外界补入的空气均匀通入横管，均气槽的截面积为补气孔面积的 3～4 倍。

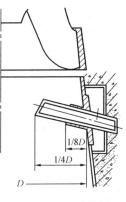

图 2-2-9 尾水管短管补气

2-2-16 短管补气装置的结构如何，对其有什么要求？

答：短管补气是当水轮机尺寸比较大时，采用十字架补气横向管受力情况较差，易被水流冲掉，这时最好采用短管补气。短管补气主要应用在转轮直径 $D_1 > 5m$ 时。短管补气装置如图 2-2-9所示。它一般采用四根短管并均匀地布置在尾水管里衬上，短管伸出长度一般为 $1/4D$，其他尺寸可参考十字架补气装置。

2-2-17 轴心孔补气装置的结构如何，其工作原理是怎样的？

答：轴心孔补气是将补气阀装置在水轮机主轴下端，常用的有球心吸力真空阀和平板式吸力真空阀，如图 2-2-10 所示。其结构和工作原理是：当水轮机正常运转时，弹簧 4 预压缩产生的弹力将托架 3 顶起，使橡皮球（或橡胶平板）2 封住轴心孔。当转轮出口真空达到一定数值时，在真空作用下，打开补气阀补入空气，压力提高后，在弹簧作用下自动关闭轴心孔。图 2-2-10（a）中的橡皮球因长时间泡在水中容易老化变形，以及经常动作而被压扁，使得水封不严，因此，目前多采用橡胶平板式真空吸力阀，如图 2-2-10（b）所示。

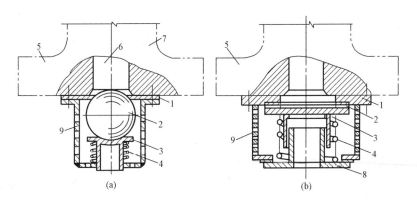

(a)　　　　　　　　(b)

图 2-2-10 主轴中心孔补气阀

（a）球心真空吸力阀；（b）平板式真空吸力阀

1—垫板；2—橡皮球、橡皮平板；3—托架；4—弹簧；5、7—主轴；6—主轴中心孔；
8—底座；9—外罩

2-2-18 水轮机主轴的作用是什么，它有哪些结构型式，有的主轴为什么开有中心孔？

答：水轮机主轴的作用是将水轮机所转换的机械能传递给发电机，从而带动发电机转子旋转，同时还承受水推力和转动部分的重量。水轮机的容量和装置方式不同，主轴的型式也不同，按法兰数目的不同可分为单法兰主轴（见图 2-2-11）、无法兰主轴及双法兰主轴（见图 2-2-12）三类。

单法兰主轴和无法兰主轴主要用于中小型水轮机和卧轴水轮机，主轴的制作材料一般用

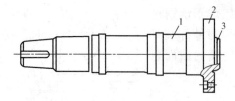

图 2-2-11 单法兰主轴
1—轴身；2—法兰；3—止口

35 号或 45 号钢。对于双法兰主轴，其制造方式一般有三种：整体锻造、铸焊结构和整体焊接结构。制造材料一般采用铸钢 35、40 号或 20SiMn，当采用整体焊接时，轴身可用钢板卷焊而成。对于水轮机主轴与发电机主轴合一的双法兰主轴，有的甚至采用法兰与推力头合一的结构，如图 2-2-12（b）所示，而对于转桨式水轮机的主轴与转轮连接的一端，有时采用法兰与转轮体上盖合一的结构，如图 2-2-12（c）所示。

有的大中型水轮机主轴，其内部开有中心孔，以便于用潜望镜检查主轴内部的质量，也可以减轻主轴的重量。同时，当需向混流式水轮机中心孔补气时可通过此孔来进行，轴流转桨式水轮机和贯流式水轮机在主轴中心孔内装有操作油管。

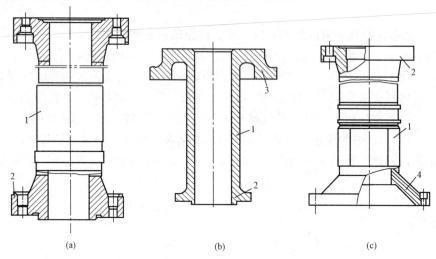

(a)　　　　　(b)　　　　　(c)

图 2-2-12 双法兰主轴
（a）普通双法兰；（b）与推力头合一结构；（c）与轮体合一结构
1—轴身；2—法兰；3—推力头；4—转轮体上盖

2-2-19　什么叫作主轴轴颈，它的结构怎样，一般有什么要求？

答：主轴轴颈就是指主轴与导轴承接触的部分，它的结构与水轮机导轴承的型式有关。当采用水润滑导轴承时，为防轴颈锈蚀，在它与导轴承接触的部分包有一层不锈钢轴衬，如图 2-2-13（a）所示。轴衬的材料一般为 1Cr18Ni9Ti。当采用稀油润滑分块瓦式轴承时，在它轴承接触的部分需制作轴领，如图 2-2-13（b）所示。轴领可焊接在主轴上，其外圆与轴瓦接触部分要精加工。当采用稀油润滑的筒式导轴承时，与轴瓦接触部分的轴颈需要精加工。对于轴颈的精加工，其表面粗糙度一般需达到 $Ra=0.8\mu m$ 或 $Ra=0.4\mu m$。另外，对于它的圆柱度和圆跳动也有严格的要求。

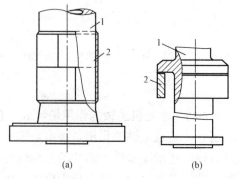

图 2-2-13 主轴轴颈
（a）轴衬；（b）轴领
1—轴身；2—轴

2-2-20 主轴与转轮的连接方式有哪些，在安装与检修中连接主轴应注意哪些技术要求？

答：对于无法兰主轴和单法兰主轴与转轮的连接，通常采用锥度配合，用键传递转矩的方式，另一端则采用联轴器连接的方式。而双法兰主轴与转轮的连接方式一般有两种：一种是精致螺栓（也称销钉螺栓）连接，如图 2-2-14（a）所示，另一种是拉伸螺栓加键连接，如图 2-2-14（b）所示。在精致螺栓连接的方式中，精致螺栓的中部为精加工的圆柱面，螺栓与孔按编号配磨，加工精度高，其间隙很小（一般为 0.02～0.04mm），螺栓的圆柱面同时承受轴向力和转矩。在这种连接方式中，为保证连接精度，两相邻法兰上的螺孔需同铰。对于拉伸螺栓加键的连接方式，螺栓只承受轴向力，由键或传动销来传递转矩，由于这种方法安装较为方便，所以，采用较为广泛。水轮机主轴法兰与发电机主轴法兰的连接与上述连接方式相同。

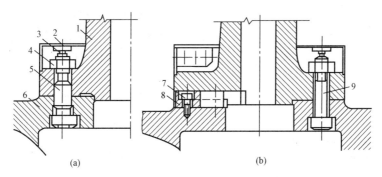

图 2-2-14 混流式水轮机的主轴与转轮连接结构
1—主轴；2—护盖；3—护盖固定螺钉；4—螺母；5—精制螺栓；6—转轮；
7—固定键螺钉；8—键；9—螺栓

在安装与检修中，对主轴与转轮连接，应符合下列要求：①法兰组合缝应无间隙，用 0.05mm 塞尺检查，不能塞入。②整体转轮止漏环圆度，应符合其规定的要求。③法兰护罩的螺栓凹坑应填平。当它兼作检修密封的一部分时，应检查圆度，并符合规定的要求。④泄水锥螺栓应点焊牢固，护板焊接应采取防变形措施，焊缝应磨平。

2-2-21 为什么要对螺栓进行预紧，其大小如何确定？

答：螺栓连接在水轮发电机组安装中应用非常广泛。为了确保螺栓连接的可靠性，螺栓的紧力需达到一定的要求。紧力过小不能保证连接的严密性和牢固性，所以，绝大多数螺栓在连接装配时都要进行预紧，其目的在于增强连接的刚性、紧密性、防松能力及防止受横向载荷的螺栓连接的滑动。当然，紧力过大，又可能引起螺栓本身塑性变形，在工作中会使螺栓损坏，所以螺栓预紧力的大小，应按要求进行。

一般要求螺栓的预紧力不能超过螺栓材料的弹性极限，并有一定的安全裕度。具体来说，其大小通常是根据螺栓组受力和连接的工作要求来决定的。设计时不仅要保证所需的预紧力，又不应使连接的结构尺寸过大。对于螺栓预紧力的大小，其值应符合相关标准或制造厂编制的安装技术规程，一般规定拧紧后螺纹连接件的预紧应力不得大于其材料屈服点 σ_s 的 80%。而如无具体数值时，可按下式选择：$F_0 = (0.5 \sim 0.7)\sigma_s \cdot A_s$，或表示为 $\sigma_0 = (0.5 \sim 0.7)\sigma_s$，其中 σ_0 为螺栓的预紧力（MPa）；σ_s 为螺栓材料的屈服点（MPa）；A_s 为螺栓公称应力截面积（mm^2）。

2-2-22　如何对螺栓的预紧力进行控制和测量，常用的方法有哪些？

答：对螺栓预紧力的控制和测量，常用的方法有力矩法、螺母转角法、螺栓伸长法。

（1）力矩法。一般是用力矩扳手测定拧紧力矩，其预紧系数一般取 $Q=1.4$，力矩扳手所需的指示值为：$T_f = 0.12\sigma_s \cdot A_s \cdot d$（具体可查有关标准）。

（2）螺母转角法。将螺母拧到与被连接件贴紧后，再旋转一定角度获得所需的预紧力。其计算方法可根据螺栓的伸长值而定。在用螺母转角法时，特别要注意螺母的起始位置，应使所有的螺栓在受力之后刚开始伸长时为起始，然后再使各螺母按要求转相同的角度，以达到紧力均匀、一致的要求。

（3）螺栓伸长法。通过液力、电力或蒸汽加热使螺栓预伸长到所要求的变形量，再拧紧螺母，冷却后螺栓缩短即连接预紧，此法螺栓不受拧紧力矩作用，螺栓强度可以提高，但需预变形装置。其计算方法为：$\Delta L = \sigma L / E$，其中 L 为螺栓的长度，从螺母高度的一半算起（mm）；σ 为螺栓所受的拉应力（MPa），一般是由厂家规定，若无规定时，可按拉伸应力为 $120\sim140$MPa 来计算；E 为螺栓材料的弹性系数，一般取 2.1×10^5MPa。

在实际工作中，对于小型螺栓，我们一般采用力矩法，即通过力矩扳手来进行预紧力的控制和测量。而对于大型螺栓，则通常采用螺母转角法或螺栓伸长法对螺栓的预紧力进行控制和测量。

2-2-23　水轮发电机组上的大型螺栓有哪些，这些螺栓有什么特点？

答：一般来说，对于公称直径大于 70mm 以上的螺栓，我们都称为大型螺栓，也称为高强螺栓、超强螺栓或精制螺栓。这些螺栓一般用在连接大型部件和有高强度要求的部位。在水轮发电机组上，需要采用大型螺栓的部位有：发电机转子联轴螺栓、转轮联轴螺栓、轴流转桨式转轮叶片的连接螺栓、转轮接力器活塞座的固定螺栓等。而在这些螺栓中，根据其连接结构的不同，有的是单纯的螺栓，有的则是销钉螺栓。并且根据其紧固方法的需要，通常在螺栓的中心开有通孔，以便于安装测量螺栓伸长值的测量装置，或安装电加热器。

2-2-24　螺栓的紧固方法有哪些，它们各有什么特点？

答：对于螺栓的紧固，根据其拧紧力大小的不同，其方法也各不一样。一般来说，对于拧紧力较小的螺栓，通常采用专用扳手，由大锤锤击拧紧，这种方法劳动强度大。

对于拧紧力不大的螺栓，可采用风动扳手、电动扳手、液压扳手来拧紧，这样可减轻劳动强度，提高工作效率。另外，也可以采用桥机，通过导向滑轮拉的方法来拧紧，此种方法简单省力，但现在较少使用。

对于大型螺栓的拧紧，则必须采用特殊的方法，常用的有拉力计法、液压拉伸法、加热拉伸法等。其中，拉力计法在现在使用较少；而液压拉伸法应用较多，一般是采用液压拉伸器将螺栓拉长；加热拉伸法也使用较多，但这种方法只对非销钉螺栓使用，在加热时，对于有中心孔的螺栓，可采用专用的电阻加热器来加热，对于无中心孔的螺栓，则可用电炉加热到所要求的温度，然后进行连接。

2-2-25　对于常规的普通螺栓，其预紧力矩的大小一般为多少？

答：对于常规的普通螺栓，我们一般采用扭力扳手或液压力矩扳手来进行预紧。根据其强度等级的不同，其预紧力矩的大小也各有不同，具体见表 2-2-2。

表 2-2-2　　　　　　　　　　　　　　　　　预紧力矩的大小

强度等级		4.8		6.8		8.8		10.9		12.9	
最小破断强度		392MPa 40kg/mm²		588MPa 60kg/mm²		784MPa 80kg/mm²		941MPa 100kg/mm²		1176MPa 120kg/mm²	
材质		一般构造用钢		机械构造用钢		铬铝合金钢		镍铬铝合金钢		镍铬合金钢	
螺栓	螺母	N·m	kg·m	N·m	kg·m	N·m	kg·m	N·m	kg·m	N·m	kg·m
14	21	69	7	98	10	137	14	165	17	225	23
16	24	98	10	137	14	206	21	247	25	363	36
18	27	137	14	206	21	284	29	341	35	480	49
20	30	176	18	296	28	402	41	569	58	680	69
22	32	225	23	333	34	539	55	765	78	911	93
24	35	314	32	470	48	686	70	981	100	1176	120
27	41	441	45	637	65	1029	105	1472	150	1764	180
30	46	588	60	882	90	1225	125	1962	200	2352	240
33	50	735	75	1127	115	1470	150	2060	210	2450	250
36	55	980	100	1470	150	1764	180	2453	250	2940	300
39	60	1176	120	1764	180	2156	220	2943	300	3626	370

注　1. 表中数值为最大力矩值，建议锁紧力矩值为（表中数值）×（70～80）%。

　　2. 以上数值是推荐数值，如有特殊要求应按厂家要求执行（只列出一部分，具体可查相关标准）。

2-2-26　对于水轮发电机组上的大型螺栓，各种紧固方法的大体操作程序怎样？

　　答：对于水轮发电机组上的大型螺栓，其常用的紧固方法有拉力计（力矩）法、液压拉伸法、加热拉伸法等三种方法，其各自的紧固方法和操作程序见表 2-2-3。

表 2-2-3　　　　　　　　　　　　　　　　　紧固方法和操作程序

名称	紧固方法和操作程序
拉力计法	这种方法在过去是用桥机—滑轮—拉力计—扳手系统紧固螺栓，拉力计的读数乘以扳手力臂 m，即为螺栓拧紧力矩，而现在一般采用液压的力矩扳手来进行。其操作步骤是：①对称均布紧固部分螺栓，达总拧紧力矩的 30%～50%。测量法兰面间隙应为 0（用 0.02mm 塞尺检查），称为预紧；②两次对称紧固其余螺栓，第一次达拧紧力矩 M 的 50%～80%，第二次达拧紧力矩 M；③对称拧紧预紧的螺栓，达拧紧力矩 M
液压拉伸法	这种方法是采用液压拉伸器紧固螺栓，用测量螺栓伸长值控制螺栓预紧力。这也是较为常用的一种方法。其操作步骤为：①对称均布紧固部分螺栓，螺栓伸长值（撤除油压后的剩余伸长值）达设计伸长值的 30%～50%，测量法兰面间隙应为 0（用 0.02mm 塞尺检查），称为预紧；②对称紧固其余螺栓，使螺栓伸长值（撤除油压后的剩余伸长值）达设计伸长值；③松开第一步预紧的螺栓；④紧固松开后的预紧的螺栓，使螺栓伸长值达设计值
加热拉伸法	这种方法是用管状加热器加热紧固螺栓，用转角法控制加热后螺母转角，用测量冷态螺栓伸长值控制预紧力。加热紧固的操作步骤：①加热紧固第一组螺栓，使螺母转角为计算值 φ 的 1/3～1/2。冷后测量螺栓净伸长值；②加热紧固第二组螺栓，使螺母转角为计算值 φ 的 1/3～1/2。冷后测量螺栓净伸长值；③加热松开第一组螺栓，冷后重新加热紧固，再冷后，测量螺栓净伸长值应为设计伸长值；④加热松开第二组螺栓，同第 3 步一样达到设计伸长值

2-2-27 当采用加热拉伸法紧固螺栓时，其具体的操作程序和方法怎样，有哪些注意事项?

答：当采用加热拉伸法对大型螺栓进行紧固时，其操作步骤是：①取 1～2 个螺栓的螺母，做加热时间、螺栓伸长值 ΔL 与螺母转角 φ 的关系试验，并按式 $\varphi = (\Delta L/P) \times 360°u$（$\varphi$—螺母转角；$\Delta L$—螺栓的计算伸长；$P$—螺纹螺距；$u$—系数，由试验确定）求出系数 u 值，这个一般在厂家就做好了试验并得到了确定。②穿入全部螺栓，用大锤和扳手打紧，用以消除法兰面间隙（用 0.02mm 塞尺检查）。③将螺栓按均布分成两组，布置好螺栓伸长值的测量装置，然后在螺栓的中心孔内放入专制的加热器。④加热紧固第一组螺栓，使螺母转角为计算值 φ 的 1/3～1/2。冷后，测量螺栓净伸长值。⑤加热紧固第二组螺栓，使螺母转角为计算值 φ 的 1/3～1/2。冷后，测量螺栓净伸长值。⑥用 0.02mm 塞尺测量法兰面间隙，应不能插入。⑦加热松开第一组螺栓，冷后，重新加热紧固，螺母转角为 φ。再冷后，测量螺栓净伸长值应为设计伸长值。⑧加热松开第二组螺栓，冷后，重新加热紧固，螺母转角为 φ。再冷后，测量螺栓净伸长值，应为设计伸长值。若没有达到要求（一般要求伸长 0.25mm 左右），应加热松开，待冷后，再重新加热紧固。

在操作方法上需要注意的是：对螺栓的加热温度一般控制在 60～70℃，并要加热均匀。

2-2-28 当对大型螺栓采用液压拉伸法紧固时，如何测量螺栓的伸长值?

答：测量螺栓的伸长值，通常是用千分表和测量伸长工具来配合进行的。一般主轴连接螺栓都是中空的，孔的两端带有一段螺纹。

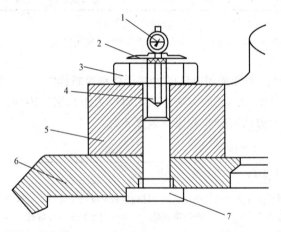

图 2-2-15　螺栓伸长值测定
1—千分表；2—千分表架；3—螺母；4—测量杆；
5—大轴法兰；6—转轮上冠法兰；7—连接螺栓

在拧紧螺母之前，应先在此孔内拧上测杆（在工地自制的测杆），用专用测伸长工具和千分表来测定螺栓尾部端面到测杆端的深度（见图 2-2-15），并对测定连接螺栓按编号做好记录。在螺母逐渐被拧紧的过程中，螺栓被拉伸而测杆并没有伸长，再次用千分表测定杆端的深度，把前、后两次测定的记录值相减，即得螺栓的伸长值。一边拧紧，一边测定，直到测定伸长值达到计算值为止。测量中，接触表面要清洁，且每次测定时测伸长工具所放的位置要一致，以免影响测定的准确性。有时，也用深度千分尺代替千分表来直接测定螺栓的伸长值。

2-2-29 反击式水轮机为什么会出现抬机现象，有什么后果，运行中怎样防止抬机?

答：反击式水轮机在甩去负荷时，导水机构紧急关闭，由于水流的惯性和转轮的水泵作用，在导叶后转轮室内可能产生很大的真空，从而引起下游尾水向转轮反冲，这会对转轮产生很大的冲击力，当冲击力足够大时，就会使机组转动部分抬起一定高度，此现象称为抬机现象。抬机现象在低水头且具有长尾水管的轴流式水轮机中最为常见。抬机高度往往由转轮与支持盖之间的间隙所限，一般在几毫米左右，而多的则达十几毫米，当发生严重抬机时，它会导致水轮机叶片的断裂、顶盖损坏等，也会导致发电机电刷和集电环的损坏，发电机转子风扇损坏而甩出，引起发电机烧损的恶性事故等。

预防抬机的措施有：①在保证机组甩负荷后其转速上升值不超过规定的条件下，可适当延长导叶的关闭时间或导叶采用分段关闭；②采取措施减少转轮室内的真空度，如向转轮室内补入压缩空气，装设在顶盖上的真空破坏阀要求经常保持动作准确和灵敏；③装设限制抬机高度的限位装置，当机组出现抬机时，由限位装置使抬机高度限制在允许的范围内，以免设备损坏。

第三节　轴流式水轮机

2-3-1　什么叫作轴流式水轮机，与其他类型的水轮机相比，轴流式水轮机有哪些特点？

答：轴流式水轮机在工作时，进入转轮叶片和流出转轮叶片的水流方向均为轴向，故称

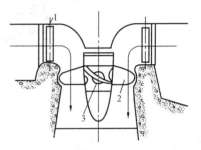

图 2-3-1　轴流式水轮机
1—导叶；2—转轮叶片；3—转轮体

为轴流式水轮机，如图 2-3-1 所示。轴流式水轮机按其结构特征又分为轴流转桨式（叶片可绕自身轴转动）和轴流定桨式（叶片固定在转轮体上）两种。轴流式水轮机叶片少，流道宽，过流量大，在水头和出力相同时，其转速约为混流式水轮机的两倍，由于强度、空蚀等条件的限制，轴流式水轮机应用水头较低。轴流转桨式水轮机的叶片随水头和导叶开度变化而协联转动，其平均效率比混流式水轮机高，但结构复杂、成本高，它适用于水头和负载变化大的大中型水电站，应用水头范围 3～80m；轴流定桨式水轮机叶片固定，因此结构比转桨式简单得多，在相同直径下，其造价比转桨式约低 25%，安装、运行、维护都比较方便，但由于它的叶片固定，难以适应负载的变化，平均效率较低，因此多用在水头及负载变幅不大的低水头中小型水电站，应用水头一般在 50m 以下。

轴流式水轮机一般采用立轴布置，其机组结构由蜗壳、主轴、转轮、导水机构、座环、转轮室和尾水管等部件组成。在结构上除转轮与混流式有重大区别外，其他过流部件大体上相近。轴流式水轮机的工作过程与混流式水轮机基本相同。不同之处在于：当负载发生变化时，对于轴流转桨式水轮机不但需要调节导叶开度，同时还要调节转轮叶片的转角，即所谓"双重调节"。

2-3-2　轴流转桨式水轮机的转轮包括哪些部件，各部件起什么作用？

答：轴流转桨式水轮机主要由转轮体、叶片、叶片操动机构、叶片密封和泄水锥等组成，如图 2-3-2 所示。其各自的作用是：①转轮体也称轮毂，主要用来安装叶片和布置操动机构，转轮体按外形分为圆柱形和球形两种。②叶片安装在转轮体上，当水流流经叶片时，将水能转换成旋转机械能，是转换能量的主要部件，它一方面与转轮体一起做旋转运动，另一方面又可绕自身轴相对于转轮体转动。叶片数一般为 4～8 片，叶片数越多，适用水头越高。③叶片操动机构安装在转轮体内，用来变更叶片的转角，使之与导叶开度相适应，从而保证在变工况下，水轮机有较高的效率。④叶片密封装置安装在叶片与转轮体的结合部，其作用是：一是防止转轮体内的润滑油经叶片与转轮间的间隙处漏出转轮体进入流道内，二是防止转轮流道内的压力水经上述间隙渗入转轮体内。常用的有 λ 型、U 型、X 型、V 型等 4 种。⑤泄水锥的作用是引导经叶片流道出来的水流迅速而又顺利地向下泄，防止水流相互撞

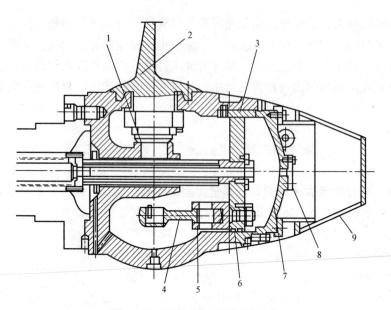

图 2-3-2　活塞式接力器转轮结构

1—轴套；2—轮叶；3—导向键；4—连杆；5—耳柄；6—转轮体；7—转轮体盖；8—盖板；9—泄水锥

击，以减少水力损失，提高水轮机的效率。泄水锥的形状和尺寸，直接影响水轮机的效率和振动。

2-3-3　轴流式水轮机的转轮体有哪几种结构型式，各有什么特点？

答：轴流式水轮机的转轮体按外形分，有圆柱形和球形两种，如图 2-3-3 所示。圆柱形转轮体型线简单，水流平直，在叶片安装角度相同的情况下，过流能力比球面转轮体大，但

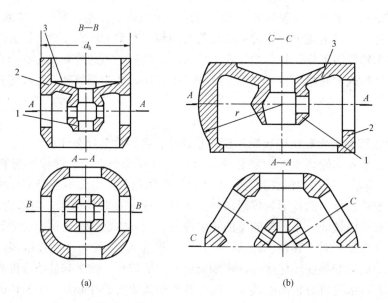

(a)　　　　　　　　　　　　(b)

图 2-3-3　转轮体

(a) 圆柱形；(b) 球形

1—中心柱；2—外壁；3—颊板

由于其外形为圆柱形，叶片在不同转角时，其内缘与转轮体之间间隙不同，因而漏水量大，影响水轮机的效率，所以圆柱形转轮体多应用在轴流定桨式水轮机上。球形转轮体由于其外形为球形，避免了圆柱形转轮体的缺点，使转轮体与叶片内缘之间在各种转角下都能保持较小的间隙，而且有利于布置操动机构，因此在轴流转桨式水轮机上应用较多。转轮体的制造一般采用 ZG30 或 ZG20SiMn 整铸。

2-3-4 转桨式水轮机轮叶操动机构有哪些类型，各有何特点？

答：轮叶操动机构分类方法很多。从转轮接力器的布置来看，有位于转轮体上面和下面两种布置方式；从接力器活塞与缸的运动情况看，有活塞动缸不动和缸动活塞不动两种运动方式；按有无操作架分，有带操作架和不带操作架两种结构；按连杆的位置分，有直连杆和斜连杆两种型式。上述各种分法可组成几种型式。在一般的水轮机介绍中通常会明确指出有无操作架和接力器的运动情况等这两个特点。

对于不同结构的轮叶操动机构，其特点是：当接力器布置在转轮体下面，可使导轴承与转轮重心的距离减小，提高机组运行的稳定性。对无操作架结构，连杆由转轮接力器活塞或接力器缸直接带动，该结构紧凑。所谓直连杆机构，是当叶片转角在中间位置时，转臂水平，连杆竖直。对斜连杆机构，当转角在中间位置时，转臂与连杆有较大的倾斜角，此结构一般应用在叶片数较多时。

2-3-5 轮叶操动机构的工作原理怎样？

答：叶片操动机构的型式很多，但其工作原理基本相同。较早的叶片操动机构是利用一个操动架同时转动所有叶片，称为带操作架操动机构。它由转轮接力器、操作轴、操作架、连杆、转臂等组成，图 2-3-4 为操动机构示意图。其工作过程为：当压力油进入活塞 9 的上腔时，便推动活塞下移，操作轴 8 随活塞一起下移，同时带动操作架 7 向下运动，与操作架相连的各连杆 6 也向下移动，连杆拉着转臂 5 向下转动，由于转臂和叶片枢轴 2 固定在一起，所以枢轴便在轴套 4 内向下转动，结果叶片 1 随枢轴向下转动，使叶片转角加大。当压力油进入活塞 9 的下腔时，叶片转角将减小。

而现在的转轮在结构上都进行了改进，更趋于简单，大部分都是通过连杆直接将活塞或活塞缸与转臂相连。这样一方面减轻了转轮的重量，另一方面也给安装和检修带来方便。

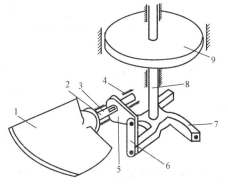

图 2-3-4　叶片操动机构示意图
1—叶片；2—枢轴；3、4—轴套；5—转臂；
6—连杆；7—操作架；8—操作轴；9—活塞

2-3-6 转桨式水轮机轮叶操动机构检查和测量的主要内容有哪些？

答：转桨式水轮机轮叶操动机构是水轮机在运行中非常重要的一个部件。在目前的绝大部分水轮机中，对于其固定部分和转动部分一般都是采用高强度合金黄铜加工的轴套予以配合，由于它需要频繁地进行操作，所以也是一个容易磨损的部件，而为了保证水轮机轮叶操动机构能够良好地运行，应按照图纸和技术规范的要求，定期（一般是在大修或扩大性大修中）对其进行相应的检查或是测量工作，主要有：①检查止推轴套的磨损与损坏情况，测量止推轴套的内径（或间隙），确定止推轴套是否需要更换；②检查枢轴结构的止推面及轴颈有无研伤，测量各轴颈的尺寸（或间隙）；③检查套筒的磨损、伤痕、裂纹及配合情况；④检查活塞缸内磨损和伤痕情况，通过测量活塞缸的内径，检查其圆度和锥度，测量活塞外径，检查其磨损情况，检查活塞环磨损及损坏情况，测量其张量和开口尺寸；⑤检查连杆、销轴、活塞杆或操作轴及其余铜套的配合情况（或间隙）；⑥检查转轮内部或液压操作油中的铜粉情况，查找轴套的主要磨损部位；⑦可用敲击法或直接用扳手检查各部位的固定螺栓是否有松动情况。对以上测量数据应按图纸要求予以比较，以判断各部件工作是否正常和需要处理或更换。

2-3-7　如何对轮叶止推轴套进行更换，有什么要求？

答：轮叶止推轴套是转轮工作的重要部件，在安装和检修中应严格按要求进行装配或更换，不同结构的转轮，其止推轴套的结构也不一样，更换的程序也有所区别，但通常应注意以下几点。

（1）拆卸检查。更换时先卸下止推轴套的定位螺钉，用专用工具将止推轴套顶出，检查位于转轮体上的装配孔是否被拉坏或有硬点，检查止推轴套配合面的磨损情况，有无明显沟槽。

（2）测量处理。测量装配孔的孔径是否符合设计要求。对于装配孔的损坏，一般情况可进行修理，如铲去硬点，用油石修磨等；若损坏严重或圆度较差时，应重新镗孔，使其光洁度、精度等均符合要求。经处理或镗孔后，应再次测量装配孔的内径，作为加工新止推轴套的依据。

（3）新套检查处理。新止推轴套加工好以后，要检查其内径、外径、圆度及止推法兰的厚度均应符合要求，用标准平板研磨止推面，使接触面积达80%以上。

（4）新套压入。用专用工具将止推轴套压入，压入时要注意垂直、缓速。由于叶片的悬臂效应，止推面的接触位置在其上部，因此在研磨和压入时都应予以考虑。

（5）测量定位。测量止推法兰内面与转轮体内壁间应无间隙；用均布的8点测量轴套前后的内径，并与对应的轴颈外径相比较，应符合设计要求，最后，钻定位孔并攻丝，拧紧定位螺钉。

2-3-8　在转桨式水轮机中，为什么都需要在轮毂内充满润滑油？

答：在转桨式水轮机轮毂内充满润滑油，其主要是起操作、润滑和平衡水压的作用。

对于不是将轮毂作为桨叶接力器活塞缸结构的转轮，一般是在轮毂内充入低压润滑油（通过设置高位油箱，靠润滑油的自重建压，压力一般为0.1～0.3MPa），以便对叶片轴与轴承、转臂与支撑面、连杆与其两端的销轴等摩擦部位起润滑作用；而对于是将轮毂作为桨叶接力器活塞缸结构的转轮时，须在其内部充入高压润滑油（2.5～6.0MPa），以实现对桨叶的操作，并同时达到对叶片操动机构进行润滑的作用。

此外，在转轮轮毂内充入润滑油，还可起到平衡水压的作用。因为桨叶密封在正常工作时，会受到流道里的水压作用，如果是单方面受力，很可能造成水从桨叶密封进入到轮毂内部。而通过在轮毂内充满润滑油，在桨叶密封的内部给它一个与水压力基本相当的压力，就能使桨叶密封的内外压力保持平衡或抵消一部分，从而保证桨叶密封的良好工作。

2-3-9 转桨式转轮叶片的密封装置有哪些结构类型，工作原理如何？

答：在轴流转桨式水轮机中，叶片密封装置的型式较多，现在常用的有 X 型、λ 型、V 型和 U 型等几种，其中应用最多的是 X 型密封，其结构如图 2-3-5 所示。另外，也有采用组合式（联合式）的。

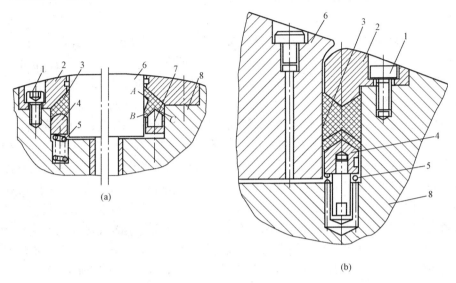

图 2-3-5 叶片密封结构

（a）λ 型密封；（b）X 型和 V 型联合密封

1、7—螺钉；2—压环；3—密封环；4—顶起环；5—弹簧；6—叶片法兰；8—转轮体

叶片密封装置的工作原理是：当转轮体内的压力油从转轮体 8 与叶片法兰 6 之间的缝隙向外泄漏时，通过将 λ 型密封的 B 和 C 两面压紧，从而起到了防止油漏出的作用；当转轮体外的压力水从转轮体与叶片法兰之间的缝隙向内漏进时，就将 A 面压紧，从而起到了防止水漏进的作用。有的电站为了增加止漏效果，采用了双层 λ 型密封，但都不同程度地发现还有漏油和返水现象。后来有的厂家采用了 X 型和 V 型联合密封结构，如图 2-3-5（b）所示，经运行实践证明，这种密封结构密封性能良好，无漏油和返水现象。

2-3-10 为什么要对转桨式水轮机转轮进行耐压试验，其目的和要求是什么？

答：转轮组装好后，为了检验其组装质量，保证其不漏油不漏水，一般在转轮组装后需对其进行油压试验。试验的目的是：①检查转轮体内各腔充排油及耐压的情况；②检查轮叶密封装置的渗漏情况，即对叶片密封装置的设计、制造和组装质量进行检验；③检查轮叶操动机构动作的灵活程度。

试验要求为：①试验用油的质量应合格，温度不应低于 5℃。②在最大试验压力下，保持 16h。③在试验过程中，每小时操作叶片全行程开关 2～3 次。④各组合面不得有渗漏现象，单个叶片密封装置在加与未加试验压力情况下的漏油限量，不得超过表 2-3-1 的规定，且不大于出厂试验时的漏油量。⑤在操作轮叶动作的过程中，要求活塞与轮叶动作灵活、平稳，并要求轮叶开启与关闭的最低操作油压，一般不超过工作油压的 15%。⑥轮叶在全开或全关的状态下，转角要一致，其偏差应符合图纸规定。⑦绘制转轮接力器的行程与叶片转角的关系曲线。

101

表 2-3-1   **每小时单个桨叶密封装置漏油限量**

转轮直径 D（mm）	$D<3000$	$3000{\leqslant}D<6000$	$6000{\leqslant}D<8000$	$8000{\leqslant}D<10\,000$	$D>10\,000$
每小时每个叶片密封允许漏油量（mL/h）	5	7	10	12	15

2-3-11 对于无操作架、活塞动的转轮，如何对其进行耐油压试验，又有什么要求？

答： 对于无操作架活塞动的转轮，由于其工作时转轮体内都充满了压力油，所以在试验过程中需在转轮体内注入压力油进行油压试验。其相关程序和要求为：①按图 2-3-6 布置油泵组、油罐，接好管路和阀门。②向油罐内注油（油的牌号应符合设计规定，油质应符合 GB/T 7596《电厂运行中矿物涡轮机油质量》的规定），油量为转轮接力器充油量的 1.5～2.0 倍。③关闭排油阀 E，打开排气阀 D，通过阀 C 向转轮腔内注油，直至阀 D 有少许油冒出，即关闭阀 D，停止注油。④利用油泵组操作叶片开启和关闭，将叶片密封装置的压环螺栓均匀把紧。⑤利用油泵组向转轮腔内打压，压力从 0 渐升至 0.5MPa，并保持在(0.5±0.05)MPa，历时 16h，每小时操作叶片全行程开关 2～3 次，在整个保压过程中，要求：各组合缝不得渗漏；叶片螺栓处不应有渗漏现象；每个叶片密封装置在无压力和有压力情况下均不得漏油，个别处渗油量不得超过表 2-3-1 要求；油温不应低于 5℃。⑥利用油泵组操作叶片开启和关闭，要求：接力器和叶片动作平稳；记录叶片开启和关闭的最低油压，一般不应超过工作压力的 15％；测量接力器活塞的全行程，应符合图纸要求；绘制接力器活塞行程与叶片转角关系曲线。

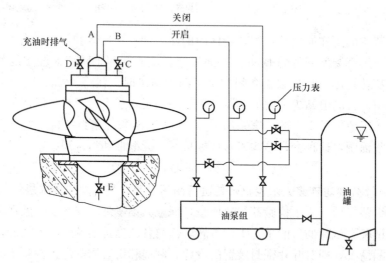

图 2-3-6 转轮耐压原理图

2-3-12 转轮叶片为什么会出现开度不一致，如何测量和调整叶片的开度？

答： 在转桨式水轮机中，当叶片、枢轴、转臂、连杆、套筒及活塞等零件组合之后，由于其制造和装配上的误差，会使得叶片间的开度不一致。而叶片安装角度的误差又是导致水力不平衡的重要因素之一。所以，为了保证其安装质量，必须测量叶片开度并进行调整，使之合乎规定。通常情况下，我们要求叶片转角误差不超过±0.5°。对于叶片开度不合格的问题，一般可采用以下方法进行测量和调整。

假定某水轮机叶片安装角在 0°位置时，活塞距下腔平面为 A，安装时我们可以此值为依据，先在互相垂直的下腔平面内放 4 个高为 A 值的圆钢，将活塞吊入，使活塞四周间隙均匀，并测量活塞的上、下间隙［见图 2-3-7（a）］。间隙调好后，用 4 只千斤顶将活塞从上方顶牢，保证活塞四周间隙不再变动，然后把套筒装入（该套筒已与连杆、转臂连接好），拧紧螺母。将叶片枢轴螺孔按记号对准转臂的孔，吊入叶片与枢轴、转臂，上好连接螺栓。

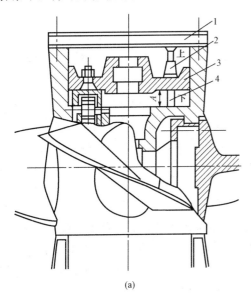

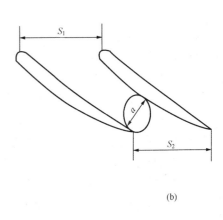

(b)

图 2-3-7　叶片开度调整与测量
(a) 叶片开度调整示意；(b) 叶片开度 a 或节距 s 的测量
1—横梁；2—千斤顶；3—活塞；4—加工钢块

测量叶片各截面的开度或节距［见图 2-3-7（b）］，看其偏差是否符合图纸规定（假定叶片型线没有变化）。当实测叶片开度偏差超过允许值时，可根据叶片安装角的实际情况进行调整。对于无操作架式结构的轮叶，若叶片的开度偏小，可以在套筒与活塞面处加紫铜垫；若叶片开口度偏大，则可车削套筒上端凸台，使叶片开口度的偏差达到规定的要求；对于带操作架式结构的轮叶，可调整叉头垫的厚度，使叶片开口度合格。最后再检查叶片在全开位置时，各开度是否一致，同样应使开度偏差符合标准（一般厂家规定为：叶片转角误差不超过 $\pm0.5°$；开度的测量误差不超过 0.50mm；相邻叶片开度偏差为 $\pm0.05\alpha_0$；平均开度偏差为 $-0.01\sim+0.03\alpha_0$）。

2-3-13　什么叫轮毂比，对其要求如何？什么又叫叶片的安放角？其 0 位是如何定义的？

答： 所谓轮毂比，是指转轮的轮毂直径与转轮公称直径之比。由于轮毂直径过大会影响转轮的流道尺寸，恶化水流状态，所以对于轮毂比一般需限制在 0.33～0.55 范围内。

转桨式转轮的叶片可绕自身轴转动，叶片转动时的角度称为叶片转角或安放角，也称装置角，通常以 φ 表示，如图 2-3-8 所示。当叶片的安放角在设计工

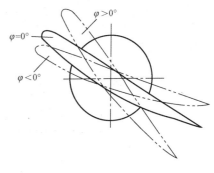

图 2-3-8　叶片安放角

况时的最优位置时，此时的安放角为 0。所以对于定桨式转轮的叶片，叶片的安放角始终固定在设计工况时的最优位置。而对于转桨式转轮，当叶片向关闭方向转动时，则称"负"角，$\varphi < 0°$；当向开启方向转动时，则称"正"角，$\varphi > 0°$，叶片由"负"到"正"的变化范围一般在 $-20° \sim +35°$。

2-3-14 转桨式转轮为什么要设置受油器？

答：在转桨式水轮机中，我们需要根据水头和负载的变化，通过导、桨叶的协联动作来保证水轮机的最高水力效率。所以，除了调节导叶外，还要调整桨叶角度。但由于水轮机在运行时，其整体是旋转的，所以如何在水轮机旋转时，能够对转轮叶片实现操作，就需要我们对其采取一种特殊的装置来予以实现。通常情况下，一般是在固定部分和转动部分之间设置一个过渡装置来实现这一功能，我们称实现这一功能的装置为受油器。其作用就是把转轮接力器所需要的压力油从调速器主配压阀及与其相连的固定油管路引入到转动着的操作油管内，然后进入桨叶接力器，以实现对桨叶进行操作。

2-3-15 受油器的结构和工作原理怎样？

答：受油器的结构有多种多样，对于早期立式机组的受油器，其结构如图 2-3-9 所示。在转动的外油管、内油管与受油器体之间，一般有上、中、下三个轴瓦。它们支持油管的旋转和上下移动，是重要的部件，对其安装和检修的质量要求较高。其工作原理是：当要操纵转轮叶片开启时，压力油管来的油由套筒的下腔进入旋转的外油管，然后经操作油管流入活塞上腔，活塞下移，活塞下腔的压力油从内油管经套筒流入另一压力油管，最后由调速器叶片主配压阀上腔排出。而如要施行关闭叶片的操作时，其过程则与上述过程相反。同时，由于操作油管与活塞杆是刚性连接的，活塞的下移又使受油器的内油管下移，通过传动机构带动叶片开度指针，表明了调节后的叶片开度，同时也带动反馈钢丝绳给调速器以反馈信息。

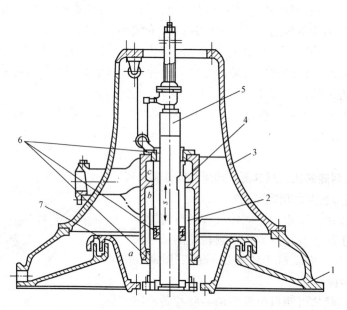

图 2-3-9　受油器结构

1—底座；2、5—压力油管；3—受油器体；4—套管；6—衬套；7—甩油盆

甩油盆的作用是借旋转的离心力，可以将由外油管与轴孔内壁之间升上来的渗漏油甩到受油器底座内，经排油孔排至集油槽。

另外，在进口的灯泡贯流式机组上，还有一种自调位受油器，其上、中、下瓦可以有一定的径向调位能力，或者是取消受油器座，将浮动瓦做成整体，直接悬挂在操作油管上，随机组运行时摆动，其结构简单，重量减轻，体积减小，工作可靠，使安装和检修工作都更加简便。

2-3-16 受油器在检修时要进行哪些测量工作，有什么要求，如何进行检查和处理？

答：受油器在拆卸过程中要注意进行以下几项测量和要求：①轴套间隙测量。通常要按十字方向或均布的 8 点测量上瓦、下瓦和操作油管间的配合间隙。②底座绝缘测量。在尾水管无水时测量，受油器底座的绝缘电阻应不小于 0.5MΩ，否则应将受油器底座拆出进行绝缘处理。③底座水平测量。受油器底座拆卸前，应用框型水平仪测量法兰面十字方向上 4 点的水平值，通常底座的水平度不应大于 0.05mm/m。水平测量处应用划针画上记号，以便回装时复测水平。

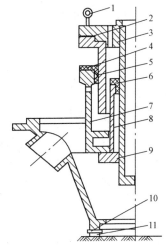

图 2-3-10 受油器轴瓦找同心
1—吊环；2—橡胶石棉垫；3—内油管；4—下轴瓦；5—外油管；6—中轴瓦；7—受油器体；8—轴瓦座；9—上轴瓦；10—楔子板；11—支墩

在拆出轴瓦后，应量出各轴瓦的内孔直径和相应位置的内、外油管的外径，并标出其配合间隙，对照图纸检查此间隙是否超差，如超差，应更换新的轴瓦。对操作油管部分，用车床检查内、外油管的同心度及椭圆度，一般外油管刚性小、易变形、椭圆度大。如超出规定，应更换新的外油管。此外，为了防止三轴瓦因不同心而产生的憋劲现象，必须检查上、中、下三轴瓦的同心度，如图 2-3-10 所示，将受油器体倒置，调好水平，再将内、外油管插入轴瓦内进行研磨，刮去高点，测量出上瓦间隙和下瓦间隙，直至符合图纸要求为止。实际经验表明，适当加大一些轴承间隙值，可防止烧瓦。最后，在巴氏合金轴瓦表面上做刮花处理（对于采用铜瓦的轴瓦，则不需进行刮花处理）。

2-3-17 操作油管的作用是什么，其结构如何？

答：操作油管是连接受油器与桨叶接力器的中间部分，通过它把受油器过来的压力油输送给桨叶接力器，用以操作桨叶动作。其结构组成通常采用两根无缝钢管组成内外两个压力油腔 a 和 b，上部与受油器的 Ⅱ、Ⅰ 两个油腔相通，下部与转轮接力器活塞杆连接，外腔与活塞上腔相通，内腔与活塞下腔相通，如图 2-3-11 所示。负载变化时，调速器控制压力油进入受油器 Ⅰ 或 Ⅱ 腔，再经操作油管进入接力器的下方或上方，带动操作架来转动叶片。各部分漏油自转轮体下部的回流腔，经主轴内壁与操作油管组成的回油腔 c，从受油器的回油管排出。

当水轮机运转时，操作油管随大轴一起旋转，同时桨叶接力器行程反馈的回复管随桨叶接力器做轴向运动，并在受油器端指示桨叶的转角或行程。

对于不是将轮毂作为桨叶接力器活塞缸结构的转轮，通常在操作油管内部还设置一根轮

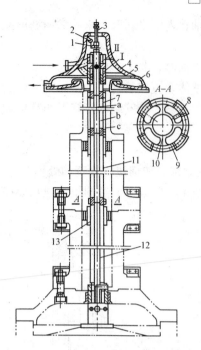

图 2-3-11 操作油管结构布置图
1—回复杆；2—滑轮；3—花键轴；4—受油器体；5—甩油盆；6—底座；7—上操作油管；8—支撑螺钉；9—外管；10—内管；11—中操作油管；12—下操作油管；13—引导瓦

毂供油管，用以给轮毂提供润滑油，同时轮毂供油管通过相关机构连接在桨叶接力器上，作为桨叶行程反馈的回复杆。

2-3-18 操作油管检修的主要内容有哪些，为什么要对其进行盘车，若不合格应如何处理？

答：操作油管检修的主要内容有：①检查各引导瓦及导向块的磨损情况，测量各引导瓦的内径、圆度及各导向块的外径和圆度，检查各配合间隙是否符合图纸要求。②检查各段组合面应无毛刺，垫片应完好。各段组合后，组合面用 0.05mm 的塞尺检查应不能通过，用 0.03mm 的塞尺检查，通过的范围应小于组合面的 1/3。③在操作油管的外腔用 1.25 倍的工作油压进行耐压试验，在 0.5h 内应无渗漏。

在检修前后（在机组安装时），需对受油器段的操作油管进行盘车检查，以便检查出操作油管上、中、下轴套处的最大摆度值及方位是否在轴套间隙的允许范围之内。如果操作油管的摆度不合格，可在操作油管法兰组合面上加垫或进行修刮，使其合格。此外还要检查内、中、外 3 层操作油管的同心度，同心度要求一般不应大于 0.05mm。

2-3-19 操作油管和受油器在安装时应符合哪些要求？

答：操作油管和受油器在安装时应符合下列要求：①操作油管应严格清洗，连接可靠，不漏油，螺纹连接的操作油管，应有锁紧措施。②操作油管的摆度，对固定瓦结构，一般不大于 0.20mm；对浮动瓦结构，一般不大于 0.30mm。③受油器水平偏差，在受油器座的平面上测量，不应大于 0.05mm/m。④旋转油盆与受油器座的挡油环间隙应均匀，且不小于设计值的 70%。⑤受油器对地绝缘电阻，在尾水管无水时测量，一般不小于 0.5MΩ。

第四节 贯流式水轮机

2-4-1 什么叫贯流式水轮机，什么叫贯流式水电站？

答：在径流式水电厂中，当水电厂规模较小及位置较低时，通常采用一种特殊类型的轴流转桨式水轮机，它在工作时，水流直接从上游流入下游，水流进入和流出水轮机的方向均与轴向一致，呈直线贯穿整个水轮机流道，故将这种水轮机称为贯流式水轮机（见图 2-4-1）。贯流式水轮机一般为卧轴布置，适用于较低水头（30m 以下）。

近年来，由于贯流式水轮发电机组的快速发展，使其作为一种从水电厂类型中根据机组的结构型式又细分出来的一种水

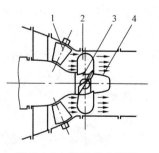

图 2-4-1 贯流式水轮机
1—导叶；2—桨叶；3—轮毂；4—泄水锥

电站。因机组进水流道与出水流道基本呈直线轴向贯穿状，并在流道内采用贯流式水轮发电机组，故而称为贯流式水电站。如我国的广东飞来峡水电站、湖南衡阳大源渡航电枢纽、湖南长沙航电枢纽都属于贯流式水电站（灯泡式）。此外，在大多数潮汐式水电站中也都采用贯流式水轮发电机机组。

2-4-2 与其他类型的机组相比，贯流式机组具有哪些特点？

答：与其他类型的机组相比，贯流式机组具有以下特点：①运行经济性能好，贯流机组效率高，一般比轴流转桨式机组要高 4％左右，这是贯流式机组得到迅速发展的重要原因之一。②流道平直贯通，水流对称，有利于消除水力不平衡现象，避免了部分水力振动，因此，机组具有运行稳定、振动、摆度值不大，运行噪声也能满足规范要求。③贯流式水轮机的桨叶与导叶的协联关系好，在协联工况区域运行时，可保持良好的水流状态，水流进口无撞击，出口为法向或略带正环量，使水轮机水力损失小，效率高，不会产生偏心低频涡带，因而减少了水力振动的可能性。另外，由于贯流式水轮机的水力和结构设计特点，在最大水头 H_{max} 和最小流量 Q_{min} 工况下，都能处在协联工况范围内，基本上保证了在其他水头下也能处于协联工况运行，从而避免了因失去协联而引起的带共振性质的振动。④贯流式机组呈卧轴布置，转轮空蚀轻微，检修工作量小，检修工期短，提高了机组可用系数。另外，贯流式机组运行水头范围大，在 4～25m 水头段，能够可靠而又高效率运行。当然贯流式机组由于其自身的结构特点和水力条件的限制，对机组的结构尺寸有着严格的要求，且结构复杂，制造难度较大。

2-4-3 贯流式机组与立轴转桨式机组相比，它有哪些优点？

答：贯流式机组与立轴转桨式机组相比，其转轮结构相似，但机组整体构造又有不同，相对来说，贯流式机组具有以下优点：①单位流量 Q_1' 大，在转轮直径相同的情况下，Q_1' 比立轴转桨式机组大 40％左右。②由于贯流式水轮机成水平直线状布置，水流顺畅，速度均匀，且尾水管为直锥形，水能利用程度高，效率高，一般可比转桨式机组高 3％左右。③贯流式机组构形简单，不设蜗壳与弯肘形尾水管，过水建筑物比立轴转桨式机组窄小 10％～30％，一般最适宜的进水宽度为 $2.1D_1$，而对应的立式转桨式机组为 $3.0D_1$。因此，贯流式机组占地面积小，机组间距也小，相应的土建工程量小，投资省，厂房高度也低得多，可以厂坝结合，一般可节省土建投资 20％左右。④贯流式机组的比转速比轴流式机组高 30％～40％，在同样出力下转轮直径可减小 7％～11％，机组总重量也可减轻 7％～10％，可减小材料的消耗量，降低单位千瓦的造价。⑤在流速相同时，空蚀系数比转桨式机组小，因此在相同条件下，贯流式机组的安装高程可以装得高一些，土建投资相应地也可节省些。

2-4-4 卧轴布置的贯流式机组与立轴布置的转桨式机组相比，在结构上有什么差别？

答：卧轴布置的贯流式机组与立轴布置的转桨式机组相比较具有以下明显差别：①取消了蜗形蜗壳，采用圆筒形蜗壳（转轮室），使水流进口通畅，平直对称减少了水力损失；②导水叶安放角增大到 120°，以适应较为平直的流道形状，在相同尺寸下，可以增加导水叶的过流量而不增加其水力损失；③取消了 90°拐弯的肘形尾水管，采用直锥扩散形尾水管，减少了尾水管内的流速不均匀系数和水力损失，减少了尾水管内的出口动能损失，提高了水轮机的能量指标；④在同等出力条件下，可以减小机组的尺寸与重量，提高机组转速，减少材料消耗，降低机组造价；⑤贯流式机组运行稳定性好，转轮桨叶与导叶协联关系好，结构刚度大，流道对称，机组运行稳定，振动和摆度值小，运行噪声也能满足规范要求。

由于贯流式机组自身的特点和水力条件的限制，贯流式机组也有如下不足之处：①结构复杂、制造难度大，防漏防潮要求高，通风条件差，检修比较困难；②由于减小了尺寸，减轻了重量，使机组转动部分 GD^2 小，机组运行稳定性差，孤网运行时周波波动较大，机组甩负荷时易过速；③下游尾水位较高，当机组甩负荷（或停机）时，尾水管内易出现反水锤。

2-4-5　贯流式水电站具有哪些特点？

答：贯流式水电站是开发低水头水力资源较好的方式，一般应用于 30m 水头以下。它与中、高水头水电站、低水头立轴的轴流式水电站相比，具有如下显著特点。

（1）优点。①电站从进水到出水方向基本上是轴向贯通。如灯泡贯流式水电站的进水管和出水管都不拐弯，形状简单，过流通道的水力损失减少，施工方便。②贯流式水轮机具有较高的过流能力的大的比转速，所以在水头和功率相同的条件下，贯流式水轮机直径要比转桨式小 10% 左右。③贯流式水电站的机组结构紧凑，与同一规格的转桨式机组相比尺寸较小，可布置在坝体内，取消了复杂的引水系统，减少厂房的建筑面积，减少电站的开挖量和混凝土量，根据有关资料分析，土建费用可以节省 20% 左右。④贯流式水轮机适合作可逆式水泵水轮机运行，由于进出水流道没有急转弯，使水泵工况和水轮机工况均能获得较好的水力性能。如应用于潮汐电站上则可具有双向发电、双向抽水和双向泄水等 6 种功能。因此，很适合综合开发利用低水头水力资源。⑤贯流式水电站一般比立轴的轴流式水电站建设周期短，投资小，收效快，淹没移民少，电站靠近城镇，可同时提高河道的航运能力和开发旅游资源，以便获得良好的社会效益，有利于发挥地区兴建电站的积极性。

（2）缺点。①贯流式水电站属于低水头径流式水电站，库容系数小，无调节能力，机组出力受天然流量的控制，水电站水头允许变化的幅度较小。在枯水期由于来水量少而发不出额定出力；在汛期，由于来水量过多，使电站水头降低到小于最小设计水头无法发电而被迫停机。②贯流式机组置于流道之中，发电机体积受到一定限制，加速时间常数小，功率因数高，机组的散热效果较差。③转动惯量小，不利于系统的稳定，且甩负荷时易过速。④单机容量过小。

2-4-6　贯流式电站一般采用按天然流量来控制水位的自然出力运行方式，有何优缺点？

答：贯流式机组的运行方式是随着天然来水量的大小来变动水库水位，天然来水量大，降低水库水位，以减少对上游的土地淹没，天然来水量小，抬高水库水位，以争取多发电。这种运行方式的优点是根据天然来水量情况对水库水位作相应的调整，可以获得更多的发电量，能够较好地利用水力资源，更重要的一点是改善了电站指标。缺点是操作运行比较复杂，水库水位相对变动较多，给电站的运行调度带来一定困难，它需要建立一套水情测报系统，并做较多的径流分析、统计工作，按径流分成若干级别，按测报的流量级别进行水库水位调度，这种运行方式对贯流式水电站来说是比较科学合理的运行方式。

2-4-7　什么是贯流式机组的最佳运行方式？

答：为了获得贯流式机组最佳的经济效益，它的着眼点是发最大的年电量，也就是说最佳的运行方式是在相同的装机规模下根据气象预报，合理调度水库水位按自然出力运行。在不弃水时段，上游水位始终保持在正常高水位按自然出力运行，即来多少水发多少电，出力决定于来水量。如果不是按自然出力运行，而是按电力系统调节负载的要求运行，要求出力小于自然出力运行时，就会造成弃水而损失电量，若要求出力大于自然出力时，就会造成上游水位的迅速消落（这种消落幅度比中高水头电站，大库容电站要大得多），造成水头减小而损失电量。在弃水时段，电站全部机组处于水轮机3%储备出力限制线或空蚀出力限制线上运行，人为减小出力，显然造成弃水量增大损失电量。所以，在不弃水时段，始终保持上游正常高水位按自然出力运行，在弃水时段按机组出力限制线运行，这是在同样装机台数下可以获得最大年发电量的最佳运行方式。

2-4-8　贯流式水电站在电力系统中应采用什么样工作方式才能充分利用水能？

答：由于贯流式水电站的本身特点，为了充分利用水能，更好地发挥其作用，在电力系统中，通常采用以下工作方式来运行。

（1）无调节能力水库水电站，只能按天然流量发电，为充分利用该日水能，应在负载图的基础上工作，具体位置由该日的流量出力决定，超过装机容量时则弃水。

（2）日调节水库水电站只能对当日的天然水流能量进行重新分配，在不发生弃水和其他限制条件，日调节水电站尽量担任系统峰荷，使火电厂担任尽可能的均匀负载，以降低煤耗。在一年内不同季节，日来水量变化很大，且流量变化也大，为充分利用水能，在枯水期，在系统中担任峰荷，当洪水期开始，天然来水量逐渐增加，则日调节电站应利用全部装机容量，担任腰荷或基荷工作，尽量减少弃水，汛期一过，来水量逐渐减少，则水电站在系统中担任腰荷或部分基荷运行。

水电站在进行日调节时，由于负载的迅速变化，也会引起流量的急剧变化，会造成上、下游特别是下游河道水位和流量的变化，使航运和灌溉等受到影响，因此在进行日调节时应全面考虑，综合利用。

2-4-9　贯流式水轮机就提高单机容量来说为什么受到一定限制？

答：贯流式水轮机是开发低水头水力资源的理想机型，尤其对丘陵平原地区水力资源的开发更是如此。但单机容量不能像常规方式立式机组那样制造大容量的机组，其主要原因有以下几点：①单机出力的增加受到水轮机主轴轴承负载的限制和发电机冷却条件的限制；②灯泡体内部容积受到限制，而且发电机的密封也有很大的困难，所以近年来出现了S形轴伸式水轮机，将发电机置于流道外，以改善发电机的运行条件；③由于贯流式水轮机的使用水头低，所以它的转速也低，即使采用增速齿轮，也会受到增速齿轮本身制造容量的限制；④贯流式水轮机技术复杂，安装与运行难度较大，对另外部件的制造与装配质量要求比较高，密封也较困难，日常维护检修等都只能通过上、下竖井进行，拆装困难。

2-4-10　贯流式水轮机适用水头范围怎样？

答：贯流式水轮机适用水头一般在2～30m范围内，但具体机型不同，适用水头范围也不同，可分为三类：①三个叶片机型，可运用最高水头8～10m；②4个叶片机型，可运用最高水头20～22m；③五个叶片机型，可运用最高水头25～30m。

2-4-11 贯流式水轮机有哪些类型?

答:贯流式水轮机根据桨叶结构的不同也有定桨和转桨之分,而按水轮机与发电机布置方式的不同,又分为全贯流式水轮机和半贯流式水轮机。在全贯流式中按主轴支撑方式的不同,又可分为双支撑式和单支撑式,按电动机安装位置的不同,可分为电动机直接安装在转轮外缘和不直接安装在外缘两种型式,当电动机不在外缘时,在转轮外缘上安装传动装置。在半贯流式水轮机中,根据水轮机与发电机的布置方式不同,又分为轴伸贯流式、灯泡贯流式、竖井贯流式、虹吸贯流式等4种。其中,轴伸贯流式又分为:前轴伸式、后轴伸式、斜轴伸式三种。竖井贯流式水轮机由于进水情况不同,它还可分为两向进水式和三向进水式两种:两向进水式由竖井两侧面的流道进水;三向进水式除由两侧进水外,另外,还从竖井底面进水。目前发展比较成熟且得到广泛应用的为灯泡贯流式水轮机。

2-4-12 对于各种类型的贯流式机组,其各自的特点怎样?

答:对于各种类型的贯流式机组,其各自的特点见表2-4-1。

表 2-4-1　　　　　　　　　　　　贯流式机组的特点

类型		特　点
全贯流式 (定桨或 转桨)	双支承式	双支承式结构是在转轮的上游侧和下游侧各设一个支承,在上游支承内安装一个推力轴承和一个导轴承,在下游支承内只装一个导轴承。双支承结构一般应用于大型全贯流式水轮机。全贯流式机组的转动部分重量较大,若采用一个支承则受力情况不好,故采用双支承结构
	单支承式	对于单支承式结构,由于它的转动部分重量较轻,所以机组采用悬臂方式布置,即采用单支承式结构,这节省一个支承。单支承式结构适用于功率较小的机组(一般功率不大于6000kW,转轮直径在3.5m以内)
半贯流式 (定桨或 转桨)	灯泡式	灯泡贯流式水轮机水流畅直,水力效率比较高,有较大的单位流量和较高的单位转速,在同一水头、同一出力下,发电机与水轮机尺寸都较小,从而缩小厂房尺寸,减少土建工程量。但是发电机装在水下密闭的灯泡体内,给发电机的通风冷却、密封、轴承的布置和运行检修带来困难,对发电机的设计制造提出了特殊的要求,增加了造价。而与轴流式机组相比仍具有明显的优点:比转速高、过流量大、效率高、厂房尺寸小,投资省
	竖井式	竖井贯流式水轮机与立轴轴流式水轮机相比,它的流道平直,水流损失小,水轮机效率较高;与灯泡贯流式水轮机相比,机组结构简单,当采用传动装置时,发电机可采用标准型号,因而电动机造价低。由于发电动机布置在竖井内,电动机的安装、维修及监视十分方便,通风、防潮及密封条件也较好。竖井贯流式机组与灯泡式机组相比,其缺点是机组间距大,土建工程量大,加上把进水流道分开成两侧进水,增加了引水流道的水力损失,其水力效率比灯泡式要降低3%左右,所以它一般只应用于中小型电站
	虹吸式	贯流式机组安装在虹吸管道弯曲段附近,在虹吸管进口和尾水管出口不装闸门,水轮机靠虹吸作用来启动停机。虹吸作用的产生是靠设在虹吸管上的真空泵和自动控制的空气阀,适用低水头小机组
	轴伸式 前轴伸式 后轴伸式 斜轴伸式	这种贯流式机组与轴流式机组相比没有蜗壳和肘形尾水管,土建工程量小,发电机敞开布置,易于检修、运行和维护。但这种机组由于采用直弯尾水管,尾水能量回收效率较低,机组容量大时,不仅效率差,而且轴线较长,轴封困难,厂房噪声大,都将给运行检修带来不便,一般只用于小型机组

2-4-13 如何区分全贯流式机组和半贯流式机组，它们分别有什么优缺点？

答：全贯流式机组和半贯流式机组的区别是：全贯流式水轮机取消了水轮机与发电机的传动轴，发电机转子与水轮机轮叶片合为一体，通常将发电机转子布置在水轮机转轮外缘；而半贯流式机组则是把水轮机与发电机分开，在水轮机与发电机之间通过传动轴或其他方式予以连接。它们的优缺点见表 2-4-2。

表 2-4-2 全贯流式机组和半贯流式机组的优缺点

分类	特　　点
全贯流式 （定桨或转桨）	全贯流式水轮机的优点是：无传动轴，结构紧凑，便于整装，这可直接放在溢洪道内或大坝溢流段的下部闸墩内。因该机组的发电机布置在过流道以外的宽敞处，所以通风好，检修方便。当发电机布置在轮缘外时，转子飞轮力矩大，运行易于稳定。另外，由于发电机转子和水轮机的转轮已经结合为一体，所以厂房跨度很小，可节省大量土建投资。其缺点是：因发电机转子直接装在水轮机转轮叶片外缘上，使发电机的止水很复杂，漏水易使磁极线圈及定子线圈受潮，所以主要应用在中小型水电站和潮汐电站
半贯流式 （定桨或转桨）	半贯流式水轮机的优点是：发电机与水轮机分开，发电机的止水防潮容易可靠。其缺点是：由于发电机布置在密闭容器内，其通风冷却不好，另外由于在发电机和水轮机之间采用主轴连接的方式，使得厂房跨度加长，增加了土建投资

2-4-14 灯泡贯流式机组在结构上具有桨叶可随导叶协联动作的协联装置，其特点如何？

答：灯泡贯流式机组在结构上具有桨叶可随导叶协联动作的功能，它的运行特点是在协联工况区域运行时可保持良好的水流状态，水流进口无撞击，出口为法向或略带正环量，不仅使水轮机水力损失小、效率高，而且不会产生混流式或轴流定桨式水轮机那种因偏离最优工况而形成的偏心低频涡带，因而减少了产生水力振动的可能性。

同时，由于灯泡贯流式机组水力和结构设计特点，在最大水头 H_{max}，最小流量 Q_{min} 工况下都能处在协联工况范围内运行。因此，也基本上保证了在其他水头工况下也能处于协联工况下运行，从而避免了因失去协联而引起的带有共振性质的振动。

2-4-15 灯泡贯流式机组过渡过程有何特点？

答：对于灯泡贯流式机组，其过渡过程的特点如下。

（1）机组甩负荷时的速率上升值 p 不一定随甩负载值的增大而增大，在一定的条件下，甩部分负荷时的 p 值可能比甩额定负荷时还要高。这是由于转轮叶片的初始角度是为了适应最大负载而确定的，贯流机组转动惯量小，速度上升的时间很短，一般过速起飞时间在 $2\sim3s$ 内，导叶的开度与桨叶的角度在这段时间内，其动作均不会产生明显的变化，所以能达到很高转速，导致出现甩部分负荷要比甩掉额定负荷时的 p 值要大。通过试验证实在甩 75% 额定负荷时，可能出现最大的速率上升 p 值。

（2）最大的负轴向力一般在导叶关闭终了时出现，即在机组制动阶段出现。轴向力的大小与调节规律有关，通过改变调节方法，即合理地选择导叶关闭时间，可改善轴向力的大小，试验证明采用分段关闭和适当延长导叶关闭时间，对改善机组调节性能，大大减少轴向力有显著效果。

（3）由于机组转动惯量小，甩负荷转速升高，初期易出现较为明显的压力下降负水击现象。由于机组甩负荷而导叶尚未动作的瞬时内，水轮机流量因机组转速升高而增大，导叶前压力下降，在导叶关闭初期，由于导叶开度变化不大，对流量的影响较转速为小，流量继续增大，导叶前压力仍继续下降。关闭初期导叶开度变化越小，负压现象就越明显，根据这个调节规律可把导叶关闭初期速度加快，采用分段关闭，可改善较佳的调节效果。

（4）由于灯泡贯流式机组的转动惯量小，相应的飞轮力矩 GD^2 小，这就很难保证机组在孤立电网中稳定运行，往往要求灯泡贯流式机组电厂并入大电网中运行，这样就使得它的应用存在着某种局限性。

2-4-16　灯泡贯流式水轮发电机组的整体结构主要由哪些部件组成？

答：依照从下游往上游的顺序，灯泡贯流式水轮发电机组的结构组成一般为：尾水管—基础环—伸缩节—转轮/转轮室—导水锥/控制环、导叶、外配水环—主轴密封—水导轴承—组合轴承/管形壳—发电机转子/发电机定子、导流板、进入筒、抗压盖板—（中间环）—集电装置—受油器—灯泡头/主支撑、侧支撑。具体结构如图 2-4-2 所示。

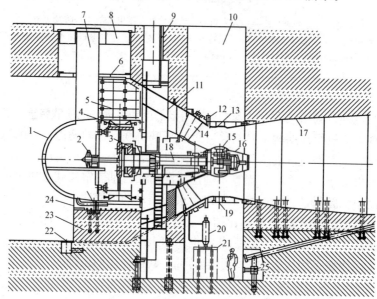

图 2-4-2　灯泡贯流式水轮发电机组布置结构图

1—灯泡头；2—受油器；3—组合轴承；4—发电机；5—导流板；6—下盖板；7—灯泡头竖井；8—抗压盖板；9—灯泡体竖井；10—水轮机检修廊道；11—管形壳；12—导水机构；13—转轮室；14—导叶；15—转轮；16—泄水锥；17—尾水管；18—大轴；19—进人孔；20—接力器；21—接力器支墩；22—流道排水管；23—导流墩；24—下导流板；25—尾水管放空阀

2-4-17　灯泡贯流式水轮发电机组埋设部件包括哪些部分？

答：灯泡贯流式机组埋设部件，包括发电机吊装孔框架、内管形壳、外管形壳、支墩框架、尾水管里衬、接力器基础以及下支承、侧向支承基础板等，如图 2-4-3 所示。

2-4-18　灯泡贯流式水轮发电机组为什么要设置伸缩节，运行中有何要求？

答：伸缩节又俗称凑合节，设在转轮室与基础环之间，它实际上是转轮室的延续部分，用来补偿机组的安装误差和由于冷热温度变化所引起的尺寸变化，也可消除因厂房基础变形而对机组结构的影响。伸缩节轴向调整间隙一般为20mm左右，可采用O形密封圈或盘根等方式密封止水。另外，伸缩节也可便于转轮室的拆装，待尾水管与转轮室安装完毕后，再根据实际尺寸配装伸缩节。在安装中，对伸缩节压紧环的压紧量应保证均匀一致。

伸缩节在运行中应满足如下要求：①钢管能够沿着管道轴线方向自由伸长与缩短，伸缩的范围应考虑当地的最高与最低气温的变化（贯流式机组应考虑发电机温度与水温的变化），并应考虑钢管放空时可能发生的管段最大伸长与缩短的裕度；②具有良好的封水性能，并能长期可靠地工作；③钢管产生轴向位移时，在伸缩节处的摩擦系数应很小；④在特殊情况下，伸缩节除能使管段产生轴向位移外，还应当能够适应管段产生的横向位移。

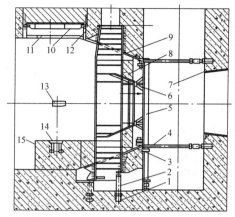

图 2-4-3 灯泡贯流式水轮发电机组
埋设部件总装图

1—管形壳基础板；2—座环下部支柱；3—前锥体；4—轴向间距调整管；5—中心定位架；6—内管形壳；7—尾水管里衬；8—导水锥头部；9—外管形壳；10—抗压盖板；11—下盖板；12—发电机吊装孔框架；13—侧向支撑基础板；14—下支撑基础板；15—支墩框架

2-4-19 伸缩节在运行中为什么会出现漏水问题，在检修中又如何处理？

答：伸缩节在结构上虽然采取了密封止水措施，但在运行中，由于受其制造工艺、机组振动及温度变化等一系列因素的影响，容易出现漏水问题，这在大多数贯流式电站中都存在。伸缩节的漏水，不仅会由于大量漏水而造成水轮机廊道积水，影响机组的运行环境和运行人员的巡视，而且还加重了厂房渗漏排水的负担。

对于伸缩节的漏水，其原因一般有以下几点：①机组振动过大所引起：在伸缩节安装时，所压入密封圈的压缩量一般在1～2mm左右。若由于机组制造或安装质量不当，当转轮室的振动量大于密封圈的压缩量时，便会出现漏水。②气温变化所引起：由于伸缩节的密封圈会随着气温的变化而出现热胀冷缩，当气温越低时，密封圈的冷缩量增大，这样便会在伸缩节密封圈和转轮室之间产生间隙，造成漏水。

针对伸缩节的漏水，在日常维护和检修中通常采取以下措施进行处理：①保证设备的制造和安装质量，尽量减小机组振动；②查找振动过大的原因，并进行处理；③尽量避免在振动区运行；④对压紧环进行压紧处理（并可增加密封条或注入密封胶）。而对于漏水严重的，则应对伸缩节进行相关改造或采用其他密封止水措施予以处理。

2-4-20 灯泡贯流式水轮机尾水管的结构如何，在安装过程中应注意什么？

答：灯泡贯流式机组的尾水管通常是采用直锥形尾水管。它的尺寸大，过流量也大。一般来说，灯泡贯流式水轮机的尾水管由两部分组成：前面部分带金属里衬，后面部分是钢筋混凝土，如图2-4-4所示。大型灯泡贯流式机组的尾水管里衬一般分成3～7节，运至现场后再拼焊成整体，周围通过基础板与锚筋等预埋件加以固定。尾水管是机组安装的基础，也是基准，因此对它的中心、标高、法兰面的波浪度、法兰面（基础环）至转轮中心的距离等

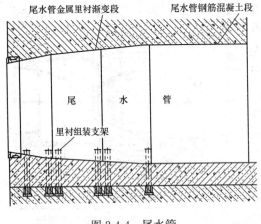

图 2-4-4　尾水管

要求比较高。特别是对先装尾水管里衬，后安装管形壳（以便厂房先行施工，留下机坑）的情况下，则对尾水管的基础要求更高。而若是管形壳与尾水管里衬一起安装，由于机组的高程、中心、水平均以管形壳的法兰面为基准，则对尾水管基础环的法兰面要求可低一些。尾水管里衬现场拼焊时应用仪器监视其变形，以免超差。

2-4-21　灯泡贯流式水轮机尾水管在安装中应达到哪些技术标准？

答：灯泡贯流式水轮机尾水管在安装中，其相关技术要求见表 2-4-3。

表 2-4-3　　　　　灯泡贯流式水轮机尾水管的相关技术要求

序号	项目	转轮直径 D（mm）			说　明
		$D<3000$	$3000\leqslant D$ <6000	$60\ 000\leqslant D$ <8000	
1	管口法兰最大与最小直径差	3.0	4.0	5.0	有基础环的结构，指基础环上法兰
2	中心及高程	±1.5	±2.0	±2.5	管口水平标记的高程和垂直标记的左、右偏差
3	法兰面与转轮中心线距离	±2.0	±2.5	±3.0	（1）若先装座环，应以座环法兰面位置为基准；（2）测量上、下、左、右四点
4	法兰面垂直平面度	0.8	1.0	1.2	测法兰面对机组中心线的垂直度

2-4-22　在灯泡贯流式机组中，管形壳的结构怎样，有什么特点？

答：在灯泡贯流式机组中，管形壳分为内管形壳和外管形壳两部分，并通过上、下两个箱形竖井组成一个整体，相当于立式机组的座环，它是灯泡贯流式机组的主要支撑，如图 2-4-5 所示。外壳分为上、下两部分，由四块侧向块和前锥体组成，外壳的上游侧与发电机进人孔框架、墩子盖板相连接，下游侧与外导水环相连接；内壳由上、下两半组成，内壳的上游侧与定子基座相连接，下游侧与内导水环相连接。外管形壳的横向、纵向广布拉筋与锚钉以增加其刚度及与混凝土的连接强度。内管形壳是机组安装的基础，也是基准，因此对它的

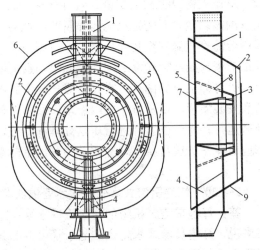

图 2-4-5　管形壳

1—上管形壳；2—前锥体；3—内配水环连接法兰面；4—下管形壳；5—定子连接法兰面；6—侧向瓦形块；7—支持环连接法兰面；8—内管形壳；9—外管形壳

高程、中心、法兰面的波浪度等要求比较高。

2-4-23　灯泡贯流式水轮机管形壳在安装中应达到哪些技术标准？

答：管形壳是机组各个部件的安装基础，因此，对它的安装要求比较高。其相关技术要求见表 2-4-4。

表 2-4-4　　　　　　　　　　　灯泡贯流式水轮机管形壳的相关技术要求

序号	项目	转轮直径 D（mm）			说　明
		$D<3000$	$3000 \leqslant D <6000$	$60\,000 \leqslant D <8000$	
1	方位及高程	±2	±3	±4	（1）上、下游法兰水平标记的高程； （2）部件上 X、Y 标记与相应基准线之距离
2	法兰与转轮中心线距离	±2.0	±2.5	±3.0	（1）若先装尾水管或基础环，应以尾水管法兰或基础环法兰为基准； （2）测量上、下、左、右四点
3	最大尺寸法兰面垂直平面度	0.8	1.0	1.2	其他法兰面垂直及平面度应以此偏差为基础换算
4	圆度	1.0	1.5	2.0	
5	下游侧内、外法兰面间的距离	0.8	1.0	1.2	

2-4-24　贯流式水轮机转轮室为什么要设置喉管？

答：贯流式水轮机的转轮室一般为球形或半球形，转轮室的喉管直径以及喉管之后与尾水管相连接的连接段的扩散角，对水轮机的过流能力及水力效率都有影响。

小的喉管直径使得叶片在不同安放角，叶片外缘与转轮室之间都有较小间隙，因而可以减少容积损失，在小流量区，漏水损失是主要的。所以小喉管直径在小流量区有较高的水力效率。反之，在大流量区，水流相对速度加大（特别是喉管直径小的转轮室），以叶型损失为主，所以喉管直径大的转轮室在大流量区有较高的水力效率。

一般喉管直径 $d_m = 0.973 D_1$，对低水头，高比速转轮可适当加大一点，可取 $d_m = 0.984 D_1$，以改善大流量区的水力性能。

2-4-25　在安装与检修中，为什么要对轮叶与转轮室间隙进行测量，对其有什么要求？

答：为了提高水轮机的容积效率，应尽量减小转轮叶片与转轮室之间的间隙。同时为了避免由于轮叶与转轮室间隙不均匀且偏差较大所造成水力不平衡而引起机组振动加大，对于轮叶与转轮室的间隙有一定的要求，不仅要在设计值内，还必须在允差范围内，这样才能保证机组的良好运行。在安装与检修中，都需要对其进行检查和测量。

轮叶与转轮室间隙，其设计取值一般都在 2～3mm（一般 $\leqslant D/1000$，若间隙过大就会造成间隙空蚀），其偏差需在±1mm，另外每一处的实测间隙不得超过±20％实际平均间隙。测量时，通过塞尺（厚薄规）测量，将桨叶分别在全开和全关位置，对每一片桨叶在 $+X$、$-X$、$+Y$、$-Y$ 4 个位置进行测量，每一个叶片在每一个位置均匀测量四点，并记录数据，其值应符合图纸上的要求。另外，在无水状态测量时，应使正下方的数值比正上方的数值略为小一些（约为 1mm），因为机组充水后，转轮会轻微上浮，而转轮室则会轻微下沉。这样一来，在运行时，其上下间隙基本一致。所以，在机组安装和检修完之后，在充水时，我们也应测量一下转轮室的下沉量和转轮上浮量（在水导前测量大轴的上抬量做参考），作为对转轮室间隙调整的参考。

2-4-26 在什么情况下，应对转轮进行大修，并应进行哪些检查和处理？

答：贯流式水轮机的转轮一般不需进行大修，当有下列情况时则可考虑：①导叶、轮叶协联关系被破坏，且经仔细检查分析可排除调速器电气控制回路（包括导叶、轮叶反馈传感器）故障、导叶接力器及调速环故障、受油器及操作油路故障等，诸多现象均证实轮叶内已串压时；②轮叶操作不平稳，有窜动、爬行现象或异常声音时；③轮叶操作不到位，行程达不到设计要求时；④制造厂家有特殊要求时；⑤转轮出现扫膛。

在对转轮进行大修时，应进行下列检查，并进行相应的处理：①检查和测量转轮体各零部件的表面情况；②检查和测量桨叶接力器轴套的间隙和磨损情况，磨损严重，间隙较大的应进行更换处理；③对有磨损的部位进行测量和原因分析，并进行相应的处理；④检查转轮体内的所有螺栓，是否有松动或其他异常情况；⑤对转轮全面解体，检查桨叶接力器轴套等部件（视情况进行更换，在大修及扩大性大修中进行）。

2-4-27 在灯泡贯流式机组的常规检修中，对转轮应进行哪些项目的检查和处理？

答：在贯流式机组常规检修中，对转轮检修，其相关项目如下：①对转轮轮叶、轮毂、泄水锥表面清扫除垢，保持表面光滑，减小摩擦损失，以保证水轮机的效率。并对表面焊缝和空蚀情况进行检查，对有发生空蚀或腐蚀的部位进行处理；②对轮叶密封进行表面检查，看其是否有漏油现象，如有漏油问题，应进行解体处理，并按要求做耐压试验，直到合格为止；③轮叶开关时间的测量，并同时对桨叶接力器的动作情况进行检查（边盘车边进行开、关操作），看有无异常声音，若有不明异常声音，应考虑进行转轮解体检查和大修处理；④测量轮叶与转轮室间隙（一般 $\leqslant D/1000$）；⑤充水前后转轮室下沉量的测量（一般在 1mm 左右），并同时对水导侧主轴在充水前后进行上浮量的测量（一般在 1mm 左右）；⑥对转轮与大轴的连接螺栓进行检查，并进行除锈刷漆保养；⑦泄水锥拆装及转轮轮毂内部检查，看防护油漆有无脱落，另外检查油泥情况和铜屑情况，并做好记录，情况严重时应对转轮进行解体检查和处理；⑧叶片开度检查及测量（开度的测量误差不超过 0.50mm，相邻叶片开度偏差为 $\pm 0.05\alpha_0$，平均开度偏差为 $-0.01 \sim +0.03\alpha_0$）；⑨桨叶窜动量测量（桨叶止推轴承的间隙），检查是否在图纸要求的范围内。

2-4-28 贯流式水轮机泄水锥在机组运行中起什么作用？

答：泄水锥是水轮机转轮的部件之一，一般用螺栓连接在转轮上，也有采用焊接方式的。它的主要作用是以锥体表面为导向，引导水流从转轮出来后迅速而又顺利地沿轴向方向流向尾水，降低水力损失，防止水流相互碰撞，提高水轮机效率。由于在贯流式水轮机的能量损失平衡中，占比重最大的是转轮和尾水管中的损失，对尾水管中损失有决定性影响的是转轮后水流的形状，因此泄水锥不但能导流，还可以避免从叶片间过道流出来的水流相互碰撞而影响水轮机效率，进而直接影响尾水管内动能的回收。

2-4-29 为什么贯流式水轮机的桨叶做成边缘薄根部厚的形状，且叶片外缘做成唇边？

答：贯流式水轮机的叶片外形呈扭曲扇形，断面为翼形，即外侧薄，往内侧过渡加厚。这是由于桨叶在运转时，一方面要承受叶片正面和背面的水压差所形成的弯曲力矩，另一方面要承受水流作用于叶片上的扭转力矩，同时还要承受旋转后离心力所造成的拉力，受力最大的部位在叶片的根部，所以桨叶做成边缘薄根部厚的形状。同时为了与轮毂相配合，在叶片根部还要做一个枢轴与法兰。

在叶片的外缘做成唇边，一方面可使叶片与转轮室间隙中水流的流程延长，从而使流速降低；另一方面可使水流所形成的旋涡远离叶片的背面，使强度减弱，从而使空蚀破坏减轻。

2-4-30 什么叫液体静压轴承，它的工作原理怎样？

答：灯泡贯流式机组的水导轴承与发电机导轴承在启动、停机时，基本上都采用液体静压轴承。液体静压轴承是借助液压系统把具有压力的液体送到轴和轴承的配合间隙中，利用液体静压力支承回转轴的一种滑动轴承，液体静压轴承必须有供油系统。

液体静压轴承的工作原理是把具有一定压力的压力油进入轴承间隙四周形成油压，又通过回油管排走，当主轴没有载荷时，四周阻力相等，压力相等，主轴浮在轴承中心，中间被一层薄薄的油膜隔开，达到良好的液体摩擦。当主轴承受外界负载作用时，其中心向下产生一定的位移，此时轴承上方回油间隙增大，回油阻力减小，压力降低。相反轴承下方间隙减小压力升高，上、下间隙油压产生压力差，使主轴平衡于一个新的位置，可见液压平衡外界负载时，主轴轴径必须向下偏移一定的距离（通过设计计算，这个距离可以很小），通常把外界负载的变化与轴颈偏心距的变化之比值，称为静压轴承的刚度。

2-4-31 在灯泡贯流式机组中，水导轴承常采用什么型式的导轴承，有哪几种结构？

答：在灯泡贯流式机组中，水导轴承常采用稀油润滑筒式导轴承。在实际结构中，水导轴承位于水轮机侧。由于水轮机转轮为悬臂型式，故水导轴承除了要承受水轮机的重量外，还要承受由于水力不平衡和水轮机重心偏移等带来的径向力。正因为如此，水轮机导轴承还应适应悬臂引起的挠度变化。根据灯泡贯流式水轮机的特点，目前适应上述要求的导轴承结构有两种：一种是扇形板支承的筒式水导轴承，如图 2-4-6 所示；另一种是球面筒式水导轴承，如图 2-4-7 所示。

在扇形板支承的筒式水导轴承中，扇形支承板是水导轴承和内管形壳的一个连接件，将水导轴承所承受的载荷传递至内管形壳上，如图 2-4-6 所示。安装时，先根据厂家计算提供的尺寸和管形壳安装的实际位置来调整轴线。轴线调整好后再加工扇形支承与连接法兰凸缘之间的配合片。为适应轴的倾斜位移，法兰凸缘与扇形支承连接时的套管应比凸缘长 0.2～0.3mm，套管外径应比

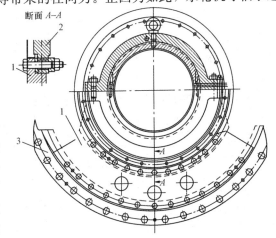

断面 A—A

图 2-4-6 扇形板支撑的筒式水导轴承
1—扇形支撑；2—水导轴承体连接法兰；
3—内管形壳连接法兰

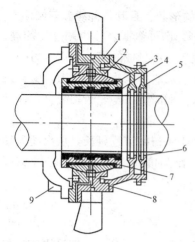

图 2-4-7　球面筒式水导轴承

1—球面座；2—球面支撑；3—绝缘层；4—轴瓦；5—轴承盖；6—油封圈；7—温度计；8—O 形密封圈；9—排油孔

凸缘螺孔直径小 2mm 左右。这样，在运行时，主轴所产生的较小的挠度变形，则可由法兰凸缘和轴承套管来承受，较大的变形则由扇形支承板来承担；而对于筒式球面轴承，则可通过球面支承直接承受轴的挠度所引起的位移。其结构由球面座、球面支承、绝缘层、轴瓦、轴承盖、油封和端盖等组成，如图 2-4-6 所示。

2-4-32　水导轴承在运行中怎样适应机组轴线的倾斜、位移等变化，以防止烧瓦？

答：在灯泡贯流式水轮机中，由于机组为卧式布置，发电机和水轮机都为悬臂型式，且质量都达上百吨，虽然主轴有足够的刚度和强度来承受这些质量，但在这些力的作用下，主轴仍会存在一定的挠度变形。另外，加上运行时水的作用力与运行工况是一个变量，机组在运行中要经受不断变化的水推力、水压力、扭力、热应力等作用。所以机组的轴线会存在一个轻微但不能忽视和不考虑的变化，如果这种变化得不到有效的消除，则会造成机组振动加大，甚至出现烧瓦的可能。为了处理好这种情况下所带来的不利影响，适应机组轴线的倾斜、位移等变化，我们通常采取以下几种措施。

（1）在设计中尽量减小挠度变形。在设计过程中，一是保证主轴有足够的强度和刚度，二是尽量使水导轴承和发导轴承靠近水轮机和发电机，以减小由于受力布置所引起本身的挠度变形。

（2）在水导轴承和发导轴承的结构中采用适应挠度变形和机组轴线位移的自调整结构，如在扇形板支承的筒式水导轴承中采用扇形板自调整结构，在球面筒式水导轴承中设计球面座自调整结构。

（3）在安装中采取预量补充。在机组安装过程中对机组轴线进行调整时，采取将水导轴承稍加抬高的措施，通常情况下要求：主轴轴线从发电机端向水轮机端有 0.6～0.7mm/m 的递升倾斜，在无水状态下，使得水导轴承略为高于发导轴承，充水后，由于水的重力和浮力的共同作用，轴线正好抬至水平。

2-4-33　在贯流式机组的安装与检修中，为什么要测量主轴上抬量，如何进行？

答：测量主轴上抬量，其作用是检查导轴承高压顶起时形成的静压油膜厚度，即检验高压顶起的顶起效果，保证机组导轴承运行的可靠性。故在安装和检修过程中，都需对其进行检查，当投入高压顶起时，看其建立油膜的情况是否达到一定要求。在实际工作中，由于我们不能通过其他方法直接测量到，所以只能通过一种间接的方法来进行，即通过测量主轴的上抬量来达到。其原理是：当高压顶起工作时，在主轴和导轴承的轴瓦之间建立一定厚度的油膜，此时，主轴相应的有一个与其对应的变化值，所以，通过测量主轴的上抬量就可确切地知道高压顶起投入时，其建立油膜的厚度情况。

测量时，在水导轴承和发导轴承对应位置的正上方或正下方处分别架设一百分表，然后通过投入或退出高压顶起时观察主轴上升或下降的变化量，这个变化量就是主轴的上抬量，也就是高压顶起投入时所建立的油膜厚度值。一般情况下，其正常值都在 0.1～0.3mm，最小必须大于 0.03mm。

2-4-34 导轴承的工作方式怎样，为什么要设置高压顶起装置，如何对其进行监控？

答：在贯流式水轮发电机组中，机组为卧式布置，其转动部分的重量全部通过主轴传递到导轴承的轴瓦上，导轴承的工作方式是采用静压启动与停机、动压运行的方式。当水轮机转速为额定转速时，轴承为动压运行，此时轴承油膜由动压形成。当机组在静止或低速转动时，由于其不能在润滑油的作用下建立动压油膜，为了使机组轴承不因干摩擦而烧瓦，通常在导轴承的下部设置高压顶起装置，在机组开停机过程中，一般当转速在 90%额定转速以下时，投入高压顶起，在主轴和轴瓦之间建立静压油膜，以保证主轴和轴瓦的正常运行，而不至于出现烧瓦问题。

而为了有效保证高压顶起工作的可靠性，通常在高压顶起回路中装设压力信号器来监控其是否运行正常。在开停机中，只要其压力达到我们所规定的值，才可进行下一步程序，否则则会出现报警并终止开机程序。

2-4-35 在贯流机组中，对筒式导轴瓦的间隙值一般作何要求？

答：在贯流式机组中，对于筒式导轴瓦，其轴瓦表面应无密集气孔、裂纹、硬点、脱壳等缺陷，油沟及进油边尺寸应符合设计要求，对轴瓦间隙，还需满足以下要求：

(1) 筒式导轴瓦的总间隙应符合设计要求，一般大、中型贯流机组筒式导轴承设计总间隙在 0.3～0.5mm 范围内，实际总间隙通常大于理论要求值。理论要求值可按下式计算：$\delta = 0.15 + D_z/5000$（mm），式中：δ 为筒式导轴承总间隙的理论值（mm）；D_z 为轴承内圆的主轴直径（mm）。

(2) 筒式轴瓦的椭圆度及上、下游两端总间隙之差，均不应大于实测平均总间隙的 10%，此外瓦面光洁度应达到 $\nabla 7$ 的要求。

对于大型轴承导轴瓦的间隙测量，一般是通过塞尺进行。

2-4-36 对于灯泡贯流式机组中的筒式导轴承，对其间隙应如何进行调整？

答：筒式导轴瓦在刮削以后，应进行检查及调整轴瓦与轴颈的间隙。当主轴在水平位置时，将导轴瓦组装在轴上并用塞尺检查径向间隙：下部轴瓦与轴颈接触角一般为 60°左右，并沿轴瓦长度应全部均匀接触无间隙，每平方厘米应有 1～3 个接触点，若轴瓦底部的前后存有间隙，应引起重视，需对其原因进行查找和分析，并予以处理好；顶部的径向间隙应符合设计要求，一般顶部间隙为轴颈直径的 (0.3～1) /1000（较大的数值适用于较小直径）；两侧的径向间隙应相同并等于顶部径向间隙的一半，若从轴瓦两端检测，所测得的径向间隙应基本一致，最大偏差不得大于总间隙的 10%，如果用塞尺测量不方便，可在组合时用压铅法进行测量。若间隙不符合要求应进行相应的处理。

当轴颈与轴瓦间隙过小时，为了增大间隙，可在上、下轴瓦合缝处加上 0.08～0.2mm 厚的紫铜片。注意：垫片不能遮住纵向油槽，应开缺口，以让开螺栓及进油孔。若间隙过大，则可更换轴瓦，或刮底上轴瓦组合平面进行调整。滑动轴承的轴瓦与轴承盖间隙的大小与两者的配合结构有关。对圆柱形轴瓦，其间隙为 0.05～0.15mm，球面轴瓦其间隙为 0～0.03mm。

2-4-37　为什么要进行导轴瓦的研刮，如何进行？

答：筒式导轴瓦一般由两半组成，研磨和刮削都相对困难，应该以修整圆度和扩大接触面为主。轴瓦的瓦衬一般都需要进行研刮。轴瓦研刮的主要目的是：一是必须保证轴承间隙；二是使瓦衬形成一定的几何形状，使轴瓦与轴颈间存在楔形缝隙，以保证轴颈旋转时摩擦面间能形成楔形油膜，减少轴颈与瓦衬的摩擦，降低其磨损与动力的消耗。

轴瓦的检查与研刮有着色法或干研法两种，大型轴承常用干研法。用着色法检查时，先清扫轴瓦，检查轴瓦有无脱壳、裂纹、硬点及密集的砂眼等缺陷；然后在轴颈上涂一层薄而匀的红丹或铅粉之类的显示剂，切勿涂得太浓，以免影响检查的准确性。显示剂太深会使轴瓦上一些不需要研刮的地方"染色"。轴颈涂红丹后，再将轴瓦放到轴颈的表面上并转动两三圈，这样轴瓦上的凸出处将由涂料显示出来。然后取出轴瓦，检查轴瓦表面染色点的分布情况，要求在轴瓦中心 $60°\sim70°$ 夹角内，有 $3\sim5$ 点/cm^2 为合适。

若不符合要求，必须进行刮瓦，刮瓦时用三角刮刀先将大点刮碎，密点刮稀，然后沿一个方向顺次普刮一遍，必要时可刮两遍。两遍之间的刀痕方向应相交成 $90°$ 角的网络状、鱼鳞状。刮完后用白布沾酒精或甲苯清洗瓦面及轴颈。重复上述研瓦及刮瓦方法，使轴瓦染色点越刮越细，越刮越多，直至符合厂家要求。

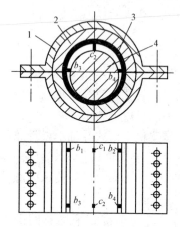

图 2-4-8　轴瓦间隙铅压测量法

2-4-38　如何用压铅法测量导轴承的轴瓦间隙？

答：轴颈和轴瓦的间隙测量通常也采用压铅法，这种方法只适用于小尺寸（可以用人搬动的）的导轴承。用直径 $1\sim1.5mm$，长 $30\sim40mm$ 的铅丝放置在轴颈和轴瓦的顶部之间，以及上、下半轴瓦接合平面处，如图 2-4-8 所示，然后装上轴承盖，并拧紧螺栓，压扁铅丝。拆除轴承盖，取出已压扁的铅丝，用内径千分尺测量压扁了的铅丝的厚度。按下式进行计算，即

$$a_1 = c_1 - \frac{b_1 + b_2}{2}$$

$$a_2 = c_2 - \frac{b_3 + b_4}{2}$$

式中：b_1、b_2、b_3、b_4、c_1、c_2 分别为相应各部位的铅丝厚度，如图 2-4-8 所示。

2-4-39　在贯流式机组中，其主轴密封的结构怎样，它是如何起作用的？

答：贯流式机组的主轴密封是一个总称，一般采用联合密封的方式，并由几个部分组成。第一部分是工作密封，机组在正常运行中，能有效地阻挡水流从水轮机转动部分与固定部分之间的间隙漏入水导轴承和灯泡体内，它的结构型式很多，如活塞式端面水压橡胶密封、"V"形橡胶与陶瓷板密封等。工作密封在运行时的漏水量一般要求为 $2\sim3L/min$（具体需根据机组大小而定）。

第二部分是检修密封，在机组停机检修时（包括检修水导轴承和主轴密封），防止尾水倒灌漏入机组内部，这种密封的结构型式一般采用空气围带。

第三部分是辅助密封，其作用是减少漏水和泥沙、污物对密封装置的破坏。如湖南马迹

塘机组在主轴法兰与导水锥相连接部位加装有整体保护罩，防止流道中的污物与主轴接触，对法兰面与端面密封起保护作用。

2-4-40 贯流式机组中的主轴密封装置有哪些结构型式，各有什么特点？

答：贯流式水轮机主轴密封装置的结构型式繁多，止水性能也各有差异，目前应用较多的结构型式有以下几种。

（1）活塞式端面水压橡胶密封。如广东白垢第一台机组。它在主轴法兰背面镶嵌一块抗磨环，固定部位安装一个环形槽（相当于活塞缸），环槽内装有一只环形橡胶块（相当于活塞），利用外接压力水，将橡胶块顶紧于抗磨环止水。这种结构的密封，其不锈钢抗磨环不耐磨，存在大量漏水，效果不够理想。

（2）油浸石棉盘根主轴密封。它与常规机组结构型式相似，为防止磨轴，在主轴盘根处加装了一圈不锈钢护套，在盘根盒内装有4圈油浸石棉盘根，中间用"工"字形供水环隔开，再从外部引入经过过滤的清水至"工"字环处，供盘根密封滑动面润滑冷却之用。这种密封装置结构简单，密封效果较好，但流道中漏入水流总难免夹杂有泥沙等杂质进入密封面，因此，易使密封滑动面磨成沟槽，同时盘根压紧量在运行中需要经常检查调整，盘根紧了会发热，松了漏水量会增大，且外部引入清水不能中断。

（3）柔性石墨径向填料主轴密封，如四川安居机组。它的结构型式与盘根主轴密封相似，主要区别是柔性石墨填料替代油浸石棉盘根。由于柔性石墨质量难以保证，容易产生溅落现象，同时其压紧量在运行中也需要经常检查调整，紧了会大量冒烟，松了漏水量会增大，使用效果不甚理想。

（4）V形橡胶主轴密封，有的地方也称单层斜向平板橡胶主轴密封。如湖南大源渡航电枢纽机组。其结构如图2-4-9所示。它是利用固定在主轴上旋转的单层斜向平板橡胶与固定的密封环之间进行密封止水，平板橡胶采用耐热耐磨的丁腈橡胶，靠流道中漏入的压力水使平板橡胶斜面（唇边）与抗磨环贴合止水，在橡胶板的斜面上开有若干小沟槽，供流入冷却润滑水之用。结构简单，密封效果好，漏水量很小，正常运行中不需要调整维护，很适合无人值班电厂应用。

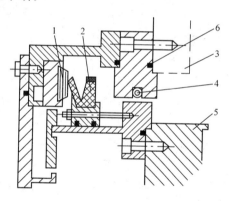

图2-4-9 V形橡胶主轴密封
1—陶瓷面板；2—V形橡胶密封圈；
3—流道护罩法兰；4—空气围带；
5—主轴水轮机侧法兰；6—橡胶密封圈

2-4-41 灯泡贯流式机组有哪些支承（撑）方式？

答：为了提高灯泡贯流式机组整体的刚度与强度，减少机组振动，提高运行稳定性，必须设置支承装置。世界各国和各生产厂家，由于机组容量、各厂专长、设计思想、设计人员技术水平与自身设备条件等因素，对灯泡贯流式机组的支承方式各有不同，对其使用也没有严格界限，目前世界上大容量灯泡贯流式机组支承方式，大致有以下几种。

（1）单支腿支承方式，主要生产国以德国、奥地利、瑞士为代表，我国目前大都采用这种支承方式。一般在灯泡头前段锥形冷却套下方设置一个垂直球面支承，如我国湖南马迹塘机组。也有设置两个球铰支承的，如湖南东坪机组，两球铰夹角为10°。

（2）多个流线型支腿支承方式，主要生产国以法国、原苏联等国为代表，我国白垢机组就采用这种支撑方式，管形座有八个支腿，灯泡体前方有两个成120°布置的支腿。

（3）前两种支承方式的组合支承方式，在管形座为多流线型支腿，灯泡头前方设有3个或4个辅助球铰支承。日本日立公司生产的灯泡贯流式机组就采用这种组合支承方式，在管形座有6个支腿，灯泡体前方有3个辅助球铰支承。

管形座无固定支腿（柱）支承方式，应用较少。

2-4-42 何谓灯泡贯流式机组单支腿支承结构？

答：单支腿支承结构是在管形壳（座）上垂直布置有上、下两个用钢板焊接而成的巨形空心支柱，直接穿过管形壳外壳钢板埋入流道外壁的钢筋混凝土中，这两个支柱是主支柱，几乎承受着由灯泡体传来的所有载荷，空心支柱同时还兼作为运行巡视、检修人员以及机组油、水、气、电的进出口通道。

灯泡体前段连接锥体下方，垂直布置有一个或两个成一定夹角的球铰支承，用来承受机组部分自重和灯泡体部分水的浮力，两侧水平方向各布置一个防振侧向球面支承，像鱼的鳍一样起平衡与稳定作用，这三个（或四个）球面辅助支承允许灯泡体有轴向和绕轴向的微量位移，球铰的球面材质一般为不锈钢。

在发电机定子前段连接锥体（锥形冷却套）上方设有发电机进入竖井，同时也是油、水、气、电的通道。发电机竖井与水轮机上支柱之间的空间两侧用钢板连接，形成流线型形状，避免出现旋涡，同样，在灯泡体下方用混凝土浇筑成与上方形状相同的流线型。发电机竖井穿过发电机框架与承压封水板，竖井穿过封水板处用橡胶盘根密封。为了不致出现水流死区，在封水板表面顺水流方向敷设有金属导流板。

这种支承方式考虑了由于温度的变化，特别是发电机定子发热所产生的灯泡体沿轴向伸缩不受限制，改善了机组受力状况，是一种既合理又简单的支承方式。

2-4-43 何谓灯泡贯流式机组多支腿支承结构？

答：所谓多支腿支承结构，是指管形壳（座）有多个流线型支腿支承，一般有6个或8个，其中包括两个上、下布置的用钢板焊接而成的巨形空心支柱（相当于单支腿支承的上、下支柱），这两个支柱穿过管形壳（座）的外壳埋入流道外壁的钢筋混凝土中，同样兼做人、物和各种管道的通道，在灯泡体两侧布置有数个（一般为4个或6个）侧向支承，在灯泡体前段下方有两只平行布置或成一定角度（如成120°夹角）布置的流线型支承，用螺栓固定于混凝土基础上。机组的全部载荷通过管形壳（座）的多个支腿和两个上、下支柱传递到混凝土基础，灯泡体前段上方同样有发电机流线型的进入竖井。

我国的广东白垢机组采用此种结构，在管形壳上有8个支腿，灯泡体前方有两个成120°布置的支腿。

2-4-44 贯流式水轮机控制环的结构怎样，为什么要设置重锤，它起什么作用？

答：在贯流式机组中，控制环一般采用单环板结构，由普通钢板焊接而成，焊后经过退火处理，以防止变形。其结构如图2-4-10所示。它与转轮侧外配水环上的法兰相配合，做相对运动，摩擦面采用滚动摩擦，由若干只不锈钢球支承，犹如一只大型滚珠轴承，不锈钢球与滚动槽都经过热处理，以提高其耐磨性。安装时其间隙由滚球挡圈进行调整，利用若干只拉力螺栓和若干只压力螺栓使其自动地处于其极限位置中。它具有摩擦系数小，转动轻便、灵活等特点。钢球之间的间隙用阻水润滑脂填充，润滑脂是通过若干只锥形润滑油咀注入的。为防止脏物与结露水侵入滚动面，保护钢球，在外配水环法兰上，钢球的两侧各装有一道O形密封圈。另外，有些机组的控制环采用一种新型的滑动摩擦结构，即在操作环与支持环之间，在操作环上对应于耳柄的轴、径向位置安装具有自润滑性能的滑动轴承板（如广东飞来峡机组、湖南大源渡航电枢纽机组），这种结构的控制环具有结构简单、安装方便的特点，但是，由于其采用滑动摩擦结构，滑动轴承板比较容易磨损。

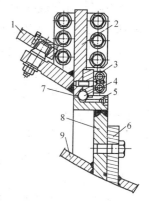

图2-4-10 调速环横切面图
1—连杆；2—调速环；3—轴承压板；4—轴承；5—注油孔；6—转轮室法兰；7—密封圈；8—外配水环法兰；9—外配水环

为了防止机组飞逸，通常在机组控制环的右侧（面向下游）设有关闭重锤。当调速器液压系统失去油压或调速器故障时，则可将接力器的开、关腔旁通，绕开调速器，依靠重锤的重力可靠地关闭导叶，迫使机组停机，防止事故的扩大。关闭重锤的作用相当于立式机组蜗壳前的快速关闭蝶阀或进水口事故闸门。

2-4-45 贯流式水轮机导叶枢轴结构有何特点？

答：贯流式水轮机的导叶枢轴常采用两支点结构，分为内侧枢轴与外侧枢轴。内侧枢轴为一短轴，靠青铜轴瓦支承在内配水环上，为防止水中的泥沙侵蚀，在轴套外侧设有密封环与O形密封圈，少量漏水可作为轴瓦的润滑剂。外侧轴则靠能自动调节的径向组合球轴承支承在外配水环上，轴的摩擦面是不锈钢，轴套的摩擦面有的贴有一层聚四氟乙烯薄膜（薄膜厚度约0.7mm），属干式轴承，运行中无须加润滑剂，设有密封环与二道O形密封圈，以防止泥沙与水的侵蚀。

导叶端面间隙通常采用调整导叶轴承座的方式进行调整。整个导叶的二支点轴承，不需加润滑剂，平时也无须维护。现在导叶枢轴结构有多种结构，也有采用不同材质的，但大体都基本相似。

2-4-46 贯流式水轮机的锥形导水叶，叶型呈空间曲面形状，什么是空间曲面形状？

答：锥形导水机构关闭时，以两导叶的密合线作为母线，与水轮机轴线成夹角（一般采用60°～70°），在水轮机轴线周围旋转形成一个圆锥面，如果以导叶转轴轴线作为母线，同样也与水轮机轴线成α角，在水轮机轴线周围旋转形成一个圆锥面，它与导叶室（即内、外配水环间）的凹球面相交时，其交线是一个圆，这个圆的平面垂直于水轮机轴线，导水叶必须满足关闭密合的要求，故它是一个空间运动传动机构。

其二，贯流式水轮机转轮前的环量，全部（也是唯一）由锥形导叶形成。因此，锥形导叶是按有势流进行设计的，水流无旋转进入转轮，减少水流在此区域的能量损失，因为沿导叶高度的不同截面，导叶进、出水边至水轮机轴线的距离不同，沿导水叶高度的导叶形状和出水角是不同的，其各断面的出口角与转轮叶片的各断面进口角相对应，在同一导叶开度下，沿导叶轴线的导叶实际开度是不相同的，因此导叶叶型呈空间扭曲（也称空间曲面）形状。

2-4-47　为什么制造厂要绘制导叶布置图，并提供给电厂？

答： 绘制导叶布置图的目的是：①获得导叶接力器行程 S 与导叶开口 a_0 的关系曲线 $S = f(a_0)$，从而决定接力器的最大行程，检查导叶转动和接力器移动的均衡性。②获得导叶在不同开口下导叶臂、连杆、控制环的大小耳环及接力器行程间相对位置和角度的关系。这是计算传动机构操作力矩和接力器操作油压所需的数据。③确定导叶限位块位置，检查传动件在不同位置下是否相碰，尤其是在挠曲连杆（剪断销）断裂时，是否造成连杆或导叶臂相碰。④获得导叶全关时，相邻导叶间端面密封面位置、导叶球形面的大小以及导叶全开时内配水环球形面的大小（能决定端面间隙密封面范围）。

2-4-48　在贯流式机组中，水轮机导叶接力器有哪些结构型式？

答： 导叶接力器的结构型式有多种，但在贯流式水轮机上广为应用的有两种：一种是带单导管直缸式接力器；另一种是摇摆式直缸接力器。

（1）带单导管直缸式接力器，如湖南马迹塘机组，它是依靠单导管密封，并通过活塞销随着活塞的往复运动，允许推拉杆在导管内作少量偏摆，以适应调速环叉头做圆弧运动。

（2）摇摆式直缸接力器，如青海直岗拉卡机组，它是在接力器缸后缸盖与固定支座间装有一垂直轴销，由轴销的少量转动使接力器缸做整体摆动，来适应推拉杆随调速环叉头做圆弧运动，它虽取消了单导管，使结构简单，但增加了配油管，使管路系统复杂。

按接力器的作用原理分有两种：①单作用接力器。开启腔与压力油相连通，关闭腔与回油管相连通，只单边油压作用于开机，停机时靠重锤作用力矩关闭导叶。②双作用接力器。无论导叶开启或关闭，开启腔或关闭腔与压力油管相连通，或与回油管相连通，接力器操作力带动导叶开启或关闭，应用较多。

2-4-49　为防止灯泡贯流式机组飞逸，在设计上采取了哪些措施？

答： 灯泡贯流式机组一般在进水口不设置快速闸门，而是利用其水平布置的有利因素，一般采取以下措施来防止机组飞逸：①导水叶在水力矩作用下，其整个开度范围内具有自关闭趋势。②在导水机构控制环的关闭侧，悬挂有一个关闭重锤，形成一个附加的自关闭力矩，以引导导叶自关闭操作。但此方法增大了导叶接力器的操作功，加大了接力器容量。

有的机组还采取以下措施：在导叶接力器操作油管管道上，设置有事故配压阀和过速飞摆，它的作用是当机组转速升高时，离心飞摆动作并操作事故配压阀，切断接力器操作油源，使接力器开启腔与回油箱相连通，在导水叶水力矩作用下实现关机。同时，有的事故配压阀也可作为低油压保护装置，当调速器油压低于整定值时，事故配压阀活塞在下腔油压作用下向上移动，使主配油阀的开启腔和关闭腔分别与接力器的开启腔和关闭腔切断，使压力油不能到达接力器，导水机构在水力矩的作用下自行关闭。

2-4-50　贯流式水轮机的空化特性怎样？

答： 贯流式水轮机的空化特性具有以下特点。

（1）转轮叶片上下端装置空化系数值相差很大。这是由于贯流式水轮机呈卧轴布置，运行水头低、机组流量大，转轮直径大，叶片上、下端高差大，如大源渡航电枢纽水轮机叶片上、下端高差达 7.5m。因此，转轮上端压力低易发生空化，其次是轮毂上端，而转轮下端压力高不轻易发生空化。

（2）贯流式水轮机的空化系数值随时间而变化的。如马迹塘的四叶片贯流式水轮机，转轮每旋转一周，只有 1/4 的时间处于空蚀较严重的工况，其余 3/4 的工况可以不发生空化或空化很轻微，因此，叶片的空化最严重的时间只占整个运行时间的 25%。

（3）从结构上看，贯流式水轮机采用锥形导水机构，由它来形成水轮机转轮前所需的环量，一般锥角为 120°，可以比较容易地控制转轮进口流量的径向分配，同时，锥形导叶是按有势流进行设计的，水流无旋进入转轮，减少了水流在此区域的压力降从而减轻了空蚀。

（4）贯流式水轮机呈水平轴向布置的，蜗壳呈圆筒形，水流平行于转轮，没有弯肘形尾水管，可以把导水机构布置在非常靠近转轮叶片的位置，从而充分地控制转轮入口处的水流条件，使转轮具有更佳的抗空化性能。

（5）水轮机的吸出高度（H_s 值）与空化有密切关系。立轴转桨式水轮机 H_s 值取桨叶中心处，而贯流式水轮机的计算点取主轴中心线以上 $D_1/4$ 处，同时贯流式水轮机的出力限制主要是由空化条件决定的，因此，合理选择机组的安装高程，是控制水轮机空化的主要措施之一，即水轮机的安装高程来调整装置空化系数。

2-4-51　灯泡贯流式机组为什么会产生轴向反推力？

答：灯泡贯流式机组轴线一般呈水平布置，只要有稍大于机组转动部分重量的水推力克服对轴瓦产生的摩擦力，就会使转动部分向上游方向移动。以马迹塘机组为例，其转动部分重量约 216t，按摩擦系数 $f=0.1$ 考虑，则只需要 21.6t 的推力就可以使主轴窜动。造成反向推力的直接原因有以下两个方面。

（1）导水机构关闭时，导水叶后的一段管道出现反水锤，这主要是在停机时出现。而当突然关闭（快速关闭）时，其关闭速度越快，越容易产生导水叶后的真空断流，这主要是在甩负荷时出现。

（2）水轮机进入水泵工况运行时，由于叶片的升力产生轴向反推力，当机组甩负荷之后，导水叶全关闭时，轴向流量为零，机组在转动惯性的驱动下，仍在旋转，即水轮机进入水泵工况运行，造成轴向反推力。

2-4-52　贯流式水轮机有哪些主要控制尺寸？各有什么要求？

答：为了便于了解不同贯流式水轮机的有关性能，掌握它的主要控制尺寸对设计与运行是有益的。贯流式水轮机的主要控制尺寸与要求有以下几点。

（1）灯泡比：灯泡头直径 D_B 和水轮机转轮公称直径 D_1 之比值。通常：$D_B/D_1=1.1\sim1.2$。

（2）轮毂比：轮毂直径 D_m 与 D_1 之比值。通常：$D_m/D_1=0.4\sim0.5$。

（3）机组总长：从灯泡头到尾水管出口的总长。通常：$L=(6.5\sim8.0)D_1$。

（4）尾水管长度：从转轮中心到尾水管出口的长度。通常：$L_t=(4.5\sim5.5)D_1$。

（5）尾水管出口面积：通常：$A=(3.0\sim3.5)D_1^2$。

（6）过水流道外径：通常：$D_e=(1.5\sim2.0)D_1$。

（7）机组间距：通常：$L_j=(2.0\sim3.0)D_1$。

2-4-53　在灯泡贯流式机组中，其轴承供油系统有哪几种供油方式？

答：由于灯泡贯流式机组结构紧凑，轴承润滑油均采用外循环冷却方式，都设有高位油箱、回油箱及油泵等管路系统，从国内已投运机组来看，轴承供油系统有以下两种方式。

（1）润滑油泵直接向轴承供油（通过油分配器），油泵输出的多余油量送入高位油箱，当油泵事故或厂用电中断，由高位油箱的油可短时间向轴承供油（一般设计为 5～10min）。当高位油箱油位下降到"油位低"和"油位最低"时报警，停机，以防止烧瓦事故，国内马迹塘等电站机组采用该种供油方式。

（2）油泵直接将油送入高位油箱，由高位油箱向轴承供油，以保证进入轴承的润滑油油压稳定，供油量充沛恒定。回油箱上的油泵受高位油箱的油位触点控制，油位过低时报警，停机，最低油位以下的油箱容积，能满足 8～10min 轴承用油量，以防止烧瓦事故。国内如大源渡航电枢纽的机组则采用该种供油方式。

2-4-54　在贯流式机组中，为什么要在调速系统中设置事故配压阀，其工作原理如何？

答：其主要原因是考虑当调速器不能正常工作而失去控制时，需要通过一个装置来绕过调速器（不通过调速器）将机组的导叶关闭，使其停机，以确保机组和电厂的安全。这个装置就是事故配压阀，它与导水机构的重锤结合使用可快速关闭导叶，将机组停下。

其工作原理和过程是：当调速器失去控制（如导叶反馈断线），或由于其他原因使机组自动判断或人为给出事故停机令后，监控会立即出跳开发电机出口开关和励磁开关令而甩负荷，同时给信号予事故配压阀（也可手动操作），此阀动作后，便会将导叶的开腔与关腔旁通，此时导叶接力器的开、关腔压力相等（或者是导叶接力器的开启腔直接与调速器的回油箱接通，同时导叶接力器的关闭腔与压油槽直接接通）。如此，导水机构便在重锤的作用下将导叶关闭（不需要通过调速器）。由此可见，在贯流式机组中，事故配压阀与重锤结合使用，相当于立式机组中的紧急关闭阀（快速阀门）。

2-4-55　在贯流式机组中，紧急停机电磁阀和事故配压阀各是如何设置的？

答：紧急停机电磁阀（在国外的机组中又称快关阀）一般是通过液压回路与调速器的主配压阀或辅助接力器相联系，其作用是控制调速器的主配压阀，使其打开到"关闭状态"的最大位置，用以在事故停机时，以较快的速度关闭导叶。其布置方式，以步进式调速器为例，如图 2-4-11 所示，安装则通常是在调速器机械柜内与调速器阀组组装在一起。

事故配压阀又称旁通阀，它一般是布置在调速器至导叶接力器的油路中间，其设置通常有两种方式：一种是直接将压油槽的压力油接到导叶接力器的关闭腔（同时导叶的开启腔与回油箱接通），如图 2-4-12（a）所示。其动作情况是电磁阀 1 和电磁阀 2 关闭，电磁阀 3 和电磁阀 4 打开，这时导叶在重锤和压力油的共同作用下以最快速度关闭。在这种方式中，考虑到进行紧急事故停机时，紧急停机电磁阀也会动作，那么调速器与接力器的油路便会接通，所以会设置电磁阀 1 和电磁阀 2，其作用是用来隔断调速器与接力器之间的油路。另一种是直接将导叶的开、关腔接通，这时导叶在重锤作用下以最快速度关闭，如图 2-4-11（b）所示。在这种方式下，当出现紧急事故停机时，只动作事故配压阀，紧急停机电磁阀不动作。

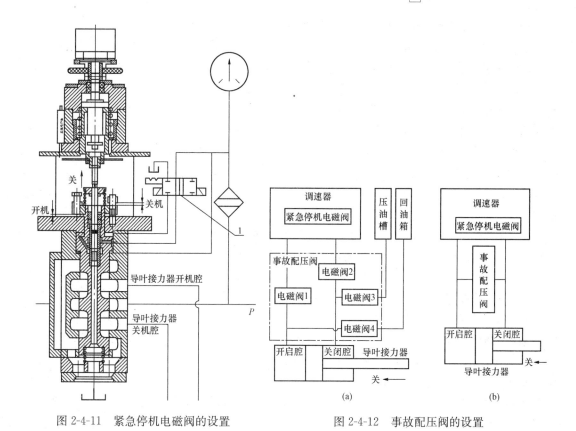

图 2-4-11 紧急停机电磁阀的设置　　　　图 2-4-12 事故配压阀的设置

第五节 水轮机公共部分

2-5-1 什么叫水轮机主阀,它起什么作用,又有哪几种型式,各有什么优缺点?

答:在水电站中,常把装设在水轮机蜗壳之前的阀门称为主阀。其主要作用是:① 检修机组时,用于截断水流,以便放空蜗壳存水;② 机组较长时间停用时,关闭主阀,可减少机组漏水量;③ 当调速器或导叶发生故障时,用于紧急切断水流,防止机组飞逸时间超过允许值,避免事故扩大;④ 一根输水总管同时给几台机组供水的引水式水电站,在分叉管末端设置阀门,以便一台机组检修而不影响其他机组的正常运行。水电站常用的主阀有蝴蝶阀、球阀和闸阀等三种。其各自的特点和应用情况见表 2-5-1。

表 2-5-1　　　　　　　　　　　　各主阀的优缺点

名称	优缺点	应用范围
蝴蝶阀	简称蝶阀,它的优点是体积小,重量轻,启闭力小,启闭时间短;缺点是全开时水头损失较大,全关时易漏水	广泛用于水头在 200~250m 以下的中、低水头水电站
球阀	优点是关闭严密,漏水极少,水力损失小,止水面磨损小;缺点是体积大,重量大	用于管道直径在 2~3m 以下,水头在 250m 以上的高水头水电站
闸阀	优点是在全开时水头损失小,全关时不易漏水;缺点是体积较大,较重,启闭时间较长	用于高水头、管道直径在 1.0m 以下的水电站

2-5-2　反击式水轮机为什么要设置尾水管?

答：尾水管的主要作用是用来回收转轮出口水流中的剩余能量（动能和位能）。由于反击式水轮机转轮出口处的水流速度很大，低水头水电站约 $3\sim6\text{m/s}$，而水头较高时，可达 $8\sim12\text{m/s}$。可见这部分动能相当可观。混流式水轮机出口动能占工作水头的 $5\%\sim10\%$；轴流转桨式水轮机出口动能约占工作水头的 $30\%\sim45\%$。如果转轮出口水流直接泄入下游，则这部分动能就被损失掉了。

此外，为便于水轮机安装与检修，常将其安装在下游水位以上，则又有部分位能被损失掉。为了减少这部分能量损失，收回一部分水轮机转轮出口处的水流动能和位能，以增加水轮机的利用水头，应装设尾水管。装设尾水管后，可使转轮出口水流顺畅引至下游，如果转轮安装在下游水位以上高程，又可利用转轮与下游水位之间水流的位能（指转轮后面的静力真空，又称吸出高度），还可使转轮出口的水流动能大部分转换为转轮下部的动力真空，使转轮输入的压能增加，这些都将提高水轮机的工作效率。

2-5-3　尾水管有哪几种类型，分别有何特点?

答：尾水管的型式，按其外形来分，可分为直尾水管和弯形尾水管，直尾水管又分为直锥形和喇叭形。各结构如图 2-5-1 所示。直尾水管的特点是：结构简单，损失小，阻力小，所以水力损失较小，回收能量系数较高，一般可达 83% 以上，但不能太长，因此主要应用在小型水轮机和贯流式水轮机中。弯形尾水管又分为弯管式和肘管式，弯形尾水管由于弯管截面的变化规律不同，又分为等截面弯管和变截面弯管，它们主要应用在卧式水轮机中。而弯肘形尾水管主要应用在大中型立式机组中。在实际应用中，主要是直锥型与弯肘型两种。

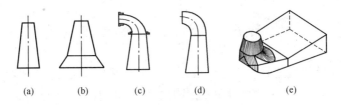

图 2-5-1　尾水管类型图

(a) 直尾水管直锥形；(b) 直尾水管喇叭形；(c) 弯管式尾水管等截面式；
(d) 弯管式尾水管变截面式；(e) 弯肘形尾水管

2-5-4　在立式反击式水轮机中，对尾水管安装的技术要求是如何规定的?

答：在立式反击式水轮机中，对尾水管安装的技术要求见表 2-5-2（标准要求）。

表 2-5-2　尾水管安装的技术要求

序号	项目	转轮直径 D（mm）					说明
		$D<3000$	$3000\leqslant D<6000$	$6000\leqslant D<8000$	$8000\leqslant D<10000$	$D\geqslant10000$	
1	肘管断面尺寸	$\pm0.0015H(B,r)$	$\pm0.001H(B,r)$				H—断面高度；B—断面长度；r—断面弧度半径
2	肘管下管口	与混凝土管口平滑过渡					

序号	项目	转轮直径 D （mm）					说明
		$D<3000$	$3000\leqslant$ $D<6000$	$6000\leqslant$ $D<8000$	$8000\leqslant$ $D<10000$	$D\geqslant10000$	
3	肘管、锥管上管口中心及方位	4	6	8	10	12	测量管口上 X、Y 标记与机组 X、Y 基准线间距离
4	肘管、锥管上管口高程	0～+8	0～+12	0～+15	0～+18	0～+20	8～12 等分测量
5	锥管管口直径	$\pm0.0015D$					D—管口直径设计值，8～12 等分测量，带法兰及插入式尾水管应符合贯流式水轮机尾水管安装允许偏差表
6	锥管相邻管口内壁周长之差	0.0015L		0.001L			L—管口周长
7	无肘管里衬的锥管下管口中心	10	15	20	25	30	吊线锤测量或检查与混凝土管口平滑过渡

2-5-5 引水室有哪些类型，蜗壳的主要功用是什么？

答： 在水轮发电机组中，引水室有很多种型式，按其特征分为：蜗壳式、明槽式、罐式、灯泡式、竖井式、虹吸式、轴伸式等。大中型水轮机主要采用蜗壳式，明槽式和罐式则主要用于小型水轮机，后几种适用于贯流式水轮机，其中灯泡式应用最多。

在立式反击式机组中，引水室通常采用蜗壳式，其主要功用是：① 保证水流以最小的水力损失把水引向导水部件，从而提高水轮机的效率；② 尽可能保证沿导水部件的周围进水流量均匀，水流对称于轴，以使转轮受力均衡，提高工作的稳定性；③ 使水流在进入导水部件以前具有一定的环流，然后很顺利地进入工作转轮；④ 保证转轮在工作时，始终浸没在水中不会有大量空气进入转轮。

2-5-6 蜗壳有哪几种型式，蜗壳的主要参数是什么？

答： 对于引水室为蜗壳式的，由于其应用水头不同，蜗壳的制造材料也随之不同，通常分为金属蜗壳和混凝土蜗壳两种，其结构如图 2-5-2 所示。混凝土蜗壳一般用于低水头、大流量的大中型水轮机上，其断面形状一般为多边形，常采用 T 形和 Γ 形；而金属蜗壳则用在水头较高的大中型水轮机上，其断面形状一般为圆形和椭圆形。

蜗壳的主要参数是包角，即是指从蜗壳末端算起到任意端面的圆心角。从末端到蜗壳进口断面的包角称为蜗壳最大包角，最大包角是蜗壳主要特征参数之一，一般金属蜗壳最大包角为 $345°$～$360°$，而混凝土蜗壳最大包角为

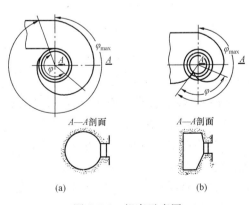

图 2-5-2 蜗壳示意图
(a) 金属蜗壳；(b) 混凝土蜗壳

180°~225°。故前者又称为完全蜗壳，后者称为半蜗壳或不完全蜗壳。为了获得良好的水力性能，提高水轮机的效率，中高水头的水电站一般采用全包角的金属蜗壳。而对低水头大流量的水电站，通常采用半包角的混凝土蜗壳。

2-5-7　蜗壳在安装中的焊接应符合哪些要求，在拼装中的允许偏差又有哪些要求？

答：蜗壳在安装中的焊接应符合以下要求：①焊接应符合《水轮发电机组安装技术规范》（GB/T 8564—2003）中 4.14 条的规定（本书中 1-3-25）。②各节间、蜗壳和座环连接的对接焊缝间隙一般为 2~4mm，过流面错牙不应超过板厚的 10%，但纵缝最大错牙不应大于 2mm，环缝最大错牙不应大于 3mm。③坡口局部间隙超过 5mm 处，其长度不超过焊缝长度 10%，允许在坡口处做堆焊处理。在拼装中的允许偏差需符合表 2-5-3 的要求，其中 L 最大不超过 ±9mm，另外管口平面度允许偏差为 3mm［在钢平台上拼装或拉线检查管口，应在同一平面上（属核对检查项目）］。

表 2-5-3　　　　　　　　　　　　蜗壳在拼装中的允许偏差

序号	项目	允许偏差	说明
1	G	$+6$ $+2$	
2	K_1-K_2	±10	
3	e_1-e_2	$\pm0.002e$	
4	L	$\pm0.001L$	
5	D	$\pm0.002D$	

2-5-8　蜗壳在安装时的允许偏差应符合哪些要求？

答：蜗壳在安装时的允许偏差应符合表 2-5-4 中的各项要求。

表 2-5-4　　　　　　　　　　　　蜗壳在安装时的允许偏差

序号	项目		允许偏差	说明
1	直管段中心	与机组 Y 轴线之距	$\pm0.003D$	D—蜗壳进口直径。若钢管已安装好，则以钢管管口为基准，中心偏差不应超过蜗壳板厚的 15%
		高程	±5	
2	最远点高程		±15	
3	定位节管口倾斜值		5	
4	定位节管口与基准线偏差		±5	
5	最远点半径		$\pm0.004R$	R—最远点半径设计值
6	管口节高		$\pm0.002H$	H—管口节高（断面直径）（属核对项目）

2-5-9　蜗壳安装时应进行哪些无损探伤检查，有何要求，在浇注混凝土时需注意什么？

答：蜗壳在安装过程中，当其焊接好后，应对焊缝进行无损探伤检查。主要包括以下几项：

（1）焊缝射线探伤。采用射线探伤时，检查长度：环缝为 10%，纵缝、蜗壳与座环连接的对接焊缝为 20%；焊缝质量，按 GB 3323—2005《金属熔化焊焊接接头射线照相》规定的标准，环缝应达到Ⅲ级，纵缝、蜗壳与座环连接的对接焊缝应达到Ⅱ级的要求。

（2）焊缝超声波探伤。采用超声波探伤时，检查长度：环缝、纵缝、蜗壳与座环连接的对接焊缝均为 100%；焊缝质量，按 GB/T 11345《焊缝无损检测　超声检测　技术、检测等级和评定》规定的标准，环缝应达到 BⅡ级，纵缝、蜗壳与座环连接的对接焊缝应达到 BⅠ级的要求；对有怀疑的部位，应用射线探伤复核。

（3）混凝土蜗壳的钢衬，一般做煤油渗透试验检查，焊缝应无贯穿性缺陷。

而当蜗壳在安装、焊接及浇筑混凝土时，应有防止座环变形的措施。混凝土浇筑上升速度不应超过 300mm/h，每层浇高不大于 2.5m，施工时应监视座环的变形，并按实际情况随时调整混凝土浇筑顺序。

2-5-10　座环的作用是什么，其结构怎样？

答：在立式机组中，座环位于导水机构外围，蜗壳内侧，布置在蜗壳和导叶之间，它是立轴水轮机的承重部件，机组转动部分的重量、水轮机轴向水推力、发电机定子及混凝土重量等，均由座环承受并传至基础。座环又是过流部件，在水轮机安装时它还是主要基准件，因此它应符合强度、刚度、水力等多方面要求。在设计、制造和安装中都非常重视。

座环由上环、下环和固定导叶三部分组成，如图 2-5-3 所示。固定导叶是支承、传递轴向载荷的支柱，又是导流件。断面形状为翼型，其方向符合水流进水方向。固定导叶的数量一般为活动导叶数量的一半，其中有一至两个做成中空的，作为顶盖排水的通道，通过排水管将积水排至集水井。与焊接蜗壳连接的座环，蝶形边锥角一般为 110°。座环的上环内圈法兰与顶盖连接，下环内圈上安装底环。中小型水轮机的座环多采用整

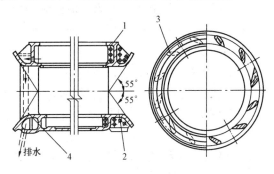

图 2-5-3　座环结构图
1—上环；2—下环；3—固定导叶；4—排水管

体铸造或铸焊结构，铸焊结构是将上环、下环及固定导叶分别铸造后组焊成整体。

2-5-11　在立式反击式水轮机的转轮室、基础环、座环安装中，其总体允许偏差有何要求？

答：在立式反击式水轮机的转轮室、基础环、座环安装中，其允许偏差见表 2-5-5。

表 2-5-5　总体允许偏差

序号	项目			转轮直径 D（mm）					说明
				$D<3000$	$3000\leq D<6000$	$6000\leq D<8000$	$8000\leq D<10000$	$D\geq10000$	
1	中心及方位			2	3	4	5	6	测量埋件上 X、Y 标记与机组 X、Y 基准线间距离
2	高程			±3					
3	安装顶盖和底环的法兰平面度	径向测量	现场不机加工	0.05mm/m，最大不超过 0.60					最高点与最低点高程差
			现场机加工	0.25					
		轴向测量	现场不机加工	0.30	0.40		0.60		
			现场机加工	0.35					

续表

序号	项目	转轮直径 D（mm）					说明
		D<3000	3000≤ D<6000	6000≤ D<8000	8000≤ D<10000	D≥10000	
4	转轮室圆度	各半径与平均半径之差， 不应超过设计平均间隙的±10%					轴流式测量上、中、下三个断面；斜流式测量上止口和下止口，等分8~64测点
5	基础环、座环圆度 转轮室同轴度	1.0	1.5	2.0	2.5	3.0	等分8~32测点，混流式机组以下部固定止漏环中心为准，轴流式机组以转轮室中心为准

2-5-12　在水轮发电机组中，导水机构的作用是什么？

答：导水机构一般又称为导水部件，它位于引水部件和工作部件之间，其主要作用是：① 当机组的负载发生变化时，用来调节进入水轮机的流量，改变水轮机的出力，使其与水轮发电机的电磁功率相适应。而当外负载不变时，通过它也可以调节转速，保证机组的频率不变。② 水轮机运行时，使水流按有利的方向均匀地流入转轮，形成转轮所需要的环量。③ 实现开停机，在正常与事故停机时，用来截断水流，使机组停止转动。

2-5-13　导水机构有哪些类型，其应用情况怎样？

答：导水机构的型式很多，大中型水轮机现在基本都采用多导叶式导水机构，它布置在转轮的前面，由均匀布置在同一个圆周上的若干导叶组成，每个导叶都可绕自身轴转动，所有导叶一般都由同一控制机构控制来完成开关动作。导水机构的分类方法一般有两种：按导叶全关时在空间所形成的形状来分和按水流流经导叶的方向来分，每类又都分为三种，如图2-5-4所示。按水流流经导叶的方向来分，可分为径向式、轴向式、斜向式；按全关时所形成的形状来分，可分为圆柱式、圆锥式和圆盘式三种型式。

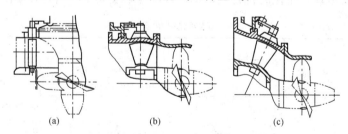

图 2-5-4　导水机构型式

（a）径向式；（b）轴向式；（c）斜向式

径向式（圆柱式），如图2-5-4（a）所示，水流流经导叶时，其方向为径向，全关后导叶布置成一圆柱形，故又称为圆柱式。该种导水机构主要应用在混流式和轴流式水轮机中，使用很普遍。轴向式或称圆盘式导水机构，如图2-5-4（b）所示，水流流经导叶时其方向为轴向，当导叶关闭时布置成圆盘形，故又有圆盘式之称。该种导水机构主要应用在贯流式水轮机中。斜向式或称圆锥式导水机构，如图2-5-4（c）所示，水流流经导叶时，其方向与轴线倾斜某一角度，导叶布置在一个圆锥面上，故又称为圆锥式导水机构。这种导水机构结构比较复杂，应用较少，通常在贯流式或斜流式水轮机中采用。

2-5-14 导叶的结构组成是怎样的，又有哪些型式，其主要的几何参数有哪几个？

答：导叶是导水机构的主要组成部分，导叶体的断面一般为翼型，头部厚，尾部薄。导叶按翼型的形状来分，有对称型和非对称型两种，非对称导叶按其弯曲方向不同，又分为正曲率和负曲率两种。对称导叶主要用于半蜗壳的轴流式水轮机，正曲率导叶主要用于中低水头的混流式水轮机，而负曲率导叶则用于高水头混流式水轮机。

导叶的组成包括导叶体和导叶轴两部分，其结构型式有三种：第一种是整体铸造的导叶，为了减轻重量，叶体制成中空的。第二种是铸焊导叶，导叶体和轴分别铸造再焊成一体。第三种是全焊导叶，导叶体用钢板压制，然后焊接成型再与导叶轴焊成整体。各结构如图 2-5-5 所示。

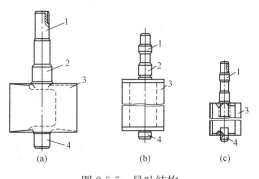

图 2-5-5 导叶结构

(a) 整铸导叶；(b) 铸焊导叶；(c) 焊接导叶
1—上轴颈；2—中轴颈；3—导叶体；4—下轴颈

导叶的主要几何参数有：① 导叶数 Z_0。它一般与转轮直径有关，且一般为 4 的倍数，在圆柱式导水机构中，当转轮直径 $D_1 = 1.0 \sim 2.25$m 时，$Z_0 = 16$；当 $D_1 = 2.5 \sim 8.5$m 时，$Z_0 = 24$。② 导叶相对高度 b_0/D_1。它主要与水轮机型式有关。适用水头越高的水轮机，b_0/D_1 越小。一般对于混流式水轮机，$b_0/D_1 = 0.1 \sim 0.39$；对于轴流式水轮机，$b_0/D_1 = 0.35 \sim 0.45$。③ 导叶轴分布圆直径 D_0：它应满足导叶在最大可能开度时不碰到固定导叶及转轮，一般 $D_0 = 1.13 \sim 1.16 D_1$。

2-5-15 什么叫作导叶开度，在安装和大修中为什么要测定导叶开度，对其有何要求？

答：所谓导叶开度，是指任意一导叶的末端到相邻导叶的最短距离，用 a_0 表示，如图 2-5-6 所示。它是表征流量调节过程中，导叶所处位置的特征参数。导叶最大开度相当于导叶位于径向位置时的开度。一般导叶的运行开度范围为 $0° \sim 80°$。

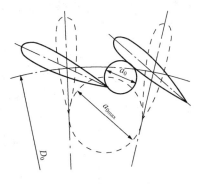

图 2-5-6 导叶的开度

在安装和大修前后都要测定导叶的开度，其目的是了解导叶开度的分布状况，避免因导叶开度分布不均，造成水力不平衡而引起振动。在扩大性大修时，以开度递增和递减两个相反的顺序，分别每隔 10% 的开度测量相隔 90° 的四对导叶立面中间位置的开度值。其中，50% 和 100% 开度时应测量所有导叶立面中间位置的开度值。测量时应在导叶立面的中间部位进行。对于一般性大修，通常只在相隔 90° 的四对导叶立面中间位置测量 25%、50%、75%、100% 4 个开度值，其中 50% 和 100% 两个开度的全部导叶都要测量。

对于导叶开度的质量要求是：导叶开度的偏差不超过设计值的 ±30%，在最大开度位置时，导叶与挡块之间应有 5～10mm 的距离，其最大偏差不超过最大开度的 ±10% 和平均开度的 ±3%。

2-5-16 导叶密封的作用是什么？

答： 导叶密封的作用主要有以下几点：一是水轮机停机时要求导叶关闭而不漏水，并为了减少能量损失而需要导叶密封。因为对于担任高峰负载的机组，因它停机时间较长，如漏水量大，则水能损失会较多。二是对调相运行的水轮机，调相时用压缩空气将转轮内的水压到转轮以下，这时若导叶不密封就要漏气，为减少漏气损失，也需要导叶密封。三是导叶有间隙漏水，容易产生间隙空蚀而损坏导叶，为减少间隙空蚀的破坏需要导叶密封。

2-5-17 导叶密封包含哪几部分，常用的有哪些型式？

答： 导叶密封的位置有两处：端面密封和立面密封。所谓端面密封，是在导叶端面间隙处进行密封，一般是指导叶端面与顶盖和端面与底环之间的间隙处，对端面密封通常采用橡皮条密封，但一般情况下导叶端面间隙很小（在 1～2mm），在尺寸相同时，工作水头高则间隙更小，因此，在目前也有很多电站中的导叶端面不用密封。

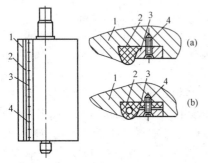

图 2-5-7 导叶立面密封结构

（a）三角形密封条；（b）b 形密封条

1—导叶；2—密封；3—压板；4—螺钉

所谓立面密封，是指在导叶头部和相邻导叶尾部之间所形成的间隙处的密封。因对其间隙要求很小，所以要求较高，一般都要密封。其密封型式一般有两种：一种是在导叶头尾搭接处采用研磨导叶接触面的办法使其接触严密，以达到止水的目的，有的水轮机在接触面处焊有不锈钢层；另一种密封是在导叶头尾搭接处加橡胶条密封，如图 2-5-7 所示。常用的有三角形橡皮条、b 形橡皮条、U 形橡皮条等。由于橡皮条密封容易被水冲走，所以只用于中小水头的电站。而对于高水头则采用铅条作为密封条，现在又出现了许多如采用带钢架的高耐磨密封橡皮条和其他材料工艺的密封方法，它不易被水冲走、寿命长、止水效果较好。

2-5-18 什么叫作导叶的端面间隙，对它有何要求，若不合格，在安装与检修中如何处理？

答： 所谓导叶的端面间隙，是指导叶端面与顶盖和端面与底环之间的间隙，如图 2-5-8 所示。端面间隙的允许值一般最大不超过 1.5mm，要求导叶上、下端面间隙之和最大不得大于设计最大间隙之和，最小不得小于设计最小间隙之和的 70%。对于无止推装置的导叶，一般上部为实际总间隙的 60%～70%，下部为实际总间隙的 30%～40%，对有止推装置的导叶，上下间隙基本上可平均分配；工作水头在 200m 及以上的机组，下部为 0.05mm，其余间隙留在上部；而对推力轴承装在顶盖上的机组，下部间隙应比上部大，具体要求由设计规定。而导叶止推环的轴向间隙，不应大于该导叶上部间隙值的 50%，导叶应转动灵活。测量时，将导叶置于全关状态采用塞尺测量，分别对导叶与顶盖的上端面间隙和导叶与底环的下

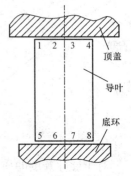

图 2-5-8 导叶端面间隙测定部位

端面间隙各测量四点，如图 2-5-8 所示，并记录。导叶端面间隙测量出来后，应进行分析，若不合格，应进行相关处理，直到间隙符合要求。常见的问题及处理方法如下：① 各导叶端面间隙普遍偏大，可在底环处加垫处理；② 各导叶端面间隙普遍偏小，可在顶盖处加垫处理；③ 若导叶上、下端面间隙分配不合理，可通过调整"调整螺钉"或止推压板来重新分配间隙；④ 若个别导叶端面间隙不合格，则应对不合格导叶的端面进行处理。

2-5-19　什么叫作导叶的立面间隙，其技术要求是什么，如何测量？

答：导叶的立面间隙是指导叶关闭后，导叶头部和相邻导叶尾部接触面所形成的间隙，即导叶立面密封处的间隙，如图 2-5-9 所示。导叶立面一般不允许有间隙，在用钢丝绳捆紧或接力器油压压紧的情况下，用 0.05mm 塞尺检查不能通过。局部间隙不超过表 2-5-6 的要求，其间隙的总长度，不超过导叶高度的 25%。当设计有特殊要求时，应符合设计要求。

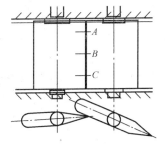

图 2-5-9　导叶立面间隙
测量位置图

测量时，将导叶置于全关状态，在有油压状态下，用塞尺（或加钢板尺）对整个导叶立面间隙进行测量检查，并将 A、B、C 三处的间隙值记录下来，以做分析和下一次测量的参考值。

表 2-5-6　　　　　　　　　　　　　导叶立面间隙要求

序号	项目	允许局部立面间隙（导叶高度）					说明
		$h<600$	$600 \leqslant h<1200$	$1200 \leqslant h<2000$	$2000 \leqslant h<4000$	$h \geqslant 4000$	
1	不带密封条的导叶	0.05	0.10	0.13	0.15	0.20	
2	带密封条的导叶	0.15		0.20			在密封条装入后检查，应无间隙

2-5-20　导叶立面间隙不合格时，常采用哪些方法进行处理？

答：导叶的立面间隙要求较高，在出厂和安装时，都必须按技术要求调整到合格值，但在制造过程中，由于各设备的制造误差问题，可能会造成个别导叶的立面间隙达不到要求；而在机组运行过程中，由于导叶机构的磨损、变形等原因也会使得有些导叶的立面间隙出现问题。这就需要我们在安装和检修过程中对其进行调整和处理。针对不同情况，通常可采取以下方法进行处理。

（1）捆绑法。这种方法是制造厂用来预装导水机构所用的。在水电厂检修过程中，当发现许多导叶存在立面间隙时，也可采用此法，即拔出全部拐臂或拆除全部连杆，使导叶不受外力控制，处于自由状态，用钢丝绳在导叶中部捆上一圈半，一头固结于固定导叶上，另一头通过拉紧器挂在吊钩上，然后关闭导叶并拉紧钢丝绳。在拉紧过程中，可用铜棒锤击导叶，使其关闭紧密，然后再调整拐臂或连杆并连接好。这种调整方法，效果较好，但工作量大。

（2）补焊法。当有个别导叶存在较长和较大的局部立面间隙，且其长度已超过总长度的

25％时，可用补焊的方法。一般是用小电流补焊一层不锈钢，并用砂轮磨平，使导叶截面型线没有什么变化。这种方法简单、省事，但过量处理容易引起导叶开度不均匀。

（3）连杆调整法。当只有个别导叶的立面间隙在 1.0mm 左右时，可将其前后 2 至 3 个导叶的可调式连杆向靠近拐臂的一端调整，使其间隙均分在这几个导叶上。关闭时，将间隙压至合格。这种方法的缺点是个别导叶的连接螺栓（或剪断销）受力太大，容易破坏。

（4）均布法。当有几个导叶都存在立面间隙时，可通过调节可调式连杆的方法，将其间隙按传递关系分配给其余导叶，从而在关闭时，使各导叶的立面间隙等于 0。其调整原则是从间隙最大的导叶开始逆时针方向一只只调，即先调节开启方向的导叶，然后再调节关闭方向的导叶（这种方法对导叶为对称结构式的不能采用）。

2-5-21 采用均布法调整导叶立面间隙的原理和方法是怎样的？

答： 在用均布法调整导叶立面间隙的方法中，由于导叶都是头尾相接的，因此调整了一只导叶的立面间隙，势必影响到与相邻导叶的间隙。如图 2-5-10 所示，当把导叶 1 的连杆调长，则导叶 1 绕自己轴线逆时针转一个角度，立面间隙 $\delta_{1\text{-}2}$ 的值减小，但由于导叶 1 头部与导叶 16 尾部搭在一起，因此必须同时调短导叶 16 的连杆，这样虽然 $\delta_{1\text{-}2}$ 减小了，但在导叶 16 头部与导叶 16 尾部又出现了新的立面间隙。所以必须来取合理的调整方法，否则会出现立面间隙越调越大的情况。

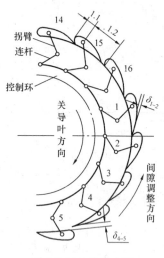

图 2-5-10 导叶立面间隙的调整方向

在均布法中，对立面间隙的调整原则一般是从间隙最大的导叶开始逆时针方向一只只调，即先调节开启方向的导叶，然后再调节关闭方向的导叶。例如，图中间隙 $\delta_{4\text{-}5}$ 为最大，则从导叶 4 开始逆时针方向一只只调，当调整过 n 只导叶后，第 n 只导叶的立面间隙变成：$\delta_n = \delta_{4\text{-}5}(L_1/L_2)^{(n-1)}$（因为 $L_1/L_2<1$，所以随着调整导叶的只数 n 的增加，立面间隙 δ_n 是越来越小的）。这种方法是可靠的，但调整值较小时，难以保证准确度。

在中小型反击式水轮机中，导水机构的连杆常采用长度不可调的双孔连杆。如检修时发现个别导叶立面间隙过大时，其处理的方法是：操作调速器将导叶处于全关位置，测出检修前的导叶立面间隙，做好记录。对需要调整的导叶将其导叶轴头上的分半键（或圆锥销）拔出，使导叶与拐臂解除键连接。然后仍按上述立面间隙的处理方法，将间隙调到允许值后，用拐臂上的止头螺钉顶紧导叶轴，使导叶定位不能动，再用绞刀绞扩分半键键孔（或圆锥销孔），根据新的键孔尺寸重新配置分半键（或圆锥销）。

2-5-22 导叶的轴颈易发生什么问题，对导叶轴颈的破坏应怎样进行处理？

答： 导叶的轴颈在工作时，总是处于不规则的受力状态，其转动范围仅为 0°～80°，速度在 0～0.02m/s 范围内变化，正常时压力为 0～10MPa。全关闭时，受压紧量的影响，压力要增大。剪断销断后强行关闭时，压力要倍增。因此，轴颈容易产生偏磨或损坏。

其处理方法有：① 如果损坏严重，可将导叶轴颈车圆，然后包焊一层不锈钢，再车到规定尺寸，加工后不锈钢层的厚度应不小于 2mm；② 如果轴颈磨损不太严重，也可以在轴颈表面喷镀一层铬或不锈钢层，喷镀层要求表面光滑，以减小摩擦系数，防止腐蚀。

2-5-23 对导叶叶片的破坏应怎样进行处理？

答：对于导叶叶片破坏的处理方法为：① 当空蚀深度小于 3mm 时，可直接堆焊不锈钢焊条，然后磨平；② 当汽蚀深度大于 3mm 时，先用电弧气刨把空蚀层吹掉，再用砂轮机磨去渗碳层，然后用不锈钢焊条堆焊，最后按原来的线形磨平；③ 对于导叶线型没有受到损坏的，可对其空蚀处采用高分子修补材料修复。若是在导叶间隙处，则应在处理后关闭导叶，测量端面、立面间隙，并磨去高点，直到间隙合格为止。

2-5-24 导水机构为什么要在安装之前进行预装？

答：在机组的安装过程中，为了检查导水机构的制造质量，保证在正式安装时能够一次性达到质量要求，保障安装进度，通常情况下，在导水机构出厂时或正式安装前需对其进行预装检查，以便发现问题，及时处理。一般来说，导水机构的预装主要是解决底环、顶盖、活动导叶等的定位问题；而正式安装则主要解决导叶端面间隙、立面间隙、压紧力的调整，以及开度检查等问题。按照现行的技术规范，制造厂要在产品出厂之前对导水机构进行预装。运到电站工地后，安装单位还必须作一次导水机构预装，并结合现场的实际情况，检查厂家的预装质量，发现问题及时纠正。

2-5-25 在对导水机构进行预装时有什么要求？

答：在对导水机构进行预装前，应进行以下工作的检查：复测座环上平面高程、水平、镗口圆度，应符合安装的相关要求；对分瓣底环、顶盖、支持环等组合面应涂铅油或密封胶，组合缝间隙应符合相关要求；机组基准中心线的确定，一般为：混流式按下止漏环；轴流式按转轮室；斜流式按转轮室上止口。若导水机构直接安装，也应检查。

导水机构预装时（包含不进行预装而直接正式安装的导水机构），应符合下列要求：①混流式水轮机按机坑测定后给出的中心测点安装下固定止漏环。下固定止漏环的中心作为机组基准中心。按机组基准中心线检查各固定止漏环的同轴度和圆度，各半径与平均半径之差，应符合本书 2-2-12 中转轮各部位同轴度及圆度允许偏差的要求。止漏环工作面高度超过 200mm 时，应检查上、下两圈。②轴流式水轮机，转轮室中心作为机组基准中心。按机组基准中心线检查密封座和轴承法兰止口的同轴度，允许偏差应符合表 2-5-7 的要求。③斜流式水轮机，转轮室上止口中心作为机组基准中心。④导叶的预装数量，一般不少于总数的 1/3。⑤底环、顶盖调整后，对称拧紧的安装螺栓的数量一般不少于 50%，并应符合表 2-5-8 的要求。检查导叶断面间隙，各导叶头部和尾部两边间隙应一致，不允许有规律的倾斜；总间隙，最大不超过设计间隙，并应考虑承载后顶盖的变形值。

表 2-5-7   密封座和轴承座法兰止口的同轴度允许偏差

转轮直径 D（mm）	D<3000	3000≤D<6000	6000≤D<8000	8000≤D<10000	D≥10000	说明
允许偏差	0.25	0.50	0.75	1.00		均布 8～24 测点

表 2-5-8 底环和顶盖调整允许偏差

项目	转轮直径					说明
	$D<3000$	$3000 \leqslant$ $D<6000$	$6000 \leqslant$ $D<8000$	$8000 \leqslant$ $D<10000$	$D \geqslant 10000$	
止漏环圆度	5%转轮止漏环设计间隙					均布 8~24 测点
止漏环同心度	0.15			0.20		均布 8~24 测点
检查底环上平面水平	0.35	0.45		0.60		周向测点数不少于导叶数，取最高点与最低点高程差
导叶轴套孔同轴度	符合设计要求					

2-5-26 导叶传动机构的作用是什么，有哪些类型，其结构怎样，各有何特点？

答：导叶传动机构的作用是：把由接力器传来的开或关导叶的动作传递给导叶，以达到开、关导叶，实现调节流量的目的。传动机构的型式常用的有两种：叉头式传动机构和耳柄式传动机构。

（1）叉头式传动机构。如图 2-5-11 所示。它主要由导叶臂 8、连接板 7、叉头 4、剪断销 6、螺杆 3 等组成。导叶的端面间隙，是通过装在导叶臂上端的端盖 11 和调节螺钉 10 进行调整的，调好后，用调节螺钉把导叶悬挂在端面上，然后采用分半键 9 将导叶和导叶臂固定在一起。导叶臂与连接板上装有特制的剪断销。在正常运行时，剪断销能承受正常的操作力，而当导叶间被异物卡住时，有关传动件的操作力便急剧增加，当应力增加到 1.5 倍时，剪断销便在其最弱断面处被剪断，保护其他传动件不被损坏。

（2）耳柄式传动机构。如图 2-5-12 所示，它由导叶臂 1、耳柄 2、剪断销 3、旋套 4 等组成。这种机构结构简单，受力情况不如叉头传动机构好。剪断销受有附加弯矩，剪断销的剪断力容易随轴套配合间隙和装配质量变化。耳柄式传动机构应用于中型水轮机较合适。

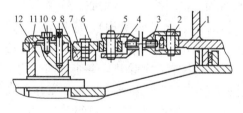

图 2-5-11 叉头式传动机构
1—控制环；2—叉头销；3—螺杆；4—叉头；
5—补偿环；6—剪断销；7—连接板；8—导叶
臂；9—分半键；10—调节螺钉；11—端盖；
12—导叶

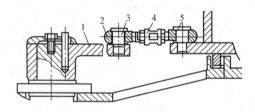

图 2-5-12 耳柄式传动机构
1—导叶臂；2—耳柄；3—剪断销；
4—旋套；5—连杆销

2-5-27 导水机构的安全保护装置有哪些保护方式，各有何特点？

答：导水机构的保护方式有很多，它的基本假设是一致的，都是假设当导水叶卡死时，由接力器通过控制环和连杆在安全装置上施加一定的力，使其破坏或弯曲，同时发出报警信号并停机，从而保护其他零件不受破坏。但由于其设计原理各有区别，因此，它的保护效果也有一些差别。其各种保护方式主要有以下几种。

（1）液压连杆、挠曲连杆保护方式。液压连杆、挠曲连杆相间布置，液压连杆分成两组，每组由一只活塞式液压储能器供给压力油，挠曲连杆由一根直径较细的偏心杆件构成。当导叶间卡有异物，其作用力超过某一设计值时，液压连杆活塞行程压缩，增大导叶开口并通过位置开关发信号，当作用力继续增大，液压连杆活塞行程再无法压缩时，则挠曲连杆弯曲或断裂，保护导水机构免遭损坏。它的缺点是当挠曲连杆断裂后，失控导叶仍会摆动碰撞，导致导叶头、尾部封水面损坏；其次是更换变形、断裂的挠曲连杆需停机；另外，其结构较复杂，精度要求高，制造较麻烦，其控制压力与结构尺寸需要对导叶受力情况做出准确的计算。

（2）剪断销保护方式。剪断销垂直于拐臂球销中心平面布置，这是常规机组传统的保护方式，由于贯流机组导水机构是一个空间传动机构，剪断销承受剪力的同时还要承受连杆的弯矩，虽设计上给予一个较大的安全系数，但剪断销仍经常剪断，若剪断销连续剪断则会使机组失控而发生严重的"飞车事故"。

（3）拉断销保护方式。拉断销采用平行于拐臂球销中心平面布置，拉断销仅承受拉力，不会使拉断销弯曲，但结构复杂，安装要求较高，拉断后仍需停机更换。

（4）弯曲连杆保护方式。弯曲连杆为单个机械元件，制造厂已调试确定，现场不需要调整；能保持长期稳定，使用可靠。当导叶间卡有异物，弯曲连杆仅产生弯曲不会折断，导叶仍被连杆拉着，可有效地避免导叶摆动碰撞。连杆弯曲时可通过信号装置自动报警，但仍需停机更换。

（5）弹簧安全连杆保护方式。弹簧安全连杆与普通连杆相间布置。在正常工作时，由于弹簧有一定预压力，连杆能正常工作。当导叶间被异物卡住时，随着连杆受力的增大，弹簧连杆被压缩，并通过信号装置发信号。当异物排除后，连杆在弹簧力的作用下自动复位。这种连杆在动作过程中限制了导叶的摆动，避免了相互碰撞，不会损坏任何部件，也不需要停机更换。但弹簧连杆损坏后仍需停机更换。

（6）摩擦拐臂保护方式。摩擦拐臂的原理是在拐臂与导叶轴之间用摩擦力来传递力矩。当导叶被卡时，作用力矩大于摩擦力矩时就会产生摩擦位移，于是保护了其他构件的安全，当导叶间被卡异物排除后，由于摩擦力依然存在，从而防止了连锁反应。其性能与弯曲连杆、液压连杆、安全弹簧连杆相比，除了安全可靠外，还具有结构简单、造价低、安装使用维护方便等优点。目前国内已研制成功，安装于广西马骆滩灯泡贯流式机组，长江三峡左岸电站700MW的水轮发电机组也采用摩擦拐臂导叶保护装置。

在以上这些保护方式中，机组可根据需要选择单一或组合的保护方式来构造导水机构的安全保护装置，如在湖南大源渡的机组中，就采用弹簧安全连杆和摩擦拐臂相结合的保护方式。

2-5-28 液压连杆的结构如何？

答：液压连杆由连杆头、活塞缸、活塞、活塞杆、球形轴承等组成，其结构如图2-5-13所示。连杆的一头为圆柱形，内设活塞缸与活塞，而活塞杆通过螺栓拧入另一连杆头上。活塞采用U形密封圈密封，连杆头与导叶拐臂叉头和调速环叉头采用轴销和

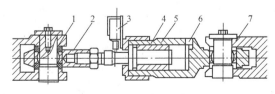

图 2-5-13 液压连杆

1—拐臂；2—连杆头；3—行程开关；4—活塞；
5—液压缸体；6—压力油管接头；7—调速环

球形轴承连接，球形轴承采用不需要维护与润滑的聚四氟乙烯轴衬。在检修更换液压连杆时，要精确测量与调整连杆头与活塞杆上台肩之间的距离，并做好记录与记号，因导叶间关闭位置的正确性与严密性，完全取决于调整精度。在活塞杆台肩旁边，安装有微动行程开关，当液压连杆动作时，带动微动开关而发出信号。

2-5-29 挠曲连杆的结构如何？

答： 挠曲连杆两连杆头结构与液压连杆相同，其结构如图2-5-14所示。不同的是两连

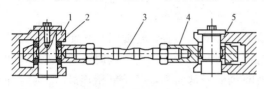

图 2-5-14 挠曲连杆
1—拐臂；2—摩擦环；3—挠曲连杆；
4—连杆头；5—调速环

杆头之间拧入一根挠曲构件，挠曲构件的轴线与两连杆头的中心线设计时有意偏心于作用力线（4mm左右），这样当导叶间卡有异物时，挠曲连杆承受压力的同时也承受偏心作用力，产生弯矩而弯曲。挠曲连杆偏心位置决定了它的弯曲方向，因此在更换挠曲连杆时，偏心位置要安装在指定方向的正确位置

上。已弯曲的连杆应更换新的，不能校直后再使用。挠曲连杆两头的间距通过转动其两端左、右旋螺栓进行调节。

2-5-30 弹簧安全连杆的结构与动作过程如何？

答： 弹簧安全连杆是弹簧承载式安全连杆的简称，在导水机构中它与普通连杆相间布置，起到对导水机构的保护作用。这种连杆采用带球面轴承的耳柄式结构，其结构如图2-5-15所示。它由连杆、弹簧、限位装置、行程开关和带球面的连接销等组成。

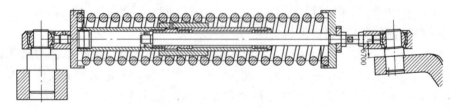

图 2-5-15 弹簧安全连杆

弹簧安全连杆动作过程如下：当导水机构在关闭过程中卡有异物时，作用在控制环上连杆的压力将会逐渐增大，随着此压力的不断增大，弹簧连杆上的弹簧在受到足够大的压力下而被压缩，弹簧安全连杆动作后，通过微动开关发出信号告知运行人员。然后可通过手动或自动操作打开导叶将异物冲走后，弹簧又会恢复到原来状态。值得注意的是，弹簧连杆中的弹簧压缩量是有限的，在一定的行程范围内可以正常工作，但若卡的杂物较大，超过了弹簧的压缩量，就会使弹簧产生变形而受到损坏，在这种情况下，应对其进行更换处理。

2-5-31 在导水机构中，控制环的作用是什么，有哪些类型？

答： 控制环又称调速环，它的作用是将接力器的作用力传递给导叶的传动机构。在立式反击式机组中，控制环支撑在顶盖或支持盖上的支持环内，为减少摩擦使转动灵活，在控制环的底面和侧面装有抗磨板，抗磨板的材料可用工程塑料或复合材料。控制环可用ZG30铸造，也可用A3钢板焊接，这两种方法制造的控制环都有大耳环和小耳环，以及圆柱形外

壁。按照控制环耳环的多少和布置方式的不同，控制环可分为单耳环式、双耳环交叉式、双耳平行式和无耳式。大中型水轮机多采用双耳平行式，当采用环形接力器时，可采用无耳式。大耳环与接力器推拉杆相连，小耳环与导叶传动机构相连。立式机组的控制环是水平放置，支承在顶盖或支持盖上的支持环内；而灯泡贯流式水轮机的控制环是竖直放置，支承在外配水环上，依靠钢珠球或滑块滑动，在接力器的操作下绕水轮机中心线旋转，带动导叶的传动机构运动。

2-5-32 导水机构中装设的剪断销剪断会出现什么现象和造成什么影响？

答： 剪断销保护装置由剪断销及其信号器组成。在水轮机导水机构的传动机构中，连接板和导叶臂之间是通过剪断销连接在一起的。正常情况下，导叶在动作过程中，剪断销有足够的强度带动导叶转动，但当某一导叶间卡有异物时，导叶轴和导叶臂都不能动了，而连接板在叉头带动下仍会转动，因而对剪断销产生剪切，当该剪切应力增加到正常操作应力的 1.5 倍时，剪断销首先被剪断，该导叶脱离控制环，而其他导叶仍可正常转动，避免事故扩大。在正常关机过程中，当导叶被卡住时，剪断销被剪断，同时发出报警信号告知运行人员；在事故停机过程中，当导叶被异物卡住剪断销剪断时，除发出报警信号外，还通过信号装置迅速关闭水轮机前的主阀（蝴蝶阀或球阀）或快速闸门。

当剪断销被剪断后，对应的导叶便失去了控制，处于自由状态，此时导水机构的水力平衡被破坏了，机组便会由于水力不平衡出现较大振动，而如果是出现多个剪断销被剪断时，那么机组的振动则更大，甚至会出现转轮的扫膛现象。通常情况下，由于剪断销被剪断后，导叶失去控制，便会自由翻转并撞击相邻导叶，当撞击力足够大时，就会造成相邻导叶的剪断销也被剪断，并出现连锁反应，扩大事故面。

2-5-33 剪断销被剪断的原因有哪些，如何预防和处理？

答： 剪断销被剪断的原因有：① 导叶间有杂物（如木块）卡住；② 导叶连杆安装时倾斜度较大，造成整劲；③ 导叶上、下端面间隙不合格及上、中、下轴套安装不当，产生整劲或被卡；④ 对使用尼龙轴承套的导叶，在运行中因尼龙轴套吸水膨胀与导叶轴颈"抱死"；⑤ 使用时间较长或操作频繁，使剪断销产生疲劳破损等。

预防措施：① 在电站上游装设浮式拦污栅，防止大的漂浮物冲坏拦污栅而进入蜗壳及导叶，进水口处的拦污栅应保持完好；② 保证检修质量，以避免连杆等部件的倾斜等，导叶应灵活无整劲；③ 当采用尼龙轴套时，应预先用水浸处理再加工，或采用尺寸稳定性良好且吸水率低的尼龙材料。

处理方法为：① 首先判明剪断销被剪断的原因，及时调整负载，以适应检修处理的需要；② 若运行中无法处理，应尽早停机，待停机后处理；③ 若是剪断销被剪断的数量过多，造成机组无法停机，则应及时落下快速闸门，防止机组超负载运行或出现飞车。

2-5-34 为什么要进行导叶漏水量的测定，常采用什么方法进行测量和计算？

答： 导叶漏水量测定的原因是：① 导叶漏水量过大，不但造成水量损失，而且会导致停机困难，使机组在较长时间内处于低速运行状态，从而威胁推力轴承的安全；② 导叶间隙过大，当机组调相运行时，增大了漏气量，甚至压水不到位，造成有功功率的损失。为此，应测定导叶漏水量的大小，以便采取减漏措施。

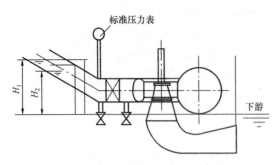

图 2-5-16　容积法测量导叶漏水量

一般情况下，我们要求导叶的漏水量小于机组过流量的 1%。在运行中，可根据机组停机时间的长短来初步判断导叶漏水量的大小。导叶漏水量的具体测定方法有好几种，通常采用容积法，如图 2-5-16 所示。其测量方法和步骤如下：

关闭进水口闸门，假定进水口闸门处不漏水，导叶处于关闭状态（分接力器关闭侧有有油压和无油压两种状态），主阀开启（若旁通阀的过流量大于漏水量，也可以打开旁通阀而不开主阀），其他技术供水阀门关闭，先排出一部分水，使压力钢管内水位低于进水口闸门下坎。在这种情况下，钢管内水位经过一段时间下降了 1m（可由压力表反映出来），则漏水量 q（$\mathrm{m^3/s}$）为：$q = (\pi D^2 h)/(4t\sin\alpha)$，式中 D 为压力钢管直径（m）；h 为钢管内水位降低的高度（m）；t 为钢管内水位降低 1m 所需要的时间（s）；α 为钢管轴线的倾斜角度。若考虑到进水口闸门漏水的影响，则导叶实际漏水量 q_s 为：$q_s = q_z + q$（当 $q_z > q$ 时，用负号；$q_z < q$ 时，用正号）。换算到额定水头时的导叶漏水量为：$q_d = q_s(H_r/H)^{1/2}$，式中 q_d 为机组在额定水头时的导叶漏水量（$\mathrm{m^3/s}$）；q_s 为试验水头的实际漏水量（$\mathrm{m^3/s}$）；H_r 为额定水头（m）；H 为压力钢管中的试验水头（m）。

2-5-35　为什么要进行导水机构最低动作油压的测定，如何进行，又有什么要求？

答：为了检查导水机构动作的灵活性，通常需要测量导水机构的最小操作力。其测量方法是：首先将调速器置于全开位置，导叶置于某一开度位置，将调速系统消压至零，再慢慢将调速系统升压，同时观察导水机构的动作，当调速系统油压升到某一值时，导水机构就会动作，此时调速系统的油压就是导水机构的最低动作油压。

2-5-36　导叶接力器有哪些类型，各有什么特点？

答：导叶接力器按接力器的类型和外形分可分为两大类：直缸式接力器和环形接力器，每大类按其结构特点又分为若干不同的型式，其型式和特点见表 2-5-9。

表 2-5-9　　　　　　　　　　　　　导叶接力器的类型

分类	型式	特　点
直缸式	单导管直缸式	导管直缸式接力器，由于活塞为直线运动，而控制环为圆弧运动，因此推拉杆对活塞中心有某一倾斜的运动，形成在缸内的摆动。为在缸盖处易于油封，在推拉杆处装有导管，使推拉杆在导管内摆动，故称为导管直缸式接力器，也叫双接力器。由于导管的多少不同，又分为单导管和双导管两种形式。后者一般布置在机墩外，它拆装方便，适用于中型水轮机
	双导管直缸式	
	摇摆式	摇摆式接力器无导管，工作时推拉杆不摆动，而接力器缸摆动，故称摇摆式接力器
	双直缸式	双直缸式就是采用两个对称布置的直缸式接力器，一般布置在支持盖上
	小直缸式	小直缸接力器是将导叶连杆由小直缸接力器来代替，结构简单，加工方便，但数量较多
环形式	活塞移动式	所谓环形接力器，是指接力器缸是圆弧形的。根据其动作情况的不同，又分为活塞移动式和活塞缸移动式
	活塞缸移动式	

2-5-37 单导管直缸式接力器的结构怎样，具有什么特点？

答：大中型水轮机普遍采用单导管式直缸接力器，其结构如图 2-5-17 所示。每台水轮机一般采用两个接力器，两者的区别是一个带有锁定装置，另一个不带。接力器主要由接力器缸体 2、活塞 3、推拉杆 4、导管 5 等组成。缸体一般采用 HT21-40 或铸钢铸造，在其上开有两个油孔，分别通到活塞两侧，缸体的两端装有前后缸盖 6 和 1，当压力油进入活塞一侧时，另一侧便排油，在压差作用下活塞开始运动。为防止活塞与缸体之间漏油，一般在活塞上装两圈铸铁的活塞环 13。为防止导管和缸盖处漏油，在前缸盖处装密封 12。

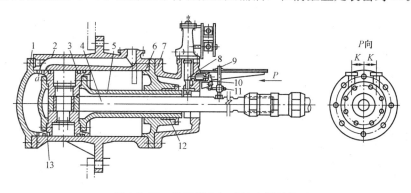

图 2-5-17 单导管直缸式接力器结构

1—后缸盖；2—缸体；3—活塞；4—推拉杆；5—导管；6—前缸盖；7—锁定缸；
8—锁定装置；9—定位块；10—杠杆；11—支持螺钉；12—密封；13—活塞环

在导水机构接力器向关闭侧运动时，为避免活塞与缸盖相撞，在活塞上开有三角形油口 a，当快关闭完时，缸体遮住部分出油口形成节流，起缓冲作用。当完全关闭后，固定在推拉杆上的支持螺钉 11 顶住杠杆 10，将定位块 9 退出，锁定装置 8 落下并把导管锁住以防止导叶被水冲开。推拉杆一般用 35 号锻钢制作，它分为两段，中间用左右旋螺母连接，以便调整拉杆长度，调好后再用螺母锁紧。推拉杆的一端与控制环相连，另一端与活塞相连，均采用圆柱销连接。

2-5-38 接力器安装时应符合哪些要求？

答：接力器安装时应符合下列要求：①需要在工地分解的接力器，在进行分解、清洗、检查和装配后，各配合间隙应符合设计要求，各组合面间隙应符合。②各组合面间隙应符合《水轮发电机组安装技术规范》（GB/T 8564—2003）中 4.7 条的要求。③接力器应按《水轮发电机组安装技术规范》（GB/T 8564—2003）中 4.11 条的要求做严密性耐压试验。摇摆式接力器在试验时，分油器套应来回转动 3～5 次。④接力器安装的水平偏差，在活塞处于全关、中间、全开位置时，测套筒或活塞杆水平不应大于 0.10mm/m。⑤接力器的压紧行程应符合制造厂设计要求，制造厂无要求时，按规范要求确定。⑥节流装置的位置及开度大小应符合设计要求。⑦接力器活塞移动应平稳灵活，活塞行程应符合设计要求。直缸接力器两活塞行程偏差不应大于 1mm。⑧摇摆式接力器的分油器配管后，接力器动作应灵活。

2-5-39 什么叫作导叶接力器压紧行程，为什么要设置压紧行程，有什么要求？

答：当机组在停机状态时，在来自蜗壳内压力水的作用下，导叶、拐臂、连杆、控制环、推拉杆等部件常因受力发生变形，加上各部件连接处本身就存在着配合间隙，导叶有向开侧运行的趋势，这样就会有可能使导叶开启一小缝隙，从而使导叶漏水量增大。为了避免由此而引起的漏水现象，当接力器关闭了导叶之后，还要继续关闭一段行程，使导叶关闭后有几个毫米的过紧量，这就是压紧行程。对于压紧行程的要求，根据不同的情况，有不同的要求，一般规定见表 2-5-10。

表 2-5-10　　　　　　　　　　　　　导叶接力器压紧行程

项目		压紧行程值（转轮直径）					说明
		$D<3000$	$3000\leqslant D<6000$	$6000\leqslant D<8000$	$8000\leqslant D<10000$	$D\geqslant10000$	
直缸式接力器	带密封条导叶	4～7	6～8	7～10	8～13	10～15	撤除接力器油压，测量活塞返回的行程值
	不带密封条导叶	3～6	5～7	6～9	7～12	9～14	
摇摆式接力器		导叶在全关位置，当接力器自无压升至工作油压的 50%时，其活塞移动值，为压紧行程					如限位装置调整方便，也可按直缸式接力器要求来确定

2-5-40　如何对导水机构的压紧行程进行调整和测量，若压紧行程偏小，应如何处理？

答：对于接力器压紧行程的调整和测量，通常按照以下操作方法进行：

导水机构压紧行程的调整方法是：在安装过程中，当蜗壳内无水压时，将控制环拉紧到使导叶处于关闭位置且恰好到立面间隙为 0，同时两接力器的活塞也在关闭位置，然后将接力器活塞杆与控制环进行连接，再调整旋套，使两活塞向开启方向移动至所需的压紧行程值，且注意两活塞的移动数值应相等。

对于压紧行程的测量，则是在调速系统充油建压后，先手动操作调速器使导叶全关，并在两个接力器的导管上各放一标尺（或用百分表），以某一定点为记号，读得一个读数，然后关闭压油槽来油总阀门，并令两人同时将两个接力器关闭侧排油阀打开放油。由于导水机构各部的弹性作用，使接力器活塞向开启侧回复，这时标尺上又读出一数值，标尺上前后两读数之差，就是导水机构的压紧行程测量值。

若导水机构的压紧行程偏小，可先将推拉杆连接螺母两端的背帽松开，根据压紧行程应增加的数值及连接螺母的螺距，计算出连接螺母应调整的圈数，连接螺母转动的方向应使推拉杆伸长，调整后再进行压紧行程测定，直至合格。值得注意的是，压紧行程是必需的，但也是严格限制的，太小了容易造成导叶漏水，太大了可能使剪断销受力过大而提前破坏。

2-5-41　对导管直缸接力器检修时，其检查的主要内容有哪些，装配质量有何要求？

答：主要检查内容有：① 检查、修整推拉杆上的螺纹；② 检查接力器活塞的外圆面与缸体内壁，应无严重磨损、拉毛及锈蚀，否则应用细油石磨光；③ 密封盘根应全部更新；④ 检查活塞销与销轴套的磨损、锈蚀及润滑情况；⑤ 检查锁定阀杆的磨损、弯曲情况。

接力器装配质量要求：① 接力器活塞动作应灵活，导管处水平偏差不超过 0.10mm/m；② 两个接力器的活塞行程相互偏差不大于 1mm；③ 接力器与控制环或两推拉杆的相对高程差不应大于 0.5mm；④ 活塞在关闭位置时，锁定闸板与导管端部间隙，应符合图纸要求。

接力器装配后，应进行油压试验，试验压力为工作油压的 1.25 倍，在此压力下保持 30min，整个试验过程应无渗漏。

2-5-42　如何测定环形接力器的压紧行程，分解后应检查哪些内容，装配后又有什么要求？

答：环形接力器的压紧行程是靠限位块来调整。即以无油压下导叶处于全关位置为起点，对接力器加压至工作油压的 50%，活塞向前移动的数值为压紧行程。这时配置活塞关闭的限位块，检查限位块与接力器外缸臂间应无间隙，用 0.05mm 塞尺检查不能通过。

环形接力器分解清扫干净后，主要应检查下列内容：① 检查导向铜环有无严重磨损或断裂；② 在全开、全关位置时检查活塞与导向环之间的间隙应均匀，其最小的间隙不应该小于 0.3mm；③ 检查密封盘根与活塞接触应严密，盘根无缺边或破裂；④ 检查活塞的水平误差不应大于 0.10mm/m；⑤ 调节节流管的位置，应符合图纸要求。

环形接力器装配后进行操作试验应达到以下要求：① 环形接力器未与传动机构连接前，操作油压为 $(2\sim3)\times10^5$Pa；② 环形接力器与传动机构连接后，操作油压应为 $(3\sim5)\times10^5$Pa；③ 操作紧急关机 1～2 次，环形接力器的动作应灵活、平稳、无爬行憋劲、无异音、无渗漏。

2-5-43　导水机构检修的主要内容有哪些？

答：机组运行较长时间后，需要对导水机构的完好性和性能进行检查维修。对导水机构性能的检查，主要涉及其封水性能、部件转动的灵活性及部件的可靠性。对导水机构的检修，主要包括以下一些内容：导叶漏水量的测定、立面间隙和端面间隙的测量与调整、接力器压紧行程的测量与调整、座环的检查或检修、导叶及导叶轴承的检修、底环的检查或检修、导叶传动部件的检修、顶盖的检查、接力器的检修及调速环的检查等。

以灯泡贯流式机组为例，具体的项目有：① 外配水环、转轮室运行振动测量（对应记录负载、水头、开度等值，说明机组运行工况的好坏）；② 导叶及内、外配水环流道空蚀情况检查及防腐处理；③ 导叶立面、端面间隙测量调整；④ 导水机构压紧行程测量调整；⑤ 导叶外部轴承与内部轴承检查（包括轴承座紧固螺栓及焊缝，有漏水的应进行解体更换密封处理）；⑥ 导水机构弹簧连杆及连杆轴承检查、清扫、加油；⑦ 导水机构控制环间隙测量（滑动式）；⑧ 导叶连杆的紧固螺栓扭力值检查调整；⑨ 导叶开度测量及处理（在各种规定开度下，如从 0，10%，20%……递增，反过来递减，测量互成 90°的四对导叶开度，并在开度为 50% 和 100% 两种情况下测量全部导叶开度，其最大偏差不超过最大开度的 ±10% 和平均开度的 ±3%）；⑩ 导叶漏水量的测定（视情况进行）。

2-5-44　水轮机导轴承的作用是什么，其所受的径向力包含哪些部分？

答：水轮机的导轴承是水轮机的重要组成部分，它的工作好坏直接影响水轮机的运行情况，导轴承的主要作用是承受由主轴传来的径向力，保证机组的轴线位置。它所受的径向力，主要是由转动部分不平衡的重量、水流在转轮内的水力不平衡、尾水管内的压力脉动，以及发电机磁拉力不平衡等 4 部分所引起的。为了使机组获得良好的稳定性，在确定它的安装位置时，应尽可能地靠近转轮。

2-5-45　水轮机导轴承有哪些类型，各有什么特点？

答：水轮机导轴承的型式很多，按轴瓦的材料可以分为橡胶轴承和金属轴承；按润滑方式可分为水润滑轴承和油润滑轴承，油润滑又分为干油和稀油两类，稀油润滑又有很多型式，按轴承形状来分，有筒式和分块瓦式。常用的水轮机导轴承通常有水润滑导轴承、稀油润滑筒式导轴承、稀油润滑分块瓦式导轴承等几种。它们的特点分别如下。

（1）水润滑导轴承。它最初是采用桦木为轴瓦，后均采用橡胶轴瓦，轴承的型式分为圆筒式和分块瓦式两种，应用最多的是筒式橡胶导轴承。水润滑导轴承具有结构简单、制造安装方便，不需刮瓦和研磨，轴承安装可靠近转轮，吸振效果好，运行稳定性高等优点。其缺点是轴瓦间隙易随温度变化，导热性差，易老化，刚性差，振摆变化大，对水质要求很高（水中含悬浮物质不超过 $0.1kg/m^3$）。目前基本很少使用。

（2）稀油润滑筒式导轴承。它一般采用巴氏合金为轴瓦，通常应用在电站水质不干净，泥沙含量大而又无清洁水源的情况下。该轴承结构简单，布置紧凑，刚性好，运行可靠。其缺点是转动油盆需固定在主轴上，其下部需装主轴密封，密封的检修和维护不方便，轴承与转轮的距离较大，轴承的安装、调整不方便。在卧式机组中通常设置高位油箱给导轴承供油，这种轴承在灯泡贯流式机组中应用较为广泛。

（3）稀油润滑分块瓦式导轴承。稀油润滑分块瓦式导轴承按调整方式不同又分为调整螺钉式和调整块式两种。这种轴承受力均匀，有自调能力，轴瓦安装、检修、调整方便。但平面布置尺寸较大，主轴带轴领，增加了制造成本，其密封同样也需装在轴承下部，检修不便，轴承离转轮较远。

2-5-46　对于不同类型导轴承的轴瓦，各应符合哪些要求？

答：导轴承的轴瓦应符合下列要求：① 橡胶轴瓦表面应平整、无裂纹及脱壳等缺陷；巴氏合金轴瓦应无密集气孔、裂纹、硬点及脱壳等缺陷，瓦面粗糙度应优于 $0.8\mu m$ 的要求。② 橡胶瓦和筒式瓦应与轴试装，总间隙应符合设计要求。每端最大与最小总间隙之差及同一方位的上下端总间隙之差，均不应大于实测平均总间隙的 10%。③ 筒式瓦符合以上两点要求时，不再进行研刮；分块轴瓦除设计要求不研刮外，一般应研刮。轴瓦研刮后，瓦面接触应均匀。每平方厘米面积上至少有一个接触点；每块瓦的局部不接触面积每处不应大于 5%，其总和不应超过轴瓦总面积的 15%。④ 轴瓦的抗重垫块与轴瓦背面垫块座、抗重螺母与螺母支座之间应接触严密。

2-5-47　轴瓦在安装时有哪些条件和要求？

答：轴瓦安装应符合下列要求：① 轴瓦安装应在机组轴线及推力瓦受力调整合格，水轮机止漏环间隙及发电机空气间隙符合要求的条件下进行。为便于复查转轴的中心位置，应在轴承固定部分合适地方建立测点，测量并记录有关数据。② 轴瓦安装时，一般应根据主轴中心位置并考虑盘车的摆度方位和大小进行间隙调整，安装总间隙应符合设计要求。但对只有两部导轴承的机组，可不考虑摆度而调间隙。③ 分块式导轴瓦间隙允许偏差不应超过 $\pm0.02mm$；筒式导轴瓦间隙允许偏差，应在分配间隙值的 $\pm20\%$ 以内，瓦面应保持垂直。

2-5-48　水导轴承安装应符合哪些要求？

答：（1）稀油轴承油箱，不允许漏油，进行煤油渗漏试验时，至少保持 4h，应无渗漏现象，作完渗漏试验后一般不宜再拆卸。

（2）轴承冷却器应按以下要求做耐压试验

1）现场制造的承压设备及连接件进行强度耐水压试验时，试验压力为 1.5 倍额定工作压力，但最低压力不得小于 0.4MPa，保持 10min，无渗漏及裂纹等异常现象。

2）设备及连接件进行严密性耐压试验时，试验压力为 1.25 倍实际工作压力，保持 30min，无渗漏现象；进行严密性试验时，试验压力为实际工作压力，保持 8h，无渗漏现象。

3）单个冷却器应按设计要求的试验压力进行耐水压试验，设计无规定时，试验压力一般为工作压力的 2 倍，但不低于 0.4MPa，保持 30min，无渗漏现象。

（3）油质应合格，油位高度应符合设计要求，偏差一般不超过 ±10mm。

2-5-49 水轮机为什么要设置主轴密封，它通常包含哪两部分，各起什么作用？

答：为防止流道中的水通过静止与转动部分的结合面间隙漏入机组内部，一般在靠近转轮处设置密封装置，简称为水轮机主轴密封装置。按照其结构特点，一般分为两部分：一种是机组正常运行时所使用的密封，称为工作密封；另一种是机组检修时所使用的密封，称为检修密封。

工作密封的作用有两个方面：一是当采用稀油润滑时，为了防止水轮机运行过程中，从水轮机顶盖和主轴之间漏出的水进入水轮机的导轴承，需在水轮机导轴承下方的主轴处设置工作密封；二是当采用水润滑的导轴承时，为了防止润滑水从水箱上部漏损，需在润滑水箱内上部的主轴处设置工作密封。

检修密封的作用是在水电站下游尾水位的高程高于水轮机导轴承的安装高程的情况下，为了防止下游尾水进入水轮机的导轴承内，需在导轴承下方的水轮机主轴或主轴的法兰处装置检修密封。停机检修时该密封进行工作，封堵下游尾水。在有些卧式机组中，当机组停机时也投入检修密封。检修密封的种类有空气围带式密封、抬机式密封、机械式密封等。

2-5-50 水轮机的工作密封有哪些类型，各有什么特点？

答：水轮机的工作密封根据其工作原理和结构的不同，有单层橡胶平板密封、双层橡胶平板密封、机械式端面密封、水压式端面密封、径向密封、水泵密封等类型，其各自的特点见表 2-5-11。

表 2-5-11　　　　　　　　　　工作密封的类型

名称	特　点
单层橡胶平板密封	其结构简单，密封性好，不磨主轴，密封面磨损后能自动封闭其磨损间隙，所以应用较普遍。它一般用于水润滑导轴承水箱的上部或者水质较干净的稀油润滑导轴承的下部。该轴承密封的缺点是抬机时漏水量大
双层橡胶平板密封	它与单层的不同点是它有两层橡胶板，中间有压力水箱，水箱内通有清洁的压力水，使橡胶板压在转环上，从而起密封的作用。它主要应用在河流水质不干净或泥沙含量较大的水电站，以及下游尾水位比轴承密封位置高的水润滑导轴承的上部。双层橡胶平板密封结构较为复杂，调整复杂，抬机时同样也会增大漏水量
机械式端面密封	端面密封分为机械式和水压式两种，机械式端面密封通过弹簧的作用力进行密封，它的优点是当密封活塞磨损后能自行补偿，但机械式端面密封由于弹簧作用力不均匀，也容易引起工作密封工作不稳定而漏水。对工作密封要求不高的可采用此种方法

名称	特　　点
水压式端面密封	针对机械端面密封的不足之处，机械式端面密封逐渐被水压式所代替。端面水压密封结构的优点不仅能保证当密封活塞磨损后，能自行补偿，仍保持原密封间隙之外，而且还能保持端面密封作用力的均匀性，使工作密封工作稳定可靠
径向密封	径向密封有径向碳精密封和径向盘根密封等类别，这种密封方法只适用在小型机组
水泵密封	这种密封在启动和停机时不起作用，因此它只能作为一种辅助密封，通常它与橡胶平板密封或端面密封联合使用。水泵密封可使主密封的封水压力和封水量减少，从而延长主密封的使用时间。这种密封应用在泥沙含量较大的水电站

2-5-51　主轴密封在安装中应符合哪些要求？

答：主轴检修密封安装应符合下列要求：①空气围带在装配前，应通 0.05MPa 的压缩空气，在水中做漏气试验，应无漏气现象。②安装后，径向间隙应符合设计要求，偏差不应超过设计间隙值的±20%。③安装后，应做充、排气试验和保压试验，压降应符合要求，一般在 1.5 倍工作压力下保持 1h，压降不宜超过额定工作压力的 10%。

主轴工作密封安装应符合下列要求：①工作密封安装的轴向、径向间隙应符合设计要求，允许偏差不应超过实际平均间隙值的±20%。②密封件应能上下自由移动，与转环密封面接触良好，供排水管路应畅通。

2-5-52　什么叫转动部分中心调整，其目的是什么？

答：所谓转动部分中心调整，就是将转动部分的旋转中心线尽可能地调到机组中心线位置。转动部分中心调整的目的是：① 保证发电机的转子与定子之间的空气间隙均匀，使磁拉力平衡；② 保证水轮机止漏环间隙均匀，从而减小该处的水力不平衡，防止因水力不平衡而造成振动和摆度。

2-5-53　对于立式机组的中心调整，其工艺程序怎样？

答：对于立式机组的中心调整，其工艺程序如下：① 前提条件。推力瓦受力调整完成，迷宫环间隙、发电机气隙、顶盖密封、空气围带没有装复，大轴处于自由悬垂状态。② 在上导、水导轴颈的 x、y 方向装百分表监视大轴位移量。用专用螺钉千斤顶抱紧四块上导瓦。然后，测量上、下迷宫间隙做好记录。根据迷宫间隙确定大轴应平移的方位的数值。③ 调整大轴应平移方向的瓦背抗磨块与抗重螺栓头之间的距离。④ 松开顶留间隙顶瓦丝杆，用盘车的动力拖动转子约 90°，同时迅速顶紧对应的上导瓦，以实现大轴平移。⑤ 松开全部顶瓦丝杆，大轴处于自由悬垂状态，复测上、下迷宫环均布间隙，各点间隙值与平均间隙值之差应不大于平均值的±20%，否则应再次进行调整直至合格为止。⑥ 转子中心调整合格后，将上导瓦抱紧，在转轮的上迷宫对称打紧 4 块楔子板，并点焊牢固，以利于上导、水导瓦的装复调整。

2-5-54　在立式机组中，主轴的安装程序怎样，应注意哪些事项？

答：在立式机组中，主轴分为水轮机轴和发电机轴，在安装过程中通常是通过法兰等形式连接。对于主轴的安装顺序，一般是从下至上，即：吊放水轮机及主轴—吊放发电机及主轴—对发电机及主轴单盘—机组联轴—机组整体盘车（测定机组轴线摆度，并予以调整）。其相关注意事项有以下几点。

（1）转轮吊入前，应在基础环上按十字方向放上四组楔子板，各楔子板高程应一致，且使水轮机的轴头高程比设计值低，轴头顶面与发电机大轴法兰止口底面应有 2～6mm 间隙，以免发电机转子吊入机坑时与水轮机主轴相碰。对于推力头在水轮机轴上的机组，应考虑推力头套装时与镜板背面有 2～5mm 间隙。

（2）在机组联轴前，须先进行水轮机、发电机中心的找正工作。用钢板尺靠发电机法兰边，检查与水轮机法兰边的间隙 Δ，调整发电机导轴承间隙，使法兰面 4 个方向的 Δ 均为零；再检查两法兰面的距离 Δh，使 4 个方向的 Δh 值相同，若 Δh 不一致，应检查是发电机不平还是水轮机不平。对于水轮机的水平可调整基础环上的楔子板高程，发电机的水平可调整推力轴承的水平值。

2-5-55 什么叫机组的理想轴线、实际轴线、旋转中心线，机组轴线工作的意义是什么？

答：当顶轴、发电机主轴及水轮机主轴的几何中心线连成一条直线，且该直线垂直于镜板摩擦面并与机组中心重合，则此直线称为机组的理想轴线。顶轴、发电机主轴及水轮机主轴的几何中心连线称机组的实际轴线，简称轴线。镜板摩擦面中心的垂线，称为机组的旋转中心线。

机组轴线工作是机组在安装和检修过程中十分重要的一项工作。如果一台机组的轴线质量不好，或者轴线运转的空间位置调整不当，或者各部轴承中心位置不对等，主轴在运转中就会产生较大摆动，转动部件所受的外不平衡力也会增大，机组的振动也会加剧，使轴承运行条件恶化，严重威胁着水轮发电机组的安全、稳定运行。从理论上来说，我们要求水轮发电机组主轴（含水轮机轴、发电机轴及上部轴）的轴线应平直无折弯并与推力轴承镜板摩擦面垂直。但实际轴线不会是理想直线，也难与镜板摩擦面绝对垂直，但必须控制在要求的范围内。为此，在机组安装、检修时要进行轴线检查和调整，以保证主轴的同轴度及其与镜板的垂直度符合要求。这项工作的好坏，直接影响着机组的检修质量。从某种意义上讲，也反映出水电厂的机组检修技术水平。

2-5-56 什么叫摆度，什么叫旋转轴的摆度圆，摆度是如何产生的，其主要原因是什么？

答：机组如因结构上的原因，造成机组轴线与镜板镜面不垂直，这样，主轴在运转过程中除了做自身的正常旋转之外，还将围绕着旋转中心线进行公转，只不过这种公转与自转的速度是相同的。轴线在旋转过程中就会绕主轴旋转中心线画一个空间圆锥出来，如图 2-5-18 所示。主轴的某一水平截面的轨迹圆通常就叫摆度圆，主轴在该处的轨迹圆直径就是轴在该处的摆度值。且其摆度值将随着轴线上的点到镜板的距离成正比地变化。

如果发电机主轴轴线与镜板镜面垂直，当水轮机主轴法兰与发电机主轴法兰连接后出现曲折时，主轴自法兰曲折点以下，仍然会出现圆锥形的轨迹，即产生了摆度。而若当机组轴线垂直于镜板镜面且水轮机主轴法兰与发电机主轴法兰连接处也未出现曲折，则机

图 2-5-18 摆度产生示意图
1—推力头；2—镜板；3—推力瓦；4—旋转中心线；5—轴线；
6—摆度圆

组在运转过程中,轴只有自身的自转,而不产生公转,无摆度产生。

由此可见,如果机组轴线存在曲折或倾斜,主轴在旋转过程中就会产生摆度。而产生摆度的主要原因有:① 镜板摩擦面与轴线不垂直;② 轴线本身曲折。其中,造成轴线弯曲的因素有:卡环厚度不均,影响推力头平面与主轴的不垂直;推力头平面的垂直度不好;镜板上下两面不平行;水轮机轴与法兰面不垂直,发电机轴与法兰面不垂直,大轴弯曲等;外因有存在较大的不平衡磁拉力等。

2-5-57 什么叫作盘车摆度,什么叫作运行摆度,它们存在什么区别和联系?

答:盘车摆度是指在对机组进行盘车检查其轴线时,所测量出来的摆度值,我们俗称为摆度,而根据测量位置的不同,又可分为相对摆度和绝对摆度。运行摆度是指机组在运行时对机组轴线各部位(一般在各轴承位置处)所测量的振动值,我们又俗称为振动。而根据其测量基准的不同,又可分为相对运行摆度和绝对运行摆度。对于盘车摆度和运行摆度,它们有一定的联系,也有本质上区别,具体见表 2-5-12。

表 2-5-12 　　　　　　　　　　　　　盘车摆度和运行摆度

项目	盘车摆度(摆度)	运行摆度(振动)
成因	轴线不正	外干扰力及轴线不正
测量目的	检查轴线与镜板垂直度	监测机组运行稳定性
测量状态	静态	动态
要求	不超过规定的绝对值或相对值	轴承处的应小于轴承间隙
使用仪表	一般用百分表	可用百分表,一般用带有传感器的电子仪表
绝对值含义	为该部位的净摆度(即镜板处的全摆度),单位为 mm	以大地为参考基准所测得的轴振动值,单位为 mm 或 μm
相对值含义	为该部位绝对摆度与测量处至镜板距离的比值,单位为 mm/m	以有相应振动的机架、轴承座为参考基准所测的轴振动值,单位为 mm 或 μm

2-5-58 为什么要对机组的轴线进行检查,有哪些检查方法?

答:水轮发电机组主轴(含水轮机轴、发电机轴及上部轴)的轴线应平直无折弯并与推力轴承镜板摩擦面垂直。实际轴线不会是理想直线,也难与镜板摩擦面绝对垂直,但必须控制在要求的范围里。为此,在机组安装、检修时都要进行轴线检查和调整,以保证主轴的同轴度及其与镜板的垂直度符合要求。

立式水轮发电机组的轴线检查,现场主要有两种方法:钢琴线法和盘车法。钢琴线法为一些国外厂家所采用,测出的是轴线折弯值和轴线与镜板的倾斜值(偏心距)。我国在安装规程中规定,通常采用盘车法,测出的是轴线的折弯值和摆度值。倾斜值和摆度值都可以表示轴线与镜板垂直的程度,理论上摆度值为倾斜值的两倍。

盘车就是用临时的外力缓慢旋转机组的转动部分。用盘车方法检查机组轴线,又分两种:刚性盘车和弹性盘车。刚性盘车在靠近镜板处设一旋转约束点(用该处附近的导瓦或临时导瓦,把间隙调至 0.03~0.05mm),推力瓦支撑呈刚性状态,每旋转一等分角度停下并撤去所有外力后测量,测得一转各对称点的数据,即可计算得到所要求部位的径向摆度。弹性盘车设上下两约束点,推力瓦支撑呈弹性状态,测量镜板边缘处的轴向摆度。我们通常所说的摆度一般指的是径向摆度。

2-5-59 对于立式水轮发电机组的轴线摆度，有哪些测量项目，其具体要求是多少？

答：所谓机组的摆度，也就是机组的盘车摆度，在机组的安装过程中，标准有着严格的规定和要求，其测量项目和要求具体见表 2-5-13。

表 2-5-13　　　　　　　　　　　　　　摆度的允许值

轴的名称	测量部位	摆度类别	摆度的允许值				
			轴转速 n（r/min）				
			$n<150$	$150\leqslant n<300$	$300\leqslant n<500$	$500\leqslant n<750$	$n\geqslant750$
发电机轴	上、下轴承处轴颈及法兰	相对摆度（mm/m）	0.03	0.03	0.02	0.02	0.02
水轮机轴	导轴承处的轴颈	相对摆度（mm/m）	0.05	0.05	0.04	0.03	0.02
发电机轴	集电环	绝对摆度（mm）	0.50	0.40	0.30	0.20	0.10

注　1. 绝对摆度是指在测量部位测出的实际摆度值（净摆度）。

　　2. 相对摆度＝绝对摆度（mm）/测量部位至镜板距离（m）。

　　3. 在任何情况下，水轮机导轴承的绝对摆度不得超过以下值：转速在 250r/min 以下的机组为 0.35mm；转速在 250～600r/min 以下的机组为 0.25mm；转速在 600r/min 及以上的机组为 0.20mm。

　　4. 以上均指机组盘车摆度，并非运行摆度。

2-5-60 对于立式机组轴线的测定和调整处理，其操作步骤怎样？

答：由于对机组的轴线有着严格要求，所以对其测量和调整非常重要，步骤如下。

（1）轴线测量。通过盘车的方式，测量出上导、下导、法兰及水导处盘车测量数据，为轴线的分析、处理提供依据。一般常测记两圈的读数，因为第二圈时，推力瓦与镜板间的油膜比较匀薄，故计算出的摆度值也比较精确。而在盘车测量数值时，一圈之后，数值应回"0"值，一般应不大于 0.05mm。

（2）数据分析。利用盘车测量数据进行摆度计算，或用图解法绘出摆度曲线，用以分析盘车数据的正确性，求出最大的摆度值及其方位，从而判定出轴线的倾斜或曲折程度。在数据分析中需要注意：由于上导轴承存在着不可避免的间隙，主轴回转时，轴线将在轴承间隙范围内发生位移。因此，上导轴承处的百分表读数反映了轴线在轴承内的径向位移，而法兰处的百分表读数，则是轴线在法兰处的净摆度（2 倍倾斜值）与轴线位移之和。

（3）轴线处理。当轴线的摆度超过质量标准时，应进行处理，其方法是：① 悬吊型机组可刮削、调整推力头与镜板间的绝缘垫；② 伞型机组可采用刮削推力头底面，或在推力头与镜板间加薄铜片或绝缘垫；③ 有时要处理法兰结合面。

2-5-61 对于卧轴灯泡贯流式机组的轴线摆度，其具体要求怎样？

答：对于卧轴灯泡贯流式机组，在发电机正式安装时，当主轴联结后，盘车检查各部分摆度，在规范中规定应符合下列要求：① 各轴颈处的摆度应小于 0.03mm；② 推力盘的端面跳动量不应大于 0.05mm；③ 联轴法兰的摆度应不大于 0.10mm；④ 滑环处的摆度应不大于 0.20mm。

2-5-62　什么叫盘车？盘车的目的是什么？常用的盘车驱动方法有哪些？

答：用人为的方法使机组的转动部分缓慢地转动，称为机组的盘车。盘车的目的是：① 检查机组轴线的倾斜和曲折情况；② 通过盘车测量，求出摆度值，用于分析和处理轴线；③ 合理地确定导轴承的中心位置；④ 检查推力瓦的接触情况；⑤ 为了安装和检修的需要（如对正螺栓孔）。

常用的盘车驱动方法有机械盘车、电动盘车、人工盘车三种方法。其中，机械盘车通常是以厂房内桥机为动力，通过一套钢丝绳和滑轮组来拖动机组转动部分旋转，这是一种传统的盘车方法；电动盘车是在定子和转子绕组内通直流电产生电磁力拖动转动部分旋转；而人工盘车是用人力推动的方式使转动部分旋转，这种方法主要是用在小型水力机组上；而随着技术的发展，现在已有一种专门用于盘车的电动装置，相对于以前的盘车方法而言，这种装置使盘车更为方便、可靠，且已得到推广应用。

此外，在进行贯流式机组安装过程中需要进行的盘车操作（如安装转子和转轮时需要对螺栓孔），由于采用以上方法的条件不具备，通常在大轴上安装一个简易的夹具，然后用钢丝绳和手拉葫芦在灯泡体内拉动大轴旋转；有的也直接用钢丝绳（在大轴上先反顺序缠绕几圈）和手拉葫芦配合拉动盘车。

2-5-63　盘车时应具备哪些基本条件，盘车为什么要分发电机单盘和机组盘车两次进行？

答：盘车是一项比较重要的工作，需符合一定的条件后才能进行，主要应注意以下几点：① 机组各大部件已组装完毕，并已吊入机坑；② 推力轴承安装已基本完成，可以承受机组转动部分的重量且受力均匀；③ 各导轴瓦均已吊入机坑，导轴瓦在盘车时处于备用状态；④ 对于盘车所需的液压系统，已具备工作条件；⑤ 对于伞型机组，发电机与水轮机的主轴连接已完毕。

在立式机组中，当发电机转子吊入机坑后，在联轴前需先对发电机单独盘车，以测定发电机大轴法兰处的摆度，并进行推力瓦的研刮，这些工作合格后，即可进行机组联轴工作。其目的是减少联轴后的摆度值，避免联轴前盘车时转轮与固定部件相碰，保证盘车工作顺利进行。发电机单盘的要求是摆度应尽可能小，一般不超过双侧转轮密封间距之和的 1/5，常控制在 0.2mm 以下。

2-5-64　在对立式机组进行盘车测量前，要做好哪些准备工作？

答：在对立式机组进行盘车前，应做好相应的准备工作，具体如下。

（1）在上导、下导、法兰及水导等要测量摆度的位置，分别沿圆周清扫干净并划出八等分线，要求上、下各位置的等分线应在同一方位上，并按逆时针方向顺次对应编号。

（2）调整推力瓦的受力，使镜板处于水平状态。启动高压油泵，顶起转子，抽出推力瓦，在瓦面上涂以洁净的无水猪油或二硫化铝作为润滑剂，然后把推力瓦推入就位，落下转子，固定好推力瓦。

（3）安装盘车用的推力导轴瓦或推力头附近的导轴瓦，作为盘车的支承或称计算基准，借以控制主轴的径向位移。导轴瓦面上也应涂以洁净的无水猪油，导轴瓦与轴间应有

0.05mm 的间隙，其他导轴瓦应拆除或退向外侧，以免整劲，影响盘车测量精度。

（4）清扫、检查转动部分与固定部分间隙内应无杂物，粗测间隙，使盘车时不会相碰或卡阻。

（5）在上导、下导、法兰及水导处，按 $+x$、$+y$ 方向各装百分表一只，作为测量和校核之用，要求各表架应有足够的刚度并固定牢靠，百分表的测头应紧贴被测部位并与之垂直，百分表的短针应留有 2～3mm 的压缩量，长针应调零。

（6）在法兰或水导处推动主轴，应看到百分表的指针摆动正常，从而证明主轴处于自由状态。

2-5-65　什么叫全摆度和净摆度，主轴倾斜度与净摆度有什么关系？示例说明。

答：在机组盘车过程中，通过百分表测量出来的"摆度值"，它只能初步反映摆度的大小，并不能确定摆度的具体方位，所以我们在盘车时所测量到的数值不能直接作为机组轴线的数据。为此，我们在对测量值的基础上，引入了全摆度和净摆度两个概念（参数），以便于对机组的轴线进行大小和方位的全面分析。其具体的定义如下。

（1）全摆度。是同一测量部位两对称点测量数值之差。可表示为：$\Phi = \Phi_1 - \Phi_0$（Φ—测量点全摆度；Φ_1—测量点旋转 180° 后百分表读数；Φ_0—测量点未旋转时百分表读数）。

（2）净摆度。是指同一测量点上、下两部位全摆度数值之差，也就是绝对摆度。如集电环轴两端，受油器轴两端。

（3）倾斜值。指该处净摆度值的一半。

某电厂发电机盘车的记录见表 2-5-14，其上导处的全摆度：$\Phi_{a5-1} = (-1) - 1 = -2$；$\Phi_{a6-2} = (-2) - 1 = -3$；$\Phi_{a7-3} = (-1) - 1 = -2$；$\Phi_{a8-4} = 0 - 0 = 0$。法兰处全摆度：$\Phi_{b5-1} = 0 - (-12) = 12$；$\Phi_{b6-2} = 8 - (-24) = 32$；$\Phi_{b7-3} = (-1) - (-19) = 18$；$\Phi_{b8-4} = (-7) - (-11) = 4$。法兰处净摆度：$\Phi_{ba5-1} = 12 - (-2) = 14$；$\Phi_{ba6-2} = 32 - (-3) = 35$；$\Phi_{ba7-3} = 18 - (-2) = 20$；$\Phi_{ba8-4} = 4 - 0 = 4$。由此可知，法兰最大倾斜点在"6"点，其值为：$j = \Phi_{ba6-2}/2 = 35/2 = 17.5$（0.175mm）。

表 2-5-14　　　　　　　　　　某电厂发电机盘车记录

测量部位	测点编号							
	1	2	3	4	5	6	7	8
上导	1	1	1	0	−1	−2	−1	0
法兰	−12	−24	−19	−11	0	8	−1	−7

2-5-66　相对摆度、绝对摆度、全摆度、净摆度有什么联系和区别？

答：在安装技术规范里，我们规定了对轴线折弯和摆度的要求。为了便于合理规定刚性盘车的摆度要求，对各导轴承处及法兰处的摆度允许值引入了"相对摆度"术语，相应也就有"绝对摆度"。

在进行盘车检查轴线时，主轴某部位的绝对摆度指的是实际净摆度，其计算方法是由该部位盘车读数直接计算而得到的全摆度减去镜板处相应的全摆度；而相对摆度则是指该部位的绝对摆度与测量部位至镜板距离的比值。显然，用相对摆度来提要求，便于统一对轴线与镜板的垂直度要求。也就是说，在相同的垂直度要求下，相对摆度是一个固定值，而绝对摆度的允许值则要视该部位距镜板的远近，距离大的允许值就大，反之就小。

2-5-67 绘制摆度曲线的步骤怎样，它有什么意义？

答： 绘制摆度曲线的步骤如下：① 坐标选择。以轴号为横坐标，摆度为纵坐标，并选择适当的比例。② 曲线绘制。将各点的净摆度值直接描在坐标上并连成一条曲线，即为净摆度曲线。③ 曲线分析。净摆度曲线应基本呈正弦形状，否则要进行分析。若除去个别点后，曲线基本呈正弦形状，可以认为个别点为测量误差点，测量结果有效。如果不在正弦曲线上的点并非个别，或曲线形状很不规则，说明盘车测量数据不准确，应查明原因，并重新进行盘车。④ 确认曲线合格后，在曲线上找出最大摆度值及方位，如图 2-5-19 所示。

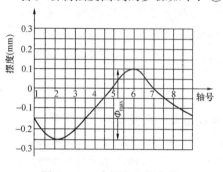

图 2-5-19 净摆度坐标曲线

如果没有其他因素干扰，则法兰处 8 个点的净摆度值在坐标上应成正弦曲线，并可在正弦曲线中找到最大摆度值及其方位。但在实际工作中，往往有许多其他因素干扰，使正弦曲线不规则。当此正弦曲线发生较大突变时，说明所测数值不正确，应重新盘车测量，这也是检验测量数值是否准确的一个方法。

2-5-68 如何区分机组轴线、机组中心线和主轴旋转中心线？

答： 大、中型立式装置的水轮发电机组大轴是由顶轴（或励磁机轴）、发电机主轴及水轮机主轴等所组成，也有发电机和水轮机共用一根主轴的。在理论研究中，往往用一条贯穿机组主轴的中心线来代表实际的机组轴线，这就是所谓机组的轴线。

而机组的中心线即是机组固定部件的几何中心连线，它应根据机组型式而定，对于混流式机组，机组中心线主要指发电机的定子平均中心和水轮机的固定止漏环平均中心的连线；对于轴流式和斜流式机组的中心线主要指发电机定子平均中心和转轮室中心的连线；对于水斗式机组，机组的中心线则主要指发电机定子的平均中心和水轮机机壳顶盖上的止漏环中心的连线。

旋转中心线是指整个机组回转部分围绕着旋转的那根几何中心线，它是一条贯串推力轴承镜板镜面中心的垂线。

2-5-69 什么是发电机的电动盘车，其盘车原理是怎样的？

答： 电动盘车是使发电机定、转子分别通上直流电后，利用定、转子磁场间的电动力，使机组缓慢转动。

发电机处于电动盘车状态时，相当于发电机工作在直流电动机状态。其原理是：当发电机转子绕组通以恒定直流时，转子将产生一个恒定的转子磁场。此时若定子绕组某一相也通入直流，则该相也产生一个磁场。当通入的电流刚好使两磁场的极性相反，则两磁场相互吸引，反之则相斥。当磁场产生的电磁转矩大于转子的摩擦转矩时，转子便转动一个电气角度，直至定转子的磁轴相重合时转子停止转动。此时给定子的另一相通入电流，则转子又旋转一个电气角度，这样 U、V、W 三相按顺序不间断地依次循环通入电流，则转子便能连续转动。

图 2-5-20 是某电厂电动盘车电气接线图。

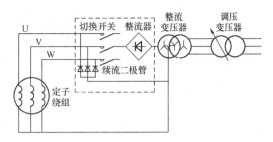

图 2-5-20　电动盘车电气接线示意图

2-5-70　电动盘车需要多大的定、转子电流？

答：目前对机组进行电动盘车所需的电流计算有很多经验公式，但都只能计算一个大概值。主要是推力轴承的摩擦系数不是定值。它与油膜厚度、油的种类有关，且静摩擦系数和动摩擦系数差别也较大；定子线棒磁轴与转子线圈磁轴的夹角也是一个变量，实际上盘车过程中电流也是变化的，故不能准确地进行计算。根据现场实际盘车经验，使转子能顺利转动的定转子电流的大小，一般可按转子电流取其额定电流的 50%，定子电流取其额定电流的 30%～40%。因此，在自行制作电动盘车装置时可按此考虑设计容量，考虑到盘车装置的电流还可作干燥电源，故在设计制作时容量还可稍大一些。一般转子绕组可直接使用备用励磁，只需一套盘车电源给定子绕组提供电流即可。

2-5-71　电动盘车应具备哪些条件？

答：电动盘车前应具备以下条件：① 盘车前，机组机械部分应尽可能调整好，并具备转动条件。② 固定部位与转动部位的间隙，应保证无遗留杂物。尤其是发电机定转子间隙、水轮机轮叶四周，均应先行检查无误。③ 镜板和各瓦面洁净，在瓦面上抹羊油或猪油，也可使用其他高抗磨润滑剂。盘车应在风闸落下后尽可能短的时间内开始。具备高压油顶起装置的钨金瓦机组盘车时应投入高压油顶起，瓦面也不需另外抹油。④ 盘车前检查盘车电气装置，各线路应连接牢固无误，装置周围还应装设临时遮栏。盘车时，转子如使用备用励磁电流，则机组励磁回路和备用励磁装置等应具备正常送电条件。

2-5-72　当采用电动盘车时，应如何操作，有哪些注意事项？

答：当采用电动盘车时，其操作程序和注意事项如下：① 盘车前，盘车装置的调压变压器输出应为 0V 位置。开始盘车后再调整盘车电源的调压变压器输出电压，预先估调一个可能的输出电流（即加入定子的电流不是由 0 缓慢增加的）。② 首先在转子绕组加入一个电流值（经验值，如 30%～50% 转子额定电流），然后通过盘车电源再投入其中一相定子电流，观察转子是否转动。如投入一相定子电流后转子不能立即转动，则马上切换电流至另外一相，以此投入电流的相序确定转子旋转方向，同时根据转子的转动情况确定电流大小是否合适。可根据转子转动情况调整定、转子电流大小。③ 转子所处位置不适合于启动时，机组可以作少量的反转，然后正转，借助惯性通过此位置。如投入电流后转子不能转动，则可先增大定子电流，转子若还不能转动，则应该断开电源，查找是否有其他的原因妨碍转子旋转。④ 确定顺序后，正式操作时，任意合一相合闸按钮并手动保持，观察转子转动，当转子速度已衰减时（约一个磁极宽度的进程），立即松开该相按钮，同时按下另一相按钮，转动一个磁极则换另一相，三个按钮循环按动，使转子依要求方向转动。⑤ 盘车过程中应经常检查接线电缆、滑环、定转子绕组的温度，遇有异常情况应首先切断定、转子电流，然后再进行检查和处理。

2-5-73 什么叫静平衡，什么叫动平衡，它们有什么区别与联系，如何判断？

答： 转动物体的平衡有静平衡和动平衡两个概念。静平衡只要求转动物体质量分布相对轴线对称，即整个物体的重心在轴线上。而动平衡则要求转动物体质量分布在任一旋转平面上都相对轴线对称。静平衡物体不一定动平衡，而动平衡物体必定静平衡。

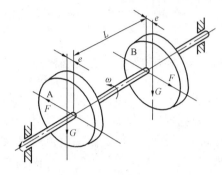

图 2-5-21 动不平衡示意图

如图 2-5-21 所示，若轴上只有一只 A 轮，重心 G 偏离旋转轴线距离为 e。则该转动物体静不平衡，也动不平衡。物体转动时有一离心力 F 作用于转动物体，离心力 F 大小与转速平方成正比，方向随转动角度不断变化，每转一圈完成一个变化周期，它为变力。在该变力作用下，转动物体两个轴承支点有可能发生振动，但两轴承振动的频率和相位相等，且振动频率等于转速。

如果轴上有两只重量相等、偏心距 e 相等但方向相反的 A、B 轮，则该转动物体静平衡（总重心仍在轴线上），但动不平衡（因 A、B 两轮旋转平面上质量分布都不对称）。物体转动时有两离心力 F 形成一对力偶作用物体，力偶 M（$M=FL$）大小与转速平方成正比，方向随转动角度不断改变，每转一圈完成一个变化周期，也为变力。在该变力作用下，转动物体两个轴承支点发生振动。二轴承振动频率相同但相位正好相差 180°，振动频率也等于转速。

根据振动的振幅是否与转速平方成正比，振动频率是否与转速相等，可确定该振动是否由转动物体质量分布不对称所引起。同时根据转动物体两支点振动的相位，可确定振动是主要由静不平衡引起（静不平衡必定同时动不平衡），还是主要由动不平衡引起。

2-5-74 为什么要在制造和扩大性大修中对转轮进行静平衡试验？

答： 转轮在制造过程中，由于各种原因会造成转轮质量分布不均匀。而在检修过程中，由于空蚀、补焊以及翼形发生变化等原因都会导致转轮质量分布不均，使转轮的重心偏离转动部分的中心。这样，机组在运转中，偏心质量必然产生一离心力，这个不平衡的离心力与转速的平方成正比。而由于不平衡离心力所产生的动载荷，会引起主轴的弓状回转，造成轴承受力不均匀，增加了轴瓦的磨损，并导致机组振动，从而降低机组的效率，甚至引起轴承烧瓦等破坏性事故。因此，在扩大性大修中，转轮经大面积补焊后，应进行转轮的静平衡试验，以消除大修补焊后出现的质量不平衡。

2-5-75 对转轮进行静平衡试验的方法有哪些，对转轮静平衡的要求怎样？

答： 对转轮进行静平衡试验的方法通常有两种：一种是立式静平衡试验；一种是卧式静平衡试验。立式静平衡试验的方法是通过一个支撑式的（也有用悬吊式的）平衡装置在转轮的重心处将转轮支撑起来进行检查，如图 2-5-22 所示。混流式水轮机和轴流式水轮机的转轮，都可以用球面支撑的方法来进行静平衡试验。支撑球体置于底座的平衡垫圈上。根据静力学的原理，这种支撑在球面上的转轮，只有当其平衡时，轴线才处于垂直状态；否则，转轮将向重侧倾斜，以保持重心在通过支撑点的垂线上。准确平衡的转轮，无论怎样，它的轴线都是垂直的。对于大、中型水轮机的转轮，一般采用立式的方法来进行静平衡。

卧式静平衡试验的方法是按转轮内孔配置好平衡轴，装上转轮后一起吊放在平衡导轨上，多次转动转轮，若每次停下来总是某一点 A 在最低部位，则说明其静不平衡，不平衡点在 A 点，如图 2-5-23 所示。对转轮残留不平衡力矩，应符合设计要求。设计无要求时，应符合表 2-5-15 的要求。

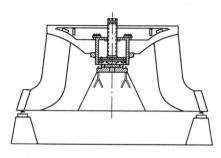

图 2-5-22　立式静平衡试验

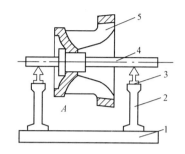

图 2-5-23　卧式静平衡试验

1—平台；2—支架；3—平衡导轨；

4—平衡轴；5—转轮

表 2-5-15　　　　　　　　　　转轮单位质量的许用不平衡量值 e_{per}

最大工作转速（r/min）	125	150	200	250	300	400
转轮单位质量的允许不平衡量值 e_{per}（g·mm/kg）	55	450	330	270	220	170

第三章

发 电 机

第一节 发电机基本理论

3-1-1 什么叫作水轮发电机，它的基本工作原理是怎样的？

答：我们通常所说的发电机都是交流同步电动机。同步电动机主要用作发电机，也可作为电动机。此外，还有一种同步调相机，它实质上是接在交流电网上空转的同步电动机，其作用是供给或吸收电力用户的滞后无功电流，以改善电网的供电性能。当同步电动机作为发电机时，根据其原动机的不同，可分为水轮发电机、汽轮发电机、风力发电机、柴油发电机等。我们将这种由水轮机带动并发出电能的三相交流同步电动机称为水轮发电机。

一个简单的三相交流同步发电机由转子与定子两部分组成，转子由主轴、磁轭和磁极组成，定子由机座、铁芯和绕组组成。为了获得三相交流电，在定子铁芯内布置有相隔 120°的三相绕组，称为定子绕组或电枢绕组。为了获得转子磁场，在磁极上绕有励磁绕组，也称转子绕组，由晶闸管或励磁机供直流电流给励磁绕组，产生转子磁场。当转子在水轮机拖动下旋转时，便形成一个旋转磁场，该磁场与定子有相对运动，在定子三相绕组中感应出相位不同的三相对称交流电动势，相序为 U—V—W，此时如果发电机接上负载，就会有三相交流电流流过负载，发电机就将机械能转换成了电能。

3-1-2 同步发电机的"同步"是什么意义，同步发电机的工作状态怎样？

答：发电机的定子和转子之间的空隙叫作气隙，电动机运行时，在气隙里有定子和转子两个磁场，当发电机三相定子绕组中定子电流产生的旋转磁场与转子以同速度、同方向旋转时，称"同步"。由于水轮机带动的发电机转子转速 n 总是等于定子旋转磁场的同步转速 n_1 的，故叫同步发电机。

在同步发电机中，一个是转子绕组流过直流电流产生的转子磁场，一个是定子三相绕组流过对称的三相交流电流时合成产生的定子磁场，它们都是旋转的，所以叫旋转磁场。一般情况下，转子的旋转磁场在前，定子的旋转磁场在后。在调相机或同步电动机中，定子的旋转磁场在前，转子的旋转磁场在后，与发电机相反。

3-1-3 什么是同步发电机的电枢反应？

答：同步发电机空载运行时，定子绕组开路（定子电流 $I_n = 0$），转子由原动机拖动，并以额定转速 n_e 旋转，转子绕组中通入的励磁电流 I_L，使定子绕组的感应电动势 E_0 等于额定电压 U_e，这种运行状态称为空载运行。这时，电动机内部只有转子磁通，称为主磁通。

而当发电机带上负载运行时，定子三相对称绕组中会出现三相对称电流，该电流就会产生一个与转子同步旋转的磁动势。这样一来，电枢磁通势与励磁磁通势相互作用，建立负载时的气隙磁场。此时，尽管励磁电流和励磁磁通势未变，气隙磁场却发生了变化，因此发电机定子绕组中的电动势发生了变化，端电压已不再是 E_0，也即负载时电枢磁通势会对发电机中的磁场以及感应电动势有较大的影响。在这种情况下，当三相同步发电机对称负载运行时，这种电枢磁通势对励磁磁通势的影响，称为"电枢反应"。

3-1-4　水轮发电机有哪些类型？

答： 水轮发电机的类型按其布置方式的不同，一般分为立式装置和卧式装置两种，而按推力轴承与发电机转子相对位置的不同，又分为悬式和伞式两大类型。

另外，根据水轮发电机冷却方式的不同，又可分为空冷式、水冷式及蒸发冷却等方式。水冷式按其冷却部位的不同，分为双水内冷、半水内冷和全水内冷三种方式。所谓双水内冷，就是将经过专门水质处理的冷却水通入转子和定子的空心绕组内，从而带走绕组散发的大部分热量；如果只对定子绕组进行水冷，而转子仍用空气循环冷却，称为半水内冷；如果对转子和定子绕组、定子铁芯以及推力瓦等设备全部采用水冷却方式，称为全水内冷；蒸发冷却方式，是指用三氯三氟乙烷（即氟利昂113）作为发电机绕组的冷却介质，该介质在常压下于 $47.6℃$ 开始蒸发，吸收热量后汽化进入冷凝器，凝结成液态再进入空心绕组，形成一个密闭的蒸发冷却自循环系统，其相对导热能力是水的5倍以上。目前，国产大、中型水轮发电机中的绝大多数为封闭自循环空冷式。

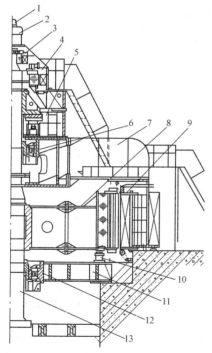

图 3-1-1　立式水轮发电机结构简图

1—转速继电器；2—周期发电机；3—副励磁机；
4—主励磁机；5—推力轴承；6—上导轴承；
7—上机架；8—转子；9—定子；10—风闸；
11—下机架；12—下导轴承；13—主轴

3-1-5　水轮发电机由哪些主要部件组装而成，其特点是什么？

答： 水轮发电机不管其布置方式如何，一般由转子、定子、上机架、下机架，推力轴承、导轴承、空气冷却器、励磁机及永磁机等主要部件组装而成，如图 3-1-1 所示。其中，转子和定子是产生电磁作用的主要部件。转子由主轴、转子支架、磁轭和磁极等部件组成；定子由机座、铁芯和绕组等部件组成；推力轴承是水轮发电机的一个重要部件，它承受水轮发电机转动部分的重量以及水流所产生的全部轴向水推力。其他部件起支持或辅助作用。

水轮发电机由于水电站的水头有限，水压力小，故转速不可能很高，一般在 $100\sim300r/min$，很难超过 $750r/min$，与汽轮发电机相比，转速较低。由于转速低，要获得 50Hz 的电能，发电机转子的磁极较多。同时，为了避免产生几倍于正常水压的水击现象，而要求导叶的关闭时间比较长，但又要防止机组转速上升过高，因此要求转子具有较大的重量和结构尺寸，使之有较大的惯性。此外，为减少占地面积，降低厂房造价，大中型水轮发电机一般采用立轴。总之，水轮发电机的特点是转速低、磁极多、转子为凸极式、结构尺寸和重量都较大，大中型机组多采用立式。

3-1-6 在机组的布置型式中，什么叫机组的悬式结构和伞式结构，如何区分？

答：水轮发电机根据推力轴承与发电机转子相对位置的不同，分为悬式和伞式两大类。悬式机组是指推力轴承位于发电机转子上方的机组，通常布置在上机架上。大容量悬式水轮发电机均装有两部导轴承，上导轴承位于上机架内，下导轴承位于下机架内，也有取消下导轴承，仅有上导轴承，即"三导"悬式和"二导"悬式（包括水轮机导轴承），如图 3-1-2 (a)、(b) 所示。

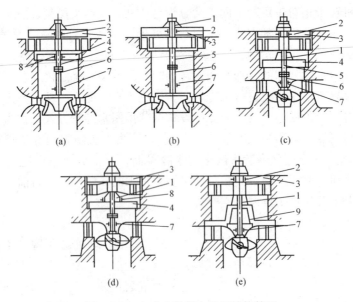

图 3-1-2 立式水轮发电机组结构简图

(a)"三导"悬式；(b)"二导"悬式；(c)、(e) 半伞式；(d) 全伞式

1—推力轴承；2—上导轴承；3—上机架；4—下机架；5—主轴；

6—水轮机主轴；7—水导轴承；8—下导轴承；9—水轮机顶盖

伞式机组是指推力轴承位于转子下方的机组。这种机组，推力轴承通常布置在下机架上或水轮机顶盖上，如图 3-1-2(c)、(e) 所示。伞式水轮发电机也有半伞式和全伞式之分，如图3-1-2(c)、(d) 所示。半伞式水轮发电机只有上导轴承而没有下导轴承；全伞式水轮发电机只有下导轴承而没有上导轴承。

3-1-7 悬式水轮发电机与伞式水轮发电机相比，具有什么特点，适用范围怎样？

答：悬式水轮发电机与伞式水轮发电机相比，它的主要特点是：① 机组径向机械稳定性较好，这是因为它的转子重心在推力轴承的下面，上机架为承重机架。② 检修及日常维护比较方便，这是因为它的推力轴承在发电机层。③ 机组的总安装高度较高，机组总造价高。④ 机组转速大多在中速以上（大、中容量的机组额定转速通常在 100r/min 左右，中、小容量的额定转速多在 375r/min 左右）。

对于悬式机组的应用范围，目前国内主要以定子铁芯内径 D_i 与定子铁芯的长度 L_i 和机组额定转速 n_e 的乘积之比判定，即当 $D_i/(L_i \cdot n_e) \leqslant 0.035$ 时，多采用悬式水轮发电机。

3-1-8 伞式机组与悬式机组相比，具有什么特点，适用范围怎样？

答：伞式机组与悬式机组比较，其主要特点是：① 上机架是非承重机架，它不承受推力负载，故可采用轻型结构。② 有的伞式机组只用一根轴，有的伞式机组主轴与推力头焊为一个整体，这样可以提高加工精度，使机组轴线工作大为简化。③ 全伞式水轮发电机的推力轴承与下导轴承放在一处，并合用一个油槽，因此结构较紧凑，但这样也使检修和日常维护稍有不便。④ 伞式机组及厂房的总高度都稍低（与悬式相比），这样可降低总造价。与同容量的悬式水轮发电机相比，可以减轻发电机的重量。⑤ 伞式机组主要适用于中、低转速范围，即 $n_e < 100 \sim 150 \mathrm{r/min}$。近年来，国内外伞式水轮发电机应用转速范围有提高的趋势，如我国东方电机厂生产的伞式机组，其额定转速达到 166.7r/min，法国全伞式水轮发电机转速已用到 300r/min，日本半伞式水轮发电机转速已用到 450r/min。当 $0.05 > D_i/(L_i \cdot n_e) > 0.035$ 时，宜采用半伞式；当 $D_i/(L_i \cdot n_e) \geqslant 0.05$ 时，采用全伞式。

3-1-9 我国水轮发电动机的型号是如何表示的，各代表什么含义？

答：水轮发电机的型号表示电动机的类型和性能及结构特点。我国的电动机产品型号用汉语拼音字母以及国际通用的符号和阿拉伯数字表示，一般由型号代号和规格代号两大部分

图 3-1-3 水轮发电机型号表示

组成，如图 3-1-3 所示。产品型号代号表征电动机的基本特征，采用汉语拼音字母表示，如：SF：水轮发电机；SFW：卧式水轮发电机；SFWG：卧式贯流水轮发电机；SFS：水冷式水轮发电机；SFSW：水冷卧式水轮发电机；SFD：水轮发电—电动机。而规格代号通常表示功率、磁极数以及定子铁芯外径等发电机的基本参数。例如，SFWG10-60/5300，其表示容量为10MW，60 个磁极，定子铁芯外径为 5300mm 的卧式贯流水轮发电机。

3-1-10 水轮发电机有哪些基本技术参数，各是如何定义的？

答：水轮发电机的电气参数主要是依据电力系统对电站电气参数和主结线的要求，同时根据《大中型水轮发电机基本技术条件》（SL 321—2005）等规范来确定的。其基本参数如下。

（1）额定容量 S。指水轮发电机长期安全运行的最大允许输出视在功率，单位为 kVA 或 MVA。其表达式为：$S = \sqrt{3}UI$。单台发电机额定容量的确定，与其同轴的水轮机额定出力的确定有直接关系。

（2）额定电压 U。指发电机在正常运行时长期安全工作的最高定子绕组电压，单位为 kV。其值应根据发电机的额定容量和各项技术经济指标来选定，并符合国标规定。国际 GB/T 156—2007《标准电压》对发电机额定电压的规定为：0.115、0.23、0.4、0.69、3.15、6.3、10.5、13.8、15.75、18、20kV 等多个等级。对于中、小容量的机组，一般选用 6.3 和 10.5 两个等级。

（3）额定电流 I。指发电机正常连续运行时的最大工作线电流，单位为 A、kA。

（4）额定功率因数 $\cos\varphi$。发电机的额定功率因数是发电机的额定有功功率 P_N（MW）与额定容量 S_N（MVA）的比值。其表达式为：$\cos\varphi = P_N/S_N$。水轮发电机的功率因数一般为 0.8～0.95。

（5）额定转速 n。由于大多水轮发电机与水轮机都是同轴连接，所以，发电机的额定转速为水轮机的转速，即主轴每分钟的旋转圈数，单位为 r/min。转速与频率的关系是：$n=60f/p$（f—电网的频率，我国规定为 50Hz；p—发电机磁极对数）。

（6）发电机的效率 η_g。水轮发电机的效率是和它的能量损耗联系在一起的。发电机的额定效率，即发电机在额定容量、额定电压、额定功率因数、额定转速时的效率值。是为发电机向电网输送的有功功率与输入到发电机的水轮机轴功率之比，其表达式为：$\eta_g=N_g/N_f$（η_g—发电机效率；N_g—发电机有功功率；N_f—水轮机输出功率）。

（7）飞逸转速 n_f。水轮发电机组在最高水头下运行而突然甩负荷，如果水轮机的调速系统及其其他保护装置失灵，导水机构发生故障致使导叶开度在最大位置，在此工况下，机组可能达到的最高转速称为飞逸转速。飞逸转速与额定转速的比值称为飞逸系数，用 K_f 表示。

（8）飞轮力矩 GD^2。飞轮力矩是发电机转动部分的重量与其惯性直径平方的乘积。它直接影响到发电机在甩负荷时的速度上升率和系统负载突变时发电机的运行稳定性，所以它对电力系统的暂态过程和动态稳定也有很大影响。一般情况下，GD^2 越大，则机组转速变化率越小，电力系统的稳定性就越高。

另外，机械（或惯性）时间常数 T_m（发电机额定转矩作用下，把转子从静止状态加速到额定转速所需要的时间）、短路比 K_c、立轴同步电抗 X_d、立轴暂态电抗 X'_d、立轴次暂态电抗 X''_d、充电电容 Q_c、电容电流 I_c、绝缘等级、相数、绕组型式等相关电气参数在设计和制造发电机时也要进行选择和核算。

3-1-11 什么是发电机的短路比 K_c，K_c 与发电机结构有什么关系？

答：短路比 K_c 是表征发电机静态稳定度的一个重要参数。K_c 原来的意义是对应于空载额定电压的励磁电流下三相稳态短路时的短路电流与额定电流之比，即 $K_c=I_{ko}/I_N$。由于短路特性是一条直线，故 K_c 可表达为发电机空载额定电压时的励磁电流 I_{fo} 与三相稳态短路电流为额定值时的励磁电流 I_{fk} 之比，其表达式为：$K_c=I_{fo}/I_{fk}\approx1/X_d$。$X_d$ 是发电机运行中三相突然短路稳定时所表现出的电抗，即发电机直轴同步电抗（不饱和值）。

如忽略磁饱和的影响，则短路比与直轴同步电抗 X_d 互为倒数。短路比小，说明同步电抗大，相应短路时短路电流小，但是运行中负载变化时发电机的电压变化较大，且并联运行时发电机的稳定度较差，即发电机的过载能力小、电压变化率大，影响电力系统的静态稳定和充电容量。短路比大，则发电机过载能力大，负载电流引起的端电压变化较小，可提高发电机在系统运行中的静态稳定性。但 K_c 大使发电机励磁电流增大，转子用铜量增大，使制造成本增加。短路比主要根据电厂输电距离、负载变化情况等因素提出，一般水轮发电机的 K_c 取 0.9～1.3。结构上，短路比近似地等于 $K_c\approx B\delta/[(0.3-0.4)A\tau]$，其中 B 为气隙磁密；δ 为气隙长度；A 为发电机电负载；τ 为极距。可见，要使 K_c 增大，须减小 A，即增大机组尺寸；或加大气隙，须增加转子绕组安匝数。

3-1-12 水轮发电机铭牌上有哪些内容，各代表什么意义？

答：发电机在出厂时，厂家都需提供一个铭牌，标明这台发电机在正常运行时主要参数的额定数值，既能保证发电机正常连续运行的最大期限，又能在此额定数据下运行时，使发电机的寿命达到预期的年限。发电机的铭牌通常包含以下内容。

（1）电动机型号。表示发电机的类型、容量、磁极个数、定子铁芯外径等。

（2）额定容量 S_N 或额定功率 P_N。对同步发电机是指输出的额定视在功率（MVA）或有功功率（MW）。当发电机作电动机运行时，额定容量 S_N 是指发电机出线端的额定视在功率，额定功率 P_N 是指发电机轴上输出的额定机械功率。

（3）额定电压 U_N。是指在额定工况运行时定子的线电压，单位为千伏（kV）。

（4）额定电流 I_N。是指在额定工况运行时定子绕组的线电流，单位为安（A）。

（5）额定功率因数 $\cos\varphi$。是指在额定工况运行时发电机的功率因数。

（6）额定效率 η_N。是指在额定工况运行时发电机的效率。

（7）额定转速和额定频率。是指额定工况时发电机的转速，主要与磁极个数有关，单位为 r/min 和 Hz。

（8）额定励磁电流和额定励磁电压。是指发电机在额定工况运行时加到励磁绕组的直流电压和电流。

（9）定子绕组连接。一般有星形联结或三角形联结等。

（10）额定温升。常用符号 T 表示，指发电机某部分的最高温度与额定入口风温的差值，额定温升的确定，与发电机绝缘的等级以及测量温度的方法有关，我国规定的额定入口风温为 40℃。

3-1-13 3Y 接线是什么含义，发电机定子的三个绕组一般为什么都接成星形接线？

答：在发电机铭牌或图纸中，我们常见到发电机定子绕组的接线方式表示为 Y、3Y、5Y 等。这表示发电机是按星形方式接线。3Y 表示发电机定子绕组是 3 路星形并联，也可以理解为 3 个星形接线的发电机并联在一起。

在发电机定子绕组中的电动势，除有 50Hz 的基波外，还有高次谐波，其中三次谐波占主要成分，而三次谐波是同相位的；如果将发电机定子绕组接成三角形接线，如图 3-1-4(a) 所示，显然三角形接线中的三个三次谐波电动势是相加的，这样，有一个三次谐波电流 i_3 在绕组内流动，就会产生额外损耗并使定子绕组发热，这是我们所不希望看到的。而采用星形接线就可以消除这个

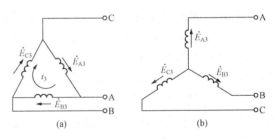

图 3-1-4 发电机定子绕组接线

(a) 三角形接线；(b) 星形接线

弊病，如图 3-1-4(b) 所示，在星形接线中，因为三次谐波电动势都同时背向中性点或指向中性点，电流不能构成回路，所以三次谐波电流 i_3 流不通，虽然定子绕组中有三次谐波电动势存在，但在线电动势中，它们相互抵消。所以，发电机一般都接成星形接线。

3-1-14 影响发电机效率的损耗有哪几类？

答：水轮发电机的效率是和能量损耗联系在一起的。水轮发电机的损耗可分为电磁损耗和机械损耗两大类。电磁损耗一般分为基本损耗和附加损耗两类。基本损耗主要包括铜损耗、铁损耗、励磁损耗，而附加损耗则包括附加铜损耗和附加铁损耗。机械损耗主要包括发电机的通风损耗、风摩损耗、滑环损耗以及轴承损耗等。

（1）铁损耗。是指发电机定子铁芯在交变主磁通的作用下产生的涡流损耗和磁分子阻力的摩擦所引起的磁滞损耗。其中，磁滞损耗是铁芯在磁化过程中，由于存在磁滞现象而产生

的铁损，这种损耗的大小与材料的磁滞回线所包围的面积大小成正比。铁损耗的大小主要取决于磁通密度的平方和频率。

（2）铜损耗。是指发电机的负载电流通过定子绕组所产生的电阻损耗。铜损耗在数值上主要取决于发电机负载电流的平方，其次还与铁芯的尺寸以及额定电压等因素有关。

（3）励磁损耗。是指转子的励磁通过磁极绕组时的电阻损耗以及电刷与滑环的接触损耗。励磁损耗在数值上主要与励磁电流的平方有关。

（4）通风损耗。是指水轮发电机通风冷却系统中，转子表面以及风扇克服空气阻力摩擦的能量损耗，也称风摩损耗。

（5）轴承损耗。水轮发电机的轴承损耗，主要包括推力轴承的摩擦损耗和油槽中的油流扰动损耗以及导轴承的摩擦损耗等。

（6）附加损耗主要包括定子绕组中电流的集肤效应产生的附加铜损耗、齿和槽所引起的脉动损耗、高次谐波磁通在定子、转子表面产生的铁损耗。

3-1-15 电力系统的电压、频率为什么会波动？

答： 当电力系统无功功率失去供需平衡时就会出现电压波动现象。无功功率不足，会使电压降低，无功功率过剩会使电压升高。当电力系统有功功率失去平衡时会使频率波动，同时也会使电压变动。有功功率不足时会使频率降低，有功功率过剩时会使频率、电压升高。而在事故情况下或负载无计划地大量增、减情况下，会出现有功功率和无功功率较严重失去平衡的现象，使发电机工作在超过电压、频率的允许范围，这将对电力系统产生恶劣影响。

3-1-16 发电机运行时，电压过高或过低会有哪些危害？

答： 电力系统的电压是供电质量的两个重要指标之一。电压质量对各类电气设备的安全经济运行有着直接的影响，这是因为所有的电气设备都是按额定电压条件下运行而设计制造的，当其电压偏离额定电压时，就会对电气设备的寿命产生很大的影响。

发电机连续运行的最高允许电压应遵守制造厂的规定，但最高运行电压不得超过额定值的110%。发电机运行电压过高将产生下列危害：① 在发电机容量不变时，提高电压，势必增加励磁，会导致转子绕组温度升高；② 电压提高，定子铁芯中的磁通密度增大，铁损增加，造成铁芯过热；③ 发电机正常运行时，是在接近饱和状态下工作，电压升高，铁芯会过饱和，导致发电机端部结构内的漏磁通大大增加，使定子基座的某些结构部件和定子端部出现局部过热；④ 发电机过电压运行，对定子的绝缘不利。此外，当电压过高时，对于电动机、变压器一类具有励磁铁芯的电气设备，铁芯磁通密度将增大以致饱和，从而使励磁电流和铁损大大增加，以致电动机和变压器过热，效率降低。

发电机的最低运行电压应根据稳定运行要求来确定，一般不应低于额定值的90%。当发电机电压过低时，发电机定子可能处在不饱和状态下运行，使电压不稳定。励磁稍有变化，电压就可能有较大的变化，甚至可能破坏并列运行的稳定性，引起振荡和失步。电压过低时，厂用电动机的运行情况恶化。对于异步电动机，它的运行特性对电压的变化很敏感。异步电动机的最大转矩与端电压的平方成正比，如果电压降低过多，电动机可能停转或不能启动。

3-1-17 发电机运行时，频率过高或过低会有哪些危害？

答： 发电机运行时，其频率过高或过低对发电厂和电力系统会造成严重的不良后果。对于发电厂本身而言，发电机的频率过高，转速增加，转子的离心力增大，对机组的安全运行不利。而当发电机的频率降得过低时，其出力就要受到限制。转子转速降低，发电机转子两端风扇的风压将以与转速的平方成正比的速率下降，通风量减少，定子、转子绕组和铁芯的温度升高。此外，发电机的频率降低，其定子电压也相应降低，要维持定子电压不变，就必须增大转子的励磁电流，使转子及励磁回路温度升高。对装有自动励磁调节器的机组，甚至可能出现励磁过电流。

对于电力系统来说，其频率主要由调频机控制，若电力系统频率偏离额定值（我国电网的额定频率为 50Hz）过大则会严重影响电力用户的正常工作。无论是频率过高或是过低，都可能影响工业产品的产量和质量，甚至出现废品。

3-1-18　在电力系统中，为什么要对有些水轮发电机施行调相运行？

答：水轮发电机做调相运行的目的是弥补系统无功出力不足，这是补偿系统无功的措施之一。当水轮发电机做调相运行时，既可过励磁运行也可欠励磁运行。过励磁运行时，发电机发出感性无功功率；欠励磁运行时，发电机发出容性无功功率。通常情况下，对于做调相运行的发电机，一般采用过励磁运行，向系统输出感性无功功率，提高系统的运行电压。但由于现在的电网容量越来越大，再加上水轮发电机远离负载中心，所以对水轮发电机，通常不考虑作调相运行。

3-1-19　为什么要对电力系统进行无功补偿，常用的方法有哪些？

答：电力系统的负载是指连接在电力系统上一切设备所消耗的电功率。电力系统的负载按性质不同分为有功负载和无功负载。由于电能不能大量储存，发电、输电和用电的过程实际上是同时进行的，因此，发电机发出的功率（有功功率和无功功率）与电力系统的负载必须始终保持平衡。若两者不平衡，发出的有功功率小于有功负载，则系统的频率降低，反之系统频率升高；而发出的无功功率小于无功负载，则系统电压降低，反之系统电压升高。在电力系统中，经常会出现无功功率不足的情况，因此，除了由发电机作为主要的无功电源，供给一定的无功功率外，通常还需专门装设无功电源设备，如调相机或电容器等，以补偿电力系统中无功功率的不足，此外还常要求某些水电站的机组能做调相运行，以补偿系统无功。

3-1-20　调相运行应如何操作，水轮发电机在调相运行时为什么要进行充气压水？

答：水轮发电机改做调相运行是很简单的，一般是将机组先带上有功负载及无功负载，然后将有功负载降为零，并将水轮机的导水叶关闭，排去转轮室内的水，使水轮机转子转动的能源改为由系统供给，再增加发电机的励磁电流，即可向系统提供无功功率。值得注意的是，一般的水轮发电机组是不做调相运行的，只有在系统中担任调相机的机组才可以以此种方式运行。另外，当机组在调相运行需要停机时，也先将机组带上有功负载，然后逐步关闭导叶和减小励磁电流，至导叶完全关闭时停机。

发电机做调相运行时，需要消耗系统少量有功功率来维持其转动，用以补偿各种有功损耗。调相运行时的损耗大小与是否把尾水管内的水用压缩空气压到水轮机以下有关。在压水的情况下，损耗的数值随尾水位的高低而变。转轮如果在水中旋转（即不压水时），一方面要多消耗电能，另一方面将使机组振动增大，而且空蚀严重。对于混流式水轮机，在水中旋转损耗达到额定容量的 $10\% \sim 30\%$；对于轴流式水轮机，若水轮机叶片转角很大，损耗可达相当大的数值。因此规定，只有水轮机不在水中时，方可做调相运行。转轮在空气中转动时，损耗及振动都大为下降。

3-1-21 对水轮发电机的调相运行有什么要求？

答： 由于水轮发电机的调相方式与发电方式转换方便，所以，调相运行的水轮发电机可以当作系统有功电源的热备用容量。然而，一般水电站距离负载中心较远，无功功率远距离输送的损失很大，对系统调压的效果也要受到一定的限制，因此，水轮发电机的调相运行，以离负载中心较近的电站为宜，否则是否采用调相运行的方式应根据系统的要求并经过技术经济比较确定。此外，多数水轮机导叶经长时间运行之后，密封不良而影响压水效果，需要经常补气，甚至无法进行调相运行。

发电机的调相容量是指发电机做调相机运转，励磁电流为额定值时所能发出的无功容量。它是以保证发电机转子温升不超过允许值为依据所确定的容量。它的大小与发电机的额定功率和短路比有关。在一定的功率因数下，短路比越小，调相容量就越大；反之，短路比越大，则调相容量越小。在不同的额定功率因数时，功率因数越低，则调相容量越大，一般调相容量的范围为 $Q_p = (0.6 \sim 0.7)S_n$。

3-1-22 为什么灯泡贯流式机组一般不作调相机运行？

答： 原因如下：① 灯泡贯流式机组当作调相机运行在技术上是没有什么困难的，但由于机组转速低，无功的价格比常规机组的要高，经济上不合算；② 机组作调相运行需要转轮室无水，水轮机在空气中运行摩擦损耗才会小得多，不然有水调相，水轮机转入水泵工况，所消耗的功率太大，也不经济；③ 由于贯流式机组呈卧轴布置，是直锥形尾水管，水量大，尾水管长，无法向尾水管内通入压缩空气压水。若用水泵排水，水量大，时间长，又不经济，且机组失去了冷却水源，故一般灯泡贯流式机组不作调相机运行。

3-1-23 什么是发电机的"进相运行"，对发电机有何影响，进相时应做哪些检查？

答： 电力系统正常运行时，其负载是呈感性的。发电机正常运行时，电压的相位是超前电流的相位，此时发电机向系统发出有功功率和感性的无功功率。如果发电机的运行中出现电流的相位超前于电压的相位情况时，我们称此时发电机处于进相运行状态。此时发电机向系统发出有功功率和吸收感性无功功率（或称发出容性的无功功率）。当电力系统的无功功率过剩时，系统的电压就会升高，降低电压的措施之一就是让发电机吸收系统过剩的无功让其运行在进相状态。吸收越多，则进相越深。一般情况下，发电机在设计时也考虑了这种对发电机不利的运行情况，允许发电机作短时的进相运行。

但不同的发电机在作进相运行时可能表现出较大的差异。发电机进相运行后，发电机端部的漏磁比正常情况下有所增加，因而使端部的金属件发热、局部温度升高，同时端部振动也增加。进相深度越大，端部温升越高。据试验实测，发电机进相时，定子铁芯端部最高温度发生在铁芯齿顶处，其次是压指处，这与理论分析是一致的。针对发电机进相特别是深度进相后，应仔细检查定子绕组的上下端部，特别是铁芯齿顶、线棒出槽口处和压指部分有无异常。发现问题应及时上报处理，不适宜再作进相运行的发电机应申请停止。进相对发电机的不良影响比较复杂，可能需长期的运行才能发现问题。

3-1-24　水轮发电机进相运行有什么特点？

答：大型水电站往往远离负载中心，当出现大容量高电压长距离输电系统带轻负载时，线路的容性电流会使受电端电压升高，因此水轮发电机会处于进相运行，发电机在欠励磁状态下向电力系统输送电容性的无功功率和部分有功功率。进相运行时的特点如下。

（1）进相运行时，由于定子端部漏磁和由此引起的损耗要比调相运行时增大，所以定子端部附近各金属件温升较高，最高温度一般发生在铁芯两端的齿部，并随所带容性无功负载的增加而更加严重。

（2）由于水轮发电机是凸极式结构，其纵轴和横轴同步电抗不相等，电磁功率中有附加分量，因而使它比汽轮发电机有较大的进相运行能力。

（3）由于发电机处于欠励磁状态，应注意静稳定是否能满足运行要求。

3-1-25　什么叫作发电机的不对称运行，引起不对称运行的原因是什么？

答：发电机是按在对称负载下运行而设计的，因此，运行时应尽可能保持其三相负载对称。而发电机三相电动势不对称或三相负载电流不对称的运行情况，称为发电机的不对称运行状态。

发电机在结构上是对称的，其三相电动势也是对称的，因此同步发电机不对称运行主要是由三相负载电流不对称所引起的。在实际运行中，由于各种原因可能引起发电机的不对称运行。不对称运行可能是长时间的，也可以是短时间的。长时间的不对称运行可能有下列三种形式：不对称负载（如电气机车等）；各相输电线路阻抗不相等（如采用两线一地接线方式等）和非全相运行状态（如三相导线中一相故障或检修被切除后两相运行等）。短时间不对称运行主要是指电力系统中发生不对称短路时的运行。此外，单相重合闸过程也是一种短时的不对称运行。

3-1-26　对发电机的不对称运行有什么要求？

答：发电机不对称运行属于非正常运行方式，但也是一种可以运行的方式，只是对其有一定的要求，主要是对不对称负载的允许值有具体规定，对不对称负载允许值按照其允许时间的长短，通常分为长期和短期两种允许值

在《水轮发电机运行规程》（DL/T 751—2014）中通常对发电机持续不平衡电流作如下规定：在按额定负载连续运行时，对 100MW 及以下的水轮发电机，三相电流之差不得超过额定电流的 20%；对于容量超过 100MW 的水轮发电机，三相电流之差不得大于 15%，同时，任何一相的电流不得大于额定值。在低于额定负载连续运行时，各相电流之差可以大于上述规定值，但具体数值应根据制造厂规定执行，制造厂无规定的，应通过试验确定。另外，在《水轮发电机基本技术条件》（GB/T 7894—2009）中规定，额定功率为 100MVA 及以下的水轮发电机在不对称系统上运行时，如该发电机任一相电流均不超过额定值，且负序电流分量与额定电流之比不超过 20% 时，应能长期运行。对于 100MVA 以上的水轮发电机，其不对称负载允许值则在专门技术条件中规定。

在三相负载不对称、非全相运行、进行短时间的不平衡短路试验以及系统发生故障的情况下，水轮发电机不对称运行的负序电流数值和允许的运行持续时间，可按表 3-1-1 执行。负序电流短时间的允许值是对发电机发生不对称短路而言。这里所指的短时间是指持续时间不超过 100～120s，在此时间内，使运行人员可能采取措施来消除产生负序电流的运行方

式。负序电流短时允许值，可用来表明发电机承受短时间不对称故障的能力。

表 3-1-1 水轮发电机不对称运行的负序电流和允许运行时间

负序电流标幺值（I_2/I_n）	0.45～0.6	0.46	0.35
允许持续时间（min）	3	5	10

3-1-27 发电机定子绕组单相接地时对发电机有危险吗？

答：一般来说，发电机的中性点都是绝缘的，如果一相接地，由于带电体与处于地电位的铁芯间有电容存在，发生一相接地，接地点就会有电容电流流过。单相接地电流的大小，与接地线匝的份额 α 成正比。当机端发生金属性接地，接地点的接地电流最大，而接地点越靠近中性点，接地电流越小。当故障点有电流流过时，就可以产生电弧，当接地电流大于5A 时，就会有烧坏铁芯的危险。另外，针对这种情况，通常在保护中设有定子一点接地保护，并且根据其保护范围的不同，又分为 80％定子一点接地保护和 100％定子一点接地保护，其中 80％定子一点接地的保护范围一般是从发电机到中性点，当此保护动作时，便会跳发电机出口开关；而 100％定子一点接地的保护范围一般是从发电机到主变压器低压侧，此保护动作时，便会跳主变压器高压侧开关。

3-1-28 发生转子一点接地时，还可以继续运行吗？

答：对于转子绕组一点接地而言，其一般是转子绕组的某点与转子铁芯相通。由于电流构不成回路，所以按理能继续运行。但这种运行不能认为是正常的，因为它有可能发展为两点接地故障，转子电流就会增大，其后果是部分转子绕组发热，有可能被烧毁，而且发电机转子由于作用力偏移而导致强烈的振动。当在运行中出现转子绕组一点接地时，一般只告警，不会跳闸，但需进行停机检查。

3-1-29 水轮发电机组在系统中为什么要并列运行，有什么好处？

答：在现代大型发电厂中，通常都采用几台同步发电机接在共同的母线上并列运行，而一个电网中又有许多发电厂并列运行，向用户供电。这样就可以更合理地利用动力资源和发电设备。例如，水电厂和火电厂并列运行后，在枯水期主要由火电厂供电，而在丰水期主要依靠水电厂满载运行，发出大量廉价的电力，火电厂则可以只供给每天的高峰负载和只做同步调相机运转，使总的电能成本降低。另外，连接成大电网后，可以统一调度，定期轮流检修，维护发电机设备，增加了供电的可靠性，也节约了备用机组的数量，并且负载变化对电压和频率的扰动影响将减少，从而提高电能质量。

3-1-30 什么叫作同步运行，什么叫作同期操作？

答：在电力系统中，并列运行的同步发电机转子都以相同的角速度旋转，转子间的相对位移角也在允许的极限范围内。发电机的这种运行状态称为同步运行。发电机在未投入电力系统以前，其与系统中的其他发电机是不同步的，把发电机投入电力系统并列运行，则需要进行一系列的操作，我们将这种操作称为并列操作或同期操作。而实现同期操作的装置我们称为同期装置。

3-1-31 水轮发电机的并列方式有哪几种，各有什么特点？

答：同步发电机要并列运行时，必须满足一定的条件才允许合闸，否则可能造成严重后果。水轮发电机的并列方式有两种：准同期并列和自同期并列。一般情况下，两种并列方式既可以手动操作，也可以自动操作，而目前广泛采用的是自动准同期并列法。

准同期并列是将未投入系统的发电机加上励磁，并调节其电压和频率，在满足并列条件时（即电压和频率与系统电压及频率接近相等、相位相同），将发电机投入系统。其优点是：只要并列操作得当，同期时只有较小的电流冲击，对系统电压影响不明显。主要缺点是：电压和频率的调整、相位相同瞬间的捕捉较麻烦，同期过程较长。在系统事故情况下，系统频率和电压急剧变化，同期困难更大。如果采用手动准同期，由于操作人员技术不够熟练，还会有非同期误并列的可能性。

自同期并列是将待并发电机转速升高到接近系统同步转速，此时将未加励磁的发电机投入系统，然后给发电机加上励磁，待并发电机借助电磁力矩自行进入同步。其优点是：操作简单，并列快，特别是在系统发生事故时，尽管频率和电压波动比较剧烈，但机组依然能迅速投入并列，且再加上投入系统时未励磁，消除了非同期误合闸的可能性。其主要缺点是：合闸时瞬间冲击电流较大，并有较大振动，对发电机线圈的绝缘和端部固定部位有一定影响。

3-1-32 发电机并列的要求是什么，准同期并列需满足什么条件？

答：对于准同期并列和自同期并列两种并列方式，无论采用哪一种，为了保证电力系统安全运行，发电机的并列都应满足以下两个基本要求：① 投入瞬间的冲击电流不应超过允许值；② 发电机投入后转子能很快地进入同步运转。

对于准同期并列，它是在满足并列条件（即电压和频率与系统电压及频率接近相等、相位相同）时，将发电机投入系统。如果在理想的情况下使断路器合闸，则发电机定子回路的电流为零，这样将不会产生电流或电磁力矩的冲击。但在实际的并列操作中必然会产生一定的冲击，为了将冲击电流控制在允许范围内，就必须对并列时的电压数值、相位差和频率差提出一定的要求。所以，同步发电机并列的条件为：① 待并发电机电压的有效值与系统电压的有效值相等，允许相差 $\pm 5\%$ 的额定电压差；② 待并发电机的频率与系统频率接近相等，误差不应超过 $(0.2\% \sim 0.5\%) f_n$；③ 待并发电机电压与电网电压的相位相同，相角相等。

3-1-33 什么叫作非同期并列，引起发电机非同期并列的原因是什么？

答：所谓非同期并列，就是在没有满足同期并列中电压相同、频率相同、相位相同的条件而进行的并列操作。引起发电机非同期并列的原因大致有以下几个方面：① 发电机用准同期并列时，不满足电压、频率及相位相同这三个条件；② 发电机出口断路器的触头动作不同期；③ 同期回路失灵；④ 手动准同期操作方法不当。

3-1-34 非同期并列有什么危害？应如何处理？

答：对于在电压不等的情况下进行的并列，发电机绕组内会出现相当大的冲击电流；当电压相位不一致进行的并列，其后果是可能产生很大的冲击电流而使发电机烧毁，相位不一致比电压不一致的情况更为严重，如果相位相差180°，近似等于机端三相短路电流的两倍，此时，流过发电机绕组内电流具有相当大的有功成分，这样会在轴上产生冲击力矩，或使设备烧毁，或使发电机大轴扭曲；若是频率不等进行的并列，将使发电机产生机械振动。总之，当发电机出现非同期并列时，合闸瞬间将发生巨大的电流冲击，使机组发生强烈振动，发出鸣音，最严重时可产生 20～30 倍额定电流冲击，在此冲击下会造成定子绕组变形、扭变、绝缘崩裂，定子绕组并头套熔化，甚至将定子绕组烧毁等严重后果。一台大型发电机发生此类事故的话，除本身损坏外，还会与系统间产生功率振荡，危及电力系统的稳定运行。

出现非同期并列事故时，运行值班人员应立即断开发电机出口断路器并灭磁，关闭水轮机导叶，停机。做好检查、维修的安全措施，然后，对发电机各部及其同期回路进行一次全面的检查。另外，还需特别注意定子绕组有无变形，绑线是否松断，绝缘有无损伤等问题，查明一切正常后，才可重新开机和并列。

3-1-35 什么叫有功功率，如何予以理解？

答：交流电路功率在一个周期内的平均值称为平均功率，也称为有功功率。有功功率的符号用 P 表示，其计算式为 $P=U_{\mathrm{L}}I_{\mathrm{L}}\cos\varphi$，单位有瓦（W）、千瓦（kW）、兆瓦（MW）。有功功率是保持用电设备正常运行所需的电功率，也就是将电能转换为其他形式能量（机械能、光能、热能）的电功率。比如：5.5kW 的电动机就是把 5.5kW 的电能转换为机械能，带动水泵抽水；各种照明设备将电能转换为光能，供人们生活和工作照明。

3-1-36 什么叫无功功率，如何予以理解，它是否可理解为无用功率？为什么？

答：在具有电感或电容的电路中，在每半个周期内，把电源能量变成磁场（或电场）能量储存起来，然后再释放，又把储存的磁场（或电场）能量再返回给电源，只是进行这种能量的交换，这种反映电路与外电源之间能量反复接受的程度的量值称为无功功率。无功功率的符号用 Q 表示，其计算式为 $Q=U_{\mathrm{L}}I_{\mathrm{L}}\sin\varphi$，单位为乏（var）或千乏（kvar）。

无功功率的理解比较抽象，它是用于电路内电场与磁场的交换，并用来在电气设备中建立和维持磁场的电功率。它不对外做功，也就是并没有真正消耗能量，我们把这个交换的功率值，称为"无功功率"。凡是有电磁线圈的电气设备，要建立磁场，就要消耗无功功率。比如 40W 的日光灯，除需 40W 有功功率来发光外，还需 80var 左右的无功功率供镇流器的线圈建立交变磁场用，由于它不对外做功，才被称之为"无功"。

无功功率不能理解为无用功率。因为"无功"的含义是"交换"而不是"消耗"。电感线圈既起着负载作用，又起到电源作用。纯电感线圈"吞进""吐出"功率，在一个周期内的平均功率为零。平均功率不能反映线圈能量交换的规模，就用瞬时功率的最大值来反映这种能量的交换，并把它称为无功功率。所以"无功"不是"无用"。

3-1-37 运行中，调节有功负载和无功负载时要注意些什么？

答：有功负载的调节是通过改变导叶的开度。运行中，调节有功负载时应注意使功率因数尽量保持在规程规定的范围内，并缓慢进行，不要大于迟相的 0.95。因为功率因数过高，则与该有功相对应的励磁电流小，即发电动机定、转子磁极间用以拉住的磁力线少，这就容易失去稳定。从功角特性来看，送出的有功增大，δ 角就会接近 90°，这样也就容易失去稳定。此外，有功功率的调节也会影响到无功功率的数值，在增大发电机的有功功率时，将引起无功功率相应的下降。

无功负载的调节是通过改变励磁电流的大小来实现的。在调节无功负载时应注意：① 增加无功时，定子电流、转子电流不要超出规定值，也就是不要使功率因数太低。功率因数太低，说明无功过多，即励磁电流过大，这样转子绕组就可能过热；② 由于发电机的额定容量、定子电流、功率因数都是相对应的，若要维持励磁电流为额定值，又要降低功率因数运行，则必须降低有功出力，不然容量就会超过额定值；③ 无功减少时，要注意不可使功率因数进相。且调节励磁电流改变无功功率时，虽然不影响发电机有功功率的数值，但是如果励磁电流调得过低，则有可能使电动机失去稳定而被迫停止运行。

3-1-38　什么是功率因数？提高功率因数有什么意义？

答： 功率因数是衡量电气设备效率高低的一个系数。其定义为交流电路中有功功率与视在功率的比值，大小与电路中负载性质有关。

在生产和生活中使用的电气设备大多属于感性负载，它们的功率因数较低，这样会导致发电设备容量不能完全充分利用且增加输电线路上的损耗。功率因数低，设备利用率就低，增加了线路的电压降和供电损失。功率因数提高后，发电设备就可以少发无功负载而多发送有功负载，同时还可减少发供电设备上的损耗，节约电能。提高功率因数的好处主要有以下几个方面：① 可以提高发电、供电设备的能力，使设备可以得到充分的利用；② 可以提高用户设备（如变压器等）的利用率，节省供用电设备投资，挖掘原有设备的潜力；③ 可以降低电力系统的电压损失，减少电压波动，改善电压质量；④ 可减少输、变、配电设备中的电流，因而降低了电能输送过程的电能损耗；⑤ 可减少企业电费开支，降低生产成本。

3-1-39　如何提高电网的功率因数，其方法有哪些？

答： 提高电网功率因数的方法主要有人工调整和自然调整两种方法。人工调整主要采取以下措施：① 在变电站内装设无功补偿设备，如调相机、电容器组及静补偿装置，其中，在感性负载两端并联电容器是提高功率因数最经济最有效的方法；② 大容量绕线式异步电动机同步运行；③ 长期运行的大型设备采用同步电动机传动。对用户可采用装设低压电容器等措施。

自然调整主要采取以下措施：① 尽量减少变压器和电动机的浮装容量，减少大马拉小车现象，使变压器、电动机的实际负载在其额定容量的 75% 以上；② 调整负载，提高设备的利用率，减少空载运行的设备；③ 电动机不是满载运行时，在不影响照明的情况下，可适当降低变压器二次电压；④ 三角形接法电动机的负载在 50% 以下时可改为星形接法。

3-1-40　为什么灯泡式发电机额定功率因数 $\cos\varphi$ 比较高，有什么好处？

答： 灯泡式发电机由于受灯泡比的限制，定子直径一般比较小，极距也小，转子励磁绕组的极间空间位置较小，励磁绕组布置有困难，因此，励磁安匝数受到一定限制，所以灯泡式水轮发电机的功率因数 $\cos\varphi$ 选择得高一些。其好处是可以增加发电机的出力和电量，在输出功率一定的条件下，提高功率因数可以提高发电机有效材料的利用率和效率，还可以减轻发电机的总重量，可以使发电机、变压器及其他电气设备的容量得到充分利用，还可以减小输电线路的电压降和功率损失，但也会使水轮发电机视在输出功率及稳定性有所下降。

3-1-41 功率因数 cosφ 的高低，对灯泡式发电机有何影响？

答：功率因数 cosφ 是发电机的重要参数之一，它的高低对灯泡式发电机有以下影响：① 功率因数对发电机造价的影响。灯泡式发电机由于定子外径受流道水力条件的限制，不能做得太大，定子铁芯不能做得太长，否则发电机通风冷却困难，因此，灯泡式发电机额定功率因数不能选得太低，在同等容量下功率因数越低，发电机造价越高、投资越大，设计制造都有困难。② 功率因数对系统稳定运行的影响。发电机额定功率因数低，其静止过载系数较大，对系统的稳定运行较好，但贯流式电站在系统中所占比重较小（并入大电网运行），对系统稳定运行影响甚微，为了制造上的方便，一般均取高值。③ 功率因数对系统无功补偿的影响。由于结构上的原因，灯泡式发电机的功率因数远大于立式机组，因此，贯流机组电站的无功补偿条件较差，但无功补偿造价较少，远不及功率因数提高所产生的经济效益。④ 功率因数对发电量的影响。贯流机组额定出力是按额定水头确定的，当电站运行水头超过额定水头时（有足够的流量），机组出力将超过额定值，若功率因数从 0.9 或 0.95 提高到 1 运行时，则其出力可提高 10% 或 15%。因此，可对不同功率因数、电动机造价和发电量进行技术经济比较来确定。国外厂家大多取 cosφ＝0.95～1.0，个别取 cosφ＝0.9～0.95，国内厂家大多取 cosφ＝0.9～0.95。总之，灯泡式发电机选用 cosφ<0.9 是不经济不合算的，技术上也是不可取的。

3-1-42 为什么灯泡贯流式机组只适合于大电网中运行，而不适合于孤立运行？

答：灯泡贯流式机组的发电机布置在过水流道中，由于受水力尺寸与灯泡比的限制，它的体积受到一定限制，因而机组加速时间常数（或机组储能常数）小，转动惯量 GD^2 小，功率因数高，大都 cosφ＝0.95，甚至 cosφ＝1，不能承担电力系统的调频、调压任务，如果电网容量较小，电站占系统容量比重较大，则无法保证电力系统的供电质量。一般当低水头电站投产时，电力系统往往已具有相当的规模，即它的容量占系统容量的比重往往很小，灯泡贯流式机组的供电质量也就没有问题。如果电站与电网联系比较薄弱，一旦由于事故造成与电网解列，又要求电站在与电网恢复供电前作临时孤立运行，则就必须对每台机组的出力做出限制，如限制在 25% 额定负载以下，相当于机组储能常数提高 4 倍。具体限制量可根据供电质量通过计算确定。

3-1-43 水轮发电机运行时为什么会发热，又为什么要装设空气冷却器？

答：水轮发电机从水轮机获得的机械功率，不可能全部变成电功率输出，在水轮发电机的内部总有一部分损耗，这些损耗主要有铁损耗、铜损耗、机械损耗及附加损耗等 4 部分。这些损耗可使效率降低 1%～2%，对一台 100MW 的水轮发电机，就意味着损失 1000～2000kW 的功率，这些损耗将会引起水轮发电机发热。

发电机在运行时，由于有电流和磁场的存在，就必定会产生以上这些损耗并致使发电机发热，这些热量传给绕组和铁芯，如不及时把热量散发出去，轻则使绕组温度升高，电阻增大，降低发电机的效率，重则会使发电机的绕组和铁芯绝缘烧毁引起发电机着火。所以必须装设空气冷却器，使发电机内的热风经冷却器变成冷风，其热量由冷却水带走，从而降低发电机内部温度，保证发电机在额定温度以下运行。

3-1-44 水轮发电机的允许温度受什么条件限制，为什么？

答：发电机的出力受允许温度的限制，而限制发电机允许温度的就是包缠着线棒的绝缘材料。绝缘材料都有一个适当的最高允许工作温度，在此温度内，它可以长期安全工作；若超过此温度，绝缘材料将会迅速老化，不再适用。按绝缘材料的耐热程度分为 Y、A、E、B、F、H、C 等共 9 级（以前分为 7 级），其各自的最高允许工作温度见表 3-1-2。

表 3-1-2　　　　　　　　　　　　绝缘材料的使用温度分级

耐热等级	Y	A	E	B	F	H	200	220	250
使用极限温度（℃）	90	105	120	130	150	180	200	220	250

温度高并不见得绝缘会立即毁坏，它首先表现出来的是绝缘的各种基本特性恶化，如绝缘电阻降低、击穿电场强度降低、机械强度降低等。尤其在较长时间的高温作用下，绝缘会加速老化，当受到电动力作用时，容易开裂、破碎，以致丧失绝缘能力。所以，运行温度越高，其绝缘材料的寿命越短。绝缘材料寿命随温度按指数函数下降，通常情况下，每当温度增高 8℃，绝缘寿命就缩短一半，可见温度对绝缘寿命影响很大。因此，绝缘材料最高允许工作温度是根据它的经济使用寿命确定的。一般情况下，水轮发电机的绝缘等级为 B 级或 F 级。对于 B 级绝缘，发电机定子绕组的温度一般不得超过 90℃，最高不应超过 120℃，转子绕组的温度最高不应超过 130℃；对于 F 级绝缘，发电机定子绕组的温度一般不得超过 120℃，最高不应超过 140℃，转子绕组的温度最高不应超过 150℃。而电动机多使用 E 级、B 级绝缘。

3-1-45 什么是发电机的温升和温升限度，实际运行中如何确定温升？

答：在电气设备的标准中，对绝缘材料的耐热通常规定的是温升而不是温度。温升是指某一点的温度与参考（或基准）温度之差，显然，温升反映了设备自身的发热特点。在电动机中一般都采用温升作为衡量电动机发热的标志，因为电动机的功率是与一定温升相对应的。因此，只有确定了温升限度才能使电动机的额定功率获得确切的意义。发电动机的温升即是指发电动机某部件与周围冷却介质温度之差。发电动机的温升限度是指发电动机在额定负载下长期运行达到热稳定状态时，发电动机各部件温升的允许极限。电动机温升限度，在国家标准《旋转电机　定额和性能》（GB 755—2008）中有明确的规定。

如 B 级绝缘空气冷却的发电机绕组，其极限温度为 130℃，考虑其风冷器的出口风温为 40℃，则发电机绕组的最大允许温升为 90K。但在实际运行中，检温计所测出的最高温度并不一定就是整个发电机绕组绝缘的最高温度，一方面检温计可能存在误差，另一方面考虑到发电机各部位的发热不均匀和一定的可靠性，电厂实际运行中所控制的温升还要低一些，通常为 70K 或 80K。

3-1-46 什么叫相电压、相电流，什么叫线电压、线电流，它们有什么关系？

答：在三相平衡的交流电路中，电源一般有星形（Y 形）和三角形（△形）两种接线。

（1）星形接线中的线电压和相电压。在星形接线中，存在着两种电压：一种是每相绕组两端间的电压，就是图 3-1-5 中（a）的 u_A、u_B、u_C，叫作相电压。相电压的有效值用 U_A、U_B、U_C 或 U_{ph} 表示。另一种是两根相线间的电压，就是图 3-1-5 中（a）的 u_{AB}、u_{BC}、u_{CA}，

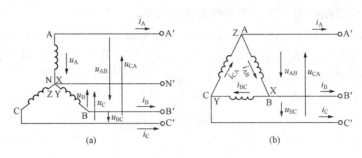

图 3-1-5　发电机（电源）的接线方式

(a) 星形连接；(b) 三角形连接

叫作线电压。线电压的有效值用 U_{AB}、U_{BC}、U_{CA} 或 U 表示。线电压跟相电压的关系是：$U=3^{1/2}U_{ph}$。

星形接线中的线电流和相电流是相等的，因为星形接法中相线和绕组是串联的，在串联的电路里，电流处处相等。所以在星形接线中线电流等于相电流，即 $I=I_{ph}$。总之，在三相交流电路的星形接线中有着这样的关系：$U=3^{1/2}U_{ph}$；$I=I_{ph}$。

（2）三角形接线中的线电压和相电压。在三角形接线中，相绕组的始端与另一相绕组的末端互相连接组成一闭合的 r 角形，如图 3-1-5 中（b）所示。三角形接线中的线电压等于相电压，即 $U=U_{ph}$。

在三角形接线中，相线和绕组不是串联的，所以线电流不等于相电流，而等于相电流的 $3^{1/2}$ 倍，即 $I=3^{1/2}I_{ph}$。总之，在三角形接线的交流电路中有着这样的关系：$U=U_{ph}$；$I=3^{1/2}I_{ph}$。以上星形和三角形接线的线电压和相电压，是指发电机和变压器出线端的关系。对线路来说，线电压仍是相电压（即对地电压）的 $3^{1/2}$ 倍。

3-1-47　为什么发电机在并网后，电压一般会有些降低？

答：对于发电机来说，一般都是迟相运行，它的负载一般是阻性和感性负载。当发电机升压并网后，定子绕组流过电流，此电流是感性电流，感性电流在发电机内部的电枢反应作用比较大，它对转子磁场起削弱作用，从而引起端电压下降。当流过的只是有功电流时，也有相同的作用，只是影响比较小。这是因为定子绕组流过电流时产生磁场，这个磁场的一半对转子磁场起助磁作用，而另一半起去磁作用，由于转子磁场的饱和性，助磁一方总是弱于去磁一方。因此，磁场会有所减弱，导致端电压有所下降。

3-1-48　发电机并列前为什么要将强励投入？而解列前要将强励断开？

答：发电机并列前投入强行励磁装置（简称强励），如果万一发生非同期并列，可以迅速加大励磁电流，有助于发电机尽快拉入同步。

发电机解列前将强励断开，为的是防止误动。解列操作时，如无功调整不当（进相）或无功功率表指针卡住，发电机已从电网吸取无功电流，值班人员却看不出来，一旦断路器拉开后，发电机定子电压将大幅度下降，往往引起强励动作，使发电机空载过电压。因此，凡是强励与发电机断路器之间未装闭锁的，发电机解列前必须先将强励手动断开，以防误动。

3-1-49 同步发电机常用的特性曲线有哪些，各有什么用处？

答：发电机常用的特性曲线有以下几种。

（1）空载特性曲线。用来求取发电机的电压变化率、未饱和的同步电抗值等参数，在实际工作中，还可以用来判断励磁绕组及定子铁芯有无故障等。

（2）短路特性曲线。用来求取同步发电机饱和的同步电抗与短路比，判断励磁绕组有无匝间短路等。

（3）负载特性曲线。反映发电机电压与励磁电流之间的关系。

（4）外特性曲线。分析发电机运行中电压波动情况，借以提出对自动调节励磁装置调节范围的要求。

（5）调节特性曲线。可以使运行人员了解在某一功率因数，定子电流到多少而不使励磁电流超过规定值并能维持额定电压。利用这些曲线可以使电力系统无功功率分配更加合理。

3-1-50 什么是发电机绝缘的在线监测，其监测方法有哪些？

答：在线监测是区别于我们所熟悉的常规离线绝缘测试方法如介损、泄漏电流测试等，而在发电机运行工作电压下对发电机绝缘进行的连续测量。目前发电机的绝缘在线监测主要是发电机局部放电的在线监测。局部放电在线监测是在发电机内（或出线回路上）永久性地安装传感器，这些传感器可以连接到某种便携式的局放测试仪，对局部放电进行定期监测，或连接到某种固定式的局部放电监测系统进行持续监测。目前在线监测主要指后者。局部放电与发电机定子绕组的绝缘状况密切相关。应用在线监测系统，可以对运行中的发电机持续地进行局部放电监测。连续测取比离线监测能测取到更真实的反映发电机绝缘状况的数据。

发电机绝缘的在线监测方法按所取信号的种类可分为非电测法和电测法。其中，非电测法又包括超声波检测、特征气体检测、离子式过热诊断法、气相色谱法。

3-1-51 什么是非电测法，其有什么优缺点，又有哪些具体方法，各有什么特点？

答：非电测法，是通过声学、特征气体等非电参量进行监测的方法。这些方法的优点是无须测取电量，测量中不受电气干扰。缺点是判断依据存在准确性方面的问题，也不能定量。主要有：① 超声波检测。局部放电同时产生声脉冲，其频谱为 $10\sim10^7\,\mathrm{Hz}$，但其声信号非常微弱。超声波检测即将其声音信号转换为电信号后放大输出。② 特征气体检测。如臭氧浓度检测法，由于臭氧是发电机电晕的特征气体，通过对臭氧浓度的测试来判断发电机电晕的状况，以确定发电机在运行中的局部放电强度。目前，这种方式是作为局部放电电测法的一种补充方法。③ 离子式过热诊断法。这种方法是将发电机冷却用的循环氢气采样引入到测定器内，利用发电机绝缘因局部放电后产生的热解离子，通过检测离子浓度的方法来检测发电机的绝缘状态。这种方式应用很少。④ 气相色谱法。这种方法是从发电机中采集气体，利用气相色谱分析法来推定采得的气体中的有机物成分，这种方式也只能由于氢气冷却的发电机，根据循环氢气中的所含混合其他的成分和数量，来推断绝缘的状态。后两种化学方法不适合水轮发电机使用。

3-1-52 什么是电测法在线监测，它有什么特点，具体又有哪些方式？

答：电测法即在线监测发电机运行过程中局部放电的电量参数，如绝缘局部放电时产生的脉冲电流法（即 ERA 法）或局部放电时产生的电磁辐射波（无线电干扰电压法，即 RIV 法）等。脉冲电流法可以根据局部放电的等效电路来校定视在放电电荷，相对检测灵敏度也较高。目前脉冲电流法是发电机局部放电在线监测应用最主要的方法。根据检测装置响应带宽，发电机绝缘的局部放电装置可分为窄带检测装置和宽带检测装置，目前的检测设备普遍都采用宽带装置。根据发电机的局部放电在线检测传感器的型式和布置，主要有以下几种监测方法：① 发电机中性点耦合射频监测法；② 便携式电容耦合监测法；③ 发电机出口母线上耦合电容器法；④ 发电机出口母线上成对耦合电容器法；⑤ 发电机定子槽耦合器法；⑥ 以埋置在定子槽里的电阻式测温元件导线作传感器的监测法。

第二节 发电机定子部分

3-2-1 发电机定子的结构组成是怎样的，各部件各起什么作用？

答：定子是水轮发电机的主要部件之一，如图 3-2-1 所示，它主要由定子机座、定子铁芯、定子绕组组成。定子机座也叫定子外壳，它的主要作用是：承受定子自重；承受上部机架以及装置在上机架上其他部件的重量；承受电磁扭矩和不平衡磁拉力；承受绕组短路时的切向剪力；如为悬式机组，还将承受机组的推力负载并把它传递给基础。按照其大小的不同，它一般有整圆结构和分瓣结构两种。

定子铁芯是水轮发电机磁路的主要通道并用以固定线圈。在发电机运行时，铁芯要受到机械力、热应力及电磁力的综合作用。

定子绕组的主要作用是产生电动势和输送电流，它是由许多线圈按一定规律连接而成。定子绕组有叠绕和波绕两种形式，中、小型水轮发电机多采用叠绕绕组，大、中型水轮发电机多采用单匝条式波绕组。

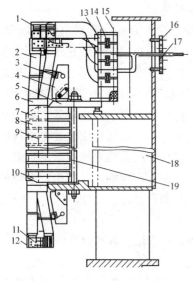

图 3-2-1　定子结构图

1—极间连接线；2—绕组；3—端箍；4—端箍支架；5—上齿压板；6—槽口垫块；7—槽楔；8—铁芯；9—测温电阻；10—下齿压板；11—并头套；12—绝缘盒；13—引线支架；14—铜环引线；15—绝缘螺栓；16—引线夹；17—引出铜排；18—机座；19—拉紧螺杆

3-2-2　灯泡式发电机定子结构有哪些型式，各有何特点？

答：灯泡式发电机定子结构有 4 种型式：① 定子支架（即机座）结构；② 无机座贴壁结构；③ 具有冷却翼片的双层筒式结构；④ 外管式结构，其各自的结构型式和特点见表 3-2-1。

表 3-2-1　　灯泡式发电机定子结构型式和特点

名称	结构型式和特点
定子支架（即机座）结构	它与一般立式机组结构相同，发电机定子铁芯叠压成形后，通过螺栓将其固定在定子机座（支架）上，定子机座再同灯泡体外壁结合在一起。这种结构的优点是定子支架机械强度高，运行中变形小，发电机定子容易安装，它适合于直径大、发电机采用强迫密闭通风冷却方式，并用空气冷却器进行热空气冷却的发电机

名称	结构型式和特点
无机座贴壁结构	这种结构不同于立式机组，它省去了机座，利用灯泡体外壳作为发电机的定子支架，要求机座壁与定子铁芯接触良好。它的主要优点是省掉了定子机座，让定子铁芯同灯泡体外壁结合在一起，利用灯泡体外壁作为定子的散热面，直接将热量传导到流道的河水中。同时，还可以减小发电机和灯泡体的外壳直径，缩小发电机的灯泡比，使过流条件更好，是一种经济、高效的结构方式。它的缺点是必须加厚其外壳才能保证其强度与刚度，对它的安装技术要求也较高，对定子发热后的变形也要有充分的考虑，同时定子段的灯泡体外壳由于温度较高，在南方的某些河流上容易生长一些水生物附在上面，对散热不利
具有冷却翼片的双层筒式结构	这种结构型式是将发电机定子机座做成双层筒，在双层筒中间焊上许多铜质或钢质的冷却翼片。它的特点是散热能力强，适宜用于轴向通风系统，缺点是焊接工作量大，重量较重，翼片的维护、清洁均较困难
外管式结构	这种结构与定子贴壁结构相似，只是在贴壁机座上增加了许多向外通空气的钢管作为循环冷却之用，在管内焊有冷却翼片。该结构优点是增加了发电机定子机座外壁与流道河水的接触面积，可以更充分地利用河水散热，但同时又增加了灯泡体的外径，对水的流态与水轮机效率有一定影响，同时该结构如果机座在制造厂焊接好，则运输就较困难，如果外管在工地焊接，则工地焊接工作量大，且该结构安装也较复杂，故采用较少

3-2-3 对于灯泡贯流式水轮发电机，灯泡比的大小对机组有什么影响，又怎样选择？

答：在灯泡贯流式发电机中，灯泡比是指定子机座外径与水轮机转轮外径的比值，它是灯泡式水轮发电机组的一个主要特征参数。

灯泡比的选择，涉及转轮和流道尺寸，也影响到发电机的转速和效率。灯泡比选择过大，水轮机的水力特性受影响，机组的效率降低；灯泡比选择过小，机组的飞轮力矩减小，甩负荷时的速度上升率增大，L_t/Z 值增大，通风冷却效果差。因此，灯泡比选择要合适，通常灯泡比取值为 0.8～1.2。

3-2-4 定子铁芯的结构组成怎样？

答：由于铁芯中的磁通量是随着转子的旋转而交变的，为提高效率，减少铁芯涡流损耗，铁芯一般由 0.35～0.5mm 厚两面涂有绝缘漆的扇形硅钢片叠压而成。其结构组成主要由扇形冲片、通风槽片、拉紧螺杆、上下齿压条（板）、定位筋及托板等装配而成。其组成关系是：定位筋的尾部置于托板的矩形槽口内，托板焊牢在定子机座的水平环板上。扇形冲片与通风槽片叠在定位筋的鸽尾，并通过上、下齿压板（条）以及拉紧螺杆将铁芯紧成一个整体，铁芯内圆有矩形嵌线槽，用以嵌放线圈绕组。空冷式发电机铁芯沿高度方向分成若干段，每段高 40～45mm，段与段间以"工"字形衬条隔成通风沟，供通风散热之用。

近年来，为了减小机座承受的径向力和减小铁芯的轴向波浪度，有的发电机采用了所谓"浮动式铁芯"，其特点是在冷态时，铁芯与机座定位筋间预留有一较小间隙，当铁芯受热膨胀时，此间隙减小或消失，当机座与铁芯温度不一致时，相互之间可以自由膨胀，从而大大减小机座承受的径向力。

3-2-5 扇形冲片的结构怎样，它起什么作用？

答：定子扇形冲片的作用是形成发电机磁路的主要通道。通常由 0.35～0.5mm 厚磁导率很高的硅钢片冲制而成，如图 3-2-2 所示。为了减少铁芯中的涡流损耗，扇形冲片的两面

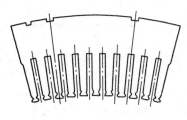

图 3-2-2　扇形冲片

分别各涂一层厚度为 $0.02\sim0.025mm$ 的 1611 硅钢片漆。国产硅钢片用汉语拼音字母 D 及 D 右下角的两位数字来表示电工热轧硅钢片的规格，D 右下角的两位数字越大，说明等级越高，如 D_{14} 以上就算高级硅钢片。硅钢片的电磁性能，主要由不同磁场强度下的磁通密度、单位铁损及电阻率等参数来衡量。扇形冲片与定位筋的装配槽称为鸽尾槽，鸽尾槽的顶视形状有梯形和平行四边形等，其中平形四边形槽口叠片方便、效率高、质量好，因此得到广泛应用。鸽尾槽比定位筋的尺寸大 $1.0\sim1.5mm$，以便于叠片，另外在扇形片的外圆一端冲有半圆形标记孔，用于辨别扇形片的正反面。

3-2-6　发电机定子为什么用硅钢片做铁芯，其性能怎样？

答：常用的发电机定子铁芯一般都是用硅钢片制成。硅钢是一种含硅（硅也称矽）的钢，其含硅量在 $0.8\%\sim4.8\%$。在发电机（变压器）中采用硅钢片作为铁芯，其主要有以下几个原因。

（1）磁导率高。硅钢片是一种软磁材料，这类材料的主要特点是磁导率高、矫顽力低，它在较低的外磁场下，就能产生高的磁感应强度，而且随着外磁场增大，磁感应强度很快达到饱和，当外磁场去掉后，磁性又基本消失。另外，在相同磁场下能获得较高磁感的硅钢片，用它制造的电动机或变压器铁芯的体积和重量较小，相对而言可节省硅钢片、铜线和绝缘材料等。

（2）铁损低。发电机总是在交流状态下工作，功率损耗不仅在线圈的电阻上，也产生在交变电流磁化下的铁芯中。通常把铁芯中的功率损耗叫"铁损"，铁损由两个原因造成，一个是"磁滞损耗"，另一个是"涡流损耗"。磁滞损耗是铁芯在磁化过程中，由于存在磁滞现象而产生的铁损，这种损耗的大小与材料的磁滞回线所包围的面积大小成正比。硅钢的磁滞回线狭小，用它做发电机的铁芯，磁滞损耗较小，可使其发热程度大大减小。

另外，硅钢片还具有：① 叠装系数高。硅钢片表面光滑，平整和厚度均匀，制造铁芯的叠装系数提高。② 冲片性好。这对制造小型、微型电动机铁芯更重要。③ 磁时效现象小。④ 表面对绝缘膜的附着性和焊接性良好等特点。

3-2-7　什么是磁滞损耗，为什么发电机转子对铁芯的磁滞性能要求不高？

答：磁滞损耗是铁芯在交变磁场中反复磁化时由于铁芯材料的磁分子取向不断发生变化所引起的能量消耗，它与材料的成分和晶粒大小有关。

对于为什么发电机转子对铁芯的磁滞性能要求不高，其主要原因是由于发电机正常运行时，转子是以同步转速在转动，故发电机定子的旋转磁场对转子铁芯来说是处在相对静止的状态，没有受到交变磁场的作用，所以也没有磁滞损耗，只需导磁性能好就可以了。而由于是转动部件，因此要求材料强度好。

3-2-8　在定子铁芯中为什么不用整块的硅钢做铁芯，还要把它加工成片状呢？

答：在发电机定子铁芯中，我们通常将片状硅钢片叠压而成。这是因为片状铁芯可以减小另外一种铁损，即"涡流损耗"。发电机工作时，线圈中有交变电流，它产生的磁通也是交变的，这个变化的磁通在铁芯中产生感应电流，铁芯中所产生的感应电流，在垂直于磁通方向的平面内环流着，所以叫涡流。涡流损耗同样使铁芯发热。铁芯损耗中的涡流损耗与电源频率 f^2、硅钢片厚度 d^2、最大磁感应强度 B 成正比，与硅钢片电阻率 ρ 成反比。所以硅钢片厚度每增加一倍，损耗增加 4 倍。为了减小涡流损耗，变压器的铁芯用彼此绝缘的硅钢片叠成（表面涂绝缘膜的主要目的是防止铁芯叠片间发生短路而增大涡流损耗），使涡流在狭长形的回路中，通过较小的截面，以增大涡流通路上的电阻；同时，硅钢中的硅使材料的电阻率增大，也起到减小涡流的作用。

理论上讲，发电机采用的硅钢片越薄越好，但太薄将增加生产成本，且机械强度减弱，变薄后硅钢片的绝缘层所占比例增大，导致叠装系数降低，减少了铁芯的有效面积。所以发电机所采用的硅钢片要从具体情况出发，权衡利弊，选择最佳尺寸，通常其厚度为 0.35～0.5mm，两面漆膜总厚度为 0.02～0.025mm，且按所需铁芯的尺寸，将它裁成长形片，然后交叠成"日"字形。

3-2-9 硅钢片是什么性质的材料，它有哪些种类？

答：硅钢片是加入了硅的合金钢轧制而成的薄钢板，其含硅量在 0.8%～4.8%。硅钢片按其含硅量不同可分为低硅和高硅两种。低硅片含硅在 2.8% 以下，它具有一定机械强度，主要用于制造电动机，俗称电动机硅钢片；高硅片含硅量在 2.8%～4.8%，它具有磁性好，但较脆，主要用于制造变压器铁芯，俗称变压器硅钢片。两者在实际使用中并无严格界限，常用高硅片制造大型电动机。

硅钢片按生产加工工艺可分为热轧和冷轧两种，冷轧硅钢片的性能要好于热轧硅钢片。根据轧制时硅钢片内部的晶粒方向，冷轧又可分为晶粒无取向和晶粒取向两种，其中冷轧有取向的性能好于冷轧无取向的硅钢片。冷轧片厚度均匀、表面质量好、磁性较高，因此，随着工业的发展，热轧片将逐步被冷轧片取代。硅钢片在一定频率和磁感应强度下具有较低的铁损和较高的导磁性能，这种材料属于软磁材料。硅钢片须经退火和酸洗后交货。世界各国都以铁损值划分牌号，铁损越低，牌号越高，质量也越好。

3-2-10 硅钢片的成分如何，各元素起什么作用？

答：冷轧硅钢片的化学成分大致为 3%～5% 的硅、0.06% 的碳、0.15% 的锰、0.03% 的磷、0.25% 的硫和 5.1%～8.5% 的铝，其余为铁。这些元素在硅钢片中的作用是：① 碳（C）会增大钢板的磁滞损耗；② 硅（Si）可以减弱碳的不良作用，即减少磁滞损耗，同时又可提高磁导率和电阻率，延长长期使用带来的磁性变坏的老化作用；③ 硫（S）会使硅钢片产生热脆，增加磁滞损耗，降低磁感应强度；④ 锰（Mn）能促使钢中产生相变，使脱碳和脱硫进行不利，因而导致磁感的降低。钢中存在的杂质元素都是非磁性或弱磁性物质，它们的存在，造成晶格歪扭、错位、空位和内应力，因而磁化困难。

3-2-11 电动机用硅钢片与变压器用硅钢片有何区别？

答：电动机用硅钢片与变压器用硅钢片的主要区别是：电动机用硅钢片含硅量较低，这是由两个相反的因素决定的，含硅量越高，硅钢片的涡流损失越小，磁导率越高，但对提高机械性能不利，它会引起脆性增加，从而增加轧制的困难。此外，电动机用硅钢片形状复杂，又在较高转速的机器上使用，所以含硅量较低。牌号字母 D 后的第一位数字通常为 1 或 2；变压器用硅钢片含硅量较高，因为变压器用硅钢片形状简单，牌号字母 D 后的第一位数字通常是 3 或 4；在相同的含硅量条件下，冷轧硅钢片与热轧硅钢片的区别是冷轧硅钢片内部晶粒可以有一定的取向（对提高机械性能有利），热轧硅钢片内部晶粒则没有一定的取向。

3-2-12　什么是铁磁材料，什么是软磁材料，什么是硬磁材料，各适合作什么用途？

答：铁磁材料就是导磁能力很强的物质，如硅钢、铸钢等。它具有以下基本特征：磁导率 μ 随磁感应强度的增大而减小。磁感应强度有一个饱和值。在交变磁场的反复磁化中有磁滞损耗和剩磁。其基本性能可以由磁化曲线和磁滞回线来表征（在特征曲线上可分别确定磁导率 μ、磁饱和感应强度 B_s、矫顽力 H_c、剩磁 B_r 及铁损 P 等参量）。

简单地说，磁滞回线较窄的材料就是软磁材料（或导磁材料）；磁滞回线较宽的材料就是硬磁材料。软磁材料的特点是磁导率高、矫顽力低（一般在 1000A/m 以下，也即磁化后材料保留的磁性很小）、磁滞损耗小，如硅钢片、电工用纯铁等材料，它适合作传递和转换能量的部件，如电动机、变压器的铁芯。硬磁材料（也称永磁材料）的特点是矫顽力高，一般 H_c 在几千安/米以上，也即磁化后可以保留很高的磁性，如硬磁铁氧体等材料，它适合作磁场源提供恒定磁场，如永磁发电机内的永久磁钢。

3-2-13　什么是硅钢片轧制的"取向"？

答：硅钢是立方晶系的多晶体，每个晶体有三个相互垂直的易磁化的方向。所谓取向，是指晶粒的易磁化轴的方位与钢带的轧制方向一致，即沿轧压方向硅钢片的磁化性能最好。比如发电机定子铁芯齿部磁密高，则定子铁芯扇形片齿槽对称轴的方向应与轧制方向一致。

3-2-14　通风槽片的结构怎样，其作用是什么？

答：对于采用径向通风系统的大、中型水轮发电机定子铁芯，通常都设置有通风槽片，其主要作用是形成通风沟，以利于铁芯散热。因为在径向通风系统的大、中型水轮发电机中，其定子铁芯的高度比较高，为了使定子铁芯能更好地散热，通常将定子铁芯沿高度方向以 30～45mm 叠片长度分段，段与段之间用通风槽片相隔，以形成通风沟。

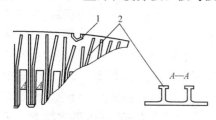

图 3-2-3　通风槽片
1—衬口环；2—槽钢

通风槽片由扇形冲片、固定在其上的槽钢（或工字钢）及衬口环（位于鸽尾槽外围）组成，如图 3-2-3 所示。通风槽片所用的扇形冲片材料，一般为 0.5、0.65、0.75mm 厚的酸洗钢片，而通风槽钢采用 A3 钢热轧而成，为工字形，其高度为 6、8、10mm，宽度为 4、6、8、10mm 不等。大型水轮发电机的通风槽片，一般每齿放两根槽钢，并在齿端弯曲，每齿右部槽钢的齿外部分向顺时针方向煨偏，以利于通风。中、小型水轮发电机的通风槽片一般每齿放一根槽钢或一根直工字钢，槽钢与衬口环用点焊固定在扇形片上，固定后，一般将通风槽片喷铁红醇酸底漆和浅灰色硝基内用磁漆各一层。

3-2-15　定子铁芯的叠装工艺程序怎样，应注意哪些事项？

答：定子铁芯的叠装工艺根据其结构的不同，在程序和方法上略有不同，但大体都基本相似。

（1）定子机座的水平调整与圆度测量。将定子机座的水平调整至0.02mm/m，同时复查定子测圆架的中心，其与机座中心偏差应小于1mm，垂直度应小于0.02mm/m，并将其内外清扫干净。

（2）定位筋的安装。① 对定位筋进行清扫和清除毛刺，并用校直机校直，在全长范围内，使其垂直的两个面不平直应不大于0.16mm，对于变形严重无法校直或其他严重缺陷者，应更换新定位筋。② 定位筋预装。临时安装下齿压板，然后通过预叠片等方式预装定位筋，对其圆度测量合格后进行点焊初步定位，然后将定位筋取下并与托板进行满焊，焊接后进行检查校直（无托板的则可直接进行正式焊接）。③ 定位筋正式安装。将定位筋按照预装时的情况进行正式安装，测量圆度合格后，则可进行焊接定位。④ 焊接完后，对定位筋的圆度进行测量调整，并将定位筋上的毛刺、焊渣清扫干净，打磨光滑。

（3）定子冲片的叠压。① 先安装下齿压板，用扇形冲片做样板予以调整，焊接好后将其清扫干净。② 按照图纸要求叠堆一段定子扇形冲片，并用整形棒将此段加以整形，用槽形样棒和槽楔样棒予以定位，检查其圆度等无问题后，可继续叠堆至一个压紧段。③ 铁芯压紧。按照要求将扇形冲片每叠堆至一压紧段后予以压紧，每段预压完毕后应特别注意铁芯圆度，检测合格后再进行下一段叠堆，当叠堆全部完成后，则可进行最后压紧或在铁损试验后热压，并全面检查和调整铁芯的圆度、波浪度、高度。④ 安装上齿压板和拉紧螺杆，使铁芯高度、波浪度、叠压系数达到要求后，则可点焊螺母，并对铁芯清理喷漆。

3-2-16　在定子铁芯叠装过程中，为什么要对铁芯进行压紧操作，有什么要求？

答：水轮发电机运行时，在电磁振动等作用下不允许因铁芯松动而可能产生严重的扇张现象，因为严重扇张的铁芯会产生噪声，损坏线圈绝缘，使通风沟变窄，也会造成局部磁通密度过高以致铁损增加而引起铁芯局部过热。因此，大容量水轮发电机要采用多次分段加压的装压方法，使定子铁芯有一定的装压紧度。

一般情况下，定子铁芯采用980kPa的压力装压，已足以防止铁芯松动，但考虑到压装时还有摩擦力需克服，运行时的绝缘老化收缩，使得片间压力减少等情况。在实际装压时，通常将压力提高到1176～1470kPa，随着铁芯高度增加，有的最终压力提高到1960kPa，但也不希望压力过高，因为压力过高会使绝缘和冲片损伤。需要分段加压的次数，应根据工具的压紧能力和压紧系数、波浪度的要求具体确定，一般铁芯高度在1000～1600mm预压两次；铁芯高度大于1600mm小于（或等于）2200mm需预压三次。铁芯越高，摩擦力越大。因此，初次预压时，压力可适当减小，因为此时摩擦力未达到最大值，以后随预压次数增加而逐渐加大直到全压力。

3-2-17　在对定子铁芯进行压紧操作时，应注意哪些事项？

答：对定子铁芯的预压方法一般是采用千斤顶作为预压装置。每次分段装压应注意以下几点：① 压紧前应在铁芯全长范围内整形，在千斤顶下的第一层不得放通风槽片，槽形棒不得露出铁芯之上。② 压紧时，应逐次均匀地下压，应避免一次下压过多而出现较大的波浪度。沿圆周的压紧方向，每次压紧方向应相互交错，如第一遍为顺时针方向压紧，则第二

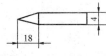

图 3-2-4　检查刀片

遍应为逆时针方向压紧。③ 压紧力通常以测量拉紧螺杆的伸长值进行控制，所测螺杆在圆周上应不少于 6 根，一般情况下，铁芯单位面积上压力最大不能超过 1470kPa，或按图纸要求。冲片压紧过程中可用紧度刀片检查，如图 3-2-4 所示，将小刀片插入冲片之间，当插入的压力为 100～120N 时，刀片伸入铁芯的深度一般不得超过 3mm。

3-2-18　定子铁芯在制造和叠装过程中，通常采取哪些措施来优化其装配质量？

答：定子铁芯的主要组成部分是扇形冲片，在装配过程中，都是由扇形冲片一片一片叠装而成。在定子铁芯的制造和叠装过程中，通常采取以下措施来保证铁芯装配质量。

（1）由于铁芯中的磁通量是随着转子的旋转而交变的，为提高效率，减少铁芯涡流损耗和磁滞损耗，铁芯一般不采用整块钢材做成，而是由 0.35～0.50mm 厚的、两面涂有一层厚度为 0.02～0.025mm 的 F 级绝缘漆的扇形高导磁率硅钢片叠压而成。在铁芯装配中，对于存在有缺角、硬性折弯、冲片齿部或齿根断裂、表面绝缘漆脱落等缺陷的冲片不得使用，防止叠装时损伤绝缘。

（2）铁芯叠片通常采用整圆叠片方式，并在每层间为交叉叠片。另外，为了使铁芯相对于机座能自由膨胀和收缩，铁芯上下两端采用小齿压板，并在铁芯上下两端与齿压板接触处、齿压板调整螺栓与机座环板接触处加二硫化钼润滑。为防止铁芯两端齿部弹开，在铁芯两端采用硅钢片黏结剂（环氧树脂）黏结。而对齿压板及压指则采用无磁性钢，以便降低端部附加损耗。另外，在有的发电机铁芯叠压过程中，每隔一段加入一层 0.5mm 厚的环氧玻璃布板，对铁芯进行分段阻隔，以防止铁芯局部绝缘破损形成涡流损耗的扩大化。

（3）为改善定子铁芯的通风，对于采用径向通风系统的大、中型水轮发电机，将定子铁芯沿高度方向以 30～45mm 叠片长度分段，段与段之间用通风槽片相隔，形成通风沟。有些贯流式发电机铁芯沿轴向（由上游侧至下游侧）分成若干段，段与段间以衬条隔成通风沟。此外，在定子冲片齿上有轴向通风孔。

3-2-19　进行定子装配时，对机座、铁芯等有哪些质量控制要点？

答：发电机定子是发电机的一个主要部分，也是非常重要的一个部分。所以，对其装配质量有着严格的要求，在进行定子装配时，应对以下一些方面予以严格控制。

（1）分瓣定子组合后，机座组合缝间隙用 0.05mm 塞尺检查，在螺栓周围不应通过。铁芯合缝应加绝缘垫，其厚度可比铁芯实际间隙大 0.1～0.3mm。加垫后的铁芯合缝不应有间隙。铁芯合缝处线槽底部的径向错牙不应大于 0.5mm，线槽宽度应符合设计要求。推荐采用涤纶毡适形垫的加垫工艺。定子机座与基础板的组合缝间隙，应符合一般组合缝的间隙要求。

（2）测量定子铁芯圆度，各半径与平均半径之差不应大于设计空气间隙值的 ±5%。一般沿铁芯高度方向每隔 1m 距离选择一个测量断面，每个断面不小于 12 个测点，每瓣每个断面不小于 3 点，接缝处必须有测点。整体定子铁芯的圆度，也应符合上述要求。在工地叠片组装的定子，按制造厂规定进行。

（3）铁芯的波浪度一般要求在铁芯的圆周方向内不大于 ±10mm，铁芯的高度偏差应在 ±5mm 以内，齿部弹开一般不得大于 5mm，铁芯的叠压系数一般不小于 0.95。

（4）支持环的连接，应符合下列要求：支持环的圆度、高度应符合设计要求；支持环接头焊接，应用非磁性材料；绝缘包扎必须紧密，原有绝缘与新绝缘搭接处应削成斜坡，搭接长度一般不小于厂家的图纸规定要求。

（5）检查单个定子线圈在冷态下的直线段宽度及铁芯的槽宽尺寸，应符合设计规定。

（6）现场保管期超过三个月的定子线圈，嵌装前应抽样检查单根线棒的表面电阻率和起晕电压，起晕电压不低于1.2倍的额定线电压，抽查量一般为总数的5％～10％。

（7）沥青云母绝缘的线圈，当采用通电方法加温嵌装时，绝缘外表温度不超过60℃，当采用保温箱加温嵌装时，不超过85℃。环氧粉云母绝缘的线圈，可不加温嵌装。

3-2-20 什么叫作铁芯的叠压系数，如何计算，叠压系数的大小对铁芯工作有什么影响？

答：叠压系数是表征叠片工艺水平的一个重要指标。在发电机定子（变压器）铁芯的装配中，我们需要对硅钢片进行叠压，而如何衡量铁芯的叠装质量，其中有一个主要的指标就是叠压系数，通常用 K_a 表示。叠压系数的定义为：理论上的净高度 H_o 与实际叠片的总厚度 H 的比值，即 $K_a = H_o / H$。如0.35的硅钢片100片叠在一起，理论上的计算净高度为 $H_o = 0.35 \times 100 = 35$（mm）；由于0.35铁片两边涂有绝缘层，再加上弯曲变形、同时也不可能100％叠紧，因此这100片叠在一起的实际厚度 H 会厚一些，为36mm；那么，叠片系数 $K_a = H_o / H = 0.97$。在标准中规定：铁芯的叠压系数一般不小于0.95。叠片系数增高，铁芯中空气隙减少，这使励磁电流减小，叠片系数每降低1％，相当于铁损增高2％和磁感降低1％。叠压系数的大小与冲片厚度、冲片厚度的均匀程度、表面状态、毛刺情况、绝缘种类以及与装压时扇形冲片鸽尾槽与定位筋鸽尾的配合情况、压力大小及其均匀程度、预压次数等有关。

3-2-21 定子铁芯叠装完之后，为什么要进行铁损试验？

答：定子铁芯叠装完之后，除了按照质量控制要点进行检查之外，还需进行铁芯试验，也叫铁损试验。它是在定子叠片组装完毕后，定子线棒下线之前进行的。

铁损是由于发电机运行时，交变磁通在定子铁芯中产生了磁滞和涡流损耗，涡流经过铁芯，会使铁芯内部产生热能。由于在制造和检修过程中可能存在质量不良，或在运行中，由于热和机械力的作用，引起片间绝缘损坏，造成短路，产生局部过热，过热又会加速铁芯绝缘和定子线棒绝缘的老化，严重时可造成铁芯烧损和线棒击穿的事故。所以发电机在交接时或运行中，对铁芯绝缘有怀疑时，或铁芯全部与局部修理后，都需进行定子铁芯的铁损试验，以测定铁芯单位质量的损耗、测量铁轭和齿的温度、检查各部温升是否超过规定值，从而综合判断铁芯片间的绝缘是否良好，同时还可以进一步压紧铁芯。

3-2-22 铁损试验的基本原理是什么？

答：铁损试验的基本原理是：在叠装完成的发电机定子铁芯上缠绕励磁绕组，在绕组中通入交流电流，使之在铁芯内部产生接近饱和状态的交流磁通，从而在铁芯中产生涡流和磁滞损耗，在铁芯发热的同时，使铁芯中片间绝缘受损或劣化部分产生较大的涡流，温度很快升高。同时，铁芯中松动部位将产生较大的磁噪声。试验中，用埋设的热电偶测量铁芯上下压板及定子机座的温度，计算出温升和温差，用红外线测温仪查找局部过热点及辅助测温。

在铁芯上缠绕测量绕组，测量其感应电压，计算出铁芯总的有功损耗。根据测量结果与设计要求比较，来判断定子铁芯的制造、安装质量。为便于各发电机测量结果或各次测量结果相比较，通常尽可能采用 1T 的磁通密度和 50Hz 的电源。

3-2-23 铁损试验的试验方法怎样，如何计算？

答：（1）在铁芯装配完工以后，嵌定子线棒以前，将一根铜芯电缆作为励磁线圈沿铁芯均匀缠绕 N 匝，接入 380V 电压，同时接入电压表和功率表；另一根 2.5mm² 铜线作为测量用，在铁芯上缠绕两匝，接到电压表上，铁损试验接线如图 3-2-5 所示。

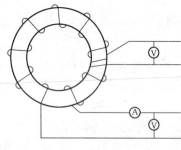

图 3-2-5　铁损试验接线图

励磁线圈的匝数可按下式计算：$N = U \times 10^3 / 0.44 f B S$，式中 U 为励磁线圈所接电源电压，取 380V；B 为加热时所需磁通密度，一般取 1T；S 为定子铁轭的横截面积，cm²；f 为电源频率，取 50Hz。而 S 的计算式为：$S = hL$，h 为定子铁芯轭部宽度，其计算式为：$h = [(D_1 - D_2) / 2] - H$，式中 D_1 为定子铁芯外径，cm；D_2 为定子铁芯内径，cm；H 为定子铁芯齿高，cm。L 为定子铁芯轴向有效长度，其计算式为：$L = K(L_1 - n L_2)$，式中 L_1 为定子铁芯长度，cm；n 为通风沟层数；L_2 为通风沟高度，cm；K 为铁芯叠压系数，取 0.95。

励磁线圈导线的截面应根据磁化电流 I 来选择，其计算方法是：$I = \pi a_n d / N$，式中 a_n 为定子铁芯每厘米所需的安匝数，一般取 1.5～2 安匝/cm；d 为定子铁芯有效平均直径，$d = D_1 - [(D_1 - D_2) / 2] - H$。

（2）合上电源后，每 10min 记录一次接在一次励磁线圈侧的功率表、电压表、电流表数值，并测量铁芯的温度。试验持续时间为 90min。有必要时，可用专门噪声计测量振动噪声的声压级，以便各台机组相互比较。然后将各次测得的结果计算实际磁通密度、功率损耗、单位铁损、最高铁芯温升和最大铁芯温差，以及记录振动噪声的声压级 dB（A）。

3-2-24 衡量铁损试验的指标有哪几个，如何对铁损试验的结果进行分析，又有什么要求？

答：衡量铁损试验的指标有：单位铁损、最高铁芯温升和最大铁芯温差等几个指标，有的还包括振动噪声。对各项指标的计算和分析如下。

（1）单位铁损 ΔP：$\Delta P = (P / G) \cdot (1 / B')^2$，式中 P 为功率表的读数，即实测总铁损，W；G 为铁轭质量，kg，$G = \pi d S \times 7.8 \times 10^3$；$B'$ 为试验时磁通密度的实际值（T），$B' = U \times 10^3 / 0.44 f B S$。对单位铁损的要求应符合制造厂规定。

（2）最高齿温差 Δt_1（K）：$\Delta t_1 = (t_1 - t_2) \cdot (1 / B')^2$，式中 t_1 为最高齿温，K；t_2 为最低齿温，K。对于铁芯齿部相互间的最大温差 Δt_1 的要求是不得超过 15℃（折算至 1T 时的数值）。

（3）铁芯最高温升 Δt_2（K）：$\Delta t_2 = (t_3 - t_0) \cdot (1 / B')^2$，式中 t_3 为最高铁芯温度（或齿温），K；t_0 为铁芯初温，K。对于铁芯最高温升 Δt_2 的要求是不得超过 25℃（折算至 1T 时的数值）。

3-2-25 发电机定子铁芯检修时应进行哪些方面的检查？发现问题如何处理？

答： 定子铁芯在检修时应进行如下检查。

（1）铁芯短路。若铁芯有呈蓝色或深黄色的部位，这是由于铁芯硅钢片短路所致，通常是铁芯硅钢片有毛刺凸部或翘卷，使硅钢片短路。对于这种情况，可用锐利的细锯、细锉、细砂轮片把毛刺去掉，凸部翘卷部修平，用磁铁将铁粉吸走，用面粉团粘干净，清扫干净涂上 1504 绝缘漆，片间可用螺丝刀或其他工具将其一片片撬开，每撬起一片涂一次 1504 绝缘漆。

（2）铁芯生锈。铁芯表面如有生锈，可用砂布打磨，用磁铁和面粉清扫干净，然后涂上 1504 绝缘漆。

（3）铁芯烧伤。在拔线棒后，检查铁芯，除上述两种情况外，还存在槽内有表面烧伤和熔化时，则可将有熔化的铁片，碳化绝缘物及烧损部分除掉，直至片间绝缘良好的硅钢片为止。对破损处切除，要特别小心，不要让铁刺和熔化的铁渣遗留在内。为避免边缘的电场强度集中，切削面的外形做成半圆形，先在已清扫（用磁铁、面粉清扫）好的地方喷一层 1504 绝缘漆，再用能耐 120℃以上的高温环氧树脂填充。

（4）铁芯松动。铁芯松动将产生粉红色铁粉，出现这种情况，应用砂布把铁锈清扫干净，用压缩空气吹扫后，用磁铁、面粉清扫一次，并在生锈处涂上一层防锈漆（干漆、油漆或 1504 漆），再在松动的硅钢片间塞进钢纸，钢纸两面涂漆，使其粘住或打入楔子（环氧材质）强迫与其邻近硅钢片粘住。

（5）其他问题。检查通风沟有无堵塞及白色粉末电晕的痕迹，如有应清扫干净，刷上半导体 1504 漆。检查齿压板及齿压条是否碰着线棒，如有此情况，应加以调整。

3-2-26 发电机定子铁芯局部烧伤怎么修理？

答： 定子铁芯局部受电弧烧灼后，该处硅钢片和线棒中的铜也会熔化，形成比较坚硬的铜铁熔渣，严重时风道片上的小工字钢会被烧损，周围硅钢片的绝缘被烧损，使很多硅钢片短路。其修理方法如下。

（1）受损处清理。取出被烧损槽的线棒后，先从槽内清除被电弧烧灼后形成的铜铁熔渣，用凿子或锉刀清除粘在槽底或槽侧壁的熔渣，用软轴砂轮或在手电钻上装上小砂轮打磨。一定要全部把熔渣清除掉，将烧损处铁芯打磨得表面光滑，没有毛刺，再用压缩空气吹净。

（2）绝缘修复。修复硅钢片间的绝缘时，先将烧损处的硅钢片一片片撬开，用三角刮刀刮去每片两侧的毛刺，使其略呈圆角，用压缩空气吹净，在硅钢片间涂上绝缘清漆，要尽量使绝缘漆渗入片间的缝隙内。若损坏部位在发电机定子的上部，绝缘漆不易渗入硅钢片间时，可用低压缩空气把漆吹进去，直至撬开的片间基本上都有漆为止。涂好漆后，在片间塞进 0.1~0.2mm 厚的云母片（或环氧酚醛层压玻璃布板），片间绝缘修复后，做铁损试验，直到合格时为止。

（3）空洞填补。在铁芯被烧损后留下的空洞处可配上垫块，将铁芯撑紧。垫块材料最好用环氧酚醛层压玻璃布板，垫块的形状要和空洞形状基本相同，垫块在轴向配得紧些。若是齿部烧损，垫块宽度不能超过齿宽，以免影响嵌线工作。配好垫块后，涂上环氧树脂，用木锤敲入空洞内。另外，应修复好风道片上被烧损的小工字钢，使叠片组间的通风道畅通。

3-2-27　定子铁芯某些局部为什么会出现红粉？

答： 发电机检修时，我们在铁芯齿部、轭部及铁芯壁等处的某些局部可能会发现一些红粉。当发电机转子吊出后，这个现象会看得更清楚。发电机刚停机后进行检查，会发现这种红粉非常鲜亮。这种红粉是因为铁芯片松动或硅钢片的绝缘原来就有缺陷而产生的。硅钢片在运行中振动，片间绝缘被磨损，硅钢片被氧化，就会产生锈蚀红粉。

3-2-28　为什么硅钢片松动或绝缘损坏会引起局部过热，这对发电机有什么危害？

答： 在检修中，我们通常会发现定子上下端部的铁芯压指处会出现硅钢片局部松动的现象。硅钢片如果有松动，则会在运行时产生振动，使硅钢片表面的绝缘漆损坏，在这些部分形成短路，使涡流损耗增加从而增加局部发热，发热又进一步使硅钢片的绝缘漆破坏，形成恶性循环。同样，因其他原因造成硅钢片的绝缘漆破坏也是同样的结果。

这种局部过热对发电机线棒的绝缘非常有害，长期运行可能造成线棒局部过热老化，导致运行中或在耐压试验中击穿。铁芯片松动后，边振动边发热，对线棒危害更甚，尤其是铁芯线槽上下槽口边的铁芯片在振动中还会刮坏线棒防晕层乃至绝缘，最终造成事故。

3-2-29　槽间铁芯片的松动应如何处理？

答： 槽之间的铁芯部位由压指压紧，压指由齿压板压紧和调节（小齿压板结构）。因此处理两槽之间的铁芯片，首先应松开对应部位的压板和压指。在局部齿压板松开后，两槽间的铁芯片应仔细整形，去除毛刺，已损伤的铁芯片如已不具备再压紧条件时，可以从前部局部剪除，尽量做到铁芯平整。清理干净后，涂漆处理，如 B 级绝缘，可涂以 9167 醇酸绝缘漆或 H52-1 环氧酚醛漆。在不便涂漆的片间，可采用注射器将漆均匀注入片间，然后快速压紧压板，防止形成漆堆。涂漆后，采用红外线灯烘干。在冬季检修气温较低时，为保证浸漆效果，可在铁芯局部清理干净后，采用红外线灯泡对欲处理部分进行烘烤加温到 40～60℃左右再做涂漆或浸胶处理。

如果槽间铁芯片未能压实，可根据实际情况加垫处理。可采用适形毡浸环氧胶或加环氧玻璃布板斜楔。较薄的地方可插入云母片。铁芯中段的局部松动比较难处理好，可采用铁芯紧度刀片等工具插入铁芯，进行局部清理，然后补漆。视情况可塞入薄的云母片。近来制造的发电机定子铁芯端部铁芯上、下两段叠片采用环氧硅钢片黏结胶粘成整体，增强了铁芯的刚度和减少了铁芯振动，降低了端部附加损耗。

3-2-30　对铁芯压指的损坏应如何处理？

答： 定子铁芯压指在运行中，如未能压紧槽口部分的铁芯片，则由于运行中的振动，往往与其下部所压的铁芯片一样出现磨损而不能起到应有的作用。出现这种情况时首先将铁芯压板松开后进行检查，取出铁芯压板、铁芯压指，然后根据情况做相应的处理。

现使用的铁芯压指一般都为非磁性金属材料，在损伤不是很大的情况下可进行局部修理，表面损伤部位用不锈钢焊条（奥 307 或奥 230，焊后马氏体晶相越低越好）按原状堆焊，然后磨平，使处理面与其余面保持在同一水平面，以确保在同一铁芯压板下，各压指受力均匀。

严重损伤的铁芯压指应整个更换，如无备品，可选用 1Cr18Ni9Ti 或 40Mn18Cr4V 无磁性钢自行加工制作。安装铁芯压板时，应保证压板下的几个压指均已压实，确保压指压在槽间铁芯的中间，线棒间的铁芯片也同时压实。采用 0.05 的塞尺检查，塞入深度不应超过受压面的 1/3。否则应重新调整。

3-2-31 水轮发电机定子绕组有哪些种类，各有什么特点？

答： 水轮发电机定子绕组通常是用扁铜线绕制而成，然后再在它的外面包上绝缘材料。水轮发电机定子绕组主要有圈式叠绕组和条式波绕组两种。圈式线圈由若干匝组成，如图 3-2-6(a) 所示，每一匝又可由多股绝缘铜线组成，圈式线圈的两个边分别嵌入定子槽内上下层，许多圈式线圈嵌入定子槽内后，按照一定的规律连接起来组成叠绕组，双层圈式线圈多用于中小型水轮发电机，大型水轮发电机也有采用单匝叠绕线圈，为了便于制造，工艺上可将线圈分成两半，分别弯曲成杆型线棒，包扎绝缘并经处理后下线，然后把有关的两个边连起来焊在一起。

条式线圈，如图 3-2-6(b) 所示，在定子铁芯槽中沿高度方向放两个线棒，嵌线后，用锡焊或铜焊方式将线棒彼此连接起来，组成双层绕组。条式线圈的每个线棒由小截面的单根铜股线组成，线棒中的股线沿宽度方向布置两排，高度方向彼此间要进行换位，以降低涡流损耗和减小股线间温差。水轮发电动机普遍采用条式波绕组。

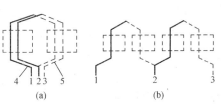

图 3-2-6 定子绕组形式示意图
(a) 叠绕；(b) 单匝波绕
1、2、3—线棒接头；4、5—上下线棒

对于圈式线圈和条式线圈而言，前者槽数比较容易调整，从而可获得适宜的槽电流及电负载，端部焊接量小，但线圈之间和极间连线较多。后者的匝间绝缘可靠，端部连接线少，嵌线和拆换较方便，但对分数槽单层波绕组的接线方案和制造工艺以及这种绕组建立的次谐波磁动势来讲，容易导致电动机的电磁振动等。

3-2-32 什么是叠绕组，什么是波绕组，各有何特点？

答： 叠绕组是任何两个相邻的线圈都是后一个线圈叠在前一线圈的上面，如图 2-2-6(a) 所示。在制造上，这种绕组的一个线圈多为一次制造而成，这种形式的线圈也称为框式绕组。这种绕组的优点是短距时节省端部用铜，也便于得到较多的并联支路，其缺点是端部的接线较长，在多极的大电动机中这些连接线较多，不便布置且用量也很大，故多用于中小型电动机。

波绕组是任何两个串联线圈沿绕制方向像波浪似的前进，如图 3-2-6(b) 所示。在制造上，这种绕组的一个线圈多由两根条式线棒组合而成，故也称为棒形绕组，其优点是线圈组之间的连接线少，故多用于大型轮发电机。在实际应用中，波绕组的元件通常称为"线棒"。

3-2-33 水轮发电机双层绕组的结构布置怎样，优点有哪些？

答： 对于水轮发电机而言，不管是圈式叠绕组，还是条式波绕组，其定子绕组一般都采用双层结构。双层绕组的每个槽内有上、下两个线圈边，其中一条边放在某一槽的上层，另一条边则放在相隔一个线圈节距的下层，整个绕组的线圈数恰好等于槽数。对于分散嵌入半闭口槽的线圈由高强度漆包圆铜线或圆铝线，放入半开口槽的成型线圈则用高强度漆包扁铝线或扁铜线，或用玻璃丝包扁铜线绕成。开口槽也放入成型线圈，其绝缘通常采用云母带。

线圈放入槽内必须与槽臂之间隔有"槽绝缘"，以免发电机在运行时绕组对铁芯出现击穿造成短路故障。

双层定子齿槽由外到内装配结构如下：槽楔、楔下垫条、波纹垫条、玻璃丝包导线、主绝缘、层间垫条、防晕层、半导体槽衬、槽底垫条等。线棒铁芯段采用罗贝尔法则360°换位，以减少损耗。其绝缘等级一般为F级，有可靠的防晕措施，主绝缘与防晕层一次成型，整体性好，线棒接头采用银焊结构，以提高接头质量与运行温升，确保安全可靠。线棒上、下两端绑扎采用端部间衬垫常温固化的浸绝缘漆的适形涤纶护套，衬垫牢固、确保线棒整体性强，受力好。为测量定子温度，在定子线棒间和定子铁芯部位分别埋设铂热电阻，用以测量定子线棒和定子铁芯温度，确保机组安全运行。

双层绕组的主要优点有：① 可以选择最有利的节距，并同时采用分布绕组来改善电动势和磁动势的波形；② 所有线圈具有同样的尺寸，便于制造；③ 端部形状排列整齐，有利于散热和增强机械强度。

3-2-34 在灯泡贯流式机组中，定子绕组通常采用哪种形式，其有何特点？

答：在灯泡贯流式发电机中，定子绕组多采用条式线圈（亦称线棒），每槽两个线棒，嵌线后，用钎焊方式（银焊）将线棒彼此连接起来，组成双层波绕组。为了减少集肤效应，减少附加损耗，每个线棒采用多股相互间绝缘的并联小截面扁方铜股线组成，线棒中的股线沿宽度方向布置两排，排间衬以绝缘，高度方向彼此间要进行特殊换位，以降低涡流损耗和减小股线间温差。热压成整体后用F级环氧桐马带连续包扎作为对地绝缘，表面用涂有半导体漆的玻璃丝带作为防电晕层。整个线圈采用模压成型，线圈之间在端部用垫块隔开以保证良好的通风。为减小线圈振动，线圈上端和下端用端箍支撑，端箍采用无磁性合金钢以减小涡流损耗，线圈接头宜采用银铜焊，从而避免线圈接头铅锡焊接容易开焊的问题。

3-2-35 条形定子线棒由哪些部分组成，什么是线棒的内均压层，其作用是什么？

答：定子波绕组条形线棒由多股铜导线和主绝缘构成，线棒的两端设有连接接头。水内冷机组的线棒内部还有空心不锈钢冷却水管。其中，编织导线本身也是自带绝缘的导线，导线绝缘材料包括股间绝缘材料、排间绝缘材料、换位绝缘材料、换位填充材料等，此外在主绝缘包绕前，还有导线外表均匀电场分布的内均压层材料等。定子线棒局部剖析图如图3-2-7所示。

线棒的内均压层是在线棒各股线编制组合并胶合成为一体后，在主绝缘包绕前，进行的半导体均压处理层。线棒内均压层的作用与高压电力电缆的内屏蔽层的作用类似（电缆内屏蔽的作用是使导体与绝缘层良好接触，消除导体表面因不光滑引起的局部电场畸变）。其主要作用有两个：一是均匀导体外部电场，并消除主绝缘与导体间的气隙；二是相当于加大了导线的圆角半径，可以改善角部电场分布，起到降低最大电场强度的目的。内均压层结构上有涂刷半导体漆（胶）或包绕半导体带的方式。因此，这种线棒如果在现场作局部修理时，应注意保持其结构上的完整性。

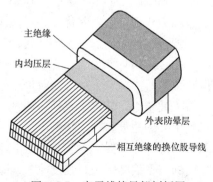

主绝缘
内均压层
外表防晕层
相互绝缘的换位股导线

图3-2-7 定子线棒局部剖析图

3-2-36　什么是涡流，什么是集肤效应，发电机线棒如何克服涡流和集肤效应？

答：当交流电流通过导线时，在导线周围产生交变磁场。处在交变磁场中的整块导体内部会产生感应电流，由于这种感应电流在整块导体内部自成闭合回路，形似水的旋涡，所以称作涡流。因为金属导体电阻很小，因此这种感应电流很大，造成发热损耗。

在直流电路内，均匀导线的横截面上的电流密度是均匀的，而当交流电通过导线时，由于交变磁场的作用，在导线截面上各处电流分布不均匀，中心处电流密度小，而越靠近表面，电流密度越大，这种电流分布不均匀的现象称为集肤效应（也称趋肤效应）。集肤效应的原因也是涡流的存在。交流电的频率越高，则集肤效应越严重。此外集肤效应也使得线棒内部的导线载流能力下降。

发电机的线棒截面都比较大，涡流和集肤效应都会对线棒造成严重的发热，所以克服发电机线棒发热的办法是将线棒内的导体设计成由若干股相互绝缘的细小导线并联组成。如某发电机其设计的支路电流为 2000A，其每根线棒由 44 股 2.5mm×8mm 规格的双玻璃丝包线并联并经换位编织而成。

3-2-37　什么是循环电流，发电机线棒如何克服循环电流引起的损耗？

答：定子绕组的线棒是由多股相互绝缘的导线组成的，线棒放置在线槽中，由于每根导线所处的位置不一样，则其所交链的磁通也不一样，故感应的电动势也不一样。由于组成线棒的各根股线在线棒两端是并联在一起的，因而会在单根线棒内产生环流，引起附加的发热和损耗，这个环流称为循环电流。由循环电流引起的附加损耗比集肤效应产生的附加损耗大得多。因此，发电机线棒通过内部导线换位来减少这种由循环电流引起的损耗。

3-2-38　什么是线棒换位，为什么要换位，什么是"罗贝尔线棒"？

答：所谓线棒"换位"，即线棒内部的多根股导线在线棒直线段进行交叉换位，通过导线空间位置的改变，使各股线交链的磁通尽可能均衡，产生基本相等的感应电动势，以消除线棒内的内部环流，降低线棒损耗。可见，由于在线棒直线段要进行编织换位，所以组成线棒的每根股导线并不是与线棒长度等长的直线，而是略长。这种进行了编织换位的线棒称为罗贝尔线棒，也即编织线棒（典型的罗贝尔线棒编织接线如图 3-2-8 所示）。目前，大容量

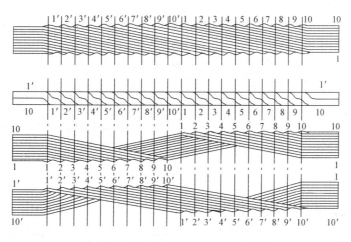

图 3-2-8　典型的罗贝尔线棒编织换线

的发电机均采用这种线棒。

罗贝尔换位的标准定义是：组成线棒的股线排成两列，各股线在铁芯全长范围内依次以相同的间隔两次由一列跨越到另一列，并按一定的规律加以编织使每一线股占据两列中的所有垂直位置。在水内冷的发电动机线棒中，线棒内带有冷却水管，基于同样的道理，无论这些水管是否参与导电，都要与实心导线一样进行编织换位。

3-2-39 线棒有哪些换位方式，各有什么特点？

答： 一般比较常用的是 360°换位，即线棒内的每根导线通过槽部直线段进行编织旋绕换位后，在线棒直线段的另一端回到换位前相同的位置。360°换位方式在线棒端部没有换位。由于定子绕组端部漏磁通的关系，端部各股线处于电动机端部磁场的不同空间位置，也将感应不同的电动势，造成各股线感应电动势不平衡。各股线内仍有环流流过，引起端部附加损耗增加。因此，为解决这个问题，又有了其他的不同角度的换位，根据导线编织换位后的空间角度，还有 540°、312°、360°加直线段空换位等换位方式。根据一些电厂的试验表明，312°、329°等不完全换位要优于 360°换位。这种不完全换位利用各股线在槽部感应电动势的差异来抵消端部漏磁场在线棒端部所感应的不同电动势，从而使线棒各股线间的环流降低，以减小线棒端部损耗，但线棒的绕制工艺相对比较复杂。540°换位就是在线棒除在直线段 360°换位后还在线棒端部继续换位或槽部 540°换位，而两端部不换位。线棒内股导线各种换位方式示意图如图 3-2-9 所示。水轮发电机一般多采用 360°（或小于 360°）的换位，汽轮发电机多采用 540°换位。

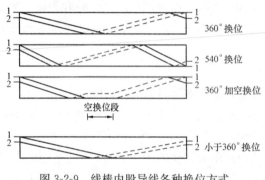

图 3-2-9　线棒内股导线各种换位方式

3-2-40 何谓定子线棒和线棒主绝缘，水轮发电机线棒采用什么等级的绝缘？

答： 发电机定子绕组为棒形绕组，其单件称为线棒，线棒是组成发电机定子绕组的基本构件。组成发电机线棒的各根股线（自带绝缘层的导线）经过编织、换位和胶化成型后，然后整体连续包绕绝缘层，以某种工艺固化成型。包在胶化后的线棒外的绝缘层，称为线棒的主绝缘，如图 3-2-7 所示。以往发电机定子还有所谓非连续绝缘，即线棒在定子槽部的直线段采用一种固化工艺成型，而线棒端部则采用其他的方式包绕绝缘现已淘汰。

大型水轮发电机线棒绝缘广泛采用环氧粉云母热弹性胶绝缘（俗称 B 级绝缘）。它是用环氧树脂胶作为黏合剂，并用玻璃丝带做补强材料的连续式绝缘。用 B 级胶粉云母带连续包绕在线棒上，然后在高温下热压成型，使环氧树脂固化。B 级绝缘具有材料来源广、价格低、机械性能好、绝缘强度高、耐热性能好等优点，它的允许工作温度可达 130℃。其缺点是耐磨性能差，抗电晕腐蚀性差，制造工艺复杂等。

3-2-41 发电机使用什么类型的主绝缘材料，多胶带与少胶带有什么区别？

答： 发电机使用的主绝缘材料基本是云母制品，云母制品中的主要成分是云母。发电机主绝缘由云母、胶粘剂和补强材料这三部分构成。以前主绝缘都是采用天然的剥片云母，为了提高原材料的性能和利用率，现广泛采用粉云母。粉云母厚度均匀，电气性能稳定，生产成本较低。

主绝缘的电气性能和机械性能在某种程度上取决于主绝缘的固化工艺和参数，而其固化的工艺参数又是由绝缘带内所含的黏结胶剂决定的。根据绝缘带内的黏结胶的含量，目前主绝缘用的云母带可分为多胶粉云母带（含胶量为 32%～40%）和少胶粉云母带（含胶量为 6%～8%）。两者的绝缘固化成型工艺有很大的区别，其固化工艺根据胶的含量有液压和模压的方式。

3-2-42　什么是线棒绝缘的少胶 VPI 工艺，其应用情况如何？

答： VPI 即"真空压力浸渍"之意，是针对少胶云母带作为主绝缘的一种使线棒绝缘固化成型的工艺，这种绝缘固化工艺从 20 世纪 40 年代起即开始使用。少胶 VPI 工艺线棒绝缘成型是在线棒上连续包绕少胶云母带完成后，在专用容器内通过抽真空将线棒绝缘层间的空气排除，用高压将无溶剂浸渍树脂注入绝缘层中，再置于模具中经过高温固化使绝缘成为一个整体。少胶 VPI 绝缘成型工艺的特点是生产效率高，绝缘的整体性能好，绝缘层间可以基本做到无气隙，因而绝缘内部的气体游离放电、电晕和发热较小，绝缘寿命好；但其生产设备价格昂贵、工艺复杂。

国外采用该绝缘工艺的厂家较多，到目前为止，已应用在额定电压为 27kV 的汽轮发电机组和额定电压为 20kV 的水轮发电机组上。目前，国内的厂家也多采用 VPI 工艺。

3-2-43　线棒主绝缘的多胶固化工艺有哪些，其应用情况如何？

答： 多胶固化工艺是针对采用多胶云母带做主绝缘的一种使线棒绝缘成型的固化工艺。多胶连续绝缘的固化又分为多胶真空模压和多胶液压工艺。线棒多胶带真空模压成型工艺，是在线棒上连续包绕多胶云母带完成后，采用真空干燥除去绝缘层和云母带中的空气、挥发成分，再置于模具中加热、加压，使云母带中多余的树脂流动，填充绝缘层中的空隙，树脂固化后，绝缘层中基本无空隙。这种方法可将半导体防晕层一次模压完成，即将防晕层与主绝缘同时包扎后一起固化，使得防晕层与主绝缘黏结为无气隙的整体，有效提高防晕效果。多胶模压方法虽然应用压模较多，生产效率较低，但线棒形状是最好的。对于更低一些电压等级的电动机线圈，则可直接加热模压，不用抽真空处理。

线棒多胶液压成型工艺，是在线棒上连续包绕多胶云母带后，将线棒送入专用液压罐，经过真空干燥处理后，以沥青为介质加温加压使绝缘固化成为一个整体。但这种工艺的线棒几何尺寸不如模压线棒精确。国外使用多胶液压成型工艺的厂家也有不少，目前已应用于额定电压为 24kV 的发电机上。国内生产厂家目前在大型发电机组上基本采用多胶连续绝缘和多胶热模压绝缘成型工艺。采用多胶绝缘热模压工艺生产并已投运的汽轮发电机最高额定电压达到 22kV，水轮发电机最高额定电压达到 20kV。

3-2-44　什么是黑绝缘，什么是黄绝缘？

答： 黑绝缘是以前发电机定子绕组主绝缘采用沥青云母绝缘的俗称，而黄绝缘是主绝缘采用环氧玻璃粉云母绝缘的俗称。目前，黑绝缘已经淘汰，黄绝缘广泛用于 B 级和 F 级发电机绝缘。

3-2-45 什么是绝缘的局部放电，有哪几种主要形式？

答：对于绝缘的局部放电，是指在电场的作用下，绝缘系统中绝缘体局部区域的电场强度达到击穿场强，在部分区域发生放电的现象。局部放电只发生在绝缘局部，而没有贯穿整个绝缘。

发电机中的局部放电主要有绕组主绝缘内部放电、端部电晕放电及槽放电（含槽部电晕）三种。此外，发电机中还有一种危害性放电，是由定子线圈股线或接头断裂引起的电弧放电，这种放电的机理与局部放电不同。

3-2-46 发电机主绝缘内的局部放电产生的原因是什么？有什么危害？

答：发电机定子线棒在生产过程中，由于工艺上的原因，在绝缘层间或绝缘层与股线之间可能存在气隙或杂质；运行过程中在电、热和机械力的联合作用下，也会直接或间接地导致绝缘劣化，使得绝缘层间等产生新的气隙。由于气隙和固体绝缘的介电系数不同，这种由气隙（杂质）和绝缘组成的夹层介质的电场分布是不均匀的。在电场的作用下，当工作电压达到气隙的起始放电电压时，便产生局部放电。局部放电起始电压与绝缘材料的介电常数和气隙的厚度密切相关。

气隙内气体的局部放电属于流注状高气压辉光放电，大量的高能带电粒子（电子和离子）高速碰撞主绝缘，从而破坏绝缘的分子结构。在主绝缘发生局部放电的气隙内，局部温度可达到 1000℃，使绝缘内的胶粘剂和股线绝缘劣化，造成股线松散、股间短路，使主绝缘局部过热而热裂解，最终损伤主绝缘。局部放电的进一步发展是使绝缘内部产生树枝状放电，引起主绝缘进一步劣化，最终形成放电通道而使绝缘破坏。

3-2-47 各种绝缘材料与耐热等级是如何对应的，其特性如何，使用情况怎样？

答：绝缘材料耐热程度分为 A、E、B、F、H、C 六个等级，其特性等情况见表 3-2-2。

表 3-2-2 绝缘材料耐热等级

耐热等级	最高允许工作温度（℃）	绝缘材料及使用范围
A	105	A 级绝缘包括经过浸渍处理的棉纱、丝、纸等有机纤维材料以及普通漆包线上的磁漆等，目前只在变压器中使用
E	120	E 级绝缘包括用聚醋酸树脂、环氧树脂、三醋酸纤维等制成的薄膜，聚乙烯醇缩醛高强度漆包线上的磁漆等。用在中、小型直流电动机与交流电动机中
B	130	B 级绝缘包括云母、石棉、玻璃丝等无机物，用提高了耐热性能的有机漆或树脂作为黏合物制成的材料及其组合物，聚醋高强度漆包线上的磁漆等。一般用在大、中型同步电动机和中、小型直流电动机中
F	155	F 级绝缘包括云母、石棉、玻璃丝等无机物用硅有机化合物改性的合成树脂漆，或耐热性能符合这一等级要求的醇酸、环氧等合成树脂作为黏合物而制成的材料或其组合物
H	180	H 级绝缘包括硅有机物以及云母、石棉、玻璃丝等无机物用硅有机漆作为黏合物而制成的材料。主要应用在要求尽量缩小尺寸、减轻重量的场合，如航空电动机、吊车电动机等

耐热等级	最高允许工作温度（℃）	绝缘材料及使用范围
C	180 以上	C级绝缘包括无黏合剂的云母、石英、玻璃等，用热稳定性特别优良的硅有机树脂、聚酰亚胺浸渍漆等处理过的石棉、玻璃纤维织物或其他制成物，以及聚酰亚胺基漆包线的磁漆、聚酰亚胺薄膜等

3-2-48 什么是电晕，电晕对发电机有什么危害？

答：发电机内的电晕是发电机定子高压绕组绝缘表面某些部位由于电场分布不均匀，局部场强过强，导致附近空气电离，而引起的辉光放电。可见，电晕是发电机局部放电的一种。它产生在绝缘的表面，它与我们所熟悉的一般户外高压电场下的导体附近的电晕是有所不同的。

与其他形式的局部放电相比，电晕本身的放电强度并不是很高，但由于电晕的存在会使定子绕组周围的空气发生游离而产生臭氧，它又与空气中的氮化合生成一氧化二氮，并与电动机内部的潮气结合而呈酸性物质，这种酸性化合物对电动机内部的金属部件及绝缘材料起着腐蚀作用，促使绝缘老化，大大降低了绝缘材料的性能。表面电晕使绝缘表面局部温度升高，电晕的热效应及其产生的化合物也会损坏局部绝缘，对黄绝缘来说是将绝缘层变成白色粉末，其程度的深浅与电晕作用时间有关，材料表面损坏后，放电集中于凹坑并向绝缘材料内部发展，严重时发展为树枝放电直到击穿。此外，电晕还使其周围产生带电离子，各种不利因素的叠加，一旦定子绕组出现过电压，则就有造成线棒短路或击穿的可能。黄绝缘的击穿场强随温度的升高而略有下降，当温度超过180℃时，其击穿场强将急剧下降。电晕形成必将增加电动机的损耗，影响电动机的效率。还会导致定子绕组一些部位的电场分布很不均匀，电力线密集。在发电机突然甩负荷或短路故障时，发电机的电压将较正常运行时的电压增高很多，使一些部位易发生绝缘击穿故障。

3-2-49 发电机定子绕组产生电晕的原因是什么？哪些部位易产生电晕？

答：产生电晕的主要原因是在发电机定子绕组的出槽口、槽内间隙、绕组端部固定等处，由于这些部位电场集中，其附近的空气发生游离，即中性的原子变成带负电的电子和带正电的原子核，从而形成电晕。电晕产生后，形成可见的蓝色光圈（在黑暗中可见）并伴随响声放出臭氧。

发电机在机内可能产生外部电晕的部位有：① 线棒出槽口处，绕组出槽口处属典型的套管型结构，槽口电场非常集中，是最易产生电晕的地方；② 铁芯段通风沟处，通风槽钢处属尖锐边缘，易造成电场局部不均匀；③ 线棒表面与铁芯槽内接触不良处或有气隙处；④ 线棒端部与端箍包扎处；⑤ 端部异相线棒间。绕组端部电场分布复杂，特别是线圈与端箍、绑绳、垫块的接触部位和边缘，由于工艺的原因往往很难完全消除气隙，在这些气隙中也容易产生电晕。

3-2-50 发电机电晕与哪些因素有关系？

答：发电机电晕与以下因素有关：① 与海拔高度有关。海拔越高，空气越稀薄，则起晕放电电压越低。② 与湿度有关。湿度增加，表面电阻率降低，起晕电压下降。③ 端部高阻防晕层与温度有关。如常温下高阻防晕层阻值高，则温度升高其起晕电压也提高。常温下如高阻防晕层阻值偏低，起晕电压随温度升高而下降。④ 槽部电晕与槽壁间隙有关。线棒与铁芯线槽壁间的间隙会使槽部防晕层和铁芯间产生电火花放电。环氧粉云母绝缘最易产生局部放电的危险间隙为 0.2～0.3mm。目前我国高压大电动机采用的环氧粉云母绝缘的线膨胀系数很小，在正常运行条件下，环氧粉云母绝缘的线棒的膨胀量不能填充线棒和铁芯间的间隙。这是与黑绝缘区别比较大的地方。⑤ 与线棒所处部位的电位和电场分布有关。电位越高越易起晕，电场分布越不均匀越易起晕。

3-2-51　定子线棒的防晕结构是怎样的？

答：根据发电机绕组电晕的特点，发电机线棒的防晕结构采用的都是直线段防晕和端部防晕相结合的方式，具体的结构和尺寸因厂家而异，各厂家都采用了不同的材料和防晕方式。还有重要的一点是，线棒的防晕结构是和线棒在槽内的固定方式密切相关的。线棒防晕结构示意图如图 3-2-10 所示（图中高阻防晕保护区的厚度为夸大画出，实际上只有很薄的一层）。

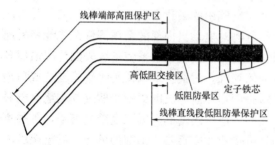

图 3-2-10　线棒防晕结构示意图

（1）线棒直线段部分（即线棒与铁芯线槽相接触的部分）防晕。这个直线段的长度比铁芯线槽长度略长，需进行低阻防晕处理，主要是采用低阻防晕带和低阻防晕漆（半导体槽衬结构是配合线棒进行处理的）在表面进行防护。

（2）线棒端部防晕。线棒上下端部防晕是指线棒出线槽后（低阻区结束）的一段经 R 弯部到线棒端部斜边这一部分进行防晕处理，端部为高阻防晕段，高阻区与低阻区还有一小段高低搭接区。端部防晕也是在表面采用防晕带和防晕漆。不同的厂家其线棒防晕结构在直线低阻区差别不大，但在端部材料的使用上有较大的区别。有的利用碳化硅的非线性特点采用单级防晕或多级防晕结构，也有的使用多种端部防晕漆多级结构。目前也有厂家对自高低阻搭接区直至线棒电接头部分的全部端部进行高阻防晕处理。

3-2-52　定子线棒的防晕处理有哪些方式？

答：常用的方式有刷包型、涂敷型和随线棒主绝缘一次成型等。对于刷包型防电晕处理，它是待线棒主绝缘压型固化完成后，线棒经修饰尺寸，线棒表面刷防晕漆，干后平包低阻石棉带或半叠包低阻无碱玻璃纤维带，再刷防晕漆；而涂敷型防电晕处理，它是待线棒在主绝缘固化成型后，在线棒表面涂敷高低电阻防晕漆。国外一些厂家采用涂敷型防电晕处理，结合半导体槽衬结构使用；对于是一次成型防电晕处理，是在包完主绝缘后，在槽部和端部主绝缘外面分别包低电阻防晕带和高电阻防晕带，同时在高电阻防晕带外面加包一定层数的附加绝缘（附加绝缘材料与主绝缘材料相同，层数与定子电压等级有关，但也有的厂家工艺不采用附加绝缘），然后防晕层、主绝缘一起放入模具中一次热压成型。

3-2-53　什么是定子端部整体防晕，其防晕的工艺结构操作程序怎样，有什么特点？

答：定子端部线棒的防晕为高阻区域，但是，一般高阻防晕层只从线棒直线段低阻防晕层搭接开始到线棒端部斜边的某一尺寸止，即属于区域防晕。所谓定子端部整体防晕结构，是将高阻防晕区域扩大到定子整个端部，即端部的线棒部分、口部垫块、斜边垫块（及其适形毡）、端箍等均喷涂高阻半导体漆（或其浸渍带、毡），有的连定子汇流环也采用了同样的工艺。这种结构能更有效地防止端部电晕和端部异相间的电晕，是目前为止，对端部防晕考虑得比较周详的一种。

对于定子整体防晕，其工艺结构的操作程序和相关注意事项是：① 端部防晕材料采用具有非线性特征的碳化硅防晕漆或浸渍带。② 端部垫块和斜边垫块、端箍与下层线棒的接触等均需采用以高阻防晕漆浸渍的适形毡固定。③ 线棒端部的绑扎完成后，绑扎带以高阻防晕漆刷透。下层线棒下线完成后，需先进行端部防晕处理后，再下入上层线棒。④ 所有端部绑扎、固化完成后，端部整体均匀喷高阻防晕漆，漆膜保持有一定厚度，即完成了端部整体防晕处理。⑤ 漆膜干后，喷表面覆盖漆，与常规一致。

3-2-54　发电机线棒有哪些防晕材料？

答：（1）防电晕漆。防电晕漆是防电晕的主要材料，按其电阻值高低可分为低阻漆、中阻漆、高阻漆。按漆基不同可分为醇酸防晕漆、环氧防晕漆，前者目前已淘汰。防晕漆由漆基、导电材料、填料、溶剂混合经球磨后过滤而成。在使用前加入干燥剂，以适量溶剂调整黏度，再搅拌均匀。一般要求防晕漆的黏结性好、漆的固体含量小于 50%、表面电阻率符合要求，低阻漆表面电阻率应为 $1 \times 10^3 \sim 1 \times 10^5 \Omega \cdot m$；高阻漆表面电阻率应为 $1 \times 10^9 \sim 1 \times 10^{12} \Omega \cdot m$，非线性高阻漆还要求阻值能随场强变化。

（2）防晕带。分为低阻带和高阻带，低阻带主要有含铁石棉带和浸半导体低阻漆的无碱玻璃纤维带。铁质石棉带由石棉纤维纱编织而成；低阻带用于线棒线槽部分。高阻带采用浸半导体高阻漆的无碱玻璃纤维带制成，用于线棒端部部分。

（3）低阻材料。主要有乙炔黑，它是气态、液态或固态有机物不完全燃烧时析出的碳，用作防电晕漆的导电基。此外还有石墨，它是碳的一种结晶体。

（4）高阻材料。主要是碳化硅，用于配制高阻非线性漆。碳化硅具有非线性电阻特性，其电阻率随外施场强下降，也即具有调节场强的能力，使槽口外端部线棒表面电位均匀分布。对于端部采用的碳化硅涂层，中电阻采用 320～400 目碳化硅配制，高电阻采用 1600～1800 目碳化硅配制。

（5）半导体槽衬材料。半导体布、纸如半导体聚酯无纺布等；半导体硅橡胶、橡皮；半导体玻璃布板；现场配制的半导体适形毡、半导体胶等。各厂家的材料区别较大。

3-2-55　当发电机定子线棒的防晕层受损后，如何对其进行处理？

答：线棒防晕处理主要是针对防晕层的严重腐蚀、严重损坏或半导体电阻值超过标准值的处理，其方法为：①剥掉线棒上的防晕层。② 若主绝缘电晕腐蚀有麻点，先用砂布打磨，再用白布沾甲苯清扫。③ 根据电晕的结构，在线棒的端部和直线部位分别包高、低阻带。高、低阻带也可自己进行制作，其制作方法为：低阻带的制作，按 53%B 级胶 100kg 加胶体石墨 28kg 的比例配方，搅拌均匀成漆液，然后将 0.1×25 无碱玻璃丝带放入漆液中浸透，晾干即成；高阻带的制作，按非线性碳化硅 120kg 加 B 级胶 100kg 的比例配成液体，然后将 0.1×25 无碱玻璃丝带放入漆液中浸透，晾干即成。④ 结构损坏较轻的可在端部和直线部分涂制高、低阻带用的漆液，然后用玻璃丝带半叠包一道，再涂一次漆。

3-2-56　在制安过程中，采取什么措施防止水轮发电机定子绕组端部及槽内的电晕现象？

答：对于水轮发电机定子绕组端部及槽内的电晕现象，在制造和安装过程中，通常采取以下措施来予以防止。

（1）对不同额定电压等级的水轮发电机，设计合理的不同的端部绕组结构，可以防止或减轻端部绕组的电晕现象。

（2）发电机绕组槽内部分的防晕措施，常用的有：① 防止绝缘内部因有气隙而出现电离，在制作绕组绝缘时，采用无溶剂的多胶粉云母带经热压制成，或采用无溶剂少胶粉云母带经真空浸渍制成，用以消除绕组绝缘内部的间隙。② 绕组槽部采用低电阻防晕层，由低电阻防晕带绕制，防晕带的表面电阻系数 $\rho = 5 \times 10^3 \sim 5 \times 10^4 \, \Omega$，防晕层与绕组绝缘的黏结应良好。③ 槽内采用半导体漆，其电阻率要稳定。涂刷或喷涂半导体漆前，应把漆搅拌均匀。④ 槽内所用的垫条，应采用半导体玻璃布板制成。⑤ 槽内线圈与槽壁铁芯之间的间隙应小于 0.5mm。

3-2-57　应如何进行线棒的起晕试验，有哪些注意事项？

答：按规定，更换线棒前应对存放时间过久的线棒进行抽样，检查线棒的防晕效果。同样，大批量的新线棒也应在现场按 $5\% \sim 10\%$ 的数量抽检进行起晕试验。发电机线棒槽部的防晕主要靠检测防晕电阻是否合格，而端部及线棒高低阻搭接区的防晕效果则主要靠观察起晕电压是否合格。在进行线棒的起晕试验时，应注意如下事项。

（1）起晕试验应在暗室内进行，但一般现场都没有专门的暗室，因此试验可选择在晚上进行，观察人员站在 2m 以外目测线棒端部是否出现电晕。试验时，应记录环境温度和湿度及起晕电压。

（2）试验前，定子线棒应经低温干燥，线棒表面（包括线棒两端的引线头）应清洁干净无脏污；被试线棒应水平放在绝缘支架上。

（3）在线棒的铁芯直线段采用铝箔包缚并接地，包扎长度为铁芯线槽直线段长度加 40mm（即每端各加 20mm 左右）；铝箔应包缚平整，并用铜带可靠接地。定子线棒引线端头如有尖端，也应用铝箔包缚。定子线棒的引线头接高压侧，高压引线应用专用高压测试线，以防止导线产生电晕。

（4）线棒电晕按 $1.5U_e$ 考察。电压缓慢升至 $1.5U_e$ 在该电压下保持 1min，然后降压回零位，切断电源。升压过程中也应仔细观察是否有电晕出现，如有电晕出现，应记录当时的电压值，该线棒应视为防晕不合格，试验可以终止。在 $1.5U_e$ 时，仔细观察，特别是线棒出铁芯段至 R 角部分，整个线棒应无电晕发生，则线棒防晕为合格。

3-2-58　什么是电腐蚀，现象怎样，什么是内腐蚀和外腐蚀？

答：电腐蚀是发生在发电机槽部定子线棒防晕层表面和定子槽壁之间因失去电接触而产生的容性放电，从而引起线棒表面的腐蚀和损伤。这种容性放电的放电能量比纯电晕放电要大得多，严重时发展为火花放电。火花放电温度可高达摄氏几百度至上千度。同样，放电使空气电离产生的臭氧与空气中的氮、水分发生化学作用，对线棒表面和铁芯产生腐蚀。电腐蚀轻者，使线棒防晕层及主绝缘表面变白并有不同程度的蚕食；严重者防晕层损坏，主绝缘外露或出现麻点，引起线棒表面防晕层乃至主绝缘、垫条的烧损。这种引起线棒防晕层、主绝缘、垫条等损伤的情况统称为"电腐蚀"。

根据电腐蚀产生的部位不同分为外腐蚀和内腐蚀。外腐蚀指发生在防晕层和定子槽壁之间的电腐蚀；内腐蚀是指发生在防晕层和主绝缘之间的电腐蚀。内腐蚀的原因是线棒的表面防晕层与线棒主绝缘之间黏结接触不好，存在微小空气气隙的缘故，如主绝缘表面不平整，半导体漆没有浸透或半导体漆本身的问题等。随着发电机制造技术的发展，"内腐蚀"问题已基本消除。

3-2-59 发电机定子线棒的主绝缘产生电腐蚀的原因是什么？有哪些主要防电腐蚀措施？

答：产生电腐蚀的原因是发电机槽部定子线棒表面与槽壁之间失去良好的接触面而产生火花放电，这种放电对定子线棒的防晕层及主绝缘的表面产生电、热、机械、化学综合作用导致电腐蚀现象。

防止电腐蚀的主要措施有：① 打紧槽楔，保证线棒尺寸和定子槽紧密结合，使线棒防晕层与铁芯保持良好的接触，做到间隙不大于 0.3mm，线棒和槽的接触面不小于50%，安装线棒时，测量线棒表面电位不得大于 10V；② 定子槽内垫条采用半导体材料，以提高防晕性能；③ 定子槽内在下线前喷半导体漆；④ 定子槽楔应压紧线棒；⑤ 提高半导体漆的胶粘性能；⑥ 减小机组的振动，以防止线棒松动和损伤防晕层；⑦ 改进制造工艺水平，如线棒的尺寸和平直度、铁芯的制造和叠片公差等，良好的线棒制造工艺和整机制造水平是减少电腐蚀发生的有力保证。目前我国在线棒防晕和防止电腐蚀方面有了长足的进步，如主绝缘和防晕层同时热压成型、半导体适形毡工艺、线棒采用半导体槽衬槽内固定等。

3-2-60 如何防止发电机定子绕组绝缘击穿？

答：对于定子绕组绝缘老化、多次发生绝缘击穿事故的发电机，应缩短试验周期，加强监视。若经过鉴定，确认电气强度和机械强度普遍降低而不能继续使用者，应更换定子绕组。

对于定子绕组绝缘内游离现象突出，电晕腐蚀严重的发电机，可以采用中性点倒位，即将引出线换为中性点，而中性点换至引出线的方法，以延长定子绝缘寿命。

对于空冷的发电机，如定子绕组绝缘采用环氧粉云母时，为了防止电腐蚀，在大修期间应测量绕组绝缘表面对地电位，其值超过 10V 时，应采取措施，如槽壁喷半导体漆，采用半导体垫条，尽量减少线棒与线槽的间隙，打紧槽楔、减小振动。

3-2-61 定子线棒绝缘击穿后，如何进行局部修理？

答：定子线棒绝缘击穿后，根据不同的线棒，其修理方法也各有不同，具体如下。

(1) 沥青云母浸胶绝缘线棒。① 将击穿处的旧绝缘剥去，剥去长度应在 100mm 以上，新旧绝缘搭接处应削成锥形，锥形的长度 $L = +10U_e/200$ (mm)，锥形应平滑，以便于新旧绝缘的吻合。式中 U_e 是指发电机的额定电压（V）。② 包新绝缘时，先在铜线上涂一层沥青漆，且每包一层绝缘，涂一层沥青漆。每层云母带包的方向一致，各层云母带的头、尾要错开，厚度一致，最外包一层玻璃丝带，并涂沥青漆。③ 烘压。烘压绝缘以前，在新绝缘外包一层脱模带，烘压温度不超过 100℃。当温度约 90℃时，可把压具螺栓再度旋紧，当温度达 100℃时，停止加热，保温约 2h，待冷却后拆卸夹具。

（2）烘卷式绝缘线棒。此种线棒局部修理的方法与前者基本相同，只在包绝缘和烘压方面不同。① 把线棒损坏处削成锥形。② 将虫胶云母板切成适合的尺寸并逐层放宽 20mm，再将云母板四边削成斜面。③ 先在铜线上涂虫胶绝缘漆后包第一层绝缘，再用平烙铁加热烘卷。以后，每包一层绝缘均涂一层绝缘漆，逐层都用平烙铁烘卷。每层的接口都相隔一定距离错开，并使层层绝缘都保持密切接触。卷到与原有绝缘的接合处大致相平时，停止烘卷。④ 在新包绝缘的外面，包扎一层脱模带，放在烘压模具内。⑤ 烘压温度在 120～130℃时，旋紧夹具的紧固螺栓，保温 2h，待自然冷却至室温时拆卸夹具。

3-2-62 发电机组装中，在嵌进定子线棒前应做哪些准备工作？

答：（1）铁芯的调整、清扫和喷漆。对铁芯内壁突出的硅钢片用通槽样棒打平并对齿压条进行打正调整。全部调整好后用布条蘸汽油清扫铁芯通风沟，除掉油泥及积灰，再用压缩空气吹扫干净。然后再进行喷漆，对定位筋的焊接处喷防锈漆（铁红环氧底漆），对铁芯部分喷低阻半导体漆，自然晾干 6～8h。

（2）端箍整形、包绝缘及安装。先对端箍做圆度整形，然后进行绝缘包扎，包扎时先按要求包多层云母带，再包一层玻璃丝带，并涂上环氧绝缘漆（端部留 500mm 长待焊好后再包），然后装上端箍，将各段焊接好，并在焊接处包好绝缘，用涤玻绳绑扎牢固。

（3）标记槽号。根据图纸确定第一槽位置，并标记好所有槽口位置，以利于下线。然后确定线圈上下层及长短线圈的放置槽号，并对测温元件的槽号做好标记，检查测温电阻是否良好。

（4）线圈耐压、试样及低阻布缠绕。对单根线棒按要求进行耐压试验，然后分出上下层线圈以及长短线圈并对其试样，检查线棒厚度不得大于铁芯槽宽，而若线棒比较松，则可对线圈用低阻布进行半叠包缠绕，直到线棒嵌入比较合适为止。

3-2-63 安装发电机定子线棒的工艺流程是怎样的？

答：（1）安装下层线棒：① 安装槽底垫条，在槽底放入低电阻涤纶毡。② 安装测温电阻，将定子测温装置按图纸放入对应的槽内。③ 嵌下槽线棒。将线棒上槽口标记对准铁芯上槽口压入槽内，用橡皮榔头打入，待下层线棒全部放好后，再用压线器将线棒分上、中、下三点压紧，线棒必须落入槽底，然后对已安装到位的下层线棒进行耐压试验检查，并重新检查测温电阻是否良好，其绝缘电阻需在 $1M\Omega$ 以上，直流电阻正常，对发现有试验不合格或其他问题的应进行检查或更换处理，直到合格。④ 扎绑带。在扎绑带位置划好水平横线，以利于扎绑带标高一致。然后将隔垫（环氧块）外包涤纶毡适形材料塞入线棒间隔，再用合适的涤玻绳（$\phi6$）与支持环进行绑扎并锁紧牢固，全部绑扎好后，刷环氧树脂漆。

（2）安装上层线棒。上层线棒和下层线棒的安装过程基本一致。

（3）打槽楔。选择好槽楔，在使用前置烘箱内干燥，除掉潮气。然后将槽楔先在定子槽中试插，以不松不紧为适度（对于过大的可用锉刀打磨槽楔，再擦白蜡）。打入槽楔前先在槽内垫入低电阻涤纶毡和半导体垫条，然后按顺序编号打入槽楔，开始时不宜垫得过厚，当槽楔快到固定位置时，加入适当厚度的垫条将槽楔打紧。最后扎下端槽楔绑带，用浸胶玻璃丝带或玻璃丝绳将下端槽楔和线棒扎牢。

（4）线圈的接头连接及极间连接线连接。根据其连接结构型式的不同采用锡焊或铜焊方式予以连接。

（5）套装绝缘盒或绝缘包扎。按照要求对线圈的接头连接及极间连接线连接处进行绝缘处理。

（6）试验检查。包括测温线圈的绝缘电阻及直流电阻测量、定子线圈的绝缘电阻测量、定子线圈的三相直流电阻测量、定子线圈的整体直流耐压和泄漏试验、定子线圈的整体交流耐压试验等，直到合格。

（7）喷漆。对定子内表面进行喷漆，一般是先喷一遍环氧树脂绝缘漆，再喷 F 级气干绝缘漆三遍。

3-2-64　定子线棒和铁芯线槽间允许有多大的间隙？应采用哪些措施消除间隙？

答：根据电动机槽部防电晕的要求，理论上，发电机定子线棒与铁芯线槽壁间的间隙越小越好。以往老式的黑绝缘由于有受热膨胀的热塑性特点，在运行中微小的间隙可以得到自动的补偿；但黄绝缘属热固性材料，热膨胀性很小，因此，间隙在运行中依然存在。环氧粉云母绝缘的介电常数比沥青云母绝缘的介电常数要大，因此在线棒与铁芯线槽壁同样的间隙情况下，环氧粉云母绝缘比沥青云母更容易放电。据研究，线棒与铁芯线槽壁间的间隙在 $0.2 \sim 0.3\text{mm}$ 时，是环氧粉云母绝缘最易产生局部放电的危险间隙，因此，二者的间隙必须小于此值才好。但线棒的制造工艺和定子铁芯片的加工和安装很难满足防电晕的无间隙要求。为解决这个问题，从制造方面采取的措施有：① 提高硅钢片叠片质量；② 缩小线棒公差；③ 加强槽内固定，使防晕层与铁芯间有良好的稳定接触点。在安装方面，传统的防电晕方法是在嵌入线棒后，在线棒与槽壁之间加插半导体垫片，使其间隙小于 0.3mm。近年来，制造厂从结构和工艺方面进行了改进，以保证线棒与槽壁间隙最小。而国外的发电机则采用了很多补偿办法以消除间隙，如半导体槽衬等。

3-2-65　发电机定子线棒在定子线槽中的固定有哪些要求？有哪些固定方式？

答：在发电机运行及启、停过程中，线棒因承受电磁力、热效应和机械应力的综合作用，还有在严重的短路情况下发生的振动和冲击，可能出现变形和位移。因此要求绕组固定可靠和长期运行中不产生线棒下沉、磨损及电晕、电腐蚀等问题。线棒直线段嵌入铁芯槽中，必须使线棒表面与铁芯槽壁之间有良好的机械接触，同时了为防止电晕，又必须使线棒外表面和铁芯槽壁之间有良好的电气接触。线棒在槽内的固定方式有以下几种。

（1）传统工艺方式。传统的方法是在线棒的外表面缠绕低阻铁质石棉带或低阻带直接与线棒主绝缘一起成型，而线棒与槽壁之间的空隙，在安装线棒时，用半导体板将其塞满，总体而言，是属于刚体间的连接；但如果塞之不紧，就有可能使线棒与铁芯槽壁的两个侧面接触不良，从而可能导致不良后果。

（2）半导体适形毡工艺。在线槽的槽底、上下层线棒间和楔下采用半导体适形毡材料，也可有效地解决大型立式机组发电机线棒的机械固定和防电晕问题，但其安装工艺比较复杂，半导体浸胶毡固化前的压缩量较大，其"火候"较难掌握，且长期运行后发电机线棒的可修性较低。

（3）半导体槽衬固定方式。在线棒下入铁芯线槽前，在线棒的外面，采用半导体材料包缚半导体纸、半导体胶等，然后将其下入线槽，固定在槽内。线棒本身表面的防晕层并未直接与铁芯壁相接触，而是通过这层半导体槽衬与铁芯壁接触。采用半导体槽衬的线棒固定方式都能有效地保证线棒在线槽内的防晕要求，线棒和铁芯槽壁都有很好的电气接触，基本可以消除二者之间的气隙。由于胶固化前本身的可塑性，可以补偿铁芯线槽壁表面存在的微小机械公差；同时也可以有效地抵消由于铁芯槽段不平在线棒外绝缘表面产生的局部机械应力。

此外，还有在槽内线棒一侧置放半导体板，在槽部另一侧采用半导体斜楔（或半导体波纹板）来固定线棒的方式，这种方式多用于汽轮发电机。

3-2-66　进行定子线圈嵌装时，应注意哪些质量控制要点？

答：进行定子线棒嵌装时，应注意以下一些质量控制要点：① 线圈与铁芯及支持环应同时靠实，上下端部与已装线圈标高应一致，斜边间隙应符合设计规定，线圈固定牢靠；② 上下层线圈接头相互错位，不应大于 5mm，前后距离偏差应在连接套长度范围内；③ 线圈直线部分嵌入线槽后，单侧间隙超过 0.3mm，长度大于 100mm 时，可用刷环氧半导体胶的绝缘材料包扎或用半导体垫条塞实，塞入深度应尽量与线圈嵌入深度相等；④ 上下层线圈嵌装后，应按国家标准规定进行耐压试验；⑤ 线圈主绝缘采用环氧粉云母，电压等级在 10.5kV 及以上的机组，线圈嵌装后，一般应在额定电压下测定表面槽电位，最大值应尽量控制在 10V 以内；⑥ 槽楔应与线圈及铁芯齿槽配合紧密。槽楔打入后，靠铁芯上下端的一块槽楔应无空隙（用敲击法检查），其余每块槽楔有空隙的长度，不应超过槽楔长度的 1/2，否则应加垫条塞实，槽楔不应凸出铁芯，槽楔的通风口应与铁芯通风沟一致，其伸出铁芯槽口的长度及绑扎，应符合设计要求。

3-2-67　线棒接头有哪些连接方式（焊接方法），各有什么特点？

答：条式线棒是以单根形式下入定子铁芯线槽，因此，线棒间必须有很好的电气连接才能连接成电气回路。目前，大型水轮发电机组线棒接头根据接头采用钎焊焊料的不同，主要有两种连接方式：锡焊和银铜焊（简称铜焊）。锡焊的方式是首先在两根线棒的接头上套上铜质并头套，然后楔紧。整形完成后整体加热灌满焊锡，形成较好的电气连接。由于焊锡的熔点较低，一般在 183～264℃，故使用温升有一定的限制，接头通过的电流不能太大。锡焊的焊接方法简单，成本较低，但焊接处容易出现开焊等问题。根据其加热方式的不同，锡焊中可采用烙铁焊、碳阻焊、浇锡焊、浸焊等方法。

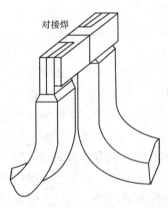

对接焊

图 3-2-11　线棒铜焊接头示意图

银铜焊则是先在每根线棒上焊有铜质连接接头，上下层需连接的线棒接头在下线完成后就已靠拢在一起（以往线棒没有设计连接接头，而是采用连接板的方式；更早的还有线棒的股线与股线直接对接的方式，均已淘汰）。根据其连接方式的不同，分为对接和搭接两种方式，在这两个接触面上夹上银焊片，然后加热使银焊片熔化，达到使两接头良好接触的目的，如图 3-2-11 所示。由于银基钎焊焊料的熔点温度一般高于 600℃，故接头允许温升较高，通流能力很强，广泛用于大容量机组的定子接头连接中。银铜焊的优点是抗拉强度高，允许通过电流密度大，缺点是焊接温度高，焊接工艺较为复杂。铜焊根据其加热方式的不同，可分为碳阻焊、气焊、感应焊等几种方法。

3-2-68 什么是大过桥？什么是小过桥？

答：定子绕组要将同相带的线棒连接成完整的一相绕组，需要将对应于不同磁极（N极和S极）下的线棒连接起来，这个连接线就称为极间连接线，俗称"大过桥"。从定子绕组方块图中可以很清楚地看到这个大过桥，如对A相某支路，就是连接A相带区域和X相带区域的连接线。

定子绕组采用波绕组的连接方式，如果其合成节矩大小采用的正好是一对极距的距离，则绕组绕行一周后将回到出发的那个槽而形成闭合。为了将本相本支路的所有的线棒全部连接成绕组，需要人为地将连接线前进或后退一个槽才能使绕组继续绕行下去。对双层绕组来说表现为两个相邻的上下层线棒之间的连接，这个连接线俗称"小过桥"。小过桥的外形仅比普通绝缘盒大一些且为斜式，故现场又称为斜并头套，外部绝缘盒称为斜绝缘盒。

3-2-69 锡焊接头在连接并头铜套时有何工艺要求？

答：① 首先将线棒接头清理干净，若接头铜线氧化，应清除并搪锡。使用前应检查铜套、铜楔无损坏，并头套、铜楔应搪锡良好。② 套入并头套前先用专用的整形套对线棒作稍许的整形调整，但不可强行用力，否则会损伤线棒绝缘。上、下层线棒接头高低差不得大于5mm，错位不得大于5mm。线头高出并头套的部分应铲去，铲线头时应采取防止线圈端部受力的措施，可用紧楔器楔紧再铲，如情况允许，接头周围可用木楔塞实后再铲。③ 接头整好形后，套入并头套，并将铜楔楔紧。并头套安装应保持水平，并头套与线棒导线之间应尽量用铜楔楔紧，不紧处应用小一些的如导线条塞紧，不得采用强行夹紧的办法，以防损坏并头套；导线与并头套侧面之间的间隙一般不大于0.3mm，局部间隙允许0.5mm，导线与并头套面间应无间隙。调整并头套应使用木锤或胶锤。线棒导线头部整形时不可强行敲打，用力就位，以免损伤端部绝缘。小过桥整形工艺与上述接头一致。大过桥整形时，要求接头对缝局部间隙不得大于1mm，其他要求同上。

3-2-70 锡焊接头的焊接工艺有哪些要求？

答：对定子上部接头，以石棉泥包好堵漏模子后，用碳电极加热或中频焊机加热的方法进行焊接，有的也将定子翻身后，采用锡斗端焊的方法；下部接头一般采用锡斗端焊的方法，其加热方法一般是采用碳电极加热或中频焊机加热。其焊接的工艺要求为：① 上部接头焊接前，首先和好石棉泥，以石棉泥在接头并头套下做好石棉窝，按形状扎牢，用玻璃丝带在外围加固，以免焊锡漏入线缝或铁芯槽内。将所焊接头堵好后，再开始焊接。② 焊接时应注意调整好电极或焊机电流大小，掌握好合适的焊接温度。焊接过程中及时添加松香及焊锡，以免并头套及导线氧化。如果焊接过程中发现石棉窝漏锡，应立即停止工作，封堵好后再焊。③ 下部接头焊接前应在接头上涂以松香水，焊接时一般是采用锡斗端焊的方法。④ 接头焊锡面在冷却过程中可能有少许收缩，故可根据接头温度情况适当补充焊锡。⑤ 接头焊接时，要注意防止损伤线棒及相邻线圈的绝缘。

3-2-71 铜焊定子接头的焊接工艺有哪些要求？

答：（1）铜焊接头一般采用专用的铜焊机焊接。铜焊机有中频感应加热和大电流碳阻焊两种，其中中频感应加热式铜焊机有加温快、操作简便的优势，目前应用较广。具体采用哪种焊接方式，可视接头的连接结构型式而定。

（2）铜焊接头的好坏是发电机安装和检修中的关键工作，且如果接头焊坏，有可能造成整根线棒的报废，特别是水内冷线棒电接头的焊接。因此，参加钎焊的操作人员必须经过专业培训，且考试合格后持证上岗。操作人员应熟悉铜焊机的使用和操作上的注意事项。在正式焊接线棒接头前，应采用废旧线棒或模拟的铜块进行试焊，以掌握电流大小、焊接时间和温度。

（3）定子绕组的上、下层线棒在下入线槽前就应将线棒电接头（对接）的对接面清理干净，否则上层线棒下入后就无法处理接触面。要求焊接部位平整、光亮、无飞边、毛刺，露出铜的金属光泽；可用钢丝刷、细锉刀或砂纸清理，根据情况可适当打磨。

（4）焊接前应检查并调整上、下层线棒电接头的对正情况，特别是对接式的接头。检查、调整两接触面的高低和左右的偏离（即轴向偏差、切向偏差和接头径向间隙）应在厂家标准所允许的范围之内。若不能满足要求，应对上下层线棒的接头进行整形，整形应使用专用校形工具，不得使用榔头等工具直接锤击或敲打接头。校形时用力应缓慢，防止用力过猛损伤接头或损伤线棒绝缘。调整合适后，两接触面夹入比接触面稍大的银焊片（一般约0.2mm厚），用专用夹具夹紧。

（5）根据发电机端部的情况，采用湿的石棉布或专用防火布对端部线棒绝缘进行保护，防止绝缘过热。也有的厂家要求在焊接时对线棒端部包用通冷却水的冷却套进行降温处理，接头焊接后需待焊接处温度降至130℃左右时才能拆除冷却水套。对水内冷的线棒，焊接时将两线棒的水接头串联起来通入冷却的压缩空气进行冷却。

（6）按铜焊机的操作要求对接头进行加热，应注意掌握加温时间，在加热过程中，根据需要加入焊料补满四周间隙，焊缝填充应饱满。由于焊接温度高，一般每个接头的焊接时间应在2min之内完成。

（7）有的线棒电接头采用的不是整面接触，而是采用手指状的多层面搭接，这种接头的焊接应在焊完一根"手指"后充分冷却，才能焊另一根，否则连续焊接会损伤线棒绝缘。

（8）停止加热后，以余温用焊料棒将焊缝中多余的焊料抹平，以免接头冷却后形成焊堆，不便处理。

3-2-72　在定子绕组进行接头焊接时应符合哪些要求，如何检查其焊接质量？

答：在对定子绕组进行接头焊接时，应符合下列要求：① 锡焊接头的铜线、并头套、铜楔等应搪锡，并头套、铜楔和铜线导电部分，应结合严密，铜线与并头套之间的间隙，一般不大于0.3mm，局部间隙允许0.5mm；② 磷银铜焊头的填料间隙，应在0.05~0.2mm；③ 接头焊接时，焊料应充实，焊后表面应光滑，无棱角、气孔及空洞；④ 接头焊接后，应检查焊接质量，测量直流电阻，最大值与最小值之比不应超过1.2倍。

对于焊接质量的检验，主要从以下几个方面来进行：① 外观检查。首先对并头套上的预留孔和周围缝隙进行观察，如焊锡未能充满或留有夹杂物，则需进行处理或重焊。② 接触电阻的测量。在接头焊接部位前后选择两点，测其间的接触电阻，以不大于同截面导线长度电阻值为合格；或各电阻最大值与最小值之比不超过1.2倍。③ 发热检验。将参与施焊的全部接头，通入1.3~1.5倍的额定电流30min，测量记录接头处温度，以不超过导线部分平均温度的5~7℃为合格，也可取10%左右最低温升的平均值为基值，最高温升不应超过基值的1.2倍。

3-2-73　定子绕组接头的绝缘处理，常采用哪些方法，应达到什么要求？

答：定子绕组接头的绝缘主要考虑相邻接头的绝缘距离和接头对地的绝缘距离。定子线圈的接头焊接好后，需进行绝缘包扎处理，通常有两种方法：一是包扎绝缘（现已基本淘汰）；二是套装绝缘盒，目前均采用绝缘盒的方式，绝缘盒有盒内注胶和不注胶两种方式。浇灌用的绝缘胶，用环氧树脂作基材，石英粉为填充剂，以聚酰胺作固化剂。对风冷发电机的定子接头，一般采用接头绝缘盒注胶工艺。这种结构绝缘方面的性能很好，但不利于接头散热。绝缘盒采用酚醛玻璃纤维或聚酯玻璃纤维绝缘盒，按不同的接头外形压制而成。根据不同的电压等级和电流大小，绝缘盒要考虑与线棒接头绝缘部分的搭接长度和距离接头并头套的距离，这在检修和安装中都是要严格掌握的。上下接头绝缘盒的结构基本一样，只是从现场的角度看，上部的绝缘盒为无底，也称通底绝缘盒。对于有引线的线棒接头、大过桥等还是采用手工包绕的方式。

另外，对于旧式沥青云母带绝缘的定子接头，其绝缘处理多是包扎云母带、漆布带等作为对地主绝缘，绝缘内外各包一层白布带，在各带层间涂刷沥青绝缘漆；而对于粉云母绝缘的定子线圈，端部接头绝缘一般采用包扎云母带、漆布带等作为对地主绝缘，最后再半叠包一层无碱玻璃丝带；而对于粉云母绝缘的定子线圈，端部接头绝缘一般采用浇灌绝缘胶代替包扎的绝缘方法。

在进行线圈接头绝缘处理时，应注意达到以下要求：① 线圈接头绝缘采用云母带包扎时，包扎前应将原绝缘削成斜坡，其搭接长度应符合相关要求，绝缘包扎应密实，厚度应符合设计要求；② 接头绝缘采用环氧树脂浇灌时，接头与绝缘盒间隙应均匀，线圈端头绝缘与盒的搭接长度应符合设计要求，浇灌饱满，无贯穿性气孔和裂纹。

3-2-74 接头注胶绝缘盒安装有什么工艺要求？

答：接头绝缘处理前应将接头清理干净，清理掉接头金属尖角与毛刺，接头根部绝缘清洁，无遗留杂物。然后分别进行上部绝缘盒和下部绝缘盒的安装。其安装程序和工艺要求如下。

（1）上部绝缘盒的安装。① 装绝缘盒前，用甲苯或无水乙醇擦净接头及绝缘盒。为保证安放绝缘盒时间隙均匀，可在接头并头套各面粘贴一些厚度合适的小环氧玻璃布板块。② 安放绝缘盒时要求间隙均匀，线圈绝缘深入绝缘盒深度和绝缘盒两侧与并头套之间的间隙均应按厂家图纸要求掌握。灌注环氧树脂胶前后，保持线圈绝缘深入绝缘盒深度不变，两侧间隙均匀。③ 用环氧腻子堵好绝缘盒与线棒间的空隙，确认堵好后注胶。注胶后注意检查环氧腻子部位应无渗漏，否则应马上处理。④ 近来有的厂家对定子上端绝缘盒采用了一种不流动的膨胀胶（国内的如J9701），直接灌入绝缘盒，然后翻转过来扣入并头套，一定时间固化后即可，工艺比较简单，省时省事。但据绝缘盒解剖的情况看，绝缘盒内空隙较多，工艺上还有待改进。对于额定电压不高的发电机还是可行的。

（2）下部绝缘盒的安装。① 下部绝缘盒安装时，先在盒内灌注约1/3容积的环氧树脂胶，慢慢托入下部接头，调整好位置后用木楔固定。② 再将绝缘胶注入未满的绝缘盒中至胶与绝缘盒口部平。固化过程中，胶面可能收缩，可根据情况往绝缘盒中补胶，允许低于绝缘盒表面不大于1.5mm。③ 绝缘盒内环氧树脂胶应浇灌饱满，无气孔和裂纹（待干燥后用小铜锤敲击听音可以判断）。

3-2-75 绝缘盒填充剂应怎样配制？

答：（1）配方。不同的厂家有不同的配方。配比一般为重量比，因此配料应用秤称好，不可凭目测配料。比较典型的配方有：① 室温固化。环氧树脂6101号：固化剂651：石英砂（200 目）＝100∶30～50∶100；② 加温固化。氧树脂 6101 号∶固化剂三乙醇胺∶增塑剂二丁酯∶石英砂（200 目）＝100∶15∶3∶100。一般加温固化温度为 80～90℃，时间约为 6h，室温固化约 24h。一般情况下，以采用室温固化为好。

（2）配置工艺。调配前，石英砂应先在 105～110℃温度下干燥 4h 以上并预热备用。将环氧树脂加温至 40～50℃（如环境温度高，环氧流动性好，也可不加热），加入温度相当的石英粉，与石英粉搅拌均匀再加入固化剂、增塑剂，充分搅拌均匀至无气泡产生。配制的胶要有一定的流动性，可采用活性稀释剂稀释，否则在浇灌绝缘盒时不易灌满。室温固化剂的固化速度，与搅拌前加热的温度有关，因此施工中应根据现场应用情况，适量调配使用，一次不能调配太多。

3-2-76 定子接头绝缘盒注胶为什么使用石英粉作填充剂？

答： 在运行过程中，接头会发热，而铜导体的热膨胀系数与环氧树脂胶的热膨胀系数不一致，容易造成运行中接头绝缘盒开裂。加入一定细度要求的石英粉后，使混合胶的热膨胀系数尽量与铜导体一致，以防止接头绝缘盒开裂。加入石英粉还能提高接头绝缘的导热性，降低胶的固化收缩率。此外，无机材料的耐电晕放电性远远超过聚合物材料，将无机物填料加入有机绝缘材料内可以提高其耐电晕放电性能。因此石英粉加入环氧树脂中也可以提高接头绝缘的耐放电性，且石英粉的颗粒越细，作用越好。

3-2-77 大过桥接头绝缘处理有什么工艺要求？

答： 大过桥接头不能采用绝缘盒灌注工艺，只能采用包绕绝缘的方法。包绕材料一般采用与主绝缘相同的绝缘带。线棒至定子汇流环的引线接头绝缘的处理与大过桥的处理基本一致。为使新旧绝缘过渡紧密，原有绝缘与新绝缘搭接处应削成斜坡状。其相关工艺要求如下。

（1）接头包绝缘前，应先将过桥和线棒的连接部分的绝缘分别削成斜坡状，斜坡的长度根据线棒的电压确定，按表 3-2-3 要求掌握。电压高于 18kV 的发电机目前无统一标准，可按 70mm 左右掌握。坡面用甲苯或乙醇清扫干净。

表 3-2-3 绝缘包扎搭接长度要求

发电机额定电压（kV）	6.3	10.5	13.8	15.75	18.0
搭接长度（mm）	25	30	40	45	50

（2）用环氧泥制成的腻子填塞导体接头部分的导体与外包绝缘间的空隙处，要保证包扎的密实性。

（3）包绕材料、厚度、绝缘漆的种类应按图纸要求。以 13.8kV B 级黄绝缘为例：0.16mm×25mm 环氧粉云母带半叠绕包 16 层，外部再以 0.1mm×25mm 玻璃丝带叠绕包 2 层，每层之间刷室温固化环氧树脂绝缘漆。

（4）绝缘固化后，外表喷（刷）与定子表面相同的覆盖漆，漆的遍数按厂家要求。

另外，需要注意的是：对采用云母带包扎的绝缘，如端箍接头连接、手包接头绝缘等包扎前均应将原绝缘削成斜坡，其搭接长度均应符合表 3-2-1 的要求；绝缘包扎层间应刷胶，包扎应密实，包扎层数应符合设计要求。

3-2-78 绝缘包扎有何工艺要求？

答： 绝缘包扎按包绕带的叠层方式大致分为 1/3 叠包、1/2 叠包（半叠包）、平绕包三种。包扎时应根据不同的部位和需求分清包带的包法。包扎时包带的倾角应保持一致，叠包才能准确掌握，才能避免绝缘发空和出现空隙。其相关的工艺要求如下：① 包扎时包带应略用力拉紧，包带应保持平整不出现皱褶，并配合层间漆，可减少气隙的存在。② 不同种类的包带，应使用不同性能和要求的层间漆或胶，特别是厂家有规定的品种。层间漆一般应先刷表面再包带，不能先包绕后再刷漆。③ 平绕法根据用途，包带之间可有 1～3mm 的间隙，但包带一般不能前后搭接，而应采用对接的办法，特别是线棒外表防晕带的包绕，应尽量一带包绕完成，即使对接，对接的部位也应放在线棒的窄面（即不与铁芯面接触的部位）。④ 某些被包的电气部分外表（如接头）不平整应使用环氧腻子将其铺垫平整或圆滑，然后再包绕绝缘带，应尽量消除绝缘包带和导体间的空隙。

3-2-79 定子绕组端部为何需要绑扎，其结构是怎样的？

答： 发电机定子绕组在运行时，绕组的端部将受到电磁力的作用。在非正常运行时，特别是在外部短路或开关非全相等故障情况下，绕组端部要承受很大的径向交变电磁力，其频率是两倍电流的频率。电动力引起绕组线棒间的机械力作用，若端部固定不良，可能使线棒发生位移或变形，造成绝缘损伤。因此，端部也必须良好固定，以防止绕组端部损坏。

端部固定一般是采用无碱玻璃丝带将端部垫块、斜边垫块、端箍（也称支持环）牢牢地与线棒绑扎在一起，然后浸胶处理，绑扎、固化后成为一个整体。同时端箍通过支架与定子机座固定在一起。线棒出槽口部位也是受电磁振动较大的部位，固定不当容易造成因绝缘磨损而损坏线棒。槽口垫块也是采用双斜块结构，一般多固定采用适形毡工艺将其固定在两线棒之间。斜边垫块的主要作用是加强绕组端部斜边的机械强度。端部垫块和斜边垫块均采用绝缘垫块，如环氧酚醛层压玻璃布板等。线圈端部绑扎的结构如图 3-2-12 所示。

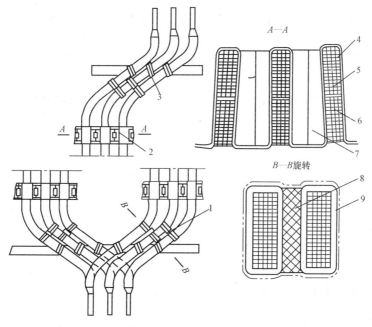

图 3-2-12 条式定子线圈端部绑扎结构示意图

1—线棒斜边的绑扎；2—槽口垫块的固定；3—线圈与端箍绑扎；4—适形材料；
5—上层线棒；6—下层线棒；7—槽口垫块；8—斜边垫块；9—玻璃丝带

3-2-80 金属端箍和非金属性材料端箍各有什么特点？

答： 在传统的发电机端部绑扎固定中，一般采用非磁性金属材料作端箍。大型发电机的端箍多采用非磁性钢如40MnCr72等，端箍的截面有圆形和方形两种。由于是与线棒绑扎在一起，因此端箍本身也需采用与线棒主绝缘相同的绝缘材料和厚度进行包扎热压成型。此工序在工厂分段处理，然后在现场组装成圆形。

端箍处在强磁场中，因而运行中也会产生损耗发热。随着技术的发展，国外大型机组已广泛采用非磁性非金属材料作端箍。在强度满足要求的情况下，采用非金属性材料如绝缘材料作端箍，就彻底地消除了因端箍绝缘的损坏可能导致发电机定子绝缘事故的可能性，改善了端部电场的不均匀性，降低了端部漏磁损耗。所以，国外的制造厂家较多地采用了非金属端箍。还有的厂家的端箍采用的是刚性绝缘材料，在安装现场拼为整圆。在端箍和线棒间垫适形毡，待胶固化后成为整体，也能做到使线棒和端箍材料间无间隙。对于上、下层线棒之间的加固，有的厂家用含胶的绝缘材料卷成实心圆柱体绑扎在端部上、下层线棒之间，待胶固化后即成为刚体。

3-2-81 定子端箍的连接有何工艺要求？

答： 对金属性的端箍连接，其工艺要点有：① 大型发电机定子端箍一般都采用非磁性材料，因此对端箍的焊接也应采用非磁性的焊条，如不锈钢焊条；② 端箍焊好打磨处理后，其外包绝缘的处理方式（材料和工艺要求）与定子引线接头的处理是一致的，即按同等电压等级的要求进行绝缘处理；③ 端箍与绕组间的绑扎处应密实无间隙（有的发电机在线棒和端箍之间没有使用适形毡工艺），否则容易引起端部的电晕。如果旧端箍恢复时无法复原，则可采用在端箍绝缘和绕组绝缘间加塞适形毡的方法解决。

3-2-82 发电机定子线棒更换的原则是什么，现场检修应如何掌握？

答： 当线棒发生故障时，需要对其进行修理或更换，发电机更换线棒再检修是一个重要内容，需慎重考虑。一般应注意以下原则：① 运行中击穿或损伤的线棒，其故障点在槽内或槽口附近者；② 预防性试验击穿，其击穿部位同上者；③ 主绝缘磨损，其损伤深度在1mm以上者；④ 线棒接头过热造成接头严重损伤者；⑤ 电腐蚀严重或防晕层损坏严重者。

线棒击穿、损伤部位在槽口外距离槽口小于100mm的应根据现场情况研究处理，如线棒的参考电位、损伤的程度。击穿点及主绝缘严重损伤处在槽口外距离槽口100mm以上者，可以不更换线棒进行局部处理。有时为保证高可靠性，也需根据现场情况灵活掌握，考虑更换新的线棒。由于发电机是整个机组的心脏部分，极为重要，从性价比考虑，一般在线棒有故障特别是槽内故障或运行电位高的情况下建议换新。只有当无备品或故障在端部时，考虑作局部修理。

3-2-83 更换一根波绕组定子下层线棒应拔出多少上层线棒？

答： 对于波绕组条形线棒，如果更换一根定子上层线棒当然只需拔出那根上层线棒，但一根定子下层线棒更换时应拔出多少上层线棒才能将其更换呢，此时应查出该发电机的绕组节矩 Y，则 $Y+1$ 就是应拔出的定子上层线棒数。如绕组节矩为 1—7—14，$Y=13$，则更换一根定子下层线棒应拔出对应的 14 根上层线棒。了解这一点，可以帮助工作人员迅速地判断需要拔出的对应磁极个数、需要的备品数量、投入检修的人员多少及工作量的大小。

3-2-84 发电机定子绕组局部更换线棒在电气交流耐压试验上有什么规定？

答：对于 $10.5 \sim 18$kV、容量大于 10MW 的发电机线棒局部更换条式线棒时，其交流耐压试验值规定见表 3-2-4。

表 3-2-4　　　　　　　　　　　　　线棒所在部位试验电压

序号	线棒所在部位	试验形式	试验电压（kV）
1	单根线棒下线前	单根；直线部分包金属箔接地	$2.75U_n + .5$
2	下层线棒下线后（与其他线棒连接前）	单根；其余线棒接地	$0.75(2.5U_n + 2.0)$
3	上层线棒下线后（打完槽楔，与其他线棒连接前）与下层线棒同试	其余线棒接地	$0.75(2.5U_n + 1.0)$
4	连接、焊接完成，接头绝缘完成后	分相	$0.75(2.0U_n + 3.0)$
5	所有更换工作完成后	分相	$1.5U_n$

如果发电机制造厂家有明确规定，应参照厂家的标准。

3-2-85 如何在没有发电机备品线棒的情况下，应急处理有绝缘故障的线棒？

答：在发电机的运行中，由于没有线棒的备品，这时又出现了线棒绝缘受损的事故，如在运行或发电机试验中击穿等情况。为了不影响发电机的发电，可以对发电机进行紧急修复处理。

发电机定子绕组的线棒绝缘组成是相同的，即所有线棒的绝缘水平都是一样的，而各根线棒在实际运行中所承受的实际电位是不一样的。其中发电机中性点区域的线棒实际运行电位很低，而出口侧的线棒承受额定电压，虽然它们的使用年限相同，但实际电气寿命是不同的，也即中性点区线棒的实际电气绝缘水平要好于高电位区的线棒。

在需要紧急修复的情况下，可将故障线棒（一般都出现在高电位区）拔出，然后将位于中性点区的上层线棒拔出，将中性点区的线棒安装在故障线棒所处的槽位，而将故障线棒修复后安装在中性点区的槽位内。这样换置的结果会大大地提高抢修后发电机的绝缘水平。在检修中应仔细核准定子槽号。另外，也可通过计算故障线棒电动势，确认在取消该线棒后三相不平衡电流在允许范围内，则可直接将该线棒取消。

3-2-86 发电机定子线棒应如何进行局部故障修理？

答：远离铁芯的部位可以不将线棒取出就地修理，其他部位的局部故障应将故障线棒从线槽内取出后，平放在修理台上，并在修理台面上垫以软垫如橡胶垫或涤纶毡，防止在线棒局部修理的过程中又造成线棒其他部位的损伤。修理前，应拍摄故障部位的资料照片。

首先应仔细清除故障点，然后沿清理点两侧将线棒绝缘削成坡口，如图 3-2-13 所示。

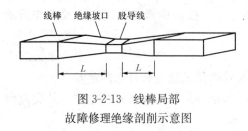

线棒　绝缘坡口　股导线

图 3-2-13　线棒局部
故障修理绝缘剖削示意图

每侧坡口长度一般按经验公式来确定：$L = 10 + (U_e/200)$（mm），其中 U_e 为定子绕组额定电压（V）。如对 13.8kV 等级的绝缘，坡口每侧长度应有 80mm 左右。坡面应仔细修整，要求平滑、均匀。然后用无水酒精或甲苯擦干净后刷一层室温固化环氧树脂漆，再以与线棒绝缘相同的绝缘材料进行半叠绕包，层间刷室温固化环氧树脂漆，漆的黏度应适当，涂刷要均匀，绕包层数按绝缘厚度而定，一般按线棒设计所要求的层数来定（厂家对此均有规定）。

　　局部修理的重点是应掌握修理部分无气泡夹杂，因此，应严格按半叠包绕工艺。绝缘带包扎过程中不可出现皱褶，包扎绝缘带时可适当用力拉紧，但要用力均匀。一般现场的处理不能做到真空处理，因此对局部修理的线棒应做作灵活处理。为使新旧绝缘接触紧密，修复部分应加热加压处理。压模可根据具体部位采用厚铁板制成，可采用电热烘烤的办法，也可在大型烘箱内进行。对 B 级绝缘，处理温度以 90～110℃ 为宜（不同的工艺结构，时间及温度差别较大），加热温度和时间应参考厂家线棒绝缘成型时间，如 13.8kV 线棒 B 级绝缘最少需 5h 左右。也可采用低压大电流的方式对线棒加热。局部修复后，按要求恢复防晕层。对防晕层与主绝缘同时成型的线棒，则应在主绝缘包绕后即行包绕防晕层，一起进行热压处理。局部修理后的线棒应经过耐压试验合格。

3-2-87　定子绕组接头过热有什么危害？

　　答：定子绕组接头如设计或制造不良，长期运行中会造成接头部分局部过热并使接头的电阻逐步增大。如果形成恶性循环，最终会导致接头开焊，这一点对采用锡焊的接头来说更为严重，往往会因一处故障而造成一大片的接头连续开焊。因此，在检查中，如发现绝缘盒有过热的现象或其他异常，应剖开绝缘盒检查接头是否出现问题。如在试验中发现某个接头电阻过大，应及时处理。对某些不合理的接头应找出症结，予以技术改造。

3-2-88　定子绕组端部的口部垫块松动应如何处理？

　　答：发电机定子线棒出槽口部位的垫块是用于加固定子出槽口处的机械强度，因此对于定子线棒端部的抗振动和抗冲击都有很好的加强作用。口部垫块的结构一般是斜楔对，在安装结构型式上，大致有两种：一种是采用适形毡工艺的方式固定；另一种是斜楔对直接打紧在线棒的两端，然后采用绑绳绑牢。

　　在检修中常发现有口部垫块松动的现象。处理口部垫块的松动，对于前一种方式还是按原工艺方式固定来处理，适形毡浸胶的配方按厂家原标准不变。后一种固定方式可按原工艺固定，也可根据实际情况进行改进，以保证垫块的可靠性，即改用适形毡的方式固定比较好一些，此时需对口部垫块进行局部加工。严格地说，这后一种固定方式是不妥的，硬对硬的连接无法避免产生气隙，在端部槽口不均匀高压电场的环境中会出现局部放电，因此采用前一种固定方式为好。

　　对于采用适形毡工艺固定的口部垫块，在拆、装口部垫块时，如原适形毡撕下时损伤了线棒表面防晕层，应仔细测量该处距铁芯的实际高度尺寸。对照图纸确认是在低阻区还是高阻区，然后进行相应的防晕处理，防晕处理完成后，才能回装口部垫块。否则会影响线棒端部的防晕，造成新的问题。在处理采用适形毡固定无绑扎结构松动问题时，在按原工艺完成适形毡固定后，为防止垫块再次滑动损伤线棒，可用 0.35mm×35mm 无碱玻璃丝带绑扎、浸胶，特别是端部振动大的机组，应加固处理。

3-2-89　发现定子绝缘盒有裂缝应如何处理？

答：对于内部没有灌注绝缘胶的绝缘盒出现较大的裂缝，如带水接头的绝缘盒，一般属于质量问题。由于接头间的绝缘完全靠绝缘盒承担，因此应予以更换。

对于采用环氧树脂胶浇注的绝缘盒，应区别考虑。绝缘盒裂缝可能有两种情况，一种是绝缘盒本身的原因，如材料原因或其内部配胶热胀冷缩的原因造成，这种情况对电气绝缘的性能影响不是太大，另一种是反映了接头内部过热，则应及时进行处理。由于绝缘盒内灌满了环氧树脂绝缘胶，因此，仅从绝缘的角度来考虑是没有问题的，重点应考虑绝缘盒内的接头有无过热的现象。轻度的裂缝，可贴上不同温度点的示温片，待下次检修时再检查示温片是否存在过热现象，再决定是否更换，如不是属于内部接头过热，则可不处理。对裂缝较大的绝缘盒，应考虑铲除，检查其内的接头是否存在过热的现象，必要时辅以涡流探测法和直流电阻的测试。如果是内部接头过热造成绝缘盒裂缝，则应对接头进行重焊处理，处理完成后再重新浇注绝缘盒。

3-2-90　对于发电机汇流母线的安装，其应符合哪些要求？

答：对于发电机汇流母线的安装，其应符合的技术要求是：① 连接接头应搪锡，连接后用 0.05mm 塞尺检查，塞入深度对母线宽度在 60mm 及以上者，不应超过 6mm，母线宽度在 60mm 以下者，不应超过 4mm；② 接头应无气孔、夹渣，表面应光滑，必要时测其直流电阻，其值一般不大于同长度母线的电阻值。

3-2-91　螺栓连接的汇流母线接头过热应如何处理？

答：对于螺栓连接的汇流母线，当其接头出现过热时，应采取措施进行以下处理。

（1）过热的接头解开后，首先将接触面清理干净，接头表面打磨出铜金属原色。螺栓连接接头的接触面应搪锡或镀银，现场一般只能做搪锡处理。接头的接触面应处理平整，接头接触面的平直度不应超过 0.03mm。螺栓最好使用力矩扳手，按厂家原设计要求的螺栓预紧力拧紧；实际上用力过大也会造成接头接触不良，以往检修人员对这一点都不太重视，主要是凭经验。接头连接完成后，接触面用 0.05mm 塞尺检查，塞入深度应小于 5mm。

（2）有的接头原设计只有螺栓连接，这种接头如果通流大，在按螺栓连接处理并拧紧后，还应对接头加用锡焊焊接。原已采用锡焊焊接的螺接接头，如果处理后仍然过热，则应改用银铜焊的工艺处理。即采用在两接触面间夹入银铜焊片的方法处理。

（3）对于设计上接触电流密度偏大造成的接头过热应考虑进行技术改造。在 200～2000A 电流范围内，一般接触电流密度 J_c 与工作电流 I 的关系为 $J_c = 0.31 - 1.05(I - 200) \times 10^{-4}$（A/mm²），对大于 2000A 的接触面，$J_c$ 按 0.12A/mm² 选取。

3-2-92　铁磁杂物对发电机有何危害，检修中应如何防止？

答：铁磁物质如电焊条、断锯片、铁屑等遗留在发电机内，是发电机组运行的大患。某厂一台 TQC5674/2 型发电机事故后检查，发现 B 相 16 号槽有一 73mm×14mm 的锯片使一线棒绝缘损坏。发电机运行时，铁磁物质在交变磁场的作用下在机内振动。如果在线棒绝缘附近，使绝缘形成坑洞形似虫蚀，它将磨坏绝缘层甚至导致线棒在运行中或预试中击穿。因此，在检修中必须予以高度重视，检查有无异物，尤其是铁磁物质遗留在发电机内。对金属工具带入发电机内必须予以登记，工作完后带出验销。机内如有电焊、金属表面攻丝等工作，应预先将工作点附近的缝隙填塞或用合适的材料遮挡。工作完后，应仔细清扫，带走所有余渣，不便清扫的地方应用湿面团将表面粘干净。

3-2-93 发电机定子在组装时的试验项目有哪些，标准的要求如何？

答： 在标准中规定，对发电机定子在组装时的试验项目有 6 项，其相关要求见表 3-2-5。

表 3-2-5 　　　　　　　　　　　发电机定子在组装时的试验项目

序号	项目	标准	说明
1	单个定子线圈交流耐压试验	参照定子线棒在嵌装时的交流耐压试验规定	嵌装后接头连接前进行；嵌装前一般可不做耐压试验
2	测量定子绕组的绝缘电阻和吸收比或极化指数	(1) 绝缘电阻值和吸收比应符合规定（可参照预防性试验中的规定）；(2) 各相绝缘电阻不平衡系数不应大于 2（各相或各分支绝缘电阻值的差值不应大于最小值的 100%）	用 2500V 及以上绝缘电阻表
3	测量定子绕组的直流电阻	各相、各分支的直流电阻，校正由于引线长度不同而引起的误差后，相互间差别不应大于最小值的 2%，此种差别与制造厂测量的差别比较，相对变化也不应大于 2%	(1) 在冷态下测量绕组表面温度与周围空气温度之差不应大于±3℃；(2) 当采用压降法时，通入电流不应大于额定电流的 20%；(3) 超过标准者，应查明原因
4	定子绕组的直流耐压试验并测量泄漏电流	(1) 试验电压为 3.0 倍额定电压值；(2) 泄漏电流不随时间延长而增大；(3) 在规定的试脸电压下，各相泄漏电流的差别不应大于最小值的 50%	(1) 一般在冷态下进行；(2) 试验电压按每级 0.5 倍额定电压分阶段升高，每阶段停留 1min，读取泄漏电流值；(3) 不符合标准 (2)、(3) 之一者，应尽可能找出原因，并将其消除
5	定子绕组的交流耐压试脸	(1) 对于整体到货的定子，定子绕组的交流耐电压试验电压应为出厂试验电压的 0.8 倍；(2) 对于工地装配的定子，当额定线电压为 20kV 及以下时，试验电压为 2 倍额定线电压加 3kV；(3) 整机起晕电压应不小于 1.0 倍额定线电压	转子吊入前，按本标准进行耐压试验，机组升压前，不再进行交流耐压试验：(1) 交流耐压试验应分相进行，升压时起始电压一般不超过试验电压值的 1/3，然后逐步连续升压至满值，升压速度，从 1/3 至满值，一般历时 10～15s 为宜；(2) 试验前应将定子绕组内所有的测温电阻短接接地；(3) 耐压前，必须测量绝缘电阻及吸收比，并先进行直流耐压试验；(4) 耐电压时，在额定线电压下，端部应无明显的金黄色亮点和连续晕带。当海拔高度超过 1000m 时，电晕起始试验电压值应按 JB/T 8493 进行修定

序号	项目	标准	说明
6	定子铁芯磁化试验	磁感应强度按 1T 折算，持续时间为 90min： （1）铁芯的最高温升不得超过 25K，相互间最大温差，不得超过 15K； （2）铁芯与机座的温差应符合制造厂规定； （3）单位铁损应符合制造厂规定； （4）定子铁芯无异常情况	（1）工地叠片的定子，应进行此项试验； （2）制造厂已进行过试脸的，则可以不做； （3）试验时用 0.8～1T 的磁通密度，持续时间为 90min； （4）对直径较大的水轮发电机定子进行试验时，应注意校正由于磁通密度分布不均匀所引起的误差

3-2-94　定子线棒在嵌装时的交流耐压试验是如何规定的？

答：定子线棒在嵌装时的交流耐压试验必须按照相关标准进行，其规定见表 3-2-6。

表 3-2-6　　　　　　　　　　　　交流耐压试验标准

绕组型式	试验阶段	额定电压 U（kV）	
		2≤U≤6.3	6.3<U≤24
		试验标准（kV）	
圈式	（1）嵌装前	2.75U+1.0	2.75U+2.5
	（2）嵌装后（打完槽楔）	2.5U+0.5	2.5U+2.5
条式	（1）嵌装前	2.75U+1.0	2.75U+2.5
	（2）下层线圈嵌装后	2.5U+1.0	2.5U+2.0
	（3）上层线圈嵌装后（打完槽楔）	2.5U+0.5	2.5U+1.0

注　U 为发电机额定电压，kV。

3-2-95　发电机定子铁芯和绕组的温度是怎样测量的？

答：测量定子绕组温度所用的都是埋入式检温计。埋入式检温计可以是电阻式的，也可以是热电偶式的。目前发电机用的大部分是电阻式的。电阻式检温计的测量元件一般埋在定子线棒中部上、下层之间，即安放在层间绝缘垫条内一个专门的凹槽里，并封好。用两根导线将其端头接到发电机侧面的接线盒里，再引至检温计的测量装置。利用测温元件在埋设点受温度的影响而引起阻值的变化，来测量埋设点即定子绕组的温度。由于埋入式检温计受埋入位置、测温元件本身的长短、埋入工艺等因素的影响，往往测出的温度与实际温度差别很大。故对检温计最好经带电测温法校对，当确定其指示规律后，再用它来监视定子绕组的温度。

测量定子铁芯温度所用的也是埋入式电阻检温计。首先把测温元件放在一片扇形绝缘连接片上，一个与其相适应的凹槽里，然后用环氧树脂胶好。在叠装铁芯时，把扇形片像硅钢片一样叠入铁芯中某一选定部位，电阻元件用屏蔽线引出。对于水冷式发电机，因为定子铁芯运行温度较高，而且边端铁芯可能会产生局部过热，所以一般埋设的测温元件较多，有的甚至沿圆周均匀地埋设好多个点。沿轴向来说，端部的测点较多，中部的大部分埋设在热风区段。沿着径向可放在齿根部或轭部，放在齿根部测的是齿根铁芯的温度，放在轭部测的是轭部铁芯的温度。

3-2-96 发电机内应埋置多少个电阻温度计?

答:《水轮发电机基本技术条件》(GB/T 7894—2009) 中对水轮发电机各部件应埋设电阻温度计的位置和数量规定见表 3-2-7。

表 3-2-7 发电机内埋设电阻温度计的数量和位置

序号	部件名称	埋设位置	数量(个)	备注
1	空气冷却定子绕组	每相每条支路定子线棒的上部、中部和下部层间	3~6	
		并联支路为单支路的定子绕组	12	总数不少于 12 个
2	水直接冷却定子绕组及纯水处理系统	每条并联水路出水端的上、下层线棒之间	1	测线棒温度
		每条并联水路绝缘引水管出水端	1	测水温
		每条纯水处理系统进、出水管	各1	测水温
3	定子铁芯	定子铁芯槽底或铁芯轭部外缘(均布)	16~40	推荐按 0.08 个/槽选取
4	定子铁芯齿压板	上、下端齿压板压指(均布)	各8~14	

3-2-97 发电机定子绕组绝缘在运行中常见缺陷有哪些?

答:发电机在运行中,其绝缘因受热、电、机械、化学等因素的作用,性能逐渐变坏,除普通的老化外,常见的缺陷如下。

(1) 绝缘的脱壳和分层。这种情况多发生在制造工艺不良或运行年久的旧电动机上。电动机绕组长期在高温作用下,线棒铜导体和云母绝缘之间,由于膨胀系数的不同而产生很大的应力,如制造工艺不良、黏合不牢或有空隙,这种应力可以使绝缘在铜线上脱壳,使云母间分层。这一缺陷可以从绕组端部是否膨胀以及槽口、铁芯通风沟附近绝缘是否鼓起反映出来。分层、脱壳的线圈若处在较高电压的位置,绝缘会受到电晕、电火花的腐蚀,使云母变脆甚至呈粉末状,并留下电腐蚀的痕迹。这将使绝缘的电气、机械性能大大降低。

(2) 绝缘的开裂。是指定子绕组的绝缘层出现裂缝。这是最危险的情况,产生的原因多是绕组极大和极快变形的机械过程。由于发电动机突然短路,特别是电动机出线短路,会产生很大的电磁力,作用在定子绕组的端部上,使端部绕组按转子旋转的切线方向扭曲,同时在并排的异相导线间产生分开力。若电动机陈旧或在冷态下发生短路,极易导致绕组绝缘开裂;若端部固定不牢,则绕组较大变形,必将发生在槽口附近,所以槽口部分绝缘开裂的危险性最大。此外,由于槽楔松动、端部绑扎不牢、线棒长期振动,还会造成绝缘的磨损。

(3) 绝缘局部过热。引起绝缘局部过热的原因如下:在绕组端部的连接处焊接质量差,运行中产生高温使绝缘过热;还可能因端部漏磁产生的涡流而引起绝缘局部过热;由于结构不完善、端部压铁等发热而使绝缘发热;在槽部则可能与铁芯故障或通风沟的堵塞等有关。

(4) 绝缘表面电晕。在电晕的作用下,绝缘表面将呈现白色或黄色粉末,在交流耐压试验中,可看到蓝色荧光和闻到臭氧味。运行经验指出,一般表面电晕,只要未腐蚀到绝缘内层,对绝缘不会有多大危害,主要应定期检查电晕腐蚀情况,加强监督,对采用环氧粉云母绝缘的大型发电机定子绕组,更要注意检查表面电晕问题。

第三节 发电机转子部分

3-3-1 转子的结构组成如何，各部件的作用是什么？

答： 发电机转子是形成磁场的关键部件，也是发电机的旋转部件，它主要由主轴（有的发电机转子中心体中间不穿轴，称为无轴结构）、转子支架、磁轭和磁极部分组成。

（1）转子支架。其主要作用是固定磁轭和传递力矩，转子支架的结构型式与发电机的容量、尺寸、机械强度和刚度的要求、通风冷却的方式、制造工艺以及安装运输的能力和条件等因素有关。常用的转子支架结构型式有：与磁轭一体的转子支架、圆盘式转子支架、组合式转子支架。整个发电机转子的机械强度应能满足机组飞逸转速的情况下不产生有害变形。

（2）磁轭。也称转子轮环，它的作用是固定磁极，并产生足够的转动惯量（GD^2），同时也是形成转子磁路的一部分。对大型发电机，它一般由厚度 3～6mm 的高强度扇形强板堆叠而成。叠装时，每层扇形片间的接缝错开一个角度（如一个极距），整个磁轭沿轴向分为若干段，每段之间由通风槽片隔开，并用拉紧螺杆压紧。而在中小型发电机中，如卧式贯流式机组，磁轭一般由整块钢板或用铸钢焊接而成。

（3）磁极。它是产生发电机主磁场的电磁感应部件，当直流励磁电流通入磁极线圈后就产生磁场。

3-3-2 发电机转子磁极的结构怎样？

答： 发电机转子磁极主要由磁极铁芯、磁极线圈、阻尼绕组三部分组成，另外还包括上下托板、极身绝缘等，如图 3-3-1 所示。

磁极铁芯有实心磁极和叠片磁极两种。实心磁极的铁芯由整体锻钢制成，极靴冲片由 1.5mm 钢板冲制而成，用铆钉将极靴冲片铆成两段或三段，然后分别同磁压板和磁极铁芯焊成一体，这种磁极主要是用在转速较高的发电机上；叠片磁极的铁芯包括极靴由 1.5mm 左右厚度的 A3、16Mn 或 45 号薄钢板冲成的钢片叠装而成，磁极铁芯冲片采用绝缘处理。磁极铁芯极靴表面为圆弧面，并有穿阻尼绕组的槽。大型水轮发电机多采用叠片磁极铁芯。

磁极线圈由扁铜线或铝线立绕而成，套在磁极铁芯上，其匝间绝缘用环氧玻璃布或玻璃纤维石棉纸隔离，首末端三匝要适当加强绝缘，然后热压成型，整个线圈的绝缘一般为 B 级。铁芯的极身绝缘目前多采用 B 极环氧玻璃布板及石棉纸粘贴在铁芯表面并用熨斗加热烫平而构成。

在磁极的极靴上一般都装有阻尼绕组，它由阻尼铜条和两端的阻尼环组成。转子组装时，各极之间的阻尼环用 0.5mm 厚的紫铜板制成软接头搭接成整体，形成纵横阻尼绕组。它的主要作用是当水轮发电机发生振荡时起阻尼作用，使发电机运行稳定。在不对称运行时，它能提高担负不对称负载的能力。而实心磁

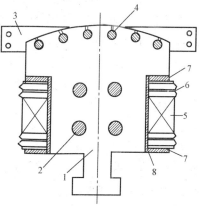

图 3-3-1 磁极结构示意图

1—磁极铁芯；2—压紧螺杆；3—阻尼环；
4—阻尼条；5—励磁线圈；6—匝间绝缘；
7—磁极托板；8—极身绝缘

极本身有较好的阻尼作用，故不另装设阻尼绕组。另外，对于抽水蓄能的发电机，因阻尼绕组在电动机状态运行时要作启动绕组，因此结构上与一般发电机有很大的差异，阻尼绕组的截面大且使用的材料也不一样。

3-3-3 磁极线圈部分是如何组成的？

答：大型水轮发电机的磁极线圈多采用多边形截面的裸铜排绕制而成，以利于散热。为增大冷却面积，有的线匝还设计为特殊外形，使绕组外表面形成带散热筋的冷却面。为了更好地散热，有的上下相邻匝的导线还采用了不等宽的铜排交错排列，此外还有异型铜排，如带散热翅的铜排以增大散热面积。上下层线匝间的匝间绝缘采用环氧玻璃布（不同的厂家采用的材料不一样，如三聚氰胺玻璃布板、聚酯玻璃布板等，国外发电机磁极线圈匝间绝缘多采用 Nomex 上胶纸）与铜排导线一起压制成型。为简化工艺，有时磁极线圈的上下托板也与线圈一起压制成型。

磁极线圈的引出线有软、硬两种方式，软接头的引出线是采用多层软铜片叠装组成的截面大于铜排面积的连接线，与磁极线圈导线铆接后再采用锡焊的连接固定方式。硬接头的引出线是采用硬铜排与导线焊接后引出。上下绝缘托板一般采用环氧玻璃布板加工而成，在运行中，它起到加强绕组对地绝缘的作用。磁极托板大都采用铆接式结构，这种结构可以提高材料利用率。现在也采用玻璃纤维模压的整体式托板和用环氧板加工成的整体式托板等。为防止离心力过大使磁极连接部分损坏，转速高的发电机磁极接头包括阻尼环接头还用了固定在磁轭上的拉杆装置来加强固定。

3-3-4 什么是极身绝缘？

答：极身绝缘是指磁极线圈整体压装成型后与磁极铁芯之间的绝缘，其高度一般略低于铁芯高度。大型发电机的磁极极身绝缘多采用环氧玻璃胚布压制、黏结成型，或用环氧板直接加工而成。

3-3-5 什么是机组的转动惯量，它与 GD^2 的关系怎样，GD^2 在电气上有什么意义？

答：转动惯量 J 是反映转动系统惯性大小的物理量，它与物体的质量、相对轴线的分布位置，即半径 r 的平方成正比，我们知道，物体的质量 m 与重量 G 有关，质量分布位置与转动系统的回转直径 D 有关。而对于水轮发电机组而言，由于它是一个近似均匀对称布置的圆柱体，所以通常认为转动惯量 J 与转动系统的飞轮力矩 GD^2 成正比，GD^2 与 J 的关系为：$J = GD^2/4g$（单位为 MN·m²），在实际工程中，常用转动系统中的飞轮力矩 GD^2 来描述转动系统的转动惯量。

对于发电机飞轮力矩，它是指发电机转动部分的重量与其惯性直径平方的乘积，表示为 GD^2。看起来它是一个与电气参数无关的量，其实不然，它对电力系统的暂态过程和动态稳定影响很大。它直接影响到在各种工况下突然甩负荷时机组的速率上升及输水系统的压力上升，它首先应满足输水系统调节保证计算的要求。当电力系统发生故障，机组负荷突变时，因调速机构的时滞，使机组转速升高，为限制转速，机组需一定量的 GD^2，GD^2 越大，机组转速变化率越小，电力系统的稳定性就越好。GD^2 与机组造价密切相关，GD^2 越大，机组重量越大，制造成本越大。

3-3-6　卧式机组为什么要装设飞轮，其意义是什么？

答： 机组的转动惯量 J 一般是以发电机转动部分为主，而水轮机转轮相对直径较小、重量较轻，通常其 J 只占机组总 J 的 10％左右。一般情况下，大、中型反击式水轮发电机组按照常规设计的 J 已基本满足调节保证计算的要求，如不能满足时，应与发电机制造部分协商。对于中、小型机组，特别是转速较高的小型机组，由于其本身的 J 较小，所以常用加装飞轮的方法来增加 J。而对于卧式机组，其转动系统重量较轻，径向尺寸较小，即转动惯量 J（或 GD^2）较小，所以，在卧式机组上需增设飞轮来增加转动系统的转动惯量 J，使机组甩负荷时的转速上升率不超过允许值，并且在停机时，当转速下降到额定转速的 35％时，装设在飞轮两侧的制动风闸通过飞轮对转动系统进行刹车，使机组很快停下来，防止长时间低转速运转而造成烧瓦。

3-3-7　磁极与磁轭的固定方式常见有哪两种？

答： 磁极与磁轭的固定方式，根据发电机的容量、飞逸转速时对磁极强度的要求和制造加工设备条件等来确定。一般有两种：一是采用鸽尾槽（一侧有键）、T尾槽（两侧有键）的固定方式，然后用磁极键从磁极上、下两端将磁极楔紧，这种固定方式工艺较复杂，磁极键端部需点焊固定，轭部应力较高，主要适用于转速较高的发电机；二是采用螺栓把合固定连接，在磁极铁芯背面插入含有螺纹的螺杆，通过螺栓将磁极把紧在磁轭上，并通过对螺栓涂上螺纹锁固胶或进行点焊的方式进行固定。它的特点是结构简单，拆装方便，一般要求螺栓的拧入深度不小于螺栓直径的 2.5 倍，这种方式主要应用在转速较低的发电机上，如贯流式机组中。

3-3-8　阻尼绕组的结构怎样，为什么要在磁极上设置阻尼绕组，其起作用的原理是什么？

答： 水轮发电机转子设计有交、直轴阻尼绕组。在转子磁极中，阻尼绕组的结构是由放在极靴阻尼槽中的裸铜条与处在二端面的铜环焊在一起构成的，各磁极之间用 0.5mm 厚的紫铜板制成软连接头，使阻尼条连成一个整体，形成一个短接的回路。阻尼绕组在结构上相当于在转子励磁绕组外叠加的一个短路鼠笼环，其作用也相当于一个随转子同步转动的"鼠笼异步电动机"，对发电机的动态稳定起调节作用。

当发电机正常运行时，由于定转子磁场是同步旋转的，因此阻尼绕组没有切割磁通因而也没有感应电流。而若发电机出现扰动使转子转速低于定子磁场的转速时，阻尼绕组切割定子磁通产生感应电流，感应电流在阻尼绕组上产生的力矩使转子加速，二者转速差距越大，则此力矩越大，加速效应越强。反之，当转子转速高于定子磁场转速时，此力矩方向相反，是使转子减速的。因此，阻尼绕组对发电机运行的动态稳定有良好的调节作用。同时，在不对称运行时，它可起削弱负序气隙旋转磁场的作用，同时还可以削弱过电压的影响，提高发电机承担不对称负载的能力和加速发电机自同期并入系统，另外，可在机械力与热应力作用下产生一定的伸缩和弹性变形，防止振动和热位移而引起的故障。缺点是使发电机的结构复杂和用铜量增加。

3-3-9　发电机转子各磁极是如何连接的，其磁场又是如何分布的？

答： 发电机转子磁极的连接方式是通过磁极间的连接片串联连接，其具体连接方法如图

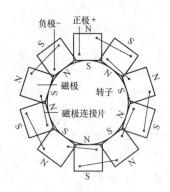

负极− 正极+

磁极　转子

磁极连接片

图 3-3-2　发电机转子磁极
连接方式及磁场分布

3-3-2 所示。而其磁场的分布，我们根据电流的流向，依据螺旋右手定则可知，为单个磁极间隔分布。如第一个磁极的上部为北极 N，则第二个磁极的上部为南极 S，如此形成转子磁场。

3-3-10　发电机转子磁极挂装的程序怎样？

答：在转子磁极的安装过程中，为了保证其安装质量，应按照一定的步骤进行。

（1）磁极的检查与修理。为了使磁极挂装工作顺利进行，保证挂装质量，在磁极正式安装前，应进行一系列的检查和简单修理，如磁极表面的检查、毛刺的处理、绝缘漆的补刷等。

（2）磁极干燥及耐压。磁极检查和修理完后，应对磁极进行绝缘电阻的测量，当阻值小于 50MΩ 时（500V 绝缘电阻表），则应进行干燥，然后再按要求进行耐压试验。

（3）磁极配重挂装。当磁极经过耐压试验合格后，则需对各个磁极进行称重和配重计算，然后根据配重要求予以挂装，并按不同的固定方式固定好。

（4）转子圆度测定。磁极挂装固定好后，应用测圆架检查磁极的中心标高和上、下圆度，应符合标准规定，对不符合要求的，应重新进行调整。

（5）磁极接头连接及附件安装。磁极的接头连接主要有两种方式：锡铅搭焊，螺栓把合连接，对于不同连接方式的，应按要求连接好。另外，应对阻尼环等转子附件按要求安装好。

（6）检查清扫和喷漆干燥及耐压。转子及其他附件安装完后，应对各连接部位进行检查，看有无漏装或松动处，待所有缺陷彻底处理好并清扫干净后，则可对转子全面喷绝缘瓷漆，瓷漆具有绝缘和耐油、耐温的作用，喷漆完后则应进行整体干燥和绝缘耐压试验，合格后即可安装。

3-3-11　磁极在挂装前应进行哪些检查和修理处理？挂装应满足哪些要求？

答：为了使磁极挂装工作顺利进行，保证挂装质量，磁极正式安装前，应做下列检查。

（1）用平板尺检查磁极 T 尾是否平直。弯曲度超过 1mm 时，须进行锉削处理或用千斤顶校直，以便挂装时磁极顺利插入。

（2）检查磁极背部接触面是否平整，端压板如有凸出铁芯的地方，用锉刀或砂轮机把高点修磨平，保证挂装后磁极与磁轭接触良好。

（3）查看阻尼环是否有过大的弯曲和裂纹，并设法校正。必要时可加热校正，对所有裂纹，甚至微小的龟裂也需用银焊料修补好。

（4）整理磁极接头软片，必要时补挂焊锡。

（5）用磁极绕组压紧工具把绕组压紧，并检查绕组压板对铁芯的高低，无弹簧压紧结构的绕组，其压板应比铁芯略高 0.1～0.5mm，以便磁极安装后能把绕组压紧，有弹簧压紧结构的绕组，其压板与铁芯的平面误差允许为 ±1mm。

（6）观察磁极绕组与铁芯之间缝隙封闭物是否完整，有无掉入杂物。

磁极挂装应满足下列要求：①磁极中心挂装高程偏差应符合表 3-3-1 的要求。②额定转速在 300r/min 及以上的转子，对称方向磁极挂装高程差不大于 1.5mm。③磁极键打入前，应在斜面上涂润滑剂，打入后，接触应紧密。检查合格后的磁极键，其下端按鸽尾槽底切割平齐，上端留出约 200mm，但也应与上机架或挡风板保持足够的距离。④磁极挡块应紧靠磁极鸽尾底部，并焊接牢固。⑤极间撑块应安装正确、支持紧固并可靠锁定。

表 3-3-1　　　　　　　　　　　　　磁极中心挂装高程偏差

磁极铁芯长度（m）	高程允许偏差（mm）
≤1.5	±1.0
1.5～2.0	±1.5
>2.0	±2.0

3-3-12　为什么要检查磁极线圈和铁芯的高低差，如何检查，应符合什么要求？

答：为了避免磁极安装后磁极线圈因压不紧而产生振动，以及使磁极铁芯不能与磁轭接触严密而影响转子圆度，在磁极挂装前，须在线圈压紧情况下检查线圈和铁芯的高低差。其检查方法是：用磁极线圈压紧工具把线圈压紧，如图 3-3-3 所示，用深度尺检查线圈压板对铁芯的高差。无弹簧压紧结构的线圈，其压板应比铁芯略高 0.1～0.5mm。有弹簧压紧结构的线圈，其压板与铁芯的平面误差允许为 −1～0mm。线圈压板过高时，可用砂轮机磨薄压板或刮薄压板下的绝缘垫板来调整。压板过低时，则可在压板下面夹粘相应厚度的浸胶涤纶毛毡或环氧玻璃布板来调整。

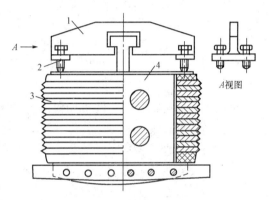

图 3-3-3　磁极线圈压紧工具
1—压紧器；2—螺栓顶丝；
3—磁极线圈；4—磁极铁芯

3-3-13　如何对磁极进行干燥及耐压试验，应符合什么要求？

答：由于运输或存管不善，磁极线圈对地绝缘可能受潮或碰伤，因此在正式安装前，须经必要的干燥和耐压试验。一般是用 500V 绝缘电阻表测量单个磁极线圈导体对地绝缘电阻，当其值小于 50MΩ 时，则要进行干燥。通常最简便的干燥方法是把各个磁极临时串接起来，用直流电焊机作电源，通入 50%～70% 的额定励磁电流进行铜损加热，在加热过程中，磁极外表要覆盖篷布保温，加热开始时，温升不要大于 20℃/h，以后经常保持在 70～80℃，其最高温度不得超过 85℃。当干燥到稳定温度下，其绝缘电阻值上升达饱和状态时，即可终止干燥。另外，也可采用专用的烤箱进行加热干燥。

待磁极温度降到室温后，对每个磁极做 $U = 10U_N + 1500$（V）的工频交流耐压试验，时间为 1min，合格后可以正式安装磁极（U_N 为额定励磁电压）。如果耐压过程中绝缘被击穿，则需脱出线圈，查明击穿点，经绝缘修补后套入铁芯，照原样装复，重新再做耐压试验，直至合格时为止，才能进行安装。

3-3-14　发电机转子磁极挂装时为什么要配重，为什么要做静平衡试验？

答：为了尽量消除发电机转子的质量不平衡因素，发电机转子磁极在制造厂出厂时，或在安装厂挂装前应进行配重与编号。根据我国的相关标准要求：在任意 22.5°～45°角度范围内，发电机的对称方向不平衡重量不应超过规定要求（机组转速＜300 时为 10kg；机组转速 300～500 时为 5kg；机组转速＞500 时为 3kg，称重时还应计入引线及附件的重量）。

发电机转子在运行中以一定的转速绕主轴旋转，相当于刚体做定轴转动，由于转子各点旋转时转速是一定的，因此，转子上各质点都做匀速圆周运动，其速度大小不变，但各质点的运动速度方向却在不断地改变。引起速度方向改变的力是一个垂直于速度方向的向心力，这个向心力指向轴心，如果转子是一个均质刚体，也就是说转子在制造、加工、组装过程中各部分的质量都是沿圆心对称分布的，则没有不平衡现象，那么转子在旋转中各质点的向心力是完全相等的。同时，转子在受向心力的时候也受离心力的作用，这个离心力与向心力大小相等方向相反，于是转子在旋转中处于平衡状态，这样转子运行稳定，不会因转子不平衡而引起振动、摆度、轴承偏磨等现象。但事实上，转子在制造、焊接、组装、磁极挂装等生产过程中不可能做到完全平衡，这个不平衡的力会引起不平衡的离心力。为了消除转子在生产过程中引起的不平衡力，把转子不平衡重量降低到允许范围内，避免机组在运行中因不平衡力而产生过大的振动、摆度、主轴偏磨等现象，因此，必须对转子做静平衡试验。

3-3-15　发电机转子测圆应如何进行，测圆过程中要注意哪些问题？

答：转子测圆的过程如下：

（1）百分表调零。以某一磁极为测量的起点，在测圆架立架上装二至三块百分表，将表的测头对准测点的中心，将百分表短针指中，长针调零，则该磁极百分表读数为零。

（2）测量方法。如图 3-3-4 所示，① 将百分表的测杆拉回并临时固定，以免测圆架转动时碰坏或撞动百分表；② 用人力均匀地推动测圆架，当百分表的测杆刚进入下一个磁极测点的方块内时，停住测圆架，放开测杆，使测头与测点轻轻接触，再慢慢推动测圆架，使测杆头滑动到测点的中心处，再停住测圆架，记录百分表的读数；③ 重复上述方法，依次测量每一个磁极的读数，一般要测量 2～3 圈，以便校核。

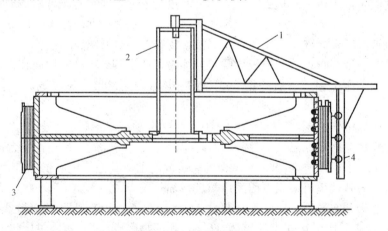

图 3-3-4　转子测圆图

1—测圆架；2—发电机小轴；3—磁极；4—百分表

在转子测圆过程中，应注意：① 推动测圆架时用力要均匀，启动、停止要缓慢；② 不管测量几圈，测圆架只能向一个方向转动，不许倒退；③ 测量中要尽量排除周围环境对测量的干扰，以保证测量数据的准确性。

3-3-16 对于需要焊接磁极绕组接头的磁极，其方法如何？

答：对于需要焊接磁极绕组接头的磁极，其工序是：① 用楔子板和线模将软接头互相交叠，其内侧应符合设计尺寸；② 用聚酯薄膜清壳纸和玻璃丝带紧包在接头处；③ 安装焊模，并用螺钉拧紧；④ 在接头底部兜一块湿石棉布，做石棉窝；⑤ 用炭精焊把对磁极接头进行加热，焊好接头；⑥ 接头自然冷却后，拆除焊模，清扫接头，并外观检查焊接质量，测量直流电阻；⑦ 包绝缘，包玻璃漆带 2 层，包一层玻璃丝带，刷绝缘漆；⑧ 安装夹板、阻尼接头；⑨ 磁极全部检修完后，进行交流耐压试验。

3-3-17 在发电机转子安装过程中，对磁极安装有哪些要求？

答：（1）在挂装磁极前，应测量并调整磁轭圆度，其尺寸除应符合图纸和设计要求之外，各半径与平均半径之差，不应大于设计空气间隙值的±4%。

（2）磁极线圈和垫板在压紧情况下与铁芯的高度差，应符合设计要求，无规定时不应超过−1～0mm。

（3）磁极挂装前后，应按国标规定进行交流耐压试验。单个磁极的绝缘电阻，用 500V 或 1000V 绝缘电阻表进行测量，不得小于 5MΩ。

（4）磁极应按极性及重量装配。在任意 22.5°～45°角度范围内，对称方向不平衡重量不应超过规定要求（机组转速＜300 时为 10kg；机组转速 300～500 时为 5kg；机组转速＞500 时为 3kg），称重时还应计入引线及附件的重量。

（5）磁极中心挂装高程偏差应符合下列要求：① 铁芯长度小于或等于 1.5m 的磁极，不应大于±1.0mm。铁芯长度大于 1.5m 的磁极，不应大于±2.0mm。② 额定转速在 300r/min 及以上的发电机转子，对称方向磁极挂装高程差不大于 1.5mm。③ 需打入磁极键的磁极，在磁极键打入前，应在斜面上涂润滑剂；打入后，用手摇不动为合格。④ 磁极挂装后，检查转子圆度，各半径与平均半径之差，不应大于设计空气间隙值的±5%。

（6）磁极接头连接，应符合下列要求：① 接头错位不应超过接头宽度的 10%，接触面电流密度应符合设计要求；② 锡焊焊接接头应饱满，外观光洁，并具有一定的弹性；③ 螺栓连接接头，接触应紧密，用 0.05mm 塞尺检查，塞入深度不应超过 5mm；④ 接头绝缘包扎应符合设计要求，接头与接地导体之间应有不小于 10mm 的安全距离，绝缘卡板卡紧后，两块卡板端头，应有 1～2mm 间隙。

（7）风扇应无裂纹等缺陷，安装应牢固，其金属部分与磁极接头及线圈的距离，一般不小于 10mm。

（8）阻尼环接头的接触面，用 0.05mm 塞尺检查，塞入深度不应超过 5mm。

（9）转子吊入机坑前，绝缘电阻合格后，按国标要求，做交流耐压试验。

3-3-18 发电机转子试验的项目有哪些，其标准的要求如何？

答：按照相关标准，发电机转子的试验项目有以下内容，见表 3-3-2。

表 3-3-2 　　　　　　　　　　　　　　发电机转子的试验项目

序号	项目	标准	说明
1	测量转子绕组的绝缘电阻	一般不小于 0.5MΩ	（1）当转子绕组额定电压为 220V 以上，应采用 2500V 绝缘电阻表； （2）当转子绕组额定电压为 220V 以下，应采用 1000V 绝缘电阻表

序号	项目	标准	说明
2	测量单个磁极的直流电阻	相互比较，其差别一般不超过2%	通入电流不超过额定电流的20%
3	测量转子绕组的直流电阻	测得值与产品出厂计算数值换算至同温度下	应在冷态下进行，绕组表面温度与周围环境温度之差应不大于3K
4	测量单个磁极线圈的交流阻抗	相互比较不应有显著差别	挂装前和挂装后，应分别进行测量
5	转子绕组交流耐压试验	(1) 整体到货的转子，试验电压为额定励磁电压的 8 倍，且不低于1200V； (2) 现场组装的转子：额定励磁电压 ≤ 500 时为 $10U_f$，但不低于1500V；额定励磁电压 > 500 时为 $2U_f+4000V$	(1) 现场组装的转子，在全部组装完吊入机坑前进行； (2) 转子吊入后或机组升压前，一般不再进行交流耐压试验

注 U_f 为发电机转子额定励磁电压，V。

3-3-19 在发电机的头几次大修中，为什么要对转子的圆度进行检查？

答：水轮发电机的转子是水力机组中重量最重、尺寸最大的转动部件，转子转动时会产生很大的离心力。若其结构不够合理、焊接应力、磁轭铁片压紧度不够或其他原因等，致使转子在运行中可能发生磁轭下沉，磁轭与支臂发生径向和切向移动等现象。由于磁轭与支臂间的松动，使发电机空气间隙发生变化，影响机组的动平衡，从而使机组产生过大的摆度和振动，致使结构焊缝或点焊焊缝开焊，严重时还会发生支臂合缝板拉开，支臂挂钩因受冲击而断裂等严重事故。因此，在大修中要测量转子的圆度，其原因是在头几次大修期间，转子圆度变化的可能性比较大。而对于卧式机组（如贯流式机组），由于在检修过程中一般不会吊出转子，所以对其圆度的检查主要是通过测量定、转子的气隙来查看。

3-3-20 在哪些情况下发电机的转子磁极应吊出检修，拆开磁极绕组接头的工艺过程怎样？

答：转子磁极应吊出检修的情况有：① 磁极绕组发生匝间短路或接地无法恢复绝缘；② 更换磁极绕组软接头；③ 磁极绕组严重烧损，需要更换备品绕组；④ 因其他检修工作需要，如处理定子绕组，需要吊出磁极。检修的磁极如果所处位置不适宜吊装时，可盘动转子至所需位置。

拆开转子磁极绕组接头的检修工艺是：① 核对检修的磁极，确定拆开的磁极接头，并做好标记；② 拆除相应的阻尼环；③ 拆除接头夹板；④ 拆除接头绝缘；⑤ 用湿石棉布兜在接头底部，邻近接头的定子线棒盖上石棉布；⑥ 用喷灯加热接头，待焊锡熔化时，分开接头，加热时防止喷灯火焰集中一处，以免烧伤软铜片；⑦ 取出焊锡渣和石棉泥、石棉布，撤出机外。

3-3-21 如何进行磁极分解检修？

答：转子磁极由于使用电压低，相对电气故障较少，一般无须分解检修。但由于是转动部件，因此有它特殊的一面，如出现下列情况则须分解检修：电气试验不合格，如磁极主绝缘不良、磁极线圈存在匝间短路；磁极线圈软接头需要更换或接头过热处理等。在确定故障原因后，有针对性地分解检修。

（1）磁极分解。磁极从转子上拔出后，在专用的支架上进行分解检修。如无专用支架，应在地面铺有枕木，磁极的下面垫以橡胶垫或涤纶毡。在分解磁极过程中，应注意防止主绝缘、铜线及绝缘垫圈受损伤。线圈与铁芯分解时，应使用专用工具，以免线圈受力不均造成散盘，必要时再翻转线圈，翻转线圈应采用专用木胎或其他专用夹件夹紧线圈，以免翻转中线圈开裂变形。

（2）修理。故障修理的同时，对非故障部位的铁芯及线圈应清扫、检查，尤其是线匝间的缝隙；用清洁干燥压缩空气吹扫磁极铁芯及线圈，清除尘垢。

（3）磁极线圈与铁芯组装。组装前应清扫检查铁芯、线圈及绝缘垫圈，多个磁极处理时应注意编号，铁芯与线圈号码回装时应相符，磁极里外接头引线端头位置不要装反，铁芯套入线圈时，四周应以 0.1mm 环氧玻璃布板导入；磁极组装后，在铁芯与线圈上下端应打入绝缘楔，要求紧固。接头高低不合适时，可调整上、下端间隙，并用浸过环氧树脂漆的涤纶毡及环氧树脂胶将缝隙填塞。

（4）磁极组装后，应检查绝缘压板的高度应略高于铁芯平面 0.5mm 左右，这样磁极挂上转子后才会将线圈压紧。磁极组装完成后，应进行匝间交流耐压试验，合格后才能装入转子。

3-3-22 转子磁极引出连接线的接头过热应如何处理？

答： 转子磁极线圈是由铜板绕制的，其磁极接头引出连接线有硬、软两种方式，软连接线（大多数采用由薄的软铜片叠成的引线）与磁极线圈铜板是铆接后焊在一起的，一般采用锡焊。如果原来安装时质量不良，运行时间长后，就可能出现过热的问题，软接头与线圈铆焊不良者，则须拆下搪锡处理后重新铆焊。采用硬铜板钎焊硬连接的结构则可靠性好一些。

处理磁极接头的过热故障，应先将磁极吊出，将其平放在枕木上，按磁极线圈分解的工艺将主绝缘、线圈与磁极铁芯脱开，然后单独处理线圈部分。线圈及其层间绝缘是热压在一起的整体。处理接头，应仔细撬开首匝导线，防止导线平面变形过大，否则回装时难以恢复。采用合适的木楔从导线首匝的顶部打入，逐渐将导线与匝间绝缘分离，注意用力不可过猛。导线与绝缘分离后，在导线下塞好木楔，使首匝导线与其余线圈有一个合适的可以作业的空间。在接头下部垫好防火的石棉板或石棉布，应注意防止工作中损伤其余部分的绝缘。然后针对软、硬不同的接头采用相应的方法进行处理。

当接头处理完后，应对接头进行电气检测直流电阻，且尽量采用大电流法测取直流电阻。接头检测合格后，才能回装首匝线圈。首匝线圈回位后，应仔细整形，导线不应有翘曲。在导线下垫好绝缘层，每层之间应刷绝缘漆。用专用夹具夹好线圈，周围可采用红外线灯烘烤，有条件的也可进入烘房处理。待绝缘层固化后，脱开夹具，将线圈回装至磁极铁芯。

3-3-23 对于磁极引出连接线软接头的处理方法怎样？

答： ① 首先用喷灯（碳阻焊或中频焊）等加热装置烫掉接头部分的焊锡，然后用手枪钻头钻开铆钉头，即可取下旧的铆钉，将磁极连接头取下。取下连接头后，对连接头的接触面和磁极导线上的接触面分别处理平整，然后用喷灯将接头处挂锡处理，过热严重不能再用的连接头应予以更换。②用钻头将软接头钻孔，应将软接头套在绕组孔上进行。③用紫铜铆钉将连接头铆接在磁极线圈的导线上，注意铆合敲击铆钉时不可损伤导线和下部线匝的绝缘，对于铆接的接触面，目前并没有合适的标准可以引用，可以参照母线接触面螺栓连接的标准检查质量。④将接头平放，做石棉窝，炭精焊把加热焊牢。对锡焊的磁极接头连接，应符合下列要求：铆接的接头错位不应超过接头宽度的10%，接触面电流密度应符合设计要求；锡焊接头焊接应饱满，外观光洁。

3-3-24 对于磁极引出连接线硬接头的处理方法怎样？

答：对于硬接头磁极的处理：由于有的磁极引出线采用的是硬接头的连接形式，如采用铜排弯制，根部与线匝采用银焊的方式。这种方式比锡焊的方式可靠性要高。更换或处理接头时主要应掌握：线匝与连接线的对接面应处理平整，清理干净后，在两个接触面之间夹好银焊片。焊接时要挡好其他线匝，不得损坏匝间绝缘；边缘焊口处应有45°坡口，便于堆加银焊料，常用银焊料为H1AgCu30-25等；焊接应饱满，无气孔、夹渣。焊后将连接的接头部分修理平整；其他的要求与软接头处理相同。

3-3-25 转子磁极绕组产生匝间短路和接地的原因是什么？对机组运行有什么影响？

答：发电机转子磁极绕组的常见故障是匝间短路和接地。在一般情况下，转子磁极匝间绝缘由于运行中承受的电压很低，过电压的机会也很少，所以很少会出现匝间短路，尤其是B级及以上绝缘。而其产生故障的原因多是在安装和检修过程中，由于磁极受潮或是掉入杂物等各种原因而引起的。此外，也多因为热老化或原有缺陷。

对于匝间短路，若短路匝数较少时（约小于20%），和正常运行情况相比，在相应的无功功率输出下，励磁电流增大；若短路匝数较多时（约大于20%），在相应的无功功率输出时，励磁电压降低或无功功率到零，发电机"失磁"，"转子过流"保护可能动作，机组可能发生较大振动。所以，短路匝数较少时，应减小励磁电流，使发电机振动和励磁电流限制在允许范围内，而短路匝数较多时，应停机处理。

对于励磁回路发生一点接地，由于电流构不成回路，所以按理能继续运行。但这种运行不能认为是正常的，因为它有可能发展为两点接地故障，那样转子电流就会增大，其后果是部分转子绕组发热，有可能被烧毁，而且发电机转子由于作用力偏移而导致强烈的振动。

3-3-26 对转子磁极绕组产生匝间短路和接地如何进行检查，其处理方法有哪些？

答：对于检测中已确定是匝间绝缘问题的磁极，还应仔细清扫，特别是匝间的缝隙中，是否有焊渣、焊锡滴等杂物。由于被外层的油漆覆盖，缝隙中的金属颗粒容易造成匝间绝缘为零的判断，因此应先将匝间彻底清扫后再进行电气测试确认。如果凭目测不能找到故障点，则根据磁极线圈的大小，采用通入低压大电流的方法，如果有匝间短路，则故障部位很快发热，这样就可确定故障部位。

对于匝间短路是由于匝间绝缘击穿和损坏造成的，则可将绕组清扫干净后，用0.2mm厚玻璃丝布和环氧树脂胶贴补；若是绕组内有金属异物存在，只要除掉异物即可；而对于如果是绕组对地绝缘损坏部位发生在上下托板接头铆钉处，由于受潮经耐压试验击穿，应用环氧玻璃布板粘环氧树脂胶将此处贴补；若是绕组内部有脏物和地构成通路，清扫涂漆即可。

3-3-27 当转子磁极匝间绝缘故障需对转子磁极线圈进行分解检修时，其方法和程序如何？

答：转子磁极匝间绝缘的处理与磁极引出连接线接头过热处理的程序基本类似。匝间短路如不在首尾匝，则处理稍复杂一些。线圈分解后，用专用劈斧（铜质）或合适的木楔将线匝劈开，用另外的木楔垫好两侧线匝。除去已损坏的绝缘（一般多为局部），注意导线上是否有毛刺或棱角，导线表面应光滑平整。铜线表面清理干净后，在导线下垫好绝缘层。B级绝缘多采用环氧玻璃胚布，为大块料，具体尺寸按现场需要剪。注意每层之间应先刷绝缘漆。

然后将线圈予以回位并仔细整形，导线不应有翘曲。再用专用夹具夹好线圈，周围可采用红外线灯烘烤，有条件的也可进入烘房处理。待绝缘层固化后，脱开夹具，将线圈回装至磁极铁芯，放置地面枕木上，将绕组和铁芯间隙用绝缘板塞紧，未焊的缝隙用环氧树脂调石英粉填满，用专用工具压紧围带，装复沉头螺钉，修理完成后再进行测试，测量其交流阻抗和直流电阻；对修好磁极装好后与其他绕组连接前进行交流耐压试验，然后吊装磁极，打紧斜键。

在处理过程中需要注意的是：环氧玻璃胚布与定子主绝缘材料一样，本身属含胶的绝缘材料，平时要求低温存储，且有效期很短，使用时要防止其已过期或失效。磁极线圈的托板如果是与磁极线圈热压在一起的，在现场的加热处理中有时不便与线圈一起加压热压，因此可待线圈压好后，回装时黏结，如黏结不便，可采用薄的浸渍适形毡材料放在压板和线圈整体之间，将压板与线圈一起机械冷压。如果高度偏高，可将压板绝缘表层撕去几层。

3-3-28 阻尼绕组的故障应如何修理，阻尼环接头的检修有什么要求？

答：阻尼绕组在正常运行中与转子磁场同步运行并没有感应电流，只有旋转中的机械作用力。因此，只要设计、制造可靠，一般是不容易出事故的。在一般性的小扰动下，阻尼条所受的作用力也不是很大，在一些复杂或极端的情况下如机组非全相合闸、机组进相运行、机组备用时开关误投、系统近端电气短路等情况下才可能造成电气上的损坏。阻尼条是嵌埋在磁极铁芯极靴内的，出现故障或熔断，只能更换相应尺寸的铜条（或厂家图纸标明的材料）。由于阻尼条与阻尼端环是焊接在一起的，即使只换其中一根，也须将该磁极的阻尼端环的一端与其余阻尼条全部焊开。

处理阻尼环也应先将磁极吊出，将其平放在枕木上，一般情况下，不需将线圈拆出。但在特殊情况下，为防止损伤线圈，可按磁极线圈分解的工艺将主绝缘、线圈与磁极铁芯脱开，然后再单独处理。如果阻尼条本身并没有损坏，而只是阻尼环端部开焊，则将其重焊即可，常用焊条为 H1AgCu80-5。

检修中拆卸的阻尼环接头，在回装前应将接头整形，接触面应搪锡良好，阻尼环接头的连接螺栓应按制造厂规定的扭矩紧固；阻尼环的锁片应保持良好，有损伤的应更换，不可带伤使用。阻尼环接头的接触面，用 0.05mm 塞尺检查，塞入深度不应超过 5mm。螺栓连接完成后，应打好锁片，保证锁定可靠，以防止运行中松动。对于接头反面无法目测的情况下，应采用一面小的镜子反射检查锁片的固定情况。

3-3-29 转子绕组回路哪些部位容易发生故障或绝缘降低，应如何查找和处理？

答： 转子绕组回路从灭磁开关由励磁电缆经滑环到磁极的诸多环节，都存在运行中或检修过程中出现接地的问题，因此应区别对待，分别查找。容易接地的部位有：① 励磁电缆。主要是因绝缘老化的原因。② 刷架和滑环。由于碳粉油污混合，造成刷架和滑环正负两极间绝缘击穿或接地绝缘处对地短路。③ 大轴引线与滑环连接处。此处也易因污垢造成绝缘降低或是安装时硬性接触造成绝缘破损而引起接地。④ 大轴引线。有的大轴引线没有采用全部外包绝缘而是裸汇流排形式，其对地绝缘处也易因污垢造成绝缘降低。⑤ 磁极线圈主绝缘。主要也是因为污垢的原因造成绝缘降低。尤其是在磁极的上下两个端部迎风面。⑥ 磁极连接线。对于是以磁轭为中介的磁极连接线，这种结构就容易出现接地故障。

当发生转子接地故障后，应首先确定是金属性的接地还是因污秽造成的绝缘降低，有时仅凭绝缘电阻表很难确认，可使用万用表辅助查测。然后，取出电刷，区分故障发生在那一段。区分出段落和性质后，才能准确查找。如果确定接地发生在磁极部分，则只能从中间磁极连接线处分解，然后逐次查找。不同的机组结构重点部位可能不一样，但只要能把握重点和要点，接地点是不难找到的。

3-3-30 如何用直流电压法查找转子绕组金属性接地？

答： 在转子磁极间出现的一点接地或多点接地，有时也很难快速查清，此时可采用在转子绕组中加入直流电压的方法。利用直流电压表（万用表的直流电压挡亦可，最好使用指针式表计）的表针方向和电压大小，判断接地点。原理如图 3-3-5 所示。

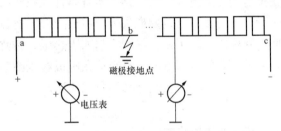

图 3-3-5　直流电压法查找磁极接地故障示意图

设 b 点已接地，而外加电压 a 为正极，c 为负极。电压表的探针在 ab 段时，电压表指针的方向是磁极 a 侧为正，接地侧为负；而在 bc 段则磁极 c 侧为负，接地侧为正。当采用指针式表计时，逐个测到故障点时，指针会反转，反向点即为故障点。采用此法时，直流电压不要太高，根据实际情况，以表计能显示有读数即可。

🌸 第四节　组合轴承部分

3-4-1 推力轴承的作用是什么，一个性能良好的推力轴承应符合哪些要求？

答： 水轮发电机组的推力轴承是一种承受整个水轮发电机组转动部分重量以及水轮发电机轴向水推力的滑动轴承。按照液体润滑的理论，在镜板与推力瓦之间由于镜板的旋转运动，会建立起厚度为 0.1mm 左右的油膜，形成良好的润滑条件，同时经推力轴承将这些力传递给水轮发电机的荷重机架及基础混凝土。它是水轮发电机组的组成部件之一。

一个性能良好的推力轴承应满足以下要求：在机组启动过程中，能迅速建立起油膜；在各种负载工况下运行，能保持轴承的油膜厚度，对于巴氏合金轴瓦，油膜厚度至少在 0.1mm 左右，对于弹性金属塑料瓦，油膜厚度为 0.05～0.15mm，以确保润滑良好；各块推力瓦受力均匀；各块推力瓦的最大温升及平均温升应满足设计要求，并且各瓦之间的温差较小；循环油路畅通且气泡少；冷却效果均匀且效率高；密封装置合理且效果良好；推力瓦的变形量在允许的范围内。在满足上述技术条件下，推力轴承损耗较低。

3-4-2 推力轴承的结构组成怎样，各部件的作用是什么？

答： 推力轴承的结构根据其型式各有不同，但其主要组成部分基本相同，一般由推力头、镜板、推力瓦、轴承座、油槽和冷油器等组成。以刚性支柱式推力轴承结构为例，如图3-4-1所示。

推力头是发电机承受轴向负载和传递转矩的机构部件，通常用键固定在转轴上，随轴旋转。悬式发电机的推力头一般采用过渡配合固定在发电机轴上端，在伞式机组中也有直接固定在轮毂上或与轮毂铸成整体。

镜板为固定在推力头下面的转动部件，它使推力负载传递到推力瓦上，是推力轴承的关键部件之一。在镜板与推力头结合面间常有绝缘垫，同时可用于安装时调整机组的轴线。近年来有些发电机已经取消镜板，直接在推力头端面处加工出镜板所要求的光洁度。

推力瓦是推力轴承中的静止部件，也是推力轴承的主要部件之一，一般做成扇形钨金瓦。推力瓦上都开有温度计孔，用于安装温度计，便于运行人员监视轴瓦温度和温度升高报警跳闸。现在有一种新的氟塑料瓦轴承，也已得到广泛使用。

轴承座是支承轴瓦的机构，通过它能调节推力瓦的高低，使各轴瓦受力基本均匀；油槽主要用于存放起冷却和润滑作用的润滑油，整个推力轴承安装在密闭的油槽内，它可为单独油槽，也可以与导轴承共用一个油槽的结构。在机组运行时，推力轴承摩擦时所产生的热量是很大的，因此，油槽内的润滑油除起润滑作用外，还起散热作用，即润滑油将吸收的热量，并借助通水的油槽冷却器将油内的热量吸收带走；冷油器就是将润滑油冷却，对推力轴承起散热降温的作用。

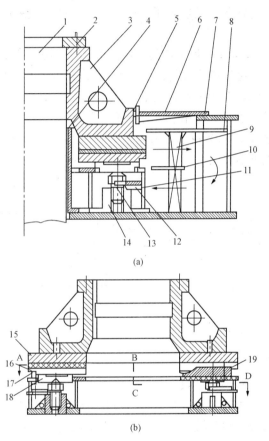

(a)

(b)

图 3-4-1 刚性支柱式推力轴承结构

1—主轴；2—卡环；3—推力头；4—挡油管；5—密封；6—油槽盖板；7—推力油槽；8—稳压板；9—冷却器；10—隔油板；11—推力支架；12—锁定板；13—抗重螺钉；14—支座；15—镜板；16—推力瓦；17—挡瓦螺栓；18—托盘；19—挡瓦板

3-4-3 推力轴承的种类有哪些？

答： 对于水轮发电机的推力轴承，目前国内外已有10多种推力轴承结构，分类主要是根据其支撑结构、油的循环冷却方式以及推力瓦的冷却方式等进行。由于支撑结构是不断探索提高推力轴承适应性能的关键，所以按支撑结构来划分推力轴承的类型是其主要的分类方法。

（1）按支撑结构分类。主要有刚性支柱式、液压支柱式、平衡块式三种。此外，还有弹

225

性垫式、弹簧式、支点弹簧式、活塞式以及弹性圆盘式等。

（2）按油循环冷却方式的种类分。常见的推力轴承油循环方式有内循环和外循环两种方式。外循环方式又分为外加泵外循环和镜板泵外循环两种。

（3）按推力瓦冷却方式分类。按推力瓦冷却方式分类可分为普通瓦和水冷瓦两种冷却方式。普通瓦冷却方式中摩擦损耗的热量一部分由润滑油带走，其余热量由瓦体向周围油中传导。水冷瓦又有钻孔式、铸管式和排管式三种。水冷瓦式是在瓦面钨金层嵌铸冷却管或在瓦体内钻孔，通过循环冷却水将瓦面大部分热量带走。

3-4-4 推力头的结构如何，它有哪些型式，对其有什么要求？

答：推力头的结构按照其结构型式的不同，通常分为以下类型：① L 型，如图 3-4-2(a) 所示，多用于推力轴承单独装置在一个油槽内的悬式水轮发电机组；② 靴型，如图 3-4-2 (b) 所示，多用于推力轴承与上导轴承合用一个油槽的悬式水轮发电机组；③ 轮毂型，如图 3-4-2(c) 所示，适用于伞式机组，由于该型推力头与发电机转子轮毂铸成或焊成一体，因此而得名。

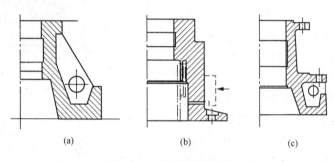

图 3-4-2 推力头类型图

(a) L 型；(b) 靴型；(c) 轮毂型

推力头应具有足够的强度和刚度，一般为铸钢件，以承受轴向力所引起的弯矩而不致产生有害变形和损坏。推力头与主轴均采用平键连接，悬式发电机的推力头采用基轴制过渡配合并热套安装，在伞式机组中也有直接固定在轮毂上或与轮毂铸成整体。推力头的材质现在多采用 ZG20SiMn，在制造加工时，其上、下表面的粗糙度一般在 $\frac{1.6}{\bigtriangledown}$，上、下表面的平行度和内孔结合面的同心度，一般均控制在 0.03mm 之内。推力头与镜板一般用螺栓和销钉连接在一起。

3-4-5 如何安装推力头，安装时需符合什么要求？

答：推力头的安装方法一般采用热套法。因为推力头与主轴多为过渡配合，套装后有 0～0.08mm 的间隙，这样小的间隙在常温下是不能保证推力头顺利套入主轴的。为此，在安装过程中，需对推力头加热，使其孔径膨胀，间隙增加 0.6～1.0mm，以便于套装。推力头与轴一般用平键连接。在安装时，先用内径千分尺多次测量推力头内径，并与图纸核对，公差应在设计范围内。

对于推力头的套装，其工艺过程如下。

（1）对镜板的要求。推力头套入前，镜板的高程和水平在推力瓦面不涂润滑油的情况下测量，水平偏差应在 0.02mm/m 以内，高程应考虑在荷重下机架挠度值和弹性油箱的压缩值。

（2）推力头套装。① 对推力头进行加热，加热温度以不超过 100℃为宜，并保温 1～2h，经测量膨胀量已达要求后，停止加热，撤去保温箱，吊起推力头，同时用水平仪测量其水平，应在 0.15～0.20mm/m 以内。② 当推力头吊离地面 1m 左右时稍停，用白布蘸酒精擦洗推力头内孔及底面，并在内孔的配合段薄薄地涂上一层石墨粉或水银软膏，然后将推力头吊至主轴的上方，找正位置后下落套轴。套轴过程中，若发生卡阻或套不到底时，应果断拔出，查明原因后再重新进行加热套装。

（3）卡环安装。① 推力头套轴后，应控制其温度下降不大于 20℃/h，待温度下降接近室温时，再装上卡环；② 卡环受力后，应检查其轴向间隙，用 0.05mm 的塞尺检查不能通过，间隙过大时，应抽出卡环进行研刮处理，不得加垫。

3-4-6 如何对推力头进行加温，当用电热法时，如何进行保温，应注意些什么？

答：对推力头加温，通常采用电加热法进行，即在推力头孔内及下部放置足够的电炉或远红外元件，推力头用千斤顶支承，在千斤顶与推力头之间用石棉纸垫（或石棉布）隔热，推力头表面覆盖石棉布或篷布保温，如图 3-4-3 所示。在加热中的保温方法为：① 当加热温度低于 80℃时，可以用石棉布或篷布覆盖保温；② 当加热温度超过 80℃时，则要特制一个保温箱或砌保温坑来保温。

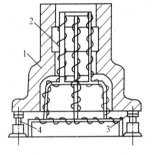

图 3-4-3 推力头加热布置图
1—推力头；2—电炉；
3—石棉板；4—千斤顶

在加热过程中的注意事项有：① 加热时应注意控制温升，加热温升不宜过快，应按照计算要求来进行，温升的计算公式为：$\Delta T = K / (\alpha \cdot D_0)$（$\Delta T$——推力头的加热温升；$K$——选定的推力头配合孔径胀量，一般取 0.6～1.0mm；α——钢材线膨胀系数，$\alpha = 11 \times 10^6$；D_0——室温下推力头与主轴的配合孔径，可现场实测）。一般可用断续加热方式使温升控制在 10～20℃/h。温度达到要求后应保温 1～2h，使推力头内外温度趋于均匀和稳定。② 通常要在保温箱内测量温度及膨胀量，当保温箱内温度在 100℃以下时，可派人进去测量检查，进去的人要做好防触电和防烫伤保护，并由两人同行。箱内温度高于 100℃时，应禁止人员进去。

3-4-7 镜板的结构如何，对其制造和加工有什么要求？

答：镜板多由 45 号锻钢制成。对于大、中型水轮发电机组的镜板均与推力头分件制造有关。在极特殊的情况下，存在采用分瓣组合结构的可能性。近年来有些小容量的水轮发电机已经取消镜板，直接在推力头端面处加工出镜板所要求的光洁度。镜板的作用是将推力负载传递到推力瓦上，是推力轴承十分关键的部件之一。因此，对其技术要求相当严格，一般应达到以下几个要求：① 镜面粗糙度要在 $\overset{0.2}{\triangledown}$ 以下。② 表面硬度要在 180～229HB 范围内，镜板硬度差不大于 30HB。③ 当镜板外径大于 4m 时，上、下表面平行度公差要达到 0.04mm。④ 镜板应具有很高的刚度，防止运行中产生有害的波浪变形。近年来生产的大型水轮发电机组，如白山、葛洲坝的机组，其镜板不仅厚度增加；而且在镜板内、外侧车削矩形盘根槽，放置耐油胶圈，防止润滑油进入推力头与镜板结合面间缝隙，因而破坏了产生空蚀的条件，取得了延长轴线寿命的良好效果。⑤ 绝不允许镜面有伤痕、硬点和灰尘，否则，容易造成推力瓦磨损或烧瓦事故。

3-4-8　镜板应如何进行检查、清洗、防护和保存，在研瓦前应如何进行处理？

答：镜板是比较精密的部件，对它的保存要特别注意，主要应注意以下几个方面：① 镜板运抵到安装场后，应结合出厂技术文件对其进行仔细检查，镜板工作面应无锈蚀和伤痕，粗糙度应符合设计要求；必要时，应用仪器检查其硬度和工作面的平面度。② 镜板开箱后短期内不使用和刮瓦后短期内不安装，应经常用包有细毛毡的平台通面摩擦数分钟。如时间要超过一个月，应用无水分、无酸碱的油类或加有缓蚀剂的防锈脂进行防护，并定期检查。另外，对于镜板等精密加工面防锈材料的清除，应用软质工具刮去油层，再用无水酒精或甲苯清洗，绝不允许使用金属刮刀、钢丝刷和砂布之类的研磨物质进行清除工作（可在钢板尺上包数层白布进行刮除油脂）。

镜板在研瓦前，应分别情况进行如下处理：① 镜面无缺陷，则用包有细毛毡（或呢子）和白布的平台作研具，涂用 W5～W10 粒度的氧化铬（绿膏）与煤油、猪油按适当比例调成并经绢布过滤后的研磨剂，进行研磨抛光直至满意为止。② 轻微伤痕，用天然油石磨光。③ 镜面问题较严重。如镜面不平、锈蚀、有较深的伤痕等，应按厂家方案进行。④ 镜板研磨宜用研磨机进行，但不论用人工或机械，应注意均匀研磨，一般研具除公转外，还要有一定的自转。

3-4-9　镜板组装的方法怎样，在组装过程中应注意些什么？

答：镜板组装的方法和注意事项如下：① 在推力瓦架、推力瓦装复后，吊装镜板。吊装前应仔细清洗并在镜面上涂合格透平油。② 镜板应按原号就位，且校核镜板外圈与推力油槽内壁在 $\pm X$、$\pm Y$ 方向的水平距离，应与拆卸前的数据相近。③ 用近似等边三角形顶点的三块瓦调整镜板的标高和水平。要求镜板镜面与推力瓦架平面垂直距离 $\pm X$、$\pm Y$ 方向 4 点与拆卸前的原始数据相近似。其中标高差值不大于设计标高的 ± 0.5mm，水平度不小于 0.02mm/m。④ 升起全部推力瓦，用手搬动，检查各瓦受力大致相等。⑤ 推力头套装冷却后，按原相对位置，组装镜板与推力头。组装前应清扫检查各连接螺栓、销钉、绝缘套，推力补偿垫完好无损，结合面洁净无任何灰尘粉屑。⑥ 在镜板与推力瓦脱离状态下，用 1000V 的绝缘电阻表摇测镜板与推力头的绝缘电阻应不小于 5MΩ。否则应复查绝缘垫、套，查明原因处理，必要时给予烘烤干燥。

3-4-10　推力瓦的种类有哪些，各有什么特点？

答：推力瓦的种类按瓦的材料性质可分为巴氏合金推力瓦和弹性金属氟塑料瓦。其中，巴氏合金推力瓦是传统推力瓦，它又分为钢背巴氏合金推力瓦和铜基巴氏合金推力瓦。铜基巴氏合金推力瓦散热较钢瓦快，瓦面温度较低并分布较均匀，可减少轴瓦局部热变形和改善油膜特性；而弹性金属氟塑料瓦是一种塑料材质的新型瓦，它的特点是摩擦系数较小，耐热，承载性能好，装配方便，不需要刮瓦，加一次透平油可多次盘车，瓦温比巴氏合金瓦要低，实际使用效果好。

按瓦的冷却方式又分为普通瓦和水冷瓦两种冷却方式。对于普通瓦，其摩擦损耗的热量一部分由润滑油带走，其余热量由瓦体向周围油中传导。水冷瓦又有钻孔式、铸管式和排管式三种。水冷瓦是在瓦面钨金层嵌铸冷却管或在瓦体内钻孔，通过循环冷却水将瓦面大部分热量带走。一般的瓦都在瓦上开有温度计孔，用于安装温度计，以便监视轴瓦温度和温度升高报警跳闸。

3-4-11　巴氏合金推力瓦的结构怎样，有什么特点？

答：巴氏合金推力瓦的顶视为扇形，一般在 60～120mm 厚的钢质瓦坯表面加工出纵横
鸽尾槽或方槽，然后浇铸钨金，如图 3-4-4 所示。用钨
金作瓦面的优点是：熔点低、质软、有一定的弹性和耐
磨性，既可保护镜板又易于修刮，在运行中可承受部分
冲击力。目前，瓦面钨金厚度有减薄的趋势，已由过去
的 10mm 以上减为 5mm 左右。为了有利于形成启动油
膜，瓦周边一般修成圆角（如半径 $r=5$mm），进油边修
出弧坡（如坡长 $L=10$mm、深 0.5mm），为了减少推力
瓦进出油的油流阻力，在制造时将左上角和右下角切去
一小块并修成圆弧。而为了减少运行时推力瓦产生的热
变形和机械变形，对瓦面中部要进行刮低，一般要求在轴
瓦的中部约占轴瓦面积 1/2 的扇形面积处先刮低 0.02～

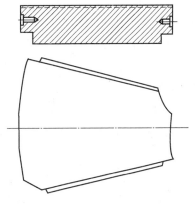

图 3-4-4　普通推力瓦结构

0.03mm，然后再在 1/4 的扇形面积处刮低 0.02～0.03mm。但薄型推力轴瓦或水冷瓦与普
通瓦不同，轴瓦的散热条件得到改善，温度分布均匀，瓦面变形也较小，因此，除瓦面应研
刮刀花外，中间部分可稍许刮低。对装设液压减载装置的推力瓦，一般来说，由于瓦面在制
造厂已进行了精加工（其不平度为 0.01～0.015mm），因此，只需轻度而均匀的挑花即可，
不需进行研刮。但对于大型推力轴承的推力瓦，仍需按研刮要求进行研刮。此外，不管是什
么结构的瓦，一般都在其中部位置开有测温孔，以便安装测温装置。

3-4-12　在贯流式机组中，为什么有的推力轴瓦做成球面轴瓦，其有什么特点？

答：在国外的贯流式机组中，其推力瓦往往会做成球面轴瓦，如湖南马迹塘水电站的灯
泡贯流式机组，其推力瓦就是由奥地利"ELIN"公司生产，采用球面轴瓦，瓦面中间拱起，
拱起量为 0.055～0.065mm，周边呈弧形，在钨金瓦面以下 15mm 处，设有温度计测孔，瓦
面精加工而成，现场不需要研刮，瓦面粗糙度不大于 6.3μm。

这种轴瓦是根据液体润滑承载原理来设计的，它不像平面瓦那样以全瓦面与镜板接触，
而是以轴瓦中心线偏出油边与镜板接触，允许轴瓦倾斜，这样有利于建立油膜，并使受力自
动调整平衡，推力瓦的倾斜角可随轴线、负载与转速的变化而变化，以产生适应轴承润滑的
油楔。同时，也解决了正、反推力轴瓦受力调整和适应主轴挠度变化所引起的轴瓦对中心的
偏移，受力分配不均匀等问题。其不足之处是这种轴瓦由于其受力面要小于平面推力瓦，所
以在受力面的中心区域，会造成局部瓦温较高，使其瓦面中心区域变形凸起，易引起瓦的硬
结现象，甚至被磨损或烧坏。

3-4-13　金属弹性塑料轴瓦与巴氏合金轴瓦相比，它有什么优缺点？

答：塑料轴瓦是在钨金瓦的基础上产生的，表面是塑料，在瓦基与塑料之间有一层弹簧
层。近年来弹性金属塑料覆面的推力瓦已被广泛推广应用。这种瓦具有强度高、耐高温、表
面光滑、不需研刮、安装方便、寿命长等优点，并有取代钨金瓦的趋势。

金属弹性塑料轴瓦是聚四氟乙烯板热压在青铜丝垫层上，下面是钢质瓦体，具有优越抗
摩擦性能，能在极为不利的条件下可靠运行，它的摩擦系数仅为 0.05～0.08，而巴氏合金
轴瓦启动摩擦系数为 0.15～0.20，由于较小的摩擦系数，大大地改善了开、停机运行条件。

氟塑料轴瓦不需要研刮轴瓦表面，在制造厂一次性磨光制成后，在运行过程中不需要再进行任何加工处理，一块轴瓦工作面损坏后不会影响其他瓦面正常工作。而巴氏合金轴瓦一块瓦损坏后，会连续损伤其他轴瓦工作面。由于氟塑料轴瓦有高度的可靠性与工作效能，所以减少了对机组停机的硬性规定，允许机组自由惰转不加制动直到停机，这就意味着机组可在任何适当的低转速下进行停机制动，从而减少在制动过程中制动闸瓦的摩擦损耗和对定子线圈的污染。此外，还不需要高压油顶起装置及水内冷却设备，可以提高机组的启动灵活性及运行可靠性。

它的缺点是：由于是瓦基表面测温，靠固体传热，且塑料的传热性差，所以反映的温度不是实际瓦温，带来保护动作的滞后，容易发生烧瓦现象，轴瓦损坏会导致弹簧层刮伤镜板。

3-4-14 什么叫作巴氏合金，其主要成分是什么，有哪些种类，又有什么特点？

答：巴氏合金是一种轴承材料，由美国人巴比特发明而得名，常称作轴承合金或钨金，因其呈白色，又称白合金。巴氏合金的主要成分是锡、铅、锑、铜。它是以锡、锑为基础，并加入少量其他元素的合金，其中锑和铜是用以提高合金强度和硬度的。巴氏合金可简单地分为三种：高锡合金、高铅合金和中间合金（合金中锡和铅均占有重要比例）。在所有这些合金系中，锑和铜均作为重要的合金化元素和硬化元素，而且其结构是由硬的、弥散于软基质中的金属间化合物组成。

巴氏合金的组织特点是：有良好的吸附油膜和储油能力，摩擦系数小，导热性好，耐蚀性好，在软相基体上均匀分布着硬相质点，软相基体使巴氏合金具有非常好的嵌藏性、顺应性和抗咬合性，并在磨合后，软基体内凹，硬质点外凸，上凸的硬质点起支承作用，有利于承载，并同时使滑动面之间形成微小间隙，成为储油空间和润滑油通道，利于减摩，是唯一适合相对于低硬度轴转动的材料，与其他轴承材料相比，具有更好的适应性和压入性，广泛用于大型船用柴油机、交流发电机以及其他矿山机械和大型旋转机械等设备的轴瓦中。巴氏合金除制造滑动轴承外，因其质地软、强度低，常将其丝或粉喷涂在钢等基体上制成轴瓦使用。为防止成分偏析和细化晶粒，还常加入少量的砷，其次其浇注性能也很好。

3-4-15 锡基合金和铅基合金相比，各有什么特性，应用情况怎样？

答：锡基合金也称为高锡合金，其摩擦系数和膨胀系数小，具有良好的塑性、减摩性、耐蚀性、导热性、耐冲击性和工艺性，抗咬合能力强，广泛用于制作航空发动机、汽轮机、内燃机等大型机器的高速高载轴瓦。但锡基合金的疲劳强度较低，使用温度小于 $150℃$，通常情况下，采用锡基合金的轴瓦最高允许温度为 $70℃$，设备运行时通常轴瓦温度控制在 $50\sim60℃$ 为宜，超过 $60℃$ 时属于偏高，达到 $70℃$ 发出报警信号，达到 $75℃$ 时则会事故停机，超过 $75℃$ 则会出现熔化现象，其常用的牌号有 ZChSnSb11-6（ZSnSb11Cu6）、ZCh-SnSb8-4 等几种。

与锡基合金相比，铅基合金也称为高铅合金，其强度、硬度、韧性、导热性、耐蚀性及减摩性均比锡基合金低，工作温度小于 $120℃$，一般用于制造汽车、拖拉机、轮船、减速器等承受中、低载荷的中速轴承。所以用户在使用巴氏合金的时候，通常选用锡基合金，但因 Sn 的质量分数低，价格较便宜，所以，尽管铅基合金的性能没有锡基合金好，但还是有许多用户仍然选择使用铅基合金，其常用的牌号有 ZChPbSb16-16-2（ZPbSb16Sn16Cu2）、ZChPbSb1-16-1 等几种。

3-4-16 巴氏合金轴瓦浇铸的工艺过程和方法如何？

答： 在水轮发电机组中所使用的巴氏合金轴瓦都是通过浇铸的方法制造出来的，在轴瓦被烧损或因其他原因而损坏后，也可将磨损后的巴氏合金轴瓦重新浇铸成新的瓦衬后继续使用。其工艺过程包括底瓦的准备、巴氏合金的熔炼、底瓦的装夹、浇铸等 4 个步骤。

（1）底瓦的准备。将底瓦表面清理干净。如果是旧瓦，应先熔去旧巴氏合金衬，将旧轴瓦清理干净，然后对底瓦表面镀锡打底，这是为了使巴氏合金与底瓦接合更牢固、更紧密，并应尽量薄。

（2）巴氏合金的熔炼。按要求，将巴氏合金进行加热熔化，巴氏合金的浇铸温度一般在 400～450℃，加热温度不得超过 540℃，以免合金烧损。

（3）底瓦的装夹。按照底瓦的形状准备好夹具并予以装夹好，在浇铸前将底瓦、夹具等都要预热到 250～300℃，底瓦装夹预热好后要即刻进行浇铸。

（4）浇铸。浇铸所用的用具都要经过预热烘干。浇铸时，要注意隔渣，浇流要均匀，不得中断，要一次浇铸完；浇铸速度要掌握好，太快易出现缩孔，太慢易出现气泡。

3-4-17 巴氏合金的熔炼过程怎样，应注意哪些方面？

答： 在对巴氏合金熔炼时，可用 65%～70% 的新巴氏合金和 30%～35% 的旧巴氏合金搭配使用，并应注意所用的熔埚、勺子，铁棒等用具的清洁。在维修车间时，熔埚可用 A3（Q235A）或不锈钢制成浇包形式，便于直接浇铸。熔埚可在炭炉上加热到 400～500℃，然后放入已调配好的巴氏合金块，再撒上一层 15～20mm 厚的木炭。加木炭层可防止巴氏合金氧化，同时可借助木炭层的颜色来确定温度。当温度在 400℃ 时，木炭下部少许现红，而巴氏合金表面是樱红色；当温度为 450～475℃ 时，本炭即燃烧。当然，熔炼温度最好能用高温计来测定。当合金温度达到要求时，用铁勺或其他工具浸入熔埚内搅拌进行脱氧，再用漏勺把熔渣澄去便可进行浇铸。巴氏合金的浇铸温度在 400～450℃，加热温度不得超过 540℃，以免合金烧损。

3-4-18 如何对巴氏合金的浇铸质量进行检验？

答： 浇铸好的巴氏合金表面应是均匀的银灰色。若出现焦黄色，表示巴氏合金熔炼过热。用小钢锤沿着合金衬里的表面轻轻敲击，若发出清脆的叮当声，则表示质量合格；若发出浊音或沙哑音，即表示合金衬里有裂缝、空洞或与底瓦接合不紧密等缺陷。若发现上述缺陷时，可根据不同情况实施刮削、补焊或重新浇铸。巴氏合金轴瓦的底瓦上开有燕尾槽，其作用是增强底瓦与巴氏合金的接合强度。但也存在不足之处，即在槽肩部的尖角处因应力集中将导致出现裂纹。

3-4-19 对于巴氏合金推力瓦，为什么要进行研刮，研刮的原理是什么？

答： 推力轴瓦是推力轴承的重要部件，它是整个水轮发电机组转动部件和固定部件的摩擦面，并承受整个机组转动部分（包括水推力）的轴向负载。推力轴承能否可靠地工作，除了在设计和制造上须保证其必要的条件外，在安装时的刮瓦质量也起着重要作用。刮瓦的目的是使瓦面具有良好的平面性，与镜板有良好的接触，以保证机组启动时在推力轴瓦瓦面与镜板间迅速建立起油膜，并在运转时始终保持有一定的油膜厚度。在推力轴瓦的研刮中，其研磨、粗刮和精刮是保证其平面性，而刮花则是为了建立储油功能。

推力轴瓦研刮的原理是：通过推力瓦与具有很高精度和粗糙度的镜板（粗刮时为小平板）研磨，找出推力瓦表面的高点，用刮刀将其刮去，经过多次循环研磨，把高点、次高点刮去，使瓦表面的接触点增加，直至达到规定要求为止，然后进行刮花。整个刮削过程是刮刀对推力瓦表面起着推挤、切离和压光的作用。刮削中每次刮削量均很少，以保证瓦的表面既光洁又细密。

3-4-20　对于推力轴瓦的刮削，应达到什么要求，瓦面中部为什么要刮低？

答：对于推力轴瓦的刮削，为了使其达到应有的功能，对其要求如下。

（1）刮好的瓦面上，单位面积必须达到一定的接触点。接触点是轴瓦与镜板研磨产生的接触斑痕，要求瓦面上达到 2~3 个/cm² 接触点，并要求均匀（检查时可用一块开有 10mm×10mm 方孔的纸板，把它盖在推力瓦面上的任一位置，孔中应当有 2~3 个接触点）。每块轴瓦的局部不接触面积，每处不得大于轴瓦面积的 2%，其总和不得超过该轴瓦面积的 5%。

（2）瓦面应有刀花。刮花的目的是在接触间隙内存有少量的润滑油，以利于油膜的形成，造成好的润滑条件。因此，刀花的深浅和分布程度对油膜的存在有着直接的影响。刀花要求清晰，排列整齐，大小均匀分布。

（3）沿推力瓦进油边应刮成斜面。当机组启动时，瓦面油膜很薄，为了有利于机组启动时油膜的形成，应按图纸要求修刮进油边成斜面，如无明确规定，进油边可按宽 10mm、深 0.5mm 刮削，如图 3-4-5 所示。斜边与接触面必须圆滑过渡，不能出现台阶。轴瓦所有非进油边，为避免毛刺可刮约 0.3mm 的圆弧倒角。

（4）瓦面中部要刮低。对于支柱式推力轴瓦，推力轴承运行时，支柱螺栓支撑部位的温度较高，这样就容易促使支撑中心处的瓦面因温升变形增大而凸起（瓦下部有托盘支撑时，瓦的机械变形可抵消部分热变形），瓦面的变形导致瓦面单位压力增大，容易使瓦面被磨损而造成烧瓦现象。实践证明，瓦面被烧损的部位通常都是在受力集中的部位，即支柱螺栓支撑中心的圆周线附近。因此，为了减少运行时推力瓦产生的热变形和机械变形，对瓦面中部要进行刮低，即在轴瓦的中部约占轴瓦面积 1/2 的扇形面积处先刮低 0.02~0.03mm，然后在 1/4 的扇形面积处再刮低 0.02~0.03mm，如图 3-4-6 所示。

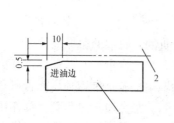

图 3-4-5　刮削进油边（单位：mm）

1—推力轴瓦；2—镜板

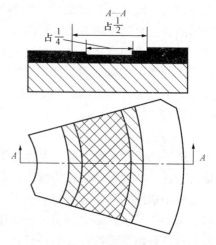

图 3-4-6　推力轴瓦面刮

低示意图

3-4-21　对推力轴瓦的研刮，其工艺步骤怎样，应注意哪些事项？

答：在机组安装时，对于新推力轴瓦应进行严格的研刮工艺，研刮工艺分为粗刮、精刮、刮花、进油边刮削、瓦面中心带的刮削等五道工序。由于推力瓦在出厂时，通常在其表面刷涂了牛油或凡士林做保护，所以在研刮之前应用甲苯或无水酒精将其表面清洗干净。

（1）推力瓦的研磨与粗刮。先将新轴瓦放在标准小平台上研磨4～5圈，研磨的方向应按机组的旋转方向转动，在每次研磨前，应用白布沾酒精或甲苯清洗瓦面和镜板工作面，擦干后才能进行研磨（在粗刮时，一般使用标准小平台代替镜板研瓦，用红丹显示剂薄而均匀地涂在平板面上）。研磨时要注意：显示剂必须保持清洁，不得有任何微小的污物、砂粒和瓦屑等混入，以免损伤平板和瓦面。研磨后用锋利的平面刮刀将瓦面上的高点普遍刮掉。轴瓦进行粗刮时，一般采用平板刮刀，这种刀多用废旧机用锯条改制而成，它比弹性刮刀富于刚性，刮削量大（也可采用三角刮刀）。由于粗刮是用于新瓦的开始，所以，刮刀的端部要平，刀迹较宽（一般应在10mm以上，刀的行程为10～15mm或更长一些），进刀较深（一般0.01～0.03mm以上），刀迹连片且不重复，光亮点应进刀深些。粗刮一遍后，放在小平板上再研磨4～5圈，然后又用锋利的平刀将瓦面上的高点普遍刮掉，再进行研磨一遍，如此反复进行，直到瓦面显出平整而光滑的接触，即瓦面的触点面积达到80%的状态。

（2）推力瓦的研磨与精刮。粗刮达到要求后，将轴瓦放在镜板上研磨4～5圈（或瓦研镜板），对于要求不高的也可直接放在小平板上研磨。每次研刮前同样应用苯或酒精把瓦和镜板擦干净，保证镜板面的光洁。然后用弹簧刮刀刮削。在精刮时应注意：刀刃应常磨保持锋利，并保持光滑，以防止刮削时瓦表面出现丝纹。刮削时压力不宜大，刀迹的宽度在4～5mm，刀的行程在5mm左右。精刮时可将点子分成三种类型刮削，大而亮的点子全部刮去，中点分开，细点保留。刀迹要按接触点分布情况按一定方向依次刮削，不可东挑西挑，刀痕要清晰。连续两刀间，可不必抬起刀头，以免产生不平现象。连续两次的刮削方向应交叉一定的角度（大致互成90°）。反复研刮后，直到接触点达到75%，并且瓦面每平方厘米有2～3点，接触点均匀，每块轴瓦的局部不接触面积不大于轴瓦总面积的2%，其总和不超过轴瓦总面积的5%。

（3）刮花。刮花也称挑花，它是在已刮好的瓦面上，通过有规律的刮削，使其形成各种花纹。其目的是使接触间隙内存有少量的油，形成油膜使润滑良好。因此，刀花的深浅程度和分布对油膜的存在有直接的影响。精刮后进行刮花工艺，一般采用鱼鳞花、燕尾花、圆点花、三角花、月牙花等，刀花要求清晰，排列整齐，大小一致，分布均匀。

（4）进油边刮削。达到以上规定后，为了使机组启动和运行时更有利于油膜的进入和形成，最后在瓦面的进油边按照图纸或规范的要求，刮出深0.5mm，宽10～15mm的倒棱斜坡，斜边与接触面必须圆滑过渡，不能出现台阶。而为了避免留有毛刺，可在轴瓦的非进油边刮约0.3mm的圆弧倒角。

（5）瓦面中心带的刮削。由于瓦面巴氏合金膨胀系数是母体的一倍，且中心带温度较高，热应力较大，过热时易发生瓦面中心区变形增大而凸起，容易被磨损或烧坏，所以在新瓦刮花后，需以抗重螺栓中心，在轴瓦的径向长度各1/2～1/4的扇形面积上，再刮低0.01～0.03mm，然后再将刀花换成90°于径向长度1/4～1/6的扇形面积上再刮低0.01～0.03mm。对于运行后的老瓦，瓦面中心没有连片现象则可不刮低。而对于国外的一些推力瓦，由于其在推力瓦对应于抗重螺栓的中间部位处设置有高压顶起油孔，在顶起油孔的周围也进行了刮低0.03～0.05mm的措施，一来作为消除热变形，二来作为高压顶起时形成油室的作用。

另外，在有些机组中，还需进行补充刮瓦，也称盘车刮瓦，即再盘车后抽出轴瓦检查，发现有连点，应加以修刮。

3-4-22　在推力瓦的研刮过程中，对推力瓦的研磨方法有哪些，各有什么优缺点？

答：在对推力瓦进行粗刮时，一般采用标准小平板进行研磨（对于要求较高的，在粗刮时也采用镜板研磨），这种研磨方法就是将推力瓦直接放在标准小平板上，采用人工推动推力瓦进行研磨，在采用这种方法时，要注意推力瓦既要有公转，又要有自转，且按机组旋转方向。而在精刮时，一般采用镜板进行研磨（对于要求不高的轴瓦，在精刮时也可采用标准小平板研磨），镜板研磨大多数采用自动研磨，根据研磨时的位置不同，分为镜板研瓦和瓦研镜板两种方法。

镜板研瓦是镜板在上、瓦在下，由研磨机带动镜板旋转对推力瓦进行研磨（一般是三块）。镜板研瓦时，因镜板有一定的重量，所以研出的点子比较清晰，刮瓦时容易辨认，但要求研磨机的功率较大；瓦研镜板是镜板在下、瓦在上，研磨时由研磨机带动推力瓦（一般是两块）旋转，也可以通过人工进行研磨。采用瓦研镜板可使研磨机功率大大减小，但是研出的接触点不如镜板研瓦清楚。另外，由于镜板光面必须朝上，灰尘极易进入瓦与镜板间，易使两者表面受损，因此要特别注意场地的清洁。

3-4-23　当采用镜板研磨推力瓦时，如何对镜板进行维护、保养和修整？

答：镜板是推力轴承的关键部件之一。当轴承运行时，油膜厚度只有 $0.03 \sim 0.08mm$，因此要求镜板有很高的精度和很低的表面粗糙度。如果镜板的表面质量降低，则轴承的摩擦损耗增加。镜面如有伤痕或锈斑等缺陷，则可能破坏油膜，甚至造成烧瓦事故。所以，对于镜板的搬运、保管，刮瓦时吊装、清扫和推力瓦的研磨、刮瓦后的清理及以后的正式安装等环节，都必须特别注意对镜面的检查和细心维护，以保证其不受损伤。一般要求镜板表面应无气孔、伤痕、锈蚀，镜板厚度方向的平行度应符合图样要求。镜板表面如有锈斑点，或在研瓦中产生划痕以及发现镜面模糊、表面质量下降时，应将研磨工作暂停，进行修整。修整时可用细油石蘸上酒精顺划痕方向仔细修磨平整，再用包着细毛毡或呢子的研磨小平板研磨。研磨前，先将镜板用纯苯或酒精清洗，用白布擦干，再在镜板表面涂上研磨膏加酒精进行长时间研磨（数小时），直至镜面恢复平整光亮。研磨时，可用研磨机拖动，也可用人工进行。

推力瓦研磨结束后，若不接着安装镜板，在镜面上应涂中性凡士林油或炮油保护，即在镜板被擦拭干净抹干后，将已煮成液态状的油脂用毛刷均匀涂刷，涂刷时不应有气泡，油脂和镜板应紧密黏合，油层厚度为 $1.5 \sim 2mm$，在外表上再包上石蜡纸或桐油纸防潮。如果与安装间隔时间较长，还应注意定期检查，观察油层是否变质。

3-4-24　刮瓦的刮刀有哪几种类型，各在什么情况下使用？

答：刮刀是刮瓦的主要工具，要求刀头部分具有足够的硬度，刃口必须锋利。刮削推力瓦刮刀有平板刮刀和弹簧刮刀两种。

（1）平板刮刀。平板刮刀多用于推力瓦的粗刮，这种刮万多用废旧的锯条改制。它比弹簧刮刀富有刚性，刮削量大，为了双手能握紧它，可在手握的地方缠绕数层白布带或塑料带。平板刮刀也可用普通钳工用的平面精刮刀，如图 3-4-7 所示。有的为了节省材料，仅刮刀刀头采用碳素工具钢或轴承钢，刀身则用中碳钢，然后用焊接方法将刀头和刀杆焊接在一起。

（2）弹簧刮刀。弹簧刮刀常用于推力瓦刮花。其形式如图 3-4-8 所示。对于平头弹簧刮刀，刀身为弹簧钢，因此有一定的弹性。因刮削和磨刀的损耗，刀头常比刀身薄，手柄多用硬木车制，有长柄和圆柄两种。长柄便于手握，用于手刮法。圆柄可贴在前胸，以增加刮削量，用于挺刮法，适用于刮削大而深的刀花。而对于弯头弹簧刮刀，其制作材料与平头弹簧刮刀相同，只是这种刮刀较平头弹簧刮刀富有弹性，适用于刮窄而长的刀花。

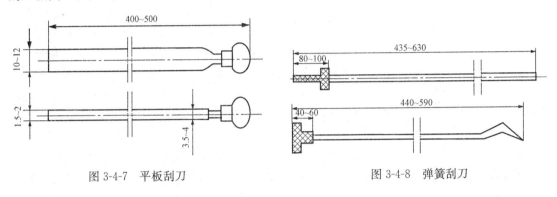

图 3-4-7 平板刮刀　　　　　　　　　　图 3-4-8 弹簧刮刀

3-4-25　刮花的方法有哪些，各有什么特点，如何掌握刮花的正确姿势？

答：刮花是一项繁重而复杂的劳动，刮花姿势的正确与否，直接影响到刮花工作的效率和质量，如果姿势不正确，就使工作效率不高，质量也不能得到保证。目前常用的刮花姿势有挺刮法和手刮法两种。

（1）挺刮法。如图 3-4-9（a）所示，挺刮法将刮刀柄顶在小腹右下侧肌肉处，双手握住刀身（左手在前，右手在后，左手握于距刀刃约 80mm 处）。刮削一时，双手下压刮刀（右手压力小些），利用腿部和臀部的力量，使刮刀对准研点向前推挤。在推动的瞬间，右手引导刮刀方向，左手随即迅速将刮刀提起，这样就完成了一个刮削动作。

（2）手刮法：如图 3-4-9（b）所示，手刮法右手握刀柄（柄端顶住掌心，大拇指放在柄的上部），右手四指向下卷曲，握住刮刀近头部约 50mm 处，刮刀和瓦面成 25°～30°角度，使刀刃抵住瓦面。左脚跨前一步，上身随着往前倾斜一些，这样可以增加左手压力，也便于看清刮刀前面的研点情况。刮削时，右臂利用上身摆动的力量使刮刀向前推进，推进时左手下压，引导刮刀前进的方向。当推进到所需的距离后，左手立即提起，这样就完成了一个手刮动作。

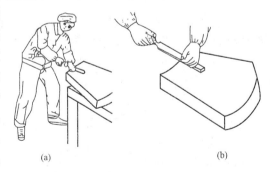

图 3-4-9　刮瓦的姿势
（a）挺刮法；（b）手刮法

挺刮法和手刮法各有利弊：挺刮法是用右下腹肌肉施力，而且身体还需弯曲操作，虽然每刀刮削量较大，但身体较容易疲劳；手刮法中的推、压和提起动作是依靠两手臂的力量来完成的，要求臂力大。如两操作方法都能掌握，则可根据自己的体力和瓦面刮削的情况来灵活采用。

3-4-26　刮花的刀花花纹有哪些形式，各有什么特点，应用情况怎样？

答：刮花是在已刮好的瓦面上，经过有规律的刮削，使其形成各种花纹。一般常见的花纹形式有三角形、旗形、燕尾形、月牙形等，如图 3-4-10 所示。实践证明，三角形刀花较为实用，而且易学。看上去每个单纹并不显眼，但整体观察，清晰、美观、大方。这种花纹形大纹深，运行时瓦面易于存油。刮这种刀花时，要求刀身刚性较大，故操作者一般选用平头弹簧刮刀。为了使花纹中部较边缘偏深，磨刀时可使刀刃中部稍带凸形圆弧。

图 3-4-10　刀花花纹形式
(a) 三角形；(b) 旗形；(c) 燕尾形；(d) 月牙形

旗形可归为三角形一类，由于其下刀直硬，力偏，使一侧产生"旗杆"。这种刀花可造成整个瓦面的杂乱状态，故尽量不要选用这种刀花形式。燕尾形和月牙形基本上属于一类，花纹较三角形窄而长，中部的深浅由操作者控制。如能掌握得好，可在瓦面上得到美观而实用的花纹。产生这种花纹，需要较好的弹性刮刀，故操作者多选用弯头弹簧刮刀。轴瓦刮花时，一般选用弹簧刮刀。

3-4-27　刮花时对刀花的质量标准怎样，为了保证刮花的质量，应注意哪些问题？

答：若要得到既美观又实用的刮花成效，除了选择合适的刀花形式外，还应注意下列问题：① 瓦面的处理。在刮瓦前，如发现瓦面有硬点或脱壳现象时，应及时处理。对于局部硬点必须剔出，余留坑孔边缘应修刮成坡弧。② 避免刀痕重复。刀花尽量不带"旗杆"、毛刺，避免重刀和交错线。③ 合理的刀花面积。一般认为刀花大些为好，每个刀花总面积约为 0.20cm^2。④ 合理的刀花深度。为使运行时保持瓦面的油膜，刀花最深处为 $0.03\sim0.05\text{mm}$，位置在下刀侧与花纹中部之间，刀花应为缓弧，其边缘无毛刺或棱角。⑤ 刀花方向。为避免刀迹的重复，刮瓦时前后两次刀花应成 $90°$，对此要具体分析，不要机械执行。如三角形刀花本身方向性并不明显，可以不规定刮瓦方向；燕尾形和月牙形刀花，前后两次刀迹可按大致成 $90°$ 控制。对方向性较为明显的刀花，为了使瓦面产生较好的油膜，在刮瓦时，操作者应处在进油边对面，如图 3-4-11 所示。⑥ 点数稀密。一般来说，按轴瓦面积的大小选择控制刀花的大小，单位面积上的点数可按 $2\sim3$ 接触点/cm^2 来控制。

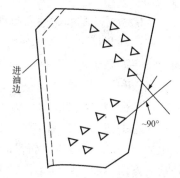

图 3-4-11　前后两次刀花方向与操作者位置

3-4-28　为什么要对推力油槽内的油进行冷却，冷却的方法有哪几种？

答：水轮发电机组在运转过程中，镜板与推力瓦之间直接摩擦，如果没有润滑，它们的摩擦系数很大，而机组为了克服其摩擦而消耗的功也很大，同时由于摩擦会造成机械磨损，使镜板表面粗糙度受到破坏，轴瓦的温度很快升高，甚至烧瓦。推力轴承的润滑油不仅起到润滑减小其摩擦系数，缓和机械之间的冲击作用，而且循环的润滑油，还可带走推力轴承摩擦所产生的热能，被升温的润滑油把热量传给冷却器，冷却器中的循环冷却水再把热量带走，通过润滑油和冷却水不断地循环热交换，从而使推力瓦温维持在某一个比较稳定的、被允许的温度内。

推力油槽油的循环冷却方式主要有两种：一种是内循环，即将推力轴承和油冷却器均浸于同一个油槽内，靠在油槽中旋转的镜板促使润滑油在冷却器与轴承之间循环。另一种是外循环，即是指在推力油槽外部的适当位置专门装置一个油槽，油槽内安装有冷却器，润滑油通过油泵强行循环或通过镜板钻径向孔或者在镜板上装泵叶的方式迫使润滑油循环。外循环方式又分为外加泵外循环和镜板泵外循环两种。

3-4-29　推力轴承减载装置有哪些型式，液压减载装置的工作原理是怎样的？

答： 对于启动频繁的水轮发电机及单位荷载较大的推力瓦，为了改善其推力轴承在启动和停机时的工作条件，通常需要对推力轴承施行减载处理，我们将这种使推力轴承减载的装置称为推力轴承减载装置。它一般有电磁式和高压油顶起式两种形式。在实际应用中，通常都采用高压油顶起式，即液压减载装置。它的作用就是当机组启、停之后及启停过程中，在推力瓦和镜板之间用压力油使镜板稍稍顶起，在推力瓦和镜板之间形成 0.04mm 的高压油膜，这样就改善了启动和停止过程中的润滑条件，降低摩擦系数，从而降低了摩擦损耗，提高了轴瓦的安全性和可靠性。同时，采用这种装置不仅可以缩短机组启、停时间，而且还便于安装和检修时对机组盘车。

3-4-30　液压减载装置的设置需达到什么要求，应注意些什么？

答： 为了使液压减载装置能够可靠工作，通常在液压减载装置中设有溢流阀、滤油器、节流阀、单向阀等部件。其中，溢流阀的作用是调整总管上油压力的高低，同时将溢流出来的油由管子接回油槽；在油路中装有滤油器的作用是为了保证进入瓦面的油质干净；液压减载装置中的节流阀是用来调节并均匀分配去各瓦的油量，使各瓦获得同样厚度的油膜。在轴瓦摩擦面上，根据瓦面积的大小加有 1～2 个油室，其形状有圆形和环形两种。环形油室比圆形油室好，在同样的油膜厚度和承载能力情况下，它可减少 20% 的油室面积和油室压力。机组正常运行时，液压减载装置在撤除状态，为了避免压力油膜通过油室从装置的管道中漏失而降低油膜的承载能力，通常在管路上装有单向阀。单向阀具有很好的单向密封性能。

另外，整套液压减载装置的安装布置高度，应比油槽面低，这样管道内不易积存空气，以保证装置正常工作。吸入油泵的油，应在油流较稳定的油槽底部吸取，油质应干净，油中泡沫应尽量的少，因为泡沫打入瓦面，对轴承运行不利。

3-4-31　灯泡贯流式机组为什么要设置导轴承高压油顶起装置？

答： 灯泡贯流式机组由于尺寸较大，发导轴承和水导轴承载荷比较大，属于大尺寸重载静压启动、动压运行轴承。机组在启动与停止时润滑条件较为恶劣，开机时，在转动部分重量（水轮机转轮、主轴、发电机转子等）的作用下，导轴承下部的润滑油将会被挤压出来，以致在机组启动瞬间，轴承处于干摩或半干摩擦状态；而在机组停机时，由于转速降低，油膜厚度会逐渐减小到最小值，威胁机组的安全运行，若频繁开、停机，使瓦温升高，润滑油黏度下降破坏了油膜厚度，则会发生烧瓦事故。因此，灯泡贯流式机组要设置高压油顶起装置，在机组启动与停机时，将高压油注入导轴承下部预设的油室内，将转动部分顶起，使轴颈与轴瓦摩擦面间强迫建立起油膜，以降低摩擦系数，改善开、停机润滑条件。

3-4-32　贯流式机组导轴承高压油顶起装置的工作原理是什么？

答： 贯流式机组导轴承高压油顶起装置也称导轴承减载装置。一般在发导轴承与水导轴承下部设有油室，油室长度约为轴承长度的 1/6，油室中心与轴瓦几何中心相重合，油室中心有进油孔，以利于高压油顶起装置的受力与油膜厚度的建立，供油压力一般为油室压力的 2 倍，油室中间进油孔，通过给油管与导轴瓦外面的输油管与高压油泵相连接。

当高压油泵启动后，轴瓦下部的油室便产生油压力，当该压力升高到能抬起机组转动部分重量时，则可使主轴轴颈与导轴瓦分离。油便从轴颈与轴瓦间的缝隙中溢出，如果高压油泵不间断地向轴承下部油室供油，则轴颈与轴瓦间可维持一个连续的薄油膜，这个薄油膜就是润滑油膜，当从轴瓦与轴颈之间的缝隙流出来的油量与高压油泵打入的油量平衡时，则机组转动部分不再抬高，而稳定在某个位置。贯流式机组的导轴承属于静压启动停机、动压运行轴承。因此，在机组启动、停机之前和启动、停机过程中，以及其他某些必要的工况下，使轴瓦与轴颈之间被高压油顶起一个小缝隙，迅速建立起工作油膜，这就是高压油顶起装置的功能。这种装置可以大大地减少机组启动时的摩擦系数，有利于机组启动。根据有关试验表明，它可以使摩擦系数缩小到 1/38 左右，并大大地缩短机组开、停机时间。

高压油顶起装置的另外一个功能，则是利用它来检查机组导轴承是否烧瓦失效。具体方法是：在停机工况下，启动高压油顶起装置，通过百分表检查主轴顶起高度是否符合要求值，如果导轴瓦失效，则轴瓦下部油室四周的油封边被破坏，建立不起油压，则主轴抬不起或抬起高度不足。

3-4-33　贯流式机组的高压顶起在什么条件下投切，为什么水导压力要小于发导压力？

答：机组转速对轴承油膜有一定影响，所以，对于不同转速的机组，其投退高压油顶起的条件也不尽相同。一般情况下，对于转速低于 100r/min 的机组，其高压油顶起装置的投、切条件如下：开机过程：n 为"0"时投入；n 上升至 90％额定转速时切除；停机过程：n 下降至 90％额定转速时投入；n 下降为"0"时切除。

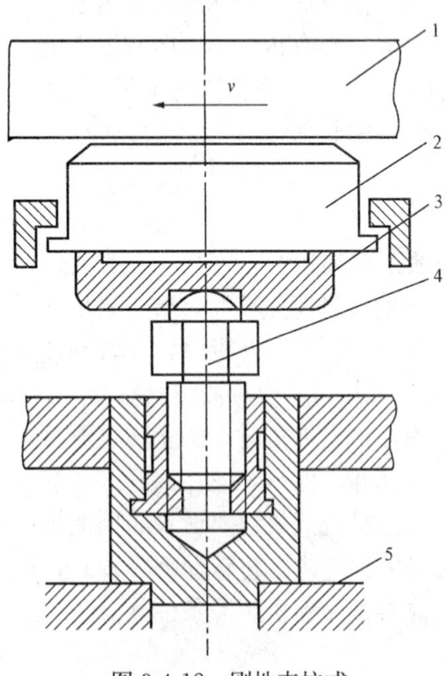

图 3-4-12　刚性支柱式
1—镜板；2—推力瓦；3—托盘；
4—支柱螺钉；5—轴承座

在开、停机时的顶轴过程中，我们一般会发现水导顶轴压力要小于发导顶轴压力，其主要原因是水导轴承与发导轴承所承受的重力（压力）不一致。具体有以下几点：① 一般情况下，水轮机的重量比发电机转子的重量要轻；② 在正常运行时，水轮机流道内充满了水，由于转轮是"壳体"结构，加上内部又充满了润滑油，所以具有一定的浮力，这样一来，水导所受的压力就会比较小。由此，在开、停机时进行顶轴时，水导的顶轴压力就会小于发导的顶轴压力（而在流道无水时，水导的顶轴压力比有水时要大）。

3-4-34　刚性支柱式推力轴承的结构组成怎样，有什么特点？

答：刚性支柱式推力轴承的结构一般由推力头、镜板、轴瓦、支柱螺栓、轴承座、油槽及冷却器组成，其推力瓦由支柱螺钉支承或称为抗重螺栓支承，如图 3-4-12 所示。它又有单排瓦和双排瓦结构，其中单排瓦结构是一种传统型式，结构简单，承载能力较低，每块瓦受力不均匀性相对较大（反映到瓦间温差 5℃ 左右）。这种推力轴承的特点是推力瓦由头部为球面的支柱螺栓所支承，通过调整支柱螺栓的高度，使瓦块保持在同一水平面上，以使瓦块受力均匀。这种瓦的优点是结构简单，加工容易。缺点是各瓦受力难以调匀，调整工作量大，不能适应一定的摆度，运行时各瓦的负载不均衡（这种现象是加工和安装误差以及负载变化所引起的），每块瓦受到周期性的交变应力，因而影响推力瓦单位压力的提高。这种结构多用于中、小型机组及部分较大容量机组。

3-4-35 液压支柱式推力轴承的工作原理怎样，特点如何，它有哪些形式？

答：液压支柱式推力轴承也称弹性油箱支撑式推力轴承，推力瓦由弹性油箱支承，如图 3-4-13 所示。它是根据连通器原理，将各瓦的弹性油箱用钢管连接在一起，因此能自动调整各推力瓦面的水平高低，使其受力均匀。当推力负载继续增加时，各个弹性油箱都产生相同的压缩变形，弹性油箱内油压上升，弹性油箱靠油压支撑着 95％ 以上的推力负载，由于连通器内油压处处相等，所以推力负载基本上均匀分布在每块推力瓦上，故其承载能力较高，瓦温差在 1～3℃。

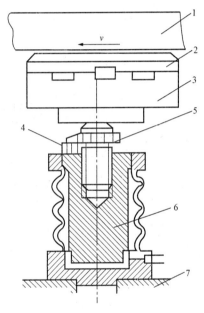

图 3-4-13 液压支柱式

1—镜板；2—推力瓦；3—托瓦；4—销钉板；
5—支柱螺钉；6—支铁；7—轴承座

弹性油箱有单波纹、三波纹和四波纹等形式。油箱壁的波纹数量，是根据其受力状态和负载均匀度的需要确定的。当安装时油箱的刚性调整精度达到 ±0.10mm 时，三波纹弹性油箱便可以满足 3％ 负载均匀度的要求。如果均匀度要求不变，则四波纹弹性油箱的调整精度可降低一些。当前，国内的水轮发电机组，其推力负载大于 9.8MN 时都采用这种结构型式。国外还有一种双层弹性油箱支撑结构，即把推力轴承一分为二，变成两个推力轴承上下装着，用油管将上、下两层的弹性油箱相连通，以均衡各个推力瓦的推力负载。

3-4-36 与刚性支柱式推力轴承相比，弹性支柱式推力轴承在性能上有何优点？

答：弹性支柱式推力轴承与刚性支柱式推力轴承的区别在于：弹性支柱式推力轴承的抗重螺栓装在弹性油箱的顶座上，而刚性支柱式推力轴承的抗重螺栓装在刚性支座上。我国自 1967 年由哈尔滨电机厂首先开始制造，已陆续在推力负载 $F > 9.8MN$ 的水轮发电机组中应用。它与传统型刚性支柱式推力轴承相比，有以下三个优越性。

（1）自调能力强。弹性支柱式推力轴承能在很大程度上自行调整推力瓦间的负载，使各块推力瓦的承载不均匀度缩小到 3％ 以内。而刚性支柱式推力轴承，各瓦的承载不均匀度达 20％ 左右。

（2）推力瓦的单位压力高。在相同条件下，刚性支柱式推力轴承推力瓦的单位压力一一般在 4MPa 以下，而弹性支柱式推力轴承推力瓦的单位压力一般可达 5.6MPa 以上，即弹性支柱式推力轴承推力瓦的单位压力比刚性支柱式推力轴承推力瓦的单位压力平均高出 40%。

（3）推力瓦温升较低。刚性支柱式推力轴承运行时平均瓦温为 50～55℃，瓦间温差一般为 5～8℃，而弹性支柱式推力轴承推力瓦运行时瓦温为 40～48℃，瓦间温差一般为 1～3℃。即弹性支柱式推力轴承推力瓦运行瓦温比刚性支柱式推力轴承推力瓦运行瓦温平均下降 7～10℃，瓦间温差下降 4～5℃。

3-4-37　平衡块式推力轴承有哪些结构型式，其作用原理如何？

答：平衡块式推力轴承有三种结构型式：普通平衡块式、带有升高垫的平衡块式以及平衡板式。

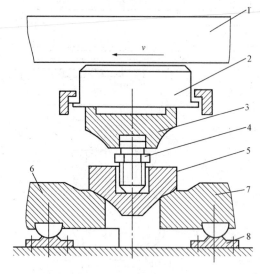

图 3-4-14　平衡块式
1—镜板；2—推力瓦；3—托瓦；4—支柱螺钉；5—上平衡块；6—调整垫块；7—下平衡块；8—垫块

平衡块式支撑结构也称多支点可动式结构，推力瓦由相互搭接的铰支梁支撑，如图 3-4-14 所示。它是应用杠杆原理传递不均匀受力，各推力瓦的受力可自行调整，从而使各瓦推力负载趋于均衡。其特点是结构简单，加工精度高，承载能力比刚性支柱式有明显提高，而且安装检修方便，瓦温差为 3～4℃，平衡块的动作灵敏度随转速的上升而降低。适用中、低速大中型水力机组。其推力瓦可采用双层瓦结构，也可采用水冷瓦及高压油顶起装置。

3-4-38　平衡块式推力轴承与弹性支柱式推力轴承相比，具有哪些特点？

答：平衡块式推力轴承与弹性支柱式推力轴承相比，其突出特点是：结构简单，加工容易，安装、检修方便，运行中有利于润滑油的流动，在承受不均匀负载时有较高的自调能力（与弹性支柱式推力轴承不相上下）。对材质要求比弹性油箱低，平衡块体材质可用普通碳素钢，上、下平衡块的抗磨块要用铬钢，经热处理后其硬度一般要大于 50HRC，表面粗糙度要求较高。抗磨板经热处理后，其硬度比抗磨块低些，一般为 45HRC，而粗糙度要求与抗磨块一样。这种推力轴承用平衡块代替了固定支座和弹性油箱，所以，在安装时用垫块和楔子板将抗重螺栓的球面支撑点高程调成一致后，无特殊情况，每次机组大修后不需要专门进行推力瓦受力调整工作。平衡块的灵敏度随着机组转速的升高而有所降低。在运行中，由于受限位销钉精度的影响，使压应力很高的铰支点（线）出现滑动摩擦现象。安装时，用三支点法调整镜板水平，但起落转子后，仍然有个别抗重螺栓存在着中心高度变幅较大的现象（如有的达 1.0mm），这说明在静态时，平衡块倾斜有多种状态均能使镜板达到水平，平衡块的倾斜并不会引起推力瓦的倾斜，这种推力轴承的运行同样是可靠的。

3-4-39 弹性垫支撑式推力轴承的结构怎样，应用情况如何？

答：弹性垫支撑式推力轴承，其推力瓦由弹性垫支承，通常用 5mm 厚的耐油扇形橡胶板做支承，依靠垫的弹性变形来吸收瓦的不均匀负载，并使瓦倾斜形成动压承载油楔，其结构如图 3-4-15 所示。它的瓦温差较小，但只适用于负载小于 4.9×10^5 N 的小型水轮发电机组。而在贯流式机组的反推力轴承中，通常也采用这种结构。

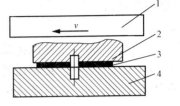

图 3-4-15　弹性垫支撑式
1—镜板；2—推力瓦；
3—弹性垫；4—轴承座

3-4-40 如何衡量推力轴承工作的优劣？

答：衡量推力轴承工作优劣，主要从以下两个方面来判别：① 推力瓦的平均温度应小于等于 60℃，如果平均温度过大，则说明推力瓦摩擦损耗大或油冷却器散热不足；② 各推力瓦的最大温差应小于等于 8℃，如果温差过大，则说明各块瓦之间由于瓦受力不均匀或刮瓦质量不良等原因而造成的发热不均匀。

3-4-41 在机组运行中，对推力瓦的温度有何要求，推力瓦温度偏高的原因有哪些？

答：机组在运行中，轴瓦的最高允许温度一般为 70℃，通常是控制在 50～60℃ 为宜，超过 60℃ 时属于偏高，一般在 65℃ 或 70℃ 则会发出报警信号，到 70℃ 或 75℃ 时则会事故停机，超过 75℃ 则会出现熔化现象。对于新投入的机组，在试运行的时候应进行温升试验，看轴瓦的最高稳定温度是多少，以检测轴瓦的刮削和安装质量以及镜板的质量。如果在温升试验中，轴瓦的整体温度都普遍偏高，则应查找其原因，予以分析和处理。常见的问题通常有以下几种。

（1）平均温度偏高。这种问题通常是推力瓦摩擦损耗大、冷却润滑用的润滑油油量不足或油冷却器散热不足等原因引起的。此外，随着运行时间的增加，轴瓦在正常情况下运行，推力瓦以及导轴瓦都有磨损，磨损到一定的程度就会产生温度偏高，如果不及时检修甚至会产生烧瓦等现象。

（2）个别几块瓦温度较高。其原因大致有以下几种：① 各块瓦受力不均匀；② 推力瓦刮瓦质量不良；③ 某些推力瓦灵活受卡阻；④ 推力瓦挡块间隙偏小；⑤ 瓦变形过大；⑥ pv 值偏大。

3-4-42 针对推力瓦平均温度偏高的问题，其处理方法有哪些？

答：针对推力瓦平均温度偏高的问题，在初步确认了其原因之后，对于各种原因所造成的瓦温偏高问题，通常可采用以下几种处理办法。

（1）增加冷却润滑用的润滑油油量，以提高其散热效果，降低轴瓦运行温度。

（2）改善油冷却器的冷却效果，降低润滑油的温度。若是冷却水量不足，则应设法增大冷却水量，在可能的情况下，通过适当增大冷却器进水压力，加大冷却器进出水管径，增加冷却器进出水流量等措施予以改善。此外，应检查油冷却器内部有无堵塞现象。还可在冷却管上加装吸热片，以增加吸热面积，提高吸热量，如果实在不行，则应增加冷却装置或更换大容量的冷却器。

（3）重新检查轴瓦的研磨刮削质量和镜板的质量，对于新投入的机组，在试运行的时候应先进行温升试验，以检测轴瓦的刮削和安装质量以及镜板的质量，如果在温升试验中轴瓦的整体温度普遍偏高，且在对润滑油量和冷却水量校核都没有问题时，则应重点检查轴瓦的刮削安装质量以及镜板的质量，发现问题后，应进行重新刮削或对镜板进行研磨和调整处理。

（4）及时进行检修挑花或更换轴瓦处理。机组运行数年后，如果机组轴瓦的温度越来越高，则说明极有可能是轴瓦磨损导致瓦温升高的原因，对于这种情况，则应及时进行检查，如发现问题，应采取挑花或更换轴瓦等措施予以处理。

3-4-43　针对推力瓦个别瓦温偏高的问题，其处理方法有哪些？

答：针对推力瓦个别瓦温偏高的问题，根据不同原因，可采用以下几种处理办法。

（1）各块瓦受力不均匀。推力瓦之间温差过大一般是由于没有调好瓦的受力，瓦温高者是受力较大所引起，应将瓦适当调低，或者采用普刮的方法，把温度较高的推力瓦普遍刮削1～2遍，使瓦面稍有降低，以减少受力，降低瓦温。也可将温度较低的推力瓦略微抬高，以分担荷重。

（2）推力瓦刮瓦质量不良。有时因推力瓦刮削粗糙导致瓦温偏高，因此需将温度较高的推力瓦抽出检查，并做必要的瓦面修刮。

（3）某些推力瓦灵活受卡阻。对于温度较高的推力瓦应检查其灵活性，看其是否受卡阻。

（4）推力瓦挡块间隙偏小。对于温度偏高的推力瓦应检查其挡块间隙是否足够，间隙过小会影响楔形油膜的形成，也影响冷油进入瓦面，轻者引起瓦温过高，重者会造成烧瓦事故。

（5）瓦变形过大。瓦厚度不够会产生过分的机械变形，热油与冷油温差较大会使瓦产生较大的热变形。过大的变形使瓦承载面积减小，单位面积受力增大导致瓦温增高。瓦变形后应更换。

（6）pv 值偏大。推力瓦单位面积受力增大会使摩擦损耗增加，因此 pv 值较大的推力轴承必然会使瓦温较高。较高的瓦温只要稳定，仍是安全的，如果条件允许，可改用氟塑料瓦，则更好。

3-4-44　灯泡贯流式机组的轴承布置有哪些形式？

答：灯泡贯流式机组的轴承布置与机组的容量、转速有关，它既要满足机组轴系稳定性条件，又要考虑到轴承安装和检修维护方便，目前轴承的布置方式主要有以下几种。

（1）二导轴承结构。它又分为两种：一种是将推力轴承和发导轴承合并为组合轴承，布置在发电机上游侧，发电机转子位于两轴承之间，水轮机转轮为悬臂结构，这种布置方式适用于中等容量的机组。另一种布置方式是将发导轴承与推力轴承合并为组合轴承，布置在发电机下游侧，两轴承布置在灯泡体内，并尽量靠近转轮，可缩短主轴长度，使机组结构紧凑。这种布置方式适用于容量较小、低转速机组。

（2）三导轴承结构。发电机上游侧设有导轴承，推力轴承置于发电机下游侧和中间发导轴承合并为组合轴承，水轮机侧设有水导轴承，水轮机转轮为悬臂结构。这种布置方式可以承受较大的负载，有利于提高轴系的刚度。缺点是安装调整水平比较困难。

上述三种布置方式，由于各厂的制造经验不同，设计者的考虑不同，其应用界限并不十分明确。一般来说，若 D_i/L_t（电动机定子铁芯内径/发电机定子铁芯长度）$\geqslant 3.2$，则采用二导轴承伞式结构；而若 $D_i/L_t < 3.2$，则采用三个轴承式结构。目前广为采用的为两导轴承两端为悬臂结构布置形式。

3-4-45　对于双支点结构的灯泡贯流式机组，其组合轴承有哪几种结构型式？

答：所谓双支点结构型式，也就是属于二导轴承结构。这种结构型式的机组，其发电机侧的导轴承与正、反推力轴承组合在一起，承受发电机的重量和径向力，同时又承受轴向正、反方向推力，称为组合轴承。根据发电机导轴承在组合轴承中的位置不同，可分为发导前置组合轴承和发导中置组合轴承。

（1）发导中置组合轴承。这种轴承的设计是发导轴承在正、反推力轴承的中间，支撑在支持环上，上游侧是正推力轴承，下游侧是反推力轴承，把正、反推力瓦安装在发电机导轴承上，如图 3-4-16 所示。这种结构的特点是结构紧凑，正推力环与反推力环是分开的，对正推力环拆出检修比较困难。

（2）发导前置组合轴承。这种轴承的设计是将发电机导轴承设计在正、反推力轴承上游侧，紧靠发电机转子与大轴的连接法兰，目的是减小大轴挠度，如图 3-4-17 所示，这种结构的特点是结构要大，但易于检修。

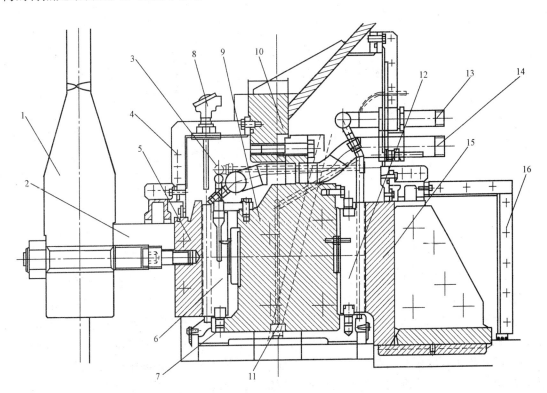

图 3-4-16　发导中置组合轴承

1—发电机转子轮辐；2—大轴法兰；3—正推力轴承高压油管；4—正推力轴承端盖；5—正推力环；6—正推力瓦；7—发电机导轴承瓦及瓦座；8—测温装置；9—发电机导轴承体；10—支持环；11—发电机导轴承高压顶起油管；12—反推力瓦；13—反推力轴承供油管；14—正推力轴承供油管；15—反推力环；16—反推力轴承端盖

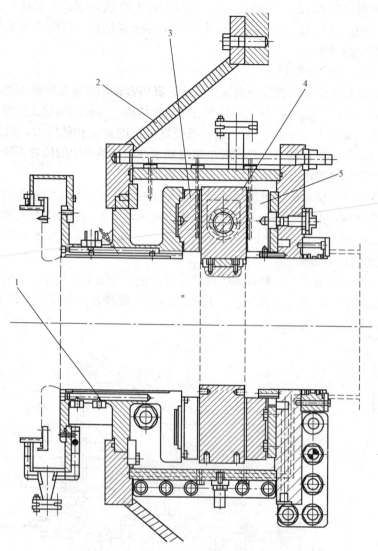

图 3-4-17 发导前置组合轴承

1—发电机导轴承；2—支持环；3—反推力瓦；4—正、反推力环；5—正推力瓦

3-4-46 在灯泡贯流式机组中，其组合轴承的性能如何？有哪些基本技术要求？

答：灯泡贯流式机组通常为双支点结构，发电机侧导轴承与正、反推力轴承组合在一起，成为既承受径向力又承受轴向力的组合轴承。发导轴承主要用来承受发电机气隙偏心所引起的磁拉力不均匀所造成的电磁不平衡力、机械不平衡力和发电机转动部分的重量，维持机组主轴在轴承间隙范围内稳定运行。推力轴承主要是用来承受正向水推力和负载减小、停机、甩负荷时的反向水推力，通常反向水推力要比正常运行时的正向水推力大。上述组合轴承所承受的力，均通过轴承支持环传递到管形壳上，它是贯流式机组最重要的部件之一。

对组合轴承的基本技术要求是：① 轴承在运行中具有足够的油膜厚度，以确保良好的润滑性能，瓦温不超过允许值，能满足润滑冷却的要求；② 结构简单，便于安装检修；③ 轴承应采用自定位结构，以适应主轴挠度与变形的变化，使轴瓦能跟随主轴自动做相应的调整；④为防止轴承甩油和油雾的扩散，应采用较为有效的气封结构；⑤各推力瓦受力均匀；⑥轴瓦间隙应满足设计要求；⑦各推力瓦最大温升与平均温升应满足设计要求，并且各瓦之间的温差较小；⑧循环油路畅通、气泡少、冷却效率高；⑨推力瓦变形量在允许范围内；⑩轴承损耗较低。

3-4-47　为适应贯流式机组轴线挠度的变化，国产组合轴承采用了哪些措施优化其结构？

答： 由于贯流式机组挠度的计算和轴承支承环的安装精度难以保证，使得轴承体配合片的配置比较困难，因此，国内各制造厂根据自身的专长、设计、制造和加工设备等条件，为解决主轴轴线挠度问题，对组合轴承大致上采用以下几种措施来优化其结构。

（1）组合轴承中的发导轴承采用球面支承结构。它是将发导轴承壳体外缘加工成凸球面，而将发导轴承座做成凹球面，两者组合装配，当主轴挠度发生变化时，轴承体凸球面能在轴承座凹球面内滚动，使它具有良好的自动调节性能。发导轴承则仍采用筒式分半结构，内圆浇铸有轴承巴氏合金。正、反推力瓦为平面瓦，与国产传统结构相同。反推力瓦背面垫有耐油橡胶垫，依靠耐油橡胶垫的弹性变形，吸收反推力瓦的不均匀负载，并能使轴瓦倾斜形成动压承载油楔，正推力瓦为抗重螺钉支承。此种结构具有自动调节性能，可以解决因轴线挠度变化而引起的推力瓦对中心偏移和受力分配不均匀问题，在国产机组上广为应用。

（2）正推力瓦采用弹性圆盘结构。这种结构是在正推力瓦背面安装有两个相对组合在一起的弹性圆盘（弹性圆盘一面为平面，另一面为圆球形曲面，将两个球形曲面相对组装在一起），正、反推力瓦仍为平面瓦。这种弹性圆盘的球形曲面，可以使推力瓦自由偏转，以形成楔形油膜，起到保护球面推力瓦的作用，同时依靠弹性圆盘的弹性变形可以吸收轴瓦的不均匀负载。这种结构具有尺寸小、结构简单、受力分布均匀、性能可靠等优点，现场安装不需要刮瓦和受力调整，但它对材质和单件加工精度要求较高。

（3）正推力瓦采用弹性油箱支承结构。如青海的直岗拉卡机组。正推力瓦由弹性油箱支承，各油箱间用油管相连，并充入一定的压力油，运行时各瓦之间的不均匀负载通过压力油由弹性油箱均衡，使各瓦受力均匀。正推力瓦背面通过弹性油箱上的圆球形支柱，可以使推力瓦自由偏转形成油楔，这种结构较复杂，对弹性油箱的材质和制造工艺要求较高。反推力瓦背面垫有耐油橡胶垫，发导轴承仍为筒式分半式结构，内圆浇铸有轴承巴氏合金。

3-4-48　在贯流式机组中，对推力环（镜板）的组装程序如何，有何要求，如何检测？

答： 在贯流式机组中，对推力环（也称推力盘）进行组装时，应注意以下几点。

（1）用专用吊具将主轴吊于支承架上，转动主轴使主轴上的推力环键槽位于轴上方。

（2）调整主轴水平，一般要求不大于 0.05mm/m。

（3）清扫并检查推力环与主轴配合的尺寸，装配平键。

（4）将推力环下半部用桥吊吊起，使其保持基本水平，配合止口处涂二硫化钼润滑脂，当进入止口后在两端用螺旋千斤顶轻顶靠于主轴。

（5）吊起推力环上半部，合拢上下组合面，注意装配记号，打入销钉，将组合螺栓对称地从外侧至内侧分几次均匀拧紧至设计伸长值。

（6）组合缝用 0.05mm 塞尺检查，外侧应无间隙，其余部分允许有不长的局部间隙。用刀形样板平尺检查摩擦面接触缝处应平整，错牙值应不大于 0.02mm，且按转动方向检

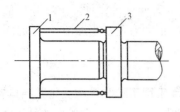

图 3-4-18　推力环垂直度检查
1—主轴法兰；2—内径千分尺；
3—推力环

查，后一块应低于前一块。

（7）用内径千分尺测量推力环与主轴法兰面间的距离，如图 3-4-18 所示。检查其垂直度，偏差不超过 0.05mm（此外，在盘车时检查推力盘的端面跳动量不应大于 0.05mm）。对于有些机组或是机组已安装好不好测量检查垂直度的情况下，则可通过盘车的方法进行检查。

3-4-49　在检修过程中，如何对推力瓦进行检查和处理？

答：当机组运行一段时间后，应对推力瓦进行检查，主要应注意以下几个方面。

（1）瓦表面检查。抽出推力瓦检查瓦面有无划痕、硬点、裂纹、脱壳等现象，如发现推力瓦表面的巴氏合金存在以上的明显问题，或其 1/3 以上的金属表面变色或硬化，则应进行更换。

（2）对瓦的表面检查中，若推力瓦的局部区域由于摩擦出现条沟或由于轴电流使钨金被破坏时，轻者可用刮刀将毛刺刮去，将周围刮得稍低一些并找平，直到修整平滑。严重者可采用熔焊的办法处理（熔焊的办法现在一般比较少用了），或进行更换。

（3）若推力瓦表面无以上明显问题，则应进一步仔细检查其瓦花的磨损情况，对于巴氏合金要求瓦面每平方厘米内应有 1～3 个接触点，局部不接触面积每处不应大于轴瓦面积的 2%，其总和不得超过轴瓦面积的 5%。瓦花应呈交错排列，不符合要求的要重新进行修刮，直到合格。一般情况下，推力轴瓦只有局部被磨平，除少数高点被磨去瓦花之外，余下部分瓦花仍然存在，这时，用平刮刀刮去高点，增补刮花即可，而如果推力瓦磨损严重，则应重新刮削。

3-4-50　在检修中，对镜板的检查内容有哪些，如何对相关缺陷进行处理？

答：镜板的检查内容包括偏磨、伤痕、锈蚀、表面发毛等。一般情况下，可以在检修现场用专用的镜板研磨装置进行简单的研磨处理。研磨后，将镜板用纯苯或无水酒精液清洗，用绢布擦干，并在镜板表面涂以猪油或其他不含水无酸碱的油脂予以保护。

镜板的处理方法：①将镜板从油盆吊起，清理渍油后翻转，并吊运置于专用研磨机上；②用酒精、白布擦净镜板背面油污，检查擦伤和锈蚀情况，做好记录；③调整镜板水平使其达到 0.02mm/m，如有锈蚀斑块可用金相砂布或天然油石打磨；④在研磨机的研磨盘上包上海军呢，在镜板面涂上用煤油或透平油调好的 301 号抛光剂，开动研磨机研磨，在研磨中应经常添加抛光剂，使其表面粗糙度达 $\frac{0.8}{}$ 左右；⑤检查镜板是否有发蓝、麻点、划痕情况，并做好记录；⑥更换研磨海军呢，按细磨、清磨两道工序进行。细磨采用 403 号抛光剂（膏）研磨 24h 以上，使粗糙度达 $\frac{0.4}{}$。清磨不用研磨剂，只用细毛呢加透平油研磨，使其镜面光亮如镜。若损坏严重，由于水电站无加工制造设备，应送到制造厂进行精车和研磨。

3-4-51　推力轴承检修时，主要应检查哪些项目？

答：在对推力轴承进行检修时，主要应对以下项目进行检查：①检查镜板的表面是否有磨损、伤痕等其他异常情况，并进行研磨处理；②检查推力瓦的表面情况，看是否有划痕、硬点、裂纹、脱壳等现象，根据实际情况进行更换；③检查油槽密封的损坏程度，决定是否更换；④检查油槽底部是否有积水或杂质，如有，应考虑冷却器是否漏水或者油是否变质；

⑤冷却器清扫、检查、修理，并做耐压试验；⑥检查推力支架对地绝缘电阻应不小于5MΩ，否则应对绝缘垫进行干燥处理；⑦温度计检查、校验；⑧检查推力轴承内部各处的连接螺栓，并予以紧固；⑨检查推力轴承内部的油泥情况，并进行清扫。

3-4-52　对于立式机组，如何进行推力头的吊拔工作，其工艺过程分别是怎样的？

答：对于推力头的吊拔，其工艺过程如下：①找正。在吊车主钩上挂四根钢丝绳对称地吊住推力头，上升主钩并找正中心，钢丝绳拉紧后，检查各绳的紧度应一致。②顶拔。用油压顶起转子，在推力头底面与镜板背面间对称放入厚度相同的四块铝垫，然后慢慢排油，落下转子，利用转子的重量使推力头沿主轴向上移动，如此反复操作，随着铝垫厚度增加，推力头不断上移，吊车主钩也跟着上升，直至可用吊车拔出推力头为止。③吊拔。推力头上拔一段距离后，应用绳子将键捆住，然后继续吊拔，推力头拔出后，要记录好绝缘垫的相对位置，以备回装时参考。

3-4-53　什么是发电机的轴电压和轴电流，轴电压产生的原因是什么？

答：发电机在转动过程中，机组的主轴不可避免地要处在不对称磁场中旋转，只要有不平衡的磁通交链在转轴上，那么在发电机转轴的两端就会产生感应电动势。这个感应电动势就称为轴电压，这个电压数值不高，一般只有几伏至十几伏。如果电动机主轴轴承没有设置绝缘垫，当轴电压达到一定值时，这个电压就会通过电动机轴承、支架形成电流回路，这就叫作轴电流。图 3-4-19 为垂直轴向交链磁通产生的轴电压和轴电流示意图。

电磁轴电压的形成主要分为两部分：一是轴在旋转时切割不平衡（不均匀）磁通，从而在转轴两端产生轴电压；二是由于存在轴向漏磁通而在转轴两端产生的轴电压。而造成发电机磁场不平衡的主要原因有：①定子铁芯组合缝、定子硅钢片接缝、定子与转子空气间隙不均匀以及励磁绕组匝间短路等；②磁路不平衡。如定子分瓣铁芯、定子铁芯线槽引起的磁通变化，磁极对数和定子铁芯扇形片接缝数目的关系等；③制造、安装造成的磁路不均衡。此主轴中心与磁场中心不一致、转子磁极线圈短路、外分数槽绕组的电枢反应也会在转轴上产生轴电压。以上这些原因就会使发电机在运行时，各部分磁通不均匀，磁力线不完全平衡，这些不完全平衡的磁力线与转轴相切割就产生了轴电压。

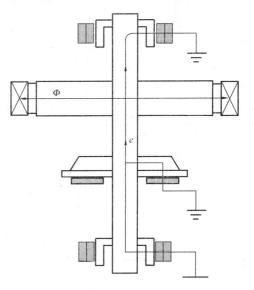

图 3-4-19　垂直轴向交链磁通产生的轴电压和轴电流示意图

3-4-54　轴电流对发电机的运行有何危害，应采取哪些措施予以防止？

答：由于轴电流的存在，它在轴领（或镜板）和轴瓦间产生小电弧的侵蚀，使轴承合金逐渐粘吸到轴领（或镜板）上去，破坏轴瓦工作面，引起轴承过热甚至烧损。此外由于轴电流的作用，也会使润滑油变质、发黑，降低润滑性能，使轴承温度升高。

为了保证机组的正常运行，消除轴电压经过轴承、机座与基础等处形成的电流回路，防止轴电流烧坏瓦面，要将轴承座对地绝缘，以切断轴电流回路。对于立式机组，一般是在发电机侧的一端轴承装设绝缘垫板和套管。为加强绝缘，可在推力头与镜板间再加一层绝缘垫。

为防止转轴形成悬浮电位，同时转轴还要通过电刷接地。此电刷接地可与转子一点接地保护要求的"接地"共用为一个。防止轴电压的重点在于防止轴电流的形成，轴承间只要不形成轴电流回路，则不需对所有的轴承绝缘。当轴承底座绝缘垫因油污、损坏或老化等原因失去绝缘性能时，则轴电压足以击穿轴与轴承间的油膜而发生放电。放电会使润滑油的油质逐渐劣化，放电的电弧会使转轴颈和轴瓦烧出麻点，严重者会造成烧瓦事故。

3-4-55　在运行和检修过程中，为什么要测量轴电压？

答：轴电压虽然不高，但它能击穿轴瓦上的油膜，与轴承、机座、基础等处形成回路。由于该回路电阻很小，因而会产生危害性很大的轴电流，该电流在部件接触处发生放电，使润滑和冷却油质逐渐劣化，严重时可能损坏轴瓦和轴承。通常，制造和安装设备时，在发电机两侧轴瓦座下面垫以绝缘物，以阻断轴电流回路。运行中可以通过测量轴电压，从其本身量值大小（根据经验，一般至少需在 1.5V 以上），并结合以往运行的测试记录，来判断绝缘垫的性能，看其是否因油污、老化和损坏而失去作用。在测量检查中，若无轴电压或是轴电压很小，则应对各部位的绝缘进行检查，从而及时对绝缘部分进行处理。

3-4-56　对于悬吊式机组，其推力轴承各部位的绝缘有什么要求？

答：对于悬吊式机组，其推力轴承各部位的绝缘要求见表 3-4-1（其他结构的机组也可参照此标准）。

表 3-4-1　　　　　　　　　　推力轴承各部位的绝缘要求

序号	推力轴承部分	绝缘电阻（MΩ）	绝缘电阻表电压（V）	备　　注
1	推力轴承底座及支架	5	500	在底座及支架安装后测量
2	高压油顶起压油管路	10	500	与推力瓦的接头连接前，单根测试
3	推力轴承总体	1	500	轴承总装完毕，顶起转子，注入润滑油前，温度在 10～30℃
4	推力轴承总体	0.5	500	轴承总装完毕，顶起转子，注入润滑油后，温度在 10～30℃
5	推力轴承总体	0.02	500	转子落在推力轴承上，转动部分与固定部分的所有连接件暂拆除
6	埋入式检温计	50	250	注入润滑油前，测每个温度计芯线对推力轴瓦的绝缘电阻

　注　序号 3、4、5 三项，测其中之一项即可。

🔧 第五节　集电环及制动、冷却部分

3-5-1　集电环的作用是什么，它的结构组成怎样？

答：集电环是与电刷相接触的导电金属环，其作用是使电流从电路的一部分通过滑动接

触流到另一部分。在水轮发电机中，依靠集电装置中的电刷同集电环中导电金属环接触，将励磁电流输入励磁绕组。

集电环一般由金属环、绝缘垫和固定支撑等部分组成。集电环的主要结构尺寸如图 3-5-1 所示，环高 b_1，环径 D，环间距离 A。环高主要取决于电刷的高度以及顶起转子的高度（使电刷不致脱离环面），一般取 40～80mm；外径 D 应根据通过电流的大小、电刷的数量和尺寸以及散热面积等因素确定。大容量水轮发电机集电环的外径 D 有 450、550、850、1200、1600mm 等 5 种，环外径粗糙度一般为 $Ra1.6\sim0.8\mu m$，相应的电刷电流密度为 $0.05\sim0.06A/mm^2$，个别的也有达 $0.1\sim0.12A/mm^2$。如励磁电流很大，集电环和电刷的布置又受空间位置的限制，可考虑用双环或多环结构。环间距离 A 一般取 50～60mm，以防止碳粉引起"正""负"环短路。

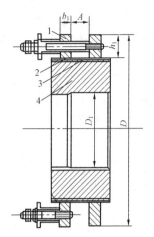

图 3-5-1 集电环结构图
1—集电环；2—云母环；
3—钢圈；4—套筒

集电环固定在转轴上，经电缆或铜排与励磁绕组连接。集电环装置应装设在便于观察和维护以及无油雾和灰尘污染的位置。大容量悬式水轮发电机的集电环一般布置在励磁机上面，而伞式水轮发电机的集电环多布置在上导轴承上面（半伞式）或机组顶端（全伞式）。小容量水轮发电机的集电环常被装在励磁机内（有励磁机的机组）换向器的上面。

3-5-2 集电环的种类有哪些，各有什么特点？

答： 按照金属环与套筒固定方式的不同，集电环分为套筒式、支架式、塑料式、装配式、螺杆装配式、热套式等 6 种结构类型，水轮发电机一般采用套筒式和支架式两种。各种集电环的结构特点如下。

（1）套筒式集电环。它是将集电环直接热套在套筒上，结构简单，易于与大轴保持同心，摆度小，运行稳定，适用于直径小于 550mm 的高速机组。

（2）支架式集电环。它分为整圆式和分瓣式。支架式集电环是用绝缘螺杆将集电环固定在支架上。其中，整圆式集电环广泛应用在大中型水轮发电机上，而分瓣式集电环由于难以消除接缝间隙，因此很少采用。

（3）塑料式集电环。它常用 4330 酚醛玻璃纤维压塑连同几个金属环压制成一个整体。塑料集电环一般用于中、小型机组。压制塑料集电环时，须先将金属环与引出线焊好后再压制。

（4）装配式集电环。它主要由金属环、衬套（薄钢板弯成的开口套，又叫紧圈套）、绝缘衬垫和套筒等组成。绝缘衬垫可采用环氧酚醛玻璃布板或塑型云母板制成，套筒一般用铸件车制而成，金属环采用过盈配合与套筒紧固，一般用于中型机组。

（5）螺杆装配式集电环。其金属环用绝缘垫圈相互绝缘，借助带有绝缘套筒的螺杆固定在支架上。

（6）热套式集电环。它是将金属环直接热套在包有绝缘层的转轴上，适用于高速机组。金属环一般采用黄铜、青铜或低碳钢制成，高速电动机的金属环用高强度合金钢制成。

3-5-3 集电环的常见故障有哪些，其原因是什么？

答： 集电环的常见故障有以下几种。

（1）集电环工作表面磨损。集电环工作表面常出现凹痕、条痕、急剧磨损、印迹、烧伤等。其原因是：电刷内含有杂质；电刷和集电环工作面上黏附有杂质；集电环材质、圆周速度、单位压力、电流密度、负载性能等不合适；集电环外径呈椭圆形时，会引起电刷跳动，产生弧光烧伤集电环工作面；当集电环上有油污，粘上电刷粉末会引起短路，烧伤集电环工作面。

（2）集电环温度过高。集电环温度过高的主要原因有：电流密度过大，电刷与集电环接触面积小于 75% 而引起电流密度增大；电刷弹簧压力过大或过小；机组振动；更换电刷时，电刷牌号不对等。

（3）集电环松动。塑料集电环运行一段时间后，因塑料收缩，造成集电环松动。装配式集电环常产生金属环与套之间的松动，主要是因为集电环绝缘衬套因老化收缩后，与金属环配合过盈不够而松动。

（4）集电环绝缘损伤。塑料集电环因塑料材质和制造工艺不当，常发生塑料变脆开裂现象。当外界电刷碳粉、油污浸入裂缝后，造成金属环之间击穿和金属环与轴对地击穿。另外，引线连接处接触不良，局部过热使根部打火烧断。

3-5-4　转子集电环有哪些技术要求？

答：转子集电环也称滑环，它固定在转轴上，随机组转动时与电刷滑动接触，将励磁电流传递到转动中的励磁绕组之中。一般集电环（及刷架）的绝缘等级多为 B 级绝缘。集电环两极之间通过适当厚度的绝缘隔离，以保持所需的电气距离和防污爬电距离。

大型水轮发电机的转子集电环一般采用 A3 钢或 35SiMn 等制成。集电环与电刷接触表面的粗糙度应达到 $Ra0.8\sim1.6\mu m$ 的要求，相对应电刷的电流密度选择以 $5\sim8A/cm^2$ 为宜。某些通过大电流的集电环外表面还加工有螺旋状沟槽，以适应大电流的散热需要。此外，在环的摩擦面涂敷较软的金属如镉，对降低摩擦系数很有好处。

3-5-5　发电机有哪些常用电刷，不同种类的电刷是如何构成的？

答：在发电机转子集电环上常用的电刷有天然石墨电刷和电化石墨电刷。水轮发电机多使用电化石墨电刷，如 D172 等。

天然石墨电刷是以天然石墨粉作基料，用树脂、煤焦油或沥青作黏结剂，经混合、压制、固化（或焙烧）加工而成。根据原料和黏结剂的种类和含量的不同，可以制成电阻系数范围较大的各种品种。

电化石墨电刷是采用炭黑、焦炭、木炭和部分石墨粉，以煤焦油或沥青作黏结剂，经混合、磨粉、压制、固化（或焙烧），并经 2500℃ 以上石墨化处理等工序制成半成品毛坯，再加工而成。所谓电化石墨，就是将经 1300℃ 焙烧固形后的毛坯再经过 2500℃ 以上的高温处理，使其配料中的无定形碳转化为人造石墨。

此外，还有金属石墨电刷。金属石墨电刷是以金属粉末（如铜、银、锡、铅等）和石墨粉为基本原料，经混合、磨粉、压制、固化（或焙烧）加工而成。

3-5-6　电刷的引线是如何与电刷固定的，各种方法的特点怎样？

答：电刷引线与电刷的固定方式有填塞法、扩铆法、焊接法和模压法等几种。其各自的制作方法和特点见表 3-5-1。

表 3-5-1　　　　　　　　　　　　电刷引线与电刷的固定方式

名称	制 作 方 法	应用情况
填塞法	在电刷上预先钻好锥形孔或螺纹孔，引线连接部用导电的粉末填塞，用树脂胶将填塞孔表面封好	适用于电刷截面较大的情况
扩铆法	在电刷上钻孔、铣槽，将刷辫经所钻的孔穿入铣槽并绕在铜管上，然后将铜管两端扩张。为降低刷辫与刷体铣槽的接触电阻，有时还需在铣槽表面镀铜	机械强度好，适用于振动条件下使用的电动机电刷
焊接法	工艺与扩铆法一样，只是最后采用锡焊的方法焊牢	适用于小型电动机
模压法	在压制刷体的过程中同时固定刷辫	适用于含铜量高的电刷

3-5-7　什么是电刷电阻系数，为什么同一发电机集电环上不允许采用不同牌号的电刷？

答： 电刷电阻系数是表征电刷导电能力的一个特征参数。在非金属材料中，碳是良导体，但与金属材料相比还有较大差距。不同种类的电刷因电阻系数的差异也决定了它应用的场合。电阻系数也不是越低越好，对低压大电流如水轮发电机组的励磁回路，就要求低一些，而对于像直流电动机需要换向，特别是换向困难的场合，则要求电阻系数高一些。

不同牌号的电刷，其电阻系数不一样，运行时与集电环表面的接触电阻也不一样，如果混用，会使每个电刷上的载流不均匀，从而导致某些电刷首先过热而损坏，进一步恶化又导致其余的电刷损坏，特别是在电刷数量少的结构中，更为严重。因此，对同一发电机集电环上使用的电刷，不能混用不同型号的电刷，即使同一型号，由于生产工艺的原因，不同的生产厂家生产的电刷，其电阻系数可能也有一定的差异。如有条件，应使用同一厂家同一批次的产品较好。

3-5-8　集电环表面的氧化膜有什么作用？

答： 在运行后的集电环与碳刷的接触面上，有一层咖啡色或浅蓝色、褐色的薄膜，这就是氧化膜。这层薄膜由两部分组成：一是与基体金属结合在一起的金属氧化物和氢氧化物，称为氧化薄膜，二是碳素薄膜，主要是由运行中电刷的极细小石墨粒子和杂质（包括空气中的水分）组成。氧化膜具有一定的电阻，对导电并不利（对需要换向的电动机而言，它可以提高换向性能），但它具有良好的润滑性能和减磨性能。在刷、环对磨时，由于氧化膜的存在，相当于形成石墨间的对磨，从而降低了摩擦系数和磨损，也可降低碳刷的抖动和噪声。

3-5-9　集电环的表面受到损伤时，应如何进行修理？

答： 集电环在运行一段时间后，由于各种原因会造成工作表面受到损伤。针对不同的情况，应采取不同的处理方法进行修理。

（1）集电环工作表面轻度损伤的修理。集电环工作表面存在斑点、刷痕、轻度磨损等损伤时，可先用锉刀将其伤痕刮去，然后用油石在转动情况下研磨，磨到表面故障消除后，将集电环旋转至较高的转速，用 00 号砂布抛光，使表面粗糙度值达到 $Ra1.6\sim0.8\mu m$。

（2）集电环工作表面损伤严重的修理。集电环工作表面存在烧伤、槽纹、凹凸程度比较严重，有 1mm 左右，损伤面积又占金属环表面积的 $20\%\sim30\%$ 时，一般用车削方法修理。车削时车刀必须锋利，进给量要小，一次切削深度为 0.1mm 左右，切削线速度为 1～

1.5m/s，装夹要牢固，偏心尽可能小，加工后同轴度误差不大于 0.03~0.05mm。车完后，先且 00 号砂布抛光，然后在高速旋转情况下，在 00 号砂布上涂一层薄薄的凡士林等，进一步抛光表面，使表面粗糙度达到 $Ra1.6~0.8\mu m$。

（3）集电环外圆成椭圆的修理。经过检查后证实集电环外圆成椭圆，应用车削方法进行修理。车削圆后用（2）的方法进行抛光，使光洁度达到要求。若有裂纹，应根据裂纹情况进行补焊车削或更换新的。更换时先把整个集电环从轴上拉下来；对于热套在轴上的集电环，则应用拉具将导电金属环一个个拉下来，然后将新的环热套在轴上。

3-5-10 发电机转子集电环磨损较快的原因是什么？如何进行检修和更换？

答：集电环磨损较快的原因有：① 转子或碳刷的振动超过允许值，一般碳刷振动值不超过 0.07~0.09mm。② 集电环选用的材料较差或热处理不当。制作集电环时使用的材料以 35SiMn（硅锰）为宜，集电环的表面硬度应达布氏硬度 250。③ 碳刷的配制不合理，应进行调整。碳刷在集电环上压力为 $(1.176~1.47)\times10^5Pa$。④ 选用的碳刷不好。一般选择适用于高速的 TB1474-74 电化石墨碳刷。⑤ 为使滑环电蚀均匀，运行一段时间后须更换两滑环的正、负极性，根据实际情况，每运行一段时间倒换一次。

集电环的表面因碳刷摩擦会形成小沟，深度达 0.5mm 时，需把集电环的表面加工一次。集电环的车削有一定的限度，一般不小于原有直径 15mm，否则，须进行更换。

3-5-11 电刷的弹簧压力对电刷的运行有什么影响？

答：制造厂家对电刷的运行压力都有明确要求，针对不同性能的电刷，其压力值不相同。如果压力偏小，则会造成电接触不良，使电气磨损增加，如果压力偏大，则又会使机械磨损增加。因此应保持在一个合适的中间压力值。所以在检修中应定期检测电刷的压力是否在合适的范围之内。

3-5-12 当安装或更换新碳刷时，如何对碳刷进行研磨和压力测量及调整？

答：机组运行时间较长后，电刷已经磨损严重，就需更换新电刷。在碳刷的安装、更换中，对碳刷的研磨和压力调整是一项必要而且又非常重要的工作，应按要求进行。

（1）研磨电刷接触弧面。更换新电刷时，一定要将电刷与集电环接触的表面用 0 号砂布研磨光滑，使电刷与集电环的接触面积占整个电刷截面积的 75% 以上。正确的研磨方法是：用细玻璃砂纸背面紧贴模心（或集电环表面），电刷压在砂纸正面上，拉紧砂纸两端，反复运动砂纸，使电刷弧面与模心（或集电环）表面吻合面积大于 75%。有的电刷硬度较大，则可以在刷架装配时研磨电刷，但这只是粗磨电刷，电动机总装好后，再用 0 号玻璃砂纸精研磨。注意电刷磨合后，应用干净布将电刷和滑环面擦干净，否则砂纸上落下的硬粒未清除，反而会使电刷和滑环面磨损加重。

（2）测量并调整电刷压力。电刷的压力应符合要求，一般在 20~25kPa 左右。其测量方法通常有以下两种：① 用薄纸条压在电刷下面，用弹簧秤慢慢拉起电刷，拉力应在电刷中心线上。当纸条能轻轻拉出时，弹簧秤的读数即为电刷的压力；② 用小电灯测电刷压力，将电刷接触面接于 1.5V 的电路中，当电刷被拉离接触面时，小电灯熄灭，此时弹簧秤的读数即为电刷压力。

另外，在装配完后，应测量绝缘电阻和进行耐压试验，以检验其安装质量是否合格。

3-5-13　电刷装置的安装质量应符合哪些要求？

答：（1）电刷装置应有足够的强度，在电动机正常运行，不应产生有害的振动和变形，紧固处不应发生松动，弹簧应安放牢靠并不与刷辫磨卡，且电刷与刷架连接螺栓应紧固，保证刷辫与刷架接触良好。另外，同一台电动机应采用同一种型号同一批次的电刷。

（2）刷握应牢固地固定在导电环上，刷盒下边缘与集电环（或换向器）表面距离应保持2～3mm，一般刷握应垂直于滑环安装，但也有的厂家的电刷要求电刷与滑环垂直表面有一个很小的角度（接触倾斜角α），如7.5°、15°（旋转方向后倾）等，因此有这种要求的电刷安装时应注意调整角度。

（3）电刷在刷盒内上下滑动应灵活自如，电刷与刷盒的配合间隙应符合要求，一般在0.1～0.2mm左右，最大不得超过0.4mm，并抽动检查其灵活程度。

（4）测量各电刷之间的压力，电刷的压力应符合要求，一般在20～25kPa左右，其误差不应超过±10%。

（5）电刷与集电环或换向器表面吻合面积要大于75%，不符合要求时要进行研磨。

3-5-14　电刷装置的安装质量应符合哪些要求？

答：① 电刷装置应有足够的强度，在电动机正常运行时，不应产生有害的振动和变形，紧固处不应发生松动。② 刷握应牢固地固定在导电环上，刷盒下边缘与集电环（或换向器）表面距离应保持2～3mm。③ 电刷在刷盒内上下滑动应灵活自如，电刷与刷盒的配合间隙应符合要求，一般在0.05～0.2mm，最大不得超过0.4mm。④ 同一台电动机应采用同一种型号的电刷，修理中更换的电刷要与原电刷型号一致，最好是向电动机生产厂家购买。⑤ 更换电刷时，整台电动机的电刷宜一次全部更新，否则会引起电流分布不均匀。至于不能停机的大型电动机，则应每次更换的电刷数量不应小于全部电刷数量的20%，更换的时间间隔为1～2周。待电刷与换向器或集电环磨合后，再逐步更换其他的电刷。⑥ 更换电刷后，要及时调整弹簧压力，并应符合要求。⑦ 电刷与集电环或换向器表面吻合面积要大于75%，否则要重新研磨。

3-5-15　电刷火花有哪几种等级，各有什么特点？

答：水轮发电机的励磁电流是通过电刷输送的，由于各种原因，电刷在运行时有可能出现火花。当电刷下发生微弱火花时，对电动机的正常运行并无妨碍，但当火花超过一定限度时，就会使机组不能正常运行，严重时可使电动机损坏。我国电动机的基本标准将火花分为五级，见表3-5-2。电动机正常运行时规定火花不应超过1.5级。

表 3-5-2　　　　　　　　　　　电刷火花的等级

火花等级	火花的特征	换向器及电刷工作状态
1	无火花	
1.25	电刷下面仅有小部分微弱的点火花	换向器有黑痕出现，电刷上没有灼痕
1.5	电刷下面大部分有轻微的火花	换向器有黑痕出现，但用酒精能擦除，同时电刷上没有灼痕
2	电刷整个边缘下面都有火花，仅在短时冲击负载及过载时允许存在	换向器黑痕用酒精已不能擦除，同时电刷上有灼痕
3	电刷整个边缘有强大的火花，同时有火飞出	换向器黑痕已相当严重，同时电刷烧焦及损坏

3-5-16　电刷的正常磨损情况应怎样，磨损较快的原因是什么？

答： 电刷在集电环上长期滑动摩擦会产生一定的磨损，电刷的正常磨损量为每 50 小时磨损在 0.5mm 内，如果磨损量超过这个数值就要分析原因，并加以排除。电刷迅速磨损的原因一般有以下几个方面：①集电环表面潮湿，引起电腐蚀。当环境被污染时，这种腐蚀会更为严重，电腐蚀的作用使集电环及电刷磨损加剧。②电刷压强不正常。正常压强应为 $15 \times 10^3 \sim 40 \times 10^3$ Pa。过大和过小均不适宜。压强太大引起机械磨损，压强太小容易产生火花，从而产生电磨损。③电刷牌号选用不当。④不同牌号的电刷混用。⑤集电环表面粗糙度太差而引起火花。一般对集电环表面粗糙度的要求应为 $Ra0.8\mu m$。但实际上很多制造厂加工的集电环都达不到这个要求。火花不仅造成电刷的磨损，也使集电环表面产生麻点，而使表面粗糙度更差，从而又加速电刷和集电环的磨损，形成恶性循环。

3-5-17　转子集电环的运行和维护有什么注意事项？

答： (1) 集电环表面应无变色、过热现象，虽然规程规定其温度可在不大于 120℃ 以下运行，但集电环温度过高对滑环接触表面的氧化膜不利，建议实际运行中以不超过 100℃ 为宜（据研究，电刷接触压降在 80～100℃ 为最低），温度高应考虑做优化处理。

(2) 集电环表面不应有麻点或凹沟，当沟深大于 0.5mm 且运行中电刷冒火或出现响声无法消除时，应车削或研磨滑环。机组扩大性检修时，一般应进行此项工作，集电环接触表面的粗糙度按 $Ra0.8 \sim 1.6$ 处理。集电环负极运行中若磨损较快，则机组检修时，可在励磁电缆进线的部位（如发电机风洞内的接头端子板处）调换正负极性，以均衡两环的磨损。在一般性的维护中，如不具备将集电环取出的条件，可在机组转动不带电的情况下进行研磨处理。集电环表面研磨时，电刷应放于刷盒外，并遵守安全工作规程。

3-5-18　更换电刷的原则和注意事项有哪些？

答： 更换电刷的原则是：每个电刷有 1/4 刷辫断股，或电刷长度小于原长度的 1/2，或出现较大的火花等异常情况时应更换新电刷。更换电刷时，其工艺要求除了应符合新电刷安装的要求之外，还应注意以下事项。

(1) 更换电刷时，整台电动机的电刷宜一次全部更新，否则会引起电流分布不均匀。至于不能停机的大型电动机，则每次更换的电刷数量应不小于全部电刷数量的 20%，也不应多于每个滑环电刷总数的 1/3，更换的时间间隔为 1～2 周。待电刷与换向器或集电环磨合后，再逐步更换其他的电刷。

(2) 修理中更换的电刷要与原电刷型号一致，即选用同厂同牌号的产品，不可混用，最好是向电动机生产厂家购买。更换电刷后，要及时调整弹簧压力，并应符合要求，若需更换弹簧，不能使用不同压力值的弹簧。

(3) 更换电刷尽可能于停机时进行，如需在运行中更换，应严格按带电作业的要求进行。检查和更换电刷时，只能单人作业，一次只能处理一只电刷。换上的电刷最好事先按滑环实际直径要求的形状研磨好，且新旧牌号须一致。

(4) 新电刷由于接触面是平直的，因此与圆弧形的滑环接触面很少，如果更换的电刷数量少，则可不做处理，让其自动磨合。如果更换电刷稍多，则应将电刷接触面磨成与滑环相同的圆弧面后才能使用。如果没有专用的圆弧面，可将砂纸铺在滑环圆弧表面上，将电刷磨成初步的弧形，然后用 0 号玻璃砂纸磨合接触面，应使接触面达 3/4 以上。

3-5-19　转子集电环室有哪些检修和维护要求？

答：在平时的机组维护和检修中，集电环室内的集电环、刷架等部分的清扫和检查是一个重点项目，实际运行中的很多故障都发生在这里。常见的检修和维护要求如下：

（1）停机或检修中，检查集电环、刷架支撑绝缘和极间绝缘是否脏污或破损，有无接地或极间短路的可能性。应用吸尘器吸走碳粉或用压缩空气吹去碳粉，然后将滑环、刷架的绝缘柱、绝缘块清擦干净，以恢复其绝缘性能。

（2）刷架、刷握及绝缘支柱、垫圈应无放电痕迹。环火或拉弧总是由小到大发展的，早期发现问题，便于及时消灭隐患。

（3）检查各电缆引线及接头有无过热，过热的接头应及时处理。电缆及引线绝缘损坏者应予包扎修理或更换。

（4）检查转动部分有无与固定部分相摩擦的现象。

（5）用手拉住电刷引线外拉，检查电刷在刷握内有无过松或发卡现象，电刷长度是否适当，电刷引出连接线接头部分是否良好，有无发热。各电刷有无过热现象，如出现个别碳刷有发硬变碎现象，应考虑各电刷间的电流分担是否均匀，电刷是否使用的同一牌号，电刷压力是否均匀。

（6）检查弹簧压力是否正常。一般刷握都采用金属材料，因此，应注意电刷尾部的绝缘垫是否完好，否则电流会流过弹簧造成弹簧损坏。

（7）如有环火的情况，可在检修停机前检查集电环摆度是否过大、有无异常噪声和环火的程度。额定工况下集电环摆度测试值不应超过 0.5mm。停机后检查，查明原因，是集电环粗糙度、圆度有问题还是刷压力、刷质的问题，以便对症处理。

（8）极间绝缘和对地绝缘属设计不合理的，应考虑在大型检修时予以技术改造。

（9）有的机组集电环室与受油器靠近在一起，由于有漏油，油雾对碳粉的吸附作用很大，也是造成集电环室内各绝缘件绝缘性能下降的主要原因，所以对有漏油的机组部件应采取措施处理。集电环室内应清洁无碳粉堆积。集电环运行时如油垢较多，则容易积碳以至于造成事故，应考虑带电清扫或联系停机处理。

3-5-20　发电机为什么要设置制动系统，常用的制动方式有哪些？

答：一般情况下，在发电机停机过程中，当转速降低到额定转速的 40％ 以下时，应对发电机转子进行连续制动，以避免推力轴承因低速下油膜被破坏而使瓦面烧损（为改善水轮发电机的启动和停机条件，采用了向推力轴承供压力油的高压油顶起装置）。按照有关规定，额定容量为 250kVA 以上的立式水轮发电机应有制动装置，额定容量为 1000kVA 及以上的立式水轮发电机一般应采用空气制动。

目前，水轮发电机的制动方式有机械制动、电气制动和混合制动（电气制动加机械制动），其中机械制动是水轮发电机的一种传统制动方式，它适用于各类机组，其制动系统主要由制动装置（制动器，俗称风闸）、管路系统及其控制元件组成。在立式机组中，制动器可用在安装、检修和启动前，以高压油注入制动器，将发电机旋转部分顶起。

3-5-21　机械制动一般在什么转速下投入，为什么，它有哪些优缺点？

答：机械制动是水轮发电机组的一种传统制动方式，在单一的机械制动中，根据厂家要求，一般是在 25％～35％ 额定转速时投入机械制动。这是因为在进行机械制动时，若转速较高，则容易产生过多粉尘，甚至出现冒烟的情况，污染发电机，且使刹车板磨损较快。而在转速较低时投入，则会使停机时间延长，容易造成油膜破坏而引发烧瓦，所以应选用一个恰当的转速。

这种制动方式的优点是：运行可靠，使用方便，通用性强，用气压、油压操作所耗能源较少；在制动过程中对推力瓦的油膜有保护作用；既用来制动机组，又可用来顶转子，故具有双重功能。同时也存在一些缺点：制动器的制动板（也称闸板）磨损较快；制动中产生的粉尘随循环风进入转子磁轭及定子铁芯的通风沟，长年积累会减小通风沟的过风面积，影响发电机冷却效果，导致定子温升增高，粉尘与油雾混合四处飞落，污染定子绕组，妨碍散热，降低绝缘水平；在制动加闸过程中，制动环表面温度急剧升高，因而产生热变形，有的出现龟裂现象；个别风闸在制动过程中会发生过动作失灵的故障。

3-5-22 与机械制动相比，电气制动具有什么特点？

答：电气制动，简称电制动，国外于 20 世纪 70 年代开始应用。近年来，水电技术比较先进的国家，对机组采用电制动方式的越来越多。与机械制动相比，电制动停机的特点是：无磨损无污染；没有机械制动常常伴有的噪声和振动；对高速大容量及频繁启动机组应用电制动停机有明显的优越性，尤其适用于可逆式机组。其不足之处是：实现电制动需要装置一些电气设备，消耗一定的电力以及对部分继电保护需作必要的调整等，当电制动装置发生内部故障（失去电源或控制元件损坏等）时不能投入使用，此时就需要机械制动来做备用。

3-5-23 为什么发电机停机采用电气制动，如何实现？

答：在水轮发电机停止转动的过程中，由于转速下降，导致发电机推力轴承的油膜破坏会损坏轴承。因此，当转速下降到一定程度时，要采取机械制动的方式使发电机组尽快停机，如顶起转子的风闸等。但对转动惯量很大的发电机组采用这种方式则比较困难，因此引入了电气制动的方法。电气制动采用定子绕组三相对称短路，转子加励磁，使定子绕组产生额定电流大小的制动电流的方式，从而产生电磁制动力矩，实现电气制动，迅速停机。其具体方法是在发电机的出口侧安装三相短路开关，当发电机组转速下降到某一定值时，投入制动开关，然后，电气制动的控制装置在励磁绕组投入由低压厂用电系统整流而来的励磁电流，使定子产生的电气制动电流迅速上升至发电机的额定电流，使发电机工作在制动状态。制动过程中，定子电流和转子电流均保持恒定，故制动力矩随转子转速的降低而减小。

正常停机制动可采用两种方式：一种方式是在发电机转速降至某一值，如 60%～80% 额定转速时，投入电气制动装置，经几分钟后机组全停；另一种方式是在发电机转速降至某一值如 60%～80% 额定转速时投入电气制动，转速降至 5%～10% 的发电机额定转速时投入机械制动，制动时间可缩短一些。

3-5-24 电气制动的工作原理是怎样的？

答：当水轮发电机组与系统解列（跳开发电机与系统的联络开关）后，导水机构关闭，发电机灭磁，机组在其他阻力矩（如转子的风阻力矩、转轮的水阻力矩以及轴承的摩擦力矩等）的作用下，转速开始下降，当转速下降到投入电制动的转速 n_{td}［通常 $n_{td} = (0.50\sim$

0.60）n_e] 时，合上制动短路开关，给转子绕组加恒励，则横轴电枢反映磁通与励磁绕组中的电流相作用，如图 3-5-2 所示，根据左手定则，转子绕组 R_1 的电流方向为出来方向，左手掌心迎着磁通箭头，四指指向电流方向，拇指方向便是绕组 R_1 的受力方向 F_1 向下；同理，绕组 R_2 电流方向为离去方向，可判断出绕组 R_2 的受力方向 F_2 向上，F_1 与 F_2 构成力矩 M_d，其方向与转子旋转方向相反，即产生了以定子铜损为主的电磁力矩，机组在电磁力矩 M_d 及其他阻力矩的共同作用下逐渐减速停机。

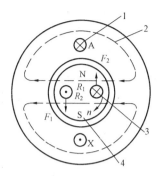

图 3-5-2 电气制动原理图
1—A 相绕组；2—电枢反应磁通；
3—励磁绕组；4—转子磁极

3-5-25 发电机有哪些冷却方式？

答：水轮发电机的冷却方式有很多种，但对大型水轮发电机而言，目前成熟的技术仅限于利用空气和洁净的水作为冷却介质来进行冷却，即空冷和水内冷两种主要方式。水轮发电机在 300MW 及以下，利用空气作冷却介质对定子绕组、转子绕组及定子铁芯表面进行冷却，是目前采用的主要冷却方式。单机容量增长到 500MW 及以上时，采用水内冷的方式较多。水内冷的方式有：定、转子绕组均直接通水冷却（即"双水内冷"）和定子绕组直接通水冷却、转子绕组加强空气冷却。双水内冷的方式因技术、成本、可靠性的原因在水轮发电机组上基本上不再采用。

此外，近来还发展了利用流体沸腾时的汽化潜热带走热量的"蒸发冷却"的方式。

3-5-26 发电机空冷方式的特点怎样？

答：全空冷的发电机具有运行可靠、操作简单、维修方便的优点。空冷机组从制造上考虑，其参数较好，额定点的效率略高。没有水冷机组的如定子水接头、水处理等附属设备，结构简单，制造上比较容易实现。目前大型发电机不再采用在工厂组装分瓣，然后运到工地合缝安装的方式，而是采用在现场叠片组装的安装方式，所以，空冷机组具有安装工艺要求相对比较简单、安装周期短的优势。空冷的主要问题是定子线棒轴向温度分布不均匀，由热引起的机械应力、定子铁芯热膨胀引起定子叠片翘曲等问题较水冷机组严重。对于后一问题，目前技术上也有一些比较好的成功经验。空冷发电机因结构相对简单，发电机定子绕组内部无特殊接头，在运行可靠性方面具有优势。

3-5-27 发电机水内冷方式与空冷方式相比，有哪些优缺点？

答：定子绕组采用水内冷方式，绕组的热量直接由水带走。水的体积热容量为空气的 3500 倍，导热系数为空气的 23 倍，因此水冷却的效果很好。水内冷机组的极限容量可达空冷机组的 $1.5 \sim 2$ 倍。全空冷的发电机尺寸比同容量的水内冷发电机要大 25% 左右。定子绕组水内冷的主要优点是定子线棒的内部温度可控制在 65℃ 左右，降低定子温升，改善热应力；线棒沿定子铁芯轴向的温度分布均匀，可减少因热膨胀不均引起的变形，这样主绝缘的寿命得以增加，理论上其整机寿命应长于空冷机组。水内冷机组定子铁芯长度比空冷机组短，能有效节省材料。其需要的通风量比空冷机组小，相应风损也减小。虽额定负载下的效率较空冷机组低，但空载损耗较小，在低于额定容量运行时的效率较高。由水冷带来的其他优点：① 因转子重量降低，使厂房桥机的起重量降低；② 因定子铁芯高度降低，机组整体高度下降，因而厂房高度可以相应降低；③ 转子重量降低，使发电机推力负载减少，便于推力轴承的运行。

水冷机组的主要问题是定子水接头结构及水处理装置的可靠性。发电机附近发生突然短路或发电机非同步分、合闸时，定子线棒端部要受到很大的电磁力的作用，而此处又是绕组的水路连接处。水接头的焊接质量也是发电机运行可靠性的关键之一，这与厂家的制造水平有很大关系。此外，用于发电机定子绕组的冷却水必须是去除离子的洁净水，冷却水系统的可靠性对发电机运行的可靠性也构成一定的制约关系。水冷机组的定子槽宽而浅，增加了定子铁芯刚度，使定子振动得以减轻。由于定子线棒结构复杂，使得某些制造工艺和安装工艺也很复杂。

3-5-28　水内冷定子纯水处理系统应包括哪些部件？

答： ① 互为备用的循环水泵。以保持发电机运行中冷却水循环的需要。② 互为备用的水—水热交换器。一般一台热交换器退出运行时，发电机能在额定运行工况及最大容量运行工况下安全运行。③ 机械过滤器。其作用是除去冷却水中的金属微粒和水垢。④ 互为备用的离子交换器。通过使用离子交换树脂降低水的导电率。⑤ 膨胀水箱。补偿因发电机温度变化引起的水的膨胀和收缩。⑥ 监控回路。水系统控制回路中，应有对温度、流量、压力、导电率等关键参数进行监测的装置和检漏及保护装置。

3-5-29　什么是蒸发冷却？其原理是怎样的？

答： 目前大型发电机所广泛使用的空冷和水冷的冷却方式从热学原理上来讲都是利用冷却介质的比热吸热，从而带走热量。而蒸发冷却从热学原理上是利用流体介质自身吸热后沸腾时的汽化潜热带走热量。这种利用流体沸腾时的汽化潜热的冷却方式就叫作"蒸发冷却"。发电机蒸发冷却系统采用的冷却介质为氟利昂 R-113。基于环保的原因，现改用新的氟碳化合物等介质。

发电机蒸发冷却的基本原理是：在发电机绕组线棒内的空心导体内部通以冷却液体，液体进入线棒导体后，吸收损耗所产生的热量。当液体吸热后温度达到压力所对应的饱和温度时，就由液体状态而沸腾汽化，带走热量，达到冷却电动机的目的。在结构上它是利用立式水轮机本身的结构特点实现无泵自循环。其循环原理是：当空心导体内的冷却介质吸收热量逐渐汽化形成汽液混合物时，其密度低于回液管中的单相液体密度，在重力加速度的作用下产生流动压头，维持定子冷却系统自循环。当发电机负载变化时，其损耗热量也发生变化，从而因介质吸热产生的流动速度发生相应的变化，流动压力和总阻力损失在一定的条件下达到新的平衡，自动适应发电机冷却的需要。蒸发冷却系统原理如图3-5-3所示。

与水内冷发电机结构类似，蒸发冷却的发电机每根线棒都有一条气支路，分为上、下两个接口，下接口为进液口，通过绝缘引管与集液管相连；上接口为出气口，通过绝缘引管与集气管相连。集气管与集液管间通过冷凝器相连接，形成一个闭合的循环管路。目前在大型水轮发电机上，只有李家峡电厂一台 400MW 的水轮发电机上使用了此技术。

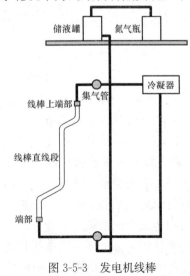

图 3-5-3　发电机线棒蒸发冷却示意图

3-5-30 灯泡贯流式水轮发电机的通风方式有哪些，各有什么特点？

答： 灯泡贯流式发电机的通风方式通常采用以下三种方式。

（1）轴向通风方式。该方式就是冷风只沿轴向流动，由轴流风机使冷风通过转子支架上的通风孔从上游侧流至转子的下游侧，然后进入发电机定子与转子之间，流经磁极端部、定子支架、磁极间气隙、磁极与定子间气隙、定子冲片齿上通风气隙等，在上游侧端部汇合后，通过空气冷却器进入轴流风机，达到对发电机转子、定子的冷却，完成密封空气的循环，如图 3-5-4（a）所示。这种通风方式的优点是定子铁芯无径向通风沟，铁芯长度可缩短，适用于定子铁芯长度小于 1.5m 的发电机。

（2）轴、径向通风方式。该通风方式中，冷风沿发电机轴向、径向都有流动，在发电机定子、转子都设有径向风孔和轴向风沟，如图 3-5-4（b）所示。该方式是利用转子上能够产生径向风压的鼓风作用，加上轴向通风，使冷风比较均匀地在发电机内流动，通风效果较好，适用于定子铁芯长度大于 1.5m 的发电机。

（3）径向通风方式。径向通风方式中，冷风只沿发电机径向流动对发电机进行冷却，如图 3-5-4（c）所示。这种冷却方式与常规机组一样，主要是利用转子本身的元件（如风扇）产生径向风压，通过定、转子上的径向风孔让冷风流动。它的优点是发电机定子铁芯结构简单，适用于转速较高的发电机组。近年来，径向通风方式有较大的发展，即利用转子支臂磁轭和磁极的风扇作用获得较高的负压，再通过磁轭上的径向风沟，将冷风吹入定子铁芯，对发电机进行冷却。此方式称为磁轭风沟通风系统，它可以减小或完全省去外加电动鼓风机，提高发电机的效率。

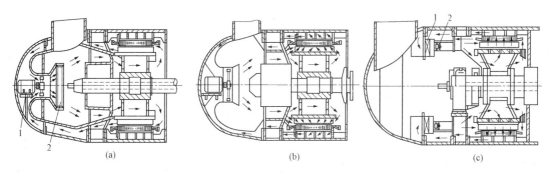

图 3-5-4　灯泡贯流式水轮发电机的通风方式
（a）轴向通风系统；（b）轴、径向通风系统；（c）径向通风系统
1—冷却器；2—冷却风机

3-5-31 灯泡贯流式水轮发电机的冷却方式有哪些，各有什么特点？

答： 发电机的冷却方式包括对冷却介质、通风路径、循环方式、发电机定子结构等的选择。目前，国内灯泡贯流式发电机通常采用的冷却方式有以下几种。

（1）空气冷却器冷却方式。该冷却方式是利用空气冷却器冷却发电机运行时产生的全部热量，因而冷却水用量大。冷却器的冷却水一般为河水，一次使用。发电机冷却过程如图 3-5-5 所示。此种冷却方式适用于定子机座式结构的发电机。

（2）空气冷却器—冷却套冷却方式（称为二次冷却方式）。运行中的发电机的热风通过空气冷却器内的冷水进行冷却，而空气冷却器的热水则通过灯泡体冷却套由水泵进行强迫密封循环，再由流道中的河水对冷却套的外壁进行冷却，带走冷却水中的热量，从而完成了冷却系统的二次冷却过程。其冷却过程如图 3-5-6 所示。此种冷却方式一般适用于定子机座式结构，也适用于定子贴壁式结构的发电机。由于空气冷却器的冷却水被循环利用，故只需定期或根据运行中冷却水的压力值的情况补充少量冷却水，同时需在冷却水中加入适量防腐剂，并对冷却水进行定期检验。

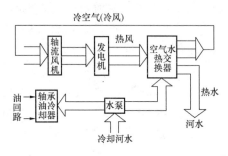

图 3-5-5　空气冷却器冷却方式示意图

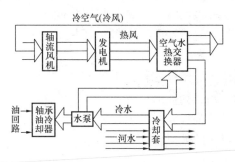

图 3-5-6　空气冷却器—冷
却套冷却方式示意图

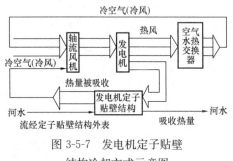

图 3-5-7　发电机定子贴壁
结构冷却方式示意图

（3）发电机定子贴壁结构冷却方式。发电机运行产生的热量一部分由空气冷却器吸收，另一部分通过发电机定子的贴壁结构由河水带走，其冷却过程如图 3-5-7 所示。由于发电机定子采用贴壁结构，空气冷却水用量可以减少，但大容量定子的制造难度较大，且不能完全满足发电机散热的要求。故有些大容量的灯泡贯流式机组为解决发电机散热问题，冷却方式不仅采用了定子贴壁结构冷却，还采用了空气冷却器—冷却套冷却方式进行冷却。

（4）双层筒冷却方式。这种冷却方式是利用发电机定子机座做成双层筒，双层筒中间焊上许多铜质或钢质的冷却翼片作为冷却器冷却热风，同时还可以同冷却套和双层灯泡头冷却系统组合起来使用。这种冷却方式适用于轴向通风系统和双层筒结构的发电机，它的冷却效果较好，可完全利用流道中的河水冷却发电机。

（5）外管式冷却方式。这种冷却方式是利用发电机定子机座引出的冷却管作冷却器冷却发电机的通风系统产生的热风。它的优点是扩大了发电机定子和河水的接触面积，只要热风能很好地进入冷却管，冷却效果就好；缺点是增加了灯泡体的外径、对流态和水轮机的效率有一定的影响。这种冷却方式适用于轴向通风系统和定子机座外管式结构的发电机。

3-5-32　灯泡贯流式水轮发电机一般采用什么通风与冷却方式？

答：水轮发电机的通风冷却方式与其发电机的结构方式有很大关系。发电机的通风冷却方式必须结合发电机组的结构来讨论。由于灯泡式水轮发电机组的直径小，转速低、λ 值又很大，依靠发电机转子所产生的风压较常规水轮发电机低得多，不能满足通风冷却的要求，故不宜采用常规的自通风冷却方式，而需要采用具有密闭循环强迫循环通风的冷却方式，即空气冷却器—冷却套冷却方式。在这种冷却通风方式中，发电机冷却系统是完全独立的，它由轴流风机、空气水热交换器、水泵、冷却套等组成两个密闭循环冷却系统，一个是冷却空气密闭循环系统，一个是冷却水密闭循环系统，通过"空气—冷却水气""冷却水—河水"

的热传导方式。在其工作时，空气将发电机产生的损耗带出成为热风，通过水空热交换器（水空冷却器）将空气冷却，冷风通过外鼓风吹入发电机，而水空冷却器的热水则通过灯泡体冷却套由水泵进行强迫密封循环，再由流道中的河水对冷却套的外壁进行冷却带走冷却水中的热量。

在这种冷却系统中，冷却水中注满了用一定比例药剂处理过的淡水，经处理过的淡水具有防腐、防锈、防结垢等的性能，一般可数年换一次，换水后应检查其浓度。而在正常的小修中，一般应对其进行化验，根据情况适量添加淡水和药剂，以保证冷却套内维持一定的冷却水量和一定的药剂浓度。

3-5-33 水轮发电机冷却器的结构怎样，它有哪些类型？

答： 水轮发电机冷却器的结构一般是由冷却管、承管板、水箱盖等几个主要部分组成，冷却管与承管板通常是采用胀管法进行固定密封。冷却器根据其冷却介质的不同分为空气冷却器和油冷却器两大类。

在空气冷却器中，根据冷却管结构的不同，分为绕簧式、挤翼式、套片式等几种。而油冷却器根据其结构的不同，也分为半环式、盘香式、弹簧式、抽屉式、箱式等几种。

值得注意的是，在空气冷却器中，其冷却管可采用黄铜管或紫铜管，而在油冷却器中，需采用紫铜管，应避免采用易脱锌腐蚀的黄铜管。这在更换冷却管时应特别注意。

第六节 发电机的试验与检修

3-6-1 新装和大修后的发电机投入试运行时，需对其进行哪些试验？

答： 发电机投入试运行时，按照其试验顺序，主要需进行如下试验：发电机短路特性试验、发电机短路干燥试验（视情况而定）、发电机空载特性试验（零起升压试验）、发电机组对主变压器高压侧及高压配电装置短路升流试验，发电机组带主变压器及高压配电装置零起升压试验、温升试验等。以上这些试验都属于发电机的特性试验。另外，在进行以上试验时，当发电机空载特性试验完成后，一般需进行空载下励磁调节器的调整和试验；当发电机组带主变压器及高压配电装置零起升压试验完成后，一般需进行电力系统对主变压器冲击合闸试验。而温升试验通常是采用直接负载法与试运行时同时进行。

3-6-2 发电机新装和大修后为什么要做空载和短路试验？

答： 图 3-6-1 是发电机空载特性和短路特性曲线。这两项试验都属于发电机的特性和参数试验，它与预防性试验的目的不同。这类试验是为了了解发电机的运行性能、基本量之间的关系的特性曲线以及被发电机结构确定了的参数。做这些试验可以反映发电机的某些问题。空载特性是指发电机以额定转速空载运行时，其定子电压与励磁电流之间的关系。它的用途很多，利用特性曲线，可以断定转子线圈有无匝间短路，也可判断定子铁芯有无局部短路，如有短路，该处的涡流去磁作用也将使励磁电流因升至额定电压而增大。此外，计算发电机的电压变化率、未饱和的同步电抗，分析电压变动时发电机的运行情况及整

图 3-6-1　发电机空载特性和短路特性曲线
（a）空载特性；（b）短路特性

定磁场电阻等都需要利用空载特性。

而短路特性是指在额定转速下，定子绕组三相短路时，这个短路电流与励磁电流之间的关系。利用短路特性，可以判断转子线圈有无匝间短路，因为当转子线圈存在匝间短路时，由于安匝数减少，同样大的励磁电流，短路电流也会减少。此外，计算发电机的主要参数同步电抗、短路比以及进行电压调整器的整定计算时，也需要短路特性。

3-6-3　进行发电机短路特性试验时，有什么条件要求，其操作步骤如何？

答：应具备的条件有：① 发电机出口应可靠地三相短接（如果三相短路点设在发电机断路器外侧，则应采取措施防止断路器跳闸）。② 发电机—变压器组差动保护及后备保护应退出，如短路排所在的短路点在发电机差动保护的范围内，则该保护也应退出。机组其余保护应正常投入。③ 励磁在手动调节位置，并确保手动励磁调节处于最小状态。④ 调速器在自动运行位置。

其操作步骤是：① 手动开机，并升速到额定转速，发电机各部分温度应稳定，运转应正常。② 手动合上励磁开关，通过励磁装置手动升流，使定子电流达到 $1.2I_n$，同时读取定子电流和励磁电流，然后逐步减小励磁电流，使之降到零为止。其间共读取 5～7 点，绘制短路特性曲线。③ 在升流过程的同时，检查各继电保护和测量表计动作的正确性（必要时绘制继电保护和测量表计的相量图），同时还需检查发电机各电流回路的准确性和对称性。④ 在额定电流下测量发电机轴电压，检查碳刷及集电环工作情况。⑤ 在发电机额定电流下，跳开励磁开关，检验灭磁情况是否正常，录制发电机在额定电流灭磁过程的示波图，并求取灭磁时间常数。

3-6-4　发电机在哪些情况下应进行干燥？判断的标准是什么？

答：发电机凡具有下列情况之一者，应考虑进行干燥：① 新发电机或机组检修完后投入运行时，以及机组停机备用时间较长时；② 发电机检修后所测定子绕组绝缘电阻较停机时同温度下降低至 1/3 时；③ 发电机定子绕组大量更换后；④ 发电机定子绕组泄漏电流试验不合格，确认绕组表面受潮时；⑤ 发电机进水及绕组上有明显落水的情况；⑥ 定子绕组进行了清扫喷漆。

判断发电机需不需要干燥，以上情况只是一个大概范围，具体应根据测量发电机的绝缘情况而定，不符合标准且判断是因为受潮所致则需进行干燥。衡量发电机的绕组干燥好了的标准：① 定子绕组在运行温度时（一般是在 75℃），绝缘电阻大于 10MΩ（1MΩ/kV），并保持 5h 不变；② 定子绕组温度在 15～30℃时，所测得的每相对机壳及与机壳相连的其他两相之间的绝缘电阻吸收比 $R_{60''}/R_{15''}$ 达 1.3（沥青）或 1.6（环氧）以上，并保持 5h 不变；③ 转子绕组在运行温度时，用 1000V 绝缘电阻表测得的绝缘电阻大于 0.5MΩ 时，并保持 3h 不变。如果不符合以上标准，就需进行干燥。

3-6-5　对发电机进行干燥有哪几种方法？进行干燥时，各处的温度限额是多少？

答：发电机的干燥方法，根据定、转子的结构不同，分为定子绕组干燥和转子绕组干燥两种。

（1）定子绕组的干燥方法有：① 短路干燥法；② 铜损干燥法（直流干燥法）；③ 热风干燥法（无励磁空转）；④ 铁损干燥法（铁损试验的原理和方法）；⑤ 带负载干燥法；⑥ 电

加热器干燥法（同时投入风机和除湿机）；⑦ 红外线干燥法（通过红外线加热装置）。以上干燥方法，需根据发电机的结构型式、励磁方式、绝缘程度、干燥条件等情况而选用，或综合使用。

（2）转子绕组或磁极（绕组）。对于转子绕组的干燥，若转子在定子内时，可在定子干燥过程中一起干燥，但如果不在定子内，则需单独对转子绕组进行干燥，可采取方法有：①铜损干燥法；②单个磁极绕组进烘房干燥。

在对发电机进行干燥时，应严格控制干燥时发电机的各处温度，一般不超过下列数值：①定子腔内的空气温度 80℃（用温度计测量）；②定子绕组表面温度 85℃（用温度计测量）；③定子铁芯温度 90℃（在最热点用温度计测量）；④转子绕组平均温度 120℃（用电阻法测量）。

3-6-6 发电机绕组采用短路干燥法的步骤怎样，有哪些注意事项？

答：短路干燥法是将发电机出口三相短接，将机组启动至空载额定转速，并加以一定的励磁电流使定子绕组中有电流流过，从而起到干燥的作用。其具体步骤如下。

（1）干燥前的准备：① 做好机组启动前的准备工作；② 拉开发电机出口断路器与系统间的隔离开关；③ 将发电机出口断路器下接头进行三相短接，以使发电机定子三相短路（注意：短接线的截面积应能保证通过额定定子电流）；④ 投入发电机的主保护，如纵差保护，仅作用于发信号的跳开励磁开关；⑤ 用 2500V 和 500V 分别绝缘电阻表测量定、转子绕组的绝缘电阻，并做好记录；⑥ 记录定子各点干燥前的温度；⑦ 机座接地。

（2）干燥及温度调节：① 将水轮发电机组启动至空载，并保持额定转速；② 励磁调节器处于手动方式（励磁电流调节方式），逐步增加发电机励磁电流，使三相短路电流升至额定电流的 50%～70%，运行温升每小时不超过 10℃，每小时测温一次，否则减小电流；③ 再增加励磁电流，使定子电流升至额定值的 80%，当定子绕组温度保持在 70～80℃时，稳定干燥电流，保持至烘干为止。若温度继续上升，风温超过 55℃，可减少励磁电流或开冷却水进行调节。干燥过程中，每小时应记录温度、电流一次，每 8h 停机测定子、转子绕组绝缘电阻和定子吸收比一次。

在进行短路干燥时应注意如下事项：① 短路排接触应良好，三相电流应平衡；② 工作人员每班对机组进行两次检查，并打开风洞盖板，以排出潮气，干燥过程中，绕组和铁芯不应有局部过热、焦味和冒烟等异常现象；③ 停止干燥降温时以每小时 10℃ 的速率进行，当温度降至 40℃ 时可以停机；④ 应备置两瓶四氯化碳灭火器，水灭火装置处于正常状态。

3-6-7 发电机定子绕组采用铜损干操法的基本程序怎样，应注意哪些事项？

答：将发电机定子三相绕组头尾串联（用铝排连接），用 1000A 的直流电焊机或用 2 台 AX-500 型直流电焊机并联供电，在定子绕组中产生铜损发热进行干燥，必要时可在下风洞装设电加热器具，以提高机内气温。

（1）干燥步骤及要求：① 接线。把电焊机、开关、分流器、定子绕组用铜芯电缆串联连接，空气开关处于断开位置。② 合上自动开关，启动电焊机，调节电焊机的励磁电流，电流增加速度应使温升速率在干燥开始时不大于 3℃/h，以后不大于 6℃/h；在开始干燥的 10h 内，定子温度不超过 50℃，最后将电焊机电压升至 60～70V。③ 控制定子绕组的最高温度不超过 80～85℃（用绕组内部的测温元件装置检测）。④ 1h 记录各部温度一次，3～4h

对主机和干燥设备进行一次检查。⑤ 每 8h 测量定子绕组绝缘电阻一次，并做好记录，测量时，先减小电流，停电焊机，然后拉开关。

（2）安全注意事项：① 干燥前，将发电机浮灰清扫干净，照明良好，无任何杂物；② 准备适当消防器具，水灭火装置处于正常运行状态；③ 转子绕组在滑环处短路接地；④ 干燥前用 2500V、500V 分别摇测定子和转子绕组绝缘电阻，测量各点温度，且都作记录；⑤ 各处连接线接头接触可靠；⑥ 电气设备外壳接地良好，启动前，先进行一次设备检查；⑦ 停止加热时，先停电焊机，再拉自动开关；⑧ 定子绕组测绝缘电阻后，立即将绕组接地放电，以免剩余电荷伤人和影响下一次测量的准确；⑨ 若用几台电焊机并联运行时，注意其极性和电位相同，并联均压线连好。

3-6-8　什么叫定子绕组的热风干燥法？其特点如何？在什么情况下可采用带负载干燥法？

答：发电机定子绕组的热风干燥法为：发电机检修完毕，并具备正常运行的条件后，将空气冷却器冷却水全部关闭，手动开机达额定转速，利用摩擦风损提高风温进行干燥，即机组不加励磁空载运行。干燥时最大出风温度不应高于 80℃。此方法可使定子绕组、铁芯及转子绕组得到均匀的干燥，但需要时间长，耗水量较多。

而对于带负载干燥法，在发电机检修完毕后，通过各项试验证明定子绕组表面有受潮的现象，经研究分析可带负载运行时，才能采用带负载干燥法进行干燥。这种方法通常在机组检修时采用。

3-6-9　对水轮发电机转子绕组进行干燥的各种方法，其步骤怎样，有哪些注意事项？

答：转子绕组单独干燥的方法根据其不同情况可分为整体铜损干燥法和单个磁极的烘房干燥法，其具体方法和相关注意事项如下。

（1）整体铜损干燥法。① 干燥前的准备：转子检修工作全部结束，磁极已装复连接好，有关试验已做完，转子尚未吊入定子内之前进行此项工作；用 2500V 绝缘电阻表测量转子绝缘电阻，并记录室温；用帆布将磁极盖好保温；选择对称位置在磁极上埋设好酒精温度计；做好防火措施，备有适量的灭火器具；电气设备及导电连接应良好可靠，带电设备外壳应接地。② 干燥接线。用铜芯橡皮电缆将直流电焊机的正、负极经自动空气开关和分流器分别与转子绕组引线相连。③ 干燥中的测量和注意事项：干燥时直流电焊机应接在转子引线上；操作时，先合自动空气开关，再启动电焊机，待运行正常后，逐渐增加励磁电流，使干燥电流达转子额定电流的 0.5 倍；干燥开始以后，控制温度在 8h 内不超过 70℃，温升不超过 10℃/h，每小时记录温度一次，每 8h 摇测绝缘电阻一次，测量前，先停电焊机，再拉自动开关；干燥过程中，磁极表面温度应保持在 70～80℃左右，保温帆布不要经常拉开。

（2）单个磁极的烘房干燥法。其注意事项与铜损干燥相同，还应注意：① 应将磁极垫高 0.5m 以上，并在电炉丝与极之间用铁板遮盖，使电炉丝热量不直射磁极；② 应事先放好摇测绝缘的引线至烘房外面；③ 烘房顶部的通气门应打开；④ 烘房内应无其他易燃物品。

3-6-10　进行发电机空载特性试验时，有什么条件要求，其试验步骤如何？

答：发电机空载特性试验又称零起升压试验，在进行此试验时，应具备如下条件：① 发电机出口应处于开路状态；② 机组后备保护应退出，其余机组保护应正常投入；

③ 励磁系统调试完毕并满足要求，励磁系统投入并处于手动调节位置；④ 辅 助 设 备 及信号回路电源投入；⑤ 发电机振动、摆度及空气隙监测装置投入，定子绕组局部放电监测系统投入并开始记录局部放电数据（若已安装了该装置系统）；⑥ 调速器在自动运行位置。

试验步骤：① 自动开机后机组各部运行应正常。测量发电机电压互感器二次侧残压，并检查其对称性，如无异常，可手动升压至 50％额定电压值，并检查下列各项：发电机及引出母线，与母线相连的断路器，分支回路设备等带电设备是否正常；机组运行中各部振动及摆度是否正常；电压回路二次侧相序、相位和电压值是否正确。② 继续升压至发电机额定电压值，并检查如上述各项。③ 在发电机额定转速下的升压过程中，检查低电压继电器和过电压继电器工作情况，在额定电压下测量发电机轴电压。④ 将发电机电压降至最低值，录制发电机空载特性曲线（发电机定子电压与励磁电流的上升、下降关系曲线）。试验时，励磁电流应从大到小或从小到大逐步变化，中途不应改变方向。否则，因铁芯有磁滞，会影响测量的正确性，测量的各点不能光滑地落在一条曲线上。当发电机励磁电流升至额定值时，测量发电机定子最高电压（对于有匝间绝缘的电动机，在最高电压下应持续 5min）。⑤ 分别在 50％、100％额定电压下，跳开灭磁开关，检查消弧情况，录制示波图，并求取灭磁时间常数。

3-6-11 什么是发电机的灭磁时间常数，对其进行测量的意义是什么？

答：发电机在运行中发生突然短路或断路器跳闸甩负荷时发电机即进入了暂态变化过程，在这个过程中，定子电流或电压都是按一定的指数规律变化的，对应于定子电流或电压的转子回路的磁场也按同一指数规律变化。表明其变化快慢的时间常数 T_0 决定于励磁回路、沿纵轴的阻尼回路以及沿横轴的阻尼回路这三个回路的分时间常数。

测量灭磁时间常数通常是在定子绕组开路时进行。发电机在定子绕组开路，定子电压与转速均为额定值时，断开灭磁开关，此时定子电压 U 将按下式随时间衰减：$U = [(U_s - U_z)e^{-(t/T_0)}] + U_z$，式中 U_s 为灭磁前发电机的定子电压，V；U_z 为灭磁过程终止时的定子残余电压，V；t 为断开灭磁开关后的时间，s；T_0 为灭磁时间常数，s。

测量灭磁时间常数 T_0 的目的在于进一步计算定子绕组开路时的上述转子三个回路的分时间常数，了解和研究发电机的暂态过程，合理确定发电机的运行方式，为继电保护的整定提供依据。

3-6-12 进行机组带主变压器及配电装置零升试验时，有什么条件要求，其操作步骤如何？

答：进行机组带主变压器及配电装置零升试验时，实际上包含两个试验内容：一个是进行机组对主变压器高压侧及高压配电装置短路升流试验，另一个是机组对主变压器及高压配电装置递升加压试验。其中，在进行机组对主变压器高压侧及高压配电装置短路升流试验前，应具备下列条件：① 发电机断路器、隔离开关、发电机电压设备及有关高压设备均已试验合格，具备投入运行条件；② 主变压器经试验验收合格，油位正常，分接开关正常；③ 高压配电装置经试验验收合格；④ 主变压器高压侧及高压配电装置的适当位置，已设置可靠的三相短路点；⑤ 投入发电机继电保护、自动装置和主变压器冷却器以及控制信号回路。

进行机组对主变压器高压侧及高压配电装置短路升流试验的步骤是：① 开机后递升加电流，检查各电流回路的通流情况和表计指示，并绘制主变压器、母线差动保护和线路保护的电流相量图；② 前项检查正确后，投入主变压器继电保护装置。

进行机组对主变压器及高压配电装置递升加压试验的步骤是：① 拆除主变压器高压侧及高压配电装置各短路点的短路线；② 手动递升加压，分别在发电机额定电压值的 25％、50％、75％、100％等情况下检查一次设备的工作情况；③ 检查电压回路和同期回路的电压相序和相位应正确。

3-6-13　如何进行电力系统对主变压器冲击合闸试验？

答：进行电力系统对主变压器冲击合闸试验的步骤如下：① 发电机侧的断路器及隔离开关均已断开。必要时可拆除主变压器低压侧接端子的接头；② 投入主变压器的继电保护装置及冷却系统的控制、保护及信号；③ 投入主变压器中性点接地开关；④ 合主变压器高压侧断路器，使电力系统对主变压器冲击合闸共 5 次，每次间隔约 10min，检查主变压器有无异状，并检查主变压器差动保护及瓦斯保护的动作情况；⑤ 在有条件时录制主变压器冲击时的励磁涌流示波图。

3-6-14　什么是发电机的温升试验？试验的目的是什么？方法有哪些？

答：发电机在运行时，存在着机械损耗、铜损耗、铁损耗和附加损耗。这些损耗转化成热量，会使发电机各部分的温度升高，与此同时，冷却介质不断地将热量带走，在同一时间内，带走的热量和损耗所产生的热量相等时，则发电机各部分的温度将会稳定在一定的数值上。当发电机所带负载、冷却条件发生变化时，其各部分温度也要发生变化。一台发电机的绝缘材料和结构是确定的，容许温度也是确定的。在任何情况下，发电机各部分的最高温度均不可超过所用绝缘材料的最高允许温度，否则将造成热老化或损坏，使电动机寿命大大缩短。所谓发电机的温升试验，是让发电机在所要求的条件下带负载运行，录取各部分的稳定温升，绘制发电机的温升曲线。

温升试验的目的：① 对新安装的发电机进行温升试验，目的是鉴定其带负载能力和过载能力，看是否符合设计制造的要求；② 确定发电机在容许电压变动范围内，不同的冷却介质温度时，所带有功功率和无功功率的极限关系曲线，为发电机提供运行限额图；③ 寻求绕组平均温度、最高发热点温度和测温计温度之间的关系，确定监视发电机绕组的温度限额；④ 对有缺陷或经提高出力改进后的发电机进行温升试验，以确定合理的出力；⑤ 对发电机冷却系统有怀疑时，须进行温升试验，以校验其冷却效能，为检修及改进通风系统、散热系统提供依据。

按 GB/T 1029—2005《三相同步电机试验方法》规定，同步发电机的温升试验方法有直接负载法、低功率因数负载法、空载短路法。有负载条件的多采用直接负载法。直接负载法是直接测取负载与温升之间的关系，电力系统一般普遍使用这种方法。

3-6-15　在发电机温升试验中，各部位所采用的测温方法有哪些？

答：在发电机温升试验中，各部位所采用的测温方法如下。

（1）定子绕组温度测量。① 埋入式检温计法。是在制造发电机时，将测量元件（电阻或热电偶）埋入定子槽内上下层线棒间或线棒与铁芯间（指单层绕组）外接比率计或平衡电桥进行测量的方法。它是目前发电机运行中，监视发电机定子温度的主要方法。② 带电测量平均铜温法。是利用双电桥法或电压降法测量出定子三相绕组的平均直流电阻，然后由平均直流电阻值换算出定子绕组的平均铜温的测量方法。这种方法的温度标准必须辅以其他测温方法才能确定，如测量绕组端部温度，直接测量最高铜温。③ 带电测量最高铜温法。是试验前在主绝缘层内靠近铜线表面处预先埋入测温元件，直接测量运行中定子绕组轴向长度铜表面的真实温度分布的测量方法。这种方法测温准确可靠，可作为发电机安全可靠运行的直接依据，但因准备工作及具体测试麻烦，所以只在制造厂做典型试验时采用。④ 温度计法。这种方法是用酒精温度计、半导体温度计或非埋入式测温元件等，直接紧贴在被测点表面测量温度。

（2）转子绕组温度测量。普遍采用压降法，这一方法是利用串入转子回路的精密分流器和毫伏表测量转子电流，用特制的软铜刷搭接在转子滑环上测量转子电压，然后根据 $R = U/I$ 计算出转子电阻值，再利用电阻与温度的关系，查（或计算）出对应的转子绕组平均温度。

（3）定子铁芯温度测量。定子铁芯温度是利用制造厂埋设的测温元件，配合比率计或平衡电桥进行测量。

（4）发电机进口及出口风温测量。发电机进口及出口温度是利用装在发电机冷却风箱的进口和出口风道机壳上的专用水银温度计进行测量的。

3-6-16　为什么要对发电机进行预防性试验，其试验项目有哪些？

答： 投入运行后的发电机长期受到电、热、机械和化学的作用，可能产生局部缺陷，还有在制造或安装过程中可能遗留下一些潜伏的局部缺陷。这些缺陷如果不及时发现，发展到一定程度就会造成事故。通过预防性试验，可以及时发现发电机的绝缘缺陷和其他缺陷，保障机组的安全运行。通常发电机的预防性试验包括以下内容：

定子部分：定子绕组的绝缘电阻、吸收比或极化指数；定子绕组直流电阻；定子绕组交流耐压；定子绕组泄漏电流和直流耐压。转子部分：转子绕组绝缘电阻；转子绕组直流电阻；转子绕组交流耐压；磁极交流阻抗和功率损耗。在有些电站，根据需要，还可进行磁极接头直流电阻、励磁回路绝缘电阻、励磁回路交流耐压、转子升速绝缘、轴电压测量、定子接头电阻（必要时破开接头绝缘盒）等项目的试验。

3-6-17　测量发电机定子绕组绝缘电阻和吸收比的目的是什么，测量时需注意什么？

答： 测量发电机定子绕组的绝缘电阻和吸收比，可初步了解绝缘状况，特别是测量吸收比，能有效发现绝缘是否受潮。但是，由于绝缘电阻受温度、湿度、绝缘材料的几何尺寸等因素的影响，尤其是受绝缘电阻表电压低的影响，在反映绝缘局部缺陷上不够灵敏，但它可以为更严格的绝缘试验提供绝缘的基本情况。而对于转子绕组，由于其电压等级较低，故只需测量绝缘电阻即可。

一般来说，除了用绝缘电阻表测量绝缘电阻绝对值之外，还要测量吸收比 R_{60}/R_{15}，以判断绝缘的受潮程度。在测量时需注意以下几点：① 因为高压大容量发电机的几何尺寸大，绝缘为多层复合绝缘，故电容电流和吸收电流都大，所以绝缘电阻表需要有能满足吸收过程的容量，一般要用 1000～2500V、读数范围大的绝缘电阻表测量定子绕组绝缘。绝缘电阻表的读数最好在 0～10 000MΩ 及以上。测量转子绝缘用 500～1000V 绝缘电阻表。② 测量前的放电一定要充分，放电不充分会使测得的绝缘电阻值偏大，使吸收比值偏小。测量时要注意尽量避免外界的影响，且最好选在相近温度下进行。

3-6-18 发电机绝缘电阻试验的测试项目中为什么增加了极化指数这一项？

答： 大、中型水轮发电机由于电容大，故其吸收过程很长，有时 1min 的绝缘电阻仍较低，并不能真正反映发电机的绝缘电阻，也不能真实地反映定子绕组受潮和绝缘受损的情况，所以增加了极化指数的测量。从电介质理论来看，对于吸收比测量试验，由于其时间短（60s），大容量电容类的设备复合介质中的极化过程还处于初始阶段，不足以反映极化的全过程，不能完全反映绝缘介质的真实情况，故以吸收比的结果判断受潮不够准确；而极化指数试验时间为 600s，介质极化过程可以说基本已接近完成，故能较准确地反映绝缘受潮情况，易于在实际工作中做出准确判断。此外，极化指数在较大范围内与定子绕组的温度无关。

国外工业发达国家从 20 世纪 40 年代起就开始采用"极化指数"试验。我国《电力设备预防性试验规程》（DL/T 596—1996）在绝缘电阻试验项目中，增加了极化指数试验项目。

3-6-19 测量定子绕组的绝缘电阻和吸收比或极化指数时，如何对其结果进行分析？

答： 绝缘电阻、吸收比、极化指数是作为检查定子绝缘的三个指标，其测量结果分析如下。

（1）对于绝缘电阻：发电机定子绕组绝缘电阻受脏污、潮湿、温度等因素的影响很大，所以规程对绝缘电阻值不作硬性规定，而只是将所测得的数值和历次的数据相比较、三相数据相比较、同类电动机间相比较。标准规定，在相似条件下，不应降至前一次的 1/3，且各相或各分支绝缘电阻值的差值不应大于最小值的 100%。

（2）对于吸收比或极化指数：发电机定子绕组绝缘如受潮气、油污的侵入，不仅绝缘下降，而且会使其吸收特性的衰减时间缩短，即吸收比 $K=R_{60}/R_{15}$ 的值减小。由于吸收比对受潮反应特别灵敏，所以一般以它作为判断绝缘是否干燥的主要指标之一。国家标准规定：对于沥青浸胶及烘卷云母绝缘吸收比 $R_{60}/R_{15} \geqslant 1.3$（或极化指数不应小于 1.5），对于环氧粉云母绝缘吸收比 $R_{60}/R_{15} \geqslant 1.6$（或极化指数不应小于 2.0），即认为发电机定子绕组没有严重受潮。测量吸收比时应注意吸收比也受温度的影响，通常吸收比和温度的关系是直线关系，同一绝缘物的吸收比随着温度的上升而降低。通常要求温度在 10～30℃ 时测量。大型发电机的吸收过程很长，有时 1min 的绝缘电阻很低，但吸收比值却大于 1.3，所以对大型发电机，除了测量吸收比之外，还要注意测量真正稳定时的绝缘电阻。

对于转子绕组的绝缘，只进行绝缘电阻的测量则可，一般要求在室温时不应低于 0.5MΩ。

3-6-20 为什么要测量发电机定子绕组的直流电阻，其测量方法有哪些？

答： 定子绕组的直流电阻包括线棒铜导体电阻、焊接头电阻及引线电阻三部分。测量发电机定子绕组的直流电阻可以发现：绕组在制造或检修中可能产生的连接错误、导线断股等缺陷；另外，由于工艺问题而造成的焊接头接触不良（如虚焊），特别是在运行中长期受电动力的作用或受短路电流的冲击后，使焊接头接触不良的问题更加恶化，进一步导致过热，而使焊锡熔化、焊头开焊。在相同的温度下，线棒铜导体及引线电阻基本不变，焊接头的质量问题将直接影响焊接头电阻的大小，进而引起整个绕组电阻的变化，所以，测量整个绕组的直流电阻，基本上能了解焊接头的质量状况。

直流电阻的测量通常采用双臂电桥或电压降法。采用电压降法测量时，须选用 0.5 级以上的电压表、电流表，通入定子绕组的直流电流应不超过其额定电流的 20%。采用电桥法测量时，因同步发电机定子绕组的电阻很小，应选 0.2 级的双臂电桥。

3-6-21　测量定子绕组的直流电阻时，需注意哪些事项？

答：需注意如下事项：① 定子绕组应分别测量各相电阻，如有分支引出线时，应按每一分支分别测量。② 测量电压、电流接线点必须分开，电压接线点在绕组端头的内侧并尽量靠近绕组，电流接线点在绕组端头的外侧。③ 发电机定子绕组的电感量较大，当采用压降法测量时，必须先合上电源开关，当电流稳定后，再搭接上电压表，同时读取电压、电流值。断开时，应先断开电压表，再断开电流回路。当采用双臂电桥测量时，必须先按下电源按钮，待电流稳定后（靠经验），再按下检流计按钮进行测量，测完后，必须先断开检流计按钮，再松开电源按钮。若违反上述操作顺序，则可能因绕组自感电动势过大，而损坏电桥。④ 直流电阻的测量应在冷状态下进行，绕组表面温度和周围空气之差不得大于 3℃，测量绕组直流电阻的同时应测定子绕组的温度。必须准确测量绕组的温度。若温度偏差为 1℃，会给电阻带来 0.4% 的误差，容易造成误判断。运行发电机停机后到测量时，约需相隔 48h。且必须用经校准后的酒精温度计进行测量，不能使用水银温度计，以防破损后水银滚入铁芯，影响铁芯绝缘和通风。温度计应不少于 6 支，分别置于绝缘的端部和槽部，若测量槽部的温度困难，可测定子铁芯通风孔和齿部表面温度，温度计应紧贴测点表面，并用绝缘材料盖好，放置时间不少于 15min。对装有测量进口风温温度计及定子埋入式温度计的，需同时测量。将各温度测量数据的平均值作为绕组的温度。⑤ 为了避免因测量仪表的不同引起误差，各次测量应尽量使用同一电桥或电压、电流表，且测量时，被测绕组中的电流数值应不大于绕组额定电流的 20%，并尽快读数，以免绕组发热而影响测量的准确性。⑥ 采用压降法测量时，应在三个不同电流值下测量计算电阻值，取其平均电阻值作为被测电阻值。每次测量电阻值与平均电阻值之差，不得超过 ±5%。⑦ 发电机定子绕组的电阻值很小，交接试验标准和预防性试验规程中所规定的允许误差也很小，所以测量时必须非常谨慎仔细，否则将引起不允许的测量误差，导致判断错误。

3-6-22　测量发电机定子绕组的直流电阻后，如何分析判断其测量结果？

答：定子绕组的直流电阻包括铜导线电阻、焊接头电阻和引出连线电阻三部分，直流电阻发生变化通常是焊接头电阻变化所致。对其测量结果通常按如下方法分析判断。

（1）交接试验标准规定：各相或各分支绕组的直流电阻，在校正了由于引线长度不同而引起的误差后，相互间差别不应超过最小值的 2%；与产品出厂时测得的数值换算至同温度下的数值比较，其相对变化也不应大于 2%。

（2）在预防性试验中一般要求定子绕组各相或各分支的直流电阻值，在校正了由于引线长度不同而引起的误差后相互间差别以及与初次（出厂或交接时）测量值比较，相差不得大于最小值的 1%。超出要求者，应查明原因。其相间差别的相对变化的计算方法是：如前一次测量结果 A 相绕组比 B 相绕组的直流电阻值大 1.5%，而本次测量结果 B

相绕组比 A 相绕组的直流电阻值大 1%，则 B 相绕组与 A 相绕组的直流电阻值的相对变化为 2.5%。

（3）各相或分支的直流电阻值相互间的差别及其历年的相对变化大于 1%时，应引起注意，可缩短试验周期，观察差别变化，以便及时采取措施。

（4）将本次直流电阻测量结果与初次测得数值相比较时，必须将电阻值换算到同一温度，通常历次直流电阻测量值都要换算到 20℃时的数值。

（5）测量定子绕组的直流电阻值后，经分析比较，确认为某相或某分支有问题时，则应对该相或分支的各焊接头作进一步检查。其常用方法有直流电阻分段比较法、焊接头发热试验法、测量焊接头直流电阻法、涡流探测法及 γ 射线透视法（这些专门的方法须另外参阅有关资料）。

3-6-23 测量转子绕组直流电阻的意义、方法是什么？

答：测量转子绕组直流电阻可以发现因制造、检修或运行中的各种原因所造成的导线断裂、脱焊、虚焊、严重的匝间短路等缺陷。

其测量方法包括仪表选择、操作方法步骤等，与测量定子绕组的直流电阻相同，要求试验在冷态下进行。在测量有滑环的发电机转子绕组直流电阻时，为了良好地导入测量电流，准确测量电压，可以用 1.5～2mm 厚的铁皮做成抱箍，套在滑环上，用螺钉拉紧。电流引线压紧在螺母下；电压引线压紧在抱箍下面直接与滑环接触。为了避免电压引线端头与滑环间的接触压降加入电压测量回路，可在抱箍与导线间垫入一层绝缘物，使抱箍与电压引线隔开。若不用抱箍与滑环连接，也可用两对铜丝刷，分别将电压和电流的引线端头压接在滑环上，每个滑环上的电压与电流铜丝刷应相距 90°，不要相互接触。交接试验标准规定，对于显极式转子绕组，应测量各磁极绕组直流电阻，当误差超过规定时，还应对各磁极绕组间连接点的直流电阻进行测量，以便比较，找出缺陷所在。

3-6-24 如何对转子绕组直流电阻的测量结果进行分析判断？

答：将直流电阻测量值换算到初次测量温度下的值或 20℃以下的值。在同一温度下，将转子绕组的直流电阻值与初次所测得结果进行比较，其差别一般不应超过 2%。如直流电阻值显著增大，说明转子绕组存在导线断裂或焊接头有脱焊、虚焊等缺陷；如直流电阻显著减小，说明转子绕组存在严重的匝间短路故障。

但要注意，直流电阻比较法反映转子绕组匝间短路故障的灵敏度很低，不能作为判断匝间有无短路的主要方法，只能作为一般监视之用。在准确测量的情况下，只有当短路线圈匝数超过总匝数的 4%以上时，才能从直流电阻数值变化上发现问题。要较准确地判断转子绕组有无匝间短路，最好是测量转子绕组的交流阻抗和功率损耗，与原始（或前次）的测量值比较。

3-6-25 在测量定、转子的直流电阻时，如何在不同温度下对其电阻值进行换算？

答：对于铜导线直流电阻的温度换算，在任意温度 t 下测得的铜导线直流电阻 R_t，可用下式换算为 20℃时的直流电阻，即：$R_{20} = R_t \cdot [(234.5+20)/(234.5+t)] = R_t \cdot K_{t1}$。对于铝导线，其换算公式是：$R_{20} = R_t \cdot [(225+20)/(225+t)] = R_t \cdot K_{t2}$。$K_{t1}$ 和 K_{t2} 的值见表 3-6-1。

表 3-6-1 不同温度下的 K_{t1} 和 K_{t2}

t (℃)	K_{t1}	K_{t2}	t (℃)	K_{t1}	K_{t2}	t (℃)	K_{t1}	K_{t2}	t (℃)	K_{t1}	K_{t2}
−9	1.128	1.134	4	1.067	1.070	17	1.012	1.012	30	0.962	0.961
−8	1.123	1.129	5	1.063	1.065	18	1.007	1.008	31	0.959	0.957
−7	1.118	1.124	6	1.058	1.061	19	1.004	1.004	32	0.955	0.953
−6	1.114	1.119	7	1.054	1.056	20	1.000	1.000	33	0.951	0.950
−5	1.109	1.114	8	1.049	1.050	21	0.996	0.996	34	0.947	0.946
−4	1.104	1.109	9	1.045	1.047	22	0.992	0.992	35	0.945	0.942
−3	1.099	1.104	10	1.041	1.043	23	0.988	0.988	36	0.941	0.939
−2	1.094	1.099	11	1.037	1.038	24	0.985	0.983	37	0.937	0.935
−1	1.090	1.094	12	1.032	1.034	25	0.981	0.980	38	0.934	0.932
0	1.085	1.089	13	1.028	1.029	26	0.977	0.976	39	0.931	0.928
1	1.081	1.084	14	1.024	1.025	27	0.973	0.972	40	0.927	0.925
2	1.076	1.079	15	1.020	1.021	28	0.969	0.968	41	0.924	0.921
3	1.071	1.075	16	1.016	1.017	29	0.965	0.965	42	0.921	0.918

3-6-26 测量转子绕组交流阻抗和功率损耗的意义何在，如何进行和判断？

答： 转子绕组中产生匝间短路时，在交流电压流经短路线匝中的短路电流，约比正常线匝中的电流大 n（n 为一槽线圈总匝数）倍，它有强烈的去磁作用，导致交流阻抗大为下降，而功率损耗又明显增加。所以，测量转子绕组的交流阻抗和功率损耗可以判断是否有匝间短路发生。

进行此试验时，其试验接线如图 3-6-2 所示。其交流阻抗 $Z = u / I$，式中 Z 为交流阻抗值，Ω；u 为测量转子绕组电压，V；I 为测量转子绕组电流，A。

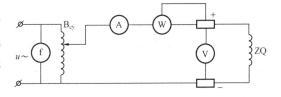

图 3-6-2 转子绕组交流阻抗和功率损耗试验接线
B_{cy}—调压器；A—交流电流表；V—交流电压表；
W—功率表；+、−—滑环；ZQ—转子绕组

对试验结果的判断，由于交流阻抗和功率损耗影响因素太多，所以，难以规定出一个统一的标准值。有关规程仅规定：在相同试验条件下与历年测量值比较，不应有明显变化；交流阻抗和功率损耗值各单位自行规定。如果现场已开展动态匝间短路监测法，可以代替本试验法。

3-6-27 为什么要在发电机开机时测量转子升速绝缘？

答： 对于某些结构的发电机转子，发电机转子绕组的绝缘发生的接地故障往往与转子旋转时的离心力有关，而这类故障在停机状态下的测试中却反映不出来。因此，在发电机由零转速升至额定转速时，测量此阶段的转子绕组绝缘，可以判断转子绕组是否存在这类故障，

以便于准确地查出故障，保证转子绕组在正常运行时没有隐患。

3-6-28 对发电机定子绕组进行交流耐压试验的意义是什么？

答：发电机的工频交流耐压试验的试验电压与其工作电压的波形、频率一致。试验时，绝缘内部的电压分布与击穿性能也与发电机运行时相一致，因此，交流耐压试验是一项更接近发电机实际运行情况的绝缘试验，再加上试验电压比运行电压高得多，故最能检查出绝缘存在的局部缺陷。此项试验对发现定子绕组绝缘的集中性缺陷，最为灵敏有效。

因此，交接试验标准中规定发电机安装后的交接时和预防性试验规程中规定大修前、更换绕组后都要进行定子绕组的交流耐压试验。

3-6-29 进行定子绕组的交流耐压试验应注意哪些事项，如何对其结果进行分析？

答：对于运行的发电机，不论容量的大小，交流耐压试验应在停机后热状态下进行。对于预防性试验的交流耐压试验，其试验电压与发电机定子组装时（或大修时全部更换绕组）略有不同，新机组为 $1.5U_n$；旧机组直接与架空线路连接者为 $1.5U_n$，不与架空线路直接相连者为 $(1.3 \sim 1.5)U_n$。标准还规定，以运行 20 年为界来划分新、旧机组。试验中的注意事项：① 试验电压应为正弦波，且应用线电压；② 试验电压应以高压侧为准；③ 试验接线中应该有防止电压突然升高的设备，最好是球形放电间隙；④ 试验所采用的变压器和调压设备应适当选择，以保证不会发生谐振现象；⑤ 升压时试验电压不宜突然加上；⑥ 试验前后均应测量定子绕组的绝缘电阻和吸收比；⑦ 定子绕组有并联支路时，同相支路也应进行同样电压等级的耐压试验。

试验结果分析：试验中如发现下述情况，绝缘可能要击穿或已经击穿，应立即停止试验，查明原因。① 电压表指针摆动很大；② 毫安表的指示急剧增加；③ 发现有绝缘烧焦气味或冒烟；④ 被试发电机内有放电响声；⑤ 过电流跳闸等。

3-6-30 为什么对发电机绝缘要采用交流耐压和直流耐压两种方式？

答：工频交流耐压，是模拟了发电机实际运行情况下的电压、频率和波形，故得出的试验结果可信度较高。发电机线棒在线槽的直线部分与铁芯相接触（即接地点），而端部远离铁芯，由于存在耗散的电容电流，在线棒端部到定子铁芯之间的绝缘表面上产生了交流压降，因此，端部所受电压较线槽部分小，因而端部绝缘的缺陷不易暴露。可以说交流耐压主要考察了线棒线槽和槽口部分的绝缘情况。

直流耐压时，没有电容电流，仅有很小的泄漏电流，线棒绝缘表面也就没有明显的压降，线棒端部虽离铁芯远，但沿端部表面绝缘的电压分布均匀，端部承受的电压基本不变，因而可以反映端部绝缘存在的缺陷。但直流电压下，绝缘介质上的电压与电阻成正比，与电容无关，故直流耐压对线槽部分绝缘的缺陷检测效果差，从介质损耗发热的观点出发，交流比直流能更有效地发现槽部线棒绝缘的缺陷。

由于交、直流耐压具有对应于线槽与端部的特点，因此，两种方式的耐压都要采用。

3-6-31 为什么直流耐压试验比交流耐压试验更容易发现发电机定子绕组端部的绝缘缺陷？

答：因为发电机定子绕组端部导线与绝缘表面间存在分布电容，在交流耐压试验时，绕组端部的电容电流沿绝缘表面流向定子铁芯，如图 3-6-3 所示。这样，在绝缘表面沿电容电流的方向便产生了显著的电压降，因此，离铁芯较远的端部导线与绝缘表面间的电位差便减小，因此，不能有效地发现离铁芯较远的绕组端部绝缘缺陷。而在直流耐压试验时，不存在电容电流，只有很小的泄漏电流通过端部的绝缘表面。因此，沿绝缘表面，也就没有显著的电压降，使得端部主绝缘上的电压分布比较均匀，因而在端部各段上所加的直流试验电压都比较高，这样就能比较容易地发现端部绝缘的局部缺陷。

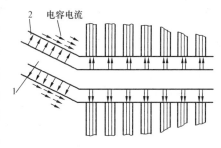

图 3-6-3 定子绕组端部
电容电流分布示意图

3-6-32 为什么将发电机泄漏电流试验和直流耐压试验分开描述？

答： 在 1985 年原水利电力部颁发的《电气设备预防性试验规程》中，只规定了"直流耐压并测量泄漏电流"；在《电力设备预防性试验规程》（DL/T 596—1996）中，该项描述为"定子绕组泄漏电流和直流耐压试验"，将"泄漏电流"单独列出并提前，是为了突出测量泄漏电流对判断发电机绝缘状况的重要性。

泄漏电流和直流耐压的试验接线和测量方法是一致的，所加的电压也一样。但两者侧重考核的目的不一样。直流耐压主要考核发电机的绝缘强度，如绝缘有无气隙或损伤等。而泄漏电流主要是反映线棒绝缘的整体有无受潮、有无劣化，也能反映线棒端部表面的洁净情况，通过泄漏电流的变化能更准确判断。

3-6-33 进行定子绕组的直流泄漏和直流耐压试验时应注意哪些事项，如何分析？

答： 直流耐压及泄漏试验应每年进行一次，结合小修进行。定子绕组的试验电压与交流电压的试验电压的对应值规定如下：① 交流试验电压：$1.3U_n$，$1.3 \sim 1.5U_n$，$1.5U_n$ 以上；② 直流试验电压：$2.0U_n$，$2.5U_n$，$3.0U_n$。试验时的注意事项：① 最好将微安表接在高压端，并加以屏蔽，以减少杂散电流的干扰。② 试验时，电压应分段地升高。每一段停留 1min，以记录泄漏电流的变化。试验前应空载加压一次。③ 要求电压的平稳程度最好在 95% 以上，以免在直流耐压试验中有附加的交流介质损耗，影响试验结果。④ 温度对泄漏电流的影响较大，故应对试验结果进行换算，以便进行比较。

试验结果分析：① 试验过程中，如泄漏电流过大，必须立即中止试验，查明原因；② 试验时，泄漏电流随时间的增长而升高，说明有高阻性缺陷和绝缘分层、松弛或潮气侵入绝缘内部；③ 试验时，若电压升高到某一阶段，泄漏电流出现剧烈摆动，表明绝缘有断裂性缺陷，大部分缺陷在槽口或在端部绝缘近处或出线管有裂纹等；④ 各相泄漏电流相差过大，但充电现象还正常，说明其缺陷部位在远离铁芯的端部或套管脏污；⑤ 同一相相邻阶段电压下，泄漏电流随电压上升数值不成比例，超过 20%，说明表面绝缘受潮或有脏污；⑥ 无充电现象或充电现象不明显，泄漏电流增大，这表明绝缘受潮、严重脏污或有明显贯穿性缺陷。

3-6-34 水轮发电机检修项目主要有哪些？

答： 对不同结构的发电机，其检修项目略有区别，在 DL/T 838—2003《发电企业设备检修导则》中，推荐了水轮发电机检修的参考项目。各电厂应根据本厂发电机的结构和运行维护情况，制定本厂的发电机检修规程，确定各等级检修的检修项目。表 3-6-2 为原导则附表。

表 3-6-2   **A/B 级检修标准项目**

部件名称	A/B 级检修标准项目（其中不带 * 的为 B 级检修项目）	特殊项目
定子	①检修定子机座和铁芯，检查径向千斤顶，检查及更换剪断销；②检查定子端部及其支持结构，修理齿压板；③检查定子绕组及槽口部位；④检查、修理挡风板，灭火装置；⑤进行电气预防性试验；⑥对水内冷定子线棒进行反冲洗及流量、水压试验；⑦校验测温元件；⑧更换测温元件；*⑨更换部分齿压板；*⑩全面处理端部接头、垫块及绑线；*⑪检查、处理分瓣定子合缝，检测并处理定子椭圆度；*⑫进行线棒防晕处理；*⑬检查和处理定子槽楔，检查和清扫通风沟	（1）更换线棒； （2）重叠铁芯； （3）改造定子机架； （4）更换支持环
转子及主轴	①测量发电机空气间隙；②检查轮毂、轮臂焊缝，检查组合螺栓、轮臂大键、轮环横键；③检查磁极、磁极键、磁极接头、阻尼环、转子风扇；④清扫转子（包括通风沟）；⑤检查制动环及其挡块；⑥检查、调整滑环电刷装置；⑦进行电气预防性试验及测量轴电压、轴电流；⑧对水内冷转子进行反冲洗、流量及水压试验；⑨调整机组轴线（包括受油器操作油管）；*⑩处理轮环下沉；*⑪修理轮环大键；*⑫测定调整转子圆度及磁极标高；*⑬处理磁极线圈匝间绝缘；*⑭更换部分磁极线圈、引线或阻尼绕组；*⑮对转动部分找动平衡；*⑯处理制动环磨损；*⑰进行主轴探伤	（1）改造转子、更换磁极； （2）车削或更换滑环
轴承	①检查推力轴承转动部分、轴承座及油槽；②测量弹性油箱压缩值；③检查及修刮轴瓦，进行水冷轴瓦通道除垢及水管路水压试验；④测量、调整导轴瓦间隙，检查导轴承；⑤检查处理轴承绝缘；⑥处理润滑油；⑦检查油冷却器并进行水压试验，清扫油管路、水管路并进行水压试验；⑧清扫检查高压油顶起装置；⑨检查、处理除油雾装置；*⑩对推力轴承调水平并进行推力瓦受力调整；*⑪检修处理推力头、卡环；*⑫研磨推力轴承镜板	（1）更换导轴瓦、推力瓦； （2）更换油冷却器； （3）改造冷却循环系统； （4）返厂研磨或更换镜板
机架	①检查清扫机架；*②处理机架组合面；*③测量、调整机架中心、水平	加固或改造机架
励磁系统	（1）励磁机：①测量、调整空气间隙；②清扫、检查励磁机各部及引线；③检查、调整电刷装置，修刮云母槽；④清扫、检查励磁回路各元件并进行电气性能试验；⑤检查、处理励磁机槽楔；⑥测量和调整励磁机摆度；⑦进行励磁机空载及负载特性试验；*⑧重焊励磁机电枢绕组头，重扎绑线；*⑨调整励磁机主极、换向极间距。 （2）自并励静态励磁装置：①清扫、检查装置外观；②检查、试验励磁变压器、串联变压器、并联变压器、电压互感器、电流互感器；③检查、测试单元板、脉冲扳、功率柜及整流元件；④检查并校验各继电器、接触电器，二次回路并测试绝缘；⑤检修风机；⑥回路模拟试验并进行静态、空载、带负载工况下试验；⑦励磁调节器特性试验；⑧检查、调试系统稳定装置（PSS）；⑨检查、修理灭磁装置及转子过电压保护装置；*⑩功率整流元件更换	（1）励磁机：①车削、涂镀励磁机整流子；②更换励磁机磁极或电枢绕组；③更换大功率整流单元；④改造整流子。 （2）自并励静态励磁装置：①更换励磁调节器；②更换功率柜；③更换灭磁装置；④更换励磁变压器
通风及其冷却系统	①对冷却器进行检查、清洁、防腐、水压试验；②检修管系阀门并进行水压试验，修补保温层；③检查、修理通风系统	（1）更换冷却器或铜管； （2）改造转子风扇或风斗

部件名称	A/B级检修标准项目（其中不带 * 的为 B 级检修项目）	特殊项目
制动装置	①测量与调整制动器闸板与制动环间隙；②更换制动器闸板；③分解、检修制动器并进行耐压试验；④检修制动系统油、气管路、阀门并进行压力试验；⑤进行制动系统模拟动作试验；⑥校验电气制动系统，检修开关	（1）更换制动器或较大程度改进结构部件； （2）改造制动系统
永磁发电机转速继电器	①测量永磁发电机空气间隙；②检查、清扫永磁发电机，给轴承注油，检查传动机构；③检测永磁发电机转速电压特性；④检测或更换转速继电器；*⑤检修永磁发电机转子；*⑥更换永磁发电机轴承	
发电机系统的一、二次设备	①检查、修理发电机开关、母线、电流互感器、电压互感器、避雷器；②检查、校验及修理各种仪表和变送器检测原始测点；③修理、调整、校验继电保护与自动装置及其元件或更换部分元件；④检查、测试故障录波器装置；⑤检修、试验抽水蓄能电厂变频启动装置；⑥检查、修复电缆防火系统	
其他	（1）测试电气设备接地系统； （2）检查、测试母线及高压电缆绝缘特性； （3）电气设备进行预防性试验； （4）检查、测试发电机在线监测系统； （5）整体试运行试验：①进行充水、空载及带负载试验；②测量机组各部振动、摆度、温度；③进行机组甩负荷试验；④测定导叶漏水量；⑤进行调相、进相运行试验；⑥对有条件的机组，进行效率、耗水率试验；⑦进行机组超速试验；*⑧测量发电机电气参数；*⑨进行动水关闭快速闸门或进水阀试验	

第四章

辅 助 设 备

第一节　油系统及泵、管道

4-1-1　什么叫作水电站的辅助设备，它包含哪些部分？

答：水电站的主体设备为水轮发电机组，还有为了对电站和主体设备服务，保证机组安全、经济运行的设备，我们称之为辅助设备。水电站的辅助设备通常包括三大部分，即油系统、气系统、水系统，另外还有水力监测系统，状态监测系统，各种起重设备等。在立式机组中，水轮机蜗壳前的水轮机进水阀也是辅助设备的一个重要部分。

4-1-2　什么是水电站的油系统，它由哪几部分组成？

答：在水电站中，用管网根据水电站主体设备的使用要求，将在运行过程中需要使用相应的油品通过用油设备与储油设备、油处理设备连接成一个油务系统，简称为油系统。而根据油系统绘制而成的原理图，则称为油系统图。水电站中的油系统，通常由以下几部分组成：① 油库。设置各种油罐及油池，用以储存各种油品（一般是透平油和绝缘油）。② 油处理室。设有净油及输送设备，如油泵、滤油机等。③ 油化验室。设置化验仪器、设备等。④ 油再生设备。通常只设吸附器。⑤ 管网。将用油设备与油处理室等各部分连接起来组成油务系统。⑥ 测量控制元件。用以监视和控制用油设备的运行情况，如温度计、液位信号器、示流信号器等。对于以上组成部分，在一些中小型水电站中，由于其用油量比较少，一般不设油化验室和油再生设备。

此外，按油的功能划分，通常将油系统分为三部分，分别是液压操作油系统、润滑油系统和绝缘油系统。其中，液压操作油系统和润滑油系统使用透平油，而绝缘油系统则使用绝缘油。

4-1-3　水电站的用油种类有哪几种，各用在哪些设备上？

答：水电站中的机电设备在运行中，由于设备的特性、要求和工作条件不同，需要使用各种性能的油品，大致有润滑油和绝缘油两大类。

（1）润滑油。水电站机械设备的润滑和液压操作所用的油都属于润滑油。润滑油的主要作用是在轴承间形成楔形油膜，降低摩擦系数，减少设备磨损，延长使用寿命。润滑油根据其性质和用途的不同，可分为以下几种：① 透平油。透平油又称汽轮机油，一般有 HU-22、HU-30、HU-46 和 HU-57 等几种。透平油常用于机组推力轴承和导轴承的润滑，以及调速系统的液压操作。② 机械油。俗称机油，一般有 HJ-10、HJ-20、HJ-30 等三种，机油黏度较大，通常供电动机、水泵和容量较小的机组轴承以及起重机等润滑使用。③ 空气压缩机油。一般有 HS-13、HS-19，供空气压缩机专用的润滑油，在 180℃ 以下工作。现在一些好的空压机大多采用厂家指定的空压机油。④ 润滑脂。俗称黄油，现在有多个种类，如锂基脂、钠基脂、二硫化钼等，一般供滚动轴承润滑使用，起润滑、密封和防尘的作用。

（2）绝缘油。主要是用于对电气设备的绝缘。① 变压器油。一般有 DB-10、DB-25 两种，符号后的数值表示油的凝固点℃（负值），供变压器及电流、电压互感器用，具有绝缘、散热作用。DB-10 号变压器油用于气温不低于 −10℃ 地区的变压器，DB-25 号变压器油用于气温不低于 −25℃ 地区的变压器。② 开关油。一般有 DU-45，符号后的数值表示油的凝固点℃（负值），供油开关用。③ 电缆油。一般有 DL-38、DL-66、DL-110 三种，符号后数字表示以 kV 计的电压，供电缆用。

在水电站中，用量最大的为透平油和变压器油，在大、中型水电站中，用油量达数百吨乃至数千吨，少的也有数十吨。

4-1-4 透平油在水轮发电机组的运行中起什么作用？

答：在水轮发电机组的运行中，需要使用大量的透平油，其主要作用有以下几种。

（1）润滑作用。在轴承间或滑动部分间形成油膜，以润滑油内部摩擦代替固体干摩擦，从而减少设备的发热和磨损，延长设备使用寿命，保证设备的功能和安全。

（2）散热作用。润滑油在对流作用下将热量散传出，再经过油冷却器将其热量传导给冷却水，从而使油和设备的温度不致升高到超过规定值，起到散热作用，保证设备的安全运行。

（3）液压操作。利用油的不可压缩性和流动性，在水电站的许多设备中，如调速器、进水阀以及管路上的液压阀等，用高压油来进行操作和控制。透平油可以作为传递能量的工作介质。

在水电站的油系统中，润滑油系统主要是利用透平油的润滑和散热作用，而液压操作油系统主要是利用透平油传递能量的作用。另外，在液压操作系统中，由于透平油在压力油罐和机组之间通过油泵循环使用，容易使油温升高，所以通常对其设有冷却装置，保证其温度在正常范围内。

4-1-5 "××号"透平油代表什么意思，水电站一般选用多少号透平油？

答：在实际工作中，我们通常对机组所使用的透平油称为"××号"透平油，这种"××号"其实是指透平油在 50℃ 时的运动黏度（mm²/s），它是透平油的型号代号，即是以透平油的黏度来表征透平油的型号。水电站常用的透平油有：22 号、30 号、46 号、57 号、68 号等几种。

在水电站中，通常需根据机组的重量、转速和设备使用的环境温度等几个因素来选用合适的透平油。在环境温度高或压力大和转速低的设备中使用黏度较大的油，反之，用黏度较小的油。另外，对于同一种透平油，其黏度也并不是一个常数值，它会随着温度的变化而变化，当温度上升时其黏度会略为降低，相反，又会略为增大。

4-1-6 绝缘油在水轮发电机机组运行中起什么作用？

答：绝缘油在设备中的作用是绝缘、散热、消弧和作为浸渍介质。

（1）作为绝缘介质。由于绝缘油的绝缘强度比空气大得多，用油作绝缘介质可以大大提高电器设备的运行可靠性，缩小设备尺寸。同时，绝缘油还对棉纱纤维的绝缘材料起一定保护作用，提高它的绝缘性能，使之不受空气和水分的侵蚀，而不致很快地变质。

（2）作为冷却介质。利用油的对流作用，将运行设备的热量通过油冷却器传给水流或空气往外散发，保证运行设备的温度在适当的范围内。

（3）作为灭弧介质。当油开关切断电力负载时，在触头之间产生电弧，绝缘油中的开关油受到电弧作用时分解，产生氢，氢是一种活泼的消弧气体，起到灭弧作用。

（4）作为浸渍介质。变压器绕组、电容套管芯子等经绝缘油浸渍后，一方面防止潮气进入，避免芯子受潮，如电容套管的芯子与瓷套间充少量绝缘油，就可以避免芯子受潮；另一方面，固体绝缘介质经过绝缘油的浸渍，使残留的气泡被排除，防止运行中产生局部放电，提高绝缘水平。

4-1-7　油的基本性质有哪些，其重要性如何？

答：油的基本性质分为物理、化学、电气性质和安定性等四大特性。物理性质包括：黏度、闪点、凝固点、透明度、水分、机械杂质和灰分含量等内容；化学性质包括：酸值、水溶性酸或碱、苛性钠抽出物等内容；电气性质包括：绝缘强度、介质损失角；安定性包括：抗氧化性和抗乳化性。其中，电气性质中的绝缘强度和介质损失角主要是针对绝缘油的性能指标。在水电站中，对于绝缘油的使用，要求安全可靠，连续工作时间长，所以希望有很高的耐电压能力和良好的安定性；而透平油在使用上的特点是要求有良好的抗氧化性安定性和抗乳化度。

在油的使用中，对于以上的任何一种性质，甚至是次要的性质，如颜色、气味、透明度等突然地改变，也绝不能轻视它，必须注意这种现象，它可能表示油规律性老化的结果，也可能预示用油设备内某种危险征兆等。

4-1-8　对透平油和绝缘油进行分析化验时，需进行哪些试验，其目的和作用各是什么？

答：对透平油而言，根据透平油的使用要求，一般只进行化学分析试验则可，即通过化学方法，对油的物理性质、化学性质、安定性中的各项指标进行化验。根据化验项目的多少又分为简化试验和全分析项目试验。

对于绝缘油而言，由于其不仅需要对透平油所进行的各项指标有要求，而且还对其绝缘性能有要求，所以一般需要进行化学分析试验、电气试验、色谱分析试验等几个大项。其中，化学分析试验也是对油的物理性质、化学性质、安定性中的各项指标进行化验，根据其项目的多少也分为简化试验和全分析项目试验；而电气试验则是通过电气方法检测其绝缘性能，即检查其电气性质（仅靠化学分析试验不能判断绝缘油的绝缘性能），其试验项目有电气强度试验（又称耐压试验）和测量介质损失角（又称介质损耗试验）；色谱分析试验则是通过质谱仪或气相色谱仪对油中的溶解气体进行检测，以分析出在电力设备内部所存在的早期潜伏性故障。

4-1-9　国标中对透明油和绝缘油的质量标准是如何规定的？

答：不管是透平油，还是绝缘油，其油质对运行设备影响甚大，因而对油的性能有严格要求。不论是新油还是运行油，都要符合国家标准。一般情况下，新透平油标准应符合

SYB 1201—60，新绝缘油标准应符合 SYB 1351—62，其详细指标见表 4-1-1（有新标准的，应以新标准为参考）。

表 4-1-1　　　　　　　　　　　透平油和绝缘油的质量标准

项　　目	质　量　标　准							
	透平油（SYB 1201—60）				变压器油（SYB 1351—62）			
	HU-22	HU-30	HU-46	HU-57	10 号		25 号	
运动黏度（mm²/s）	50℃				20℃	50℃	20℃	50℃
	20～23	28～32	44～48	55～59	≮30	≮9.6	≮30	≮9.6
恩式黏度（°E）	3.19	4.2	6.8	—	≮4.2	≮1.8	≮4.2	≮1.8
酸值（mgKOH/g）不大于	0.02	0.02	0.02	0.05	0.05		0.05	
闪点（℃）不低于	开口				闭口			
	180	180	195	195	135		135	
凝固点（℃）不高于	—15	—10	—10	0	—10		—25	
抗氧化安定性 氧化后沉淀物（%）不大于	0.1	0.1	0.15	—	0.1		0.1	
抗氧化安定性 氧化后酸值（mgKOH/g）不大于	0.35	0.35	0.45	—	0.35		0.35	
灰分（%）不大于	0.005	0.005	0.02	0.04	0.005		0.005	
抗乳化度（min）不大于	8	8	8	8				
水溶性酸或碱	无	无	无	无	无		无	
机械杂质（%）	无	无	无	无	无		无	
苛性钠抽出物（级）不大于	2	2	2	2	2		2	
透明度（5℃）	透明	透明	透明	透明	透明		透明	
介质损失角（%） 20℃	—	—	—	—	—		0.5	
介质损失角（%） 70℃	—	—	—	—	—		2.5	

4-1-10　运行中透平油的质量控制指标主要有哪些？

答：根据使用要求，运行中透平油的质量控制指标主要有黏度、闪点、酸值、水分和机械杂质等。

（1）黏度。黏度是润滑油的重要物理性能指标之一，透平油在使用过程中，由于长期在较高温度下运行，油中低分子成分不断挥发掉。同时，还受空气、压力、流速的影响，要逐渐老化而生成高分子聚合物。因此，在正常情况下，运行中透平油的黏度会随使用时间的延长而有所增加。然而黏度的增大会影响设备的正常运行。所以一般要求其黏度小于或等于 1.2×新油标准值。

（2）闪点。闪点是透平油的安全指标之一，闪点越低，燃点就越低，挥发性越大，安全系数越小。透平油在长期运行中如遇到局部高温，会发生热裂分解反应而生成低分子烃类，它们的较高分子烃易挥发而使油的闪点下降。其要求是不比新油标准低 8℃或不比前次测定值低 8℃。

（3）酸值。这是一项化学性能指标，也是运行中油的重要监督项目之一。由于透平油是由高分子烃类组成，运行中受空气、温度以及杂质的影响，油会逐渐老化，形成各种氧化物、有机酸、无机酸和低分子烃类。油中酸性物质多了，一方面对设备有腐蚀作用，另一方面这些氧化物会进一步发生缩合聚合反应，生成胶质、沥青质等，沉积于设备中，影响散热，润滑，甚至引起液压系统卡涩，而且油泥的腐蚀性也较强。运行中透平油的酸值应控制在小于或等于 0.2mgKOH/g。

（4）水分。水的存在不仅会削弱透平油的油膜强度，降低润滑效果并使油乳化，更重要的是油中的水分长期与金属零部件接触，会加强低分子酸对金属的腐蚀作用，使设备锈蚀，引起调速系统卡涩，甚至被迫停机，而腐蚀后的产物又会加速油的老化，所以透平油应透明而无水分。

（5）机械杂质。机械杂质是指油中混入不溶于油的颗粒状物质，如：纤维、灰尘、金属屑、氧化皮、焊渣等。这些杂质在机组油系统中会破坏油膜，磨损设备，使调速系统卡涩、失灵，甚至会造成烧瓦事故，所以运行中的透平油要求不含机械杂质，并且各用油设备要保持绝对干净。

4-1-11 评定绝缘油电气性能的主要指标有哪些？

答：评定绝缘油电气性能的主要指标有两项，分别是：绝缘强度和油的介质损失角正切 $\tan\delta$。这也是对绝缘油进行电气试验的两个项目。其中，绝缘强度是以其在标准电极下的击穿电压表示，即以平均击穿电压（kV）或绝缘强度（kV/cm）表示。所谓击穿电压，是指在绝缘油容器内放一对电极，并施加电压，当电压升到一定数值时，电流突然增大而发生火花，使绝缘油"击穿"，这个开始击穿的电压则称为"击穿电压"。击穿电压的大小取决于很多因素，如电极的形状和大小、电极之间的距离、油中的水分、酸和其他杂质、温度等，在提及击穿电压时，一定要注明其电极形式和极间距离。质量好的油，其击穿电压要比质量差的油的击穿电压大，所以通过击穿电压的大小可以判断绝缘油电气性能的好坏。

而对于介质损失角正切 $\tan\delta$。其原因是当绝缘油受到交流电作用时，就要消耗某些电能而转变为热能，单位时间内消耗的这种电能称为介质损失。造成介质损失的原因有两个：一是因为绝缘油中的极性分子在电场的作用下不断运动，产生热量造成电能的损失；二是电流穿过介质时，有泄漏电流造成电流损失。在这种介质损失的作用下，电流和电压的相角总小于 90°，90°和实际相角之差，称为介质损失角，以 δ 表示。而衡量绝缘油的这种特性时，通常用介质损失角正切 $\tan\delta$ 来表示。优质绝缘油的 $\tan\delta$ 很小，若 $\tan\delta$ 越大，电能损失也就是介质损失越大。所以，通过介质损失角正切 $\tan\delta$ 可以很灵敏地显示出油的污染程度，绝缘油的轻微变化在化学分析试验尚无从辨别时，$\tan\delta$ 试验却能明显地发生变化。但它并非可以代替油的其他性质指标。

4-1-12 水电厂对透平油的选用有什么要求？

答：透平油直接影响水轮发电机组的安全经济运行，因此，对它有较高的要求。选用透平油的重要指标是黏度，这一点主要是根据机组转速而定。对于润滑油，黏度大时容易附着在金属表面，形成的油膜强度高，但黏度过大，阻力增大，摩擦损失增加，流动性差，散热性能降低，若黏度小则性质相反。因此压力大转速低的设备宜选用黏度大的油，反之，选用黏度小的油，且在保持液体摩擦条件下，应尽量选用黏度小的油，以利于散热和减小阻力。总之，就是要有良好的润滑性能和适当的黏度，以保证机组在不同温度下得到可靠的润滑。

另外还应注意以下几点：① 要有良好的抗氧化安定性和抗乳化度。即在运行中热稳定性好，氧化产物少，酸值不应显著增长，一般来说，透平油的耐用期要求不少于两年，甚至能连续使用 4～8 年或更长；② 要有较好的防锈性能，对机件起良好的防锈作用。

4-1-13　水电厂对绝缘油的选用有什么要求？

答：对于绝缘油的使用，要求安全可靠，连续工作时间长，所以希望有很高的耐电压能力和良好的安定性。故而选用绝缘油时，其主要指标是绝缘强度和介质损失角正切 $\tan\delta$。这两点主要是根据电气设备的电压等级而定。对于绝缘强度，它是保证设备安全运行的重要条件，故对新油、运行油、再生油都要做击穿电压试验，并合乎一定的要求。按照 GB 507—2002 的规定为：① 使用于 15kV 及以下者，不应低于 25kV；② 使用于 20～35kV 者，不应低于 35kV；③ 使用于 60～220kV 者，不应低于 40kV；④ 使用于 330kV 者，不应低于 50kV；⑤ 使用于 500kV 者，不应低于 60kV。

对于介质损失角正切 $\tan\delta$，它能灵敏地显示出油的污染程度，所以要求它越小越好。一般要求是：① 使用于 500kV 者，运行中的油在 90℃时 $\tan\delta\leqslant2\%$，注入后的新油在 90℃时 $\tan\delta\leqslant0.7\%$；② 使用于 330kV 及以下者，运行中的油在 90℃时 $\tan\delta\leqslant4\%$，注入后的新油在 90℃时 $\tan\delta\leqslant1\%$。

此外，在使用中还应注意以下几点：① 绝缘油的黏度应尽可能小，以利于散热；② 新绝缘油的酸值不能超过 0.05mgKOH/g（运行中绝缘油的酸值不得超过 0.1mgKOH/g）；③ 其他的常规指标应按照要求进行检查化验，需达到合格要求。

4-1-14　什么是新油、净油、运行油，什么又是污油和废油？

答：在水电站中，习惯上把新出厂的油称为新油。不含水分和机械杂质，符合质量标准的油称为净油。符合运行标准的油称为运行油。

而根据油劣化变质程度的不同，劣化的油可分为污油和废油两种。仅被水和机械杂质污染和轻度劣化的油称为污油，污油可用机械净化法处理。而当油发生了深度劣化，用机械净化法已无法使其恢复工作性能时，则需采用化学方法才能使油达到原有的性质，这种油称为废油。处理废油的方法称为油的再生。

4-1-15　什么叫作油的劣化，油劣化后有什么特征，会造成什么后果？

答：油在输送、使用和保管过程中，因潮气侵入而产生水分，或在运行过程中，由于电、热、化学等各种原因而致使油出现杂质，酸值增高，沉淀物增加，使油的物理和化学性质发生变化，我们对油的这种变化则称为油的劣化（有时也俗称为老化或氧化）。

油被劣化后，最明显的特征是油的颜色加深变暗（如新的透平油为透明的橙黄色，而劣化后为暗黑色；绝缘油劣化后，由淡黄色变为深暗红色），由透明变为混浊，含水量、酸值和灰分等都有所增高，闪点降低，黏度增大，并有胶质状和油泥沉淀物析出，这将影响正常的润滑和散热作用，腐蚀金属和纤维，并且会使管道中的循环油量减少，使操作系统失灵等，使之不能保证设备的安全经济运行。此外，油在高温下运行会产生氢和碳化氢等气体，它将与油面的空气混合而成为爆炸物，对设备的运行更是危险，应严加注意。所以，当油不符合质量标准时，应根据其劣化程度而采用不同措施加以净化处理，以恢复原来的使用性能。

4-1-16　油劣化的根本原因是什么，应采取什么样的措施预防油的劣化？

答：油劣化的根本原因是油和空气中的氧起了作用，油被氧化了。而促使油加速氧化还受水分、温度、空气、混油、光线、轴电流等因素的影响。为了防止油的劣化，应采取相应的措施（见表 4-1-2）。

表 4-1-2　　　　　　　　　　　油劣化的原因和措施

因素	原因和措施
水分	水分混入透平油后会造成油乳化，促使油的氧化速度加快，同时增加油的酸价和腐蚀性。措施：要尽可能使润滑油与空气隔绝，将设备密封防止漏水，保护呼吸器的性能良好
温度	油的温度很高时，油氧化加快，会造成油的蒸发、分解、炭化，使闪点降低。一般油在 30℃时很少氧化，在 50～60℃时氧化加快，当油温在 70℃以上，每升高 10℃油的氧化速度增加 1.5～2 倍。所以，要求透平油运行温度一般不超过 50℃，绝缘油不得高于 65℃。措施：在运行中应加强监视并采取降温措施以防止油温过高
空气	空气中含有氧和水汽，能使油氧化，增强水分和灰质等。措施：减少油与空气接触，防止泡沫形成，如在贮油槽中设呼吸器及油槽上部设抽气管，用真空泵抽出油槽内湿空气；设计安装油系统时，供排油管伸入油内避免冲击或设网子来冲击泡沫，供排油的速度不能过快，防止泡沫产生
光线	含有紫外线的光线对油的氧化起媒介作用。措施：要设法避免日光对油的长期照射，如将贮油槽布置在厂房北面阴凉处
电流	当轴承绝缘损坏时，轴电流通过油膜能很快地使油颜色变深甚至发黑，并产生油泥沉淀物，故发现此现象，要及时消除。措施：采用设置接地碳刷和在轴承座上安装绝缘垫的方法消除轴电流
其他	另外有金属的氧化作用，油系统设备检修不良，贮油容器用的油漆不当等因素的影响。对用油设备检修后应采用正确的清洗方法；选用合适的油漆如亚麻仁油、红铅油、白漆即氧化铝；选用不同种类的油混合比（但不得任意将油混合使用，严防不同牌号的油混合使用，必须通过混合试验确定）

4-1-17　如何对污油进行净化处理，各种净化处理方法有什么特点？

答：对于污油，一般只作机械净化处理。其常用的方法有以下几种。

（1）澄清。将油在油槽内长期处于静止状态，比重较大的水和机械杂质便沉到底部。澄清的优点是设备极其简单，对油没有伤害，其缺点是所需时间很长，净化并不完全，一般不单独使用。

（2）压力过滤。压力过滤主要是过滤油中的杂质和少量水分。压力滤油机是利用经过干燥的滤纸作为过滤介质，它把油加压使之通过具有吸收少量水分、阻止脏污物的过滤层来达到净油。

（3）真空分离。真空过滤主要是过滤油中的水分。其原理是根据油和水的沸点不同（沸点与压力有关，压力增大，沸点升高，反之降低），把具有一定温度的油压通入真空罐内，再经过喷嘴扩散成雾状，此时油中的水分和气体在一定温度和真空下汽化，形成减压蒸发，油与水分和气体得到分离，再用真空泵经油气分离挡板，将水蒸气和气体抽出来，达到油中除水脱气的作用。

（4）离心分离。利用离心滤油机转筒沿中心轴高速旋转时的离心力，把各种不同比重的杂质、水分从油中分离出来，杂质比重大，分布在容器的最外层；油的比重小，分布在容器的最内层，水的比重介于两者之间，分布在油和杂质之间，由此便从油中分离出机械杂质和水分。这种方法在实际中使用较少。

4-1-18 什么叫作压力过滤，它的结构组成和工作原理怎样，具有什么特点？

答：压力过滤是将油加压通过滤纸，利用滤纸毛细管的吸附及阻挡作用使水分、机械杂质与油分开。压力过滤的设备是板框式压力滤油机。

压力滤油机一般由齿轮油泵、滤油器、油槽等部件组成，如图 4-1-1 所示。而滤油器是压力滤油机的主要工作部件，它是由许多可移动的铸铁滤板和滤框组成，按顺序交替的组成各个独立的过滤室。在滤板和滤框之间放有特制的滤纸，且用螺旋夹将三者压紧，如图 4-1-2 所示。滤油时，油从进油口吸入，经过初滤器，除去较大的杂质，再进入齿轮油泵，齿轮油泵对油产生油压作用，迫使油流经滤床，渗透过滤纸，因滤纸有毛细管作用，将油中的水分和杂质滤净，然后油从滤板的出油口流出。安全阀的作用是控制油管道系统的压力，当油压超过最高使用压力时，安全阀就立即动作，使油在初滤器中自行循环，油压不再上升，以确保设备的安全运转。回油阀则借助齿轮泵进油口的真空作用，将油盘内的积油吸入初滤器，在滤油机正常工作而无漏油时，此阀处于关闭。

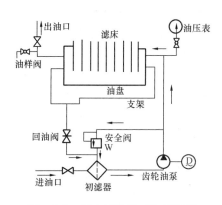

图 4-1-1 压力滤油机工作原理图

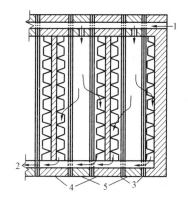

图 4-1-2 滤油器机构图

1—污油进口；2—净油出口；3—滤纸；4—滤板；5—滤框

压力过滤的特点是结构简单，操作方便，工作可靠，滤油质量较高，但生产率较低，且过滤纸损耗较大。压力滤油普遍用于透平油的净化。

4-1-19 当进行压力过滤时，在操作上会存在哪些问题，应注意哪些事项？

答：在压力过滤的过程中，为了保证正常工作和对油净化的质量，应注意以下事项。

（1）注意压力变化。正常运转时，油压表的指针在工作压力时表示正常；在 $(3\sim4)\times10^5$ Pa 时，表示杂质过多已填满了滤纸孔隙，应更换滤纸；在 4×10^5 Pa 以上时，表示危险应立即停车检查，待排除故障后，方可使用。而若长期工作在高压状态下，还容易使电动机过载而造成过热甚至烧坏。运转期间，每隔一段时间，应从油样阀处用油杯取适量的油做性能试验。若滤纸已完全饱和，应及时更换滤纸。

（2）滤纸的使用。在采购滤纸时，应选用纤维性好，强度较高，无纸灰的滤纸，每组滤纸由 2～3 张滤纸叠成，太少了容易造成滤纸破损，太多了容易造成压力过高。新滤纸应先放在烘箱内以 80℃ 温度烘干 24h 后方可使用。为了充分利用滤纸，更换时不需同时更换全部滤纸，而是更换一叠纸中湿油进入的一侧的第一张，新纸则铺放在此叠纸的另一侧，滤纸用后用净油将黏附在滤纸上的杂质洗干净，烘干后再使用。焙烘温度在80℃时，滤纸干燥时间为8～12h，温度在100℃时，为2～4h，但不得超过110℃。

（3）防止漏油和吸框。在滤油机工作时，若将板框反向放置，则会造成大量漏油；另外，在更换滤纸时，若滤油机前后阀门没有关闭严密，则会造成管路内的回油从滤油机内大量漏出。此外，当停止滤油机工作时，若关闭进出油阀的顺序不当，则会在更换滤纸时出现滤油机"吸框"现象（不能将板框松开），在这种情况下，应打开油盘的回油阀进行平压处理。

4-1-20　什么叫作真空过滤，它的结构组成和工作原理怎样，具有什么特点？

答：真空过滤是利用油和水的汽化温度不同，在真空罐内水分和气体形成减压蒸发，从而将油中水分及气体分离出来，达到除水脱气的目的。其结构原理如图4-1-3所示。真空滤油机滤油时，污油从贮油设备经输油泵送入粗滤器1过滤并压进加热器2，把油温提高到50～70℃再送向真空罐3内，罐内真空度为95～99kPa，经由喷嘴4把油喷射扩散成雾状。在此温度和真空度下，油中的水分汽化了，油中的气体也从油中析出，而油仍然是油滴，重新聚结沉降在真空罐容器底部。用真空泵把集聚在真空罐上部的水汽和气体经冷凝器5抽出，使油与水得到分离。真空罐底部的清净油用油泵7抽出，经过精滤器8输往净油容器。

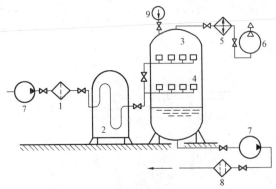

图 4-1-3　真空过滤工作原理图
1—粗滤器；2—加热器；3—真空罐；4—喷嘴；5—冷凝器；
6—真空泵；7—油泵；8—精滤器；9—真空表

真空滤油机对于绝缘油能在短时间内达到除水脱气、提高电气绝缘强度的作用非常好，而对透平油也有同样的效果。这种过滤法的优点是速度快、质量好、效率高。其缺点是不能清除机械杂质，另外，由于油在50～70℃下喷射扩散，会有部分被氧化。但总体来说，对透平油和绝缘油都可适用，尤其对提高绝缘油的绝缘强度非常显著。

4-1-21　在采用真空过滤操作中，其操作顺序如何，在运行中应注意哪些事项？

答：在采用真空过滤操作时，其主要操作方法如下：

开机运行：先打开水环泵的进水阀，启动真空泵，并同时立即打开真空罐至真空泵的球阀（注意：不要先开球阀再启动真空泵，因为这样容易造成水环泵内的水进入到真空罐内），当真空罐内的真空值达到一定时，则可通过调整真空罐的调压阀使真空值稳定在一定值，然后打开滤油机的进出油阀，并开启进油电磁阀，使油进入罐内，当罐内油位上升到3/4位置的可视孔处时，则可启动排油泵，排出罐内油液。若此时真空罐内的真空值发生了变化（一般变小），则应重新调整调压阀使真空值稳定在一定值，当真空值和油位达到稳定后，则可启动加热器，通过设定温度控制装置，使温度保持在50℃左右。

停机操作：先停加热器，再关进油电磁阀，然后停真空泵和关闭进水阀（注意：先关真空罐至真空泵的球阀，然后立即停止真空泵），再关排油泵，然后关闭真空罐的调压阀，最后对真空罐进行卸压。

对于真空滤油机的开、停机操作，操作时不得出错，以免造成滤油机损坏或滤油达不到要求。另外，真空滤油机在滤油过程中，可能会出现"冒烟"现象，这种情况极有可能是由于断油造成真空罐内缺油所致；而有时还会出现油位下降的现象，这种情况可能是由于进油口滤网被堵塞而引起的，应及时检查清洗。

4-1-22 水电站油系统的主要任务是什么？

答：在水电站中，为保证设备安全经济运行，油系统的主要任务是：① 接受新油。主要包括接受新油和取样试验。用油槽车或油桶将新油运来后，视水电站储油罐的位置高程，可采用自流或油泵压送的方式将新油储存在净油罐中。每次新到的油，一律要按透平油或绝缘油的标准进行全部试验。② 贮备净油。在油库或油处理室随时储存有合格的、足够的备用油，以供发生事故需要全部换用净油或正常运行补充损耗之用。③ 给设备充油。新装机组、设备大修或设备中排出劣化油后，需要充油。④ 向运行设备添油。用油设备在运行中，由于飞溅、漏油等原因，油量将不断减少，需要及时添油。⑤ 从设备中排出污油。检修时，应将设备中的污油用油泵或自流方式送至油库的运行油罐中。⑥ 污油的净化处理。将污油通过压滤机或真空滤油机等进行净化处理，除去油中的水分和机械杂质。⑦ 油的监督与维护。主要内容有：鉴定新油是否符合标准；定期对运行油进行取样化验，观察其变化情况，判断运行设备是否安全；对油系统进行技术管理，提高运行水平。⑧ 废油的收集与保存。把废油收集起来并送到油务管理部门进行再生处理。

4-1-23 在水电站中，油系统图的布置原则是什么？

答：在水电站中，油系统图的合理性直接影响到设备的安全运行和操作维护的方便与否。因此，应根据机组和变压器等设备的技术要求进行精心设计。其设计布置应注意明了、简便、实用原则，主要有以下几点。

（1）管道与阀门应尽量少，使操作简便，不易出差错，油系统通常是手动操作。

（2）油处理设备（包括滤油机、输油泵等）可单独运行或串联、并联运行。

（3）污油和净油，透平油和绝缘油均应有各自的独立管道和设备，以减少不必要的冲洗。对于小型水电站，为了节省投资，净油设备可共用一套，且宜选用移动式设备。

（4）管网遍布全用油区，透平油沿厂房纵向设置两条平行的供、排油干管，每台机组旁引出支管。小型水电站及水泵站为了使管网简化，有时可只有机旁管而无干管，供、排油时，临时装设软管连接。还可在用油设备的供、排油支管上装设带常闭阀门控制的活接头，设备检修或停机时可实现机旁滤油。

（5）在设备和管网系统的适当地方设置必要的监控元件，如油位器、示流器等。

4-1-24 如何对水电站透平油的用油量进行估算？

答：透平油的用量与机组的出力、转速、机型、台数等有关，其估算方法如下。

（1）运行用油量。以 V_1 表示，即设备充油量。它包含两部分：一是调速系统的用油量，即油压装置、导水机构接力器、桨叶接力器以及相关的管路；二是润滑系统的用油量，即水导轴承、发导轴承、推力轴承和相应管路的用油。在实际估算时，以 V_p 表示油压装置的充油量（厂家提供），V_h 表示润滑系统轴承的用油量，则设备的充油量为：$V_1 = (V_p + V_h) \times 1.05(m^3)$，另外还有一种估算算法为机组润滑油量、调速器的充油量及进水阀接力器的充油量和管道充油量之和。在实际计算中，可根据实际情况对每部分进行具体和详细的计算。

（2）事故备用油量。以 V_2 表示，它为最大机组用油量的 110%（10% 是考虑蒸发、漏损和取样等裕量系数），事故备用油量：$V_2 = (V_p + V_h) \times 1.1 (\text{m}^3)$。

（3）补充备用油量。以 V_3 表示，由于蒸发、漏损、取样等损失需要补充油。它为机组 45d 的添油量；补充备用油量：$V_3 = (V_p + V_h) \times \alpha \times (45/365)(\text{m}^3)$，$\alpha$ 为一年中需补充油量的百分数，对 HL、ZD 型水轮机取 5%～10%，对 ZZ 型水轮机取 25%。

所以，在水电站中，透平油系统的总用油量：$V = ZV_1 + ZV_2 + ZV_3$，Z 为机组台数。

4-1-25　水电站油系统设备的选择包含哪些内容？

答：根据水电站所在的地理位置及交通情况、装机容量、机组台数等因素，应拟定油系统的规模。在油系统类型和用油量确定之后就可以选择设备。而设备的配置原则，应按绝缘油和透平油两套系统分别配置。其设备通常包括：贮油设备、净油设备、油的吸附处理设备、油泵、油管和油化验设备等。对于油化验设备，一般中、小型水电站只设简化分析项目，现在大多数电站已不设置油化验设备。

4-1-26　对贮油设备的选择，其原则和要求是什么？

答：贮油设备包含净油桶、运行油桶、中间油桶、事故排油池、重力加油箱等，其选择的相关要求如下：① 净油桶是贮备净油以便机组或电气设备换油时使用。容积为一台最大机组（或变压器）充油量的 110%，加上全部运行设备 45d 的补充用油量。通常透平油和绝缘油各设置一个。但容量大于 60m³ 时，应考虑设置两个或两个以上，并考虑厂房布置的要求。② 运行油桶是当机组（或变压器）检修时排油和净油用。容积为最大机组（或变压器）油量的 100%，但考虑兼作接受新油，并与净油槽互用，其容积宜与净油槽相同。为了提高污油净化效果，通常设置两个，每个为其总容积的 1/2。对于中小型电站，一般设置了净油桶和运行油桶就可以满足要求，而对中间油桶、事故排油池、重力加油箱等，则应根据实际需要而定。

4-1-27　对油系统中油泵和净化设备的选择，应如何配置和计算？

答：对油泵和净化设备的选择（压力滤油机和真空滤油机），其配置和计算如下。

（1）净油设备选择。压力滤油机和真空滤油机的生产率是按 8h 内能净化最大一台机组的用油量或在 24h 内滤清最大一台变压器的用油量来确定。对净油设备，一般应分别选用一台压力滤油机和一台真空滤油机，一台滤纸烘箱，对滤油机最好是做到透平油和绝缘油各一套，以便分开使用。

（2）油泵选择。在一般情况下，都用压力滤油机代替油泵使用，虽然其输油量不如油泵，但它可以在输送油时对油进行过滤。而对于在需要高扬程和长距离输送油的时候，则需要选用一定要求的油泵来进行输送，在一般电站，只需配置一台移动式的齿轮油泵就可以了。

（3）管径、管材的选择。按经验选择，压力油管通常采用 $d = 32～65\text{mm}$，排油管取 $d = 50～100\text{mm}$，另外，也可以根据所需的流量按流速法来计算选择，其计算式如下：

$$d = \sqrt{\frac{4Q}{\pi v}}$$

式中：d 为油管直径，m；Q 为油管内的流量，m³/s；v 为油管中流速，一般为 1.0～2.5m/s。

计算后选取接近而略为偏大的标准管径，管道系列有：6、8、10、12、15、20、25、32、40、50、65、80、100、125、175、200、250、300、350mm 等。油系统油管建议选用有缝钢管或无缝钢管，通常不选镀锌钢管，因为它与油中酸碱作用，会促使油劣化。软管可选用软铜管、耐油橡胶管或软胶管等。

4-1-28　什么叫作泵，它有哪些种类？

答：输送液体或使液体增压的机械通称为泵。泵将原动机的机械能或其他外部能量输送给液体，使液体能量增加。按其工作原理可分为动力式泵、容积式泵、其他类型泵等三大类，如图 4-1-4 所示。

（1）动力式泵。它是依靠快速旋转的叶轮对液体的作用力将机械能传到流体，使动力能和压力能增加，再通过泵壳将大部分动能转变成压力能而实现输送。动力式泵又称叶轮式泵或叶片式泵。它包含离心泵、混流泵、轴流泵、旋涡泵等，其中，离心泵是最常见的动力式泵。

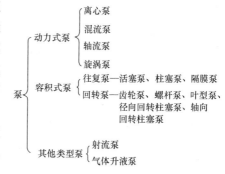

图 4-1-4　泵的分类

（2）容积式泵。它是依靠工作元件在泵缸内做往复或回转运动，使容积交替增大和缩小，以实现流体的吸入和排出。在容积式泵中，工作元件做往复运动的称往复泵，其吸入和排出过程在同一泵缸内，并由吸入阀和排出阀配合完成，它包含活塞泵、柱塞泵、隔膜泵等；而工作元件做回转运动的称回转泵，它主要是通过齿轮、螺杆、滑片等工作元件的旋转运动迫使液体从吸入侧转移到排出侧，它又包含螺杆泵、齿轮泵、叶型泵、叶片泵、径向柱塞泵、轴向柱塞泵等。

（3）其他类型泵。如射流泵、气体升液器等。射流泵是依靠一定压力的工作流体，它是通过喷嘴高速喷出带走被输送流体的泵。这种泵分为液体射流泵和气体射流泵，其中以水射流和蒸汽射流最常用。气体升液器是通过导管将压缩气体送至液体最底层，使之形成比液体轻的气液混合物，再借助管外液体的压力将混合流体压升上来。

4-1-29　水电站中常用的泵有哪几种，各有什么特点，用在哪些地方？

答：在水电站中，常用的泵有螺杆泵、齿轮泵、离心泵、柱塞泵等，其特点见表 4-1-3。

表 4-1-3　　　　　　　　　　　　水电站中常用的泵

名称	特　　点	使用介质	应用场合
螺杆泵	自吸能力好，最大吸升高度为 7.5m，可以输送流量大、压力较高的液体，且流量和压力稳定，噪声和振动小，可长期高速运转，动力消耗低。但加工困难，价格较贵	油	一般用在调速器输油泵、轴承润滑油输油泵等要求流量大、压力稳定、噪声小的地方
外齿轮泵	优点是结构简单紧凑，工艺性较好，价格便宜；结构紧凑，自吸性能好，最大吸升高度为 7.5m，转速范围大。缺点是输送压力较低，流量小，压力脉动较大，噪声也较大	油	一般用在漏油箱等需要小流量，压力较低，要求不高的地方

续表

名称	特 点	使用介质	应用场合
离心泵	结构简单，体积小且维修方便，但无自吸能力，适合于高扬程、高压力和大流量的场合	水	可用于厂区排水、渗漏排水、冷却供水、检修排水
轴流泵	特点是适合于低扬程、大流量的场合，由于叶片浸没在水下面，具有自吸能力，但维修不方便	水	一般的深井泵都采用轴流泵形式
混流泵	其外形、结构介于离心泵和轴流泵之间，性能也介于离心泵和轴流泵之间，和离心泵相比，扬程低一些，而流量大一些；与轴流泵比较，扬程高一些，但流量又小一些	水	一般潜水泵和深井泵采用混流泵形式
柱塞泵	密封性好，容积效率高，具有压力高、流量小的特点，存在压力脉动，且工作部件容易磨损	油	用于用油量不大，但压力要求高的轴套润滑等处
内齿轮泵	自吸性能好，最大吸升高度为 7.5m，能在低速下泵送高黏度油，也能在中温、中压下，泵送挥发性较高的低黏度油。内啮合摆线齿轮泵结构紧凑，运动平稳，噪声低。但流量小，流量脉动比较大，啮合处间隙泄漏大。内啮合齿轮泵的流量脉动率仅是外啮合齿轮泵流量脉动率的 5%～10%	油	常用作漏油箱上的漏油泵
叶片泵	设计简单，结构紧凑，排出压力高，可用于高压液压装备，最大吸升高度为 2.0m	油	

4-1-30　离心泵的结构组成和工作原理怎样，其具有什么特点？

答：离心泵的结构主要是由吸入室、叶轮和压水室等组成，如图 4-1-5 所示。当原动机带动叶轮旋转时，通过叶轮叶片对液体做功，将原动机的机械能传递给液体。液体在从叶轮进口流向叶轮出口的过程中，速度能与压力能都得到增加，从叶轮排出的液体进入压力室，使大部分速度能转换成压力能，然后沿排出管路输送出去，完成能量转换过程。叶轮吸入口处的液体因向外甩出而使吸入口处形成低压（或真空），因而吸入池中的液体在液面压力（通常为大气压力）作用下不断地压入叶轮的吸入口，形成连续的抽送作用。

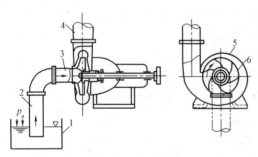

图 4-1-5　离心泵
1—吸入池；2—吸入管；3—吸入室；
4—排出管；5—压水室；6—叶轮

离心泵结构简单，体积小，且维修方便，运行安全可靠，所以其使用范围较广。但离心泵一般不能自吸，启动前必须在泵和吸入管路内灌满液体，并在吸入管的进液端装一单向阀。能自吸的离心泵结构较复杂，效率较低，只在特殊场合使用。

4-1-31　离心泵在启动前为什么要进行充水操作，离心泵启动充水的方法有哪些？

答：由于离心泵不具备自吸能力，当泵的叶轮安装在取水位以上时，泵体内是空气，而空气的密度比水小，叶轮旋转时排不掉空气，形成不了真空，水就不能升到泵体里来。所以，在水泵启动前，应设置启动充水设施，将泵壳及吸水管内的空气完全排出，并使泵壳内充满水后，才能使离心泵正常工作。常用的充水方法有设置底阀、设置真空泵、设置射流泵等三种方式，其具体原理如下。

（1）装底阀充水。在水泵吸水管入口处装设底阀防止水流掉。启动前打开灌水阀，向泵壳灌水，待水充满后，关闭灌水阀，启动水泵。也可将灌水阀常开一小开度，经常向泵壳注入少量水，补偿底阀漏去的水量，使泵壳及吸水管内经常充满水。在水电站中，这是最为常用的一种方法。

（2）设置真空泵。真空泵实际上是一种特殊形式的空压机，用来抽吸气体。设置真空泵作为水泵的启动充水设施，就是利用真空泵将水泵内的空气抽去，形成真空，使水从吸水管吸上，充满泵体，然后可启动水泵。水电站常用的真空泵为水环式真空泵。

（3）设置射流泵。这是利用射流泵的高速射流形成真空，将离心泵内的空气吸进混合室，并将射流混合成为乳状的水气混合流体通过扩散管排掉。当射流泵排出的水从雾状变为清水时，就表示水泵已充满水。

4-1-32 离心泵检修时，对轴承和叶轮应检查哪些内容，又如何处理？

答：离心泵叶轮的检查内容为空蚀破坏、裂纹、磨损等。其修理方法为：① 对叶轮入口外径处，如果出现不很深的沟痕，可装在车床上用砂布打磨；② 若在叶轮入口外径处出现较深的沟痕或偏磨较多时，可在厚度许可的情况下，在车床上找正车光，否则应更换叶轮，新更换上的叶轮要进行静平衡试验；③ 空蚀破坏较严重，但仍可使用的叶轮，可用环氧塑料或贝尔佐纳高分子材料等其他修补方法进行修补。

对轴承的检查则应注意以下事项。对滑动轴承：① 检查轴承座、轴承盖是否有裂纹或破损；② 检查油环是否松脱或损坏；③ 检查轴瓦的磨损、烧伤、脱壳情况，决定是否更换或重新浇瓦。对滚动轴承：① 检查滚动体及滚道表面有无斑、孔、凹痕、剥落等现象；② 检查轴承的内、外环有无裂纹；③ 检查轴承的磨损及滚珠与环的配合情况；④ 检查轴承转动是否灵活、平稳、无振动。有问题应及时更换。

4-1-33 如何对离心泵的新叶轮进行静平衡试验，其试验过程如何？

答：在对离心泵叶轮进行静平衡试验时，其试验过程如下。

（1）设置平衡架。① 在静平衡试验的台架上装设两条平行轨道，轨道上端加工成刀口状，刀口厚3mm；且刀口上平面应平整光滑；刀口的长度以轴在上面至少能转1.5～2圈为原则；② 将要试验的叶轮装上短轴，安放在平衡架的刀口上，利用平衡架下面的调节螺钉将两刀口调至同一水平面上，并使刀口水平。

（2）静平衡试验。① 用手扳动叶轮使其转动2～3次，若每次停止时，叶轮的位置不变，则说明叶轮存在静不平衡，其较重的部分在最下面的位置处；② 在叶轮的最上位置和最下位置处分别用大小、重量相同的夹子夹住，并在上面的夹子上夹上一块薄铁片；③ 再次扳动叶轮，叶轮停下后，若位置仍与上次相同，说明铁片的重量太轻，应换上较大的铁片，反之，应换上较小的铁片，直到叶轮可以停在任何位置。所加铁片的重量即为叶轮偏重的重量。

（3）配重处理。① 铁片的厚度应选择比叶轮壁薄3mm以上，外形做成与轮缘同心的形状；

② 在叶轮没有夹铁片的夹子位置上，把铁片的形状用划针划好，在铣床上铣削，铣削的形状和厚度与铁片相同，由于铁片的密度与叶轮相同，这样铣去的重量正好是叶轮偏重的重量。

4-1-34 轴流泵的结构组成和工作原理如何，有什么特点？

答： 轴流泵是靠旋转的叶片对液体产生的作用力使液体沿轴线方向输送的泵，如图 4-1-6 所示。轴流泵叶轮一般装有 2～7 个叶片，在圆管形泵壳内旋转，叶轮上部的泵壳上装有固定导叶，用以消除液体的旋转运动，使之变为轴向运动，将旋转流体的动能转变为压力能。

轴流泵通常是单级式，少数制成双级式，流量范围很大，为 180～360 000m³/h，扬程一般在 20m 以下。轴流泵主要适用于低扬程、大流量的场合，如灌溉、排涝、运河船闸的水位调节，或用作电厂大型循环水泵。

轴流泵一般为立式，叶轮浸没在水下面，也有卧式或斜式轴流泵。轴流泵的叶片分为固定和可调式两种结构。对于可调式轴流泵，叶片安装角在运行中可根据需要进行调节，使之在不同工况下保持在高效率区运行。轴流泵的流量—扬程，流量—轴功率特性曲线在小流量区较陡，故应避免在这一不稳定的小流量区运行。

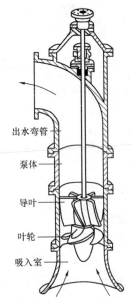

出水弯管

泵体

导叶

叶轮

吸入室

图 4-1-6　轴流泵的结构

4-1-35 深井泵大修时主要应检查哪些地方，其修理内容有哪些？

答： 深井泵进行大修时，应对以下部分进行检查，并予以修理。

（1）检查叶轮的磨损情况。若磨损不大，可用锉刀修平，或在车床上将接触锥面略车圆；磨损严重时，应予更换。经过修整或新换上的叶轮应进行静平衡试验。

（2）测量轴承间隙应符合要求。若间隙偏大，可在轴承的背部加紫铜垫予以调整；若轴承磨损严重，则应更换轴承。

（3）检查泵轴的磨损、裂纹、弯曲情况。对于泵轴的磨损，可用不锈钢焊条补焊或包焊不锈钢板，焊后应在车床上校直、车圆。对于泵轴上的裂纹，可将裂纹处切断，先车两端面再车螺纹，然后用联轴节连接；或在裂纹处开出坡口，用不锈钢焊条补焊、车圆、校直。泵轴的弯曲，在两端支承的情况下检查，一般不应大于 0.25mm，否则应予校直。

（4）检查输水管两端连接螺纹的损伤情况。将损伤部分切去，将螺纹向内延伸，水泵的传动轴也应切去相应的长度。检查联管器连接螺纹是否有损伤，无法处理时应更换。

（5）检查导水壳与叶轮配合的锥面磨损和腐蚀情况。一般可进行车修，若导水壳内部损坏严重，则应更换。

（6）检查锥形套与锁紧螺母，损坏严重的应更换。

（7）检查电动机部分。对损坏的轴承应更换，防倒转设备的各部件应清扫、擦洗干净。

（8）检查深井泵叶轮的轴向间隙。其间隙应适当并符合厂家或标准的要求，若偏差较大，应重新调整。

4-1-36 什么叫深井泵叶轮的轴向间隙，为什么这个间隙要适当，又如何调整和确定？

答： 叶轮前轮盘或叶轮上叶片的前边缘和导水壳之间的间隙，称为叶轮的轴向间隙。如果叶轮的轴向间隙太小，叶轮与导水壳可能产生机械摩擦，运行时会磨损叶轮；若间隙太大，在叶片与间隙间又会产生回流，减小了出水量，降低了水泵的效率。因此，叶轮的轴向间隙应调整在适当的范围内。叶轮轴向间隙的调整方法是：卸下电动机上方的防滴水罩，用螺丝刀旋起调节螺母的定位螺栓，用扳手扳动调节螺母，使其顺时针转动，当扳手刚吃上劲，也就是说叶轮将要与导水壳锥面离开，可以认为这时叶轮的轴向间隙为零，通常称这一位置为起始调节点。如果继续按顺时针方向旋转调节螺母，叶轮将被提起，其轴向间隙逐渐增加。叶轮轴向间隙调整的量，是以调节螺母旋转的圈数确定。

叶轮轴向间隙的确定方法为：① 初步调整。根据深井泵的型号，经查表计算后，调出叶轮的轴向间隙。考虑到深井泵的轴较长，由于自重及向下的水推力作用，运行后叶轮的轴向间隙可能会变小，因此初调时应适当地把间隙调大一点；此外，若水中含沙量较大，叶轮轴向间隙也应调大些。② 间隙确定。初步调整后，水泵投入 16～20h 试运转。要求运行中出水量稳定，电流和功率均正常。若出水量逐渐减小，说明轴向间隙增大；若电流增大，流量增加，说明轴向间隙过小，必须重新调整。

4-1-37 深井泵大修后首次启动前应做哪些准备工作？

答：深井泵在大修后首次启动前，为了保证泵的正常运转，应进行相关检查和准备，内容如下：① 检查电动机的转向。深井泵的转向从上向下看为逆时针方向。检查方法之一是检查电动机电源的相序。方法之二是先让电动机空转，若转向不对，将三相进线中任意两相调换即可。② 检查泵底座基础螺钉是否拧紧。③ 检查泵座、电动机各个轴承内的油是否足够。④ 检查填料压盖的松紧是否适度。⑤ 检查防倒转设备是否灵活、有效。⑥ 叶轮的轴向间隙已调节确定，调节螺母的定位螺栓已旋紧。⑦ 橡胶导轴承已加水预润滑 10～15min。

4-1-38 柱塞泵的结构组成和工作原理怎样？

答：柱塞泵的工作原理与活塞泵相同。区别在于柱塞是穿过装在泵缸上的固定填料密封件在缸体内运动，其密封性较活塞好，如图 4-1-7 所示。此外，柱塞推动液体做往复运动，其端面推着整个泵缸内的液体运动，柱塞的受力状况比活塞好得多。同时柱塞直径也比活塞直径小，所以，柱塞泵可用于更高压力和更小流量。柱塞泵也可分为单缸和多缸、单作用和双作用等形式。常见的是电动的单缸单作用柱塞泵和三缸单作用柱塞泵。柱塞泵也须设置安全阀，以防止过载。

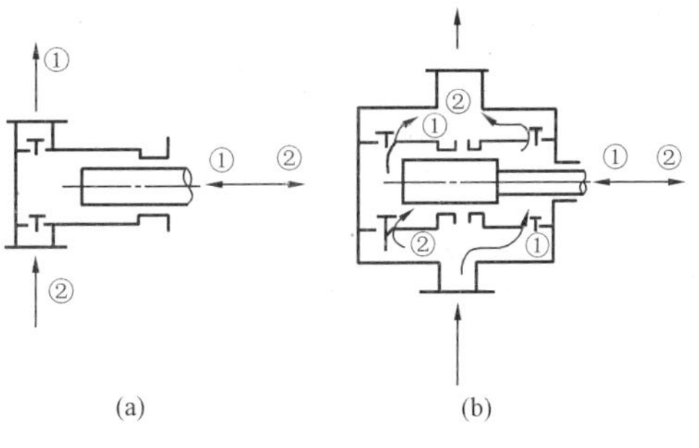

图 4-1-7　柱塞泵工作原理图
(a) 单作用柱塞泵；(b) 双作用柱塞泵

4-1-39 螺杆泵的结构组成和工作原理怎样，其特点怎样？

答：螺杆泵由相互啮合的螺杆和泵体内包含螺杆的泵套组成，它们形成隔绝吸入腔和排出腔的密封线和相互隔离的密封腔（见图 4-1-8），当螺杆转动时，密封线由吸入腔一端向排出腔一端做轴向移动，从而不断把输送液体推向排出腔。

图 4-1-9 为双螺杆泵，当主动螺杆转动时，由一对同步齿轮带动从动螺杆一起转动，由

于吸入腔一端的螺杆啮合空间逐渐增大，压力降低，液体在压差作用下进入啮合空间，并随着螺杆的旋转，液体就在一个个密封腔内连续地沿轴向移动，直到把输送液体推向排出腔。螺杆泵的特点是：流量和压力稳定，噪声和振动小，有自吸能力，但螺杆加工较困难。泵有单吸式和双吸式两种结构，但单螺杆泵仅有单吸式。

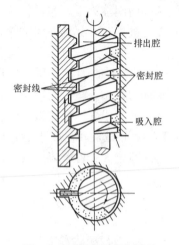

图 4-1-8　螺杆泵输液原理

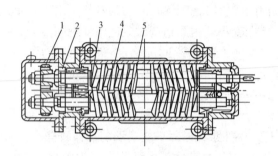

图 4-1-9　双螺杆泵
1—同步齿轮；2—滚动轴承；3—泵体；4—主动螺杆；5—从动螺杆

4-1-40　螺杆泵有哪些种类，其特点和应用范围怎样？

答：螺杆泵按螺杆根数分为单螺杆泵、双螺杆泵、三螺杆泵和五螺杆泵。由于其结构存在差别，所以它们的性能和特点也各有不同，具体见表 4-1-4。

表 4-1-4　　　　　　　　　　　　　　螺杆泵的类型

类型	压力（MPa）	流量（m³/h）	输送的液体特性	结构特点	应用举例
单螺杆泵	低于4，特殊可达10	0.3～40	可含有固体颗粒、有腐蚀性的液体，黏度范围大	泵体内衬套常用橡胶制作，螺杆与衬套形成的工作容积大，密封性较好	使用普遍，常用作高黏度泵、化工泵、污水泵、深井泵
双螺杆泵	低于1.5，特殊可达8	0.4～400	可含微小固体颗粒、有腐蚀性的液体，黏度范围较大	螺杆与螺杆、螺杆与泵体之间不接触，有一定间隙，密封性较差	使用较普遍，常用作燃油泵、输油泵、化工泵、黏胶泵
三螺杆泵	低于20，特殊可达40	0.6～600	不含固体颗粒、无腐蚀性的润滑性液体，黏度范围较大	螺杆与螺杆、螺杆与泵体内衬套（或泵体）之间接触，相互间的间隙很小，密封性好	使用普遍，常用于液压泵、润滑泵、输油泵、燃油泵
五螺杆泵	低于1	50～400	不含固体颗粒、无腐蚀性、黏度较低的润滑性液体	螺杆与内衬套不接触、螺杆与螺杆相互接触，有一定间隙，密封性较差	一般作为大流量润滑油泵使用（如船舶主机润滑泵），其他场合很少使用

4-1-41 齿轮泵的结构组成和工作原理怎样，具有什么特点？

答： 齿轮泵是依靠泵体与啮合齿轮间所形成的工作容积变化和移动来输送液体或使液体增压的回转泵。齿轮泵有外啮合式和内啮合式两种结构，如图 4-1-10 所示。外啮合齿轮泵主要由两个相互啮合的直齿轮与其体壳所组成，当齿轮按图示箭头方向转动时，吸油腔内的油随齿轮与体壳组成的油室沿双向外缘移动挤压入压力腔内，再送出；内啮合齿轮泵的工作腔由泵体、泵盖及齿轮的各齿槽构成，小齿轮和内齿轮相互啮合，它们的啮合线和月牙板将泵体内的容腔分成吸油腔和压油腔。当小齿轮转动时，内齿轮同向转动，随着齿轮的转动，齿间的液体被带至排出腔，液体受压排出。

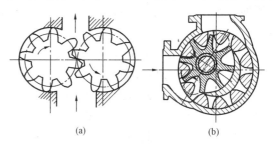

图 4-1-10 齿轮泵工作原理
(a) 外啮合；(b) 内啮合

齿轮泵适用于输送不含固体颗粒、无腐蚀性、黏度范围为 $1 \sim 10^6 \, \text{mm}^2/\text{s}$ 的润滑性液体。泵的流量不宜太大，压力可达 30MPa。通常用作润滑油泵、重油泵、液压泵和输液泵。齿轮泵的优点是结构简单，工艺性较好，价格便宜，结构紧凑，在同样流量的各类泵中，齿轮泵的体积较小；自吸性能好，齿轮泵无论在高速、低速甚至手动都能可靠地实现自吸；转速范围大，由于齿轮泵的转动部分基本上是平衡的，因而转速可以很高，齿轮泵常用的转速为 1500r/min，高速时可达到 5000r/min，不容易咬死。缺点是齿轮受的不平衡径向液压力大，限制了它的压力提高，故齿轮泵目前大多用于中低压力。此外，由于其流量脉动较大，噪声也较大。

4-1-42 内啮合渐开线齿轮泵和内啮合摆线齿轮泵相比，各具有什么优缺点？

答： 内啮合齿轮泵又分为内啮合渐开线齿轮泵和内啮合摆线齿轮泵。内啮合齿轮泵的优点是结构紧凑，体积小和吸入性能好，其流量脉动率仅是外啮合齿轮泵流量脉动率的 5%～10%。还具有结构紧凑、噪声小和效率高等一系列优点。它的不足之处是齿形复杂，需要专门的高精度加工设备，因此多被用在一些要求较高的系统中，适用于高空工作的液压系统，如飞机液压系统。

内啮合摆线齿轮泵结构紧凑，运动平稳，噪声低。但流量脉动比较大，啮合处间隙泄漏大。所以通常在工作压力为 2.5～7MPa 的液压系统中作为润滑、补油等辅助泵使用。

4-1-43 射流泵的结构组成和工作原理怎样，具有什么特点？

答： 射流泵是依靠一定压力的工作流体通过喷嘴高速喷出带走被输送流体的泵。图 4-1-11 为射流泵的工作原理图。工作流体 q_0 从喷嘴高速喷出时，在喉管入口处因周围的空气被射流卷走而形成真空，被输送的流体 q_s 即被吸入，两股流体在喉管中混合并进行动量交换，使被输送流体的动能增加，最后通过扩散管将大部分动能转换为压力能。按照工作流体的种类，射流泵可以分为液体射流泵和气体射流泵，其中以水射流泵最为常用。射流泵主要用于输送液体、气体。它还能与离心泵组成供

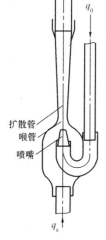

图 4-1-11 射流泵工作原理图

水用的深井射流泵装置。射流泵没有运动的元件，结构简单，工作可靠，无泄漏，也不需要专门人员看管，因此很适合在水下和危险的特殊场合使用。此外，它还能利用带压的废水、废汽（气）作为工作流体，从而能节约能源。射流泵虽然效率较低（一般不超过30%），但新发展的多股射流泵、多级射流泵和脉冲射流泵等传递能量的效率有所提高。

4-1-44 什么是水环式真空泵，其结构和工作原理如何？

答： 水电站常用的真空泵为水环式真空泵，它能把需要抽空的设备或容器里的气体抽

出，排至大气中，使设备或容器里形成一定的真空度（负压）。其结构简图如图4-1-12所示。它的工作原理是：圆柱形泵室内偏心地装着一个星形叶轮，启动前泵室内充有规定高度的水。叶轮转动时，水因离心力被甩至泵体周壁，形成一个水环，在叶轮轮毂与水环内表面间形成气室，当叶轮顺时针方向旋转时，气室右侧由小到大递增，左侧由大到小递减。因此，从右侧随着气室容积增加形成真空，吸入空气，而左侧随着气室容积减小空气被压缩排出。因该泵是利用水环工作，故需有一个供水系统或设一水箱供给水环用水。在真空滤油机上常安装这种泵做抽真空用。

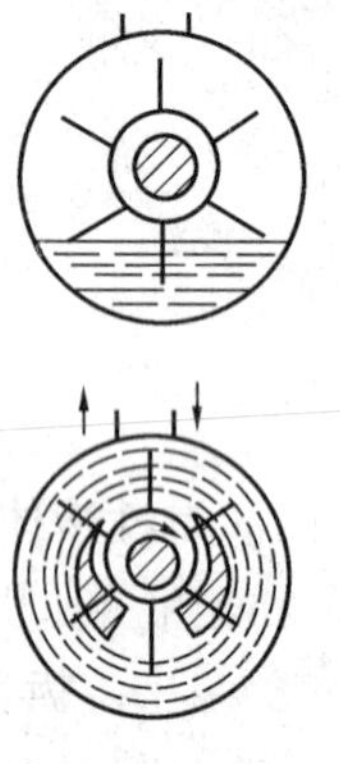

图4-1-12 水环式真空泵的结构和工作原理

4-1-45 在水电站中，选择水泵时应注意哪些方面？

答： 在水电站中，水泵应根据所需要的流量、扬程及其变化值来进行选择。一般应从以下几个方面进行考虑。

（1）选泵的原则。① 水泵应满足各个时刻对流量和扬程的需要；② 水泵整个运行的工作点均在高效区内，保证效率高，耗电少，抗空蚀性能好；③ 依据所选定的水泵建造泵房，其土建和设备费最小；④ 在选定水泵能力上要近、远期相结合，考虑发展余地。

（2）选泵的步骤。① 根据工作环境和吸水池水位深浅及其变化，确定适宜的泵型。② 在选定的泵型中，根据流量、扬程的大小和变化，确定最佳的水泵型号和台数。③ 依据选定的水系统来校验水泵扬程，校核实际运行工作点是否均处于高效区内。若工作点偏离高效区较远，应进行调整或更换。④ 考虑一下其他因素：尽量选用同型号水泵，便于备用、安装维护和管理；当水量和扬程变化较大时，可适当增加水泵台数、大小搭配，便于调度；考虑必要的备用台数，提高可靠性。

4-1-46 如何对水电站中的油系统设备进行清洗维护？

答： 在水电站中，为了保证用油设备的安全运行，应定期对油系统的各种设备及管道进行清洗。用油设备及管道的清洗维护往往应结合机组的定期检修或事故检修进行，而贮油和净油设备及其管道的清洗则需结合油的净化及贮油桶的更换等工作来进行。清洗工作的主要内容是清洗油系统中的沉淀物、水分和机械杂质等。清洗时，各设备及管道应拆开、分段、分件清洗。一般的清洗程序如下：① 先用海绵、抹布等将设备内的油、油泥、杂物等初步清理干净。② 然后用清洗溶液进行清洗，目前，清洗溶液除了煤油、轻柴油或汽油外，多采用各种金属清洗剂。清洗剂具有良好的亲水、亲油性能，有极佳的乳化、扩散作用，且价格低廉，安全可靠。③ 清洗完后，再用调制黏性较好的面团进行粘贴处理，直至完全干净。

清洗合格后，透平油各设备内壁应涂耐油漆，变压器等绝缘油设备内壁应涂耐油耐酸

漆，并放入少量油进行贮油试验，待一段时间后，观察油和油漆各有什么变化，若无变化则为合格。若有变化，则应找出原因，重新清理干净后再刷漆试验，直到合格为止。然后，油系统各设备均应密封以待充油。

4-1-47 冷却器的检修工艺怎样，对其渗漏的处理方法有哪些？

答： 冷却器（包括油冷却器和空气冷却器）检修工艺应按以下步骤进行：① 冷却管外表清洗。对于油冷却器只需擦干净铜管外表即可。而对于空气冷却器，应除去水箱盖和端部铁板上的泥、锈、铜管内的泥污，并用铁丝绑着洗瓶刷进行拉洗，全部清洗干净并干燥后，将水箱盖内部和端部铁板的表面刷一层防锈漆，漆干后，便可组装试水压。若是由于铜管外表面沾满了灰尘和油污，检修时还须将它放在碱水中清洗。② 管子内部的清洗。对于新安装的空气冷却器，冷却水与经冷却后的空气的温度差为 $6\sim7℃$，经过一段时间后，冷却效率会不断下降，当温差超过 $10℃$ 时，说明冷却管的冷却效果已明显下降，应采用铁丝绑着洗瓶刷等方法进行拉洗，直到干净为止。③ 水压试验。冷却器检修后，一般用 1.5 倍的工作压力做水压试验，要求持续 30min 不能有渗漏；水压试验可用手压泵打压。

对冷却器渗漏的处理方法有：① 若是管头处渗漏，可重新胀紧管头或用环氧塑料修补。② 因铜管裂纹而渗漏，可用铜焊修补。③ 个别铜管腐蚀严重，无法修补时，可用堵头将铜管两端堵住并用锡焊焊牢；但堵住的管子不宜过多，一般不超过总管数的 1/10，否则应更换冷却器。④ 渗漏严重的铜管，如果可能进行更换时，可换上新管，按胀管工艺胀紧。⑤ 经过处理的冷却管，应重新做水压试验，直至合格为止。

4-1-48 在水电站中，对油系统管道的安装，其程序怎样，应注意哪些事项？

答： 水电站的各种压力油管由于要承受比较高的压力，且管道内要求干净、无锈、无焊渣，所以一般采用无缝钢管（因为有缝焊接钢管的焊接分溅物会对轴承造成损害）。在进行管道安装时，其安装顺序一般为：配管、焊接、酸洗、安装等 4 个步骤。为了保证其安装质量，其具体要求和注意事项如下。

（1）配管。根据设备需要而提供的直管、弯头和法兰在现场根据图纸要求进行初步点焊固定配装。值得注意的是，在进行配管时，在法兰之间应放金属垫片（如铁丝），而不是胶垫圈，垫片厚度应与最终配装的垫圈厚度相同。

（2）焊接。当配管好后，则可将各段已点焊好的管道拆卸下来，移位到宽敞和适合于焊接的场地进行法兰等部位的正式焊接。在焊接中，一定要遵循给出的说明书或图纸进行焊接，并清除焊渣。例如，焊接的类型、焊条的类型、焊缝的准备、焊接次序、焊接试验等。必需的资料可从图纸、焊接程序卡、热处理卡、试验卡上获得。

（3）酸洗。对于油系统的管道，在焊接好后，必须进行酸洗。在酸洗前，应将已焊接好的管道在外面彻底地轻敲管子，使内部的焊接飞撒物、鳞皮等松脱，然后用清扫刷子或其他方法去掉管内残留物。对于含有砂子或铁屑的管子，在其焊后还必须用干燥的压缩空气仔细吹扫。清洗完之后，对管道视情况采取相应的方法进行酸洗。

（4）安装。按照图纸和相关标准的要求，将酸洗好的管道进行安装。对于管道的密封垫圈，一般是采用 O 形圈、耐油橡皮、耐油石棉橡胶等密封材料。

4-1-49　在配管中，对管子的弯曲有什么方法和工艺要求？

答： 在安装管路进行配管时，通常需对管子进行弯曲加工。管子的弯曲加工最好是在机械或液压弯管机上进行，用弯管机在冷态下弯管，可避免产生氧化皮而影响管子质量。这种方法一般适用于管子直径较小的情况。而若无冷弯设备则需采用热弯曲方法，热弯时容易产生变形、管壁减薄及出现氧化皮等现象。热弯前需将管内注实干燥河砂，用木塞封闭管口，用焦炭、气焊、高频感应加热法或专用的加热设备对需弯曲部位加热。

不管采用哪种弯曲方法，在弯曲管子时应考虑弯曲半径。当弯曲半径过小时，会导致管路应力集中，降低管路强度。通常规定：采用热煨管时，一般不小于管径的 3.5 倍；采用冷弯管时，一般不小于管径的 4 倍；采用弯管机热弯时，一般不小于管径的 1.5 倍。

4-1-50　采用热弯曲方法进行弯管时，应注意哪些事项？

答： 当采用热弯曲方法时，除了考虑其弯曲半径之外，还应注意加热长度，它主要取决于管径和弯曲角度。当直径为 28mm 的管子弯成 30°、45°、60° 和 90° 时，加热长度分别为 60mm、100mm、120mm 和 160mm；弯曲直径为 34mm、42mm 的管子，加热长度需比上述尺寸分别增加 25～35mm。管子加热时应均匀，热弯温度一般应为 750～1050℃（橙黄色）；加热次数一般不超过 3 次。热弯后的管子需进行清砂，并采用化学酸洗方法处理，清除氧化皮。弯制有缝管时，其纵缝应置于水平面与垂直面之间的 45° 处。

4-1-51　管子弯制后的质量应达到什么要求？

答： 管子弯制后的质量应符合下列要求：① 无裂纹、分层、过烧等缺陷。② 管子截面的最大与最小外径差，一般不超过管径的 8%。③ 弯曲角度应与样板相符。④ 弯管内侧波纹褶折高度一般不大于管径的 3%，波距不小于 4 倍波纹高度。⑤ 环形管弯制后，应进行预装，其半径偏差，一般不大于设计值的 2%；管子应在同一平面上，偏差不大于 40mm。

4-1-52　管道的焊接步骤应怎样进行，其注意事项有哪些？

答： 管道的焊接步骤一般分为开坡口、焊接和焊缝质量检查等三步进行，具体如下。

（1）管道在焊接前必须对其端部开坡口。若焊缝坡口过小会引起管壁未焊透，造成管路焊接强度不够；而过大又会引起焊接裂缝、夹渣及焊缝不齐等缺陷。坡口角度应根据国标要求进行。坡口的加工最好采用坡口机，采用机械切削方法加工坡口既经济，效率又高，操作又简单，还能保证质量。

（2）焊接方法的选择是关系到管道施工质量最关键的一环，应高度重视。目前广泛使用氧气—乙炔焰焊接、手工电弧焊接、氩气保护电弧焊接三种，其中最适合液压管路焊接的方法是氩弧焊接，它具有焊口质量好，焊缝表面光滑、美观，没有焊渣，焊口不氧化，焊接效率高等优点。另两种焊接方法易造成焊渣进入管内，或在焊口内壁产生大量氧化铁皮，难以清除。但在实际应用中，多采用手工电弧焊接。

（3）管道焊接后要进行焊缝质量检查。检查项目包括：焊缝周围有无裂纹、夹杂物、气孔及过大咬边、飞溅等现象；焊道是否整齐、有无错位、内外表面是否突起；外加工过程中有无损伤或削弱管壁强度的部位等。对高压或超高压管道，应对焊缝采用射线检查或超声波检查，提高管道焊接检查的可靠性。

4-1-53 当进行管子焊接时，对其坡口和焊缝有哪些具体要求？

答：（1）坡口要求。管子接头应根据管壁厚度选择适当的坡口型式和尺寸，一般壁厚不大于 4mm 时，选用 I 形坡口，对口间隙 1～2mm；壁厚大于 4mm 的，应采用 70°角的 V 形坡口，对口间隙及钝边均为 0～2mm，管子对口错牙应不超过壁厚的 20%，且最大不超过 2mm。

（2）焊缝要求。焊缝表面应有加强高，其值一般为 1～2mm；遮盖面宽度，I 形坡口为 5～6mm，V 形坡口要盖过每边坡口约 2mm。焊缝表面应无裂纹、夹渣和气孔等缺陷。咬边深度应小于 0.5mm；长度不超过缝长的 10%，且小于 100mm。焊接的工艺要求及焊缝内部质量应符合 GB 50236—2011《现场设备、工业管道焊接工程施工规范》的规定。对高压或超高压管路，应对焊缝采用射线检查或超声波检查。

4-1-54 在进行管道安装时，有哪些注意事项，其具体要求是什么？

答：在进行管道安装时，为了保证管道安装符合要求和方便检修，应注意以下事项。

（1）焊缝位置应符合下列要求：① 直管段两环缝间距不小于 100mm；② 对接焊缝距弯管起弯点不得小于 100mm，且不小于管外径；③ 焊缝距支、吊架净距不小于 50mm，穿过隔墙和楼板的管道，在隔墙和楼板内不得有焊口；④ 在管道焊缝上不得开孔，如必须开孔时，焊缝应经无损探伤检查合格。

（2）管子对口时检查平直度，在距接口中心 200mm 处测量，允许偏差 1mm，全长允许偏差不超过 10mm。

（3）明管安装位置应符合下列要求：① 管子安装位置（坐标及标高）的偏差，一般室外的不大于 15mm，室内的不大于 l0mm；② 水平管弯曲和水平偏差，一般不超过 0.15%，且最大不超过 20mm，立管垂直度偏差，一般不超过 0.2%，且最大不超过 15mm；③ 成排管应在同一平面上，偏差不大于 5mm，管间间距偏差应在 0～+5mm 范围内；④ 自流排水管和排油管的坡度应与液流方向一致，坡度一般在 0.2%～0.3%。

（4）法兰连接应符合下列要求：① 法兰密封面及密封垫不得有影响密封性能的缺陷存在，密封垫的材质应与工作介质及压力要求相符。垫片尺寸应与法兰密封面相符，内径允许大 2～3mm，外径允许小 1.5～2.5mm；垫片厚度，除低压水管橡胶板可达 4mm 外，其他管路一般为 1～2mm，垫片不准超过两层。② 法兰把合后应平行，偏差不大于法兰外径的 1.5/1000，且不大于 2mm，螺栓紧力应均匀。③ 管子与平法兰焊接时，应采取内外焊接，内焊缝不得高出法兰工作面，所有法兰与管子焊接后应垂直，一般偏差不超过 1%。④ 压力管路弯头处，不应设置法兰。在油系统管路中，不宜采用焊接弯头。

4-1-55 在最初安装油管道时，为什么要对其进行酸洗，常采用的方法有哪些？

答：由于润滑油系统和液压操作油系统必须保证其管道内绝对干净、无锈、无焊渣，而管道在最初安装时，由于其内表面存在锈蚀和焊渣等情况，所以为了除去锈泥和焊渣等杂物，通常采用酸洗的方法予以去除。管道酸洗的方法有很多，目前在施工现场常用的方法有槽式酸洗、循环酸洗和浸洗法等三种。

槽式酸洗法就是将安装好的管路拆下来，分解后放入酸洗槽内浸泡，处理合格后再进行回装。此方法较适合管径较大的短管、直管和容易拆卸、管路施工量小的场合，如泵站、阀站等液压装置内的配管及现场配管量小的液压系统，均可采用槽式酸洗法。

循环酸洗则是在安装好的液压管路中将液压元器件断开或拆除，用软管、接管、冲洗盖板连接，构成冲洗回路。用酸泵将酸液打入回路中进行循环酸洗。这种方法具有速度快、效果好、工序简单的特点。

浸洗法就是将配置好的浸洗溶液直接倒入管道内，浸泡一段时间后，然后清洗回装。

4-1-56　循环酸洗法与槽式酸洗法相比，具有哪些特点？

答：循环酸洗分为在线循环酸洗和线外循环酸洗。其中，在线循环酸洗是管道酸洗的主要方法，这种方法是将装完的管道用软管连接构成回路，用酸泵将酸液打入管道内进行循环。它无须将安装好的管道拆下来，只需把执行机构断开，用临时管子连接即可进行；线外循环酸洗则是将一些较短的管件或不宜在安装位置构成回路的管子拆下，再用软管或接头连接成回路进行循环酸洗，它是在线循环酸洗的一种辅助方法。

与槽式酸洗法相比，循环酸洗的特点是：① 酸洗液在管道内流动，液体处于紊流状态，可将管道内绝大部分杂质冲出管外，减轻油冲洗的负担；② 管道系统可以一次安装到位，绝大部分管道不需拆卸，可节省许多管道连接附件，降低施工成本，同时减少泄漏点，增加系统工作的稳定性；③ 在线循环酸洗还可减少拆卸、吊运、二次安装等工序，缩短施工周期，降低劳动强度；④ 酸洗后管子内部容易保护，防止再次污染，缩短冲洗周期；⑤ 酸洗装置体积小，制作简便，灵活，随时移动，符合现场施工流动性大的特点，同时降低制作成本。适用于管径在 $\phi18 \sim \phi114$ 之间的油系统。

4-1-57　循环酸洗法的工艺流程如何，应注意哪些事项？

答：循环酸洗法的工艺流程通常如下：① 试漏。用 1MPa 压缩空气充入试漏。② 脱脂。用泵将脱脂液（NaOH＝9％～10％；Na_3PO_4＝3％；$NaHCO_3$＝1.3％；Na_2SO_3＝2％，其余为水）注入管道内，在温度为 40～50℃时连续循环 3h。③ 气顶。用压力为 0.8MPa 的压缩空气将脱脂液顶出。④ 水冲。用压力为 0.8MPa 的洁净水冲出残液。⑤ 酸洗。用泵将酸洗液［HCl＝13％～14％；$(CH_2)_6N_4$＝1％，其余为水］注入管道内，在常温下断续循环 50min。⑥ 中和。用泵将中和液（pH 值在 9～10 的溶液）注入管道内，在常温下连续循环 25min。⑦ 钝化。用泵将钝化液（$NaNO_2$＝10％～14％，其余为水）注入管道内，在常温下断续循环 30min。⑧ 水冲。用压力为 0.8MPa，温度为 60℃的净化水连续冲洗 10min。⑨ 干燥涂油。用过热蒸汽吹干后注入液压油。

在循环酸洗的过程中，应注意如下事项：① 使用一台酸泵输送几种介质时，操作应特别注意，不能将几种介质混淆（其中包括水），严重时会造成介质浓度降低，甚至造成介质报废；② 循环酸洗应严格遵守工艺流程，统一指挥。当前一种介质完全排出或用另一种介质顶出时，应及时准确停泵，将回路末端软管从前一种介质槽中移出，放入下一工序的介质槽内，然后启动酸泵，开始计时。

4-1-58　采用槽式酸洗法酸洗管道时，其工艺流程怎样？

答：采用槽式酸洗的方法就是将管路全部浸洗在酸洗溶液中，经过一段化学反应后，检查管路内外表面无锈蚀，然后将管路取出，再放入碱性溶液中进行中和，酸洗完取出后，立即将管路内灌入或抹上润滑油（与使用的一致），并在安装前将管路两端的法兰用薄膜封好。槽式酸洗法的工艺流程一般如下：①脱脂。将管道放入脱脂液（NaOH＝9％～10％；

$Na_3PO_4=3\%$；$NaHCO_3=1.3\%$；$Na_2SO_3=2\%$，其余为水）中，在温度为 $70\sim80℃$ 时浸泡 4h。② 水冲。用压力为 0.8MPa 的洁净水冲干净。③ 酸洗。将管道放入酸洗液 [$HCl=13\%\sim14\%$；$(CH_2)_6N_4=1\%$，其余为水] 中，在常温下浸泡 1.5~2h。④ 水冲。用压力为 0.8MPa 的洁净水冲干净。⑤ 二次酸洗。用同样的酸洗液在常温下浸泡 5min。⑥ 中和。将管道放中和液（pH 值在 10~11 的溶液）中常温浸泡 2min。⑦ 钝化。将管道放入钝化液（$NaNO_2=10\%\sim14\%$，其余为水）中，在常温下浸泡 5min。⑧ 水冲。用压力为 0.8MPa 的洁净水冲干净。⑨ 快速干燥。用蒸汽、过热蒸汽或热风吹干。⑩ 封管口。用塑料管堵或多层塑料布捆扎牢固。按照以上方法严格做到的管子，其管内清洁、管壁光亮，一般可保持两个月左右不锈蚀。

4-1-59　采用浸洗法酸洗管道时，其操作程序如何，应注意哪些事项？

答： 相对于槽式酸洗和循环酸洗而言，浸洗法主要是将浸洗溶液直接倒入管道内。这种酸洗方法在国外的机组安装程序中应用较为广泛。其相关程序和注意事项如下。

（1）准备浸洗溶液。在木制、防酸塑料或厚钢板容器中配搅浸洗溶液。例如，混合 6% 盐酸溶液 125L、用 25L 浓度为 30%~33% 的纯盐酸（即废酸中不含砷）和 100L 水，注意酸必须倒入水中而不是水倒入酸中。再在 125L 酸液中加入约 50g 缓蚀剂。缓蚀剂是防止裸露金属在鳞皮和锈迹被除去后，受到酸液的侵蚀。

（2）浸洗程序。管道应在即将进行最终安装时才浸洗。短直管用螺栓连接在一起，形成长约 4m 的一段，含有几个弯头的管子也应加长至约 3m 长的一段，用堵头和橡皮垫圈、塑料帽或塑料、木塞子封住管子的一端以及所有的支管，将管子直立或倾斜地放置，用塑料勺或罐舀浸洗液慢慢倒入管中。对于含有弯头的管子在灌入酸液的过程中应将其转动，以利于空气逸出。让酸液在管中保留 24h（即过夜）。为了检验酸液浸洗的程度，可用一根含有一些焊接飞溅物的试验长度的管子加入同样的浸洗液，然后检查飞溅物是否除去及所用的时间，一般为 24h。

（3）浸洗完毕后，一根根地将管中酸液倒出，用水冲洗再用蒸气、压缩空气或鼓风机吹洗。用蒸气干燥时，管道必须充分加热以使残余湿气逸出。当用压缩空气时，在气流中加入几滴油以防止管内腐蚀。如果管道浸洗后不能马上安装，管道上所有的开孔都必须用合适的塑料盖或木、塑塞子封住。这些管子在最终配装之前不要再移动。浸洗酸液在倾倒之前应该用氢氧化钠中和。酸液的中和可用石蕊试纸检查。

4-1-60　如何对油系统和水系统的管道进行选择计算？

答： 对用水或其他介质的设备选用管道时，主要应注意两个方面：一是根据所需流量确定管径的大小，二是根据压力的大小确定管壁的厚度。其主要方法如下。

（1）对于管径大小的确定。管径的大小指的就是管道的公称直径，用 DN 表示，单位为 mm。其大小一般有：3、6、8、10、15、20、25、32、40、50、65、80、90、100、125、150、175、200、225、250、275、300 等一系列（具体可查表）。管径大小根据用水设备对使用流量的要求来确定，其计算公式为

$$d = 1.13\sqrt{\frac{w}{v}}$$

式中：d 为管径（m）；w 为体积流量（用水设备对流量的要求）（m^3/s）；v 为常用流速

（m/s），其值为：水泵吸水管 $v=1.2\sim2.0$；水泵压水管 $v=1.5\sim2.5$，自流供水管 $v=1.5\sim7.0$（水头为 15～60m），$v=0.6\sim1.5$（水头＜15m）。

在实际选用时，根据流量（考虑流量损失和余量）计算出管径大小，然后取标准值。

（2）对于管壁厚度的确定。管道为了满足管路中介质的压力要求，这就需要通过选用管道管壁的厚度来予以保证。管道的公称压力用 PN 表示，单位为 MPa，其大小一般有：0.25、0.6、1.0、1.6、2.0、2.5、4.0、5.0、6.3、10.0、15.0、25.0 等一系列。其选用的计算公式为

$$S=\frac{PD}{2[\sigma]\varphi}+C$$

式中：S 为管壁厚度（mm）；P 为管内介质压力（MPa）；D 为管子外径；$[\sigma]$ 为工作温度下的管材许用应力（MPa），不同材质的有不同的值，一般在 110～160MPa，具体需查表；φ 为管子纵向焊缝系数：对无缝钢管 $\varphi=1$，对焊接钢管 $\varphi=0.8$；C 为管壁厚度附加值，一般取 10%。

4-1-61 什么是管道的公称直径，它有什么意义？

答：管道的公称直径是指各种管子与管路附件的通用口径，又称公称通径。它是就内径而言的标准，只近似于内径而不是实际内径，通常用符号 DN 表示，后面紧跟一个数字表示，公称直径单位可用公制 mm 表示，也可用英制 in 表示。其意义是指同一规格的管子、管路附件具有通用性、互换性，且可相互连接。现行的管子与管路附件的公称直径按 GB/T 1047—2005《管道元件 DN（公称尺寸）的定义和选用》的规定选用，常用的规格有 10（3/8）、15（1/2）、20（3/4）、25（1）、32 $\left(1\frac{1}{4}\right)$、40 $\left(1\frac{1}{2}\right)$、50（2）、65 $\left(2\frac{1}{2}\right)$、80（3）、100（4）、125（5）、150（6）、175（7）、200（8）、225（9）、250（10）、300（12）、350、400 等（括号内为英制）。公称直径是有缝钢管、铸铁管、混凝土管等管子的标称（有特殊要求的管子应注明内径及壁厚或内外径）。但无缝钢管和不锈钢管则不用此表示法，而是用外径和壁厚来表示。

4-1-62 什么是管道的公称压力、工作压力、设计压力，它们的关系怎样？

答：公称压力是指管材 20℃时输水的工作压力，用 PN 表示，单位为 MPa。若水温在 25～45℃应按不同的温度下降系数，修正工作压力；工作压力是指给水管道正常工作状态下，作用在管道内壁的最大持续运行压力，它不包括水的波动压力；设计压力是指给水管道系统作用在管道内壁上的最大瞬时压力，一般采用工作压力及残余水锤压力之和，三者的关系是：公称压力≥工作压力，设计压力＝1.5×工作压力，其中工作压力由管网水力计算而得出。

4-1-63 管路附件包含哪些内容，各有什么作用？

答：工业管道用管件又称管路附件，一般包括弯头、大小头、三通、四通、外接头、内接头、活接头等，其结构如图 4-1-13 所示。根据材质的不同又分为铸铁管件、钢制管件、陶土管件等三大类别。各附件的作用分别如下。

（1）弯头。其作用是连接两根管子，使管路作 90°或 45°转弯，根据公称通径的不同又分为普通弯头和异径弯头等。

（2）大小头。又称异径外接头，其作用是连接两根公称通径不同的管子，使管路通径缩小或扩大。

（3）三通。其作用是供直管中接出一个支管用，根据公称通径的不同又分为普通三通和异径三通。

（4）四通。其作用与三通相同，只是其分支管的数目增加了，根据公称通径的不同，又分为普通四通和异径四通。

（5）外接头。其作用是连接两根公称通径相同外螺纹的管件或阀门。

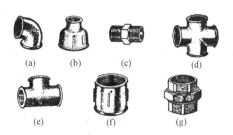

图 4-1-13　铸铁管件图

(a) 弯头；(b) 大小头；(c) 内接头；(d) 四通；(e) 三通；(f) 外接头；(g) 活接头

（6）内接头。其作用与外接头的作用相同，只是它是用来连接两个公称通径相同的内螺纹管件或阀门。

（7）活接头。又简称活接，其作用与外接头相同，但它拆装更方便，多用于时常需要拆装的管路上。

4-1-64　如何根据管子选择法兰，应注意哪些事项？

答：在进行法兰选择时，主要应注意以下几点：① 首先应按设计或使用要求确定好法兰的类型；② 在确定好法兰类型之后，应根据所需管子的公称通径、公称压力来确定法兰内径、法兰外径、法兰厚度、法兰螺栓孔的个数等几个要素。其中，最为重要的是要确定好法兰内径，因为在管子公称通径相同而公称压力不同时，管子的外径也不相同，那么相应的与其相配的法兰内径、法兰厚度及其他尺寸也会不一样。一般情况下，在选购时，除了要明确管子的公称通径、公称压力之外，还应特别注意需配管子的外径，以便在选择法兰时准确确定其内径尺寸，从而保证其他尺寸符合要求。

4-1-65　什么是法兰，它的作用是什么，有哪些种类？

答：法兰是一种盘状零件，在管道工程中是一种常用件，法兰都是成对使用的。其作用是在管道工程中，将法兰焊接（平焊或对焊）在钢管两端，用来跟其他带法兰的钢管或阀门、管件等进行连接。在需要连接的管道上各安装一片法兰盘，低压管道可以使用丝接法兰，4kg 以上压力的管道使用焊接法兰。两片法兰盘之间加上密封垫，然后用螺栓紧固。不同压力的法兰有不同的厚度和使用不同大小和个数的螺栓。水泵和阀门在与管道连接时，其端部也制成相对应的法兰形状，我们称之为法兰连接。

法兰的种类根据其所用材质的不同，常分为灰铸铁管法兰和钢制管法兰两大类。其中，钢制管法兰应用最为广泛，按照其与管道连接方式的不同又分为整体式、平焊式、对焊式三种，而根据法兰密封面形状的不同又分为平面式、凸面式、凹凸面式、榫槽面式、环连接面式等 5 种，其结构如图 4-1-14 所示。在实际中，使用最多的为平面钢制法兰。

4-1-66　无缝钢管和焊缝钢管各有什么优点？

答：无缝钢管和焊缝钢管是钢管类的两个分支，它们各有其特点。无缝钢管具有较高的强度，且冷拔无缝钢管可以达较高的精度，表面质量好，故常用于性能要求高、表面质量要求高的场合；焊缝钢管最大的特点是价格便宜，钢材的损耗量小，且经适当的焊接可以达到较高的强度，故综合经济效益较高，因此在一些发达国家焊缝钢管生产的比重逐年上升。

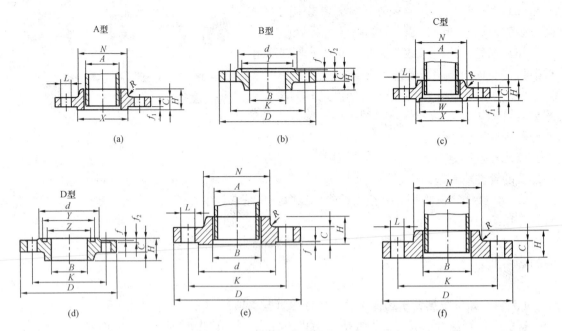

图 4-1-14　平焊式钢制管法兰类型

(a) 凹凸面带颈平焊钢制管法兰 A 型；(b) 凹凸面带颈平焊钢制管法兰 B 型；(c) 榫槽面带颈平焊钢制管法兰 C 型；(d) 榫槽面带颈平焊钢制管法兰 D 型；(e) 凸面带颈平焊钢制管法兰；(f) 平面带颈平焊钢制管法兰

4-1-67　在辅助设备的油、气、水系统中，对设备和阀门的编号应遵循什么原则？

答：在水电站中，为了有利于油、气、水系统中各设备的使用和操作，通常需对各系统中的设备和阀门予以编号，并同时附带文字说明。在编号时，为了使用方便可靠，其编号应遵循简单、易懂和方便的原则。通常情况下，其编号的方法和原则如下。

(1) 对动力设备，如电动机、空压机等，一般按顺序编为 1 号、2 号等。其编号原则为：按厂房方位，从上游往下游方向，靠上游为 1 号，靠下游为 2 号；呈横向布置的，靠左边为 1 号，靠右边的为 2 号；是上下布置的，位于上方的为 1 号，位于下方的为 2 号，依次类推。

(2) 对阀门，一般采用四位数字编号，并加上中文说明。如××××从左至右，第一位数为系统代号，通常 1 代表油系统、2 代表水系统、3 代表气系统；第二位数为机组代号，若机组比较多的话，可增至三位数，一般用 0 代表公用设备；第三、四位数为阀门代号，一般按一定顺序编写即可，但为了考虑同类设备的对比性，在编号时应注意数字的对比性，如对 1 号厂区排水泵出水阀的编号为 2011，那么 2 号厂区排水泵出水阀的编号为 2021，还有 3 号的话则为 2031，这样以便于区分。

(3) 对表计，首先以 B 代表"表计"的意思，如：B××××，后面也采用四位数字编号，其编号原则与阀门编号一致。

4-1-68　在水电站中，对于油、气、水系统的管道各是如何区分的？

答：水电站中的油、气、水管路纵横交错，为了较好地区分这些不同系统的管路及其作用，我们通常在各系统的管路上涂刷不同颜色的油漆来予以区分，其具体规定如下：对于油系统，红色的油管代表压力油管和进油管，黄色的油管代表排油管和漏油管；对于水系统，天蓝色的代表冷却水管、技术供水管或取水管，而深绿色的代表润滑水管或排水管，橙黄色的代表消防水管，黑色的代表排污管；对于气系统，其管道均涂白色。

4-1-69　在水电站的油系统中，为什么要设置直流轴承油泵和直流顶轴油泵？

答：在水电站油系统中，通常在安装有交流轴承油泵和交流顶轴油泵的情况下，还设置直流轴承油泵和直流顶轴油泵作为备用，其主要目的是保证轴承供油的可靠性。

因为机组在运行时，轴承润滑用油是保证机组正常运行和开、停机的必要条件，而高压顶轴用油也是保证机组开、停机的必要条件，如果这两个条件不满足，则会引起由于机组因轴承缺油而造成烧瓦的事故，所以为了保证机组运行的安全性，就必须保证轴承供油的高可靠性。在水电站中，对于这些设备的电源供电，一般是通过厂用电（交流电）供电，其供电可靠性会受机组运行的可靠性和系统稳定性的影响。而相对于交流电源而言，直流电源则是蓄电池组供电，不会受外界因素影响，具有绝对的可靠性。因此，为了保证润滑用油和顶轴供油的可靠性，通常通过设置直流轴承油泵和直流顶轴油泵来予以保证。其工作方式是：当交流轴承油泵和交流顶轴油泵因交流失电而停止工作时，控制回路会自动启动备用的直流轴承油泵和直流顶轴油泵工作。

🔩 第二节　气系统及空压机

4-2-1　什么叫作水电站的气系统，它的任务是什么，由哪几部分组成？

答：根据水电站主体设备的使用要求，将所有供、用气设备用管路连接成一个系统，我们简称为气系统。根据气系统绘制而成的原理图，则称为气系统图。气系统的任务是及时地按质（气压、干燥程度和清洁程度）、按量向用户供气。为了完成上述任务，气系统通常由空气压缩装置、供气管网、测量控制元件和用气设备组成。其中，水电站中的空气压缩装置主要是活塞式空气压缩机，其附属设备包括贮气罐、气水分离器和空气冷却器等；供气管网由干管、支管和各种管件组成，其任务是把压缩空气按要求输送给用户；测量控制元件包括各种自动化测量及监控元件，用以保证设备的安全运行和向用户供气；用气设备主要包括油压装置的压力油罐、制动闸、主轴密封、风动工具等。

4-2-2　在水电站中，高压气系统和低压气系统是如何划分的，各有什么作用？

答：水电站的用气设备主要包括油压装置的压力油罐、制动闸、主轴密封、风动工具等，按照其气压的高低，我们通常将其分为低压气和高压气两大系统。一般而言，对于压力低于 1MPa 的称为低压气，压力高于 1MPa 的则称为高压气。气系统的作用和需要用气的设备，主要有以下几个部分。

（1）高压气系统。① 调速系统和蝶阀系统的油压装置压力油槽用气。它是水轮机调节系统和机组控制系统（如水轮机进水阀等）的能源，其压力有 2.5、4.0、6.3 等几个等级；② 变电站配电装置中空气断路器及气动操作的隔离开关的灭弧和操作用气，其压力在 2.0～6.0MPa。

（2）低压气系统。① 机组停机时制动装置用气，一般额定压力为 0.7MPa 左右。② 水轮发电机组作调相机运行时向转轮室供气压水。一般额定压力为 0.7MPa 左右。③ 水轮机导轴承检修密封围带充气。一般额定压力为 0.3～0.7MPa 左右。④ 蝴蝶阀止水围带充气。

额定压力比作用水压大 0.1～0.3MPa。⑤ 安装、检修时风动工具及设备吹扫清污用气。额定压力为 0.7MPa。⑥ 寒冷地区的水工建筑物、调压井、闸门及拦污栅前防冻吹冰用气，额定压力为 0.7MPa。

4-2-3　对水电站中的用气有什么质量要求，对于压缩空气的干燥有哪些方法？

答：为了保障水电站各用气设备的正常工作，其用气应达到气压、清洁和干燥的要求。为此，压缩空气经空气压缩机产生后，需进行冷却、除湿和干燥才能使用。所以，必须正确地选择压缩空气设备，合理地组织压缩空气系统。其中，对于压缩空气的干燥较为重要，其常用的方法有热力法、物理法、降温法及化学法等几种。

热力法又称降压干燥法，它是利用在等温下压缩空气膨胀后其相对湿度降低的原理，先将空气压缩到某一高压，然后经减压阀使空气降压膨胀，空气中的水蒸气减少，达到干燥的目的；物理法是利用某些多孔型干燥剂（如硅胶）的吸附性能，吸收空气中的水分，工作中干燥剂的化学性能不变，且经烘干还原后可重复使用；降温法是利用湿空气性质的一种物理干燥法，一般通过加装冷却器进行降温干燥；化学法则是利用善于从空气中吸收水分生成化合物的某些物质作干燥剂，如苛性钠和苛性钾等，由于其装置和运行维护复杂，成本高，一般不采用。

4-2-4　在气系统中为什么要设置油水分离器，它有哪些类型？

答：在水电站中的气系统中，通常在空气压缩机出口或供气管道上安装油水分离器，又称气水分离器。其功能是分离压缩空气中所含的油分和水分，使压缩空气得到初步净化，以减少污染、腐蚀管道和对用户的使用产生不良影响。油水分离器的作用原理是采取不同的结构型式，使进入油水分离器中的压缩空气气流改变方向和速度，并依靠气流的惯性，分离出密度较大的油滴和水滴。

根据油水分离器结构型式的不同，通常有以下几种：① 使气流产生环形回转结构式的；② 使气流产生撞击并折回结构式的；③ 使气流产生离心旋转结构式的，如图 4-2-1 所示。对于安装在空压机上的油水分离器，一般在其底部还设有截止阀和电磁阀作为排污兼作空压机启动卸荷阀之用。其中，截止阀是手动操作，电磁阀是电气自动操作。对于安装在管道上的油水分离器，应在运行过程中对其定期进行检查，并及时将里面的油水混合物排出。

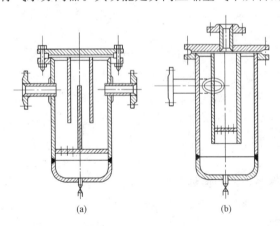

(a)　　　　　　(b)

图 4-2-1　油水分离器
(a) 使气流产生撞击并折回结构式的；
(b) 使气流产生离心旋转结构式的

4-2-5　硅胶干燥剂具有什么特性，在水电站中有何作用？

答：硅胶干燥剂的主要成分是二氧化硅，它是由天然矿物经过提纯加工而成的，形状为粒状或珠状。硅胶为半透明、内表面积很大的多孔性固体，由于它的微孔结构对水分子具有良好的亲和力，所以它有良好的吸附性，对水有强烈的吸附作用，是一种较好的干燥剂。另外，它不溶于水和任何溶剂，无毒无味道，化学性质稳定，热稳定性好，有较高的机械强度。硅胶最适合的吸湿环境为室温 20～32℃、高湿（60%～90%），它能使环境的相对湿度降低至 40% 左右。而含有钴盐的硅胶叫变色硅胶，没有吸水时呈蓝色，被水饱和后呈粉红色。硅胶经烘干还原后可重复使用。在水电站中，通常装设在油箱上，与呼吸器结合使用，做除湿吸潮用。

4-2-6 空气压缩机有哪些种类，原理怎样，在水电站中常用的是哪一种，特点如何？

答： 空气压缩机的种类很多，按工作原理可分为容积型和速度型两大类。

速度型压缩机靠气体在高速旋转叶轮的作用下，获得巨大的动能，随后在扩压器中急剧降速，使气体的动能转变为势能（压力能），它的工作原理是提高气体分子的运动速度，使气体分子具有的动能转化为气体的压力能，从而提高压缩空气的压力。容积型压缩机靠在汽缸内做往复运动的活塞，使容积缩小而提高气体动力，它的工作原理是压缩气体的体积，使单位体积内气体分子的密度增加以提高压缩空气的压力。按照其结构型式的不同，又有多种分类，具体如图 4-2-2 所示。

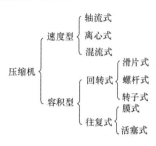

图 4-2-2 空气压缩机的类型

水电站中常用的压缩机为活塞式空气压缩机，它具有压力范围广、效率高、适应性强等特点，因此它在现代工业中也得到广泛应用。

4-2-7 活塞式空气压缩机由哪几部分组成，其工作原理怎样？

答： 活塞式空气压缩机主要由活塞 1、汽缸 2、吸气阀 3 和排气阀 4 组成，如图 4-2-3 所示。在活塞式压缩机中，气体是依靠在汽缸内做往复运动的活塞来进行压缩的。其工作原理如下：

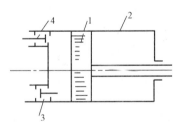

图 4-2-3 活塞式空气压缩机示意图
1—活塞；2—汽缸；3—吸气阀；
4—排气阀

当活塞向右移动时，汽缸左腔容积增大，压力降低，形成真空，吸气阀 3 克服弹簧阻力自行打开，空气在大气压力的作用下进入汽缸左腔，这个过程为吸气过程；当活塞返行时，汽缸左腔压力增高，吸气阀 3 自动关闭，吸入的空气在汽缸内被活塞压缩，这个过程为压缩过程；当活塞继续向左移动，汽缸内的气体压力增高到排气管中的压力时，排气阀 4 自动打开，压缩空气被排出，这个过程为排气过程。至此，完成一个工作循环，如此周而复始地进行，以完成压缩气体的任务。这种压缩机称为单作用式压缩机。还有一种叫双作用式压缩机，这种空压机的特点是在活塞的两行程中都进行吸气和排气，以充分利用汽缸的容积。而为了获得高压力的压缩空气，可将几个汽缸串联起来工作，连续对空气进行多次压缩，这种空压机称二级、三级或多级空压机。

4-2-8 水电站在选用空气压缩机时，应注意哪几个方面？

答：（1）应考虑排气压力的高低。气源的工作压力应比气动系统中的最高工作压力高 20% 左右。如果系统中某些地方的工作压力要求较低，可以采用减压阀来供气。空气压缩机的额定排气压力分为低压（0.7～1.0MPa）、中压（1.0～10MPa）、高压（10～100MPa）和超高压（100MPa 以上）等几种，使用时，根据实际需求来选择。

（2）考虑排气量大小。排气量是空压机的主要参数之一，选择空压机的排气量要和所需的排气量相匹配，并留有 10％的余量。若需气量大，而空压机排气量小，就会造成供气量不足；相反，若排气量越大，则使压缩机配的电动机越大。

（3）考虑冷却方式。在风冷、水冷两种冷却方式上，用户常有错误的认识，认为水冷好，其实不然，国内外小型压缩机中风冷式大约占到 90％以上，这是因为在设计上风冷简便，使用时无须水源。而水冷式的不足是必须有完备的上下水系统，投资大，冷却器寿命短，在北方冬季还容易冻坏汽缸、浪费水等。所以，通常选用风冷式的较为实用。

4-2-9　空压机的曲轴及滚柱轴承应如何进行检查，针对相关问题如何进行处理？

答：在空压机的保养维修中，曲轴及滚柱轴承应检查：① 曲轴与平衡块连接应紧固。必要时应检查平衡情况。② 滚柱轴承与曲轴应配合牢靠并转动灵活，无卡死、憋劲或过大磨损。③ 曲轴颈部应光洁，若有轻微磨痕或毛糙，应用水砂纸打光。④ 曲轴各油孔用气吹扫检查，应畅通无杂物。

当出现以下情况时，则需进行必要的处理：① 曲轴的椭圆度和锥度超出规定值；② 曲轴有纵向裂纹或横向有轻微裂纹时，应予修理，有横向裂纹时，应更换；③ 在轴颈的过渡圆角处，或距离过渡圆角 5mm 的范围内有轻微裂纹，或同一轴颈的纵向轻微裂纹超过三条、同一横断面上超过二条或轻微裂纹长度超过允许值时；④ 曲轴有伤痕，或曲轴键槽磨损；⑤ 曲轴产生弯曲或扭转变形。

对于造成空压机曲轴变形的主要原因可能有：① 主轴承不同心，使曲轴在运转中翘曲变形；② 由于连杆螺栓折断，引起剧烈冲击，造成曲轴变形；③ 某一主轴承烧熔，引起曲轴扭曲。对于曲轴变形常采用的校正方法有：压力与敲击法校正、弯曲热力校正、热力机械校正等。

4-2-10　空压机的活塞、活塞环应进行哪几个主要项目的测量与检查？

答：对于空压机活塞、活塞环的测量与检查，其项目包括：① 首先取出锁环，敲出活塞销，脱开连杆与活塞；② 取出活塞环，并测量、检查各级活塞环、油环的自由状态开口，装入汽缸内的切口间隙、漏光角、离销口、漏光隙是否在规定范围内；③ 活塞槽与活塞环之侧面间隙应满足规定值；④ 清洗检查活塞镜孔及活塞槽无毛刺、裂纹等现象，若有锈蚀，用 0 号砂布打磨；⑤ 测量检查活塞与汽缸之配合间隙；⑥ 测量检查活塞、活塞销孔以及十字头销孔的圆锥度与椭圆度；⑦ 销环弹性应良好，与活塞销端面间隙均为 0.5mm。

4-2-11　对于空压机活塞环、曲轴与连杆的装配有什么要求，应注意哪些事项？

答：对于往复活塞式压缩机，其活塞环、曲轴与连杆是空压机的主要工作部件，也是非常重要的部件。在安装和检修过程中，对它们的装配是否正确将直接影响到空压机的正常工作和使用寿命。如活塞环的错口安装、曲轴轴瓦的间隙调整和螺栓的力矩控制等都需特别注意，其具体要求和注意事项如下：① 未装活塞环前检查连杆是否偏缸，如偏缸，应校正连杆。② 活塞环的装配，应使内切口向上（油环的切口应向下），各活塞环不能对口安装（活塞环对口之后会增加压缩室的漏气量，造成空压机压力不足或供气效率低），故应每隔90°～180°安排一个对口间隙，相互错开。活塞环的开口间隙一般为 0.15～0.35mm，使用限度为 1.0mm。③ 汽缸与活塞的配合间隙一般为 0.06～0.12mm，使用限度为 0.20mm。④ 装活塞连杆时，应按原装配方向装复，装上垫片后连杆螺栓螺母应按照要求的力矩拧紧。连杆轴承孔与连杆轴颈的间隙一般为 0.06～0.063mm，使用限度为 0.12mm。⑤ 曲轴连杆装复后，转动曲轴的力矩不能太大，以能比较轻松转动为宜。⑥ 缸盖总成的进、排气阀座的拧紧力矩按照要求拧紧。⑦缸盖的螺栓按对角线的次序和拧紧力矩的要求均匀拧紧。而对于以上的相关项目，其间隙和拧紧力矩的要求，需特别注意，具体应根据不同的情况按照厂家要求严格执行。

4-2-12　空压机活塞环的作用是什么，为什么它的开口间隙和弹力要适当？

答：在往复活塞式压缩机中，活塞环是非常重要的一个工作部件，也是一个易损件。它的主要作用是依据自身特性密封活塞与汽缸之间的间隙，防止气体从压缩容积的高压侧泄漏向低压侧，同时减少活塞与汽缸壁面间的摩擦阻力。在活塞环的设计过程中，活塞环的开口间隙不是任意选取的，它是按照活塞环在压缩温度下，沿圆周方向的伸缩量来确定的。如果活塞环的开口间隙过小，活塞环受热膨胀后，开口完全封闭，随着膨胀量的增大，活塞环就会沿径向延伸，造成活塞环径向胀大，一旦活塞环在汽缸内胀死后，引起活塞环和汽缸内壁的接触温度急剧升高，使汽缸壁面的油膜遭到破坏，润滑条件恶化，导致拉缸甚至引发活塞环断裂。严重时使活塞环和汽缸胀死在一起，产生电动机超载，被迫停车，或造成烧坏电动机、汽缸破裂等重大事故。而若活塞环间隙太大，则会造成漏气使气压上不去或供气效率低。

活塞环的弹力大小是否合适对压缩机的效率以及经济性也有直接影响。弹力过大，在一定程度上强化了活塞与汽缸间的密封效果，但同时也加剧了活塞与汽缸壁间的磨损；弹力过小，则会导致活塞与汽缸间的密封效果不佳，同样会加速活塞环的磨损。因此在选用活塞环时要首先检查活塞环的弹力是否符合要求。所以，在活塞环材料的选取时，应首先保证活塞环具有相应的弹力。

4-2-13　对于空压机的运行温度有什么要求，温度过高对其有什么影响？

答：对于活塞式空气压缩机，按照一般规定，在正常工作时其汽缸温度不得超过160℃。若汽缸温度长时间超过 160℃，就表现为汽缸过热。汽缸过热会造成两个方面的问题：一是使缸内润滑油迅速炭化，积炭一旦燃烧就会引起爆炸，造成重大事故。另外，温度过高容易使气阀迅速积炭，引起气阀漏气等故障。二是活塞环受热过量膨胀后，引起活塞环在汽缸内胀死，使活塞环和汽缸内壁的接触温度急剧升高，汽缸壁面的油膜遭到破坏，润滑条件恶化，导致拉缸甚至引发活塞环断裂。严重时使活塞环和汽缸胀死在一起，产生电动机超载，被迫停车，或造成烧坏电动机、汽缸破裂等重大事故。所以，对于空压机的运行温度也需特别注意，在使用过程中应尽量避免长时间运行，造成温度过高（在巡视时应定期用温度检测仪测量各活塞缸的温度）。对于间隙式工作方式的空压机，一般要求连续工作时间不要超过 30min，且停机时间要大于或等于工作时间。如果空压机的转速高，环境温度高，风冷条件差，则应考虑选用液冷空压机。

4-2-14　空气的清洁度对空压机有什么影响？

答：由于空气中总含有不同程度的尘埃和其他杂质，空气中灰砂、杂质含量过多，对压缩机有相当的危害。主要危害有：① 如果空气中的砂粒坚硬，则会磨损汽缸、活塞杆、填料和其他机件，缩短其使用寿命；② 灰尘进入汽缸与润滑油混合，会在气阀、活塞环中结成焦块，妨碍机械润滑，引起拉缸、拉瓦，并会在压缩机高温面砂粒多的情况下，引起爆炸危险；③ 灰砂进入压缩机，容易堵塞气阀、冷却器、空气管路和风动机械，造成设备的不严密性而降低气量；④ 尘埃进入压缩机，会增加压缩机机件的磨损，破坏压缩机润滑，影响气体的冷却，并使压缩气体的终温度升高，电能消耗也将急骤增加。

所以，对于空压机的使用，应尽量保持其在干燥清洁的环境中使用，另外，一定要保证空压机的空气过滤器正常使用和及时清洗或更换，以保证进入空压机内的空气清洁。

4-2-15 空压机的汽缸和连杆出现哪些问题时应予修理？在修理时应注意哪些事项？

答：当空压机的汽缸出现以下问题时，应进行处理：① 汽缸壁径向均匀磨损，磨损量达 $(0.002\sim0.003)D$（D 为汽缸内径）；② 汽缸被磨成圆锥形，磨损量达 $0.001D$ 时；③ 汽缸壁径向不均匀磨损，呈椭圆形达 $(0.001\sim0.002)D$，当汽缸磨损达最大值或有 0.5mm 深的拉伤，要重新镗缸；④ 汽缸壁有裂纹，汽缸镜面擦伤、拉毛或起台阶；⑤ 汽缸水套有裂纹或渗漏。

当空压机连杆出现以下问题时，应进行处理：① 连杆大头孔分界面磨损或损坏；② 连杆大头变形；③ 连杆小头内孔磨损；④ 连杆弯曲或扭曲变形。

在对空压机进行维修清洗时应注意：① 清洗时应使用洁净的布，不允许使用棉纱；② 受压容器不宜做三次以上的酸洗，酸洗时，一般应在溶液中加入缓蚀剂，以保护金属，减轻腐蚀。

4-2-16 空压机大修时应检查哪些内容，大修后首次带负载运转中要检查哪些项目？

答：空压机在大修时，需对以下一些内容进行检查：① 检查汽缸镜面的摩擦情况，如有擦痕，应查找原因，予以消除；② 检查活塞表面，应无磨痕、拉道等现象；③ 检查各阀片与阀体的贴合情况，阀片有变形或裂纹时，应予更换；④ 检查十字头滑板与机身导轨，接触面不应有磨痕或拉道；⑤ 检查连杆大瓦、十字头销摩擦面的摩擦情况；⑥ 将全部润滑油更换（一般应每工作 $500\sim800$h 更换一次）。

大修后首次带负载运转中需检查以下项目：① 检查空压机的运转是否平稳，转动部分的声音是否正常，应无异常的撞击声和松动声；② 检查各连接法兰、轴封、进气阀、排气阀、汽缸盖和水套等，应无泄漏现象；③ 润滑油的压力在送入分配管系之前不应低于 0.1MPa，曲轴箱内的润滑油温，有十字头的不超过 60℃，无十字头的不超过 70℃；④ 冷却水应畅通，排水温度不超过 40℃；⑤ 检查、调整各安全阀，要求其动作应灵活；⑥ 测量各排气温度及压力，应符合图纸要求，通常低压出口温度不超过 100℃，高压出口温度不超过 155℃。

4-2-17 空压机在运行中，应巡回检查哪些基本内容？

答：空压机在运行中应注意巡检下列内容：① 检查各轴承内的油质、油量，不应有大量喷油和泡沫现象存在，同时注意轴承润滑油甩油环应不停地转动并平稳，带油量充足，轴承的温度不超过规定值；② 油槽油位应合格（油位一般在油标的 $1/3\sim2/3$ 为宜）、油质良好、润滑油量充足，曲拐轴销钉无脱落现象；③ 水冷式空压机的冷却水应畅通，供水量应适当，当发现水流中断时，应将压缩机停止运行，查清中断原因；④ 风冷式空压机的风扇应运行正常无异常声音，其防护罩应完好；⑤ 空压机和电动机运行无异音，振动不大，温度不超过规定值；⑥ 空压机及各管路结合处无漏气现象；⑦ 电动机三相电压平衡，电流不超过规定值，各触点的压力表整定值无变化。

4-2-18 什么叫作带传动，它有什么特点，又有哪些类型？

答：带传动是利用张紧在带轮上的带，借助它们间的摩擦或啮合，在两轴（或多轴）间传递运动或动力。其主要优点是：皮带具有良好的弹性，在工作中能缓和冲击和振动，使运动平稳、噪声小；载荷过大时皮带（除同步带）在轮上打滑，可防止零件的损坏，起到安全保护作用；皮带的长度规格多，可以适用于不同中心距，特别是大中心距的传动；此外，皮带传动还具有结构简单，制造、安装、维护方便，成本较低等特点。带传动的缺点是：结构尺寸较大；轴上受力较齿轮传动大，且皮带易磨损，除同步带外，其他的带传动均靠摩擦力来传递运动和动力，因此不能传递较大的功率，也不能保证准确的传动比，传动效率较低。所以，不宜用于大功率传动，通常传递的功率不超过 50kW，带的工作速度一般为 5～25m/s，传动比一般在 7 以下。

带传动根据其原理的不同，可分为摩擦型和啮合型两大类。前者过载可以打滑，但传动比不准确（滑动率在 2% 以下），后者可保证同步传动。根据带的形状，又可分为平带传动、V 带传动和同步传动。在水电站中，常采用的带传动设备有厂房主通风机、空气压缩机等，而且一般都采用 V 带传动。

4-2-19 三角皮带的结构怎样，有哪些型号？

答：三角皮带（也称 V 带）是一种标准件，由专业工厂生产，其结构如图 4-2-4 所示。对于三角皮带（V 带），根据其宽度制的不同分为普通 V 带和窄 V 带两种。标准的 V 带，其楔角 α 都为 40°。在实际应用中，普通 V 带使用较多，而按其截面尺寸的大小，普通 V 带又分为 Y、Z、A、B、C、D、E 等 7 种型号，其楔角 α 不变，截面尺寸

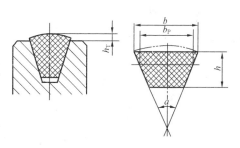

图 4-2-4 V带截面示意图

依次增大，其截面尺寸见表 4-2-1。常用的三角胶带为 Y、Z、A、B 4 种型号。

表 4-2-1　　　　　　　　　　　　普通 V 带的型号

型号		节宽 b_P	顶宽 b	高度 h	楔角 α	露出高度 h_T 最大	露出高度 h_T 最小	适用槽形的基准宽度
普通 V 带	Y	5.3	6	4	40°	+0.8	−0.8	5.3
	Z	8.5	10	6		+1.6	−1.6	8.5
	A	11	13	8		+1.6	−1.6	11
	B	14	17	11		+1.6	−1.6	14
	C	19	22	14		+1.5	−2.0	19
	D	27	32	19		+1.6	−3.2	27
	E	32	38	23		+1.6	−3.2	32

4-2-20 对于三角带的选用和安装有什么要求和注意事项？

答：在选用或更换三角皮带时，应根据槽形的基准宽度来选用合适型号的三角皮带，并

应测量和核对其基本尺寸。其基本尺寸包含：顶宽、高度和长度（三角胶带的型号及内周长度等参数通常会印在胶带外面，选择时要仔细查看）。

安装时应注意：① 主、从动皮带轮的轴线应保持平行，轮槽必须在同一平面内，不得扭曲。② 三角胶带的张紧度要符合要求，在一组三角皮带中，安装后不能有松紧不均现象，如安装过紧，三角皮带严重变形，则会缩短三角皮带的寿命，同时也会使轴承由于径向受力过大而发热，加快轴承的损坏；若三角皮带过松，则会造成被带动的机器达不到额定转速，甚至产生打滑现象。多根三角皮带传动时，各根皮带的长度、张紧度应基本一致，并要安装防护罩。③安装前要保证主动轮和被动轮的两平面都在同一平面上。④ 安装三角皮带时不许用铁制工具强行撬入，否则会严重损坏三角皮带的被撬部分，使三角皮带内层与强力层之间发生剥离或表皮被划破，造成被撬局部的松弛，同时还可能撬坏三角皮带轮槽。正确的安装方法是：先将张紧装置调松，然后用手将三角皮带压入皮带轮槽，最后再调紧。⑤ 检查三角皮带的露出高度应符合要求。

4-2-21 对于三角皮带的使用，如何进行检查和保养？

答： 为了保证 V 带的正常工作，应定期对其使用情况进行检查和保养，内容如下。

（1）定期检查三角胶带的张紧度，并进行调整，若满足不了规定要求，必须更换新的三角胶带。更换时，在同一个皮带轮上的全部皮带应同时更换，否则由于新旧不同，长短不一，使三角皮带上的载荷分布不均匀，造成三角皮带的振动，传动不平稳，降低了三角皮带传动的工作效率。

（2）使用中，三角皮带运行温度不应超过 60℃。

（3）要防止三角皮带污染上机油、黄油、柴油和汽油，否则会腐蚀三角皮带，缩短使用寿命。三角皮带的轮槽也不许沾上油，否则会打滑。沾有油污的要将其清洗干净，清洁三角皮带时要用温水，不要用冷水和热水。

（4）不要随便涂皮带脂。如发现三角皮带表面发光，说明三角皮带已经打滑，要先清除皮带表面的污垢，再涂上适量的皮带蜡。对于各种型号的三角皮带，不宜涂松香或黏性物质。

（5）发现磨损严重、裂纹、老化、折皮等缺陷时应及时更换。

（6）三角皮带不用时要保管好，应保存在温度比较低，没有阳光直射和没有油污和腐蚀性烟雾的地方，以防止三角皮带变质。

4-2-22 在带传动中，对带的预紧力有什么要求，如何进行检查和调整？

答： 带的预紧力俗称为皮带的松紧度。它对带的传动能力、寿命和轴压力都有很大影响。预紧力不足，传动载荷的能力降低，效率低，且使小带轮急剧发热，胶带磨损；预紧力过大，则会使带的寿命降低，轴和轴承上的载荷增大，轴承发热与磨损。因此，适当的预紧力是保证带传动正常工作的重要因素。

对于带的预紧力要求和测定，具体方法是通过在带与带轮的切边中点处加一垂直于带边的载荷 G 来进行测定。所加载荷 G 与小带轮的直径和带速有关，它可以根据带所要求的预紧力通过公式求出（这里不做介绍），也可参照下表中的数值。一般情况下，我们根据表中的数值来选择。然后测定 f 值，使其符合 $f=1.6t/100$ 的要求，则其预紧力就达到了要求，如图 4-2-5 所示。而张紧力的大小（f 值的大小）

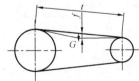

图 4-2-5 带传动预紧力的测量

则可通过两轮之间的距离来调整。表 4-2-2 就是测定预紧力所需垂直力 G（N）。

带型	小带轮直径（mm）	（普通 V 带）带速（m/s）			带型	小带轮直径（mm）	（普通 V 带）带速（m/s）		
		0～10	10～20	20～30			0～10	10～20	20～30
Z	50～100	5～7	4.2～6	3.5～5.5	C	200～400	36～54	30～45	25～38
A	75～140	9.5～14	8～12	6.5～10	D	355～600	74～108	62～94	50～75
B	125～200	18.5～28	15～22	12.5～18	E	500～800	145～217	124～186	100～150

表 4-2-2　　　　　　　　　　　　普通 V 带带速

第三节　水 系 统 及 阀 门

4-3-1　水电站的水系统包含哪几部分，各起什么作用？

答：水电站的水系统主要包括供水系统和排水系统两大部分。其中，供水系统又包括技术供水、消防供水和生活供水；而排水系统又包括渗漏排水、检修排水和厂区排水等。

在供水系统中，技术供水又称生产供水，其供水对象包括各种机电设备，主要是机组轴承的润滑与冷却用水、发电机空冷器用水、水冷式变压器用水、水冷式空压机用水、主轴密封水等，它的主要作用是对设备进行冷却和润滑，有时用作操作能源，如射流泵、高水头电站的进水主阀等；消防供水主要用于主厂房、变压器、发电机及油处理室等处的灭火；生活供水则是生活中所使用的洗涤和饮用水等。

在排水系统中，厂内渗漏排水通常包括：厂内水工建筑物的渗漏水；机组顶盖与主轴密封处的漏水及各供排水阀门、管件处的渗漏水等，渗漏排水的特点是排水量小，高程较低，不能靠自流排至下游。因此，一般电站都设有集水井，将上述渗漏水集中起来，然后用水泵抽出。检修排水包括：尾水管内的积水、低于尾水位的蜗壳和压力管道内的积水、上下游闸门的漏水等，主要是在检修时进行排水。检修排水的特点是排水量大，高程低，需用水泵在较短时间内排出。此外，许多电站还设置了厂区排水井，主要是将厂房周围的雨水及其他各种排水收集后进行排放，通常可以采用自流排放，而当下游水位较高时则采用水泵排水。

4-3-2　技术供水系统由哪些部分组成，对其用水有何要求，若不满足会有什么后果？

答：技术供水系统主要由水源、水质处理设备、管道和测量控制元件等组成。为了保证设备能正常运行，所提供的技术用水应当满足各种用水设备对水压、水量、水质、水温的要求。

对于水量，一般按厂家提供的数据，并根据实际情况略为留有 10% 左右的余量则可；水温通常以冷却器入口水温 25℃ 作为设计标准，当水温高于 25℃ 时影响冷却效果，进而影响发电机的出力，需采用特殊冷却器或增加冷却水量，若水温低于 25℃ 时则应适当减少水量，冷却水温一般应不低于 4℃，若水温过低则会使冷却器黄铜管外凝结水珠，而水管及设备也会因温差幅度过大而造成管道出现裂缝而损坏；水压应适当，过高的水压会使冷却器管道破裂，水压过低则不能提供足够水量。工作水压一般控制在 1.5～2.0kg/cm²，最高控制在 3.5kg/cm² 以内；在满足以上条件的同时，技术供水还应保证水质，严格限制水源的机械杂质、生物杂质及化学杂质含量，若不满足要求，则会对冷却水管和水轮机轴颈产生磨损、腐蚀、结垢和堵塞，一般要求技术用水中不存在悬浮物，泥沙含量低于 $0.1kg/m^3$，沙粒直径小于 $0.025\sim0.10mm$，并力求不含水生物。另外，水中的氧化镁与氢氧化钙含量，暂时硬度不超过 $60\sim80mg/L$。

4-3-3 如何对技术供水进行净化处理，通常采用哪些方法，各有什么特点？

答：由于天然河水中含有多种杂质，特别是汛期杂质剧增，必须对它进行净化处理，以满足水质的要求。这种对水中所含悬浮物、泥沙等机械杂质予以清除的过程，称为水的净化。其主要方法有以下两种。

(1) 清除污物。清除污物的方法可采用：① 设置拦污栅。在技术供水的取水口装设拦污栅或滤网，阻拦较大的悬浮物，通常设有浮式拦污栅和固定拦污栅。② 设置滤水器。在取水管道上装设滤水器（一般装设在水泵的后面），滤水器网孔的要求为 $2\sim6mm$，水流通过网孔的流速为 $0.1\sim0.25m/s$，滤网孔的有效过流面积至少应为进、出水管面积的 2 倍，即有一半的网孔被堵塞时仍能保证必要的水量。

(2) 清除泥沙。清除泥沙的方法一般有两种：一种是设置沉沙池，一种是选用水力旋流器。其中，采用沉沙池具有结构简单、运行费用低、除沙效果好的特点，根据其结构的不同，又分为平流式沉沙池、斜板式沉沙池、斜管式沉沙池等几种不同的方式。水力旋流器是利用离心力来清除水中泥沙的装置，在技术供水系统中具有除沙和减压的作用。水力旋流器结构简单，占地面积小，投资低，被分离的液体在器内停留时间短，除沙效率高，能连续运行且便于自动控制。但它的水力损失大，壁面易磨损，杂草不易分离，适用于含沙量相对稳定，粒径在 $0.003\sim0.15mm$ 的场合，对颗粒较大的泥沙也可清除。

4-3-4 对于水电站中的水生物，如何进行防治？

答：在水电站中，由于淡水壳菜繁殖速度很快，在管壁上附着紧密，质地坚硬，用机械方法很难清除，应着重于阻止它的生成，通常采取下列措施。

(1) 用药物毒杀。壳菜生殖旺期为 $9\sim11$ 月，其幼虫对药物的抗力远远小于成虫，是向技术供水系统投放毒药的最好时期。一般采用浓度为 $5\sim20ppm$（1ppm 为百万分之一）的五氯酚钠水溶液，当水温高于 20℃ 时，采用低浓度，反之，则采用高浓度。并且要求在投药后，连续处理 24h 以上，能收到大于 90% 的毒杀效果，但须注意对下游河道的污染，使供水水质满足国家的有关规定。

(2) 提高管内流速和水温。淡水壳菜属于软体群栖性生物，依靠本身分泌的足丝牢固地生长在水中固定的硬物上，形成重叠群体，它最适宜在水流平缓、水温 $16\sim25$℃ 条件下生活，当水温超过 32℃ 时就很难生存。因此，采取定期切换供、排水管路或提高流速的办法，也可有效地阻止淡水壳菜的生成。

4-3-5 什么叫作技术供水的处理，常用的方法有哪些？

答：对水中化学杂质的清除称为水的处理。由于化学杂质的清除比较困难，需要很多的设备和费用，中、小型水电站一般不做考虑。其通常采用的方法有以下几种。

(1) 除垢。当水中暂时硬度较高时，冷却器内常有结垢现象，这会影响冷却效果及设备使用寿命，对其采用的方法可通过加入一定的酸使水垢溶解的化学方法，也可通过电磁或超声波的物理方法，使沉淀的结晶不形成水垢，而成为不再凝聚的附着物，以利定期排除。

（2）除盐。对于采用了双水内冷的发电机供水系统，一次水的水质要求比较高，为了保证一次水的纯度，对不符合要求的水质，常采用离子交换法除盐。

4-3-6 技术供水水源的选择有哪些方式，各有什么特点？

答：技术供水水源的选择非常重要，不仅要满足用水设备对水的质量的基本要求，还要使整个系统运行维护简单，技术经济合理。一般情况下，均采用水电站所在的河流作为技术供水水源。只有当河水不满足要求时，才考虑其他水源。为了保证其供水可靠，还需设置不同形式的备用水源，各类水源及特点如下。

（1）上游取水。从上游取水可以利用水电站的自然落差，不需要或减少提水的费用，这也是在设计中优先考虑的水源类型。按取水口布置位置的不同又分为：蜗壳、压力引水管和坝前取水。蜗壳取水方式的特点是管道短，设备简单，占地面积小，便于集中布置和操作；对于压力引水管取水，其取水口在进水阀的前面，可以分各机组均设置取水口和全站设置统一的取水口；而坝前取水，其水源可靠，但引水管道长，投资大，多用于河床式、坝内式和坝后式电站。

（2）下游取水。当上游取水不能满足水压要求或能源利用不合理时，常用水泵从下游尾水抽水，再送至各用水设备。此种取水方式每台水泵需有单独的取水口，布置灵活，管道较短，但其可靠性差，容易中断供水，设备投资运行费用增加。

（3）地下水源。当河水不能满足水质要求时，可采用地下水作为供水水源。

4-3-7 水电站常用的阀门有哪些种类，各起什么作用，其图示的表示方法怎样？

答：水电站中常用的阀门，按其作用分为以下几类。

（1）截断阀类。主要作用是接通或截断管路中介质，包括闸阀、截止阀、蝶阀、球阀、隔膜阀等。

（2）止回阀类。主要作用是防止管路中介质倒流，包括止回阀和底阀。

（3）安全阀类。主要作用是防止介质压力超过规定数值，对管路或设备进行超载保护，包括各种形式的安全阀、保险阀。

（4）分流阀类。分配、分离或混合管路中介质，包括旋塞阀、分流球阀和疏水阀等。

在水电站中，常用的阀门有闸阀、截止阀、球阀、蝶阀、止回阀、底阀、减压阀、安全阀等。选择阀门的主要参数为公称压力、公称直径、温度范围、驱动方式以及使用介质和其他条件（如材质或特殊用途等）。

对于各种阀门的表示方法见表4-3-1。

表4-3-1 各种阀门的表示方法

序号	名 称	图 示	说 明
1	截止阀		
2	闸阀		
3	节流阀		
4	球阀		

序号	名　　称		图　示	说　　明
5	蝶阀			
6	隔膜阀			
7	旋塞阀			
8	止回阀			流向由空白三角形至非空白三角形
9	安全阀	弹簧式		
		重锤式		
10	减压阀			小三角形一端为高压端
11	疏水阀			
12	角钢			
13	三通阀			
14	四通阀			

4-3-8　在截断阀类别中，闸阀、截止阀、蝶阀、球阀各有什么特点？

答：闸阀、截止阀、蝶阀、球阀都具有截断和调节流量的作用，其特点分别见表4-3-2。

表 4-3-2　　　　　　　　　　　　截断阀的类别

名　　称	特　点　及　用　途
闸阀	闸阀是作为截止介质使用，在全开时整个流通直通，此时介质运行的压力损失最小。闸阀通常适用于不需要经常启闭，而且保持闸板全开或全闭的工况。闸阀的阻力较小且关断性较好，但不适用于作为调节或节流使用。所以，常用于干管的关断，而不做调节流量用。其优点是造价低，维护检修方便，全开时水力损失小，工作可靠，密封严密；缺点是体积大，密封面易磨损。闸阀分为几种不同的类型，如：楔式闸阀、平行式闸阀、平行双闸板闸阀、楔式双闸板闸阀等。最常用的型式是楔式闸阀和平行式闸阀
截止阀	截止阀阻力大，所以主要用于流量的调节，另外在管径较小的管路中供截流用也比较适宜。截止阀的优点是结构简单，阀座和阀瓣的修理比较容易，操作灵活，止水情况好，结构高度小。其缺点是阻力系数较大，为闸阀的5～10倍，开启过流时，阀瓣经常受冲蚀，且盘根容易漏水，只允许单向流动，安装时有方向性，结构长度较大。常用的截止阀有以下几种：直通式截止阀、角式截止阀、柱塞式截止阀
蝶阀	蝶阀具有结构简单、体积小、重量轻、操作简单的特点，流量控制特性良好。但其缺点是影响水流流态，造成一定的水力损失，另外，检修比较麻烦，且其密封的可靠性不高，只适合在介质较干净且对密封无损伤的情况中使用。蝶阀有弹性密封和金属密封两种密封型式。弹性密封阀门，密封圈可以镶嵌在阀体上或附在蝶板周边。采用金属密封的阀门一般比弹性密封的阀门寿命长，但很难做到完全密封。金属密封能适应较高的工作温度，弹性密封则具有受温度限制的缺陷。常用的蝶阀有对夹式蝶阀和法兰式蝶阀两种。对夹式蝶阀是用双头螺栓将阀门连接在两管道法兰之间，法兰式蝶阀是阀门上带有法兰，用螺栓将阀门上两端法兰连接在管道法兰上

名　称	特　点　及　用　途
球阀	球阀的主要特点是结构紧凑，体积小，流体阻力小，易于操作和维修方便，截断介质的速度快，且其密封性能好，工作可靠，不仅能对多种液体介质作截止之用，而且还具有良好的截止气体介质的性能，并且还可作节流和控制流量之用，其缺点是球体加工研磨困难，造价高，且当采用软质密封圈时，使用温度受到限制。所以，在水电站中，一般在气系统中做截止或调节气体流量之用

4-3-9　水电站中常用的止回阀有哪几种，各有什么特点？

答：止回阀是指依靠介质本身流动而自动开、闭阀瓣，用来防止介质倒流的阀门。根据其结构的不同，可分为以下几种。

（1）升降式止回阀。升降式止回阀是阀瓣沿着阀体垂直中心线滑动的止回阀，它只能安装在竖直管道上，在高压小口径止回阀上，阀瓣可采用圆球。升降式止回阀的阀体形状与截止阀一样（可与截止阀通用），因此它的流体阻力系数较大。

（2）旋启式止回阀。旋启式止回阀是阀瓣围绕阀座外的销轴旋转的止回阀，其密封可靠，应用较普遍。

（3）蝶式止回阀。蝶式止回阀是阀瓣围绕阀座内的销轴旋转的止回阀。其结构简单，只能安装在水平管道上，密封性较差。

（4）管道式止回阀。管道式止回阀是阀瓣沿着阀体中心线滑动的阀门。它是新出现的一种阀门，它的体积小，重量较轻，加工工艺性好，是止回阀的发展方向之一，但流体阻力系数比旋启式止回阀略大。

4-3-10　有的冷却水泵的出口处安装有橡胶伸缩节，起什么作用，有何特点？

答：在许多冷却水泵的出口处安装有橡胶伸缩节，其主要作用是：① 这种装置具有较好的弹性，可以吸收水泵传递给管道的部分振动和噪声；② 伸缩节前后连接管道可成一定角度，且可以兼作补偿段，使伸缩节前后连接管道能适量地压缩、拉伸和错位。

其特点是：① 该伸缩节由橡胶制成（内层为腈基丁二烯橡胶，中层为尼龙绳，外层为氯丁橡胶制成），较轻较软，管道安装中随形性好。② 结构简单、安装拆卸方便；③ 伸缩节两端可不用密封垫，且密封性能良好；④ 该伸缩节结构小巧外似球形，在管道布置中整齐、美观；⑤ 适应性强，只要对材料和结构稍作改变，就能耐酸、碱、油和高压。能适应各种工业领域应用。

4-3-11　密封有哪些分类，其基本要求是什么？

答：密封主要分为静密封和动密封两大类。静密封又分为垫密封、密封胶密封和直接接触密封三大类。根据工作压力，静密封又可分为中低压静密封和高压静密封。中低压静密封常用材质较软、宽度较宽的垫密封，高压静密封则用材质较硬、接触宽度很窄的金属垫片。动密封可以分为旋转密封和往复密封两种基本类型。按密封件与其做相对运动的零部件是否接触，又分为严式密封和非接触式密封，按密封件接触位置的不同又可分为圆周密封和端面密封，端面密封又称为机械密封。动密封中的离心密封和螺旋密封，是借助机器运转时给介质以动力得到密封，故有时称为动力密封。根据密封结构的类型、密封机理、密封件形状和材料等，密封可按图 4-3-1 分类。

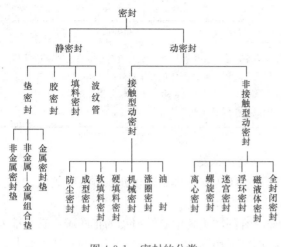

图 4-3-1 密封的分类

对密封的基本要求是密封性能好、安全可靠、寿命长，并应力求结构紧凑，系统简单，制造维修方便，成本低廉，有互换性。

4-3-12 机械密封有什么特点，适用于哪些场合，其结构和工作原理怎样，有哪些种类？

答：机械密封又称端面密封，是旋转轴用动密封。机械密封的特点是性能可靠、泄漏量小、使用寿命长、功耗低、无须经常维修，且能适应生产过程自动化和高温、高压、真空、高速以及各种强腐蚀性介质、含固体颗粒介质等苛刻工况的密封要求，被广泛应用于石油、化工、冶金、航空、原子能等工业中。在水电站中，常应用在渗漏潜水泵和冷却水泵（都为混流泵）等处。

机械密封是靠一对或数对垂直于轴做相对滑动的端面在流体压力和补偿机构的弹力（或磁力）作用下保持贴合并配以辅助密封而达到阻漏的轴封装置。常用的机械密封结构如图 4-3-2 所示。它由静止环（静环）1、旋转环（动环）2、弹性元件 3、弹簧座 4、紧定螺钉 5、旋转环辅助密封圈 6 和静止环辅助密封圈 8 等元件组成，防转销 7 固定在压盖 9 上，以防止静止环转动。其密封处就是在静环和动环之间，静环不动，动环随轴旋转。旋转环和静止环往往还可根据它们是否具有轴向补偿能力而称为补偿环或非补偿环。

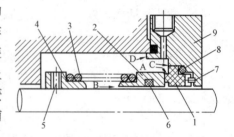

图 4-3-2 机械密封结构

1—静止环；2—旋转环；3—弹性元件；4—弹簧座；5—紧定螺钉；6—旋转环辅助密封圈；7—防转销；8—静止环辅助密封圈；9—压盖

机械密封的接触面是机械密封的关键，按其数目分为单端面和多端面；按其位置分为内装式和外装式；按其构成分为旋转式和静止式；按其受压状态分为平衡型和非平衡型；按其随动性分为密封圈式和波纹管式。

4-3-13 在机械密封中，可能泄漏的地方有哪几处？

答：在机械密封中，流体可能泄漏的途径主要有如图 4-3-3 中的 A、B、C、D 4 个通道。C、D 泄漏通道分别是静止环与压盖、压盖与壳体之间的密封，二者均属静密封。B 通道是旋转环与轴之间的密封，当端面摩擦磨损后，它仅仅能追随补偿环沿轴向作微量的移动，实际上仍然是一个相对静密封。因此，这些泄漏通道相对来说比较容易封堵。静密封元件最常用的有橡胶 O 形圈或聚四氟乙烯 V 形圈，而作为补偿环的旋转环或静止环辅助密封，有时采用兼备弹性元件功能的橡胶、聚四氟乙烯或金属波纹管的结构。

A 通道则是旋转环与静止环的端面彼此贴合做相对滑动的动密封，它是机械密封装置中的主密封，也是决定机械密封性能和寿命的关键。因此，对密封端面的加工要求很高，同时为了使密封端面间保持必要的润滑液膜，必须严格控制端面上的单位面积压力，压力过大，不易形成稳定的润滑液膜，会加速端面的磨损；压力过小，泄漏量增加。所以，要获得良好的密封性能而又有足够寿命，在设计和安装机械密封时，一定要保证端面单位面压力值在最适当的范围。

4-3-14 什么是盘根，它有哪些类型，各有什么作用，在水电站中，常有哪些地方使用？

答：盘根，也叫密封填料，是一种密封材料，它由较柔软的线状物纺织而成，用于机械上转动部位的密封，一般是正方形的条状物，材质多为四氟、石棉等，其中有些在用之前需要浸油。主要有油浸石棉盘根，橡胶石棉盘根，油浸棉、麻盘根，聚四氟乙烯石棉盘根等4种。在水电站中，一般用油浸棉、麻盘根用在阀杆或离心水泵的端部轴封及其他一些需要简单密封的场合。各盘根的特性和应用范围见表4-3-3。

表 4-3-3　　　　　　　　　　　　　盘根的特性和应用范围

名称	牌号	规格（直径或方形边长）（mm）	适用压力（MPa）	适用温度（℃）	应 用 范 围
油浸石棉盘根	YS350	3、4、5、6、8、10、13、16、19、22、25、28、32、35、38、42、45、50	4.5	350	用于回转轴、往复活塞或阀门杆上做密封材料，介质为蒸汽、空气、工业用水、重质石油等
	YS250			250	
橡胶石棉盘根	XS550	3、4、5、6、8、10、13、16、19、22、25、28、32、35、38、42、45、50	8	550	用于蒸汽机、往复泵的活塞或阀门杆上做密封材料
	XS450		6	450	
	XS350		4.5	350	
	XS250		4.5	250	
油浸棉、麻盘根		3、4、5、6、8、10、13、16	12	120	用于管道、阀门、旋转轴、活塞杆作密封材料，介质为河水、自来水、地下水、海水等
聚四氟乙烯石棉盘根		3、4、5、6、8、10、13、19、22、25	12	120	用于管道阀门，活塞杆上做防腐、密封材料，温度为－100～250℃

4-3-15 机械密封与软填料密封相比，它具有哪些优缺点？

答：机械密封与软填料密封比较，具有的优点有：① 密封在长周期的运行中，密封状态很稳定，泄漏量很小，按粗略统计，其泄漏量一般仅为软填料密封的1/100；② 使用寿命长，在油、水类介质中一般可达1～2年或更长时间，在化工介质中通常也能达半年以上；③ 摩擦功率消耗小：机械密封的摩擦功率仅为软填料密封的10％～50％；④ 轴或轴套基本上不受摩损；⑤ 维修周期长，且端面磨损后可自动补偿，一般情况下无须经常维修；⑥ 抗振性好：对旋转轴的振动、偏摆以及轴对密封腔的偏斜不敏感；⑦ 适用范围广，机械密封能用于低温、高温、真空、高压、不同转速，以及各种腐蚀性介质和含磨粒介质等的密封。

但其缺点有：① 结构较复杂，对制造加工要求高；② 安装与更换比较麻烦，并要求工人有一定的安装技术水平；③ 发生偶然性事故时，处理较困难；④ 一次性投资高。

第四节 水 力 测 量

4-4-1　水电站为什么要进行水力测量，水力监测装置由哪些部分组成？

答：在水电站中，各种水力测量仪表首先用以监视机组运行时的水力参数，进行测量、记录并及时发现问题，以便采取措施，保证机组高效率和安全运行，并根据测量结果，制订电站最有利的运行方案（如水库调度和机组的负载分配等），以提高电站的总效率，为电站多发电和水库发挥更大的综合利用效益创造条件；其次为了促进水力机械基础理论的发展，积累和提供必要的资料，以及鉴定、考察已投入运行机组的性能等。为此，现代化的水电站必须设置先进的、完整的水力监测装置。

水力监测装置一般由测量元件、信号发送装置、非电量与电量之间的转换元件、显示记录仪表及连接管路和线路等几部分构成，它是水电站自动化系统的重要组成部分。

4-4-2　水电站进行水力测量的内容包含哪些部分？

答：根据水电站的要求，需要进行水力测量的内容通常包括：水电站上、下游水位及装置水头；水轮机工作水头和引用流量；进水口拦污栅前、后压差；蜗壳进口压力；水轮机顶盖压力；尾水管进口真空；尾水管水流特性等水力参数。根据需要，在某些机组上还要设置水轮机空蚀、机组的振动与轴向位移的测量装置；每台机组最好都能装设相对效率测量装置。除了上述经常性的测量项目之外，为了进行水轮机的原型效率试验或引水系统中某一段（如尾水管）的水力特性试验，在设计时还需为这类试验预留测点，在施工预埋管路时，在适当地点引出接头，并封口备用。对于这些测量，都要求能够在中控室或机旁盘通过采用以电子计算机为中心的综合监控系统对其施行监控。

4-4-3　为什么要测量水电站上、下游水位？

答：水电站的上、下游水位是保证水电站安全运行，实现厂内经济运行的一个重要参数变量。其主要作用表现在：① 根据测定的水电站上、下游水位，可以计算出机组段水头，它是制定厂内机组之间进行经济负载分配必不可少的一个物理量；② 按测定的水库水位确定水库的蓄水量，以制订水库的最佳运行方式；③ 在洪水期可按上游水位制定防洪措施；④ 对转桨式水轮机可根据水电站的机组段水头（工作水头）调节协联机构，实现高效率运行。

4-4-4　水轮机蜗壳压力表和尾水真空表测量的量值反映了什么？

答：在反击式水轮机的蜗壳上和冲击式水轮机进水阀的后面，都装有压力表。在正常运行时，测量蜗壳进口压力是为了探知压力钢管在不稳定水流作用下的压力波动情况；在机组做甩负荷试验时，可以在蜗壳进口测量水击压力的上升值；在做机组效率试验时，可以在蜗壳进口测量水轮机工作水头中的压力水头部分。此外，还可以比较上、下游水位差，算出过水压力系统的水力损失。

测量尾水管进口断面的真空度及其分布，是为了分析水轮机发生空蚀和振动的原因，并检验补气装置的工作效果。

4-4-5 拦污栅作用是什么，运行中应注意些什么，为什么要监测其前、后的压差？

答：拦污栅一般设置在机组进水口，主要是拦阻进水口的树枝、杂草、漂浮物及水草等进入闸门、阀门、水轮机等，使设备不受损害，确保发电设备的正常运行。在水电站中，一般设置有两道拦污栅，一道为浮式拦污栅，通常布置在进水口的上游附近，它可随水位变化而上下浮动；另一道为固定拦污栅（可拆卸），通常布置在进水口处。

在运行中，对于拦污栅上的杂物应及时清理，以减少水能损失和防止拦污栅被杂物压垮，并结合机组大修停机时，对拦污栅进行检查与检修，内容包括栅架、栅条有无脱落、变形、开焊，金属表面涂锌层或油漆有无脱落生锈等问题，并根据实际情况及时进行防腐处理，通常情况下，3～5 年需保养一次。

拦污栅在正常未堵状态运行时，它的前、后压差很小。但当栅面被漂浮物堵塞后，它的前、后压差会显著增加，并影响水头，降低机组出力，重则会导致拦污栅被压垮。所以水电站要对进水口处的固定拦污栅，应在其前、后安装监测设备，以便随时掌握拦污栅堵塞情况，及时进行清污，确保水电站的安全、经济运行。

4-4-6 为什么要对水轮机的顶盖压力进行测量？

答：水轮机在正常运行条件下，转轮上止漏环的漏水经由转轮泄水孔和顶盖排水管两路排出。当止漏环工作不正常，泄漏的水突然增多，或泄水孔与排水管发生堵塞现象时，顶盖压力就会加大，从而导致推力轴承负载的超载，使推力轴承温升过高，恶化了润滑条件。而在某些情况下，还可能成为机组不稳定的因素之一，因此，必须对水轮机顶盖的压力进行测量，如果发现问题，应及时处理。此外，还可以通过其了解止漏环的工作情况，为改进止漏环的设计提供依据。

4-4-7 为什么要进行水轮机的效率试验，其意义何在？

答：测试原型水轮机效率试验的目的在于：

（1）鉴定水轮机的效率特性。利用实测所得的效率特性曲线，与制造厂所提供的根据模型试验换算来的特性曲线进行比较，予以检验制造厂所保证的效率能否达到。

（2）提供经济运行的依据。绘制水轮机的运转综合特性曲线，为电站的经济运行提供可靠的原始资料。

（3）鉴定水轮机的其他特性，如机组振动、空蚀、尾水管压力脉动等。这些项目对分析水轮机效率的变化是很有用的，对水轮机的安全运行也是非常必要的。

4-4-8 如何进行水轮机的效率试验，需注意哪些事项？

答：水轮机的效率是不能直接测量的，需要通过间接测量的方法才能求得，一般是先通过测量流量、水头或扬程、发电机输出功率或电动机的功率、转速等项目后，再用相关公式进行计算得到效率。在现场试验时，一般是先测量出水轮发电机的输出功率，然后求出水力机组的总效率，再根据已知的发电机效率，通过公式换算求得水轮机效率，即：由于 $\eta = N_g/N_o = N_g/9.81QH$，又因为 $\eta = \eta_g \cdot \eta_T$，所以 $\eta_T = N_g/(N_o \cdot \eta_g) = N_g/(9.81Q \cdot H \cdot \eta_g)$。式中：$N_g$ 为发电机的输出功率；N_o 为水流功率；η 为机组总效率；η_g 为发电机效率；η_T 为水轮机效率。

在以上式中，发电机的效率 η_g 是已知的，所以，在试验时，只要测量和计算出发电机

的输出功率 N_g、水轮机的流量和水头，就可以求出水轮机的实际效率。其试验数据测量表和效率试验计算表见表 4-4-1 和表 4-4-2。

表 4-4-1　　　　　____水电站____号机组效率试验实测数据汇总表

试验测次	导叶开度（%）	接力器行程（mm）	上游水位（m）	下游水位（m）	蜗壳进口压力（MPa）	尾管出口压力（MPa）	蜗壳压差（MPa）（mmH$_2$O）			瓦特表读数		周波表读数（Hz）	功率因数表读数	备注
							高压	低压	压差	W_1	W_2			

表 4-4-2　　　　　____水电站____号机组效率试验计算数据汇总表

试验测次	导叶开度（%）	接力器行程（mm）	蜗壳压差平方根（mmH$_2$O）	实测流量（m³/s）	水轮机工作水头（m）	发电机有功功率（kW）	换算到平均水头 $\overline{H}_a=$　米以下		机组效率（%）	发电机效率（%）	水轮机效率（%）	机组耗水率[m³/（°）]	备注
							流量（m³/s）	功率（kW）					

值得注意的是，在测量发电机的有效功率时，必须在与水轮机试验条件相同的情况下测定，也就是应在测量水轮机流量的同时测定，此时发电机在额定电压和额定转速下运行，而且尽可能使功率因数等于 1，至少应保持额定的功率因数，因为随着功率因数的改变，发电机效率也会变化，所以，在试验时应将功率因数的数值记录下来。另外，发电机有效功率的测定位置，应尽可能在发电机出线端，如不可能，则在测定的功率上必须加上发电机出线端至测量装置之间所产生的损失。而对于流量的测量，如果是用水锤法测流量，则发电机功率应当是在水锤压差曲线记录前稳定工况下所测出的平均值。

4-4-9　什么叫作机组的相对效率，它有什么意义，如何进行测量？

答：所谓机组的相对效率，是指相对机组的总效率而言的，根据机组的总效率计算公式，我们将 N_g/QH 的比值称为机组的相对效率。

效率特性是水轮机的基本动力特性，是评价该机优劣的主要指标之一。但在现场做测量水轮机的效率试验时，需要测量出机组出力、水头和流量的绝对值，难度很大，工作量最大的是流量的测定，甚至有的水电站根本不具备测流条件。而当测定机组的相对效率时，无须测量机组出力、水头和流量的绝对值，仅测量比值 N_g/QH 随不同工况的变化情况则可，所以使测量程序变得十分简单，且适合机组在运行条件下的连续测量。通过测量相对效率可确定机组运行的较优工况区，可调整导、桨叶较优协联关系。所以，这种相对效率值，对比较同一机组相邻工况的效率大小在水电站运行中具有较大实际意义。

测量机组的相对效率，我们通常通过机组相对效率的测量装置来测量（又称效率计），其原理如图 4-4-1 所示。

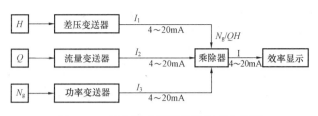

图 4-4-1 机组效率测量装置原理方框图

4-4-10 水轮机流量测量的目的和意义是什么?

答: 水轮机流量的测量,对于实现水电站经济运行有着特殊重要的意义。其意义在于在保证一定出力的情况下,使总耗水量为最小,这样则可使机组在进行能量转换时效率最高。因此,随着生产技术水平的提高,对水电站运行管理的要求更加严格,对具有一定规模的中、小型水电站也要求进行水轮机流量测量,以便更好地利用水力资源,提高经济效益。水轮机流量测量的目的可归纳为以下几个方面:① 由于真机效率是在设计时利用相似定律由模型机效率换算出来的,其数值与真实效率有一定差异。为了获得较准确的真机效率,就必须较准确地测定水轮机的流量。② 根据真机流量与效率,绘制总效率和总耗水率曲线,以便制定机组间或电站间的负载分配方案。③ 在正常运行中,根据某时间内机组的总耗水量,推算出水库的渗漏水量和蒸发水量,增进对水库的经营管理。

4-4-11 流量测量的基本方法有哪些,水电站中常采用哪几种方法?

答: 随着科学技术和生产的发展,许多地方需要测量不同的液体在不同的条件下的流量,为此,经过研究,发展了多种流量仪表,这些方法可概括为:① 容器法。包括重量法、容积法。② 节流法。包括孔板、喷嘴、文丘里管、文丘里喷嘴等。③ 堰流法。包括直角三角形堰、矩形堰、全宽堰等方法。④ 差压法。包括蜗壳差压、弯头差压、流道差压、尾水管差压等。⑤ 流速仪法。⑥ 示踪法。包括浓度法、积分法、传输时间法等。⑦ 水锤法。⑧ 超声波法。⑨ 计量仪表法。包括电磁流量计、涡轮流量计、涡街流量计等。⑩ 其他方法。包括激光测流技术、毕托管法等。

要比较精确地测量水轮机的流量,试验的测定和组织工作十分复杂,而且要使用高精度和高灵敏度的电测仪表和测定装置,其准备工作、试验程序和结果整理、计算规模都比较大。所以说,流量测量是一项比较复杂和困难的工作。在水电站中,根据水电站的特点和要求,对流量的测量通常采用流速仪测流法、水锤测流法、蜗壳测流法、差压法等几种方法,其中应用较多的为差压法。

4-4-12 为什么要对机组进行振动测量,其意义何在?

答: 在表征水轮机运行稳定性的振动、摆度和压力脉动等几个主要参数中,振动是影响机组运行稳定性的主要因素。因此水轮机振动的大小反映出了水轮机运行稳定性的好坏。运行中的水力机组,由于水力、机械、电气等各种因素,不可避免地要产生振动现象。若振动量不大,仅在机组工作允许的范围之内,则对机组本身及其工作并无妨害,但是超过了一定限度的、经常性的振动却是非常有害的。为此,对某些机组可根据需要进行振动测量。尤其是对经常出现有害振动的机组,更应有针对性地进行振动测量,以便查明产生振动的原因,研究振动的特性与规律,采取减小机组振动的有效措施。

4-4-13　机组振动测量的常用方法有哪些？

答：机组振动测量的常用方法，通常有以下几种。

（1）采用机械式仪表的测振方法。这种方法的实质就是利用机械式示振仪测量振动的位移量变化。通常可采用百分表或示振仪来进行测量。百分表只能粗略地测量振动的幅度，而示振仪则可用笔式记录装置测录振动的时间历程与波形相位，据此可进一步计算出振动的频率和周期。这种测量方法只能通过人工在现场测量。

（2）采用电测式的测振方法。所谓电测法，即是利用测振传感器来测定机组的振动状态及其特性。这种测振方法灵敏度高，频率范围广，便于实现遥测和自动控制。振动电测系统一般是由传感（拾振）部分、放大部分和记录分析部分组成。振动测量中常用的系统有：电动式测振系统、压电式测振系统和应变式测振系统。

4-4-14　在电测式的测振方法中，各测振系统有什么特点，分别适用于哪些情况？

答：电动式测振系统主要用来测量位移，也可测量速度和加速度。该系统的传感器不耗电源、输出信号大（阻抗中等，在几千欧左右）、干扰不大而且长导线的影响较小，所以抗干扰性能较好。

压电式测振系统多用来测量加速度，通过积分网路也可以获得一定范围内的速度和位移，这类系统的传感器输出阻抗很高，因此放大器的输入阻抗很高，导线和接插件对阻抗的影响较大，要求绝缘电阻很高，仪器自振频率很高，可测频响宽，输出信号也较大，但系统的抗干扰性能较差，易受电磁场干扰。

电阻应变式测振系统的传感器有电阻式位移计、加速度计等，需配套使用的放大器，一般采用电阻式应变仪，记录装置为光线示波器或其他类型的记录装置。该测振系统的频率响应能从 0Hz 开始，其低频响应较好，它的阻抗较低，长导线时的灵敏度要比短导线时的低，也容易受到干扰。

在实际测量中，应根据被测对象的主要频率范围和最需要的频率及幅值，合理选择仪器，对配套仪器的阻抗匹配、频带范围要特别予以重视，否则会造成错误的测量结果。

4-4-15　如何对机组进行振动测量试验，应在哪些工况下进行，又如何予以分析？

答：为了寻找振源，一般应做以下几种工况的振动试验。并分别在各工况下的 25%、50%、75% 和 100% 的额定值下进行测量。

（1）空载无励磁变转速工况试验。这是判断振动是否由机组转动部件质量不平衡所引起的一种试验。机组转速可以从额定转速的 50% 开始，以后每增 10%～20% 测量一次，直至额定转速的 120% 左右为止。

（2）空载变励磁工况试验。这是判定振动是否由机组电磁力不平衡所引起的一种试验。试验中还有必要测定发电机间隙，有时还应当测量发电机定子铁芯的温度。

（3）变负载工况试验。这是查明机组振动是否由过水系统的水力不平衡所引起的一种试验。另外，为查明振动是由水力不平衡引起的具体原因，还可测定机组过水系统各部位的水流的脉动压力。

（4）调相运行工况试验。这是区别机组振动是由于水力不平衡力，还是由于机械不平衡力或电气不平衡力所引起的一项重要试验。若机组振动减弱或消失，则振动是由于水力不平衡所引起的。

对上述各项试验成果进行分析，就可判断出引起机组振动的各种原因。

4-4-16　为什么要对卧式机组进行轴向位移测量，怎样测量，其允许值一般是多少？

答： 在卧式机组中（如贯流式机组），由于受水推力的作用，机组在运行时有向前（下游）走的趋势，其向前走的大小，就是机组的轴向位移。产生轴向位移的主要原因有：① 组合轴承存在间隙；② 由于机组的机架等承重部位强度不够而造成的变形。在正常运行时，若轴向位移过大就会造成叶片和转轮室碰撞，挡油环与导轴承相刮擦等情况，成为重大的事故隐患。所以，对于运行中的机组，我们对其轴向位移有一定的要求，并且要对其进行监测。

机组轴向位移的测量通常采用电感或电容式非接触位移传感器作为感受转换元件，将感受到的轴向位移量转换为电信号，经测量回路输给显示记录仪表，并根据需要发出相应的控制信号。对于轴向位移的数值，一般机组的轴向位移量应在 $1 \sim 2mm$ 左右，不同的机组有不同的要求，需根据实际情况而定，其允许值应保证在叶片和转轮室不碰撞，挡油环与导轴承不相刮的范围内，通常最大不得超过 $5mm$。

4-4-17　为什么要进行水轮机空蚀测量，常用的方法有哪些，原理如何，各有什么特点？

答： 对原型水轮机进行空蚀测量，其意义是：① 得出空蚀随工况变化的规律，用以指导水轮机的运行，使其避开严重空蚀区，确保水轮机的安全经济运行；② 从原型和模型水轮机的空蚀特性差异中更好地解决空蚀相似换算问题。常见的水轮机相对空蚀强度测量方法有声学法和电阻法两种。

所谓声学法，其原理是：由于在发生空蚀时，空蚀状态同压力脉动是相互联系的，同时，空泡的产生与溃灭数目的增多及其冲击强度的加大，会在声振动频谱上表现出一定频率的谐振（一般在 $100 \sim 120kHz$），这样一来，空蚀过程的状态和变化，就可以在压力脉冲的幅值和振动频谱中反映出来。从这种联系中，我们就可通过声学法测量声强这个参数来反映空蚀的强度大小。一般采用超声波相对空蚀强度测定仪来进行测量，利用声学原理测量水轮机相对空蚀的方法具有明显的优点，即可在机组不停机的情况下进行原型水轮机空蚀的观测。

所谓电阻法，其原理是：当水轮机发生空蚀时，由于水中气泡浓度的不断增加，使单相介质流变为气液两相介质流，从而使水的导电率发生变化，即水流的电阻值发生变化，这样一来，通过测量水流的电阻值就可反映出空蚀程度的大小。电阻式相对空蚀测定仪的优点也是可以连续测量运行中机组的空蚀。

❀ 第五节　金属材料及其热处理

4-5-1　什么是金属材料，它是如何分类的？

答： 金属材料是由金属元素或以金属元素为主构成的具有金属特性材料的统称。它包括纯金属、合金、金属间化合物和特种金属材料等。

金属材料通常分为黑色金属、有色金属和特种金属材料。

黑色金属又称钢铁材料，包括纯铁、铸铁、碳钢，以及各种用途的结构钢、不锈钢、耐热钢、高温合金等。广义的黑色金属还包括铬、锰及其合金。

有色金属是指除铁、铬、锰以外的所有金属及其合金，通常又分为轻金属、重金属、贵金属、半金属、稀有金属和稀土金属等。有色合金的强度和硬度一般比纯金属高，并且电阻大、电阻温度系数小。

特种金属材料包括不同用途的结构金属材料和功能金属材料。其中，有通过快速冷凝工艺获得的非晶态金属材料，以及准晶、微晶、纳米晶金属材料等，还有隐身、抗氢、超导、形状记忆、耐磨、减振阻尼等特殊功能合金，以及金属基复合材料等。

4-5-2　什么叫铁，什么叫钢，它们有何区别和联系？

答：铁和钢都是以铁和碳为主要成分，同时还包含其他成分的一种复杂的合金金属（并不是纯金属），统称为铁碳合金。铁和钢属于黑色金属，不属于有色金属（非铁金属）。铁和钢的区别在于它们含碳量的不同，一般来讲，含碳量为 2.11%～4.3% 的铁碳合金称为铁；含碳量为 0.03%～2.11% 的铁碳合金称为钢。另外，对于含碳量小于 0.2% 的铁碳合金，我们俗称为熟铁或纯铁。

炼钢和炼铁都是利用氧化还原反应进行的，但是两者在反应对象上有很大的区别，炼铁是把铁矿石放到高炉中冶炼，将铁还原出来，即得到生铁；而炼钢则是将生铁放到炼钢炉中熔炼，把生铁中过量的碳和其他杂质除去，即得到钢。

4-5-3　铁是如何分类的，它有哪些类型？

答：铁根据含碳量的不同，通常分为生铁和铸铁两个类型。生铁是含碳量大于 2.11%，并含有非铁杂质较多的铁碳合金，其杂质元素主要是少量的硅、锰、磷、硫等元素，生铁质硬而脆，缺乏韧性，几乎没有塑性变形能力，因此不能通过锻造、轧制、拉拔等方法加工成形，在实际中很少直接使用。生铁的分类如图 4-5-1 所示，它分为普通生铁和合金生铁，普通生铁就是把铁矿石放到高炉中冶炼，即得到普通生铁，普通生铁的品种按其用途可分为炼钢用生铁和铸造用生铁两大类，也有习惯上把炼钢生铁叫作生铁，把铸造生铁简称为铸铁。合金生铁则是生铁与硅、锰、钛等元素组成的合金的总称，铁与硅组成的合金，叫作硅铁；铁与锰组成的合金，叫作锰铁。合金生铁一般供铸造或炼钢时作还原剂，或作合金元素添加剂用。

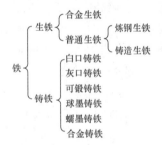

图 4-5-1　铁的分类

把铸造生铁放到熔炼炉中熔炼，即得到铸铁，铸铁是含碳量大于 2.11%，但杂质含量较少的铁碳合金，碳在铸铁中多以石墨形态存在，有时也以渗碳体形态存在，除碳外，铸铁中还含有 1%～3% 的硅，以及锰、硫、磷等元素，它比碳钢含有更多的硅、锰、硫、磷等杂质，合金铸铁还含有镍、钼、铝、铜、硼、钒等元素。碳和硅是影响铸铁显微组织和性能的主要元素，工业上常用的铸铁含碳量为 2.5%～4.0%。将铸铁通过锻化、变质、球化等方法可以改变其内部结构，并改善和提高其机械性能，可得到更多不同类型的铸铁，其品种有白口铸铁、灰口铸铁、可锻铸铁、球墨铸铁、蠕墨铸铁和合金铸铁等。而根据铸铁中石墨存在形式的不同，有时又将灰口铸铁、可锻铸铁、球墨铸铁和蠕墨铸铁统称为灰口铸铁。

4-5-4　对于各不同类型的铸铁，其性能各有什么特点？

答：对于各不同类型的铸铁，其性能和特点见表 4-5-1。

表 4-5-1 铸铁的性能和特点

名称	性 能 和 特 点
白口铸铁	其含碳量较低，碳主要以渗碳体形态存在，断口呈银白色，凝固时收缩大，易产生缩孔、裂纹。白口铸铁中含有大量的游离渗碳体，性能硬而脆，很难进行切削加工，不能承受冲击载荷。工业上极少用来制造机械零件，主要用作炼钢原料或用于可锻铸铁的毛坯
灰口铸铁	灰口铸铁含碳量较高（2.7%～4%），碳主要以片状石墨形态存在，断口呈灰色，简称灰铁。其熔点低（1145～1250℃），凝固时收缩量小，由于片状石墨的存在，割裂了金属基体组织，减少了承载的有效面积，因此其综合力学性能较低，容易造成应力集中，明显地降低材料的机械性能，但其减振性、耐磨性、铸造性及切削加工性较好。抗压强度和硬度接近碳素钢，主要用于制造承受压力的床身、箱体、机座、导轨等零件。灰口铸铁牌号的表示方法为"HT"加数字，其中"HT"是表示灰铁两字汉语拼音的第一个字母，数字表示最低抗拉强度。常用的灰口铸铁牌号为 HT100、HT150、HT200 等
可锻铸铁	它是由白口铸铁经石墨化退火后而得到，其石墨形态呈团絮状，简称韧铁。由于其石墨呈团絮状，其组织性能均匀，对金属基体的割裂作用减小，耐磨损，有良好的塑性和韧性，故其抗拉强度、塑性、韧性都比灰口铸铁高。主要用于制造一些形状比较复杂，而在工作中承受一定冲击载荷的薄壁小型零件，如管接头、农具等。可锻铸铁的牌号由"KTH"或"KTZ"加两组数字组成。其中，"KT"是可铁两字汉语拼音第一个字母，后面的"H"表示黑心可锻铸铁，"Z"表示珠光体可锻铸铁。其后面的两组数字分别表示材料的最低抗拉强度数值和最小伸长率数值。其主要牌号有 KTH350-10、KTZ550-04 等
球墨铸铁	将灰口铸铁铁水经球化处理后获得，析出的石墨呈球状，简称球铁。由于球状石墨对金属基体的割裂作用更小，因此它具有较高的强度、塑性和韧性，所以应用较广，在某些情况下可替代中碳钢使用。主要用于制造受力较复杂、负载较大的机械零件，如内燃机的曲轴、连杆、齿轮、凸轮轴等。球墨铸铁的牌号由"QT"加两组数字组成。其中，"QT"是球铁两字汉语拼音的第一个字母，两组数字分别表示最低抗拉强度数值和最小伸长率数值。主要牌号有 QT500-7、QT800-2 等
蠕墨铸铁	将灰口铸铁铁水经蠕化后获得，析出的石墨呈蠕虫状。力学性能与球墨铸铁相近，铸造性能介于灰口铸铁与球墨铸铁之间。主要用于制造汽车的零部件
合金铸铁	将普通铸铁加入适量合金元素（如硅、锰、硫、磷、镍、钼、铝、铜、硼、钒、锡等）获得，合金元素使铸铁的基体组织发生变化，从而具有相应的耐热、耐磨、耐蚀、耐低温或无磁等特性。主要用于制造矿山、化工机械和仪器、仪表等的零部件

4-5-5 白口铸铁与灰口铸铁如何区分，各有什么特点？

答：白口铸铁中的碳几乎全部以 Fe_3C（渗碳体）形式存在，白口铸铁含碳量较灰口铸铁稍低，断口呈银白色，白口铸铁件通常是薄壁件，这是因为只有较高的冷速才可以获得白口。除此之外白口铸铁还常常添加促进白口化的元素，如磷等。白口铸铁中含有大量的游离渗碳体，性能硬而脆，很难进行切削加工，工业上极少用来制造机械零件。主要用作炼钢原料或用于可锻铸铁的毛坯。

灰口铸铁，其断口的晶粒比较粗大，为灰白色，结晶面有金属光泽，其石墨形态呈片状。由于片状石墨的存在，割裂了金属基体组织，减少了承载的有效面积，因此其综合力学性能较低，但其减振性、耐磨性、铸造性及切削加工性较好，主要用于制造承受压力的床身、箱体、机座、导轨等零件。灰口铸铁牌号的表示方法为"HT"加数字，其中"HT"是灰铁两字汉语拼音的第一个字母，数字表示最低抗拉强度。常用的灰口铸铁牌号为

HT100、HT150、HT200、HT250、HT300 等。

4-5-6 球墨铸铁与灰口铸铁相比，具有什么特点，有哪些用途？

答： 球墨铸铁的断口结晶晶粒很小，为黑灰色，如果球化好的话几乎没有什么金属光泽，如果有发白的光泽，一般情况是出现白口组织。这主要是因为铸造时，温差造成的。其次，从经过机械加工的表面看，球墨铸铁加工表面比灰口铸铁加工表面更光亮，组织比灰口铸铁加工表面更细。还可以用同样形状的部件，在相同部位采用敲打通过声音来判定，声音清脆的是球墨铸铁。敲击球墨铸铁如发出近似敲击碳钢的声音，球铁回音长，清脆；灰铁没回音，声音发闷。而最有效的方法是用大锤砸，由于球墨铸铁塑性好，球化好的球墨铸铁砸了不变形，不断裂，而灰铁容易断。所以球墨铸铁在民品中主要用于做雕塑灯、铸铁庭院灯、铸铁景观灯，尤其是高于 4m 的灯杆，由于风载的作用，都要用球墨铸铁铸造。而在铸铁雕塑中由于灰口铸铁比球墨铸铁流动性好而采用。但不论灰口铸铁还是球墨铸铁由于其焊接难度大，变形矫正困难，而且铸造厚度一般要达 7mm 以上。

4-5-7 钢是如何分类的，它有哪些类型，各有什么特性和用途？

答： 以铁为主要元素，含碳量为 0.03%～2.11%，并含有硅、锰、磷、硫等元素（这些元素的含量要比生铁中的少）的材料称为钢。钢按合金元素的含量分为碳素钢（简称碳钢）和合金钢两大类，如图 4-5-2 所示。碳钢是指含碳量小于 2.11%并含有少量硅、锰、硫、磷杂质的铁碳合金，工业用碳钢的含碳量一般为 0.05%～1.35%。而为了提高其力学性能、工艺性能或某些特殊性能（如耐腐蚀性、耐热性、耐磨性等），在冶炼中，有目的地在碳素钢的基础上加入一些合金元素，如 Mn、Si、Cr、Ni、Mo、W、V、Ti 等，这样的钢称为合金钢。

碳钢的分类方法有多种，常见的有以下三种。按钢的含碳量多少分为三类：低碳钢，含碳量小于 0.25%；中碳钢，含碳量为 0.25%～0.60%；高碳钢，含碳量大于 0.60%。按钢的质量（即按钢含有元素 S、P 的多少）分类可分为三类：普通碳素钢，钢中 S、P 含量分别小于等于 0.055%和 0.045%；优质碳素钢，钢中 S、P 含量均≤0.040%；高级碳素钢，钢中 S、P 含量分别小于等于 0.030%和 0.035%。按钢的用途分类分为两类：碳素结构钢，主要用于制造各种工程构件和机械零件；碳素工具钢，主要用于制造各种工具、量具和模具等。在碳钢中，最为常用的有 Q235 普通碳素结构钢、45 号优质碳素结构钢。

合金钢的分类方法也有多种，常见的有以下两种。按其用途分为三类：合金结构钢，主要用于制造各种性能要求更高的机械零件和工程构件；合金工具钢，用于制造各种性能要求更高的刃具、量具和模具；特殊性能钢，具有特殊物理和化学性能的钢，如不锈钢、耐热钢、耐磨钢等。按合金元素总含量多少分为三类：低合金钢，合金元素总含量小于 5%；中合金钢，合金元素总含量为 5%～10%；高合金钢，合金元素总含量大于 10%。合金钢牌号是按钢材的含碳量以及所含合金元素的种类和含量编号的。

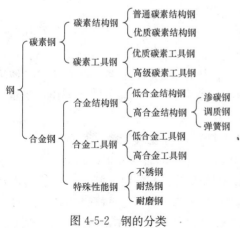

图 4-5-2　钢的分类

4-5-8　什么是合金，合金具有什么特点？

答：合金是由两种以上的金属元素，或者金属和非金属元素组成的具有金属性的物质。如铁碳合金为钢，铜锌合金为黄铜，铜锡合金为青铜等。合金一般比组成它的金属或非金属元素有高的强度、硬度和其他方面的性能。

4-5-9　各种合金元素对钢材性能有什么样的影响？

答：在铁和钢中，含碳越多，则越硬，强度越高，耐磨性越高，但同时也越脆，塑性及韧性越低，可焊性越差。此外，在钢材中还含有少量的硅、锰、硫、磷等元素，其中硅和锰是有利元素，按一定比例存于钢铁中可以显著提高材料的强度、硬度和耐腐耐磨性；而硫和磷则有害，含硫较多的钢在高温下进行压力加工时，容易脆裂，这种现象称为热脆性。磷则会使钢的塑性及韧性明显下降，特别是在低温时，影响更为严重，这一现象称为冷脆性。由于硫和磷分别会造成钢铁的热脆性和冷脆性，降低材料性能，所以，在优质钢材中，硫和磷的含量应严格控制。但是对低碳钢来说，若含有较高的硫和磷时，因为容易切屑，对改善钢的切削加工性有利。锰可提高钢的强度，消除或削弱硫的不良影响，含锰量很高的高锰合金钢具有良好的耐磨性及其他性能。硅可使钢的硬度增高，但塑性及韧性下降，可以防止钢材倒火时的脆性，因此可用于弹簧钢，也可提高其氧化性和耐磨性。

另外，为了获得不同性能的钢材，还会在熔炼过程中加入铬、镍、钼、钨、钒等微量元素，而这些化学成分决定了钢材的不同特性。其中，铬可以增加钢材的耐腐蚀性，通常国际上把含铬量大于13％的钢材称为不锈钢；镍可以增加钢材的强度和韧性；钼可以防止钢材变脆；钨可增加钢材的耐磨损性，虽然钨的硬度较低，只有大约40s，但它们的抗磨损能力非常高；钒可增加钢材的抗磨损性和延展性。

4-5-10　碳素钢的牌号是如何表示的，常用的有哪些类型，各有什么用途？

答：碳钢牌号根据不同的类型有不同的表示方法，具体如下。

（1）普通碳素结构钢。其牌号由屈服点"屈"字汉语拼音第一个字母 Q、屈服点数值、质量等级符号（A、B、C、D）及脱氧方法符号（F、b、Z）等四部分按顺序组成。其中，质量等级按 A、B、C、D 顺序依次增高，F 为沸腾钢，b 为半镇静钢，Z 为镇静钢等。如 Q235-A·F 表示屈服强度为 235MPa 的 A 级沸腾碳素结构钢。其中常用的有：Q195、Q215，用于铆钉等及冲压零件和焊接构件；Q235、Q255，用于螺栓、螺母等；Q275，用于强度较高转轴、心轴、齿轮等；Q345，用于船舶、桥梁、车辆、大型钢结构。

（2）优质碳素结构钢。其牌号用两位数字表示。这两位数字代表钢中的平均含碳量的万分之几。例如，45 钢，表示平均含碳量为 0.45％的优质碳素结构钢。其中常用的有：08 钢，含碳量低，塑性好，主要用于制造冷冲压零件；10、20 钢，常用于制造冲压件、焊接件和渗碳件；35、40、45、50 钢属中碳钢，经热处理后可获得良好的综合力学性能，主要用于制造齿轮、套筒、轴类零件等；55、60、70 含碳量较高，淬火后有较高的弹性，可用来制造各种弹簧和钢丝绳等。这几种钢在机械制造中应用非常广泛。

（3）碳素工具钢。它的牌号是用碳字汉语拼音字头 T 和数字表示。其数字表示钢的平均含碳量的千分之几。若为高级优质，则在数字后面加"A"。例如，T12 钢，表示平均含碳量为 1.2％的碳素工具钢。T12A，表示平均含碳量为 1.2％的高级优质碳素工具钢。其中常用的有：T7、T8 钢，用于制造具有较高韧性的工具，如凿子等；T9、T10、T11 钢，用作要求中等韧性、高硬度的刃具，如钻头、丝锥、锯条等；T12、T13 钢，用于要求更高硬度、高耐磨性的锉刀、拉丝模具等。

4-5-11 怎样识别合金钢的牌号？

答：合金钢牌号的表示方法是按钢材的含碳量以及所含合金元素的种类和含量编号。

首先是阿拉伯数字或汉语拼音字母，其中阿拉伯数字表示含碳量的多少。结构钢的含碳量以万分之一为单位；工具钢的含碳量以千分之一为单位，工具钢中含碳量超过 1.0% 时略去不标。另外，不锈钢、耐热钢、高速钢、磁钢等的含碳量，一般也不予标出。

在表示含碳量的数字后面，用化学元素符号表示合金钢中的主要合金元素，接着后面的阿拉伯数字表示该元素的平均百分量。当平均含量小于 1.5% 时，只标明元素符号，不标含量。如 25Mn2V，表示平均含碳量为 0.25%，含锰量约为 2%，含钒量小于 1.5% 的合金结构钢。

最后的汉语拼音字母是对于有些特殊用钢一种专门的表示方法。如滚动轴承钢，其牌号以 G 表示，不标含碳量，铬的平均含量用千分之几表示，如 GCr15，表示含铬量为 1.5% 的滚动轴承钢。对于高级优质钢，含硫、磷较低的高级优质合金钢，在钢号末尾加一个"A"字，如 38CrMoAlA。

4-5-12 什么是铸钢，它有哪些种类，各具有哪些性能？

答：用以浇注铸件的钢称为铸钢。铸钢也是铸造合金的一种，其应用仅次于铸铁。铸钢件的力学性能较好，并具有优良的焊接性能，适于采用铸焊联合工艺制造重型铸件。生产上的铸钢主要用于制造形状复杂、难于锻造而又需承受冲击载荷的零部件。如机车车架、火车车轮、大型齿轮、水轮机转轮等。铸钢分为铸造碳钢、铸造低合金钢和铸造特种钢 3 类，其主要性能如下。

(1) 铸造碳钢。以碳为主要合金元素并含有少量其他元素的铸钢。含碳小于 0.2% 的为铸造低碳钢，含碳 0.2%～0.5% 的为铸造中碳钢，含碳大于 0.5% 的为铸造高碳钢。随着含碳量的增加，铸造碳钢的强度增大，硬度提高。铸造碳钢具有较高的强度、塑性和韧性，成本较低，在重型机械中用于制造承受大负载的零件，如铁路机车车轮等。

(2) 铸造低合金钢。这种是含有锰、铬、铜等合金元素的铸钢。合金元素总量一般小于 5%，具有较大的冲击韧性，且热处理后有较好的机械性能。铸造低合金钢比碳钢具有较优的使用性能，能减小零件质量，提高使用寿命。

(3) 铸造特种钢。为适应特殊需要而炼制的合金铸钢，品种繁多，通常含有一种或多种的高量合金元素，以获得某种特殊性能。例如，含锰 11%～14% 的高锰钢能耐冲击磨损，多用于工程机械的耐磨零件；以铬或铬镍为主要合金元素的各种不锈钢，用于在有腐蚀或 650℃ 以上高温条件下工作的零件，如化工用阀体、泵、容器或大容量电站的汽轮机壳体等。

一般工程用铸钢的牌号由"ZG"加两组数字表示。其中，"ZG"为铸钢二字汉语拼音第一个字母，后面的两位数字分别表示材料的最小屈服强度值和最小抗拉强度值。如 ZG200-400、ZG270-500 等。

4-5-13 什么是不锈钢，它有哪些类型？

答：在钢中当铬的含量达到 12.5% 以上时，具有较高的抵抗外界介质（酸、碱盐）腐蚀的钢，称为不锈钢。按化学成分（主要是含铬量）及用途的不同，不锈钢又分为不锈钢与耐酸钢两大类，不锈钢不一定耐酸，但耐酸钢同时又是不锈钢。工业上还有按自高温（900～1100℃）加热空气冷却后，钢的基体组织类型对不锈钢进行分类，这是基于我们上面所讨论的碳及合金元素对不锈钢组织影响的特点决定的。工业上应用的不锈钢按金相组织可分为三大类：铁素体不锈钢，马氏体不锈钢，奥氏体不锈钢。

4-5-14 为什么铸铁和不锈钢不适宜用气割，原因是什么？

答： 通常所说的气割是指氧—乙炔切割和丙烷切割，对于铸铁和不锈钢，不是说不能气割，只是很难将其割离开来，而且，即使能够切割，其割口质量也很差。所以在加工时，通常不适宜采用气割。

其主要原因是在进行气割时，不能完全满足气割的条件（金属的燃点要比熔点低；金属的热导率不能太高；生成的氧化物熔点低于金属的熔点）。对于不锈钢而言，由于在气割时易形成高熔点的氧化膜（如 Cr_2O_3），其氧化物的熔点高于金属的熔点，所以，当一边在前面割时，后面又融合连在一起了，所以很难将它们割离开来。同样，对于铸铁而言，由于其熔点低，同样难以将其割离开来。所以，对于铸铁和不锈钢，一般需要采用等离子切割和高速水切割，也可采用机械打磨或切割的方法。而如果对于切口要求不高，则可采用一个简单的办法，就是不停地抖动割枪，加大割缝，使奥氏体不锈钢没有足够的料融合，将其割开，另外可采用大电流电焊将其割开。

4-5-15 不锈钢为什么具有不锈性和耐腐蚀性？

答： 不锈钢具有抵抗大气氧化的能力，即不锈性，同时也具有在含酸、碱、盐的介质中耐腐蚀的能力，即耐腐蚀性。不锈钢的耐腐蚀性取决于铬元素的含量，在铬的添加量达到12.5％时，其耐大气腐蚀性能显著增加，在氧化性介质中，铬能使钢的表面很快形成一层腐蚀介质不能透过和不溶解的富铬的氧化膜，这层氧化膜很致密，并与金属本体结合得很牢固，这种紧密黏附的富铬氧化物可以保护表面，防止进一步地氧化。如果损坏了表层，所暴露出的钢表面会和大气反应进行自我修理，重新形成这种"钝化膜"，继续起保护作用。这种氧化层极薄，透过它可以看到钢表面的自然光泽，使不锈钢具有独特的表面。而且，铬还能有效地提高钢的电极电位。当含铬量不低于12.5％时，可使钢的电极电位发生突变，由负电位升到正的电极电位，因而可以显著提高钢的耐腐蚀性。铬的含量越高，钢的耐腐蚀性能就越好。当含铬量达到25％、37.5％时，则会发生第二次和第三次突变，使钢具有更高的耐腐蚀性能。

4-5-16 是不是所有的不锈钢都不会生锈，其原因是什么？

答： 不是。因为不锈钢是靠其表面形成的一层极薄而坚固细密的稳定的富铬氧化膜（防护膜）来防止氧原子的继续渗入、继续氧化，而获得抗锈蚀的能力。一旦有某种原因，使这种薄膜遭到了不断地破坏，空气或液体中氧原子就会不断渗入，或者是金属中铁原子不断地析离出来，形成疏松的氧化铁，金属表面也就受到不断地锈蚀。所以，不锈钢抗锈蚀能力的大小是随其钢质本身化学组成、交互状态、使用条件及环境介质类型而改变的。如304钢管，在干燥清洁的大气中，有绝对优良的抗锈蚀能力，但将它移到海滨地区时，由于海边的海雾中含有大量盐分，所以，其很快就会生锈，而316钢管则表现良好。因此，不是任何一种不锈钢，在任何环境下都能耐腐蚀，不生锈的。

4-5-17 不锈钢在哪些情况下会出现生锈，如何防止它不生锈？

答：不锈钢在一般情况下，都具有不锈性和耐蚀性。但受一些原因的影响，也会生锈，主要有以下几种情况：① 不锈钢表面含有其他金属元素的粉尘或异类金属颗粒的附着物，在潮湿的空气中，附着物与不锈钢间的冷凝水将二者连成一个微电池，引发了电化学反应，保护膜受到破坏，称之为电化学腐蚀；② 不锈钢表面黏附有机物汁液（如瓜菜、面汤、痰等），在有水、氧情况下，构成有机酸，长时间则有机酸对金属表面产生腐蚀；③ 不锈钢表面黏附含有酸、碱、盐类物质（如装修墙壁的碱水、石灰水等），引起局部腐蚀；④ 在有污染的空气中（如含有大量硫化物、氧化碳、氧化氮的大气），遇冷凝水，形成硫酸、硝酸、醋酸液点，引起化学腐蚀。

以上情况均可造成不锈钢表面防护膜的破坏而引发锈蚀。所以，为确保金属表面永久光亮，不被锈蚀。我们一般要求：① 必须经常对装饰不锈钢表面进行清洁擦洗，去除附着物，消除引发修饰的外界因素；② 海滨地区要使用 316 材质不锈钢，316 材质能抵抗海水腐蚀。

4-5-18 铜的特性和用途怎样，它有哪些种类？

答：铜的符号表示为 Cu，原子量为 63.54，比重为 8.92，熔点为 1083℃。纯铜呈浅玫瑰色或淡红色，表面形成氧化铜膜后，外观呈紫铜色，所以又俗称为紫铜。铜具有许多可贵的物理化学特性，如其热导率和电导率都很高，化学稳定性强，抗张强度大，易熔解，具抗蚀性、可塑性、延展性等。由于其具有比其他金属更为稳定的化学特性，所以铜的用途十分广泛，纯铜可拉成很细的铜丝，制成很薄的铜箔，能与锌、锡、铅、锰、镍、铝、铁等金属形成合金。根据不同的情况，铜有多种分类方法，具体如下。

（1）按自然界中存在的形态分。自然铜，铜含量在 99％以上，但储量极少；氧化铜矿，为数也不多；硫化铜矿，含铜量极低，一般在 2％～3％。世界上 80％以上的铜都是从硫化铜矿精炼出来的。

（2）按生产过程分。铜精矿，冶炼之前所选出的含铜量较高的矿石；粗铜，铜精矿冶炼后的产品，含铜量在 95％～98％；纯铜，火炼或电解之后含量达 99％以上的铜。火炼达 99％～99.9％，电解达 99.95％～99.99％。

（3）按主要合金成分分。紫铜，就是工业纯铜，不含合金；黄铜为铜锌合金；白铜为铜钴镍合金；青铜是除了锌镍外还加入其他元素的合金。在水电站中，紫铜和黄铜应用最多。

（4）按产品形态分类。可分为铜管、铜棒、铜线、铜板、铜带、铜条、铜箔等。

4-5-19 什么是紫铜，什么是黄铜，其主要性能及用途有哪些？

答：紫铜就是工业纯铜，其含铜量为 99.5％～99.95％，是玫瑰红色金属，表面形成氧化铜膜后呈紫色，也称为红铜，其代号为 T。它的密度为 7.83g/cm³，熔点为 1083℃，无磁性，具有很好的导电性、导热性和耐蚀性，它的电导率和热导率仅次于银，塑性极好，易于热压和冷压力加工，可以焊接和钎焊，但机械性能差。大量用于制造电线、电缆、电刷等要求导电性良好的产品。

黄铜是以锌为主要添加元素的铜合金，它的代号为 H，由于具有美观的黄色，故称黄铜。而另外加入其他合金元素的黄铜称特种黄铜。黄铜的密度为 8.93g/cm³，大于紫铜，强度比紫铜高，它的导热、导电性好，在大气和淡水中有高耐蚀性，具有良好的塑性和耐磨性，易于冷、热压力加工，易于焊接、锻造和镀锡，多用于机械轴瓦内衬。

4-5-20　什么是白铜和青铜，它们各有什么特性，用途如何？

答：白铜是以镍为主要添加元素的铜合金，其代号为 B。铜镍二元合金称普通白铜，加有锰、铁、锌、铝等元素的白铜合金称复杂白铜。工业用白铜分为结构白铜和电工白铜两大类。结构白铜的特点是机械性能和耐蚀性好，色泽美观，这种白铜广泛用于制造精密机械、化工机械和船舶构件。电工白铜一般有良好的热电性能。锰铜、康铜、考铜则是含锰量不同的锰白铜，是制造精密电工仪器、变阻器、精密电阻、应变片、热电偶等用的材料。

青铜原指铜锡合金，后除黄铜、白铜以外的铜合金均称为青铜，并常在青铜名字前冠以第一主要添加元素的名，其代号为 Q。锡青铜的铸造性能、减摩性能和机械性能好，适合于制造轴承、蜗轮、齿轮等。铅青铜是现代发动机和磨床广泛使用的轴承材料。铝青铜强度高，耐磨性和耐蚀性好，用于铸造高载荷的齿轮、轴套、船用螺旋桨等。铍青铜和磷青铜的弹性极限高，导电性好，适于制造精密弹簧和电接触元件，铍青铜还用来制造煤矿、油库等使用的无火花工具。

4-5-21　工业用纯铜的牌号是怎样划分的，电线、电缆所用铜是用什么牌号？

答：工业用纯铜按所含杂质的多少，可分为 1 号、2 号、3 号、4 号 4 种牌号。1 号铜（代号 T1）含杂质总量不大于 0.05%，2 号铜（代号 T2）含杂质总量不大于 0.1%，3 号铜（代号 T3）含杂质总量不大于 0.3%，4 号铜（代号 T4）含杂质总量不大于 0.5%。电线、电缆是用 T1 或 T2 号铜制造的。

4-5-22　金属材料具有哪些性能？

答：金属材料的性能，一般分为两大类：一类是使用性能，包括机械性能、物理性能、化学性能等。其中，机械性能是指金属受外力作用时所反映出来的性能，它是衡量金属材料的极其重要的指标，一般包括弹性、塑性、刚度、强度、硬度、冲击韧性、疲劳强度和断裂韧性等；而金属材料的物理性能一般包含比重、熔点、热膨胀性、导热性和导电性等；金属材料的化学性能则是指其在室温或高温时抵抗各种化学作用的能力，主要是抵抗活泼介质的化学侵蚀能力，如耐酸性、耐碱性、抗氧化性等。

另一类是工艺性能，它反映金属材料在制造加工过程中的各种特性，是物理、化学、机械性能的综合，按工艺方法的不同，可分为铸造性能、锻造性能、切削性能、焊接性能等。

4-5-23　什么是强度，什么是刚度，它们有什么区别？

答：强度是金属材料在外力作用下抵抗塑性变形和断裂的性能。按照其作用力性质的不同，可分为抗拉强度、抗弯强度、抗压强度、抗剪强度、抗扭强度等，在工程上常用屈服强度（金属材料发生屈服现象时的屈服极限，也即抵抗微量塑性变形的应力）和抗拉强度来表示金属材料强度的指标。

金属材料在受力时抵抗弹性变形的能力叫作刚度。在弹性范围内，应力与应变的比值叫作弹性模数，它相当于引起单位变形时所需的应力。因此，金属材料的刚度常用模数衡量，弹性模数越大，表示在一定应力作用下能发生的弹性变形越小，也就是刚度越大。所以，对于零件的刚度问题，除了与材料的弹性模数有关之外，还与零件的形状和尺寸大小有关。

其区别是：刚度主要是指构件抵抗变形的能力，而强度是指构件抵抗断裂的能力。

4-5-24 什么是硬度，常用硬度有哪几种，各适用于什么情况的检验？

答：硬度是指金属材料抵抗比它更硬的物体压入其内的能力。它表示金属材料的坚硬程度，其大小在硬度计上测定，根据压头和压力的不同，分为布氏硬度、洛氏硬度、维氏硬度三种，其定义和应用情况见表 4-5-2。

表 4-5-2 硬度的定义与应用

名　　称	定　　义	应　　用
布氏硬度 （HB）	在一定直径的淬火钢球上，加以一定载荷（一般为 3000kg）压入被测金属材料表面，然后用所加的载荷除以材料上球印的表面积，所得结果就是布氏硬度	主要用于退火、正火、调质的零件及铸件的硬度检验
洛氏硬度 （HR）	用顶角为 120° 的金刚石圆锥体，在一定载荷作用下，压入材料表面上，根据压痕的深度来确定材料硬度的大小就是洛氏硬度值。洛氏硬度没有单位	主要用于经淬火、回火及表面渗碳、渗氮等处理的零件硬度检验
维氏硬度 （HU）	与布氏硬度原理相同，也是以压痕表面积上的平均应力作为硬度值，载荷根据不同的要求加以选择，以 1~120kg 范围内变化，压头是两面夹角 136° 的金刚石四棱角锥体，在试验机上附有显微镜，用来测量压痕表面对角线长度	用于薄层硬化零件的硬度检验

4-5-25 什么是金属的塑性和韧性？

答：金属材料在外力作用时，产生永久性变形而不会被破坏的能力称为塑性。金属材料塑性的好坏可用延伸率及断面收缩率表示，其值越大，塑性越好。

韧性是指金属材料在冲击载荷下，抵抗破坏的能力。有些材料在静载荷作用下表现出有很高韧性，但在冲击载荷作用下就表现很脆弱，高碳钢就是这样。而相反有些材料的强度并不高，但在冲击载荷作用下表现出很高的韧性，如低碳钢。金属材料的韧性好坏一般用冲击韧性来衡量，冲击韧性值越大，韧性越好。实践证明，冲击载荷要比静载荷具有更大的破坏性。因此，机器上承受冲击载荷的零件必须有足够的韧性。

4-5-26 什么是金属材料的疲劳强度？

答：所谓疲劳，就是指金属材料在长期承受交变载荷的作用时，在未发生显著塑性变形的情况下突然断裂的现象。疲劳强度则是金属材料在无数次重复交变载荷作用下而不致引起断裂的最大应力。

实际上不可能进行无数次循环试验，通常把 $10^6 \sim 10^8$ 次的反复受力试验而不发生断裂的最大应力作为疲劳强度，称疲劳极限。

4-5-27 什么叫作钢的热处理，热处理的作用是什么，它分为哪几种？

答：钢的热处理就是将钢在固态下采用适当的方式加热到一定的温度，然后进行必要的保温，并以适当的速度冷却到室温，以改变钢的内部组织，从而得到所需性能与组织结构的工艺方法。一般地说，热处理工艺的基本过程包括加热、保温、冷却三个阶段。其作用是改变钢的内部组织，显著提高钢的机械性能，增加零件的强度、韧性和使用寿命，提高刀具、模具、量具的硬度和耐磨性。所以，重要的机器零件都要进行热处理，如汽车工业中 70%~

80％的零件都要经过热处理，而工具则全都要经过热处理。此外热处理还可以改善零件加工工艺性能（如切削加工性、冲压性）等，从而提高生产率和加工质量。

钢铁材料的热处理根据其工艺方法和目的要求的不同，可分为普通热处理、表面热处理和特殊热处理三大类。其中，普通热处理又分为退火、正火、淬火、回火等几种；而在表面热处理中又分为表面淬火和化学热处理；特殊热处理则有形变热处理和真空热处理等方式。

4-5-28　在钢的普通热处理方法中，退火、正火、淬火、回火的方法和应用各有什么区别？

答：在钢的热处理工艺中，退火、正火、淬火、回火的方法和其各自的应用情况见表4-5-3。

表 4-5-3　　钢的普通热处理方法

名称	方法说明	应用
退火	将钢件加热到临界温度以上（一般是 710～715℃，个别合金钢 800～900℃）30～50℃，保温一段时间，然后缓慢冷却（一般在炉中冷却）	用来消除铸、锻、焊零件的内应力，降低硬度，便于切削加工，细化金属晶位，改善组织，增加塑性和韧性
正火	将钢件加热到临界温度以上，保温一段时间，然后用空气冷却，冷却速度比退火要快	用来处理低碳和中碳结构钢及渗碳零件，使其组织细化，增加强度与韧性，减少内应力，改善切削性能
淬火	将钢件加热到临界温度以上，保温一段时间，然后在水、盐水或油中（个别材料在空气中）急速冷却	用来提高钢的硬度和强度极限。但淬火会引起内应力使钢变脆，所以淬火后必须回火
回火	回火是将淬硬的钢件加热到临界点以下的温度，保温一段时间，然后在空气中或油中冷却下来	用来消除淬火后的脆性和内应力，提高钢的塑性和冲击韧性

4-5-29　什么是调质处理，什么是时效处理，它们各有什么特点？

答：所谓调质处理，就是对钢铁材料在淬火后，马上进行高温回火的热处理方法。高温回火是指在 500～650℃进行回火。调质可以使钢的性能、材质得到很大程度的调整，其强度、塑性和韧性都较好，具有良好的综合机械性能。

所谓时效处理，就是在低温回火后（低温回火温度 150～250℃）的精加工前，把工件重新加热到 100～150℃，保持 5～20h。这种为稳定精密制件质量的处理，主要是为了消除精密量具或模具、零件在长期使用中尺寸、形状发生变化。对在低温或动载荷条件下的钢材构件进行时效处理，以消除残余应力，稳定钢材组织和尺寸，尤为重要。

4-5-30　什么叫作钢的退火，具有什么特性，常用的退火工艺有哪些？

答：将钢加热到临界温度（一般是 710～715℃）以上 30～50℃，并保温一段时间，然后使它慢慢冷却，称为退火。钢的退火工艺通常作为铸造、锻、轧加工以后，冷加工、热处理之前的一种中间预备热处理工序。其目的在于：① 降低硬度，改善切削加工性能；② 细化晶粒，改善组织，提高钢的力学性能；③ 消除内应力，并为热处理时减少畸变，避免淬火开裂或提高淬火钢的性能；④ 提高塑性和韧性，便于冲压或冷拉加工。所以退火既为了消除和改善前道工序遗留的组织缺陷和内应力，又为后续工序做好准备，故退火属于半成品热处理，又称预先热处理。

钢的退火工艺针对不同的材料,按其加热温度和保温时间、方式的不同,又可分为:扩散退火、完全退火、不完全退火、等温退火、球化退火、再结晶退火或中间退火、去应力退火(低温退火)等 7 种。

4-5-31 什么叫作钢的正火,其目的是什么?

答:正火是将钢加热到 Ac3(亚共析钢)或 Acm(过共析钢)的临界温度以上 40～60℃或更高温度,达到完全奥氏体化和奥氏体均匀化后,一般在自然流通的空气中冷却。对于大锻件正火可采用喷雾冷却乃至水冷。锻、铸钢件正火的目的在于调整钢件的硬度、细化晶粒、消除网状碳化物并为淬火做好组织准备。通过正火对亚共析钢细化晶粒,钢的韧性可显著改善;低碳钢正火可以提高硬度,改善切削加工性能。焊接件通过正火可以改善焊缝及热影响区的组织和性能。

与退火相比,正火工艺的主要特点是冷却速度比退火快。亚共析钢经正火处理后的组织是细珠光体和少量铁素体。共析钢、过共析钢经正火处理后是单一细珠光体组织。对要求不高的零件用正火代替退火工艺是比较经济的。

4-5-32 退火与正火的主要区别是什么?

答:正火是完全退火的一种变态或特例,二者仅是冷却速度不同,通常退火是随炉冷却,而正火是在空气中冷却。正火既适用于亚共析钢也适用于过共析钢,对于过共析钢,正火一般用于消除网状碳化物;对于亚共析钢,正火的目的与退火基本相同,主要是细化晶粒,消除组织中的缺陷,但正火组织中珠光体片较退火者细,且亚共析钢中珠光体数量多铁素体数量少。因此,经正火后钢的硬度、强度均较退火者高。由此可知,在生产实践中,钢中有网状渗碳体的材料需先经正火消除后方可使用其他工艺,而对热处理后有性能要求的材料,则根据要求的不同及钢种的不同选择退火或正火工艺。一般而言,要求热处理后有一定的强度、硬度,可选择正火工艺;要求有一定的塑性,尽量降低强度、硬度的则应选择退火工艺。

4-5-33 什么叫钢的淬火,其目的是什么,又有哪些类别?

答:淬火是将钢加热到临界温度以上,保温一段时间,然后快速放入淬火剂中,使其温度骤然降低,以大于临界冷却速度的速度急速冷却,从而获得以马氏体为主的不平衡组织的热处理方法。一般亚共析钢需加热到 Ac3 以上 30～50℃,过共析钢需要加热到 Ac1 以上 30～50℃,保持一定时间后在水、油、混合物溶液等介质中,有时也可置于强烈流动的空气中冷却,最终使工件获得要求的淬火组织。淬火的目的在于使钢获得较高的强度和硬度,但要减少其塑性。淬火后的零件再经中、高温回火,可获得良好的综合力学性能。淬火还可防止某些沉淀在过饱和固溶体自高温冷却时析出,为下一步冷变形加工或时效强化做好准备,淬火是热处理强化中最重要的工序。

根据加热与冷却规程的不同,淬火工艺可分为多种类别。按淬火加热温度的不同,有超高温淬火,完全淬火,不完全淬火等;按加热介质的不同,有普通淬火(空气介质中加热)、盐浴淬火、真空淬火等;按冷却条件的不同,有水冷淬火、油冷淬火、双液淬火、喷液淬火、喷雾淬火、流态床冷却淬火、分级淬火、等温淬火、深冷淬火等。淬火中常用的淬火剂有:水、油、碱水和盐类溶液等。

4-5-34 回火的目的是什么，又有哪些类别，为什么钢在淬火后一定要进行回火？

答：将预先经淬火或正火的钢重新加热到相变点以下温度，并以适当的速度冷却，以提高其塑性及韧性的工艺称回火。淬火后重新加热回火的目的是获得所要求的力学性能，消除淬火剩余应力，降低硬度和脆性，以取得预期的力学性能，并保证零件尺寸的稳定性。回火工艺通常要在淬火后立即进行。回火工艺的加热温度较低，一般在钢的 Ac1 以下。根据零件不同的性能要求，回火又分为高温回火、中温回火和低温回火三类。

回火多与淬火、正火配合使用，因为钢在淬火后，由于形成马氏体而变硬并且也同时变脆。另外，由于存在着淬火引起的内部应力，若淬火后就使用，在受到冲击力时，则易于损坏，并且在使用中还会发生变形和尺寸变化。因此，为了消除内部应力、稍许降低脆性、增加韧性、稳定钢组织和尺寸，淬火后必须进行回火。

4-5-35 什么叫作钢的表面热处理，有哪几种方法，其原理和特性怎样？

答：仅对工件表层进行热处理，以改变其组织和性能的工艺称为表面热处理。它不仅可以提高零件的表面硬度及耐磨性，而且与经过适当预先热处理的心部组织配合，从而获得较高的疲劳强度和韧性。表面热处理的方法分为表面淬火和化学热处理两种。

表面淬火是将钢件的表面通过快速加热到临界温度以上，但热量还未来得及传到心部之前迅速冷却，这样就可以把表面层淬成马氏体组织，而心部没有发生相变，这就达到了表面淬硬而心部不变的目的。适用于中碳钢，如处理齿轮等。常用的表面淬火方法有：感应加热表面淬火、火焰表面淬火、电接触加热表面淬火、脉冲淬火等。

化学热处理是把工件放在某种化学介质中通过加热、保温、冷却，将化学元素的原子，借助高温时原子扩散的能力，把它渗入到工件的表面层去，来改变工件表面层的化学成分和结构，从而达到使钢的表面层具有特定要求的组织和性能的一种热处理工艺。按照渗入元素种类的不同，化学热处理可分为渗碳、渗氮、碳氮共渗和渗金属法等。

4-5-36 在化学热处理方法中，各种方法具有什么特性？

答：化学热处理的方法有渗碳、渗氮、碳氮共渗和渗金属法等几种，其特性见表 4-5-4。

表 4-5-4　　　　　　　　　　　　　　化学热处理方法

名称	特　性
渗碳	是指使碳原子渗入到钢表面层的过程。也是使低碳钢的工件具有高碳钢的表面层，再经过淬火和低温回火，使工件的表面层具有高硬度和耐磨性，而工件的中心部分仍然保持着低碳钢的韧性和塑性
渗氮	又称氮化，是指向钢的表面层渗入氮原子的过程。其目的是提高表面层的硬度与耐磨性以及提高疲劳强度、抗腐蚀性等。目前生产中多采用气体渗氮法
碳氮共渗	又称氰化，是指在钢中同时渗入碳原子与氮原子的过程。它使钢表面具有渗碳与渗氮的特性
渗金属	是指以金属原子渗入钢的表面层的过程。它是使钢的表面层合金化，以使工件表面具有某些合金钢、特殊钢的特性，如耐热、耐磨、抗氧化、耐腐蚀等。生产中常用的有渗铝、渗铬、渗硼、渗硅等

4-5-37 化学热处理法有哪些优缺点？

答：化学热处理法的优点是设备简单、操作方便、工件变形小、表面精度高、成本低，能使零件表面硬度有较大的提高，增加耐磨性能，提高零件寿命，改进抗腐蚀性能，有良好的高温硬度。

其缺点是：此法对工件的材质有一定的要求，钢材中需含有 Cr、Mo、W、V 等元素才能获得好的效果，因此有一定的局限性，另外化学热处理法不能用来修补旧件。

4-5-38　什么叫作发黑或发蓝工艺，其作用是什么？

答：在金属的表面热处理工艺中，将金属零件放在很浓的碱和氧化剂溶液中进行加热氧化，使金属表面形成一层氧化铁所组成的保护性薄膜，这种工艺就叫作发蓝，又称发黑。这种工艺对工件具有防腐蚀、美观的作用。用于一般连接的标准件和其他电子类零件。如在现在调速器液压系统的各种金属零部件中，已广泛使用这种工艺。

4-5-39　什么是热喷涂法，它有什么优缺点？

答：热喷涂法是用气体、液体燃料或用电弧、等离子弧作热源，将金属、合金、陶瓷、金属陶瓷、氧化物、碳化物、硼化物、氮化物、硅化物、塑料等粉末或丝材、棒材加热到熔化或半熔化状态，借助于火焰推力或另用压缩空气喷洒于预处理过的工件表面上，形成喷涂层的一种表面处理方法。

热喷涂技术的优点是：① 喷涂材料范围非常广泛，几乎包括所有的固体材料（除了火焰中能挥发的物质外）；② 所选择的合适工艺，几乎能在任何固体材料表面上进行喷涂；③ 一般不受施工现场限制，也不受工件尺寸的限制；④ 涂层的厚度可以控制，从几十微米到几个毫米；⑤ 工件受热程度可以控制；⑥ 可使材料具有耐磨、耐蚀、耐氧化、耐高温、隔热、导电、绝缘、密封、减磨、防辐射等不同功能，使低级材料可代替高级材料使用；⑦ 不仅能进行材料表面防护和强化工作，而且还能修补废旧件，且修复速度快，修复件性能高；⑧ 设备简单、操作方便、工艺灵活、投资少、见效快、适应性强、易于推广、经济效果显著。

其缺点是：热喷涂层结合强度不太高，会存在孔隙问题及工件变形问题。

4-5-40　什么是刷镀，其优缺点是什么？

答：刷镀是一种不用电镀槽，只使用一个惰性电极（用于清理或腐蚀工件表面时，此电极为阴极，用于电镀时，此电极为阳极），并将惰性阳极浸入电镀液中，然后取出，迅速在预处理过的工件（阴极）表面来回涂刷，以得到光滑而致密的涂层的电镀方法。

刷镀工艺的优点是：① 易于修复有缺陷的电镀零件及磨蚀量小的废旧件；② 能在局部地方进行刷镀，避免不需要电镀的部位受到电解质的腐蚀；③ 镀层结合强度高，其等于或稍高于一般电镀方法；④ 可减轻一般电镀方法的氢脆问题；⑤ 能减轻一般电镀的钝化作用，并能重新刷镀。

刷镀工艺的缺点是：① 一般是手工操作，劳动强度大；② 刷渡液比较昂贵，需要相当量的铬合剂；③ 包裹阳极用的吸收材料使用寿命不长，成本较高。

🌻 第六节　钳工及非金属材料

4-6-1　在水电站中，常用的钳工工具有哪些，各有什么作用，有哪些类型和规格？

答：在水电站中，常用的钳工工具有十几种，其种类、用途和规格见表 4-6-1。

表 4-6-1 常用的钳工工具

名称	用 途	种类和规格
台虎钳	装置在工作台上，用以夹稳加工工件	其规格以钳口长度表示，有 75、100、125、200mm 等几种规格
手虎钳	夹持轻巧工件以便进行加工的一种手持工具	其规格以钳口长度表示，有 25、40、50mm 等几种规格
管子台虎钳	夹稳金属管，以进行铰制螺纹或割断管子等	其规格以夹持管子直径（mm）的大小来分，有 10～60、10～90、15～115、15～165、30～220、30～300mm 等 6 种规格
锯弓	装置手用钢锯条，以手工锯割金属材料	有活动式和固定式两种，固定式的可装锯条长度 300mm，活动式的可装锯条长度 200、250、300mm 等几种
钳工锉	锉削或休整金属工件的表面和孔、槽等	其种类按形状分，有齐头扁锉、尖头扁锉、方锉、三角锉、半圆锉、圆锉等 6 种；按锉纹号分，有 1～5 个等级，分别为粗、中、细、双细、油光。其规格按长度区分，有 100、125、150、200、250、300、350、400、450mm 等 9 种
整形锉	又叫什锦锉。它的作用是锉削小而精细的金属零件，为制造模具、工夹具时的必需工具	一般以成组供应。还有一种电镀金刚石什锦锉，则是适用于锉削硬度较高的金属，如硬质合金、经过淬火或渗氮的工具钢等
划线规	用于划圆或弧、分角度、排眼子等	有普通式和弹簧式两种，其规格按其长度分，有 100、150、200、250、300mm 等 5 种
管子割刀	用于切割各种金属管	其规格以切割管子公称通径来分，有 ≤25、15～50、25～80、50～100mm 等几个系列
胀管器	用来扩大钢管、铜管端部的内、外径	有直通式和翻边式两种类型，其中翻边式在胀管的同时还可以对钢管端部进行翻边。其规格以能扩大的管子的大小而分，有多个系列
刮刀	用来刮削工件接触面的污物，也可用在巴氏合金轴瓦的刮瓦工作中	有半圆刮刀、三角刮刀、平刮刀三种，其中半圆刮刀用于刮削轴瓦的凹面等；三角刮刀用于刮削工件上的油槽和孔的边缘等；平刮刀用于刮削工件的平面或铲花纹等。其规格按刮刀的长度分，有 50、75、100、125、150、175、200、250、300、350、400mm 等
丝锥	供加工螺母或其他机件上的普通螺纹内螺纹用（即攻丝）	它分为机用丝锥和手用丝锥两种，手用配合丝锥扳手或活动扳手用。其规格以螺纹的公称直径以及螺距（粗牙、细牙）米分，如 M10×1.5，有多个系列
板牙	供加工螺栓或其他机件上的普通螺纹外螺纹用（即套丝）	分为机用板牙和手用板牙，手用板牙需配合板牙扳手用。其规格以螺纹的公称直径以及螺距（粗牙、细牙）来分，如 M10×1.5，有多个系列
管子铰板	用手工铰制金属管子上的外螺纹（55°圆锥或圆柱管螺纹）	
皮带冲	在非金属材料（皮革制品、橡胶板、石棉板等）上冲制圆孔	其规格按冲孔直径来分，有 1.5、2.5、3、4、5、5.5、6.5、8、9.5、11、12.5、14、16、19、21、22、24、25、28、32mm
钢字（号）码	在金属件或其他硬性物品上压印字母和号码	钢字码为英文字母的，一副有 27 只；对钢字号码的，每副有 9 只（0～9，其中 6 和 9 共用）。其规格按字身高度分，有 1.6、3.2、4、4.8、6.4、8、9.5、12.7

4-6-2　锉刀的结构怎样，有哪些种类和规格？

答：锉刀是用来锉削或修整金属工件表面的一种钳工工具。它是采用高碳工具钢 T12、T13 制成，并经淬硬处理，它的硬度在 HRc62～HRc67。所以，其特性比较硬和脆，使用中严禁做敲打工具用。锉刀由锉刀面、锉刀边、锉刀根及手柄构成，如图 4-6-1 所示。锉刀的种类按其作用分，有普通锉（钳工锉）、整形锉（什锦锉）和特种锉三种，普通锉用于锉削或修整金属工件的表面和孔、槽等，整形锉用于锉削小而精细的金属零件，特种锉用来锉削工件

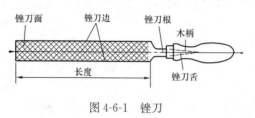

图 4-6-1　锉刀

的特殊表面；按其断面形状分，普通锉有平锉、方锉、三角锉、半圆锉、圆锉等 5 种，特种锉有直形和弯形两种，而整形锉是由各种断面形状的锉刀组成一套；按锉刀的齿纹分有单齿纹和双齿纹两种；按锉刀的锉纹号，即齿的粗细分，锉刀有 1～5 个等级，分别为粗、中、细、双细、油光。而整形锉的锉纹号从 1 号纹到 7 号纹。锉刀的规格以锉刀的长度表示，常用的有：100、125、150、200、250、300、350、400、450mm 等 9 种，圆锉和方锉的规格以其全长上最大截面的直径和方身对边尺寸表示。

4-6-3　锯条的切割原理怎样，在使用中应注意些什么？

答：锯条的切削部分由许多锯齿组成，每个锯齿相当于一把錾子起切割作用。常用锯条的前角 γ 为 0，后角 α 为 40°～50°，楔角 β 为 45°～50°。锯条的锯齿按一定形状左右错开，排列成一定形状称为锯路，锯路有交叉、波浪等不同排列形状。锯路的作用是使锯缝宽度大于锯条背部的厚度，防止锯割时锯条卡在锯缝中，并减少锯条与锯缝的摩擦阻力，使排屑顺利，锯割省力。手锯是向前推时进行切割，在向后返回时不起切削作用，因此安装锯条时应锯齿向前。另外，在使用中应注意以下事项：① 锯条的松紧要适当，太紧容易失去应有的弹性，锯条容易崩断，太松会使锯条扭曲，锯缝歪斜，锯条也容易崩断；② 锯割时，对锯条工作部分应加冷却液或润滑油，以防锯条摩擦过热影响锯条硬度，失去锯割能力。

4-6-4　手用锯条有哪些分类，其粗细是如何定义和区分的，各在什么情况下使用？

答：手用锯条是用碳素工具钢（如 T10 或 T12）或合金工具钢，并经热处理制成。锯条的规格以锯条两端安装孔间的距离来表示（长度有 150～400mm），常用的锯条是长399mm，宽12mm，厚0.8mm。锯条分为粗齿、中齿、细齿三种类型。锯齿的粗细是按锯条上每 25mm 长度内齿数表示，14～18 齿为粗齿，24 齿为中齿，32 齿为细齿。锯齿的粗细也可按齿距 t 的大小来划分：粗齿的齿距 $t=1.6$mm，中齿的齿距 $t=1.2$mm，细齿的齿距 $t=0.8$mm。

锯条的粗细应根据加工材料的硬度、厚薄来选择。锯割软的材料（如铜、铝合金等）或厚材料时，应选用粗齿锯条，因为锯屑较多，要求较大的容屑空间。锯割硬材料（如合金钢等）或薄板，薄管时，应选用细齿锯条，因为材料硬，锯齿不易切入，锯屑量少，不需要大的容屑空间；此外，锯薄材料时，锯齿易被工件钩住而崩断，需要同时工作的齿数多，应选择细齿锯条，使锯齿承受的力量减少。锯割中等硬度材料（如普通钢、铸铁等）和中等硬度的工件时，一般选用中齿锯条。

4-6-5　在水电站中，常用的测量工具有哪些，各有什么作用，有哪些种类和规格？

答：在水电站中，所需的测量工具主要见表 4-6-2。

表 4-6-2　　　　　　　　　　　　　　水电站所需的测量工具

名称	用　　途	种类和规格
钢直尺	测量一般工件的长度	其规格有 150、300、500、1000、1500、2000mm 等几种
钢卷尺	测量较长工件的尺寸或距离	分为自卷式和摇卷式，自卷式有 1、2、3、5m 等；摇卷式有 5、10、15、20、30、50、100m 等
皮卷尺	测量较长距离的尺寸，精度低	有 5、10、15、20、30、50m 等
卡钳	与钢尺配合，外卡钳测量工件的外尺寸，内卡钳测量工件的内尺寸	分为普通卡钳和弹簧卡钳，其规格以长度分，有 100、125、200、250、300、350、400、450、500、600mm 等
游标卡尺	用于测量工件的外径、内径尺寸，带深度尺的还可以用于测量工件的深度尺寸，可以读出毫米小数值，精度较高	有普通游标卡尺、高度游标卡尺、深度游标卡尺；按读数方式分有普通式、带微调装置式、带百分表式、带数显装置式；精度有 0.02、0.05、0.10mm，测量范围有 0～125、0～150、0～200、0～300、0～500、0～1000mm 等
千分尺	外径千分尺主要用于测量工件的外尺寸，内径千分尺用于测量工件的内尺寸，精度更高	按作用分有外径千分尺、内径千分尺、深度千分尺等，其精度一般为 0.01mm，其规格按测量范围分，有 0～25、25～50、50～75、75～100、100～125、125～150、150～175、175～200mm 等多个
百分表	测量精密工件的几何形状及其相互位置的正确性	有刻度盘式百分表、电子数显百分表，其精度为 0.01mm，其规格按测量范围分，有 0～3、0～5、0～10mm 等
塞尺	又叫厚薄规，用于测量或检验两平行面间的空隙	有 A 型和 B 型，A 型前端为半圆形，B 型前端为梯形，端头为弧形；塞尺按长度分有 75、100、150、200、300mm 几个系列，按每组片数分有 13、14、17、20、21 片等几种
水平尺	用于检查设备安装的水平位置和垂直位置，精度较低	其精度一般为 2mm；其规格按长度分有 200、250、300、350、400、450、500、550、600mm 等
水平仪	用于检查设备安装的水平位置和垂直位置，精度较高	有框式水平仪、条式水平仪两种；其精度为 0.02mm；框式水平仪的规格按外形尺寸分，有 100、150、200、250、300mm（长和高一样）
螺纹样板	用来检验公制普通螺纹的螺距和英制 55°螺纹的每英寸牙数	公制的为 60°，按螺距分，有 20 片；英制的为 55°。按每英寸牙数分，有 18 片

4-6-6　游标卡尺的结构怎样，它有哪些种类规格？

答：游标卡尺的结构主要由主尺和副尺两部分组成，含有固定量爪、活动量爪、深度尺（在尾部，有的不一定带），一般的游标卡尺，其量爪上下都有，下部测外径，上部测内径，也有的不带内孔测量爪，如图 4-6-2 所示。

游标卡尺按用途可分为长度游标卡尺、深度游标卡尺、高度游标卡尺等三种，长度游标卡尺为常用卡尺，一般在其尾部也带有深度测量装置；按读数可分为普通式、带微调装置式、带百分表式、带数显装置式等 4 种；按测量精度可分

图 4-6-2　游标卡尺

为 0.02mm（1/50）、0.05mm（1/20）、0.10mm（1/10）等三种；按测量范围分：有 0～125、0～200、0～300、0～500、1000、500～1500、1000～2000mm 等几种。购买和使用时要注意其用途、读数、精度、量程等 4 要素，在使用前应注意调零。

4-6-7　千分尺的结构组成怎样，它有哪些种类规格？

答：千分尺又称螺旋测微仪，主要由尺架、固定测头、活动测头、锁紧装置、固定套筒、微分筒和棘轮装置等组成，如图 4-6-3 所示。千分尺的测量精度为 0.01mm，比游标卡尺的测量精度高。

千分尺按用途分：外径千分尺、内径千分尺、深度千分尺、公法线长度千分尺（测齿轮的）等 4 种；按测量范围分，有 0～25、25～50mm 等多种，它的测量范围是在数值小于300mm 时按 25mm 分段，当测量数值大于 300mm 至 1000mm 时按 100mm 分段。它的测量杆移动距离一般为 25mm，但带有不同规格的可换的或可调的固定测头，以供测量不同工件尺寸之用。购买和使用时要注意其用途、读数、精度、量程等 4 要素，在使用前应注意调零。

4-6-8　百分表有什么用途，使用时要注意哪些事项？

答：百分表是利用齿条齿轮或杠杆齿轮传动，将测杆的直线位移变为指针的角位移的计量器具，如图 4-6-4 所示。主要用于测量制件的尺寸和形状、位置误差等。改变测头形状并配以相应的支架，可制成百分表的变形品种，如厚度百分表、深度百分表和内径百分表等。在水电站中，常用来测量机组轴承等各部位的振动量以及对主轴盘车时测量其各部位的摆度值，还可用来测量和校正轴和杆件的直线度等。百分表的精度一般为 0.01mm，测量范围一般为 0～3、0～5、0～10mm，在使用时应注意：① 百分表往往与专用表架和磁性表座联合使用，使用时要求固定牢靠；② 百分表的测杆中心应垂直于测量平面或通过轴心；③ 测量时，百分表的测杆应压入 2～3mm，即短针指在 2～3，然后转动表盘，使长针对准"0"，即调零。

图 4-6-3　千分尺　　　　　　　　　　图 4-6-4　百分表

4-6-9　水电站中常用的计量单位有哪些，它们如何进行换算？

答：在水电站中，我们需要经常用到一些计量单位，并进行换算，以下是一些常用但又容易混淆的计量单位，其相关换算如下。

（1）公制尺寸：1 米（m）＝10 分米（dm）、1 分米（dm）＝10 厘米（cm）、1 厘米（cm）＝10 毫米（mm）、1 毫米（mm）＝100 道（丝 s）、1 道（丝 s）＝10 微米（μm）。

（2）英制尺寸：1 英尺（′）＝12 英寸（″）、1 英寸（1″）＝8 英分（1 英分＝1/8 英寸），公制与英制的换算为：1 英寸（1″）＝25.4 毫米（mm）。

（3）体积单位：1 升（L）＝1000 毫升（mL）＝1 分米^3、1 米^3（m^3）＝1000 升（L）、1 毫升＝1 厘米^3。

（4）质量单位：1kg＝1 公斤≈10N（9.8N）、1 吨＝1000 公斤＝1000 千克（kg）、1000N≈100 公斤、1000kN≈100 吨（10kN≈1 吨）、1 磅＝0.45 公斤（1 公斤＝2.2 磅）。

（5）功率单位：1 瓦（W）＝1 焦/秒、1 千瓦＝1.36 马力（1 马力＝0.746 千瓦）。

（6）压力单位：1 标准大气压＝760 毫米水银柱＝10.332 米水柱＝0.1MPa＝1bar。1 标准大气压为压强单位（压强＝压力/面积），是指在零度时，密度为 13.5951 克/厘米^3，重力加速度为 980.665 厘米/秒^2，高度为 760 毫米汞柱在海平面上所产生的压力，也称物理大气压。1 标准大气压 $P＝\rho gh＝$13.595 1 克/厘米^3×980.665 厘米/秒^2×76 厘米＝1 013 250 达因/厘米。它与工程大气压的换算：1MPa＝10bar＝10 公斤力/厘米^2＝1 牛/毫米^2。

（7）电量单位：1 度电＝1000 瓦/时；10MW＝10×10^{6}W＝10 000 000W＝1 万度电/时。

（8）密度单位：一般用 g/cm^3。水的密度：1000kg/m^3＝1g/cm^3；透平油的密度：851kg/m^3＝0.851g/cm^3。

4-6-10　什么叫作螺纹，它有哪些种类？

答： 螺纹是指在圆柱或圆锥表面上，沿螺旋线所形成的具有相同剖面的连续凸起和沟槽。在圆柱外表面上形成的螺纹，称为外螺纹；在圆柱内表面上形成的螺纹，称为内螺纹。内、外螺纹成对使用，可用于连接各种机械，传递运动和动力。螺纹的种类根据其基本要素的不同有很多，大体分类如图 4-6-5 所示。而根据其结构特点和用途可分为三大类：① 普通螺纹。牙形为三角形，用于连接或紧固零件。普通螺纹按螺距分为粗牙螺纹和细牙螺纹两种，细牙螺纹的连接强度较高。② 传动螺纹。牙形有梯形、矩形、锯形及三角形等。③ 密封螺纹。用于密封连接，主要是管用螺纹、锥螺纹与锥管螺纹。

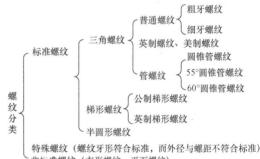

图 4-6-5　螺纹种类

4-6-11　螺纹的基本要素有哪些？

答： 螺纹的基本要素由牙形、外径、头数、螺距（或导程）、螺纹的精度和旋向等 6 要素组成。① 牙形。指轴向剖面内的螺纹牙齿形状，有三角形、方形、梯形、半圆形及锯齿形等牙形，使用最多的是三角形螺纹。② 外径。指螺纹的最大直径，外螺纹指牙顶直径；内螺纹是指牙底直径。③ 头数。指一个螺纹上螺旋数的数目，有单头螺纹和多头螺纹。④ 螺距。有时也俗称牙距，是指相邻两牙在轴线方向的距离。⑤ 精度。粗牙螺纹有 1、2、3 三个精度等级，细牙螺纹有 1、2、2a、3 四个精度等级，梯形螺纹有 1、2、3、3s 四个精度等级，圆柱管螺纹有 2、3 两个精度等级。⑥ 旋向。螺纹有右旋和左旋两种，常采用的是右旋。

4-6-12 对于不同牙形的螺纹，其各自的特点怎样，分别适用于哪些场合？

答：螺纹按照牙形共分为 5 种，分别是三角形、方形、梯形、半圆形及锯齿形。其特点见表 4-6-3。

表 4-6-3 不同牙形的螺纹母

名称	特 点	应 用
三角形螺纹	其本身的自锁性好，齿形的根部强度较高，适合用于工件的连接	如螺钉、螺母等，这也是使用最多的螺纹
梯形螺纹（包括方形螺纹）	本身螺距较大，螺纹强度好，传动效率较高，适合用于传动和受力大的机械上	如机床的传动丝杆（梯形螺纹）、千斤顶的螺杆（方形螺纹）
锯齿形螺纹	其牙形有 33°和 45°两种，受力大，强度高，适合用于压力机上的螺杆	
半圆形螺纹	也就是管螺纹，它配合时没有径向间隙，适用于管件和薄壁工件的紧密连接	如自来水管的连接，在连接处用填料（如麻丝）就能做到紧密连接，不渗漏，密封性很好

4-6-13 螺纹规格如何表示，55°、60°螺纹各表示什么含义？

答：螺纹的规格一般用代号表示，即粗牙普通螺纹用字母"M"及"公称直径"表示；细牙普通螺纹用字母"M"及"公称直径×螺距"表示；当螺纹为左旋时，在螺纹代号之后加"左"字。例如，"M24"表示公称直径为 24mm，右旋的粗牙普通螺纹；"M24×1.5"表示公称直径为 24mm，螺距为 1.5mm，右旋的细牙普通螺纹；"M24×1.5 左"表示公称直径为 24mm，螺距为 1.5mm，左旋的细牙普通螺纹。

在实际使用中，我们一般会见到 55°和 60°两种螺纹。其中，55°为英制普通螺纹，也叫威氏螺纹，它表示螺纹牙的夹角为 55°。60°为公制螺纹，它表示螺纹牙的夹角为 60°。60°公制螺纹的规格按螺距分，有 20 个等级；而 55°英制螺纹的规格按每英寸牙数分，有 18 个等级。

4-6-14 常用的螺栓，在材质上有哪些种类？

答：常用的螺栓，按照其材质分类，有碳钢、不锈钢和铜三大类。

（1）碳钢。以碳钢料中碳的含量区分为低碳钢、中碳钢和高碳钢以及合金钢。① 低碳钢 C%≤0.25%，国内通常称为 A3 钢。国外基本称为 1008、1015、1018、1022 等。主要用于 4.8 级螺栓及 4 级螺母、小螺钉等无硬度要求的产品（钻尾钉主要用 1022 材料）。② 中碳钢 0.25%＜C%≤0.45%，国内通常称为 35 号、45 号钢，国外基本称为 1035、CH38F、1039、40ACR 等。主要用于 8 级螺母、8.8 级螺栓及 8.8 级内六角产品。③ 高碳钢 C%＞0.45%。目前市场上基本没使用。④ 合金钢。在普碳钢中加入合金元素，增加钢材的一些特殊性能，如 35、40 铬钼、SCM435，10B38。

（2）不锈钢。主要分为奥氏体（18%Cr，8%Ni）有 A1、A2、A4 几种，其耐热性好，耐腐蚀性好，可焊性好；马氏体（13%Cr），有 C1、C2、C4 几种，其耐腐蚀性较差，强度高，耐磨性好；铁素体不锈钢（18%Cr），按级别分主要有 SUS302、SUS304、SUS316 等几种，其镦锻性较好，耐腐蚀性强于马氏体。性能等级有 45，50，60，70，80。

（3）铜。常用材料为黄铜或锌铜合金。市场上主要用 H62、H65、H68 铜做标准件。

4-6-15 螺栓上的标识表示什么含义？

答：一般的标准螺栓，都会在螺栓头部做出标识，其内容通常包含螺栓材质和机械性能等级等两个部分。有的还会标出螺栓的精度等级。

前一部分是表示螺栓材质，根据其材质的不同，分为碳钢螺栓，常有 CS、BX 等几种；不锈钢螺栓，常有的有奥氏体 A2、A4 和马氏体 C1、C2 等几种；铜制螺栓，一般为黄铜或锌铜合金，常用 H 表示。

后一部分表示机械性能等级，根据材质的不同，其表示方法也有所区别。对于碳钢，其机械性能级别主要有 3.6、4.6、4.8、5.6、5.8、6.8、8.8、9.8、10.9、12.9 等，共 10 个等级。如 CS-4.8，表示碳钢材质螺栓，抗拉强度等级为 4.8；对于不锈钢，其性能等级为 60、70、80（奥氏体），50、70、80、110（马氏体），45、60（铁氏体）等多个等级，其含义表示抗拉强度，如 A2-70，表示不锈钢材质螺栓，其抗拉强度等级为 70，也就是 700N/mm^2；对于铜制螺栓，常用到的性能等级有 62、65、68 等三个等级。

4-6-16 碳钢螺栓、螺钉及螺柱的机械性能级别有哪几个，其数值有什么具体含义？

答：常用的螺栓、螺钉及螺柱，一般都采用碳钢材质制成，其机械性能级别主要有 3.6、4.6、4.8、5.6、5.8、6.8、8.8、9.8、10.9、12.9 等共 10 个等级，其中 8.8 级及以上等级的螺栓，其材质一般为低碳合金钢或中碳钢并经热处理（淬火、回火），常称为高强度螺栓，其余通称为普通螺栓。在正规标准的碳钢螺栓头部，一般都会标记出其机械性能等级（有的还会标记出螺栓的精度等级）。在螺栓性能等级标号中，一般由两部分数字组成，分别表示螺栓材料的公称抗拉强度值和屈强比值。圆点左边的数字表示公称抗拉强度的 1/100，右边的数字表示公称屈服点/公称抗拉强度的比值的 10 倍。例如，标记"4.6"级，那么它的公称抗拉强度＝4×100＝400N/mm^2；其公称屈服点/公称抗拉强度＝6/10＝0.6，所以其公称屈服点＝0.6×400＝240N/mm^2。由此可以看出，通过性能等级我们可以初步计算出螺栓的公称抗拉强度和公称屈服点。所以，螺栓的机械性能等级数值越大，其机械性能就越好，强度越高。在水电站中常用的螺栓，其性能等级一般有 4.8、6.8、8.8 等几个等级。所以，对于一般的不锈钢标准件，其特性是耐腐蚀、美观，但其强度、硬度在正常情况下只相当于碳钢（6.8 级）。

4-6-17 螺栓和机械螺钉如何区别，螺栓的精度有哪几个等级？

答：螺栓是一种螺纹紧固件，其直径一般大于 6mm，并配有螺母和垫圈。对于直径小于 6mm 的螺纹装置通常认为是机械螺钉。但这也并不是一种全面的定义，因为我们有时也可以看到直径达 M12 的机械螺钉，这个规格就不在螺栓的直径范围内。而另外还有一种区别螺栓和机械螺钉的特征，就是机械螺钉的整体都带有螺纹，而螺栓仅仅是在杆上的一部分有螺纹，螺纹的长度通常为杆直径的两倍以上。

螺栓的精度等级（公差产品等级）一般分为 A、B、C 三个等级，在有些标准的碳钢螺栓头部会标出。A 级和 B 级精度较高，主要适用于表面光洁，对精度要求高的机器设备上；C 级精度较低，一般适用于表面比较粗糙，对精度要求不高的钢结构、机械设备上。

4-6-18 螺栓的防松方法有哪些，各有什么特点？

答：螺栓的螺纹连接一般都具有自锁性能，但在有冲击、振动或变载荷作用下以及工作温度变化较大时，应考虑连接的防松。按其工作原理，防松可分为摩擦力防松、机械方法防松、胶接防松和永久止动防松 4 类。摩擦力防松是通过横向和纵向压紧螺纹副产生摩擦力来防松；机械方法防松是用约束螺纹副的方法来防止连接松动；永久止动防松，是以焊接、翻边等方法固定螺栓与螺母。其各自的特点见表 4-6-4。

表 4-6-4　　　　　　　　　　　　螺栓的防松方法

分类及名称		结构型式	特点及应用
摩擦锁合	弹簧垫圈		靠垫圈压平后产生的弹力增大螺纹副的摩擦力矩。这种方法结构简单，使用方便，但由于弹力不均，防松效果不是很好
	对顶螺母		利用两螺母拧紧后的对顶作用增大螺纹副的摩擦力矩。这种方法结构简单，效果最好，质量、尺寸增大，经济性稍差
	金属锁紧螺母		螺母一端经非圆形收口或开槽后径向收口，拧入螺栓后胀开，靠弹力增大螺纹副的摩擦力矩。这种方法结构简单，防松效果中等，但不稳定
	尼龙嵌件锁紧螺母		在螺母螺纹处嵌入无螺纹的尼龙环，旋入螺栓后尼龙环压紧螺栓螺纹。这种方法结构简单，防松效果极好，但工作温度应低于 100℃
	齿形锁紧垫圈		靠压平垫圈翘齿产生的弹力增大螺纹副的摩擦力矩。有内齿和外齿两种，外齿应用较多。这种方法弹力均匀，防松效果略好于弹簧垫圈
形锁合	开槽螺母		六角开槽螺母配以开口销，阻止螺母旋出。这种方法防松效果极好，但预紧力控制精度不高，螺母结构复杂，螺杆上需钻孔，安装较难
	止动垫圈		旋紧螺母后，翻起垫圈凸耳将螺母锁住。这种方法防松效果极好，但预紧力控制精度不高，结构简单，只能用于被连接件有容纳弯耳之处
	钢丝串接		在螺栓头部钻孔，穿入钢丝，使一组螺栓互相制约，不得转动。这种方法防松效果极好，但预紧力控制精度不高，必须注意钢丝串接方向，且只能用于螺栓组连接
胶接防松	胶接		拧入螺母前，在旋合螺纹表面涂黏合剂，拧紧螺母后黏合剂硬化、固着。这种方法防松效果极佳，黏合剂需按拆卸力矩配方
永久止动	焊接、冲点		以焊接、冲点等方法固定螺栓与螺母

4-6-19　攻螺纹应采用哪些工具，为什么有一锥和二锥之分，其特性如何？

答：攻螺纹（又称攻丝）是用丝锥在工件内圆柱面上加工出内螺纹。进行攻螺纹的配套工具是丝锥及铰扛，丝锥的结构如图4-6-6所示。丝锥是用来加工较小直径内螺纹的成形刀具，一般选用合金工具钢9SiGr制成，并经热处理。通常M6～M24的丝锥一套为两支，称头锥、二锥；M24以上一套有三支，即头锥、二锥和三锥。头锥的锥角小些，有5～7个牙；二锥的锥角大些，有  　图 4-6-6　丝锥 3～4个牙；三锥的锥角则更大。每个丝锥都由工作部分和柄部组成，而工作部分又由切削部分和校准部分组成。在丝锥的轴向上有几条（一般是三条或四条）容屑槽，相应地形成几瓣刀刃（切削刃）和前角，切削部分（即不完整的牙齿部分）是切削螺纹的重要部分，常磨成圆锥形，以便使切削负载分配在几个刀齿上。校准部分则具有完整的牙齿，用于修光螺纹和引导丝锥沿轴向运动。柄部有方头，其作用是与铰杠相配合使用。

铰杠是用来夹持丝锥的工具，常用的是可调式铰杠，旋转手柄可调节方孔的大小，以便夹持不同尺寸的丝锥。铰杠长度应根据丝锥尺寸大小进行选择，以便控制攻螺纹时的扭矩，防止丝锥因施力不当而扭断。

4-6-20　需要攻螺纹时，如何正确选好钻底孔直径和深度以及孔口的倒角？

答：攻螺纹前应正确选好钻底孔直径和深度以及孔口的倒角，其相关要求如下。

（1）底孔直径的确定。丝锥在攻螺纹的过程中，切削刃主要是切削金属，但还有挤压金属的作用，因而造成金属凸起并向牙尖流动的现象。所以攻螺纹前，钻削的孔径（即底孔）应略为大于螺纹内径。底孔的直径可按下面的经验公式计算：脆性材料（铸铁、青铜等）：钻孔直径 $d_0 = d$（螺纹外径）$-1.1p$（螺距）；塑性材料（钢、紫铜等）：钻孔直径 $d_0 = d$（螺纹外径）$-p$（螺距）。具体数据可查相关手册。

（2）钻孔深度的确定。攻盲孔（不通孔）的螺纹时，因丝锥不能攻到底，所以孔的深度要大于螺纹的长度，盲孔的深度可按下面的公式计算：孔的深度＝所需螺纹的深度＋$0.7d$。

（3）孔口倒角。攻螺纹前要在钻孔的孔口进行倒角，以利于丝锥的定位和切入，倒角的深度一般应大于螺纹的螺距。

4-6-21　如何进行攻螺纹工作，它分哪几步，其操作要点及注意事项有哪些？

答：攻螺纹的操作步骤如下：① 根据工件上螺纹孔的规格，正确选择丝锥，先头锥后二锥，不可颠倒使用。② 工件装夹时，要使孔中心垂直于钳口，防止螺纹攻歪。③ 用头锥攻螺纹时，先旋入1～2圈后，要检查丝锥是否与孔端面垂直（可目测或用直角尺在互相垂直的两个方向检查）。当切削部分已切入工件后，每转1～2圈应反转1/4圈，以便切屑断落，同时不能再施加压力（即只转动不加压），以免丝锥崩牙或攻出的螺纹齿较瘦。④ 攻钢件上的内螺纹，要加机油润滑，可使螺纹光洁、省力和延长丝锥使用寿命，攻铸铁上的内螺纹可加润滑剂或者加煤油，攻铝及铝合金、紫铜上的内螺纹，可加乳化液。⑤ 不要用嘴直接吹切屑，以防切屑飞入眼内。

4-6-22　套螺纹应采用哪些工具，其特性如何？

答：套螺纹（或称套丝、套扣）是用板牙在圆柱杆上加工外螺纹。板牙是加工外螺纹的刀具，一般用合金工具钢9SiGr制成，并经热处理淬硬。其外形像一个圆螺母，只是上面钻

图 4-6-7 板牙

有 3～4 个排屑孔，并形成刀刃，如图 4-6-7 所示。板牙由切屑部分、定位部分和排屑孔组成。圆板牙螺孔的两端有 40°的锥度部分，是板牙的切削部分。定位部分起修光作用。板牙的外圆有一条深槽和四个锥坑，锥坑用于定位和紧固板牙。板牙架是用来夹持板牙、传递扭矩的工具，不同外径的板牙应选用不同的板牙架。

4-6-23 在套螺纹时，如何正确选好圆杆直径和圆杆端部的倒角？

答：在套螺纹前，对于圆杆直径的确定和倒角的要求如下：① 圆杆直径的确定。与攻螺纹相同，套螺纹时有切削作用，也有挤压金属的作用。故套螺纹前必须检查圆杆直径。圆杆直径应稍小于螺纹的公称尺寸，圆杆直径可查表或按经验公式计算。经验公式：圆杆直径＝螺纹外径 d—（0.13～0.2）螺距 p。② 圆杆端部的倒角确定。套螺纹前圆杆端部应倒角，使板牙容易对准工件中心，同时也容易切入，倒角长度一般应大于一个螺距，斜角为 15°～30°。

4-6-24 在进行套螺纹操作时，要注意哪些事项？

答：套螺纹的操作要点和注意事项：① 每次套螺纹前应将板牙排屑槽内及螺纹内的切屑清除干净。② 套螺纹前要检查圆杆直径的大小和端部倒角。③ 套螺纹时切削扭矩很大，易损坏圆杆的已加工面，所以应使用硬木制的 V 形槽衬垫或用厚铜板作保护片来夹持工件。工件伸出钳口的长度，在不影响螺纹要求长度的前提下，应尽量短。④ 套螺纹时，板牙端面应与圆杆垂直，操作时用力要均匀。开始转动板牙时，要稍加压力，套入 3～4 牙后，可只转动而不加压，并经常反转，以便断屑。⑤ 在钢制圆杆上套螺纹时要加机油润滑。

4-6-25 砂轮的规格如何表示，其各参数的含义如何，包含哪些种类？

答：砂轮装置于砂轮机或磨床上，用于磨削金属的机件、刀具或非金属材料等。砂轮的规格主要包括砂轮的形状代号、主要尺寸（外径×厚度×孔径）、磨料种类、磨料粒度、砂轮组织号、硬度、结合剂、线速度等内容。其表示方法如图 4-6-8 所示。

对于砂轮的形状常用的有：平形砂轮、弧形砂轮、双斜边砂轮、双面凹砂轮、筒形砂轮、碗形砂轮、蝶形砂轮等；砂轮的主要尺寸根据其不同的形状也各有不同；磨料种类有氧化物系列、碳化物系列，其中氧化物系列包含棕刚玉、白刚

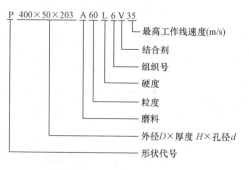

图 4-6-8 砂轮的规格表示方法

玉、单晶刚玉、微晶刚玉、铬刚玉、锆刚玉、镨刚玉、黑刚玉等，而碳化物系列包含黑碳化硅、绿碳化硅、立方碳化硅、碳化硼等；磨料粒度是指磨料颗粒的大小，磨料粒度号数是按磨料颗粒尺寸自大至小排列的，粒度分为磨粒、磨粉与微粉三组，共有 39 个号数；砂轮组织有 0～14 号数，共有 15 个等级，不同的组织号对应于一定的磨粒率，组织号越大，磨粒率越小（磨粒率是指磨粒在砂轮中占有的体积百分数，组织号小的，磨粒大；反之，磨粒率小）；砂轮的硬度是指砂轮表面上的磨粒在磨削力作用下脱落的难易程度，分为软、中软、中、中硬、硬等五个大等级；砂轮中用以黏结磨料的物质称结合剂，一般有陶瓷结合剂、树脂结合剂、橡胶结合剂、金属结合剂等 4 种类型。

4-6-26　什么是砂轮磨料的粒度，它有哪些类别，如何根据实际情况选用？

答：砂轮磨料的粒度指磨料颗粒的大小。磨料粒度号数是按磨料颗粒尺寸自大至小排列的，粒度分为磨粒、磨粉、微粉三组，共有 39 个号数，磨粒是：4 号、5 号、6 号、7 号、8 号、10 号、12 号、14 号、16 号、20 号、22 号、24 号、30 号、36 号、40 号、46 号、54 号、60 号、70 号、80 号；磨粉是：100 号、120 号、150 号、220 号、240 号；微粉是：W63、W50、W40、W28、W20、W14、W10、W7、W5、W3.5、W2.5、W1.5、W1.0、W0.5。磨粒用筛选法分类，它的粒度号以筛网上一英寸长度内的孔眼数来表示。例如，60 号粒度的磨粒，说明能通过每英寸长有 60 个孔眼的筛网，而不能通过每英寸 70 个孔眼的筛网。微粉用显微测量法分类，它的粒度号以磨料的实际尺寸来表示（W）。

磨料粒度的选择，主要与加工表面粗糙度和生产率有关。粗磨时，磨削余量大，要求的表面粗糙度值较大，应选用较粗的磨粒。因为磨粒粗，气孔大，磨削深度可较大，砂轮不易堵塞和发热。精磨时，余量较小，要求粗糙度值较低，可选取较细磨粒。一般来说，磨粒越细，磨削表面粗糙度越好。

4-6-27　什么叫作砂轮的硬度，使用中如何选用？

答：砂轮的硬度是指砂轮表面上的磨粒在磨削力作用下脱落的难易程度。分为软、中软、中、中硬、硬等 5 个等级，其中软又分为软 1、软 2、软 3，中软分为中软 1、中软 2，中分为中 1、中 2，中硬分为中硬 1、中硬 2、中硬 3，硬分为硬 1、硬 2。

砂轮的硬度软，表示砂轮的磨粒容易脱落，硬度硬，表示磨粒较难脱落。砂轮的硬度和磨料的硬度是两个不同的概念。同一种磨料可以做成不同硬度的砂轮，它主要决定于结合剂的性能、数量以及砂轮制造的工艺。磨削与切削的显著差别是砂轮具有"自锐性"，选择砂轮的硬度，实际上就是选择砂轮的自锐性，希望还锋利的磨粒不要太早脱落，也不要磨钝了还不脱落。

选择砂轮硬度的一般原则是：加工软金属时，为了使磨料不致过早脱落，则选用硬砂轮。加工硬金属时，为了能及时地使磨钝的磨粒脱落，从而露出具有尖锐棱角的新磨粒，选用软砂轮。前者是因为在磨削软材料时，砂轮的工作磨粒磨损很慢，不需要太早的脱离；后者是因为在磨削硬材料时，砂轮的工作磨粒磨损较快，需要较快的更新。精磨时，为了保证磨削精度和粗糙度，应选用稍硬的砂轮。工件材料的导热性差，易产生烧伤和裂纹时（如磨硬质合金等），选用的砂轮应软一些。

4-6-28　砂布的作用是什么，它的规格如何表示，砂布的号数代表什么含义？

答：砂布用于装在机具上或手工磨削金属工件表面上的毛刺或微锈，以及磨光表面。卷状砂布主要用于对金属工件或胶合板的机械磨削加工。砂布的规格主要包括砂布形状代号（页状干磨砂布或卷状干磨砂布）、主要尺寸（宽×长）、磨料种类和磨料粒度号。按照磨料粒度分，常用的砂布有 0 号、1 号、2 号、3 号、4 号等几种。号数越小，砂纸越粗；反之，砂纸越细。粒度号小的用于粗磨、粒度号大的用于细磨。

4-6-29　砂纸的种类有哪些，砂纸的号数代表什么含义？

答：砂纸的种类按照其用途可分为三类，分别是干磨砂纸、耐水砂纸、金相砂纸。其中，干磨砂纸又称为木砂纸，主要用于磨光木、竹器表面，它的磨料比较粗；耐水砂纸又称水砂纸，主要用于在水中或油中磨光金属或非金属工件表面，它的磨料比较细；而金相砂纸专供金相试样抛光用，它的磨料更细。

砂纸的规格按照磨料粒度分，常用的砂纸有 0 号、1 号、2 号、3 号、4 号等几种。号数越小，砂纸越粗；反之，砂纸越细。粒度号小的用于粗磨，粒度号大的用于细磨。在水电站中，常用的砂纸为耐水砂纸。

4-6-30 什么是橡胶，它有哪些种类，天然橡胶和合成橡胶有何区别？

答：橡胶是指在室温附近相当宽的范围内（−50～+100℃）具有高弹性变形能力的一类高分子材料。它的主要成分是生橡胶，生橡胶是在橡胶树体内生物合成的聚异戊二烯，生橡胶只有经过硫化处理后才具有橡胶的特性（硫化处理是指生橡胶与硫化促进剂等，在一定的温度和压力下起化学作用而生成熟橡胶的加工过程）。橡胶品种很多，主要分为天然橡胶和合成橡胶两大类。

天然橡胶是由人工栽培的三叶橡胶树分泌的乳汁，经凝固、加工而制得，其主要成分为聚异戊二烯，含量在 90% 以上，此外还含有少量的蛋白质、脂及酸、糖分及灰分。天然橡胶可分为标准胶（又称颗粒胶）、烟胶片、浓缩胶、白绉胶片、浅色胶片、胶清橡胶和风干胶片等，最常用的是标准胶和烟胶片。天然橡胶的特点是弹性好，具有良好的绝缘性、可塑性、隔水隔气、抗拉和耐磨，还有较高的强度和韧性、耐寒性，其缺点是不耐油，不耐老化，主要制作轮胎、胶鞋、胶管、胶带、电线电缆的绝缘层和护套等。

合成橡胶又分为通用型橡胶和特种型橡胶。通用型橡胶的综合性能较好，应用广泛，主要有：丁苯橡胶（简称 SBR）、顺丁橡胶、异戊橡胶、乙丙橡胶等；特种型橡胶指具有某些特殊性能的橡胶，如具有耐油、耐高温、耐老化特性等，主要有：氯丁橡胶（简称 CR）、丁腈橡胶（简称 NBR）、丁基橡胶、硅橡胶、氟橡胶、聚硫橡胶、聚氨酯橡胶等。在水电站中一般都选用具有耐油、耐老化等特性的特种橡胶。

4-6-31 橡胶有些什么特点，在水电站中用在哪些地方？

答：橡胶是一种高分子材料，有高弹性，在较小的外力作用下，能产生很大的形变，在释除载荷后又能很快地恢复到原来的状态，这是橡胶区别于其他材料的最主要标志。此外，橡胶还具有极高的可挠性、耐磨性、不透水性和不透气性、耐油、耐化学介质、耐放射物质穿透及良好的电绝缘性能等。

在水电站中，我们通常需要使用一定量的橡胶制品。有普通的橡胶制品，做各种水管用；也有一些特种橡胶，大多数是做密封用或做油管用，具有防水、耐油、耐高温等特性；有的还作为电气绝缘用。

4-6-32 通用型橡胶有哪些种类，各有什么特性和用途？

答：合成橡胶又分为通用型橡胶和特种型橡胶。通用型橡胶的综合性能较好，应用广泛，主要有以下几种。

（1）丁苯橡胶。简称 SBR，由丁二烯和苯乙烯共聚制得。按生产方法分为乳液聚合丁苯橡胶和溶液聚合丁苯橡胶。其综合性能和化学稳定性好，性能与天然橡胶相近，用于制作轮胎、胶板、胶管、胶鞋等。

（2）顺丁橡胶。全名为顺式-1，4-聚丁二烯橡胶，简称 BR，由丁二烯聚合制得。与其他通用型橡胶比，硫化后的顺丁橡胶的耐寒性、耐磨性和弹性特别优异，动负载下发热少，耐老化性能好，易与天然橡胶、氯丁橡胶、丁腈橡胶等并用，其缺点是抗撕裂性能较差，抗湿滑性能不好。它主要用于生产轮胎。

（3）异戊橡胶。全名为顺-1，4-聚异戊二烯橡胶，由异戊二烯制得的高顺式合成橡胶，因其结构和性能与天然橡胶近似，故又称合成天然橡胶。异戊橡胶与天然橡胶一样，具有良好的弹性和耐磨性，优良的耐热性和较好的化学稳定性。异戊橡胶生胶（未加工前）强度显著低于天然橡胶，但质量均一性、加工性能等优于天然橡胶。异戊橡胶可以代替天然橡胶制造载重轮胎、越野轮胎和用于生产各种橡胶制品。

（4）乙丙橡胶。它是以乙烯和丙烯为主要原料合成的，耐老化、电绝缘性能和耐臭氧性能突出。乙丙橡胶可大量充油和填充炭黑，制品价格较低，乙丙橡胶化学稳定性好，耐磨性、弹性、耐油性和丁苯橡胶接近。乙丙橡胶的用途十分广泛，可以作电线、电缆包皮及高压、超高压绝缘材料。

4-6-33　特种型橡胶有哪些类别，它们具有什么特殊性能？

答： 特种型橡胶指具有某些特殊性能的橡胶。主要有以下几种。

（1）氯丁橡胶。简称 CR，由氯丁二烯聚合制得。具有良好的综合性能，耐油、耐溶剂、耐燃、耐老化性均好、气密性也好。但其密度较大，耐寒性差，常温下易结晶变硬，储存性不好。用于重型电缆护套、耐油耐蚀胶管、胶带、电缆包皮、密封圈、垫、黏胶剂，用途很广泛。

（2）丁腈橡胶。简称 NBR，由丁二烯和丙烯腈共聚制得。耐油、耐热性、耐老化性能好，可在 120℃的空气中或在 150℃的油中长期使用，此外，还具有耐水性、气密性及优良的黏结性能，通常用于制作耐油胶管、密封件、油槽衬里、耐热运输带。这种橡胶在水电站中应用较为广泛。

（3）丁基橡胶。丁基橡胶是由异丁烯和少量异戊二烯共聚而成的，主要采用淤浆法生产。气密性好，耐热、耐臭氧、耐老化性能良好，耐腐蚀性强，其化学稳定性、电绝缘性也很好。丁基橡胶的缺点是硫化速度慢，弹性、强度、黏着性较差。丁基橡胶的主要用途是制造各种车辆内胎、水胎、气球，用于制造电线电缆绝缘层、耐热传送带、蒸汽胶管、耐热耐老化的胶布制品等。

（4）硅橡胶。硅橡胶由硅、氧原子形成主链，侧链为含碳基团，用量最大的是侧链为乙烯基的硅橡胶。既耐热，又耐寒，使用温度在−100～300℃，它具有优异的耐气候性和耐臭氧性，以及良好的绝缘性。缺点是强度低，抗撕裂性能差，耐磨性能也差。主要用于航空、食品方面。

（5）氟橡胶。氟橡胶是含有氟原子的合成橡胶，具有优异的耐热性、耐氧化性、耐油性和耐药品性，它主要用于航空、化工、汽车等工业部门，作为密封材料、耐介质材料以及绝缘材料。

（6）聚硫橡胶。由二卤代烷与碱金属或碱土金属的多硫化物缩聚而成。有优异的耐油和耐溶剂性，但强度不高，耐老化性、加工性不好，有臭味，多与丁腈橡胶并用。

（7）聚氨酯橡胶。它是由聚酯（或聚醚）与二异腈酸酯类化合物聚合而成的。首先是耐磨性能好，其次是弹性好、硬度高、耐油、耐溶剂。缺点是耐热老化性能差。它在汽车、制鞋应用最多。

4-6-34　什么是橡胶的老化，如何识别，又如何正确保管橡胶制品？

答：橡胶受光、热、氧、臭氧、大气等作用，所产生性能劣化的现象称为橡胶的"老化"。识别橡胶制品老化的简易方法是：将橡胶制品进行弯折撕扯，看其是否会出现变硬、变脆现象，折弯时有无明显裂纹和容易折断或拉断的情况，若有，则说明已经老化，不能使用。而橡胶制品在储存中通常会因保管不当而自然老化。所以，为了使橡胶制品能够长期使用，一般来说，在储存保管中应注意以下几点。

（1）避免受阳光照射。

（2）应储存在阴暗干燥的库房内，最理想的条件是温度在 15～25℃，相对湿度在 60％～75％，并注意远离热源。在夏天，如库温超过 32℃，应在晚上开窗通风散热，冬天则要关闭门窗保温。

（3）严禁与酸、碱、油类等有机溶剂接触，可以用滑石粉涂抹，以防橡胶制品互粘。

（4）防止雨、雪浸淋，随时保持其表面的清洁。

（5）重量较大的制品储存一定时间后，应倒垛一次，避免长期承受单一方向应力而变形。不同橡胶制品应按品种、规格等分别存放。

（6）储存不宜超过规定时间，应视消耗情况进货，避免积压。

（7）对于特种橡胶制品，特别是专用部件使用的密封件，应采用密封包装予以储存（最好是采用真空包装），减少与空气接触，防止老化。

4-6-35　密封条的规格为"NBR70"，其表示什么含义？

答："NBR70"是表示橡胶的材质及其硬度特性，NBR 是为丁腈橡胶的代号（在水电站中广泛用作耐油密封条），70 表示其硬度。其中，硬度有 70、80、90 等几个等级，数值越大，硬度越高，能承受的压力也越大。硬度为 70 的可承受压力 105bar，80 的可承受压力 175bar，90 的可承受压力 350bar。

4-6-36　O 形密封圈（条）的规格如何表示，密封圈（条）与密封槽的配合要求怎样？

答：对于 O 形密封圈的型号、规格，其表示方法是：（密封圈的内径 d_1）×（密封圈的截面直径 d_2），如图 4-6-9 所示。如 50×7，表示内径为 50mm，截面直径为 7mm 的密封圈。而对密封条则表示为：ϕ（密封条的截面直径）×（长度），如 $\phi5\times15$，表示截面直径为 5mm 的密封条，长 15m。

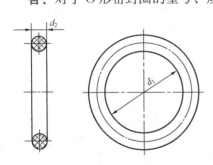

图 4-6-9　O 形密封圈的尺寸表示

对于密封圈（条）与密封槽的配合，主要应满足其压缩量，一般要求 O 形密封圈的截面直径在装入密封槽后压缩 8％～25％，其次是保证密封条与密封槽宽有一定的间隙。根据其使用情况，若需加工密封槽，其槽深与槽宽的要求需根据密封圈（条）截面直径的大小来确定，具体见表 4-6-5（这是一个经验推荐值，具体应查相关手册）。反之，对于已加工好的密封槽，也应根据要求选用适当的密封圈。

表 4-6-5 密封槽尺寸与密封条的配合

密封圈（条）尺寸 （mm）	密封槽宽的要求：比密封圈（条） 的截面直径尺寸宽	密封槽深的要求：比密封圈（条）的截面 直径尺寸少（密封条的压缩量）
≤5	1～1.5mm	0.5～1.0mm
5～10	2～3mm	1.0～1.5mm
10～20	3～5mm	1.5～2.5mm

4-6-37　六氟化硫的特性怎样，为什么六氟化硫开关内的六氟化硫具有毒性？

答：六氟化硫（SF_6）常态下是一种无色、无味、无嗅、无毒的非燃烧性气体，分子量为 146.06，密度为 6.139g/L，约为空气的 5 倍。是已知化学安定性最好的物质之一，其惰性与氮气相似。它具有极好的热稳定性，纯态下即使在 500℃以上也不分解。六氟化硫具有卓越的电绝缘性和灭弧特性，相同条件下，其绝缘能力为空气、氮气的 2.5 倍以上，灭弧能力为空气的 100 倍。六氟化硫的熔点为 -50.8℃，可作为 -45～0℃温度范围内的特殊制冷剂，又因其耐热性好，是一种稳定的高温热载体。六氟化硫因上述及其他优良特性，近年来被广泛用于电力、电气行业和激光、医疗、制冷、消防、化工、军事、宇航、有色冶金、物理研究等。其危险特性是：若遇高热，容器内压增大，有开裂和爆炸的危险。

六氟化硫纯品基本无毒。但产品中如混杂低氟化硫、氟化氢，特别是十氟化硫时，则毒性增强。在六氟化硫开关中，六氟化硫在进行开关的操作时受电弧的作用，会产生燃烧（分解）产物氧化硫和氟化氢等，这些成分具有很强的毒性，所以六氟化硫开关内的六氟化硫具有毒性。

4-6-38　在进行与六氟化硫气体有关的操作时，需注意哪些事项？

答：六氟化硫纯品基本无毒，但由于其混杂低氟化硫、氟化氢、十氟化硫时具有很强的毒性。所以，在进行与六氟化硫气体有关的操作时，仍需特别注意，严防中毒，主要应注意以下事项。

（1）防护措施。① 呼吸系统防护。一般不需特殊防护。高浓度接触时可佩戴过滤式防毒面具（半面罩）或自给式呼吸器。② 眼睛防护。必要时，戴安全防护眼镜。③ 身体防护。穿一般作业工作服。④ 手防护。戴一般作业防护手套。⑤ 其他。工作毕，淋浴更衣。保持良好的卫生习惯。进入罐、限制性空间或其他高浓度区作业，须有人监护。

（2）泄漏应急处理。迅速撤离泄漏污染区人员至上风处，并进行隔离，严格限制出入。建议应急处理人员戴自给正压式呼吸器，穿一般作业工作服。尽可能切断泄漏源。合理通风，加速扩散。如有可能，及时使用。漏气容器要妥善处理，修复、检验后再用。

（3）急救措施。吸入六氟化硫时，应迅速脱离现场至空气新鲜处。保持呼吸道通畅。如呼吸困难，立即输氧。如呼吸停止，立即进行人工呼吸、就医。灭火方法：本品不燃，但若遇高热，容器内压增大，有开裂和爆炸的危险，所以应切断气源，喷水冷却容器，可能的话将容器从火场移至空旷处。

4-6-39　丙酮和酒精的特性怎样，其用途有什么区别？

答：酒精和丙酮都是一种有机溶剂，在水电站中的日常检修和维护中，经常用于清洗设备零部件。酒精是一种无色透明、易挥发，易燃烧，不导电的液体。具有除去油脂的特性，它对金属和非金属材质都没有腐蚀作用，所以一般用于清除设备的表面油污。

丙酮是一种透明、无色、易挥发，有辛辣气味的液体，丙酮对合成纤维有腐蚀作用。由于丙酮具有腐蚀作用，所以在使用时要特别注意，对于一些橡胶制品、塑料制品或对设备有防护层的地方不要轻易采用丙酮去清洗，以免对设备部件产生腐蚀或损坏。

所以，对于一些电气设备的元件，应采用酒精清洗。而对于一些金属设备的清洗，如表面喷砂后的清洗，则一般采用丙酮，因为它具有腐蚀性，可以清除表面的轻微锈蚀，使喷砂后的工件表面更加干净。

第七节 轴承及润滑

4-7-1 轴承的作用是什么，它是如何分类的？

答：轴承是一个支撑轴的零件，它可以引导轴的旋转，也可以承受轴上空转的零件。根据其相对运动时表面的摩擦性质，轴承分为滑动轴承和滚动轴承两大类，如图 4-7-1 所示。其中，滑动轴承的种类繁多，分类方法也繁多，通常情况下，按润滑原理分为无润滑轴承、粉末冶金含油轴承、动压轴承、静压轴承等。而对于滚动轴承，通常根据其承受载荷的方向或公称接触角的不同，将其分为向心轴承和推力轴承两大类。向心轴承主要用于承受径向载荷，其公称接触角从 0°到 45°；推力轴承主要用于承受轴向载荷，其公称接触角大于 45°到 90°。另外，滚动轴承根据其结构的不同特点，还有其他分类方法。

图 4-7-1 轴承分类图

4-7-2 滚动轴承与滑动轴承相比，它有什么优缺点？

答：滚动轴承与滑动轴承相比，具有下列优点：① 滚动轴承的摩擦系数比滑动轴承小，传动效率高。一般滑动轴承的摩擦系数为 0.08～0.12，而滚动轴承仅为 0.001～0.005。② 滚动轴承已实现标准化，适于大批量生产和供应，使用和维修十分方便。③ 滚动轴承用轴承钢制造，并经过热处理，因此滚动轴承不仅具有较高的机械性能和较长的使用寿命，而且可以节省制造滑动轴承所用的价格较为昂贵的有色金属。④ 滚动轴承内部间隙很小，各零件的加工精度较高，因此运转精度较高。⑤ 某些滚动轴承可同时承受径向负载和轴向负载，因此可以简化轴承支座的结构。⑥ 由于滚动轴承传动效率高，发热量少，因此，可以减少润滑油的消耗，润滑维护较为省事。⑦ 滚动轴承可以方便地应用于空间任何方位的轴上。

滚动轴承的缺点主要是：① 滚动轴承承受负载的能力比同样体积的滑动轴承小得多，因此滚动轴承的径向尺寸大，所以在承受大负载的场合或要求径向尺寸小、结构要求紧凑的场合（如内燃机曲轴轴承），多采用滑动轴承；② 滚动轴承振动和噪声较大，特别是在使用后期尤为显著，因此对精密度要求很高、又不许有振动的场合，一般选用滑动轴承；③ 滚动轴承对金属屑等异物特别敏感，轴承内一旦进入异物，就会产生断续的较大振动和噪声，也会引起早期损坏。即使不发生早期损坏，滚动轴承的寿命也有一定的限度。总之，滚动轴承的寿命较滑动轴承短些，但滚动轴承的使用更为广泛些。

4-7-3 滚动轴承的结构怎样，各部件的作用是什么？

答：滚动轴承一般由外圈、内圈、滚动体和保持架组成，如图 4-7-2 所示。其中，内圈的作用是与轴相配合，外圈的作用是与轴承座相配合，起支撑作用，通常是内圈随轴颈旋转，外圈不转，也可以是外圈旋转而内圈不转。滚动体是借助于保持架均匀地将滚动体分布在内圈和外圈之间，其形状大小和数量直接影响着滚动轴承的使用性能和寿命。保持架能使滚动体均匀分布，防止滚动体脱落，引导滚动体旋转，起定位作用。

有的轴承在两边还设有防尘盖或密封圈等装置，其作用：一是防止润滑剂的流出，以减少润滑剂的损耗；二是为了保护轴承不受外界灰尘、水分等侵入。

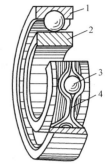

图 4-7-2 滚动轴承
的基本构造
1—外圈；2—内圈；
3—滚动体；4—保持架

4-7-4 滚动轴承的游隙是什么意思，游隙是不是越小越好？

答：滚动轴承有径向游隙和轴向游隙，其意思是将轴承圈之一固定，另一个轴承圈在径向和轴向的最大活动量。对一定型号的轴承，径向游隙和轴向游隙是互相影响的，并有一定的换算关系。一般来说，滚动轴承游隙小比较好，但是，游隙过小甚至几乎等于零，也并不是在任何情况下都有利。因为游隙过小，工作中摩擦将加剧，温度升高加快，而轴承内圈因温度升高膨胀，又使游隙进一步变小，于是摩擦情况进一步恶化，甚至会因温度升的过高而使轴承无法继续工作，所以，对于滚动轴承的游隙，应在一个适当的范围内。

4-7-5 滚动轴承的种类有哪些？

答：滚动轴承有多种分类方法，一般来说，根据承受载荷的方向或公称接触角的不同将其分为向心轴承和推力轴承两大类。向心轴承主要用于承受径向载荷，其公称接触角从 $0°$ 到 $45°$。根据接触角的大小又可分为径向接触轴承和角接触轴承，径向接触轴承的公称接触角为 $0°$，而角接触轴承的公称接触角为 $0°<\alpha\leqslant45°$；推力轴承主要用于承受轴向载荷，其公称接触角大于 $45°$ 到 $90°$，根据接触角的大小可分为轴向轴承和角接触轴承，轴向接触轴承的公称接触角为 $90°$，而角接触轴承的公称接触角为 $45°\leqslant\alpha<90°$，如图 4-7-3 所示。

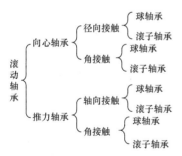

图 4-7-3 滚动轴承分类

另外，滚动轴承根据其结构的不同特点，还有其他分类方法，具体如下：根据滚动体形状的不同，滚动轴承又可分为球轴承及滚子轴承，而滚子轴承又分为圆锥滚子轴承、球面滚子轴承和滚针轴承等；按照轴承能否调心又分为调心轴承和刚性轴承，调心轴承的滚道是球面形的，能适应两滚道轴心线间的角偏差及角运动的轴承。而非调心轴承（刚性轴承）是能阻抗滚道间轴心线角偏移的轴承；按滚动体的列数分为单列轴承、双列轴承和多列轴承。按轴承部件能否分离，分为可分离轴承和不可分离轴承；按轴承公称外径 D 的大小分：$D\leqslant26$mm 为微型轴承；$28\leqslant D\leqslant55$mm 为小型轴承；$60\leqslant D\leqslant115$mm 为中小型轴承；$120\leqslant D\leqslant190$mm 为中大型轴承；$200\leqslant D\leqslant430$mm 大型轴承；$440\leqslant D$ 为特大型轴承。

4-7-6 滚动轴承的代号是如何表示的，各有什么意义？

答：滚动轴承代号由基本代号、前置代号和后置代号三大部分组成，见表 4-7-1。

表 4-7-1 滚动轴承代号

前置代号	基本代号				后置代号
成套轴承分部件代号	类型代号	尺寸系列代号		内径代号	1. 内部结构代号 2. 密封与防尘代号 3. 保持架及其材料……
		宽（高）度系列代号	直径系列代号		
	五	四	三	二一	

（1）基本代号。表示轴承的基本类型、结构和尺寸，它由类型代号、尺寸系列代号及内径代号组成。

（2）前置代号。前置代号表示成套轴承分部件，用字母表示。例如，不带可分离内圈或外圈的抽承，前置代号为 R，无内圈圆柱滚子轴承，其外圈与保持架及滚子是不分离的，故轴承代号为 RNU000。常用的几类滚动轴承，一般无前置代号。

（3）后置代号。表示轴承内部结构、密封与防尘、保持架及其材料、轴承材料及公差等级等，用字母（或加数字）表示。其中，公差等级代号为/P0、/P6、/P6x、/P5、/P4、/P2等，/P2 级精度最高，而/P0 级最低。

4-7-7 对于滚动轴承的基本代号，其包含的内容有哪些，具体含义是什么？

答：对于滚动轴承的基本代号，其包含的内容有类型代号、尺寸系列代号及内径代号等，见表 4-7-3。在常用的轴承中，一般只标出基本代号，而无前置代号和后置代号。基本代号的具体含义如下。

（1）内径代号。右起第一、二两位数字表示轴承的内径代号。轴承内径 d 从 20～480mm（22、28、32mm 除外）时，内径代号乘以 5 即为轴承内径尺寸，内径 d 为 10、12、15、17mm 的代号相应为 00、01、02 及 03。内径大于、等于 500mm 的轴承，用公称内径毫米数直接表示，但在与尺寸系列代号之间用“/”分开。

（2）尺寸系列代号由直径系列代号和宽（高）度系列代号组成（向心轴承用宽度系列代号；推力轴承用高度系列代号）。右起第三位数字表示直径系列代号。常用的代号为 1（特轻系列）、2（轻系列）、3（中系列）等。右起第四位数字表示宽度系列代号，它表示同一内径和外径的轴承可以有不同的宽度。常用的代号为 0、1、2、3 等。宽度系列代号为 0 时表示正常宽度系列，常略去不写。但对圆锥滚子轴承则应标出。宽度系列与直径系列有一定的对应关系，如常用的 01、02、03、11、12、13 等。

（3）类型代号在第五位为轴承类型代号，用数字或字母表示。如最常用的深沟球轴承用 6 表示。

示例：6（0）308：表示深沟球轴承，宽度系列为 0（正常宽度系列不标出），直径系列为 3（中系列），轴承内径为 $d=5\times8=40$（mm）。

4-7-8 如何进行滚动轴承的类型选择，应注意哪些事项？

答：选择滚动轴承的类型时，要明确其工作载荷的大小、性质、方向、转速高低，以及其他要求，然后根据不同特性的轴承来进行选用。一般情况下，当转速较高，载荷平稳且不大时，宜选用深沟球轴承；载荷较大且有冲击时，宜选用滚子轴承。径向载荷和轴向载荷都比较大时，若转速不高，可选用圆锥滚子轴承，若转速较高时，宜选用角接触球轴承；当轴向载荷比径向载荷大得多时，宜将两种类型轴承组合使用，如将单向推力球轴承与深沟球轴承组合，前者承受轴向载荷，后者承受径向载荷，尺寸较紧凑。在满足使用要求的前提下，优先选用价格低廉的深沟球轴承。

另外，在选用轴承时应考虑轴承是否需要进行防尘和密封，若需要，应选用带防尘盖的轴承，这样有利于延长轴承的使用寿命，减少维修工作量。

4-7-9 常规使用的滚动轴承主要有哪些类型，各有什么特点？

答：滚动轴承的种类有多种，但常使用的有：调心球轴承、调心滚子轴承、圆锥滚子轴承、推力球轴承、深沟球轴承、角接触球轴承、圆柱滚子轴承等，其各自特点见表4-7-2。

表 4-7-2　　常规使用的滚动轴承

轴承类型（代号）	简　图	特　　点
调心球轴承（1）		调心球轴承主要承受径向载荷，也可以同时承受不大的轴向载荷。由于外圈的滚道是以轴承中心为心的球面，故能自动调心，它允许内外圈轴线的偏斜可达 $20°\sim30°$。它适用于多支点和挠曲较大的轴上，以及不能保证精确对中的支承处
调心滚子轴承（2）		调心滚子轴承能承受特别大的径向载荷，也可以同时承受不大的轴向载荷，它的承载能力比相同尺寸的调心球轴承大一倍，能自动调心，允许内外圈轴线的偏斜达 $20°$。它常用于重型机械上
圆锥滚子轴承（3）		圆锥滚子轴承能承受径向载荷和单方向轴向载荷的联合作用，主要特点是内外圈可分离，便于装拆、调整间隙，因为滚子与套圈是线接触，所以承载能力大，但不宜单独用来承受轴向载荷。它通常成对使用，适用于中转速及低转速
推力球轴承（5）		推力球轴承只能承受单向的轴向载荷，而且载荷作用线必须与轴线相重合，不允许有角偏差。它的套圈与运动体是分离的，一个套圈与轴紧配合，另一套圈与轴有 $0.2\sim0.3$mm 的间隙。它适用于低转速和中转速的场合
深沟球轴承（6）		深沟球轴承主要承受径向载荷，也可以同时承受不大的轴向载荷，当转速很高而轴向载荷不大时，可代替推力轴承，但是承受冲击载荷的能力差。它适用于刚性较大和转速高的轴上
角接触球轴承（7）		角接触球轴承中垂直于轴承轴心线的平面与轴承外圈传给滚动体的合力作用线之间的夹角 α 称为接触角（公称接触角）。接触角越大，轴承承受轴向载荷的能力就越大。常用的接触角有 $15°$、$25°$、$40°$等。它能承受径向载荷和单方向的轴向载荷的联合作用，也可承受纯轴向载荷。它的游隙可以调整。这类轴承应成对使用，适用于中转速及高转速
圆柱滚子轴承（N）		圆柱滚子轴承的内圈或外圈和滚子及保持架装成一体，故便于内、外圈分开装配，并允许内、外圈有少量轴向位移。它只能承受径向载荷，不能承受轴向载荷，比同尺寸的球轴承具有承受较大径向载荷的能力。它对轴的挠曲很敏感，适用于刚性大的轴上

4-7-10　为什么要对滚动轴承进行润滑，应注意些什么，有什么要求？

答：对滚动轴承进行润滑的主要目的是降低摩擦阻力和减少磨损、吸振、冷却、防止工作表面锈蚀，此外还能减小工作时的噪声。所以，对于不同类型的轴承，在不同情况下，应选用正确的润滑方法，以有利于轴承的工作。

滚动轴承中使用的润滑剂主要为润滑脂和润滑油，使用时应根据轴承的类型、尺寸、运行条件来选择。一般油润滑比脂润滑优越，但油润滑常常需要复杂的密封装置和供油设备，而脂润滑使用方便，对轴承座的密封结构可以简化，并能防止尘埃和异物的侵入。通常情况下，低速轻载荷时，选用脂润滑；高速重载荷时选用油润滑。润滑脂用在温度低于 100℃、圆周速度不大于 4～5m/s 处。另外还应考虑使用条件，如使用环境、工作温度等。当环境温度较高时，应选用耐水性强的润滑脂。而速度越高，应选择针入度越大（稠度较稀）的润滑脂，以免高速时润滑脂内产生很大的摩擦损耗，使轴承温度增高和电动机效率降低。负载越大，应选择针入度越小的润滑脂。而润滑油一般用在温度较高（可达 120～150℃）、圆周速度较大处，轴承载荷越大、温度越高，此时就应采用黏度较大的润滑油；反之，轴承载荷越小，温度越低和转速高时，就可以采用黏度小的润滑油。用油润滑时，润滑油面的高度不超过最低的一个钢球的中心线，并需定期更换。

4-7-11　对滚动轴承加注润滑脂时，应注意哪些事项？

答：（1）保持滚动轴承清洁。加注润滑脂时应特别注意，涂脂前零部件必须经溶剂清洗干净并吹干，然后重新加注润滑脂。在更换润滑脂时，要注意不同种类的润滑脂不能混用，新润滑脂和旧润滑脂也不能混用，即使是同类的润滑脂也不可新旧混合使用。因为旧润滑脂含有大量的有机酸和杂质，将会加速新润滑脂的氧化，所以在换润滑脂时，一定要把旧废润滑脂清洗干净，才能加入新润滑脂。

（2）用量适当。轴承中润滑脂的填充量不宜过多，因为太多了不利于轴承散热，而太少又不利于轴承润滑。一般情况下，当转速小于 1500r/min 时，润滑脂只能充满轴承内自由空间的 2/3；转速在 1500～3000r/min 时，填充量为 1/2；当转速大于 3000r/min 时，填充量小于等于 1/3，而当电动机转速很低且对密封要求较严格时，可以填满轴承腔。

（3）加注时间。一般轴承运行 2000～2500h 后应加注一次润滑脂，运行 4000～4500h 后应更换润滑脂。而对于装有防尘盖的轴承，一般不需要进行加注或更换润滑脂。

4-7-12　滚动轴承的装配应注意哪些问题，在装配前应做好哪些准备工作？

答：装配滚动轴承时，要注意两个关键问题：一是轴承的清洗方法；二是轴承的安装方法。经验证明，轴承的清洗和安装方法对电动机产生噪声和振动的影响很大。正确的清洗和安装方法可以降低电动机的振动和噪声。因此，对于滚动轴承的清洗和安装，必须认真细致地按照正确的方法进行。

装配前应做好下列准备工作：① 装配轴承的场地要清洁，不要靠近车床、磨床等机械加工设备，以免金属切屑、磨粒进入轴承，使轴承产生振动、噪声，加快磨损。② 轴承装配前，应按照图样要求，检查与轴承相配合的零件。如发现轴、轴承室、衬套、密封圈、端盖的尺寸精度、形位公差及表面粗糙度等不符合要求时，不允许装配。同时还要注意轴肩根部的圆角尺寸及轴肩对轴的垂直度误差是否符合要求。一般轴肩根部的圆角半径应小于轴承内圈的圆角半径，方能使轴承靠紧轴肩。③ 检查轴颈，其圆锥度不大于 0.01m/m，并且轴颈表面清洁、无伤痕、毛刺和锈斑，否则应用砂纸打磨，如轴颈磨损严重，则需对轴颈喷镀金属车削磨光。④ 准备好装配用的量具和工具（尽量使用专用工具），同时也要准备拆卸的工具，以便在装配不当时，将轴承无损地拆下，重新装配。⑤ 零件装配表面需用汽油或煤油清洗干净，不允许有锈蚀、斑点或固体微粒（如金属屑、磨料、砂土等）存在。另外，还需注意在安装准备工作没有完成前，不要拆开轴承的包装。

4-7-13 轴承在安装前为什么要进行清洗，其方法怎样，应注意什么？

答：轴承在装配前，必须进行仔细的清洗。清洗的目的是：① 洗去轴承上的防锈剂；② 洗去轴承中由于不慎而可能进入的脏物、杂物，因为杂物将明显地增大电动机的振动和噪声，加速轴承的磨损。

对于轴承的清洗，应根据不同的防锈剂（目前轴承使用的防锈剂有三种：油剂防锈剂、水剂防锈剂和气相防锈剂），有针对性地选择清洗液进行清洗，否则，很难清洗干净。具体方法如下：对于用防锈油封存的轴承一般用汽油或煤油清洗；对于用高黏度油和防锈油脂进行防护的轴承，可先将轴承放入油温不超过 100℃ 的轻质矿物油（N15 机油或变压器油）中溶解，待防锈油脂完全溶化后，再从油中取出，冷却后用汽油或煤油清洗。而对于用气相剂、防锈水和其他水溶性防锈材料防锈的轴承，可采用相应的水溶液进行清洗，经漂洗干净后，应立即进行防锈处理；如用防锈油脂防锈，应脱水后再涂油。对于两面带防尘盖或密封圈的轴承，出厂前已加入润滑剂，安装时不需清洗。另外，涂有防锈润滑两用油脂的轴承，也不需清洗。

清洗干净的轴承，不要直接放在工作台上或不干净的地方，要用干净的布或纸垫放在轴承下面。不要用手直接去拿，以防手汗使轴承生锈；最好戴上不易脱毛的帆布手套。另外，不能用清洗干净的轴承检查与轴承配合的轴和轴承室的尺寸，以防止轴承受到损伤和污染。

4-7-14 滚动轴承常用的安装方法有哪些，各有什么特点？

答：滚动轴承的安装方法须根据轴承的结构型式、尺寸大小和配合性质而定。目前，常用的方法有：热套法，冷压法，敲入法。实践证明，对于降低电动机轴承噪声来说，以热套法为最好，冷压次之。各自方法的特点如下。

（1）热套法。对于过盈量较大的大、中型轴承应采用热套法安装。热套有油加热、感应加热和烘箱加热三种方法。加热温度一般控制在 80～100℃。

（2）冷压法。冷压法就是在常温下用压力机（机械式或液压式）把轴承平稳地压装到轴上。压装时，应使压力机的压轴中心与轴承中心线重合，防止轴承歪斜，而且压力只能施加在轴承内圈上，而不能通过轴承外圈或保持架进行压装。

（3）敲入法。敲入法就是在常温下用手锤通过铜套筒敲打轴承内圈将轴承安装到轴上。这种方法由于敲打的冲击力会使轴承内圈沟道受力一边产生变形，使沟道的波纹度、表面粗糙度变坏，使电动机的噪声、振动增大，因此一般不予采用。

在安装完后，应检查内套要与轴肩靠紧，其间隙不得大于 0.05m/m。

4-7-15 采用热套法安装轴承时，有哪些加热方法，具体操作方法和注意事项有哪些？

答：（1）油加热。对于油加热法应在油箱中加热至 80～100℃，为防止轴承局部受热和沉淀杂质进入轴承中，在距箱底 50～70mm 处应设置有一铁丝网架。另外，油箱中必须装有温度计，严格控制油的温度。加热用的油应是无腐蚀的矿物油，最好是变压器油。加热的轴承从油箱中取出后，应立即用干净不脱毛的布擦去附在轴承表面的油迹和附着物，然后用布垫好两手端平，将轴承热套至轴上规定的部位。

（2）感应加热。感应加热是利用感应绕组通入交流电在轴承内圈产生交变磁场，感应出涡流，使轴承内圈的温度迅速升高。当轴承加热到所需要的温度后，应立即切断电源，停止加热，进行安装，感应加热温度不应超过 120℃，感应加热方法适用于内径为 100mm 以上的轴承的安装和拆卸。

（3）烘箱加热。烘箱加热是将轴承放入烘箱中加热至 80～100℃，注意应使轴承受热均匀。一些试验表明，烘箱加热比油加热好，这主要是轴承在矿物油中加热时，矿物油将会附着在轴承表面，使油与脂混合，矿物油与润滑脂在电动机运行中将不断地进行搅拌，使得脂的性能变坏，以致影响轴承的运行。而对于带有防尘盖的轴承只宜采用这种方法。

4-7-16 热套法与冷压法相比较，存在哪些优点？

答：一般的轴承都是过盈配合，而对于过盈量较大的大、中型轴承，此种轴承因轴承尺寸和过盈量较大，若采用冷压法安装，则需要的压力显著增加。而采用热套法安装时，则不需要加过大的压力，就可以平稳地将轴承装上。另外，轴承在热套的过程中，变形最小，而且加热使得轴承中的油脂能均匀地附着在钢球与内、外圈沟道的表面上，这样一方面能使轴承润滑良好，另一方面对噪声和振动也有一定的阻尼作用。

采用冷压法的缺点是：① 润滑脂无法牢固而均匀地附着在钢球与外圈沟道表面上，电动机转动时，润滑脂很可能被挤出，造成钢球与沟道之间干摩擦，使得噪声增大。经过一段时间运行后，当轴承温度提高，润滑脂才会进入沟道，使得润滑情况有所改善。② 在冷压过程中，压装设备上的脏物可能落入轴承内部，导致轴承运行不稳定，增大电动机的噪声和振动。

4-7-17 如何对轴承损伤进行鉴别，轴承在哪些情况下不得使用？

答：轴承运行一段时间后，会由于各种原因出现不同情况的损伤，损伤的轴承能否再继续使用，一般根据下列几点判断：① 在滚动面上有导致轴承损伤的材料疲劳现象，硬度降低和有裂纹时，不能再使用。② 热变色的轴承，无论是深蓝色或淡稻草色，一律不能再使用。如表面变色只发生在滚道局部，是由于润滑脂氧化的色污或类似原因造成，不应与热变色相混。③ 电蚀造成的损伤一律报废。④ 腐蚀性的锈斑、锈坑，用钢丝轮抛光或 320 号细砂布能除掉，而不影响轴承游隙和旋转精度的，可以继续使用。⑤ 外圈滚道擦伤，深度不超过 0.025mm，抛光后不影响轴承游隙和旋转精度的，可以继续使用。而若是内圈与滚动面有擦伤并粘着金属的，则不能再用。另外，可以将轴承清洗干净后，用手转动检查，若响声很大，且轴承的游隙也很大时，一般不能再用。当然，对轴承的工作条件要求不高的场合，只要轴承没有什么很明显和突出的问题，则视情而定。

4-7-18 滚动轴承的拆卸方法有哪些，应注意些什么？

答：滚动轴承在一般情况下不需要拆卸。但是当轴承有严重的磨损、损伤，需要报废并更换新的轴承时，必须拆卸。拆卸轴承需要的力比安装轴承时要大得多。尤其是轴承安装后经过一段时间使用，套圈已经嵌入座内，即使是按间隙配合安装的套圈，由于腐蚀和磨损，拆起来也比较困难。为了使轴承与其相配合的零件在拆卸时不受损伤，必须选择合理的拆卸工具和正确的拆卸方法。常用的方法有以下几种。

（1）用拆卸器拉杆拆卸。用拆卸器拉杆（俗称拉马）拆卸时，按轴承尺寸调整两杆间的距离，将拉杆卡爪牢固地卡住轴承内圈端面（注意一定不能卡住轴承外圈强行拉，这样容易使轴承外圈断裂或是卡爪弹出，造成伤人事故），轻旋螺杆，检查拆卸器有没有歪斜，着力点是否平衡，然后旋转螺杆，将轴承拉出。这是最为常用的一种拆卸方法。

（2）用软金属冲子拆卸。在没有拆卸工具时，可用圆头软金属冲子沿轴承内圈端面的周围冲击（不允许用锤子直接敲击）。采用这种方法很容易损伤轴或轴承，应当小心。

（3）用油压机拆卸。用油压机拆卸轴承时，在轴承下面垫一个两半的垫圈。加压前检查轴承有无歪斜，轴被压出时会不会弹出伤人或损伤轴的表面。然后继续加压直至轴承从轴上脱出。

（4）用加热拆卸。对于直径较大的可分离型轴承，如圆柱滚子轴承，其内圈与轴一般为过盈配合。拆卸时可通过火焰加热或感应加热器对轴承内圈加热，同时用拆卸器拉杆的卡爪卡住内圈端面，当内圈在轴上膨胀松动时，便停止加热，迅速卸下内圈。

拆装注意事项：① 拆装时施力的部位要正确，其原则是：与轴配合时打内圈，与外壳配合时打外圈，要避免滚动体与滚道受力变形或压伤。② 施力要对称，不要偏打，避免引起轴承歪斜或啃伤轴颈。③ 拆装前轴和轴承要清洗干净，不能有锈垢等污物。

4-7-19 如何对滚动轴承进行保管，有哪些注意事项？

答：不论是新的滚动轴承，或是能继续使用的旧滚动轴承，若暂时不用，都必须妥善保管，一般应注意以下事项：① 对轴承原有的包装，不要随意打开，以防与水、湿气、酸、碱、盐类直接接触，加速轴承的锈蚀。② 存放的地方要清洁、干燥，不可和其他物品，尤其是化学物品放在一起。③ 存放室内的温度要稳定，即温差要小，并且温度不能过高或过低，一般应保持在 5～25℃ 范围内，且 24h 内的温度差不超过 5℃ 为宜。因为温度的急剧变化能使空气中的湿气凝结于轴承表面，引起锈蚀。温度过低会引起轴承防锈剂的硬化，降低保护性能；温度过高则会引起防锈剂的溶化，加速轴承锈蚀。④ 轴承不能堆放，要水平放置。因为轴承出厂的防锈一般不超过一年，因此先存入的要先使用。长期存放的每隔 10～12 个月要对轴承重新进行一次清洗和涂油，否则轴承会因防锈剂失效而锈蚀。其清洗和涂油封存的步骤如下：按照正确的清洗方法将轴承清洗干净；涂油包装，轴承的封存方法有防锈油、气相剂、水溶性防锈剂封存三种。目前广泛采用的是防锈油封存，常用的防锈油有：204-1、FY-5 和 201 等。比较简便的是用 204-1 防锈油浸涂，涂后置于室内晾干，再用聚乙烯薄膜和牛皮纸，或苯甲酸钠纸和牛皮纸包装。

4-7-20 润滑脂的组成成分如何，它的主要用途有哪些？

答：润滑脂主要是由基础油、稠化剂、添加剂及填充剂组成的。其中，基础油占 85%～87%，稠化剂占 10%～13%，剩下的是添加剂和填充剂。各成分的作用是：润滑脂的基础油主要是矿物油和合成油两大类。合成油是用于制造特种用途的润滑脂。在润滑脂的组成中，基础油所占的比例最大，润滑脂的许多重要性质，都是由基础油的性质决定；润滑脂的稠化剂主要是高级脂肪酸的金属皂（如钙、钠、锂等）；润滑脂中加入各种添加剂的目的，是改善润滑脂的某些特性，提高其使用性，延长使用寿命；填充剂是为了提高润滑脂在使用时的机械强度，最常用的有石墨、二硫化钼、氮化硼等。

润滑脂的主要作用是润滑、保护和密封。绝大多数润滑脂用于润滑，称为减摩润滑脂，还有一些润滑脂主要用来防止金属生锈或腐蚀，称为保护润滑脂。另外还有少数润滑脂专作密封用。

4-7-21 润滑脂有哪些种类？

答：润滑脂一般是按稠化剂分类，分为皂基润滑脂、烃基润滑脂、无机润滑脂和有机润滑脂等。其中，皂基润滑脂又分为单皂基润滑脂、混合皂基润滑脂和复合皂基润滑脂，常见的单皂基润滑脂有钙基润滑脂、钠基润滑脂、锂基润滑脂、钡基润滑脂、铝基润滑脂等，皂基润滑脂的使用面最广；烃基润滑脂几乎不溶于水，也不溶于其他的稠化剂，是完全化学安定的，但熔点低，使用温度的上限比皂基润滑脂低得多，因此主要用作防水及保护润滑剂；无机润滑脂由于熔点高和在一个很宽的范围内保持原有的黏度，故能用在皂基润滑脂不能达到的高温度范围，其缺点是稠化能力低，胶体安定性、防护性差；有机润滑脂具有良好的抗水性、抗氧化性、胶体安定性和机械安定性，但边界润滑性较差，特别是以硅油为基础油的产品更为显著。

润滑脂按其用途还可分为：车用脂、工业用脂、其他用脂。其中，车用脂又分为汽车轮用脂、汽车万向节脂、汽车轮注脂、火车轮脂、火车牵引电动机脂、火车制动脂、火车道轨脂、火车芯盘脂等；工业用脂分为冶金工业、纺织工业、轴承行业等。此外，按润滑脂的牌号可分为：000 号、00 号、0 号、1 号、2 号、3 号、4 号等牌号。数字牌号越大，脂的锥入值就越小，脂就越硬。

4-7-22 对不同的设备部件进行润滑时，如何根据不同情况选用润滑脂？

答：在选用润滑脂时，首先需明确润滑脂在润滑减摩、防护、密封等方面要起的主要作用是什么。作为减摩用润滑脂，主要是考虑耐高低温的范围、负载与转速等；作为防护润滑脂，主要是考虑所接触的介质与材质，着重考虑对金属、非金属的防护性与安定性；作为密封润滑脂则应考虑接触密封件的材质与介质，根据润滑脂与材质（如橡胶）的相容性来选择适宜的润滑脂。此外，还应注意以下几点。

（1）是否需要防水。如果是在潮湿的环境中使用，应选用有很好耐水性和防锈性的润滑脂。

（2）使用温度。根据设备或轴承的使用环境温度，对应选用合适黏度的润滑脂。对于使用温度高的，则应选择号数大的，反之，使用温度偏低的，则选择号数小的（号数越低就越稀，越大则越稠）。

（3）转速和承载情况。原则上是当转速高、载荷小时，可选择黏度较低的润滑脂，而当转速低、载荷大时，则选黏度较高的润滑脂，对于重载、大负载时，应选用有很好极压性能的润滑脂。

4-7-23 在水电站中，常用的润滑脂有哪些，其特性如何，适用范围怎样？

答：在水电站中，常用的润滑脂有：钙基润滑脂、钠基润滑脂、钙钠基润滑脂、通用锂基润滑脂、极压锂基润滑脂、石墨钙基润滑脂等。其各自的特性及适用范围见表 4-7-3。

表 4-7-3　　　　　　　　　　不同品种润滑脂的特性及适用范围

品　种	特　性	适　用　范　围
钙基润滑脂	抗水性好，耐热性差，使用寿命短	最高使用温度范围为 -10~60℃，转速 3000r/min 以下的工作条件，适用于水泵轴承等部位
钠基润滑脂	耐热性好，抗水性差，有较好的极压减磨性能	使用温度可达 120℃，只适用于低速高负载轴承，不能用在潮湿环境或水接触部位

品　种	特　性	适　用　范　围
钙钠基润滑脂	耐热性、抗水性介于钙基和钠基脂之间	使用温度不高于100℃，不宜于低温下使用，适用于不太潮湿条件下滚动轴承
复合钙基润滑脂	较好的机械安定性和胶体安定性，耐热性好	适用于较高温度及潮湿条件下润滑大负载工作的部件，使用温度可达150℃左右
通用锂基润滑脂	具有良好的抗水性、机械安定性、防锈性和氧化安定性	适用于－20～120℃宽温度范围内各种机械设备的滚动和滑动轴承及其他摩擦部位的润滑，是一种长寿命通用润滑脂
极压锂基润滑脂	有极高极压抗磨性	适用于－20～120℃下高负载机械设备的齿轮和轴承的润滑
石墨钙基润滑脂	具有良好的抗水性和抗碾压性能	适用于重负载、低转速和粗糙的机械润滑，可用于起重机齿轮转盘、弧门支铰等承压部位。另外也可以采用二硫化钼

第八节　起重设备

4-8-1　起重机的种类有哪些，各有什么特点？

答：起重机是一种间歇动作的装卸设备，具有重复短暂工作的特征，也是一种循环工作。起重机一般由机械部分、金属结构和电气部分等三个基本部分组成。其相关种类有以下几种，如图4-8-1所示。

（1）桥式类型起重机。它除起升机构外，还有小车和大车运行机构，为此，起重机可在大、小车运行机构所能到达的整个场地及其上空作业。如桥式起重机、门式起重机、集装箱岸桥等。其中，桥式起重机和门式起重机在水电站中应用最为广泛。

（2）臂架类型起重机。它除起升机构外，通常还有变幅、回转和运行机构，由于这些机构的相互配合，起重机可以在运行机构所能到达和臂架回转机构所及的场地及其上空作业。如固定式回转起重机、门座起重机、汽车起重机等。

（3）轻小型起重设备。它通常只配备一个起升机构，只能实现一个方向上的往复运行，且在一条直线上作业。如千斤顶、滑车、电动葫芦等。

（4）升降机。与轻小型起重设备相同，

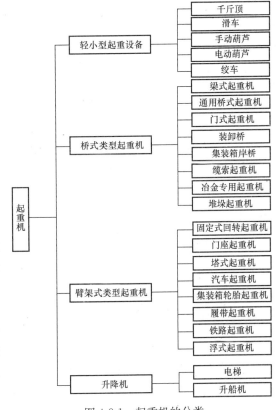

图4-8-1　起重机的分类

只能实现一个方向上的直线作业,如电梯、升船机等。

4-8-2 起重机的主要参数有哪些,桥式起重机的具体构造如何?

答:起重机的主要参数包括起重量、跨度、幅度、起升高度、工作速度、工作级别以及工作环境等,另外,轨距、轮距、外形尺寸、吊钩极限尺寸、最大轮压等也是它的重要参数。起重机的主要参数用于表明其主要的技术性能指标。它是在订货时供、需双方在合同中必须明确的参数,也是作为设计、制造、验收的重要依据。

桥式起重机,又名天车或行车,它是水电站中必备的辅助设备之一。其具体构造主要由机械部分、金属结构和电气部分等三大部分组成。其中,机械部分主要是由主起升机构,副起升机构,小车、大车运行机构组成;金属结构部分主要由桥架和小车架组成,桥架通常做成箱形,其外形尺寸决定于起重量的大小、跨度的宽窄和起升高度的高低等参数;电气部分是由电气传动设备和控制系统组成。

4-8-3 对于桥机和门机的轨道铺设,其安装的技术要求怎样,应注意哪些事项?

答:桥机和门机的轨道铺设是否正确和牢固,对其运行十分重要。当轨道安装找正后,应用经纬仪、水准仪、钢卷尺等检测工具按照要求进行测量检查,其一般要求是:①吊装轨道前,应确定轨道实际中心线对吊车梁中心线的位置偏差不大于 8mm,轨道实际中心线对安装基准线的位置偏差不超过±3mm。②轨距偏差不超过±5mm。③轨道的纵向直线度误差不超过 1/1500,在全行程上最高点与最低点之差不应大于 2~10mm。④同一截面内两平行轨道的标高相对差不大于 8~10mm。⑤两平行轨道的接头位置应错开。⑥轨道接头处的间隙为 3mm,高低差小于 1mm,侧向错位小于 1mm。⑦弹性垫板的规格和材质应符合设计规定。拧紧螺栓前,钢轨应与弹性垫板贴紧,如有间隙,应在弹性垫板下用垫铁垫实。垫铁的长度和宽度均应比弹性垫板大 10~20mm。⑧轨道上的车挡应在吊装起重机前装妥,同一跨端的两车挡与起重机缓冲器均应接触。⑨应全面检查地脚螺栓与压板的紧固情况,不得有松动现象。以上是一些常规检查项目,具体的技术要求应根据实际情况和相关标准(以及图纸)来确定。

4-8-4 对桥式起重机的桥架一般有哪些技术要求?

答:桥架是桥式起重机的主要构件之一。它的制造和安装好坏,对起重机能否良好运行非常重要,所以,对其安装精度也要求比较高。一般应注意以下一些事项(门式起重机也可参照以下项目):①主梁跨中的上拱度。应根据厂家的要求,按照图纸规定,控制在合理的范围内。②主梁的水平弯曲。对轨道居中的对称箱形主梁,其弯曲应不大于 $S_1/2000$(S_1 为两端开始至第一块大筋板的实测长度),且 2 根主梁的弯曲度应相互对称。③箱形主梁腹板的垂直偏斜值:其值为 $h \leqslant H/200$(H 为上下测量点的距离)。④小车轨道的高低差。对其的要求根据轨道的距离不同而不一样(具体需根据产品说明的要求或相关标准规范而定),一般需控制在 5mm 以内。⑤小车的轨距偏差。箱形主梁在跨端处的小车轨距偏差值一般为±2mm,在跨中处时,一般为(+1~+5)mm,偏轨箱形主梁的小车轨距偏差值一般为±3mm。⑥桥架的对角线差。一般规定桥架的对角线差应小于 5mm。⑦大车车轮的跨度差。一般为(±2~±5)mm。

4-8-5 什么叫作起重机的啃轨现象，它对起重机的运行存在哪些影响？

答：起重机车轮的轮缘与轨道侧面作强行通过时的摩擦接触现象通常称为啃轨。起重机的啃轨是其大车或小车在轨道上于相对歪斜状态下运行到某一限度后的结果，啃轨越严重，轮缘与轨道侧面的磨损痕迹越大，损伤越快，甚至会出现铁屑剥落的可能。啃轨的形式有很多种，有时仅一个车轮啃轨，有时呈现几个车轮同时啃轨，有时往返运行的同侧啃轨或往返运行时分别在两侧都有啃轨等。

啃轨的危害性很大。啃轨运行会导致轨道磨损成台阶状，车轮磨损加快，因而缩短了车轮与轨道的使用寿命，以致不到更换期限就要更换轨道或车轮；啃轨可使运行阻力增大到1.5～3.5倍，为此，使运行机构的传动装置和电动机超载，严重时，甚至会发生电动机烧毁、传动轴扭断和减速箱齿轮切断等设备事故；啃轨还会引起起重机在运行过程中的冲击振动和发出难听的噪声，而且在一定程度上也影响着厂房结构的使用寿命以及恶化司机的工作条件，严重的啃轨还会使轮缘爬上轨顶，造成脱轨事故。为此，如有啃轨现象出现，必须分析原因，及时予以消除。

4-8-6 啃轨的原因有哪些，其具体情况怎样？

答：起重机在运行中产生啃轨的原因很多，直接形成的原因一般是轨道与车轮出现问题而引起的。其主要原因有以下几点：①轨道的跨度公差过大。轨道安装质量不好，尤其是同一截面跨度的超差或轨道弯曲过大，都会在大车或小车运行时，车轮轮缘与轨道侧面形成强行通过而造成的严重磨损接触。对于小车而言，由于桥架结构变形，从而引起其轨道的轨距发生变化，所以引起啃轨。②车轮组的直径及其装配精度超差。在制造、装配、运输、安装和使用等过程中，若车轮组的水平偏斜、垂直偏斜和跨度公差等超差过大则会引起啃轨。而在车轮安装后，其跨度或四个车轮的对角线公差超差过大，也会导致啃轨。③桥架和小车架的结构变形。起重机的桥架和小车架在运输、安装和使用过程中，由于多种原因造成其发生变形后也会引起车轮的跨度、车轮水平及垂直偏斜的超差，以致造成啃轨，其中尤其是大车啃轨更为严重。④运行机构中传动系统的不同步。在分别驱动或集中驱动机构的传动链中，当联轴节的间隙过大、减速箱的齿轮有过大的侧隙、主动车轮的直径超差过大等情况时，也会导致啃轨。

4-8-7 当起重机发生啃轨现象时，如何进行检查和处理？

答：当起重机出现啃轨现象后，应着手进行实测检查。检查的项目包括如两根轨道的轨距和水平弯曲情况、大车的跨度、小车的轨距、对角线差、车轮的水平和垂直偏斜等。具体的检查方法和处理如下：

检查项目：①轨道的检查。用水平仪、钢卷尺按拉线法分段测量轨道的轨距及其水平弯曲，大、小车的轨道都按此方法检查。②起重机跨度和对角线差的检测。对起重机跨度的检测是分别以一对车轮的内、外侧边缘为基准进行的。对角线差的检测可用吊线锤或直角尺进行，将车轮踏面的宽度中心引到轨道上，并在轨道上做出标记，以此为测量基准。③车轮水平偏斜的检测。如图 4-8-2 所示，以一根直径为 0.5mm 的钢丝或弦线拉在车轮的下部，两端垫以等高的垫块，测出车轮边缘与钢丝的尺寸后，分别减掉垫块厚度，即能计算出每个车轮的水平偏斜值。④车轮垂直偏斜的检测。用吊线锤的方法，根据图 4-8-3，测出 x 和 l 后，即可算出每个车轮的垂直偏斜值。当测量完成后，应根据检查和测量的结果进行分析，并对照技术要求判断问题的原因所在，然后对轨道或车轮进行相应的调整处理，直到符合技术要求。

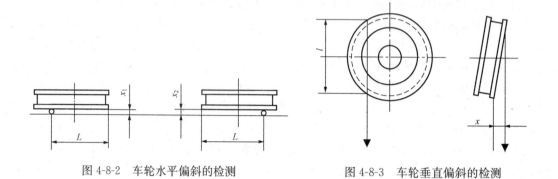

图 4-8-2　车轮水平偏斜的检测　　　　图 4-8-3　车轮垂直偏斜的检测

4-8-8　对起重机的车轮有什么特殊要求，车轮的报废标准怎样？

答： 起重机的车轮是运行机构的主要部件，在使用过程中，车轮最易损坏，尤其是在任务繁重、条件恶劣的情况下，车轮踏面和轮缘会磨损得更加厉害。所以，为了增加车轮的耐磨和耐压性能，必须对车轮进行热处理加工（一般是先淬火，后回火），其要求是：踏面和轮缘内侧面的硬度一般要在 300～380HB，当车轮直径≤400mm 时，硬度的深度≥15mm；当车轮直径>400mm 时，硬度的深度≥20mm。

当起重机的车轮在轨道上工作相当长的时间之后，如出现下列情况之一者，应予以报废：①出现明显的裂纹；②轮缘厚度磨损到原厚度的 50%；③轮缘厚度弯曲变形到原厚度的 20%；④踏面厚度磨损到原厚度的 15%，或者是当车轮直径≤400mm，磨损量≥15mm，车轮直径>400mm，磨损量>20mm 时，踏面的硬度明显降低；⑤当运行速度低于 50m/min 时，其椭圆度到 1mm，当运行速度高于 50m/min 时，其椭圆度到 0.5mm。

4-8-9　桥式起重机的安装和试车程序如何，试车前的准备工作应检查哪些项目？

答： 桥式起重机的主要安装程序是：行车梁检查放线、轨道安装、起重机车体组装、起重机整体吊装就位、试车等 5 个步骤。而其试车程序一般包括：试车前的准备、无负载试车、静负载试运转、动负载试运转及相符试验等。

在桥式起重机试车前的准备工作中，其主要检查项目及技术质量要求是：①切断全部电源，检查所有连接部位是否紧固。②钢丝绳绳端必须固定牢固，在卷筒、滑轮组中缠绕应正确无误。③电气线路系统和所有的电气设备的绝缘电阻及接线应正确。④转动各机构的制动轮，使最后一根轴（如车轮轴、卷筒轴等）旋转一周不应有卡住现象。

4-8-10　在对桥式起重机进行试车的过程中，其具体项目和操作方法怎样？

答： 桥式起重机在完成好准备工作之后，应进行无负载试车、静负载试运转、动负载试运转等试车及相符试验项目。无负载试车的方法是分别开动起重机各机构，进行空负载试运行，同时检查运行情况和安全装置。对起升机构，应将吊钩下降到最低位置，并检查运行情况和安全装置以及此时卷筒上的钢丝绳圈数应不少于 5 圈。

桥式起重机静负载试运转的方法是先将小车开到中间，在大梁中心挂上线坠，线坠边上立一标尺。用主钩吊起额定负载，离地面 1m，停止 10min，然后从标尺上读出大梁的挠度值应不大于 1/700（1 为主梁跨度）。接着再以起升 1.25 倍的额定负载，按上述方法进行，卸去负载，将小车开到跨端处，检查桥梁的永久变形，反复三次后，测量主梁的实际上拱度应大于跨度的 0.8/10000。而桥式起重机动负载试运转的方法是在 1.1 倍额定负载下同时启动起升与运行机构反复运转，累计启动试验时间不应小于 15min，各机构动作应灵敏、平稳、可靠，性能应满足使用要求，限位开关和保护连锁装置的作用应可靠。

其次还应检查起重机的相符试验，即其工作情况是否符合使用要求，其项目包括：主、副钩的载荷起升高度，吊钩左右的极限位置，主、副钩的起升速度，主、副钩的下降速度，大、小车的运行速度等。

4-8-11　减速器的齿轮损伤有哪些情况，应如何处理？

答： 减速器齿轮的损伤大致呈现齿面损伤和齿面之外的破损等两种情况。一旦齿轮受损，减速器的噪声和振动增大，发热严重，甚至起重机不能正常工作。齿轮的损伤主要有以下几种情况。

（1）磨损。齿轮在长期负载下运行会引起齿面磨损，一般规定，当节圆齿厚磨损到 20％～30％时，须换用齿轮备件，但对重要设备或高速级的齿轮，当磨损到 10％～20％时，则须立即更换。

（2）凹痕。凹痕是指在齿面滑动小的节圆附近形成的凹痕损伤。这是由于齿面硬度不均，产生局部应力，使金属表皮疲劳而脱落所形成的凹痕。凹痕伴随齿轮使用期限越长，其凹痕越大，最后引起齿形变化，噪声、振动增大，为此，须对出现凹痕的齿轮成对更换。

（3）刮伤或擦伤。润滑油中的杂质，外部异物或埋入齿面的杂质等都会引起齿面的滑动部分刮伤或擦伤，这些受损部分应及时予以打磨、清理和修补，须立即更换润滑油。

（4）剥落、龟裂、折损。剥落、龟裂、折损等症状都是超载后表面材料的疲劳所引起的，一般都是因表面硬化、材料内在有缺陷，热处理时残留应力过大的原因，出现这些问题时也需及时成对更换。

4-8-12　对于减速器的润滑工作，如何选择其润滑方式和润滑剂？

答： 减速器的润滑方式：对卧式安装的减速器，应用油池飞溅润滑，油量应使其中间级的大齿轮浸油 1～2 个全齿高，当减速器作倾斜安装时，应将中间级齿轮和低速级的大齿轮都沉浸在油液中，其油量应使水平面最高的大齿轮浸到 1～2 个全齿轮。在实际使用时，注入油箱内的油量应用油针指示，油面应达到油针上、下两刻度线之间为最佳状态；对于立式安装的减速器，则用油泵做循环润滑。

润滑剂的选用：润滑剂的选择与机构的工作级别、环境温度等有关。当环境温度较高，工作繁重者，可用黏度较大的润滑油，目前一般采用齿轮油 SY1103-77（夏季用 HL-30，冬季用 HL-20），也有使用更加好的中级压力的工业齿轮油 SY1172-88，它具有良好的耐压抗磨性、热氧化安定性、防锈性和抗腐蚀性等优点，在 50℃时的运动黏度，分别有 50、70、90、120、150、200 等几种牌号。其次，对于 M6 以下工作级别运行机构的减速器和 M3 以下起升机构的减速器，还可采用二硫化钼等油脂来进行润滑。

而对于滚动轴承的润滑，一般选用钙基润滑油脂或二硫化钼锂基脂。其中，二硫化钼锂基脂粒子很细，有较大的表面积，故容易填充在传动物表面的间隙处，且硫原子和金属又有较强的结合力，能在滚子摩擦面上形成边界润滑膜，是一种较好的润滑脂。

4-8-13 减速器的换油周期是如何规定的，其相关的注意事项有哪些？

答：为了保证起重机中减速器的良好运行，应定期检查和更换润滑油。其相关注意事项如下：①若减速器在出厂6个月后尚未安装使用者，应在安装使用前，对其进行清洗和去锈处理，并按要求加注润滑油。②定期更换润滑油是保养减速器的重要手段，一般应定期检查油位的高低，且第一次换油应在运行300h后进行，以后每3000h换油一次，至少每3个月检查一次润滑油的使用状况。对于频繁操作、环境恶劣的起重机，应酌情或根据厂家的要求缩短它的换油周期，以便保证减速器一直处在良好的滑润条件下。③此外应随时注意油的污染，更换润滑油时，减速器的齿轮应先用轻油洗净，待干燥后，再加入新油。对开式齿轮，在重新涂油前，要用汽油将减速器的内壁和所有零件清洗干净，如在油或油脂中发现有金属屑等异物存在，则须检查其齿轮等主要零件有否磨伤，如有，应立即修补，而后更换新油。

4-8-14 什么是千斤顶，其特性如何，有哪些种类？

答：千斤顶是一种可用较小力量就能把重物顶高、降低或移动的简单而方便的起重设备，它的名称习惯上叫法很多，如顶重机、举重器、起重器、压机等。千斤顶的特点是结构简单，使用方便，其承重能力从一吨至几百吨不等；顶升高度一般为0.1～1.0m，特制的卧式长冲程千斤顶柱塞，可顶升出1.5m；顶升速度可达10～35mm/min；常用的千斤顶自身的质量在20～320kg，专门用途的也有达1t以上的。

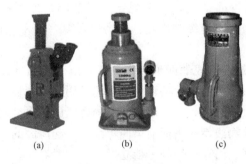

图 4-8-4 千斤顶
(a) 齿条式；(b) 液压式；(c) 螺旋式

常用的千斤顶有三种类型，即螺旋千斤顶、液压千斤顶和齿条千斤顶，如图4-8-4所示。前两种在水电站中使用最为广泛。按驱动方式的不同，又可分为人力驱动千斤顶和电力驱动千斤顶。

4-8-15 不同类型的千斤顶，其各自的特点怎样？

答：对于齿条式、螺旋式和液压式三种不同类型的千斤顶，其各自的特点见表4-8-1。

表 4-8-1　　　　　　　　　　　　不同类型千斤顶的特点

类型	特　点
齿条千斤顶	由人力通过杠杆和齿轮带动齿条顶举重物。起重量一般不超过20t，可长期支持重物，主要用在作业条件不方便的地方或需要利用下部的托爪提升重物的场合，如铁路起轨作业
螺旋千斤顶	由人力通过螺旋副传动，螺杆或螺母套筒作为顶举件。普通螺旋千斤顶靠螺纹自锁作用支持重物，构造简单，但传动效率低，返程慢。自降螺旋千斤顶的螺纹无自锁作用，装有制动器。放松制动器，重物即可自行快速下降，缩短返程时间，但这种千斤顶构造较复杂。螺旋千斤顶能长期支持重物，最大起重量已达100t，应用较广。下部装上水平螺杆后，还能使重物作小距离横移
液压千斤顶	由人力或电力驱动液压泵，通过液压系统传动，用缸体或活塞作为顶举件。液压千斤顶可分为整体式和分离式。整体式的泵与液压缸联成一体；分离式的泵与液压缸分离，中间用高压软管相连。液压千斤顶结构紧凑，能平稳顶升重物，起重量最大已达1000t，行程1m，传动效率较高，故应用较广；但易漏油，不宜长期支持重物。如长期支撑需选用自锁顶，螺旋千斤顶和液压千斤顶为进一步降低外形高度或增大顶举距离，可做成多级伸缩式的

4-8-16　什么是链条葫芦，有什么作用，其结构组成怎样，又有哪些种类？

答：链条葫芦又叫神仙葫芦，是一种使用简单、携带方便的手动起重机械，也称"环链葫芦"或"倒链"。它主要用于小型设备和货物的短距离起重吊运，起重量一般不超过 20t。链条葫芦具有结构紧凑、拉力小等特点。

链条葫芦由链轮、手拉链、传动机械、起重链及上下吊钩等几部分组成。其中，机械传动部分又可分为蜗轮式传动和齿轮式传动两种。由于蜗轮式传动的机械效率低，零件易磨损，所以现在已很少使用。齿轮式传动的手动葫芦有几种型号，其中 HS 型是颇受欢迎的一种手动链条葫芦；WA 型是在 HS 型的基础上的改进产品；SBL 型是采用新型结构传动，它的机械效率较高，但自重比 HS 型重一些。其起重装置的结构原理为一个带反向逆止刹车的减速器和链条滑轮组的结合。

图 4-8-5　链条葫芦
(a) 手板葫芦；(b) 手拉葫芦 (c) 电动葫芦

常用的链条葫芦分为手扳葫芦、手拉葫芦、电动葫芦三种，如图 4-8-5 所示。水电站中使用较多的为手拉葫芦和电动葫芦。手拉葫芦主要机件选用合金钢材料制造，链条采用 800MPa 高强度起重链条，高强度吊钩。链条为热处理、低磨损、防腐蚀的链条；煅打式的吊钩设计确保了缓慢起升以防过载；符合欧洲 CE 安全标准。

4-8-17　常用的手拉葫芦有哪些规格，在选购时应注意哪几个参数？

答：在水电站中，常用的手拉葫芦一般是在 1～10t（现在最大的起重量可达到 50t），以 HSZ 型号为例，常用的规格有以下几种（见表 4-8-2）。在选购时，根据实际使用情况，需注意起重量、起重高度、手拉链的长度等几个参数，以方便使用。

表 4-8-2　　　　　　　　　　　　　手拉葫芦的常用规格

型号	HSZ-0.5	HSZ-1	HSZ-1.5	HSZ-2	HSZ-3	HSZ-5	HSZ-10	HSZ-20
起重量（t）	0.5	1	1.5	2	3	5	10	20
标准起重高度（m）	2.5	2.5、3	2.5、3	2.5、3	3、5	3、5	3、6	3、6
试验载荷（t）	0.75	1.5	2.25	3	4.5	7.5	12.5	25
两钩间最小距离	270	270	368	444	486	616	700	1000
满载时手链拉力（N）	225	309	343	314	343	383	392	392
起重链行数	1	1	1	2	2	2	4	8
起重链条圆钢直径（mm）	6	6	8	6	8	10	10	10

4-8-18　什么是起重索具和吊具，它们各包含哪些具体东西？

答：按行业习惯，我们把用于起重吊运作业的刚性取物装置称为吊具，把系结物品的挠性工具称为索具或吊索。

吊具可直接吊取物品，如夹钳、卸扣、吊钩、吊环、吊耳、索具套环、索具螺旋扣、吊装梁、平衡梁、抓斗、吸盘、专用吊具等。吊具在一般使用条件下，垂直悬挂时允许承受物品的最大质量称为额定起重重量。

索具是吊运物品时，系挂物品上具有挠性的组合取物装置。它是由高强度、高挠性件配以端部环、钩、卸扣等组合而成。如麻绳、化学纤维绳、钢丝绳、钢丝绳吊索、吊链、合成纤维吊带、千斤绳等，都属于索具。

4-8-19　麻绳的种类有哪些，各有什么特点？

答：麻绳分为机制和手工制两种。在起重作业中，广泛采用机制麻绳，因为机制的麻绳搓拧得均匀、紧密，比人工搓拧的麻绳抗拉力大，能承受较大的拉力。手工制麻绳因搓拧较松，拉力差，一般不在起重作业中使用。

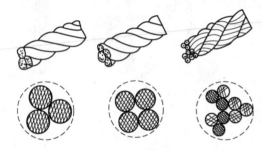

图 4-8-6　麻绳的种类

麻绳依制造材料不同分为吕棕绳（又叫印尼棕绳，马尼拉麻制造）、白棕绳（龙舌兰麻或西沙尔麻制造）、线麻绳（标准大麻或苎麻制造）、混合麻绳（龙舌兰麻和苎麻混合做成）等。后两种拉力虽稍大，但防潮性能较差，故不如白棕绳和吕棕绳质量好。

麻绳又分为浸油和不浸油（素麻绳）两种。浸油的麻绳具有耐腐蚀和防潮的特点，但由于浸油后，麻绳重量增大，质地较硬，不易弯曲，强度也比未浸油麻绳降低 20％ 左右，素麻绳在干燥状态强度及弹性都较好，但受潮后，强度会降低 50％。在吊装作业中，一般都不采用浸油麻绳。麻绳按照拧成的股数可分为三股、四股、九股三种，如图 4-8-6 所示。

4-8-20　麻绳具有哪些优缺点，其主要用途是什么？

答：麻绳是一种起重吊运作业中常用的绳索，与钢丝绳相比，具有轻便、柔软、易捆绑等优点。但其强度较低，一般麻绳的拉力强度仅为同直径钢丝绳的 10％ 左右，且易磨损。所以，麻绳不能在机动机构中起吊较重的物件，一般仅限于手动操作（经过滑轮）拉起不大的荷载。

麻绳在吊装起重工作中，主要用于以下几种情况：①绑扎构件或抬吊物件，在水电站的日常维护和检修中，通过麻绳吊送物件使用方便；②吊起较轻的构件（如在升压站或用木滑轮吊电杆等）；③当吊起构件或重物时用以拉紧，作溜绳用，以保持被吊物件的稳定和在规定的位置上，这样能防止碰撞并有利于就位；④用作起吊重物不大的起重桅杆缆风绳等。

4-8-21　怎样对麻绳的拉力进行计算和估算？常用麻绳的规格有哪些？

答：麻绳在使用时，必须对其强度进行验算，看其能否符合安全要求。其验算公式为：$P \leqslant S_b / K$。式中：P 为允许拉力（允许起吊重力），kN；S_b 为麻绳的破断拉力，kN；K 为麻绳的安全系数，一般新绳用作起吊时安全系数应大于 3，作千斤绳和缆风绳时安全系数应大于 6，重要起重装吊时安全系数应为 10，旧绳的容许拉力应比新绳降低一半。常用麻绳的规格及其性能见表 4-8-3。

表 4-8-3 常用麻绳的规格及其性能

直径 d（mm）	破断力 S_b（kN）	直径 d（mm）	破断力 S_b（kN）	直径 d（mm）	破断力 S_b（kN）
6	2.0	19	13.00	38	35.0
8	3.25	20	16.00	41	37.5
11	5.75	22	18.50	44	45.0
13	8.0	25	24.0	51	60.0
14	9.50	29	26.0	57	65.0
16	11.50	33	29.0	63	70.0

4-8-22 麻绳的使用和保养应注意哪些事项？

答：①由于麻绳的拉力强度出入很大，使用前应做荷载试验（比需要拉力大 25％ 的重量做静载试验，比需要拉力大 10％ 的重量做动载试验），符合要求方准使用。②麻绳只能用于手动的起重设备（如滑轮）上或起吊物件时作捆绑用。重要起重及机械操作不宜使用麻绳，在迫不得已使用时，安全系数必须比一般规定大一倍。③麻绳所环绕的卷筒或滑车的直径应大于麻绳直径的 10 倍以上，防止麻绳弯曲过剧增加磨损。④成卷或原封整卷麻绳拉开使用前，应先把绳卷平放在地上，将有绳头的一面放在底下，从绳内拉出绳头（如果从卷外拉绳头易扭结），然后根据需要的长度切断。切断前，应用细铁丝或麻绳将切断口两侧的白棕绳扎紧，以防绳头松散。绳头的扎法如图 4-8-7 所示，将绳头 2 穿入绳圈 3 内，拉紧绳头 1。⑤麻绳打结后强度将降低 50％ 以上，所以麻绳的连接最好用编结法。局部损坏的麻绳，应切去损坏部分，用编结连接。

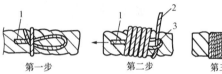

图 4-8-7 绳头的扎法
1、2—绳头；3—绳圈

⑥长期穿在滑车上的麻绳，要定期卸下来，变换穿的方向，使麻绳各部分磨损均匀。⑦使用麻绳发现有连续环圈扭时，要设法抖直。⑧麻绳中有绳结时，不能穿过滑车等狭小处，以免麻绳被切断。⑨使用过程中，对绕过滑轮的麻绳，应随时注意不使其脱离滑轮槽。⑩使用中的麻绳，应注意避免受潮、淋雨或纤维中夹杂泥沙和受油污等化学介质侵蚀。不宜在有酸碱的地方使用。⑪麻绳用于起吊或绑扎绳时，对能接触到的棱角处应用麻袋或其他软物包垫，以免割断。⑫旧麻绳在使用时应根据新旧程度酌情降级使用，一般取新绳 40％～60％ 的破断拉力，断丝的麻绳禁止使用。⑬麻绳用完应立即收回晾干，清除表面泥污，卷成圆盘平放在干燥库房内的木板上和通风良好的地方，不能受潮或用高温烘烤，也不能堆放在一起，以免腐烂。⑭麻绳应用特制的油涂抹保护，油的各项成分重量比例如下：工业凡士林 83％、松香 10％、石蜡 4％、石墨 3％。

4-8-23 在使用中，如何对麻绳进行编结？

答：麻绳在使用前应根据需要进行编结。编结方法有绳套编结和两个绳头编结两种。

（1）绳套编结时，先将一端绳头拧松约 10 倍绳径的长度，每股头用细铁丝扎紧，然后用穿针插入绳股中，撑开缝隙，将绳股依次穿入不同的缝隙中［见图 4-8-8（a）］，每根绳股穿压 3 次以上，每次用钳子拉紧绳头，最后将剩余的绳头剁断。

（2）两个绳头的编结方法与绳套编结相同，只要将两端头松开对在一起，按上述方法进行即可，如图 4-8-8（b）所示。

麻绳的编结工具用穿针进行，如图 4-8-9 所示。

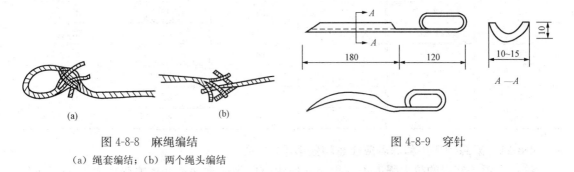

图 4-8-8　麻绳编结
（a）绳套编结；（b）两个绳头编结

图 4-8-9　穿针

4-8-24　化学纤维绳有哪些种类，其工作特性如何，又有哪些规格？

答：化学纤维绳主要有尼龙绳和涤纶绳两种，其具有重量轻、柔软、耐腐蚀、弹性好、耐油抗水等特点，其抗拉强度也比麻绳强，通常用于吊挂表面光洁或表面不允许磨损机件和设备。尼龙绳和涤纶绳都有较大的弹性，当吊物刚刚起吊时，绳子会有明显的伸长，达到许用拉力时，其最大伸长率可达 40%。因而化学纤维绳对吊物能起到缓冲作用，但增加了吊运时的不稳定程度。常用尼龙绳的规格及其强度见表 4-8-4。

表 4-8-4　　　　　　　　　　常用尼龙绳的规格及其强度

直径（mm）	质量（kg/220m）	强度		直径（mm）	质量（kg/220m）	强度	
		最低破断拉力（kN）				最低破断拉力（kN）	
		73-B	73-C			73-B	73-C
6	5.2	7800	7800	24	83.6	80 200	71 600
8	9.3	15 300	13 900	26	98.0	97 000	86 500
10	14.5	19 400	17 500	28	114.0	110 000	98 000
12	21.0	24 300	22 000	30	130.7	119 000	106 000
14	28.4	35 600	32 000	32	149.0	138 000	122 000
16	37.1	38 400	34 600	34	167.6	153 000	136 000
18	47.0	49 400	44 400	36	188.1	168 000	148 000
20	58.1	59 800	53 800	38	210.0	195 000	164 000
22	70.4	70 200	63 000	40	232.1	202 000	179 000

4-8-25　怎样对化学纤维绳的起重拉力进行计算，在使用中又需注意哪些事项？

答：对化学纤维绳起重拉力的经验计算方法是：①近似破断拉力：$S_{破断} = 110 \cdot d^2$（N）；②极限工作拉力：$S_{极限} = S_{破断}/K = (110 \cdot d^2)/K$（N）。式中，$S_{破断}$ 为破断拉力，N；$S_{极限}$ 为极限工作拉力，N；d 为尼龙绳、涤纶绳直径，mm；K 为安全系数，尼龙绳、涤纶绳安全系数可根据工作使用状况的重要程度选取，但不得小于 6。另外，在使用时应注意绳的磨损折旧情况，计算时应视情而定。

化学纤维绳在使用时需注意：①化纤绳遇高温时易熔化，要防止曝晒，远离火源。②化纤绳弹性较大，起吊时不稳定，应防止吊物摆动伤人。另外，一旦断绳，其回弹幅度较大，应采取防止回弹伤人的措施。③化纤绳摩擦力小，从缆桩上放出时，要防止绳子全部滑出伤人。

4-8-26 什么是钢丝绳，其用途如何，又有什么优缺点？

答：钢丝绳是由高强度碳素钢丝围绕绳芯绕捻而成的绳索，一般广泛应用于起重作业。钢丝绳由绳芯、绳股、油脂组成。钢丝绳具有以下优点：①重量轻、强度高、能承受冲击荷载。②挠性较好，使用灵活。③钢丝绳磨损后，外表会产生许多毛刺，易于检查。破断前有断丝预兆，且整根钢丝绳不会立即断裂。④起重作业用钢丝绳成本较低。

钢丝绳的主要缺点是刚性较大不易弯曲。起重作业选用的钢丝绳一般为点接触类型，如果配用的滑轮直径过小或直角弯折，钢丝绳易受损坏且影响安全使用和缩短使用寿命。

4-8-27 钢丝绳是如何分类的？

答：在 GB/T 8706—2006《钢丝绳 术语、标记和分类》中，对钢丝绳的分类做了明确规定。而根据钢丝绳的不同特性，在实际中又衍生多种分类，主要有以下几类：

（1）按钢丝绳的直径分类：粗直径钢丝绳：外径大于 60mm，适用于大型吊装起重、挖掘机、船舶、海上设施和打捞等行业，直径一般在 60～190mm；普通直径钢丝绳：外径在 8～60mm；细直径钢丝绳，外径在 8mm 以下。

（2）按钢丝绳的结构分类：分为单捻、双捻、三捻钢丝绳。单捻钢丝绳又叫单股钢丝绳，它是以一根绳芯为中心，周围由一层或数层钢丝围绕这根钢丝捻制而成；双捻钢丝绳又叫多股钢丝绳，是股绳（一层或多层）围绕一根金属芯或有机芯做螺旋状运动捻制而成。

（3）按钢丝绳表面防护分类：分为光面钢丝绳、镀锌或镀铝钢丝绳、包塑钢丝绳等几类。

（4）按钢丝绳的断面形状分类：分为圆钢丝绳、扁钢丝绳。起重机用的钢丝绳多为圆钢丝绳。

（5）按钢丝绳绳芯分类：绳芯分为纤维芯和金属绳芯两类。

4-8-28 圆钢丝绳的结构怎样？圆钢丝绳的类型有哪些？

答：一般的圆钢丝绳是由一定形状和大小的多根钢丝捻制成股，再由若干股（常用的为 6 股）绕绳芯捻制成螺旋形状的绳。也有一些为单股钢丝绳。捻制钢丝绳的钢丝一般为优质碳素结构钢或合金钢，直径一般为 0.4～4mm，抗拉强度为 1400～2000MPa。钢丝绳的绳芯是被绳股所缠绕的挠性芯棒，起到支撑和固定绳股的作用，并可以储存润滑油，增加钢丝绳的挠性；绳芯有金属芯、有机芯、石棉芯等几种，常用的为纤维麻芯（属于有机芯），它可以起储油和"衬垫"的作用，使钢丝绳具有柔软性，在吸收作用于钢丝绳的张力和接触压力的同时，还能充分含油，使钢丝绳在长期使用中得到必要的润滑。有的钢丝绳还在外面用纤维绳或棉绳包裹有一层密封，用于保护钢丝绳表面。

圆钢丝绳根据其结构特性的不同，有多种类型，一般有下列几种分类：①按钢丝绳绕制的次数分，有单绕绳、双绕绳、三绕绳；②按钢丝绳绕制方法分，有同向捻、交互捻、混合捻；③按钢丝绳中丝与丝的接触状态分，有点接触、线接触、面接触；④按钢丝绳绳芯分，有金属芯、有机芯、石棉芯等几种；⑤按钢丝绳绳股及丝数不同，可分为 6×19、6×37 和

6×61 三种，起重作业中最常用的是 6×19 钢丝绳和 6×37 钢丝绳；⑥按钢丝机械性能分，即根据钢丝的公称抗拉强度分为 140、155、170、185、200（kgf/mm²）等 5 个等级；⑦按钢丝表面情况分，有抛光钢丝、磨光钢丝、光面钢丝、酸洗钢丝和镀锌（锌铝合金）钢丝绳等，其中镀锌钢丝绳用于腐蚀条件下，且分为 A、AB、B 三个等级，A 级镀层最厚、AB 级居中、B 级最薄。另外还有具有较好防腐性能的不锈钢钢丝绳。

4-8-29　在圆钢丝绳中，单绕绳、双绕绳、三绕绳的结构怎样，各有什么特点？

答：单绕绳是由若干层钢丝绕同一绳芯绕制而成，这种钢丝绳挠性差，僵性最大，不能承受横向压力，不宜做起重绳。另外，还有一种密封式钢丝绳是专门制造的一种特种构造的单绕绳，其表面封闭光滑，耐磨，雨水不易浸入内部，横向承载能力强，这种钢丝绳多用于缆索起重机与架空索道；双绕绳是先由钢丝绕成股，再由股围绕绳芯绕成绳，这种钢丝绳的挠性受绳芯材料影响很大，但比单绕绳挠性好，这种结构的钢丝绳在起重机中广泛应用；三绕绳是由双绕钢丝绳再绕绳芯而制成的，它比双绕绳的挠性好，但其制造工艺复杂，成本高，再加上由于钢丝细，易磨损，在起重机中一般不予采用。

4-8-30　钢丝绳的捻向是如何定义的，其捻向不同对其使用有什么要求？

答：钢丝绳按照其绕制的方法可分为同向捻、交互捻、混合捻，如图 4-8-10 所示。钢丝绕成股的方向和股捻成绳的方向相同时称为同向捻，若绳股为右捻则称为右同向捻，若绳股为左捻则称为左同向捻。这种钢丝绳的钢丝之间接触较好，表面比较平滑，挠性好，磨损小，使用寿命长，但是容易松散和扭转，不宜在起重机上使用。

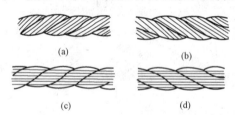

(a)　　　　(b)

(c)　　　　(d)

图 4-8-10　各种钢丝绳的捻向

(a) 左同向捻；(b) 右同向捻；

(c) 左交互捻；(d) 右交互捻

钢丝绕成股的方向和股捻成绳的方向相反称为交互捻，如绳右捻，股左捻，称为右交互捻；绳左捻，股右捻，称为左交互捻。这种钢丝绳的缺点是僵性较大，使用寿命较低，但不容易松散和扭转，在起重机中应用广泛。

钢丝绕成股的方向和股捻成绳的方向一部分相同，一部分相反，这种钢丝绳称为混合捻。即右混合捻钢丝绳：绳右捻，部分股左捻，部分股右捻；左混合捻钢丝绳：绳左捻，部分股右捻，

部分股左捻。混合捻具有同向捻和交互捻的特点，但制造困难，应用较少。

4-8-31　不同绳芯的钢丝绳各有什么特点，其适用范围怎样？

答：钢丝绳的绳芯是被绳股所缠绕的挠性芯棒，起支撑和固定绳股的作用，并可以储存润滑油，以增加钢丝绳的挠性。绳芯一般有金属绳芯和纤维芯两类，其特点和使用范围如下：

金属芯用软钢丝做芯子，可耐高温并能承受较大的挤压应力和横向力，但挠性较差，适用于高温或多层缠绕的场合。

纤维芯钢丝绳柔软，弯曲性能好。钢丝绳在工作中受碰撞和冲击载荷时，纤维芯能起缓冲作用。纤维芯分为天然纤维芯和合成纤维芯。天然纤维芯如麻绳、石棉，具有储油多的特点，钢丝绳在工作时，内部有足够的润滑，并能减缓钢丝绳的腐蚀。麻绳制成的绳芯，也有

棉芯，工作时起润滑作用，因其易燃，故不能适用于高温场合，也不能承受横向力。石棉芯是用石棉制成，可耐高温，但不承受横向力。合成纤维芯如聚丙烯、聚乙烯，具有强韧性好、不吸水、耐酸耐碱、耐腐蚀等特点。

在起重机上一般都用麻芯钢丝绳，因为这种绳的挠性好，受载荷时麻芯会挤出油脂来润滑钢丝；对卷筒做多层卷绕时，宜采用金属芯，它承受横向挤压的承载能力大；而石棉芯一般用于高温的场所。

4-8-32　如何根据起重重量，估算和选用钢丝绳的直径大小？

答：在水电站中，一般所使用的钢丝绳都是圆钢丝绳，且主要以麻芯交互捻的双绕绳为主，有的还带有表面防护，只有在特殊情况下，才会使用其他钢丝绳。对于一般所使用的钢丝绳，如何根据起重重量来选用钢丝绳，通常采用经验公式计算，方法如下：

钢丝绳的最小破断拉力 $F = 50 \cdot d^2$（F 为最小破断拉力，kg；d 为钢丝绳直径，mm），有的地方也采用公式：$S_b = 0.5 \cdot d^2$（S_b 为钢丝绳最小破断拉力，kN；d 为钢丝绳直径，mm）来计算。以上两种方法，其计算原理和结果都是一样的，只是单位不同而已。根据绳芯的不同，还可乘上一个系数，对纤维芯×1.2，对钢芯×1.3，这样可得到钢丝绳的最小破断拉力总和。在实际应用中，为了方便起见，往往不考虑绳芯的系数，而是直接以钢丝绳的最小破断拉力来表示钢丝绳的最大起重量，然后再在考虑安全系数（吊物取6，吊人取14）的条件下，求出钢丝绳的许用负载为：$G = F/6$ 或 $14 = 50 \cdot d^2/6$ 或 14（G 为许用负载，kg）。

以上这种方法只是一种粗略的估算方法，其具体起重量还与钢丝绳采用哪个抗拉强度等级的钢丝有关，以及与钢丝绳所采用的绳芯也有一点联系，具体需查表得出。

4-8-33　钢丝绳的规格有哪些，如何根据用途来选用钢丝绳？

答：常用钢丝绳的规格有：6×19＋1、6×37＋1、6×61＋1 等几种。在这种表示方法中，第一组数字6代表钢丝绳由6股钢丝组成；第二组数字代表每股钢丝由几丝钢丝拧成，如19、37、61；第三组数字1代表钢丝绳中有一根绳芯。

根据用途来选用钢丝绳的要求一般如下：①普通起升、变幅缠绕应优先选用6股线接触交绕绳；②起重机用张紧绳、牵引绳应选用顺绕绳；③缆索起重机或架空索道用的支承绳应选用单绕绳；④在有腐蚀性的环境中工作时，应选用镀锌钢丝绳；⑤需要有耐酸要求的场合，应选用镀铅钢丝绳；⑥在高温环境中工作的起重机应选用具有特技韧性石棉芯钢丝绳或具有钢芯的钢丝绳；⑦电梯起升绳应选用8股韧性为特级的钢丝绳；⑧起升倍率为1∶1的港口起重机或塔式起重机应选用18股不旋转钢丝绳；⑨电动葫芦起升绳多选用点接触的每股37丝的钢丝绳；⑩捆绑绳多选用韧性较低的Ⅱ级绳。

4-8-34　在选购钢丝绳时，应注意哪些事项？

答：在选购钢丝绳时除了根据其主要用途确定其主要特性之外，还需确定以下内容。

（1）结构规格。股数及每股内钢丝数和钢丝排列方式，如西鲁式、填充式、瓦林吞式或其他结构。

（2）表面。镀层的或非镀层的，且是否需要表面密封（涂塑或压胶）的。

（3）直径。根据需要的载荷对应选用直径，单位用"毫米"或"英寸"。

（4）长度。所需的每轴或每卷长度。

（5）绳芯。是有机芯，或金属芯，包括钢丝绳芯和钢丝股芯，或石棉芯。

（6）捻向。右交互（RHRL）、右同向（RHLL）、左交互（LHRL）、左同向（LHLL）。

（7）钢丝抗拉强度。确定是多少牛/毫米^2（兆帕）或公斤/毫米^2。

（8）润滑。是无油的，还是轻涂油或重涂油的。

（9）标准。是执行中国标准、国际标准化组织标准、德国标准、日本标准或其他标准。

（10）包装。是木轮还是软包装（麻布或塑料薄膜）。

（11）用途及其他要求。如吊车、一般工程等，是否选用不锈钢钢丝绳。

4-8-35 对钢丝绳绳端的固定连接方法有哪几种，各有什么特点？

答：钢丝绳除用作起重机和卷扬机的起重绳索外，还常常把它与吊钩、卡环等连接起来，做成各种样式的吊索。例如，将钢丝绳的两端连接起来，做成一个环，或将钢丝绳的两端各弯成一个环等，都需要将绳端固定连接。钢丝绳绳端的固定连接方法一般有卡接法、楔形套筒固定法、压套法、灌铅法、编结法、结绳扣等几种，如图 4-8-11 所示。在水电站中，常见钢丝绳的绳端的固定连接方法有卡接法、压套法、灌铅法、编结法。

（1）卡接法。卡接法是将钢丝绳的一端或两端弯成环，再用绳卡（也称绳夹）将带环的绳端紧固。这种方法主要用于钢丝绳的临时连接、捆绑绳的固定、起升绳或变幅绳的终端连接等。

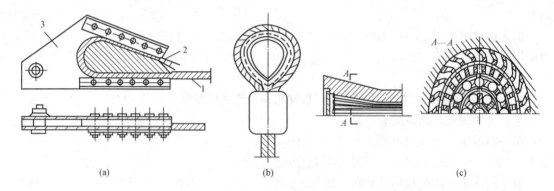

(a)　　　　　　　　　　　(b)　　　　　　　　　　　(c)

图 4-8-11　钢丝绳绳端的各种固定方法

（a）钢丝绳楔形套固定法；（b）压套法；（c）灌铅法

1—钢丝绳；2—楔子；3—夹板

（2）楔形套筒固定法。先把钢丝绳绕在一个有槽的钢楔子上，然后把它装入一个与楔形相适应的夹板内，并使主绳与衬套挂钩孔成直线，受力后钢丝绳即被压紧。

（3）压套法。将绳端套入一个长圆形铝合金套管中，用压力机压紧即可，当绳径 $d=$10mm 时约需压力 550kN；当 $d=40$mm 时压力约为 720kN。

（4）灌铅法。将绳端钢丝拆散洗净，穿入锥型套筒中，把钢丝末端弯成钩状，然后灌满熔铅。这种方法操作复杂，仅用于大直径钢丝绳，如缆索起重机的支撑绳。

（5）编结法。编结法是先将钢丝绳的一端绕成绳扣，然后利用穿针（猛刺）将各股绳编结在一起。固定处的强度约为钢丝绳自身强度的 $75\%\sim90\%$。最常用的编结方法有一进三编结法（也称一进三插法）和一进五编结法（也称一进五插法）两种。

（6）结绳扣。钢丝绳应尽量避免打结，因为打结会产生永久变形，降低使用寿命。但有时在现场施工中，需要用结绳扣的方法临时接长或固定钢丝绳的端部。例如，平结扣（见图4-8-12）常作为缆风绳接长的绳扣；倒背扣（见图4-8-13）常作为固定缆风绳末端时的绳扣。钢丝绳绳扣的端部通常用绳卡固定。为了减少钢丝绳因弯曲过大而降低其承拉能力，应在绳扣的环间塞进圆木或钢管，其直径应不小于钢丝绳直径的5倍。

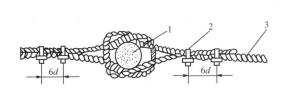 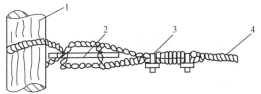

图 4-8-12　钢丝绳的平结扣　　　　　　　图 4-8-13　钢丝绳的倒背扣

1—圆木；2—绳卡；3—钢丝绳　　　　　　1—圆木；2—圆木或钢管；

　　　　　　　　　　　　　　　　　　　　3—绳卡；4—钢丝绳

4-8-36　对于钢丝绳绳端不同的固定连接方法，各有什么安全要求？

答： 钢丝绳端部连接常用的方式是编结绳套。对于绳扣插接，编结时的编结长度不小于$15d_{绳}$（绳径）且同时不应小于300mm；当两条钢丝绳对接时，编结法编结长度也不小于$15d_{绳}$，并且不得小于300mm，且需保证强度不得小于钢丝绳破裂拉力的75%。

对于用绳卡连接。连接时绳卡压板应在钢丝绳长头一边，并且要把轧头扎紧到钢丝绳被压偏$1/3 \sim 1/4$时为止，同时应保证连接强度不得小于钢丝绳破裂拉力的85%。另外，钢丝绳卡的最少数量组应根据钢丝绳的大小而合理布置，对于≤19mm，应布置$4 \sim 5$组；$>19 \sim 32$mm，应布置$5 \sim 6$组；$>32 \sim 38$mm，应布置$6 \sim 8$组；$>38 \sim 44$mm，应布置8组；$>44 \sim 60$mm，应布置$8 \sim 10$组；绳卡间距不得小于钢丝绳直径的$6 \sim 7$倍。

用锥形套浇注法连接，连接强度应达到钢丝绳的破断拉力。

4-8-37　钢丝绳的绳卡有哪几种，各有什么特点？

答： 钢丝绳绳卡（也称绳夹或卡头）有骑马式、压板式（U形）、拳握式（L形）三种，如图4-8-14所示。其中，骑马式连接强度最高，应用最广；拳握式连接强度低，应用较少。各种绳卡的规格是以绳夹公称尺寸为主（即卡入钢丝绳的公称直径），分别有6、8、10、12、14、16、18、20、22、24、26、28、32、36、40、44、48、52、56、60mm等，从小到大共计20个规格。

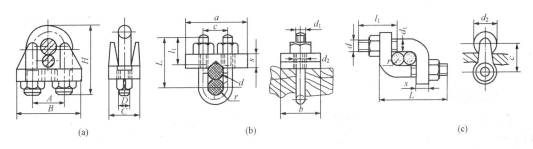

图 4-8-14　绳卡

（a）骑马式；（b）压板式；（c）拳握式

4-8-38 钢丝绳采用绳卡连接时，应注意哪些事项？

答： 当钢丝绳采用绳卡连接时，应注意以下几点：①选用绳卡时，应使其 U 形环的内侧净距比钢丝绳的直径大 1～3mm。②钢丝绳卡不得在钢丝绳上交替布置，同一根钢丝绳上几个绳卡的方向要依顺序排列，使 U 形部分与绳头接触，压板与主绳（直接受力端）接触，

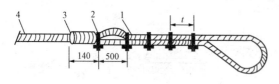

图 4-8-15 钢丝绳
绳卡的排列方法（单位：mm）

如图 4-8-15 所示。不允许反向排列或一反一正排列。如果 U 形部分与主绳接触，则钢丝绳压扁后，受力时容易断丝。③紧固绳卡时须考虑每个绳夹的合理受力，离套环最远处的绳夹不得首先单独紧固。离套环最近处的绳卡应尽可能地靠紧套环，但仍须保证绳卡的正确拧紧，不得损坏钢丝绳的外层钢丝。

④上绳卡时，必须将螺栓拧紧，直至将钢丝绳压扁为直径的 1/3～1/4 时为止，并应在绳受力后，再将绳卡栓拧紧一次，以保证接头连接牢固，按常规固定方法正确布置和夹紧时，固定处的强度至少为钢丝绳自身强度的 80%。⑤用绳卡固定时，其数量和间距与钢丝绳直径成正比，应符合问题 4-8-36 中所提到的绳卡连接所需达到的安全要求，绳夹的数量最少不得少于 2 个，绳头处要用细铁丝捆扎。⑥为了便于检查接头是否牢靠和钢丝绳是否有滑动，可在最后一个绳卡后面大约 500mm 处再安一个保险绳卡，并将绳头放出一个"安全弯"，在使用过程中，若"安全弯"被拉得变直，证明接头处的钢丝绳有滑动，必须立即采取措施，如对绳卡进行二次拧紧等，以防止事故发生。⑦而对于两根钢丝绳用绳卡搭接时，除应遵守上述规定外，绳卡数量应比"5"的要求增加 50%。

4-8-39 钢丝绳的编结方法有哪几种？对绳扣的插接方法又有哪些，各有什么特点？

答： 钢丝绳的编结，又称插接，其类型很多，各地采用的形式和名称也不一样。钢丝绳的编结常用于两绳头之间的编结和绳扣插接（有的叫"8"字股头）。两绳头间的编结方法有长接法（又称大接法）和短接法（又称小接法）之分，其中长接法的插接长度一般为绳径的 800～1000 倍，插接处的绳径要求与原绳一样，以便于绕滑轮槽。在水电站中，这种编结方法使用较少。

而绳扣的插接在水电站中经常使用。其插接方法有一进一法、一进二法、一进三法、一进四法和一进五法等几种。其中，一进一法插接美观牢固，但操作费力；一进二法插接次之；一进三法和一进五法插接操作省工、简易，也比较牢固，采用较多。插绳扣一般采用 6×37 交互捻钢丝绳，它的丝数多，柔性好，插接时省力，使用时可减少应力集中。

4-8-40 对于绳扣的编结，在编结前如何确定其各部分尺寸？

答： 对于绳扣的编结（也称插接），即将钢丝绳制成两头带有环套的绳扣，又称为吊索或千斤绳"8"字股头。在编结时，首先需确定绳索的各部分尺寸，其关系如图 4-8-16 所示（单位为 mm）。绳扣的长度应根据

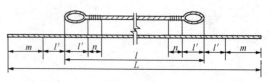

图 4-8-16 绳索的各部分尺寸关系
L—绳索展开总长；l—绳索长度；l′—绳扣（套）
长度；m—破头长度；n—插接长度

实际需要确定，其展开总长 L 可由下列公式求出：$L=l+2l'+2m$。式中：各部分尺寸可根据绳径查下表选择，也可确定好绳索长度 l 和绳扣长度 l' 后，按绳径的 $20\sim24$ 倍确定插接长度，而破头长度则按插接长度的 $1.5\sim2$ 倍。特殊用途的绳索尺寸应进行专门设计（见表4-8-5）。

表 4-8-5　　　　　　　　　　　　　　　　　　特殊用途的绳索尺寸

绳索直径	破头长度 m	绳扣长度 l'	插接长度 n	绳索直径	破头长度 m	绳扣长度 l'	插接长度 n
8.7	400	200	200	21.5	800	400	450
11、13	450	250	250	24、26	900	450	500
15、17.5	500	300	300	28、30	1000	650	750
19.5	600	350	400	34.5、36.5	1100	650	850

4-8-41　采用一进三插接法插接绳扣时，其具体方法怎样？

答：所谓一进三插接法，是指在被插接的钢丝绳起头的第一道缝（又称扣），分别插入1、2、3三股"破头"的插接方法。如果在起头的第一道缝分别插入1、2、3、4四股"破头"或1、2、3、4、5五股"破头"，则称为"一进四插接法"或"一进五插接法"。插接前应先根据需要量好"破头"

图 4-8-17　钢丝绳的破头编号

长度（一般为插接长度的 $1.5\sim2$ 倍），并做好记号。然后用铁丝绑牢，再将钢丝绳的各股抖开，为防止钢丝散开，每股绳头上用布或铁丝扎紧并编号，如图4-8-17所示。为便于说明，将插接部分的绳缝也编上号码，如图4-8-18所示。插接程序可以分为起头插接、中间插接和收尾插接三个步骤。

第一步：起头插接。起头插接需要穿插六锥，如图4-8-18和图4-8-19所示，其插接次序如下：第一锥，"破头"1从①缝插入，由④缝穿出；第二锥，"破头"2从①缝插入，由⑤

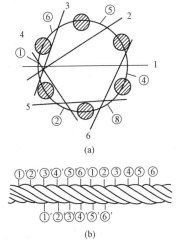

图 4-8-18　钢丝绳的绳缝编号

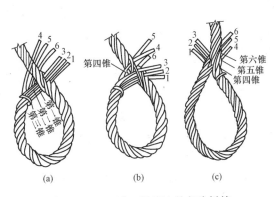

图 4-8-19　一进三插接法的起头插接

377

缝穿出；第三锥，"破头"3从①缝插入，由⑥缝穿出；第四锥，"破头"4从②缝插入，由①缝穿出；第五锥，"破头"5从③缝插入，由②缝穿出；第六锥，"破头"6从④缝插入，由③缝穿出。

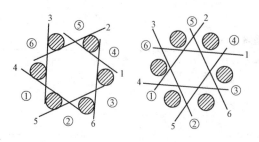

图 4-8-20　一进三插接法的中间插接

第二步：中间插接。起头插接完成后，即进行中间插接，如图 4-8-20 所示，其插接次序如下：第一锥，"破头"1从⑤缝插入，由④缝穿出；第二锥，"破头"2从⑥缝插入，由⑤缝穿出；第三锥，"破头"3从①缝插入，由⑥缝穿出；第四锥，"破头"4从②缝插入，由①缝穿出；第五锥，"破头"5从③缝插入，由②缝穿出；第六锥，"破头"6从④缝插入，由③缝穿出。按照这样的次序共穿插十八锥，即完成了中间插接。

第三步：收尾插接。收尾插接只需穿插三次，1、3、5 股"破头"不穿插（俗称摔头），只穿插 2、4、6 股"破头"，其穿插次序如下：第一次从⑥缝插入⑤缝，穿出"破头"2；第二次从②缝插入①缝，穿出"破头"4；第三次从④缝插入③缝，穿出"破头"6。一进三插接法的整个编结过程（起头插接、中间插接和收尾插接），共需进行 27 次穿插。

以上这种钢丝绳绳扣的插接方法属于"小接法"，其特点是接头处的直径比原来的钢丝绳直径粗，不能用于通过滑轮轮槽的场合。钢丝绳扣插接部分的有效长度不应少于钢丝绳直径 20 倍，且不得短于 300mm。插接段尾部要留有 15mm 的"毛头"，以备吊索受拉后回缩。

4-8-42　钢丝绳在使用中，应注意哪些事项？

答：为了使钢丝绳在使用中保持良好状态，应注意如下事项。

（1）新钢丝绳在使用之前，应认真检查其合格证，确认钢丝绳的性能和规格符合设计要求。且在开卷时，应采用正确的开卷方法，防止扭结。

（2）钢丝绳的长度，应能满足当吊钩处于最低工作位置时，钢丝绳在卷筒上还缠绕有 2～3 圈的减载圈，避免绳尾压板直接承受拉力。

（3）新钢丝绳不要立即在高速、重载下直接使用，而要在低速、中载条件下磨合一段时间后，再逐步提高钢丝绳运行速度和加大提升载荷。

（4）严禁钢丝绳跳槽。钢丝绳和滑轮配合使用时，必须注意防止钢丝绳从轮槽中跳出。如果钢丝绳脱落了轮槽后还在继续使用，钢丝绳将会产生挤压变形、扭结、断丝、断股，严重缩短钢丝绳使用寿命，如果发生断绳现象，往往会带来灾难性的后果。

（5）严禁钢丝绳挤压变形。钢丝绳在使用时不能受到强烈挤压，以免钢丝绳变形，导致结构破坏而出现早期断丝、断股甚至断绳，降低钢丝绳使用寿命并危及作业安全。

（6）严禁钢丝绳高速运行时和其他物体摩擦。因为在高速情况下，钢丝绳与非匹配轮槽外的其他物体发生摩擦所产生的瞬间摩擦热，可导致钢丝表层出现马氏体组织，而这种组织上的变化虽然无法通过肉眼辨别，却是引起钢丝早期断裂的主要原因。

（7）严禁钢丝绳散乱缠绕。钢丝绳在卷筒上缠绕时应尽可能排列整齐。如果散乱缠绕，则会由于相互挤压导致钢丝绳结构破坏，产生早期断丝，直接影响钢丝绳使用寿命。

（8）严禁钢丝绳过载使用。如果过载使用，则将急速加剧其被挤压变形程度、内部钢丝之间及外部钢丝与匹配轮槽之间的磨损程度，给作业安全性带来严重危害，同时缩短滑轮使用寿命。

（9）严禁钢丝绳受到剧烈的冲击和振动。钢丝绳在使用过程中，如果运行速度频繁发生急剧变化，将造成冲击载荷。每次冲击虽然只是瞬间加载，但隐含着极大的危害性。冲击负载超过钢丝绳允许使用工作应力时就会产生断绳现象。即使冲击载荷不一定导致钢丝绳断裂，但多次冲击，也会严重缩短钢丝绳的使用寿命。对于已经使用了一段时间的钢丝绳，与新绳相比，由于伸缩性较小，耐冲击性会更低。

（10）运转速度。运转速度越低，钢丝绳的损伤越少，越快则损伤相应增加。为此，应避免在运行中速度急剧变化，避免突然地、剧烈地加载以及猛烈地刹车，这样可以减少钢丝绳的损伤。在中等运转速度最大负载下工作与在高速运转速度中等负载下工作相比，钢丝绳的寿命要长得多。

（11）防腐。另外，钢丝绳在使用中应做到不沾水，不在积水和潮湿的沙土中穿过。应尽可能地在干燥的环境下使用钢丝绳。在容易生锈的条件下推荐使用镀锌钢丝绳。

4-8-43 切断钢丝绳时，其方法如何，需注意什么？

答：钢丝绳在使用前需切断时，可用特制铡刀、钢锯或气体火焰切割。切断前，在割口的两边用细铁丝扎结牢固，以防钢丝松散，扎结要求如图 4-8-21 所示，扎结钢丝绳所用细铁丝的规格见表 4-8-6。切断时必须戴防护镜或采取其他有效措施，防止钢屑飞出刺伤眼睛。

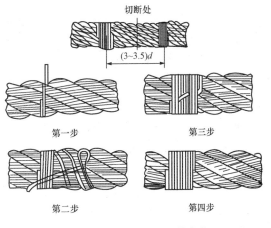
图 4-8-21 钢丝绳的扎结步骤

表 4-8-6 扎结钢丝绳用细铁丝规格

钢丝绳直径(mm)	≤6	7～18	19～27	28～32	≥33
扎结用铁丝号数	20	18	14	12	10

4-8-44 如何正确测量钢丝绳的直径？当其与卷筒、滑轮配套使用时有什么要求？

答：正确测量钢丝绳直径的方法如图 4-8-22 所示。一般来说，新钢丝绳的直径较规定直径稍大些且不应少于规定直径，直径小的钢丝绳约 1mm，直径在 50mm 左右的钢丝绳则约 3mm。

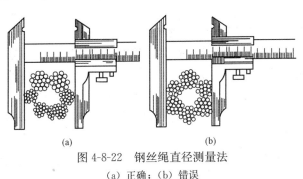
图 4-8-22 钢丝绳直径测量法
（a）正确；（b）错误

当钢丝绳与滑轮配套使用时，其滑轮边缘不应有破裂现象。所采用的滑轮槽的直径应略大于绳的直径。如果滑轮槽的直径过大，钢丝绳容易被压扁；槽的直径过小，钢丝绳容易磨损。为延长钢丝绳的寿命，卷筒和滑轮的直径与钢丝绳直径的比值应不小于表 4-8-7 中的数值（e_1 为卷筒直径与钢丝绳直径的比值；e_2 为滑轮直径与钢丝绳直径的比值。表中 M1～M2 级相当于轻级；M5～M6 级相当于中级；M7 级相当于重级；M8 级相当于特重级）。

表 4-8-7　　　　　　　　卷筒和滑轮的直径与钢丝绳直径的比值

机构工作级别	e_1	e_2	机构工作级别	e_1	e_2
M1、M2、M3	14	16	M6	20	22.4
M4	16	18	M7	22.4	25
M5	18	20	M8	25	28

4-8-45　钢丝绳在使用中，如何对其进行保养？

答：（1）对待钢丝绳的搬运必须和对待机械设备搬运同等小心。钢丝绳卸装时，禁止从高处直接推下，防止钢丝绳受到外伤或损坏绳轮。正确的方法是在绳轮的轴孔中穿入一根钢管，两端系上吊索，用吊车或类似机械将钢丝绳起吊装卸。在地面滚动钢丝绳时，撬杠只能施加在绳轮法兰部位，严禁直接与钢丝绳接触。同时，地面应平整，不允许钢丝绳从锋利或坚硬的物体上通过。

（2）每次使用完毕，应将钢丝绳晾干，刷去灰垢和铁锈（最好浸入煤油中先洗去油腻），在表面涂以防锈油脂，其主要成分及质量比为 90％黄油和 10％沥青，较好的是用 68％煤焦油、10％三号沥青、10％松香、7％工业凡士林、3％石墨、2％石蜡调成。

（3）使用中的钢丝绳应定期（一般为 3～4 个月一次）加油润滑。在保存时约每 6 个月涂油一次。对不易看到或不易接近的部位，如平衡滑轮处的钢丝绳应特别注意。所用的润滑油要符合该钢丝绳的要求，并且不应影响钢丝绳的外观检查。

（4）暂时不用的钢丝绳应用木轮或金属轮整齐收卷，滚筒直径不小于 20 倍绳径，滚筒两侧边缘高出所绕钢丝绳最外层 50mm 以上。缠绕方向应与钢丝绳搓捻的方向相反，如为左捻钢丝绳则应向右绕，右捻钢丝绳则应向左绕。在卷筒上注明钢丝绳直径、长度及断丝等具体情况。

（5）钢丝绳在使用及储存过程中，应防止受高温、电弧、锐棱、腐蚀等损害。转运或库存钢丝绳应成卷排列，不可重叠堆码，并避开热源、酸、碱等危及钢丝绳性能的介质环境，注意防潮、防挤压。使用后的钢丝绳应立即盘绕好，存放在通风干燥的木板上。在保管期间，对钢丝绳应进行定期检查，及时清理黏附的砂子、泥土，并涂保护油脂，现在有一种钢丝绳保养喷剂，用于润滑保养钢丝绳，防止腐蚀生锈，保持钢丝绳的柔软，防断裂，有较好的效果。

4-8-46　钢丝绳在使用期间，应对钢丝绳的哪些部位进行检查？

答：钢丝绳的检查可分为日常检验、定期检验和特殊检验。日常检验就是日检；定期检验根据装置形式、使用率、环境以及上次检验的结果，可确定月检还是年检。钢丝绳如有突出的变化或遇台风和地震以及停用一个月以上，则应进行特殊检验。钢丝绳在使用期间，一定要按规定进行定期检查，并将检查结果认真做好记录。通过对钢丝绳随时监控，为安全、合理使用钢丝绳提供依据。钢丝绳的检验部位一般要求如下。

（1）日常检验。①末端固定部位；②通过滑轮的部分；③编结部分；④与吊具连接部分。

（2）定期检验和特殊检验。除了日常检验的部位外，还应对全长全面地仔细检验。

4-8-47 对钢丝绳进行检查的项目有哪些，其意义如何？

答：在确定钢丝绳的检查部位后，应对各部位进行以下项目的检查。

（1）断丝。在一个捻距的断丝数统计，包括外部和内部的断丝。即使在同一条钢丝上，有两处断丝，统计时也应按两根断丝数统计。钢丝断裂部分超过本身半径者，应按断丝处理。钢丝绳在投入使用后，肯定会出现断丝现象，尤其是到了使用后期，断丝发展速度会迅速上升。因此，通过断丝检查，尤其是对一个捻距内断丝情况检查，不仅可以推测钢丝绳继续承载的能力，而且根据出现断丝根数发展速度间接预测钢丝绳使用寿命。

（2）磨损。磨损检验主要是检查磨损的状态和直径的测量。通过对直径测量，可以反映出该直径的变化速度、钢丝绳是否承受住较大的冲击载荷、捻制时股绳张力是否均匀一致、绳芯对股绳是否保持了足够的支撑能力。

（3）腐蚀。腐蚀检验分为外部检验和内部检验，外部腐蚀检验标准是目视钢丝绳生锈、点蚀，钢丝松弛状态。内部腐蚀不易检验，通常需通过特殊工具来进行检查。

（4）变形。对钢丝绳打结、波浪、扁平等进行目检，不应有打结和较大的波浪变形。

（5）电弧及火烤的影响。目视钢丝绳，不应有回火包，有焊伤应按断丝处理。

（6）钢丝绳的润滑检验。润滑不仅能对钢丝绳在运输和存储期间起到防腐保护作用，而且还能减少钢丝绳在使用过程中钢丝之间、股绳之间和钢丝绳与匹配轮槽之间的摩擦，对延长钢丝绳使用寿命十分有益。因此，为把腐蚀、摩擦对钢丝绳的危害降低到最低，进行润滑检查十分必要。

4-8-48 如何对钢丝绳的内部进行检查，检查的方法怎样，内容有哪些？

答：对钢丝绳进行内部检查要比外部检查困难得多，但由于内部损坏（主要由锈蚀和疲劳引起的断丝）隐蔽性更大，因此，为保证钢丝绳安全使用，必须在适当的部位进行内部检查。其检查方法是：将两个尺寸合适的夹钳相隔 $100\sim200mm$ 夹在钢丝绳上反方向转动，股绳便会脱起。操作时，必须十分仔细，以避免股绳被过度移位造成永久变形，导致钢丝绳结构破坏。

检查内容：小缝隙出现后，用起子之类的探针拨动股绳并把妨碍视线的油脂或其他异物拨开，对内部润滑、钢丝锈蚀、钢丝及钢丝间相互运动产生的磨痕等情况进行仔细检查。值得注意的是，检查断丝一定要认真，因为钢丝断头一般不会翘起而不容易被发现。检查完毕后，稍用力转回夹钳，以使股绳恢复到原来位置。如果上述过程操作正确，钢丝绳不会变形。除此之外，还必须对与钢丝绳使用的外围条件匹配轮槽的表面磨损情况、轮槽几何尺寸及转动灵活性进行检查，以保证钢丝绳在运行过程中与其始终处于良好的接触状态、运行摩擦阻力最小。

4-8-49 钢丝绳的损坏有哪些情况，如何进行报废鉴别？

答：钢丝绳的寿命是有一定期限的，如再加疲劳损坏、磨损、腐蚀、超载破损及咬绳等外界因素的影响，其寿命就会更短。为此，在对钢丝绳进行定期检查时，应对各检查项目予以鉴别，确定其能否继续使用或报废，具体要求如下。

（1）断丝的鉴别。断丝的鉴别通常包括断丝数和断丝的递增率。一般情况下，当断丝数达到总数的 10％时应予以报废，而对于运吊液体金属、酸碱类物品等危险品时，其断丝数应相应减少一半即可报废。此外，应根据断丝数量的逐渐增加情况（断丝的递增率）来估计钢丝绳的使用期限，以便及时予以报废。

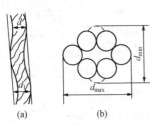

图 4-8-23　钢丝绳变形
（a）波浪变形；（b）扁平度

（2）绳股断裂。绳股断裂是钢丝绳的严重故障，如出现整根绳股断裂时，应立即报废。

（3）磨损。当外层钢丝（不是指钢丝绳）磨损到其直径的 40％或钢丝绳的直径减少到公称直径的 7％时，钢丝绳应报废。

（4）腐蚀。若钢丝绳的表面出现深坑或钢丝呈相当松弛的状态或内部出现腐蚀时，应立即予以报废。

（5）弹性减小。当钢丝绳明显的不易弯曲和直径减小显著增加时，会在动载下突然断裂，应予以报废。

（6）变形。对于波浪变形，取绳径约 25 倍区段，测量绳径 d，要求 $d_1/d_2 \leqslant 4/3$，否则应报废；对于扁平度，测量其最大直径 d_{max} 和最小直径 d_{min}，当 $d_{max}/d_{min} \geqslant 3/2$ 时应报废，如图 4-8-23 所示。另外，当钢丝绳出现笼状变形、钢丝挤出、弯折、受热变形变色等情况时，应予以报废。

4-8-50　在起吊重物时，对钢丝绳的使用有什么要求？

答：在起吊重物时为了保证其安全，按照《安全规程》和实际工作中的要求，对钢丝绳的使用有如下要求：①钢丝绳的使用，应按照制造厂家技术规范的规定，并严格按照有关规定每月检查，且按照要求进行检验和报废；钢丝绳应按其力学性能选用，并配备一定的安全系数，且与滑轮的配合应适当。②绳索在使用前应仔细检查，钢丝绳应防止打结或扭曲。③钢丝绳不得相互直接套接连接。插编式钢丝绳吊索、环绳及用编结法连接钢丝绳时，其插编结合段长度不应小于钢丝绳直径的 20 倍，且不小于 300mm，吊索及环绳应经 1.25 倍允许工作荷重的静力试验合格后，方可使用。④在吊起重物时，其绳索间的夹角一般不大于 90°，最大不大于 120°。⑤在任何情况下禁止钢丝绳和电焊机的导线、其他带电体、炽热物体或火焰接触。⑥通过滑轮或滚筒的钢丝绳不准有接头。往滑轮上缠绳时，应注意松紧，同时不使其扭卷。起重机的起升机构和变幅机构不得使用编结接长的钢丝绳。⑦钢丝绳不得与物体的棱角、锐边直接接触，应垫以半圆管、木板等，防止钢丝绳受损伤。⑧钢丝绳在机械运动中不得与其他物体或相互间发生摩擦。⑨钢丝绳端部用绳卡固定连接时，绳卡规格应与钢丝绳直径相适应，且应符合相关要求。⑩与钢丝绳配合使用的卸扣不准超负载使用，不得横向受力，不得使卸扣处于吊件转角处。

4-8-51　如何更换起重机上的钢丝绳，其具体操作步骤和方法怎样？

答：起重机钢丝绳使用一定期限后，如经技术测定达到报废标准，应及时更换新的钢丝绳。更换钢丝绳时，需起重司机进行配合，其具体操作方法和步骤如下。

（1）把新钢丝绳（连同缠绕钢丝绳的绳盘）运到起重机下面，放在能使绳盘转动的支架上；把吊钩落下，将它平稳、牢靠地放在已准备好的支架（或平坦的地面）上，使滑轮垂直向上。把卷筒上的钢丝绳继续放完，并将卷筒上的压板停在便于伸扳手的位置。

（2）用扳手松开旧绳一端的压板，并将此绳端放在地面上（注意让地面人员躲开）。

（3）用直径为 1～2mm 的铁丝扎好新旧两根钢丝绳的绳头（绳扎长度为钢丝绳直径的两倍），然后把新旧绳头对接在一起，再用直径为 1mm 左右的细铁丝在对接两绳头之间穿绕三次，然后用细铁丝把对接处平整地缠紧，以免通过滑轮时受阻，对于大吨位的起重机，钢丝绳直径较大时，可将旧绳和新绳在端部分别切去股数的一半，长 30～40mm，然后交错用气焊对接起来，这时新、旧绳已连接成为一体了。

（4）开动起升机构，用旧绳带新绳，将旧绳卷到卷筒上。当新旧的接头处卷到卷筒时停车，松开接头，把新绳暂时绑在小车合适的地方。然后开车把旧绳全部放至地面（边放边卷好待运）。

（5）根据需要长度，将新绳另一端截断，并用细铁丝将绳头扎牢。用另外的提物绳子，把新绳的另一端提到卷筒处，然后把新钢丝绳两端用压板分别固定在卷筒上。

（6）开动起升机构，缠绕新钢丝绳，起升吊钩。全部更换工作完成。

缠绕新钢丝绳时，小车上要有人观察缠绕情况，观察人员必须特别注意安全。用这种方法更换钢丝绳，具有节省人力，节约时间，新钢丝绳不扭结、不粘砂和安全等优点。

4-8-52　卸扣的作用是什么，它有哪些种类？

答： 卸扣又叫卸甲、卡环、开口销环，它是起重施工作业中广泛应用的轻便、灵活的连接工具，较为安全可靠。其主要作用是连接起重滑轮、吊钩和固定吊索等，其特点是装卸方便，适用于冲击性不大的场合，在水电站的设备安装与检修中广泛使用。

卸扣根据用途，分为船用卸扣和一般起重用卸扣。起重用卸扣分为 D 形卸扣和弓形卸扣，代号分别为 D 和 B，如图 4-8-24 所示。而按销轴又可分为轴销式卸扣、螺栓式卸扣和椭圆销卸扣（又叫活络卡环）三种，在水电中，常用的是轴销式卸扣和螺栓式卸扣。

卸扣一般是碳素钢材质，也有不锈钢材质的。卸扣是用整体毛胚件锻造而成，禁止使用铸造卸扣。根据制造卸扣材料的强度级别（破断力），可分为 M（4）、S（6）和 T（8）三级。锻造成形的卸扣经热处理消除了内应力，增加了韧性，应能承受 2 倍额定载荷的变形试验和 4 倍额定载荷的极限强度试验。

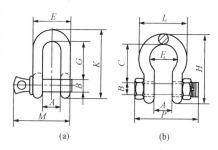

图 4-8-24　钢丝绳变形

（a）D 形卸扣；（b）弓形卸扣

4-8-53　怎样根据卸扣的大小估算其许用负载，又如何选用？

答： 卸扣的规格，从小到大共有十几种，无论是哪种材质的卸扣，其尺寸越大，则起重量就越大。对于卸扣的使用，主要是考虑卸扣的起重量，即其许用负载。对于卸扣的许用载荷，可根据轴销直径用近似公式计算，其计算方法是：$S \leqslant 0.035 \cdot d^2$，式中 S 为卸扣许用载荷，kN；d 为卸扣轴销直径，mm。通常情况下，其许用载荷为额定载荷的一半左右。卸扣在使用时，除了考虑其许用负载外，对于与钢丝绳的配合使用也有一定的要求，具体见表 4-8-8（更多的可查相关手册）。

表 4-8-8 钢丝绳的配合使用要求

卸扣号码	横销直径	许用负载 (kg)	适用钢丝绳	卸扣号码	横销直径	许用负载 (kg)	适用钢丝绳
0.2	M8	200	4.7mm	4.1	M33	4100	22mm
0.3	M10	330	6.5mm	4.9	M36	4900	26mm
0.5	M12	500	8.5mm	6.8	M42	6800	28mm
0.9	M16	930	9.5mm	9.0	M48	9000	31mm
1.4	M20	1450	13mm	10.7	M52	10700	34mm
2.1	M24	2100	15mm	16.9	M64	16000	43.5mm
2.7	M27	2700	17.5mm	21	M76	21000	43.5mm
3.3	M30	3300	19.5mm				

4-8-54 合成纤维吊带有什么特点，其结构如何，有哪些种类？

答：合成纤维吊带是以聚酰胺、聚酯、聚丙烯等为原料制成的绳带，作为挠性件配以端部件构成的一种吊索（也称软吊绳）。它比同类金属绳、链制成的吊索更轻便、更柔软，并减少了吊索对人身的反向碰撞伤害。同时在使用过程中有减震、不导电、对吊装件表面无磨损、在易燃易爆环境中无火花等特点，是近年来使用越来越多的产品。

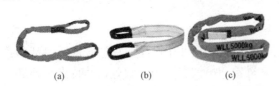

图 4-8-25 合成纤维吊带

(a) 柔性两头扣吊带；(b) 扁平两头扣吊带；(c) 柔性环形吊带

合成纤维吊带的结构可分为单吊带、复式吊带和多层吊带。单、复式吊带是指并列吊带的数量，两条以上称为复式吊带；多层吊带是以两层以上相同带子叠缝制成一体的吊带。吊带结构是由无极环绕平行排列的丝束组成承载环套（承载芯），配以特制的耐磨套管。外套管不承重，只对平绕丝束起保护作用，使吊带具有更长的使用寿命。吊带上标签颜色代表着吊带使用的材料，绿色为聚酰胺，蓝色为聚酯，棕色为聚丙烯。

合成纤维吊带由专业厂生产制造，其安全系数通常不小于6。一般有扁平两头扣吊带、柔性环形吊带、柔性两头扣吊带等几种规格，如图4-8-25所示。为防止吊带极限工作荷载标记磨损不清发生错用，吊带本身通常以颜色区分。紫色为1000kg、绿色为2000kg、黄色为3000kg、银灰色为4000kg、红色为5000kg、蓝色为8000kg、10000kg以上为橘黄色。

4-8-55 使用麻绳等软吊绳起吊重物有什么特点，其常用的捆绑打结方法有哪些？

答：相对于钢丝绳而言，采用软吊绳索的特点有：①对设备和工具的捆绑易于操作，比较灵活方便；②对设备和工件表面不会造成损伤，具有保护作用；③起吊时具有缓冲作用，冲击力小，易于控制；④软吊绳只能用来起吊较轻的物件或设备，起重重量上不如钢丝绳。在水电站的日常维护和检修工作中，对于一些特殊情况，我们通常需要采用软吊绳索（麻绳、棕绳）来予以起吊设备和工具。其所使用的场合主要有：在许多高处作业处，需要通过软吊绳索上下传递吊送各种工具；对一些特殊而又重要的重型设备进行起吊工作时也需采用软吊绳，如转子磁极的翻身工作等。在这些工作中，都是一些非常重要的安全工作。而为了保证传送和起吊工作的安全，对于不同的设备，在不同的场合和不同的需要下，我们需要对绳索的使用和捆绑方法有一定的要求，常用的捆绑打结方法如图4-8-26所示。

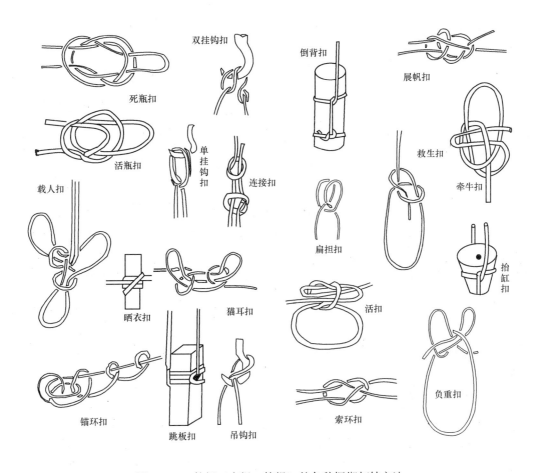

死瓶扣　双挂钩扣　倒背扣　展帆扣

活瓶扣　单挂钩扣　连接扣　救生扣

载人扣　牵牛扣

扁担扣

晒衣扣　猫耳扣　活扣　抬缸扣

锚环扣　跳板扣　吊钩扣　索环扣　负重扣

图 4-8-26　软绳（麻绳、棕绳）的各种捆绑打结方法

🌼 第 九 节　焊 接 及 其 检 测

4-9-1　什么叫作焊接，焊接的类型有哪些，与铆接相比有何优缺点？

答：焊接是通过加热或加压，或两者并用，且用或不用填充材料，使工件达到结合的一种方法。采用焊接工艺，可以将金属材料按所需的形状、尺寸及技术条件的要求连接在一起，制成各种焊接结构及产品，以满足该结构及产品的质量标准与使用性能要求。焊接工艺是使被焊材料之间建立了原子间的联系而实现连接的。根据焊接过程中焊件所获能量来源的不同，通常把焊接方法分为熔焊、压焊及钎焊三大类，每类又分为各种不同的焊接方法，具体如图 4-9-1 所示。

与铆接相比，它的主要优点是可节省大量金属材料，节省工时，设备投资低，密封性好。主要缺点是应力集中比较大，有较大的焊接残余应力和变形，存在产生焊接缺陷的可能性，接头性能不均匀和止裂性差。

4-9-2　各种焊接类型的原理如何，各有什么特点，适用范围怎样？

答：焊接分为熔焊、压焊及钎焊三大类，每类又分为各种不同的焊接方法，其连接原理

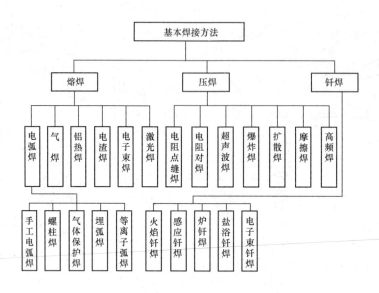

图 4-9-1　焊接的方法分类

和各类焊接方法的特点及应用范围见表 4-9-1。

表 4-9-1　　　　　　　　　　　　各种焊接方法

连接方法	连接原理及特点	方法分类	适用范围
熔焊	利用局部加热的方法，将焊件的接合部位加热到熔化状态，冷凝后（不加压力）形成焊缝，使两块材料焊接在一起	气焊、焊条电弧焊、埋弧焊、气体保护焊（氩弧焊、CO_2、原子氢焊）、电渣焊、等离子弧焊、电子束焊、激光焊等	用于机械制造业中所有同种金属、部分异种金属及某些非金属材料的焊接。是最基本的焊接方法，在焊接生产中占主导地位
压焊	在焊接时对焊件加热或不加热，都施加一定的压力，使焊件的两个结合面紧密接触，从而将两个材料焊接起来	电阻焊（对焊、缝焊、点焊、凸焊）、摩擦焊、冷压焊、扩散焊、高频焊、爆炸焊、超声波焊等	电阻焊在压焊中占主导地位，主要用于汽车等薄板构件的装配、焊接；摩擦焊更适于圆形、管形截面的工件焊接，正逐步代替闪光对焊
钎焊	利用熔点比焊件低的钎料与焊件共同加热至钎焊温度（高于钎料熔点，低于焊件熔点），由于钎料的熔点低于焊件母材的熔点，待钎料熔化后，借助毛细现象填入焊件连接处的间隙中，当钎料冷凝后，使工件焊合	烙铁钎焊、火焰钎焊、电阻钎焊、感应钎焊、浸浴钎焊、炉中钎焊等	在钎焊过程中，工件母材始终不熔化。适用于金属、非金属、异种材料之间的钎焊，可焊接复杂结合面的工件，焊接变形小

4-9-3　焊条电弧焊的工作原理是什么，具有什么特点，它由哪些设备组成？

答：焊条电弧焊也叫作手工电弧焊，通常简称为电焊。它是利用焊条与工作件之间产生的电弧热，将工件和焊条熔化而进行的焊接。

由于手工电弧焊的温度较高、热量集中、操作方便、设备简单、焊接质量优良等特点，它被广泛应用于碳钢、合金钢、耐热钢、不锈钢、铸铁以及非铁金属的焊接。适用于金属材料不同厚度、不同位置的焊接，以及用于异种金属的焊接，且焊接接头可与工件（母材）的强度相等。所以，它是焊接生产中应用最广泛的一种焊接方法。

焊条电弧焊所需的设备由交流（直流）电焊机、地线、焊接线、焊把（焊钳）、电焊面罩（带护目镜）等组成，其中焊钳有 160、300、500、800A 等几个规格，其数值表示可承受电流的大小。

4-9-4 在焊接前需进行哪些准备工作，应注意哪些事项？

答： 在焊条电弧焊中，为了保证其焊接质量良好，在焊接前应对工件进行相应的处理，也就是焊接前的准备工作，一般包括焊缝的坡口处理和焊件的清理，其相关注意事项如下（其他焊接方法也需注意）。

（1）焊缝坡口。对焊件进行坡口处理是为了使焊件焊接牢固，增加强度。常用的焊缝坡口形式有 I、Y、V、X、U 形等几种，选用坡口的形式与板材的厚度有关，通常情况如下：3～6mm：I 形坡口；6～26mm：Y 形坡口；>10mm：X 形坡口；>20mm：V 形坡口；20～60mm：U 形坡口。

（2）焊件清理。在焊接前，对焊接处表面两侧 20～50mm 范围内的表面油、污垢及氧化膜等清除干净，以保证焊缝的焊接质量（不致使出现夹渣、气孔、裂纹等缺陷）。常用的清理方法有：脱脂清理、化学清理、机械清理，其中脱脂清理主要是用有机溶剂（酒精、汽油等）或脱脂溶液等进行擦洗或浸泡，以清除油脂和污垢；化学清理是用化学溶剂（浓度适当的盐酸、硫酸等）进行清洗，以清除污垢和氧化物；机械清理是用机械方法（打磨）除去氧化膜，并在清理完后还要用丙酮擦洗干净，以清除残留污物或油污。若要求不高，一般只需对焊件进行机械清理则可，并在清理完后的 24h 内尽快焊接。

（3）必要的预热。在一般情况下，并不需要对工件进行预热。但对有特殊要求或特殊材质的焊接，在焊接前应进行必要的加热，如对铸铁的焊接，在焊接前就要进行预热，以防止焊接时出现开裂现象。

4-9-5 在对铸铁进行焊接时，为什么在焊前要进行加热和焊后进行敲打保温？

答： 铸铁的焊接性能差，一般不宜作焊接结构件。但在有些特殊情况下，需要对铸铁件进行局部补焊修复时，为了保证其补焊质量，则应注意相关事项。对铸铁件的补焊有热焊法和冷焊法两种。热焊法是在焊前将焊件整体或局部预热到 650～700℃，然后用电弧焊补焊，手弧焊用 EZC 型灰铸铁焊条和 EZCQ 铁基球墨铸铁焊条；冷焊则是在焊前不将焊件预热或仅预热到 400℃以下，然后用电弧焊或气焊补焊，冷焊法常用低碳钢焊条 E5016（J506）、高钒铸铁焊条 EZV（Z116）等。

在对铸铁件焊接完后应立即对其焊接部位进行频繁敲打并予以保温缓慢冷却，其主要作用是消除内应力，改善组织性能，增加焊接强度，防止焊后开裂问题。

4-9-6 焊接电流的大小对焊接有什么影响，如何选择？

答： 在焊接时，焊接电流的大小与生产效率和焊接质量有着密切的关系。相对而言，当焊接电流越大时，焊接速度越快，所以生产效率越高。而同时，焊接时的电弧强度与焊接电流的大小成正比。所以，当焊接电流太大时，会对焊接部位产生咬边等缺陷，而若用大电流焊接薄铁板时，则会把薄铁板焊穿（在有些时候，我们采用大电流电焊对一些较薄的工件进行切割，利用的就是这个特性）；而相反，当焊接电流太小时，则会出现虚焊，即焊接部位的没有焊透，使焊接不结实，若是用小电流焊接大工件时，则更会造成焊接不牢固的问题。同时由于焊接电流较小，使焊接速度较慢，影响生产效率。所以，在焊接中，如何合理地选择焊接电流，对保证焊接质量和生产效率非常重要。

焊接电流的选择主要是根据焊条直径和焊接位置以及工件厚度来选择，另外则应参考焊条产品说明书和工件的焊接工艺来进行。焊接电流与焊条直径的关系大致为：$I＝（30\sim50）d$，（$30\sim50$）为系数，由焊条性质所决定，对于不锈钢焊条应取较低的系数。立焊、横焊时，焊接电流应比平焊低 $10\%\sim15\%$，仰焊的电流值应比平焊低 $15\%\sim20\%$。此外，焊接电流还应根据工件的厚度来考虑，对于大而厚的工件，其焊接电流要稍微偏大一些，而对于小而薄的工件，其焊接电流要偏小一些。通常情况下，熟练焊工可通过焊接时的电流声音大小来判断焊接电流是否合适。总之，其主要的原则是：既要保证工件能焊透不出现虚焊，又不致使工件出现过多的咬边和焊穿。

4-9-7 焊条的结构组成怎样，焊芯和药皮各起什么作用？

答：手工电弧焊焊条由焊条芯和药皮（涂料）两部分组成。焊条芯起导电和填充焊缝金属的作用，它是组成焊缝金属的主要材料，它的化学成分和非金属夹杂物的多少将直接影响焊缝质量。焊条芯的直径称为焊条直径，目前最小的为 0.4mm，最大的为 9mm，以 2.5、3.2、4.0mm 的应用较多。

药皮的主要作用是：提高电弧燃烧的稳定性，防止空气对熔化金属的有害作用，保证焊缝金属的脱氧，加入合金元素，保证焊缝具有一定的化学成分和机械性能。

4-9-8 焊条药皮中有哪些组成物，各有什么作用？

答：焊条药皮中的组成物及其作用见表 4-9-2。

表 4-9-2　　　　　　　　焊条药皮中的组成物及其作用

原料	原料名称	作　用
稳弧剂	碳酸钾、碳酸钠、长石、大理石、钠水玻璃和钾水玻璃等	便于引弧和提高电弧燃烧的稳定性
脱氧剂	锰铁、硅铁、钛铁、铝铁、石墨等	减少焊缝金属的氧化物
造渣剂	大理石、萤石、菱苦土、长石、花岗石、钛铁矿、赤铁矿、钛白粉、金红石等	形成熔渣，保护熔池和已焊成的焊缝金属，防止有害气体的侵入，并对改善焊条的工艺性能、焊接冶金效果均有重大的作用
造气剂	淀粉、木屑、纤维素、大理石等	对焊接区形成封闭的气体保护层，以防止外界气体的侵入
合金剂	锰铁、硅铁、钛铁、铬铁、铝铁、钨铁、钒铁、石墨等	增补焊缝金属所需的合金成分
稀渣剂	萤石、精选钛矿、钛白粉、锰矿等	稀释熔渣黏度，增强熔渣的流动性
黏结剂	钾水玻璃、钠水玻璃等	将药皮牢固地涂覆在焊芯上

4-9-9 焊条药皮有哪几种类型，对焊接电源有什么要求？

答：按药皮的组成物，药皮共分 10 类，以 0～9 数字表示，含义如下：0—不属规定的类型，焊接电源不规定；1—氧化铁型，药皮以金红石或钛白粉为主（如结 421），交、直流两用；2—钛钙型，药皮以氧化钛及钙或镁的碳酸盐为主（如结 422），交、直流两用；3—钛铁矿型，药皮以钛铁矿为主（结 423），交、直流两用；4—氧化铁型，药皮以氧化铁和锰铁为主（结 424），交、直流两用；5—纤维素型，药皮以纤维素为主（如结 425），交、直流两用；6—低氢型，药皮以大理石、萤石和其他稳弧剂为主（如结 426），交、直流两用；7—低氢型，药皮以大理石、萤石为主（如热 317），直流；8—石墨型，药皮以石墨为主（如铸 308），交、直流两用；9—盐基型，药皮以氯化盐和氟化盐为主（如铝 209），直流。

4-9-10 什么叫酸性焊条，什么叫碱性焊条，它们有何区别，又各有什么特点？

答：根据焊条药皮的特性，将焊条大致分为酸性焊条和碱性焊条两大类。药皮熔渣中酸性氧化物（如 SiO_2、TiO_2、Fe_2O_3）比碱性氧化物（如 CaO、FeO、MnO、MgO、Na_2O）多的统称为酸性焊条，反之称为碱性焊条。结××1、结××2、结××3、结××4、结××5 均属于酸性焊条；结××6、结××7 则属于碱性焊条，碱性焊条也称为低氢型焊条。

酸性焊条工艺性能好，成形美观，对铁锈、油脂、水分等不敏感，吸潮性不大，用交、直流焊接电源均可，且焊条焊接时烟尘较少，可用交流或直流焊接，生产率高。其缺点是脱硫、除氧不彻底，抗裂性差，力学性能较低，焊缝常温冲击性能一般，常用于一般钢结构。

碱性焊条抗裂性好，脱硫、除氧较彻底，脱渣容易，焊缝成形美观，力学性能较高，碱性焊条在焊接时烟尘较多且有毒，需用直流焊接，焊缝的常温、低温冲击韧性较高，常用于锅炉压力容器的受压元件与重要结构，其缺点是吸潮性较强。

4-9-11 在焊接时，如何选用焊条，应注意哪几个方面？

答：在焊接过程中，正确的选择焊条对保证工件的焊接质量非常重要，主要应注意以下几个方面。

（1）焊条种类与药皮类型的选择。在焊接时，首先应根据焊接所需的材质选用相应牌号种类的焊条，如对普通碳钢应选用结构钢焊条，对铸铁应选用铸铁焊条，对不锈钢应选用不锈钢焊条。然后根据其焊接性能确定酸、碱性以及药皮所需类型的焊条，并以此确定焊接电流的类型。

（2）焊条直径的选择。根据工件的大小和焊接电流的大小选择焊条的直径。焊条直径的选择一般需按照焊件板厚、接头型式、焊接位置、热输入量、焊工熟练程度而定。比如，薄板焊接应选用细焊条，平面堆焊或平角焊时则可选用直径较大的焊条；立焊、仰焊及焊管时应选直径较小的焊条。立焊、仰焊及比较难焊位置的焊接，建议采用直径为 3.2～4mm 的焊条。薄板及小直径管对接焊缝建议采用直径为 2.5～3.2mm 的焊条。对于常用的结构钢焊条，其直径按 GB/T 25775—2010《焊接材料供货技术条件 产品类型尺寸公差和标志》规定有：1.6、2.0、2.5、3.2、4.0、5.0、6.0、8.0mm，而最为常用的焊条直径为 2.5、3.2、4.0mm 这几种。

4-9-12 为什么 J422 焊条在实际应用中较为广泛，它具有什么优缺点？

答：J422 是氧化钛钙型药皮的碳钢焊条，交直流两用，可进行全位置焊接。它具有优良的焊接工艺性能及良好的力学性能；电弧稳定，飞溅小，脱渣易，引弧容易；焊缝成型美观，焊波可宽、可窄、可薄、可厚，焊接轻松，效率高。主要用于焊接较重要的低碳钢结构和强度等级较低的低合金钢。在实际使用中，由于我们所用的材质大多数也都是碳钢和低合金钢，所以 J422 焊条在实际应用中较为广泛。

4-9-13 手工电弧焊的焊接电源有哪几类，各有什么特点，如何选用？

答： 手工电弧焊的焊接电源分为交流电源和直流电源两类。焊条电弧焊要求使用具有下降外特性的交流或直流弧焊电源。交流弧焊变压器设备简单，维修方便，成本低廉，应用面广，但是交流电弧燃烧不是很稳定，必须采用药皮内含有稳弧剂的酸性药皮焊条。直流电源主要有硅二极管弧焊整流器、晶闸管弧焊整流电源和逆变式焊接电源等，逆变式弧焊电源是最新一代的弧焊电源，其特点是反应速度快，电弧稳定，质量小，体积小，能耗低（比晶闸管整流电源低 20%～50%），是较为理想的焊条电弧焊电源。

焊接电源应根据焊条药皮种类和性质的不同选择。凡是 7 型低氢型焊条，如 TSO-7 焊条需选用直流电源；对于 6 型低氢型焊条，如 T50-6 焊条可选用直流电源或交流电源。用交流电源时，焊接变压器的空载电压一般不得低于 70V，否则电弧稳定性差或引弧困难。而对于其他类型的酸性焊条，应尽量选用焊接变压器，因为其价格较为便宜。当然，酸性焊条也可选用直流电源。

4-9-14 如何检查焊条药皮是否受潮？

答： 检查焊条药皮是否受潮的方法有以下几种：①用手同时搓动几根焊条，若发生清脆的声音，则说明焊条药皮不潮；若发出低沉的"沙沙"声，则说明药皮受潮。②受潮焊条的焊芯两端有锈，药皮上有白霜。③将焊条夹在焊钳上使之短路几秒钟，若药皮有水蒸气出现，则说明焊条药皮受潮。④将焊条慢慢弯成 120°角，若有大片药皮掉下或表面没有裂缝，则焊条药皮受潮。未受潮的焊条在弯曲时有脆裂声，继续弯到 120°角时，受拉的一面出现小裂缝。⑤在焊接过程中，若焊条药皮成堆往下掉或产生水蒸气，同时有爆裂的现象，则说明焊条药皮受潮。

4-9-15 焊条在使用前为什么要进行烘干，有什么要求？

答： 焊条在使用前应进行烘干，主要是为了保证药皮的性能。一般来讲，对焊接要求不高，且焊条没有明显潮湿的，可直接使用，或者是在焊接过程中通过短时短接发热法将焊条进行干燥，然后再使用。

但若是焊接重要部位，需要较好地保证焊接质量时，一定要将焊条放在烘箱中进行烘干后才能使用。一般的焊条，其烘干温度为 200～300℃，保温 2h 就可以了。但不同牌号的焊条其烘干温度和保温时间还是有所区别，具体应根据焊条包装上的说明或是相关规范来进行。另外，焊条的再烘干次数一般不得超过 3 次。且焊条在烘干后应放在保温筒中及时使用，一般在 4h 之内用完，这样才能较好地保证其焊接质量。

4-9-16 什么是直流电焊机的正接和反接，二者的用途有何区别？

答： 当直流电焊机的正极与焊件相接，负极与焊条相接时，称为正接；当直流电焊机的正极与焊条相接，负极与焊件相接时，称为反接。

在选择极性接法时，应根据焊件与焊条哪一方面需要热量高或低来考虑。如焊件需要热量高时，应选用正接法，反之则选用反接法。一般来说，正接法应用于焊接厚钢板，保证热量和满足熔深的要求，又如碳弧气刨用正接法可节省碳棒，提高效率。反接法则应用于焊接薄板结构以及合金钢、铸钢、有色金属。特别是在采用碱性低氢焊条时，必须用反接法，由于反接法负极的温度低，工件受热少，可以减少焊接变形和避免工件烧伤。

4-9-17 什么是氩弧焊，它有什么特点？

答： 氩弧焊是以氩气作为保护气体的电弧焊，氩气是惰性气体，它可以保护电极和熔化金属不受空气的影响。在高温情况下，氩气不和金属起化学反应，也不溶于金属，因此氩弧焊的质量比较高。

氩弧焊的特点有：①由于用惰性气体氩保护，适于焊接各类合金钢，易氧化的有色金属以及稀有金属。②氩弧焊电弧稳定，飞溅小，焊缝致密，表面没有熔渣，成形美观。③电弧和熔池区是气流保护，明弧可见，便于操作，容易实现全位置自动焊接。在工业中已开始应用的焊接机器，一般都采用氩弧焊或 CO_2 保护焊。④电弧在气流压缩下燃烧，热量集中，熔池较小，焊烤速度较快，因此焊接热影响区较窄，工件焊后变形小。氩弧焊与用渣保护的焊接方法比较，虽有以上特点，但氩气价格较高，因此目前主要用于焊接铝、镁、钛及其合金，也用于焊接不锈钢、耐热钢和一部分重要的低合金结构钢。

4-9-18 钎焊的特点及适用范围如何，又有哪些种类？

答： 钎焊是利用熔点稍低于母材的钎料和母材一起加热，使钎料熔化并通过毛细管的作用原理，扩散和填满钎缝间隙而形成牢固接头的一种焊接方法。它的特点是：由于钎焊时加热温度较低，母材不熔化，所以钎料、母材的组织和力学性能变化不大，应力和变形较小，接头平整光滑，且钎焊设备和工艺简单，生产投资费用少。但钎焊的接头强度较低，尤其动载强度低，所以不适于一般钢结构和重载动载机件的焊接，而只适用各种金属的搭接、斜对接接头的焊接，如发电机线棒的接头焊接等。

钎焊按使用钎料分为：①软钎焊。它是用熔点低于450℃的钎料（铅、锡合金为主）进行焊接，接头强度较低。②硬钎焊。它是用熔点高于450℃的钎料（铜、银合金为主）进行焊接，接头强度较高。另外，按工艺方法可分为：①火焰钎焊。使用可燃气体与氧气（或压缩空气）混合燃烧的火焰进行加热的钎焊。②感应钎焊。利用高频、中频或工频交流电感应加热所进行的钎焊。③炉钎焊。将装配好钎料的焊件放在炉中加热所进行的钎焊。④盐浴钎焊。将装配好钎料的焊件浸入盐浴槽中加热所进行的钎焊。⑤电子束钎焊。利用电子束产生的热量加热焊件所进行的钎焊。

4-9-19 钎焊的焊接过程怎样，为什么要使用溶剂？

答： 钎焊的过程是：将表面清洗好的工件以搭接型式装配在一起，把钎料放在接头间隙附近或接头间隙之间。当工件与钎料被加热到稍高于钎料的熔点温度后，钎料熔化（此时工件未熔化）并借助毛细管作用被吸入和充满固态工件间隙之间，液态钎料与工件金属相互扩散溶解，冷凝后即形成钎焊接头。

钎焊过程中，一般都需要使用溶剂。溶剂的作用是：清除被焊金属表面的氧化膜及其他杂质，改善钎料流入间隙的性能（即润湿性），保护钎料及焊件不被氧化，因此，溶剂对钎焊质量影响很大。软钎焊时，常用的溶剂为松香或氯化锌溶液。硬钎焊溶剂种类较多，主要由硼砂、硼酸、氟化物、氯化物等组成，应根据钎料种类选择应用。另外，一般钎焊接头间隙取 0.05～0.2mm 较为合适。

4-9-20 什么是感应钎焊，其工作原理怎样？

答：感应钎焊就是通过感应加热的方式来进行钎焊的焊接方法。感应加热的原理是利用导体在高频磁场作用下产生的感应电流（涡流损耗），以及导体内磁场的作用（磁滞损耗）引起导体自身发热而进行加热的。根据其加热所使用频率的不同又分高频感应加热（高频焊机）和中频感应加热（中频焊机）等。

感应加热系统的构成由高频电源（高频发生器）、导线、变压器、感应器等组成。其工作步骤是：①由高频电源把普通电源（220V/50Hz）变成高压高频低电流输出，其频率的高低根据加热对象而定，就其本身而言，一般频率应在 480kHz 左右；②通过变压器把高压、高频低电流变成低压高频大电流；③感应器通过低压高频大电流后在感应器周围形成较强的高频磁场，一般电流越大，磁场强度越高。

4-9-21 什么叫碳弧气刨？其有何用途？

答：碳弧气刨是指用石墨棒或碳棒与工件间产生的电弧将金属熔化，并用压缩空气将金属残渣吹净，以实现加工的方法。其一般是采用直流电源，使用的压缩空气压力一般为 0.5～0.6MPa。碳弧气刨主要用于低碳钢、低合金钢、铸铁、不锈钢、铜及铜合金、铝及铝合金的开坡口、铲清焊根、清除焊缝和铸造缺陷处理以及铸件飞边、毛刺的处理等，能提高工效 4～5 倍。它的缺点是在气刨过程中，碳棒燃烧烟雾大，对操作者的健康不利，需加强安全措施，如戴好防护用具，加强通风等。在水电站中，对于较大焊接连接的设备构件，通常是通过碳弧气刨来进行分解。

4-9-22 什么叫作气割，气割的工作原理怎样，如何操作？

答：通常所说的气割是指氧气乙炔切割或丙烷切割，气割的工作原理是利用预热火焰将被切割的金属预热到燃点，然后再向此处喷射高纯度、高速度的氧气流，使金属燃烧形成金属氧化物——熔渣，而金属燃烧时放出大量的热能又使熔渣熔化，且由高速氧气流吹掉，与此同时，燃烧热和预热火焰又进一步加热下层金属，使之达到燃点，并自行燃烧。这种预热—燃烧—去渣的过程重复进行，即形成切口，移动割炬就能把金属逐渐割开，这就是气割过程的基本原理。

气割的具体操作方法是：把割炬上的预热氧调节阀先稍微开启，再略为打开乙炔调节阀，并立即点火，然后增大预热氧流量，氧气与乙炔混合后从割嘴混合气孔喷出，形成环形预热火焰，对工件进行预热。待起割处被预热至燃点时，立即开启切割氧调节阀，使金属在氧气流中燃烧，并由高压氧气流将割缝处的熔渣吹掉，不断地缓慢移动焊炬，在工件上就形成了割缝。

4-9-23 气割需要满足哪些条件，哪些金属不适宜用气割进行切割？

答：进行气割需要一定的条件，主要有以下几点：①能同氧发生剧烈的氧化反应，并放出足够的热量，保证把切口前缘的金属迅速地加热到燃烧点；②金属的热导率不能太高，否则气割过程的热量将迅速散失，使切割不能开始或被中断；③金属的燃烧点应低于熔点，否则金属的切割将成为熔割过程；④金属的熔点应高于燃烧生成氧化物的熔点，否则高熔点的氧化物膜会使金属和气割氧隔开，造成燃烧过程中断；⑤生成的氧化物应该易于流动，否则切割时生成的氧化物熔渣本身不被氧气流吹走，妨碍切割。

所以，气割有一定的应用范围，普通碳钢和低合金钢符合上述条件，气割性能较好；高碳钢及含有易淬硬元素（如铬、钼、钨、锰等）的中合金和高合金钢，可气割性较差。不锈钢含有较多的铬和镍，易形成高熔点的氧化膜（如 Cr_2O_3），铸铁的熔点低，铜和铝的导热性好（铝的氧化物熔点高），它们都属于难于气割的金属材料。

4-9-24 气割采用的工具是什么，有哪些型号，气割时的压力如何调整？

答：气割的工具为割炬，分射吸式和等压式两种，如图 4-9-2 所示。其主要区别在于使用乙炔的压力等级不同，射吸式是利用氧气及低压乙炔作为热源，而等压式是利用氧气及中压乙炔作为热源。其中，以射吸式割炬的使用最为普遍，其型号有 G01-30、G01-100、G01-300 等几种，"0"表示手工，"1"表示射吸式，后面的数值表示能切割最大钢材的厚度，其数值越大，割炬的尺寸也就越大。同时，割炬还配有相应的割嘴，割嘴有环形和梅花形两种，其规格从 1 到 10，各有 10 个号数，从小到大，分别适用于不同的割炬。1～4 号用在 G01-30 的割炬上，3～6 号用在 G01-100 的割炬上，7～10 号用在 G01～300 的割炬上。割嘴号数越大，其对应能切割钢材的厚度越厚。

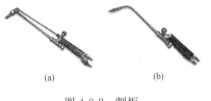

图 4-9-2 割炬
(a) 射吸式；(b) 等压式

在气割中，灌满后的氧气压力一般为 10～12MPa，乙炔压力为 2～3MPa，通过减压器后，氧气压力控制在 0.2～1.0MPa，乙炔压力调整在 0.001～0.12MPa。其中，减压器的调整方法是顺时针加压，反时针减压。在一般情况下，当切割厚度小于 30mm 的板材时，我们所采用的压力一般是氧气为 0.5MPa，乙炔为 0.05MPa，而当切割更加厚的工件时，其压力应做相应的调高。

4-9-25 对于气割中的橡皮胶管，在使用时应注意哪些事项？

答：气割中所使用的橡皮胶管分别为氧气皮管和乙炔皮管。按国标规定，氧气橡胶管为蓝色（原标准为红色），工作压力为 2MPa，爆破压力为 6MPa；乙炔橡胶管为红色（原标准为黑色），工作压力为 0.3MPa，爆破压力为 0.9MPa。橡皮胶管常用的内径为 8mm 或 10mm，因其耐压不同，两种管子不能红代蓝使用。

气焊、气割用的橡皮胶管要求柔软、重量轻、便于操作，且必须能够承受足够的气体压力。新的橡皮胶管在首次使用时，要先把橡皮胶管内的滑石粉吹干净，以防割炬内部的通道被堵塞。在使用橡皮胶管时，应注意不得使其沾染油脂，并要防止火烫和折伤。已经老化的橡皮胶管应停止使用，并及时换用新胶管。橡皮胶管的长度一般不应小于 5m，通常以 10～15m 为宜，太长了会增加气体流动的阻力，太短了不能满足使用要求。对于需要将橡皮胶管用管接头连接起来的，则必须用卡箍或细铁丝绑扎牢固。在橡皮胶管接头的连接嘴上车有数条凹槽，主要是为了保证接头处的气密性，并保证橡皮胶管用卡子或铁丝绑扎在连接嘴上而不脱落。另外，在乙炔皮管接头的螺母上刻有 1～2 条槽，用以与氧气皮管的接头区分。

橡皮胶管接头螺母的螺纹尺寸一般为 M16×1.5。

4-9-26 什么叫作气割时的"回火"现象，原因是什么，如何预防？

答：在进行气焊、气割作业时，当气体火焰进入喷嘴内，并逆向燃烧的现象称为回火。回火有逆火和回烧两种。火焰向喷嘴孔逆行，并瞬时自行熄灭，同时伴有爆鸣声的现象称为逆火；当火焰向喷嘴孔逆行，并继续向混合室和气体管路燃烧的现象称为回烧，这种回火有可能烧毁焊（割）炬、管路以及引起可燃气体贮罐的爆炸。产生回火的原因是喷嘴孔道堵塞和喷嘴温度过高，造成气流不畅，使混合气体的喷射速度小于燃烧速度，另外，由于氧气压力过低，氧气没有及时跟上也会造成回火现象。

回火的安全隐患很大，所以应特别注意。防止回火的方法是经常用通针清除喷嘴孔道内的污物及发现喷嘴过热时使其暂时冷却。此外，还应保证氧气压力足够，当氧气压力低于 0.196kPa，应停止使用。再则，还应装设防止回火功能的回火熔断器，以确保气割和焊接时的安全。而若万一发生回火，特别是回烧时，可立即将供气的橡皮胶管进行弯折，以阻止供气和回烧，防止气瓶爆炸。

4-9-27 什么是气焊，其主要设备有哪些，气焊用气体有哪些，各有什么特性？

答：利用气体火焰作热源的焊接法称为气焊。气焊中常用的气体有乙炔、氢气、液化石油气，氧气为助燃气体。其中，最常用的气焊方法是氧—乙炔焊，其次是液化石油气。气焊（气割）用的设备由氧气瓶、氧气减压器、乙炔发生器（或乙炔瓶和乙炔减压器）、回火熔断器、焊炬（或割炬）和橡皮胶管等组成。

乙炔属于可燃气体，在纯氧中燃烧的火焰温度可达 3150℃，又是一种易爆气体，它具有以下特性：①当乙炔温度超过 300℃或压力超过 0.15MPa 时，遇火就会爆炸。②乙炔与空气混合，当乙炔按体积占 2.2%～81%时，或乙炔与氧气混合，乙炔按体积计占 2.8%～93%时，混合气体中的任何部分达到自燃温度（乙炔和空气混合气体的自燃温度为 305℃，乙炔与氧气混合气体的自燃温度为 300℃）或遇火星时，在常压下就会爆炸。③储存乙炔容器的直径越小，越不容易爆炸，当储存在有毛细管状物质的容器中时，即使压力增高到 2.65MPa 时，也不会爆炸。

液化石油气属于可燃气体，其主要成分是丙烷，丙烷在纯氧中燃烧的火焰温度可达 2800℃，比乙炔略低，与空气混合，当丙烷体积占 2.3%～9.5%时，遇有火星，就会爆炸。

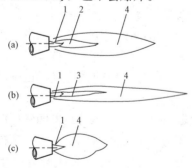

图 4-9-3　气焊火焰种类

(a) 中性焰；(b) 碳化焰；(c) 氧化焰

1—焰心；2—内焰（暗红色）；

3—内焰（淡白色）；4—外焰

4-9-28 气焊火焰的种类有哪些，具有什么特性，各适用于什么情况？

答：氧气、乙炔焰由于其混合比的不同，有三种火焰：中性焰、碳化焰和氧化焰，如图 4-9-3 所示。

中性焰是氧乙炔混合比为 1.1～1.2 时燃烧所形成的火焰，其特征为亮白色的焰心端部有淡白色火焰闪动，时隐时现。中性焰的内焰区气体为 CO 和 H_2，无过剩氧和游离碳，因此呈暗紫色，其焰心外 2～4mm 处温度最高，达 3150℃左右。因此，气焊时焰心离开工件表面 2～4mm，热效率最高，保护效果最好，应用最广。常用于气焊低碳钢、中碳钢、纯钢、铝及铝合金和灰铸铁等。

碳化焰是氧乙炔混合比小于 1.1 的火焰，其特征是内焰呈淡白色，因其内焰有多余的游离碳，所以具有较强的还原作用和渗碳作用。轻微碳化的碳化焰适用于气焊高碳钢、铸铁、高速钢、三角质合金、碳化钨和铝青铜等。

氧化焰是氧乙炔混合比大于 1.2 的火焰，其特征是焰心端部无淡白色火焰闪动，内焰、外焰分不清，有过量的氧，因此具有氧化性。轻微氧化的氧化焰适用于气焊黄铜、锰黄铜、镀锌铁皮等。

4-9-29 什么叫作焊缝代号，它由哪几部分组成，具体的含义是什么？

答：焊缝代号是一种工程语言，能简单、明了地在图纸上说明焊缝的形状、几何尺寸和焊接方法。我国的焊缝代号由国标规定，一般是由基本符号和指引线组成的，必要时可加上辅助符号、补充符号和焊缝尺寸符号等，共有以下 5 个部分。

（1）指引线。它一般由带箭头的指引线和两条基准线（一条为实线，一条为虚线）两部分组成，如图 4-9-4 所示。指引线的箭头线所指的是焊缝的实际位置，基准线的实线指焊缝的箭头侧，虚线指焊缝的非箭头侧。如果焊缝在接头的箭头侧，则将基本符号标在基准线的实线侧，如果焊缝在接头的非箭头侧，则将基本符号标在基准线的虚线侧，而标注对称焊缝及双面焊缝时，可不加虚线。

（2）基本符号。它是表示焊缝截面形状的符号，常用的有角焊缝（◿）、点焊缝（○）、V 形焊缝（∨）、I 形焊缝（‖）等。

（3）焊缝的辅助符号。它是表示对焊缝辅助要求的符号，即表示其表面形状特征的符号，有平面符号、凹面符号、凸面符号三种，不需特别说明时，一般很少使用。

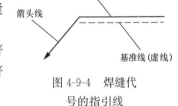

图 4-9-4 焊缝代号的指引线

（4）补充符号。它是为了补充说明焊缝的某些特征而采用的符号，如带垫板符号（▭）、三面焊缝符号、现场焊缝符号、周围焊缝符号（○）、尾部符号（＜）等。

（5）焊缝的尺寸符号。它一般不做标注，只在设计或生产需要注明时才标注，常用的焊缝尺寸符号包括：p 为钝边高度、H 为坡口深度、k 为焊角高度、h 为焊缝增高量、S 为焊缝有效厚度、R 为坡口圆弧半径、c 为焊缝宽度、d 为焊点直径、α 为坡口角度、β 为坡口面角度、b 为根部间隙、n 为焊缝段数、l 为焊缝长度、e 为焊缝间距、N 为相同焊缝数量符号等。

4-9-30 焊缝尺寸符号及数据的标注原则怎样？

答：焊缝尺寸符号及数据的标注方法如图 4-9-5 所示，其标注原则如下。

（1）焊缝横截面上的尺寸（p 为钝边高度、H 为坡口深度、k 为焊角高度、h 为焊缝增高量、S 为焊缝有效厚度、R 为坡口圆弧半径等）标在基本符号的左侧。

（2）焊缝长度方向的尺寸（n 为焊缝段数；l 为焊缝长度；e 为焊缝间距）标在基本符号的右侧。

（3）坡口角度、坡口面角度、根部间隙等尺寸标在基本符号的上侧或下侧。

（4）相同焊缝数量符号标在尾部。

（5）当需要标注的尺寸数据较多又不易分辨时，可在数据前面增加相应的尺寸符号。当箭头线方向变化时，上述原则不变。

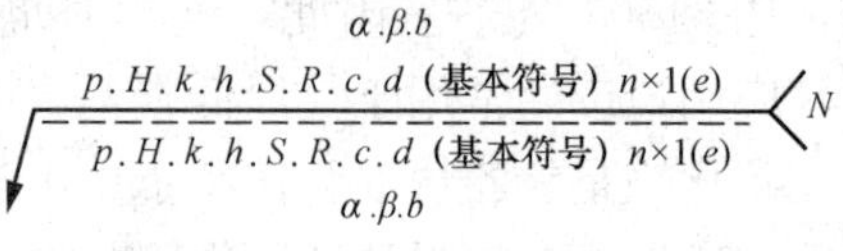

$$\begin{array}{c} \alpha.\beta.b \\ \hline p.H.k.h.S.R.c.d \text{（基本符号）} n \times 1(e) \\ \hline p.H.k.h.S.R.c.d \text{（基本符号）} n \times 1(e) \\ \alpha.\beta.b \end{array} \hspace{-0.5em}\rangle\; N$$

图 4-9-5　焊缝尺寸的标注原则

4-9-31　焊缝的类别是如何划分的?

答：在焊接构件中的焊缝，根据其受力情况和重要程度的不同，有不同的类别等级要求，通常情况下，将其分为三类，即一类焊缝、二类焊缝和三类焊缝，其中一类焊缝最为重要，要求焊接质量高，检验等级要求高；二类焊缝较为重要，要求焊接质量较高，检验等级要求较高；而三类焊缝则次之。对于这一系列焊缝类别的确定，通常是由设计人员参照设计规范，并根据不同构件的受力情况和重要程度在设计时予以指明。在一般情况下，其判断原则是：受拉焊缝和对接焊缝为一类焊缝，牛腿、端板、角接等为二类焊缝，其他的则为三类焊缝。不同类别等级的焊缝，其质量要求不一样，所采用的焊接要求、检查方法、检验比例、验收标准也不一样。一般来说，一类焊缝需要 100％探伤，100％合格，而二类焊缝没有这么严格，只要部分抽检合格则可（具体可查规范要求）。

4-9-32　什么是焊缝的检验等级?

答：焊缝的检验等级分为两个部分，一部分是检测等级，另一部分为验收等级。

焊缝的检测等级是考虑焊接接头的质量要求，主要与材料、焊接工艺和服役状况有关。依据质量要求，根据 GB/T 11345—2013《焊缝无损检测超声检测技术、检测等级和评定》中的规定，主要分为 A、B、C、D 四个检测等级。从检测等级 A 到检测等级 C，增加检测覆盖范围（如增加扫查次数和探头移动区等），提高缺欠检出率。检测等级 D 适用于特殊应用，在制定书面检测工艺规程时应考虑本标准的通用要求。通常检测等级与焊缝质量等级有关。相应检测等级可由焊缝检测标准、产品标准或其他文件规定。其等级不同，所要求的检测方法和检测数量各有不同。假如对于 AB 级，要求采用超声波探伤，检测数量为 50％，那么采用 B 级，则就要求采用超声波探伤，检测数量需达到 100％，或者是采用射线探伤，检测数量为 50％；而验收等级根据其要求高低的不同，分为Ⅰ级、Ⅱ级、Ⅲ级三个等级，其等级不同，所要求符合合格的比例各有不同。假如Ⅰ级需有 50％以上合格，那么Ⅱ级则需要有 30％以上合格，Ⅲ级则就更高。将检测等级和验收等级合并起来，称为检验等级，综合来看，焊缝的检验等级分为 AⅠ、AⅡ、AⅢ、ABⅠ、ABⅡ、ABⅢ、BⅠ、BⅡ、BⅢ等九个等级。

对于焊缝的质量检验等级，则是按照验收标准根据其检查情况而做出的一种等级划分，比如对于一类焊缝的检验，其质量评定有一级、二级，二类焊缝中也有一级、二级，三类焊缝也是如此。值得注意的是，我们在实际应用中，容易将焊缝质量等级与焊缝的质量检验等级混淆，这就需要我们分清：焊缝的类别等级，是由设计人员参照设计规范决定的；而焊缝的质量检验等级，则由探伤人员参照专业标准决定的。

4-9-33　钢闸门的焊缝类别是如何规定的?

答：对于钢闸门的焊缝，其分类如下：一类焊缝包括：闸门主梁、边梁及翼缘板的对接焊缝；闸门吊耳板、吊杆的对接焊缝；闸门主梁与边梁腹板连接的角焊缝及翼缘板连接的对接焊缝；转向吊杆的组合焊缝及角焊缝。二类焊缝包括：闸门面板的对接焊缝；拦污栅主梁的腹板、翼缘板对接焊缝；闸门主梁、边梁的翼缘板与腹板的组合焊缝及角焊缝；闸门吊耳板与门叶的组合焊缝及角焊缝；主梁、边梁与门叶面板的组合焊缝及角焊缝。三类焊缝包括：不属于一、二类焊缝的其他焊缝，都为三类焊缝。

4-9-34 压力钢管的焊缝类别如何规定，对其检测有什么要求？

答：压力钢管的焊缝类别划分为：一类焊缝：①钢管管壁纵缝；厂内明管（指不埋于混凝土内的钢管，下同）环缝，凑合节合拢环缝；②岔管管壁纵缝、环缝，岔管分岔处加强板的对接缝，加强板与管壁相接处的对接和角接的组合焊缝；③闷头与管壁间的连接焊缝。二类焊缝：①钢管管壁环缝；②人孔颈管的对接焊缝，人孔颈管与顶盖和管壁的连续焊缝；③支承环对接焊缝和主要受力角焊缝。一类、二类焊缝的无损检测按规程要求进行，其检测比例见表4-9-4。一般是以超声波探伤为主，X射线作为补充抽查。

表 4-9-4 压力钢管的焊缝类别

办法	钢种	低碳钢和低合金钢		高强钢	
	焊缝类别	一类	二类	一类	二类
一	射线探伤抽查率（%）	25	10	40	20
二	超声波探伤抽查率（%）	100	50	100	100
	射线探伤抽查率（%）	5	（注2）	10	5

注 1. 任取上表中的一种方法即可，钢管的一类焊缝，用超声波探伤时，还须用射线复验，复验长度是：高强钢为10%，其余为5%。

2. 二类焊缝只在超声波探伤有可疑波形，不能准确判断，才用射线复验。

3. 高强钢是指屈服强度≥450MPa，且抗拉强度≥580MPa的调质钢。

4-9-35 如何检查焊缝的质量，一般包含哪些项目？

答：对于焊缝的质量检查，一般包括两个方面：一个是外观质量，一个是内部缺陷情况。而且焊缝的质量检验等级划分也是根据这些内容来确定的。其具体项目如下。

（1）外观质量项目：焊道成形均匀，平直，焊缝余高与焊缝尺寸匹配，均匀，无飞溅，未焊满，无表面裂纹，咬边，焊瘤，无电弧划伤等。外观检查方式：肉眼加放大镜，焊缝量规，脚标卡尺等。

（2）内部缺陷项目：气孔，夹渣，未焊透，未溶合等。内部缺陷的检查方式：超声波探伤、射线探伤、磁粉探伤、渗透探伤、电磁（涡流）探伤等一系列无损检测方法。

至于焊缝的质量要求，除符合常规要求之外，还应参照相关的标准及规范，达到图纸和设计中的要求。

4-9-36 什么是无损检测，常用的无损检测方法有哪几种？

答：无损检测是利用声、光、热、电、磁和射线等与被检物质相互作用，在不损伤被检物质的内外部结构和使用性能的情况下，来探测材料、构件或设备（被检物）内部存在的宏观或表面缺陷，并可决定其位置、大小、形状和种类，以达到验收产品是否合格，在使用中及时发现问题的目的。

常用的无损检测方法有以下几种：射线照相探伤（RT）、超声波探伤（UT）、磁粉探伤（MT）、渗透探伤（RT）、电磁（涡流）探伤（ET）等几种。其中，直接肉眼检验无须使用任何装置，只需用肉眼直接检验，在日常生产中常用于初检工作。而其他测试方法则需通过各种各样的设备来进行。

4-9-37 常用的几种无损检测方法，其各自的特点怎样？

答：常用的无损检测方法是：射线探伤、超声波探伤、磁粉探伤、渗透探伤、电磁探伤等 5 种，其能探出的缺陷一般为裂缝、气孔、夹渣、夹层等。其各自的特点见表 4-9-5。

表 4-9-5　　　　　　　　　　　　　　常用的无损检测方法

名称	适应材料	检查深度	表面要求	检查特点
磁粉探伤法	仅对钢、镍、钴等强磁性材料有效	表面及近表面（至 20mm 深度内的缺陷）	加工光洁	在有缺陷的部位，由于磁化时磁通量在空间泄漏，因此根据磁粉的聚集情况即可显示出缺陷位置
电磁探伤法	也叫涡流探伤法，必须是导电材料	检测深度比磁粉法稍差	无要求	将钢材放入通有交流电的线圈内，根据缺陷处涡流的变化进行检测。适用于大批量连续检查的场合
射线探伤法	适用于全部材料（可查出未焊透）	内部缺陷（检查件尺寸限制在 100mm 左右）	无要求	照射 X 线或 γ 射线。由于试样的完好部位与缺陷部位对射线吸收程度的差异，在放射线透射的照片上就会呈现出黑度的差别。
渗透探伤法	适用于全部材料	只能检查表面缺陷	光滑	也叫表面渗透探伤法或着色探伤。它是使浸渗液渗入试样表面的缺陷处，利用显影液进行检查，用肉眼观察有色浸液的分布形状
超声波探伤	适用于全部材料（可查出未焊透）	内部缺陷（焊件上限不受限制，下限一般 8～10mm，最小可达 2mm）	光滑	超声波在两种不同声阻抗的介质交界面上（缺陷处）将会发生反射，反射回来的能量又被探头接收到，通过波形显示和区别

4-9-38 在水电站中，需要对设备的哪些地方进行无损检测，常采用的方法有哪些？

答：在水电站中，我们通常需要对机组的大型构件焊缝、应力集中部位、起重设备的承重部位焊缝、大型钢结构的焊缝等一系列金属构件进行无损检测，通常也俗称为焊缝探伤。一般情况下，需要检测的具体设备及其部位有：水轮机主轴法兰的根部、起重设备吊耳的焊缝、机组检修门的一类和二类焊缝、船闸人字门的一类和二类焊缝、转轮的桨叶根部、压力油槽的焊缝等处。对于这些设备的无损检测，一般在出厂时都进行了检测，并不需要经常检查，但在设备使用一定年限后或在发现问题的情况下也需进行检测，以确证其是否安全可靠。

对于以上这些部位的检测方法，常采用的有浸渗探伤法和超声波探伤法。

4-9-39 如何判别无损检测结构的正确性？

答：如果无损检测实施的时间选择不合适，将会影响被检物的质量评定结果。例如，对于有些高强度钢的焊缝，由于氢气的存在，将会延迟裂纹，这时就需要考虑进行无损检测的时间了。如果在焊接后立刻进行无损检测，则会由于裂纹还未产生，也就无法检测出裂纹。对于这类钢的焊缝，裂纹要在焊后半小时才能产生，并且随时间的延长而扩大。因此，焊接件至少要在放置 24h 之后，才能进行无损检测。无损检测选择在什么时间进行以及应选择哪种合适的检测方法，都将对正确地评定质量产生极为重要的影响。

4-9-40　超声波探伤的基本原理是什么？

答：超声波频率是约高于 20 000Hz 的机械波，检测用的超声波频率一般为 0.5～10MHz。超声波探伤仪的种类繁多，但在实际探伤过程中，脉冲反射式超声波探伤仪应用最为广泛。一般在均匀的材料中，缺陷的存在将造成材料的不连续，这种不连续就会造成声阻抗的不一致，由反射定理可知，超声波在两种不同声阻抗的介质交界面上将会发生反射，反射回来的能量大小与交界面两边介质声阻抗的差异和交界面的取向、大小有关。脉冲反射式超声波探伤仪就是基于这个原理制造的。

图 4-9-6　超声波探伤

目前便携式的脉冲反射式超声波探伤仪大部分是采用 A 扫描方式的，所谓 A 扫描方式，就是显示器的横坐标是超声波在被检测材料中的传播时间或者传播距离，纵坐标是超声波反射波的幅值。譬如，在一个钢工件中存在一个缺陷，由于这个缺陷的存在，就会造成缺陷和钢材料之间形成一个不同介质之间的交界面，这个交界面之间的声阻抗不同，当发射的超声波遇到这个界面之后，就会发生反射（见图 4-9-6），反射回来的能量又被探头接收到，在显示屏幕中，横坐标的一定位置就会显示出来一个反射波的波形，横坐标的这个位置就是缺陷在被检测材料中的深度，这个反射波的高度和形状因不同的缺陷而不同，反映了缺陷的性质。

4-9-41　超声波探伤与 X 射线探伤相比较有何优缺点？

答：超声波探伤比 X 射线探伤具有较高的探伤灵敏度、周期短、成本低、灵活方便、效率高、对人体无害等优点。缺点是对工作表面要求平滑，要求富有经验的检验人员才能辨别缺陷种类，对缺陷没有直观性。超声波探伤适合于厚度较大的零件检验。

超声波探伤的主要特性有：①超声波在介质中传播时，在不同质界面上具有反射的特性，如遇到缺陷，缺陷的尺寸等于或大于超声波波长时，则超声波在缺陷上反射回来，探伤仪可将反射波显示出来；如缺陷的尺寸甚至小于波长时，声波将绕过射线而不能反射。②波声的方向性好，频率越高，方向性越好，以很窄的波束向介质中辐射，易于确定缺陷的位置。③超声波的传播能量大，如频率为 1MHz（100Hz）的超声波所能传播的能量，相当于振幅相同而频率为 1000Hz（赫兹）的声波的 100 万倍。

第十节　公　差　与　配　合

4-10-1　在机械图纸中，一般有哪几种类型的图纸，各有什么作用和特点？

答：在一套完整的机械设备图纸中，一般包含两种类型的图纸：一种是零件图，另一种是装配图。其中，零件图是表示单个零件的图样，其作用是表示零件的结构形状、尺寸大小和技术要求等，并根据它来加工制造零件；装配图是表示机器或部件的图样，它的作用是表示机器或部件的结构形状、装配关系、工作原理和技术要求等。在设计时，一般先画出装配图，再根据装配图绘制零件图，而在装配时，则要根据装配图把零件装配成部件或整套机器。

4-10-2 装配图和零件图的基本内容有哪些，它们存在什么区别？

答：装配图和零件图的内容项目都差不多，一般包含 4 个部分：一组视图、尺寸标注、技术要求和标题栏等，但由于其作用存在一定的差别，所以其各自的内容也有所不同，具体见表 4-10-1。

表 4-10-1 装配图和零件图的基本内容

内容项目	装配图	零件图
一组视图	用以表示各组成零件的相互位置和装配关系、部件或机器的工作原理和结构特点。一般包含三个基本视图：全剖视的主视图、半剖视的左视图、局部剖视的俯视图	表示零件的内外形状和结构，一般包含主视图、俯视图、侧视图以及剖面图等
尺寸标注	必要的尺寸：包括部件或机器的规格性能尺寸、零件之间的配合尺寸、外形尺寸、部件或机器的安装尺寸和其他重要尺寸等	完整的尺寸：零件图中应标注出制造零件所需的全部尺寸（对于有配合要求的尺寸，还需标注出公差与配合的数值或代号）
技术要求	说明部件或机器进行装配、安装、检验和运转的技术要求，一般用文字写出	用代号、数字或文字表示零件在制造和检验时，在技术指标上应达到的要求。一般包含尺寸配合公差、表面粗糙度、热处理工艺要求等
标题栏等	装配图中包含：零部件序号、明细栏和标题栏。不同的零件或部件要编写序号，并在明细栏中依次填写序号、名称、件数等内容。标题栏的内容有：部件或机器的名称、规格、比例及设计、制图、校核人员的签名等	零件图中一般只有标题栏，其内容包括该零件的名称、数量、材料、画图的比例、图号以及设计等人员的签名等

4-10-3 什么叫作公差，它有哪些类型，各起什么作用？

答：公差与配合是零件图和装配图中的一项重要技术要求，也是检验产品质量的技术指标。制造零件时，为了使零件具有互换性，并不要求零件的尺寸和形状等做到绝对准确，但一定要在一个合理范围之内，由此就规定了极限尺寸。零件制成后的实际尺寸，应在规定的最大极限尺寸和最小极限尺寸的范围内。在这个范围内允许尺寸和形状的变动量称为公差。公差反映了零件的制造精度和加工难易。

公差按照其性质的不同通常分为尺寸公差、形状公差、位置公差三个方面的内容，其中，形状公差和位置公差又统称为形位公差。尺寸公差是指允许尺寸的变动量，它等于最大极限尺寸与最小极限尺寸代数差的绝对值；形状公差则是指单一实际要素的形状对理想形状所允许的变动量，包括直线度、平面度、圆度、圆柱度、线轮廓度和面轮廓度等 6 个项目，它们无基准要求；位置公差是指关联实际要素的位置对基准位置所允许的变动量，它是限制零件的两个或两个以上的点、线、面之间的相互位置关系，包括平行度、垂直度、倾斜度、同轴度、对称度、位置度、圆跳动和全跳动等 8 个项目，它们有基准要求。

4-10-4　什么叫作尺寸公差，与尺寸公差相关的基本参数有哪些？

答： 尺寸公差是指允许尺寸的变动量，等于最大极限尺寸与最小极限尺寸代数差的绝对值，或上偏差减下偏差之差。尺寸公差是一个没有符号的绝对值。与尺寸公差相关的基本参数如下：

（1）基本尺寸。它是设计给定的尺寸，如 $\phi30$，它一般是根据计算和结构的需要，选用标准尺寸定出的（标准尺寸通过查表得出）。

（2）极限尺寸。极限尺寸是相对于基本尺寸而言的，它是以基本尺寸为基数，允许尺寸变化的两个界限值，如图 4-10-1（a）所示，它的最大极限尺寸为 $\phi30.010$，最小极限尺寸为 $\phi29.990$。

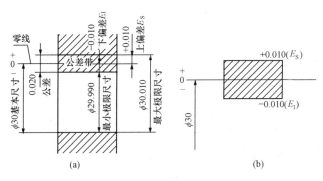

图 4-10-1　尺寸公差名词解释及公差带图
（a）尺寸公差名词解释；（b）公差带图

（3）尺寸偏差。某一尺寸减去其基本尺寸所得的代数差，分为上偏差和下偏差。最大极限尺寸减去其基本尺寸为上偏差；最小极限尺寸减去其基本尺寸为下偏差。国标规定偏差代号为：孔的上、下偏差分别用 E_S 和 E_I 表示，轴的上、下偏差分别用 e_s 和 e_i 表示。如图 4-10-1（a）所示，上偏差 $E_S = 30.010 - 30 = +0.010$，下偏差 $E_I = 29.990 - 30 = -0.010$。

（4）尺寸公差。简称为公差，表示为允许尺寸的变动量。它等于最大极限尺寸与最小极限尺寸之差，也等于上偏差与下偏差之代数差的绝对值。

（5）尺寸公差带。在公差带图中，由代表上、下偏差的两条直线所限定的区域为尺寸公差带，图 4-10-1（b）就是图 4-10-1（a）的公差带图。

4-10-5　什么叫作公差带，它由哪几部分组成？

答： 公差带是由"公差带位置"和"公差带大小"两个要素组成，通常用基本偏差的字母和公差等级数字表示，如 H8 表示一种孔的公差带，f7 表示一种轴的公差带。

"公差带的位置"由基本偏差确定，基本偏差是标准所列，用以确定公差带相对于零线位置的上偏差或下偏差，一般指靠近零线的那个偏差。当公差带在零线的上方时，其基本偏差为下偏差，反之，则为上偏差。基本偏差共有 28 个，它的代号用拉丁字母表示，大写为孔，小写为轴，具体数值需查表得出。

"公差带的大小"由标准公差确定，标准公差分 20 个等级，即 IT01、IT0、IT1 至 IT18，IT 表示标准公差（在实际表示中一般省略了），后面的阿拉伯数字表示公差等级，公差值依次增大，等级依次降低，一般的配合尺寸用 IT5～IT13，特别精密零件的配合用 IT2～IT5，非配合尺寸的用 IT12～IT18，原材料的配合用 IT8～IT14。具体数值也需查表得出。

4-10-6 如何进行极限偏差数值的计算？

答：根据公差带可得出上偏差和下偏差，即极限偏差。一般有两种方法：一种方法是通过先查表后计算的方法，即先查表得出基本偏差等级对应的数值与标准公差等级的数值，然后进行相加计算，如 $\phi14F8$，这是一个标注孔的公差带，先查出"公差带的位置"F 对应的孔的基本偏差值为 $+16$，然后查"公差带的大小"，其标准公差等级为 8 对应的数值为 $27\mu m$，然后进行相加，其极限偏差的大小就为：$+0.016\sim+0.043$。

而另外一种方法则是直接通过查表的方法得出，即通过查孔的极限偏差表或轴的极限偏差表来得出。如 $\phi14F8$，直接查孔的极限偏差表，可得出其公差带的大小为：$+0.016\sim+0.043$，这也是实际使用中最为常用的一种方式。所要查的表在有些教材和各种版本的机械手册上都有。

4-10-7 什么叫间隙配合、过盈配合、过渡配合，如何予以区分和判别？

答：基本尺寸相同、相互结合的孔和轴公差带之间的关系，称为配合。根据使用要求的不同，孔和轴之间的配合有松有紧，因而国标规定，配合分为三类，即间隙配合、过盈配合和过渡配合，如图 4-10-2～图 4-10-4 所示。

间隙配合：孔与轴装配时有间隙（包括最小间隙等于零）的配合。此时，孔的公差带在轴的公差带之上，也可以理解为孔的下偏差值大于或等于轴的上偏差值。如孔为 $\phi18$（$0\sim+0.027$），轴为 $\phi18$（$-0.034\sim-0.016$）时就为间隙配合。

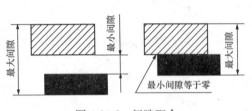

图 4-10-2 间隙配合

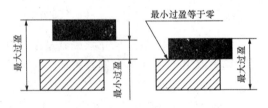

图 4-10-3 过盈配合

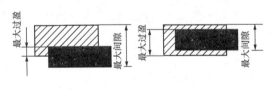

图 4-10-4 过渡配合

过盈配合：孔与轴装配时有过盈（包括最小过盈等于零）的配合。此时，孔的公差带在轴的公差带之下，也可以理解为轴的下偏差值大于或等于孔的上偏差值。如孔为 $\phi18$（$-0.034\sim-0.016$），轴为 $\phi18$（$0\sim+0.027$）时就为过盈配合。

过渡配合：孔与轴装配时可能有间隙和过盈的配合。此时，孔的公差带与轴的公差带相互交叠，也可以理解为轴的上偏差值或下偏差值位于孔的上、下偏差值之间。如孔为 $\phi18$（$-0.016\sim+0.010$），轴为 $\phi18$（$0\sim+0.027$）时就为过渡配合。

4-10-8 对于尺寸标注，为什么有的只标注了基本尺寸，有的却标注了公差与配合？

答：在机械图纸中，不管是装配图，还是零件图，我们经常可以看到，对于图纸中零件的尺寸标注，有的只标注了基本尺寸，而有的却标注了公差与配合。其原因主要是在进行尺寸标注时，我们有一个通行原则，那就是：对于零部件中没有配合要求的尺寸，我们只需标注基本尺寸，而对于有配合要求的尺寸，就需要根据其配合的要求来标注其公差与配合。所以，在图纸中，有配合要求的地方就标注了公差与配合，而没有配合要求的，只标注了基本尺寸。图 4-10-5 中，$\phi20$、$\phi28.5$、$\phi41$、$\phi53$ 等地方的尺寸没有配合要求，所以它只标注了基本尺寸，而 $\phi35$、$\phi50$ 等地方的尺寸有公差与配合的要求，所以就按照要求标注出了公差与配合的数值。

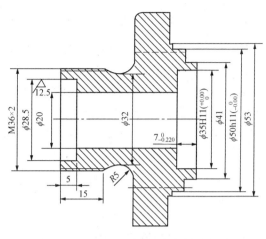

图 4-10-5　尺寸标注示例图

4-10-9　在机械图纸的尺寸标注中，公差与配合的标注方法有哪些，各适用于什么情况？

答：公差与配合的标注方法在装配图和零件图上各有不同，其具体方法如下。

（1）在装配图上标注公差与配合的方法。一般采用组合式标注法，如图 4-10-6（a）所示。它是在基本尺寸 $\phi18$ 和 $\phi14$ 的后面，分别用一分式表示，分子为孔的公差带代号，分母为轴的公差带代号。对于基孔制的基准孔，基本偏差用 H 注出，对于基轴制的基准轴，基本偏差用代号 h 表示。

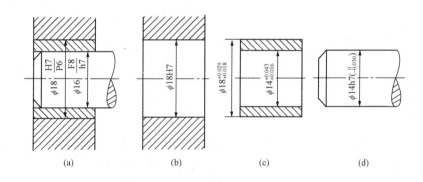

图 4-10-6　在图样上公差与配合的标注方法

（2）在零件图上标注公差与配合的方法。有三种形式：①只注公差带代号，如图 4-10-6（b）所示；②只注写上、下偏差值，如图 4-10-6（c）所示；③注出公差带代号及上、下偏差数值，如图 4-10-6（d）所示。

在装配图和零件图中，不管是采用哪种标注方法，为了能更加直观地清楚其具体尺寸，一般情况下，都需把公差带代号通过查表换算成上、下偏差值（换算方法通过查表得出）。这样就可以比较直观地知道其公差的具体数值，有利于加工和测量。而值得注意的是，在这几种标注方法中，不能单一地根据孔或轴的上下偏差来确定其属于什么配合类型，对于配合类型的判断，应通过计算其总的偏差数值之后，才可判断（见问题 4-10-11）。

4-10-10　在装配图中，当尺寸标注为 $\phi 18\dfrac{H8}{f7}$，它所表示的含义是什么？

答：以上这种标注方法是在装配图中对零件的配合处采用组合式标注法标注其公差与配合。其所表示的含义为：H8 是基准孔的公差带代号，f7 是配合轴的公差带代号。其中，$\phi 18H8$ 为基准孔的极限偏差，通过查孔的基本偏差表可以得到 $\phi 18H8$ 的公差带为 0～+0.027，也就是基准孔的上、下偏差，所以 $\phi 18H8$ 也可写成 $\phi 18$（0～+0.027）；而 $\phi 18f7$ 为配合轴的极限偏差，通过查轴的基本偏差表可以得到 $\phi 18f7$ 的公差带为 −0.034～−0.016，也就是配合轴的上、下偏差，所以 $\phi 18f7$ 也可写成 $\phi 18$（−0.034～−0.016）。而将它们综合起来看，这种配合的最大间隙为 +0.061，最小间隙为 0.016。所以，它是一种基孔制的优先间隙配合。

4-10-11　如何根据装配图中的尺寸标注判断其配合类型？

答：对于装配图中尺寸与公差的标注，一般采用组合式标注法。所以，在看图时，我们并不能直接知道其公差与配合的具体情况。如何根据其标注来获取有关公差与配合的相关信息，并判断其对应的配合类型，应从以下方法入手。

（1）看它的配合制度属于什么基准制。一般有两种基准制：一种是基孔制，另一种是基轴制。这需根据分子对应孔的公差带代号和分母对应轴的公差带代号中基本偏差代号来看，分子是 H 时为基孔制，分母是 h 时为基轴制。若是基孔制，则在加工时先加工的工件为孔；若是基轴制，则先加工的工件为轴。

（2）看孔和轴的上下偏差各是多少。这需要根据分式中分子为孔的公差带代号和分母为轴的公差带代号通过查表分别求出孔和轴的上下偏差。

（3）看它属于什么配合类型。根据第二项中的数值算出孔和轴的上下偏差，再计算其总的偏差数值，看其存在间隙值或过盈值的情况，然后判定其属于什么配合类型（间隙配合、过盈配合、过渡配合）。

4-10-12　什么叫作基孔制配合，什么叫作基轴制配合，常用的优先配合有哪些？

答：为了将配合形成一种规范，国标对配合规定了基孔制和基轴制两种基准制。采用基准制能减少刀具、量具规格数量，从而获得较好的技术经济效果。其中，基孔制是基本偏差为一定的孔的公差带，与不同基本偏差轴的公差带形成各种配合的一种制度，基准孔的下偏差为零，用代号 H 表示；而基轴制是基本偏差为一定的轴的公差带，与不同基本偏差的孔的公差带形成各种配合的一种制度，基准轴的上偏差为零，并用代号 h 表示。基孔制和基轴制的优先配合见表 4-10-2。

表 4-10-2　　　　　　　　　基孔制和基轴制的优先配合表

	基孔制优先配合				基轴制优先配合			
间隙配合	$\dfrac{H7}{g6}$、$\dfrac{H7}{h6}$	$\dfrac{H8}{f6}$、$\dfrac{H8}{h7}$	$\dfrac{H9}{d9}$、$\dfrac{H9}{h9}$	$\dfrac{H11}{c11}$、$\dfrac{H11}{h11}$	$\dfrac{G7}{h6}$、$\dfrac{H7}{h6}$	$\dfrac{F7}{h6}$、$\dfrac{H8}{h7}$	$\dfrac{D9}{h9}$、$\dfrac{H7}{h9}$	$\dfrac{C11}{h11}$、$\dfrac{H11}{h11}$
过渡配合	$\dfrac{H7}{k6}$、$\dfrac{H7}{n6}$				$\dfrac{K7}{h6}$、$\dfrac{N7}{h6}$			
过盈配合	$\dfrac{H7}{p6}$、$\dfrac{H7}{s6}$　$\dfrac{H7}{u6}$				$\dfrac{P7}{h6}$、$\dfrac{S7}{h6}$　$\dfrac{U7}{h6}$			

4-10-13 什么叫作形位公差，它有哪些类别，各有什么项目？

答：形状和位置公差简称为形位公差，它是指零件的实际形状和实际位置对理想形状和理想位置的允许变动量。在机器中，对于某些精确程度较高的零件，不仅需要保证其尺寸公差，而且还要保证其形状和位置公差。形位公差和尺寸公差都是零件图和装配图中重要的技术要求，也是检验产品质量的技术指标。

形位公差的类别共有 14 种，按照其特点分为形状公差、位置公差、形状或位置公差三个类别。其对应的项目有，形状公差包含直线度、平面度、圆度、圆柱度等；位置公差中又分为定向公差、定位公差、跳动公差，它包含平行度、垂直度、倾斜度、位置度、同轴度（同心度）、对称度等；形状或位置公差包含线轮廓度、面轮廓度等。其相关的表示符号及有关要求，见表 4-10-3。

表 4-10-3 　　　　　　　　　　　　**形位公差各项目的符号**

公差类别			项目特征名称		符号	有无基准
形状公差			直线度		—	无
			平面度		▱	
			圆度		○	
			圆柱度		⌀	
形状公差或位置公差			线轮廓度		⌒	有或无
			面轮廓度		⌓	
位置公差	定向公差		平行度		//	有
			垂直度		⊥	
			倾斜度		∠	
	定位公差		位置度		⌖	有或无
			同轴度		◎	有
			对称度		═	
	跳动公差	圆跳动	径向		↗	有
			端面			
			斜向			
		全跳动	径向		↗↗	
			端面			

4-10-14 形位公差的表示和标注方法怎样，其具体含义是什么？示例说明。

答：在国标中规定，形位公差一般是用代号来表示，当无法用代号表示时，允许在技术要求中用文字说明。形位公差的代号包括：形位公差各项目的符号（见问题 4-10-13 中的表4-10-2）、形位公差框格及指引线、形位公差数值和其他有关符号以及基准代号等，其表示方法如图 4-10-7 所示。

现以气门阀杆为例，如图 4-10-8 所示，附加的文字为有关形位公差标注说明。从图中可以看到，当被测要素为线或表面时，从框格引出的指引线箭头，应指在该要素的轮廓线或其延长线上。当被测要素是轴线时，应将箭头与该要素的尺寸线对齐，如 M8×1 轴线的同轴度注法。当基准要素是轴线时，应将基准符号与该要素的尺寸线对齐，如基准 A。

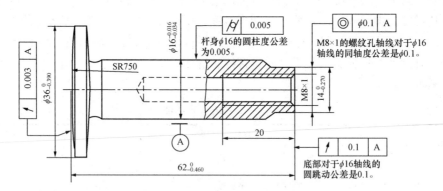

图 4-10-7　形位公差代号及基准代号

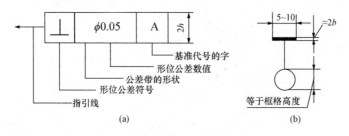

图 4-10-8　形位公差标注示例
（a）形位公差代号；（b）基准代号画法

4-10-15　什么叫作表面粗糙度，它有哪些评定方式？

答：零件在加工时，由于刀具在零件表面上留下的刀痕及切削分裂时表面金属的塑性变形等影响，使零件表面存在间隙较小的轮廓峰谷。这种表面上具有较小间距和峰谷所组成的微观几何形状特性，称为表面粗糙度。它是评定零件表面质量的一项技术指标。由于机器对零件的各个表面分别需有一定的要求，如配合性质、耐磨性、抗腐蚀性、密封性、外观要求等，因此，零件表面的粗糙度也各有不同的要求，它共有 14 个等级，一般来说，凡零件上有配合要求或有相对运动的表面，都必须具有一定的表面粗糙度。零件的表面粗糙度要求越高，则其加工成本也越高。

对于零件表面粗糙度的评定方式，一般有轮廓算术平均偏差（R_a）、微观不平度十点高度（R_z）、轮廓最大高度（R_y）等三项参数，而通常情况下，常采用 R_a 参数来表示。

4-10-16　表面粗糙度的符号和代号如何表示，各有什么含义？

答：表面粗糙度的基本符号由两条长度不等且与被注表面投影轮廓成 60°的细实线组成。针对不同的情况，共有 5 种表示方法，其表示方法和具体含义见表 4-10-4。

在表面粗糙度符号的规定位置上标注表面粗糙度的参数值及其他有关要求，即构成表面粗糙度的代号，代号各部位的内容见表 4-10-5。

表 4-10-4　　　　　　　　**表面粗糙度的基本符号的表示方法和具体含义**

符号	意义及说明
	基本符号，表示表面可以用任何方法获得
	基本符号加一短线，表示表面用去除材料的方法获得。例如，车、铣、钻、磨、剪切、抛光、腐蚀、电火花加工、气割等。如不加注粗糙度数值，则仅要求去除材料
	基本符号加一小圆，表示表面是用不去除材料的方法获得。例如，铸、锻、冲压变形、热轧、冷轧、粉末冶金等。如不注数值，则表示该表面为保持原供应状况或保持上道工序状况的表面
	在上述三个符号的长边上均可加一横线，用于标注有关参数和说明
	在上述三个符号上均可加一小圆，表示所有表面具有相同的表面粗糙度要求

表 4-10-5　　　　　　　　　　**表面粗糙度符号各部位的内容**

符号	含 义
	a_1、a_2——粗糙度高度参数代号及其数值 b——加工要求、镀覆、涂覆、表面处理或其他说明 c——取样长度或波纹度 d——加工纹理方向符号 e——加工余量 f——粗糙度间距参数值或轮廓支承长度率

4-10-17　表面粗糙度与表面光洁度有什么区别和联系，表面粗糙度的等级有哪些？

答：表面光洁度是在以前用以衡量光学元件表面质量时而设置的一个技术指标，它由两项技术指标来体现的：一是由划痕、麻点等疵病的大小和数量来划分，分为 10 个等级；二是由表面的微观几何形状来表征，并用表面粗糙度的中误差或用表面粗糙度的平均高度来评价。而在现在，基本都是采用表面粗糙度来作为衡量和评定零件表面质量的技术指标。表面粗糙度 Ra 的等级及与表面光洁度的等级关系见表 4-10-6。

表 4-10-6　　　　　　　　　**表面粗糙度和表面光洁度的等级关系**

Ra（μm）	光洁度等级	表面特征	主要加工方法	应用举例
50	≈▽1	明显可见刀痕	粗车、粗铣、粗刨、粗纹锉刀和粗砂轮加工	为光洁度最低的加工面，一般很少应用
25	≈▽2	可见刀痕		
12.5	≈▽3	微见刀痕	粗车、刨、立铣、平铣、钻	不接触表面、不重要的接触面，如螺钉孔、到角、机座底面等

Ra（μm）	光洁度等级	表面特征	主要加工方法	应用举例
6.3	≈▽4	可见加工痕迹	精车、精铣、精刨、铰、镗、粗磨等	没有相对运动的零件接触面，如箱、盖、套筒要求紧贴的表面、键和键槽工作表面；相对运动速度不高的接触面，如支架孔、衬套、带轮轴孔的工作表面
3.2	≈▽5	微见加工痕迹		
1.6	≈▽6	看不见加工痕迹		
0.80	≈▽7	可辨加工痕迹方向	精车、精拉、精镗、精铰、精磨等	要求很好密合和接触面，如与滚动轴承配合的表面、锥销孔等；相对运动速度较高的接触面，如滑动轴承的配合表面、齿轮轮齿的工作表面等
0.40	≈▽8	微辨加工痕迹方向		
0.20	≈▽9	不可辨加工痕迹方向		
0.10	≈▽10	暗光泽面	研磨、抛光、超级精细研磨等	精密量具的表面、极重要零件的摩擦面，如汽缸的内表面、精密机床的主轴颈、坐标镗床的主轴颈等
0.05	≈▽11	亮光泽面		
0.025	≈▽12	镜状光泽面		
0.012	≈▽13	雾状镜面		
0.006	≈▽14	镜面		

第五章

调 速 器

第一节 调速器基本理论

5-1-1 什么是水轮机调节，其实质是什么？

答： 所谓水轮机调节，是指在自动调节装置（调速器）控制下的水轮发电机组，按照预定的功能、性能和程序完成电能生产的调节及控制过程。具体的理解为：要保持机组稳定的条件是水轮机动力矩 M_t 与发电机阻力矩 M_g 相等，当机组的负载变化而使 M_g 发生变化时，破坏了上述平衡关系，此时需改变导叶的开度，使 M_t 与 M_g 又重新达到平衡，以保持机组的转速始终维持在一预定值或按一预定的规律变化，这一调节过程就是水轮发电机组转速调节，简称为水轮机调节。

水轮机调节工作的实质是：当水轮发电机负载改变，引起机组平衡条件破坏，使机组转速偏离允许范围时，以转速的偏差为调节信号，适当调节水轮机流量，使水轮机动力矩和阻力矩相等，又重新达到平衡，维持机组转速稳定在允许的范围内。

5-1-2 为什么要对水轮机进行调节？

答： 水轮发电机组是把水能变成电能，再经输电网络将电能送给用户使用。在这个过程中，从发电到用电之间的输电网络，既不储存电能也不生产电能，电能是随发随用的。由此，随着用电设备的投入或切除和故障等原因的干扰，电力系统的负载是在不断地变化，这样就会导致系统的频率和电压波动。而用户在用电过程中除要求供电安全可靠外，还对电能的质量有着十分严格的要求，即要求电能的频率、电压保持在额定值的上、下某一范围内。在这个要求中，对于电压的稳定问题，则是由发电机的励磁装置进行调节和保证；对于频率的稳定问题，则要控制机组的转速来予以调节，以便保证水轮发电机组和电力系统的频率稳定在规定的偏差范围内，由此，我们就需要对水轮发电机组进行控制和调节，以满足用户对电能的要求。

5-1-3 电力系统的频率、电压波动对用户有什么影响，我国电力系统对其有何规定？

答： 电力系统频率偏离额定值（我国电网的额定频率为 50Hz）过大将严重影响电力用户的正常工作。电网用户的机械大多由异步电动机拖动，其转速随频率而变化。转速在额定值时，电动机工作特性最经济。当频率下降时，其转速也随之降低，使工作机械的出力降低，并影响电动机的寿命；反之，频率增高将使电动机的转速上升，增加功率消耗。无论是频率过高或是过低，都可能影响工业产品的产量和质量，甚至出现废品。如会造成机械加工工件达不到需要的精度，纺织产品会出现次品和废品，广播电视音像失真等问题，而对一些如化工、冶炼和医疗等重要的生产部门，其影响就会更大。此外，还会影响到水轮发电机组和电力系统自身工作的稳定性等。

因此，我国电力系统规定：电力系统的频率应保持在 50Hz，允许偏差为 ±0.2Hz；对于容量小于 3000MW 的地方电网，偏差不得大于 ±0.5Hz，而电压偏差一般为 ±5%。此外，还应保证钟点指示与标准时间的误差在任何时候不大于 1min，大容量系统（3000MW 及以上）不超过 30s。在一些工业发达的国家，对频率稳定性的要求更为严格。

5-1-4 发电机的频率和转速有什么关系？

答： 发电机发出的交流电压频率与发电机组转速之间的关系为：$f = Pn/60$，式中 f 为发电机的频率，Hz；P 为发电机磁极对数；n 为发电机的转速，r/min。发电机的磁极对数取决于发电机的结构，对已制造好的发电机，P 是一个常数。所以，由其关系可知，发电机的输出频率与转速成正比。因此，要保证频率在规定的范围内，就需根据电力系统的负载变化不断地调节水轮发电机组的有功功率输出，并维持机组转速在规定范围内。

5-1-5 水轮机调节的基本任务是什么，水轮机调节的途径和基本方法是什么？

答： 水轮机调节的基本任务是：按照用户负载变化引起的机组转速（或频率）的变化，调节进入水轮机的流量，改变发电机输出的有功功率（即电能），适应用户负载变化的要求，以达到随时维持发电与用电的电力平衡，确保供用电频率及其偏差不超过允许范围。

为了完成水轮机调节的基本任务，其途径和基本方法是：利用调速器按负载变化所引起的机组转速或频率的偏差，调整水轮机导叶（或喷针）开度，改变水轮机流量，以满足用户需要的负载量，维持机组的力矩平衡和转速恒定不变。而对于有转桨式的水轮机，也可通过调整导、桨叶的协联关系来实现对负载的调整。

5-1-6 什么是水轮机调节系统，它主要由哪几部分组成，各部分的作用是什么？

答： 水轮机调节系统是指由调速系统和被控制系统组成的闭环系统。其组成结构如图 5-1-1 所示。其中，被控制系统是由过水系统、水轮机、发电机和电力网络组成的，又称被控（调）对象。

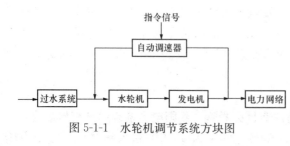

图 5-1-1 水轮机调节系统方块图

被控制系统中各部分的作用，其具体如下：①过水系统。其作用是将上游水库或河道中的水引入水轮机，做功后再排到下游去。②水轮机。其作用将水能变成机械能（转速和力矩），再经主轴传给发电机。③发电机。其作用是将机械能（旋转力矩）变成电能（有功功率）送给电网。④电力网络。其作用是将发电机输出的电能（有功功率）送给用户使用。

调速系统的核心部分是调速器。它是水轮机调节系统中的自动调节与控制装置，对机组的运行，既能自动调节又可人工控制。

5-1-7 什么叫作水轮机调节系统的调节过程，在调节过程中有哪几种工况状态？

答：在水轮机调节系统中，以单机或调频机为例证，当水轮机动力矩与发电机阻力矩相等时，机组转速保持稳定。如果负载增加或减少，则阻力矩也增加或减少，这样就会产生转速变化，出现转速偏差，调速器就会根据转速的偏差来发布调节命令，改变导叶（或喷针）的开度，使动力矩和阻力矩重趋平衡，逐渐使转速稳定下来。这个过程就称为调节系统的调节过程。

调节系统在调节前后，其各参数（如转速、导叶开度等）不随时间变化时的工作状态，称为平衡状态，或称稳定工况；如果有外扰作用（如负载突变）的发生，其各参数将会随时间发生变化，调节系统暂时会失掉平衡状态，经过一定时间，又会建立新的平衡状态，这种由原来的平衡状态过渡到新的平衡状态的过程，则称为过渡过程或动态过程。在这个过程中，各参数（主要是转速）与时间的变化关系就是水轮机调节系统的动态特性。

5-1-8 水轮机调节系统的特点有哪些？

答：水轮机调节系统与其他原动机调节系统相比，有以下特点。

（1）水能的单位能量较小，需要通过较大的流量才能发出一定的电能，因此水轮机的导水机构也相应的较大。这就要求水轮机调速器设置较大的液压操动机构，而液压元件的非线性和时间滞后性又会影响水轮机调节系统的动态品质。

（2）因开发方式的不同，一些水轮机需要采用双重调节。例如，转桨式水轮机不仅需要调节导叶开度，同时还需要调节转轮桨叶的转角。这样就要求调速器中多设置一套调节机构，从而增加了调速系统的复杂性，同时，也增加了水轮机出力调整的滞后性。

（3）受自然条件的限制，有些水电站具有较长的引水管道。管道长，水流惯性很大，水轮机突然开启或关闭导叶都会引起压力管道中产生水击。而延长关机时间，又会使机组转速过高，这些都会对水轮机调节系统的动态品质产生不利影响。

（4）随着电力系统容量的扩大和自动化水平的不断提高，对水轮机调速器的稳定性、速动性、准确性提出了越来越高的要求，调速器的操作功能、自动控制功能需要不断完善，已经成为水电站综合自动化中必不可少的自动装置。

5-1-9 在水轮机调节系统中，水轮机调速器的主要作用有哪些？

答：在水轮机调节系统中，水轮机调速器的基本功能是调整转速。但随着科学技术的发展，调速器已成为一种具有多种功能的自动装置。归纳起来，调速器的主要作用有以下几点：①自动或手动启动、停止机组和事故停机；②在单机或调频机运行中，调速器能随机组转速（频率）变化相应地自动控制导水叶开度，改变进入水轮机的流量和发电机的输出功率，满足用户负载变化的要求，维持机组转速（频率）恒定不变；③在并列机运行中，调速器能随电网同期转速变化按调差率自动调整机组负载，保证并列机组间的负载合理分配；④在现代调速器中，由于设有多种功能元件或装置，可实现电站的单机、成组和梯级调节等各种形式的高度自动化。

5-1-10 调速系统主要由哪几个基本部分组成，各主要元件的作用是什么？

答：调速系统的核心部分就是调速器。自动调速器由测量元件、放大元件、执行元件和反馈（或稳定）元件构成，这些典型元件又称为典型环节，其结构如图 5-1-2 所示。

测量元件是负责测量机组输出电能的频率，并与频率给定值进行比较，当测得的频率偏离给定值时，发出调节信号。

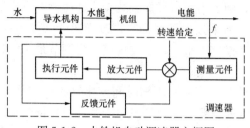

图 5-1-2　水轮机自动调速器方框图

放大元件是负责把调节信号放大，然后通过执行元件去改变导水机构开度，使频率恢复到给定值。放大元件一般包括引导阀、辅助接力器、主配压阀等。而执行元件一般为接力器。

反馈元件的作用是将输出信号和输入信号进行比较，并使调节系统的工作保持稳定。一般包括硬反馈（调差机构）和软反馈。

5-1-11　调速系统应满足哪些基本要求？

答：调速系统的核心部分是调速器。其需满足的基本要求是：①能维持机组空载稳定运行；②单机运行时，对应于不同负载，机组转速保证不摆动，负载变化时，转速变化的大小应不超过规定值；③并网运行时，能按有差特性进行负载分配而不发生负载摆动或摆动幅值在允许范围内；④当机组甩 100% 负荷时，转速的最大上升值应满足调节保证计算值的要求。

5-1-12　什么是反馈、硬反馈、软反馈、负反馈、正反馈？

答：在调节系统中，反馈是指将后面元件的输出信号送到前面元件输入端去的一种联系。以机械调速器为例，接力器是后面的元件，引导阀则是前面的元件。

反馈机构的输出信号与输入信号始终成比例的反馈称为硬反馈；而软反馈是将反馈机构的输出信号暂时引回到输入端，输出信号只在一定时间内的调节过程中按照一定的特性或变化规律送回输入端，待调节结束后，输出信号恢复为零的反馈称为软反馈，或称暂态反馈。在机械调速器中，一般采用缓冲器来实现软反馈。硬反馈与软反馈相比，它们均有控制引导阀窗口开度的功能，但硬反馈的反馈量总是恒定不变，而软反馈在调节结束后，恢复为零。

输入反馈信号的方向与原来输出信号的方向相反的反馈称负反馈，同向的为正反馈。在水轮机调速器中一般采用负反馈。

5-1-13　水轮机调速系统为什么要设置反馈？

答：假如水轮机调速系统无反馈，那么当机组的平衡状态一旦遭到破坏后，将会发生等幅振荡，其调节过程将不会稳定。所以，对于无反馈的调速系统，其达不到调节的要求，不能完成调节任务。为此，为了使调节系统能满足调节的需要，须在水轮机调节系统中设置一个合适的反馈系统，将输出信号和输入信号进行比较，才能使调节系统的工作保持稳定，以保证水轮机的调节系统达到稳定、快速、准确的调节需要。

5-1-14　只具有放大作用的无反馈调节系统，其工作特性如何？

答：对于只具有放大作用的无反馈系统，以机械式调速器为例，如图 5-1-3 所示。设初始工况为调节系统处于转速 n_0 下稳定运行，配压阀处于中间位置。其工作特性和调节过程如下。

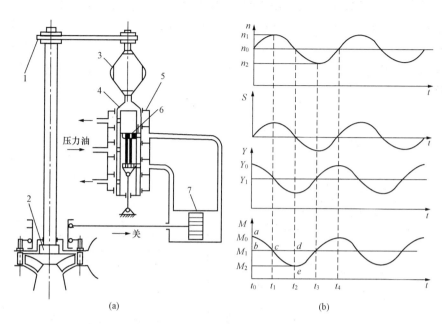

图 5-1-3　具有放大作用的无反馈调节系统
(a) 工作原理图；(b) 调节过程图

（1）当 $t>t_0$ 外界负载突然减小时，原来的平衡遭到破坏，机组转速 n 上升，离心摆 3 转速也上升，并带动转动套 4 上移，配压阀下控制油孔通压力油，上控制油孔通排油，接力器向关闭方向移动，水轮机导叶开度减小，动力矩减小。

（2）当 $t=t_1$ 时，接力器开度减至 Y_1，动力矩等于阻力矩，转速停止上升，此时由于转动套处于上部位置，压力油继续通过配压阀下控制油孔进入接力器左腔，接力器继续关闭，导叶开度继续减小。

（3）当 $t>t_1$ 时，接力器开度小于 Y_1，故动力矩小于 M_1，转速下降。转动套下移，使配压阀逐渐接近中间位置。

（4）当 $t=t_1$ 时，机组转速降至 n_0，配压阀也回到中间位置。接力器开度停止减小。但由于此时的动力矩小于阻力矩 M_1，因此机组转速继续下降。

（5）当 $t>t_2$ 时，机组转速小于 n_0，转动套下移，接力器向开启方向移动，导叶开度增加，动力矩增加。

（6）当 $t=t_3$ 时，接力器开度又增至 Y_1，相应的水轮机动力矩也增加到 M_1。机组转速不再下降。但由于转动套已处于下部位置，压力油继续通过配压阀上控制油孔进入接力器右腔。接力器继续向开启方向移动。

（7）当 $t>t_3$ 时，接力器开度大于 Y_1，水轮机动力矩大于 M_1，转速又要上升，转动套又上移并逐渐接近中间位置。

（8）当 $t=t_4$ 时，机组转速又回升到 n_0，转动套也回到中间位置，接力器开度达到 Y_0，动力矩达到 M_0 整个调节系统的状态和参数又回到了 t_0 时的情况。

当 $t>t_4$ 以后，整个调节系统的工作情况又不断地重复 $t_0 \sim t_4$ 的调节过程。所以，其调节过程将不会稳定。

413

5-1-15 对于具有硬反馈的调速系统，其工作特性和调节过程如何？

答：对于具有硬反馈的调节系统，以机械式调速器为例，如图 5-1-4 所示。通过 4、6 等机构，将接力器的输出信号按一定比例送入到配压阀的输入信号，形成了硬反馈。

接力器活塞的运行经 4、6、7 和 AOB 这一套杠杆传递给配压阀针塞，这套机构就是硬反馈机构。

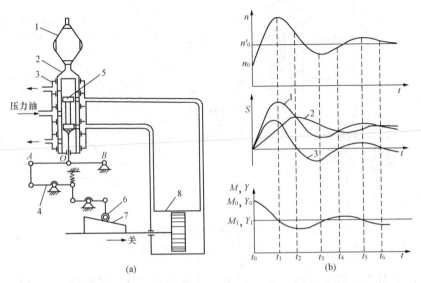

图 5-1-4　具有硬反馈的调节系统

（a）工作原理图；（b）调节过程图

1—离心摆；2—转动套；3—配压阀阀壳；4—杠杆；

5—针塞；6—滚轮；7—斜块；8—接力器

其工作特性和调节过程如下：①当 $t>t_0$ 时，机组和离心摆转速上升，转动套上移，配压阀下控制油孔通压力油，接力器向关闭方向移动，导叶开度减小，同时通过硬反馈机构，配压阀针塞上移，使控制油孔开度减小，从而减慢了接力器关闭速度。图 5-1-4 中曲线 1 为转动套位移，曲线 2 为针塞位移，曲线 3 为配压阀控制油孔开度变化曲线。②当 $t=t_1$ 时，接力器关至 Y_1，水轮机动力矩减至 M_1，因此 $M_t=M_g$，机组转速停止上升。但配压阀下控制油孔仍有一定的开度接通压力油，所以接力器要继续关闭。③当 $t>t_1$ 时，接力器开度小于 Y_1，故动力矩又小于阻力矩，机组转速开始下降，转动套下移。同时由于接力器关闭，针塞上移，使下控制油孔开度迅速减小，因此接力器关闭速度仍然比无反馈时慢。④当 $t=t_2$ 时，配压阀控制油孔完全关闭。这时配压阀的位置称相对中间位置。由于前段时间内导叶关闭速度比无反馈时慢，此时的转速必然高于平衡转速 n'_0，也就是说配压阀提前回到了相对中间位置，减小了导叶的过调节。⑤当 $t>t_2$ 时，由于动力矩仍然小于阻力矩，机组转速继续下降，转动套下移，上控制油孔接通压力油，接力器开启，动力矩增加。同时经硬反馈机构使配压阀针塞下移，上控制油孔开度减小。因此接力器和导叶开启速度也小于无反馈时的情况。⑥当 $t=t_3$ 时，接力器开至 Y_1，动力矩增至 M_1，动力矩又与阻力矩平衡，机组转速停止下降。但由于上控制油孔仍有一定开度，接力器仍有继续开启的趋势。⑦当 $t>t_3$ 时，由于接力器继续开启，动力矩又增加，机组转速上升，转动套上移。同时硬反馈机构又使针塞上移，上控制油孔开度迅速减小。⑧当 $t=t_4$ 时，控制油孔关闭，配压阀回到相对中间位置，由于前段时间内接力器和导叶开启速度较慢，此时的转速必然低于稳定转速 n'_0。显然，配压阀又提前回到了相对中间位置，接力器和导叶的调节又再次得以减小，动力矩与阻力矩之差也继续减小。当 $t > t_4$ 以后，调节过程各参数的变化规律与以上过程类似。但每波动一次，配压阀都要提前一些回到相对中间位置，动力矩与阻力矩之差都比前次要小一些。这样经过若干次波动后，配压阀回到相对中间位置时，动力矩也正好等于阻力矩，调节系统达到新的稳定状态。

5-1-16 衡量硬反馈量大小的特性参数是什么，它的物理意义是什么？

答： 衡量硬反馈量大小的特性参数是永态转差系数，表示为 b_p。它是反映接力器活塞相对位移 y 与引导阀针塞相对位移 γ 之间的关系，其表达式为：$\gamma = b_p y$，在机械调速器中，b_p 值的大小与硬反馈系数和离心摆的放大系数有关。此外，由于引导阀针塞的位置与调速器的转速相对应，所以 b_p 也表示接力器移动全行程时，转速变化的相对值。所以，它也反映转速 n 和接力器行程 Y 之间的关系，由此，b_p 也是衡量调速器静特性的一个参量，即调速器静特性的斜率也就是永态转差系数 b_p。当 b_p 大时，机组转速偏差就大，反之就小。所以，由于有硬反馈的存在，机组就会产生静态转速偏差。

而永态转差系数的物理意义是：接力器移动全行程时，通过硬反馈机构给予引导阀针塞的回复值，该回复值折算为离心摆转速的相对变化量，也就反映了调速器的转速静态偏差大小。若调速器的静特性可近似看作直线时，则 b_p 可按下式计算：$b_p = \left[(n_{max} - n_{min}) / n_e \right] \times 100\%$，式中 n_{max} 为接力器行程为零时调速器的转速；n_{min} 为接力器行程为全行程时调速器的转速；n_e 为调速器的额定转速。在实际应用中，b_p 的大小一般是由电力管理部门根据机组的性能和它所带负载的性质（基荷、调峰、调频等）来确定的。通常来说，机组承担基荷运行时，b_p 值整定得大一些。而对于 b_p 值的调整，在机械调速器中，一般是通过调整硬反馈系数（调速机构）来实现的；在电气调速器中，则是通过调节某些电气参量来实现的；而在微机调速器中，则是通过改变调节程序中某些设定的参数来实现的。

5-1-17 对于具有软反馈的调节系统，其工作原理如何？

答： 对于具有软反馈的调节系统，以机械式调速器为例，如图 5-1-5 和图 5-1-6 所示。通过 4、5、6、7、8 等机构，将接力器的输出信号按照其一定的变化速度成比例地送入到配压阀的输入信号，就形成了软反馈。也称为暂态反馈。4、5、6、7、8 所组成的机构就是软反馈机构。

对于具有软反馈的调节系统，其工作原理如下：若机组负载减小，动力矩大于阻力矩，机组转速增加，离心摆的转速也随之上升，转动套 2 上移，配压阀下控制油孔通压力油，接力器 10 向关闭方向移动，导叶开度减小，动力矩减小，机组转速下降。与此同时，接力器带动反馈斜块 9，通过杠杆 6 使缓冲杯 4 上移，缓冲器从动活塞 5 和 B 点也随之上移，杠杆 AOB 逆时针偏转，使配压阀针塞 3 上移，控制油孔开度逐渐减小，配压阀逐渐回到相对中间位置，接力器逐渐停止运动。同时，

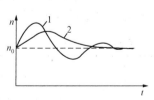

图 5-1-5 具有软反馈的
调节系统的调节过程

缓冲器的从动活塞也在弹簧 7 的恢复力作用下逐渐回到中间位置，动力矩与阻力矩也渐趋平衡。经过一段时间的调节后，调节系统达到新的稳定状态。在新的稳定状态下，由于缓冲器

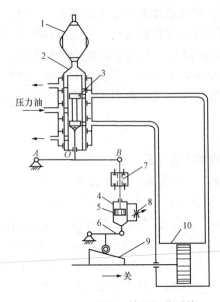

图 5-1-6 具有软反馈的调节系统
工作原理图

1—离心摆；2—转动套；3—针塞；
4—缓冲杯；5—从动活塞；6—杠杆；
7—弹簧；8—节流孔；9—反馈斜块；
10—接力器

的从动活塞和 B 点回到了原来的位置，新的稳定转速与原来的稳定转速相等。在这个过程中，转速的变化过程视 T_d、b_t 值的不同而不同。

5-1-18 衡量软反馈的特性参数是什么，各有什么意义？

答：衡量软反馈的特性参数有两个，分别是：暂态转差系数和缓冲时间常数，用符号表示为：T_d 和 b_t。对于暂态转差系数 b_t，以机械调速器为例，把缓冲器节流孔堵死，软反馈就变成了硬反馈，此时，接力器移动全行程时，接力器活塞相对位移 y 与引导阀针塞相对位移 γ 之间的关系，就是软反馈的暂态转差系数。而在实际中，节流孔是有一定开度的，所以，其一，它所产生的反馈量没有把缓冲器节流孔堵死时所产生的反馈量那么大，并且随时都在变化（减小）；其二，由于受缓冲器弹簧等机构的作用，不管接力器如何移动，缓冲器都会带动配压阀回到原点，直到最后反馈量为零。所以，暂态反馈信号只在导叶调节过程中存在，调节结束后，其信号自行消失。与永态转差系数相比，它所产生的反馈量只是暂时存在的，由此，我们可以对其形象地理解为暂时存在的永态转差系数，故而称为暂态转差系数。暂态转差系数主要是反映软反馈量的大小（或强弱），其值的大小对调节的影响较大，b_t 值大有利于调节系统的稳定，并能减少调节过程中的转速最大偏差值和振荡次数，但 b_t 大到一定程度后，则对改善系统的稳定性无明显效果。

缓冲时间常数是描述缓冲装置工作性能的参数，它主要是反映软反馈作用时间的长短。以机械调速器为例，T_d 即为缓冲器从开始动作到工作结束过程的时间，其时间的长短由缓冲装置的节流孔来调整，T_d 越小，从动活塞回复得越快，调速器的速动性越高；反之，T_d 越大，调速器的速动性越差，但稳定性越好。

5-1-19 对于具有无反馈、硬反馈、软反馈的调节系统，各具有什么特点和调节特性？

答：对于具有无反馈、硬反馈、软反馈的调节系统，其各自特点和调节特性见表 5-1-1。

表 5-1-1　　　　　　　　　　　　调节系统的调节特性和特点

名称	调节特性和特点	特性参数
无反馈调节系统	从只具有放大作用的无反馈调节系统的调节过程可见，它的平衡状态一旦遭到破坏，将发生等幅振荡，其调节过程是不稳定的。其不稳定的原因主要是当动力矩与阻力矩平衡时，配压阀不能及时回到中间的位置，控制油孔不能及时封堵。例如，当 $t=t_1$ 时，$M_t=M_g$，此时转动套却处于上部位置，接力器仍要向关闭方向移动；当 $t=t_3$ 时，$M_t=M_g$，而转动套却处于下部位置，接力器仍要向开启方向移动。如此以来，就会使导叶出现过调节现象	无

名称	调节特性和特点	特性参数
硬反馈调节系统	从具有硬反馈调节系统的调节过程中可以发现，在新的平衡状态下，由于接力器移动到了新的位置 Y_1，配压阀的针塞也相应地位于一个较高的位置。这时，配压阀控制油孔被针塞的两个阀盘封堵，因此转动套也处于比原来状态更高的位置。即新的稳定转速大于原稳定转速，造成了转速静态偏差。由此可以看出，加入硬反馈可以使调节系统稳定，但同时使接力器和导叶的移动速度变慢了，即速动性变差了。实践表明，硬反馈量越大，稳定性越好，但速动性越差。在实际应用中，我们应在保证稳定的基础上提高速动性。同时，反馈量越大，转速的静态偏差也越大	永态转差系数
软反馈调节系统	对于具有软反馈的调节系统既具有良好的稳定性，又没有转速静态偏差。在机械调速器中，一般采用缓冲器来实现软反馈。在具有软反馈的调节系统中，缓冲器节流孔的大小对调节过程具有重大影响。当节流孔全开时，由于油流的阻力系数很小，当接力器和缓冲杯移动时，从动活塞和配压阀针塞并不会移动，相当于无反馈。所以，调节系统将会变成一个不稳定的系统。而当节流孔全关时，缓冲器失去了缓冲功能，这个软反馈就变成了硬反馈。由此可见，对于缓冲器的节流孔要调整到适当位置，才能实现软反馈功能	暂态转差系数缓、冲时间常数

5-1-20 软反馈既有稳定作用又不会产生静态偏差，为什么还要设置硬反馈呢？

答：我们在研究具有软反馈调节系统的工作特性时，是在单台机组上带孤立负载来进行的，在这种情况下，对于机组的调节系统来说，不管其负载怎么变化，对于具有软反馈的调节系统，都可以使系统既得到稳定，又不会产生静态偏差。但在实际应用中，大多数机组是处在一个电网中，在这个电网中，往往有很多机组并列在一起运行，如果这些机组的调速器都只具有软反馈，那么将会造成负载在各机组之间来回转移，发生"负载推拉"现象，使整个电网运行不稳定。

而为了解决这个问题，我们需要对电力系统中并列运行的机组实行有差特性调节，才能做到负载的合理分配，从而保证系统的稳定运行。而要实行有差特性调节，就需设置兼具软反馈和硬反馈的调节系统，如图5-1-7所示。在这个系统中，1、2、5、6等部件构成硬反馈，硬反馈的特性参数是永态转差系数，其作用是确定并列机组间负载变动的自动分配关系，不使并列机组出现"负载推拉"现象；8、9、10、11、12等部件构成软反馈，软反馈的特性参数是暂态转差系数和缓冲时间常数，其作用是保证调节系统的稳定性。

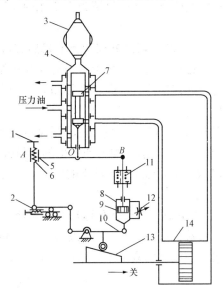

图 5-1-7 兼具软硬反馈和转速调整机构的调速器

1—手轮；2—调差机构；3—离心摆；4—转动套；5—螺母；6—螺杆；7—针塞；8—缓冲杯；9—从动活塞；10—杠杆；11—弹簧；12—节流孔；13—反馈斜块；14—接力器

5-1-21 对并列运行的机组，当实行无差调节时，为什么会出现"负载推拉"现象？

答： 以机械式调速器为例，设有三台机组并列在一个电网上，以转速 n_2 运行。它们的静特性如图 5-1-8 所示。对于具有无差特性的机组，在其并列运行时，由于各种原因，三台调速器的转速调整机构，其所整定的转速不可能调到完全一致，假定 $n_1 > n_2 > n_3$，这时 1 号

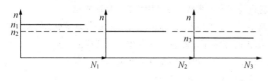

图 5-1-8 具有无差特性
时机组的并列运行

机的离心摆总感到机组转速低于它本身的整定转速，因而要求打开导叶，直至满载后被限位；3 号机的情况则相反，它的离心摆总感到机组转速高于它本身的整定值，因而要求关闭导叶，直至全关。运行人员发现后，为了减小 1 号机的出力，就要将转速调整机构的螺母往下调，使其静特性向下平移，但一般不可能把整定转速调得正好为 n_2，有可能会调得比 n_2 低一些。而 3 号机要增加出力，又有可能将调速器整定转速调得比 n_2 高一些。这样一来，负载就会从 1 号机全部转移到 3 号机，如再行调整，又可能返回到原来的情况，从而造成负载在 1、3 号机之间来回转移，出现"负载推拉"现象，从而使整个电网运行不稳定。

而对于单机运行的机组或是孤网运行的机组，就不存在负载推拉现象，并且还要求不管其外界负载如何变动都要求转速保持恒定，故对单机运行的机组（孤网运行），我们需要采用无差调节，即硬反馈为零或无硬反馈，以保持其运行的稳定性。

5-1-22 当对并列运行的机组实行有差调节时，它是如何做到合理分配负载的？

答： 在电力系统中，当对并列机组实行有差调节时，其负载分配的情况如下：设有两台机组并列运行，其静特性如图 5-1-9 所示，调差率分别为 e_{p1} 和 e_{p2}，且 $e_{p1} > e_{p2}$。当两台机组以转速 n_0 运行时，分别承担负载 N_1 和 N_2，运行工况点为 A 和 B。若总负载增加 ΔN，则电网频率降低，两台机的调速器都要动作打开导叶，增加出力，经过调节后达到新的平衡转速 n_0'。n_0' 水平线与两台机的静特性交点为新的运行工况点 A' 和 B'，其所对应的出力 N_1' 和 N_2' 即为两台机新承担的负载。可见负载分配很明确。

5-1-23 对于并列运行中的机组，其负载调整的多少与哪些因素有关？

答： 从图 5-1-9 中可以看出，在负载变化时，各机组承担的变动负载与额定出力成正比，与调差率成反比，即额定出力大和调差率小的机组承担的变动负载大。

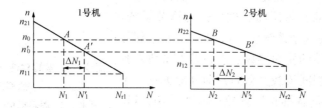

图 5-1-9 具有有差特性时机组的并列运行

由此可见，在总负载变动值 ΔN 一定时，要减小转速偏差最有效的办法就是使一台或几台额定出力较大的机组采用较小的调差率，这些机组在电网负载变化时，承担大量的变动负载，这有利于减小转速和频率的波动，这些机组称为调频机组，其调差率一般在 2% 左右。

而对于其他机组，其调差率可整定得大一些，一般在 4% 左右，这些机组主要承担基本负载。随着电网发展和运行方式的变化，某台机组在一段时期内可能要进行调频，在另一段时期内可能要承担基本负载，也就是说，调差率应根据电网的发展需要和运行方式来进行改变和调整。由此也可以看出，在负载变动量一定时，电网总容量越大，其频率就波动得越小，因此电网应向大容量发展，以减小频率波动。

5-1-24 在电网中，对无差调节运行的机组和调速器有什么要求？

答： 在无差调节运行中，为了维持电网频率恒定不变，必须满足用户负载变化的要求，同时要保证调节过程的稳定性和良好的调节品质。故一般要求：①同一电网内调频机不可多于一台，因调速器的灵敏度和速动性存在各自差异，对频率的变化等感受动作先后不一，尤其是没反馈的多台机调频更易产生相互负载推拉的不稳定现象；②机组容量应足够大，以满足峰载负载的变化量；③调速器应有良好的调节性能，以保证调节过程的稳定性、调节品质和静态精度。

此外，在现代的联合大电网中，由于电网的总容量大和要求的频率精度高，所以调频任务很难用单机调频和调速器控制来实现，故一般均需设有专门的调频装置和联合调频措施。

5-1-25 在电力系统中，机组的转速和负载是如何调整的，什么是一次调节、二次调节？

答： 电网中的机组一般是以有差特性参加工作的。当电网总负载发生变动后，各机组的调速器就会自动进行调节，经过一个调节过程后达到新的平衡工况，各台机组所承担的变动负载按各机组的额定出力和调差率自动进行调整，这种调节称为一次调节（一次调频）。而同时，在完成一次调节时，电网的频率可能已经偏离了规定范围，在这种情况下，承担调频机组的运行人员就必须操作转速调整机构，使电网频率回到规定范围，这种调节称为二次调节（二次调频）。而对于非调频机组，一般是按计划负载运行，当电网总负载变化较大时，它们也参加一次调节，但因它们的 e_p 值较大，故一次调节中所调节的负载较小。所以，这些机组一般只有在电网调度员根据系统需要命令其改变负载时，才用转速调整机构进行二次调节。

5-1-26 电力系统的负载变化有哪几种形式，各有什么特点？

答： 电能生产的特点是发电、供电和用电同时完成。在这个过程中，负载是经常变化的，负载变化形式主要有两种：一种是变化周期为几秒至几十分钟的负载波动，其波动幅度可达系统总容量的 2%～3%，随着系统容量的不断增大，这种小负载的波动所占系统的总容量也越来越少，对系统的影响也越来越小，这种变化是不可预见的。另一种是在一天之内，系统负载有几个高峰和低谷，这种峰谷的变化是可以预见的，但是负载从低谷向高峰过渡的速度往往较快，有时达每分钟增加系统总容量的 1%，甚至更多。

5-1-27 在水轮机自动调节系统中，典型环节有哪些，各有什么特性？

答： 水轮机的转速自动调节系统是一种较为复杂的调节系统，它可以看成由若干个不同功能的元件按某种方式组合而成。这些元件也就是调节系统中的测量元件、放大元件、执行元件和反馈元件。这些元件都是调节系统中必不可少的环节，所以也称为典型环节。自动调节系统的典型环节有以下几种。

（1）比例环节。输出量与输入量成比例的环节称为比例环节。比例环节不存在惯性，具有放大作用，故又称为放大环节。比例环节具有比例特性，输出与输入一一对应，且无延迟。在机械液压调速器中，离心摆、配压阀、杠杆都属于比例环节。

（2）积分环节。输出量与输入量对时间的积分成比例的环节称积分环节。积分环节具有积分特性，它对低频信号放大，对高频信号衰减，故对低频信号敏感，能消除余差，可以提高系统的稳定性。而由相频特性可知，其滞后角为 90°，即输出滞后输入 90°，故控制过程较缓慢。

（3）微分环节。输出量与输入量对时间的导数成比例的环节称为理想微分环节。微分环节具有微分特性，其输出量与输入量的变化速度成正比。当输入量不变时，没有输出，即对固定的偏差输出为零。当输入量变化时，则产生输出量。由其频率特性可知，微分控制在低频段是衰减，高频信号是放大，所以对高频信号敏感，因此它能抑制高频振荡。而由相频特性可知，其相角超前 90°，即输出超前输入 90°。所以，当输入量变化时，不仅产生输出量，而且输出量比输入量超前一段时间，故可超前控制。

5-1-28 在自动调节系统中，各典型环节是如何组合在一起的，其连接方式有哪几种？

答： 在自动调节系统中，没有哪个单独的典型环节可以完成比较复杂的调节任务，只有将这些调节环节按照一定的关系，采用不同的连接方式组合起来，才能达到我们所需要的调节功能，从而完成调节任务。常用的连接方式有以下几种。

（1）串联连接。几个环节串联起来，前一个环节的输出为后一个环节的输入。这种连接方式为串联。在水轮机调节系统中，有很多环节都采用串联连接，如引导阀和辅助接力器、主配压阀和主接力器之间就是串联连接。

（2）并联连接。在并联连接中，若干个环节并列，有同一个输入通道，又有共同的输出通道。在机械式调速器中，调差机构（硬反馈机构）和缓冲器（软反馈机构）就是并联连接。

（3）反馈连接。反馈连接是两个环节形成一个闭合回路，其中正向环节的输出作为整个闭合回路的输出信号外，还传递至反向环节作为反向环节的输入，反向环节的输出为正向环节的输入信号的一部分。

5-1-29 什么是调节规律，常规调节系统的调节规律有哪几种，各有什么特性？

答： 输出信号与输入信号之间的关系称为调节规律。将各种典型环节按照不同的连接方式连接起来就会形成不同特性的调节规律，又称为控制方式。常有的调节规律或控制方式有以下几种。

（1）比例调节规律。比例控制器的输出与输入一一对应，且无延迟。比例控制适用于干扰小，对象滞后小且时间常数大、控制精度要求不高的场合。

（2）积分调节规律。积分控制器对低频信号放大，对高频信号衰减。它能消除余差，提高系统稳定性。由相频特性可知，滞后角为 90°，即输出滞后输入，故控制过程较缓慢，被控变量波动较大。

（3）微分调节规律。在微分控制中，输出与偏差变化速度成正比，对于固定的偏差，输出为零。对于阶跃输入，输出突然上升到较大的有限值（一般为输入幅值的 5 倍），然后呈指数曲线下降至某一值，保持不变。其频率特性是：在低频是衰减，高频信号是放大，对高频信号敏感，因此它能抑制高频振荡，当增大时，微分作用加强，且相角超前 $90°$。由于输出超前输入，故可超前控制，适于滞后较大的对象。

（4）比例积分调节规律。它的输出是比例与积分两部分之和，比例部分是快速的，而积分部分是缓慢渐变的，能消除余差，其相频特性在低频段滞后 $90°$，在高频段逐渐接近于零。

（5）比例微分调节规律。其幅频特性是低频段为一条水平线，高频段为一上升直线，有放大作用，因而能抑制高频振荡。其相频特性是低频段相角接近 $0°$，高频段超前角近 $90°$。微分只在高频段起作用。

（6）比例积分微分调节规律。这种控制的输出是比例、积分和微分三种控制作用的叠加。

5-1-30 水轮机调速器常采用哪几种调节规律进行调节，各有什么特点？

答： 水轮机调节受多方面的影响和制约，如水击效应、机组惯性和所带的负载性质等，都会影响到调节质量。为了提高调节过程的稳定性和改善调节品质，现代调速器中均设有数目和连接方式不同的校正元件，致使调节过程出现了比例（P）、积分（I）、微分（D）等不同的调节规律。现代调速器常用以下几种调节规律。

（1）比例—积分调节规律（PI 调节规律）。由 PI 调节规律构成的调速器称为 PI 调速器，即由比例和积分的调节规律而得名。其基本特征是用具有软反馈（如机械式调速器中的缓冲器）的负反馈并联的校正方式形成比例积分调节规律。因此对于兼具软硬反馈的调速器都具有 PI 调节规律。在过去的机械液压调速器以及早期的一部分电气液压调速器，都采用这种 PI 调速系统。

（2）比例—积分—微分调节规律（PID 调节规律）。由 PID 调节规律构成的调速器称为 PID 调速器，即由比例、积分和微分的调节规律而得名。相对于比例—积分调节规律来看，它增加了一个按转速加速度偏差调节的信号，即一个微分环节。按照其连接方式的不同，又分为串联 PID 调速器和并联 PID 调速器。在后来发展的电气液压调速器以及目前普遍使用的微机调速器都是采用 PID 调节规律。且目前所广泛使用的微机调速器也都基本采用并联 PID 调速器的调节模式。

（3）其他调节规律。如前馈控制、自适应调节、模糊控制等更为复杂的调节规律。在微机调速器中，采用自适应调节控制，它可根据运行工况变化的要求，自动地改变控制系统的调节参数或规律，既可保证单机和并列调频机的调节稳定性与调节质量，又可提高并列机负载变化的速动性和负载分配的合理性。

5-1-31 具有 PID 调节规律的系统，其调节过程是怎样的？

答： 所谓 PID 调节，就是指实现比例＋积分＋微分调节规律的调节。这种控制作用的输出是比例、积分和微分三种控制作用的叠加。当干扰或误差出现时，微分调节立即动作，使总的输出大幅度变化，产生强烈的超前控制作用，同时，比例调节也起克服作用，使偏差的幅度减小，这种作用可看成是预调。然后微分作用逐渐减弱，积分作用加大，只要余差存在，积分输出就不断增加，直到余差消失，这种控制作用可看作细调。PID 调节只需经过短暂的衰减振荡后，偏差就会被消除，进入新的稳定状态。由于 PID 控制规律综合了比例、积分和微分三种控制规律的优点，因此它具有较好的控制性能，所以在水电站的调速器中得到了广泛应用。

5-1-32　什么叫作调速器静态特性，衡量调速器静态特性的指标有哪几项？

答： 调速器静态特性是指在平衡状态下离心摆的转速 n 与接力器行程 Y 之间的关系。它由测速元件、放大元件和硬反馈（调差）元件组成调速系统的静态综合特性。同时，也可以用离心摆的相对转速偏差 x 和接力器相对行程 y 的关系来表示。表征调速器静态特性的参量为永态转差系数 b_p。b_p 定义为：用相对量表示的调速器静态特性某一规定运行点处斜率的负数，表示为：$b_p = -(\mathrm{d}x/\mathrm{d}y)$。此外，还定义接力器最大行程的永态转差系数 b_s 为接力器全关时离心摆的转速 n_{max} 与接力器全开时离心摆的转速 n_{min} 之差与离心摆的额定转速 n_r 的比值，即 $b_s = (n_{max} - n_{min})/n_r$。从理论上讲，调速器静态特性是一条直线，所以 $b_p = b_s$。在平衡状态下，接力器全关和全开时存在的离心摆相对转速差，也就是机组的相对转速差，是由于引入硬反馈所造成的。

理论上的调速器静态特性是一条直线，当同一机组或不同机组其硬反馈的大小不同时，即对应的永态转差系数 b_p 不同时，其机组转速 n 与接力器行程 Y 之间的关系也不一样，即在平衡状态下存在转速静态偏差，所以其静态特性曲线的斜率也不一样。而实际上的调速器静态特性则受各方面因素的影响，具有非线性度和转速死区，它是一条曲带。所以衡量调速器静态特性的指标有三项，即非线性度、转速死区和永态转差系数。

5-1-33　在调速器的静特性中，为什么会存在非线性度和转速死区，会有什么影响？

答： 非线性度是指整个静态曲线的最大弯曲程度，它对调速器动作的准确性和动态品质有不良影响，是影响调速器工作质量的有害因素。但由于多种原因所造成的非线性是很难避免的。所以，我们通常在工程上规定：在接力器行程 10% 到 90% 范围内的最大非线性度不得超过 5%。

而对于转速死区，它是由于离心摆有死区、配压阀有正遮程、导水机构存在摩擦阻力以及机构杆件间的摩擦和间隙等因素影响而形成的，因而会造成接力器在往返两个方向的同一行程中对应着两个转速值。所以调速器静态特性通常是两条曲线，并形成阴影部分的曲带区域。在转速变化值未超出这个区域时，接力器便不产生动作，故称它为不灵敏区。这个曲带区域最大转速之差的相对值就叫作转速死区。调速器的转速死区是调速器的重要性能指标之一，它是影响其灵敏度和准确性的主要因素，死区越小灵敏度越高，一般保证在 0.01% ～ 0.2%。我们通常以调速器在平衡状态下（主配压阀在实际中间位置），使接力器从静止到动作需要的转速变化相对值来表示死区。所以调速器灵敏度均按转速死区的一半来计算。

5-1-34　什么是双调系统中的不准确度，对其有什么要求？

答： 在双调系统中，调速器的静特性还涉及一个不准确度，即指双调系统的接力器活塞跟随输入信号变化的准确程度。在控制桨叶转角的液压放大系统中，由于摩擦阻力、漏油和死行程等因素，使桨叶接力器活塞不能准确地跟随导叶接力器活塞指令工作，而产生滞后。随动系统不准确度太大时，将会严重影响协联的最佳调节规律，不能保证调节的准确性和转桨式水轮机的最优效率。因而技术条件规定，转桨式水轮机的桨叶开度对导叶开度的不准确度不得超过 1.5%。其计算方法是：将通过试验测量出来的桨叶不随导叶变化的最大行程偏

差 ΔZ 比上桨叶接力器行程最大有效行程 Z_M。

5-1-35　对调速器进行静态特性试验的目的是什么，应如何进行？

答：对调速器进行静态特性试验的目的是：通过对调速器静态特性曲线的测定，确定调速器的静态特性品质，得到静态特性曲线的非线性度，求出接力器不带负载时的转速死区和接力器的不准确度，并校验永态转差系数，借以综合鉴别调速器的制造和安装质量。

调速器的静态特性试验一般在现场进行，并且流道内无水，油压装置正常。由于此试验是校验永态转差系数，所以在试验时应将其他因素的影响尽量避免，故在试验前，一般是将永态转差系数设为 6％，微分增益为零，暂态转差系数和缓冲时间常数为设计最小值或比例和积分增益为最大值。

其测试方法是：①将变频装置启动，并给测频回路输入频率为 50Hz 的信号。②将接力器手动开至 50％开度（有开限的将开限全开），然后切换为自动。③逐步的每次降低频率（一般为 0.2Hz），并记录稳定的接力器活塞行程和对应的频率值，直到接力器行程的 95％。随后，升高频率，反向测试和记录，直到接力器活塞关至行程 5％为止，此时试验全过程结束，并重复试验 2～3 次。值得注意的是：在上述测试过程中，频率变化不得与测试方向相反。④对测试记录进行整理并予以绘制曲线，分析其非线性度、转速死区、永态转差系数是否符合要求。

5-1-36　什么是调节系统的静态特性，为什么又分为无差特性和有差特性？

答：调节系统的静态特性是指在平衡状态下，机组转速 n 与出力 N 之间的关系，也称为机组静态特性。根据调速器设置硬、软反馈情况的不同，即调速器静态特性的不同，调节系统静态特性又分为无差特性和有差特性。对于具有硬反馈的调节系统，由于其存在转速静态偏差，所以当机组出力较小时，有较高的平衡转速；当机组出力较大时，有较低的平衡转速，即有一定的静态偏差，也就是机组在调节前、后的转速存在一定的偏差，这种静态特性称为有差特性。而在具有软反馈的调节系统中，不论机组出力多大，该调节系统均保持机组转速为定值 n_0，也就是机组在调节前、后的转速偏差为零，即调节系统无转速静态偏差，这种静特性称无差特性。

在电力系统中，我们根据机组不同的运行方式需要设定为有差调节或无差调节。对单机和并列调频机运行的机组，我们要求在其容量足够大时可任意满足电网峰载负载变化的要求，以维持机组转速和电网频率恒定不变，在调节前后保持转速偏差为零，故而对其需按照无差调节特性运行。而对于并列运行的机组，其主要是承担腰载或基荷，以发电为主，为了防止负载的"推拉"现象，做到负载的合理分配，我们需要对其按照有差调节特性运行。

5-1-37　调节系统静态特性的指标有哪些，为什么存在转速死区和非线性，有什么影响？

答：与调速器的静态特性一样，理论上的调节系统静态特性是一条直线，而实际上的调节系统静态特性，也具有非线性度和转速死区，它是一条曲带。所以，衡量调节系统静态特性的指标为：非线性度、转速死区、调差率。而至于其为什么会存在转速死区和非线性，这是由于在调速器的静态特性中存在非线性和转速死区，再加上机组出力和接力器开度之间的关系是非线性的，导叶传动机构有一定的死行程等原因所造成的。转速死区会使调节系统对频率变动的反应不灵敏，造成负载分配的不确定性，甚至可能造成机组或电网运行不稳定，转速死区越大，曲带越宽，上述影响也越大。而调节系统非线性的影响则会给负载调整和分配带来误差。因此要尽可能减小调节系统静态特性的非线性度和转速死区。由于调节系统静态特性与调速器静态特性基本接近，所以，对调节系统（机组）静态特性各项指标的要求和鉴别方法可以参照调速器静态特性的要求。

5-1-38　对调节系统（机组）的静态特性试验应如何进行？

答：对调节系统的静态特性试验，由于其静态特性指的是机组出力与转速（频率）之间的关系，试验时，不可能用真正的负载来进行，因此通常采用以下三种方法：一是变化水电阻负载法，即以改变水电阻值作为机组的变化负载；二是甩负荷法，即通过甩负荷的方法近似求得调节系统的静态特性；三是负载频率转换法，对于负载频率转换法的方法，具体如下：①将机组并入电网；②将机组负载逐次由零增至额定值，再由额定值逐次减为零，同时记录各测点转速调整手轮的位置或接力器的位置以及相应的负载；③解列机组，手动操作使机组升速，记录在上项加减负载过程中转速调整手轮（或接力器）各位置时的机组频率 f_1。然后通过公式：$f = 2f_0 - f_1$（f_0—负载为零时机组的频率）换算出调节系统静态特性上各负载下对应的频率。用 f 和对应的负载可绘出调节系统静态特性。

5-1-39　当采取带孤立负载进行调节系统静态特性试验时，其方法怎样，如何予以分析？

答：对于带孤立负载进行调节系统静态特性的试验，一般是在带孤立系统负载或带水电阻负载的条件下进行。这是一种直接的测量方法，可得出调节系统实际静态特性。其试验步骤和方法如下。

(1) 试验前，机组负载为零，转速保持额定值，调速器在自动位置，使 $b_t = 6\%$。

(2) 计划好每次改变 $10\% \sim 15\%$ 的负载量。

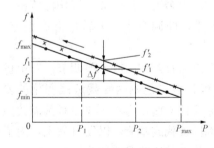

图 5-1-10　机组有差静态特性试验

(3) 接好指示仪表。

(4) 试验与操作。

①记录好试验前的转速和功率。

②逐次增加机组负载 $10\% \sim 15\%$，每次稳定后，记录机组频率和发电机功率以及相应的接力器行程，直到开度达 95% 为止。随后逐步减负载，测出各次稳定后发电机频率和功率以及相应的接力器行程值，直到负载为零。为了获得真实的转速死区，在负载增加或减小的过程中，不得有反向操作的现象。

③以相同的试验方法重复 3 次。

试验结果的整理与分析：①将所测的试验数据记入表格。

② 绘制机组有差静态特性曲线如图 5-1-10 所示。

③ 机组有差静态特性曲线应达到曲线平滑并近于直线；机组有差静态特性的频率死区 $i_x = [(f_2' - f_1') / f_r] \times 100\% <$ 规定值。

④ 计算机组有差静态特性的调差系数 $e_p = [(f_2 - f_1) / f_r] \times [p_r / (p_2 - p_1)] \times 100\%$，从所得的 e_p 值中，可校验事先给出的 b_p 值与表盘刻度的准确性。

5-1-40 如何根据甩负荷来求取调节系统静态特性？

答： 在进行甩负荷试验时，可利用第四次甩 100％负荷试验时所测得的数据，求得调节系统静态特性。其求取方法如下：如图 5-1-11 所示，在 $f-N/N_r$ 坐标平面上，将第四次甩负荷后稳定的频率和所甩负荷值所确定的点连成曲线 1。然后以曲线 1 与 f 坐标轴交点的频率 f 所在水平线为对称轴，作曲线 1 的对称曲线 2。曲线 2 即为调节系统静态特性。

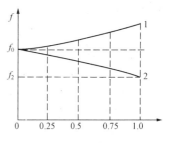

图 5-1-11 用甩负荷法求调节系统静态特性

根据实测的调节系统静态特性可求得最大功率调差率 $e_s=(f_0-f_2)/f_r$。值得注意的是，用甩负荷法求取调节系统静态特性时，要求每次甩负荷前的频率一致，且甩负荷前应切除开度限制机构和功率给定（或转速调整机构）自动关闭回路，直到甩负荷后在转速稳定时测取稳定频率后，才能投入上述回路。

5-1-41 调节系统的静态特性试验与调速器的静态特性试验有什么区别和联系？

答： 与调速器的静态特性相比，调节系统静态特性试验的目的是得出调节系统的静态特性曲线，并求出实际各功率下调差率和转速死区等参数。调节系统静态特性与调速器静态特性二者既相似又有根本的差异，主要区别在于调速器静态特性是由接力器行程从零到最大来计算，而机组静态特性则是由发电机功率从零到最大（设计额定值）来计算。

调速器的静态特性试验是测试出接力器的行程和机组转速之间的关系，它不需要带负载进行。而机组静态特性的测定，一般是在单机带负载或在带水电阻负载情况下进行，其测试方法与调速器静态特性测试基本相同，只是改变负载而不是改变转速。当使机组负载由零逐步增到最大，再由最大逐步减到零的过程，可测得与调速器静态特性基本相似的特性曲线，二者只差一个空载开度。故对机组静态特性曲线的要求和鉴别方法，同样可以采用调速器静态特性曲线的技术标准和鉴别方法。在实际工作中，一般只作调速器的静态特性就可以了，而对于调节系统的静态特性，只在必要时才通过试验来测定。

5-1-42 什么是调节系统的调差率？

答： 调节系统的静态特性是指在平衡状态下，机组转速 n 与出力 N 之间的关系。由于调节系统包含了调速器、水轮发电机组、引水系统等，所以它不仅与调速器的静态特性有关，而且还与机组特性和运行水头等因素有关。而为了表征调节系统静态偏差这种特性，我们引入调差率 e_p 的概念，调差率 e_p 的定义为：用相对量表示的调节系统静态特性某一规定运行点处斜率的负数，表示为：$e_p=-[dx/d(N/N_r)]$。此外，还定义最大功率调差率 e_s 为机组空载时的转速 n_2 与额定功率时的转速 n_1 之差再与额定转速 n_r 的比值，即：$e_s=(n_2-n_1)/n_r$。所以在简化分析时，我们往往将调节系统静态特性看成一条直线，这时有 $e_p=e_s$。

5-1-43 e_p 和 b_p 有什么联系和区别？

答： e_p 和 b_p 分别为表征调节系统静态特性和调速器静态特性的重要参数。这两个参数是不同的，但又有一定的联系。通过一定的换算之后，它们的关系如下：$e_p=(y_r-y_{xx})b_p$。其中 $y_r=Y_r/Y_M$，称接力器额定相对开度；$y_{xx}=Y_{xx}/Y_M$，称接力器空载相对开度。从这个关系式中可见，b_p 是调速器静态特性的一个参数，它只与调速器结构有关，与机组特性和运行水头无关。而 e_p 是调节系统静态特性的一个参数，它不仅与调速器有关，而且还与机组的特性和运行水头有关，因为与调速器配套的机组不同，或同一机组在不同水头下的 y_r 及 y_{xx}，一般也是不相同的。

所以，调整调速器永态转差系数，就会相应地改变机组的调差率。在机械液压调速器中，我们通常是通过设置调差机构，即通过改变 b_p，就相应地改变了机组的调差率 e_p，以适应机组运行的要求。

5-1-44 何谓水轮机调节系统的动态特性，在水轮机调节过程中对其有什么要求？

答：水轮机调节系统的动态特性也就是动态过程的特性，它是指调节过程中，机组转速或频率等参数随时间变化的规律。所谓动态过程，是指两种稳态之间的调节过程，又称为调节系统过渡过程。任一调节系统除满足稳定性要求外，还对动态过程形态有一定要求，在水轮机调节系统的调节过程中，对其动态特性的基本要求是：稳定性、速动性、准确性。而其具体的动态品质则需用动态品质具体参数指标来衡量。

（1）稳定性。调节系统在负载或转速扰动作用下偏离了平衡状态，如果扰动作用消失后，经过一定的时间，系统能够回到原来的或新的平衡状态，这样的调节过程称为稳定的，否则称为不稳定的。稳定性是对调节系统最基本的要求，不稳定的调节系统是不能使用的。

（2）速动性。调节系统受到扰动作用后，应能迅速产生足够大的调节作用，以保证在尽可能短的时间内达到稳定状态，这一特性称速动性。

（3）准确性。调节系统动态特性的准确性用动态偏差和静态偏差来表示。动态偏差是指被调节参数在调节过渡过程中的最大偏差。静态偏差是指调节过程结束后，被调节参数新稳定值与原来稳定值的偏差。

稳定性、速动性、准确性这三个要求常常互相矛盾，互相制约。在水轮机调节系统中，对调节品质的首要要求是稳定性，在保证稳定的基础上提高速动性，然后是满足一定的准确性以获得最佳调节过程。

5-1-45 水轮机调节系统中的调节对象存在哪些特性，其特性参数是什么，各有什么特点？

答：水轮机调节系统由调速系统和调节对象所组成。其中，调节对象包括引水系统、水轮机、发电机和电力系统，也称被控制系统。调节对象的特性对调节系统的调节品质有重要影响。其相应的特性如下。

（1）引水系统的水流惯性和水击特性。衡量引水系统的特性参数为水流惯性时间常数 T_w，它表征了压力过水系统中，水流惯性的大小和水击效应的强弱，T_w 越大，水流惯性越大。其物理意义为：在额定水头和管道充满水的情况下，导叶瞬间开启，流量由零增加到额定流量所需要的时间。由于压力过水系统各部分的管道截面积可能不一样，因此 T_w 一般可按下式计算：$T_w = (\sum L_i v_i) / (gH_r)$，式中 L_i 为各管段的长度；v_i 为在额定流量时各管段的流速；H_r 为设计水头。而须注意的是，对反击式水轮机，压力过水系统应包括引水管道、蜗壳、转轮室和尾水管，混流式水轮机转轮室部分的水流惯性小，可忽略不计。

（2）水轮机动力矩特性和流量特性。水轮机动力矩是指导叶开度 a 为某一值和水头 H 不变的情况下，水轮机的旋转角速度 ω 与其动力矩 M_t 之间的变化关系。当导叶开度一定时，即水轮机流量不变时，M_t 随 ω 的增大而减小或者 M_t 随 ω 的减小而增大。这种特性对转速起自平衡作用，对调节过程的稳定性有利。

（3）发电机负载阻力矩特性。发电机负载阻力矩特性是指所带负载 P 为某一值不变的情况下，发电机的旋转角速度 ω 与其负载力矩 M_g 之间的变化关系。当负载一定时，M_g 随 ω 的增加而增加或者 M_g 随 ω 的减小而减小。因此它也起着抑制频率变化的作用，有利于调节过程的稳定。

（4）水轮发电机组的惯性特性。水轮发电机组的惯性时间常数 T_a 是一个常数，它反映了机组转动部分惯性的大小。当发生相同力矩变化（即同样负载变化）时，惯性时间常数 T_a 大的机组，其转速的波动小，所以其数值大，将有利于调节过程。它表示在额定动力矩作用下，机组转速由零增至额定转速所需的时间，其计算表达式为：$T_a = (J\omega_r)/M_r$，由于 $J = (GD^2)/(4g)$，$\omega_r = (\pi n_r)/30$，$M_r = N_r/\omega_r$，所以 $T_a = (GD^2 n_r^2)/(365 N_r)$ 或 $(GD^2 n_r^2)/(3580 N_r)(s)$，式中 365 为常数，当 GD^2 的单位为 t·m² 时取 365，单位为 kN·m² 时取 3580；GD^2 为机组飞轮力矩，单位为 t·m² 或 9.8 kN·m²；n_r 为机组的额定转速，r/min；N_r 为机组的额定功率，kW。

以上一些特性对调节系统来说，一般是不能改变的，只能说明调节对象特性对调节系统动态品质影响的好坏，并将其作为选择调速器调节参数的基本依据。

5-1-46　水流惯性时间常数和机组惯性时间常数对调节过程有什么影响，对其有什么要求？

答：水流惯性时间常数 T_w 反映了水流惯性和水击效应的大小，使水轮机主动力矩变化滞后。水击效应与调速器的调节作用相反，是造成调节系统不稳定的主要因素之一。该值越大表示水流惯性越大，水击作用越显著，因此会导致机组转速变化落后于接力器运动速度，恶化调节过程，不利于调节作用。所以，一般要求，对 PID 型调速器 T_w 不大于 4s；对于比例积分（PI）型调速器 T_w 不大于 2.5s。

机组惯性时间常数 T_a 表示在额定动力矩作用下，机组转速由零增至额定转速所需的时间。它与机组的转动惯量成正比，反映机组惯性的大小，具有抑制转速变化的作用，有利于机组的稳定性。T_a 越大，抑制转速变化的作用也越大，对调节系统稳定有利。但转速变化缓慢会使调节时间略微加长。一般规定，反击式机组的 T_a 不小于 4s，冲击式机组的 T_a 不小于 2s，且水流惯性时间常数 T_w 与机组惯性时间常数 T_a 的比值不大于 0.4。

5-1-47　水轮机调节系统的动态特性品质指标具体有哪些，对其各有什么要求？

答：为了满足水轮机调节系统在调节过程中对其稳定性、速动性、准确性的要求，进而对其具体的动态品质指标有一定的要求，现有衡量动态品质指标的标准通常有两套：一套是以调节时间、最大超调量、超调次数等参数指标为标准；另一套是以转速摆动相对值、接力器不动时间等参数指标为标准（国标规定），而目前常采用的为国标所规定的。对于以上两套标准，虽然其衡量的指标不一样，但其所反映的动态特性本质是一样的，所以无论采用哪一套，都是可行的。现以前一套标准为例，要求如下。

（1）调节时间 T_p。它是指从扰动发生开始到调节系统进入新的稳定状态为止所经历的时间，新稳定状态是指转速波动不再大于规定值 Δ 的时刻。对于大型机组 Δ 取 ±0.15%，对于中型机组 Δ 取 ±0.25%，对于特小型机组 Δ 取 ±0.35%。

（2）最大超调量 σ。指调速器对外界扰动的反映程度。即稳定调节系统受外界扰动 Δn。

影响后，调速器即产生自动调节反应，使机组转速受到调节作用产生一超过新稳定值的最大偏移量 $\Delta n_{\max}$ ，此最大偏移量与扰动量相对值的百分数，称为转速最大超调量。即，$\sigma = \Delta n_{\max}/\Delta n_o \times 100\%$ 。一般要求 $\sigma < 30\%$ 。

（3）超调次数（波动次数）m。指转速调整过渡过程线与时间坐标轴的交点数，通常以调节时间 T_p 内出现的正波峰与负波峰（波谷）总个数的一半来表示。一般要求 $m < 2$ 次。

（4）转速最大相对偏差。它是一个波峰的峰值 $\Delta n_{\max}$ 与额定转速 n_r 之比。

（5）衰减率。通常以第一个波峰与第二个波峰的峰值之差与第一个波峰的峰值之比来表示。

值得注意的是，在不同的试验方法和试验项目中，其动态品质的具体指标也各不相同。

5-1-48 国标中对水轮机调节系统的动态特性品质指标是怎样规定的？

答：国家标准 GB/T 9652.1—2007 中关于水轮机调节系统动态特性品质指标规定如下：

（1）调速器应保证机组在各种工况和运行方式下的稳定性。在空载工况自动运行时，施加一介跃型转速指令信号，观察过渡过程，以便选择调速器的运行参数。待稳定后记录转速摆动相对值，对大型电液调速器不超过 $\pm 0.15\%$，对中小型调速器不超过 $\pm 0.25\%$，特小型调速器不得超过 $\pm 0.3\%$。如果机组手动空载转速摆动值相对值大于规定值，其自动空载转速摆动值不得大于相应手动空载转速摆动相对值。

（2）机组启动开始至机组空载转速偏差小于同期带（$+1\% \sim 0.5\%$）的时间 t_{SR} 不得大于从机组启动开始至机组转速达到 80% 额定转速的时间 $t_{0.8}$ 的 5 倍。

（3）机组甩负荷后动态品质应达到：①甩 100% 额定负荷后，在转速变化过程中，超过稳态转速 3% 额定转速值以上的波峰不超过 2 次；②从机组甩负荷时起，到机组转速相对偏差小于 $\pm 1\%$ 为止的调节时间 t_E 与从甩负荷开始至转速升至最高转速所经历的时间 t_M 的比值，对中、低水头反击式水轮机不大于 8，桨叶关闭时间较长的轴流转桨式水轮机不大于 12；对高水头反击式水轮机和冲击式水轮机应不大于 15；对从电网解列后给电厂供电的机组，甩负荷后机组的最低相对转速不低于 0.9（投入浪涌控制及桨叶关闭时间较长的贯流式机组除外）。转速或指令信号按规定形式变化，接力器不动时间：对电液调速器不大于 0.2s；机械调速器不大于 0.3s。

5-1-49 什么是接力器不动时间，可通过哪些方法予以测定？

答：所谓接力器不动时间，就是指机组转速发生变化时开始到接力器开始动作时为止的这段时间，它反映了调速器的灵敏度高低和转速死区大小，也是说明调节系统速动性的一个方面。其测定方法有以下几种。

（1）电液调节装置处于自动工况，开度限制机构打开，输入稳定的额定频率信号，凡置于 6%，调整"频率给定"使接力器稳定在约 50% 行程处，阶跃增减 0.3Hz 的输入频率信号，用自动记录仪记录输入频率信号和接力器位移，从而确定以频率信号增减瞬间为起始点的接力器不动时间。试验 3 次，取其平均值（此方法可在进行调速器静态特性或空载扰动等试验时求出不动时间，以做参考）。

（2）接力器不动时间也可在机组充水后通过甩负荷试验求得。在实测中，一般有如下两种方法：①甩 $10\% \sim 15\%$ 额定负荷时，从机组转速上升到 0.02% 额定转速时起到接力器活塞开始动作时止的时间为不动时间；②机组甩 25% 负荷时，从示波图上可直接求出自发电机定子电流消失到接力器开始运动为止的接力器不动时间。为准确求得，在用自动记录仪记录机组转速、接力器行程和发电机定子电流时，走纸速度不小于 50mm/s，每 10% 接力器行程对应的光点位移不小于 20mm。

以上所述的几种测定方法均为有效方法，可视具体条件任选其一。

5-1-50　调速器的调节参数主要有哪些？

答： 要使水轮机调节系统的动态特性达到要求，则需根据调节对象的特性，对水轮机调速器的各项参数予以调整，使其满足要求。不同类型的调速器，根据其结构和系统原理设置的不同，其所调整的参数也各有不同，一般情况如下。

（1）机械调速器。在机械调速器中，通过机械调整装置调整各参数，根据其结构型式的不同，一般需调整的参数有：永态转差系数、暂态转差系数、缓冲时间常数、局部反馈系数等。

（2）电液调速器。在电液调速器中，通过电子元器件调整各参数，一般需调整的参数有：永态转差系数、暂态转差系数、缓冲时间常数、局部反馈系数、微分时间常数、PID调节参数（比例、积分、微分）等。

（3）微机调速器。在微机调速器中，其调节参数是在程序中予以设置，一般需调整的参数有：永态转差系数、PID调节参数（比例、积分、微分）等。

5-1-51　调速器中的调节参数对调节系统会有什么影响，又当如何选择和调整？

答： 调速器中永态转差系数 b_p、暂态转差系数 b_t、缓冲时间常数 T_d、局部反馈系数 a 等各调节参数对系统的影响及其选择和调整的方法见表 5-1-2。

表 5-1-2　　　　　　　　　　　　　调速器中的调节参数

名称	对系统的影响及其选择和调整
永态转差系数	b_p 表示调节前后转速静态偏差的大小，它对并列运行机组间变动负载的分配产生影响。b_p 同时反映了硬反馈量的大小。b_p 的增大对稳定有利，但转速静态偏差也相应增大。b_p 的可调范围不大，一般不作稳定参数来调整，而是根据机组在电网中承担负载的性质，由电网调度来决定。即使 $b_p=0$ 时，调速器也必须满足稳定要求
暂态转差系数	b_t 值的大小表示软反馈的强弱，增加 b_t 值可使转速偏差及振荡次数减少，提高稳定性，有利于改善动态品质。但 b_t 过大，将使导叶动作速度减慢，速动性变慢，调节时间延长。因而对于不同调节时间对象的调速器而言，均具有最佳的 b_t 值。一般情况下 T_w 大时，应增加 b_t 以减少水击作用，T_a 小时，应增加 b_t，以减少转速变化
缓冲时间常数	T_d 表示软反馈量衰减速度的大小。T_d 过小，软反馈量衰减过快，使软反馈作用很快消失，会造成不稳定的调节过程。T_d 大，软反馈量衰减慢，接力器运动速度也慢，对减小过调节，减小波动次数，提高稳定性有利。但 T_d 过大，将会使调节速度过慢，调节时间过长
局部反馈系数	a 反映了局部反馈量的大小。a 增大可提高稳定性，但会增大转速最大偏差和调速器转速死区。因此 T_y 与 a 成正比。a 过小，会使接力器反应时间常数 T_y 过小，调速器容易出现自激振荡现象而变成不稳定的调节过程
微分时间常数	也称加速度时间常数，在PID调节规律时，微分时间常数 $T_n \neq 0$。T_n 反映了微分作用的大小。微分作用能预测转速变化趋势。在初始阶段加大导叶开度的变化，提高调速器速动性。在获得同样调节品质的条件下，按PID调节比按PI调节可以选用较小的 b_t 和 T_d，故能全面改善各项动态品质指标。因此，从改善调品质来讲，PID调节规律是一种较好的调节规律。但 T_n 过大，微分作用过大，由于速动性过分增大，会引起过调节，使稳定性恶化

5-1-52　对调速器调节参数选择的原则和方法是什么？

答：对调速器调节参数选择的原则是在保证调节过渡过程稳定的基础上提高调节速度，缩短调节时间，减小转速最大偏差，使调节系统具有良好的动态特性和合适的静态特性。

调节参数的选择方法一般是在分析各调节参数对稳定性、速动性和准确性影响的基础上，按一定的公式进行估算，提出若干组参数进行电子模拟或数字仿真试验，初选出几组较好的参数，最后进行真机动态特性试验。根据试验结果进行分析，选择出空载和负载这两种运行方式下的最佳参数组合。电液调速器一般可分别整定空载和负载两种运行方式时的参数，机械液压调速器一般只能整定一组参数。大中型机组通常是并网运行的，但机组在并网前处于单机空载运行工况，在电网故障时，还可能出现单机带负载运行工况，或几台机带负载的情况。因此，应综合考虑各种运行工况来选定调节参数。

总之，调速器调节参数的选择方法是：定性分析、定量估算、试验比较、综合考虑、择优选定。

5-1-53　在调速器调试中，如何在调试之前对调节参数值进行估算确立？

答：根据经验计算，对调节参数值的估算方法如下。

（1）永态转差系数。对调频机组一般取 $b_p = 0 \sim 2\%$，但应注意在一个电网中，最多只有一台机组 $b_p = 0$，对于非调频机组，一般取 $b_p = 4\% \sim 6\%$。

（2）局部反馈传递系数 a。一般将 a 整定在可调范围的中间值，待试验后再做适当调整。

（3）暂态转差系数 b_t、缓冲时间常数 T_d 和 T_n 的估算。一般常采用斯坦因推荐的估算公式：对 PI 调节规律的调速器，$b_t + b_p = 1.8\ (T_w/T_a)$，$T_d = 4T_w$；对 PID 调节规律的调速器，$T_n = 0.5T_w$，$b_t b_p = 1.5\ (T_w/T_a)$，$T_d = 3T_w$。而当电站水头较高时，在水击相长 $T_r > T_w$ 时，必须计及压力水管和水体的弹性，这时，以上两式中的 T_w 应乘以修正系数 K，$K = 0.9 + 0.5\ (T_r/T_w)$。

5-1-54　调速器在机组安装过程中应进行哪些试验，在电站中需进行的试验内容有哪些？

答：调速器是关系到水轮发电机组能否稳定工作的关键设备。为了保证调速器在静态和动态下都能可靠工作，根据有关规定，调速器投运前需做近 30 个试验项目。这些试验可分为四类：出厂试验、电站试验、型式试验和验收试验。而在电站中需要进行的试验，根据其有无水的情况，一般分为无水试验和有水试验。具体包含以下项目。

（1）无水试验。无水试验是在无水条件下进行的试验，由于是在静止状态下所做的试验，所以又统称为静态特性试验，一般包含调速器静态特性试验和一些有特殊要求的功能性试验，其中功能性试验包括手自动切换试验、电源切换试验、模式切换试验、故障试验（网频消失故障、机频消失故障、导叶反馈断线、功率反馈断线、水头反馈断线、主配拒动故障等）、模拟自动开停机试验、模拟紧急停机试验、模拟甩满负荷试验等。

（2）有水试验。有水试验就是在有水的情况下进行的试验，由于是在转动状态下所做的试验，这些试验也统称为动态特性试验。一般包括空载观测试验、空载扰动试验、突变负载试验、甩负荷试验等四项内容，其中空载观测试验和空载扰动试验有时也统称为空载试验。有的还需进行调节系统静态特性试验，又称机组有差静态特性试验。

5-1-55　对调速器进行动态特性试验的目的是什么？

答：调速器在整机组装、静态初调、供油试动、主要部件或回路调试及整机特性试验后，可以与机组连接起来。在机组充水后且具备启动条件的情况下，进行水轮机调节系统的动态特性试验，其主要目的如下。

（1）检验调速器质量。检验调速系统在闭环的各种工况下，如启动、空载、并网、带负载、甩负荷、停机等情况下，其性能和技术指标是否符合设计要求及有关技术标准。

（2）确定最优调节参数。经过反复进行参数组合和整定试验后，取得空载和负载等其他各种工况下的最佳运行参数，以满足各种工况下动态特性的要求，这些参数包括永态转差系数、暂态转差系数、缓冲时间常数等。

（3）验证调节保证计算结果的合理性。通过试验确定导叶关闭时间，检验甩负荷后转速上升值和水压上升值是否在允许范围内。

5-1-56　空载观测试验的目的是什么，如何进行空载观测试验，有什么要求？

答：空载观测试验又叫作空载稳定性观测及动平衡调整试验。此试验的目的是选择一组合适的调节参数，使调节系统在空载条件下能稳定地自动调节，为后面的试验创造条件（由于此步较为简单，现在许多电站已不做此试验，而是通过经验选择一组调节参数，直接进行空载扰动试验）。空载观测试验在手动和自动两种情况下进行。在手动情况下，将机组通过手动控制启动到空载额定转速，保持导叶开度不变，连续观测 3min，记录机组转速的摆动值，一般应不超过±0.2%。此时的转速波动均系水力、机械和电气等外因所致，与调速器无关。

待手动运行稳定后，将机组切换至自动运行状态（开限打开到大于空载开度5%）。然后再进行动平衡调整：观察频率表，若此时频率低于额定频率，对电调可调整功率给定电位器，对机调可调整辅助接力器圆盘上的局部反馈螺钉，使针塞抬高；反之则降低针塞，对微机调速器可通过机械手动或电气手动操作调速器，直到机组转速为额定转速。随后，再进行空载稳定性观测，并调整调节参数，使其满足以下要求：测量自动空载运行时 3min 内机组转速摆动相对值，对大型调速器不超过±0.15%，中、小型调速器不超过±0.25%，特小型调速器不超过±0.30%。如果机组手动空载转速摆动相对值大于规定值，其自动空载转速摆动相对值不得大于手动空载转速摆动相对值。然后将 b_t 调至零，机组仍能稳定运行。将频率给定（转速调整机构）置于不同刻度值，实测转速，检验刻度值。

5-1-57　什么是空载扰动试验，其目的是什么，又有什么意义？

答：空载扰动试验是在空载工况下以人为的方法向调节系统输入一个阶跃的转速扰动量，在此阶跃输入下，测出不同调节参数时的动态品质，从而在空载观测试验的基础上（或是在经验选择调节参数的基础上）进一步确定空载运行时的最佳调节参数，并为带负载运行确定调节参数提供初步依据。

空载运行是机组运行的一种重要工况，此时导叶开度处于空载开度，机组转速处于额定转速。这种运行工况与带负载工况相比，由于失去了负载自平衡能力，因而其稳定条件较差。如果调节系统的动态特性不能满足要求，稳定性很差，在并列时就有可能对机组造成很大冲击。所以在规程中，对大、中、小型调速器关于机组转速摆动相对值做了严格规定，这是非常必要的。

5-1-58 如何进行空载扰动试验，对其动态特性有什么要求？

答：在进行空载扰动试验时，首先将机组手动开到空载，然后切换至自动运行状态（并将开限打到大于空载开度5％），使机组处于空载额定转速下的稳定运行状态。

其试验方法如下：用速调或频给，给机组施加一个±8％转速扰动量，且每次所施加扰动的幅值应相同，记录机组转速变化过程。其要求是：①从扰动开始到机组转速摆动相对值不超过自动空载运行时规定的转速摆动相对值，而且调节时间要小；②转速最大超调量要小，一般不应超过扰动量的30％；③超调次数要少，一般不超过2次。

为了优化最佳运行参数，扰动试验可在不同参数（b_t、T_d、T_n等）的组合下进行，并对各参数组进行3次以上的扰动试验。通过试验，以调节过渡过程的超调量最小、波动次数最少和调节时间最短的为调速器最佳运行参数。

5-1-59 突变负载试验的目的是什么，其试验方法如何进行？

答：突变负载试验又称负载扰动试验，通常是在单机带负载时进行，与空载扰动试验相类似，只是扰动的指令信号不是转速而是负载。其目的是观测与分析调节系统在负载突变时的动态特性，选择带负载工况下的最佳调节参数值。本试验主要测量和录制机组负载突变时的频率变化曲线、接力器位移曲线、功率变化曲线、蜗壳水压变化曲线等。同时还要记录变动负载的起止时刻。为此，要采用的主要仪器有：光线示波器、位移传感器、数字频率计、压力变送器（精度0.5级）、功率测量变送器（精度0.2～0.5级）和自动绘图仪等。受试验条件的影响，在许多水电站中，一般不进行此项试验。

其试验方法是：①启动机组按预定方式投入运行，整定好一组调节参数，做好准备；②连接好录制机组转速或频率、水压、功率、接力器行程等参数的仪器设备；③使机组带上50％额定负载；④启动示波器，给机组突增或突减（10％～25％）额定负载，录制各参数过渡过程波形；⑤改变调节参数组合重复以上试验，并从试验中选取最优参数。

5-1-60 在进行突变负载试验时，突变负载的方法有哪些，对其动态特性有什么要求？

答：突变负载试验是给机组以突增或突减负载的试验，常采用以下三种方法：①当有两台以上机组并列运行时，可使被试机组带负载，而其他机组带固定负载。然后将其中一台带固定负载机组的断路器跳闸，使负载转移到被试机组上；②使被试机组投入电网运行，通过变速机构的快速动作，使被试机组增加或减少部分负载；③小型机组可采用水电阻做负载，使机组突变负载。

在进行突变负载试验时，对于负载变动量，在不同调节参数组合下，用不同方式使机组突增、突减负载，其变化量不大于机组额定负载的25％。而对突变负载试验的动态品质指标未做具体规定。一般来说，应满足调节时间短、频率超调量小、振荡次数不超过1次和调节过程结束后频率偏差不超过0.05～0.11Hz为宜。

5-1-61　为什么要进行甩负荷试验，其意义和目的是什么？

答：由于水轮发电机组在运行中，常因用户负荷、电网线路、机电设备和控制装置等一系列的故障，造成机组甩掉全部负荷，引起大波动，并导致管道水压或机组转速上升到最大值，甚至会使轴流式机组产生破坏性的抬机事故或出现其他不良现象。为了保证机组安全运行，对新安装和大修后的机组均需进行甩负荷试验。甩负荷试验是一种破坏性试验，只在必要时进行，无特殊要求时，应尽量少做。

甩负荷试验的目的是：①验证或改进"调保计算"值。通过试验考核实测的蜗壳水压和机组转速上升值以及尾水管真空值，均不应超过调保计算给定值（轴流式机组不得因抬机损坏设备），否则应采取必要的改进措施。②检查或改善接力器的关闭特性。通过试验检查实际的接力器不动时间、关闭时间和关闭规律应满足有关要求，否则必须做相应的改善。③考核或提高调速器的调节质量。通过试验考核大波动下调速器的动态调节稳定性与调节品质，应符合技术要求，否则应重新调试和优化有关调节参数。

5-1-62　甩负荷试验的方法怎样，需要测试的项目有哪些？

答：甩负荷试验方法和操作步骤如下：①机组带上试验负荷。②发出试验准备信号，启动示波器，跳开断路器，甩去所带负荷。③观测过渡过程，记录各种数据填入表中，见表5-1-3。调节过程结束后，关闭示波器，并分析波形图及测量数据。④甩负荷顺序依次按25％、50％、75％、100％额定负荷进行。甩100％额定负荷后，动态品质指标必须符合国家标准的有关要求。机组最大转速上升率和蜗壳水压上升值不得过调节保证计算的规定值。且还可计算出实际调差率：实际调差率＝〔（甩负荷后稳定转速—甩负荷前稳定转速）／甩负荷前稳定转速〕×100％。

甩负荷试验应测试的主要项目有：机组的转速或频率；定子电流；发电机功率；接力器行程；导叶关闭时间；引水管道及蜗壳内水压；尾水管真空值等。对于以上相关数据，可用光线示波器和相应的传感器自动记录甩负荷前、甩负荷时、甩负荷后各参数的变化过程曲线。

表 5-1-3　　　　　　　　　　　　甩负荷试验记录表格

机组负载(kW)	记录时间	机组转速(r/min)	导叶开度(%)	导叶关闭时间(s)	接力器活塞往返次数(次)	调速器调节时间(s)	蜗壳实际压力(MPa)	真空破坏阀开启时间(s)	吸出管真空度(mm)H₂O	大轴法兰处运行摆度	上导轴承处运行摆度	水导轴承处运行摆度	上、下机架振动		定子振动		转速上升率(%)	水压上升率(%)	水态转差系数		转轮叶片关闭时间(s)	转轮叶片角度(°)	转动部分上抬量(mm)
													水平	垂直	水平	垂直			指示值(%)	实际值(%)			
										(mm)													
	甩前																						
	甩时																						
	甩后																						
	甩前																						
	甩时																						
	甩后																						

续表

机组负载(kW)	记录时间	机组转速(r/min)	导叶开度(%)	导叶关闭时间(s)	接力器活塞往返次数(次)	调速器调节时间(s)	蜗壳实际压力(MPa)	真空破坏阀开启时间(s)	吸出真空度(mm)H₂O	大轴法兰处运行摆度	上导轴承处运行摆度	水导轴承处运行摆度	上、下机架振动 水平	垂直	定子振动 水平	垂直	转速上升率(%)	水压上升率(%)	水态转差系数 指示值(%)	实际值(%)	转轮叶片关闭时间(s)	转轮叶片角度(°)	转动部分上抬量(mm)
	甩前																						
	甩时																						
	甩后																						
	甩前																						
	甩时																						
	甩后																						

5-1-63　对于甩负荷试验的动态品质应达到什么要求？

答：甩负荷后的动态品质在国标的动态调节品质指标中也有所要求，即应达到：

（1）甩 10%～25%额定负荷时，测定接力器不动时间。在动态调节过程中，接力器不动时间直接反映了调速器的灵敏度和转速死区大小。故在特定条件下测得接力器不动时间，不应超过规定的允许值。在实测中，一般有如下两种方法：①甩 10%～15%额定负荷时，从机组转速上升到 0.02%额定转速时起到接力器活塞开始动作时止的时间为不动时间；②甩25%额定负荷时，从发电机定子电流消失时起到接力器活塞开始动作时止的时间为不动时间。所述两种测定方法均有效，可视具体条件任选其一。所测得的接力器不动时间：对电气液压调速器不得大于 0.2s；对机械液压调速器不得大于 0.3s。

（2）甩 100%额定负荷时。在转速变化过程中，超过稳态转速 3%额定转速以上的波峰不超过 2 次；由接力器关回后第一次向开启方向移动起到机组转速摆动值为±0.5%时止，所经历的时间不大于 40s。

5-1-64　什么是调节保证计算，为什么要进行调节保证计算？

答：在水电站进行设计时，需要对大波动工况确定最佳调节规律，即计算调节过程中的最大水击压力变化值和最大转速上升值，并据此选择合理的导叶关闭时间和关闭规律，使水击压力变化和转速上升都在允许范围内，这在工程上称为调节保证计算，简称"调保"计算。

机组在运行时，其所承担的负载是不断变化的，而且机组常会碰到较大的负载变动，尤其是当机组因事故而甩全负荷时，会出现水轮机动力矩与发电机的负载阻力矩极不平衡，而使机组转速急剧变化，这时调速器迅速调节进入水轮机的流量，以使机组的出力与变化后的负载重新保持平衡，机组进入一个新的稳定工况。在上述的调节过程中，机组转速与压力水管中的水压力都将发生急剧的变化，甚至可能产生危及机组、水电站压力引水系统及电网安全的严重事故，如较大的水击压力变化使压力管道爆裂或被压扁以及水轮机遭到破坏；过高的转速变化会使机组强烈振动并损害机组的强度和寿命，甚至造成飞车事故等。所以，在这种情况下，需对水轮机的调节确定最佳调节规律，即进行调节保证计算，使机组不出现破坏。

5-1-65 调节保证计算的任务是什么?

答：调节保证计算的任务是：首先是设计单位根据水电站压力引水系统和水轮发电机组特性等电站原始的或初步设计资料，选定合理的导叶调节时间和调节规律，计算压力过水系统中的最大水压（有时还要计算最小水压和水压沿管道的分析）和机组的最大转速上升值（或允许的机组最小飞轮力矩），使水击压力变化和转速上升都在允许范围内。当不能满足调节保证要求时，应考虑一些措施减小水击压力和转速上升；而后需与设备生产厂家协调、核算和确定 T_w（水流惯性时间常数）、T_a（机组惯性时间常数）、T_s（导叶关闭时间）三个参量的最佳值，以达到电站修建费用低、经济、实用、运行效益高、安全可靠等要求。

5-1-66 调节保证计算需包含哪些内容?

答：在进行水轮机调节保证计算时，一般按照以下两种工况予以计算，并取最大值：①在额定水头下甩去额定负荷；②在最大水头下甩去额定负荷。通常在额定水头下甩去额定负荷时发生最大转速升高，在最大水头下去甩去额定负荷时发生最大水压值。而在计算具有叉管的压力过水系统最大水压时，还应根据一根总管上的机组台数、电站的电气主接线和机组运行方式等确定可能同时甩负荷的机组台数，作为调节保证计算控制工况。此外，对机组容量超过所在电网容量 10% 以上时，需对突增全负载工况做调保计算。而事实上，并列运行机组容量通常都不会超过所在电网容量的 10%，故对并列机组可不进行突增全负载的调保计算。但对孤立电网运行的机组，如存在负载突增 10% 情况，则应对其进行突增全负载的调保计算。

5-1-67 调节保证计算的标准是什么，需达到什么要求?

答：调节保证计算在设计时就已经对机组的导叶关闭规律和关闭时间做了初步确定，在机组投入正式运行之前，需对其进行核算，看其是否符合要求，其一般的计算方法和标准要求如下。

（1）机组甩全负荷时：①最大水压上升率为：$\delta_{max} = [(H_{max} - H_0)/H_r] \times 100\%$，式中 H_{max} 为甩负荷过程中的最大水压力，m；H_0 为甩负荷前的水电站静水头，m；H_r 为水电站的设计水头，m。在调保计算中，水压上升率最大允许值的标准为：电站设计水头大于 100m 时，$\delta_{max} < 0.3$；电站设计水头 40～100m 时，$\delta_{max} = 0.3 \sim 0.5$；电站设计水头小于 40m 时，$\delta_{max} = 0.5 \sim 0.7$；尾水管进口真空值应不大于 8～9m 水柱高。②最大转速上升率为：$\beta_{max} = [(n_{max} \sim n_0)/n_r] \times 100\%$，式中 n_{max} 为甩负荷过程中产生的最大转速，r/min；n_0 为甩负荷前机组转速，r/min。n_r 为机组额定转速，r/min。转速上升率最大允许值的标准：当机组容量占电网总容量的比重较大，且担负调频任务时，$\beta_{max} < 0.45$；当机组容量占电网容量比重不大或担任基荷运行时，$\beta_{max} < 0.55$；当机组为孤立电网运行时，$\beta_{max} \leqslant 0.3$；当机组为冲击式水轮机时，$\beta_{max} < 0.3$。

（2）机组突增全负载时：对于机组容量超过所在电网容量 10% 以上时，应进行突增全负载的调保计算。其要求是在增全负载时，压力过水系统的任一段不得产生真空。

5-1-68 导叶的关闭规律有哪几种，各对调速器的使用有什么要求?

答：导叶的关闭规律根据其特性，分为直线关闭、折线关闭、曲线关闭等三种。其中，直线关闭最为简单，可在机调、电调、微调中实现；折线关闭又称为分段关闭，根据其段数的不同，又分为二段关闭和三段关闭，它可在机调、电调、微调中实现，其实现的方法一般是在导叶接力器的回油管路上设置一个能调整回油管开度的机械液压装置，通过机械或电气信号控制其动作，用以改变回油管路的开度来调整回油量，继而调整关闭时间；而曲线关闭是其关闭规律为非固定模式曲线，即随着工作水头的变化以及转速升高极限值来改变导叶关闭时间和规律，这种关闭规律可较好地改善调节保证条件，这种关闭规律要求较高，只能在微调中实现。

5-1-69 在分段关闭中，其折线规律如何选定？

答：水电站所采用的导叶折线关闭规律通常为两段折线关闭（不包括关闭末了的缓冲延长段）。要采用折线关闭，首先应确定折线的规律，其次是折点的位置。

折线的规律主要取决于水轮机的类型和比转速。对于低比速水轮机，由于在等开度线上单位流量 Q_1' 随着单位转速 n_1' 升高而减少，在机组甩负荷时，即使导叶开度不变，随着转速升高、过流量减少，在机组上游侧产生正水击，下游侧产生负水击。为了减轻水击压力，所以通常采用先慢后快折线关闭规律；对于高比速水轮机，在等开度线上，Q_1' 是随 n_1' 升高而增加的，在机组甩负荷时，若导叶开度不变，随着转速升高、过流量增大，在机组上游侧产生负水击，下游侧产生正水击，所以可采用先快后慢折线关闭规律；对于中比速水轮机，在等开度线上，Q_1' 基本上不随 n_1' 变化而变化，对于是采用直线关闭规律，还是先快后慢折线关闭规律，可视具体的情况而定；对于可逆式水轮机，由于机组的飞逸系数不大，即使是导叶拒动，机组转速升高不大，所以可延长导叶关闭时间，减轻水击压力。

5-1-70 改善调节保证参数的措施有哪些？

答：对于压力管道较长的高、中水头水电站，当水流惯性时间常数较大时，通过调整调速器的调节参数很难同时满足压力上升率和转速上升率的要求。为了保证机组安全，应当采用其他一些技术措施来降低水击压力或限制转速上升。其主要方法有以下几种。

（1）设置调压室。在引水隧洞和压力钢管之间设置一个具有自由水面的大容积水井或水塔。

（2）装设调压阀。调压阀又称空放阀。它设置在压力水管末端或蜗壳进口断面附近引出的排水管上。

（3）改变导叶关闭规律。对导叶关闭采用二段或三段关闭，通常在低水头电站中使用，且一般为先快后慢的关闭规律。

（4）增大机组的飞轮力矩 GD^2。即增加机组的转动惯量，可以降低机组转速上升值，有利于稳定。

（5）提高转速上升率允许值。机组转速上升率一般为 $45\% \sim 55\%$，允许机组在飞逸转速下运行时间为 2min。在这个基础上予以提高机组的转速上升率允许值和加长飞逸允许时间。

（6）增大压力水管直径。增大压力水管直径可减小流速，从而减小水击压力。

在一个电站上采用哪一种或几种措施改善调节保证参数，应进行技术经济比较分析论证。一般情况下，在大多数电站中都采用了导叶分段关闭的措施。

5-1-71 水轮机调速器分哪几种类型？

答：水轮机调速器是由实现水轮机调节及相应控制的机构和指示仪表等组成的一个或几

个装置的总称，它是水轮机控制设备（系统）的主体，一般认为，它可分为机械液压调速器、电气液压调速器和数字式电液（又称微机）调速器等几种。水轮机调速器的品种繁多，分类方法也各有不同，通常的分类归纳如下。

（1）按组成元件分。按调速器组成元件性质的不同，可分为三种：①机械液压调速器；②电气液压调速器；③微机电气液压调速器。

（2）按校正方式（即调节规律）分。按调节规律分为 PI 型调速器和 PID 型调速器或其他调节规律。

（3）按工作容量分。按工作容量可分为：特小型调速器工作容量小于 3kN·m；小型调速器工作容量为 3～15kN·m；中型调速器工作容量为 15～50kN·m；大、巨型调速器工作容量在 50kN·m 以上，并按执行元件配压阀直径（80、100、150、200、250mm）来计算。

（4）按供油方式分。按调速器供压力油方式的不同分为通流式和压力油罐式。其中，压力油罐式调速器，又分为组合式和分离式。组合式主要用于中、小型调速设备，分离式主要用于大、巨型调速设备。

（5）按调节机构数目分。按调节机构数目可分为单调节调速器和双重调节调速器两种。

5-1-72　国产调速器的型号如何表示，其含义是什么，示例说明。

答：国内调速器的型号一般由两大部分组成，如图 5-1-12 所示。

第一部分表示调速器的类型，分别用三个字母表示，第一个字母表示是机调（无代号）还是电调（D），或是微调（W）；第二个字母表示是单调（无代号）还是双调（S）；第三个字母是调速器的基本代号，用 T 表示。而随着现代微机调速器的发展，根据微机调速器中所采取电液转换元件的不同，又分为步进式、比例阀式、伺服电机式、数字阀式等类型，所以有

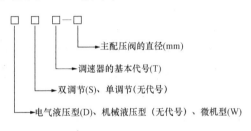

图 5-1-12　调速器的型号表示及其含义

些厂家在微机调速器的型号前面，还对应地加上一个字母来予以表示。但此做法暂无标准规定。

第二部分是表示调速器主配压阀的尺寸，常用的有 80、100、150、200、250mm 等几个系列。

示例：如 DST-150 型表示电气液压型双调节调速器，其主配压阀直径为 150mm；BW-ST-200 型表示步进式微机型双调节调速器，其主配压阀直径为 200mm。

5-1-73　对机调、电调、微调这三种调速器，如何予以区分？

答：在水轮机调速器型号分类中我们知道，这三种调速器是根据其所组成元件性质的不同而分的。所谓元件性质，是指组成调速器的测速、小功率放大、软反馈（缓冲器）和硬反馈（调差装置）等元件，看它们是机械型的还是电气型的，然后将其分为机调、电调、微调三种。其区别如下：①机械液压调速器，它的主要功能元件均为机械和机械液压机构，简称机调；②电气液压调速器，它的测速、小功率放大、软反馈（缓冲器）、硬反馈（调差装置）和转速或功率（负载）调整等元件都由电气元件构成，而主要功率放大和执行元件仍采用与机调基本相同的机械液压系统，简称电调；③微机电气液压调速器，它的控制部分由微处理

器（或微计算机）及相应的接口等组成，而调节和控制功能主要借助软件实现。功率放大和执行部分与电调相似，大多数采用电气液压随动系统，简称微机调速器。

🔅 第二节 机械液压调速器

5-2-1 什么叫作机械液压调速器，它有哪些组成部分？

表 5-2-1　　机械液压调速器组成

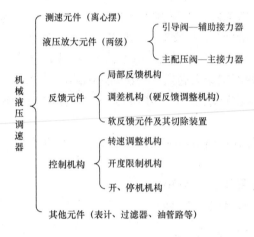

答：所谓机械液压调速器，即其测速、稳定及反馈信号等部分都是用机械液压的方法产生，并经机械液压综合后通过液压放大部分驱动水轮机接力器的调速器。其主要由测速元件、液压放大元件、反馈元件、控制机构等组成，具体见表5-2-1，其结构如图 5-2-1 所示。在机械液压型调速器中，一般采用两级液压放大。在第一级中，放大机构为引导阀，执行机构为辅助接力器；在第二级中，放大机构为主配压阀，执行机构为主接力器。

5-2-2 机械液压调速器的结构型式有哪些？

答：在机械液压调速器中，其结构种类很多，常用的一般有以下几种。

（1）主接力器反馈、取速度信号、有暂态反馈的 PI（比例—积分）型调速器，常称为缓冲型调速器，如图 5-2-2 所示。

（2）中间接力器反馈、取速度信号、有暂态反馈的 PI（比例—积分）调速器，常称为带中间接力器的缓冲式调速器，如图 5-2-3 所示。

5-2-3 对于机械液压调速器，其测速信号的传递方式有哪几种，各有什么特点？

答：在机械液压型调速器中，机组转速信号传递给测速元件的方式一般有以下三种。

（1）由与机组主轴一起旋转的永磁发电机供电给调速器内的离心摆电动机带动离心摆。这种方式可靠性较高，是大中型机械液压型调速器普遍采用的方法。永磁发电机的频率视机组转速不同而不同，有50Hz、25Hz甚至更低一些的。离心摆电动机的频率与永磁发电机的频率一致。

（2）由装在发电机出线端的专用变压器供电给离心摆电动机来带动离心摆。这种方式在未投励磁、励磁消失或发电机短路时，由于专用变压器无输出，将会造成调速器发出开导叶命令，易造成机组飞逸，可靠性较低，常用于一些不太重要的小型水电站。采用这种方式时，专用变压器一定要接在断路器与发电机之间，甩负荷时应动作强行减磁，不要跳灭磁开关。以防由于发电机端电压消失而造成机组飞逸。

（3）在机组与调速器之间采用机械传动装置，如齿轮、皮带等带动离心摆，这种方式一般用于特小型调速器，如 TT-75 型等。

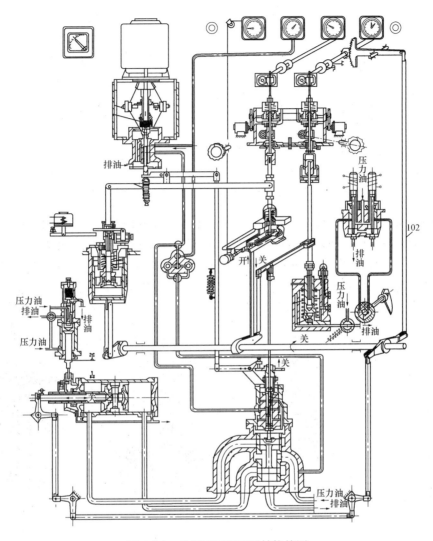

图 5-2-1　机械液压调速器结构简图

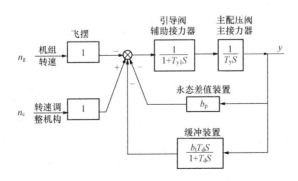

图 5-2-2　缓冲型机械液压调速器结构原理图

5-2-4　测速元件的作用是什么，什么叫作离心摆，它有哪些种类？

答：在机械液压型调速器中，测速元件的作用是随时监测机组的转速，并将机组转速偏差的大小和方向转换成机械直线位移或液压信号，从而控制放大元件。测速元件的输入信号

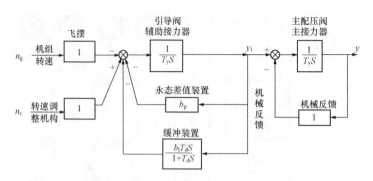

图 5-2-3　带中间接力器的缓冲式机械液压调速器结构原理图

为转速，输出信号为机械直线位移的为机械摆；输出为液压信号的为液压摆。目前所使用的测速元件绝大多数是机械摆，机械摆一般是利用离心力原理做成，故又称离心摆。离心摆的种类比较多，主要有以下几种：钢带式菱形离心摆、单臂形离心摆、双锤形离心摆、双球形离心摆，如图 5-2-4 所示。它们都具有较好的灵敏度、线性度和稳定性。其中使用最为稳定和广泛的，为钢带式菱形离心摆。

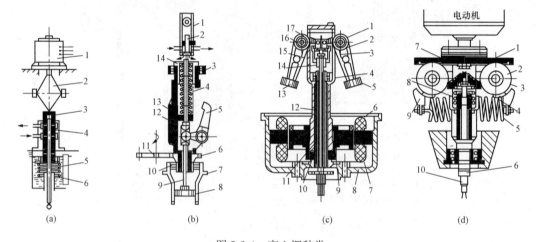

图 5-2-4　离心摆种类

(a) 钢带式菱形离心摆

1—测速电机；2—离心摆；3—旋转套；4—针塞；5—弹簧；6—缓冲器从动活塞

(b) 单臂形离心摆

1—滑动套；2—针塞；3、10—轴承；4—弹簧；5—单臂摆重块；6、11—齿轮；
7—缓冲器外壳；8—缓冲器从动活塞；9—转动轴；12—旋转支架；13—调整螺母；14—弹簧盖

(c) 双锤形离心摆

1—锤柄；2—圆盘；3—旋转架；4、10、14—轴承；5、13—摆锤；6—电动机定子；
7—电动机转子；8—外壳；9—轮毂；11—固定套；12—中心杆；15—平衡弹簧；
16—轴销；17—滚轮

(d) 双球形离心摆

1—圆盘；2—圆柱形重块；3—钢带；4—托板；5—平衡弹簧；6—旋轮轴；
7—压板与螺钉；8—支持弹簧；9—支撑架；10—中心轴

5-2-5　飞摆电动机温升过高的原因是什么？在运行中飞摆突然停转，其原因何在？

答：引起调速器飞摆电动机温升过高可能由于以下一些原因：手动运行时，飞摆电源未断开，切换阀润滑油孔被堵，润滑油中断，引导阀摩擦阻力加大而使飞摆电动机过载。排除此种故障的方法是：若长期手动运行时，应切断飞摆电源，清洗切换阀或全部更换透平油。如果是电动机绕组受潮，轴承太脏，又无润滑油时，遇到这种情况，应及时进行清扫，烘干电动机绕组，更换轴承，加足润滑油即可。

而对于在正常运行中飞摆突然停转的原因可能有：①由于永磁机轴断裂、飞摆电动机电源导线折断、永磁机短路烧毁等原因引起的永磁机信号消失。对上述情况，先切至手动，用开度限制停机，检查原因后再予以处理。②转动套与固定套或转动套与针塞的间隙过小，随着温度的上升，间隙进一步减小而卡死。处理办法是：对配合间隙偏小者，进行配合研磨或更换合格的零件。③如果油脏了，固体颗粒进入引导阀中将其卡死。这样应更换新油，全面清洗调速器，检查滤油器。④手动运行时，切换阀上的小孔被堵，润滑油中断，温度突增，间隙减小而卡死。处理方法是：长时间手动运行时，应切断飞摆电源，检查切换阀，更换新油，全面清洗调速器。

5-2-6 什么叫作液压放大元件，其作用是什么，又有哪些分类？

答： 液压放大元件又叫作液压放大装置或液压放大器。它是构成调速器液压放大系统的基本元件。如离心摆控制的主控液压放大系统和协联器控制的随动液压放大系统都是由液压放大元件组成的。其主要作用是放大调节信号和完成相应的控制作用。通常要求有足够的操作能力，工作稳定、可靠，动作灵活、准确、无振荡，结构紧凑，耐磨性能好，漏油量小。

液压放大元件（简称液放）有很多种，根据其结构型式的不同分为油压分配阀与接力器。一般来讲，控制机械输入信号而改变油压输出信号大小和方向的液压件，叫油压分配阀；控制油压输入信号而增强机械输出信号驱动力的液压件，叫接力器。

5-2-7 油压分配阀有哪些种类，引导阀和配压阀如何区分，引导阀有哪些类型？

答： 按照油压分配阀用途和性能的不同，可分为引导阀和配压阀。习惯上将单个油压输出信号的，即单输出的叫引导阀；两个油压输出信号的，即双输出的叫配压阀。

常见的几种引导阀型式，按照其工作原理的不同，又分为离心摆带动阀套旋转的断流式引导阀［见图 5-2-5 中（a）和（b）］、离心摆带动阀塞旋转的通流式引导阀［见图 5-2-5 中（c）］、由协联器或开限机构或中间接力器或电液转换器带动的中间型断流式引导阀［见图 5-2-6 中（a）、（b）、（c）］等三种。

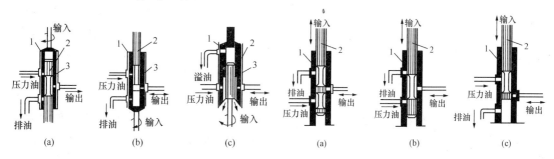

图 5-2-5　常见的几种引导阀型式　　　　　　图 5-2-6　中间引导阀

（a）、（b）离心摆带动阀套旋转的断流式引导阀；　　（a）、（b）、（c）协联器或开限机构或中间接力器或电液转

（c）离心摆带动阀塞旋转的通流式引导阀　　　　换器带动的中间型断流式引导阀

1—阀套；2—阀塞；3—壳体　　　　　　　　　1—阀套；2—阀塞

对于中间型引导阀，又有独立设置和装置在辅助接力器活塞内孔中的两种布置方式。如图 5-2-7 所示，即为引导阀装在辅助接力器活塞内孔中的设置方式。引导阀套可由内孔代替或固定在内孔中。当输入信号变化时，针塞轴向移动打开内部油口引起油压变化，使辅助接力器活塞追随针塞的移动，并带动主配阀动作。

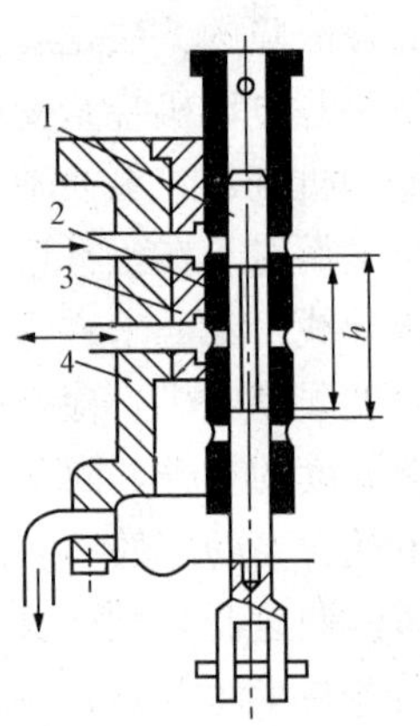

5-2-8 引导阀的基本参数有哪几个，什么叫作引导阀的遮程，对其参数各有什么要求？

答：引导阀的基本参数有直径、遮程和间隙。引导阀直径因其用途和调速器容量而异，一般为 10～15mm，最大可达 20mm 或以上。T 型引导阀直径为 15mm，YT 型为 12mm。

图 5-2-7 引导阀的遮程
1—针塞；2—旋转套；
3—固定衬套；4—引导阀壳体

遮程是液压分配阀的重要参数，又称叠接量或搭接量，它表示油孔的搭接程度，其大小直接影响着调速器的灵敏度和准确度。引导阀转动套上排孔的下边缘到下排孔的上边缘的距离 h 与针塞的上下阀盘之间的距离 l 之差的一半，叫引导阀的遮程 Δh，如图 5-2-8 所示，用表达式表示为：$\Delta h = (h-l)/2$。遮程的大小主要决定于产品的类型、阀径、材质和工艺水平。在实际应用中，多为正遮程，也有少数产品中采用零或负遮程，以提高灵敏度，减小死区，但要求材质高，且工艺难度大。引导阀的正遮程值与门径有相应的关系，一般为 0.05～0.15mm。

间隙也是液压分配阀的一个重要参数。为了使旋转套转动灵活而不摩卡，旋转套与固定衬套和针塞之间必须有适当的间隙。随阀塞直径的大小，间隙值也有相应的不同，一般在油压 25kg/cm 时，间隙值为 0.01～0.03mm。在结构上，一般要求可动件耐磨性能好，锥度、弯曲度和椭圆度最小，配合表面不得碰坏、划伤和磨损，套与塞的遮程部分应保持完好的原几何棱角。有缺角或磨损严重时应更换。

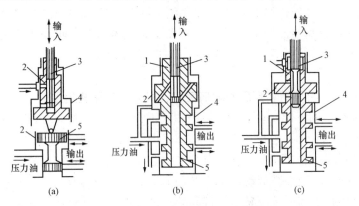

图 5-2-8 常见的三种主配压阀结构型式
(a) 双阀盘差动配压阀；(b)、(c) 双阀盘等压配压阀
1—辅助接力器活塞；2、4—体壳；
3—引导阀针塞；5—主配压阀活塞

5-2-9 配压阀有哪些结构型式，各有什么作用？

答：配压阀的结构型式，决定于它的用处、性能和液压系统结构。通常为双输出断流式，并分为差动和等压两种，等压配压阀又有双阀盘和三阀盘之分。图 5-2-8（a）为双阀盘差动配压阀，(b) 和 (c) 为双阀盘等压配压阀，三阀盘的很少见。配压阀广泛用于控制主接力器（如导叶、桨叶、截流板和针阀等接力器），并与辅助接力器加工成一体或者组合在一起，如图 5-2-8 的三种型式，称它为主配压阀。等压配压阀可独立地用于前置或中间液压放大元件，称为中间配压阀，但实际应用很少。

5-2-10　配压阀的基本参数是什么，对主配压阀活塞直径和衬套窗口是如何要求的？

答：配压阀的基本参数主要有：主配压阀活塞的直径、衬套窗口宽度、遮程、间隙。

主配压阀活塞直径是决定接力器出力或调速器工作容量的主要因素。规定的标准直径有27、36、50、80、100、150mm 和 200mm 等几个系列。在直径确定的情况下，为了改善调节性能，阀盘形状有完整柱形的和柱形边棱切割成全部或局部倒角的，如图 5-2-9（a）所示的三种形状。而目前使用较广的为完整柱形阀盘，其他两种情况很少见。另外，为了解决配压阀遮程小时漏油量大，遮程大时灵敏度低的矛盾，避免在机组转速偏差很小时，主配压阀输出信号太大，主接力器移动过快，一般将阀盘或控制油孔做成台阶状。把图 5-2-10（a）与（c）或（b）与（d）配合起来，就可使配压阀遮程在部分孔口长度内较小，以提高动作灵敏度；在其他部分孔口长度内，遮程较大，以减小漏油量。这样既保证了小波动调节时调速器的速动性，又保证了大波动调节时孔口开启面积足够。

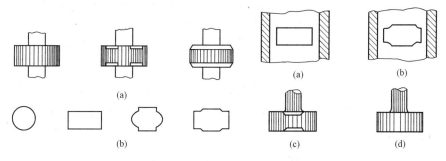

图 5-2-9　主配压阀阀盘和窗口的形状　　图5-2-10　主配压阀控制油孔和阀盘形状
（a）阀盘形态；（b）窗口形状　　（a）没有台阶的控制油孔；（b）具有
台阶的控制油孔；（c）具有台阶的阀盘；
（d）没有台阶的阀盘

衬套窗口大小和形状直接影响调节性能，因此它不仅要满足大波动的过油量，还应保证小波动的调节性能。大中型主配压阀窗口高度为活塞直径的 15%～25%，总宽度为活塞直径周长的 70%～80%；小型主配压阀的窗口高度为活塞直径的 30%～40%，总宽度为活塞直径周长的 30%～45%。也可以采用活塞直径全周长为窗口总宽度，以提高配压阀的工作能力。窗口形状分为圆形、矩形、边槽式扁圆形和边槽式矩形，如图 5-2-9（b）所示。后两种应用较广。圆周向的窗口个数一般为 2～4 个，通常采用 3 个或 2 个。

5-2-11　在配压阀的基本参数中，遮程的大小对其性能有什么影响，又有什么要求？

答：主配压阀的遮程和间隙是决定主配压阀工作性能好坏的重要因素，其值应符合设计值。主配压阀上下阀盘与其对应控制油孔高度差的一半称为主配压阀的遮程，如图 5-2-11 所示。在 T-100 型调速器中，主配压阀设计遮程为 0.4mm。设计时，是按 4 个遮程相等的原则设计的，即 $\Delta h_1 = \Delta h_2 = \Delta h_3 = \Delta h_4$。但由于加工误差，这 4 个遮程往往不相等，从而影响主配压阀的工作性能，严重时甚至无法工作。对于新安装的调速器和更换了活塞或衬套的主配压阀，应实测各遮程大小，以便于分析其工作特性。实测时，测出 $l_1 - l_3$ 和 $h_1 - h_4$，按以下公式计算各遮程：

$$\Delta h_2 = \Delta h_3 = \frac{1}{2}(h_3 - h_2 - l_2), \Delta h_1 = l_1 - (h_2 - h_1) - \Delta h_2, \Delta h_4 = l_3 - (h_4 - h_3) - \Delta h_3$$

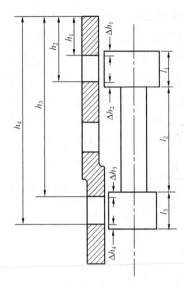

图 5-2-11　主配压阀
的遮程

主配压阀遮程的大小，对调速系统的死区、灵敏度以及耗油量影响甚大。所以按调速器的结构和性能要求，主配压阀的遮程值也有正、负和零之分。遮程为正的配压阀称为断流式配压阀，遮程为负的配压阀称为通流式配压阀。正遮程是调速器中常见并应用最广泛的一种，它可以减小稳定运行时调速器的漏油量，但当活塞移动量小于遮程时，控制油孔不开启，没有输出信号或输出信号很小，使调速器动作不灵敏。虽对调节灵敏度有一定影响，但仍可满足调节性能的要求。故目前国内调速器几乎均采用正遮程。负遮程漏油量大，但灵敏度高，其遮程一般为－（0.01～0.02）mm，装有通流式配压阀的调速器称通流式调速器，常用于不设压力油罐带有连续工作油泵的特小型调速器。零和负遮程虽有优点但也有缺点，易于磨损，增加漏油量，甚至引起调速器运行不稳定。一般很少采用。

在结构设计中，对双遮程均按等量原则计算，并与活塞直径呈比例关系。表 5-2-2 为配压阀遮程与间隙的常见数据表。而桨叶主配压阀遮程，对调速器死区影响不大，为了减小调速系统漏油量，一般按导叶主配压阀遮程的 2 倍计算。

表 5-2-2　　　　　　　　　　配压阀遮程与间隙的常见数据表

数值　　参数 直径 ϕ	遮程	间隙	备注
≤20	0.10～0.15	0.010～0.015	负遮程可按平衡状态的分液量来确定
≤50	0.15～0.25	0.015～0.020	
≤100	0.25～0.35	0.015～0.025	
≤200	0.35～0.50	0.040～0.070	

注　表中参数为额定油压 2.5MPa 时的值。

5-2-12　配压阀的间隙对其性能存在什么影响，应符合哪些具体要求？

答：主配压阀衬套内径与对应的活塞阀盘外径差的一半称为间隙 δ。间隙大，漏油量也大，大量的漏油会引起主接力器慢性摆动；间隙太小，活塞容易发卡，使动作不灵敏。主配压阀活塞的上下阀盘与衬套间一般采用 H6/g5 的基孔制配合，阀盘表面粗糙度为 0.32～1.25μm。对 T-100 型调速器主配压阀间隙为 0.006～0.024μm。其他的则根据主配压阀的直径予以配合，一般按照配压阀遮程与间隙的常见数据表 5-2-2 中予以配合。

5-2-13　什么叫作油压分配阀的"自塞"现象，其原因是什么？

答：在引导阀和主配压阀的使用中，当主配压阀活塞或引导阀转动套长期处于中间位置时，要使活塞或转动套移动，往往需要比原来大几倍甚至几十倍的力，有时甚至不能移动，造成卡塞。这种现象称为"自塞"现象。其主要原因如下。

（1）静摩擦系数大。配压阀活塞长期处于中间位置时，要使它移动，必须克服静摩擦力。由于静摩擦系数比动摩擦系数大得多，因此所需移动力也要大得多。

（2）存在径向液压卡紧力。配压阀衬套和活塞在加工时不可避免地会有一定的锥度，装配时又会有一定的偏心，使活塞阀盘两侧间隙不同，造成两侧间隙中的油压分布不同。当间隙向着液流方向增大时，间隙大的一侧沿间隙长度方向油压减小先慢后快，间隙小的一侧油压减小先快后慢，如图5-2-12所示。这就在阀盘高度方向造成压力差 p_2-p_1，并产生向着间隙小的方向的液压卡紧力 F。液压卡紧力使阀盘紧贴衬套，油膜减小，润滑条件恶化，阻碍活塞移动。

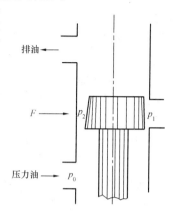

图 5-2-12 液压卡紧力示意图

（3）有油膜吸附力。在配压阀衬套和活塞间隙中的油受到挤压会产生极化分子。由于金属表面带有正电荷，油膜中的极化分子受到它的吸引，会形成一层牢固的边界吸附层，间隙越小，吸附力越大。

5-2-14 油压分配阀的"自塞"现象对运行有什么危害，常采用什么措施来防止？

答： 在运行中若引导阀或配压阀卡塞，就会使增减负载失灵。如遇甩负荷，则会引起机组严重过速，危害极大。所以应极力防范引导阀和配压阀卡塞现象。通常的措施有以下两种。

（1）使活塞处于不停的运动中。如 T、CT、YT 型调速器的引导阀转动套随离心摆一起转动；TRV-40 型调速器主配压阀活塞由一棘轮机构操纵间隙地转动；HRO 型调速器液压摆齿轮每转动一周，通过一个小针阀接通排油一次，使辅助配压阀微振动一次。在电液调速器中，通常向电液转换器通入一定频率的振动电流，使配压阀不断微动。这些措施都会使配压阀活塞随时处于运动状态，使摩擦系数变小。同时运动会破坏油膜中极化分子的形成，减小油膜吸附力。

（2）在阀盘上开均压槽。在阀盘上沿圆周方向开均压槽，可使由间隙不同产生的不同压强区沟通，使压强分布趋向均匀。据试验，开一条均压槽可以将液压卡紧力减小到无均压槽时的 58%，开两条槽可减小到 24%。开均压槽还有利于把机械杂质存在槽内。

5-2-15 调速器在运行中，主配压阀控制不灵或卡死，原因在哪里？

答： 调速器在运行中，主配压阀控制不灵或卡死的原因主要有以下几种情况：有些水电站在枯水季节长期停机时，维护不善，油系统中含水量过大，使主配压阀各滑动面产生锈蚀，手、自动操作不灵，甚至卡死。遇到这种现象，开机前应仔细检查，油中含水量多时需更换新油。同时需分解和检查主配压阀的关键部件。另外也有可能存在油泥、固体颗粒或铜屑等进入活塞和衬套之间，使之卡死。针对具体情况，应经常对透平油进行观察和化验，及时更换新油。

5-2-16 接力器有哪几种类型，各有什么特点和作用？

答： 接力器在调速器系统中因其用途或所处的位置不同，分为辅助接力器、中间接力器和主接力器。

（1）辅助接力器由引导阀控制并直接带动主配压阀，调节前后位置不变。辅助接力器结构多为差动式，如图5-2-13中（a）和（b）两种型式，应用很广。等压式辅助接力器只在极少数调速器中采用。差动式辅助接力器又分为单油腔和双油腔两种，图5-2-13（b）为单油腔差动式辅助接力器，它利用改变控制腔油压与差动主配压阀轴向油压的差压力推动阀塞工作。图5-2-13（a）为双油腔差动式辅助接力器，它利用改变上控制腔油压与下恒压腔油压的差压力推动阀塞工作。在某些调速器中，将引导阀针塞装在上述两种辅助接力器活塞1的内孔中，即二者组合在一起便形成图5-2-8的型式。

（2）中间接力器的结构型式。中间接力器主要由离心摆或电液转换器带动的引导阀来控制，用作随动系统的先导元件，对整个调节系统可提高调节速度，减小调节死区。在调速器中，差动式中间接力器应用最广，如图5-2-14中（a）和（b）所示。图5-2-14（a）为双油腔差动式中间接力器，它利用改变上控制腔油压与下恒压腔油压的差压力推动活塞工作。图5-2-14（b）为单油腔差动式中间接力器，它利用改变上控制腔油压与下弹簧推力的差压力推动活塞工作。中间接力器有时可作为小型或特小型调速器的主接力器。

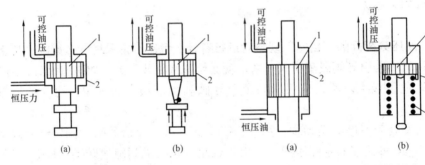

图 5-2-13　辅助接力器结构型式
（a）双油腔差动式辅助接力器；
（b）单油腔差动式辅助接力器
1—辅助接力器活塞；2—缸体

图 5-2-14　中间接力器结构型式
（a）双油腔差动式中间接力器；
（b）单油腔差动式中间接力器
1—中间接力器活塞；2—缸体；
3—动力弹簧

（3）主接力器的结构型式。接力器主要由缸体及单阀盘组成。通常由主配压阀控制，用于控制导叶开度或桨叶角度或截流板行程或针阀行程。

5-2-17　主接力器的类型有哪些，各适用于哪些情况？

答：在调速系统中，主接力器作为最后的执行元件，由于其用处、容量和厂房布置要求的不同，型式也有多种。图5-2-15为常见的几种主接力器结构型式，（a）和（b）两种接力

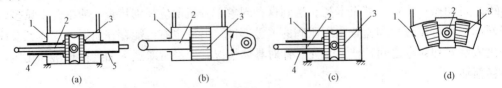

图 5-2-15　常用的几种主接力器型式
（a）直缸固定双导管等压式接力器；（b）直缸摇摆无导管差压式接力器；
（c）直缸固定单导管差压式接力器；（d）曲缸固定（或活塞固定）环形等压式接力器
1—缸体；2—活塞杆；3—接力器活塞；4—左导管；5—右导管

器广泛用于控制大、中型水轮机的调速器；（c）输出功率较大，多用于控制较大水轮机的调速器；（d）由于加工不便，漏油较大，实际应用不多。

5-2-18 在 T 型机械液压调速器中，调差与变速机构的作用是什么？

答：在机械调速器中，调差机构属于调节系统中的硬反馈部分。它是将主接力器输出信号引回到离心摆引导阀的输入端，决定整机调速器的静态特性斜率及转速偏差，以便根据机组运行需要，通过调差机构改变硬反馈量的大小，即调整永态转差系数，相应的也调整调差率，使调速器具有有差特性或无差特性。当外界负载变动时，在电网中并列运行的各台机组，根据每台机组的永态转差系数 b_p 的大小来合理分配负载。它是调速器中具有特殊功用的硬反馈。为了区别于其他硬反馈，又叫作硬反馈调差机构或称调差机构。

变速机构又叫转速调整机构，它的作用是机组并网运行时，通过变速机构作用于改变机组的负载；单机运行时，可改变机组的转速。变速机构的动作过程是：在调速器柜上操作变速机构手轮或在中控室操作有关控制开关使变速机构电动机向增（或减）负载方向转动，变速机构螺母上（或下）移动，再通过有关杠杆使引导阀的针塞上（或下）移动，此位移经液压放大后，推动接力器向开（或关）方向移动，开大（或关小）导叶，以达到改变机组转速或负载的目的。

5-2-19 引起调速器运行不稳定的原因有哪些？

答：调速器在运行过程中引起不稳定的因素很多，除了调速器本身因设计制造、选型、安装和检修调试不当等原因外，还受到运行时过水系统水压脉动和运行维护、管理不当的影响，可能的原因有：①对具有共同引水管或同一调压井的并联运行机组，由于相邻机组进行剧烈调节，导致引水系统中的水压剧烈脉动，使水轮机转速不稳定。而对低水头大流量水电站上、下游水位发生周期性大幅度波动，也会引起水轮机和调节系统的周期性波动；②对具有较长压力水管的电站，当水管的压力变化周期接近调速器自振周期时，可能会发生共振而引起调速器运行不稳定；③低水头水电站机组偏离最优工况运行，在尾水管内产生空腔涡带，引起转速不稳或水轮机强烈空蚀引起转速不稳定；④系统负载周期摆动或系统功率振荡，引起调速器运行不稳定；⑤压力油脏时，缓冲器、过滤器、电液转换元件工作受影响，也会诱发调速器不稳定；⑥调速系统的油管路和接力器中有空气，或接力器止漏装置漏油或从主配压阀引来的油管漏油。

⚙ 第三节 电 液 调 速 器

5-3-1 什么是电气液压型调速器，它由哪些主要部分组成？

答：电气液压型调速器（以下简称电液调速器或电调）是在机械液压调速器（简称机调）的基础上发展起来的。电液调速器主要由电气和机械液压两大部分组成，通过电液转换器将这两部分联系起来。在电调中，调速器的测频、软反馈、调差、功率给定等控制部分，以及信号的综合放大部分等均采用电子元件构成的电气回路来实现。各元件的基本特性仍与机调保持一致。综合放大后的电信号由电液转换器转变为机械位移信号，送往机械液压部分。其他机械液压部分与机调的对应部分类同。

5-3-2　与机械液压型调速器相比，电气液压型调速器具有什么特点？

答：相对于机械液压型调速器来讲，电气液压型调速器的测速、小功率放大、软反馈（缓冲器）、硬反馈（调差装置）和转速或功率（负载）调整等元件均由电气元件构成，而主要功率放大和执行元件仍采用与机调基本相同的机械液压系统。与机械液压型调速器相比较，其主要有以下优点：①电调具有较高的精确度和灵敏度。由于减少了许多机械元件，电调的转速死区通常不大于0.05%~0.1%，而机械液压调速器则为0.15%或其以上；电调的接力器不动时间通常不大于0.2s甚至以下，而机调则为0.3s或以上。②制造成本低。电调用简单的电气回路代替了机调中较难制造的离心摆、缓冲器等机械元件，因此制造成本较低。③易于实现各种控制信号（按水头调节、负载分配等信号）的综合。水轮机调节需要的各种参数（如水头、流量、负载分配等）转换成电气参数（电压、电流）后易于进行综合，调速器中各环节的电气信号也易于综合，并可实现成组调节和计算机控制，为机组的优化控制和电站的经济运行提供了有利条件。④参数调整方便灵活，运行方式切换简易迅速。⑤安装、维护、检修和调整试验都比较方便。

5-3-3　电调的系统结构有哪些型式，存在哪些特点？

答：电调的各个环节可以根据一定的需要进行不同的组合，构成不同系统结构的调速器。合理的系统结构对提高调速器的性能起着至关重要的作用。常用的系统结构有以下几种。

（1）实行PI调节规律。在电液调速器中，可实行PI调节规律的系统结构一般为缓冲式电液调速器，其系统结构如图5-3-1所示。它的基本特征是用软反馈校正形成比例—积分调节规律。这种电调的系统结构沿用了机调的系统结构。早期的电调大多如此。

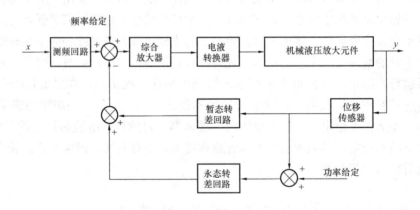

图5-3-1　缓冲式电调系统结构框图

（2）实行PID调节规律。在电液调速器中，可实行PID调节规律的系统结构有加速度—缓冲式电液调速器、带中间接力器的加速度—缓冲式电液调速器、电子调节器式电液调速器等几种。在缓冲式、加速度—缓冲式、带中间接力器的加速度—缓冲式这几种系统结构模式中，它们的特点是把具有较大死区的主配压阀包括在调节规律闭环之内，因而调速器整体特性的转速死区比较大。相对而言，中间接力器是为了寻求较小转速死区的产物，但这个环节是不利于发展调速器高级控制对电力系统稳定控制的作用。再后来发展，就有了电子调节器式的系统结构，它具有较好的综合调节性能。

5-3-4 加速度—缓冲式电液调速器的系统结构怎样？

答： 加速度—缓冲式电调的系统结构如图 5-3-2 所示。它的基本特征是采用加速度回路（即测频微分回路）作为校正环节，从而实现比例—微分—积分调节规律。其余部分则与缓冲式电调相同。这种调速器不仅按频率偏差调节，而且按频率偏差的变化率，即机组的角加速度进行调节，因此能加快调节过程，减小过调节，改善动态品质。

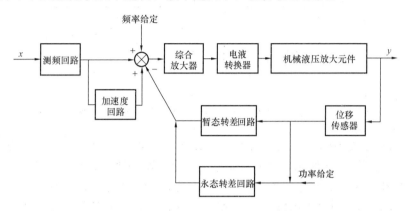

图 5-3-2 加速度—缓冲式电调系统结构框图

5-3-5 带中间接力器的加速度—缓冲式电液调速器的系统结构怎样？

答： 对于带中间接力器的加速度—缓冲式电液调速器，其系统结构如图 5-3-3 所示。它是在加速度—缓冲式电调的基础上改进而得的。它的主要特征是主反馈信号从中间接力器引出。主配压阀和主接力器及其机械反馈构成了一个机械液压随动系统。

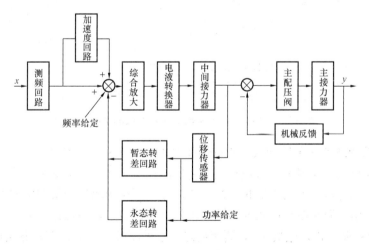

图 5-3-3 带中间接力器的加速度—缓冲式电调系统结构框图

5-3-6 什么是电子调节器式电液调速器，它又有哪些型式，各有什么特点？

答： 电调中用来将转速偏差按一定调节规律转换成电气输出信号偏差的一些环节组合，称为电子调节器。电子调节器包括测频回路、形成调节规律的 PID 调节单元和永态转差回路。按 PID 调节单元中各环节的联结方式不同，电子调节器式电调又可分为串联 PID 式和并联 PID 式两种。串联 PID 电子调节器式电调的系统结构框图如图 5-3-4 所示，其调节规律

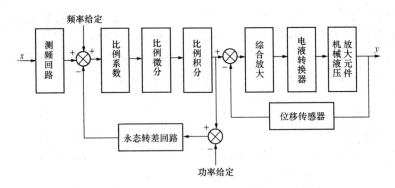

图 5-3-4　串联 PID 电子调节器式电调的系统结构图

由三个串联的比例系数环节、比例微分环节、比例积分环节形成。并联 PID 电子调节器式电调的系统结构如图 5-3-5 所示，其调节规律由三个并联的比例、积分、微分环节形成。一般常使用并联 PID 的调节方式，因为它在调整改变比例、积分、微分任何一个参数时，相互之间不会产生影响，而对于串联 PID 的调节方式，它在改变任何一个前面的参数时，后面的参数都会受到影响。

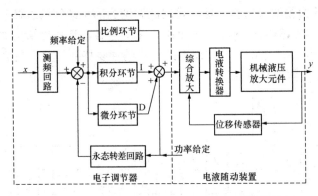

图 5-3-5　并联 PID 电子调节器式电调的系统结构图

5-3-7　测频回路的作用是什么，它有哪些型式，对其有什么要求？

答：在电气液压调速器中，采用测频回路量测机组频率与给定频率的偏差，按频率偏差的大小、方向，以电量的形式输出相应的调节信号。其作用相当于机调中的离心摆。

测频回路按信号源和电路形式的不同，主要有三种型式：一是输入信号取自永磁发电机的 LC 谐振测频回路，称永磁机—LC 测频回路，这种测频方式只在有永磁机的机组中使用；二是输入信号取自发电机电压互感器的脉冲测频回路，称发电机残压—脉冲测频回路；三是输入信号取自磁性传感器的脉冲测频回路，称齿盘、磁头—脉冲测频回路。

对于电子式的测频回路都需进行静态特性试验，以求取测频回路输出电压与输入信号频率偏差（或频率）的关系曲线，并以此计算测频回路放大系数和线性度误差，以判断测频回路的性能是否符合调速器的设计要求。对测频回路的基本要求是：①输出信号与输入信号的频差成正比，为一近似的比例环节，线性度好；②工作性能稳定，抗干扰能力强；③电路简单、可靠。

5-3-8 什么是测频微分回路，其作用是什么？

答：在电液调速器中，测频微分回路又称加速度回路，对于引入了测频微分回路的电液调速器称为加速度—缓冲式电液调速器，它可实现 PID 调节规律。其作用是将频率信号进行微分，当机组频率发生变化需要进行调节时，所加入的频率微分信号在机组加速度大的情况下，就能提前给予较大的调节信号。在频率偏差刚出现时，其变化率较大，因此能在频率偏差过大之前发出较大的调节信号，使调速器提前加大动作，同时在频率偏差较大时，其变化率往往较小或方向相反，因此这个调节信号既反映了频率偏差的大小，也反映了频率偏差变化率的大小，由此可以减小调节信号、防止过调节。总之，引入测频微分回路可以改善调节品质，提高速动性，减小超调量。

有的电调的测频微分回路比较简单，仅在测频回路的输出通道上并联一个微分电容就能反映加速度信号。各种测频微分回路均采用调整微分电容值来改变加速度时间常数。

5-3-9 什么是电调中的软反馈回路，它是如何工作的？

答：为了提高调节系统的稳定性、改善过渡过程品质，与机调相似，在电液调速器中相应地设置了软反馈回路，以便实现对暂态转差系数 b_t 和缓冲时间常数 T_d 进行调节，保证其调节性能。软反馈回路又称暂态反馈回路。

机调软反馈机构的输入信号可取自于主接力器或者中间接力器的行程，由油缓冲器和它前后具有比例特性的传动杆件组成，以位移的形式输出软反馈。其实现软反馈的关键在于油缓冲器具有实际微分特性。电调软反馈回路的输入信号，则是根据其结构型式的不同可以从主接力器或中间接力器获取，还可从电气积分器上获取。不论输入信号来自哪一部位，加入软反馈回路的输入信号电压 U_a 均与主接力器行程 Y 成比例。软反馈回路由 RC 微分回路和它前后具有比例特性的电位器等组成，输出软反馈电压 U_{bt}，以负反馈形式与测频回路输出的频差电压进行综合。

5-3-10 在电调的软反馈回路中，如何对暂态转差系数 b_t 和缓冲时间常数 T_d 进行调节？

答：在电气液压调速器中，衡量其软反馈回路的特性参数与机械液压调速器中的软反馈回路是一样的，都是暂态转差系数和缓冲时间常数，只不过，在机械液压调速器中是通过机械元件来实现和调整的，而在电气液压调速器中，则是通过对电子元件进行调整来实现的。对暂态转差系数 b_t 一般是通过改变 RC 微分回路前、后的衰减系数来进行调整，对缓冲时间常数 T_d 一般是通过调整 RC 微分回路的阻值 R 或电容 C 的大小来实现。在电调中，由于软反馈回路线路简单，参数调整方便，为了适应机组在单机运行和并网运行的不同需要，在现代电液调速器中，软反馈回路的 T_d、b_t 值一般都能随这两种方式的变换自动地切换运行参数，这比机调的软反馈机构要优越得多。

5-3-11 在电调中为什么要设置人工失灵区回路，它起什么作用？

答：电调的灵敏度比机调高得多，其转速死区一般不超过 0.05%。这就是说只要频率变化 $0.025\,\mathrm{Hz}$，电调就有调节信号发出，改变导叶开度，改变机组动力矩。对于在系统中承担基本负载的机组，在电网频率变化较小时没有必要进行调节，过高的灵敏度反而会引起负载经常性的波动。因此可以在电调中，特意设置一个频率死区，在机组承担基本负载运行时，在给定频率附近，当电网频率变化在这个频率死区范围以内时，该机组不参加调节，这有利于机组和电网的稳定运行。这时电网的变动负载完全由调频机组承担。当电网频率变化较大，超过承担基本负载的机组调速器的频率死区时，这些机组也参加调节，与调频机组一起为恢复电网频率至规定值而承担一定的变动负载。电调中用于设置上述频率死区的回路称人工失灵区回路。

5-3-12　在电调中，设置人工失灵区回路的方法有哪些？

答：在电调中，设置人工失灵区回路有两种方法：一是对测频回路静态特性设置频率死区的人工失灵回路，根据设置调整的频率死区大小，当频率变化很小时，通过人工失灵区回路将信号拦截，频率变化信号不会送入到 PID 调节单元中进行调节，当频率变化比较大超过设置值时，人工失灵区投入，频率变化被信号送入 PID 调节单元参与调节，一般电站都整定在 0.5Hz。二是通过改变 b_t 整定值的人工失灵回路，这种人工失灵回路是使频率变化在失灵区范围内时，使硬反馈回路的输出信号不经调整 b_t 值的电位器衰减而输出，因而使 b_t 值变得相当大，也就是使调差率 e_p 变得相当大。

5-3-13　什么是电气开度限制回路，它是如何起作用的？

答：电气开限的功能与机械开限的功能是一样的。它对导叶实际开度的上限起限制作用，在机组自动运行中，当实际开度增至限制开度时，能拒不执行开机信号，但关机信号仍能通行，这样就保证了机组运行的安全性。

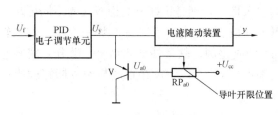

图 5-3-6　JST-A 型电调
的电气开度限制回路原理图

其工作原理是：当 $U_y < U_{a0}$ 时，即导叶实际开度小于限制开度时，三极管 V 截止。U_y 可根据 PID 调节单元的正常输出增加或减小，并通过电液随动装置使导叶开启或关闭；当 $U_y > U_{a0}$ 时，三极管 V 导通，U_y 被钳制在与 U_{a0} 基本相等的电位（V 导通时其发射极和基极间压降很小）。这就使导叶实际开度被钳制在限制开度，起到了开度限制的作用。这时不论电子调节器发生多大的开导叶信号，都不能使导叶再开大，但是电子调节器发出关导叶信号，使 U_y 降至 U_{a0} 以下时，则可以使导叶关闭。其原理图如图 5-3-6 所示。

限制开度的大小可根据运行要求通过电位器在 $0\sim100\%$ 的开度之间进行整定，并能借助开度限制回路手动操作机组启闭。早期生产的电调大多没有电气限制回路，仍是采用机械式开度限制机构。后来的电调则设置了电气开度限制回路，但为了安全可靠和习惯操作，一般仍保留有机械开度限制机构。时间证明，电气开度限制回路性能良好、可靠，能起到机械开度限制机构的作用。

5-3-14　为什么要设置综合放大回路，其作用是什么，它有哪些方式？

答：在水轮机调速器中，为了获得一定的调节规律和便于控制机组，有很多调节信号和控制信号。这些信号需要经过叠加、综合和放大以后才能准确有效地控制导叶。在机调中，都是通过采用机械杠杆系统将局部反馈机构、软反馈机构、调差机构和转速调整机构输出的位移信号进行叠加，综合成一个信号后再送到引导阀。而在电调中，为了实现调速器某种特定的调节规律，必须对频差信号、软反馈信号、调差与功率给定信号等一系列的电气调节信号和控制信号通过电气元件进行综合放大，使这些输出信号能足以推动电液转换器工作，才能准确有效地控制导叶。

在电调中，综合放大回路视电气量的形式和放大器的类型而不同。一般有三种综合方式：①交流信号用变压器串联综合回路；②直流信号用串联综合回路；③直流信号用并联综合回路。

5-3-15　什么是电气协联回路，它的基本原理是怎样的？

答：对于需要采用双调节的水轮机而言，我们要求调速器不仅具有双调节功能，而且还需要其实现协联关系。在机械液压型双调节调速器中，采用机械协联凸轮机构来实现协联关系。但它体积大，反应迟钝，准确度低。而在电气液压型双调节调速器中，则改用电气协联方式来实现协联关系。采用摸拟电路的电气协联称为模拟协联，采用数字电路的电气协联称为数字协联。数字协联比模拟协联具有更高的精度，而且不需要现场调试。下面以转桨式水轮机调速器的模拟电气协联方式为例，说明电气协联的工作原理。

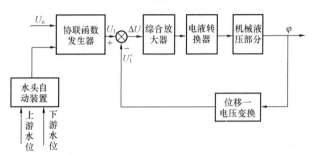

图 5-3-7　电气协联装置原理图

如图 5-3-7 所示，电气协联装置由电气协联回路和轮叶电液随动系统两大部分组成。其中，电气协联回路包括协联函数发生器和水头自动装置，主要用于模拟协联函数 $\varphi = f(a, H)$，它根据导叶开度 a 和当时运行水头 H，输出一个与符合协联关系的轮叶转角 φ 成正比的电压 U_φ，轮叶电液随动系统包括用于轮叶调节的综合放大器、电液转换器、机械液压部分和位移—电压变换器（位移传感器），使轮叶转角跟随变化。

5-3-16　对电调的电气装置应进行哪些试验，各有什么要求？

答：电调的电气装置是指从测频回路到电液转换器之前的所有电气元件的整体。为了检测电气装置工作的特性及可靠性，通常需要进行以下试验。

（1）电气装置的特性试验。对缓冲式电调的电气装置一般只是进行静态特性试验。即测定输入信号频率 f 与电气装置的输出电流或电压（通过电液转换器线圈的电流或其两端电压）的关系。对于电子调节器式电调电气装置则需进行静态特性试验和动态特性试验。

（2）"三漂"试验。即温度漂移、电压漂移、时间漂移试验。

（3）抗干扰试验。电气装置在电站正常运行中所产生的各种干扰信号的作用下，不应引起主接力器有异常动作。可用继电器或手电钻的接通和断开来模拟干扰信号。此时，观察电气装置输出，若无变化，即具有一定的抗干扰能力。

（4）绝缘电阻测定。所有电气回路与地之间的绝缘电阻，在温度为 15～35℃及相对湿度为 45％～75％环境下测量，应不小于 5MΩ。

（5）绝缘强度试验。电调各独立的电气回路之间、电路与金属外壳之间，在温度为 15～35℃及相对湿度为 45％～75％环境下试验，按其工作电压大小应能承受相应的电压强度，一般都在 500～2000V。

5-3-17 对于电气装置的"三漂"试验，怎样进行，又有什么要求？

答： 对于电气装置的"三漂"试验。在试验前将所有可调参数均置于设计中间值，加速时间常数 T_n 置零（或微分增益 K_D 置零），功率给定和反馈信号置于 50% 位置，放大器的负载为设计规定值，输入信号和频率给定均保持在额定值。

（1）时间漂移试验。保持电源电压和环境温度恒定，连续通电 8h，由电气装置输出量的最大与最小值之差计算求得。

（2）电压漂移试验。保持环境温度恒定时，电源变化 ±10%，由电气装置输出量的最大值与最小值之差求得。

（3）温度漂移试验。保持电源电压恒定时，在环境温度为 5～45℃（出厂试验时也可在 25～45℃）范围内，每上升 5℃ 后恒温，当电气装置输出量达到稳定后，记录每变化 1℃ 的输出量变化值。电调电气装置漂移量折算为转速相对值不得超过表 5-3-1 的规定。

表 5-3-1   调速器类型

调速器类型	时间漂移	温度漂移	电压漂移
大型电调	0.1%	0.01%	0.05%
中型电调	0.2%	0.02%	0.1%

🔧 第四节 微机调速器

5-4-1 什么是微机调速器，它有哪些类型？

答： 微机调速器是一种通过计算机来对水轮发电机组进行控制和调节的装置，它由微机控制器和液压放大装置组成。相对于电调而言，微调中的电气部分由微机调速器中的"硬件"和"软件"部分替代。目前，微机调速器已在我国获得普及和推广，而且型式也多种多样。按调节器所采用计算机种类的不同分，有基于多总线单板机的微机调速器、基于 STD 总线的微机调速器、基于单片机的微机调速器、基于可编程控制器（PLC）的微机调速器、基于 PC 总线工控机的微机调速器，其中单片机、单板机构成的调速器由于可靠性差、故障率高等多方面原因，已趋于淘汰。目前可编程控制器以其高可靠性成为调速器构成首选；按所采用微机数量的不同分为单微机调速器、双微机调速器和三微机调速器等；按所采用电液转换元件的不同，又分为电液伺服阀式微机调速器、比例伺服阀式微机调速器、电机伺服阀式微机调速器、数字伺服阀式微机调速器等。

5-4-2 与电液调速器相比，微机调速器具有什么特点？

答： 微机调速器与模拟式电气液压型调速器相比，具有以下特点：①利用软件程序实现调节规律，因此可以实现 PI、PID 和其他所需要的调节规律。②调节参数的整定和修改更加方便。还可以采用适应式变参数调节，即随着运行工况的不同，随时改变调节参数，以使机组在任何工况下都能获得最佳动态品质。③利用软件程序控制开停机规律。例如，停机过程可根据调节保证计算的要求，灵活地实现导叶折线关闭规律，开机过程可根据机组增速的要求及引水系统最大压力降的具体要求进行设定。④可方便地通过键盘随时查询调节参数和机组运行状态。⑤简化了操作回路，各种操作相互间的逻辑关系均可利用软件完成，取消了继电器，降低了成本，提高了可靠性，并可方便地进行运行状态的转换，提高了灵活性。⑥可以充分利用数字量输入输出，与上位计算机相互配合实现水电站的多级自动控制，提高自动化水平。⑦现代化的微机调速器具有很强的纠错功能，如反馈断线自保持功能、机频消失自保持功能、网频消失自保持功能、主配拒动自保持功能等。

5-4-3　微机调速器"电气部分"的结构组成怎样，各起什么作用，其关系怎样？

答：尽管微机调速器采用计算机的型式多种多样，但其基本结构一般都是相同的，主要由控制对象、检测环节、计算机、输入输出通道、外部设备等组成，如图 5-4-1 所示。

（1）控制对象。它是指要控制的设备或机器，如水轮发电机组。工业生产过程是连续进行的，被控制参数一般随时间连续变化，如水轮机调节中的频率 f 或转速 n。

（2）计算机。计算机是计算机控制系统的核心，它由运算器、控制器和内存储器等组成。它是根据输入通道送来的被控对象情况，按照预先的控制规律（PI 或 PID 调节规律）所设计的控制程序，自动进行信息处理、分析和计算，做出相应的调节，并通过输出通道发出控制指令。

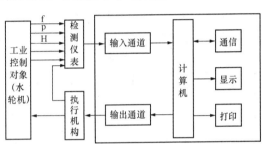

图 5-4-1　微机调速器控制系统的结构组成

（3）过程通道。过程通道是计算机与被控制对象之间进行信息传递和交换的连接通道，故称为过程通道。按照信号相对于计算机的流向可分为输入通道和输出通道。输入通道是把生产过程中的信号送入计算机，输出通道则把计算机的输出信号送往被控制对象。按照输入信号的种类的不同，分为模拟量通道和开关量通道。其中，模拟量的输入与输出需采用模/数转换器（A/D）和数/模转换器（D/A）予以转换。

（4）通信接口电路。通信接口电路用于和上位计算机进行信息交换，即接收上位机的控制指令或将生产过程的信息传送到上位机等。

（5）外部设备。外部设备包括键盘、显示器、打印机、外存储器等设备。键盘为常用输入设备；显示器、打印机为输出设备，用于将经过计算机运算处理后的输出信息，以便运行人员易于接受的形式显示、打印出来，并根据这些信息调整和控制生产过程；外存储器用于存储系统程序和数据。

5-4-4　"PLC"表示什么意思，它有什么作用？

答：PLC 英文全称 Programmable Logic Controller，中文称为可编程逻辑控制器。它是一个以微处理器为核心的数字运算操作的电子系统装置，专为在工业现场应用而设计，它采用可编程序的存储器，用以在其内部存储执行逻辑运算、顺序控制、定时/计数和算术运算等操作指令，并通过数字式或模拟式的输入、输出接口，控制各种类型的机械或生产过程。PLC 是微机技术与传统继电接触控制技术相结合的产物，它克服了继电接触控制系统中的机械触点的接线复杂、可靠性低、功耗高、通用性和灵活性差的缺点，充分利用了微处理器的优点，又照顾到现场电气操作维修人员的技能与习惯，特别是 PLC 的程序编制，不需要专门的计算机编程语言知识，而是采用了一套以继电器梯形图为基础的简单指令形式，使用户编制程序形象、直观、方便易学；调试与查错也都很方便。用户在购到所需的 PLC 后，只需按说明书的提示，做少量的接线和简易的用户程序编制工作，就可灵活方便地将 PLC 应用于生产实践。

5-4-5　微机调节器的基本结构有哪些型式，各有什么特点？

答：对于微机调速器，目前所采用的微机调节器的结构，主要有以下几种。

（1）单微机调节器——单微机、单总线、单输入/输出通道。一些采用可编程序控制器作调节器的微机调速器就属于这种类型。由于可编程序控制器具有很高的可靠性，因而在一些水电厂得到了应用，如葛洲坝水电厂的 WFST-A 型等。

（2）双微机调节器——双 CPU、单总线、单输入输出通道。

（3）双微机系统调节器——双微机、双总线、双输入输出通道，如图 5-4-2 所示。这种结构实际上是两套微机调节器，其微机部分有采用单板机和 STD 总线工控机等，两套微机调节器的内容完全相同，结构完全独立，运行时在管理部件的调度下，一套系统处于正常运行状态，另一套系统为备用状态。当运行系统出现故障时，通过切换控制器无扰动地切换到备用系统，即所谓互为备用的冗余系统。这种结构型式稳定性高，在我国许多电站得到应用。

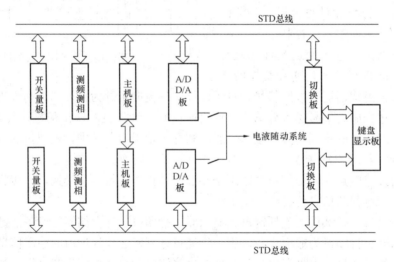

图 5-4-2　双微机调节器结构框图

5-4-6　在微机调速器中，电液随动装置的结构有哪几种类型，各有什么特点？

答：在微机调速器中，按照电液转换元件的不同，电液随动装置分为以下三种型式。

（1）采用伺服比例阀＋液压放大装置的结构，如图 5-4-3 所示。在这种系统结构中，用伺服比例阀取代了传统的电液转换器。由于伺服比例阀具有较强的防卡能力、抗油污能力和电磁操作力大等特点，其动、静态特性不低于电液转换器。运行情况表明，采用伺服比例阀的调速器，自投入运行以来具有较好的稳定性和可靠性。

（2）采用步进电动机或伺服电动机＋液压放大装置的结构，如图 5-4-4 所示。这种结构的调速器用步进电动机或伺服电动机取代了电液转换器，由于步进电动机可以直接和计算机接口，从而取消了数/模转换器，微机调节器的输出信号直接经放大电路送入步进电动机，再由步进电动机带动引导阀针塞去控制液压放大装置。这种调速器也有较强的抗油污能力。

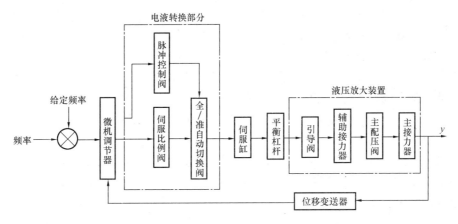

图 5-4-3 伺服比例阀＋液压放大装置的结构

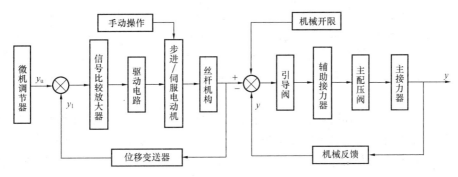

图 5-4-4 步进电动机或伺服电动机
＋液压放大装置的结构

（3）采用电子调节器＋电液比例阀＋插装阀（即数字阀式）的结构。这种结构取消了传统的引导阀、主配压阀等元件，用集成插装阀组实现接力器的操作控制。它具有调节精度高、抗油污能力强、实现液压件标准化程度高等优点，是对调速器液压系统的一次重大变革。

5-4-7 在对双微机液压调速器的引导阀进行检修时，应检查、测量哪些项目？

答： 在对双微机液压调速器的引导阀进行检修时，应检查和测量以下项目：①引导阀分解后，仔细检查引导阀活塞表面应光滑无毛刺，节流边缘应呈直角锐边，完整无伤痕，其径向配合间隙为 0.03～0.04mm，若大于 0.04mm 时，必须更换。②如需要检查引导阀遮程时，可取出引导阀衬套，检查衬套的四只油口上、下边缘应在同一平面上，其偏差不得大于 0.02mm，并有尖锐的棱角。③测定记录遮程，要求每边搭叠量为 0.15mm。④装复时应再次检查清洗，应无毛刺，棱角完好，涂干净的透平油，装复后活塞在衬套内应灵活不发卡。

5-4-8 如何对微机液压调速器的调速器系统进行零位调整？

答： 零位调整分两步进行，首先进行机械零位调整，然后进行机械—电气零位调整。

（1）机械零位调整。当液压系统充油后，手动—自动切换阀位于手动位置，手操机构手柄处于中间位置时，接力器活塞应保证不动，否则说明机械零位偏离，没有调好，说明引导阀活塞没有处在中间平衡位置，要通过加（减）垫片或旋转调节螺母来调整，具体调法是：①在引导阀顶端装一只百分表，当手操机构手柄在中间位置时，百分表调零，根据接力器的动作方向，缓慢操作手操机构手柄，直至接力器活塞在 30min 内位移小于 l0mm（或 3min 内位移小于 0.30~0.40mm），此时记下百分表读数。②液压系统消压，根据百分表的读数决定加（减）垫片或旋转调节螺母来使引导阀活塞处于中间平衡位置。③液压系统充油，操作手操机构手柄由开至中间位置，再由关至中间位置两个方向来检查接力器活塞的位移情况，若在 30min 内两个方向的位移量均小于 10mm 即为合格。

（2）电液转换器机械—电气零位调整。液压系统机械零位调整合格后，可装复电液转换器，然后通过手动方式将接力器全开或全关，同时对应地调整电气零位，反复几次后，直到机械与电气的零位一致。

5-4-9　在当前的微机调速器中，为了满足运行要求，一般要求其具有哪些功能？

答： 为了满足运行要求，在当前的微机调速器中，一般要求其具有如下功能。

（1）调节与控制功能。能够自动且可靠稳定地调节和控制转速（频率）、功率（出力）等参数，并且能保证在各种运行状况下（如空载或并网运行），可自动改变调节参数（K_I、K_P、K_D），实行安全运行、经济运行，且能可靠地实现开、停机操作和保证良好的协联调整等要求。

（2）在线自动诊断及容错功能。一般包括数模转换器和输出通道故障诊断、模数转换器和输入通道故障诊断、反馈通道故障诊断、液压伺服系统故障诊断、微机硬件故障诊断、微机软件故障诊断等几个方面，具体内容有：网频消失故障、机频消失故障、导叶反馈断线、功率反馈断线、水头反馈断线、主配拒动故障、电源消失等，这些都需要在机组安装时进行故障试验，予以检验。

（3）离线自诊断及开发调试功能。要求调速器在停机的离线状态下能够检查调节参数、调整调节参数、程序检查和修改、导桨叶协联控制检查和调整、内置式静动态特性试验功能等。

5-4-10　对于微机调速器的调节与控制功能，其具体内容如何？

答： ①频率跟踪及稳定。机组频率能对电网频率快速跟踪，其波动值在规定范围内，且有检错及容错测频功能。②出力调整及稳定。调整机组出力保持在给定值，其波动值和偏差在规定范围内。③安全运行。在各种工况下，机组甩负荷后，能保证机组迅速稳定在空载转速，或根据指令信号，可靠地实现紧急停机。④经济稳定运行。根据运行状况（如空载或并网运行）自动改变调节参数（K_I、K_P、K_D）以适应不同工况下稳定运行，可按调差率自动分配机组间的负载等。⑤可靠开机。能手动启动或自动启动，并控制机组转速在额定值，且自动跟踪系统频率。⑥可靠停机。能根据不同情况可靠执行正常停机、部分停机、事故停机。⑦协联功能。有导、桨叶协联要求的，应采用电气协联，且可在触摸屏上进行协联曲线的整定，使机组处于高效率区运行。

5-4-11　为什么要求微机调速器有较好的在线自诊断和容错功能，其具体功能有哪些？

答： 其主要原因是为了提高调速器和机组运行的稳定性。随着当前调速器自动化程度越来越高，以及电力系统对稳定性的要求也逐渐提高，我们要求调速器对自身以及与其有关的各种故障能够快速诊断并尽可能容错，以尽量保持在当前工况下运行，而不至于一出现故障或问题就停机，这样就可以提高机组运行的稳定性。一般的容错功能如下。

（1）机组频率信号容错。①机频在空载时发生故障，自动切除频率跟踪功能，导叶开度关到空载位置，并可接受停机令；②机频信号在发电运行时发生故障，用网频信号取代机频信号，负载无扰动，如果机频恢复正常则采用机频参与调节，负载无扰动；③机频信号、网频信号在发电运行时全部故障，调速器维持负载不变，可以通过功率给定或增减操作按钮来调整机组出力。

（2）电网频率信号容错。在空载时，网频信号故障，自动处于不跟踪方式运行，使机组频率跟踪频率给定。在发电运行时，网频不参与调节。

（3）导叶反馈故障容错。若有机械手动，则能使接力器维持当前开度不变，如需要可以切到机械手动。若无机械手动，则会执行事故停机。

（4）功率信号故障容错。调速器不完成功率闭环调节，自动切至频率或开度调节模式，通过上位机或下位机等常规操作控制机组出力。

（5）水头信号故障容错。维持当前水头值，等待水头切手动命令。

（6）断电故障容错。采用交、直流双电源供电，能自动切换且切换时无干扰，而当交、直流电源同时断电时，机械液压系统自动复中零位，保持接力器当前位置不变。

（7）双机故障容错。对于采用双微机的调速器，一般是 A、B 机互为备用，相互切换时，导叶开度保持不动，即切换无扰动，而 A、B 机任何一台故障，即能自动切换到另一台运行。

另外，还有电动机反馈故障、驱动模块故障、PLC 系统故障、主配拒动故障等容错功能，对于这些故障，调速器一般会维持当前开度不变，如需要则可以切到机械手动，或是人为选择事故停机。

5-4-12　微机调速器的控制方式有哪些？

答：对于现代的微机调速器，一般是实行自动控制和手动控制两种。其具体的控制方式分为现地手动、现地自动、远方控制三种，其中现地手动，根据不同类型的调速器，又可分为现地机械手动和现地电气手动。

5-4-13　微机调速器的运行模式有哪几种，为什么一般要求在开度模式下运行？

答：微机调速器的运行模式，一般有三种，即开度模式、出力模式、转速模式。其对应的就是通过导叶开度、机组出力、机组转速来对机组实行闭环调节和控制。而在有些水电站，根据其实际情况的需要，还设有水头模式、浪涌模式等。在以上这些运行模式中，机组的工况不同，调速器的运行模式也有不同，如机组在开机并网之前，一般默认为转速模式，而在并网后，则会默认或手动选择为开度模式或出力模式。而对于在区域电网的单机运行，则一般要求采用转速模式。

调速器在开度模式运行时，其反馈量为导叶开度，开度模式存在人工死区，调节闭环较稳定。功率模式是按给定功率运行，其反馈量为功率实际值。由于协联的影响，实际功率存在较小的波动，从而出现调节频繁，使调速器调节出现不稳定的现象，进而使调速器液压随动系统的工作线圈发热和液压操作油油温较高。频率模式运行时，按网频运行，也存在一定的波动，这一波动量反馈值不大。但调节量的电信号输出量也相对比较大，调速器调节有功的幅值大。不能很好地实现闭环调节过程，一般作为故障运行模式备用运行。

5-4-14 微机调速器自动运行时开度、功率、频率模式、运行切换有哪些注意事项？

答：微机调速器在自动运行时，一般要求开度模式运行，因开度模式的反馈为开度反馈，相对于功率模式运行较稳定。频率模式为高一级的故障运行模式，当开度模式运行故障时，自动切为频率模式运行或进入手动运行方式。在三种模式间相互切换时，应注意退出本台机组的有功功率自动调节（AGC调节）显示操作，检查其给定值与实际值是否一致，查无相关的故障信号或已清除故障，再进行模式切换操作。频率模式下增或减机组有功负载的幅值大，需注意监视负载的变化幅度，及时调节，恢复开度模式运行。

5-4-15 步进式微机调速器有哪些主要电气特点？

答：步进式微机调速器的主要电气特点如下：①电气回路中完全取消了电位器，大大减少了接触不良等不安全因素。电柜内无功率放大极等模拟电路，避免了模拟放大电路存在的漂移、抗干扰性差等问题。②独特的变速控制方式，具有自动检测步进电动机失步等故障诊断处理动能。保证了整个系统的安全可靠性。③具有频率跟踪、开度跟踪、功率跟踪功能，保证了调速器手动自动的无扰动切换以及运行模式无扰动切换。④自动按工况改变运行参数，调节平稳，速动性好。⑤采用梯形图编程，使程序易懂易读，修改方便，便于用户掌握。⑥采用单片机测频，线性度好、精度高、速度快。⑦电源消失时维持原有导叶、轮叶开度不变。

5-4-16 步进式微机调速器有哪些主要机械特点？

答：步进式微机调速器的主要机械特点如下：①除保留传统调速器具有的所有功能外，还增加了当电柜电源消失时调速器自动进入手动运行状态并维持原有的导叶及轮叶开度不变。②调速器电气手动运行时，仍可实现远方增或减负载（或频率），如出现机组甩负荷时，可自动进入空载而不直接作用停机。③手/自动运行方式切换平稳。调速器不论是从手动运行进入自动运行，还是从自动运行进入手动运行，都可随意切换，而不必考虑开度限制机构是否处于限制状态（所有的切换工作都是在电路内实现的，不引起任何油压波动和机械转换）。④取消了电液转换器（及中间接力器）、手/自动切换（电磁配压）阀、增/减（电磁配压）阀等以及这些部件相应的油管道，机械柜内，除引导阀、主配压阀（及紧急停机由电磁配压阀）外，其他部件不用液压油。⑤简化了开度限制机构；简化了杠杆、滤油器等；简化了机柜结构。⑥不需要高精度的油源，因此降低了对滤油器的要求（仅供引导阀和紧急停机电磁阀用油）。又由于采用刮片式滤油器，取消了滤油器切换阀，也完全省去了滤油器的日常清洗更换工作。⑦由于步进式电—位移伺服系统采用了闭环控制，完全消除了失步现象。采用了步进电动机的变速控制方式，完全解决了步进电动机速度与失步的矛盾。位移转换装置还设有纯机械超行程保护功能，防止传感器断线等意外故障时，丝杆过度卡死，损坏步进电动机。整个系统结构简单，功能完善，操作方便，性能好，可靠性高，维护和检修工作量小。

5-4-17 步进式调速器机械柜由哪些部分组成？

答：步进式微机调速器的原理框图如图 5-4-5 所示。步进式微机调速器机械柜由步进式电—位移控制系统、液压随动系统、手动机构、应急阀块组成。步进式电—位移控制系统采用可编程控制器—步进式驱动器—步进电动机—丝杆—位移传感器的结构型式。液压随动系统采用引导阀—（配压阀）—主配压阀—主接力器—机械反馈的结构型式。导叶侧的开、停机及紧急停机由电磁铁阀动作应急阀块的从动阀来控制引导阀的油源，实现停机优先的原则，提高停机的可靠性。

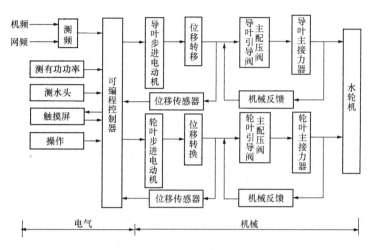

图 5-4-5　步进式微机调速器的原理框图

5-4-18　微机调速器的系统结构组成怎样？

答：微机调速器的系统结构组成，根据调速器的不同功能要求，分有多种结构方式。在目前中小型水电站中，采用较为广泛的系统结构如图 5-4-6 所示。

这种系统结构框图，具有频率调节、开度调节和功率调节三种控制模式，其切换，一是

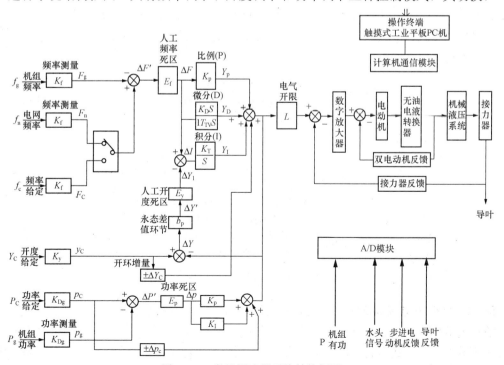

图 5-4-6　微机调速器系统结构框图

通过操作终端上的触摸键或二次触点来完成，二是通过数字通信接口来完成。采用频率调节模式时，又分为跟踪频给和跟踪网频方式，跟踪网频方式运行时可实现机组频率跟踪电网频率，这样就可以保证机组频率与电网频率相一致，便于并网。当采用功率调节模式时，PI环节按功率偏差进行调节，实现机组有功功率恒定，这种方式运行可以很容易实现全厂AGC（自动发电控制），对于功率给定，它一方面作用于PI环节，另一方面通过开环控制直接作用于输出，提高了功率增减速度。功率给定为数字量，适用于上位计算机给定。

第五节　电液转换元件部分

5-5-1　在现代化调速器中，电液转换元件的作用是什么，它有哪些类型?

答：在现代化的电液调速器和微机调速器中，电液转换元件是连接电气回路和机械液压部分的一个关键元件。它的作用是将电气部分输出的综合电气信号，转换成具有一定操作力和位移量的机械位移信号，或转换成为具有一定压力的流量信号，我们通常将这一部分称为电—液随动系统，然后通过液压放大部分及反馈部分构成一套完整的伺服系统去控制接力器，以实现对机组的自动控制和调整。

随着现代化调速器的快速发展，电液转换元件的种类繁多。依据其工作原理和结构特点的不同，可分为电液伺服阀（又称电液转换器）、比例伺服阀、电动机伺服阀、数字式伺服阀等四大类型。其中，电液伺服阀在早期的电液调速器中应用较多，根据其电液转换部件结构的不同，又分为控制套式、滑阀式、环喷式、双锥阀式、双球式、喷嘴挡板式和射流管式等7种，电液伺服阀的普遍特点是动态特性好，但对油质要求较高，且结构复杂，价格较贵。而随着电力系统容量的增大，大多数水轮机调节对电液随动装置的频率响应要求并不是太高，所以有越来越多的大功率电气—机械位移转换器件（即电动机伺服阀等）取代了小功率先导级液压放大器（即电液伺服阀）；电动机伺服阀根据其所采用电动机类型的不同，又分为步进电动机式、伺服电动机式（交流伺服电动机、直流伺服电动机）、摆动电动机式等三种。电液转换元件的分类如图5-5-1所示。

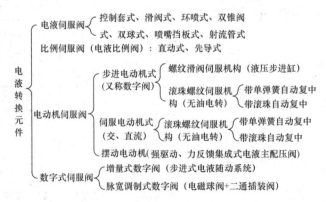

图5-5-1　电液转换元件分类

5-5-2　什么是电液伺服阀，它有哪些类型，有哪些主要特点?

答：电液伺服阀又俗称电液转换器，它是电液调速器或微机调速器中联结电气部分和机械液压部分的一个关键元件，它的作用是将电气部分输出的小功率综合电气信号，转换成具有一定操作力和位移量的机械位移信号，或转换成具有一定压力的流量信号。它由电气—位移转换和液压放大两部分组成。电气—位移转换部分，按其工作原理可分为动圈式和动铁式。而液压放大部分，按其结构特点可分为控制套式、滑阀式、环喷式、双锥阀式、双球式、喷嘴挡板式和射流管式等。其中，在控制套式、环喷式、双锥阀式、双球式中，因为其工作活塞的型式不同，又分为差压式和等压式。目前，国内采用较多的是由动圈式电气—位移转换部分和环喷式液压放大部分所组成的差动式和等压式电液转换器，它们都是输出位移量。

与差压式相比，等压式电液转换器的灵敏度稍高，机械零位漂移也较小，但耗油量较大，对于具有动铁式电气—位移转换部分和喷嘴挡板式液压部分的电液转换器，其输出为具有一定压力的流量信号，它具有良好的动态性能，不需要通过杠杆、引导阀等而直接控制进入辅助接力器的流量。但其制造较困难，对油质要求较高，问题较多，目前很少采用。对于具有动圈式电气—位移转换部分和滑阀式液压部分的电液伺服阀，它也是输出具有一定压力的流量信号，比起前者，其突出优点是不易发卡，安装调整比较方便，经运行实践表明，性能优良，是广为采用的型式之一。

以上一些种类的电液转换器，是根据其在使用过程中存在的发卡、油耗和灵敏度等几个主要问题，不断地做以改进而发展出来的。其主要目的就是使调速器既能做到简单、可靠、油耗少，又能满足灵敏度高及稳定性好的要求。

5-5-3 控制套式电液伺服阀的结构如何，其工作原理怎样？

答： 控制套式电液伺服阀由电磁和液压两部分组成，其中液压放大部分是由一个控制套来控制，其结构如图 5-5-2 所示。上半部是电磁部分，即电流—位移转换部分，为动圈式结构，动圈中一般有三个绕组：二个工作绕组，一个振动绕组。其工作原理是：线圈 5 固定在控制套轴 9 的中部，由顶端的十字弹簧 2 支承，悬吊在环形空气隙中，线圈的作用是把不同方向和大小的信号电流，转变为不同方向和大小的电磁力，带动控制套上下移动。十字弹簧的作用是平衡线圈的电磁力，以形成信号电流与控制套位移间一一对应的关系。永久磁钢 8 经过铁芯 10 和磁轭 6 形成一个恒定磁场。当线圈上有电流流过时，便产生上、下运动，控制套 13 用圆柱销固定在控制套轴 9 的下端，控制套包围并控制活塞体 16 上端喷油孔 C 的开口大小。差动活塞与引导阀柱塞成一体，差动活塞和衬套相配合构成上、下两个油腔。下油腔直接与压力油源相通，流入压力较高的油。而上油腔既与活塞上端的喷油孔相通，又要经过定节流孔 D 进油，定节流孔 D 的作用是对油流节流，降低上油腔的油压。因此，上油腔油压较低，在控制套移动时，上、下油腔总压力不平衡，从而推

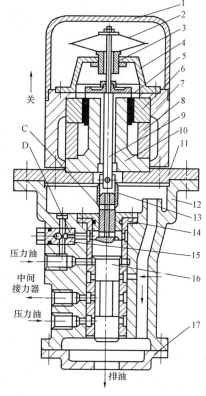

图 5-5-2 控制套
式电液伺服阀

1—外罩；2—十字弹簧；3—调节螺母；
4—支架；5—线圈；6—磁轭；7—上壳体；
8—永久磁钢；9—控制套轴；10—铁芯；
11—底座；12—下壳体；13—控制套；
14—阀套；15—节流孔塞；16—活塞体；
17—下盖

动差动活塞上升或下降，差动活塞的升、降则改变下部引导阀柱塞与三排油孔的相对位置，使压力油的流通情况改变，从而引起液压机构动作开、关导叶。

5-5-4 什么是滑阀式电液伺服阀，其结构怎样，工作原理如何？

答：所谓滑阀式电液伺服阀，即它的液压放大部分是由一个滑阀来控制。其结构如图

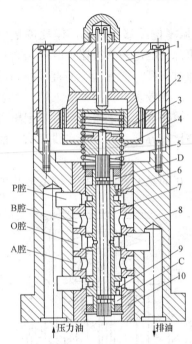

图 5-5-3 滑阀式电液伺服阀

1—磁钢；2—工作线圈；3—上弹簧；4—下弹簧；5—一级阀芯；6、9—固定节流孔；7—二级阀芯；8—阀体；10—阀套

5-5-3 所示，它由磁钢 1、工作线圈 2、一级阀芯 5、二级阀芯 7、阀套 10 和阀体 8 等组成。其工作原理是：当从综合放大器输出到工作线圈的电流为零时，一级阀芯处在中间位置，二级阀芯上、下控制窗口的过流面积相等，其上控制腔 D 与下控制腔 C 的油压相等，因而二级阀芯也处在中间位置，从而切断了 P 腔压力油与 A、B 腔的油路，也切断了 A、B 腔与排油腔 O 的油路。由于 A、B 腔都是电液伺服阀的输出油口，在水轮机调速器中只任选其中之一（设选用 B 腔）与辅助接力器相接。因而此时切断了 P 腔压力油与辅助接力器（B 腔）的油路，也切断了辅助接力器（B 腔）和与排油管相通的 O 腔的油路，因而不会使接力器产生运动。

当工作线圈输入正电流时，工作线圈带动一级阀芯上移，下控制窗口的过流面积减小，下控制腔 C 的油压升高，而上控制窗口的过流面积增大，上控制腔 b 的油压下降，故二级阀芯向上运动，压力油自 P 腔通过 B 腔进入辅助接力器，使接力器产生关闭导叶的运动；当工作线圈输入负电流时，情况恰好相反，此时 B 腔与 O 腔相通，辅助接力器中的油通过 B 腔再从 O 腔排出，使接力器产生开启导叶的运动。可见，此电液伺服阀以电的信号作为输入，而以具有一定压力的流量信号作为输出。

5-5-5 环喷式电液伺服阀的结构如何，其工作原理怎样？

答：环喷式电液伺服阀的结构如图 5-5-4 所示，由电气—位移转换部分和液压放大部分组成，电气—位移转换部分为动圈式结构，液压部分以环喷部分为前置级，等压活塞作为功率放大级。线圈 6 与中心杆 4 刚性连接，线圈内侧装有铁芯 3，外侧是永久磁钢 5 和极靴 7，中心杆的上端装有一对由上、下弹簧组合而成的组合弹簧 1，用以实现直接位置反馈，并使中心杆恢复到中间位置。中心杆的下端则通过滚动球铰 11 与旋转控制套 13 连接。当工作电流加入上部线圈后，该电流和磁场相互作用产生了电磁力，该线圈连向中心杆及控制套一起产生位移，其位移值取决于输入电流的大小和组合弹簧的刚度，随动于线圈和阀杆，具有万向滚动球铰结构的旋转控制套则控制着等压活塞上端伸出杆上的锯齿形阀塞 12 上环和下环的压力，而上环和下环则分别连通等压活塞的下腔和上腔。

在稳定状态下，旋转控制套不做轴向运动，若无其他因素影响，则此时上环和下环压力相等，二者的环形喷油间隙也相同，等压活塞自动地稳定在某一平衡位置。

当在关机信号电流的作用下时，旋转控制套随线圈上移，引起上环喷油间隙减小，下环

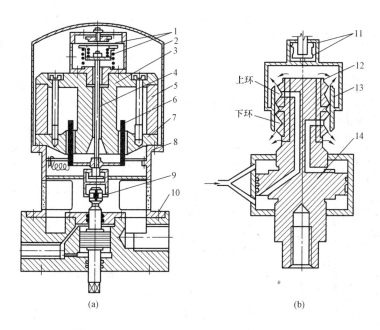

图 5-5-4　环喷式电液伺服阀

（a）结构简图；（b）液压部分示意图

1—组合弹簧；2—外罩；3—铁芯；4—中心杆；5—永久磁钢；6—线圈；
7—极靴；8—连接座；9—前置级；10—阀座；11—滚动球铰；12—锯齿形
阀塞；13—旋转控制套；14—等压活塞

喷油间隙增大，则等压活塞下腔油压增大而上腔油压减小，于是等压活塞随之上移至新的平衡位置，即上、下环压力相等时的位置。同理，旋转控制套下移，也会导致等压活塞下移，即等压活塞随动于旋转控制套。

5-5-6　环喷式电液伺服阀为什么具有较强的防卡能力和抗污能力？

答：环喷式电液伺服阀的前置级环喷部分是按液压防卡、自动调中原理进行设计的，即利用阀塞的锥形段减少液压卡紧力，采用万向滚动球铰结构使控制套自如地与阀塞同心。其次是阀塞上环和下环的 4 个喷油孔都由轴径的切线方向引出，只要油流通过喷射部分，这种切线方向的射流就会产生较强的自动调中作用力，迫使旋转控制套随着上、下环自动定心，并不断快速旋转。同时，和等压活塞做成一体的阀塞也在油流的反作用力下不停地反向慢速旋转，不仅消除了黏滞影响，提高了灵敏度，而且增加了防卡能力。第三是由于上坏和下环的开口较大，而且阀塞在此开口部分为锥形，若上环的开口被堵时，活塞下腔油压高于上腔油压，活塞瞬间上移，使上环开口增大，污物迅速被冲走，然后当上、下腔油压恢复平衡时，活塞又自动回到原来位置。同理，当下环开口被堵时也起到这种自动清污的作用。故该电液伺服阀具有较好的抗污能力，自动防卡能力强。其缺点是耗油较大（3～5L/min），响应频率稍低（—3dB 时，频宽＞7Hz），但尚能满足水轮机调节系统的要求。

5-5-7　双锥阀式电液伺服阀的结构组成如何？

答：双锥阀式电液伺服阀由电流—位移转换部分和液压放大部分组成，如图 5-5-5 所示。电流—位移转换部分为动圈式结构，磁路由永磁体 17、内导磁体 12 和外导磁体 10 构

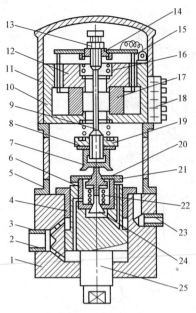

图 5-5-5 双锥阀式电液伺服阀

1—底座；2—节流塞；3—进油管；

4—盖；5—连接座；6—下阀座；

7—挡油井帽；8—调整垫圈；9—中

心杆；10—外导磁体；11—护罩；

12—内导磁体；13—微调螺母；

14—上弹簧座；15—动圈；16—弹簧；

17—永磁体；18—接线端子；19—下

弹簧座；20—上阀芯；21—上阀座；

22—小压簧 23—排油管；24—下阀

芯；25—差动活塞

成。在内外导磁体间的环形空气隙中形成磁场。动圈 15 位于上部环形工作磁场中，中心杆与动圈连成一体作为位移输出部件，并依靠一对弹簧 16 支承于内外导磁体上。通过调整微调螺母 13 或更换调整垫圈 8 可调整差动活塞 25 的机械零位。当电气调节器的关机信号电流进入动圈的工作线圈后，工作磁隙中的磁通发生变化，磁场对线圈产生一个向上的轴向电磁力，电磁力最多可达 10N，而十字弹簧只有几十克的力量。动圈和中心杆在电磁力的作用下，产生相应的轴向位移，直到电磁力与支承弹簧的作用力平衡。位移的方向取决于信号电流的极性，位移量与信号电流的大小成正比。于是形成了信号电流与中心杆位移间一一对应的关系。

液压放大部分由双锥阀的上阀芯 20、下阀芯 24、小压簧 22、差动活塞 25 和节流塞 2 等构成。双锥阀在小压簧的作用下随动于中心杆，而差动活塞则随动于双锥阀，从而把电气—位移转换和液压放大部分有机地联系起来。

5-5-8 双锥阀式电液伺服阀的工作原理怎样？

答：双锥阀式电液伺服阀的工作原理是：在稳定运行时，即当电液伺服阀接通振动电流并通入压力油，而没有工作电流输入时，中心杆、双锥阀及差动活塞均处于中间位置。双锥阀具有一定的开口，构成上下两个变节流口，活塞下腔的压力油以一定的流量经变节流口排出，故下腔油压低于上腔油压，即 $P_下 < P_上$。由于差动活塞下部工作面积大于上部工作面积，即 $S_下 > S_上$，因而差动活塞上、下腔压力油对活塞的作用力与电液伺服阀的负载及差动活塞的自重可达到平衡。

当出现关机信号时，线圈和中心杆在电磁力的作用下向上移动，双锥阀在小压簧的作用下随着中心杆向上移动，双锥阀的变节流口变小，差动活塞下腔油压上升，差动活塞在下腔油压作用下随之向上移动。在差动活塞上移的同时，双锥阀的上、下阀座也一起上移，使变节流口增大，恢复原有开度，最后使差动活塞稳定于新的平衡位置。这时差动活塞行程与中心杆行程相等。反之，当出现开机信号时，中心杆向下移，差动活塞就随之下移至新的平衡位置。可见，这种电液伺服阀把输入的微小电信号转换成了具有较大推动力的位移输出，在 2.5MPa 的工作油压下，其操作力一般不小于 1500N。

5-5-9 双锥阀式电液伺服阀具有哪些优缺点？

答：双锥阀的最大特点是抗抽污能力强。这是因为锥面或蝶阀的油流开口为环形线隙，路径极短，其工作间隙达 0.12~0.16mm，且还有振动电流形成的附加振荡间隙为 0.08~0.10mm，因而油流中较小的机械杂质可以通过。尤其是当锥阀口被堵时，差动活塞上腔油压升高，差动活塞瞬间下降，使阀口瞬时加大，堵塞物即被高速油流迅速冲走，起到自动排污的作用。此外，这种伺服阀的工作电流最高达 300mA，动圈的电磁力较强；不易卡阻，而且线圈线径较粗，不易断线；节流塞的孔径较大（$\phi = 1.1 \sim 1.4$mm），不易堵塞，可靠性高。虽然其响应频率较低（-3dB 时，频宽>5Hz），但尚能满足水轮机调节的要求。

而双锥式电液伺服阀的不足之处是：除了耗油量较大外（$3 \sim 5$L/min），其双锥式先导阀的工艺性较差，加工、装配稍不注意，即影响其封油性能和工作可靠性；双锥阀芯工作表面如未达到足够的硬度，可能在长期运行中被阀座磨出一道道环形沟槽，降低其自动清污能力和工作可靠性。

5-5-10 双球式电液伺服阀的结构如何，其特点怎样？

答：为了克服双锥阀式电液伺服阀的不足之处，设计者将双锥式先导阀改为双球式先导阀，从而构成了具有更高的可靠性和良好的对称补偿性能的双球式电液伺服阀，其结构如图 5-5-6 所示。双球式电液伺服阀与双锥式电液伺服阀的主要区别是液压放大部分的先导阀存在不同。

双球式电液伺服阀的特点是：① 采用钢球式先导阀芯，因其圆度、表面光洁度和硬度较好，所以其封油性能好，可靠性高，使用寿命长，制造、装配、调试都比较方便；② 在先导阀内，上、下钢球所受的油压大小相等，方向相反，因而作用于笼形框架上的油压力完全被抵消，即先导阀具有良好的对称补偿性能，当油压波动和负载变化时，保证了双球式电液伺服阀

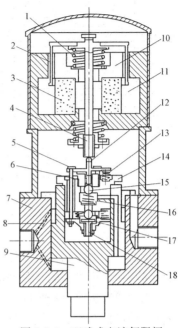

图 5-5-6 双球式电液伺服阀

1—弹簧；2—动圈；3—永磁体；4—中心杆；5—连接杆；6—上阀座；7—底座；8—节流塞；9—差动活塞；10—内导磁体；11—外导磁体；12—上阀盘；13—弹簧；14—下阀座；15—钢球；16—宝塔弹簧；17—下阀盘；18—调节螺钉

具有很小的零点漂移；③ 同双锥阀一样具有较强的清污能力，而且钢球表面圆滑，机械杂质更易排走。

5-5-11 喷嘴挡板式电液伺服阀的结构怎样，它是如何工作的？

答：喷嘴挡板式电液伺服阀能把微弱的电气信号转换为具有较大输出功率的液压能量输出。该伺服阀以双喷嘴挡板为前置级，四通滑阀为功放级，内部结构采用力反馈式。其结构如图 5-5-7 所示，主要由动铁式电气—位移转换部分和喷嘴挡板式液压放大部分组成，电气—位移转换部分由线圈、永久磁钢 5、衔铁 7、导磁体 6 及弹簧管 4 等组成。液压放大部分由挡板 3、喷嘴 8、反馈杆 2、活塞和节流孔 1 等组成。

如图 5-5-7 中所示，上部左右两块 N、S 为永久磁钢，由于磁钢的作用，在左、右两端的气隙中，始终有一个从上到下的磁通。来自调速器综合放大回路的差动电流作为电液伺服阀的输入信号，接入线圈。当综合放大回路输出的差动电流 $\Delta I = I_1 - I_2 = 0$ 时，衔铁上的线圈中无电流流过，作用在衔铁上的磁力是平衡的，上下气隙均匀。此时，衔铁及挡板均处于中间位置，流过两个喷嘴的流量相等，活塞两边的压力平衡，四通滑阀的活塞处于中间位置，伺服阀没有信号输出。当综合放大回路有信号输出时，$\Delta I = I_1 - I_2$

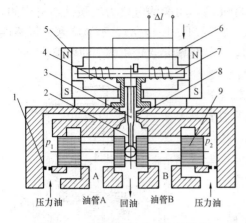

图 5-5-7　喷嘴挡板式电液伺服阀
1—节流孔；2—反馈杆；3—挡板；
4—弹簧管；5—永久磁钢；6—导磁
体；7—衔铁；8—喷嘴；9—滑阀

$\neq 0$ 线圈中有电流流过，若假设电流方向如图 5-5-7 所示，则衔铁就暂时被磁化，并在气隙中产生附加磁场。在左端，衔铁上面的磁场减弱，下面的磁场增强；在右端，衔铁上面的磁场增强，下面的磁场减弱。故衔铁在磁场的作用下绕 O 点产生一微小的逆时针转动（其转动力矩由弹簧管产生的反力矩来平衡），并带动挡板向右偏移，靠近右喷嘴，则挡板至右喷嘴的距离减小，右喷嘴因油流阻力增大而使右喷嘴的背压增大，右腔的油压 p_2 增大；与此相反，由于挡板至左喷嘴的距离增大，油的流量增加，左喷嘴的背压则减小，左腔的油压 p_1 减小。这样，在滑阀的左、右腔间就形成了一个压力差 $\Delta p = p_2 - p_1$。因此，滑阀的活塞便向左运动，油管 A 连通压力油，油管 B 连通排油。

喷嘴的背压由挡板偏离喷嘴的距离来决定，挡板偏移量大，活塞两边压差就大，活塞产生的位移及连通压力油的管路油流量也增大。这样就实现了把微弱的差动电流信号转换为具有一定压力的流量输出信号的目的。在活塞左移的同时，带动钢球左移，使得与钢球连接的反馈杆、挡板也左移，衔铁组件又产生一微小的顺时针转动，最后直至作用在挡板、衔铁组件上的力达到平衡为止。当电流反向时，上述动作过程方向相反。

5-5-12　喷嘴挡板式电液伺服阀的特点怎样，有什么优缺点？

答：喷嘴挡板式电液伺服阀的突出优点是运动部分挡板的惯性小，位移量小，无摩擦副，故其动态响应速度快，灵敏度高，线性度好，且温度压力的零漂小。但缺点是：由于挡板的惯性小，也就要求喷嘴的直径小，而且为了喷嘴背压的变化不受油压波动的影响，要求节流孔的直径小于喷嘴直径，但是节流孔和喷嘴的直径过小则容易堵塞，而且为了提高其灵敏度，还要求喷嘴与挡板的间隙小（0.03～0.05mm），则更易堵塞，所以，对油液的洁净度要求高（一般要求为 $10\mu m$）。此外，由于喷嘴挡板阀有两个节流孔、两个喷嘴，并且要求严格的对称和配对，否则就会造成零位偏移加大，如果有任一节流孔或喷嘴堵塞，都会造成活塞两端存在压差，从而偏离中间位置，造成机组突增或突减负载的事故。目前这种电液伺服阀在国产的调速器中应用尚少，在数控机床、机车、船舶、雷达、飞行装置以及其他要求高精度控制的自动控制设备中应用较多。

5-5-13　射流管式电液伺服阀的结构和工作原理如何？

答：如图 5-5-8 所示，为射流管式电液伺服阀的结构原理示意图。此类伺服阀多用于船舶的液压控制系统，近年来开始应用于水轮机调速系统。它主要由动铁式电气位移转换部分和射流管式液压放大部分组成，它与喷嘴挡板式电液伺服阀一样，其作用都是把微弱的电气信号转换为具有较大输出功率的液压能量输出。

射流管式电液伺服阀的电气位移转换部分由线圈 6、永久磁钢 4、衔铁 7、导磁体 3 和弹簧管 5 等组成；液压放大部分由射流管 8、喷嘴 9、分流口 2、阀芯 10、反馈弹簧 1 和节流孔 11 等组成。来自综合放大回路的输出电流 I_1、I_2 差接于线圈 6 的两个绕组，当差动电流 $\Delta I = I_1 - I_2$ 时，作用于衔铁上的电磁力保持平衡，射流管及喷嘴处于中间位置，由喷嘴射入分流口的压力油，均匀地流向两边的管路，阀芯两端的压力平衡，阀芯处于中间位置，伺服阀没有信号输出。当 $\Delta I > 0$ 时，衔铁在磁场的作用下绕轴心偏转，并带动射流管及喷嘴发生偏移，衔铁偏转的力矩由弹簧管产生的反力来平衡。若喷嘴被带动向左偏移，则进入阀芯左端的油流增加，油压升高，而进入阀芯右端的油流减小，油压下降，阀芯便向右移动，压力油经 A 腔向工作腔 Ⅰ 输出，同时工作腔 Ⅱ 与回油腔相通，从而使辅助接力器向导叶关闭侧移动。反之，当 $\Delta I < 0$ 时，阀芯则向左移动，压力油经 B 腔向 Ⅱ 腔输出（Ⅰ 腔则与回油腔相通），使辅助接力器向导叶开启侧移动。当综合放大器的输出电流恢复到 $I_1 = I_2$ 时，衔铁在弹簧管的作用下带动喷嘴一起恢复到中间位置。此时，阀芯两端的油压相等，阀芯在反馈弹簧的作用下也恢复到中间位置。

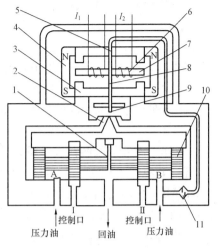

图 5-5-8　射流管式电液伺服阀
1—反馈弹簧；2—分流口；3—导磁体；
4—永久磁钢；5—弹簧管；6—线圈；
7—衔铁；8—射流管；9—喷嘴；
10—阀芯；11—节流孔

5-5-14　射流管式电液伺服阀具有什么优缺点？

答：射流管式电液伺服阀的突出优点是运动部分（喷嘴）的惯性小、位移量小，故其动态响应速度快，灵敏度高。此外，由于其力矩电动机的各个零件是采用银焊和过盈压配使之成为一体，结构牢固，因而抗振动、抗冲击能力强，同时这种伺服阀的前置级为单输入，只有一个喷嘴和一个节流孔，在制造和使用中均没有对称和配对的要求。所以，万一节流孔或喷嘴被堵，喷嘴没有油流喷出时，阀芯两端的压力仍相等，它在反馈弹簧的作用下稳定于中间位置，没有压力和流量输出，从而可以防止由于伺服阀被堵而引起溜负载的事故。虽然射流管式电液伺服阀的最小通流断面（由喷嘴直径决定）比喷嘴挡板式电液伺服阀中的最小通流断面（由喷嘴与挡板间的距离决定）大好几倍，一般不那么容易被堵，但同样对油质的要求较严。此外，加工工艺要求较高。

5-5-15　电液伺服阀的主要特性有哪些，各有什么要求？

答：为了使电液伺服阀能较好地工作，我们对电液伺服阀有一定的特性要求。

（1）静特性及静特性死区。对电液伺服阀要求有良好静态特性（即直线度好），并且静态特性的死区尽量小，一般要求死区值不超过 0.06%。

（2）放大系数。又称为比例度，静态特性的斜率就是电液伺服阀的放大系数 K_d，即在信号电流变化 1mA 时，活塞行程的变化值（或输出流量的变化值）。其放大系数应符合设计要求，一般为 0.02mm/mA。

（3）响应频率。电液伺服阀的响应频率就是其频率响应的频带宽度。水轮机调速器用的电液伺服阀，其响应频率一般为 5～10Hz，即可满足要求。

（4）油压漂移。当压力油油压在调速器正常工作油压变化范围内变化时，在外加振荡电流，但电流信号不变的条件下，电液伺服阀差动活塞行程的变化应不大于 0.02～0.05mm（若为流量输出，其流量变化应为零）。

（5）负载漂移。在外加振荡电流，但信号电流不变的条件下，当电液伺服阀的输出负载发生变化时，其差动活塞行程的变化应不大于 0.05mm/MPa。

（6）零偏。即差动活塞的中间位置复原偏差，在线圈不通任何电流的情况下不得超过 0.05mm，在有振动电流的情况下不得超过 0.02mm。

5-5-16　电液伺服阀在进行调整试验时，应满足哪些技术要求？

答： 电液伺服阀在进行调整试验时，应满足以下技术要求：① 若油压装置的额定压力为 2.45MPa 时，其油压在（1.92～2.69）MPa 范围内应动作灵活，无卡涩现象，加振动电源后，活塞应有不小于±0.02mm 的振动；② 比例度（指差动电流变化 1mA 时活塞的行程）必须符合 0.19～0.23mm/mA 的要求；③ 活塞平衡中间位置必须与其几何中间位置一致，偏差不得超过 0.2mm，活塞的极限行程为±3mm，线圈和滑套最大行程限制在 ±2mm；④ 电液伺服阀的输出静态特性，在差动电流为±8mA 的范围内，应为一直线；⑤ 不灵敏度≤0.03%，即允许机组频率在额定频率的 0.03%范围变化时（0.015Hz），活塞行程不变；⑥ 当压力油箱的油压在 2.25～2.5MPa 范围变化时，在差动电流不变的条件下，外加振动电流，活塞行程的变化不大于 0.02～0.05mm；⑦在线圈不通任何电流的情况下，活塞恢复原位的偏差不得超过 0.05mm，在有振动电流的情况下，其偏差不得超过 0.02mm。

5-5-17　什么是电液伺服阀的静态特性，为什么会存在死区？

答： 电液伺服阀是将放大回路的电流信号 ΔI，转变成了引导阀柱塞的位移 Δh。在稳定状态下有成正比例的规律，这即是电液伺服阀的静特性，如图 5-5-9 所示。故电液伺服阀的静态特性指的是其输出信号值（差动活塞位移 S 或电液伺服阀的输出流量 q）与输入信号值（电流信号 ΔI）的关系。其特性曲线应为一根直线。做此静态特性试验时，往返两方向的测试点各不少于 10 个点，应有 3/4 的点在一根直线上。

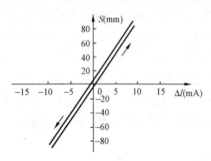

图 5-5-9　电液转换器静态特性

当电液伺服阀的输入信号（电流信号）变化时，差动活塞要克服一定的阻力才能产生位移。因此，当差动电流只发生微小变化时，差动活塞就不产生位移（或电液伺服阀的输出流量不发生变化）。这种不足以使输出信号发生变化的微小差动电流变化区间，就称为电液转换器静态特性死区。一般要求死区值不超过 0.06%。

5-5-18　如何测定电液伺服阀的静态特性？

答： 测试接线如图 5-5-10 所示，启动线圈 L_3 按设计要求接入规定的振动信号。多圈精密电位器 R_1、R_2 的电阻值为 1kΩ，毫安表 mA1、mA2 的量程为 0～15mA，精度为 0.5 级，且同型号，E_1、E_2 为 24V 直流电源，SA1、SA2 为闸刀开关，L_1、L_2 为电液伺服阀线圈。其测试方法是：① 活塞下部装设百分表，测读活塞的行程 S_i。② 调整电液伺服阀工作平衡位置，当油压为额定值时，调节电位器 R_1、R_2，使电液伺服阀两线圈电流之差 $\Delta I = I_1 - I_2 = 0$。调整控制套上下位置，使活塞居于中间平衡位置。调整好后，将电源突然切断，此时活塞不应有位移产生。③ 逐次按一定单方向调节电位器 R_1、R_2，改变 I_1、I_2。当使 I_1 增大、I_2 减小时，$\Delta I = I_1 - I_2$ 为正；若使 I_1 减小，I_2 增大，ΔI 为负，记录活塞行程 S_i 的变化。④ 根据试验所得数据，绘出电液转换器输出静特性曲线。同时求出在活塞工作行程范围内的平均比例度 $S_i / \Delta I$，最大非线性度和死区（上下两条线的垂直间隔值），判定其是否符合电液伺服阀的设计指标要求。

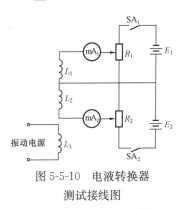

图 5-5-10　电液转换器
测试接线图

5-5-19　什么是电液伺服阀的响应频率，对其有什么要求？

答： 一个系统（或元件）的频率响应是指系统（或元件）对正弦输入信号的稳态响应，即输入正弦信号时，系统（或元件）输出量的稳态分量对输入量的复数比。电液伺服阀的响应频率就是其频率响应的频带宽度。响应频率的高低标志着电液伺服阀对输入信号响应速度的快慢，频率越高响应越快，但并不是响应频率越高越好，因为过高的响应频率容易受高频噪声的干扰，而且对元件的质量要求也更高。水轮机调速器用的电液伺服阀，其响应频率一般在 $5 \sim 10\,\mathrm{Hz}$，即可满足要求。

5-5-20　什么叫作电液伺服阀的零漂和零偏？

答： 电液伺服阀由于供油压力的变化和工作油温的变化引起的零位变化称为零漂。零漂一般以使其恢复零位所需加的电流值与额定电流值之比来衡量。这一比值越小越好。

由于制造、调整、装配的差别，控制线圈中不加电流时，滑阀不一定位于中位。有时必须加一定的电流才能使其恢复中位（零位），这一现象称为零偏。零偏以使阀恢复零位所需加之电流值与额定电流值之比来衡量。

5-5-21　什么叫作比例阀，它具有什么特性？

答： 电液比例阀（又称比例伺服阀，简称比例阀）是由比例电磁铁取代普通液压阀的调节和控制装置而构成的。由于它可以按给定的输入电压或电流信号连续地按比例地远距离地控制流体的方向、压力和流量，故而称为比例阀。

比例阀的主要结构与普通液压阀差别不大，只是比例阀是由比例电磁铁驱动（一种电气—机械转换器），它是介于普通液压阀和电液伺服阀之间的一种液压阀。它可以接受电信号的指令，连续地控制液压系统的压力、流量等参数，使之与输入电信号成比例地变化。它既可以用于开环系统中实现对液压参数的遥控，也可以作为信号转换与放大元件作用于闭环控制系统。与手动调节和通断控制的普通液压阀相比，它能大大提高液压系统的控制水平；与电液伺服阀相比，虽然它的性能有些逊色，但电液伺服阀的精度高，价格贵，对油液清洁度要求更高，而比例阀为工业自动控制设备通用产品，工业化批量生产，产品工业性好，结构简单，价格低廉，通用性好，互换性好，而且静态油耗小，但它对油质的要求高于双锥式电液伺服阀和环喷式电液伺服阀。采用电液比例控制阀提高了系统的自动化程度和精度，又简化了系统。

5-5-22 比例阀有哪些类型，各有什么特点？

答：比例阀根据其所控制的参数不同，可分为比例压力阀、比例流量阀、比例换向阀、比例复合阀，前两种属于单参数控制阀，后两种属于多参数控制阀（即同时控制多个参数，如压力 p、流量 Q 和液流流向等），这两种阀的作用虽然不同，但其工作原理及结构特点基本相同。从结构上看，它们都是由电气—机械位移转换部分和液压控制两部分组成，前者的作用是把输入电气信号连续按比例地转换成力或机械位移，目前电液比例阀中常采用直流比例电磁铁；后者的作用是接受前者输出的推力或位移，连续地按比例地控制液压参数，其结构原理与开关式滑阀相同。

比例阀按液压放大级的数量来分，又分为直动式和先导式。直动式是由比例电磁铁直接推动液压功率级。它是一种具有液流方向控制功能和流量控制功能的复合阀，在压差恒定的条件下，通过它的流量与输入电信号成比例，而液流方向取决于滑阀中的电磁铁哪个被激励。受比例电磁铁输出力的限制，直动式比例阀能控制的功率有限，一般控制流量在 50L/min 左右。先导式比例阀由直动式比例阀与能输出较大功率的主阀构成，前者称先导级，后者称主阀式功率级，二级比例阀可以控制的流量一般在 500L/min 左右。在水轮机调速器上，根据实际需要，选用直动式或先导式的比例方向阀。

5-5-23 比例阀的结构和工作原理怎样，它有什么特点？

答：比例阀的结构组成如图 5-5-11 所示，其两端各有一个比例电磁铁，分别推动阀芯的左、右移动，中间部分为阀体，阀体两侧各有一个复位弹簧，用于保持阀芯在中间位置。比例阀的开口和方向与输入电流的大小和方向（电流为正时，一个比例电磁铁工作；电流为负时，另一个工作）成比例。当无控制信号输入时，阀芯在弹簧作用下处于中间位置，比例阀没有控制油流输出。当左端比例电磁铁内有控制信号输入时，阀芯向右移动，阀芯右移时压缩右侧弹簧，直到电磁力与弹簧力相平衡为止，阀芯的位移量与输入比例电磁铁的电信号成比例，从而改变输出流量的大小。当右侧比例电磁铁工作时，其原理与上述情况相同，从而改变油流方向。

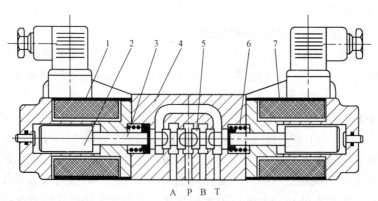

图 5-5-11 比例伺服阀结构

1、7—比例电磁铁；2—衔铁；3—推杆；4—阀体；5—阀芯；6—弹簧

另外，国外所生产的比例阀，其结构则又不同，如德国安德里兹公司（ANDRITZ）厂家生产的比例阀，其结构如图 5-5-12 所示。

比例阀是一种高精度三位四通电液比例阀，它的特点是：电磁操作力大，在额定电流下

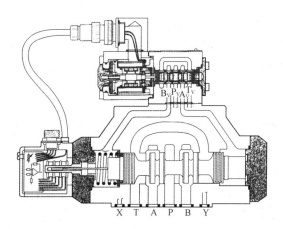

图 5-5-12 德国安德里兹公司生产的比例阀式调速器

可达 5kg，为环喷式、双锥式电液伺服阀的 5 倍，是普通电液伺服阀无法比拟的；其频率响应高，频率大于 11Hz，也远远超过环喷式、双锥式电液伺服阀（7Hz）；在电气控制失效时，可以手动操作控制液压系统的开、停；抗油污能力强，故障处理简单。

5-5-24 由比例阀构成的调节系统，其基本结构和各元件的作用怎样？

答： 通过比例阀构成的调节系统，根据不同的功能要求，其系统各有不同，但大体基本相近，基本结构组成如图 5-5-13 所示。各元件的作用如下。

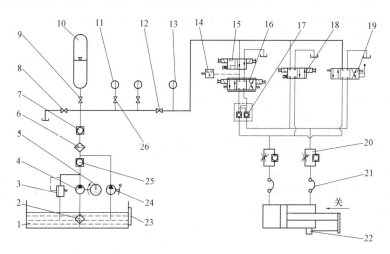

图 5-5-13 由比例阀构成液压调节系统

1—油箱；2、6—滤油器；3—安全阀；4—油泵；5—电动机；7、25—单向阀；8—放油阀；9—储能器截止阀；10—储能器；11、13—压力表；12—主供油阀；14—压力继电器；15、19—手自动切换阀；16—比例换向阀；17—液压锁；18—紧急停机阀；20—单向节流阀；21—高压软管；22—反馈装置；23—液位计；24—手摇泵；26—截止阀

（1）比例换向阀。直动式三位四通比例换向阀，是电液转换的核心元件，根据电气信号按比例控制液压缸动作。

（2）手动操作阀。它是一个三位四通手动换向阀，在手动工况时操作该阀可实现液压缸的开关机操作。

（3）手自动切换阀。它是一个二位四通电磁换向阀，自动工况下该阀是一个通路，在手动和紧急停机时切断比例阀的供油油路。该阀有三种控制方式。第一，电气部分故障或事故停机时，由电控柜自动将该阀由自动切为手动；第二，通过电控柜上的按钮，进行手动、自动相互切换；第三，该阀两端有手动应急按钮，在无直流电源时，可直接进行手动、自动相互切换。

（4）压力继电器。它安装在手自动切换阀和比例阀之间，在手自动切换过程中，随着高压油流的通断，向电气部分发出手动或自动的状态信号。

（5）紧急停机阀。它采用二位四通电磁换向阀。正常情况下，紧急停机阀处于复归状态，油路不通，紧急停机时，控制液压缸紧急停机。该阀两端有手动应急按钮，在无直流电源等情况下，可直接用手操作。

（6）双液控单向阀（液压锁）。它安装在比例阀之后，在手自动切换阀处于手动位置时，能可靠切断比例阀至液压缸的油路。

（7）单向节流阀。它用于调整液压缸的开、关机时间。

（8）反馈电位器。它用于将液压缸的机械位移（0～100％）转换成相应电气信号（0～10V），反馈到电气部分。

5-5-25　电动机式伺服阀有哪些类型？

答：电动机式伺服阀的种类根据其所采用电动机的不同，主要有步进电动机式、伺服电动机式、摆动电动机式三种。其中，步进电动机式根据电气—机械—液压转换装置的不同，又分为滚珠螺纹伺服机构式和螺纹滑阀伺服机构式（又称液压步进缸）两种，在滚珠螺纹伺服机构式，根据其复中装置的不同又分为带单弹簧自动复中装置式和滚珠自动复中装置式。此外，由于步进电动机可以直接用数字量控制，所以它又归为数字式液压伺服阀。

伺服电动机主要是采用由滚珠螺纹伺服机构构成电—机随动系统。其中，由滚珠螺纹伺服机构所构成的电动机式伺服阀，由于其转换部分不需要液压油，所以又称"无油电转"。在这种电动机式伺服阀中，根据其复中装置的不同又分为带单弹簧自动复中装置式和滚珠自动复中装置式。

而对于摆动电动机式的伺服阀，目前使用得较少，主要有摆动电动机直接驱动的电—机随动系统，其通过力反馈与主配构成集成快，所以又称摆动电动机式强驱动、力反馈集成式电液主配压阀。

5-5-26　什么叫作步进电动机，它有哪些类型，其工作特性怎样？

答：步进电动机是一种将电脉冲转化为角位移的电磁装置。通俗一点讲：当步进驱动器接收到一个脉冲信号时，它就驱动步进电动机按设定的方向转动一个固定的角度（及步进角）。既可以通过控制脉冲个数来控制角位移量，从而达到准确定位的目的，同时也可以通过控制脉冲频率来控制电动机转动的速度和加速度，从而达到调速的目的。步进电动机按其工作原理的不同分为三种：永磁式（PM）、反应式（VR）和混合式（HB）；在相数上有二相、三相、四相、五相、六相等多种。永磁式步进一般为两相，转矩和体积较小，步进角一般为 7.5°或 15°；反应式步进一般为三相，可实现大转矩输出，步进角一般为 1.5°，但噪声和振动都很大；混合式步进是指混合了永磁式和反应式的优点。它多为两相和五相，两相步进角一般为 $1.8°$，而五相步进角一般为 $0.72°$，这种电动机的应用最为广泛。

采用步进电动机作为调速器的电气—机械位移转换部件，其结构简单，输出力矩大，可达到 $150×9.8N～240×9.8N$，可靠性高，抗油污能力强，静态油耗量小，一般小于 0.7L/min(2.5MPa)，且可以直接用数字量控制。但步进电动机有最高工作频率的限制，不可能突然增速或减速，否则将造成失步或超步，虽然这种情况通过精心的设计可以排除，但其系统的动态特性不如电液随动系统，所以其控制精度不如伺服式电液转换器。另外，还必须接中间反馈才能回到零位，在断电情况下不能自动复归，需增加复中装置。

5-5-27　步进电动机式电液转换器的结构如何，其工作原理怎样？

答： 步进电动机式电液转换器由步进电动机及驱动器、液压步进缸和位移传感器组成。步进电动机为电气—机械位移转换部件，液压步进缸为液压放大部件，其结构如图 5-5-14 所示。工作原理为：图示在平衡工作状态，差压活塞面积 $A_r=A_c/2$，此时活塞上、下腔的压力 $p_s=p_c/2$。螺纹针塞与步进电动机伸出轴端相连，并随步进电动机伸出轴旋转。当步进电动机伸出轴的输出沿顺时针方向转角 θ_1 时，螺纹针塞也随之旋转 θ_1 角度，相当于螺纹针塞向上有位移 ΔS_1，此时 b 阀口打开，a 阀口依然封闭，压力油经 b 阀口进入螺纹槽，再经 c 口进入差压活塞下腔，此时 $p_c>p_s$，故差动活塞产生位移 ΔS_1，直至 b 阀口被重新封闭为止，且位移 $\Delta S_1=\Delta S_1'$，差动活塞处于新的平衡状态。

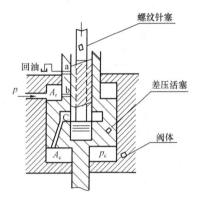

图 5-5-14　液压步进缸结构图

反之，螺纹针塞逆时针旋转 θ_2 角度，相当于螺纹针塞向下有位移 ΔS_2，此时 a 阀口打开，b 阀口依然封闭，活塞下腔压力油经 c 口再经螺纹槽由 a 阀口排至回油，活塞下腔压力降低，所以活塞向下产生位移 $\Delta S_2'$，直至 a 阀口被重新封闭为止，同样位移 $\Delta S_2=\Delta S_2'$，差动活塞处于新的平衡状态。

本伺服阀的复中是通过阀位移传感器（电位器），将差压活塞输出位移 S 变成 $0～5V$ 的电压信号送回微机处理后，输出一个与首次输出等量的反转信号，使螺纹针塞反转，从而使差压活塞产生相反位移 S，使活塞回到中间位置。此外，在此装置中，一般还设置了断电动机械复中装置，该装置直接与步进电动机连接，采用一种独特无侧隙齿条传动技术与弹性元件构成新颖装置，使步进电动机在运行中任意位置失电后，可瞬间恢复零位。

5-5-28　步进式滚珠螺纹伺服机构带单簧自动复中的电—机转换装置的结构怎样？

答： 步进式（也可采用伺服电动机）滚珠螺纹伺服机构带单簧自动复中的电—机转换装置又俗称"无油电转"或"四无"式微机调速器。相对于步进电动机式电液转换器而言，它取消了液压步进缸，而是通过滚珠螺纹伺服机构实现电—机转换，且通过单簧自动复中装置实现断电自动复中功能。所以，它不需要通过压力油来进行液压放大，故称无油电转。同时由于其本身具有结构紧凑的断电自动复中功能装置，所以可以直接与引导阀连接。

该装置由步进电动机（伺服电动机）、滚珠丝杆副、连接套和复中装置组成，如图 5-5-

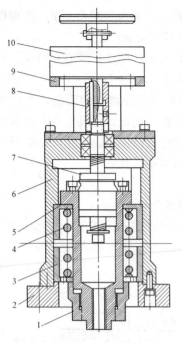

图 5-5-15　步进式单簧自动复中的
电—机转换装置

1—可调螺母；2—垫板；3—弹簧套；
4—复中弹簧；5—连接套；6—筒体；
7—滚珠丝杆副；8—联轴套；9—电动机
支架；10—步进电动机

15 所示。步进电动机与滚珠丝杆直连，当微弱的电信号输入步进电动机时，步进电动机输出的转矩通过滚珠丝杆副转换成为丝杆副的直线位移。滚珠丝杆螺母带动连接套，连接套外有复中弹簧和弹簧套，在正常工作时，连接套克服复中弹簧的阻力而动作。壳体内的台阶和垫板上的台阶分别限制了连接套和上下运动行程。在设备异常状况时，步进电动机失电而无转矩输出，连接套受复中弹簧的作用力迅速地恢回复到中间位置，从而保证了机组运行的安全。

5-5-29　步进式滚珠螺纹伺服机构带单簧自动复中的电—机转换装置的特点怎样？

答：该电—机械位移转换装置由纯机械传动完成，滚珠丝杆运动灵活、可靠、摩擦阻力小，并且能够可逆运行。具有与电液转换器完全相同的功能，且在电源消失时能自动复中，复中机构仅为一根弹簧，结构简单，动作可靠，调节维护方便。且传动部分无液压条件，结构简单，不耗油。另外，它具有电动机式电气—位移伺服装置的全部特点，不仅不灵敏区小，线性度好，输出力矩大，反应迅速，而且还可以采用模拟信号控制，构成典型的电液随动系统；也可以采用直接数字控制，便于构成直接由数字控制的数液随动系统。在水电厂微机调速器上得到广泛的运用。

5-5-30　伺服电动机式滚珠螺纹伺服机构带滚珠自动复中电—机转换装置的结构怎样？

答：伺服电动机式（也可用步进电动机）滚珠螺纹伺服机构带滚珠自动复中电—机转换装置也称"无油电转"或"四无"式微机调速器，其工作原理与步进式滚珠螺纹伺服机构带单簧自动复中的电—机转换装置基本相同，不同的是其复中部分是采用一种滚珠自动复中装置，其结构如图 5-5-16 所示。同样，由于其具有结构紧凑的断电自动复中功能装置，所以可以直接与引导阀连接。

在该装置中，同样采用了较大螺距的滚珠丝杆螺母作电动机的传动机构，它能将交流伺服电动机（或步进电动机）的位移换成输出杆的直线位移，这个传动机构不仅效率高（大于90％），死区小，而且不会自锁，当交流伺服电动机供电电源消失时，电动机驱动力矩消失，在定位器推力的作用下，可以恢复到中间位置。本装置的驱动电动机（伺服电动机或步进电动机）与滚珠丝杆通过联轴器直接连接，螺母与输出杆直连，上端

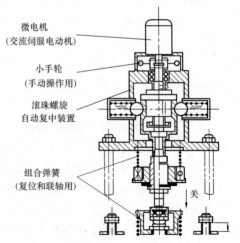

微电机
（交流伺服电动机）

小手轮
（手动操作用）

滚珠螺旋
自动复中装置

组合弹簧
（复位和联轴用）

关

图 5-5-16　滚珠螺纹伺服机构带
滚珠自动复中电—机转换装置

设置有一个三角形环状凹槽，两个对称安装的定位器将一个滚珠压在三角形槽中，在驱动电动机力矩消失时，它将迫使输出杆恢复到由定位器确定的中位，因此，本装置具有独特的自动复中能力。应该指出，由定位器在螺母上所产生的轴向推力仅为电动机驱动力的 1/10，驱动电动机工作时有足够的力克服定位器产生的阻力。

该电动机式电气—位移转换器同样具有与电液转换器完全相同的功能，与常用的电液转换器一样，在电源消失时能自动复中；同时，又具有电动机式电气—位移伺服装置的全部特点，不灵敏区小，线性度好，输出力矩大，反应迅速。而且这种电气—位移转换器可以采用模拟信号控制（对于伺服电动机），构成典型的电液随动系统，也可以采用直接数字控制（对于步进电动机），构成直接数字控制的数液随动系统。

5-5-31 什么是"四无"式微机调速器，它包含哪些内容，具有什么特点？

答：在"四无"式微机调速器中，对于"四无"的定义及特点如下。

（1）无油电液转换器。由滚珠螺旋自动复中装置或带单弹簧自动复中装置连接交流伺服电动机所构成。真正实现了调速器电—液转换部件不用油，并具有断电自保持、免维护、可靠性高等特点。

（2）无手/自动切换阀。消除了由于油质不洁造成的液压阀件的卡堵现象，运行可靠性大大提高。

（3）无调节杠杆和明管。无油电液转换器直接与引导阀连接，结构紧凑，极大地减小了由于机械传动所造成的死区，故本调速器控制精度高，速动性好。

（4）无机械反馈装置和钢丝绳。由于滚珠螺旋自动复中装置的定位精度及可靠性极高，故取消了机械反馈装置，简化了结构，简少了故障点。

5-5-32 什么是伺服电动机，它有哪些类别，各有什么特点？

答：伺服电动机又称执行电动机，在自动控制系统中作执行元件，它能把所收到的电信号转换成电动机轴上的角位移或角速度输出。分为直流伺服电动机和交流伺服电动机，直流伺服电动机又分为有刷电动机和无刷电动机。

在直流伺服电动机中，有刷电动机成本低，结构简单，启动转矩大，调速范围宽，控制容易，需要维护，但维护方便（换碳刷），容易产生电磁干扰，对环境有要求，因此它一般适用于对成本敏感的普通工业和民用场合；无刷电动机体积小，重量轻，出力大，响应快，速度高，惯量小，转动平滑，力矩稳定，控制复杂，容易实现智能化，其电子换相方式灵活，可以方波换相或正弦波换相，电动机免维护，效率很高，运行温度低，电磁辐射很小，长寿命，可用于各种环境。

交流伺服电动机也是无刷电动机，分为同步电动机和异步电动机，目前运动控制中一般都用同步电动机，它的功率范围大，可以做到很大的功率，大惯量，最高转动速度低，且随着功率增大而快速降低，因而适合做低速平稳运行的应用。

一般来说，交流伺服电动机要好一些，因为它是正弦波控制，转矩脉动小。而直流伺服是梯形波，所以交流伺服电动机比直流伺服电动机具有更优良的静动态特性，但直流伺服电动机比较简单、便宜。永磁交流伺服电动机同直流伺服电动机比较，主要优点有：① 无电刷和换向器，因此工作可靠，对维护和保养要求低；② 定子绕组散热比较方便；③ 转子惯量小，动态响应性能好，易于提高系统的快速性；④ 输出功率大，适应于高速大力矩工作状态；⑤ 同功率下有较小的体积和重量，制造成本低。

5-5-33 交流伺服电动机的结构怎样，其工作原理如何？

答：交流伺服电动机内部的转子是永磁铁，驱动器控制的 U/V/W 三相电，形成电磁场，转子在此磁场的作用下转动，同时电动机自带的编码器反馈信号给驱动器，驱动器根据反馈值与目标值进行比较，调整转子转动的角度。伺服电动机的精度取决于编码器的精度（线数）。伺服电动机接收到一个脉冲，就会旋转一个脉冲对应的角度，从而实现位移，因为，伺服电动机本身具备发出脉冲的功能，所以伺服电动机每旋转一个角度，都会发出对应数量的脉冲，这样和伺服电动机接收的脉冲形成了呼应，或者叫闭环，如此一来，系统就会知道发了多少脉冲给伺服电动机，同时又收了多少脉冲回来，这样，就能够很精确地控制电动机的转动，从而实现精确的定位，可以达到 0.001mm。并且由于自身是闭环系统，无须接外在的中间反馈。

5-5-34 步进电动机与交流伺服电动机在性能上存在什么区别？

答：步进电动机是一种离散运动的装置，它和现代数字控制技术有着本质的联系。在目前国内的数字控制系统中，步进电动机的应用十分广泛。随着全数字式交流伺服系统的出现，交流伺服电动机也更多地应用于数字控制系统中。为了适应数字控制的发展趋势，运动控制系统中大多采用步进电动机或全数字式交流伺服电动机作为执行电动机。虽然两者在控制方式上相似，但在使用性能和应用场合上存在较大的差异。

（1）控制精度不同。两相混合式步进电动机步距角一般为 3.6°、1.8°，五相混合式步进电动机步距角一般为 0.72°、0.36°。也有一些高性能的步进电动机步距角更小；交流伺服电动机的控制精度由电动机轴后端的旋转编码器保证，一般为 0.036°。

（2）低频特性不同。步进电动机在低速时易出现低频振动现象，其振动频率与负载情况和驱动器性能有关，一般为电动机空载起跳频率的一半。这种由步进电动机的工作原理所决定的低频振动现象对于机器的运转非常不利；交流伺服电动机运转非常平稳，即使在低速时也不会出现振动现象。交流伺服系统具有共振抑制功能，可涵盖机械的刚性不足，并且系统内部具有频率解析功能，可检测出共振点，便于调整。

（3）矩频特性不同。步进电动机的输出力矩随转速升高而下降，且在较高转速时会急剧下降，所以其最高工作转速一般在 300～600r/min。交流伺服电动机为恒力矩输出，即在其额定转速（一般为 2000r/min 或 3000r/min）以内，都能输出额定转矩，在额定转速以上为恒功率输出。

（4）过载能力不同。步进电动机一般不具有过载能力，交流伺服电动机具有较强的过载能力。

（5）运行性能不同。步进电动机的控制为开环控制，启动频率过高或负载过大易出现丢步或堵转的现象，停止时转速过高易出现过冲的现象，所以为保证其控制精度，应处理好升、降速问题。交流伺服驱动系统为闭环控制，驱动器可直接对电动机编码器反馈信号进行采样，内部构成位置环和速度环，一般不会出现步进电动机的丢步或过冲的现象，控制性能更为可靠。

（6）速度响应性能不同。步进电动机从静止加速到工作转速（一般为每分钟几百转）需要 200～400ms。交流伺服系统的加速性能较好，从静止加速到其额定转速 3000r/min 仅需几毫秒。

综上所述，交流伺服系统在许多性能方面都优于步进电动机。但在一些要求不高的场合也经常用步进电动机。所以在控制系统的设计过程中要综合考虑控制要求、成本等多方面的因素，选用适当的控制电动机。

5-5-35 由步进电动机、直流伺服电动机构成的电液伺服阀各有什么优缺点？

答：步进电动机的转动由指令脉冲控制，控制简单；直流伺服电动机控制方便，调速范围宽，输出转矩高，过载能力强，动态响应好。因此，以步进电动机或直流伺服电动机控制的水轮机调速器在大、中水电站的应用中取得了显著的成果，从而解决厂电液伺服阀抗油污能力弱、容易发卡、工作可靠性较差等问题。

但是，步进电动机与直流伺服电动机本身存在缺陷，主要表现在：步进电动机有一启动频率，造成在大负载情况下响应速度不能过快，而且在高速运转时转矩下降，遇到卡阻时可能堵转、失步；直流伺服电动机存在电刷与换向器的摩擦并产生火花的问题，电刷的磨损会带来故障，同时使其在维护方面较为麻烦。

相对于步进电动机和直流伺服电动机而言，交流伺服电动机则克服了步进电动机或直流伺服电动机本身的不足，交流伺服电动机构成的电液伺服阀还具有功能强大、控制方式灵活、技术性能好和可靠性高等特点。

5-5-36 由摆动电动机式电液转换器构成的液压随动系统，其结构和工作原理怎样？

答：由摆动电动机构成的电液转换器及液压随动系统又称强驱动、力反馈集成式电液主配压阀。这是一种新型的电液随动系统。它是通过摆动电动机将驱动放大器输出的功率驱动信号转变为相应的力去驱动先导阀；先导阀在该力作用下输出流量，使辅助接力器产生位移。该元件主要由电—机械转换器、先导阀级、位移—力变换机构和液压放大器4部分组成，其结构如图5-5-17所示。摆动电动机及其偏心输出轴通过连接件与先导

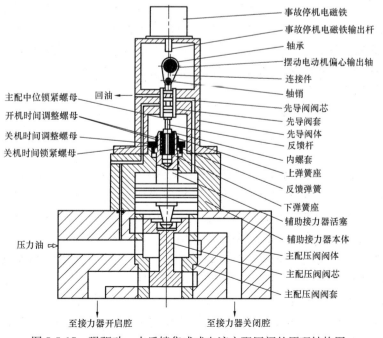

图 5-5-17 强驱动、力反馈集成式电液主配压阀的原理结构图

阀阀芯的上端连接；先导阀的输出油路通往辅助接力器的上腔；辅助接力器活塞上部装有位移—力变换器（由反馈弹簧、上弹簧座、下弹簧座组成），变换器反馈杆的上端与先导阀芯下端固接。

其工作原理是：摆动电动机在功率驱动信号的作用下产生相应的角位移，通过其偏心输出轴、连接件使先导阀芯产生对应的轴向位移。例如，摆动电动机产生顺时针角位移，先导阀芯则向下移动，其控制阀盘上沿开启，将辅助接力器的上腔与回油接通，辅助接力器活塞在主配活塞差压力的推动下向上移动，反馈弹簧向上的压缩力通过反馈杆反馈给先导阀芯，使先导阀芯向中位方向移动，直至反馈力与驱动力相等，先导阀芯复中。此时辅助接力器及主配活塞向上的位移量与先导阀芯所受的向下驱动力成正比。反之，辅助接力器的上腔与压力油接通，辅助接力器及主配活塞向下移动，且位移量与先导阀芯所受的向上驱动力成正比。而在接力器移动的同时，该位移又通过位—电变换器反馈给摆动电动机的驱动电信号，形成负反馈闭环调节。此外，偏心输出轴的上面设置有事故停机电磁铁，当电磁铁线圈通电时，其输出杆通过连接件将先导阀阀芯压下，实现事故停机。

5-5-37 强驱动、力反馈集成式电液主配压阀与传统电液随动系统相比，具有哪些特点？

答：与传统电液随动系统相比，强驱动、力反馈集成式电液主配压阀电液随动系统具有如下特点。

（1）抗油污能力强。由于作用于先导阀芯的驱动力大，滤油精度为 $200\mu m$，其抗油污能力强，从而使得整个电液随动系统的抗油污能力大大增强。

（2）稳态精度高，零漂小。由于强驱动、力反馈型电液转换器中的单弹簧具有一定的预压缩量，要使它产生漂移需要首先克服预压缩力。因此稳态下，不易产生漂移，稳态精度高，零漂小。

（3）系统结构简单。在新型电液随动系统中将事故停机电磁铁装于先导级上，未通电时不影响先导级的工作，通电时直接作用于先导阀芯，强行关闭主接力器，代替了以往的水轮机调速器均配备有事故停机电磁阀及相对独立的管路或机构。另外，由于强驱动、力反馈型电液转换器的高可靠性、高精度和多种功能，完全可以取消常规电液随动系统中为实现机械手操后备及确保静态时主配复中而设置的机械开限机构，独立的电手操机构和定中机构等，使电液随动系统结构大大简化。

（4）可靠性高。相对于传统的电液随动系统，由于其环节少、驱动力大等优点，所以可靠性更高？

5-5-38 强驱动、力反馈集成式电液主配压阀的高可靠性主要表现在哪些方面？

答：强驱动、力反馈集成式电液主配压阀系统的高可靠性主要表现在以下几个方面：一是所用的摆动电动机在结构上与先导阀体组合成一体，其输出力矩与线圈所加电压成正比，线性度较好。并能直接用厂用直流电源作驱动电源，以脉冲调宽的方式进行控制，环节少、效率高，可靠性高；二是电液转换器具有高可靠性。新型电液转换器驱动力比常规电液转换器的驱动力大大增强，可高达 500N（油压 2.5MPa 时），使得其抗油污能力强，动态响应快；三是新型电液随动系统取消了传统的辅接引导针塞，从而消除了这个中间传递环节所引入的附加误差，减少了一个液压故障点，使液压随动系统的可靠性进一步提高；四是将传统的事故停机电磁阀取消，改用事故停机电磁铁，直接装在先导级上。传统的事故停机电磁阀由于长期不动作容易发生阀卡死或拒动。现采用事故停机电磁铁直接装于电液随动机构的先导级上，动作时作用于经常运动的先导阀芯，从根本上解决了卡死的问题，使系统可靠性得到了很大提高，且使结构更简单。

5-5-39 什么叫数字阀，数字式液压伺服系统有哪些形式，各有什么特点？

答：所谓数字阀，就是指直接用数字信号控制的阀，简称为数字阀。常规的电液随动系统中，最普通的控制输入信号是连续变化的模拟电压或电流，然而对计算机来说，最普通的信号是量化为两个量级的"0"和"1"的二进制数字信号。数字阀的控制信号则是直接采用数字量进行控制，而采用数字量进行控制的方法有脉宽调制（PWM）、脉频调制（PFM）、脉数调制（PNM）、脉码调制（PCM）和脉幅调制（PAM）等。其中，应用最多的是脉宽调制和脉数调制演变而来的增量控制法，其他控制方法相对数字阀来说，要么实现困难，要么编程麻烦或结构复杂，因而使用不多。

数字式液压伺服系统有多种形式，主要有以下两种：① 直接采用脉宽调制式数字阀（即数字式开关阀）或数字逻辑阀等作电液转换元件构成的数字式液压伺服系统；② 采用增量式数字阀（即采用步进电动机与液压缸组成的电液步进缸——数字缸作为转换元件的步进式数液伺服系统）的数字式液压伺服系统。其中，用脉宽调制原理控制的高速开关型数字阀，由于其只有"开""关"两种工况状态，因而可直接与计算机接口，不需要D/A 转换器，与伺服阀、比例阀相比，具有结构简单紧凑，工艺性好，价格低廉，抗油污能力强，重复性好，工作稳定可靠和功耗小等优点，但数字阀的动态性能不如电液伺服阀。

5-5-40 直接由数字式开关阀所构成的电液转换元件，其结构怎样，工作原理如何？

答：目前用于中小型微机调速器中的脉宽调制或数字阀主要是这种开关型的电磁球阀，它由 PLC 可编程控制器输出的调节信号经脉宽调制驱动电源调制后 PWM 信号进行控制。这种数字阀电液转换元件主要由电磁球阀与二通插装阀组成，其结构是：对电气液压转换部件采用电磁球阀，机械放大元件采用二通插装阀，采用无杠杆，无明管路结构。其原理如图5-5-18 所示。

从图 5-5-18 中可知，电磁球阀用于控制二通插装阀，当电磁球阀不通电时，二通插装阀上腔通压力油，此时它相当于一个单向阀，只允许 P_1 腔向 P_2 腔流动，不允许反向流动，当电磁球阀通电时，二通插装阀上腔经电磁球阀 T 口与回油接通，插装阀开启，P_1 和 P_2 两腔的油可以在两个方向自由流动，用两组电磁球阀——二通插装阀即可控制液压缸（接力器）开关，如果插装阀流量不够，可采用两个或多个插装阀并联使用或采用大流量的液动换向阀。

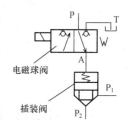

图 5-5-18　由数字阀
组成的电液转换器

电磁球阀与电磁换向阀相比，它具有密封好（可以实现无泄漏），反应速度快（换向时间仅 0.03～0.04s；复位时间 0.02～0.03s），使用压力高且无液压卡紧问题。此外，还具有对工作介质的适应能力强、抗污染能力强等特点。所以用电磁球阀比一般的换向阀可获得更好的性能。另外，用这种数字阀或电磁转换元件，可以简化机械液压系统结构，可直接用数字阀电液转换器驱动接力器。实际应用结果表明，该型调速器调试简单，维护方便，具有先进的技术性能和高可靠性。

5-5-41　对于由电磁球阀和液动换向阀组成的数字式电液随动系统，其结构怎样？

答：为了克服电磁球阀与二通插装阀组成的电液随动系统流量小的不足，在需要大流量要求的情况下，往往采用电磁球阀＋二通插装阀数与液动换向阀组合构成一套并联的电液随动系统。其结构组成如图 5-5-19 所示。

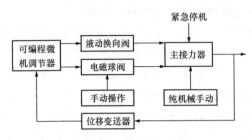

图 5-5-19　由电磁球阀和液动换向阀组成的数字式调节系统

其工作原理是：微机调速器输出的脉冲信号直接控制球座式电磁阀（或称电磁球阀）和液动换向阀，当调节信号较小时，调节器输出的脉冲选控一组电磁球阀进行开关调节，以控制接力器做小幅度调节；而当调节信号较强时，调节器输出的脉冲选控一组液动换向阀以输出较大流量，使接力器做较大行程的动作，当调节器无调节信号（脉冲低电平信号）时，各电磁阀均处于自锁状态（即油路封闭）。因此，万一电气部分故障时，接力器将维持原开度不变，此时可用手动按钮进行手动电控操作，当机组事故时，事故停机信号作用于紧急停机电磁阀，压力油直接接通接力器关机侧，主接力器将按调保计算整定的关机时间快速关闭导叶。

第六节　油压装置部分

5-6-1　调速器的供油方式有哪几种，各有什么特点？

答：给调速器供压力油的方式有直接和间接两种，即通流式和压力油罐式。对于通流式调速器，其油泵是连续运行的，直接供给调速器的调节过程用油，非调节过程由限压溢流阀将油泵输出的油全部排回到集油箱，油流往复循环不息。这种供油方式恶化油质并影响油泵寿命，但其设备简单、造价低。主要用于特小型或小型调速器；而对于压力油罐式调速器，它有专用的油压设备，其中油泵断续运行维持压力油罐的压力和油位，然后再由压力油罐随时供给调速器的调节过程用油，以保证调节用油的油压精度。这种供油方式的设备较为复杂、造价高，主要用于中、大型调速器。压力油罐式调速器，又分为组合式和分离式，调速器由接力器和油压设备（或装置）组合成一体的，称为组合式调速器，主要用于中、小型调速设备；而调速器的接力器和油压设备均分别独立设置的，称分离式调速器，主要用于大型调速设备。

5-6-2　调速器油压装置起什么作用，为什么要供气，其补气方式怎样？

答：调速器油压装置是为液压控制设备提供一定压力与油量的贮能器。在水电站中，主要是供给调速系统操作导水机构或桨叶操动机构用，另外还给水轮机主阀和其他液压件的液压能源装置用。运行中压力油突然大量消耗时，为不使压油槽的油压下降很多，压油槽内仅装有约 40％容积的油，约 60％容积的压缩空气，由于空气具有可压缩的特性，与弹簧一样可储藏能量，使压油槽压力在使用时仅在很小的范围内变动。运行中，压油槽的压力主要靠油泵来维持，而油位则主要靠排气或补气来调整，当油位较高时应进行补气，相反，当油位较低时应进行排气。补气方式一般是通过自动补气装置来进行。

5-6-3 油压装置的特点和要求是什么?

答:(1)具有足够大的体积和压力。由于调速器所控制的水轮机体积庞大、需要足够大的接力器体积和容量克服导水机构承受的水力矩和摩擦阻力矩,故使油压装置的体积和压力油罐的容积都很大。目前常用的油压装置,整个体积比调速器大得多,其压力油罐体积可达 $20m^3$,国外已采用 $32m^3$,甚至更大。常用的额定油压有 2.5、4、6MPa。

(2)油气成一定比例。机组在运行中经常发生负载急剧变化,甩掉全负荷和紧急事故停机,需要调速器的操作在很短时间内完成,而且压力变化不得超过允许值。这就需要经常利用爆发力强的连续释放较大能量的气压蓄能器来完成。所以油压装置的压力罐容积必须有 $60\%\sim70\%$ 的压缩空气和 $30\%\sim40\%$ 的压力油,以使油量变化时,压力变化最小,保证调节精度和调节的可靠性。

(3)需用质量可靠的液压油。水轮机调节要求调速器动作灵敏、准确和安全可靠。当动力用油不清洁或质量变坏时,势必会使调速器液压件产生锈蚀、磨损,尤其对精密液压件造成卡阻和堵塞,给调速器工作带来不良影响,甚至严重后果。为此,油压装置内应充填和保持使用符合国家标准的汽轮机油。

5-6-4 油压装置主要由哪几部分组成,各元件起什么作用?

答:大、中型调速器所用的油压装置,其工作系统较为完善。主要由以下部分组成。

(1)动力部分。动力部分一般由电动机和螺杆泵组成。螺杆泵由电动机带动旋转,吸取集油箱内的无压油,经挤压后,变成压力油送到压力罐中。

(2)集油箱部分。由集油箱体、过滤器(网)和油管等组成。集油箱用于储备适量油和收集回油并经过滤油器后,再供油泵用油。

(3)压力罐部分。主要由压力罐体、内部油气和各种管路等组成。压力罐用于储存和维持占容积 1/3 的压力油和 2/3 的压缩空气,保证供给调速器工作中需要的压力和油量。

(4)控制阀部分。控制阀包含补气阀、各管路截止阀、油泵出口组合阀、止回阀和安全阀等。其中,补气阀用于补气;截止阀用于控制各管路油流大小或截止;油泵出口组合阀用于油泵打油时减载和卸荷;止回阀用于防止高压油倒流;安全阀用于防止压力罐压力过高,起保护作用。

(5)控制和表计部分。这部分主要包括油压表、压力信号器、油位指示及信号器等。压力信号器一般用于控制油泵的工作和发信号;油位指示及信号器的作用是监视和控制压力罐的油位以及进行自动补气,以维持正常运行时所需的油位、压力及油气比。

5-6-5 调速器的用油应符合哪些要求和技术规定?

答:为了保证水轮机调速器动作灵敏、准确和可靠,对其用油质量有着严格的要求,其规定如下。

(1)油压。调速器的动力用油,应保证规定的压力,而其压力变化值不得超过规定值的 $\pm10\%$。

(2)油质。调速器的运转用油,应符合国家标准,使用温度在 $10\sim50℃$。

(3)油量。在大波动工况下,调速器应有足够的调节油量,并保证充分的润滑油和缓冲器用油,同时对调速器必须定期检查油质、油量和必要的新旧油更换。

5-6-6 对于调速器压力罐内的压力，在不同情况下，其整定允许的范围和要求怎样？

答： 油压装置在运行中，应经常保持压力罐内的油压和油量变化不超过规定的范围，以满足调速器的调节用油；同时还要防止油压过高时破坏液压设备，并避免油压过低时失去控制机组的能力。一般情况下，压力罐的油压力分为额定油压、工作油压和控制压力。它是按照预先整定好的压力表计来实现自动控制的。

（1）额定油压。额定油压即油压装置的最大工作油压，通常定为调速器工作中的额定油压。目前常用的额定油压一般为 2.5MPa（kgf/cm²）、4.0MPa 或 6MPa。相对而言，额定压力等级越大需用的设备越小。

（2）工作油压。工作油压是工作中要保持的压力变化范围，一般取用额定油压的90％～100％。

（3）控制压力。控制压力是指控制安全阀开启，工作泵正常启动及停止，备用泵启动、发警报和紧急停机的几个压力整定值。安全阀开启压力一般取高出额定油压的 4％～8％，当高于额定压力 20％时，应全部打开；工作油泵停止压力取额定油压，工作油泵启动压力一般取额定油压的 90％；备用油泵启动压力取额定油压的 84％～88％；低压警报压力一般取额定油压的 80％；最低停机压力一般取额定压力的 60％。

5-6-7 油压装置安装完成后，应进行哪些调整试验，其目的是什么？

答： 油压装置安装完成后，应进行相关的调整试验，试验合格后才能投入运行，其相关项目如下。

（1）油压装置渗漏试验。主要是检查集油箱、压力罐及其附件是否有渗漏油。

（2）压力罐的耐压试验。主要是检查压力罐承受压力时的渗漏情况。

（3）油泵试验。油泵试验主要检查其运转情况和输油量是否正常，包括运转试验、输油量测定试验。

（4）阀组的调整试验。阀组的调试，主要是为了保证减载阀、止回阀和安全阀在各自规定的油压范围内能够动作灵活、可靠；正确开启和关闭以及关闭后不漏油。

（5）自动补气试验。主要是检查自动补气装置工作是否可靠。

以上一些试验项目在机组的大小修中，也应根据实际情况进行检查试验，以确保油压装置工作正常。

5-6-8 对油压装置进行渗漏试验时，如何操作，应注意哪些问题和达到哪些要求？

答： 油压装置渗漏试验包括集油箱渗漏试验和压力罐及附件渗漏试验两个试验。

（1）集油箱渗漏试验。试验时，先将集油箱外壁及法兰处擦干净，箱内充满水，经12h后，观察应无水滴渗出或泄漏，如有渗漏应予补焊或做相应处理。

（2）压力罐及附件渗漏试验。试验时，使压力罐保持额定油压和正常油位，关闭所有阀门，并记录当时油压和油位值。然后在温度正常、油泵不启动条件下，经 8h 后进行检查：压力罐焊缝处，各阀门及其连接处，油位指示器及其连接处，压力信号器及其连接处等均不得有油、气渗漏现象，否则应予处理。并测定油位、油压变化值，油位降应小于 15～20mm、油压降应小于 0.1～0.5MPa。

5-6-9 压力罐的耐压试验步骤怎样，应符合什么要求？

答： 压力罐的耐压试验通常在制造厂完成。如经过运输或吊装后需要耐压试验时，可按如下步骤进行。

（1）先将压力罐的顶部排气丝堵打开，除油泵阀门、压力表和压力计阀门开放外，关闭其他所有阀门。

（2）用油泵给压力罐逐步充油到排气口溢油为止，并装入丝堵拧紧，罐内绝对排净空气。

（3）用手动控制油泵或手压油泵向压力罐缓慢地充油直到油压达 1.25 倍的额定压力为止，试压 10min。

（4）检查压力罐应无渗漏现象，压力应稳定，用 0.5kg 手锤距焊缝 0.4～0.5m 周围轻轻敲击应无异常。

（5）如发现渗、泄油等情况，应立刻降压为零，将油排净后进行处理。

5-6-10 安装油泵联轴器时应注意些什么，对油泵试验的内容和操作方法怎样？

答：在安装油泵联轴器时，将油泵、电动机弹性联轴节安装找正后，其偏心和倾斜值应不大于 0.08mm，在油泵轴向电动机侧轴向窜动量为零的情况下，两靠背轮间应有 1～3mm 的轴向间隙（或符合厂家要求）。对电动机的检查、试验，应符合 GB 50150 的要求，安装好后，对油泵的试验主要是检查其运转情况和输油量是否正常，具体操作方法如下：

（1）运转试验。在油泵装配良好情况下，启动到额定转速保持无负载状态运行 1h 应无异常，然后分别在 25%、50%、75%、100% 额定油压下各运行 15min。在整个试运行过程中，要求启动、运转平稳，无杂音；壳体振动小，其值不大于 0.05mm；轴承温升正常，且轴承温度不大于 60℃。

（2）输油量测定试验。油泵输油量的测定，是为了考核油泵在额定油压和 30～35℃ 油温下的实际输油量不得低于设计值。试验时，除油泵阀门外，将压力罐上所有阀门关闭，在压力罐处于额定油压和规定油量附近情况下，手动控制启动油泵送油，同时测出规定时间 t（s）内油位升高值 h（mm），其实际输油量可由 $Q = (\pi D^2 h) / (4 \times 10^6 t)$（$D$ 为罐体内径，mm）计算。同样的试验做 3 次，取其平均值，测量油泵输油量不应小于设计值。

5-6-11 螺杆泵的特点是什么，在运行中有时会出现抱泵问题，其原因有哪些？

答：螺杆泵的特点是：在工作中运转平稳，压力脉动小，效率较高，吸出高程大，噪声低和寿命长。所以，广泛用作调速器油压装置的主要油泵。但其加工精度要求高，工艺复杂，造价很高。

所谓抱泵，是指泵杆卡死、烧结不能转动，其原因主要有 4 点：① 加工、装配不良。常见的是泵杆与衬套、支架、底盖等零件间不同心或倾斜的超差过大，有时泵的三眼不正，三杆不直。装配后手动不灵活，易于造成抱泵现象。应修整调正，能轻快旋转为宜。② 配合面精度和间隙不当。泵杆和衬套配合面或棱角处有毛刺或飞边，产生局部突点接触或间隙太小造成塞卡。应用细油石、细砂纸或细锉精心修整，再用细研磨膏加机油研配直至达到要求为止。否则，会引起泵杆卡死。③ 逆转过多。由于止回阀不严，油泵停止工作后，因高压油倒流使油泵逆转太多或加速度太大，也是产生抱泵的原因。④ 运行油脏或有杂物或检修时清洗不净，会使铸砂焊渣和铁屑等异物混入泵内，将引起严重的抱泵事故。

5-6-12 对螺杆压油泵拆装时，应注意些什么？

答：（1）拆卸时应注意：① 拆除对轮护罩与电动机，注意电动机垫片厚度与方位，做好记号；② 拆除与油泵连接的管道，整体卸下安全阀组；③ 分解油泵，拔出对轮，拆下压盖、后泵壳、推力盖，取下主、副螺旋杆，记录副螺杆与主螺杆的啮合方位，必要时拆卸钨金衬套，并记录纸垫厚度。

（2）对油泵部件进行下列项目的检查和测量：① 清洗检查钨金衬套、轴套及推力盖铜套应无脱壳、凹凸沟槽和严重磨损及松动现象，否则应更换；② 检查主、副螺旋杆及轴颈有无损伤、毛刺以及磨损情况，如有毛刺，可用油石打磨，如轴颈有轻微磨损，可用油石或砂布打磨，如磨损严重、沟槽较深，应上磨床修磨，其粗糙度达 0.4 以上，磨床修磨后的轴颈，必须根据要求重新配推力铜套；③ 测定检查主、副螺旋杆与衬套配合间隙应小于0.1mm；④ 测定检查主、副螺旋杆与推力铜套之配合间隙最大不得超过 0.14mm；⑤ 测定检查主、副螺旋杆之轴向窜动量应分别为 1.5～2.5mm 和 1.5mm。

（3）组装时应注意：① 原位装复衬套，主、副螺旋杆及推力盖，调整主、副螺旋杆与衬套、轴套及推力盖三者之同心度，一边调整一边均匀对称拧紧推力盖螺钉，达到转动轻便灵活；② 装复后泵壳、前轴密封盘根、密封压盖及对轮；③ 校正油泵与电动机中心，其倾斜度与偏心均应在 0.08mm 以内，两对轮应有 2～3mm 间隙，装复对轮连接螺钉及护罩，油室注满油，装复进油管道。

5-6-13 如何校正油泵和电动机的中心？油泵装配不当可能出现哪些问题？

答：校正油泵和电动机中心的方法是：① 紧固油泵地脚螺钉；② 在压油泵和电动机的对轮上装上校规，在两只校规上装两只百分表，一块表的触头顶在一对轮的圆周上，一块表的触头顶在对轮的端面上，百分表预压 3～4mm，长针对臂位，转动对轮 180°，看两块百分表的读数，如读数超过要求值，调整时，先上下方向调整水平，后左右方向移动找正，直到达到要求为止。若圆周方向的读数不合格，可在电动机的 4 个地脚螺钉处加铜垫处理。若是指示端面的百分表读数不合格，可在电动机前面或后面加垫处理。

若油泵装配不当会引起下列问题：① 试运转时输出油量小。可能是两从动杆下面的轴承配合太松，部分油从泵杆中心孔流回吸油室。② 油泵试运转时出现噪声。可能是油泵与电动机轴不同心、上联轴不正、泵杆与衬套配合不良等。③ 油泵运转时出现振动。可能是中心不当，吸油管密封不好，吸油时带进了空气，此时输出的油色变白。④ 油泵带压试运转出现烧杆现象。可能是油质不净，上、下盖松动，导向不好，泵杆配合过紧，上、下盖不同心等原因。

5-6-14 集油槽、压油罐的安装及油压装置各部件的调整，应符合哪些要求？

答：集油槽、压油罐的安装，其允许偏差应符合表 5-6-1 的要求。

表 5-6-1　　　　　　　　　　集油槽、压油罐安装允许偏差

序号	项目		允许偏差	说明
1	中心	mm	5	测量设备上标记与机组 X、Y 基准线的距离
2	高程		±5	
3	水平	mm/m	1	测量集油槽四角高程差
4	压油罐垂直		1	X、Y 方向挂线测量

油压装置各部件的调整，应符合下列要求：①检查压力、油位传感器的输出电压（电流）与油压、油位变化的关系曲线，在工作油压、油位可能变化的范围内应为线性，其特性应符合设计要求。②安全阀、工作油泵压力信号器和备用油泵压力信号器和备用油泵压力信号器的调整，设计无规定时应符合表5-6-2的要求，压力信号器的动作偏差不得超过整定值的±1%，其返回值不应超过设计要求。③连续运转的油泵，其溢流阀动作压力设计无规定时，应符合表5-6-2中工作油泵整定值的要求。④安全阀动作时，应无剧烈振动和噪声。⑤事故低油压的整定值应符合设计要求，其动作偏差不得超过整定值的±2%。⑥压力罐的自动补气装置及回油箱的油位发讯装置动作，应准确可靠。⑦压力油泵及漏油泵的启动和停止动作应正确可靠，不应有反转现象。

表 5-6-2 安全阀、油泵压力信号器整定值

额定压力（MPa）	整定值（MPa）						
	安全阀			工作油泵		备用油泵	
	开始排油压力	全部开放压力	全部关闭压力	启动压力	复归压力	启动压力	复归压力
2.50	≥2.55	≤2.90	≥2.30	2.20～2.30	2.50	2.05～2.15	2.50
4.00	≥4.08	≤4.64	≥3.80	3.70～3.80	4.00	3.55～3.65	4.00
6.30	≥6.43	≤7.30	≥6.10	6.00～6.10	6.30	5.85～5.95	6.30

5-6-15 对调速器机械部分检修的目的是什么，有哪些内容，检修时应注意哪些问题？

答：不管是机械液压调速器和电液调速器，还是微机调速器，对调速器机械部分检修的目的主要是检查和处理调速器机械部分的磨损，对其进行清洗和性能检查及调整，或是对损坏处进行处理，以恢复调速器的工作性能和调节品质，维持调速器的良好工作。

随着当前调速器的快速发展，其机械部件越来越少，一般只保留了主配压阀和电液转换部分，且集成度越来越高。所以，对当前微机调速器的检修也更加简化和简单，其检修内容一般有如下几项：① 检查各活动机构部件的磨损情况，对其进行清洗和注油润滑，如有异常，应予以处理或更换；② 检查主配压阀的磨损情况，对其进行清洗，如有异常，应进行处理或更换；③ 对调速器的所有过油部件进行检查，看是否有脏污并分析其原因，然后再进行清洗装配；④ 对各类电磁阀解体、清洗、检查，需动作灵活。

而在检修时所需注意的问题是：在对调速器进行拆卸和装配时，应对拆卸部件，在拆卸前做好记号。而对开、停机时间调整螺母等调整部件，更应该对其位置做好测量，并记录。确保回装时不出偏差。

5-6-16 停机检修调速器系统前应进行哪些方面的测试、检查？

答：调速系统工作一定年限后，由于磨损、油污等各种原因，会造成调节频繁、调节失灵、压油槽保压时间缩短等不良情况。所以，为了检测调速器系统的工作情况，通常需在检修前对其进行一些测试和检查，以便做以对照，其主要内容有以下几项。

（1）停机前，分别在空载和负载时，进行下列检查、观察：① 主配压阀的调节频率及接力器的动作频率（可反映调速器主配压阀的漏油情况等）；② 压油槽的保压情况及压油泵启停时间和启停压力等（可反映压油泵的工作情况和液压系统的漏油情况等）。

（2）蜗壳无水压（流道无水压）时，对下列单件性能进行检查测试：① 导、桨叶开关时间的测定；② 紧急关机时间测定；③ 接力器行程和压紧行程测定；④ 导水机构低油压动作试验等。

5-6-17 在调速系统检修后，如何进行充油试验？

答：在调速系统检修后，应进行充油试验，其主要目的是检查调速系统是否回装完好，保证液压系统充油升压的安全性。其步骤如下：① 先把开、停机把手、开度限制放在停机位置；② 检查开度限制针塞拉杆和关闭侧限位螺钉应在检修前的位置；③ 接力器锁定投入，总给油阀关闭；④ 将压油槽油压升压至 0.3～0.5MPa，油位正常；⑤ 部分开启总给油阀，向调速系统充油，充油时应注意防止主配压阀剧振，检查无漏油、跑油等，再全开总油阀，全面检查无漏油；⑥ 提起锁定，全行程动作接力器，检查油管无漏油；⑦ 将压油槽油压分别升至 1.5MPa、2.5MPa 等额定压力，检查调速系统无漏油，否则应进行处理。

5-6-18 调速系统检修时，为什么要对油压装置进行保压时间、油泵输油量的测试？

答：在对机组调速系统进行检修的前后，我们通常都要对油压装置测量其保压时间、油泵的打压时间、油泵的输油量（根据压油槽的尺寸和测量压油槽的油位变化来计算）等这些参数，并予以记录和分析。其主要目的是：测量保压时间是检查调速系统的耗油量（在相同工况下，后一次与前一次进行比较），因为在调速系统中，调速器的漏油情况、桨叶接力器轴套的漏油情况、受油器轴套的漏油情况都会随着机组运行时间的增加和其运行工况的不同而发生改变，而通过检查调速系统的耗油量就可以监测出调速系统的渗漏油情况。而测量油泵的打压时间和油泵的输油量则可检查出油泵的泵油效率是否符合要求，在实际工作中，我们通常将后一次与前一次进行比较，或者与规范要求进行对照，看有无明显变化。

5-6-19 在给调速器机械柜充油前，应注意哪些问题？

答：在给调速器充油前应对油压装置调整试验完毕，压力继电器及安全阀、卸载阀等均已调整好，处于正常工作状态。首先以低油压充油，一般采用 0.3～0.5MPa。当确认没有问题后，再提高油压。充油前有关部件应在以下位置：① 手自动切换阀在手动位置；② 接力器处于 50%行程位置，最好此时接力器尚未与控制环连接；③ 开度限制机构在 50% 位置；④ 接力器锁定在拔出位置，三通阀在开启位置；⑤ 关闭两个油压表的阀门，以免因主配压阀的剧烈跳动而振坏；⑥ 松开各旋转变压器联轴器的顶紧螺钉，使旋转变压器暂时不跟随回复轴转动；⑦ 主配压阀活塞行程限制螺母和调节螺钉暂时限制在几何中间位置；⑧ 缩短连杆尺寸，使电液转换器活塞不至于上移到极端位置。

然后，缓慢打开压力油管的阀门向调速器充油。充油时，应派专人留守在有可能漏油的地点，注意油管路各连接处有无漏油并及时处理。若出现主配压阀剧烈跳动，则关闭进油阀门后，松开主配压阀上的调节螺钉，提起引导阀使主配压阀活塞上行至最上面的极端位置，将其上腔的空气挤出，重新整定好调节螺钉的位置，再次进行充油。一切正常后，打开两个压力表的进油阀门，检查压力表的指示是否正常。

5-6-20 调速器在安装、大修或长期停机后，为什么要进行充油排气操作？

答：当调速系统内存在气体时，在开、停机或增减负载的操作过程中，由于液压系统内部的空气被压缩或伸张会造成操作不平稳,甚至使调速器产生振动及操动机构大幅度摆动等现象,这对机组的运行和控制极为不利。如缓冲器内有空气,就会影响反馈信号的传递,使调速器在工作中产生抽动。而为了避免调速系统内存在气体对调速器工作的不良影响,就必须将其内部的气体排出,以尽量保证调速器工作的稳定。

在机组安装和调速器大修后,各油管和接力器腔内的压力油会因液压元件的间隙而慢慢漏掉,因此,其内部就充满了空气。为了将这些气体排出,在进行开机前,就需进行充油排气操作。操作时应注意以下几点:① 充油时应控制在低油压、小流量的状态下缓慢充油,以便充油时将调速系统内部的气体尽量排出;② 在第一次向调速器充油时,空气不可能一次性排尽。所以,在正式工作前,应反复地操作调速器缓慢开、关几次,以便将调速系统内的气体排出。对于长期停机的机组,在开机前也应进行充油排气操作。

5-6-21 调速器系统检修完后应进行哪些试验,其目的是什么?

答: 调速系统检修后,为了检查其工作性能和功能的可靠性,一般需进行以下试验。

(1)调速器静态特性试验。检查调速器的静态特性,即其非线性度、转速死区和永态转差系数是否良好,且符合规范要求,以及协联关系的不准确度是否良好。

(2)接力器静态漂移。检查引导法和主配压阀之间的机械零位是否配合良好(在流道无压力水的情况下,将接力器开到 50%左右开度,静止观察其漂移情况)。

(3)开停机特性。在流道无压力水时检查开停机时间、分段关闭等,以满足基本要求。

(4)接力器不动时间。检查调速器的灵敏度高低和转速死区大小,是否符合规范要求。

(5)空载观测试验。检查空载工况下的 PID 等调节参数是否合适(需符合规范要求)。

(6)甩负荷动态特性。检查调节特性、调保计算等是否满足动态特性及能否稳住机组。

(7)功能试验。检查如反馈消失、频率消失、电源消失、手自动切换、各种运行模式切换等各种功能是否能正常工作。

以上这些试验项目一般需在每次机组检修时予以进行(这在当前的技术监督工作里面也对以上项目做了明确要求)。而在有些水电站中对其做了简化,但至少应进行开停机特性、调速器静态特性试验和甩负荷试验这三项,其中调速器静态特性试验主要是保证调节性能的基础条件,而甩负荷试验是保证机组在以后的运行过程中当遇到甩负荷情况时能满足动态特性及稳住机组。若是调速器进行了大部分或全面的改造,或是更换了一些如主配、电液随动等关键部件,则应按照机组安装时的要求,对其进行一套全面而系统的试验。所以说对于调速器系统检修完后应进行哪些试验,应视检修的范围而定。其总的原则就是要保证调速器能较好地工作。

第六章

变压器

第一节 变压器基本理论

6-1-1 变压器的作用是什么，其基本工作原理是什么？

答：变压器是水电站的主要设备之一。利用电磁感应原理，变压器可将一种电压的交流电能变换为同频率的另一种电压的交流电能。它的作用主要有两方面：一是满足用户用电电压等级的需要；二是减少电能在输送过程中的损失。

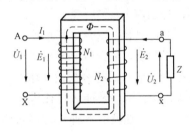

图 6-1-1 变压器工作原理图

变压器的结构如图 6-1-1 所示，它是由闭合铁芯和绕在铁芯上的两个线圈组成的。和电源相连的线圈叫原线圈，线圈匝数是 N_1；和负载相连的线圈叫副线圈，线圈匝数为 N_2。原、副线圈也分别叫作初级（一次）绕组和次级（二次）绕组。线圈由绝缘导线绕制而成，铁芯由涂有绝缘漆的硅钢片叠合而成。

当一次绕组中有交流电流流过时，则在铁芯中产生交变磁通，其频率与电源电压的频率相同；铁芯中的磁通同时交链一、二次绕组，由电磁感应定律可知，一、二次绕组中分别感应出与匝数成正比的电动势，其二次绕组内感应的电动势，向负载输出电能，实现了电压的变换和电能的传递。可见，变压器是利用一、二次绕组匝数的变化实现变压的。变压器在传递电能的过程中效率很高，可以认为两侧电功率基本相等，所以当两侧电压变化时（升压或降压），则两侧电流也相应变化（变小或变大），即变压器在改变电压的同时也改变了电流。

6-1-2 变压器是如何分类的？

答：一般常用变压器的分类可归纳如下。

（1）按相数分。①单相变压器。用于单相负载和三相变压器组。②三相变压器。用于三相系统的升、降电压。

（2）按冷却方式分。①干式变压器。依靠空气对流进行冷却，一般用于局部照明、电子线路等小容量变压器。②油浸式变压器。依靠油作冷却介质，如油浸自冷、油浸风冷、油浸水冷、强迫油循环等。

（3）按用途分。①电力变压器。用于输配电系统的升、降电压。②仪用变压器。如电压互感器、电流互感器，用于测量仪表和继电保护装置。③试验变压器。能产生高压，对电气设备进行高压试验。④特种变压器。如电炉变压器、整流变压器等。

（4）按绕组形式分。①双绕组变压器。用于连接电力系统中的两个电压等级。②三绕组变压器。一般用于电力系统区域变电站中，连接三个电压等级。③自耦变压器。用于连接不同电压的电力系统。也可作为普通的升压或降压变压器用。

（5）按铁芯形式分。①芯式变压器。用于高压的电力变压器。②壳式变压器。用于大电流的特殊变压器，如电炉变压器、电焊变压器；或用于电子仪器及电视、收音机等的电源变压器。

6-1-3 变压器的结构主要由哪几部分构成，各部分的作用是什么？

答： 变压器主要由铁芯、绕组、油箱、变压器油及绝缘套管组成，此外为了安全可靠地运行，还设有许多附件装置，如图 6-1-2 所示。以油浸式变压器为例，其各部件的作用如下。

（1）铁芯。是变压器磁路的主体，变压器铁芯分为铁芯柱和铁轭，铁芯柱上套装绕组，铁轭的作用是使磁路闭合。为减少铁芯内的磁滞损耗和涡流损耗，提高铁芯导磁能力，铁芯采用含硅量约为 5%，厚度为 0.35mm 或 0.5mm，两面涂绝缘漆或氧化处理的硅钢片叠装而成。

（2）绕组（线圈）。绕组是变压器的电路部分，用绝缘铜线或铝线绕制而成。绕组的作用是电流的载体，产生磁通和感应电动势。

（3）油箱。即油浸式变压器的外壳，用于散热，保护器身（变压器的器身放在油箱内），箱中有用来绝缘的变压器油。

（4）变压器油。用来加强绝缘和散热。并要求变压器油有高的介质强度和低的黏度，高的发火点和低的凝固点，不含酸、碱、灰尘和水分等杂质。

（5）绝缘套管。装在变压器的油箱盖上，作用是把线圈引线端头从油箱中引出，并使引线与油箱绝缘。电压低于 1kV 采用瓷质绝缘套管，电压在 10～35kV 采用充气或充油套管，电压高于 110kV 采用电容式套管。

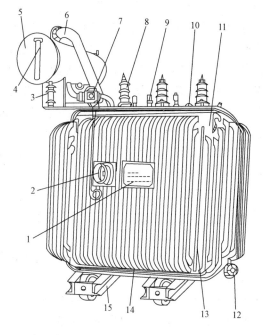

图 6-1-2 油浸式变压器结构图

1—铭牌；2—信号式温度计；3—吸湿器；4—油标；5—储油柜；6—安全气道；7—气体继电器；8—高压套管；9—低压套管；10—分接开关；11—油箱；12—放油阀门；13—器身；14—接地板；15—小车

（6）储油柜（油枕）。装在油箱上，使油箱内部与外界隔绝。调节油箱油量，防止变压器油过速氧化，上部有加油孔。

（7）分接开关。利用开关与不同接头连接，可改变一次绕组的匝数，达到调节电压的目的。分接开关分为有载调压分接开关和无载调压分接开关。

（8）吸潮器（硅胶筒）。内装有硅胶，储油柜（油枕）内的绝缘油通过吸潮器与大气连通，干燥剂吸收空气中的水分和杂质，以保持变压器内部绕组的良好绝缘性能；硅胶变色、变质易造成堵塞。

（9）安全气道（防爆管）。装在油箱顶盖上，保护设备，防止出现故障时损坏油箱。当变压器发生故障而产生大量气体时，油箱内的压强增大，气体和油将冲破防爆膜向外喷出，避免油箱爆裂。

（10）气体继电器（瓦斯继电器）。装在变压器的油箱和储油柜间的管道中，是变压器的主要保护装置。

（11）测温装置。监测变压器的油面温度。小型的油浸式变压器用水银温度计，较大的变压器用压力式温度计。

（12）冷却装置。冷却装置是将变压器在运行中产生的热量散发出去的设备。

6-1-4　变压器铭牌上的额定值各表示什么含义？

答：变压器的额定值是制造厂对变压器正常使用所做的规定，变压器在规定的额定值状态下运行，可以保证长期可靠地工作，并且有良好的性能。其额定值包括以下几方面：①额定容量。是变压器在额定状态下的输出能力的保证值，单位用伏安（VA）、千伏安（kVA）或兆伏安（MVA）表示，由于变压器有很高的运行效率，通常一、二次绕组的额定容量设计值相等。②额定电压。是指变压器空载时端电压的保证值，单位用伏（V）、千伏（kV）表示。如不作特殊说明，额定电压是指线电压。③额定电流。是指额定容量和额定电压计算出来的线电流，单位用安（A）表示。④空载电流。变压器空载运行时励磁电流占额定电流的百分数。⑤短路损耗。一侧绕组短路，另一侧绕组施以电压使两侧绕组都达到额定电流时的有功损耗，单位以瓦（W）或千瓦（kW）表示。⑥空载损耗。是指变压器在空载运行时的有功功率损失，单位以瓦（W）或千瓦（kW）表示。⑦短路电压。也称阻抗电压，是指一侧绕组短路，另一侧绕组达到额定电流时所施加的电压与额定电压的百分比。⑧连接组别。表示一、二次绕组的连接方式及线电压之间的相位差，以时钟表示。

6-1-5　变压器铭牌上的符号和数据表示什么意义？

答：按国标规定，变压器铭牌上的字母有如下几个：S、F、Z、J、L、P、D、O、X。其中，S 表示三相，在第三和第四位则代表三套绕组；F 表示油浸风冷；Z 表示有载调压；J 表示油浸自冷；L 表示铝绕组或防雷；P 表示强油循环风冷；D 表示单相，在末位时表示移动式；O 表示自耦，在第一位，表示降压，在末位表示升压；X 表示消弧绕组。

例如，SFPSZ-31500/110，就是三相三绕组、油浸风冷、强油循环风冷式变压器，绕组额定容量为 31 500kVA，高压侧为 110kV 等级。

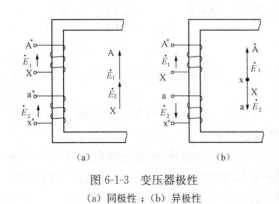

图 6-1-3　变压器极性
(a) 同极性；(b) 异极性

6-1-6　什么是变压器的极性？

答：变压器一次及二次绕组中感应电动势的相位关系，可以用绕组端头的极性来表示。图 6-1-3（a）表示同极性的变压器。在同一个铁芯柱上绕两个绕组，这两个绕组的端头标记顺序相同，绕线方向相同，因而在同一磁通的作用下，所产生的感应电动势 E_1 和 E_2 具有相同的相位，这种变压器叫作同极性变压器。

图 6-1-3（b）所示的是异极性变压器，只要将同一铁芯柱上绕的两个绕组的端头标记变反（绕组方向相同）或绕组方向相反（端头标记相同），两绕组中的感应电动势 E_1 和 E_2 相位相反，这种变压器就叫作异极性变压器。

6-1-7　较大容量的三相变压器为什么低压侧接线一般为三角形？

答：在 Y，y 接线的三相变压器中，由于三次谐波的影响，其相电动势畸变成尖顶波，在大容量三相三柱式变压器中，其三次谐波分量可达基波电动势的 $54\%\sim60\%$，严重危害绕组的绝缘，采用 Y，d 或 D，y 接线的变压器，三角形侧的三次谐波电动势可在三角形内形成环流，而星形侧没有三次谐波电流与之平衡，故三角形侧的三次谐波电流便成为励磁性质的电流，与星形侧的三次基波电流共同励磁，从而使其磁通及其感应电动势接近正弦波，这样就消除了三次谐波分量对变压器的影响，所以接成 Y，d 或 D，y；又因为大容量变压器高压侧，一般属于大电流接地系统，故低压侧常采用三角形接线。

6-1-8　什么是三相变压器的接线组别？

答：三相变压器高压侧的线电压与低压侧相应的线电压之间的相位关系，用时钟表示法表示，叫作三相变压器的接线组别。将高压侧的线电压相量（长针）固定指时钟的 12 点，低压侧相应的线电压相量与高压侧线电压相量之间的角差一定是 30° 的整数倍，因而低压侧线电压相量必指在 1～12 的某个数值上。低压侧线电压相量（短钟）所指的钟点数，即为三相变压器的组别。

当高压侧的接线与低压侧的接线相同时（如 D，d，Y，y），都属于双数组，包括 2，4，6，8，10，12 六个组。凡高压侧接线与低压侧不同时（如 Y，d 或 D，y），都属于单数组，包括 1，3，5，7，9，11 六个组。

6-1-9　什么是 Y，d11 接线组别？

答：图 6-1-4（a）所示的三相变压器接线方式，即为 Y，d11 接线，它的高压绕组接成星形，低压绕组接成三角形。连接序号为 ax—cz—by。根据减极性的特点，两侧电动势为同相，由于低压三相绕组接成三角形，其线电压与相电动势相等。从图 6-1-4（b）所示的相量图可以看出：$U_{ab}=-E_b$，$U_{AB}=E_A-E_B$。由图可见，U_{ab} 比 U_{AB} 越前 30°。若将相量 U_{AB} 转向指钟表 12 点，U_{ab} 则指在 11 点钟，所以这种接线组别为 Y，d11。常用于降压变压器，一次绕组接高压，二次绕组接低压。YN，d11 连接组主要用在高压输电线路中，使电力系统的高压侧中性点有可能接地。

6-1-10　什么是变压器的额定电压调整率，如何表示，它起什么作用？

答：当变压器一次侧接至额定电压，二次侧带负载以后，负载电流将在变压器内部产生电阻压降和漏抗压降，于是二次侧端电压将较空载电压（即二次侧额定电压）发生

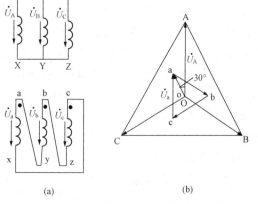

图 6-1-4　变压器 Y，d11 接线及相量图

变化。电压的变化程度据交流电路理论知，除与负载大小有关外，还受负载功率因数的影响。当负载功率因数一定时，从空载到负载，变压器二次侧端电压变化的百分数，称为电压调整率 ΔU。ΔU 定义为：$\Delta U = \left[(U_{2N} - U_2)/U_{2N}\right] \times 100\%$。

电压调整率是变压器的一项重要性能指标，它反映了变压器供电电压的稳定性。一台变压器，当负载功率因数不同时，ΔU 也是不同的。ΔU 可以通过负载运行试验的外特性曲线去求取。负载为额定负载，即电流达到额定值，功率因数为指定值（通常为 0.8 滞后）时的电压调整率，称为额定电压调整率 ΔU_N，通常 ΔU_N 约为 5%。

6-1-11 什么是变压器的外特性？负载性质对它有什么影响？

答： 变压器的外特性是指当变压器一次绕组端电压为额定值和负载功率因数一定时，二次绕组端电压随负载电流的变化关系，即 $U_2 = f(I_2)$，如图 6-1-5 所示。

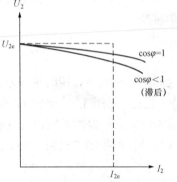

图 6-1-5　变压器外特性曲线

由外特性曲线可以看出，当负载为电阻性、电感性时，变压器二次侧电压 U_2 随着二次侧的负载电流 I_2 的增大而逐渐降低，即具有下降的外特性，同时，在相同的负载电流下，其电压下降的程度取决于负载功率因数的大小，其值越低，端电压下降越大；如果是电容性负载，变压器将具有上升的外特性，随着负载电流的增大，二次侧电压将逐渐提高。

图 6-1-5 中，U_{2e}、I_{2e} 分别表示变压器二次侧的额定电压和额定电流。

6-1-12 什么是变压器的额定效率，如何表示，它起什么作用？

答： 当变压器负载运行时，其效率为输出与输入的有功功率之比，即

$$\eta = \frac{P_2}{P_1} = \frac{P_2}{P_2 + \sum P}(100\%)$$

式中：η 为变压器的效率；P_1 为输入功率；P_2 为输出功率；$\sum P$ 为变压器的总损耗。

当变压器的输出功率 P_2 等于输入功率 P_1 时，效率 η 等于 100%，变压器将不产生任何损耗。但实际上这种变压器是没有的，变压器传输电能时总要产生损耗，这种损耗主要有铜损和铁损。铜损是指变压器线圈电阻所引起的损耗，当电流通过线圈电阻发热时，一部分电能就转变为热能而损耗，由于线圈一般都由带绝缘的铜线缠绕而成，因此称为铜损。变压器的铁损包括两个方面：一是磁滞损耗，当交流电流通过变压器时，通过变压器硅钢片的磁力线的方向和大小随之变化，使得硅钢片内部分子相互摩擦，放出热能，从而损耗了一部分电能，这便是磁滞损耗；另一是涡流损耗，当变压器工作时，铁芯中有磁力线穿过，在与磁力线垂直的平面上就会产生感应电流，由于此电流自成闭合回路形成环流，且成旋涡状，故称为涡流。涡流的存在使铁芯发热，消耗能量，这种损耗称为涡流损耗。变压器的效率与变压器的功率等级有密切关系，通常功率越大，损耗与输出功率就越小，效率也就越高。反之，功率越小，效率也就越低。

6-1-13　什么叫变压器的励磁涌流？它对变压器有无危害？

答：变压器线圈中，励磁电流和磁通的关系，由磁化特性决定，铁芯越饱和，产生一定的磁通所需要的励磁电流越大。由于在正常情况下，铁芯中的磁通就已饱和，如在不利条件下合闸，铁芯中磁通密度最大值可达两倍的正常值，铁芯饱和将非常严重，使其导磁数减小，励磁电抗大大减小，因而励磁电流数值大增，由磁化特性决定的电流波形很尖，这个冲击电流可超过变压器额定电流的 6～8 倍。所以，由于变压器电、磁能的转换，合闸瞬间电压的相角，铁芯的饱和程度等，决定了变压器合闸时，有励磁涌流，励磁涌流的大小，将受到铁芯剩磁与合闸电压相角的影响。

变压器空载合闸励磁涌流的最大值衰减很快，所以对变压器不会产生直接危害，但它可能引起继电保护动作，使断路器跳闸。因此，继电保护的整定，要躲开空载合闸时较大的励磁涌流，以保证变压器空载合闸时，其快速继电保护装置（如速断、差动）不会动作。

6-1-14　变压器有几种常用的冷却方式，各种冷却方式的特点有哪些？

答：变压器常用的冷却方式一般分为三种：油浸自冷式、油浸风冷式、强迫油循环。

油浸自冷式就是以油的自然对流作用将热量带到油箱壁和散热管，然后依靠空气的对流传导将热量散发，它没有特制的冷却设备。

油浸风冷式是在油浸自冷式的基础上，在油箱壁或散热管上加装风扇，利用吹风机帮助冷却。加装风冷后可使变压器的容量增加 30%～35%。

强迫油循环冷却方式，又分强油风冷和强油水冷两种。它是把变压器中的油，利用油泵打入油冷却器后再复回油箱。油冷却器做成容易散热的特殊形状，利用风扇吹风或循环水作冷却介质，把热量带走。通过这种方式，若把油的循环速度比自然对流时提高 3 倍，则变压器可增加容量 30%。

6-1-15　变压器的中性点接地方式主要有哪几种？各有什么优缺点？

答：变压器中性点接地方式主要是由电力系统的接线情况和运行需要决定的。目前我国电力系统中性点接地方式有两大类：一类是中性点直接接地、经过电抗或低阻抗接地，称为大接地电流系统；另一类是中性点不接地、经过消弧线圈或高阻抗接地，称为小接地电流系统。其中，采用最广泛的是中性点不接地、中性点经过消弧线圈接地和中性点直接接地等三种方式。其各自优缺点见表 6-1-1。

表 6-1-1　　　　　　　　　　各种接地方式的优缺点

接地方式	优　点	缺　点
中性点不接地系统	当系统发生单相接地时，它能自动熄弧而不需要切断线路。这就大大减少了停电次数，提高了供电的可靠性	因其中性点是绝缘的，长期最大工作电压和过电压较高，特别是弧光接地过电压或谐振过电压，其值可达很高的倍数，对设备绝缘要求较高，实现灵敏而有选择性的接地保护比较困难
中性点经消弧线圈接地系统	能迅速补偿中性点不接地系统单相接地时产生电容电流，减少弧光过电压的发生。不但使单相接地故障所引起的停电事故大大减少，而且还能减少系统中发生多相短路故障的次数	系统的运行比较复杂，实现有选择性的接地保护比较困难，费用大等
中性点直接接地系统	过电压和绝缘水平较低。从继电保护的角度来看，对于大电流接地系统用一般简单的零序过电流保护即可，选择性和灵敏性都易解决	一切故障，尤其是最可能发生的单相接地故障，都将引起断路器跳闸，这样增加了停电的次数。另外，接地短路电流过大，有时会烧坏设备和妨碍通信系统的工作

6-1-16 变压器的铁芯为什么要求接地，且为什么只能一点接地？

答： 电力变压器正常运行时，铁芯必须有一点可靠接地。若没有接地，则铁芯对地的悬浮电压会造成铁芯对地断续性击穿放电，铁芯一点接地后消除了形成铁芯悬浮电位的可能。但当铁芯出现两点以上接地时，铁芯间的不均匀电位就会在接地点之间形成环流，并造成铁芯多点接地发热故障。变压器的铁芯接地故障会造成铁芯局部过热，严重时，铁芯局部温升增加，轻瓦斯动作，甚至将会造成重瓦斯动作而跳闸的事故。烧熔的局部铁芯形成铁芯片间的短路故障，使铁损变大，严重影响变压器的性能和正常工作，以至必须更换铁芯硅钢片加以修复。所以变压器不允许多点接地只能有且只有一点接地。

6-1-17 对变压器的铁芯接地有什么要求？如何检查铁芯接地状况是否正常？

答： 变压器在运行或试验时，铁芯、零件等金属部件均处在强电场之中，由于静电感应作用在铁芯或其他金属结构上产生悬浮电位，造成对地放电而损坏零件，这是不允许的，除穿芯螺杆外，铁芯及其金属构件都必须接地。而且必须只是一点接地。

通常采用直流法和交流法来测量铁芯的接地情况是否正常，有无多点接地。

直流法是将原接地片拆开，在磁轭两侧的硅钢片上通入 6V 的直流电，然后用 10V 的直流电压表或万用表的相应直流电压档测量各级硅钢片间的电压。当电压为零或指针反偏时，可认为该处有故障接地点。

交流法是将变压器低压绕组接入 220～380V 的交流电，此时铁芯有磁通存在，如有多点接地，毫安表会出现电流。

6-1-18 变压器铁芯常发生的故障有哪些？

答： 变压器铁芯常发生以下故障：①由于铁芯接地片断裂或与铁芯接触不良，有时铁芯与油箱间会发生放电；②铁芯松动，穿心夹紧螺杆未拧紧，导致出现严重的噪声；③铁芯片间的绝缘漆擦伤或绝缘漆层老化，导致产生变压器空载电流增大、损耗增加、温升增高、油色变深等缺陷；④穿芯夹紧螺杆与铁轭间的绝缘损坏或铁芯两点以上接地，造成叠片局部过热烧毁。发生这种故障时，可能出现高压熔体熔断、油色发黑并分解出气体、油温升高等现象。当运行中的变压器发生两点或多点接地故障时，就会形成铁芯工作磁通周围有短路匝存在。短路匝产生很大的涡流和环流使铁芯发热，油温升高，绝缘件炭化，产生可燃气体，引起轻瓦斯不断动作。如果接地不好，环流可能断续发生，使绝缘油游离炭化。这时应对油进行色谱分析，以判断故障性质。

6-1-19 引起变压器铁芯接地故障的原因有哪些？

答： 变压器铁芯多点接地故障是比较常见的一种故障，如厂家设计制造不良，内部绝缘距离不够，油内有金属焊渣等都可能引起多点接地故障。主要有以下一些。

（1）穿心螺栓的螺孔如开得不正，穿螺栓时铁芯硅钢片受外力作用，靠外边的硅钢片会向外膨胀，并进入套座内与套管相接，造成铁芯多点接地。

（2）夹件槽钢套座孔开得过大或者套座不合格，组装套座后歪斜，进入夹件槽钢孔内，与铁芯凸起的边片相接，引起铁芯多点接地。

（3）上夹件槽钢与变压器油箱顶盖加强铁相碰，也会引起铁芯多点接地故障。

（4）变压器油箱与铁芯有定位钉时，在变压器投入运行前必须把上部定位钉的盖板翻过来，使定位钉与定位螺孔离开，不然变压器投运就会发生铁芯多点接地。

（5）下轭铁的夹件托板如与铁芯相碰也可能造成铁芯多点接地。

以上几点是铁芯多点接地的原因。另外，因某些零件脱落，某些小间隙进入焊渣或小线头等，也能够造成多点接地。

6-1-20　变压器铁芯发生多点接地时如何进行处理？

答： 当发生铁芯多点接地后，值班员应立即采集瓦斯气体以及油样进行检查。如轻气体继电器连续动作，应将瓦斯气体和绝缘油样送到化验室进行色谱分析，同时测量铁芯接地电流。如经分析和测量确属于铁芯多点接地故障，推荐采取以下措施。

（1）如果金属杂质停留在间隙内引起，此时应停止运行变压器。当变压器停止运行后，绝缘油还处于热状态时，突然启动强油装置，在变压器无励磁的情况下，用循环油去冲散因磁性作用而汇集在一起的导磁杂质，使之在重力作用下沉落到变压器底部。

（2）在铁芯接地小套管上，串接电阻和电流表或加装电流继电器和警示装置，以限制接地电流和监视接地电流的增减趋势。如 1997 年某供电局一台主变压器轻瓦斯连续动作，排除二次及其他因素外，测铁芯接地电流为 130mA，10 天后甩开电阻用 1000V 绝缘电阻表摇测绝缘较好，环流为 1.2mA。再隔一段时间后用 2500V 绝缘电阻表摇测电阻为 2500MΩ，环流为零。分析认为是因焊渣等导磁杂质引起。

如果采取上述措施后仍不见效，并且接地电流继续增大，轻气体继电器频繁动作，此时应考虑停止运行，吊心进行检查。

6-1-21　常用的变压器的套管有几种类型？各用在什么场合？

答： 变压器常用的套管类型有纯瓷型套管、充油型套管和电容型套管三种型式。

（1）纯瓷型套管。该套管的表面电场在法兰和端盖附近比较集中，套管直径越小，法兰附近的电场强度越高，这种型式的套管主要用于 35kV 及以下的电压等级。

（2）充油型套管。以变压器油和绝缘纸筒形成的绝缘屏障作为主绝缘，而不以瓷套作为主绝缘的套管叫作充油型套管。一般这种套管主要用于 63kV 及以下的电压等级。

（3）电容型套管。由于其性能优良，外形尺寸小，从而可使变压器体积相应减小，成本大大降低，故被大量采用。目前 63kV 电压及以上油纸电容型套管，已基本上全部取代了其他类型的套管。

6-1-22　变压器的绝缘是如何划分的？

答： 变压器的绝缘可分为内绝缘和外绝缘，内绝缘是油箱内的各部分绝缘，外绝缘是套管上部对地和彼此之间的绝缘。内绝缘又可分为主绝缘和纵绝缘两部分。主绝缘是绕组与接触部分之间，以及绕组之间的绝缘。在油浸式变压器中，主绝缘以油纸屏障绝缘结构最为常用。纵绝缘是同一绕组各部分之间的绝缘，如不同线段间、层间和匝间的绝缘等。通常以冲击电压在绕组上的分布作为绕组纵绝缘设计的依据，但匝间绝缘还应考虑长时期工频工作电压的影响。

6-1-23　变压器中性点接地隔离开关运行方式有什么规定？

答： 变压器中性点接地隔离开关运行方式有下列规定。

（1）备用中的变压器中性点接地隔离开关应在"合"的位置。

（2）变压器中性点接地数按调度命令执行。

（3）220kV母线并列运行时，应保证每段母线至少有一个中性点接地。

（4）变压器中性点接地隔离开关进行倒换操作时，应先合上需投入的中性点接地隔离开关，后拉开要退出的中性点接地隔离开关，任何情况下，均不得使220kV系统失去中性点接地。

（5）拉、合变压器高压侧断路器前，应先合上其中性点接地隔离开关。

6-1-24 运行电压高或低对变压器有何影响？

答：如果加于变压器的电压低于额定值，对变压器寿命不会有任何不良影响，但将影响变压器容量不能充分利用；如果加于变压器的电压高于额定值，对变压器是有不良影响的，当外加电压增大时，铁芯的饱和程度增加，使电压和磁通的波形发生严重的畸变，且使变压器的空载电流大增，电压波形的畸变也即出现高次谐波，这将影响电能的质量，其危害主要有以下几点：①引起用户电流波形的畸变，增加电动机和线路上的附加损耗；②可能在系统中造成谐波共振现象，导致过电压使绝缘损坏；③线路中电流的高次谐波会影响电讯线路，干扰电讯的正常工作；④某些高次谐波会引起某些继电保护装置不正确动作。

6-1-25 什么是变压器的过载运行，对其有什么要求？

答：过载运行是指变压器运行时超过了铭牌上规定的电流值。过载分为正常过载和事故过载两种，前者是指在正常供电情况下，用户用电量增加而引起的，它往往使变压器温度升高，促使变压器绝缘老化，降低使用寿命，所以一般是不允许变压器过载运行。特殊情况下变压器短时间内的过载运行，也不能超过额定负载的30%（冬季），在夏季不得超过15%。

6-1-26 为什么部分变压器中性点要安装一个避雷器？

答：一般110kV及以上的电力系统是中性接地的系统。当变压器的中性点接地运行时，是不需要装避雷器的。但是，由于运行方式的需要（为了防止单相接地事故时短路电流过大），中心调度常要求220kV及以下系统中有部分变压器的中性点是断开运行的。在这种情况下，对于中性点绝缘不是按照线电压设计（即分级绝缘）的变压器中性点应装避雷器。原因是：当三相承受雷电波时，由于反射波和入射波的叠加，在中性点上出现的最大电压可达到避雷器放电电压的1.8倍左右，这个电压会使中性点绝缘损坏，所以必须装一个避雷器保护。

对于接于变压器中性点的消弧线圈，为消除消弧线圈端部可能出现的过电压，应该与消弧线圈并联安装一个阀型避雷器。

6-1-27 电力变压器调压的接线方式按调压绕组的位置不同分为哪几类？

答：电力变压器调压的接线方式按调压绕组的位置不同可分为以下三类。

（1）中性点调压。调压绕组的位置在绕组的末端。

（2）中部调压。调压绕组的位置在变压器绕组的中部。

（3）端部调压。调压绕组的位置在变压器各相绕组的端部。

6-1-28　有载调压变压器和无载调压变压器有什么不同？各有何优缺点？

答：有载调压变压器与无载调压变压器的不同点在于：前者装有带负载调压装置，可以带负载调压，后者只能在停电的情况下改变分接头位置，调整电压。有载调压变压器用于电压质量要求较严的地方，加装有自动调压检测控制部分，在电压超出规定范围时自动调整电压。其主要优点是：能在额定容量范围内带负载调整电压，且调整范围大，可以减少或避免电压大幅度波动，母线电压质量高，但其体积大，结构复杂，造价高，检修维护要求高。无载调压变压器改变分接头位置时必须停电，且调整的幅度较小（每改变一个分接头，其电压调整 2.5% 或 5%），输出电压质量差，但比较便宜，体积较小。

6-1-29　电力系统中变压器有载调压的基本原理和作用是什么？

答：电力系统中变压器有载调压的基本原理就是在变压器的绕组上，引出若干分接抽头，通过有载调压分接开关，在保证不切断负载电流的情况下，由一个分接头切换到另一个分接头，以达到改变绕组的有效匝数，即改变变压器变比的目的。

有载调压的作用是：①稳定电压，提高供电质量；②作为两个电网的联络变压器，利用有载调压来分配和调整网络之间的负载；③作为带负载调节电流和功率的电源以提高生产效率。

6-1-30　为什么变压器的低压绕组在里面，而高压绕组在外面？

答：变压器高低压绕组的排列方式，是由多种因素决定的。但就大多数变压器来讲，是把低压绕级布置在高压绕组的里边。这主要是从绝缘方面考虑的。理论上，不管高压绕组或低压绕组怎样布置，都能起变压作用。但因为变压器的铁芯是接地的，由于低压绕组靠近铁芯，从绝缘角度容易做到。如果将高压绕组靠近铁芯，则由于高压绕组电压很高，要达到绝缘要求就需要很多的绝缘材料和较大的绝缘距离。既增加了绕组的体积，也浪费了绝缘材料。另外，把高压绕组安置在外面也便于引出到分接开关。

6-1-31　变压器的阻抗电压在运行中有什么作用？

答：阻抗电压是涉及变压器成本、效率及运行的重要经济技术指标。同容量变压器，阻抗电压小的成本低，效率高，价格便宜，另外运行时的降压及电压变动率也小，电压质量容量得到控制和保证。从变压器运行条件出发，希望阻抗电压小一些较好。从限制变压器短路电流条件出发，希望阻抗电压大一些较好，以免电气设备如断路器、隔离开关、电缆等在运行中经受不住短路电流的作用而损坏，所以在制造变压器时，必须根据满足设备运行条件来设计阻抗电压，且应尽量小一些。

6-1-32　什么是自耦变压器？它有什么优点？

答：如图 6-1-6 所示，自耦变压器是指它的绕组一部分是高压边和低压边共用的，另一部分只属于高压边。根据结构还可细分为可调压式和固定式。自耦变压器是只有一个绕组的变压器，当作为降压变压器使用时，从绕组中抽出一部分线匝作为二次绕组；当作为升压变压器使用时，外施电压只加在绕组的一部分线匝上。通常把同时属于一次和二次的那

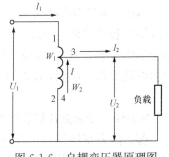

图 6-1-6　自耦变压器原理图

部分绕组称为公共绕组，自耦变压器的其余部分称为串联绕组，同容量的自耦变压器与普通变压器相比，不但尺寸小，而且效率高，并且变压器容量越大，电压越高。这个优点就越加突出。因此随着电力系统的发展、电压等级的提高和输送容量的增大，自耦变压器由于其容量大、损耗小、造价低而得到广泛应用。

6-1-33　自耦变压器有哪些特点？

答：（1）具有公共绕组的变压器称为自耦变压器。自耦变压器区别于普通变压器的特点是其中两个绕组除有磁的耦合外，还直接有电的联系。当高压侧过电压时会引起低压侧严重过电压。为了避免这种危险，一、二次都必须装设避雷器。

（2）自耦变压器铭牌上的额定容量是指额定通过容量，它包括串联绕组电路中直接由电流传输的功率和公共绕组磁路耦合传输的功率两部分。

（3）自耦变压器绕组（结构）容量，总小于额定（通过）容量。因此，与同容量同电压等级的普通变压器比较，具有用材少、体积小、重量轻、运输方便、投资少、损耗小、经济性好等显著特点。但其变比一般在3：1以内。

（4）由于自耦变压器的短路阻抗标幺值比双绕组变压器小，故电压变化率较小，但系统短路电流大。

（5）自耦变压器中性点调压侧会带来调压问题，因此，要求自耦变压器有载调压时，只能采用线端调压方式。

6-1-34　为什么自耦变压器的中性点必须接地？

答：运行中自耦变压器的中性点必须接地，因为当系统中发生单相接地故障时，如果自耦变压器的中性点没有接地，就会使中性点位移，使非接地相的电压升高，甚至达到或超过线电压，并使中压侧线圈过电压。为了避免上述现象，中性点必须接地。接地后的中性点电位就是地电位，发生单相接地故障后中压侧也不会过电压了。

6-1-35　自耦变压器和双绕组变压器有什么区别？

答：双绕组变压器一次绕组和二次绕组是分开绕制的，每相虽然都装在同一铁芯上，但相互之间是绝缘的。一次绕组和二次绕组之间只有磁的耦合，没有电的联系。

自耦变压器实际上只有一个绕组，二次绕组接线是从一次绕组抽头而来，因此，一次绕组和二次绕组之间除了有磁的联系之外，还直接有电的联系。

双绕组变压器传送电功率时，全部是由两个绕组之间的电磁感应传送的。自耦变压器传送电功率：一部分由电磁感应传送，另一部分则是通过电路连接直接来传送的。

因此，在变压器容量相同时，自耦变压器的绕组比双绕组变压器小。同时自耦变压器用的硅钢片和导线数量也随变比的减小而减小，从而使铜、铁损也减小，其励磁电流也较双绕组变压器为小。但由于自耦变压器一、二次绕组的电路直接连在一起，高压侧发生电气故障会影响低压侧，因此，必须采取适当的防护措施。

6-1-36　分裂变压器在什么情况下使用？它有什么特点？

答：随着变压器单台容量的增大，两台发电机共用一台变压器输出电能的方案也随之提出。但为了减小短路电流，要求两台发电机之间有较大的阻抗。此外，大型机组的厂用变压

器要向两段独立的母线供电，因此要求两段母线之间有
较大的阻抗，以减少一段母线短路时，由另一段母线所
接的电动机供来的反馈电流。为了达到上述限制短路电
流的要求，可用分裂变压器代替普通变压器。分裂变压
器通常将低压绕组分裂成两个容量相等的分支，分支的
额定电压可以相同，也可以相近，如图 6-1-7 所示。

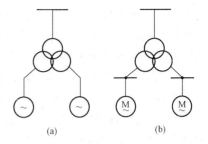

图 6-1-7 分裂变压器使用示意图
(a) 两机共用一台分裂变压器；(b) 分裂
变压器向两组厂用母线供电

6-1-37 分裂变压器有哪些特殊参数？各有什么意义？

答：分裂变压器的特殊参数及意义如下。

（1）当低压分裂绕组的两个分支并联成一个绕组对
高压绕组运行时，叫作穿越运行。此时变压器的短路阻抗叫作穿越阻抗，用 Z_1 表示。

（2）当分裂绕组的一个分支对高压绕组运行时，叫作半穿越运行，此时变压器的阻抗叫
作半穿越阻抗，用 Z_2 表示。

（3）当分裂变压器的一个分支对另一个分支运行时，叫作分裂运行，这时变压器的短路
阻抗叫作分裂阻抗，用 Z_3 表示。

（4）分裂阻抗与穿越阻抗之比称为分裂系数，用 K_3 表示。即 $K_3 = Z_3/Z_1$。

6-1-38 分裂变压器有何优缺点？

答：当分裂变压器用作大容量机组的厂用变压器时，与双绕组变压器相比，它有以下优缺点。

（1）限制短路电流显著。当分裂绕组一个支路短路时，由电网供给的短路电流经过分裂
变压器的半穿越阻抗比穿越阻抗大，故供给的短路电流要比用双绕组变压器小。同时分裂绕
组另一支路由电动机供给短路点的反馈电流，因受分裂阻抗的限制也减少很多。

（2）当分裂绕组的一个支路发生故障时，另一支路母线电压降低比较小。同样，当分裂
变压器一个支路的电动机自启动，另一个支路的电压几乎不受影响。但分裂变压器的缺点是
价格较贵，一般分裂变压器的价格约为同容量的普通变压器的 1.3 倍。

6-1-39 干式变压器有哪些类型？其特点是什么？

答：干式变压器种类很多，主要有浸渍绝缘干式变压器和坏氧树脂绝缘干式变压器两
类。其中，浸渍绝缘干式变压器是干式变压器中应用最早的一种，绕组的结构与油浸式类
似，早期就是用玻璃丝包线绕制成的绕组浸普通的绝缘漆。这类变压器绕组制造工装设备简
单、成本低，但相对其他形式干式变压器，它承受短路能力较差。另外，绕组的防潮和防尘
性能差，变压器停用再投入使用时，可能因为周围的环境因素产生吸潮甚至凝露，使其绝缘
水平大大降低，使用前必须进行清理和干燥处理。

环氧树脂绝缘干式变压器又分为有填料树脂浇注和无填料树脂浇注两种类型。有填料树
脂浇注绕组，由于在树脂中加入石英粉作为填料，可使树脂机械强度增加，膨胀系数减小，
导热性能提高，从而可降低材料成本，且绕组外观较好。有填料树脂浇注又分为厚层有填料
树脂浇注和薄层有填料树脂浇注两种形式。

6-1-40 影响变压器油位及油温的因素有哪些？怎样根据油温判别变压器是否正常？

答：影响变压器油位和油温上升的因素主要是：①随负载电流增加而上升；②随环境温

度增加，散热条件差，油位、油温上升；③当电源电压升高，铁芯磁通饱和，铁芯过热，也会使油温偏高些；④当冷却装置运行状况不良或异常，也会使油位、油温上升；⑤变压器内部故障（如线圈部分短路、铁芯局部松动、过热、短路）会使油温上升。

变压器在额定条件下运行，铁芯和绕组的损耗发热引起各部位温度升高，当发热与散热达平衡时，各部位温度趋于稳定。在巡视检查时，应注意环境温度、上层油温、负载大小及油位高度，并与以往数值对照比较分析，如果在同样条件下，上层油温比平时高出10℃，或负载不变，但油温还不断上升，而冷却装置运行正常，温度表无失灵，则可认为变压器内部发生异常和故障。

6-1-41 变压器油质劣化与哪些因素有关？用经验法怎样简易判别油质的优劣？

答：影响变压器油质劣化的主要因素是：高温、空气中的氧和潮气水分。其中，高温加速油质劣化速度，当油温在70℃以上，每升高10℃油的氧化速度增加1.5～2倍；变压器油长期和空气中氧接触受热，会产生酸、树脂、沉淀物，使绝缘材料严重劣化；油中进入水分、潮气，电气绝缘性明显下降，易击穿。

用经验法直观，可简易判别油质的优劣程度，主要根据：①油的颜色。新油、良好油为淡黄色，劣质油为深棕色。②油的透明度。优质油为透明的，劣质油混浊，含机械杂质、游离碳等。③油的气味区别。新油、优质的无气味或略有火油味，劣质油带有焦味（过热）、酸味、乙炔味（电弧作用过）等其他异味。

6-1-42 变压器油位过低或长时间在极限温度下工作，对运行有何危害？

答：变压器油位过低会使轻瓦斯保护动作，严重缺油时，变压器内部铁芯线圈暴露在空气中，容易绝缘受潮（并且影响带负载散热）发生引线放电与绝缘击穿事故。

一般变压器的主绝缘是A级绝缘，规定最高使用温度为105℃，变压器在运行中绕组的温度要比上层油温度高10～15℃。如果运行中的变压器上层油温总在80～90℃，也就是绕组长时间在95～105℃，就会因温度过高使绝缘老化严重，加快绝缘油的劣化，影响使用寿命。

6-1-43 运行中的变压器，其上层油温及温升有何规定？

答：对于强油循环风冷式变压器：上层油温75℃，温升35℃；对于油浸自然循环、自冷、风冷变压器：上层油温一般不宜经常超过85℃，最高不得超过95℃，温升不得超过55℃，运行中若发现有一个限值超出规定，应立即汇报调度，采取限负载措施。变压器在运行中要产生铁损和铜损，这两部分损耗全部转化为热量，使铁芯和绕组发热、绝缘老化，影响变压器的使用寿命，因此国标规定变压器绕组的绝缘多采用A级绝缘，规定了绕组的温升为65℃。

6-1-44 为什么切空载变压器会产生过电压？一般采取什么措施来保护变压器？

答：变压器是一个很大的电感元件，运行时绕组中储藏电能，当切断空载变压器时，变压器中的电能将在断路器上产生一个过电压，在中性点直接接地电网中，断开110～330kV空载变压器时，其过电压倍数一般不超过$3.0U_{xg}$，在中性点非直接接地的35kV电网中，一般不超过$4.0U_{xg}$，此时应当在变压器高压侧与断路器间装设阀型避雷器，由于空载变压器绕组的磁能比阀型避雷器允许通过的能量要小得多，所以这种保护是可靠的，并且在非雷季节也不应退出。

6-1-45　电阻限流有载调压分接开关有哪 5 个主要组成部分？各有什么用途？

答： 电阻限流有载调压分接开关的组成及作用如下。

（1）切换开关。用于切换负载电流。

（2）选择开关。用于切换前预选分接头。

（3）范围开关。用于换向或粗调分接头。

（4）操动机构。是分接开关的动力部分，有连锁、限位、计数等作用。

（5）快速机构。按预定的程序快速切换。

6-1-46　热虹吸在变压器运行中起什么作用？在运行维护中应注意什么？

答： 运行中的变压器上层油温同下层油温有一定的温差，使油在热虹吸器内循环。油中有害物质如水分、游离碳、氧化物等，随着油的循环而被吸收到硅胶内，因此变压器热虹吸器不但有热均匀作用，而且对油的再生也有良好作用。

在运行维护中应注意：①硅胶最好要选大颗粒，硅胶装好后要注意排出热虹吸内的气体，以免运行后气体继电器动作；②热虹吸充满油后，应关闭热虹吸与变压器相连的下部阀门，静止几个小时排出渣滓后再打开下部阀门，正式投入运行 24h 后，再将重瓦斯投入跳闸回路；③定期化验油，监视油的化学成分，根据油化验情况及时更换硅胶。

6-1-47　变压器气体继电器的动作原理怎样？如何根据气体的特性来判断故障类型？

答： 当变压器内部故障时，产生的气体聚集在气体继电器上部使油面降低，当油面降低到一定程度，上浮筒下沉水银对地接通发出信号；当变压器内部严重故障时，油流冲击挡板，挡板偏转并带动板后的连动杆转动上升，挑动与水银触点相连的连动环，使水银触点分别向与油流垂直的两侧转动，两处水银触点同时接通使断路器跳闸或发信号。

根据气体继电器里气体的颜色、气味、可燃性等特性，可初步判断变压器是否有故障，以及故障的类型，其判断依据是：①无色，不可燃的是空气；②黄色，可燃的是本质故障产生的气体；③淡灰色，可燃并有臭味的是纸质故障产生的气体；④灰黑色，易燃的是铁质故障使绝缘油分解产生的气体。

6-1-48　什么叫变压器的不平衡电流？有什么要求？

答： 变压器的不平衡电流是对三相变压器绕组之间的电流差而言的。在三相三线式变压器中，各相负载的不平衡度不许超过 20%，在三相四线式变压器中，不平衡电流引起的中性线电流不许超过低压绕组额定电流的 25%。如不符合上述规定，应调整负载。

6-1-49　变压器差动保护回路中产生不平衡电流的因素有哪些？

答： 变压器差动保护回路中产生不平衡电流的因素有：①变压器励磁涌流的影响；②由变压器两侧电流相位不同而产生不平衡电流；③因高、低压侧电流互感器形式不同产生的影响；④变压器有负载调压的影响；⑤计算变比与实际变比不同（电流互感器变比与变压器变比不完全吻合而产生）影响。

6-1-50　变压器瓦斯保护的保护范围是什么？有哪些优缺点？

答：变压器瓦斯保护的范围是：①变压器内部多相短路；②匝间短路，匝间与铁芯或外皮短路；③铁芯故障（发热烧损）；④油面下降或漏油；⑤分接开关接触不良或导线焊接不良。

瓦斯保护的优点是：不仅能反映变压器油内部各种故障，而且还能反映差动保护所不能反映的不严重的匝间短路和铁芯故障。此外，当变压器内部进入空气时也有所反映。因此，是灵敏度高、结构简单、动作迅速的一种保护。

其缺点是：①不能反映变压器外部故障（套管和引出线），因此瓦斯保护不能作为变压器各种故障的唯一保护；②瓦斯保护抵抗外界干扰的性能较差，如发生地震时就容易误动作；③如果在安装气体继电器时未能很好地解决防油问题或气体继电器不能很好地防水，就有可能漏油腐蚀电缆绝缘或继电器进水而造成误动作。

6-1-51　主变压器差动与瓦斯保护的作用有哪些区别？

答：（1）主变压器差动保护是按循环电流原理设计制造的，而瓦斯保护是根据变压器内部故障时会产生或分解出气体这一特点设计制造的。

（2）差动保护为变压器的主保护，瓦斯保护为变压器内部故障时的主保护。

（3）保护范围不同。差动保护的保护范围为主变压器引出线及变压器线圈发生多相短路、单相严重的匝间短路、在大电流接地系统中保护线圈及引出线上的接地故障；瓦斯保护的保护范围为变压器内部多相短路、匝间短路，匝间与铁芯或外部短路、铁芯故障（发热烧损）、油面下降或漏油、分接开关接触不良或导线焊接不良。

🔘 第二节　变压器运行与故障处理

6-2-1　什么是变压器的空载运行？

答：变压器的空载运行是指变压器的一次绕组接入电源，二次绕组开路的工作状况。此时，一次绕组中的电流称为变压器的空载电流，空载电流产生空载磁场，在主磁场（即同时交链一、二次绕组的磁场）的作用下，一、二次绕组中便感应出电动势。变压器空载运行时，虽然二次侧没有功率输出，但一次侧仍要从电网吸取一部分有功功率，来补偿因磁通饱和，在铁芯内引起的磁滞损耗和涡流损耗，简称铁耗。磁滞损耗的大小取决于电源的频率和铁芯材料磁滞回线的面积；涡流损耗与最大磁通密度和频率的平方成正比。另外还存在空载电流引起的铜耗。对于不同容量的变压器，空载电流和空载损耗的大小是不同的。

6-2-2　什么是变压器的负载运行？

答：变压器的负载运行是指一次绕组接上电源，二次绕组接有负载的运行形式。此时二次绕组便有电流，产生磁通势，该磁通势将使铁芯内的磁通趋于改变，使一次电流发生变化，但是由于电源电压为常值，故铁芯内的主磁通始终应维持常值，所以，只有当一次绕组新增电流所产生的磁通势和二次绕组磁通势相抵消时，铁芯内主磁通才能维持不变，称为磁通势平衡关系。变压器正是通过一、二次绕组的磁通势平衡关系，把一次绕组的电功率传递到了二次绕组，实现能量转换。

6-2-3 什么是变压器的正常过载？

答： 变压器在运行中的负载是经常变化的，即负载曲线有高峰和低谷。当它过载运行时，绝缘寿命损失将增加；而轻负载运行时绝缘寿命损失将减小，因此可以互相补偿。变压器在运行中冷却介质的温度也是变化的。在夏季油温升高，变压器带额定负载时绝缘寿命损失将增加；而在冬季油温降低，变压器带额定负载时的绝缘寿命损失将减小，因此也是可以互相补偿的。变压器的正常过载能力，是指在上述的两种补偿后，不以牺牲变压器的正常使用寿命为前提的过载。

6-2-4 油变压器日常巡视检查的主要项目有哪些？在什么情况下需进行特殊巡检？

答： 油变压器日常巡视检查的主要项目有：①检查变压器电磁声、油色、油位、温度是否正常，有无漏油；②变压器套管是否清洁，套管油位、油色是否正常，有无裂纹放电痕迹及其他异常现象，引出线是否良好，有否过热变色，母线绝缘子有无积垢和放电等现象发生；③检查变压器套管座有否漏油，外壳接地情况应良好；④检查变压器冷却风扇是否运行正常，用手触摸变压器本体外壳温度，分析有无局部过热；⑤检查气体继电器有否漏油，瓦斯窗内是否有空气，油枕阀门是否打开，吸湿器的干燥剂硅胶有否变色；⑥检查防爆管的隔膜是否完整；⑦变压器的中性点是否符合规定的运行方式；⑧记录变压器避雷器放电计数器的动作次数。

在以下情况下要对电站的变压器进行特殊巡视检查：①新设备或经检修的变压器在带发电机负载72h试运行时；②高温季节，变压器的负载较重，油温较高时；③雷雨季节特别是雷雨之后；④气象突变（如大风、大雾、大雪、冰雹等）时。

6-2-5 变压器冷却系统和有载分接开关的日常巡视检查主要有哪些项目？

答： 变压器冷却系统日常巡视主要有：①冷却器控制箱上各种开关位置正常，信号指示灯指示正常，继电器、接触器电磁声正常，无乱跳、抖动现象，控制回路熔丝无过热和熔断；②各风机运转声音正常，不窜动，轴承无磨损声，转向转速正常，电动机温升正常；③电动机电源电缆有无破损，接头是否发热、变色现象。

变压器有载分接开关巡视检查的主要项目有：①电压指示是否在规定的电压偏差范围内；②控制器电源指示灯显示是否正常；③分接位置指示器指示是否正确；④分接开关储油柜的油位、油色、吸湿器及其干燥剂是否正常；⑤分接开关及其附件各部位有无渗漏油；⑥计数器动作是否正常，是否及时记录分接开关变化次数；⑦电动机构箱内部是否清洁，润滑油位是否正常，机构箱门关闭是否严密，防潮、防尘、防小动物密封是否良好；⑧分接开关加热器是否完好，是否能按要求及时投切。

6-2-6 变压器新投入或大修后投入运行前应验收哪些项目？

答： 变压器新投入或大修后投入运行前应验收的项目如下。

（1）变压器本体无缺陷、无漏油、油面正常，各阀门的开闭位置正确，油的各项指标合格，变压器绝缘试验合格。外壳与接地装置可靠连接，接地电阻应合格。分接开关位置三相一致，符合电网运行要求。有载调压装置良好，电动手动操作正常。基础牢固，变压器的主体有可靠的止动装置。

（2）相位和接线组别满足电网的要求。且保护、测量回路接线正确，动作正确，定值符合要求，各种保护的"软""硬"连接片投入运行在规定位置。

（3）变压器的坡度合格，测温回路良好，放油小阀门和瓦斯放气阀门无堵塞现象，在变压器上无异物，临时设施拆除。

（4）风扇、油泵运行良好，自启装置动作正确，呼吸器装有合格的干燥剂，在低温投运时应不被结冰堵塞，变压器引线对地和线间距离合格，导线坚固良好，防雷保护装设符合规程要求。

（5）注油后静置时间要求：110kV及以下者为24h；220kV及以下者为48h。

（6）空载冲击合闸试验合格。

6-2-7　变压器的异常运行状态有哪些？强油循环风冷在冷却装置全停时如何运行？

答：变压器的异常运行状态有：严重漏油；油位过高、过低或不正常升高；在正常负载和冷却条件下油温不正常升高；冷却装置故障；内部声音不正常；套管破损放电或接头发热；气体继电器内气体不断集聚，轻瓦斯连续动作发信号；正常或事故过负载；有载调压装置故障等。

强油循环风冷式变压器在运行中，冷却装置全部停止工作时，允许在额定负载下运行20min，20min后，如上层油温未达到75℃则允许继续运行到上层油温上升到75℃，但切除全部冷却装置后的最长运行时间，在任何情况下不得超过1h。

6-2-8　干式变压器正常检查项目有哪些？

答：干式变压器正常检查项目有：①变压器的响声应为正常的嗡嗡声；②高、低压侧引出线各接头应无热现象，示温蜡片颜色正常；③各支持绝缘子应清洁、无裂纹、放电现象；④变压器温度应正常。

6-2-9　三绕组变压器停一侧其他两侧能否继续运行？应注意什么？

答：三绕组变压器任何一侧停止，其他两侧可以继续运行，但应注意：

（1）低压侧若为三角形接线，停止运行后应投入避雷器；

（2）高压侧停止运行，中性点接地隔离开关必须投入；

（3）应根据运行方式考虑继电保护运行方式和整定值，此外还应注意容量比，运行中监视负载情况。

6-2-10　变压器运行中遇到三相电压不平衡现象如何处理？

答：如果三相电压不平衡时，应先检查三相负载情况。对D/Y接线的三相变压器，如三相电压不平衡，电压超过5%以上则可能是变压器有匝间短路，须停电处理。对Y/Y接线的变压器，在轻负载时允许三相对地电压相差10%；在重负载的情况下要力求三相电压平衡。

6-2-11　运行值班员进行有载调压时应注意什么？如何切换变压器中性点接地开关？

答：值班员有载调压时，应注意电压表的指示是否在调压范围内，位置指示器、计数器是否对应正确，并检查气体继电器及油位油色等是否正常，做好记录。当负载大于额定值80%以上时，禁止操作有载调压开关。

切换原则是保证电网不失去接地点，采用先合后拉的操作方法：①合上备用接地点的隔离开关；②拉开工作接地点的隔离开关；③将零序保护切换到中性点接地的变压器上。

6-2-12　如何根据声音来判断变压器的运行情况？

答：变压器在运行中，有轻微的嗡嗡声，这是交流电通过变压器线圈时产生的磁通，引起变压器铁芯振动而发出的声音。正常时，这种声音是清晰而有规律的，但当变压器的负载变动或运行出现异常以及发生故障时，便会产生异常声音。因此，可根据声音来判断变压器的运行情况。具体情况如下：①当发出的"嗡嗡"声有变化，但无杂音，这时负载可能有大的变化；②由于大的动力设备启动，使变压器的内部发出"哇哇"声，如变压器带有电弧炉、晶闸管整流器等负载时，由于高次谐波的成分很大，也会发出"哇哇"声；③由于过载，使变压器内部发出很高而且很沉重的"嗡嗡"声；④由于系统短路或接地，因流过大量的短路电流，使变压器发出很大的噪声；⑤由于个别零件的松动，使变压器内发出异常音响，如铁芯的穿心螺钉夹得不紧，使铁芯松动，造成变压器内有强烈的"噪声"；⑥由于变压器的内部接触不良，或有击穿的地方，使变压器发出放电声；⑦由于铁磁谐振，使变压器发出粗、细不匀的声音。

6-2-13　变压器在什么情况下需将差动保护停用，又在什么情况下需将重瓦斯保护改投？

答：变压器在运行中有以下情况之一时，应将差动保护停用：①差动保护二次回路及电流互感器回路有变动或进行校验时；②继电保护人员测定差动回路电流相量及差压；③差动保护互感器一相断线或回路开路；④差动回路出现明显的异常现象；⑤差动保护误动跳闸。

在进行以下工作时，应将重瓦斯保护由跳闸改为报警：①带电滤油或加油；②气体继电器进行检查试验及其保护回路上工作或发生直流接地；③强油循环的油回路系统处理缺陷及更换潜油泵；④为查找油面异常升高原因而打开有关放气、放油塞。

6-2-14　单台变压器运行在什么情况下效率最高？什么叫变压器经济运行方式？

答：单台变压器运行效率最高点，其条件是：当可变损耗（线圈铜耗）等于不变损耗（铁芯损耗）时，一般负载系数 $\beta=0.6$，约为额定负载 60%，为效率最高点。

当几台变压器并列运行时，由于各变压器铁耗基本不变，而铜耗随着负载的变化而变化，因此需按负载大小调整运行变压器的台数和容量，使变压器的功率总损耗为最小，这种运行方式，称为变压器经济运行方式。

6-2-15　两台变压器并列运行的条件是什么？否则会引起什么后果？

答：（1）接线组别必须相同。否则会造成短路（即变压器间的平衡电流值相当于短路故障电流）。

（2）一、二次侧额定电压分别相等或电压比相等。否则可能产生很大的平衡电流，使其中一台过载。

（3）短路阻抗电压百分值相近。否则负载不能按容量成比例分配。阻抗电压不同的变压器，可适当提高短路阻抗高的变压器的二次电压，使并列运行变压器的容量均能充分利用。

6-2-16 变压器在检修后复役送电前的准备工作有哪些？

答：（1）收回并终结有关工作票，拆除或拉开有关接地线及接地隔离开关；拆除遮栏及标示牌，并做好设备修试等各项记录。

（2）详细检查一次设备及二次回路、保护压板符合运行要求。

（3）强油循环变压器投运前，启动全部冷却器运行一段时间使残留空气逸出。

6-2-17 变压器事故处理的一般原则是什么？

答：（1）凡变压器的主保护（瓦斯、差动）动作，或虽主保护未动作，但跳闸时变压器有明显的事故象征（爆炸、火花、烟等），在未查明原因消除故障前，不得送电。

（2）两台变压器运行，一台故障，值班人员应注意监视另一台变压器过载情况。若有备用变压器应先投入备用变压器。

（3）瓦斯保护动作跳闸后，应停止冷却器运行，避免把故障部位产生的碳粒和金属微粒扩散到各处。检查变压器油位、油色、油温有无变化；油枕及变压器压力释放器是否动作，有无喷油或大量漏油；气体继电器中有无气体；瓦斯保护的二次回路；其他保护动作情况。

（4）差动保护动作跳闸后，检查变压器差动保护范围内的瓷绝缘是否闪络、损坏，引线是否有短路、接地，保护及二次回路是否有故障，直流回路是否有两点接地。

（5）变压器后备保护动作，三侧开关跳闸后，检查保护动作情况及主保护有无异常信号、变压器及各侧设备是否有故障点。若未发现问题，经调度同意可对变压器从高压侧向低压侧试送电。

（6）中、低压侧总开关跳闸后，应首先检查确认变压器或中、低压侧母线无故障，然后根据变压器保护及其他保护（线路、母差）和自动装置动作情况判明是误动还是越级。若经检查确认是越级时，应拉开保护拒动的开关或隔离拒动的开关，拉开该母线上其他所有馈路开关，并根据调度命令用总开关向母线试充电，正常后逐次试送馈路。若检查无明显故障和其他保护动作，应拉开母线上所有开关，根据调度命令逐条试送。若检查发现有明显故障时，应排除故障或将其隔离后，变压器再送电。

6-2-18 更换运行中变压器呼吸器内硅胶应注意什么？

答：将吸湿器从变压器上卸下，倒出内部变色硅胶，检查玻璃罩是否清洁完好，装入干燥的硅胶，并在顶盖下留出 $1/5 \sim 1/6$ 高度的空隙，下部的油封罩内注入合格的变压器油至正常油位线，将吸湿器安装牢固即可。

注意事项：拆吸湿器时要防止空气进入变压器，引起气体继电器误动作；另将保护跳闸改投信号，更换完毕后注意观察一段时间再恢复保护跳闸。

6-2-19 什么情况下不允许调节变压器有载调压开关？对有载调压的次数有何规定？

答：在下列情况下不允许调节有载调压开关：①变压器过载运行时（特殊情况除外）；②有载调压装置的轻瓦斯动作报警时；③有载调压装置的油耐压不合格或油标中无油时；④调压次数超过规定时；⑤调压装置发生异常时。

有载调压装置的调压操作由运行人员按主管调度部门确定的电压曲线进行，每天调节次数，35kV 主变压器一般不超过 20 次，110～220kV 主变压器一般不超过 10 次（每调节一个分接头为一次），采用逆调方式尽可能把供电电压控制在最佳水平。

6-2-20 导致变压器空载损耗和空载电流增大的原因主要有哪些？

答：导致变压器空载损耗和空载电流增大的原因主要有以下几个方面。

(1) 硅钢片间绝缘不良。

(2) 磁路中某部分矽钢片之间短路。

(3) 穿芯螺栓或压板、上轭铁和其他部分绝缘损坏，形成短路。

(4) 磁路中矽钢片松动出现气隙，增大磁阻。

(5) 线圈有匝间或并联支路短路。

(6) 各并联支路中的线匝数不相同。

(7) 绕组安匝数取得不正确。

6-2-21 在进行哪些工作时应将瓦斯保护改投，取瓦斯气体时，应注意哪些安全事项？

答：运行中的变压器瓦斯保护，在进行下列工作时，应由跳闸改信号，并在工作结束后立即改跳闸：①变压器进行注油和滤油；②变压器的呼吸器进行疏通工作时；③变压器气体继电器上部放气阀放气时；④开关气体继电器连接管上的阀门；⑤在气体继电器的二次回路上进行工作时。

在气体继电器中取运行中变压器的瓦斯气体时，应注意如下安全注意事项：①取瓦斯气体必须由两人进行，其中一人操作，一人监护；②攀登变压器取气时，应保持安全距离，不可越过专设遮栏；③防止误碰探针。

6-2-22 突然短路对变压器有哪些危害？

答：当变压器一次加额定电压，二次端头发生突然短路时，短路电流很大，其值可达额定电流的 20～30 倍（小容量变压器倍数小，大容量变压器倍数大）。强大的短路电流产生巨大的电磁力，对于大型变压器来说，沿整个线圈圆柱体表面的径向压力可能达几百吨，沿轴向位于正中位置承受压力最大的地方其轴向压力也可能达几百吨，可能使线圈变形、蹦断甚至毁坏。短路电流使线圈损耗增大，严重发热，温度很快上升，导致线圈的绝缘强度和机械强度降低，若保护不及时动作切除电源，变压器就有可能烧毁。

6-2-23 并联的变压器运行，其实际意义是什么？

答：变压器是电力网中的重要电气设备，由于连续运行的时间长，为了使变压器安全经济运行及提高供电的可靠性和灵活性，在运行中通常将两台或以上变压器并列运行。变压器并列运行，就是将两台或以上变压器的一次绕组并联在同一电压的母线上，二次绕组并联在另一电压的母线上运行。其意义是：当一台变压器发生故障时，并列运行的其他变压器仍可以继续运行，以保证重要用户的用电；或当变压器需要检修时可以先并联上备用变压器，再将要检修的变压器停电检修，既能保证变压器的计划检修，又能保证不中断供电，提高供电的可靠性。又由于用电负载季节性很强，在负载轻的季节可以将部分变压器退出运行，这样既可以减少变压器的空载损耗，提高效率，又可以减少无功励磁电流，改善电网的功率因数，提高系统的经济性。

6-2-24 当变压器的重瓦斯保护动作时，应如何进行检查、处理？

答：当变压器的重瓦斯保护动作时，应按照以下方法和程序予以检查、处理：①收集气体继电器内的气体做色谱分析，如无气体，应检查二次回路和气体继电器的接线柱及引线接线是否良好；②检查油位、油温、油色有无变化；③检查防爆管是否破裂喷油；④检查变压器外壳有无变形，焊缝是否开裂喷油；⑤如果经检查未发现任何异常，而确系因二次回路故障引起误动作时，可在差动保护及过流保护投入的情况下将重瓦斯保护退出，试送变压器并加强监视；⑥在瓦斯保护的动作原因未查清前，不得合闸送电。

6-2-25　引起轻瓦斯保护动作的原因有哪些？

答： 运行中的变压器轻瓦斯保护动作的原因主要有下列几种：①变压器内部有轻微程度的故障，如匝间短路、铁芯局部发热、漏磁导致油和变压器油箱壁发热等产生微量的气体；②空气侵入变压器内部；③长期漏油或渗油导致油位过低；④变压器绕组接头焊接不牢，接触电阻过大，引起发热；⑤二次回路发生两点接地，导致误发信号等；⑥因滤油，加油或冷却系统不严密以致空气进入变压器；⑦因温度下降或漏油致使油面低于气体继电器轻瓦斯浮筒以下；⑧发生穿越性短路；⑨气体继电器故障。

6-2-26　轻瓦斯保护动作时应如何处理？

答： 轻瓦斯保护信号动作时，值班人员应密切监视变压器的电流、电压和温度的变化，并对变压器作外部检查，倾听音响有无变化、油位有无降低，以及直流系统绝缘有无接地，二次回路有无故障等。如气体继电器内存在气体，则应鉴定其颜色，以判断变压器的故障性质，并分别情况予以处理。如气体是无色无臭不可燃的，则变压器仍可继续运行，此时，值班人员应放出气体继电器内积聚的空气，密切监视；此时，重瓦斯保护不得退出运行。如气体是可燃的，必须停电处理；若瓦斯动作不是由于空气侵入变压器所致，则应检查油的闪点，若闪点比过去记录降低5℃以上，则说明变压器内部已有故障，必须停电作内部检查；若瓦斯动作是因变压器油位低或漏油造成，则必须加油，并立即采取阻止漏油的措施（如停用水冷变压器漏油的冷却器），一时难以处理，则应停电处理。

6-2-27　强油循环风冷变压器冷却器全停后应如何处理？

答： 强油循环风冷变压器发生"冷却器全停"信号后，值班人员应立即检查断电原因，尽快恢复冷却装置运行。首先检查备用电源不能自动投入的原因，然后检查运行电源的故障原因。备用电源应检查：①三相电压是否平衡；②控制回路是否接通；③控制回路继电器运行是否正常；④冷却装置是否严重故障。同时加强油温的监视，做好倒负载的准备。若在规定的时间内不能恢复冷却装置的运行时，应申请停止变压器的运行，防止变压器因超过规定的无冷却运行的时间，造成绕组、绝缘过热烧坏。

6-2-28　变压器停、送电操作顺序有哪些规定，为什么？

答： 变压器开关停、送电操作顺序是：停电时先停负载侧，后停电源侧；送电时先送电源侧，再送负载侧。原因如下：①多电源的情况下，按操作顺序停电，可以防止变压器反充电；若停电时先停电源侧，遇有故障，可能造成保护误动或拒动，延长故障切除时间，使停电范围扩大；②当负载侧母线电压互感器带有低频减载装置，且未装设电流闭锁时，可能由于大型同步电动机的反锁使低频减载装置动作；③从电源侧逐级送电，如遇故障便于送电范围检查、判断和处理。

6-2-29　变压器上层油温超过允许值时应如何处理?

答：变压器在运行中上层油温超过允许值，值班人员应立即查找原因，对下列部位进行检查：①检查变压器的负载是否增大；②检查冷却装置运行是否正常；③检查变压器室的通风是否良好，周围温度是否正常；④通知检修核对温度表指示是否准确。

对于不同原因引起的变压器上层油温超过允许值，处理的方法不同：①若温度升高的原因是冷却系统故障，则应相应降低变压器负载，直到温度降到允许值内为止，如果冷却系统因故障已全部退出工作，则应倒换备用变压器，将故障变压器退出运行；②因过载引起上层油温超过允许值，应按过载处理，降低变压器的出力；③如果温度比平时同样负载和冷却温度下，高出 10℃ 以上或变压器负载、冷却条件不变，而油温不断升高，温度表计又无问题则认为变压器已发生内部故障（铁芯烧损、线圈层间短路等），应投入备用变压器，停止故障变压器运行，联系检修人员进行处理。

6-2-30　变压器当出现强烈而不均匀的噪声且振动很大，该如何处理?

答：变压器出现强烈而不均匀的噪声且振动很大，是由于铁芯的穿心螺钉夹得不紧，使铁芯松动，造成硅钢片间产生振动。振动能破坏硅钢片间的绝缘层，并引起铁芯局部过热。如果有"吱吱"声，则是由于绕组或引出线对外壳闪络放电，或铁芯接地线断线造成铁芯对外壳感应而产生高电压，发生放电引起。放电的电弧可能会损坏变压器的绝缘，在这种情况下，运行或监护人员应立即汇报，并采取措施。如保护不动作则应立即手动停用变压器，如有备用先投入备用变压器，再停用此台变压器。

6-2-31　如发现变压器油枕或防爆管喷油，该如何处理?

答：油枕或防爆管喷油，表明变压器内部已有严重损伤。喷油使油面降低到油位指示计最低限度时，有可能引起瓦斯保护动作。如果瓦斯保护不动作而油面已低于顶盖时，则引起出线绝缘降低，造成变压器内部有"吱吱"的放电声。而且顶盖下形成空气层，使油质劣化，因此，发现这种情况，应立即切断变压器电源，以防事故扩大。

6-2-32　变压器套管故障引起变压器燃烧的原因有哪些?

答：主要原因有：①由于运行人员检查不细，没有及时发现套管的裂纹、渗油、漏油等情况；②平时维护管理和清扫工作做得不够，或受导电粉尘及其他有害物质的沾污，积有棉麻等可燃物，造成套管表面过脏或小动物跨接引起短路，这些都可能引起套管与油箱上盖间发生闪络和电弧，使变压器油燃烧；③变压器套管本身的缺陷，如充油套管的油质变坏或进水受潮，充油套管或其他型式套管内的绝缘纸、绝缘胶等绝缘不良，均有可能引起套管爆裂，使变压器油箱外部的变压器油燃烧或套管在油箱内的那部分破损，与油箱之间发生绝缘击穿产生电弧，引起变压器油箱内部的变压器油燃烧。

6-2-33　变压器出现不对称运行的原因有哪些，当出现时有哪些问题需要考虑?

答：变压器出现不对称运行状态，通常是由下述原因造成的。

（1）三相负载不一样。如向单相电炉、电机车供电的变压器，以及向民用照明供电的配电变压器。这类变压器的负载应尽量调配使之接近对称，要定期监测各负载，其中 Y，yn0 接线变压器的中线电流，不超过低压绕组额定电流的 25%。

（2）三个单相变压器组成的三相变压器组，当一相损坏而用不同参数的变压器来代替时，会造成电流和电压的不对称。这种运行状态的可用容量和不对称程度，决定于变压器参数的配合情况。

（3）不对称的接线造成变压器的不对称运行，如用两台单相变压器组成的 V，v 接线变压器组，以及由两线一地制供电的变压器，在确定所带的负载时，应保持不对称度在允许范围，如两线一地制，允许线路中电压损失在 10％以内，电压不对称不超过 1％～2％。要注意，如果未接地相的导线中某一条接地即造成对地短路，并会产生危险的接触电压和跨步电压。对邻近的通信线路能感应出危险的电压和产生干扰。

若电网出现不对称运行，会产生负序及零序电流、电压，从而在对称的设备中造成不对称。负序电流会在旋转电动机中引起发热和振动，并会恶化继电器的工作条件，造成继电保护错误动作。零序电流会对沿路通信线路产生干扰，大的零序电流可能造成零序继电保护误动作。

第三节 变压器检修及试验

6-3-1 变压器的大修应包括哪些项目？

答：变压器大修主要包括以下项目：①吊出芯子或吊开钟罩对芯子进行检修；②对绕组、引线及磁屏蔽装置的检修；③对无载分接开关和有载调压开关的检修；④对铁芯、穿芯螺钉、轭梁、压钉、压板及接地片等的检修；⑤油箱、套管、散热器、安全气道和储油柜等的检修；⑥冷却器、油泵、风扇、阀门及管道等附属设备的检修；⑦保护装置、测量装置及操作控制箱的检查、试验；⑧变压器油处理或换油；⑨变压器油保护装置（净油器、呼吸器、隔膜等）的检修；⑩各密封胶垫的更换；⑪油箱内部清洁、油箱外壳及附件的除锈、涂漆；⑫必须时对绝缘进行干燥处理；⑬进行规定的测量和试验（电气预防性试验、绝缘油试验等）及试运行；⑭其他改进项目。

6-3-2 变压器的小修应包括哪些项目？

答：变压器小修主要包括以下项目：①检查并消除已发现的缺陷；②清扫绝缘子、瓷件、油枕、散热器及风扇；③检查引线接头有无异常，并用 0.05mm 的塞尺检查，确保有 75％以上的接触面积；④检查油枕、套管油位和密封情况，打开油枕积污槽的螺钉排污至清洁为止；⑤检查各阀门及各连接处密封是否完好，渗漏油处理；⑥检查绝缘瓷套有无裂纹、闪络、放电痕迹并进行清扫；⑦检查分接开关位置及密封；⑧检查瓦斯继电器是否完好，能否正常动作；⑨各保护测量控制回路检查试验；⑩对本体外壳进行检查清扫；⑪检查硅胶、呼吸器内干燥剂有无受潮变色，是否要更换等；⑫检查本体外壳接地是否良好；⑬充油套管及本体补充变压器油；⑭进行规定的测量和试验。

6-3-3 变压器检修前的准备工作有哪些？

答：为了保证变压器检修工作的良好进行，在检修前应进行一系列的准备工作，主要有以下内容：①查阅历年大小修报告及绝缘预防性试验报告（包括油的化验和色谱分析报告），了解绝缘状况；②查阅运行档案了解缺陷、异常情况，了解事故和出口短路次数，变压器的负载；③根据变压器状态，编制大修技术、组织措施，并确定检修项目和检修方案；④变压器大修应安排在检修间内进行，当施工现场无检修间时，需做好防雨、防潮、防尘和消防措施，清理现场及其他准备工作；⑤大修前进行电气试验，测量直流电阻、介质损耗、绝缘电阻及油试验；⑥准备好备品备件及更换用密封胶垫；⑦准备好滤油设备及储油罐。

6-3-4　变压器检修后，应验收哪些项目？

答： 变压器检修完后，应对以下项目进行验收：①检修项目是否齐全；②检修质量是否符合要求；③存在缺陷是否全部消除；④电试、油化验项目是否齐全，结果是否合格；⑤检修、试验及技术改进资料是否齐全，填写是否正确；⑥有载调压开关是否正常，指示是否正确；⑦冷却风扇、循环油泵试运转是否正常；⑧瓦斯保护传动试验动作正确；⑨电压分接头是否在调度要求的挡位，三相应一致；⑩变压器外表、套管及检修场地是否清洁。

6-3-5　为什么新安装和大修后的变压器在投入运行前要做空载合闸试验？

答： 空载合闸试验，又称冲击合闸试验，其目的如下。

（1）检查变压器及其回路的绝缘是否存在弱点或缺陷。拉开空载变压器时，有可能产生操作过电压。在电力系统中性点不接地或经消弧线圈接地时，过电压幅值可达 4～4.5 倍相电压；在中性点直接接地时，过电压幅值可达 3 倍相电压。为了检验变压器绝缘强度能否承受全电压或操作过电压的作用，故在变压器投入运行前，需做空载全电压冲击试验。若变压器及其回路有绝缘弱点，就会被操作过电压击穿而加以暴露。

（2）检查变压器差动保护是否误动。带电投入空载变压器时，会产生励磁涌流，其值可达 6～8 倍额定电流。励磁涌流开始衰减较快，一般经 0.5～1s 即可减至 0.25～0.5 倍额定电流，但全部衰减完毕时间较长，中小变压器约几秒，大型变压器可达 10～20s，故励磁涌流衰减初期，往往使差动保护误动，造成变压器不能投入。因此，空载冲击合闸时，在励磁涌流作用下，可对差动保护的接线、特性、定值进行实际检查，并做出该保护可否投入的评价和结论。

（3）考核变压器的机械强度。由于励磁涌流产生很大的电动力，为了考核变压器的机械强度，需做空载冲击试验。全电压空载冲击试验次数，新产品投运前应连续做 5 次，大修后的变压器应连续做 3 次。每次冲击试验间隔不少于 5min，操作前应派人到现场对变压器进行监视，检查变压器有无异音异状，如有异常应立即停止操作。

此外，在变压器送电前，还需注意其保护应全部投入。

6-3-6　为什么新安装的变压器在投入运行前要测定变压器大盖和油枕连接管的坡度？

答： 变压器的气体继电器侧有两个坡度。一个是沿气体继电器方向变压器大盖坡度，应为 1%～1.5%。变压器大盖坡度要求在安装变压器时从底部垫好。另一个则是变压器油箱到油枕连接管的坡度，应为 2%～4%（这个坡度是由厂家制造好的）。这两个坡度一是为了防止在变压器内储存空气，二是为了在故障时便于使气体迅速可靠地冲入气体继电器，保证气体继电器正确动作。所以，对于新安装和大修的变压器，在投入运行前应对这两个坡度进行测定。

6-3-7　变压器绕组的检修工艺和内容有哪些？

答： 变压器绕组的检修工艺和内容有：①检查相间隔板和围屏（宜解体一相），围屏应清洁无破损，绑扎紧固完整，分接引线出口处封闭良好，围屏无变形、发热和树枝状放电。如发现异常应打开其他两相围屏进行检查，相间隔板应完整并固定牢固。②检查绕组表面应无油垢和变形，整个绕组无倾斜和位移，导线辐向无明显凸出现象，匝绝缘无破损。③检查绕组各部垫块有无松动，垫块应排列整齐，辐向间距相等，支撑牢固有适当压紧力。④检查绕组绝缘有无破损，油道有无被绝缘纸、油垢或杂物堵塞现象，必要时可用软毛刷（或用绸布、泡沫塑料）轻轻擦拭；绕组线匝表面、导线如有破损裸露则应进行包裹处理。⑤用手指按压绕组表面检查其绝缘状态，给予定级判断是否可用。

6-3-8 变压器铁芯的检修工艺和内容有哪些？

答： 变压器铁芯的检修工艺和内容有：①检查铁芯外表是否平整，有无片间短路、变色、放电烧伤痕迹，绝缘漆膜有无脱落，上铁轭的顶部和下铁轭的底部有无油垢杂物。可用洁净的白布和泡沫塑料擦拭，若叠片有翘起或不规整之处，可用木锤或铜锤敲打平整。②检查铁芯上下夹件、方铁、绕组连接片的紧固程度和绝缘状况，绝缘连接片有无爬电烧伤和放电痕迹。为便于监测运行中铁芯的绝缘状况，可在大修时在变压器箱盖上加装一小套管，将铁芯接地线（片）引出接地。③检查压钉、绝缘垫圈的接触情况，用专用扳手逐个紧固上下夹件、方铁、压钉等各部位紧固螺栓。④用专用扳手紧固上下铁芯的穿心螺栓，检查与测量绝缘情况。⑤检查铁芯间和铁芯与夹件间的油路。⑥检查铁芯接地片的连接及绝缘状况，铁芯只允许于一点接地，接地片外露部分应包扎绝缘。⑦检查铁芯的拉板和钢带应紧固，并有足够的机械强度，还应与铁芯绝缘。

6-3-9 变压器油箱的检修工艺和内容有哪些？

答： 变压器油箱的检修工艺和内容有：①对焊缝中存在的砂眼等渗漏点进行补焊；②清扫油箱内部，清除油污杂质；③清扫强油循环管路，检查固定于下夹件上的导向绝缘管连接是否牢固，表面有无放电痕迹；④检查钟罩（或油箱）法兰结合面是否平整，发现沟痕，应补焊磨平；⑤检查器身定位钉，防止定位钉造成铁芯多点接地；⑥检查磁（电）屏蔽装置应无松动放电现象，固定牢固；⑦检查钟罩（或油箱）的密封胶垫，接头良好，并处于油箱法兰的直线部位；⑧对内部局部脱漆和锈蚀部位应补漆处理。

6-3-10 变压器净油器的检修工艺和内容有哪些？

答： 变压器净油器的检修工艺和内容有：①关闭净油器出口的阀门，打开净油器底部的放油阀，放尽内部的变压器油（打开上部的放气塞，控制排油速度）；②拆下净油器的上盖板和下底板，倒出原有的吸附剂，用合格的变压器油将净油器内部和联管清洗干净；③检查各部件应完整无损并进行清扫，检查下部滤网有无堵塞，洗净后更换胶垫，装复下盖板和滤网，密封良好；④吸附剂的重量占变压器总油量的1%左右，经干燥并筛去粉末后，装至距离顶面50mm左右，装回上盖板并加以密封；⑤打开净油器下部阀门，使油徐徐进入净油器，同时打开上部放气塞排气，直至冒油为止；⑥打开净油器上部阀门，使净油器投入运行。

6-3-11 变压器油枕的检修工艺和内容有哪些？

答： 变压器油枕的检修工艺和内容有：①油枕的内外壁应清洁干净，内壁应涂防锈漆，外部表面漆层无爆层脱落及锈蚀现象；②枕内无油垢及铁锈，沉积杂物，如内部不干净时，小容积的油枕，可用合格的变压器油冲洗，较大容积的油枕，应打开端盖进入清扫，并用合格的变压器油冲洗；③变压器至油枕的联管应有2%～4%的升高坡度，以便气体继电器动作，之间的蝶阀开闭良好，无渗漏油现象；④枕下部沉积器的口与油枕连接处不应有凸凹台的焊道，并有稍许的坡度，以便水或杂质容易流入沉积器中；⑤油枕的进油管应插入油枕高30～50mm，以防水杂质进入变压器中，其管口应有光滑倒角；⑥吸器联管插入油枕部分，应高出其油枕最高油位以上；⑦检修中拆卸油枕或油枕的联管时，应及时密封，如长时间不能装回，应用临时盖板来密封。

6-3-12　变压器散热器的检修工艺和内容有哪些？

答： 变压器散热器的检修工艺和内容有：①采用气焊或电焊对渗漏点进行补焊处理。②带法兰盖板的上、下油室应打开其法兰盖板，清除油室内的焊渣、油垢，然后更换胶垫。③清扫散热器表面，油垢严重时可用金属洗净剂（去污剂）清洗，然后用清水冲净晾干，清洗时管接头应可靠密封防止进水。④用盖板将接头法兰密封，加油压进行试漏，标准为：片状散热器为 0.05～0.1MPa，10h；管状散热器为 0.1～0.15MPa，10h。⑤用合格的变压器油对内部进行循环冲洗。⑥重新安装散热器。

6-3-13　变压器大修时对冷却装置检修有什么要求？

答：（1）校核冷却器的油路管径，使油注入变压器本体时，油流的线速度不得大于 2m/s，导向冷却装置喷出口的油流线速度不得大于 1m/s。否则，必须采取加大出口口径等改进措施。

（2）运行 15 年及以上的散热器、冷却器应解体大修。处理渗漏点，清洗内外表面，更换密封垫。

（3）潜油泵的检修。现场对运转次数达到检修周期和有过热、异响的潜油泵必须及时安排更换检修。潜油泵的解体检修应在检修车间的工作台上进行，应按照制造厂提供的维护检修要求或参照变压器现场检修导则的指导进行。新潜油泵在回装到冷却器上之前，应先不带电做转动试验。可从吸入口拨动泵叶，检查转动是否灵活。然后按规程要求进行电气试验。电动机也应先手动使其旋转，检查有无卡涩现象。

（4）回装到本体上的冷却器（含散热器）必须注意放气，且不得将气赶进本体，危害变压器绕组的绝缘。

（5）风扇、电动机的检修。电动机转子不得有超过 1.5mm 及以上的串轴现象，无法修复者，应予更换。检查风扇叶片与电机轴上的防雨罩是否完好。装配回原位后，检查转动方向是否正确。

（6）检查并清扫总控制箱、分控制箱。应内外清洁，密封良好，密封条无老化现象，接线无松动、发热迹象。否则应予处理。

（7）检查所有电缆和连接线，发现已经有老化迹象的一律更换。

6-3-14　气体继电器在安装使用前应做哪些试验？标准是什么？

答：（1）密封试验。整体加油压（压力为 200kPa；持续时间 1h）试漏，应无渗漏。

（2）端子绝缘强度试验。出线端子及出线端子间，应耐受工频电压 2000V，持续 1min，也可用 2500V 绝缘电阻表测绝缘电阻，摇 1min 代替工频耐压，绝缘电阻应在 300MΩ 以上。

（3）轻瓦斯动作容积试验。当壳内聚积 250～300cm³ 空气时，轻瓦斯应可靠动作。

（4）重瓦斯动作流速试验。自然油冷却的变压器动作流速应为 0.8～1.0m/s；强迫油循环的变压器动作流速应为 1.0～1.2m/s；容量大于 200MVA 变压器动作流速应为 1.2～1.3m/s。

6-3-15 在什么情况下应对变压器器身进行干燥处理？处理时应注意哪些事项？

答： 当出现下述情况之一时，应对变压器器身进行干燥处理：①更换绕组或更换绝缘后；②绝缘测定的结果，其吸收比 R_{60}/R_{15} 小于 1.2 时，或者绝缘电阻显著下降时；③吊芯后器身在空气中暴露时间过长，或者超过了规定时间（潮湿空气中为 12h；干燥空气中为 16h）。

对变压器器身进行干燥处理，应注意以下几点：①加热时，绕组的平均温度不得超过 95℃，带油干燥时上层油温不超过 85℃。②在加热干燥时，每隔 2～4h 测量一次各部分温度、绕组的绝缘电阻和油的耐压强度；及时调整加热温度，绝缘电阻上升连续保持 6h 稳定后，可停止干燥。③有条件时，可在油箱外加保温层，并配备灭火装置。④应设有排气通道，以排除干燥过程中蒸发出来的潮气。

6-3-16 变压器干燥处理的简易方法有哪些？

答： 常用的变压器干燥处理的方法有以下几种。

（1）感应加热法。这种方法是将器身放在油箱内，外绕组线圈通以工频电流，利用油箱壁中涡流损耗的发热来干燥。此时箱壁的温度不应超过 115～120℃，器身温度不应超过 90～95℃。为了缠绕线圈的方便，尽可能使线圈的匝数少些或电流小些，一般电流选 150A，导线可以用 35～50mm² 的导线。油箱壁上可垫石棉条多根，导线绕在石棉条上。

（2）热风干燥法。将器身放在干燥室内通热风进行干燥。进口热风温度应逐渐上升，最高温度不应超过 95℃，在热风进口处应装设过滤器以防止火星和灰尘进入。热风不要直接吹向器身，尽可能从器身下面均匀地吹向各个方向，使潮气由箱盖通气孔放出。

（3）真空干燥法。这种方法是以空气为载热介质，在大气压力下，将变压器器身或绕组逐步预热到 105℃左右，然后开始抽真空。由于热传递较慢，内外加热不均匀（内冷外热），高电压大容量的变压器由于具有较厚的绝缘层，往往预热需要 100h 以上，生产周期很长，而且干燥得不彻底，很难满足变压器对绝缘的要求。但设备简单，操作简便。

（4）气相真空干燥法。这种干燥方法是用一种特殊的煤油蒸气作为载热体，导入真空罐的煤油蒸气在变压器器身上冷凝并释放出大量热能，从而对被干燥器身进行加热。由于煤油蒸气热能大（煤油汽化热 306×10³ J/kg），故使变压器器身干燥加热更彻底，更均匀，效率很高，并且对绝缘材料的损伤度也很小。但由于结构较复杂，造价较高，目前只限于在 110kV 及以上的大型变压器器身干燥处理中应用。

6-3-17 电力变压器的基本试验项目有哪些？在运行中应做哪些测试？

答： 电力变压器的基本试验项目有：①测量绕组绝缘电阻和吸收比；②测量绕组泄漏电流试验；③测量绕组介质损失角的正切值 $\tan\delta$；④交流耐压试验；⑤测量绕组的直流电阻；⑥校正三相变压器的组别或单相变压器的极性；⑦检查绕组所有分接的电压比；⑧测量变压

器空载试验；⑨绝缘油试验及油中溶解气体色谱分析。

电力变压器在运行中应对其温度、负载、电压、绝缘状况进行测试，以判断是否存在设备缺陷，工作是否正常。

6-3-18 测量电力变压器的绝缘电阻和吸收比试验的目的是什么？

答：测量电力变压器的绝缘电阻和吸收比，对检查变压器的整体受潮，部件表面受潮、脏污以及贯穿性的集中缺陷（如贯穿性短路、瓷件破裂、引线接壳、器身内导线搭接引起的半通性或金属性短路等），具有较高的灵敏性。实践证明，电力变压器绝缘在干燥前后，绝缘电阻的变化倍数比 $\tan\delta$ 的变化倍数大得多。

6-3-19 测量电力变压器的绝缘电阻和吸收比时应注意哪些事项？

答：测量电力变压器的绝缘电阻和吸收比时应注意的事项如下：①试验前应拆开变压器的对外接线，为消除残余电荷对测量结果的影响，应将绕组对地放电 2min 左右。②被试变压器的各引线端应短接，其余各非被试绕组均短接接地。把各非被试绕组短接接地的目的是同时测取绕组对地、绕组之间的绝缘电阻，并且避免非被试绕组中剩余电荷对测量结果的影响。③对刚停运的变压器，为了使油温与绕组温度趋于一致，应在自电网断开 30min 后，再进行测量，并记录上层油温作为绕组的温度，应尽量在油温低于 50℃时测量。④对新投入的 8000kVA 及以上的较大型变压器，应在注油 20h 以上再进行测量；电压在 3～10kV 的小容量变压器，应在注油 5h 以上，再进行测量。⑤当套管清扫后，仍怀疑套管表面泄漏电流在影响测量结果时，应用金属裸线在套管下部绕几圈，然后接到绝缘电阻表的屏蔽端子上，以消除套管表面泄漏电流对绝缘电阻的影响。⑥为了便于比较，减少换算误差，各次试验最好在相近温度下进行。⑦当需要重复测量时，应将绕组充分放电。⑧如发现绝缘有问题，则应分相测量。

6-3-20 变压器绕组连同套管的泄漏电流试验如何进行？

答：变压器绕组连同套管的泄漏电流试验，其试验原理和作用与测量绝缘电阻相似，但是测量泄漏电流的试验电压较高，测量结果可用准确较高的微安表显示，其灵敏度和准确度都较测量绝缘电阻高，它能发现某些绝缘电阻试验不能发现的绝缘缺陷。所以交接试验标准规定，电压等级为 35kV 及以上，且容量在 10MVA 及以上的变压器，应测量直流泄漏电流。

测量泄漏电流时，应将变压器非被测绕组均短接后与铁芯同时接地，然后依次对被测绕组施加直流电压，测量被测绕组对铁芯、外壳和非被试绕组之间的泄漏电流。试验时，一般可将电压升到试验标准或规程所要求的电压值，经 1min 后，读取泄漏电流值。交接试验标准规定油浸电力变压器直流泄漏试验电压标准值和预防性试验规程规定油浸电力变压器直流泄漏试验电压一般值分别见表 6-3-1。需要指出的是，对额定电压 3kV 以下的变压器绕组，一般不进行泄漏电流试验。对未注油的变压器或器身吊出后再进行试验时，所加的试验电压应为标准试验电压的 50％。

表 6-3-1　　　　　油浸电力变压器直流泄漏试验电压标准值和一般值

绕组额定电压	3kV	6～10kV	20～35kV	60～330kV	500kV
泄漏试验电压一般值	5kV	10kV	20kV	40kV	60kV
泄漏试验电压标准	—	10kV	20kV	40kV	60kV

6-3-21 如何对变压器绕组连同套管的泄漏电流试验结果进行分析判断？

答：针对变压器绕组连同套管的泄漏电流试验结果可按以下条件进行分析与判断。

(1) 因为泄漏电流随变压器结构的不同有很大差异，所以难以制定统一的判断标准，主要是应用比较的方法进行分析判断，即与同类变压器作比较，如对同一变压器各相间试验结果进行相互比较、与过去的试验结果进行比较，不应有明显变化。

(2) 如果变压器没有泄漏电流对比标准时，交接试验标准规定，油浸电力变压器直流泄漏电流参考值不宜超过表 6-3-2 的规定。

(3) 泄漏电流随温度而变化，在分析比较时应换算到相同的温度下，一般可用下述公式将不同温度的测量值 I_t 换算到 20℃ 的数值 I_{20}：$I_{20} = I_t e^{a(20-t)}$（μA）。式中，a 为泄漏电流温度换算系数，一般为 $0.05 \sim 0.06/℃$；t 为试验时变压器的温度，℃。

表 6-3-2 油浸电力变压器直流泄漏电流参考值

额定电压 (kV)	直流试验电压 (kV)	下列温度下的绕组泄漏电流（μA）							
		10℃	20℃	30℃	40℃	50℃	60℃	70℃	80℃
2～3	5	11	17	25	39	55	83	125	178
6～15	10	22	33	50	77	112	166	250	356
20～35	20	33	50	74	111	167	250	400	570
63～330	40	33	50	74	111	167	250	400	570

6-3-22 测量变压器介质损失值有什么作用？对其有什么要求？

答：测量变压器介质损失角的正切值 $\tan\delta$，能发现变压器整体受潮、绝缘老化等普遍性缺陷，对油质劣化、绕组附着油泥及较严重的局部缺陷也有很好的检出效果。所以，介质损失角正切值 $\tan\delta$ 的测定是鉴定变压器绝缘状况的一种有效办法。交接试验标准规定，电压等级为 35kV 及以上且容量在 8000kVA 及以上的变压器，应测量绕组连同套管的介质损失角正切值 $\tan\delta$。预防性试验规程规定，应对变压器绕组的 $\tan\delta$、变压器电容型套管的 $\tan\delta$ 进行测定试验。

6-3-23 如何测量变压器介质损失值？

答：目前，测量变压器介质损失角正切值 $\tan\delta$ 普遍采用平衡电桥法及相敏电路法，采用如下的专用仪器：①QS1 交流电桥。它是按平衡电桥原理制成的，专供测量被试品介质损失角正切值和电容量的高压电桥。②介损自动测试仪。它是按相敏电路原理制成的专用仪器，有时还具有带电测试的功能，可以在设备不停电的情况下进行介质损失正切值 $\tan\delta$ 的测量。其试验步骤及注意事项如下。

(1) 试验接线及试验电压。现场多采用 QS1 型高电桥或是介损自动测试仪进行测量，因变压器外壳是直接接地的，所以只能采用反接线法，其测量部位与测量绝缘电阻的测量部位完全相同。预防性试验规程规定，采用 QS1 型交流电桥测量绕组的 $\tan\delta$ 值。当绕组额定电压为 10kV 及以上时，试验电压为 10kV；当绕组电压为 10kV 以下时，试验电压为额定电压。

(2) 试验步骤及注意事项。①测量介质损失角正切值，一般在测量绝缘电阻和泄漏电流之后进行，所施加的试验电压可以一次升到规定的数值，如果需要观察不同电压下介质损失角正切值的变化，也可以分阶段升高电压；②测量用的试验电源，其频率应为 50Hz，偏差应不大于 5%；③测量回路引线较长时可能会产生较大的测量误差，因此必须尽量缩短引线，并在正式试验前先断开被试变压器，对试验回路本身进行空载测量并做好记录，最后校正被试变压器 tanδ 的实测值；④试验时被试变压器的每个绕组的各相短接后再进行测量接线，当绕组中有中性点引出线时，也应与三相一起短接，否则可能使测量误差增大，甚至会使电桥不能平衡；⑤非被试绕组应接地或屏蔽；⑥测量温度以顶层油温为准，尽量使每次测量的温度相近；⑦当测量时的温度与变压器出厂时试验温度不符合时，根据交流试验标准可按表 6-3-3 中的温度系数换算到同一温度时的数值进行比较，一般换算到的温度为 20℃。变压器介质损耗因数换算公式为：$\tan\delta_1 = A\tan\delta_2$。

表 6-3-3 介质损失角正切值 tanδ 温度换算系数

温度差 K（℃）	5	10	15	20	25	30	35	40	45	50
换算系数 A	1.15	1.3	1.5	1.7	1.9	2.2	2.5	2.9	3.3	3.7

6-3-24 如何对变压器介质损失角正切值 tanδ 的试验结果进行分析判断？

答：针对变压器介质损失试验数据可做如下分析判断。

（1）采用相互比较法。新装变压器在交接验收时，所测得的介质损失角正切值应不大于制造厂试验值的 130%；变压器大修及运行中所测得的介质损失角正切值，与历年测量值相比较，不应有显著变化（一般不大于 30%）。

（2）预防性试验规程规定，绕组的 tanδ 在 20℃时不大于下列数值：35kV 及以下的为 1.5%，66～220kV 的为 0.8%。

（3）当测量结果在相同的温度下不能满足标准要求时，首先应单独测量油的 tanδ，如果油的 tanδ 不合格，应换油或对油进行处理。换油后变压器的 tanδ 如果仍不满足要求，可将变压器加温至制造厂出厂试验时的温度，并在该温度下稳定 5h 以上，然后重新测量 tanδ，经过综合分析比较做出判断。

（4）为了进一步分析变压器的受潮程度或缺陷情况，可以测量不同电压下的介质损失角正切值，绘出 tanδ 与试验电压的关系曲线。一般在绝缘良好时，tanδ 随着电压的升高变化不大，但绝缘受潮时，tanδ 则随着电压的升高而增加，而且电压上升和下降时的 tanδ 曲线不相重合。

（5）除了绝缘油劣化经常影响变压器整体的 tanδ 以外，非纯瓷套管也是变压器绝缘的薄弱环节，因此，对 20kV 及以上的非纯瓷套管，应单独进行 tanδ 的测量。

6-3-25 对变压器进行交流耐压试验的目的是什么，有什么作用？

答：变压器交流耐压试验是对被试变压器绕组连同套管一起，施加超过额定电压一定倍数的正弦工频交流试验电压，持续时间为 1min 的试验。其目的是：利用高于额定电压一定倍数的试验电压代替大气过电压和内部过电压来考核变压器的绝缘性能。它是鉴定变压器绝缘强度最有效的办法，也是保证变压器安全运行、避免发生绝缘事故的重要试验项目。进行交流耐压试验可以发现变压器主绝缘受潮和集中性缺陷，如绕组主绝缘开裂、绕组松动位移、引线绝缘距离不够、绝缘上附着污物等缺陷。交流耐压试验在绝缘试验中属破坏性试验，它必须在其他非破坏性试验（如绝缘电阻及吸收比试验、直流泄漏试验、介质损失角正切及绝缘油试验）合格后才能进行此项试验。此试验合格后，变压器才能投入运行。交流耐压试验是一项关键的试验，所以预防性试验规程中规定变压器为 10kV 及以下的在 1～5 年、66kV 及以下的在大修后、更换绕组后和必要时都要进行交流耐压试验。

6-3-26　变压器交流耐压试验的试验电压标准是如何规定的？

答：当变压器出厂试验电压与标准规定的值不同时，变压器试验电压为出厂试验电压的 85%，但不应低于表 6-3-4 中非标准产品的最低试验电压值。出厂试验电压不明的、非标准系列变压器，可按历次试验电压进行交流耐压，但不应低于表 6-4-4 中非标准产品最低试验电压值。绕组全部更换后的变压器，应按出厂试验电压进行试验；局部更换绕组的变压器，应按交接试验电压进行试验。

表 6-3-4　　　　　　　　　　　变压器交流耐压试验电压标准　　　　　　　　（单位：kV）

绕组额定电压	0.6 及以下	2	3	6	10	15	20	35	44	60
出厂试验电压	5		18	25	35	45	55	85	95	140
交接及大修试验电压	4		15	21	30	38	47	72	81	120
运行中非标准产品的最低试验电压	2	8	13	19	26	34	41	64	71	105

6-3-27　变压器交流耐压试验时应注意事项有哪些？

答：变压器交流耐压试验时，除一般的交流耐压试验注意事项外，还应根据变压器的特点注意以下几点：①试验变压器必须装设过电流保护自动跳闸装置；②三相变压器的交流耐压试验不必分相进行、但必须将同一绕组的三相所有引出线均短接后再进行试验，否则不仅将影响试验电压的准确性，甚至可能危害变压器的主绝缘；③预防性试验规程指出，66kV 以下的全绝缘变压器，现场条件不具备时，可只进行外施工频耐压试验；④中性点绝缘较其他部分弱的或是分级绝缘的电力变压器，不能采用上述外施交流耐压试验，而应采用 1.3 倍额定电压的感应耐压试验；⑤必须在充满合格油静止一定时间后进行试验；⑥电压等级为 35kV 的中、小容量变压器，允许在试验变压器的低压侧测量试验电压，而对容量较大的电力变压器，为了使测量准确可靠，应利用电压互感器或静电电压表，在高压侧直接测量试验电压。试验中如有放电或击穿发生时，应立即降低电压，切断电源，以免扩大故障。

6-3-28　变压器交流耐压试验的试验接线方法应如何？常见错误接线有哪几种？

答：交流耐压试验是检验变压器绝缘强度最直接、最有效的方法，对发现变压器主绝缘的局部缺陷，如绕组主绝缘受潮、开裂或者在运输过程中引起的绕组松动，引线距离不够，油中有杂质、气泡以及绕组绝缘上附着有脏物等缺陷十分有效。

试验时被试绕组的引出线端头均应短接，非被试绕组引出线端头应短路接地，如图 6-3-1 所示。在进行交流耐压试验时，被试变压器的连接方式不仅影响试验电压值的准确性，同时还有可能危及被试变压器的绝缘。图 6-3-2 示出两种错误接线，以资借鉴。

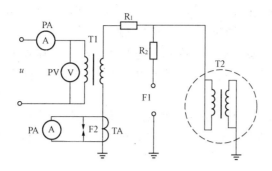

图 6-3-1　变压器交流耐压试验接线

T1—试验变压器；R₁—保护电阻；R₂—限流阻尼电阻；PA—电流表；TA—电流
互感器；PV—电压表；F1—保护间隙；F2—保护间隙；T2—被试变压器

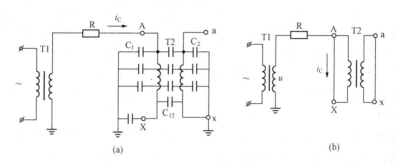

图 6-3-2　变压器交流耐压试验的两种错误接线

（a）被试绕组及非被试绕组均不短路连接；（b）被试绕组及非被试绕组
均短路连接，非被试绕组不接地

6-3-29　如何对变压器的交流耐压试验结果进行分析与处理？

答： 目前，主要靠监视仪表指示不跳动，被试变压器无放电声来判断变压器的交流耐压试验是否合格。具体是根据以下几点：①试验中，表计指示不跳动，被试变压器无放电声，持续加压 1min 后认为交流耐压试验合格。②在交流耐压试验中，电流表指针突然上升或下降，并且被试品有放电响声或者保护间隙放电，则说明被试变压器有问题，应查明原因。③对于 35kV 以上的变压器，当电压升到规定的试验电压后，若油箱内有轻微局部放电声（如吱吱声）但指示表计没有变化，则应将电压下降后再次升压复试，若复试中放电声消失，则认为试验正常；若复试中仍有放电声，则应停止试验。待采取措施（如加热、滤油、真空处理或进行干燥）后，再行试验。④在交流耐压试验中，若油箱内有明显的放电现象，试验表计有明显变化或有瓦斯气体排出等现象，则应立即停止试验，对变压器进行吊芯检查，待消除放电原因后，再行试验。

6-3-30　当变压器在进行交流耐压试验有放电时，其可能存在的故障有哪些，如何判断？

答：（1）油隙击穿放电。在加压过程中，被试变压器内部放电，发出很像金属撞击油箱的声音，电流指示突变。这种现象一般是由于油隙距离不够或电场畸变，而导致油隙贯穿性击穿所致。重复试验时，由于油隙抗电强度恢复，其放电电压不会明显下降；若放电电压比第一次降低，则是固体绝缘击穿。

（2）油中气体间隙放电。试验时，放电声一次比一次小，仪表摆动不大，重复试验放电又消失。这种现象是油气体间隙放电，气泡不断逸出所致。

（3）带悬浮电位的金属件放电。在加压过程中，被试变压器内部如有像炒豆般的放电声，而电流指示又很稳定，这可能是带悬浮电位的金属件对地放电（如铁芯接地不良等）所致。

（4）固体绝缘爬电。若出现咝咝的放电声，电流表指示突增，这是由于内部固体绝缘（多数是绝缘角环纸板）爬电或绕组端部对铁轭爬电，再重复试验时放电电压就会明显下降。

6-3-31 测量变压器绕组直流电阻的意义是什么？测量方法怎样？

答： 测量变压器绕组直流电阻是变压器试验中既简便又重要的一个试验项目。测量变压器绕组连同套管的直流电阻，可以检查出绕组内部导线接头的焊接质量、引线与绕组接头的焊接质量、电压分接开关各个分接位置及引线与套管的接触是否良好、并联支路连接是否正确、变压器载流部分有无断路情况以及绕组有无短路现象；另外，在变压器短路试验和温升试验中，为提供准确的绕组电阻值，也需进行直流电阻的测量。因此，绕组直流电阻的测量是变压器试验的主要项目。预防性试验规程规定，变压器运行 1～3 年后、无励磁调压变压器变换分接位置后、有载调压变压器分接开关检修后（在所有分接侧）和大修后及必要时，都必须做此项试验。

测量变压器直流电阻的方法，在现场用得最多的是电桥法。当被测电阻在 10Ω 以下时，应用双臂电桥，如 QJ44 等。当被测绕组的电阻在 10Ω 以上时，应用双臂电桥，如 QJ23、QJ24 等。由于 QJ44 电桥测量时所需时间较长，随着技术的发展，直流电阻快速测试仪在目前应用也较广泛，但由于电桥法操作简单，可以直接从刻度盘上读数、使用检流计调平衡准确度较高，因此，很受试验人员欢迎。

6-3-32 对无中性点引出的三相变压器，如何根据测量值计算各相绕组的直流电阻？

答： 对无中性点引出的三相变压器，当绕组为图 6-3-3 所示的星形接线时，在测得线间电阻 R_{AB}、R_{BC}、R_{CA} 后按下式计算各相绕组电阻，即

$$\begin{cases} R_A = \dfrac{1}{2}(R_{AB} + R_{CA} - R_{BC}) \\[2mm] R_B = \dfrac{1}{2}(R_{BC} + R_{AB} - R_{CA}) \\[2mm] R_C = \dfrac{1}{2}(R_{CA} + R_{BC} - R_{AB}) \end{cases}$$

式中：R_A、R_B、R_C 分别为 A、B、C 相电阻。

当变压器绕组为图 6-3-4 所示的三角形接线时，在测得线间电阻 R_{AB}、R_{BC}、R_{CA} 后按下式计算各相绕组电阻，即

$$\begin{cases} R_A = (R_{AB} - R_j) - \dfrac{R_{CA}R_{BC}}{R_{AB} - R_j} \\[2mm] R_B = (R_{BC} - R_j) - \dfrac{R_{AB}R_{CA}}{R_{BC} - R_j} \\[2mm] R_C = (R_{CA} - R_j) - \dfrac{R_{AB}R_{BC}}{R_{CA} - R_j} \end{cases}$$

式中：R_A、R_B、R_C分别为 A、B、C 相电阻；R_{AB}、R_{BC}、R_{CA}分别为所测得的线间电阻；R_j为计算电阻，$R_j=(R_{AB}+R_{BC}+R_{CA})/2$。

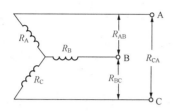 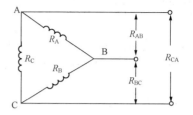

图 6-3-3　变压器绕组为星形接线无
中性点引出接线进绕组电阻示意图

图 6-3-4　变压器绕组为三角形接线无中
性点引出接线进绕组电阻示意图

利用上述公式即可由测得的线间电阻计算出各相绕组的相电阻值。当三相绕组平衡时，星形接线的相电阻是线电阻的一半，三角形接线的相电阻等于 3/2 倍的线电阻。

6-3-33　测量变压器绕组的直流电阻时应注意哪些事项?

答：变压器直流电阻测量方法虽然简单，但影响测量准确度的因素很多，必须选择合适的仪表，按照有关规定进行测量，才能得到较准确的结果。为保证测量的准确性、测量设备和人员的安全、加快试验进程，测量时须注意的事项如下。

（1）带有电压分接头的变压器，测量应在所有分接头位置上进行。

（2）三相变压器有中点引出线时，应测量各相绕组的电阻；无中点引出线时，可以测量线间电阻，然后计算各相电阻。

（3）测量必须在绕组温度稳定的情况下进行，要求绕组与环境温度相差不超过3℃。在温度稳定的情况下，一般可用变压器的上层油温作为绕组温度，测量时应做好记录。

（4）由于变压器的电感较大，电流稳定所需的时间较长，为了测量准确，必须等待表计指示稳定后再读数，必要时应采取措施缩短稳定时间。

（5）考虑到有很多因素影响直流电阻测量的准确度，如仪表的准确度级、试验接线方式、温度测量的准确性、连线接触状况及电流稳定程度等，在测量完后要复查一遍，有怀疑时应予重测，以求得准确的测量结果。

（6）测量时，非被试绕组均应开路，不能短接。在测量低压绕组时，在电源开合瞬间会在高压绕组中感应出较高的电压，应注意人身安全。

（7）由于变压器电感较大，电源在接通或断开瞬间，自感电动势很高，因此为防止仪表损坏，要特别注意操作顺序——接通电源时，要先接通电流回路，再接通电压表或检流计；断开电源时，顺序相反，即先断开电压表或检流计，再断开电流回路。

（8）测量电阻值应校正引线的影响。

（9）为了与出厂值或以往测量值进行比较，应将任意温度下测量的直流电阻值换算到相同温度下。

6-3-34　对变压器绕组直流电阻的判断标准是如何规定的?

答：变压器绕组直流电阻测量结果的分析主要是通过本次测量值进行相与相（或线与线）之间的相互比较来作分析判断。因为测试条件相同，所以避免了因不同仪表、人员、温度等因素对测量结果的影响，有利于正确地判断。其判断标准分为以下两种情况。

（1）交接试验标准中规定：①1600kVA及以下三相变压器，各相绕组直流电阻测得值的相互差值应小于平均值的4%，线间测得值的相互差值应小于平均值的2%；1600kVA以上三相变压器，各相绕组直流电阻测得值的相互差值应小于平均值的2%，线间测得值的相互差值应小于平均值的1%。②变压器的直流电阻，与同温下产品出厂实测数值比较，相应变化不应大于2%。③由于变压器结构等原因，差值超过"1"中标准时，可只按"2"中标准进行比较。

（2）预防性试验规程规定：①1.6MVA以上变压器，各相绕组直流电阻相互间的差别不应大于三相平均值的2%；无中性点引出的绕组，线间差别不应大于三相平均值的1%。②1.6MVA及以下的变压器，相间差别一般不大于三相平均值的4%，线间差别一般不大于三相平均值的2%。③与以前相同部位测得值比较，其变化不应大于2%。④如电阻相间差值在出厂时超过规定值，制造厂已说明了这种偏差的原因，按第"3"中的要求进行。

需要指出的是，相或线直流电阻差别的计算公式为：$\delta\% = (R_{max} - R_{min})/R_{av} \times 100\%$。式中：$\delta\%$ 为相或线直流电阻间差别的百分数；R_{max} 为相或线直流电阻的最大值，Ω；R_{min} 为相或线直流电阻的最小值，Ω；R_{av} 为三相或三线直流电阻的平均值，Ω。若是相电阻，则 $R_{av} = (R_{AO} + R_{BO} + R_{CO})/3$；若是线电阻，则 $R_{av} = (R_{AB} + R_{BC} + R_{CA})/3$。

6-3-35　在测量变压器绕组直流电阻时，其三相不平衡的原因有哪些？

答：在测量变压器绕组直流电阻时，有时会出现三相电阻不平衡，其主要原因一般有以下几种：①分接开关接触不良。这表现为一两个分接头电阻偏大，而且三相不平衡，其原因可能是分接开关触头不清洁、电镀层脱落、弹簧压力不够等。固定在箱盖上的分接开关，也可能在箱盖坚固后，使分接开关受力不均造成接触不良。②焊接不良。引线和绕组焊接处接触不良、断裂、造成电阻偏大；多股并联绕组其中有一两股没焊上，这时电阻偏大较多。③套管中引线和导电杆拉杆接触不良。④较严重的绕组匝间或层间短路。⑤绕组断线。三角形连接的绕组，其中一相断线，没有断线的两相线端电阻值为正常的1.5倍，而断线相线端电阻为正常值的3倍。

6-3-36　在测量变压器绕组的直流电阻时，为什么试验时间较长？

答：因为变压器的绕组具有较大的电感和较小的电阻，有的绕组电感可达数千亨利，而直流电阻仅有十几毫欧至几十毫欧，因此在测量直流电阻时，绕组在直流电压作用下，从充电至稳定所需的时间很长，尤其是容量大、电压高的变压器，测量一次电阻数值往往需要十几分钟到几十分钟。如测量一台三相绕组五分接头的变压器，仅仅测量直流电阻这一项试验就要花费一天多的时间。因此，为缩短每次测量的充电时间，提高试验效率，必须采取措施加快试验速度。加快测量速度的关键，就是缩短充电到稳定的时间，即减小电路的充电时间常数 τ。因为 $\tau = L/R$，公式表明减小时间常数 τ 可以减小试验回路的电感，增大试验回路电阻，而加大电阻是比较简单可行的方法。

6-3-37　加快测量变压器绕组直流电阻的方法有哪些？电压降法的具体操作方法怎样？

答：加快测量变压器绕组直流电阻的具体方法有电压降法和电桥测量法。其中，电压降法的具体方法如下。

（1）试验接线。用电压降法测量变压器绕组直流电阻时，缩短充电时间的试验接线如图 6-3-5 所示。

（2）附加电阻的选择。选择附加电阻应根据被试变压器绕组的电阻和电源电压决定，当电源电压 U 为 6～12V 的蓄电池时，附加电阻应为绕组电阻的 4～6 倍，预定电流为

$$I = \frac{U}{R_x + R}$$

式中：I 为预定电流，A；U 为直流电源电压，V；R_x 为被试绕组电阻，Ω；R 为附加电阻，Ω。

（3）试验步骤。在选好附加电阻，计算出预定电流后，选择合适量程的电流表、电压表，接好试

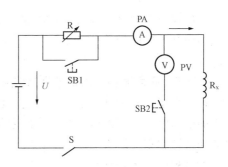

图 6-3-5　电压降法快速测量变压器绕组
直流电阻试验接线示意图

SB1—短接附加电阻的按钮；SB2—接通电压表的按钮；S—电源开关；PA—直流电流表；PV—直流电压表；R_x—被试绕组电阻；R—附加电阻

验电路，合上电源开关，先按下按钮 SB1，当电流达到预定值时，断开 SB1，电流便能很快地稳定，再按下 SB2 同时读取电流、电压值，然后计算出绕组的直流电阻。

6-3-38　用电桥法测量变压器绕组的直流电阻时，其具体操作方法怎样？

答： 根据电压降法加快测量变压器直流电阻的原理，可以应用到电桥测量法中，加快测量变压器直流电阻的时间问题，是针对容量较大的变压器而提出的，而大容量变压器多采用双臂电桥进行测量，故以双臂电桥为例，说明缩短测量时间的方法。

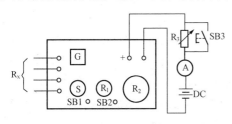

图 6-3-6　利用双臂电桥快速测量直流
电阻接线示意图

G—检流计；S—倍率开关；R_1、R_2—电桥批指示刻度；SB1—电桥电源按钮；SB2—检流计按钮；SB3—短接附加电阻的按钮；R_3—附加电阻；DC—直流电源；R_x—被测绕组

（1）测量接线。利用双臂电桥快速测量直流电阻的接线如图 6-3-6 所示。

（2）附加电阻的选择。附加电阻可选用 10～100Ω 的滑线电阻，试验时应适当调节其大小，使接通或断开 SB3 时，电流表的指示值有明显变化。

（3）试验步骤。按试验接线图接好线后，按下 SB1 和 SB3 按钮，调节电阻 R_3，使其在 SB3 断开时电流表中电流能明显减小。待电流稳定后，按下检流计的按钮 SB2，调节电桥平衡后即可读数记录。

注意事项：切换分接头，应尽量防止铁芯中的磁通变化引起绕组重新充电，为此可将测量相的非被测绕组短接，在不切断直流电源的情况下倒换分接装置。切换分接头后，将非被测绕组的短路隔离开关拉开，电源电流基本上是稳定的。稍停一段时间，就可以测量切换后这一挡绕组的电阻值。

6-3-39　为什么要对有载调压变压器的调压装置进行校核试验？

答： 有载调压变压器的调压装置，也叫有载调压切换装置，在变压器运行状态下可用来改变绕组匝数，因此要保证在切换过程中回路不致中断。否则，会由于在断开点出现不能灭弧而烧坏变压器。因此，要对变压器的有载调压切换装置进行校核试验，通过试验检查装置

在全部切换过程中分接开关的动作顺序是否符合产品技术条件的规定，各接触点有无开路现象，切换开关转动的角度是否符合要求。

6-3-40 有载调压变压器的调压装置的交接试验标准规定交接时的项目及要求有哪些?

答：交接试验标准规定交接时的项目及要求如下：①在切换开关取出检查时，测量限流电阻的电阻值，其测得值与产品出厂数值相比，应无明显差别。②在切换开关取出检查时，检查切换开关切换触头的全部动作顺序，应符合产品技术条件的规定。③检查切换装置在全部切换过程中应无开路现象、电气和机械限位动作正确且符合产品要求；在操作电源电压为额定电压的85%及以上时，切换装置在全过程的切换中应可靠动作。④在变压器无电压下操作10个循环。在空载下按产品技术条件的规定检查切换装置的调压情况，其三相切换同步性及电压变化范围和规律，与产品出厂数据相比应无明显差别。⑤绝缘油注入切换开关油箱前应符合本标准（指交接试验标准）规定。

6-3-41 有载调压变压器的调压装置的预防性试验规程规定预防检查试验项目及要求有哪些?

答：预防性试验规程规定预防检查试验项目及要求如下。

（1）检查动作顺序、动作角度。要求范围开关、选择开关、切换开关的动作顺序应符合制造厂的技术要求，其动作角度应与出厂试验记录相符。

（2）操作试验。变压器带电时手动操作、电动操作、远方操作各两个循环，要求手动操作轻松，必要时用力矩表测量，其值不应超过制造厂的规定；电动操作应无卡涩、没有连动现象、电气和机械限位正常。

（3）检查和切换测试。①测量过渡电阻的阻值与出厂值相符；②测量切换时间、三相同步的偏差，切换时间及正反向切换时间的偏差均与制造厂的技术要求相符；③检查插入触头、动静触头的接触情况，电气回路的连接情况，要求动、静触头平整光滑，触头烧损厚度不超过制造厂的规定值，回路连接良好；④单、双数触头间非线性电阻的试验按制造厂的技术要求进行；⑤检查单、双数触头间放电间隙，要求无烧伤或变动。

（4）检查操作箱，要求接触器、电动机、传动齿轮，辅助触点，位置指示器、计数器等工作正常。

（5）切换开关室绝缘油试验，要符合制造厂技术要求，击穿电压一般不低于25kV。

（6）二次回路绝缘试验，要求采用2500V绝缘电阻表测量，绝缘电阻一般不低于1MΩ。

6-3-42 测定单相变压器的引线极性和三相变压器连接组标号的意义是什么?

答：所有变压器在并联运行时，都需满足以下三个条件：①一、二次侧额定电压分别相等；②短路电压相等；③单相变压器的极性相同或三相变压器的连接组标号相同，以保证各并联变压器的高、低压绕组线电压间的相位差均相等。在上述的三个条件中，第1个条件允许偏差±0.5%，相差过大，则两台变压器并联运行将产生环流，影响变压器出力。第1个条件允许与所有短路电压算术平均值差别不大于±10%，相差过大将使变压器所带的负载不能按变压器的容量成正比例地分配，出现负载分配不平衡的情况，但它可以采用改变变压器分接头的方法调整变压器的阻抗值。而第3个条件必须绝缘满足要求，否则，就会在相并联的变压器二次绕组的线电压间，出现相位差，这时在二次绕组中将产生数倍于额定电流的环流，出现这种情况是绝对不允许的。

因此，交接试验标准规定交接时应做此项试验，且在预防性试验规程规定，更换绕组后，必须测定引线极性和连接组标号。其中：测定单相变压器的引线极性，是为了进行串联和并联的正确性连接；测定三相变压器的连接组标号，是用以判断变压器连接组标号是否相同，能否并联运行，以防止产生环流烧毁变压器。

6-3-43 如何用直流法测量三相变压器连接组别标号？

答： 测量变压器连接组标号的方法有直流法、交流法两种，其中用直流法测量的具体方法如下。

（1）测量接线。图 6-3-7 为直流法测量三相变压器连接组标号接线示意图。高压侧经电源开关 S 接入 1.5～3V 直流电源，低压侧 a、b、c 三个端子间分别接入三只磁电式毫伏表或检流计，检流计接线柱的极性：ab 间仪表，a 接正，b 接负；bc 间仪表，b 接正，c 接负；ca 间仪表，a 接正，c 接负。

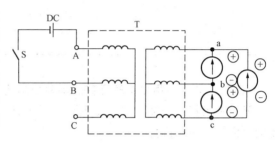

图 6-3-7 直流法测量三相变压器连接组标号
接线示意图
S—电源开关；DC—直流电源；T—被试变压器

（2）试验步骤。①将直流电源 DC 接在 A、B 端，A 为正，B 为负，在电源开关 S 闭合瞬间，观察低压侧各检流计的偏转方向，凡指针向右偏的记为"＋"号，向左偏的记为"－"号、若指针不动记为"0"；②将电源分别接入 B、C 端（B 为正、C 为负）和 C、A 端（A 为正、C 为负），按同样方法操作、观察并记录。

6-3-44 怎样对用直流法测量三相变压器连接组别标号的测量结果进行分析？

答： 在用直流法测量三相变压器连接组别标号时，将测量结果与表 6-3-5 中低压侧表计指示情况相对照，即可判断出被测三相变压器的连接组标号。

表 6-3-5 　　　　　　用直流法判断三相变压器连接组别标号对照表

连接组别标号	高压侧通电相 +　－	低压侧表计指示 a⁺ b⁻	b⁺ c⁻	a⁺ c⁻	连接组别标号	高压侧通电相 +　－	低压侧表计指示 a⁺ b⁻	b⁺ c⁻	a⁺ c⁻
1	A B	＋	－	0	4	A B	－	－	－
	B C	0	＋	＋		B C	＋	－	＋
	A C	＋	0	＋		A C	＋	－	－
2	A B	＋	－	＋	5	A B	－	0	－
	B C	＋	＋	－		B C	＋	－	0
	A C	＋	－	＋		A C	0	－	－
3	A B	0	－	－	6	A B	－	＋	－
	B C	＋	0	＋		B C	＋	－	＋
	A C	＋	－	0		A C	－	＋	－

续表

连接组别标号	高压侧通电相 + −	低压侧表计指示 a⁺ b⁻	b⁺ c⁻	a⁺ c⁻	连接组别标号	高压侧通电相 + −	低压侧表计指示 a⁺ b⁻	b⁺ c⁻	a⁺ c⁻
7	A B	+	+	0	10	A B	+	+	+
	B C	0		−		B C	−	+	−
	A C	−		−		A C	−	+	+
8	A B	−		+	11	A B	+	0	+
	B C	−		+		B C	+		0
	A C	−		+		A C	0		+
9	A B	0		+	12	A B	+		+
	B C	−	0	0		B C	+	+	+
	A C	−	+	−		A C	+		+

6-3-45　如何利用相位表测量三相变压器连接组标号?

答：采用相位表法可以直接测量三相变压器高压侧与低压侧电压间的相位差，以此判断连接组标号，又称直接法。

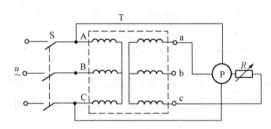

图 6-3-8　相位表法测量三相变压器连接组标号接线示意图

T—被试变压器；R—可变电阻；P—相位表

（1）测量接线及方法。相位表测量三相变压器连接组标号接线如图 6-3-8 所示。将三相 380V 交流电源接入被试变压器高压侧，相位表 P 的电压线圈接在电源侧线电压间（图 6-3-8 中 A、C 间），电流线圈通过可变电阻接在对应的低压侧线电压上（图 6-3-8 中 a、c 间），通电后读取相位表的读数即为一、二次侧线电压的相位差，再换算成相位差标号，写出连接组标号。

（2）注意事项。①相位表的接线极性要正确；所加的电压、电流不能超过表计的允许值；②试验时应至少在被试变压器两组对应线电压上进行测量，结果应一致；③相位表必须是检验合格的，否则可能影响测量的正确性。

6-3-46　测量变压器变比的目的、规定及要求是什么?

答：变压器的变比是变压器空载时高压绕组电压 U_1 与低压绕组电压 U_2 的比值，即变比 $K = U_1/U_2$。变压器的变比试验是验证变压器能否达到规定的电压变换效果，变比是否符合变压器技术条件或铭牌所规定的数值的一项试验。其目的是检查各绕组的匝数、引线装配、分接开关指示位置是否符合要求；提供变压器能否与其他变压器并列运行的依据。变比相差 1% 的中小型变压器并列运行，会在变压器绕组内产生 10% 额定电流的循环电流，使变压器损耗大大增加，对变压器运行不利。

有关规程中规定了变压器绕组所有分接头变比试验的标准：①各相应分接头的变比与铭牌值相比，不应有显著差别，且应符合规律；②电压 35kV 以下，变比小于 3 的变压器，其变比允许偏差为±1%，其他所有变压器额定分接头变比允许偏差为±0.5%，其他分接头的变比应在变压器阻抗电压百分值的 1/10 以内，但不得超过±1%。允许偏差计算式为：$\Delta K = [(K-K_N)/K_N] \times 100\%$。式中：$\Delta K$ 为变比允许偏差或变比误码差；K 为实测变比；K_N 为额定变比，即变压器铭牌上各侧绕组额定电压的比值。

变压器变比的测量应在各相所有分接位置进行，对于有载调压变压器，应用电动装置调节分接头位置。对于三绕组变压器，只需测两对绕组的变比，一般测量某一带分接开关绕组对其他两侧绕组之间的变比，对于带分接开关的绕组，应测量所有分接头位置时的变比。

6-3-47　如何用双电压表测量变压器的变比？这种测量方法的优缺点是什么？

答： 双电压表法的原理如图 6-3-9 所示。它是一种简单的变比试验方法，所需要的试验设备都是一些常用的测量仪器。

在变压器的一侧加电源（一般为高压侧），用电压表（必要时通过电压互感器）测量两侧的电压，两侧电压读数相除即得变比。对于单相变压器，可以直接用单相电源双电压表法测出变比。对于三相变压器，采用三相电源测量时，要求三相电源平衡、稳定（不平衡度不应超过 2%），可直接测出各相变比。变比计算式为：$K_{AB}=U_{AB}/U_{ab}$；K_{BC}

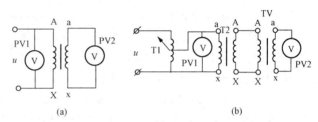

图 6-3-9　用双电压表法测量变比的原理图
(a) 直接测量；(b) 通过电压互感器测量
T1—自耦调压器；PV1、PV2—0.2 级电压表；T2—被试
变压器；TV—0.1 级电压互感器，一般用 2200/220V

$=U_{BC}/U_{bc}$；$K_{AC}=U_{AC}/U_{ac}$，其中 U_{AB}、U_{BC}、U_{AB} 为变压器高压绕组线间电压，kV；U_{ab}、U_{bc}、U_{ac} 为低压绕组线间电压，kV；K_{AB}、K_{BC}、K_{AC} 为绕组线间变比。

双电压表法虽然原理简单，测量容易，但存在诸如需要精密仪器、误差较大、试验电压较高、不安全等不足。因而，许多电站和生产制造部门已开始广泛采用变比电桥法进行变比试验（由于原理接近，在此不列举）。

6-3-48　测试变压器空载特性的目的和意义是什么？

答： 变压器空载试验指从变压器任意一侧绕组（一般为低压绕组）施加正弦波形、额定频率的额定电压，在其他绕组开路的情况下测量变压器空载损耗和空载电流的试验。

有关规程规定，对容量为 3150kVA 及以上的变压器应进行此项试验，测量得出的空载电流和空载损耗数值与出厂试验值相比应无明显变比。

空载试验的主要目的是发现磁路中的铁芯硅钢片的局部绝缘不良或整体缺陷，如铁芯多点接地、铁芯硅钢片整体老化等；根据交流耐压试验前后的两次空载试验测得的空载损耗比较、判断绕组是否有匝间击穿等。

空载损耗主要是铁芯损耗，即由于铁芯的磁化所引起的磁滞损耗和涡流损耗。空载损耗还包括少部分铜损耗（空载电流通过绕组产生的电阻损耗）和附加损耗（指铁损耗、铜损耗外的其他损耗，如变压器引线损耗、测量线路及表计损耗等）。计算表明，变压器的空载损耗中的铜损耗及附加损耗不超过总损耗的 3%。

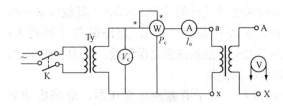

图 6-3-10 单相变压器空载试验接线图

6-3-49 单相变压器空载试验的方法是什么？

答：单相变压器空载试验接线如图 6-3-10 所示，电源经调压器 Ty 接至低压绕组，高压绕组开路，合上电源闸刀 K，将低压绕组外加电压，并逐渐调节 Ty，当调至额定电压 U_N 的 50% 附近时，测量低压绕组电压 U_{ax} 及高压绕组电压 U_{AX}。调节调压器，增大 U_N，记录相对应数据。

6-3-50 在进行空载试验时，其注意事项有哪些？

答：为保证试验结果的正确性和准确性，确保人身与设备安全，须注意下列事项。

（1）空载试验应在绝缘试验合格的基础上进行，被试变压器分接开关应置于额定分接位置。

（2）在额定电压下进行试验时，所需试验电源容量可按下式估算：$S_o = S_e \cdot I_o$（kVA），式中：S_o 为试验所需电源容量；S_e 为被试变压器额定容量；I_o 为被试变压器额定空载电流百分数。当电源容量大于 5 倍所需容量时，可不考虑波形对测量结果造成的影响，做大容量变压器试验时，推荐采用系统电压进行试验。

（3）当用三相电源进行试验时，要求三相电压对称平衡，即负序分量不超过正序分量的 5%，三相线电压相差不超过 2%，试验中三相电压要保持稳定，三相电压稍有不平衡时，试验电压可取三相电压的算术平均值，也可以用 a、c 相的线电压代替。

（4）测量用串联的电流互感器应考虑故障时动势稳容量不够可能造成的损坏保护措施。其外壳和低压绕组的接地一端必须可靠接地。测量仪表和测量回路对高压部分应保持足够的安全距离，载流引线必须有足够的通流容量。

（5）测量仪表的准确度应不低于 0.1 级，互感器的准确度应不低于 0.2 级。对于较大容量变压器损耗功率的测量，应使用低功率因数瓦特表。

（6）所测空载损耗是瓦特表指示的代数和，因此接线时必须注意瓦特表电流、电压线圈的极性，若使用互感器应同时注意互感器的极性。

（7）利用电网高压电源进行试验时，应遵守有关的安全规程和现场运行规程。

（8）试验中若发现表计指示异常或被试变压器有放电声、异常响声、冒烟、喷油等情况，应立即停止试验，断开电源，检查原因，在没有查明原因并予以恰当的处理之前，不得盲目再进行试验。

6-3-51 测试变压器短路试验的目的和意义是什么？

答：变压器的短路试验就是将变压器的一组绕组短路，在另一组绕组加上额定频率的交流电压使变压器线圈内的电流为额定值，测定所加电压和功率。

测试变压器短路试验的目的和意义是：计算和确定变压器有无可能与其他变压器并联运行；计算和试验变压器短路时的热稳定和动稳定；计算变压器的效率；计算变压器二次侧电压由于负载改变而产生的变化。

6-3-52 单相变压器短路试验的方法是什么？

答：单相变压器短路试验线路如图 6-3-11 所示，短路试验一般在高压侧进行，即：高压绕组（AX）上施加电压，低压绕组（ax）短路，若试验变压器容量较小，在测量功率（功率表为高功率因数表）时电流表可不接入，以减少测量功率的误差。使用横截面较大的导线，把低压绕组短接。

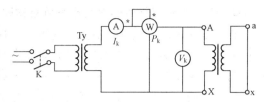

图 6-3-11　单相变压器短路试验接线图

变压器短路电压数值为（5%～10%）U_N，因此事先将调压器调到输出零位置，然后合上电源隔离开关 K，逐渐慢慢地增加电压，使短路电流达到 1.1I_N，快速测量 U_k、I_k、P_k，读取数据 6～7 组相应的记录。需要注意的是，短路试验一定要快，因为变压器绕组很快就发热，使绕组电阻增大，读数会发生偏差。

6-3-53　对绝缘油进行试验时如何正确取油样？

答：绝缘油取样是指在需要试验的油中取出一小部分样品，以供试验之用。为了保证样品不"走样"，试验人员必须严格遵守取样要求，主要应注意如下事项。

（1）取样容器。绝缘油的取样容器应是带有磨口塞的广口无色玻璃瓶，其容积应根据取样油量选择，取样油量一般应不少于试验和冲洗油量的 1.2 倍，电气强度试验的取样油量为 1.5kg。正式取样前，取样容器要用汽油、肥皂液和其他除油溶剂（如酒精、磷酸三钠等）仔细洗净，然后用蒸馏水冲洗数次，使水能从瓶壁均匀流下为止。将洗净的瓶和瓶塞放入 105℃ 的恒温箱烘干（约 2h），待温度下降，将瓶塞盖紧即可使用。取样瓶上应贴标签，注明油料名称、来源、日期、天气、取样人员等。

（2）取样方法。①室外取样，宜在湿度较小的晴天进行，以防雪、雨等其他杂质侵入油样；②在任何盛油的容器中取样，绝缘油应在取样前静止 8h 以上，在运行中的设备上取样，可以不经静止时间；③在电气设备中取样时，应在设备下部的放油阀处进行，用清洁且不带毛的细布将放油阀的四周擦净，然后先将油放出 1～2kg，用以冲洗放油道的油污，再放油少许，洗涤取样容器两次，最后放出需要的油量入瓶，塞紧瓶口。

6-3-54　绝缘油的简化试验包含哪些试验内容（项目），各采用什么方法？

答：所谓绝缘油的简化试验，即是相对于全分析项目试验而言，其试验项目相对简化了而已。其一般包含闪点、水溶性酸、界面张力等三个项目，其各自的方法如下。

（1）闪点。一般是采用闭口法检验闪点。假使闪点很低，则可能是混入了燃料油，如果是运行中的变压器油的闪点偏低，则可能是电器设备发生局部过热故障，使变压器油在高温下裂解而产生挥发性可燃物，闪点不合格的变压器油是绝对不能用于电器设备的，否则当电器设备通电发热或开断电流而起弧时将十分危险。

（2）水溶性酸。一般是采用比色法，以 pH 值表示，新油要求是中性的，pH 值在 6.0～7.0，呈酸性的油很容易腐蚀电器材料，析出油泥等沉淀物而附在导体上，妨碍导体的散热，运行中的绝缘油的 pH 值可略微降低要求，但应在 5.4 以上。

（3）界面张力。一般是采用圆环法，这是检查油中亲水极性物质和油泥生成物的一项指标，由于这些物质的存在，将促使运行中油自身的氧化，所以通过测定界面张力可以判断油质老化和污染程度。

6-3-55　如何对绝缘油进行电气强度试验，其步骤如何，应注意哪些事项？

答：绝缘油是电气设备常用的绝缘、灭弧和冷却介质。为保证它在运行过程中具有良好的性能，必须定期对其进行各项试验，其中绝缘油的电气强度试验（又称耐压试验）是一个主要内容。绝缘油的耐压试验是在专用的击穿电压试验器中进行的，试验器包括一个瓷质或玻璃油杯、两个直径 25mm 的圆盘电极（应光滑，无烧焦痕迹）。试验时将取出的油样倒入油杯内，然后放入电极，使两个电极相距 2.5mm。试验应在温度为 10～35℃ 和相对湿度不大于 75% 的室内进行。

具体试验步骤如下：①将油样混合均匀，尽可能不使其产生气泡。在室内放置几小时，使油温尽量接近室温。②将油样接入试验回路，静置 10～15min，使油内的气泡逸出。③合上电源，以每秒 3kV 的速度加压，至油样被击穿（有明显的火花放电或试验器的脱扣开关跳闸）时，记录该瞬间的电压值。④静置 5min 后，重复上述试验，一般每个油样要试验 5次，取 5 次的平均电压值。⑤如有必要，可另取两个油样进行相同的试验，取三个油样的平均电压值作为试验结果。⑥如果将电压加到试验器的最大值（如 50kV），油样仍未击穿，可在最大电压下停留 1min，再不击穿，则认为绝缘油耐压强度合格。

在进行此试验时应注意如下事项：①油耐压机使用之前，外壳应可靠接地；②校对电极距离，用好油冲洗电极表面；③取油样时应擦净取样截门，再缓缓开启，先将试油杯冲刷2～3 次，再取油样；④放置或取出油杯时，须在断开电源的条件下进行；⑤油在杯中静止5～10min，以消除气泡；⑥试油机升压速度不宜太快，约 3000V/s 为宜。试验 3～5 次，每次加压间隔 2～3min，在断开电压之前应先将电压降到零。

6-3-56　做变压器绝缘油电气强度试验应注意哪些事项？

答：在高压电气设备中，广泛应用着绝缘油，如变压器、油断路器、电缆、电容器、互感器等大都充有绝缘油。在这些电气设备中，绝缘油起着加强绝缘、冷却或灭弧的作用。为了保证绝缘油的质量，必须定期进行有关试验。其中，绝缘油的电气强度试验是一个主要内容。在进行此试验时应注意如下事项：①油耐压机使用之前，外壳应可靠接地；②校对电极距离，用好油冲洗电极表面；③取油样时应擦净取样截门，再缓缓开启，先将试油杯冲刷2～3 次，再取油样；④放置或取出油杯时，须在断开电源的条件下进行；⑤油在杯中静止5～10min，以消除气泡；⑥试油机升压速度不宜太快，约 3000V/s 为宜。试验 3～5 次，每次加压间隔 2～3min，在断开电压之前应先将电压降到零。

6-3-57　如何对绝缘油进行介质损耗试验，其步骤如何？

答：对绝缘油进行介质损耗试验，一般是采用高压西林电桥配以专用油杯在工频电压下进行绝缘油的 $\tan\delta$ 测量。其大体步骤如下。

（1）准备工作。用石油醚或四氯化碳将油杯清洗干净，晾干后放在 105℃ 烘箱中烘干，保证空油杯的 $\tan\delta$ 值小于 0.01%，并对空油杯做 1.5 倍的工作电压试验，再用试品油冲洗油杯 2～3 次，然后将试品油沿内壁注入油杯中（不得有气泡），静置 10min 后试验。

（2）试验。①将注入绝缘油的油杯置于绝缘板上，按电桥使用说明书做好接线盒接地工作。②试验电压按电极间隙每毫米施加 1kV 计算。③在常温下测量一次 $\tan\delta$ 值。④由于绝缘油的 $\tan\delta$ 值随温度的升高按指数规律剧增，所以还必须在高温下测一次 $\tan\delta$ 值。对变压器油应在 70℃ 时再测量一次 $\tan\delta$ 值。⑤重做第二瓶油样的平行试验。两次测定 $\tan\delta$ 的算术

平均值为试品的 $\tan\delta$ 值。测定的结果应符合标准要求，且两次测定结果的差值不得超过算术平均值的 $10\%+0.0002$。

6-3-58 对绝缘油进行色谱分析试验的意义何在？

答：近年来，电力系统中开展了充油电气设备油中可溶性气体的色谱分析工作。通过油中气体的色谱分析可以发现多种缺陷，如充油电气设备的过热性缺陷、放电性故障和设备进水受潮等缺陷。也就是说，无论是制造上或运行中所产生的局部缺陷，还是设备进水受潮都能比较有效地被发现。有些由于制造厂制造工艺不良所产生的局部缺陷，如电容型套管芯棒电容屏尺寸不对，芯棒绝缘局部损伤引起的放电等，在预防性试验时通过高压电气试验很难发现，而通过绝缘油中可溶性气体的色谱分析就能发现。所以现在充油电气设备的色谱分析工作在绝缘预防性试验中占有主要位置。

此外，充油电气设备在正常时由于电、热、化学的作用，绝缘油中也溶解了少量气体，也就是说汽油中也含有少量各种组分的气体。当设备内部发生故障时，绝缘油就会分解出大量的气体，当存在着局部过热或放电等潜伏性故障时，就会产生较多的气体溶解于变压器油中。故障性质不同，所产生的气体也不同。因此，分析油中可溶性气体的组分和含量，就可判断出充油设备潜伏性故障的性质。

6-3-59 变压器的故障有哪些类型，各种不同的故障会产生哪些特征气体？

答：变压器及其他充油设备的故障大致分为过热性故障和放电性故障。

（1）过热性故障。变压器分接开关接触不良、载流导线接头焊接不良、铁芯两点或多点接地、铁芯片间短路等将引起局部过热，这类故障称为过热性故障。局部过热会引起绝缘油的分解。油中特征气体增多，主要是甲烷和乙烯等烃类气体，两者之和占烃类气体的 80% 以上。如果是低温过热（低于 $500℃$），由甲烷所占比例较大，如果是高温过热（高于 $500℃$），则乙烯比例较大，氢气组分也增多。当高温过热涉及固体绝缘时，还会产生一氧化碳和二氧化碳。

（2）放电性故障。变压器层、匝间击穿，内部引线对其他部位放电，分接开关飞弧等常引起电弧放电。这类放电属于高能放电，放电同时伴随产生大量气体溶于油中，则在事故前色谱分析，乙炔和氢的组分很大，其次是烃类气体增多，主要是甲烷和乙烯。涉及固体绝缘时，一氧化碳也会增多。另一种放电性故障是低能放电，如变压器分接开关接触不良、铁芯和穿芯螺钉间绝缘不良等所引起的火花放电，其特征气体也是乙炔和氢的含量增多，其次是甲烷和乙烯。

另外，通过油中可溶性气体的色谱分析还能发现充油设备进水受潮，设备进水受潮时，水和铁作用产生氢气，所以氢气增大（其他成分不增加）是进水受潮时的特征。再者，对于低能量密度的局部放电，其总烃不高，氢气较大，$H_2>200ppm$；对于高能量密度的局部放电，其总烃较高，甲烷占主要成分，氢气较高，乙炔大于 $1ppm$。总之，故障类型不同，产生的特征气体也不同。根据色谱分析的结果来判断故障的性质和类型。

第七章

电 气 一 次 系 统

第一节 基 本 理 论

7-1-1 什么是电气一次设备? 它包括哪些设备? 它的额定电压和电流如何定义?

答: 电气一次设备是指直接参与生产、输送和分配电能的生产过程的高压电气设备。

它包括发电机、变压器、断路器、隔离开关、自动开关、接触器、刀开关、母线、输电线路、电力电缆、电抗器、电动机等。

电气一次设备的额定电压是按长期正常工作时具有最大经济效益所规定的电压。电气一次设备的额定电流是指周围介质在额定温度时,其绝缘和载流导体及其连接的长期发热温度不超过极限值所允许长期通过的最大电流值。

7-1-2 什么是电力系统? 电力系统运行的特点和基本要求是什么?

答: 电力系统是由发电机、变压器、输配电线路和电力用户以及相应的专用通信、安全自动、继电保护、调度自动化等的电气装置连接而成的整体,它完成了发电、输电、变电、配电、用电的任务。电力系统中各种电压的变电站及输配电线路组成的统一体,称为电力网。

电力系统运行的特点:①电能生产、输送与使用的同时性;②与生产及人们生活的密切相关性;③过渡过程的瞬时性。

对电力系统的基本要求:①满足用电需求;②安全可靠地供电;③保证电能质量;④保证电力系统运行的经济性。

7-1-3 我国电力系统目前采用的中性点运行方式有哪几种? 各有什么优缺点?

答: 电力系统中性点接地方式有两大类:一类是中性点直接接地或经过低阻抗接地,称为大接地电流系统;另一类是中性点不接地,经过消弧线圈或高阻抗接地,称为小接地电流系统。其中,采用最广泛的是中性点不接地、中性点经过消弧线圈接地和中性点直接接地等三种方式。

中性点不接地系统主要优点在于当系统发生单相接地时,它能自动熄弧而不需要切断线路。这就大大减少了停电次数,提高了供电的可靠性。主要缺点在于因其中性点是绝缘的,长期最大工作电压和过电压较高,特别是弧光接地过电压或谐振过电压,其值可达很高的倍数,对设备绝缘要求较高,实现灵敏而有选择性的接地保护比较困难。

中性点经消弧线圈接地系统优点在于其能迅速补偿中性点不接地系统单相接地时产生电

容电流，减少的弧光过电压的发生。不但使单相接地故障所引起的停电事故大大减少，而且还能减少系统中发生多相短路故障的次数。主要缺点是系统的运行比较复杂，实现有选择性的接地保护比较困难，费用大等。

中性点直接接地系统最主要优点是过电压和绝缘水平较低。从继电保护的角度来看，对于大电流接地系统用一般简单的零序过电流保护即可，选择性和灵敏性都易解决。其缺点是：一切故障，尤其是最可能发生的单相接地故障，都将引起断路器跳闸，这样增加了停电的次数。另外，接地短路电流过大，有时会烧坏设备和妨碍通信系统的工作。

7-1-4　根据电压等级不同，我国电力系统中性点的运行方式如何应用？

答：目前我国电力系统中性点的运行方式，大体如下。

（1）1kV 以下的电网的中性点采用不接地方式运行。但电压为 380/220V 的系统，采用三相五线制，零线是为了取得相电压，地线是为了安全。

（2）对于 6～10kV 系统，由于设备绝缘水平按线电压考虑对于设备造价影响不大，为了提高供电可靠性，一般均采用中性点不接地或经消弧线圈接地的方式。

（3）20～60kV 的系统，是一种中间情况，一般一相接地时的电容电流不是很大，网络不是很复杂，设备绝缘水平的提高或降低对于造价影响不是很显著，所以一般均采用中性点经消弧线圈接地方式。

（4）对于 110kV 及以上的系统，主要考虑降低设备绝缘水平，简化继电保护装置，一般均采用中性点直接接地的方式。并采用送电线路全线架设避雷线和装设自动重合闸装置等措施，以提高供电可靠性。

7-1-5　电网中可能发生哪些类型的短路？

答：电网发生的短路可分两大类：①对称短路。即三相短路，三相同时在一点发生的短路，由于短路回路三相阻抗相等，因此三相电流和电压，仍然是对称的，故称三相短路。②不对称短路。短路后使三相回路有不对称的短路形式，电网在同一地点发生不对称短路主要有以下几种：两相短路；单相接地短路；两相接地短路。电网中也有可能在不同地点同时发生短路，这主要是发生在中性点不接地系统中。

7-1-6　在电力系统中限制短路电流都有哪些方法？

答：目前在电力系统中，用得较多的限制短路电流的方法有以下几种。

（1）选择水电站和电网的接线方式。通过选择水电站和电网的电气主接线，可以达到限制短路电流的目的。

（2）采用分裂绕组变压器和分段电抗器。在大容量水电站中为限制短路电流可采用低压侧带分裂绕组的变压器，在水电站扩大单元机组上也可采用分裂绕组变压器。

（3）采用线路电抗器。线路电抗器主要用于水电站向电缆电网供电的 6～10kV 配电装置中，其作用是限制短路电流，使电缆网络在短路情况下免于过热，减少所需要的开断容量。

（4）采用微机保护及综合自动化装置。从短路电流分析可知，发生短路故障后约 0.01s 时间出现最大短路冲击电流，采用微机保护仅需 0.005s 就能断开故障回路，使导体和设备避免承受最大短路电流的冲击，从而达到限制短路电流的目的。

7-1-7 什么叫作水电站电气主接线？母线在主接线中的作用是什么？

答：电气主接线主要是指在水电站、变电站、电力系统中，为满足预定的功率传送和运行等要求而设计的、表明高压电气设备之间相互连接关系的传送电能的电路。电路中的高压电气设备包括发电机、变压器、母线、断路器、隔离开关、线路等。它们的连接方式对供电可靠性、运行灵活性及经济合理性等起着决定性作用。一般在研究主接线方案和运行方式时，为了清晰和方便，通常将三相电路图描绘成单线图。在绘制主接线全图时，将互感器、避雷器、电容器、中性点设备以及载波通信用的通道加工元件（也称高频阻波器）等也表示出来。

对一个水电站而言，电气主接线在电站设计时就根据机组容量、电厂规模及电厂在电力系统中的地位等，从供电的可靠性、运行的灵活性和方便性、经济性、发展和扩建的可能性等方面，经综合比较后确定。它的接线方式能反映正常和事故情况下的供送电情况。电气主接线又称电气一次接线图。

母线是主接线中进行横方向联系的电路（又称汇流排），它起着汇总和分配电能的作用。一方面将所有电源连接到母线上进行汇总，同时又将所有的引出线连接于母线上进行电能分配。

7-1-8 水电站电气主接线有哪些基本要求？

答：（1）运行的可靠性。主接线系统应保证对用户供电的可靠性，特别是保证对重要负载的供电。

（2）运行的灵活性。主接线系统应能灵活地适应各种工作情况，特别是当一部分设备检修或工作情况发生变化时，能够通过倒换开关的运行方式，做到调度灵活，不中断向用户的供电。

（3）主接线系统还应保证运行操作的方便以及在保证满足技术条件的要求下，做到经济合理，尽量减少占地面积，节省投资。

（4）考虑发展的可能性和分期工程过渡；在扩建时应能很方便地从初期建设到最终接线。

🔘 第二节 断 路 器

7-2-1 高压断路器的用途是什么？对高压断路器的主要要求是什么？

答：高压断路器是电力系统最重要的控制和保护设备，它在电网中起两方面的作用。在正常运行时，根据电网的需要，用来接通或断开电路的空载电流和负载电流，这时起控制作用；当电网发生故障时，高压断路器和保护装置及自动装置相配合，迅速、自动地切断故障电流，将故障部分从电网中断开，保证电网无故障部分的安全运行，以减少停电范围，防止事故扩大，这时起保护作用。

对断路器的主要要求有以下几点：①绝缘部分能长期承受最大工作电压，还能承受过电压；②长期通过额定电流时，各部分温度不超过允许值；③断路器的跳闸时间要短，灭弧速度要快；④能满足快速重合闸；⑤断路器遮断容量大于系统的短路容量；⑥在通过短路电流时，有足够的动稳定性和热稳定性。此外，高压断路器还应具有结构简单、安装和检修方便、体积小、重量轻价格合理等优点。

7-2-2 高压断路器有哪些类型？

答：根据断路器所使用灭弧介质的不同，主要可分为以下几种类型。

（1）油断路器。油断路器是以绝缘油为灭弧介质。可分为多油断路器和少油断路器。在多油断路器中，油不仅作为灭弧介质，而且还作为绝缘介质，因此用油量多，体积大。在少油断路器中，油只作为灭弧介质，因此用油量少、体积小，耗用钢材少。

（2）空气断路器。空气断路器是以压缩空气作为灭弧介质，此种介质防火、防爆、无毒、无腐蚀性，取用方便。空气断路器属于他能式断路器，靠压缩空气吹动电弧使之冷却，在电弧达到零值时，迅速将弧道中的离子吹走或使之复合而实现灭弧。空气断路器开断能力强，开断时间短，但结构复杂，工艺要求高，有色金属消耗多，因此，空气断路器一般应用在 110kV 及以上的电力系统中。

（3）六氟化硫（SF_6）断路器。SF_6 断路器采用具有优良灭弧能力和绝缘能力的 SF_6 气体作为灭弧介质，具有开断能力强、动作快、体积小等优点，但金属消耗多，价格较贵。近年来 SF_6 断路器发展很快，在高压和超高压系统中得到广泛应用。尤其以 SF_6 断路器为主体的封闭式组合电器，是高压和超高压电器的重要发展方向。

（4）真空断路器。真空断路器是在高度真空中灭弧。真空中的电弧是在触头分离时电极蒸发出来的金属蒸汽中形成的。电弧中的离子和电子迅速向周围空间扩散。当电弧电流到达零值时，触头间的粒子因扩散而消失的数量超过产生的数量时，电弧即不能维持而熄灭。真空断路器开断能力强，开断时间短、体积小、占用面积小、无噪声、无污染、寿命长，可以频繁操作，检修周期长。真空断路器目前在我国的配电系统中已逐渐得到广泛应用。

此外，还有磁吹断路器和自产气断路器，它们具有防火防爆、使用方便等优点。但是一般额定电压不高，开断能力不大，主要用作配电用断路器。而根据断路器安装地点的不同，还可分为户内和户外两种。

7-2-3　高压断路器的型号是怎样规定的？

答：目前我国断路器型号根据国家技术标准的规定，一般由文字符号和数字按以下方式组成，其代表意义为：①产品字母代号，用下列字母表示：S—少油断路器；D—多油断路器；K—空气断路器；L—六氟化硫断路器；Z—真空断路器；Q—产气断路器；C—磁吹断路器。②装置地点代号；N—户内；W—户外。③设计系列顺序号；以数字 1、2、3…表示。④额定电压：kV。⑤其他补充工作特性标志：G—改进型，F—分相操作。⑥额定电流：A。⑦额定开断电流：kA。⑧特殊环境代号。

7-2-4　高压断路器主要铭牌数据代表什么意义？

答：通常用下列铭牌参数表征高压断路器的基本工作性能：①额定电压（V）。它是表征断路器绝缘强度的参数，它是断路器长期工作的标准电压。②额定电流（A）。它是表征断路器通过长期电流能力的参数，即断路器允许连续长期通过的最大电流。③额定开断电流（A）。它是表征断路器开断能力的参数。在额定电压下，断路器能保证可靠开断的最大电流。④遮断容量（MVA）。开关在短路情况下可断开的最大容量。⑤动稳定电流（kA）。它是表征断路器通过短时电流能力的参数，是指断路器能承受短路电流的第一频率峰值产生的电动力效应，而不致损坏的峰值电流，为额定开断电流的 2.55 倍。⑥热稳定电流（kA/s）。热稳定电流是指断路器处于合闸状态下，在一定的持续时间内，所允许通过电流的最大周期分量有效值，此时断路器不应因短时发热而损坏。额定热稳定电流的持续时间为 2s，需要大于 2s 时，推荐 4s。

7-2-5　高压断路器由哪几部分组成，各部分的作用是什么?

答: 高压断路器主要由通断元件、中间传动机构、操动机构、绝缘支撑件和基座等5个部分组成。其中,通断元件是断路器的核心部分,主电路的接通和断开由它来完成。主电路的通断,由操动机构接到操作指令后,经中间传动机构传送到通断元件,通断元件执行命令,使主电路接通或断开。通断元件包括触头、导电部分、灭弧介质和灭弧室等,一般安放在绝缘支撑件上,使带电部分与地绝缘,而绝缘支撑件则安装在基座上。这些基本组成部分的结构,随断路器类型不同而异。

7-2-6　油在高压油断路器中的作用是什么?

答: 高压油断路器中的油主要是用来熄灭电弧的,当断路器切断电流时,动触头与静触头之间产生的电弧,由于电弧的高温作用,使油剧烈分解、气化,气体中氢占70%左右,它能够迅速地降低弧柱温度和提高极间的绝缘强度,这一特性对熄灭电弧是极为有利的,所以用油作熄灭电弧的介质。

7-2-7　断路器操动机构有何作用? 应满足哪些基本要求?

答: 操动机构是完成断路器分、合闸操作的动力能源,是断路器的重要组成部分,操动机构的性能好坏,直接影响到断路器的正常工作。

为了可靠地完成断路器的分合闸操作,操动机构应满足以下基本条件:①具有足够的操作功,即要有使断路器的动触头做分合闸运动时,所要做的功;②具有高度的可靠性,操动机构不应拒绝动作或误动作;③动作迅速,即断路器分合闸动作要求要快;④结构简单,尺寸小,重量小,价格低廉;⑤具有自由脱扣装置。

7-2-8　高压断路器操动机构有哪几种类型,各有什么特点?

答: 高压断路器主要配用电磁操动机构、弹簧储能操动机构、液压操动机构和气动操动机构等。

电磁操动机构是利用合闸线圈中的电流产生的电磁力驱动合闸铁芯,撞击合闸的连杆机构进行合闸的,其合闸能量完全取决于合闸电流的大小。因此这种操动机构要求的合闸电流一般都很大。

弹簧储能操动机构是利用弹簧预先储存的能量作为合闸动力,进行断路器的分、合闸操作的。只需要小容量的低压交流电源或直流电源。此种机构成套性强,不需配备附加设备,弹簧储能时耗费功率小,但结构复杂,加工工艺及材料性能要求高且机构本身重量随操作功率的增加而急剧增大。目前,只适用于所需操作能量少的真空断路器、少油断路器、110kV及以下电压等级的 SF_6 断路器和自能式灭弧室 SF_6 断路器。

液压操动机构利用液体的不可压缩原理,以液压油为传递介质,将高压油送入工作缸两侧来实现断路器分合闸,因此其具有如下特性:输出功大,延时小,反应快,负载特性配合较好,噪声小,速度易调变,可靠性高,维护简便。其主要不足是加工工艺要求高,如制造、装配不良易渗油等,另外,速度特性易受环境影响。

气动操动机构以压缩空气为动力,使断路器实现气动分闸,同时又使合闸弹簧储能,合闸时依靠合闸弹簧释放的能量,而不消耗压缩空气。

7-2-9　高压断路器分合闸缓冲器的作用和一般构成原理是什么？

答： 高压断路器在分合闸过程中，由于惯性而产生冲击和振动，破坏断路器强度。为减少惯性冲击，一般加装缓冲器。分闸缓冲器在合闸时，压缩其弹簧，弹簧储能，断路器减速，分闸时弹簧缓冲器释放，增加断路器初分速度。分闸缓冲器即油缓冲器，分闸时顶杆受到压力，推动活塞，活塞向下运动，迫使下部油从活塞与筒之间的狭缝向下部运动，从而产生阻力，起到分闸缓冲的作用。

7-2-10　什么叫断路器的自由脱扣？作用是什么？

答： 断路器在合闸过程中如被接通的回路存在短路等故障，保护动作接通掉闸回路，能可靠地断开断路器，叫作自由脱扣。带有自由脱扣的断路器，可以保证断路器合于短路故障时，能够迅速断开，避免事故范围的扩大。

7-2-11　为什么多断口的断路器断口上要装并联电容器？

答： 多断口的断路器，由于各个断口间及对地的散杂电容，使得各断口在开断位置的电压及在开断过程中的恢复电压分配不均匀，从而使各断口的工作条件及开断负担不相同，而降低整台断路器的开断性能。为此，在各断口上并联一个比散杂电容大得多的电容器，使各断口上的电压分配均匀，以提高断路器的开断能力，所以断口并联电容器叫均压电容器。

7-2-12　什么是电气触头？对它有哪些基本要求？它的接触形式分几种？

答： 电器中通过导体间的接触而导电的部位或部件，都称为电气触头（简称触头），如母线的接头、电器的接引处和开关电器的动、静触头等。对触头的要求有：①结构可靠；②具有良好的导电性能和最小的接触电阻；③通过规定的电流时，发热温升不超过允许值；④通过短路电流时，具有足够的电动稳定性和热稳定性；⑤可开断的触头，还应具有足够的抗熔接和抗烧伤的性能。

触头的接触形式有面接触、线接触和点接触三种。面接触需要有较大的压力才能使接触良好，自洁作用差，常用于电流较大的固定连接（如母线）和低压开关电器（如刀开关和插入式熔断器）。线接触应用最广，即使在压力不大时接触处的压强较高，接触电阻较小，触头的自洁作用强。点接触的容量小，通常用于控制电器或开关电器的辅助触点。

7-2-13　什么是电气触头的电动稳定性和热稳定性？

答： 所谓电气触头的电动稳定性，是指触头应具有足够的机械强度，能承受冲击短路电流通过时产生巨大电动力的作用而不发生变形、损坏和自动分闸等现象的能力。电气触头的热稳定性，则是指触头在短路电流通过期间，发热的最高温度不超过触头短时发热的允许温度，这样才不至于造成触头熔接或退火等方面的损坏。当电流从触头少量的接触点流过时，方向发生了改变，出现了相反的横向电流，使触头间产生了推斥力，巨大的冲击短路电流通过时，有可能将动触头推开而自动跳闸；也可能使触头局部分离而产生电弧，冲击电流过后，触头复位发生熔接。为了提高触头的电动稳定性，可从触头结构上考虑利用短路电流所产生的电动力将触头压紧在一起，而要保持热稳定，则应限制接触电阻不超过允许值。

7-2-14　什么是高压断路器的触头？它的质量和实际接触面积取决于什么？

答：在高压断路器的导电回路中，通常把导体互相接触的导电处称为触头。触头往往是高压断路器导电回路中最薄弱的环节。触头的质量主要取决于触头的接触电阻。接触电阻与表面的实际接触面积、触头材料、触头所受压力以及接触表面的洁净程度有关。试验证明触头的实际接触面积与触头本身的尺寸无关，而仅决定于加在触头上的压力和触头金属材料的抗压极限。

7-2-15　什么是真空断路器？它有哪些优点？

答：真空断路器是指静触头和动触头均放置在真空的玻璃泡中，即是利用真空作为灭弧与绝缘介质的，因而熄弧快，触头不致氧化，适合于频繁操作。但由于真空度要求很高，所以密封比较困难，主要用于操作频繁的配电系统上。其优点主要有以下4点。

（1）真空断路器利用真空扩散灭弧，有很高的断路能力（又称为自能灭弧方式），断路器位于分闸位置时，若触头间发生击穿，无论何时都具有与断路器分闸时相同的开断能力。所以发展性故障与多次雷击的情况对真空断路器不会构成威胁，仍能断开。

（2）真空断路器的电弧电压很低，触头间的电磨损很轻微。只要触头烧损不大于允许的烧损量，但能满足规定的耐压要求，断路器则仍然具有开断电弧的能力。

（3）不产生有害气体，装配容易，维护简单。

（4）灭弧室采用对电弧有强大的电磁推力的触头结构，以驱使电弧高速旋转，防止电弧集中燃烧，迫使电弧在电流自然过零时熄灭，灭弧室结构具有散热效果好，电场分布均匀，不受其他因素影响，外形尺寸小的优点。

7-2-16　什么是 SF_6 气体？为什么 SF_6 气体可用作断路器的灭弧介质？

答：SF_6 是一种无色、无嗅和不可燃的惰性气体，化学性质非常稳定。它之所以用作断路器的灭弧介质，是因为它具有下列特性。

（1）绝缘性能好。由试验得知，在相同气压下，SF_6 气体的击穿强度为空气的 $2.5\sim3$ 倍；当压力为 2.65 个绝对大气压时，其击穿已与变压器油相当。因此，采用 SF_6 气体为绝缘介质，可使断路器的外形尺寸大大缩小。

（2）灭弧性能好。由于 SF_6 在高温下发生分解和电离的特性与空气大不相同，同时 SF_6 气体分子及其在高温时分解而成的氟和氟化物，具有吸附自由电子而构成负离子的特性，使得在 SF_6 中燃烧的电弧，弧压较低，弧径较细，弧柱的热惯性较小。这样，在交流电流过零以后，弧道中的气体很容易由等离子体恢复成绝缘介质。因而在相同条件下，采用 SF_6 气体要比采用其他气体能熄灭更大电流的电弧，亦即能开断更大电流的电路。

7-2-17　SF_6 断路器有哪几种类型？单压式和双压式 SF_6 断路器的工作原理是什么？

答：SF_6 断路器的类型按灭弧方式分，有单压式和双压式；按总体结构分，有落地箱式和支柱瓷套式。

单压式 SF_6 断路器只有一种较低的压力系统，即只有 $0.3\sim0.6MPa$ 压力（表压）的 SF_6 气体作为断路器的内绝缘。在断路器开断过程中，由动触头带动压气活塞或压气罩，利用压缩气流吹熄电弧。分闸完毕，压气作用停止，分离的动、静触头处在低压的 SF_6 气体中。双压式 SF_6 断路器内部有高压区和低压区，低压区 $0.3\sim0.6MPa$ 的 SF_6 气体作为断路器的主绝缘。在分闸过程中，排气阀开启，利用高压区约 1.5MPa 的气体吹熄电弧。分闸完毕，动、静触头处于低压气体或高压气体中。高压区喷向低压区的气体，再经气体循环系统和压缩气体打回高压区。

7-2-18　SF₆ 断路器灭弧室有哪些类型？它们的工作原理各是什么？

答： SF₆ 断路器灭弧室结构按灭弧介质的压力不同，分为双压式和单压式两种，但双压式由于结构复杂、辅助设备多，目前一般不采用。按吹弧方向不同，可分为双吹式、单吹式、外吹式和内吹式。按触头运动方向不同，分为定熄弧距（也称为定开距）和变熄弧距（也称为变开距）。另外，代表最新发展和研究的还有自能式灭弧室。

变熄弧距灭弧室中的活塞固定不动。当分闸时，操动机构通过绝缘拉杆使带有动触头和绝缘喷口的工作缸运动，在活塞与压气缸之间产生压力，等到绝缘喷口脱离静触头后，触头间产生电弧。同时压气缸内气体在压力作用之下吹向电弧，使电弧熄灭。在这种灭弧室结构中，电弧可能在触头运动的过程中熄灭，所以称为变熄弧距。变熄弧距式灭弧室在目前国内运行的 SF₆ 断路器中普遍应用。

定熄弧距灭弧室中有两个开距不变的喷嘴触头，动触头和压气缸可以在操动机构的带动下一起沿喷嘴触头移动。当分闸时，操动机构带着动触头和压气缸运动，在固定不动的活塞与压气缸之间的 SF₆ 被压缩，产生高气压。当动触头脱离一侧的喷嘴触头后，产生电弧，而且被压缩的 SF₆ 气体产生向触头内吹弧的作用，使电弧熄灭。这种灭弧室在国内外产品中应用也不少。

自能压气式灭弧室内有大小两个喷嘴，小喷嘴作为动触头，更重要的是它与变熄弧距灭弧室相比，在压气缸上附加了热膨胀室。热膨胀室与压气缸用热膨胀室阀片相通，当热膨胀室压力增大到一定程度时，该阀片关闭。开断大电流时，在动触头离开静触头瞬间，大电流引起的电弧使热膨胀室内压力骤增，热膨胀室阀片关闭。当电弧电流过零时，热膨胀室储存的高压气流将电弧熄灭。而动触头在操动机构带动下，继续往下运动。当压气缸压力超过压气缸回气阀的反作用力时，回气阀片打开，使压气缸内过高的压力释放，且回气阀片一旦打开，要维持继续分闸的压力不是很大，故不需要分闸弹簧有太大的能量，因此操动机构的输出功较小。在小电流开断时，电弧能量不大，热膨胀室压力不是很高，压气缸压出的气体途经热膨胀室熄灭小电流电弧，不会发生截流与产生高的过电压。由于大喷嘴和热膨胀室的存在，使电弧熄灭后，在动静触头之间保持着较高的气压，有较好的绝缘强度，不会发生击穿而导致开断失败。

7-2-19　新安装的高压断路器投运前必须具备哪些条件？

答： 新安装的高压断路器投运前应具备下列条件：①开关及操动机构应安装牢固。②油漆应完整，相色标志正确，外表清洁。③所有连接紧固件紧固良好无松动现象。④开关气压正常，无漏气现象。⑤开关及其操动机构的联动正常；无卡阻现象，开关的分、合闸机械及电气指示正确，辅助开关切换可靠，触点接触良好。⑥操动机构箱密封应良好，电线穿孔封堵应完好。⑦开关应有能实现五防功能的闭锁装置，即：防止误分、误合开关；防止带负载拉、合隔离开关；防止带电挂（合）接地线（地刀）；防止带接地线（地刀）合开关（隔离开关）；防止误入带电间隔。⑧投入操作电源进行分合闸试验，在各个分、合参数下分合可靠。⑨开关应有运行编号和名称。⑩弹簧操动机构的要求：电动机运转和储能信号应与后台计算机显示屏一致；进行三次操作试验，带重合闸的线路开关还应投入重合闸试验，以检查机构动作的正确性。⑪验收时，应提交下列资料和文件：变更设计的证明文件；制造厂提供的产品说明书、合格证及安装图纸等技术文件；安装技术资料；出厂调试和安装调试报告；备品、备件及专用工具清单。

7-2-20 高压断路器巡视的项目有哪些？

答：高压断路器巡视的项目有：①瓷绝缘是否清洁、完整，有无损坏、裂纹或放电。②油位、油色、声响是否正常，有无渗漏油。③位置信号与机械指示是否一致，接头有无发热。④外壳及二次接地是否良好，有无锈蚀、损伤或放电。⑤机构压力或 SF$_6$ 压力是否在正常范围内，管路接头有无异音（漏气、振动）、异味或渗漏油；机构加热器是否按规定投退。弹簧储能是否正常等。⑥真空断路器的绝缘拉杆应完整无断裂，连杆无弯曲等。⑦新投和大修后投入运行：72h 内每 2h 巡视检查一次。

7-2-21 高压油断路器的特殊巡视项目有哪些？

答：高压油断路器有以下特殊巡视项目：①雷雨浓雾后检查套管是否有闪络、裂纹和放电现象，基础是否下沉或倾斜；②大风时应检查引线及顶部，不应有异物搭挂及引线断裂现象，机构封闭良好；③各连接部分应牢固无松动、发热现象；④大雪时检查连接处积雪不应立即融化，套管无冰溜子；⑤夜间闭灯检查不应有放电、火花现象；⑥油断路器自动掉闸后，应检查有无喷油、声音异常、油色发黑现象，支持绝缘子无断裂，套管接头无松动，各接头无发热、烧伤痕迹，油箱无变形的现象；⑦过载时各连接处应无发热现象。

7-2-22 高压真空断路器在运行中的维护与检查项目有哪些？

答：高压真空断路器在运行中的维护与检查项目有：①分、合指示器指示正确，应与当时实际运行工况相符；②支持绝缘子无裂痕、损伤、表面光洁；③真空灭弧室无异常（包括无异常声响），如果是玻璃外壳可观察屏蔽罩颜色有无明显变化；④金属框架或底座无严重锈蚀和变形；⑤可观察部位的连接螺栓无松动，轴销无脱落或变形；⑥接地良好；⑦引线接触部位或有示温蜡片部位无过热现象，引线弛度适中。

7-2-23 SF$_6$ 断路器运行中的主要监视项目有哪些？

答：SF$_6$ 断路器运行中的主要监视项目有：①检查断路器瓷套、瓷柱有无损伤、裂纹、放电闪络和严重污垢、锈蚀现象；②检查断路器触点、触头处有无过热及变色发红现象；③断路器实际分、合闸位置与机械、电气指示位置是否一致；④断路器与机构之间的传动连接是否正常；⑤机构油箱的油位是否正常；⑥油泵或空气压缩机每日启动次数；⑦监视压力表读数及当时环境温度（包括气压与油压的情况）；⑧监视蓄能器的漏氮和进油情况及空气压缩系统的漏气和漏油情况；⑨液压系统和压缩空气系统的外泄情况；⑩加热器投入与切除情况，照明是否完好；⑪辅助开关触点转换正常与否；⑫机构箱门关紧与否。

7-2-24 在什么情况下将断路器的重合闸退出运行？

答：在以下情况下重合闸退出运行。

（1）断路器的遮断容量小于母线短路容量时，重合闸退出运行。

（2）断路器故障跳闸次数超过规定，或虽未超过规定，但断路器严重喷油、冒烟等，经调度同意后应将重合闸退出运行。

（3）线路有带电作业，当值班调度员命令将重合闸退出运行。

（4）重合闸装置失灵，经调度同意后应将重合闸退出运行。

7-2-25　如何根据断路器的合闸电流选择合闸保险？

答：合闸保险的选择与断路器的型式有关。由于断路器型式不同，合闸时间也不一样，合闸时间短的选用较小的保险（一般保险在 1s 过载能力为三倍额定电流，0.2s 的过载能力为 4 倍额定电流）。

断路器的合闸线圈是按瞬时通过额定合闸电流设计的，根据保险特性合闸保险电流可按额定电流的 1/4 左右来选择，或通过试验来准确地选择合闸保险的大小。

7-2-26　五防连锁装置是防止哪五种误操作的？

答：防止的 5 种误操作是：①防止误拉、合断路器；②防止误入带电间隔；③防止带负载拉合隔离开关；④防止带电挂地线；⑤防止带地线合隔离开关。

这在一般的开关设备上都设置有这种功能，如华自科技的 KYN28A-12 型户内金属铠装抽出式开关设备就具有防止带负载推拉断路器手车；防止误分、误合断路器；防止接地开关处于闭合位置时关合断路器；防止误入带电间隔；防止在带电时误合接地开关的五防连锁功能。

7-2-27　断路器检修时为什么必须断开二次回路电源，应断开的电源包括哪些？

答：断路器检修时，二次回路如果有电，会危及人身和设备安全，可能造成人身触电、烧伤、挤伤和打伤；对设备可能造成二次回路接地、短路，甚至造成继电保护装置误动或拒动，引起系统事故。

应断开的电源有：①控制回路电源；②合闸电源；③信号回路电源；④重合闸回路电源；⑤远动装置电源；⑥事故音响回路电源；⑦保护闭锁回路电源；⑧自动装置回路电源；⑨指示灯回路电源。

7-2-28　液压操动机构由哪几个部件组成？有哪些常见故障？

答：液压操动机构主要由高压油泵、储压筒、工作缸以及控制调节用的阀系统组成。

液压操动机构经常发生的故障有：①油压高。当油压过高超过规定值时，会因为工作缸、油管等部件机构强度不够，发生爆炸事故。②油压低。当因油箱、油管有漏油现象时，发生油压低的故障，此时会因油压低而导致断路器合不上闸或慢分闸，引起断路器爆炸事故。③高压油泵失去电源。此时当油压低至规定值时，会因油泵无电源而不能启动，不能及时升压。④合、分闸电磁铁失去操作电源。

7-2-29　经常采用的减少接触电阻和防止触头氧化的措施有哪些？

答：①采用电阻率和抗压强度低的材料制造触头；②利用弹簧或弹簧垫等，增加触头接触面间的压力；③对易氧化的铜、黄铜、青铜触头表面，镀一层锡、铅锡合金或银等保护层，防止因触头氧化使接触电阻增加；④在铝触头表面，涂上防止氧化的中性凡士林油层加以覆盖；⑤采用焊接的铜铝过渡接头；⑥可断触头在结构上，动、静触头间有一定的相对滑动，分合时可以擦去氧化层（称自洁作用），以减少接触电阻。

7-2-30　绝缘油灭弧的原理是什么？通常改善油断路器灭弧性能的措施有哪些？

答：高压油断路器的灭弧室里充满绝缘油，分闸时，触头在灭弧室内断开，电弧便在灭弧室里的绝缘油中燃烧。电弧燃烧时的高温作用使周围的绝缘油开始分解，形成油蒸气。并有 50％以上的油蒸气进一步分解为氢气、乙炔、甲烷、乙烯等气体，以致电弧被大量油气包围，在油气当中燃烧直至熄灭，利用绝缘油熄弧的原理就是借助于高温而分解气体的作用。

改善油断路器灭弧性能的主要措施有：①从纵的或横的方向把绝缘油喷向电弧；②用高速度拉长电弧；③把电弧分成许多串联的短弧；④使电弧与灭弧介质紧密接触；⑤迅速排出弧道中的高温油气和导电离子。

7-2-31　预防高压断路器灭弧室烧损、爆炸的技术措施有哪些？

答：（1）根据各种运行方式，保证断路器实际短路开断电流满足要求，具体措施如下：合理改变系统运行方式，限制和减少系统短路电流；采取限流措施，如加装电抗器等以限制短路电流；在继电保护上采取相应的措施，如控制断路器的跳闸顺序等；将短路开断电流小的断路器调换到短路电流小的变电站；根据具体情况，更换成短路开断电流大的断路器。

（2）应经常注意监视油断路器灭弧室的油位，发现油位过低或渗漏油时应及时处理，严禁在严重缺油情况下运行。油断路器发生开断故障后，应检查其喷油及油位变化情况，发现喷油严重时，应查明原因并及时处理。

（3）断路器应按规定的检修周期和具体短路开断次数及状态进行检修，做到"应修必修、修必修好"。不经检修的累计短路开断次数，按断路器技术条件规定的累计短路开断电流或检修工艺执行。

（4）当断路器所配液压机构打压频繁或突然失压时应申请停电处理。必须带电处理时，检修人员在未采取可靠防慢分措施（如加装机械卡具）前，严禁人为启动油泵，防止由于慢分而使灭弧室爆炸。

7-2-32　预防高压断路器套管、支持绝缘子闪络的技术措施有哪些？

答：根据设备运行现场的污秽程度，采取下列防污闪措施：①定期对瓷套或支持绝缘子进行清洗；②在室外 40.5kV 及以上电压等级开关设备的瓷套或支持绝缘子上涂 PTV 硅有机涂料或采用合成增爬裙；③采用加强外绝缘爬距的瓷套或支持绝缘子；④采取措施防止开关设备瓷套渗漏油、漏气及进水；⑤新装投运的开关设备必须符合防污等级要求。

7-2-33　断路器越级跳闸应如何检查处理？

答：断路器越级跳闸后应首先检查保护及断路器的动作情况。如果是保护动作，断路器拒绝跳闸造成越级，则应在拉开拒跳断路器两侧的隔离开关后，将其他非故障线路送电。如果是因为保护未动作造成越级，则应将各线路断路器断开，再逐条线路试送电，发现故障线路后，将该线路停电，拉开断路器两侧的隔离开关，再将其他非故障线路送电。最后再查找断路器拒绝跳闸或保护拒动的原因。

7-2-34 高压断路器拒跳原因有哪些，应如何处理？

答：高压断路器拒跳原因通常有两个：一是操动机构机械部分故障，二是操作回路电气故障。当断路器发生拒跳时，值班人员应根据灯光指示，首先判断跳闸回路是否完好，如果红灯不亮，则说明跳闸回路不通。此时应检查操作熔丝是否熔断或接触不良，万能转换开关的触点和断路器的辅助触点是否接触不良，防跳继电器的线圈是否断线，操作回路是否发生断线，灯泡、灯具是否完好等；若操作电源良好，跳闸铁芯动作无力，则说明跳闸线圈动作电压过高，或者操作电压过低，跳闸铁芯卡涩、脱离，或跳闸线圈本身的故障等原因。若跳闸铁芯顶杆运动良好，断路器又拒跳，则可能是机构卡涩或传动连杆销子脱离等。拒跳原因查明后，值班人员应根据不同的故障性质采取不同的处理方案。

（1）如进行正常的分闸操作时，红色信号灯不亮，在确认灯具完好后，应迅速更换操作熔丝、再进行分闸操作。此时应由两人进行，一人远方操作转换开关，一人就地观察分闸铁芯动作情况，同时要注意保持安全距离。若铁芯动作无力，则为铁芯阻卡；若分闸铁芯动作正常，但跳不掉断路器，则说明机械发卡。此时应就地用机械分闸装置来遮断断路器。对于空气断路器、SF₆断路器，气压必须正常，方可进行机构遮断。

（2）当需要在紧急事故状态下进行分闸时，如继电保护装置动作或手动远方拉闸均拒分，有可能引起主设备损坏时，值班人员应立即手动拉开上一级断路器，然后到故障断路器处用机械分闸装置来遮断断路器；若机械分闸装置不能断开断路器时，应迅速断开故障断路器两侧隔离开关，再恢复上一级电源供电，待查明原因再进行处理；若事故状态下时间允许时，值班人员应迅速跑到故障断路器，用机械分闸装置断开断路器；若用机械分闸装置断不开时，应立即倒换运行方式，或用母联断路器、上一级断路器来断开、再用隔离开关将故障断路器隔离、恢复运行方式。

7-2-35 运行中断路器误跳闸故障的分析、判断和处理步骤是什么？

答：若系统无短路或直接接地现象，继电保护未动作，断路器自动跳闸称断路器"误跳"。对"误跳"的分析、判断与处理一般分以下三步进行。

（1）根据事故现象的以下特征，可判定为"误跳"：①在跳闸前表计、信号指示正常，表示系统无短路故障；②跳闸后，绿灯连续闪光，红灯熄灭，该断路器回路的电流表及有功表、无功表指示为零。

（2）查明原因，分别处理：①若由于人员误碰、误操作，或受机械外力振动，保护盘受外力振动引起自动脱扣的"误跳"，应排除开关故障原因，立即送电；②对其他电气或机械部分故障，无法立即恢复送电的则应联系调度及有关领导将"误跳"断路器停用，转为检修处理。

（3）对"误跳"断路器分别进行电气和机械方面故障的检查、分析：①电气方面故障原因有：保护误动或整定值不当，或电流、电压互感器回路故障；二次回路绝缘不良，直流系统发生两点接地（跳闸回路发生两点接地）。②机械方面故障原因有：合闸维持支架和分闸锁扣维持不住，造成跳闸；液压机械分闸一级阀和止回阀处密封不良、渗漏时，本应由合闸保持孔供油到二级阀上端以维持断路器在合闸位置，但当漏的油量超过补充油量时，在二级阀上下两端造成压强不同，当二级阀上部的压力小于下部的压力时，二级阀会自动返回，而二级阀返回会使工作缸合闸腔内高压油泄掉，从而使断路器跳闸。

7-2-36 高压油断路器缺油时如何处理？

答：高压油断路器缺油时将失去灭弧能力。若在此时用该断路器切断负载中事故跳闸，则有可能发生断路器爆炸，引发更大的事故。

一旦发现高压油断路器缺油，应立即断开断路器的操作电源，避免自动跳闸和手动拉闸。将缺油断路器倒在备用母线上，经由母线联络油断路器或由单独电源供电，调整母线联络油断路器或另一电源的保护装置，使该断路器在具有保护的条件下加油。若不能实现上述操作，则应设法调整并切除该断路器的所有负载，在线路无故障的情况下断开与断路器相串联的隔离开关，将高压油断路器从线路中退出运行，进行检修和加油。

7-2-37 高压油断路器着火的原因有哪些，应如何处理？

答：高压油断路器着火可能由以下原因造成：①油断路器外部套管污秽受潮，而造成对地闪络或相间闪络及油断路器内部闪络；②油断路器分闸时动作缓慢或遮断容量不足；③油断路器内油面上的缓冲空间不足；④在切断强大电流发生电弧时会形成强大的压力使油喷出。

油断路器着火而未自动跳闸时，应立即用远方操作切断燃烧着的油断路器，并将油断路器两侧的隔离开关拉开，使其与可能涉及的运行设备隔开，并用干式灭火器灭火，如不能扑灭时再用泡沫灭火器扑灭。

7-2-38 SF_6 断路器气体压力降低如何处理？

答：SF_6 断路器利用 SF_6 气体密度继电器（气体温度补偿压力开关）监视气体压力的变化。当 SF_6 气压降至第一报警值时，密度继电器动作，发出"SF_6 压力低"信号，应进行如下处理：①检查压力表指示，检查是否漏气，确定信号报出是否正确。SF_6 气体严重泄漏时，如感觉有刺激气味，自感不适，应采取防止中毒的措施。②如果检查没有漏气，而属于长时间运行中的气压下降，应由专业人员带电补气。如果检查有漏气现象，且 SF_6 气体压力下降至第二报警值时，密度继电器动作，报出"合跳闸闭锁"或"合闸闭锁""分闸闭锁"信号时，断路器不能跳合闸，应向调度员申请将断路器停止运行，并采取下列措施：取下操作保险，挂"禁止分闸"警告牌；将故障断路器倒换到备用母线上或旁路母线上，经母联断路器或旁路断路器供电；设法带电补气，不能带电补气者，负载转移后停电补气；严重缺气的断路器只能作隔离开关用。如不能由母联断路器或旁路断路器代替缺气断路器工作，应转移负载，把缺气断路器的电流降为零后，再断开断路器。

7-2-39 断路器送电前应检查哪些项目？

答：应检查的项目有：①断路器检查工作完毕后，在送电前，应收回所有工作票，拆除安全设施，恢复常设遮栏，并对断路器进行全面检查；②检查断路器两侧隔离开关均应在断开位置；③测量断路器的绝缘电阻值；④油断路器本体清洁，无遗留工具，并且断路器三相均应在断开位置；⑤油断路器本身及充油套管油位应在正常位置，油色应透明，不发黑且无漏油现象；⑥油断路器的套管应清洁，无裂纹及放电痕迹；⑦操动机构应清洁完整，连杆、拉杆绝缘子、弹簧及油缓冲器等应完整无损；⑧断路器排气管及隔板应完整，装置应牢固；⑨分合闸机械位置指示器应指示在"分"位置；⑩二次回路的导线和端子排完好；⑪断路器的接地装置应紧固不松动，断路器周围的照明及围栏应良好；⑫对断路器进行拉、合闸和重合闸试验一次，以检查断路器动作的灵活性。以上各项工作完成后，即可合闸送电。

7-2-40　高压断路器的检修周期是怎么规定的？应包括哪些检修项目？

答：高压断路器的检修分为大修、小修和临时性检修。

（1）大修。2～3 年进行一次。新投入的断路器运行一年后，需进行全面的解体检查和调整。其大修项目有：①本体的分解；②灭弧部分、导电部分、绝缘部分的解体和检修；③控制、传动部分的解体和检修；④操动机构的解体和检修；⑤其他附件的解体和检修；⑥组装调试；⑦整体清扫、除锈刷漆。

（2）小修。规定一年 1～2 次。在不解体断路器的情况下，对断路器进行详细的检查、清扫和局部修理。其小修项目有：①消除运行中发现的一般缺陷；②检查和清扫引线连接处有否过热或螺栓松动的情况；③检查和清扫瓷质部件及密封部分；④对切除过故障的断路器进行抽导电杆检查；⑤清扫、检查传动机构各部件螺钉的紧固情况；⑥用手动和电动分合闸各两次，检查操动机构的动作情况。

（3）临时性检修。根据断路器安装地点的短路容量或发现有影响断路器继续安全运行的严重缺陷决定。①当断路器装设地点的实际短路容量为断路器额定断流容量的 80% 以上时，则应在切除故障 2～4 次后进行解体检修；②当实际短路容量为断路器额定断流容量的 50%～80% 时，切除 5～7 次后，进行解体检修；③当实际短路容量为断路器断流容量的 50% 以下时，切除 8～10 次后才进行解体检修；④发现有危及断路器继续安全运行的严重缺陷时应进行临时性检修。

7-2-41　高压油断路器检修后应满足什么技术要求？

答：经检修后的高压油断路器应满足如下技术要求：①在基础或支架上的位置准确，固定牢固符合安全要求；②油箱、储气罐和其他密封部分不渗油、不漏气、不漏水；③整组的和部分的电气绝缘良好；④各机件之间的间隙、距离、角度、行程和搭扣等符合规定；⑤慢速或快速操作时，准确可靠地完成指定的动作，合、分闸的运动速度和动作时间符合规定；⑥动触头和静触头的接触良好，导电回路的电阻符合规定。

7-2-42　SN10-10 型少油断路器本体的检修工艺程序是什么？

答：中型水电站常用的是 SN10-10 型少油断路器。其本体的检修工艺程序如下。

（1）本体拆卸。拆下引线，拧开放油阀，拆除传动轴拐臂与绝缘连杆的连接，然后按下列顺序从上至下逐步解体：①拧开顶部 4 个螺钉，卸下断路器的顶罩；②取下静触头和绝缘套；③用专用工具拧开螺纹套，逐次取出灭弧片；④用套筒扳手拧开绝缘筒内的 4 个螺钉，取下铝压圈、绝缘筒和下引线座；⑤取出滚动触头，拉起导电杆，拔去导电杆尾部与连板连接的销子，即可取下导电杆；⑥若需拆卸油缓冲器时，拧下底部三个螺钉即可。

（2）本体的检修。取出隔弧片和大小绝缘筒，并用合格的变压器油清洗干净后，检查有无烧伤、断裂、变形、受潮等情况。对于受潮的部件应进行干燥，若放 80～90℃ 的烘箱内干燥，在干燥时应立放，并经常调换在烘箱内的位置。

将静触头上的触指和弹簧片拔出，放在汽油中清洗干净，检查触指烧伤情况，轻者用 0 号砂纸打光，重者应更换。检查弹簧片，如有变形或断裂更换之。

在触指组装时，应保证每片触指接触良好，导电杆插入后有一定的接触压力。

检查止回阀钢球动作是否灵活，行程应为 0.1～1mm，滚动触头表面镀银情况是否完好。注意：镀银触头可用布擦，切忌用砂纸打磨。

检查导电杆表面是否光滑，有无变形、烧伤等情况，从动触头顶端起 60～100mm 处应保持光洁，不能有任何痕迹。导电杆的铜钨头如有轻度烧伤，可用锉刀或砂纸打光，对烧伤严重（烧伤深度达 2mm）的应更换，更换后的触头接合处打三个防松的冲眼。

检查本体的支持瓷套和支架的套管绝缘子有无裂纹、破损，如有轻微掉块可用环氧树脂修补，严重时应更换。

7-2-43 SN4-20G 型断路器的拆卸工序是如何进行的？

答： 大型水电站常用的户内式少油断路器是 SN4-20G 型断路器，其拆卸工序是：①用管子钳或扳手拆下排气管，检查管壁有无锈蚀，末端的紧闭装置关闭是否紧密，动作是否灵活。②用套筒扳手卸下分油器，注意在拆卸时要防止顶盖和瓷球跌落碰破瓷套。拆下清洗后将孔眼处用硬纸板盖好。以上两项是在合闸状态下拆除的，拆卸完毕后松开闭锁机构，将断路器跳开。③拆掉横梁与导电杆的紧固螺母、螺母与垫圈，用木锤轻轻敲打，使导电杆与横梁脱开，落入油箱内。此时，应专人扶住提升杆，防止横梁两侧导电杆先后落下时，横梁发生倾斜。④拆下提升杆下端与传动机构连接的销子，将提升杆连同横梁一起旋转 90°后抽出。然后取出导电杆与导电板。⑤拆除箱盖与进出母线的连接，拧下固定油箱盖的 4 个螺栓，并在顶盖上装好吊绳，再将顶盖推转一角度，慢慢将顶盖连箱顶绝缘子一起吊出。⑥依次取出绝缘筒、灭弧片、下绝缘筒和两个绝缘套。⑦用套筒扳手拧下静触头的 4 个固定螺母，取出静触头。

7-2-44 SW6-110 型断路器整体拆卸的工艺程序怎样？

答： SW6-110 型断路器整体拆卸的工艺程序如下。

（1）起吊灭弧装置。先让断路器处于分闸位置，然后将灭弧装置、中间机构箱，支持瓷套内的油放尽，拆除连接导线，用起吊绳套在第一个瓷裙上，并在稍微收紧后拧下灭弧装置与中间机构箱的固定螺钉，即可将灭弧装置沿导电杆运动方向抽出。

（2）吊下中间机构箱。从中间机构箱的两边窗孔内拆除提升杆与机构箱连板的连接销，拧下机构箱与铁法兰之间的紧固螺钉，吊下中间机构箱，取出密封垫圈。

（3）拆卸支座及支持瓷套。从底架的侧孔内取下提升杆与内拐臂连接的销子，取出提升杆，然后均匀松开底架与铁法兰之间的紧固螺钉，抽出卡固弹簧，吊下支持瓷套，取下密封垫圈。

7-2-45 KW4-220 型压缩空气断路器的本体拆卸程序怎样？

答： KW4-220 型断路器的本体拆卸程序如下。

（1）放气。首先关闭控制柜的给气阀，切断气源，打开储气筒下部的放气阀。放气时必须注意：①放气前断路器必须在合闸位置，否则在放气过程中，低气压闭锁装置动作，断路器会自动合上；②检修过程中，储气筒下部的放气阀不能关闭。

（2）灭弧室起吊的步骤。①将起吊绳套在均压电容内侧躯壳上，并适当收紧，打开灭弧室安装孔，拆去绝缘拉杆上端与杠杆的连接销；②拆掉灭弧室与支持瓷套连接法兰的螺钉，即可吊起灭弧室。

（3）拆除绝缘拉杆。打开储气筒的安装孔，拆去绝缘拉杆下端与轴承座的连接销，从支持瓷套的上端取出绝缘拉杆，并放在干燥室内保存。

（4）起吊支持瓷套。将支持瓷套绑好，拆除瓷套下法兰螺母，吊下瓷套。

7-2-46 SF₆断路器的检修周期是如何规定的？

答：（1）本体大修周期，一般15年进行一次或结合具体断路器型式决定。

（2）操动机构大修周期，凡是本体大修必须进行操动机构大修，另外还需7～8年进行一次。

（3）小修周期，一般建议1～3年进行一次。

（4）临时性检修：①开断故障电流次数达到规定值时；②开断短路电流或负载电流达到规定值时；③机械操作次数达到规定值时；④存在严重缺陷，影响安全运行时。

7-2-47 SF₆断路器交接或大修后试验项目有哪些？

答：变电站接安装或大修后的SF₆断路器，在带电投入运行前，需做如下试验。

（1）绝缘电阻的测量。

（2）耐压试验，只对110kV及以上罐式断路器和500kV定开距瓷柱式断路器断口进行。

（3）SF₆气体的微量水含量。主要目的在于将断路器中水分控制在一定范围内，减少对绝缘、灭弧性能影响以及电弧分解物的产生。

（4）测量每相导电回路电阻。主要检查断路器触头接触是否良好，在通过运行电流时，不导致触头异常温升。

（5）断路器电容器的试验。能及时发现不合格的电容器，避免发生异常事故。

（6）断路器合闸电阻的投入时间及电阻值测量。检查合闸电阻是否能正确无误地投切，从而起到限制操作过电压的作用。

（7）断路器特性试验。包括分、合闸时间及同期性测量、操动机构的试验、分、合闸线圈绝缘电阻及直流电阻，等等。这一项是保证断路器能正确动作、开断额定电流及故障电流。

（8）密封性试验。

（9）SF₆气体密度监视器检验。

（10）压力表、机械安全阀校验。

7-2-48 为什么要试验高压断路器的低电压合、掉闸？标准是什么？

答：运行中的高压断路器，在正常的直流电压下，当在正常的手柄操作、自动重合闸、继电保护动作掉闸等情况时，均应保证可靠掉合。

实践证明，当水电站的直流电源容量降低较多或电缆截面选择不当，电阻过大时，由于直流压降损失太大，掉、合闸线圈和接触器HC线圈往往不能正确动作。在多路断路器同时合、掉闸时更是如此。此外，在直流系统绝缘不良，两点高阻接地的情况下，在掉闸线圈或接触器线圈两端，可能引入一个数值不大的直流电压，当线圈动作电压过低时，就会误动作，导致断路器误掉闸，或造成合闸线圈烧毁。

因此，要试验高压断路器的低电压合、掉闸。对电磁操动机构的掉、合闸线圈和接触器线圈一般都规定一个最高动作电压，而对掉闸线圈和接触器线圈还规定一个最低动作电压。这就是高压断路器的低电压合、掉闸试验标准。

7-2-49　断路器低电压分、合闸线圈的试验标准是怎样规定的？为什么有此规定？

答：标准规定电磁机构分闸线圈和合闸接触器线圈最低动作电压不得低于额定动作电压的 30％，最高不得高于额定动作电压的 65％。合闸线圈最低动作电压最低不得低于额定电压的 80％～85％。

断路器的分合闸动作都需要一定的能量，为了保证断路器的合闸速度，规定了断路器的合闸线圈最低动作电压不得低于额定电压的 80％～85％。

对分闸线圈和接触器线圈的低电压规定是因这个线圈的动作电压不能过低，也不得过高。如果过低，在直流系统绝缘不良，两点高阻接地的情况下，在分闸线圈或接触器两端可能引入一个数值不大的直流电压，当线圈动作电压过低时，会引起断路器误分闸和误合闸；如果过高，则会因系统故障时，直流母线电压降低而拒绝跳闸。

7-2-50　高压断路器的预防性试验项目主要有哪些？

答：高压断路器的预防性试验项目主要有：①绝缘电阻试验；②40.5kV 及以上少油断路器的泄漏电流试验；③40.5kV 及以上非纯瓷套管和多油断路器的介质损耗因数 $\tan\delta$ 试验；④测量分合闸电磁铁绕组的绝缘电阻；⑤测量断路器并联电容的 C_x 和 $\tan\delta$；⑥测量导电回路电阻；⑦交流耐压试验；⑧断路器分闸、合闸的速度，时间，同期性等机械特性试验；⑨检查分合闸电磁铁绕组的最低动作电压；⑩远方操作试验；⑪绝缘油试验。

7-2-51　测量高压断路器的绝缘电阻有哪些要求？

答：对各种型式的断路器，一般都要求测量其整体的绝缘电阻，即断路器导电回路对地的绝缘电阻。测量时应采用 2500V 绝缘电阻表。对空气断路器，实际是测量其支持瓷套的绝缘电阻，一般数值很高，最低不得小于 5000MΩ。对于少油和多油断路器还应测量绝缘提升杆的绝缘电阻。绝缘提升杆一般由有机材料制成，运输和安装过程中容易受潮，造成绝缘电阻较低。表 7-2-1 示出了用有机材料制成的断路器绝缘提升杆的绝缘电阻允许值。

表 7-2-1　　　　　用有机材料制成的断路器绝缘提升杆的绝缘电阻允许值　　　　　（单位：MΩ）

试验类别	额定电压（kV）			
	<24	24～40.5	72.5～252	363
大修后	1000	2500	5000	10000
运行中	300	1000	3000	5000

7-2-52　测量高压断路器泄漏电流的意义和方法是什么？

答：40.5kV 及以上的少油断路器、空气断路器和 SF_6 断路器，应测量其支持瓷套、绝缘提升杆以及断口间的直流泄漏电流。泄漏电流试验比绝缘电阻测量能更灵敏地发现绝缘提升杆受潮、灭弧室压力筒受潮、绝缘油受潮及劣化等缺陷。

对于少油断路器和空气断路器，应在断路器分闸位置，按图 7-2-1、表 7-2-2 所示接线和要求进行试验，即 A、A′接地，试验电压施加在 C 点，当泄漏电流超过标准值时，可进行分解试验。为判断缺陷部位，可分别在拆除 A 接地，拆除 A′接地，拆除 A、A′三种接地的情况下，测量泄漏电流值。如果拆除 A′接地，测得泄漏电流下降很多，则应考虑 A′

断口绝缘有问题；若测得泄漏电流变化很小，则 A′断口绝缘良好。同理可判断 A 断口绝缘。如果 A、A′接地均拆除后泄漏电流不变，则应认为断路器支持瓷套和绝缘提升杆的绝缘有问题。

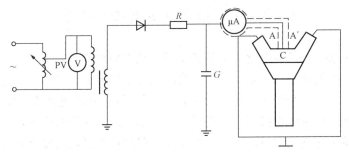

图 7-2-1 测量泄漏电流接线原理图

表 7-2-2 40.5kV 及以上少油断路器直流试验电压及泄漏电流规定值

额定电压（kV）	40.5	72.5～252	≥363
直流试验电压（kV）	20	40	60
泄漏电流标准（μA）	不大于 10μA，超过 5μA 应引起注意		

7-2-53 测量油断路器介质损失角 tanδ 的意义是什么？

答：测量 40.5kV 及以上多油断路器的介质损耗因数 tanδ 主要用来检查套管、灭弧室、绝缘提升杆、绝缘油和油箱绝缘围屏等的绝缘状况。

对断路器应进行分闸和合闸两种状态下的 tanδ 试验。分闸状态下应对断路器每支套管的 tanδ 进行测量。合闸状态下应分别测量三相对地的 tanδ。若测量结果超出标准及比上次测量值显著增大时，必须进行分解试验，找出缺陷部位。

7-2-54 测量断路器的交流耐压试验方法是什么？

答：断路器的交流耐压试验，应在绝缘提升杆绝缘电阻、泄漏电流测量，断路器和套管 tanδ 测量均合格，并充满符合标准的绝缘油之后进行。试验时，一般可从试验变压器低压侧测量并换算至高压侧。试验电压标准见表 7-2-3。

表 7-2-3 油断路器的交流耐压试验电压值

额定电压（kV）		6	10	35	110	220
试验电压（kV）	出厂	32	42	95	250	470
	交接及大修	28	38	85	22	425

多油断路器应在分、合闸状态下分别进行交流耐压试验；三相共处于同一油箱的断路器，应分相进行；试验一相时，其他两相应接地。少油断路器、真空断路器的交流耐压试验应分别在合闸和分闸状态下进行。合闸状态下的试验是为了考验绝缘支柱瓷套管绝缘；分闸状态下的试验是为了考验断路器断口、灭弧室的绝缘。分闸试验时应在同相断路器动触头和静触头之间施加试验电压。

交流耐压试验前后绝缘电阻下降不超过 30% 为合格。试验时若油箱出现时断时续的轻微放电声，应停止试验进行检查，必要时应将油重新处理，若有沉重击穿声或冒烟则为不合格。

第三节　隔离开关及开关电器

7-3-1　隔离开关的作用是什么？隔离开关是如何分类的？

答：作用是：①隔离电源，将需要检修的电气设备与带电的电网可靠地隔离，以保证检修工作人员的安全；②倒闸作业（倒母线作业），在双母线制的电路中，用隔离开关将电气设备或供电线路从一组母线切换到另一组母线；③用以连通或切断小电流电路。

分类有：①按绝缘支柱数目，可分为单柱式、双柱式和多柱式隔离开关；②按闸刀的运行方式，可分为水平旋转式、垂直旋转式、摆动式和插入式4种；③按有无接地闸刀，可分为有接地闸刀和无接地闸刀两种；④按装设地点不同，可分为户内式和户外式两种；⑤按操动机构不同，可分为手动、电动和气动等类型。

7-3-2　对隔离开关有哪些基本要求？它为什么不能用来开断负载电流或短路电流？

答：对隔离开关的基本要求有：①隔离开关应有明显的断开点，以易于鉴别电气设备是否与电源断开；②隔离开关断开点间有足够的绝缘距离，以保证在过电压及相间闪络的情况下，不致引起击穿而危及工作人员的安全；③应具有足够的短路稳定性，不能因电动力的作用而自动断开，否则将引起严重事故；④要求结构简单，动作可靠；⑤主隔离开关与接地隔离开关间要相互连锁，以保证先断开隔离开关后闭合接地闸刀，先断开接地闸刀后闭合隔离开关的操作顺序。

隔离开关因为没有专门的灭弧装置，所以不能用来接通或切断负载电流和短路电流。

7-3-3　隔离开关型号中各字母和数字的含义是什么？

答：国产隔离开关的型号，采用统一的字母（汉语拼音字母）和数字混合编制，如GN19-10C/400，其中：①字母G—代表隔离开关。②字母代表安装地点。N—户内，W—户外。③数字，为设计序号，代表不同的系列。④数字，代表额定电压（kV）。⑤字母，代表补充特性，T—统一设计，G—改进型，D—带接地刀闸，C—穿墙式。⑥数字，代表额定电流（A）。

7-3-4　隔离开关可用来进行哪些操作？

答：隔离开关可以用来进行的操作有：①拉、合电压互感器和避雷器及系统无接地的消弧线圈。②拉、合母线及直接连接在母线上的设备的电容电流。③拉、合变压器中性点的接地线，但当中性点上接有消弧线圈时，只有在系统无故障时，才可操作。④拉、合闭路断路器的旁路电流。⑤用屋外三联隔离开关，可以拉、合电压在10kV及以下，电流在15A以下的负载。⑥可以拉合励磁电流不超过2A的空载变压器。⑦拉、合电容电流不超过5A空载线路，但在20kV及以下者应使用三联隔离开关。⑧拉合10kV以下、70A以下的环路均衡电流。

7-3-5　操作隔离开关有哪些注意事项？

答：操作隔离开关前先检查断路器确在断开位置，防止带负载拉、合隔离开关。合闸时要迅速而果断，但在合闸终了时不能用力过猛，使合闸终了时不发生冲击。操作完毕后，应检查是否已合上，合好后应使刀闸完全进入固定触头，并检查接触的严密性。

拉闸时开始要慢而谨慎，当刀片刚离开固定触头时应迅速。特别是切断变压器的空载电流，架空线路及电缆的充电电流，架空线路的小负载电流，以及切断环路电流时，拉刀闸更应迅速果断，以便能迅速消弧，拉闸操作完毕后应检查刀闸每相确实已在断开位置，并应使刀片尽量拉到头。

7-3-6　操作中发生带负载错拉、错合隔离开关时怎么办？

答：错拉隔离开关在触头刚分开时便产生电弧，这时应立即合上，可以熄灭电弧，避免事故，但如刀闸已全部拉开，则不允许将误拉的刀闸再合上，若是单级刀闸，操作一相后发现错拉对其他两相则不应继续操作。

错合隔离开关时，即使在合闸时发生电弧，也不准将隔离开关再拉开。因为带负载拉隔离开关将造成弧光放电，烧损设备。

7-3-7　为什么停电时要先拉负载侧隔离开关，再拉电源侧，送电则相反？

答：停电时先拉负载侧隔离开关，送电时先合电源侧隔离开关，都是为了在发生错误操作时，缩小事故范围，避免人为扩大事故。

（1）在停电时，可能出现的误操作情况有：断路器开关尚未断开电源，先拉隔离开关刀闸，造成带负载拉隔离开关刀闸。当断路器开关尚未断开电源时，误拉隔离开关刀闸。如先拉电源侧隔离开关，弧光短路点在断路器内侧，将造成母线短路，但如先拉负载侧隔离开关，则弧光短路点在断路器外，断路器开关保护动作跳闸，能切除故障，缩小了事故范围，所以停电要先拉负载侧隔离开关。

（2）送电时，如断路器误在合闸位置，便去合隔离开关，此时如先合负载侧隔离开关，后合电源侧隔离开关，等于用电源侧隔离开关带负载送电，一旦发生弧光短路便造成母线故障，人为扩大了事故范围。如先合电源侧隔离开关，后合负载侧隔离开关，等于用负载侧隔离开关带负载送电。发生弧光短路时，断路器保护动作跳闸，切除故障，缩小了事故范围。所以送电时先合电源侧隔离开关。

7-3-8　隔离开关接触部分发热是什么原因？应采取什么措施？

答：隔离开关接触部分发热是由于压紧时弹簧或螺栓松动和表面氧化所致，通常发展很快。因为受热的影响接触部分更容易氧化，使其接触电阻增加，温度升高的恶性循环；若不断发展下去便可能会发生电弧，进而变为接地短路和相间短路。

发热现象时，可采取下列措施。

（1）双母线系统中，当一组线路的隔离开关发热时，应将发热的隔离开关切换到另一组线路上去。若是单母线系统的隔离开关，则应减轻负载；如果条件允许的情况下最好将隔离开关退出系统，如果母线可以停电应立即进行检修。因为负载关系不能停电检修又不能减轻负载时，须加强监视。如发现温度剧烈上升，应按规程的规定断开相应的断路器。

（2）线路隔离开关接触部分发热时，其处理办法与单母线隔离开关相同，不同之处是该隔离开关有串联的断路器可以防止事故的发展，因此隔离开关可以继续运行，但需加强监视，直到可以停电检修为止。

7-3-9 隔离开关在操作中拉不开怎么办？

答： 隔离开关在操作中拉不开时，如果是操动机构被冻结，应对其进行轻轻地摇动，此时注意支柱绝缘子及操动机构的每个部分，以便根据它们的变形及变位情况，找出故障的地点。

（1）用手动操动机构操作的隔离开关发生拉不开时，不应强行拉开。操作时应注意检查支柱绝缘子及机构的动作，防止绝缘子断裂。

（2）用电动操动机构操作的隔离开关拉不开时，应停止操作，检查电动机及连杆。

（3）用液压操动机构操作的隔离开关拉不开时，应检查液压泵内是否缺油，油质是否变差；若是油压降低不能操作时，应断开油泵电源，改用手动操作。

（4）操动机构的使用部分故障不能操作时，应向调度员申请倒负载后停电处理。

7-3-10 调整隔离开关的主要标准是什么？

答： 调整隔离开关的主要标准如下。

（1）三相不同期差（即三极连动的隔离开关中，闸刀与静触头之间的最大距离）。不同期差值越小越好，在开、合小电流时有利于灭弧及减少机械损伤。差值较大时，可通过调整拉杆绝缘子上螺杆、拧入闸刀上螺母的深浅来解决（若安装时隔离开关已调整合格，只需松紧螺杆1～2扣即可），调整时需反复、仔细进行。

（2）合闸后剩余间隙（指合闸后，闸刀底面与静触头底部的最小距离）。应保持适当的剩余间隙。

7-3-11 高压隔离开关瓷柱断裂的主要原因是什么？

答：（1）应力的作用。①法兰和瓷柱是用水泥胶装剂胶装的，由于水泥胶装剂夹在法兰和瓷柱中间，膨胀受到约束，必然在胶装部位产生膨胀应力；②由于铸铁法兰、胶装剂、瓷柱的膨胀系数各有不同，当温度降低时它们的收缩量也不相同，铸铁的收缩比瓷柱的收缩大，瓷柱的收缩约束了铸铁的收缩，这种约束必然造成应力的产生。应力的作用是瓷柱顶部和底部断裂的主要原因。

（2）瓷柱质量不良。①滚花和压槽的过程提高了瓷柱胶装强度，同时也不可避免会出现微裂纹，这些裂纹和缺陷会产生应力集中，当应力达到瓷柱应力腐蚀极限时，裂纹开始扩展，最终导致瓷柱断裂；②瓷柱在制坯、干燥、焙烧过程中，工艺不合理使内部存在大量气孔和微观裂纹，使机械强度降低，在应力腐蚀下极易断裂；③瓷柱在挤制过程中，因挤刀过于光滑，使瓷柱产生夹层，这种夹层在外表很难被发现。瓷柱往往就在夹层的地方断裂。瓷柱质量不良是瓷柱中间部位断裂的主要原因。

（3）操作引起的应力。这种应力在操作时产生，它是暂态的。往往是由于调试不当，使操作应力增大；另一重要的原因是设备缺乏保养，隔离开关的传动部分出现锈蚀、变形等，引起分合闸困难，加大操作力矩造成瓷柱断裂。

7-3-12 防止高压隔离开关瓷柱断裂的措施有哪些？

答：（1）加强巡视。在日常巡视中要留意隔离开关，认真检查隔离开关，看瓷柱有没有裂纹以及触头触指有否弯曲，掌握设备的运行状况。

（2）加强保养。有机会停电时，要对瓷柱进行认真的清抹，检查隔离开关，看瓷柱有没有裂纹以及触头触指有否弯曲，做到及时检修从而杜绝事故的发生。对隔离开关进行操作检查，看其操作是否顺畅，对其关节部位、转动部位加润滑油，减少其操作应力。

（3）更换设备。必要时即使隔离开关要更换瓷柱，对柱形触头为椭圆形结构的隔离开关要及时更换为圆形结构的触头。

（4）检查引线的宽紧度。当发现隔离开关的引落线太紧时，用铜板加长连接线从而减少其对瓷柱的拉力，当发现隔离开关的引落线太长时，剪短连接线从而减少其操作时引起的摆荡对瓷柱的拉力。

7-3-13　高压隔离开关常见的腐蚀现象有哪些？

答：近年来，隔离开关的抗腐蚀能力差，主要有以下几种情况。

（1）隔离开关的底座横梁采用热镀锌工艺，生锈的现象较普遍，这与运行环境有关，也与出厂时的加工工艺有关。

（2）隔离开关零部件一般采用冷镀锌工艺，镀锌工艺不符合要求，表面处理质量差，造成螺栓、螺母、轴销、开口鞘、垫圈、弹簧等零部件锈蚀严重，影响了隔离开关的正常操作。

（3）部分零部件的材质差，在运行中受酸雨、盐雾和电化学反应的影响而变脆，在应力的作用下开裂并发展至整个断裂。

7-3-14　GN19-10 型隔离开关在结构上有什么特点？分几种类型？

答：GN19-10 型隔离开关为户内闸刀式三极隔离开关。每相导电部分主要由触刀（动触头）和静触头组成。静触头是安装在固定于底架上面的两个支持绝缘子上，触刀的一端通过螺栓轴销与一个静触头链接，转动触刀与另一端静触头构成可分连接。触刀中间有拉杆绝缘子，两端都有夹紧弹簧，维持触刀对静触头的压力。三相平行安装。拉杆绝缘子与安装在底架上的主轴相连，主轴通过拐臂和连杆与操动机构相连。主轴的两端都伸出底座，操动机构可装在任何一侧。触刀由两片槽形铜片组成，不仅增大了散热面积，而且提高了机械强度和动稳定性。额定电流 1000A 以上的 GN19-10 隔离开关，在触刀接触处槽形铜片两侧，还装有磁锁压板，当巨大的短路电流通过时，增大接触压力，提高了隔离开关的动、热稳定性。

GN19-10 型隔离开关分为平装型和穿墙型。穿墙型又分为触刀转动侧装套管绝缘子，静触头侧装套管绝缘子、静触头侧和触刀转动侧都装套管绝缘子三种。

7-3-15　GN22-10 型隔离开关结构上有何特点？

答：GN22-10 型隔离开关是一种户内闸刀式三相隔离开关。其主要特点是采用了合闸—锁紧两步动作。所谓合闸—锁紧两步动作，当合闸时主轴转动的前 80° 为合闸位移角，用于闸刀转动，使其从断开极限位置转到合闸极限位置。主轴转动的后 10° 为接触锁紧角，用于锁紧机构将触刀锁紧。当主轴转动前 80° 时，触刀能灵活地转动，合闸到位后，由挡块、摇杆、顶销和限位销构成的定位限动机构使其转换为第二步锁紧动作，通过滑块带动连杆运动，从而使两侧顶杆推出，借助磁锁板的杠杆作用，将顶杆的推力放大 5.5 倍，压紧在触刀上，形成接触压力，使触刀锁紧。分闸操作的动作过程与合闸时的相反。

7-3-16 GW4 系列隔离开关的基本结构和动作原理是什么?

答: GW4 系列隔离开关为户外双柱式隔离开关,它由底座、棒型瓷柱和导电部分组成。每极有两个瓷柱,分装在底座两端的轴承座上,并用交叉连杆相连,可以转动。导电闸刀分成相等的两段,分别固定在瓷柱的顶端。触头由柱形触头、触子、触头座、弹簧组成,其上装有防护罩,用于防雨、冰雪及尘土。

隔离开关的分、合操作,由传动轴通过连杆机构带动两侧棒型瓷柱沿相反方向各自回转90°,使闸刀在水平面上转动,实现分、合闸。在底座两端可以装设一把或两把接地闸刀,当主闸刀分开后,利用接地闸刀将待检修设备或线路接地,以保证安全。为防止误操作,在主闸刀和接地闸刀之间加操作闭锁。

7-3-17 高压隔离开关日常巡视的项目有哪些?

答: 高压隔离开关日常巡视的项目有: ①隔离开关的支持绝缘子应清洁、完好,无异常声音;②触头、触点应接触良好,无发热、变形现象;③引线无松动,无烧伤断股现象;④连接部分无螺栓松动、断裂现象;⑤隔离开关本体、连接和转轴机械部分应无变形,各部件连接良好,位置正确;⑥操动机构箱、端子箱及辅助触点盒应关闭良好,有防雨、防潮、防小动物的措施;⑦操作箱,机械箱内的熔断器,热继电器工作接线,加热器应整洁、完好;⑧防误闭锁装置应良好,无损坏现象。

7-3-18 运行中的隔离开关可能出现哪些异常?

答: 运行中的隔离开关可能出现以下异常: ①接触部分或接头过热;②绝缘子破损、断裂;③因质量不良或老化造成绝缘子掉盖;④因严重污秽或过电压造成闪络放电击穿接地;⑤因严重锈蚀,转动部分不灵活;⑥因调整不当,三相不同期,插入深度不够或闸口间隙过大;⑦辅助触点切换不到位。

7-3-19 隔离开关的维护项目主要有哪些?

答: 隔离开关和接地开关的维护项目有: ①清理动、静触头表面的氧化物后涂导电脂;②检查动、静触头的插入深度或夹持深度,测试动、静触头间压力;③测量隔离开关和接地开关的回路电阻,并与厂家数值比较;④转动、传动部分加润滑油;⑤检查传动机构的运转情况,动作应灵活,位置准确;⑥各连接部分坚固完好;⑦对绝缘部分进行清扫;⑧对电气操作回路、辅助触点、防误闭锁进行检查;⑨摇测电动机构动力电源回路的绝缘。

7-3-20 隔离开关有哪些常见的故障?如何处理?

答: 隔离开关在运行中,常见的故障、产生原因以及处理方法,见表 7-3-1。

表 7-3-1 隔离开关常见的故障、产生原因及处理方法

故障现象	故障原因	处理方法
触头过热	压紧弹簧松弛	检查并更换压紧弹簧
	接触面氧化,接触电阻增大	用砂纸打磨触头表面,并涂凡士林
绝缘子表面闪络和松动	表面脏污	冲洗绝缘子
	胶合剂发生不应有的膨胀或收缩	更换新的绝缘子,将换下来的重新胶合处理

故障现象	故障原因	处理方法
刀片弯曲	由于刀片之间电动力的方向交替变化	检查刀片两端的接触部分的中心线是否重合，如不重合则需移动刀片，或调整固定瓷柱的位置
固定触头夹片松动	刀片与固定触头接触面太小，电流集中通过接触面后又分散，使夹片产生斥力	研磨接触面，增大接触压力
刀片自动断开	短路时，静触头夹片相斥力加大，刀片向外推力加大	检查磁锁有无损坏，增加压紧弹簧压力，更换弹簧垫圈
刀片拉不开	冰雪冻结	轻轻扳动操动机构手柄，找出故障的位置，进行处理
	传动机构转轴生锈	
	接头处熔接	

7-3-21 高压隔离开关的检修有哪些主要内容？

答：（1）绝缘子的检查。①固定绝缘子表面应光洁发亮，无放电痕迹、裂纹、斑点以及松动等现象，基座无变形、腐蚀及损伤等情况；②活动绝缘子与操动机构部分的紧固螺钉、连接销子及垫圈应齐全、紧固。

（2）接触面的检修。①清除接触面的氧化层。②检查固定触头夹片与活动刀片的接触压力，用 $0.05×10$ 的塞尺检查，其塞入深度不应大于 6mm。如接触不紧时，对于户内型隔离开关可以调刀片两侧弹簧的压力，对于户外型隔离开关则将弹簧片与触头结合的钉铆死。③在合闸位置，刀片应距静触头刀口的底部 3～5mm，以免刀片冲击绝缘子。若间隙不够，可以调节拉杆长度或拉杆绝缘子的调节螺钉的长度。④检查两接触面的中心线是否在同一直线上，若有偏差，可略微改变静触头或瓷柱的位置予以调整。⑤三相联动的隔离开关，不同期差不能超过规定值。否则，应调整传动拉杆的长度或拉杆绝缘子的调节螺钉的长度。

（3）操动机构的检修。①清除操动机构的积灰和脏污，检查各部分的螺钉、垫圈、销子是否齐全和紧固，各转动部分应涂以润滑油；②蜗轮式操动机构组装后，应检查蜗轮与蜗杆的啮合情况，不能有磨损、卡涩现象；③操动机构检修完毕，应进行分、合闸操作 3～5 次，检查操动机构和传动部分是否灵活可靠、有无松动现象。

7-3-22 什么是高压熔断器？其作用和原理是什么？

答：高压熔断器是最简单的保护电器，它用来保护电气设备免受过载和短路电流的损坏；按安装条件及用途选择不同类型高压熔断器如屋外跌落式、屋内式，对于一些专用设备的高压熔断器应选专用系列；我们常说的保险丝就是熔断器类。

高压熔断器主要用于高压输电线路、电压变压器、电压互感器等电器设备的过载和短路保护。其结构一般包括熔丝管、接触导电部分、支持绝缘子和底座等部分，熔丝管中填充用于灭弧的石英砂细粒。熔件是利用熔点较低的金属材料制成的金属丝或金属片，串联在被保护电路中，当电路或电路中的设备过载或发生故障时，熔件发热而熔化，从而切断电路，达到保护电路或设备的目的。

7-3-23　熔断器主要由哪几部分组成？各部分的作用是什么？

答：熔断器主要由熔体、安装熔体的熔管和熔座三部分组成。熔体是熔断器的主要部分，起短路保护作用，常做成丝状或片状。在小电流电路中，常用铅锡合金和锌等低熔点金属做成圆截面熔丝；在大电流电路中则用银、铜等较高熔点的金属做成薄片，便于灭弧。熔管是保护熔体的外壳，用耐热绝缘材料制成，在熔体熔断时兼有灭弧作用。熔座是熔断器的底座，作用是固定熔管和外接引线。

7-3-24　熔断器选用的原则是什么？

答：（1）熔断器的保护特性必须与被保护对象的过载特性有良好的配合，使其在整个曲线范围内获得可靠的保护。

（2）熔断器的极限分断电流应大于或等于所保护回路可能出现的短路冲击电流的有效值，否则就不能获得可靠的保护。

（3）在配电系统中，各级熔断器必须相互配合以实现选择性，一般要求前一级熔体比后一级熔体的额定电流大 2～3 倍，这样才能避免因发生越级动作而扩大停电范围。

（4）只有要求不高的电动机才采用熔断器作过载和短路保护，一般过载保护最宜用热继电器，而熔断器只作短路保护。

7-3-25　熔断器为什么不能用作过载保护？

答：熔断器使用时串联在被保护的电路中，当电路发生故障，通过熔断器的电流达到或超过某一规定值时，以其自身产生的热量使熔体熔断，从而分断电路，起到保护作用。熔体的熔断时间随着电流的增大而减小，即熔体通过的电流越大，其熔断时间越短。熔体对过载反应是很不灵敏的，当电器设备发生轻度过载时，熔体将持续很长时间才熔断，有时甚至不熔断。因此，除在照明电路中外，熔断器一般不宜作为过载保护，主要用作短路保护。

7-3-26　RM10 型低压熔断器是如何灭弧的？

答：在切断短路电流时，RM10 型低压熔断器的熔片窄部熔断后同时形成数段短路电弧。同时残留的熔片宽部由于重力的作用下落，使电弧拉长变细，因此可以加速电弧熄灭。

熔断器的纤温管在电弧的高温作用下，管的内壁有少量纤维气化并分解为氢（40%）、二氧化碳（50%）和水蒸气（10%），这些气体都有很好的灭弧性能。另外，熔断器是封闭的，而且容积不大，在产生气体并被电弧强烈加热时，管内的压力迅速增大，同时因为熔体只有窄部蒸发，所以管内蒸汽较少，有利于灭弧。

7-3-27　什么是自动空气断路器？它的作用是什么？

答：自动空气断路器是一种可以用手动或电动分、合闸，而且在电路过载或欠电压时能自动分闸的低压开关电器。可用于非频繁操作的出线开关或电动机的电源开关。自动空气断路器又称自动空气开关，是低压配电网络和电力拖动系统中非常重要的一种电器，它集控制和多种保护功能于一体。除了完成接触和分断电路外，尚能对电路或电气设备发生的短路、严重过载及欠电压等进行保护，同时也可以用于不频繁地启动电动机。

7-3-28　自动空气断路器的工作原理是什么？

答：图7-3-1为自动空气断路器结构示意图。主触头通常由手动的操动机构来闭合的，闭合后主触头2被锁扣3锁住。如果电路中发生故障，脱扣机构就在有关脱扣器的作用下将锁扣脱开，于是主触头在释放弹簧1的作用下迅速分断。

脱扣器有过电流脱扣器6、欠电压脱扣器11和热脱扣器13，它们都是电磁铁。在正常情况下，过电流脱扣器的衔铁8是释放着的，一旦发生严重过载或短路故障时，与主电路相串的线圈将产生较强的电磁吸力吸引衔铁，而推动杠杆7顶开锁扣，使主触头断开。欠电压脱扣器的工作恰恰相反，在电压正常时，吸住衔铁10，才不影响主触头的闭合，一旦电压严重下降或断电时，电磁吸力不足或消失，衔铁被释放而推动杠杆，使主触头断开。当电路发生一般性过载时，过载电流虽不能使过电流脱扣器动作，但能使热脱扣器13产生一定的热量，促使双金属片12受热向上弯曲，推动杠杆使搭钩与锁扣脱开，将主触头分开。

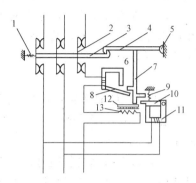

图 7-3-1　自动空气断路器结构示意图
1、9—弹簧；2—主触头；3—锁扣；4—搭钩；5—转轴；6—过电流脱扣器；7—杠杆；8、10—衔铁；11—欠电压脱扣器；12—双金属片；13—热脱扣器

自动空气断路器广泛应用于低压配电线路上，也用于控制电动机及其他用电设备。

7-3-29　自动空气断路器有哪些保护功能？分别由哪些部件完成？

答：自动空气断路器既是控制电器，同时又具有保护电器的功能。当电路中发生短路、过载、失电压等故障时，能自动切断电路。

自动空气断路器的短路、欠电压及过载保护分别由过电流脱扣器、欠电压脱扣器和热脱扣器完成。在正常情况下，过电流脱扣器的衔铁是释放着的，一旦发生严重过载或短路故障时，与主电路相串的线圈将产生较强的电磁吸力吸引衔铁，而推动杠杆顶开锁扣，使主触头断开。欠电压脱扣器的工作恰恰相反，在电压正常时，吸住衔铁，才不影响主触头的闭合，一旦电压严重下降或断电时，电磁吸力不足或消失，衔铁被释放而推动杠杆，使主触头断开。当电路发生一般性过载时，过载电流虽不能使过电流脱扣器动作，但能使热元件产生一定的热量，促使双金属片受热向上弯曲，推动杠杆使搭钩与锁扣脱开，将主触头分开。

7-3-30　漏电断路器的作用和类型有哪些？

答：漏电断路器主要功能是提供间接接触保护，常用于低压电路中防止人身触电和防止漏电引发的事故。

常用的漏电断路器分为电压型和电流型两类，而电流型又分为电磁型和电子型两种。电压型漏电断路器用于变压器中性点不接地的低压电网。其特点是当人身触电时，零线对地出现一个比较高的电压，引起继电器动作，电源开关跳闸。电流型漏电断路器主要用于变压器中性点接地的低压配电系统。其特点是当人身触电时，由零序电流互感器检测出一个漏电电流，使继电器动作，电源开关断开。

7-3-31 闸刀开关的熔丝为何不装在电源侧？安装闸刀开关时应注意什么？

答：如将熔丝装在闸刀开关的电源侧（进线端），则在闸刀拉开后，因熔丝未和电源分开而仍带电。如果要检查或更换熔丝，则必须带电作业，容易造成触电事故。为了保障安全，必须将熔丝装于闸刀后面，即负载侧（出线端）。

在安装闸刀开关时，除不能将电源侧与负载侧反接外，一般来说闸刀开关必须垂直安装在控制屏或开关板上，接通状态手柄应朝上，不能倒装。否则在分断状态的时候，闸刀如有松动落下会造成误接通的可能。

7-3-32 如何选用开启式负荷开关？

答：（1）用于照明或电热负载时，负荷开关的额定电流等于或大于被控制电路中各负载额定电流之和。

（2）用于电动机负载时，开启式负荷开关的额定电流一般为电动机额定电流的 3 倍。而且要将开启式负荷开关接熔丝处用铜导线连接，并在开关出线座后面装设单独的熔断器作为电动机的短路保护。

7-3-33 交流接触器主要由哪几部分组成？

答：交流接触器由以下 4 部分组成，如图 7-3-2 所示。

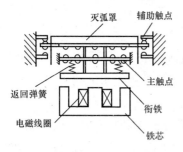

图 7-3-2 交流接触器结构示意图

（1）电磁系统。用来操作触头闭合与分断。它包括静铁芯、吸引线圈、动铁芯（衔铁）。铁芯用硅钢片叠成，以减少铁芯中的铁损耗，在铁芯端部极面上装有短路环，其作用是消除交流电磁铁在吸合时产生的振动和噪声。

（2）触点系统。起着接通和分断电路的作用。它包括主触点和辅助触点。通常主触点用于通断电流较大的主电路，辅助触点用于通断小电流的控制电路。

（3）灭弧装置。接触器在接通和切断负载电流时，主触头会产生较大的电弧，容易烧坏触头，为了迅速切断开断时的电弧，一般容量较大的交流接触器装置有灭弧装置。

（4）其他部件。主要包括恢复弹簧、缓冲弹簧、触点压力弹簧、传动机构及外壳等。

7-3-34 交流接触器在运行中有时产生很大噪声的原因和处理方法是什么？

答：交流接触器在运行中产生噪声的主要原因是：衔铁吸合不好。衔铁吸合不好的原因和处理方法是：①铁芯端面有灰尘、油垢或生锈。处理方法是：擦拭，用细砂布除锈。②短路环损坏、断裂。处理方法：修复焊接短路环或将线圈更换成直流无声运行器。③电压太低，电磁吸力不足。处理方法：调整电压。④弹簧太硬，活动部分发生卡阻。处理方法：更换弹簧，修复卡阻部分。

7-3-35 中间继电器与交流接触器有什么区别？在什么情况下可以互换使用？

答：中间继电器与交流接触器的区别有以下几点。

（1）功能不同。交流接触器可直接用来接通和切断带有负载的交流电路；中间接触器主要用来反映控制信号。

（2）结构不同。交流接触器一般带有灭弧装置，中间继电器则没有。

（3）触头不同。交流接触器的触头有主、辅之分，而中间继电器的触头没有主、辅之分，且数量较多。

中间继电器与交流接触器的原理相同，但触头容量较小，一般不超过 5A；对于电动机额定电流不超过 5A 的电气控制系统，可以代替交流接触器使用。

第四节　电流互感器和电压互感器

7-4-1　什么是电流互感器？它的工作原理是什么？

答：把大电流按规定比例转换为小电流的电气设备，称为电流互感器。如图 7-4-1 所示的电流互感器有两个相互绝缘的线圈，套在一个闭合的铁芯上。电流互感器一次绕组匝数较少，二次绕组匝数较多。在正常工作时，一次绕组通以电流 I_1 便产生磁通势 $F_1 = I_1 N_1$，此磁通势可达几百安匝，二次绕组电流 I_2 产生磁通势 $F_2 = I_2 N_2$。由于磁通势 F_2 对 F_1 有去磁作用，因此合成磁通势 $\dot{F}_0 = \dot{F}_1 + \dot{F}_2$。它及铁芯中的磁通 Φ_0 的数值不大，故磁通 Φ_0 二次绕组内产生的感应电动势值为几十伏，只能负担阻抗很小的二次侧回路内的有功和无功功率损耗，因此起到了变流作用而损耗很小。

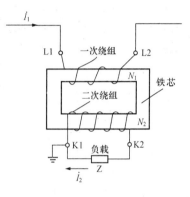

图 7-4-1　电流互感器原理图

7-4-2　电流互感器和普通变压器比较，在原理上有什么特点？

答：电流互感器和普通变压器比较，其原理有以下特点。

（1）电流互感器二次回路所串的负载是电流表和继电器的电流线圈，阻抗很小，因此，电流互感器的正常运行情况相当于二次短路的变压器的状态。

（2）变压器的一次电流随二次电流的增减而增减，可以说是二次起主导作用，而电流互感器的一次电流由主电路负载决定而不是由二次电流决定，故是一次起主导作用。

（3）变压器的一次电压既决定了铁芯中的主磁通，又决定了二次电动势，因此，一次电压不变，二次电动势也基本不变。而电流互感器则不然，当二次回路的阻抗变化时，也会影响二次电动势，这是因为电流互感器的二次回路经常是闭合的，在某一定值的一次电流作用下，感应二次电流的大小决定于二次闭路中的阻抗（可想象为一个磁场中短路匝的情况），当二次阻抗大时，二次电流小，用于平衡二次电流的一次电流就小，用于励磁的电流就多，则二次电动势就高；反之，当二次阻抗小时，感应的二次电流大，一次电流中用于平衡二次电流的电流就大，用于励磁的电流就小，则二次电动势就低。所以，这几个量是互成因果关系的。

（4）电流互感器之所以能用来测量电流，即二次侧即使串上几个电流表，其电流值也不减小，是因为它是一个恒流源，且电流表的电流线圈阻抗小，串进回路对回路电流影响不大。它不像变压器，二次侧一加负载，对各个电量的影响都很大。但这一点只适用于电流互感器在额定负载范围内运行，一旦负载增大超过允许值，也会影响二次电流，且会使误差增加到超过允许的程度。

7-4-3　电流互感器允许的运行方式是什么？

答：电流互感器额定容量是用二次侧额定电流通过额定负载所消耗的功率伏安数表示的，也可用二次侧系数的阻抗值表示，因其容量是与阻抗成正比的，因此，电流互感器的额定容量为 $S_{2e} = I_{2e}^2 Z_{2e}$。电流互感器在运行中不得超过额定容量长期运行，如果过载运行，会使铁芯饱和，造成互感器误差增大，另外磁通密度增大后，会使铁芯和二次绕组过热，绝缘老化加快，甚至造成损坏等。

电流互感器在运行时，它的二次侧电路始终是闭合的，二次绕组应该经常接有仪表。当要从运行的互感器上拆除电流表等仪表时，应先将二次绕组短路，然后方能把电流表等仪表的接线拆开，以防开路运行。

在运行时，二次绕组的一边应该和铁芯同时接地运行，以防一、二次绕组间绝缘损坏而击穿时，二次绕组窜入高电压，危及仪表、继电器及人身安全。

7-4-4　什么是电流互感器的10％电流误差曲线？有什么作用？

答：10％电流误差曲线是指电流互感器在测量电流时所出现的数值误差。它是由于实际电流比不等于额定电流比而造成的电流误差的百分数，通常用下式表示：电流误差 ％ ＝ $[(K_N I_2 - I_1)/I_1] \times 100$，式中：$K_N$为额定电流比；$I_1$为实际一次电流，A；$I_2$为在测量条件下，流过 I_1 时的实际二次电流，A。电流互感器的10％电流误差曲线，是当电流误差在10％时，一次电流倍数（m）与二次负载（I_2）的关系曲线。

不同类型、不同变比的10％电流误差曲线，可以从设备表或试验中找出。10％电流误差曲线与电流互感器二次负载和一次电流的大小有关，当流入电流互感器的一次电流 $I_1 = I_{1bh}$ 时工作在 A 点，从图 7-4-2 看出，满足了10％电流误差曲线的要求，若电流 I_1 继续增大，二次电流仍按电流互感器的变比相对增加，如图 7-4-2 曲线 1 所示，用于继电保护装置上才能正确可靠地动作，但当二次电流增加时，二次电动势 E_2 必须升高，使铁芯饱和，一次电流 I_1 中将有相当一部分电流变为励磁电流 I_{1z1}，不能转入二次侧，所以当发生短路故障时，一次电流 I_1 与二次电流 I_2 的变比并不是直线关系，正是如图 7-4-2 曲线 2 所示的曲线关系。

变比误差超过10％，对继电保护的动作有影响。因此，继电保护整定时必须考虑电流互感器的10％电流误差曲线。根据10％电流误差曲线确定二次负载如图 7-4-3 所示。若二次负载大于允许阻抗 Z_y 时，该电流互感器将不能使用，否则它将影响保护装置动作的正确与可靠。

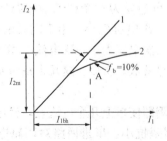

图 7-4-2　电流互感器二次电流与一次
电流之间的关系曲线
1—理想曲线；2—实际曲线

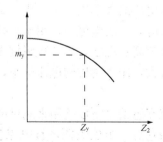

图 7-4-3　根据10％电流误差曲线求电流
互感器的最大允许二次负载

7-4-5　什么叫电流互感器的极性？

答：所谓极性，即铁芯在同一磁通作用下，一次绕组和二次绕组将感应出电动势，其中两个同时达到高电位的同一端或同时为电位低的那一端都称为同极性端。而对电流互感器而言，一般采用减极性标示法来定同极性端，即先任意选定一次绕组端子的一个端头作始端，当一次绕组电流 i_1 瞬时由始端流进时，二次绕组电流 i_2 流出的那一端就标示为二次绕组的始端，这种符合瞬时电流关系的两端称为同极性端。

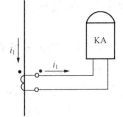

图 7-4-4　电流互感器的极性比较图

在连接继电保护（尤其是差动保护）装置时，必须注意电流互感器的极性。通常用同一种符号来表示线圈的同极性端，如图 7-4-4 所示。

7-4-6　电流互感器铭牌上的容量为什么以阻抗值表示？它与阻抗值的关系？

答：我们知道，电流互感器的误差与二次回路的阻抗有关，阻抗增大，误差也增大，准确度就降低。

一定准确等级的电流互感器，在二次回路外阻抗（包括负载阻抗和连接导线阻抗）不超过此等级的额定值，而其功率因数为 0.8 时，互感器的误差不超过规定值的误差值。否则，阻抗值超过额定值，电流互感器的准确等级将要降到另一等级。由此可见，外阻抗是决定电流互感器在什么准确等级下工作的关键性因素。由于电流互感器二次电路中所耗的功率与外阻抗成比例，所以有时用额定阻抗值来表示它的额定容量。

阻抗与二次容量之间有如下关系：$I_2^2 Z = S$，式中：I_2 为电流互感器的二次额定电流，A；Z 为电流互感器的二次负载阻抗，Ω；S 为电流互感器的二次容量，VA。

电流互感器铭牌上标出的是它所能达到的最高准确等级和与其相应的额定阻抗。

常用电流互感器的准确等级分五级：0.2，0.5，1，3，10 级。

7-4-7　零序电流互感器有什么特点？

答：零序电流互感器是一种零序电流滤过器，它的二次侧反映一次系统的零序电流。这种电流互感器用一个铁芯包围住三相的导线（母线或电缆），一次绕组就是被保护元件的三相导体，二次线圈就绕在铁芯上，图 7-4-5 为零序电流互感器的简单结构原理图。

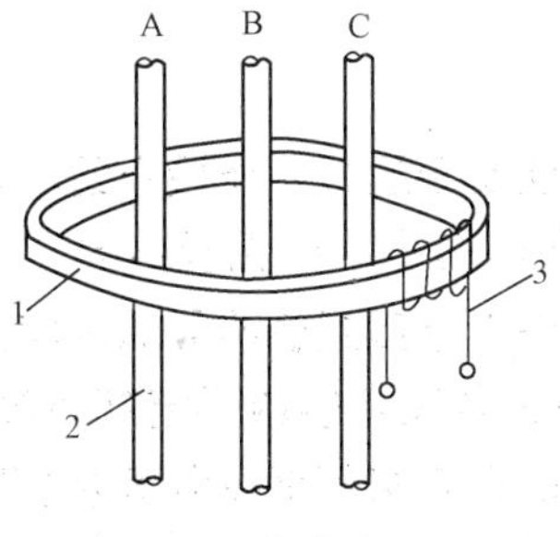

正常情况下，由于零序电流互感器一次侧三相电流对称，其相量和为零，铁芯中不会产生磁通，二次绕组中没有电流。当系统中发生单相接地故障时，三相电流之和不为零（等于 3 倍的零序电流），因此在铁芯中出现零序磁通，该磁通在二次绕组感应出电动势，二次电流流过继电器，使之动作。

图 7-4-5　零序电流互感器原理图

1—铁芯；2—一次母线；

3—二次绕组

实际上由于三相导线排列不对称，它们与二次绕组间的互感彼此不相等，零序电流互感器的二次绕组中有不平衡电流流过。零序电流互感器一般有母线型和电缆型两种。

7-4-8　油浸电流互感器和套管电流互感器的优缺点是什么？

答：油浸电流互感器的绝缘强度高，准确度高，功率大，便于更换，一般用在 35kV 以上的电网上。缺点是造价高，占地面积大，维护工作量大，热稳定性较差。

套管电流互感器体积小，造价低，维护工作量小，热稳定性好。缺点是准确度低，二次绕组容易被油腐蚀。

7-4-9 电流互感器二次接线有哪几种方式？

答： 电流互感器一般有5种接线方式：使用两个电流互感器时用 V 形接线和差接线，使用三个电流互感器时用星形接线、三角形接线，零序接线，根据不同情况采用不同接线方式，如图 7-4-6 所示。

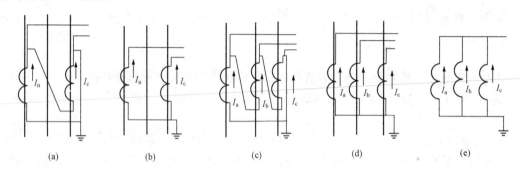

图 7-4-6 电流互感器的接线方式

(a) 两相差接；(b) V 形接线；(c) 三角形接线；(d) 星形接线；(e) 零序接线

7-4-10 发电机 TA1～TA6 的作用各是什么？

答： 通常情况下，各自的作用如下。

（1）TA1 为测量表计用，供给发电机定子三相电流表，有功、无功功率表；有功，无功及分时电能表；200 点巡测等。

（2）TA2 供给发电机负序电流反时限、低压过电流、过载继电保护所需的二次电流。

（3）TA3 与 TA5 构成发电机差动保护。

（4）TA4 供主变压器差动保护用。

（5）TA6 供自调励磁装置用。

7-4-11 电流互感器在运行中应当检查的项目有哪些？

答： 电流互感器在运行中，值班人员应进行定期检查，以保证安全运行，要检查的项目如下：①检查电流互感器的接头应无过热现象；②电流互感器在运行中，应无异声及焦臭味；③电流互感器瓷质部分应清洁完整，无破裂和放电现象；④检查电流互感器的油位应正常，无渗漏油现象；⑤定期检验电流互感器的绝缘情况，对充油的电流互感器要定期放油，化验油质情况；⑥有放水装置的电流互感器，应进行定期放水，以免雨水积聚在电流互感器上；⑦检查电流表的三相指示值应在允许范围内，不允许过载运行；⑧检查电流互感器一、二次侧接线应牢固，二次绕组应该经常接上仪表，防止二次侧开路；⑨检查户内浸膏式电流互感器应无流膏现象。

7-4-12 电流互感器的启、停用操作应注意什么问题？

答： 电流互感器的启动与停用，一般是在被测量电路的断路器断开后进行的，以防止电流互感器二次侧开路。但被测电路的断路器不允许断开时，只能在带电情况下进行。

在停电情况下，停用电流互感器时，应将纵向连接端子板取下，用它将标有"进"侧的端子横向短接，在启用互感器时应将横向短接端子板取下，并用取下的端子板，将电流互感器纵向端子接通。

在运行中停用电流互感器时，应先用备用端子板将标有"进"侧的端子横向短接，然后取下纵向端子板。运行中启用电流互感器时，应用备用端子板将纵向端子接通，然后取下横向端子板。

在电流互感器启、停用中，应注意在取下端子板时是否出现火花，如发现火花，应立即将端子板装上并旋紧，再查明原因，另外工作人员应站在橡皮绝缘垫上，不得碰到接地物体。

7-4-13　两个同相套管电流互感器串联或并联后的容量，变比如何？何时串联和并联？

答：（1）两个同相套管电流互感器串联使用时，每个电流互感器的二次端电压为：$U_2 = \frac{1}{2}(Z_j + 2Z_x)I_2 = \frac{1}{2}ZI_2$，式中：$Z_j$为继电器阻抗；$Z_x$为二次连接线阻抗；$Z$为总回路阻抗。每个电流互感器的负载为：$Z' = \frac{U_2}{I_2} = \frac{1}{2}(Z_j + 2Z_x) = \frac{1}{2}Z$，$Z'$值比用一个电流互感器时少了一半，因此在运行中为了满足保护装置的需要的容量，往往将两个电流互感器串联使用，串联后变比不变，但容量增加一倍。

（2）两个同相套管电流互感器并联使用时，由于一次串联仅在二次并联，这样每单个套管电流互感器变比未变，但在二次并联回路里的电流增加了一倍，因此容量也增加了一倍。这种接线只在电流互感器变比大，负载电流小，为了较准确测量电流时才使用。

7-4-14　电流互感器为什么不允许开路？开路以后会有什么现象？如何处理？

答：（1）电流互感器一次电流大小与二次负载的电流大小无关，互感器正常工作时，由于阻抗很小，接近于短路状态，一次电流所产生的磁通势大部分被二次电流的磁通势所抵消，总磁通密度不大，二次线圈电动势也不大，当电流互感器开路时，阻抗无限大，二次电流为零，其磁通势也为零，总磁通势等于一次绕组磁通势，也就是一次电流完全变成了励磁电流，在二次线圈产生很高的电动势，其峰值可达几千伏，威胁人身安全，或造成仪表、保护装置、互感器二次绝缘损坏，也可能使铁芯过热而损坏。

（2）电流互感器开路时，产生的电动势大小与一次电流大小、二次绕组匝数及铁芯截面有关。在处理电流互感器开路时一定要将负载减小或使负载为零，然后带上绝缘工具进行处理，在处理时应停用相应的保护装置。

7-4-15　一个瓷头的电流互感器怎样区别进出线？中间用什么绝缘？

答：一个瓷头的电流互感器一般上部为进线，下部为出线。注油瓷套电流互感器，有小瓷套的为进线，无瓷套的为出线，进出线之间用绝缘材料隔开。因为出、入端电位差小，无须较高绝缘，一、二次均有文字标明，使用时应核实进出线的极性。

7-4-16　电流互感器为什么不允许长时间过载？过载运行有什么影响？

答：电流互感器过载会使铁芯磁通达到过饱和，使其误差增大，表计指示不正确，不容易掌握实际负载。另外由于磁通密度增大使铁芯和二次线圈过热，绝缘老化快，甚至损坏导线。

7-4-17　更换电流互感器应注意哪些问题？短路电流互感器为什么不容许用熔丝？

答：运行中的电流互感器损坏时，需选用变比相同，容量相同，使用电压等级相符，伏安特性相近，经过试验合格的电流互感器去更换。更换需停电进行，除此之外，还应当注意保护的定值以及仪表的倍率。

熔丝是易熔的金属，在电流超过一定限值时，温度增高，致使熔丝熔断。如果用熔丝短路电流互感器，一旦发生故障，故障电流很大，容易造成熔丝熔断，使电流互感器开路。

7-4-18　对 Y，d11 接线组别的变压器的差动保护电流互感器接线有什么要求？

答：（1）变压器常采用 Y，d11 接线组别，这种接线的变压器因两侧电流相位差 30°，因此两侧电流互感器二次电流虽然大小相等，但相位不同，故仍会有一差电流流入继电器中，为消除这种不平衡电流，需将变压器一次星形侧的电流互感器接成三角形，而将变压器二次三角形侧的电流互感器接成星形。以校正变压器二次电流的相位差。

（2）变压器差动保护用的电流互感器二次、星形侧接线零点接地时，三角形接线的电流互感器任何一相都不允许接地。否则将造成电流互感器二次侧一相短路，使差动保护误动。

7-4-19　电流互感器与电压互感器二次为什么不许相互连接，否则会造成什么后果？

答：电压互感器连接的是高阻抗回路，称为电压回路，电流互感器连接的是低阻抗回路，称为电流回路。如果电流回路接于电压互感器二次会使电压互感器短路，造成电压互感器熔断器熔断或电压互感器烧坏及保护误动等事故。如电压回路接于电流互感器二次，则会造成电流互感器近似开路出现高电压，对人身和设备的安全造成威胁。

7-4-20　电流互感器可能出现哪些异常？如何判断处理？

答：电流互感器可能会出现开路、发热、冒烟、线圈螺钉松动、声响异常、严重漏油、油面过低等异常现象，根据这些现象，进行判断处理，如用示温蜡片检查电流互感器发热程度，从声响和表计指示辨别电流互感器是否开路等。

7-4-21　电流互感器维修中应注意哪些方面的问题？

答：（1）测量绕组的绝缘电阻。其阻值与制造厂测量值或上次测量值比较，应无显著降低，否则绝缘受潮，应考虑进行干燥处理。

（2）电流互感器在最高气温为 35℃时，允许在电流超过其额定电流 10% 的线路中长期运行。当最高气温高于 35℃小于 50℃时，长期允许的工作电流最大值，按下式计算：$I_{t2} = I_{35}\sqrt{(80 - t_2)/45}$，式中：$I_{35}$ 为最高气温为 35℃时，电流互感器所允许的工作电流最大值，A；t_2 为环境的实际温度，℃。

（3）电流互感器二次绕组不能开路，如果一旦开路，必须立即退出运行，并检查二次绕组主绝缘或匝间绝缘的状况，此时铁芯必须进行退磁处理。

（4）在运行中，电流互感器的故障多因失慎，使互感器遭受开路而损坏绝缘。另外由于绝缘受潮，或者过电压的原因，而发生绝缘击穿。损坏后的电流互感器应按照原样进行修理。

7-4-22 什么是电压互感器及其工作原理？

答：一次设备的高电压，不容易直接测量，将高电压按比例转换成较低的电压后，再连接到仪表或继电器中去，这种转换的设备，叫电压互感器。它的结构和工作原理与变压器相同，如图 7-4-7 所示。它的两个线圈是绕在一个闭合的铁芯上，一次线圈匝数较多，并联在被测的线路中，二次线圈匝数较少，接在高阻抗的测量仪表或继电器上，它可以做成单相的，也可以做成三相的。

在电压互感器中，比较特别的是电容式电压互感器。电容式电压互感器由电容分压器、补偿电抗器、中间变压器、阻尼器和保护闸隙等组成，为单相结构。其原理接线图如图 7-4-8 所示。电容分压器由耦合电容器串联组成，最下面一节电容器的芯子在下部标称电容 C_2 处抽头，用瓷套从底盖引出，连接到中间变压器一次侧的高压端子，分压器的低压端子也用瓷套从底盖引出连接到出线盒的接线端子上。电容器是由若干电容元件串联而成，补偿电抗器与中间变压器均装在油箱内。

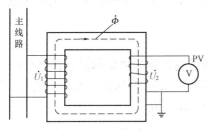

图 7-4-7　电压互感器原理图

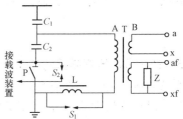

图 7-4-8　电容式电压互感器原理接线图
C_1—主电容（高压电容）；C_2—分压电容（中压电容）；S_1—补偿电抗保护间隙；S_2—载波装置保护间隙；L—补偿电抗器；T—中间变压器；Z—阻尼器；P—接地开关

补偿电抗器一般连接在中间变压器的一次侧低压端，以求降低一些绝缘水平。补偿电抗器与中间变压器的一次绕组均有若干抽头。补偿电抗器具有可调气隙的铁芯，抽头接线与气隙位置在误差试验时调定。

7-4-23 电压互感器允许的运行方式？

答：电压互感器在额定容量下可长期运行，但在任何情况下，都不允许超过最大容量运行，电压互感器二次绕组的负载是高阻抗仪表，二次侧电流很小，接近于磁化电流，一、二次绕组中的漏抗压降也很小，所以它在运行时接近于空载情况，因此，二次绕组绝不能短路，如果短路，那么二次侧的阻抗大大减小，会出现很大的短路电流，使线圈严重发热甚至烧毁，值班人员要特别注意。

7-4-24 电压互感器和普通变压器比较，在原理方面有何区别？

答：电压互感器实际上就是一种降压变压器，它的一次绕组匝数很多，二次绕组匝数很少，一次侧并联地接在电力系统中，二次侧可并联接仪表、继电器的电压线圈等负载，由于这些负载的阻抗很大，通过的电流很小，因此，电压互感器的工作状态相当于变压器的空载情况。

电压互感器的一次绕组的额定电压与所接系统的母线额定电压相同。有的电压互感器有两个二次绕组，一个是基本二次绕组，供表计和保护用；一个是辅助二次绕组，三相接成开口三角形供接地保护用，基本二次绕组的额定电压采用100V。为了和一相电压设计的一次绕组配合，也有采用$100/\sqrt{3}$V的。如互感器用在中性点直接接地系统中，辅助二次绕组的额定电压为100V；如用在中性点不接地系统中，则为100/3V，因此选择线圈匝数的目的就是在系统发生单相接地时，开口三角端头出现100V电压。

电压互感器和普通变压器在原理上的主要区别是：电压互感器一次侧作用着一个恒压源，它不受互感器二次负载的影响。不像变压器通过大负载时会影响电压，这和电压互感器吸取功率很微小有关。此外，由于接在电压互感器二次侧的电压线圈阻抗很大，使互感器总是处于类似于变压器的空载状态，二次电压基本上等于二次电动势值，且决定于恒定的一次电压值，因此，电压互感器能用来辅助测量电压，而不会因二次侧接接上几个电压表就使电压降低。但这个结论只适用于一定范围，即在准确度所允许的负载范围内，如果电压互感器的二次负载增大超过该范围，实际上也会影响二次电压，其结果是误差增大，测量也失去意义。

7-4-25　什么是电压互感器的电压比误差和相角误差？影响误差的因素有哪些？

答：所谓电压比误差，就是测量二次侧电压折算到一次的电压值与原来一次电压的实际值之间的差（以百分数表示），它主要是受漏阻抗的影响所致。

相角误差就是一次侧电压相量$\dot{U}_1$与转过180°的二次侧电压相量$\dot{U}_2$在相位上不一致，相角误差主要是因铁耗而产生。

电压互感器的比差和角差δ不仅与一、二次绕组的阻抗及空载电流有关，而且与二次负载的大小和功率因数都有关系。当二次侧接近于空载运行时，电压互感器的误差最小。

因此，为了使测量尽可能准确，应使电压互感器的二次负载降低到最小，即不宜连接过多的仪表和保护，以免电流过大引起较大的漏抗压降，影响互感器的准确度。

7-4-26　为什么电压互感器铭牌上标有好几个容量？各表示什么意思？

答：由于电压互感器的误差随其负载值的变化而变化，所以一定的容量（实际上是供给负载的功率）是和一定的准确度相对应的。一般所说电压互感器的额定容量是指对应于最高准确度的容量。容量增大，准确度会降低，铭牌上也标出其他准确度时的对应容量。

电压互感器的准确度有四级：0.2、0.5、1和3。其中，0.2级多用于实验室精密测量，一般水电站和变电站的测量和保护常用0.5级和1级。

准确度是以互感器的容许最大电压误差和角误差来分的，在二次电路里所接的仪表及继电器的功率，不应大于该准确度下的额定容量。

铭牌上的"最大容量"是指由热稳定（长期工作时允许发热条件）确定的极限容量。

7-4-27　电压互感器的接法有几种？各有何特点？

答：电压互感器的选择与配置，除应满足所接系统的额定电压外，其容量和准确等级尚应满足测量表计、保护装置及自动装置的要求。电压互感器的接线方法是根据其用途，所接系统的特点而定的。一般接线方式有 V，v、YN，yn，d、Y，yn 和 D，yn 等。

（1）V，v 接线。在只需测线电压，不需测相电压的场合，可以采用两只单相电压互感器接成 V，v（或叫不完全三角形）接线。用这种接线仍能测出三个线电压，从图 7-4-9 可以看出，虽然互感器线圈仅接在 AB 和 BC 相间。但仍可测出 CA 相间的电压。从图 7-4-9（b）电压相量图可知，$\dot{U}_{AC}$ 为 $\dot{U}_{AB}$ 和 $\dot{U}_{BC}$ 电压的相量和，而 $\dot{U}_{CA} = -\dot{U}_{AC}$。同理，二次侧的电压 $\dot{U}_{ca} = \dot{U}_{ac}$，其大小和 $\dot{U}_{ab}$ 或 $\dot{U}_{bc}$ 相等。这种接法仅用于中性点不接地或经过消弧线圈接地的系统中，用来连接三相功率表、电压表、继电器等。有时，水电站的 380V 厂用母线电压互感器也用这种接线，因为 380V 母线电压互感器一般只接指示线电压的电压表和备用电源自动投入用电压继电器。V，v 接法采用三相式虽然经济，但有局限性。

（2）YN，yn，d 接线。如图 7-4-10 所示，采用这种接线方式的电压互感器，用得最广泛，因为它串联引出两个端头来，一旦有零序磁通，两个端头就有电压出现。

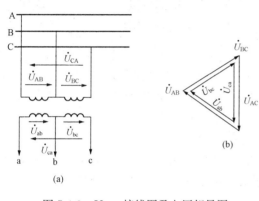

图 7-4-9　V，v 接线图及电压相量图
（a）接线图；（b）相量图

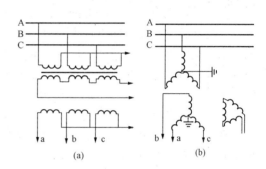

图 7-4-10　YN，yn，d 接线方式
（a）三只单相组成；（b）三相五柱式

（3）Y，yn 接线。这种接线方式可以满足仪表和继电保护装置接线电压和相电压的要求，但不能用来供电给绝缘检查电压表，即不能量测对地电压。因为一次侧中性点不接地，一次绕组接的是相线对中性点的电压，不是相线对地的电压。当系统中发生单相接地时，接地的一相虽然对地电压为零，但对中性点电压仍为相电压，这时加于电压互感器一次绕组上的电压并未改变，则二次侧相电压也未改变，因此绝缘检查电压表上反映不出系统接地情况。

Y，yn 接线的电压互感器用于中性点不接地或经消弧线圈接地系统中。它可以由三只单相电压互感器组成，也可以由一只三相三柱式互感器接成此接线，如图 7-4-11 所示。

（4）D，yn 接线。这种接线只有带发电机的电磁式电压校正器的电压互感器才采用。这样接线方法主要考虑以下几方面：①充分利用电压互感器容量。电压校正器有时要求功率大一点。凡电压互感器的一次绕组接线电压设计的，其二次绕组的额定电压一般为 100V，现在把一次接成三角形，每相线圈所加的为线电压，根据互感比，二次的相电压为 100V。若把二次接成星形，线电压就为 $\sqrt{3} \times 100 = 173$V。在同样二次电流的情况下，二次电压提高，使供给校正器的功率增加。②使接线组别与校正器的区分变压器及电流互感器的接线方式相配合，可使校正器的特性随发电机负载变化得到所需要的调差系数。③二次侧接成星形便于取得接地点（中性点），工作和运行中较安全。

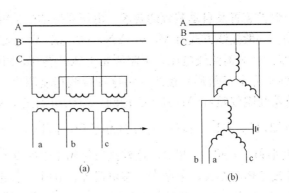

图 7-4-11　Y，yn 接线方式

(a) 三只单相组成；(b) 三相五柱式

7-4-28　电压互感器的二次侧为什么都要接地？采用 b 相或零相接地的原因是什么？

答：电压互感器的二次侧接地是为了人身和设备的安全。因为如果绝缘损坏使高压窜入低压时，对可能在二次回路上的工作人员构成危险，另外因二次回路绝缘水平低，若没有接地点，也会打穿，使绝缘损坏更严重。一般电压互感器可以在配电装置端子箱内经端子排接地。对变电站的电压互感器二次侧一般采用中性点接地（也叫零相接地），对于水电站的电压互感器，都采用二次侧 b 相接地，也有 b 相和零相共存的。b 相接地的电压互感器接线图如图 7-4-12 所示。采用 b 相接地的主要原因有以下几点。

（1）习惯问题。通常有的地方为了节省电压互感器台数，选用 VN，v 接线。为了安全，二次侧总要有个接地点，这个接地点一般选在二次侧两线圈的公共点。而为了接线对称，习惯上总把一次侧的两个线圈的首端一个接在 A 相上，一个接在 C 相上，而把公共端接在 B

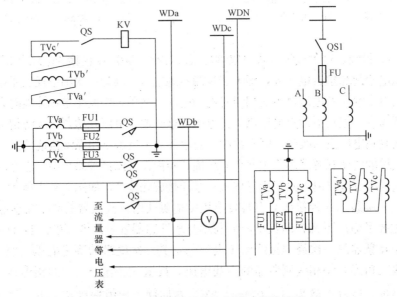

图 7-4-12　b 相接地的电压互感器接线图

WDa、WDc、WDN、WDb—小母线；TVa、TVb、TVc—电压互感器基本二次绕组；

TVa′、TVb′、TVc′—电压互感器辅助二次绕组；KV—电压继电器；FU、FU1～FU3—

熔断器；QS1—隔离开关；QS—隔离开关辅助触点

相上，因此，二次侧对应的公共点就是 b 相，于是，成了 b 相接地。从理论上讲，二次侧哪一相端头接地都可以，一次侧哪一相作为公共端的连接相也都可以，只要一、二次各相对应就行。

（2）可简化同期系统。这一点是由上述第一点而来的，主要是针对星形接线的电压互感器。因为一个电厂可能有星形接线和 V 形接线的两种电压互感器，它们所在的系统进行同期并列时，若让星形接线的电压互感器采用 b 相接地，使 V 形接线和星形接线的电压互感器都可用于同期系统。

这样，星形接线互感器的 b 相接地就可带来以下几个好处：①可节省隔离变压器。若需要同期并列的两个系统，一方是从星形接线的电压互感器抽取电压，另一方从 V 形接线的电压互感器抽取电压，如果不加隔离变压器，会使星形接线中性点接地（零相接地）互感器的二次 b 相线圈短路而烧毁。若星形接线互感器也与 V 形接线的互感器一样采用 b 相接地时，就可一起用于同期系统而省去隔离变压器。②简化同期线路并可节省有关设备。因为与同期有关的仪表只需取线电压，采用 b 相接地后，b 相（公共相）只需从盘上的接地小母线上引下即可。这将大大简化从电压互感器二次端点引来 b 相所必经的各环节（包括隔离开关、辅助触点、周期开关等），并可节省不少二次电缆芯，减少周期开关的挡数。如果变电站既有零相又有 b 相接地的互感器，且都用于同期系统时，一般采用隔离变压器，解决因不同的接地方式引起的可能烧毁星形接线互感器 b 相线圈的问题。

7-4-29　主变压器低压侧电压互感器的作用是什么？

答：主变压器低压侧电压互感器的作用是供给下列负载：①发电机同期回路；②主变压器 220kV，110kV 同期回路；③主变压器低压侧接地保护；④主变压器低压闭锁的过电流保护；⑤变压器负序功率方向保护；⑥高压厂用变压器有功功率表；⑦高压厂用变压器有功电能表。

7-4-30　发电机中性点电压互感器的作用是什么？其不正常运行时有何现象？

答：发电机中性点电压互感器的作用是利用发电机固有的三次谐波分量为发电机 100% 的定子接地保护提供一个中性点的三次谐波电压，作为制动量。

运行中，若中性点电压互感器出现异常，如电压互感器故障、电压互感器二次熔丝熔断，电压互感器隔离开关的辅助触点接触不良等，都有可能引起"定子接地"信号发出，运行人员应进行相应处理。

7-4-31　发电机 TV2 的作用是什么？TV2 为何要采用 D，y1 的接线方式？

答：发电机自调励 TV2 的作用是为自动励磁调节装置提供电源，并为正常工作提供一个电压反馈信号。

考虑到电压互感器一次侧三次谐波励磁电流的流通，为了得到一个较好的二次电压波形，同时能获得一个较高的二次电压（$\sqrt{3} \times 100$V），使 KFD-3 自动励磁调节器中电磁元件制造更方便，自调励电压互感器 TV2 要采用 D，y1 的接线方式。

7-4-32　发电机测量保护电压互感器 TV1 有什么作用？

答：TV1 可供下列继电保护和自动装置所需的二次交流电压：①失磁保护；②低压过

电流保护；③定子接地保护；④自动准同期回路；⑤继电强励装置。

TV1 供下列测量表计：①发电机定子电压表；②发电机有功电能表，无功电能表；③发电机分时电能表；④发电机有功功率表，无功功率表；⑤发电机绝缘监察表；⑥发电机频率表；⑦热工 200 点巡测仪。

7-4-33 TV1 中二次辅助副绕组的作用是什么？

答：TV1 中的二次侧绕组采用三相绕组串联接成一个开口三角，作用有以下两个方面。

（1）取得零序电压。供反应机端零序电压的发电机定子接地保护所需的二次电压，同时根据该零序电压测量发电机的对地绝缘状况。正常时，三相对地电压对称。该零序电压近于零（一般不大于 3～5V），当系统发生一相接地时，该开口三角处出现一个零序电压，其大小与接地程度成正比。

（2）为反应发电机固有三次谐波分量而构成的 100% 定子接地保护提供一个动作量。

7-4-34 TV1 二次回路中隔离开关的二次辅助触点的作用是什么？

答：隔离开关二次辅助触点的作用有：①保证电压互感器的运行状态与其一致；②防止二次电压反馈到一次侧造成危害。

7-4-35 电压互感器的两套低压线圈各有什么作用？

答：电压互感器有两套低压线圈：一组为二次绕组，接成星形并中性点接地，用以测量相电压和线电压，并供给保护装置和电能表、功率表等所需要的电压；另一组为辅助绕组，接成开口三角形，供继电保护装置和接地继电器。

7-4-36 为什么电压互感器二次 b 相配置二次熔断器？

答：这是为了防止当电压互感器一、二次间击穿时，经 b 相接地点和一次侧中性点形成回路，使 b 相二次线圈短接以致烧坏。

凡采用 b 相接地的电压互感器二次侧中性点都接一个击穿熔断器，这是考虑到在 b 相二次熔断器熔断的情况下，即使高压窜入低压，仍能击穿熔断器而使互感器二次有保护接地。击穿熔断器电压约 500V。

对于装有距离保护的电压互感器二次回路均要求零相接地，因为要接断线闭锁装置，要求有零线。故一般水电站与变电站的 110kV 及以上系统的电压互感器采用零相接地。

7-4-37 电压互感器在送电前应做好哪些准备工作？

答：（1）应测量其绝缘电阻，低压侧绝缘电阻不得低于 1MΩ，高压侧绝缘电阻每千伏不低于 1MΩ。

（2）定相工作完毕（确定相位的正确性）。如果高压侧相位正确而低压接错，则会引起非同期并列。此外，在倒母线时，还会使两台电压互感器短路并列，产生很大的环流，造成低压熔断器熔断，引起保护装置电源中断，严重时会烧坏电压互感器二次绕组。

（3）电压互感器送电前检查。①检查绝缘子应清洁、完整、无损坏及裂纹。②检查油位应正常。油色透明不发黑，无渗、漏油现象。③检查低压电路的电缆及导线应完好，且无短路现象。④检查电压互感器外壳应清洁，无渗漏油现象，二次绕组接地应牢固。

准备工作结束后,可进行送电操作:投入高低压侧熔断器,合上其出口隔离开关,使电压互感器投入运行,检查二次电压正常,然后投入电压互感器所带的继电保护及自动装置。

7-4-38 两台电压互感器并列运行应注意什么问题?

答: 在双母线制中,每组母线接一台电压互感器。若由于负载需要,两台电压互感器在低压侧并列运行(倒母线),此时应先检查母线断路器是否合上,如未合上,则合上母联断路器,再进行低压侧的并列,否则,由于 TV 电压互感器从低压侧反充电。如图 7-4-13 所示,因空载励磁电流大(串级互感器二次匝数少,阻抗低,电流实测为 15~20A),加上母线充电电流,容易引起运行电压互感器 TV1 二次低压熔断器熔断或自动空气开关跳闸,致使保护装置失去电源。

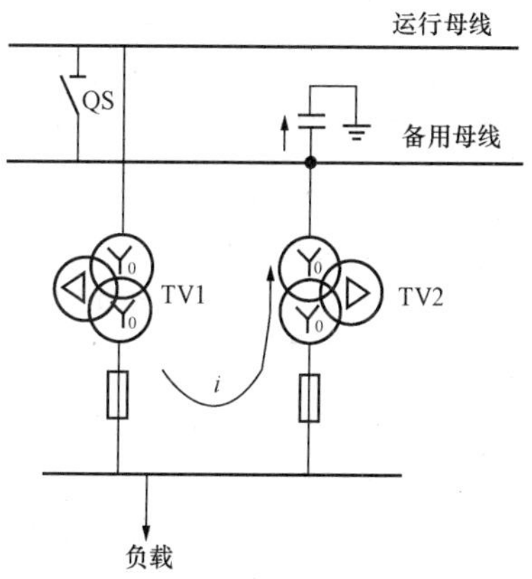

图 7-4-13 两台电压互感器的
并列运行

7-4-39 电压互感器在运行中应检查哪些项目?

答: 电压互感器在运行中,值班人员应进行定期检查,项目如下:①绝缘子应清洁、完整,无损坏及裂纹,无放电痕迹及电晕声响;②电压互感器油位应正常,油色透明不发黑,且无严重渗、漏油现象;③呼吸器内部吸潮剂不潮解;④在运行中,内部声响应正常,无放电声及剧烈振动声,当外部线路接地时,更应注意这一点;⑤高压侧导线接头不应过热,低压电路的电缆及导线不应腐蚀及损伤,高、低压侧熔断器及限流电阻应完好,低压电路应无短路现象;⑥电压表三相指示应正确;⑦电压互感器外壳应清洁、无裂纹、无渗漏油现象,二次绕组接地线牢固良好。

7-4-40 电压互感器停用时,应注意哪些问题?

答: 在双母线制中,如一台电压互感器出口隔离开关,电压互感器本体或电压互感器低压侧电路需要检修时,则需停用电压互感器。如在其他接线方式中,电压互感器随母线一起停用,在双母线制中停用互感器,方法有两种:一是双母线改单母线,然后停用互感器;二是合上两母线隔离开关,使 TV 并列,再停其中一组。通常采用第一种。以下是电压互感器停用操作顺序:①先停用电压互感器所带的保护及自动装置,如装有自动切换装置或手动切换装置时,其所带的保护及自动装置可不停用;②取下低压熔断器,以防止反充电,使高压侧充电;③拉开电压互感器出口开关,取下高压侧熔断器;④进行验电,用电压等级合适而且合格的验电器,在电压互感器进行各项分别验电,验明无误后,装设好接地线,悬示标示牌,经过工作许可手续,便可进行检修工作。

7-4-41 装设电压互感器时,熔断器的容量怎样选择?

答: 电压互感器二次回路中,除接有保护装置的电压线圈外,还接有测量表计的电压线圈。为防止二次回路和测量表计的电压回路短路,在电压互感器的二次主回路和表计回路中,需加装熔断器。电压互感器二次熔断器按其最大容量的额定电流的 1.1~1.2 倍选取。一般容量的电压互感器,多选 5A。双母线情况下,应考虑一组母线运行时,所有电压回路负载全部切换在一组电压互感器上。同时还应考虑设在电压二次回路的熔断器与表计回路熔断器在动作时间和灵敏度上相配合，即表计回路熔断器的动作时间，应小于保护装置的动作时间，这样二次表计回路短路时，不会引起保护误动作。如熔断器的动作时间不能满足连动要求，则应选用自动开关。一般认为 110kV 系统装有阻抗保护时，应在 110kV 电压互感器二次加装快速自动开关，110kV 以上电压等级的电压互感器，一次不装熔断器，35kV 屋外电压互感器一次装设带限流电阻的角形可熔熔断器，35kV、10kV 屋内电压互感器一次均装充填石英砂的瓷管熔断器，以上熔断器的额定电流均为 0.5A，熔断电流为 0.6~1.8A。

7-4-42 电压互感器一、二次熔断器的保护范围是怎么规定的？

答：电压互感器一次熔断器的范围是：电压互感器内部故障，或在电压互感器与电网连接线上的短路故障。电压互感器二次熔断器的保护范围是：电压互感器二次熔断器以下网路的短路所引起的持续短路故障。

7-4-43 充油式电压互感器在什么情况下，应立即停用？

答：充油式电压互感器当有下列故障特征之一时，应立即停用：①电压互感器高压侧熔断器连续熔断二、三次。②电压互感器发热，温度过高。当电压互感器发生层间短路或接地时，熔断器可能不熔断，造成电压互感器过载而发热，甚至冒烟起火。③电压互感器内部有噼啪声或其他噪声，这是由于电压互感器内部短路，接地，夹紧螺钉未上紧所致。④电压互感器内部引线出口处有严重喷油、漏油现象。⑤电压互感器内部发出焦臭味且冒烟。⑥线圈与外壳之间或引线与外壳之间有火花放电，电压互感器本体有单相接地。

7-4-44 TV1 二次开口三角的引出线及中性线上为何不装熔断器？

答：原因如下。

（1）开口三角的引出线不装熔断器，是为了防止接触不良发不出定子接地信号。因为正常时，开口三角两端 $3U_0=0$，无电压，无法监视熔断器的接触情况。

（2）中线上不设熔断器，是为了避免熔丝熔断或接触不良使断线闭锁失灵或使绝缘监察电压表失去指示故障的作用。

7-4-45 运行中什么情况下应停用 TV1？停用时应注意哪些事项和进行哪些检查？

答：运行中，发生下列情况之一时，应立即停用 TV1：①高压熔丝连续熔断两次（可能的原因：系统发生单相间歇性电弧接地；系统出现铁磁共振；电压互感器本身故障；二次侧发生短路或过载但二次熔丝未熔断）。②互感器发热严重，有焦味或冒烟。③互感器内部有噼啪声或其他噪声。④线圈与外壳之间或引线与外壳之间有火花放电。

运行中停用 TV1 应注意以下问题：①停用或断开发电机失磁保护；②停用或断开发电机低压过电流保护；③停用继电强励装置；④由于有功功率表、无功功率表等表计的失真，要联系机炉加强对蒸汽参数的监视和调整，电气人员应加强转子电流的监视；⑤做好 TV1 停用期间的电量核算工作；⑥在取 TV1 高压熔丝时，应戴好绝缘手套。

运行中，对 TV1 应进行下列检查：①绝缘子应清洁、完整，无损坏及裂纹，无放电痕迹及电晕声响；②无异声和臭焦味；③高压侧导线接头不应过热；④从声响和表计判断二次回路无短路现象；⑤二次侧接地完好；⑥当一次系统发生单相接地时，应检查声音是否正常，有无绝缘烧损的焦味。

7-4-46　TV1 一相高压熔丝熔断与发电机定子单相接地的现象有何区别？

答：运行中，当发电机一次回路发生单相接地或 TV1 高压熔丝一相熔断时，都有可能发生"定子接地"信号，并且绝缘监察表指示都有变化，但可以通过对各相、线电压的测量及分析区别出来，以 C 相故障为例，列表 7-4-1 说明如下。此外，还可以通过对电压表、有功、无功功率表的变化分析来进一步加以区别。

表 7-4-1　　　　　　　　　　　　故障性质分析

故障性质	相　别					
	A	B	C	AB	BC	CA
C 相金属性接地	线电压	线电压	零	正常	正常	正常
C 相高压熔丝熔断	相电压	相电压	接近于零	正常	降低	降低

7-4-47　电压互感器应进行哪些方面的检查？

答：（1）油浸式电压互感器的油面距油箱盖一般应大于 15mm，若对 JDJ 型大于 30mm 或对 JSJW 型大于 60mm，则器身与引线已露出油面，此时应检查绝缘是否受潮。

（2）测量绕组的绝缘电阻，测得的数值不得低于出厂值或前一次测量值的 70%（换算到同一温度）。

（3）电压互感器二次回路不能短路，如发生短路，应立即退出运行，进行检查试验。

（4）三相三绕组电压互感器空载时一次相电压平衡，且为额定值时，零序回路的端电压应不大于 8V（用静电电压表或真空管电压表测量）。

（5）当线路发生单相接地故障时，只允许连续运行 2h，若超过 2h，则绕组有可能因过热而损坏。

（6）电压互感器的故障，一般是由于绝缘受潮、击穿或者匝间短路、绕组烧毁及套管损坏，通常按原样修复。

7-4-48　为什么 110kV 以上电压互感器一次侧不装熔断器？

答：110kV 以上电压互感器的结构采用单相串接绝缘，裕度大，110kV 引线为硬连接，相间距离较大，引起相间故障的可能性小，再加上 110kV 系统为中性点直接接地系统，每相电压互感器不可能长期承受线电压运行，另外，满足系统短路容量的高压熔断器制造上还有困难，无法提供合适的设备，因此 110kV 以上的电压互感器一次侧不装设熔断器。

7-4-49　110kV 电压互感器一相二次熔断器为什么要并联一个电容器？

答：电压回路断线闭锁装置是防止保护误动的重要部件之一。例如，阻抗保护在电压回路故障时，失电压可能误动，如果断线闭锁装置动作断开保护的直流电源，误动就可以避免。110kV 中性点接地的电网中，断线闭锁装置一般用零序电压滤过器原理制成。当电压回路一相或二相断开，过滤器上出现零序电压，电压继电器动作，它的常闭触点断开保护装置的直流电源，防止了动作。但当三相断电时，滤过器的电压为零，断线闭锁装置将拒动，为此在一相熔断器或自动开关上并联一个电容器，三相失电时，通过电容器人为给断线闭锁装置引进一相电压，保证可靠动作。

7-4-50 110kV 电压互感器二次电压是怎样切换的？切换后应注意什么？

答： 双母线上的各元件的保护测量回路，是由 110kV 两组电压互感器供给的，切换有以下两种方式。

（1）直接切换。电压互感器二次引出线分别串于所在母线电压互感器隔离开关和线路隔离开关的辅助触点中，在线路倒母线时，根据母线隔离开关的拉合来切换电压互感器电源。

（2）间接切换。电压互感器二次引出线不通过母线隔离开关的辅助触点直接切换，而是利用母线隔离开关的辅助触点控制切换中间继电器进行切换。通过母线隔离开关的拉、合，启动对应的中间继电器，就达到电压互感器电源切换的目的。

切换后应注意下列事项：①母线隔离开关的位置指示器是否正确（监视辅助触点是否切换）；②电压互感器断线"光"字是否出现；③有关有功、无功功率表指示是否正常；④切换时中间继电器是否动作。

7-4-51 110kV 电压互感器二次侧为什么要经过该互感器一次侧隔离开关的辅助触点？

答： 110kV 电压互感器隔离开关的辅助触点的断合位置应当与隔离开关的开合位置相对应，即当电压互感器停用拉开一次隔离开关时，二次回路也相应断开，防止在双母线上的一组电压互感器工作时，另一组电压互感器二次反充电，造成工作电压互感器高压带电。

7-4-52 当电压互感器上有人员工作时应注意什么？

答： 电压互感器隔离开关检修或电压互感器二次回路工作时应做好以下措施：①应考虑电压互感器所带继电保护装置，防止停用电压互感器电源影响保护，双母线倒单母线；②取下检修电压互感器二次熔断器，防止反充电，造成高压触电；③拉开有关隔离开关，验电挂地线；④电压互感器二次回路有工作，而电压互感器不停用时，除考虑保护装置外，应防止二次短路。

7-4-53 电压互感器高压侧或低压侧一相熔断器熔断的原因是什么？如何处理？

答： 电压互感器由于过载运行，低压电路发生短路，高压电路相间短路，产生铁磁谐振以及熔断器日久磨损等原因，均能造成高压侧或低压侧一相熔断器熔断的故障。若高压侧或低压侧熔断器一相熔断，则熔断相的相电压表指示值降低，未熔断相的电压表指示值不会升高。

发生上述故障时，值班人员应进行如下处理：①若低压侧熔断器一相熔断，应立即更换。若再次熔断，则不应再更换，待查明原因后处理。②若高压侧熔断器一相熔断，应立即拉开电压互感器出口隔离开关，取下低压侧熔断器，并采取相应的安全措施，在保证人身安全及防止保护误动作的情况下，更换熔断器。

7-4-54 电压互感器断线有哪些现象？怎样处理？

答： 当电压互感器电压断线时，发出"电压互感器断线"（电压断线）信号及光字牌，低电压继电器动作，频率监视灯熄灭，表计指示不正常，同期鉴定继电器可能有响声。处理时，电压互感器所带的保护与自动装置，如可能误动，应先停用，然后检查熔断器是否熔断。如一次熔断器熔断，应查明原因进行更换。如二次熔断器熔断，应立即更换。若再次熔断，应查明原因，且不能将熔断器容量加大，如熔断器完好，应检查电压互感器接头有无松动、断头，切换回路有无接触不良。检查时应采取安全措施，保证人身安全，防止保护误动。

7-4-55 电压互感器低压电路短路后，值班人员应如何处理？

答： 电压互感器平时二次已有一点接地（b相或零相）。如果低压电路因导线受潮、腐蚀及损伤再发生一相接地，便可能发展成二相接地短路。另外，电压互感器内部低压绕组绝缘损坏、工作人员失误也会造成低压电路短路。发生短路后，电流增大，导致熔断器熔断，影响表计指示，甚至会引起保护误动。

当发生上述故障时，值班人员应进行如下处理：①按规程规定停用有关保护及自动装置；②对电压互感器进行检查应无异常，交换熔断器送一次，如送不上通知检修处理；③停用故障电压互感器；④电压互感器短时不能恢复，双母线倒单母线。

7-4-56 电压互感器铁磁谐振有哪些现象和危害？

答： 电压互感器铁磁谐振将引起电压互感器铁芯饱和，产生电压互感器饱和过电压。电压互感器铁磁谐振常发生在中性点不接地的系统中。我们知道，任何一种铁磁谐振过电压的产生对系统电感、电容的参数有一定要求，而且需要有一定的"激发"才行。电压互感器铁磁谐振也是如此。电压互感器铁磁谐振常受到的"激发"有两种：第一种是电源对只带电压互感器的空母线突然合闸；第二种是发生单相接地。在这两种情况下，电压互感器都会出现很大的励磁涌流，使电压互感器一次电流增大十几倍，诱发电压互感器过电压。

电压互感器铁磁谐振可能是基波（工频）的，也可能是分频的，甚至可能是高频的。经常发生的是基波和分频谐振。根据运行经验，当电源向只带有电压互感器的空母线突然合闸时易产生基波谐振；当发生单相接地时易产生分频谐振。电压互感器发生基波谐振的现象是：两相对地电压升高，一相降低，或是两相对地电压降低，一相升高。电压互感器发生分频谐振的现象是：三相电压同时或依次轮流升高，电压表指针在同范围内低频（每秒一次左右）摆动。

电压互感器发生谐振时其线电压指示不变。电压互感器发生谐振时还可能引起其高压侧熔断器熔断，造成继电保护和自动装置的误动作。电压互感器发生铁磁谐振的直接危害是：①由于谐振时，电压互感器一次绕组通过相当大的电流在一次熔断器尚未熔断时可能使电压互感器烧坏；②造成电压互感器一次熔断器熔断。电压互感器发生铁磁谐振的间接危害是：当电压互感器一次熔断器熔断后将造成部分继电保护和自动装置的误动作，从而扩大了事故，有时可能会造成被迫停机事故。

7-4-57 电压互感器发生铁磁谐振应如何处理？

答： 当发现发生电压互感器铁磁谐振时，一般应区别情况进行下列处理。

（1）当只带电压互感器空载母线产生电压互感器基波谐振时，应立即投入一个备用设备，改变电网参数，消除谐振。

（2）当发生单相接地产生电压互感器分频谐振时，应立即投入一个单相负载。由于分频谐振具有零序性质，故此时投三相对称负载不起作用。

（3）谐振造成电压互感器一次熔断器熔断，谐振可自行消除。但可能带来继电保护和自动装置的误动作，此时应迅速处理误动作的后果，如检查备用电源开关的联投情况，如没联投应立即手投，然后迅速更换一次熔断器，恢复电压互感器的正常运行。

（4）发生谐振尚未造成一次熔断器熔断时，应立即停用有关失电压容易误动的继电保护和自动装置。母线有备用电源时，应切换到备用电源，以改变系统参数消除谐振；如果用备用电源后谐振仍不消除，应拉开备用电源开关，将母线停电或等电压互感器一次熔断器熔断后谐振便会消除。

（5）由于谐振时电压互感器一次绕组电流很大，应禁止用拉开电压互感器或直接取下一次侧熔断器的方法来消除谐振。

7-4-58 互感器交接和预防性试验项目有哪些？

答：根据相关规程规定，互感器交接和预防性试验项目如下：

（1）测量互感器绕组及末屏的绝缘电阻。

（2）测量 35kV 及以上互感器一次绕组连同套管的介质损耗因数 $\tan\delta$。

（3）绕组连同套管一起对外壳的交流耐压试验。

（4）油箱和套管中绝缘油试验及油中溶解气体色谱分析。

（5）测量铁芯夹紧螺栓（可接触到的）绝缘电阻。

（6）互感器的极性、变比、励磁特性等特性试验。

（7）局部放电试验。

7-4-59 测量互感器绕组的绝缘电阻的目的是什么，测量有什么要求？

答：测量电压互感器绕组的绝缘电阻的主要目的是检查其绝缘是否有整体受潮或老化的缺陷。测量时，一次绕组用 2500V 绝缘电阻表，二次绕组用 1000V 或 2500V 绝缘电阻表，非被测绕组应接地。试验结果可与历次试验数据比较，进行综合分析判断。一般情况下，一次绕组的绝缘电阻不应低于出厂值或历次测量值的 60%；二次绕组一般不低于 10MΩ。当电压互感器吊芯检查修理时，应用 2500V 绝缘电阻表测量铁芯夹紧螺栓的绝缘电阻，其值一般不应低于 10MΩ。

测量电流互感器绕组的绝缘电阻的目的和方法与电压互感器的相同。对电流互感器而言，除应测量一次绕组对二次绕组及地，以及二次绕组对地绝缘电阻外，对于有末屏端子引出的电流互感器，还应测量末屏对二次绕组及地的绝缘电阻。

相关规程要求：①绕组的绝缘电阻与初始值及历次数据比较，不应有显著变化；②电容型电流互感器末屏对地绝缘电阻一般不低于 1000MΩ。

测量绝缘电阻时，还应考虑并排除空气湿度、互感器表面脏污、温度等对绝缘电阻的影响，必要时，可在套管下部外表面用软铜线圈绕几圈引至绝缘电阻表的"G"端子，以消除表面泄漏的影响。

7-4-60　测量互感器绕组的直流电阻的作用是什么?

答：电压互感器一次绕组线径较细，易发生断线、短路或匝间击穿等故障，二次绕组因导线较粗很少发生这种情况，因而交接、大修时应测量电压互感器一次绕组的直流电阻。各种类型的电压互感器一次绕组的直流电阻均在几百欧至几千欧之间，一般采用单臂电桥进行测量，测量结果应与制造厂或以前测得的数值无明显差异。

有时为了判断电流互感器一次绕组接头有无接触不良等现象，需要采用压降法和双臂电桥等测量一次绕组的直流电阻；有时为了判别套管型电流互感器分接头的位置，也使用双臂电桥测量绕组的直流电阻。

7-4-61　测量互感器绕组极性的作用是什么?

答：电流互感器和电压互感器的极性很重要，极性判断错误会使计量仪表指示错误，更为严重的是使带有方向性的继电保护误动作。互感器一、二次绕组间均为减极性。极性试验方法与变压器的相同，一般采用直流法。试验时注意电源应加在互感器一次侧；测量仪表接在互感器二次侧。

7-4-62　电容型电流互感器 tanδ 和 C 的测试方法是怎样的?

答：220kV 及以上的电流互感器，一般为油纸电容型结构，其结构、外形及原理如图 7-4-14 所示。这类互感器由供测量 tanδ 用的末屏端子引出，现场测量时可方便地用 QS1 电桥正接线进行电容量 C_x 和 tanδ 的测量。测量一次绕组加压，二次绕组短路接地，电桥 C_x 线接末屏端子，这时测得的是一次绕组对末屏的 tanδ 和 C_x 值。

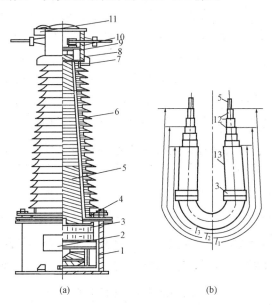

(a)　　　　　　　　(b)

图 7-4-14　电容型电流互感器外形、结构及原理

（a）外形及结构图；（b）原理图

1—油箱；2—二次接线盒；3—环形铁芯及二次绕组；4—压圈式卡接装置；5—U形一次绕组；6—瓷管；7—均压护罩；8—贮油柜；9——次绕组切换装置；10——次出线端子；11—呼吸器；12—电容屏；13—末屏

电流互感器进水受潮以后，水分一般沉积在底部，最先使底部和末屏受潮。因此相关规程要求，当末屏对地绝缘电阻小于 $1000M\Omega$ 时，应在测量一次绕组对末屏主绝缘 C_x 和 $\tan\delta$ 的同时，测量末屏对地的 C_x 和 $\tan\delta$ 值。测量末屏对地的 C_x 和 $\tan\delta$ 时，用 QS1 电桥反接法，末屏接高压 C_x 线，加压 2kV，互感器二次绕组短路接地，一次绕组接电桥的屏蔽"E"端，末屏对地的 $\tan\delta$（％）应不大于 2。

7-4-63 电压互感器的交流耐压试验方法怎样进行？

答： 电磁式电压互感器的交流耐压试验有两种加压方式。一种方式为外施工频试验电压。该加压方式适用于额定电压为 35kV 及以下的全绝缘电压互感器的交流耐压试验。试验接线及方法与变压器的交流耐压试验相同。35kV 以上的电压互感器多为分级绝缘，其一次绕组的末端绝缘水平很低，一般为 5kV 左右，因此一次绕组末端不能与首端承受同一试验电压，而应采用感应耐压的加压方式，即把电压互感器一次绕组末端接地，从某一个二次绕组加压，在一次绕组感应出所需要的试验电压。这种加压方式一方面使绝缘中的电压分布同实际运行时一致；另一方面，一次绕组首尾两端的电压比额定电压高，绕组电位也比正常运行时高得多，因此交流耐压试验可同时考核电压互感器一次绕组的纵绝缘，从而检验出由于电压互感器中电磁线圈质量不良如露铜、漆膜脱落和绕线时打结等原因造成的纵绝缘方面的缺陷。

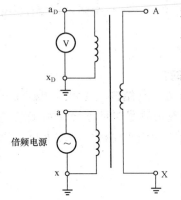

图 7-4-15 倍频感应耐压试验接线图

为了避免工频试验电压过高引起铁芯饱和损坏被试电压互感器，必须提高工频试验电压的频率。制造厂多采用倍频发电机作为试验电源，而现场试验常采用电子式变频电源或三倍频发生器。倍频感应耐压试验接线如图 7-4-15 所示，在二次绕组 ax 侧施加倍频电压，从辅助二次绕组 $a_D x_D$ 侧测量。

一次绕组试验电压按出厂值的 85％ 进行试验，出厂值不明的按表 7-4-2 所示试验电压进行试验。倍频感应耐压试验的试验电压同工频交流耐压试验的试验电压。

表 7-4-2 电压互感器交流耐压试验的试验电压

额定电压（kV）	3	6	10	35	66
试验电压（kV）	15	21	30	72	120

串级式或分级绝缘式互感器用倍频感应耐压试验，试验中应考虑互感器的容升电压。根据有关资料介绍，三倍频耐压时，各电压等级的电压互感器容升电压见表 7-4-3。

表 7-4-3 电压互感器容升电压数据

额定电压（kV）	35	66	110	220
容升电压百分数（％）	3	4	5	8

比如 66kV 设备应耐压 120kV，考虑容升电压 4％，则由辅助二次绕组测得试验电压换算到一次绕组为 120kV 时，一次绕组实际电压已达 120＋120×4％＝124.8（kV）。

电压互感器感应耐压前后应做空载试验，以确定互感器一次绕组是否存在匝间短路。

7-4-64 互感器的变比试验方法怎样进行?

答: 要检查互感器各分接头的变比,并要求与铭牌相比没有显著差别。

(1) 电流互感器变比的检查。检查电流互感器的变比,采用与标准电流互感器相比较的方法,其试验接线如图 7-4-16 所示。

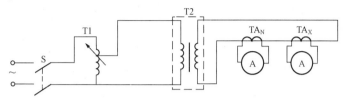

图 7-4-16 电流互感器变比检查试验接线图

T1—单相调压器;T2—升流器;TA$_N$—标准电流互感器;
TA$_X$—被试电流互感器

试验时,将被试电流互感器与标准电流互感器一次侧串联,二次侧各接一只 0.5 级的电流表,用调压器和升流器供给一次侧一合适电流,当电流升至互感器的额定电流值时(或在 30%～70% 额定电流范围内多选几点),同时记录两电流表的读数,则被试电流互感器的实际变比:$K = (K_N I_N)/I$,变比误差为 $\Delta K = [(K - K_{XN})/K_{XN}] \times 100\%$,在上二式中,$K_N$、$I_N$ 为标准电流互感器的变比和二次电流值;K、I 为被试电流互感器的变比和二次电流值;K_{XN} 为被试电流互感器的额定变比。

试验时应注意,应将非被试电流互感器二次绕组短路,严防开路;应尽量选择使标准电流互感器与被试电流互感器的变比相同,如两变比正确的话,其二次绕组电流表读数也应相同。

(2) 电压互感器变比的检查。对于变比在变比电桥测量范围之内的电压互感器,可直接采用变比电桥测量其变比。对于变比较大的电压互感器,检查其变比可采用双电压表法或采用图 7-4-17 所示用与标准电压互感器相比较的方法。用图 7-4-17 所示方法对电

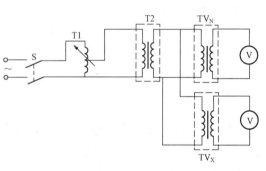

图 7-4-17 电压互感器变比检查试验接线图

T1—单相调压器;T2—试验变压器;TV$_N$—标准电压
互感器;TV$_X$—被试电压互感器

压互感器进行变比测量时,一般应通过调压器和变压器向高压侧施加电压,在二次侧测量。

7-4-65 互感器的试验特性是什么? 如何测试?

答: 互感器的励磁特性是指互感器一次侧开路、二次侧励磁电流与所加电压的关系曲线,实际上就是铁芯的磁化曲线。互感器励磁特性试验的主要目的是检查互感器的铁芯质量,通过鉴别磁化曲线的饱和程度,以判断互感器的绕组有无匝间短路等缺陷。鉴于系统中经常发生铁磁谐振过电压和电压互感器质量不良等情况,所以要求进行电压互感器的空载励磁特性试验。

(1) 电流互感器伏安特性试验。试验接线如图 7-4-18 所示。试验前,应将电流互感器二次绕组引

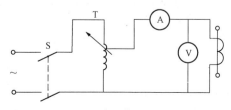

图 7-4-18 电流互感器伏安特性试验接线图

线和接地线拆除，试验时，一次侧开路，从二次侧施加电压，为了读数方便，可预先选取几个电流点，逐点读取相应电压值。通入的电流或电压以不超过制造厂技术条件的规定为准。当电流增大而电压变化不大时，说明铁芯已饱和，应停止试验。试验后，根据试验数据绘出伏安特性曲线。电流互感器的伏安特性试验，只对继电保护有要求的二次绕组进行。实测的伏安特性曲线与过去或出厂的伏安特性曲线比较，电压不应有显著降低。若有显著降低，应检查是否存在二次绕组的匝间短路。

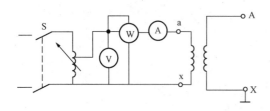

图 7-4-19　电压互感器空载试验接线

（2）电压互感器空载励磁特性试验。电压互感器空载励磁特性试验接线如图 7-4-19 所示。现场试验时，电压互感器高压侧开路，低压侧通以额定电压，读取其空载电流及空载损耗。电压互感器的空载励磁特性试验可与工频感应耐压试验一起进行。试验时，在电压升至额定电压过程中先读取几组空载损

耗与空载电流值，电压升至 1.3 倍额定电压并耐受 40s 后，再降至额定电压及以下，重新读取几组空载损耗与空载电流值。

实测的励磁特性曲线或额定电压时的空载电流值与过去或同类型电压互感器的特性相比较，应无明显的差异。在进行 1.3 倍额定电压下的感应耐压试验时，其耐压前后的空载电流、空载损耗也不应有明显差异，否则应查明原因。相关规程规定：中性点非有效接地系统的电压互感器，在 $1.9U_N/\sqrt{3}$ 电压下的空载电流不应大于最大允许电流；中性点接地系统的电压互感器，在 $1.5U_N/\sqrt{3}$ 电压下的空载电流不应大于最大允许电流。

第五节　母线、电力电缆及架空线

7-5-1　什么叫母线，母线有哪几类？其常见故障有哪些？

答：在水电站和变电站中各级电压配电装置的连接，以及变压器等电气设备和相应配电装置的连接，大都采用矩形或圆形截面的裸导线或绞线，这统称为母线。母线的作用是汇集、分配和传送电能。由于母线在运行中，有巨大的电能通过，短路时，承受着很大的发热和电动力效应，因此，必须合理地选用母线材料、截面形状和截面积以符合安全经济运行的要求。

母线按外形和结构分为硬母线和软母线两类。其中，①硬母线又分为矩形、槽形、菱形和管形等母线；②软母线又分为铜绞线、铝绞线和钢芯铝绞线。

母线常见的故障：①母线的接头由于接触不良，接触电阻增大，造成发热，严重时会使接头烧红；②母线的支持绝缘子由于绝缘不良，使母线对地的绝缘电阻降低，严重时导致闪络和击穿；③当有很大的短路电流通过母线时，在电动力和弧光闪络的作用下，会使母线发生弯曲、折断或损坏，使绝缘发生崩碎。

7-5-2　矩形母线平装与竖装时额定电流为什么不同？

答：电流通过母线时，就要发热。发热损耗的功率用 P 来表示：$P=I^2R$，式中：R 为母线电阻。由公式可知，电阻 R 越大，损耗的功率 P 就越大，而电阻 R 是与导线的横截面

积成反比的。在正常运行时，母线一方面发热，一方面把热量散给周围空气。当母线发热等于向周围空气散发出的热量时，母线温度不再上升，达到稳定状态。所以，母线温度和散热条件有极大关系。满足一定的温升要求，散热条件不同，额定电流就不同，竖装母线的散热条件较好，平装母线散热条件较差，所以平装母线比竖装母线的额定电流少 $5\%\sim8\%$，但竖装母线受电动力的机械稳定性差些。

7-5-3　矩形母线为什么多装伸缩接头？伸缩接头起什么作用？

答：因硬母线热胀冷缩，对母线绝缘子可能发生危险的应力，为了减弱这种应力，应加装母线补偿器。补偿器可用 $0.2\sim0.5mm$ 铜片或铝片制成，其总截面不应小于工作母线的截面。补偿器的数量及母线长度见表 7-5-1。

表 7-5-1　　　　　　　　　　　　　补偿器的数量及母线长度

母线材料	一个补偿器	二个补偿器	三个补偿器
	母　线　长　度（m）		
铜	30～50	50～80	80～100
铝	20～30	30～50	50～75
钢	35～60	60～85	60～852

7-5-4　运行中导线接头的允许温度是多少？判断导线接头发热的方法有几种？

答：裸导线的接头长期允许工作温度一般不得超过 70℃。当其接触面处有锡的可靠覆盖层时，允许提高到 85℃，有银的可靠覆盖层时允许提高到 95℃，闪光焊接时，允许提高到 100℃。

采用的方法有以下几种：①变色漆；②示温蜡片；③本导体点温计；④红外线测量法；⑤在雨、雪天观察接头有无发热。

7-5-5　导线的电晕是怎么产生的？

答：在不均匀电场中曲率半径小的电极附近，当电压升高到电晕起始电压后，由于空气游离可能会产生电晕放电。此时在电极附近出现一层被游离了的气体。在电晕的外围区域由于电场很弱，不会发生碰撞游离，外围区域带电粒子基本上都是离子，这些离子形成了电晕放电电流。

当电压小于或等于 110kV 时，所用的导体截面总是足够避免电晕的产生，因此只是在电压等级在 110kV 及以上的设备上，以及在恶劣天气或经过高山区的线路，电晕的损失才有实际意义。

7-5-6　母线在刷漆时有哪些规定？

答：(1) 室外软母线、封闭母线应在两端和中间适当部位涂相色漆。

(2) 单片母线的所有面及多片、槽形、管形母线的所有可视面均应涂相色漆。

(3) 钢母线的所有表面应涂防腐相色漆。

(4) 刷漆应均匀，无起层、皱皮等缺陷，并应整齐一致。

7-5-7　两根导线的载流量是不是一根导线安全载流量的 2 倍？

答：由于供电负载的增加，超过导线容量时，可以每相并上几条，但要保持一定距离，使得散热条件良好。当每相内导线条数增加时，允许负载的增加不与每相增加条数成正比，而是要打一个减少系数。因为增加条数后，导线的散热变差，另外，在交流磁场作用下邻近效应很大，并上的母线条数越多，它的电流分布越不均匀，中间导线电流小，边缘电流大，所以导线并上使用后，不如单条导线的利用率高，其载流量也不是单根的倍数关系。

7-5-8　检查和巡视接头的项目有哪些？

答：正常巡视检查的项目是导线带电部分的接头是否发热及示温蜡片的情况。

特殊检查项目有：①降雪时，各接头及导线导电部分有无冰霜及发热现象；②大风天气检查有无杂物及导线摆动情况；③大雨天气检查有无杂物及导线摆动情况。

7-5-9　硬母线检修时应检查、检修哪些内容？

答：硬母线检修时应检查、检修下列项目。

（1）清扫母线，清除积灰和脏污；检查相序，颜色，必要时应重新刷漆。

（2）检修母线接头，要求接头接触良好，无过热现象，其中：①用螺栓连接的接头，螺栓应拧紧，平垫圈和弹簧垫圈应齐全；②用焊接连接的接头，应无裂纹、变形和烧毛现象；③铜铝接头应无接触腐蚀；④户外接头和螺栓应涂有防水漆。

（3）检修母线伸缩节，要求伸缩节两端接触良好，能自由伸缩，无断裂现象。

（4）检修绝缘子及套管，绝缘子及套管应清洁完好，母线的绝缘电阻应符合规定，且耐压合格。否则，应找出故障原因并消除，必要时更换损坏的绝缘子及套管。

（5）检查母线的固定情况，母线固定平整牢靠；螺栓、螺母、垫圈齐全、无锈蚀，片间撑条均匀。必要时应对支持绝缘子的夹子和多层母线上的撑条进行调整。

7-5-10　硬母线接头解体时，应注意哪些检修工艺？

答：硬母线接头解体检修应注意以下几个方面。

（1）接触面处理，应消除表面的氧化膜、气孔或隆起部分，使接触面平整而略粗糙。

（2）拧紧接触面的连接螺栓。螺栓的旋拧程度视检修时的温度而定，温度高时螺栓拧紧些，温度低时拧松一些。

（3）为防止母线接头表面及接缝处氧化，检修后用油膏填塞，再涂以凡士林油。

（4）更换失去弹性的弹簧垫圈和损坏的螺栓、螺母。

（5）补贴已熔化或脱落的示温蜡片。

7-5-11　用什么方法处理硬母线接头的接触面表面的氧化膜和气孔？

答：对铝、铜母线接头的处理方法不完全一样。

（1）铝母线。用粗锉把母线表面锉平后，先涂一层凡士林，使母线的表面与空气隔开，防止铝表面氧化，然后用钢丝刷来刷。最后把脏凡士林擦去，再在接触面涂一层薄的新凡士林并贴纸作为保护。铝母线的接触面不要用砂纸打磨，以免掉下的玻璃屑或砂子嵌入金属内，增加接触电阻。

（2）铜母线或钢母线。对其接触面都要搪一层锡。如果由于平整接触面使锡层被破坏，应重搪一层锡，搪锡层的厚度为 0.1~0.15mm。

7-5-12　检修软母线应包括哪些基本内容？其接头发热如何处理？

答： 检修的基本内容包括：①清扫母线各部分，使母线本身清洁且无断股和松股现象；②清扫绝缘子串上的积灰和脏污，更换表面发现裂纹的绝缘子；③绝缘子串各部件的销子和开口销应齐全，损坏者予以更换。

软母线接头发热的处理：①清除导线表面的氧化膜使导线表面清洁，并在线夹内表面涂上工业凡士林油或防冻油；②更换线夹上失去弹性或损坏的各个垫圈，拧紧已松动的各式螺栓；③对接头的接触面用 0.05mm 的塞尺检查时不应塞入 5mm 以上；④更换已损坏的各种线夹和线夹上钢制镀锌零件；⑤接头检查完毕后，在接头接缝处用油膏填塞后，涂上凡士林油。

7-5-13　母线的试验项目有哪些？

答： 母线试验的项目：一是检查连接部分的接触情况，在运行条件下还可采用示温蜡片观察连接处是否发热来判断接触情况。示温蜡片既可以用绝缘杆支撑在运行条件下进行带电测试，也可以事先在停电时贴好，由运行人员巡视时监视。目前红外成像测温技术已大量用于监测接头处温度，精度很高，也很方便。二是在停电条件下对母线进行交流耐压试验，目的是考验母线支持绝缘子及部分辅助设备（如隔离开关支座等）对地绝缘能力。母线交流耐压试验电压见表 7-5-2。许多运行单位在试验设备容量足够时，对母线进行耐压试验时一般连同母线所带断路器、电流互感器、隔离开关一起进行。

表 7-5-2　　　　　　　　　　　母线交流耐压试验电压

系统额定电压（kV）	6	10	35	<1
母线电压（kV）	28	38	85	1

7-5-14　母线交流耐压试验时应注意哪些问题？

答： 母线交流耐压试验时应注意以下问题。

（1）交流耐压试验时所有非试验人员应退出配电室，通往邻近高压室门闭锁，而后方可加压，母线通全外部的穿墙套管等加压处应做好安全措施，派专人监护。

（2）母线耐压试验时母线所带电压互感器、避雷器等设备应当与母线断开，并保证有足够的安全距离。

（3）对有两段母线且一段运行或母线所带线路一侧仍带电的情况，做母线耐压试验时应注意母线与带电部位距离是否足够，二者距离承受电压应按交流耐压试验电压与运行电压之和考虑。间隔距离不够时应设绝缘挡板或不再进行耐压试验，而对母线用 2500V 绝缘电阻表进行绝缘电阻试验。

（4）母线耐压时间为 1min，无击穿、无闪络、无异常声响为合格。

7-5-15　什么叫电缆，它有哪些种类？

答： 电缆是由一根或多根相互绝缘的导电线芯置于密闭护套中而成，其外可加保护覆盖层，用作输送电力、通信及相关传输用途的材料。按照用途分为：电力电缆、控制电缆、通信电缆、射频电缆等几大类。其中，在水电站中，常用的有电力电缆和控制电缆两大类。

电力电缆用来传递电能，可以作为发电机、变压器和母线之间的连线，或作为厂用电动机的供电线路。电力电缆按照其绝缘材料的不同又分为油纸绝缘类、塑料绝缘类、橡胶绝缘类等三大类。根据电力电缆线芯的数量不同，又分为单芯、双芯、三芯、四芯、五芯等几种，其中单芯电缆常用作发电机出口母线，双芯电缆则用在交流单相或直流电路；三芯电缆作为三相交流电源线路，运用最广泛；四芯电缆用在中性线的三相供电系统；五芯电缆也是用在三相供电系统中。另外根据线芯材质特性的不同，又分为硬电缆和软电缆。

控制电缆为低压多芯电缆，一般芯数有4～37芯，用作控制、保护、测量和信号等二次设备的连接线。根据其线芯材质特性的不同，也有硬电缆和软电缆之分。

7-5-16 为什么要使用电力电缆？它与架空线相比有何优缺点？

答：在水电站中，由于在建筑物与居民密集的地区，交通道路两侧，均因地理位置的限制，不允许或不便于架设架空线路，因此，只能采用电力电缆来输送电能。

电缆与架空线相比，具有下列优点：①供电可靠，不受雷击、风害等外部干扰的影响，其次是不会发生架空线路常见的断线、倒杆等引起的短路或接地现象；②对公共场所比较安全；③不需在路面架设杆塔和导线，使市容整齐美观；④不受地面建筑物的影响，易于在城市内经工业地区供电；⑤运行简单方便，维护工作减少，费用低；⑥电缆的电容有助于提高功率因数。

电缆的不足之处有：①成本昂贵，投资费用大，约为架空线的10倍；②敷设后不易变动，不适宜扩建；③线路接分支较困难；④易受外力破坏，寻找故障困难；⑤修理较困难，时间长，且费用大。

7-5-17 电力电缆的基本结构怎样，各部分的作用是什么？

答：任何一种电力电缆，其基本结构均由导电线芯、绝缘层和保护层三个部分组成，如图7-5-1所示。

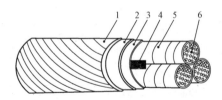

图7-5-1 三芯电力电缆结构图
1—保护层；2—金属护套；3—包带绝缘；
4—填料；5—相绝缘；6—导电线芯

（1）导电线芯。电力电缆导电线芯的作用是传送电流，导电线芯的损耗主要由导体截面和材料的电导系数来决定。为了减小电缆线芯的损耗，电缆线芯一般由具有高电导系数的金属材料铜或铝制成。

（2）绝缘层。电力电缆的绝缘层是反映电缆电气性能的核心部分，它的耐电强度及其他电气参数的高低，直接表现了电缆绝缘性能的优劣，因此，电缆绝缘材料应具备以下主要性能：①高的击穿场强（包括脉冲、工频、操作波等）；②低的介质损失角正切 $\tan\delta$；③相当高的绝缘电阻（体积电阻率不小于 $10^{13}\Omega\cdot cm$）；④优良的耐树枝放电、局部放电性能；⑤具有一定的柔软性和机械强度；⑥绝缘性能长期稳定等。

（3）保护层。为了使电缆适应各种使用环境的要求，在电缆绝缘层外面所施加的保护覆盖层叫作电缆护层，并又分为内护层和外护层。电缆护层的主要作用是保护电缆绝缘层在敷设和运行过程中，免遭机械损伤和各种环境因素的破坏，如水、日光、生物、火灾等，以保持长期稳定的电气性能。所以，电缆护层的质量直接关系到电缆的使用寿命。

7-5-18 电力电缆的内、外护层各有什么作用？

答： 电力电缆的保护层根据其结构和作用的不同又进一步分为密封护套和保护覆盖层。其中，密封护套，也叫内护层，其作用是：保护绝缘线芯免受机械、水分、潮气、化学物品、光等的损伤，防止绝缘受潮和漏油。它分为铅包和铝包两种。铅包的优点是耐腐蚀性好，柔软性好，易于弯曲、铅封和施工；铝包的优点是价格低，重量轻，机械强度高。

保护覆盖层，也叫外护层，用以保护密封护套（内护层）免受机械损伤和化学腐蚀。它由下列几层组成：①内衬垫层，保护密封层不受外层钢铠的机械损伤和周围介质的化学作用；②钢铠层，保护电缆不受机械损伤，并承受外力，一般采用镀锌钢带、钢丝或铜带、铜丝等作为铠甲包绕在护套外（称铠装电缆），铠装层同时起电场屏蔽和防止外界电磁波干扰的作用；③外皮层，为了避免钢带、钢丝受周围媒质的腐蚀，一般在它们外面涂以沥青或包绕浸渍黄麻层或挤压聚乙烯、聚氯乙烯套。

7-5-19 电力电缆导体线芯的几何形状分为几种？

答： 电力电缆导体线芯按其几何外形可分为圆形线芯、中空圆形线芯、扇形线芯、弓形线芯等几种，如图 7-5-2 所示。

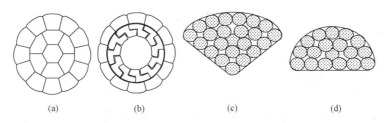

图 7-5-2 电力电缆导体线芯的几何形状
（a）紧压后圆形线芯结构；（b）型线构成的中空线芯；
（c）扇形线芯结构；（d）弓形线芯结构

（1）圆形线芯。由于其结构稳定，工艺性好，线芯表面曲率平均、35kV 以上的高压电缆均采用圆形线芯，对于橡塑绝缘电力电缆一般在 3kV 以上也都采用圆形线芯，紧压圆形线芯如图 7-5-2（a）所示。对于大截面导电线芯，为了减小集肤效应，有时采用四分割、五分割等分割线芯，分割线芯大多由扇形组成。

（2）中空圆形线芯。这种线芯主要用于充油或充气电缆的线芯。我国中空线芯主要有两种结构。其一是用镀锡硬铜带做成螺旋支撑，支撑的直径由所需的油道或气道直径的大小来确定（一般为 12mm），在支撑外面有规则地、同心地绞合镀锡导线。其二是由型线绞合而成，内层为 Z 型线，其余各层均为弓形线绞合。这两种线芯各有优点，型线构成的中空线芯结构稳定、油（气）道内表面光滑而不易阻塞，但螺旋支撑结构的柔软性和工艺性较好。型线构成的中空线芯如图 7-5-2（b）所示。

（3）扇形线芯。扇形线芯表面曲率半径不均等，在线芯的边角处曲率半径较小，该处电场比较集中。因此，在 10kV 以上的电力电缆中很少采用扇形线芯（分割导体除外）。我国 10kV 及以下电压等级的油浸纸绝缘电力电缆和 1kV 以下的塑料电缆，由于扇形线芯电缆的结构紧凑，而且生产成本较低，故常采用。扇形线芯如图 7-5-2（c）所示。

（4）弓形线芯。弓形线芯适用于双芯电缆。该结构的特点是结构紧凑，电缆外形尺寸小，节省材料消耗，电缆成本低。弓形线芯如图 7-5-2（d）所示。

7-5-20 电力电缆主绝缘材料的种类与特性有哪些？

答： 电力电缆主绝缘材料一般可分为均匀质和纤维质两大类。均匀质包括聚氯乙烯、聚乙烯、交联聚乙烯、橡胶等。纤维质包括棉、麻、丝、绸、纸等。这两类绝缘材料从绝缘质量方面来说，其根本差异是它们的吸湿能力明显不同。均匀质绝缘材料具有高度的抗潮性，因此，在制造电缆时无须加金属内护层，但它容易受光、热、油、电晕的作用而损坏；纤维质绝缘材料具有耐热、耐电、耐用和性能稳定等优点，适于作高压电缆的绝缘材料，它的最大缺点是极易吸收水分，导致绝缘性能的急剧下降，甚至完全被破坏。因此，纤维质绝缘材料的电缆必须借助于外层护套来防止水分的浸入。

早期，橡皮和塑料一般用于较低电压等级（35kV 及以下）电力电缆的绝缘。由于塑料绝缘电缆制造工艺简单，施工方便，易于维护，在中低电压等级下，塑料绝缘电力电缆已经逐步取代了油浸纸绝缘电力电缆。近年来，由于塑料工业的进步与发展，使更高电压等级的塑料电缆的研制成为可能，国际上已有 500kV 的塑料电缆投入运行，我国也已具备生产 220kV 塑料电缆的能力，并有少量的 220kV 塑料电缆投入运行。

7-5-21 电力电缆护层的种类有哪些？

答： 电力电缆护层主要可分成三大类，即金属护层（包括外护层）、橡塑护层和组合护层。另外，为满足某些特殊要求，如耐辐射、防生物等的电缆护层叫作特种护层。

（1）金属护层。金属护层具有完全不透水性，可以防止水分及其他有害物质进入电缆绝缘内部，被广泛地用作耐湿性小的油浸纸绝缘电力电缆和超高压电缆的护套。金属护套常用的材料是铝、铅和钢，按其加工工艺的不同，可分为热压金属护套和焊接金属护套两种。此外还有采用成型的金属管作为电缆金属护套的，如钢管电缆等。

（2）橡塑护层。橡塑护层的特点是柔软、轻便，在移动式电缆中得到极其广泛的应用。但因橡塑材料都有一定的透水性，所以仅能在采用具有高耐湿性的高聚物材料作为电缆绝缘时应用。橡塑护层的结构比较简单，通常只有一个护套，并且一般是橡皮绝缘的电缆用橡皮护套（也有用塑料护套的），但塑料绝缘的电缆都用塑料护套。

（3）组合护层。组合护层又称综合护层或简易金属护层。它在塑料通信电缆中得到相当广泛的应用，近年来，在塑料电力电缆中也得到了充分的重视。所谓组合护层，一般都由薄铝带和聚乙烯护套组合而成。因此，它既保留了塑料电缆柔软轻便的特点，又由于引进铝带起隔潮作用，使它的透水性比单一塑料护套大为减小。铝—聚乙烯粘连组合护层的透水性至少可比聚乙烯护层降低 50 倍以上。

7-5-22 电力电缆的种类有哪些？各适用于什么场合？

答： 电力电缆的产品规格与型号有数千种，由于各种电力电缆采用不同的结构型式和材料制成，其工作电压和使用条件也就不同。按照其绝缘材料的不同可分为以下几大类。

（1）油纸绝缘类。①黏性浸渍纸绝缘型。适用于低、中、高电压等级。②不滴流浸渍纸绝缘型。适用于低、中电压等级。③充油油浸纸绝缘型。适用于高电压等级。④充气黏性浸渍纸绝缘型。适用于高电压等级。

（2）塑料绝缘类。①聚氯乙烯绝缘型。适用于低电压等级。②聚乙烯绝缘型。适用于低、中电压等级。③交联聚乙烯绝缘型。适用于低、中、高电压等级。

（3）橡胶绝缘类。①天然橡胶绝缘类。适用于低电压等级。②乙丙橡胶绝缘类。适用于低电压等级。③硅橡胶绝缘类。适用于低、中电压等级。

7-5-23　油浸纸绝缘电力电缆有什么特点?

答：油浸纸绝缘电缆自1890年问世以来，在电力电缆中历史最悠久，系列规格最完整，已广泛应用于330kV及以下电压等级的输配电线路中，并已有500～700kV超高压电缆的运行记录。其中，10kV以下电压等级的电缆多采用统包结构，国际上称为非径向电场电缆，其电场分布如图7-5-3（a）所示。对于10kV及以上电压等级的电缆，为了改善其电场分布，一般制成分相屏蔽或分相铅包结构，这种径向电场电缆，国际上称为H型电缆，其电场分布如图7-5-3（b）所示。油浸纸绝缘电力电缆的优点是：耐电强度高、介电性能稳定、寿命较长、热稳定性较好、允许载流量大、原材料

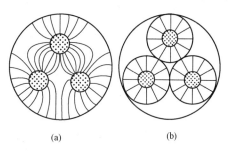

(a)　　　　　(b)

图7-5-3　油浸纸绝缘电力电缆
(a) 非径向电场电缆的电场分布；(b) 径向电场电缆的电场分布

资源丰富、价格比较便宜。其缺点是：不适于高落差敷设、制造工艺较复杂、生产周期长、电缆接头技术比较复杂。

充油电缆是利用补充浸渍原理来消除绝缘层中形成的气隙，以提高电缆工作场强的一种电缆结构；充气电缆是利用提高绝缘层中气隙的击穿场强原理来提高电缆工作场强的一种结构型式。充油电缆和充气电缆都有效地提高了电缆的工作场强，因此常被超高压电缆采用。但这两种电缆都存在结构复杂，施工、维护不便，成本高等特点。

7-5-24　橡胶绝缘电力电缆的特点是什么?

答：橡胶用作电缆绝缘层材料已有悠久的历史，最早的绝缘电线就是用马来树胶作绝缘层的，橡胶绝缘有一系列的优点，它在很大的温度范围内具有高弹性，对于气体、潮气、水分等具有低的渗透性，较高的化学稳定性和电气性能。橡胶绝缘电力电缆柔软、可曲度大，但由于价格高，耐电晕性能差，长期以来只用于低压及可曲度要求高的场合。

随着石油化学合成工业的迅速发展，合成橡胶的出现，不仅解决了天然橡胶资源匮乏、价格昂贵的问题，还在性能方面得到了改善。目前，我国生产的橡胶绝缘电力电缆，主要用于低压配电线路，其工作电压为6kV及以下，其长期工作温度不超过65℃，使用环境温度不低于-40℃。橡胶绝缘电力电缆，由于大多使用在6kV及以下的较低电压等级下，因此常被制成非径向型电场。

7-5-25　塑料绝缘电力电缆的特点是什么?

答：用塑料作绝缘层材料的电力电缆称为塑料绝缘电力电缆。塑料绝缘电力电缆与油浸纸绝缘电力电缆相比，虽然发展较晚，但因制造工艺简单，不受敷设落差限制，工作温度可以提高，电缆的敷设、接续、维护方便，具有耐化学腐蚀等优点，现已成为电力电缆中应用最为广泛的品种。

由于塑料合成工业的发展，产量提高、成本降低，在中低压电缆方面，塑料电缆几乎全部取代了油浸纸绝缘电力电缆，即使在超高压领域，也由于交联聚乙烯的出现，使浸渍纸绝缘电力电缆被塑料绝缘电力电缆所取代成为现实。塑料绝缘电力电缆自1944年产生以来，

得到了迅速的发展，目前，国际上已有 50.0kV 交联聚乙烯绝缘电力电缆在运行，我国也有 220kV 的交联聚乙烯绝缘电力电缆在生产和运行。塑料绝缘电力电缆，在 6kV 以下时，采用非径向型电场结构，而对于 6kV 及以上电压等级的电力电缆，则采用分相屏蔽的径向型电场结构。

7-5-26 油浸纸绝缘有何优缺点？交联聚乙烯绝缘有何优缺点？

答：油浸纸绝缘的优点：具有良好的电气绝缘性能及很高的稳定性，且制造简单、价格便宜。其缺点有：①由于电缆纸切向耐压强度很低，在三芯电缆的不均匀电场作用下，限制了电缆工作电压的提高；②散热性能较差，使电缆的载流量受到限制；③在暴露的情况下容易受潮，耐热性能较差；④低温时其柔软性降低，易受损伤。

交联聚乙烯绝缘的主要优点：软化点高、热变形小，在高温下机械强度高，抗热老化性能好。其最高允许工作温度可达 90℃；短路时允许工作温度则高达 250℃，分别比聚乙烯和聚氯乙烯绝缘高 20℃ 和 100℃。其缺点：构造较复杂，成本相对较高。

7-5-27 电缆中间接夹盒和终端盘的作用是什么？有哪些种类？

答：电缆经过敷设后，各段必须连接起来，使其成为一个连续的线路，这些连接点，一般叫接头。在一条电缆线路上，中间有若干接头，这些都需要封在盒子里。另外，电缆线路的末端，还需要用一个盒子，来保护电缆芯的绝缘。在这些盒子内，填充填料，增强它的耐压强度和机械强度，增加供电的可靠性。

电缆盒有户外和户内两种，装在户外的由于气温变化大，湿度大，因而需要可靠的密封。户内一般不考虑防水问题，因而在形状上就有区别。户外有鼎足式、扇式和倒挂式三种，户内有漏斗型、铅手型、干封型及生铁盒四种。

7-5-28 低压四芯电缆中性线的作用是什么？

答：低压电网多采用三相四线制。四芯电缆的中性线除作为保护接地外，还要通过三相不平衡电流，有时该不平衡电流的数值是比较大的，所以，中性线的截面积应达到主线芯截面积的 30%～60%。

在三相四线制系统中，不允许采用三芯电缆另外加一根单芯电缆或电线，甚至直接利用三芯电缆的金属护套或铠装层等作中性线的方式。否则，当三相电流不平衡时，相当于单芯电缆的运行状态，容易引起工频干扰。对铠装电缆来说，则使铠装发热，从而降低了电缆的载流能力，甚至导致热击穿。

7-5-29 为何使用五芯电缆？

答：在建筑物的电气安装中，过去常使用三相四线制，所用的电力电缆的线芯为三大（主线芯）一小（中性线芯）结构。随着社会的发展，有些安全性要求较高的电气装置配电线路，以及有些既要保证电气安全，又要抗干扰接地的通信中心和自动化设备，就要求把中性线与地线分开，有的还要求加大中性线的导体截面，这样就出现了四大一小或三大两小结构的五芯电力电缆。

可见，五芯电缆是根据系统或设备的要求而使用的。在选择五芯电缆时，主线芯截面的选择原则和方法不变，地线和零线的截面选择可根据具体需要来确定。

7-5-30 电缆型号的含义是什么？

答：电力电缆产品不下数千种，为了适应生产、应用及维护的要求，统一编制产品的型号十分必要。我国电缆的型号由汉语拼音字母和阿拉伯数字组成。每一个型号都表示着一种电缆结构及其使用场合和某些特征。

电缆型号中的字母一般是按下列次序排列：特性（无特性时省略）—绝缘种类—导体材料（铜芯无表示）—内护层—其他结构特征（无特征时省略）—外护层（无外护层时省略）。此外还将电缆的工作电压、芯数和截面大小在型号后面表示出来。例如，ZR-YJV22-8.7/15 3×185 表示阻燃、交联聚乙烯绝缘、铜芯、聚氯乙烯内护套、钢带铠装、聚氯乙烯外护套、8.7/15kV、三芯、185mm² 截面电力电缆。电缆型号中字母与数字的含义见表 7-5-3。

表 7-5-3　　　　　　　　　电力电缆型号中字母与数字的含义

特　性		ZR—阻燃；GZR—隔氧阻燃；NH—耐火；DL—低卤；WL—无卤
绝缘材料		V—聚氯乙烯；Y—聚乙烯；YJ—交联聚乙烯；X—橡胶；XD—丁基橡胶；Z—纸
导　体		L—铝；铜不标注
内护层		V—聚氯乙烯护套；Y—聚乙烯护套；L—铝包；Q—铅包；H—橡套；HF—非燃橡套
特　征		D—不滴流；P—屏蔽；G—高压；F—分相；Z—直流；CY—充油
外护层	十位	0—无铠装；2—钢带铠装；3—细钢丝铠装；4—粗钢丝铠装
	个位	0—裸外护套；1—纤维外护套；2—聚氯乙烯外护套；3—聚乙烯外护套

7-5-31 如何从直观上鉴别电缆的质量？

答：电力电缆的质量从直观上判断并不容易。因为电缆的某些特性并不都能从电缆的观察中得知。一般来讲，从直观上判断橡塑绝缘电力电缆的质量，应从以下几个方面入手。

（1）导体。①表面应圆整光洁；②导体表面不应有三角口、毛刺、裂纹、扭结、折叠、夹杂、斑疤、麻坑、机械损伤、腐蚀斑点等缺陷；③色泽均匀、光亮，不应有过度氧化痕迹；④导体截面尺寸充足，不亏方。

（2）绝缘和护套。①表面光滑圆整、光泽均匀，不应有目力可见的疙瘩、气泡、焦烧物等；②绝缘（护套）厚度均匀，不偏芯；③无机械损伤和压扁现象；④各层材料之间不应粘连。

（3）其他。①金属屏蔽层应连续、重叠、紧密绕包，无尖角、卷边、脱漏等现象；②成缆节距适宜，且均匀；③填充饱满，电缆圆整；④钢带应间隙绕包，不应有尖角、卷边、遗漏等现象；⑤电缆外形应圆整，无压扁、蛇形弯曲等现象；⑥电缆内部不应有受潮的痕迹。

7-5-32 电力电缆在搬运和保管时应该注意什么？

答：电力电缆在搬运和保管时应注意以下几点。

（1）电缆应按照制造厂规定进行搬运和保管。对于零星短段电缆，两端严密封端后，再按不小于电缆最小弯曲半径的规定盘成圈并将四周捆紧后搬运。在装卸和搬运时，不得在地上拖拉。电缆盘在短距离内滚动时，其方向必须顺着电缆盘上的箭头指示方向；

（2）用车辆运输电缆时，应将电缆盘固定在车上，卸车时禁止将电缆盘直接抛下。

（3）电缆储存时，应有制造厂的合格证明，盘上应标明型号与长度，存放地点应通风、干燥、地基坚实。电缆之间应留有通道，下面应有衬垫。

（4）储存与保管期间应每三个月检查一次，如有缺陷应及时处理。检查内容是：①检查电缆盘是否完好；②封端是否严密；③外护层是否有损伤；④标志是否齐全。

（5）电缆盘禁止平放储存及搬运。

7-5-33 电力电线的敷设方式有几种？如何根据敷设方式选用电缆？

答： 电力电缆的敷设方式有以下几种：①直接埋在地下；②安装在架空钢索上；③安装在地下隧道内；④安装在电缆沟内；⑤安装在建筑物墙上或天棚上；⑥安装在桥梁构架上；⑦敷设在水下。

以上各种敷设方式各有优缺点，采取何种敷设方式，应由具体情况决定，一般要考虑到城市发展规划、现有建筑物的密度、电缆线路的长度、敷设电缆的根数及其周围环境的影响。将电缆直接埋在地下，是最经济而又最广泛采用的敷设方式，它适用于郊区和车辆通行不太频繁的地方。

电力电缆的敷设方式不同时，应选用不同的电缆。直埋敷设应使用具有铠装和防腐层的电缆；在室内、沟内和隧道内敷设的电缆，应采用阻燃（难燃）或非阻燃交联聚乙烯铠装电缆；确保无机械外力时，可选用无铠装电缆；易发生振动的区域必须使用铠装电缆。承受压力的敷设条件下，应选用钢带铠装电缆；承受拉力的敷设条件下，应选用钢丝铠装电缆。

7-5-34 电力电缆敷设的基本要求是什么？

答： 电力电缆敷设的基本要求如下：①电缆在敷设以前，根据设计要求检查电缆的型号、绝缘情况和外观是否正确、完好。对于采用直埋和水下敷设方式时，则应在直流耐压试验合格后方可敷设。②三相系统中使用的单芯电缆，应组成紧贴的正三角形排列（充油电缆和水下电缆除外），以减少损耗。每隔1～1.5m应用绑带扎紧，避免松散。③在三相四线制系统中，不允许采用三芯电缆另外加一根单芯电缆或电线、甚至直接利用三芯电缆的金属护套等作中性线的方式。否则，当三相电流不平衡时，相当于单芯电缆的运行状况，容易引起工频干扰。对铠装电缆来说，则使铠装发热，甚至导致绝缘的热击穿。④并列运行的电力电缆，其型号和长度应相同，以免因导电线芯的直流电阻不同，造成载流量分配不均。⑤在运输、安装或运行中，应严格防止电缆扭伤和过度弯曲，电缆的最小允许弯曲半径应满足相关技术要求。⑥在有比较严重的化学或电化学腐蚀区域里，直埋的电缆除应采用具有黄麻外被层的铠装电缆或塑料电缆外，还应加以防腐措施。⑦油浸纸绝缘电力电缆线路的高度差，不应超过20m。否则应选用不滴流电缆或塑料电缆。⑧敷设电缆时，应留出足够的备用长度（一般为1%～1.5%），以备补偿因温度因素所引起的变形。在易于发生位移的地区（如沼泽地等），直埋备用段应不少于1.5%～2%。保护管的出（入）口处也应留有3～5m的备用段，以备检修时使用。⑨在敷设电缆前的24h内，如果电缆的存放处及敷设现场的平均温度低于允许数值时，不宜施工。如因特殊情况必须施工时，应将电缆预先加热，使电缆在开始施工至敷设完毕，电缆线芯和外皮温度均保持在5℃以上，否则需二次加热。⑩沿电气化铁路或有电气化铁路通过的桥梁上明敷电缆的金属护套，应沿全长与金属支架或桥梁的金属构件绝缘，以防止电气铁路的回流烧坏电缆。水平敷设的电力电缆支架间的距离不得大于1m，操作电缆不得大于0.8m，垂直敷设的电缆两固定点间不得大于2m。⑪油浸纸绝缘电缆在切断后，应将两头立即铅封；橡皮绝缘和塑料绝缘电缆在切断后，则应用热塑封帽或塑料绝缘自粘带严密封好，以防潮气的侵入。⑫电缆接头的布置应符合下列要求：并列敷设时，接头应前后错开。明敷电缆的接头，应用托板托起，并用耐弧隔板与其他电缆隔开，以缩小由接头故障引起的事故范围。托板及隔板应伸出电缆接头两侧各 0.6m 以上。直埋电缆接头外应加装保护壳。⑬电缆敷设时，不宜交叉；电缆应排列整齐，加以固定；并及时装设标志牌。标志牌应装设在电缆三头、隧道和竖井的两端及人井内，标志牌上应注明电缆线路的编号或电缆型号、电压、起讫地点及接头制作日期等内容。⑭电缆进入电缆隧道、沟、井、建筑物、盘（柜）以及穿入管子时，出入口应封闭，管口应密封。这对防火、防水以及防止小动物进入而引起电气短路事故是极为重要的。⑮从地下引至地上的明敷电缆，应在地面以上 2m 内加装保护管。⑯电缆敷设时，应从盘的上端引出，并严格避免电缆在支架上摩擦拖拉。电缆上不应有未消除的机械损伤，如铠装压扁，电缆绞拧，护层折裂等。⑰在电缆隧道、沟内敷设电缆时，不应破坏其防水层。采用机械敷设电缆时，其牵引强度不应超过相关规定的数值。

7-5-35　电力电缆的允许弯曲半径是多少？

答： 电力电缆在运输、安装或运行中，应严格防止电缆的扭伤和过度弯曲，电缆的最小允许弯曲半径与电缆外径的比值，不得超过表 7-5-4 的给定值。

表 7-5-4　　　　　　　　　电缆最小允许弯曲半径与电缆外径的比值

电缆种类	电缆护层结构	比 值
油浸纸绝缘电力电缆	有铠或无铠	15
橡胶绝缘电力电缆	橡皮或聚氯乙烯护套	10
	裸铅护套	15
	铅套＋铠装	20
塑料绝缘电力电缆	单芯无铠	20
	单芯有铠	15
	三芯无铠	15
	三芯有铠	12
控制电缆	有铠或无铠	10

7-5-36　电力电缆的最低允许敷设温度是多少？寒冷季节敷设电缆应怎么办？

答： 由于各种电缆的材料不同，其温度特性也不同，因此在较低的温度下，所表现出来的物理特性差别很大。为了使电缆在敷设的过程中不受损伤，我们将各种电缆的最低允许敷设温度列于表 7-5-5 中。

表 7-5-5　　　　　　　　　电力电缆最低允许敷设温度

绝缘类型	电缆结构	最低允许敷设温度（℃）
油浸纸	充油电缆	－10
	其他油浸纸电缆	0
橡　皮	橡皮或聚氯乙烯护套	－15
	裸铅套	－20
	铅护套、钢带铠装	－7

续表

绝缘类型	电缆结构	最低允许敷设温度（℃）
塑　料	全　部	0
控制电缆	耐寒护套	−20
	橡皮绝缘聚氯乙烯护套	−15
	聚氯乙烯绝缘护套	−10

任何电缆在敷设前的24h内，如果电缆的存放处及敷设现场的平均温度低于该电缆的允许施工温度时，不宜施工。如因特殊情况必须施工时，应将电缆预先加热，使电缆在开始敷设至敷设完毕，电缆线芯和外皮温度均保持在5℃以上，否则需二次加热。加热时电缆外皮温度不得超过如下规定：6kV及以上为35℃，3kV及以下电缆为40℃。

电缆加热的方法有两种：一种是用提高电缆周围空气温度的方法来加热，当空气温度为5～10℃时需72h，空气温度为25℃时需24～36h；另一种加热方法是用较大电流通过电缆导体使其发热，加热电流不得超过电缆的额定电流。一般的加热电流与加热时间应根据计算确定，也可参照经验数据。

7-5-37　电缆实施电加热的电流、电压与时间如何确定？

答： 在较低温度下进行电缆敷设时，如果采用电加热法预热，其10kV及以下铜芯电缆加热数据参见表7-5-6。

表7-5-6　　　　　　　　　　　10kV及以下铜芯电缆加热数据

线芯面积（mm²）	最大允许加热电流（A）	不同温度加热时间（min）			不同长度电缆所需电压（V）				
		0℃	−10℃	−20℃	100m	200m	300m	400m	500m
3×16	102	56	73	94	19	39	58	77	97
3×25	130	71	88	106	16	32	48	64	80
3×35	160	74	93	112	14	28	42	56	70
3×50	190	90	112	134	11.6	23	34.5	46	58
3×70	230	97	122	149	10	20	30	40	50
3×95	285	99	124	151	9	18	27	36	45
3×120	330	111	138	170	8.5	17	25	34	42
3×150	375	124	150	185	7.5	15	23	31	38
3×185	425	134	167	198	6	12	17	23	29
3×240	490	152	190	234	5.3	10.6	15.9	21.2	26.5

7-5-38　电力电缆的允许牵引强度有多大？

答： 采用机械敷设电缆时，应特别注意牵引力的大小，其牵引强度不应超过表7-5-7的数值。

表 7-5-7 电缆最大允许牵引强度

牵引方式	牵引头		钢丝网套	
受力部位	铜芯	铝芯	铅套	铝套
允许牵引强度（kPa）	686.5	392.3	98.1	392.3

7-5-39　电力电缆直埋敷设的标准是什么？

答： 直埋电缆的敷设，除了必须遵循敷缆的基本要求以外，还应符合下列直埋技术标准：①在具有机械损伤、化学腐蚀、杂散电流腐蚀、振动、热、虫害等电缆段上，应采取相应的保护措施。如铺沙、筑槽、穿管、防腐、毒土处理等，或选用适当型号的电缆。②电缆的埋设深度（电缆上表面与地面距离）不应小于 700mm；穿越农田时不应小于 1000mm；只有在出入建筑物、与地下设施交叉或绕过地下设施时才允许浅埋，但浅埋时应加装保护设施。北方寒冷地区，电缆应埋设在冻土层以下，上下各铺 100mm 的细沙。③多并敷设的电缆，中间接头与邻近电缆的净距不应小于 250mm，两条电缆的中间接头应前后错开 2m 以上，中间接头周围应加装防护设施。④电缆之间，电缆与其他管道、道路、建筑物等之间平行与交叉时的最小距离，应符合相关规定。严禁将电缆近距离平行敷设于管道的上面或下面。⑤电缆与铁路、公路、城市街道、厂区道路等交叉时，应敷设在坚固的隧道或保护管内。保护管的两端应伸出路基两侧各 1000mm 以上，伸出排水沟 500mm 以上，伸出城市街道的车辆路面。⑥电缆在斜坡地段敷设时，应注意电缆的最大允许敷设位差，在斜坡的开始及顶点处应将电缆固定；坡面较长时，坡度在 300 以下的，间隔 15m 固定一点；坡度在 300 以上的，间隔 10m 固定一点。⑦各种电缆同敷设于一沟时，高压电缆位于最底层，低压电缆在最上层，各种电缆之间应用 50～100mm 厚的细沙隔开；最上层电缆的上面除细沙以外，还应覆盖坚固的盖板或砖层，以防外力损伤。同一沟内的电缆不得相互重叠、交叉、扭绞。⑧直埋电缆应具有铠装和防腐层。电缆沟底应平整，上面铺 100mm 厚细沙层或筛过的软土。电缆长度应比沟槽长出 1‰～2‰ 作波浪状敷设。电缆敷设后上面覆盖 100mm 厚的细沙或软土，然后盖上保护板或砖，其宽度应超过电缆两侧各 50mm。⑨直埋电缆从地面引出时，应从地面下 0.2m 至地上 2m 加装钢管或角钢防护，以防止机械损伤。确无机械损伤处敷设的铠装电缆可不加防护。另外，电缆与铁路、公路交叉或穿墙敷设时，也应穿管。电缆保护管的内径不应小于电缆外径的 1.5 倍，预留管的直径不应小于 100mm。⑩直埋电缆应在线路的拐角处、中间接头处、直线敷设的每 50m 处装设标志桩，并在电缆线路图上标明。

7-5-40　直埋电缆线路应如何进行人工敷缆？

答： 敷设电缆之前，应对挖好的电缆沟认真地检查其深度、宽度和拐角处的弯曲半径是否合格，所需的细沙、盖板或砖是否分放在电缆沟两侧，过道保护管是否埋设好，管口是否已胀成喇叭口状，管内是否已穿好铁线或麻绳，管内有无其他杂物。当电缆沟验收合格后，方可在沟底铺上 100mm 厚的沙层，并开始敷缆。

采用人工敷缆法时，电缆长，人员多，因此对动作的协调性要求较高。为了提高工作效率，应设专人指挥，专人领线，专人看盘。在线路的拐角处，穿越铁路、公路及其他障碍点处，要派有经验的电缆工专门看守，以便及时发现和处理敷缆过程中出现的问题。

施放电缆时，应先将电缆盘用支架支撑起来，电缆盘的下边缘与地面距离不应小于 100mm。放缆过程中，看盘人员在电缆盘的两侧协助推盘放线和负责刹住转动。电缆从盘上松下，由专人领线拖曳沿电缆沟边向前行走时，电缆应从盘的上端引出，以防停止牵引的瞬间，由于电缆盘转动的惯性而不能立即刹住，造成电缆碰地而弯曲半径太小或擦伤电缆外护层。为了不让电缆过度弯曲，每间隔 1.5～2m 设一人扛电缆行走。扛电缆的所有人员应站在电缆的同侧，拐角处应站在外侧，当电缆穿越管道或其他障碍物时，应用手慢慢传递或在对面用绳索牵引。电缆盘上的电缆放完以后，将全部电缆放在沟沿上。然后，一听从口令，从一端开始依次放入沟内。最后检查所敷电缆是否受伤并将其摆直。

7-5-41　电缆隧道、沟道内支架上的电缆应如何排列？

答：在电缆沟和电缆隧道内，电力电缆和控制电缆均应分别敷设在两侧支架上；如果条件不允许，则控制电缆应敷设在电力电缆的下面，以减小由于电力电缆故障而造成控制电缆的损伤。电缆在隧道、沟内支架上的排列顺序见表 7-5-8。

表 7-5-8　　　　　　　　　　　　电缆在支架上的排列顺序

序号	按电压自上而下排列	按用途自上而下排列
1	10kV 电力电缆	发电机电力电缆
2	6kV 电力电缆	主变压器电力电缆
3	1kV 及以下电力电缆	馈线电力电缆
4	照明电缆	直流电缆
5	直流电缆	控制电缆
6	控制电缆	通信电缆
7	通信电缆	—

7-5-42　室内电缆的明敷有几种方式？

答：电缆在室内明敷设时，可以采用钢索悬挂、沿墙和支架三种方式。其优点是：结构简单，不需挖土，便于施工，不受地下水侵蚀等。但在楼板上安装预埋件的工作量较大，且容易受热力管道的影响。

钢索悬挂是最简单的一种方式。当架设好一条合格的钢索后，可选用通信电缆架空用的标准钢索挂钩和铁托片将电缆悬吊上去。钢索挂钩的间距为：电力电缆 0.8～1.0m，控制电缆 0.6～0.8m。

电缆沿室内墙壁、支架敷设应加以固定，当采用垂直敷设或超过 45°倾斜角敷设时，需在每一支撑点处固定；水平敷设时，需在线路端点、拐弯点、接头处以及与房屋伸缩缝交叉点两侧的 0.75～1.0m 处固定。电缆固定支点间的距离不应超过下列数值：①水平敷设时，电力电缆为 1m，控制电缆为 0.8m；②垂直敷设时，电力电缆为 2m，控制电缆为 1m。

并列敷设的电力电缆，其相互间的净距应符合设计要求。电缆与热力管道、热力设备之间的净距为：平行敷设时不小于 1m；交叉敷设时不小于 0.5m。对于达不到要求的应采取隔热保护措施。电缆不宜平行敷设在热力管道的上方。

7-5-43　传统电缆三头的特点是什么？

答：为了区别新近发展起来的热缩、冷缩和预制三头工艺，我们把以往的三头工艺称为传统工艺。其主要包括各种铸铁头、环氧树脂头、干包头和尼龙头等。

（1）铸铁头。铸铁头具有丰富的运行经验，机械强度和绝缘强度较高，寿命较长，但其体积大、笨重、结构复杂、工艺要求高、操作时间长、造价高、密封不可靠。

（2）环氧树脂头。环氧树脂是一种热固性树脂，在一定条件下加入一定量的固化剂，能成为遇水不溶、加热不熔的热固塑料。环氧树脂头具有足够的机械强度、电气绝缘性能和密封可靠性。与铸铁头相比，其体积小、重量轻、结构较简单、施工较方便和成本较低。但是，现场配制环氧浇注剂工艺不易掌握准确，固化剂有害人体健康。

（3）干包头。干包头一般小而轻、施工较方便、成本低、需时少。但其机械强度、密封强度和耐热性均较差，因此其使用寿命较短。对于干包头，1～3kV 的户内终端头颇受欢迎，6～10kV 的临时电缆终端头应用较多。

（4）尼龙头。尼龙头采用尼龙或聚丙烯作为盒体外壳、内部充油，它具有施工方便、电气性能良好、结构简单、造型美观等优点，但密封强度低是其致命的弱点。尤其在敷设落差较大、负载较高的线路上，漏油现象比较严重。

7-5-44 热缩电缆三头的特点是什么？

答：热缩电缆三头是 20 世纪 70 年代发展起来的新型工艺，它具有耐热、耐芳烃、耐应力开裂，以及防潮、防蚀、抗放射性、使用寿命长等一系列优点。其缺点是机械强度和界面稳定性不够。

热缩电缆三头经过 30 年来的运行考验和不断的研究与改进，其各方面性能日趋完善，目前已成为中低压塑料绝缘电力电缆和油浸纸绝缘电力电缆三头的主导产品之一。热缩电缆三头的制作工艺简单，并且轻巧、廉价、便于维护，如有终端头故障，也不会伤人，特别适用于电缆故障的紧急抢修。

7-5-45 冷缩电缆三头的特点是什么？

答：电缆三头的冷缩工艺，是继热缩工艺之后的最新制作工艺。新型冷缩电缆附件主绝缘部分采用和电缆绝缘（XLPE）紧密配合方式，利用橡胶的高弹性，使界面长期保持一定压力，确保界面无论在什么时候都紧密无间，绝缘性能稳定。

冷缩电缆附件的内部，有一个精心设计的应力锥，妥善地解决了电缆外屏蔽切断处的电应力集中问题，确保了三头质量和运行的可靠性。

冷缩电缆附件采用特种硅橡胶制成，具有电气性能好、介电强度高、抗漏电痕、抗电蚀、抗紫外线、耐寒耐热（−50～200℃）、阻燃、弹性好、化学性能稳定、耐老化、使用寿命长等极为良好的性能。适于在各种气候条件及污秽环境中使用。但其机械强度较差。由此可见，冷缩电缆附件除了具备热缩电缆附件的一切优点之外，还具有它独特的优点：①提供恒定持久的径向压力；②与电缆本体同"呼吸"；③不需明火加热，使施工更方便、更安全；④绝缘裕度大，耐污性能好；⑤采用独特的折射扩散法处理电应力，控制了轴向场强；⑥无须胶粘，即可密封电缆本体。冷缩电缆附件是橡塑绝缘电力电缆三头制作工艺的最新发展途径，目前已逐渐形成取代热缩电缆附件的趋势。

7-5-46 预制式电缆附件的特点是什么？

答：预制式电缆附件，主要适用于 66kV 及以上的高压电缆和超高压电缆，在经济发达国家已广泛使用，并有较长时间的运行经验。在我国是近几年才开始引进并投入使用的。这种电缆附件的内部与冷缩电缆附件一样，具有一个精心设计的应力锥，以妥善解决电缆外屏蔽切断处的电应力集中问题，确保电缆三头质量和运行的可靠性。

预制式电缆附件安装工艺简单、劳动强度低、安装时间短、安装技术容易掌握，只要按说明书要求，剥切好电缆，套上预制件即可。预制式电缆附件是高压及超高压塑料绝缘电力电缆三头制作工艺中的最新发展趋势。

7-5-47 电力电缆三头的基本要求是什么？

答：一般来讲，电力电缆三头是电缆线路的薄弱环节。据统计，约有60％的事故发生在电缆三头上。由此可见，确保电缆三头质量，对电缆线路的安全运行具有很大的意义。制作电缆三头的基本要求大致如下：①导体连接好。对终端头要求电缆线芯与接线端子有良好的连接。对于中间头，则要求电缆线芯与接续管之间有良好的连接。②绝缘可靠。电缆三头的绝缘机构，应能满足电缆线路在各种状况下长期安全运行的要求。并有一定的安全裕度。③密封良好。可靠的密封结构应能防止电缆内外的油、水分及其他介质的相互交流。④足够的机械强度。为抵御在电缆线路上可能遭到的机械应力，电缆三头必须具有足够的机械强度。除了上述四项基本要求以外，电缆三头还应尽可能结构简单、体积小、重量轻、省材料、成本低、工艺简单、维护方便并兼顾造型的美观。

7-5-48 制作热缩电缆三头的特殊要求是什么？

答：制作热缩电缆三头时，除了要满足电缆三头基本要求以外，还应满足热缩电缆三头的特殊要求，具体如下：①热缩电缆头适用于35kV及以下的各种电缆，其工作温度为−40～40℃。②剥除金属屏蔽层时，切口要平齐，无毛刺和凸缘，避免损伤和刺穿热缩材料。③凡接触密封材料的部位，应仔细清洗打磨，去除油污以确保密封效果。④切割热收缩管时，切口要平整，不应有尖角和裂口，避免在收缩时应力集中产生撕裂，应力控制管不得随意切割。⑤金属部位包热缩材料前应预热，使热溶胶能充分浸润密封界面，确保密封效果。密封部位有少量胶挤出时，表明密封完善。⑥收缩温度应控制在110～150℃，加热工具推荐用丙烷喷枪或汽油喷灯。开始加热时火焰要缓慢接近材料、不断移动、旋转加热，以确保收缩均匀并避免烧焦材料。⑦火焰朝收缩方向，先预热材料便于收缩，按工艺要求的起始收缩部位和方向顺序收缩，有利于排除气体和密封。⑧收缩完毕的热缩管，应光滑无皱折，并能清晰地看出内部结构的轮廓。⑨准备工作：检查安装材料和安装工具是否齐全、清洁；校直电缆，并擦净施工部位的外护套，长约1.5m；将热收缩管材预先套在电缆上。

7-5-49 制作冷缩电缆三头的特殊要求是什么？

答：制作冷缩电缆三头时，除了要满足电缆三头基本要求以外，还应满足冷缩电缆三头的特殊要求，具体如下：①冷缩电缆三头适用于35kV及以下的橡塑绝缘电力电缆，其工作温度为−50～90℃。②剥除金属屏蔽层时，切口要平齐，无毛刺和凸缘，避免损伤和刺穿冷缩材料。③凡接触密封材料的部位，应仔细清洗，去除油污以确保密封效果。④切割冷收缩管时，应用胶带固定，然后环切，严禁轴向切割；切口要平整，不应有尖角和裂口，避免产生应力集中而撕裂。⑤由于冷缩接头为整体预制式结构，所以，必须进行中心点校验，并且做到准确无误。⑥在收缩对位时，需要预先抽掉几圈支撑芯绳，但应注意不要抽掉太多，以免过早收缩。⑦收缩完毕的冷缩管，应光滑无皱折，并能清晰地看出内部结构的轮廓。⑧准备工作：检查安装材料和安装工具是否齐全、清洁；校直电缆，并擦净施工部位的外护套，长约 1.5m；将冷收缩管材预先套在电缆上。

7-5-50　电力电缆三头制作的注意事项有哪些？

答：电力电缆三头制作时需要注意以下几点：①电缆三头的制作、安装与检修所用的一切材料和制作工艺，未经有关技术人员批准，不得随意更改；如有更改，应在电缆头制作、检修记录中标明。②电缆三头在制作前，施工人员应将所需工具和材料准备齐全，整理好现场，使现场保持清洁、干净。③露天或井内进行电缆三头施工时，施工现场必须设立布篷。尽量避免在雨雪天、雾天等高湿度天气时进行施工，如有紧急需要，经技术人员同意，采取可靠的防潮措施后，方可进行施工。④所用的工具、材料和零件必须保持清洁与干燥。工具和材料分别放在清洁干燥的盘内或塑料布上。⑤在低于电缆允许施工温度下进行电缆施工和弯曲时，应对电缆进行预热，其弯曲半径不得小于电缆最小允许弯曲半径。⑥施工前应对电缆进行如下检查：核对电缆线路名称，电缆型号、规格、电压等级、长度等；检查电缆是否受潮，橡塑绝缘电缆可通过观察电缆导体线芯和填充物来判断，油浸纸绝缘电缆可将剥下的绝缘纸点燃，若无"嘶嘶"声或无白色泡沫出现时可证明绝缘未受潮，也可将剥下的绝缘纸或绝缘线芯放入 150～160℃ 的电缆油中，若无泡沫或"嘶嘶"声，也证明电缆绝缘未受潮；对于新电缆（3kV 及以上电压等级电缆），应用 2500V 或 5000V 绝缘电阻表测量绝缘电阻，绝缘电阻合格者方可施工，对于运行过的电缆，应进行直流耐压试验，确认合格后再施工。⑦施工人员的手必须保持清洁、干燥，触及或绕包绝缘时，应当戴手套，严禁脏污和潮湿的东西触及剖开的电缆线芯。⑧电缆终端引线间最小距离及其长度应满足相关技术规程的要求。⑨使用汽油喷灯或丙烷枪封焊时，火焰不得在一处长时间加热，铅（铝）包封焊（一端）不得超过 10min，接地线焊接（一点）不得超过 2min，以免烫伤内部结构。⑩施工中接续管和接线端子的压接应光滑、无毛刺。⑪在剖切钢带或铅（铝）包时，只准削切其本身厚度的 2/3，以免切伤内部结构。⑫自电缆剥切开始到接头制作完毕为止，应一气呵成，不应中断，以保证制作质量。⑬电缆受潮严重时，应更换电缆。⑭若终端头引线太长（超过 1.5m），应加以固定，以免因受外力作用引起短路事故。⑮电缆三头制作好以后，应用卡子加以固定（终端头在下面固定，中间接头在两端固定），固定时应垫弹簧垫，悬挂的中间接头应加特殊托板加以固定。⑯套有零序电流互感器的电缆终端头，在电缆头卡固的地方，电缆本身应绕包绝缘胶带，使电缆与外部金属绝缘。接地线经绝缘处理后穿过互感器，再与金属构架用螺钉卡固，电缆三头接地线的截面一般根据电缆截面确定，但最小不得小于 10mm。⑰在施工中要移动其他带电电缆时，应在长度 10m 以内的一段小心移动，以保证安全供电。对绝缘老化或腐蚀严重的电缆，应停电以后再进行移动，以确保人身与设备的安全。⑱为了确保压接质量，提高工具使用寿命，必须正确使用和维护好压接钳和其他压接工具，特别在压接中，应注意上、下压模吻合，防止负载超载，使压接钳受损。⑲各种包带若无特别说明，均采用半叠绕绕包方式。作树脂或硅油包绕时，应包一层涂一层。⑳施工结束后，应按电力电缆试验规程规定的标准进行相关试验，合格后经核对相序无误方可送电。

7-5-51　电缆终端引线最小距离与长度是多少？

答：不同电压等级的各种电力电缆，其终端头引线间最小距离及其长度的要求是不同的。但是，根据电场强度及相关因素的计算，终端头引线间最小距离与长度应满足表 7-5-9

中的规定。

表 7-5-9 终端头引线间最小距离与长度

电压等级（kV）	引线间最小距离（mm）		引线最小长度（mm）
	户内	户外	
≤1	75	200	160
3	75	200	210
6	100	200	270
10	125	200	315

7-5-52 电缆型号及电压等级选择原则是什么？

答：电力电缆的额定电压必须大于或等于其运行的网络额定电压；电缆的最高运行电压不得超过其额定电压的 15％。这就是电力电缆电压等级选择的两个原则。

对电缆型号的选择，应在满足电缆敷设场合技术要求的前提下，兼顾我国电缆工业发展的技术政策。即：线芯以铝代铜、绝缘层以橡塑代油浸纸、金属护套以铝代铅以及在外护层上发展橡塑护套或组合护套等。综合以上诸多因素，电力电缆选择的一般原则如下：①对有剧烈震动的柴油机房、空压机房、锻工车间等处以及移动机械的供电，应选用铜芯电缆；对其他地点应首先考虑选用铝芯电缆。②地下直埋电缆，一般应选用裸塑料护套电缆，当电缆需要穿过铁路、公路，跨越桥梁、隧道等有可能受到机械损伤的处所时，应选用具有钢带铠装的电缆，必要处还应采取穿管等防护措施。③在大型调度中心、通信中心、微机站等重要部门室内、夹层或易燃易爆场所敷设的电力电缆，应选用难燃或阻燃电缆。④在电缆线路不可避免地要穿过具有化学腐蚀、直流泄漏区域时，应选用塑料电缆或具有裸塑料护套的电缆。⑤在需要承受拉力的沼泽地带、水中或竖直敷设的电缆，应选用整根的、能承受拉力的钢丝铠装电缆。但通过小溪流时，可选用一般具有钢带铠装及外护层的电缆。⑥当整个电缆线路在其周围具有几种完全不同的介质条件时，电缆的型号应按其中最不利的条件选择。

7-5-53 电缆截面应如何选择？

答：电力电缆截面的选择，一般是按照如下原则进行的：①按长期允许载流量选择电缆截面；②校验其短路时的热稳定度（3kV 以下电缆不作）；③按经济电流密度选择电缆截面（对 35kV 及以上高压电缆供电线路）；④根据网络允许电压降来校验电缆截面。

理论上，无论根据哪种方法选择的电缆截面，都应该用其他方法去校核，也即应根据各种方法分别求出最小截面积，然后从中选择最大值为最终选定值。

7-5-54 怎样根据长期允许载流量选择电缆截面？

答：为了保证电缆的使用寿命，运行中的电缆导体温度不应超过其规定的长期允许工作温度。根据这一原则，在选择电缆截面时，必须满足下列条件：$I_{max} \leqslant K I_O$，式中：I_{max} 为通过电缆的最大持续负载电流；I_O 为指定条件下的长期允许载流量；K 为电缆长期允许载流量的总修正系数。

在不同的敷设环境与条件下，总修正系数 K 可以有如下不同组合：①空气中并列敷设时：$K = K_1 K_2$；②空气中单根穿管敷设时：$K = K_1 K_3$；③单根直埋敷设时：$K = K_1 K_4$；

④并列直埋敷设时：$K＝K_1K_4K_5$，式中：K_1为温度修正系数；K_2为空气中并列修正系数；K_3为空气中穿管修正系数；K_4为土壤热阻系数不同时的修正系数；K_5为直埋并列修正系数。

7-5-55　怎样根据电缆短路时热稳定性选择电缆截面？

答：对于电压为 0.6/1kV 及以下的电缆，当采用自动开关或熔断器作网络的保护时，一般电缆均可满足短路热稳定性的要求，不必再进行核算。而对于 3.6/6kV 及以上电压等级的电缆，应按下列公式校核其短路热稳定性：

$$S_{\min} = \frac{I_\infty \sqrt{t}}{C}$$

式中：$S_{\min}$ 为短路热稳定要求的最小截面积，mm^2；I_∞ 为稳态短路电流，A；t 为短路电流的作用时间，s；C 为热稳定系数，见表 7-5-10。

表 7-5-10　　　　　　　　　　　　　　　热稳定系数 C 值表

长期允许温度（℃）		短路允许温度（℃）						
		230	220	160	150	140	130	120
90	铜	129.0	125.3	95.8	89.3	62.2	74.5	64.5
	铝	83.6	81.2	62.0	57.9	53.2	48.2	41.7
80	铜	134.6	131.2	103.2	97.1	90.6	83.4	75.2
	铝	87.2	85.0	66.9	62.9	58.7	54.0	48.7
75	铜	137.5	133.6	106.7	100.8	94.7	87.7	80.1
	铝	89.1	86.6	69.1	65.3	61.4	56.8	51.9
70	铜	140.0	136.5	110.2	104.6	98.8	92.0	84.5
	铝	90.7	88.5	71.5	67.8	64.0	59.6	54.7
65	铜	142.4	139.2	113.8	108.2	102.5	96.2	89.1
	铝	92.3	90.3	73.7	70.1	66.5	62.3	57.1
60	铜	145.3	141.8	117.0	111.8	106.1	100.1	93.4
	铝	94.2	91.9	75.8	72.5	68.8	65.0	60.4
50	铜	150.3	147.3	123.7	118.7	113.7	108.0	101.5
	铝	97.3	95.5	80.1	77.0	73.6	70.0	65.7

7-5-56　怎样根据经济电流密度选择电缆截面？

答：根据长期允许载流量选择电缆截面，只考虑了电缆的长期允许温度，若绝缘结构具有高的耐热等级，载流量就可以很高。但是，功率损耗与电流的平方成正比。所以，有时要从经济电流密度来选择电缆截面。

根据经济电流密度选择电缆截面时，首先应知道电缆线路中年最大负载利用时间，从表 7-5-11 中查得所选导电线芯材料的经济电流密度，然后再按下式计算导线截面：$S＝I_{\max}/j_n$（mm^2），式中：$I_{\max}$ 为最大负载电流，A；j_n 为经济电流密度，A/mm^2。

表 7-5-11　　　　　　　　　　　经济电流密度　　　　　　　　（单位：A/mm²）

导体材料	年最大负载利用时间（h）		
	≤3000	3000～5000	≥5000
铜芯	2.50	2.25	2.00
铝芯	1.92	1.73	1.54

根据计算所得的导线截面值，通常选择不小于这个值、并最靠近这个值的标准电缆截面。

7-5-57　怎样根据电网允许压降校验电缆截面？

答：当电力网络中无调压设备，而且电缆截面较小、线路较长时，为了保证供电质量，应按允许电压降校核电缆截面积。其校核公式如下。

在三相系统中：$S \geq \dfrac{\sqrt{3}I\rho L}{U\Delta u\%}$（mm²）；在单相系统中：$S \geq \dfrac{2I\rho L}{U\Delta u\%}$（mm²）

式中：S 为电缆截面积，mm²；I 为负载电流，A；U 为网络额定电压，三相系统为线电压，单相系统为相电压；L 为电缆长度，m；$\Delta u\%$ 为网络允许电压降百分数；ρ 为电阻率，$\Omega \cdot$ mm²/m，其中 $\rho_{铜}=0.0206\Omega \cdot$ mm²/m（50℃），$\rho_{铝}=0.035\Omega \cdot$ mm²/m（50℃）。

7-5-58　电缆线路的允许运行方式是怎样的？

答：（1）电缆的绝缘电阻值不应小于允许最低值。

（2）电缆的运行电压不得超过电缆额定电压的 15%。

（3）电缆的运行温度不得超过允许温度。而且要注意周围环境温度的数值。因为周围环境的温度对电缆的温度有很大的影响，而且直接影响它所能带的最大负载。

（4）电缆长期运行。负载不得超过长期允许负载。

（5）电缆的短时过载应在允许时间段内，否则会引起电缆故障。

7-5-59　全线敷设电缆的配电线路为什么一般不装设重合闸，掉闸后为什么不能试送？

答：全线敷设电缆的配电线路，线路的故障多是永久性故障，因而不装设重合闸，掉闸后，也不试送，否则会扩大故障。

7-5-60　电缆运行中的维护和检查工作包括哪些项目？

答：电缆运行中的维护和检查工作包括巡视、耐压试验、负载测量、温度检查及防止腐蚀等项目。

（1）线路巡视是为了防止外界破坏性事故及电缆头等缺陷而引起事故。巡视应按规定周期进行。必要时缩短巡视周期。在检查中若发现缺陷，应及时采取措施进行处理。

（2）预防耐压试验是鉴定绝缘情况和发掘隐形事故的有效措施。耐压试验采用直流电压，它对良好的绝缘不会造成损坏，而且需要的设备容量不大，接线方法是一芯接高压，其他几芯及铅包接地。为了鉴定绝缘情况，在耐压前后分别读取泄漏电流，如果泄漏电流不稳定或耐压后泄漏电流较耐压前大，说明绝缘不良。

（3）电缆负载测量。电缆的允许负载决定于导体的截面积和最高允许温度、热阻系数、结构、环境温度等，因而必须经常进行负载测量，使电缆在安全的负载下运行。

（4）温度的检查相当重要，因为仅仅检查负载不能保证不过热。实际情况下，往往设计值与实际环境很难相配恰当，实际的影响量比设计时考虑的因素更为复杂。

（5）电缆要防止被腐蚀。被腐蚀的电缆很容易发生事故，因而要经常对敷设区进行化学分析，以保证电缆的安全。对这一点，要做的维护工作相当多，端头的清扫维护，壕沟及隧道等的清扫维护等都包括在内。

7-5-61　为什么要测量电缆的负荷电流和外皮温度？

答：为了防止电缆绝缘过早老化并确保电缆安全运行，电缆线路应不超过规定的长期允许载流量运行。过负荷对电缆线路的安全运行有较大的危害性，所以运行部门必须经常测量和监视电缆的负荷，以便当系统发生故障或异常情况时紧急调荷、减荷，确保电缆按规定的载流量运行。

电缆的温度与负荷有密切关系，但仅仅检查负荷并不能保证电缆不过热，这是因为：计算电缆容许载流量时所采用的热阻系数和并列校正系数，与实际情况可能有些差别；设计人员在选择电缆确定导体截面积时，对实际运行情况考虑不够全面；新建的电力电缆和热力管道对运行中电缆的影响。因此运行部门除了经常测量负荷外，还必须检查电缆外皮的实际温度，以确定电缆有无过热现象。一般应选择在负荷最大时和在散热条件最差的线段（一般不少于 10m）进行检查。

7-5-62　为什么有的电缆头容易漏油？对运行有什么影响？

答：电缆头漏油主要是由于电缆在运行时内部绝缘油存在着一定压力，使绝缘油沿着线芯或铅包内壁淌到电缆外部，特别是在电缆两端高差较大的情况下漏油更为严重。电缆内部的油压主要有静油压、热膨胀油压以及在短路时产生的冲击油压等。

电缆头漏油破坏了电缆的密封性，使其绝缘干枯，绝缘性能下降，同时电缆纸有很大的吸水性，极容易受潮，对运行产生极坏的影响。

7-5-63　电缆线路停电以后验电笔验电时，为什么短时间内还有电？

答：电缆线路相当于一个电容器，停电后线路还存在剩余电荷，对地仍有电位差，因此必须经过充分放电后，才可用手接触，否则危险性很大。

7-5-64　在正常情况下，对电力电缆应做哪些巡视检查？

答：正常时，对电力电缆巡视的项目有：①对敷设在地下的每一电缆线路，应查看路面是否正常；②电缆线路上不应堆置杂物和化学物质等；③进入房屋的电缆沟口处不得有渗水，隧道内不应积水或堆积杂物；④隧道或沟内支架必须牢固，无松动或锈烂现象，接地应良好；⑤端头应完整清洁，引出线的连接线夹应紧固而无发热现象；⑥端头应无漏油、溢胶、放电、发热等现象；⑦端头接地必须良好，无松动，断股和锈蚀；⑧对户内外电缆头定期进行检查。

7-5-65　架空线路由哪些部件组成？对运行中的架空线路应如何进行巡视和检查？

答：架空线路由架空地线、导线、绝缘子、杆塔、接地装置、金具和基础构成。

架空线路在运行时，采取定期巡视和检查的方法来监视线路的运行状况及周围环境的变化，以便及时发现和消除设备缺陷，确定检修内容，防止事故的发生，从而确保线路的安全运行。架空线路的巡视，根据工作性质和任务以及规定的时间和参加人员的不同，分为定时巡线和不定时巡线，不定时巡线又分为特殊巡线、夜间巡线及故障巡线。定时巡线由专责巡线员按照计划在一定日期内进行，高压线路一般每月巡线一次，但根据线路周围环境、设备情况及季节的变化，必要时可以增加巡线次数。巡视内容是线路各部件情况及沿线周围环境对线路的影响；不定时巡线是为了在线路上查明可能引起的各种事故的隐患，预防事故发生，特别是气候恶劣的情况下。检查线路各部件的运行情况。如有不正常情况，应及时处理。

7-5-66 如何预防导线的断股、损伤和闪络烧伤事故？

答： 刮风会使导线、架空地线产生振动或摆动而造成断股，甚至发生导线之间互相碰撞而形成相间短路，烧伤导线造成跳闸而使线路停电，因此，应采取一些预防性措施。

（1）对于风吹摆动较大的导线，应进行调整，松的应调紧，或在两杆塔中间加装杆塔，以缩短档距，使导线稳定。

（2）在线夹附近的导线上加装防振锤、护线条，以防止导线振动。

（3）对耐张塔上的跳线，应注意其摆动的情况，在最大摆幅时应不至于对杆塔、横担或拉线发生放电。如有这种可能，一般可用绝缘子串来固定。也可在跳线上附加一根铁棍，这样就能有效地解决线路因受风摆动的问题。

7-5-67 如何防止导线发热故障？

答： 目前，输电线大部分采用钢芯铝线，而钢芯铝线的允许温度为70℃，导线在正常运行时，不应超过允许温度，即应监视导线的实际负载电流不应超过安全电流。因为导线的过载运行，会使导线温度超过允许值，从而引起导线剧烈氧化，使铝导线表面起泡或发白、钢导线发红或出现红斑，损坏导线。另外，导线温度升高，其抗拉强度也会下降，从而降低了导线的机械强度，在故障的电动力影响下，使导线变形或断裂。因此，发现导线过载运行，应降低负载，使负载电流在安全电流内，确保输电安全。

7-5-68 为什么在电缆安装前要进行电缆的结构质量检查？项目有哪些？有什么意义？

答： 一条电缆线路在正常情况下，其使用寿命可达40～50年。电缆能否安全运行，与结构质量有着极大关系。安装前的结构质量检查，可以检验其制造质量或运输过程中是否受到损伤，使存在缺陷的电缆极早发现，以避免造成人工和材料的浪费，从而为电缆的安全运行准备了必要的条件。

电缆结构质量的检查包括：①多芯扇形线芯电缆断面对称性检查；②电缆外护层，含外被层、铠装层和内衬层检查；③金属护套，含外观、护套外径及厚度和铅包的扩张检查；④绝缘层，含外观、绝缘厚度与重合间隙及导电线芯的检查。

电缆结构质量检查的意义：能及时发现电缆制造时形成的缺陷，如线芯的歪曲角超过规定值时，会使电场畸变，对绝缘不利；在运输、保管过程中对电缆损伤，如钢带滑动或断裂。发现缺陷后便于及时修复或采取必要的防护措施，保证电缆的使用寿命和安全运行。

7-5-69　怎样进行电缆结构质量检查？其方法和标准是什么？

答：一般都是取一样品，逐层剖验，并和制造厂的技术说明及有关国家标准对照比较。其方法是在整盘电缆的末端割下一段样品，约 300mm，从最外层开始至电缆线芯逐层剖验，剖验时详细记录检查结果，并绘制剖面图。其标准一般是参照制造厂的技术说明和有关国家标准。

7-5-70　高压电缆检修有哪些基本要求？为什么要重视资料收集和故障电缆解剖检查？

答：对高压电缆检修的基本要求：①收集和分析运行维修资料和解体检查记录；②检修故障电缆时，未确认已停电和接地前，任何人不允许用手直接接触电缆的铠甲和铅包；③维护、检修电缆时，注意防止电缆被置于水、蒸汽、酸碱、粉尘严重、易受到外力损伤的场所；④电缆检修时，应重视检查和完善防火密封和防止小动物破坏以及环境污染，通风散热，排水、排汽等措施，以保证电缆处于安全环境中运行；⑤对于户内、户外电缆终端头及中间接头的电缆则应注意检查其有无漏胶、漏油、腐蚀裂缝及接地情况；⑥电缆检修维护中要注意保持标志牌、编号牌、相位颜色标志等的完整和清楚醒目。

电缆的老化过程同其他事物一样，有一定的规律，只要平常注意收集和积累资料，就能摸出它老化和故障的规律，使维护检查更具有主动性、针对性。

故障电缆的解剖检查，是收集资料、分析故障、研究其老化过程必不可少的措施。它可以查明电缆的制造、使用和维护不当而形成的各种缺陷或故障性质，以及造成故障的原因，使处理故障时具有针对性、预见性。

7-5-71　为什么检修时要对电缆的防火措施的完好情况予以高度重视？

答：电缆除金属和极少部分不可燃物质外，均为易燃物质，而由于电气故障引起的电缆着火随时都有可能发生。特别在大型多机组水电站，电力电缆纵横交错，如果没有良好完善的防火密封，一旦发生火灾，就会通过电缆线路使火灾蔓延到各个连接部位，完好的防火措施是限制火灾蔓延的有效手段，必须予以高度重视。

7-5-72　常见的电缆故障有几种类型？

答：常见的电缆故障按其性质不同分为接地故障、短路故障、断线故障、闪络性故障和混合性故障 5 种类型。

按故障的直接原因分为试验击穿故障和运行中发生的故障两大类。

7-5-73　电力电缆有哪些常见故障？产生的原因是什么？

答：电力电缆的常见故障及其原因如下。

（1）漏油。①电缆过载运行，温度过高因而产生很大的油压；②电缆两端安装位置的高低差过大，致使低端电缆内油的静压力过大；③电缆中间接头或终端头的绝缘带包扎不紧，封焊不好；④充油电缆终端头套管裂纹，密封垫不紧或损坏；⑤电缆铅包折伤或机械碰伤。

（2）接地和短路。①负载过大，温度过高，造成绝缘老化；②电缆中间接头和终端头因制作密封不严，水分进入或接头接触不良造成过热，使绝缘老化；③铅包上有小孔或裂缝，或铅包受化学腐蚀、电解腐蚀而穿洞，或铅包被外物刺穿，致使潮气侵入电缆内部；④敷设时电缆弯曲过大，纸绝缘和屏蔽带受损伤断裂；⑤瓷套管脏污、裂纹（室外受潮或漏进水）

造成放电；⑥受外力作用，造成机械破损。

（3）断线。电缆因敷设处地基沉陷等原因使其承受过大的拉力，致使导线被拉断或接头被拉开。

7-5-74 修理电缆时一般有哪些项目需要及时处理？

答：修理电缆时下列项目需要及时处理。

（1）终端头漏油的处理。发现终端头有漏油现象时应查明原因，及时消除导致漏油的缺陷。若在接线耳（鼻子）处漏油时，可将该处绝缘剥去，重新包扎。若漏油严重时则应将电缆端头重新制作。在拆掉包缠的绝缘层时，应尽量按包缠顺序逐层剥离，切勿用刀切削。对于干包型终端头在三芯分叉处漏油时，一般应重新制作。

（2）绝缘胶不足、开裂或有水分时的处理。当发现绝缘胶不足或开裂时，可用同样牌号的绝缘胶灌满；若发现有水分时，则应将旧胶清除，用相同牌号的新绝缘胶重新灌注。

（3）终端头受潮的处理。发现终端头受潮时，可用红外线灯泡或普通白炽灯对其进行干燥，干燥处理一直到电缆的绝缘电阻上升至稳定值后 2h，且吸收比大于 1.3 后才可结束。若电缆端头受潮时，必须去掉一段电缆，待测量其绝缘电阻合格后，重新制作终端头。

（4）接线耳脱焊的处理。接线耳脱焊的原因主要是在焊接时导线外面的氧化层未除净，造成焊接不良，接触电阻太大，引起发热而脱焊。故在焊接时应特别注意除净导体和接线耳中的氧化层，将接线耳预先搪锡，并将缆芯用锡浇透重新焊牢。

7-5-75 户内电缆头漏油应如何处理？

答：户内电缆头在运行中漏油的现象比较普遍，其处理方法有以下几种。

（1）环氧树脂电缆头的漏油处理。一般环氧树脂电缆头能承受较高的油压（好的能承受 1.176～1.372MPa），有时由于工艺缺陷发生漏油现象。如果壳体本身漏油，可将漏油点环氧凿去一部分，清洗油污，绕包防漏橡胶带，再浇注环氧树脂。如果是环氧杯杯口三芯处漏油，可将三芯绝缘在杯口绕包环氧绝缘带后，将杯口接高一段，再浇注环氧树脂。

（2）尼龙电缆头、玻璃钢电缆头的补漏。尼龙头三芯手指口是用橡胶手指套包扎的，该包扎处在运行中较易漏油，橡胶也较易老化破裂。可采用在手指套外用塑料带、尼龙绳加固扎牢的办法补漏。

（3）干包电缆头的补漏。这类电缆头在三芯分叉口处漏油较多。采用加套聚氯乙烯软手套后，大有改善。在工艺上要将三芯分叉口扎紧，绕包绝缘带要分层涂胶并在其外面用尼龙绳或棉线绳扎紧。

7-5-76 电缆头有哪些常见的缺陷？用什么方法消除？

答：常见的缺陷有户外电缆头铸铁胀裂，终端头瓷套管碎裂和终端头下部铅包龟裂。其消除方法有以下几种。

（1）户外电缆头铸铁胀裂。修补碎裂铸铁壳的方法步骤：①刮去由裂缝挤出的绝缘胶，用汽油洗净；②用钢丝刷将裂缝及两侧铁垢刷净，用汽油清洗；③用环氧泥将裂缝填满，用薄铝皮按修补范围筑好外模后，用环氧泥填满模缝；④用环氧树脂灌注，环氧树脂的配方可采用 6101 号环氧树脂与 651 号聚酰胺按 100：45（重量比）配制，不要添加石英粉；⑤待环氧树脂固化后，检查其质量，应完整、无裂纹。

(2) 终端头瓷套管碎裂。由于瓷套受机械损伤、短路烧伤或雷击闪络等引起瓷套管碎裂。如果仅有 1~2 只瓷套管损坏，则只更换瓷套管。当三相瓷套管全部损坏，而杆塔下没有多余电缆可利用时，也可只更换瓷套管。更换方法如下：①将终端头出线连接部分的夹头和尾线全部拆除；②用石棉布将完好的瓷套管包好；③将损坏的瓷套管敲碎、拿掉；④用喷灯加热电缆头外壳的上半部分，使沥青绝缘胶部分熔化；⑤将壳体内残留瓷套管取出；⑥将壳体内绝缘胶挖出并疏通至灌注孔的通道；⑦清洗缆芯上的污物、碎片等；⑧套上新瓷套管，灌注绝缘胶，待绝缘胶冷却后，安装出线部件。

(3) 终端头下部铅包龟裂。这类缺陷易发生在垂直装置和高差较大的电缆头下面，多发生在杆塔上的电缆头下面。此类缺陷，可用两种处理方法：①用封铅加厚一层；②用环氧带包扎密封。

注意：对处理缺陷后的电缆线路，应进行耐压试验，作为最后的绝缘鉴定。

7-5-77 电缆线路发生单相接地不跳闸故障或预防性试验发生击穿现象怎么办？

答： 应进行局部修理，其方法如下。

(1) 电缆线路发生单相接地（未跳闸）故障后，线芯导体一般损伤较轻。如果是机械损伤，而故障点附近的土壤又比较干燥时，只要将故障点绝缘加强，再加密封即可。

(2) 电缆中间接头在预防性试验中被击穿后，大多数情况下，绝缘没有受到水分侵蚀，可拆开接头消除故障点，再重做接头。拆开接头后，剥下表面 1~2 层绝缘纸，用热油冲洗检查电缆绝缘是否受潮。如有潮气，则必须彻底消除，才能重接。如果潮气较多，且已延伸到两侧电缆内，则必须割除受潮部分，重新接头。

(3) 环氧树脂电缆头在预防性试验中击穿后，找出击穿点的部位，将其外面的环氧树脂凿去。消除故障点后，再包堵油层，局部浇注环氧树脂。

7-5-78 线路防覆冰工作有哪些内容？

答： 线路设计中考虑了一定的覆冰厚度，但根据我国出现的多次大冰冻，特别是线路通过的高寒山区，曾出现过数倍于设计冰厚的情况，有的还造成了倒杆断线的严重事故。因此，线路防冰就成为很重要的一项维护内容，必须在每年的冰冻季节来临之前切实抓好：①维护人员应对线路容易覆冰的地段心中有数，在严重覆冰地段建立防冻哨所，架设模拟线，以便观察覆冰情况；②冰冻季节前应将线路严重、紧急缺陷处理完毕；③准备必需的防寒用品；④在冰冻期间应坚守岗位，按有关规定及时汇报覆冰厚度，气象情况，以便上级决定是否停电做融冰处理；⑤按规定的融冰技术措施进行有关操作，对于登杆作业应采取防滑措施，如事前装好专用梯子，准备好敲冰工具等；⑥在融冰过程中应及时汇报除冰情况，以便停止融冰；⑦只有得到上级有关撤离冰冻现场的通知后方可撤离，因为一条线路有时要连续多次融冰。

7-5-79 电缆检修时应进行哪些项目的检查和试验？

答： 电缆检修时，应对下列各项进行检查和试验：①电缆各部分有无机械损伤，电缆外层钢铠有无锈蚀现象；②电缆终端头的接地线接触是否良好；③电缆芯线铜接线鼻子与所连接设备的接触是否良好，有无发热及脱焊现象；④电缆终端头的绝缘是否干净，有无电晕放电痕迹；⑤电缆终端头瓷套管有无裂纹及放电痕迹；⑥电缆终端头有无漏油现象；⑦电缆终端头绝缘胶是否足够，有无水分，有无裂痕、变质以及空隙；⑧电缆铅包有无腐蚀；⑨测定绝缘电阻；⑩定期进行耐压试验和泄漏电流试验。

7-5-80　如何测量电缆的绝缘电阻？

答： 测量电缆绝缘电阻，是检查电缆绝缘是否受潮、脏污或存在局部缺陷。一般是测量电缆芯线对外皮、芯线之间的绝缘电阻。在测量时，应将被测芯线接于绝缘电阻表 L 接线柱上，非被测芯线与电缆外皮一同接地，并接在绝缘电阻表的 E 接线柱上。为了防止电缆接线端头表面泄漏电流的影响，应用软裸铜线绕 1～2 圈后，并接到绝缘电阻表的 G 端子上。其接线如图 7-5-4 所示。

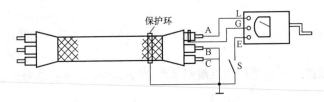

图 7-5-4　绝缘电阻检查接线示意图

对于多芯电缆，注意测量时的加压方式，应保证使被检查部分绝缘两端分别接到绝缘电阻表的 L、E 两个端钮上，电缆芯线接 L，接地部分（外皮）接 E。

7-5-81　测量电缆绝缘电阻时间较长的原因是什么？

答： 由于电缆芯线与外皮之间，自然形成了很大的电容，尤其对于长电缆，该电容值很大，因而在测量绝缘电阻刚开始时，由绝缘电阻表内的直流电源通过芯线对其电容进行充电，从而形成较大的充电电源，故此时视在绝缘电阻 $R=U/I$ 很小。随着加压时间的延长，其电容上电荷逐渐增多，充电电流逐渐减少，最后仅是通过芯线与外皮之间绝缘的泄漏电流，所以这时的绝缘电阻值较大（接近于实际绝缘电阻）。对于长电缆，由于其电容很大，充电时间很长，因此，必须经过较长时间加电压才能得到准确的测量结果。

7-5-82　直流耐压试验能发现电缆绝缘的哪些缺陷？泄漏电流试验又能发现哪些缺陷？

答： 由于电缆的电容量大，往往受到现场试验设备（如试验变压器等）容量的限制，不能对其做交流耐压试验，而是通过直流耐压试验检查电缆绝缘的耐电强度。

在直流电压作用下，电压按绝缘电阻分布。当电缆存在局部缺陷（如气泡、绝缘纸机械损伤、包扎缺陷等），其绝缘电阻较小，大部分试验电压加在与缺陷部分串联的良好绝缘上，所以局部缺陷更容易暴露。若在电缆热态下进行直流耐压试验，因缆芯附近绝缘电阻较小，在耐压过程中，大部分电压加在铅皮附近绝缘上，因而易发现靠近铅皮部分的绝缘缺陷；而在电缆冷态下进行直流耐压试验，由于电压主要由缆芯附近的绝缘承受，因而易发现此处的绝缘缺陷。

泄漏电流试验主要是测量电缆芯与外皮之间通过绝缘层的泄漏电流。由于绝缘劣化、受潮时，其导电质点增多，泄漏电流增大，因而反映这类分布性缺陷较为灵敏。

7-5-83　怎样检测电力电缆的相位？

答： 新装电力电缆竣工验收时，运行中电力电缆重装接线盒、终端头或拆过接头后，必须检查电缆的相位。检查电缆相位的方法比较简单，一般用万用表、绝缘电阻表等检查，接线如图7-5-5所示。检查时，依次在Ⅱ端将芯线接地，在Ⅰ端用万用表或绝缘电阻表测量对地的通断，每芯测三次，共测九次，测后将两端的相位标记一致即可。

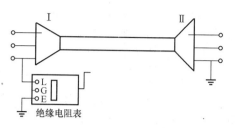

图 7-5-5 电缆相位检查接线示意图

7-5-84 高压电缆故障的寻测有几种方法？各种寻测方法的优、缺点是什么？

答： 高压电缆故障的测试方法，常用的有 5 种，即电桥法、低压脉冲法、闪络法、感应法和声测法。其中，前三种方法只能测试出故障点的大致范围。要准确地测试出故障点位置，应采用感应法和声测法。

电桥法用于测量一相接地或两相短路故障，或通过临时辅助线测量三相短路或接地故障，不能测量断线故障；低压脉冲法能测量故障电阻在 100MΩ 以下的一相或多相的接地和短路故障以及各种类型的断线故障；闪络法是采用 DGC-2 型电缆故障测试仪测量故障点，它既能用低压脉冲测量低阻接地、短路故障和断线故障，又能利用电缆故障点放电时产生的突跳电压波形，对闪络性故障或高阻故障进行寻测；感应法适用于听测低阻相间短路故障，还可用于听测电缆埋设位置的深度及接头盒位置，有助于准确地找出电缆故障；声测法可以测接地、短路、断线和闪络性故障，但对金属性接地或短路故障很难用此法定点。

7-5-85 电缆故障点寻测方法中，什么叫粗测定点？它们对寻找电缆故障点有何意义？

答： 电缆发生故障后，寻测故障点时，首先在电缆的一端或两端用仪器测出故障点距测试端的大概范围，这个过程叫作电缆故障的粗测。

测出电缆故障点的大致位置后，再用其他测试方法确定故障点的具体位置，叫作电缆故障的定点。

这种方法可以迅速、准确地找出电缆的故障点，缩短故障的处理时间和电缆中断供电的时间，节省大量的人力。

第六节 消弧线圈、电抗器、电容器和塞流线圈

7-6-1 中性点不接地系统的单相接地电容电流是多少？为什么？

答： 中性点不接地系统中，单相接地时的电容电流规定不超过 5A。因为单相接地电容电流大于 5～10A 时，最容易引起间歇电弧。电网电压越高，间歇电弧引起的过电压危险性就越大，其过电压值一般为 3 倍，个别可达 5 倍。

7-6-2 间隙性电弧在什么情况下容易产生？有什么危害？

答： 随着系统线路的增长和工作电压的升高，单相接地电流也增大，弧光接地故障变得不能自行熄灭；同时，由于接地电流并不大，所以不能产生稳定性的电弧，在这种情况下，容易造成熄弧与电弧重燃相互交错的不稳定状态，即间歇电弧。它会引起电网运行状态的瞬时变化，导致电磁能的振荡，并在电网中产生危险的过电压。

7-6-3 什么是消弧线圈？它的结构和工作原理怎样？

答： 在电力系统中性点不接地的电网中，当电网发生单相接地时，补偿电网总电容电流的电感线圈，称为消弧线圈。一般接于发电机或变压器的中性点上。

当电网正常运行时，中性点位移电压很小，故作用于消弧线圈上的电压也小，因而流过中性点的电流也很小，但当电网发生单相接地或相对地电容发生事故性不平衡时，电网中的电容电流增大，作用于消弧线圈上的电压也增大，产生感性电流。电压越大，感性电流也越大。这个感性电流用来补偿电网内产生的电容电流，以限制故障点的电流在较小值内，防止间歇性接地或电弧稳定性接地的产生，起到熄灭电弧的作用。

消弧线圈的外形与单相变压器相似，而内部结构实际上是一个铁芯带有间隙的电感线圈。间隙是沿着整个铁芯分布的。采用带间隙铁芯是为了避免磁路的饱和，能得到较大的电感电流，并使电感电流和所加的电压成正比，以便减少高次谐波的分量，获得一个比较稳定的电抗值。在铁芯上设有主线圈和电压测量线圈。主线圈一般采用层式结构，每个芯体上的线圈分成几个部分，不同芯体的线圈连接处的电压不应达到危及绝缘的数值；测量线圈的电压是随不同分接头位置而变化的，它和主线圈都有分接头接在分接开关上，以便在一定的范围内分级调节电感的大小。为了测量消弧线圈动作时的补偿电流，在主线圈回路上还设有电流互感器。

7-6-4 消弧线圈的补偿方式有几种，哪种方式好？为什么？

答： 消弧线圈可以调节它的分接头，以满足各种补偿方式。一般有三种补偿方式：欠补偿、过补偿及全补偿。

（1）当消弧线圈的抽头满足 $I_L < I_C$ 时，测流过故障点的消弧线圈的电感电流小于网络的全电容电流，称为欠补偿。电网以欠补偿方式运行时，其灭弧能力与过补偿方式差不多，但因网络故障或其他原因使其线路断开后，可能构成串联谐振，产生危险的过电压，所以在正常情况下，不宜采用欠补偿方式运行，只有在消弧线圈容量不足时，方采用欠补偿方式运行。

（2）当消弧线圈的抽头满足 $I_L > I_C$ 时，则流过故障点的电感电流大于网络的电容电流，称为过补偿。当电网以过补偿方式运行时，中性点位移电位较小，过补偿越大，中性点位移电压就越小，但在实际应用中，过补偿不能选得太大，否则会影响熄灭电弧的效果。

（3）当消弧线圈的抽头满足 $I_L = I_C$ 时，称为全补偿。这种方式很不利，如果三相不对称，则出现串联谐振，使中性点位移电位达到最高，危害电网的正常绝缘。因此，应尽量避免这种方式。

7-6-5 什么叫消弧线圈的补偿度？什么叫脱谐度？

答： 消弧线圈的电感电流 I_L 减去网络全部电容电流 I_C 与网络全部电容电流 I_C 之比，即为补偿度，用符号 ρ 表示，则 $\rho = (I_L - I_C)/I_C$，或用脱谐度 V 来表示，定义 $V = (I_C - I_L)/I_C$。由此可以看出，当 $\rho > 0$ 时，对应于过补偿；当 $\rho = 0$ 时，对应于全补偿（谐振补偿）；当 $\rho < 0$ 时，对应于欠补偿。

7-6-6 消弧线圈的运行原则有哪些？

答： 消弧线圈运行时一般有如下规定。

（1）为避免线路跳闸后发生串联谐振，消弧线圈应采用过补偿。但当补偿设备容量不足时，可采用欠补偿运行，脱谐度采用 10%，一般电流不超过 $5\sim10A$。

（2）中性点经消弧线圈接地的电网，在正常情况下运行时，不对称度不超过 15%（所谓不对称度，就是中性点的位移电压与额定电压的比值），即长时间中性点位移电压不超过额定电压的 15%，在操作过程中允许超过额定电压的 30%。

（3）当消弧线圈的端电压超过相电压的 15% 时，不管消弧线圈信号是否动作，都应按接地故障处理，寻找接地点，中性点经消弧线圈接地的电网，在正常运行中，消弧线圈必须投入运行。

（4）在电网有操作或有接地故障时，不得停用消弧线圈。由于寻找故障及其他原因，使消弧线圈带负载运行时，应对消弧线圈上层油温加强监视，使上层油温最高不得超过 $95℃$，并监视消弧线圈带负载运行时间不超过铭牌规定的允许时间，否则应停用。

（5）消弧线圈内部出现异响及放电声、套管严重破损或闪络、瓦斯保护动作等异常现象时，首先将接地的线路停电，然后将消弧线圈停用，进行检查试验。

（6）消弧线圈动作时或发生异常现象时，应该做如下记录：动作时间、中性点电压、电流、三相对地电压等，并及时报告调度员。

7-6-7 消弧线圈启动的操作程序有哪些？

答： 消弧线圈经检验后，检查试验合格，一切良好，便可进行启用，操作程序如下：①启用连接消弧线圈的主变压器；②检查消弧线圈分接头确在要求的位置上；③操作人员根据接地信号灯的指示情况，证明电网内确无接地存在时，合上消弧线圈隔离开关；④检查仪表与信号装置应工作正常，补偿电流表指示在规定值内。

7-6-8 消弧线圈停用的操作程序有哪些？

答： 在消弧线圈检修及故障或改接分接头时，需要停用消弧线圈。在电网正常运行时停用消弧线圈，只需拉开消弧线圈的隔离开关即可。若消弧线圈本身有故障，则应先拉开连接消弧线圈的变压器两侧的断路器，然后再拉开消弧线圈的隔离开关。

7-6-9 正常巡视检查消弧线圈有哪些内容？

答： 值班人员应按规定的巡视时间对消弧线圈及其系统进行监视检查。其内容有：①消弧线圈的补偿电流及温度应在正常范围内；②中性点位移电压不应超过额定相电压的 15%，在操作过程中，允许超过额定电压的 30%；③消弧线圈的油位及油色应正常，本体无漏油现象；④消弧线圈的套管及隔离开关的绝缘子应完好，无破坏损伤及裂纹；⑤消弧线圈的外壳及中性点的接地装置应良好；⑥消弧线圈的声音应正常，无杂音；⑦隔离开关的接地指示灯或信号装置应正常。

7-6-10 在什么系统上装设消弧线圈？

答： 在 $3\sim60kV$ 的电网中，当接地电流大于下列数值时，变压器的中性点经消弧线圈接地：$3\sim6kV$ 的电网中接地电流大于 $30A$；$10kV$ 的电网中接地电流大于 $20A$；$20kV$ 的电网中接地电流大于 $15A$；$35kV$ 及以上电网中接地电流大于 $10A$。对于重要的 $60kV$ 电网，即使接地电流较上述规定值稍小，变压器中性点也宜经消弧线圈接地运行。$110kV$ 的电网中性点一般采用直接接地方式，但在雷电活动较多的山岳丘陵地区，线路雷击跳闸频繁，电网结构简单不能满足安全供电的要求，而且对联网影响不大时，110～154kV 电网中性点可采用消弧线圈接地方式。

7-6-11 针对消弧线圈动作的故障，值班人员应怎样处理？

答：当系统内发生单相接地、串联谐振及中性点位移电压超过整定值时，消弧线圈将动作，此时，消弧线圈动作光字发出信号及警铃响，中性点位移电压表及补偿电流表指示值增大，消弧线圈本体指示灯亮。若为单相接地故障，则绝缘监视电压表指示接地相电压为零，非接地相电压升高至线电压。

当发生上述故障时，值班人员应进行如下处理：①当确认消弧线圈信号动作正确无误后，立即将接地相接地性质、仪表指示值、继电保护和信号装置及消弧线圈的动作情况向电网值班调度员汇报，并尽快消除故障；②派人巡查母线、配电设备、消弧线圈所连接的变压器，若接地故障持续时间长（按电站规程规定），应立即派人检查消弧线圈本体；③在消弧线圈动作时间内，不得对其隔离开关进行任何操作；④电网发生单相接地时，消弧线圈可继续运行 2h，以便运行人员采取措施，查出故障并及时处理；⑤如消弧线圈本身发生故障，应先断开连接消弧线圈的变压器，然后拉开消弧线圈的隔离开关；⑥值班人员应监视各种仪表指示值的变动情况，并做好详细记录。

7-6-12 在欠补偿运行时为什么会产生串联谐振过电压，发生故障时有什么现象？

答：消弧线圈在欠补偿运行时，由于线路发生一相导线断线、两相导线同一处断线、线路故障跳闸或断路器分相操作时不同步，均可能产生串联谐振过电压。

发生故障时，消弧线圈动作光字牌亮，警铃响，中性点位移电压表及补偿电流表指示值增大并甩至尽头，消弧线圈本体指示灯亮，绝缘监视电压表各相指示值升高且不同，消弧线圈铁芯发出强烈的吱吱声，上层油温急剧上升。

7-6-13 带消弧线圈的非直接接地系统接地故障点如何寻找？

答：寻找方法如下：①询问有无新投入的用电设备，并检查这些设备有无漏气、漏水及焦臭味等不正常现象，若有则停用；②若电站接地自动选择装置已启动，应检查其选择情况，当自动选择已选出某一馈电线，应联系用户停用；③利用并联电路，转移负载及电源，观察接地是否变化；④若电站未装设接地选择装置或接地自动选择装置未选出时，可采用分割系统法，缩小接地选择范围；⑤当选出某一部分系统有接地故障时，则利用自动重合闸装置对送电线路瞬停寻找；⑥利用倒换母线运行的方法，顺序鉴定电源设备（发电机、变压器等）、母线隔离开关、母线及电压互感器等元件是否接地；⑦选出故障设备后，将其停电，恢复系统的正常运行。

7-6-14 电抗器的作用是什么？电抗器的基本结构怎样？

答：采用电抗器主要是为了限制短路电流，以选择容量较小的电气设备，减少投资。在线路故障情况下，电抗器能维持母线较高的电压，保证用户电气设备工作的稳定性。

在水电站和降压变电站的 6～10kV 配电装置中，常采用一种电抗器，这种电抗器一般为水泥电抗器。它是一个无导磁材料的空芯电感线圈，电抗器的绕组是由导线在同一个平面上绕成螺旋形的饼式线圈叠在一起构成，在沿线圈周围均匀对称的地方，设有支架，在支架上浇筑水泥成为水泥支柱，作用于电抗器的骨架，并把线圈固定在骨架上。电抗器有普通电抗器和分裂电抗器两种。

7-6-15 采用分裂电抗器有什么好处？

答： 普通电抗器装设在电路中是为了限制短路电流和维持母线残压，因而要求电抗器的电抗要大。但在正常工作中又希望电抗器的电抗要小，以使电压损失减小。采用分裂电抗器就可以解决这个矛盾。

分裂电抗器是有中间抽头的空芯线圈，它的绕组是由同轴的导线缠绕方向相同的两个分段所组成。两个分段接线②、③接负载，中间抽头①接电源，如图7-6-1所示。分裂电抗器两分段通过电流时，每一分段内有自感作用，两分段之间有互感作用，在正常状态下，每个分段相当于1/4普通电抗器的电抗，短路时，分裂电抗等于原普通电抗器的电抗，因而正常与故障情况下，电抗值相差4倍，因而分裂电抗器限流效果好。

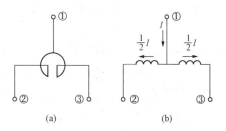

图 7-6-1 电抗器原理示意图
（a）电路图；（b）等效电路图

7-6-16 正常巡视电抗器有哪些项目？若电抗器局部发热，应如何处理？

答： 正常巡视电抗器的项目有：①电抗器接头应接触良好而无发热；②电抗器周围应整洁无杂物；③电抗器支持绝缘子清洁并安装牢固；④垂直分布的电抗器应无倾斜；⑤电抗器门窗应严密，以防小动物进入。

运行人员在巡视电抗器装置时，如果发现电抗器有局部过热现象，则应减少该电抗器的负载，并加强通风。必要时可采用临时措施，如采用强力风扇，待有机会停电时，再进行处理。

7-6-17 在电抗器支持绝缘子破裂等故障情况下，如何处理？

答： 运行人员在巡视配电装置时，若发现水泥支柱损伤，支持瓶有裂纹，线圈凸出或接地时，则应停用电抗器，或断开线路断路器，将故障电抗器停用，进行及时修理，待缺陷消除后再投入运行。

7-6-18 电力电容器的作用是什么？

答： 由于电容器的结构特点，它在正弦电压作用下能"发"无功功率。如果把电容器并接在负载或供电设备上，那么，负载或供电设备要吸收无功功率，正好由电容器所发无功功率供给，这就是并联补偿，因而它有以下几个作用：①减少线路能量损耗；②减小线路电压降，改善电压质量；③提高系统供电能力。

7-6-19 采用零序电流平衡保护的电容器组为什么每相容量要相等？

答： 零序电流平衡保护是在两组星形接线的电容器组中性点连线上，安装一组零序电流互感器。正常情况下因为两组电容器每相台数相等，容抗相等，中线上不应有零序电流流过。实际因三相电压不平衡，每相台数虽然相等，但电容不一定完全相等，所以，在正常情况下，中线上仍有一个不平衡电流 I_{bp} 存在，当电容器内部发生故障，如某一相中某一台电容器部分元件击穿，三相容抗不相等，中性点出现电压，中线上就有零序电流 I_0 流过。为了保证保护装置在正常的不平衡电流作用下不动作，而在故障情况下又能可靠地启动，并要求有足够的灵敏度，总之，采用零序保护的电容器组，每相的个数要相等，以减少正常情况下中线上的不平衡电流。

7-6-20　测量电容器绝缘用多大绝缘电阻表合适？怎样摇测？

答：摇测电容器两极对外壳和两极间的绝缘电阻时，1kV 以下使用 1000V 绝缘电阻表，1kV 以上应使用 2500V 绝缘电阻表。由于电容器的极间及两极对地电容的存在，故摇测绝缘电阻时，方法应正确，否则易损坏绝缘电阻表。摇测时应由两人进行，首先用短接线将电容器放电，摇测极间绝缘电阻时，因极间电容值较大，应将绝缘电阻表摇至规定转速，待指针稳定后，再将绝缘电阻表线接到被测电容器的两极上，注意此时不得停转绝缘电阻表。由于对电容器的充电，指针开始下降，然后重新上升，待稳定后指针所示的读数，即为被测的电容器绝缘电阻值。读完表后，在接至被测电容器的导线未撤离以前，不准停转绝缘电阻表，否则电容器会对停转的绝缘电阻表放电，损坏表头。摇测完毕应将电容器上的电容放尽，以防触电。

7-6-21　电容器投入或退出运行有哪些规定？新装电容器投入运行前应做哪些检查？

答：（1）正常情况下电容器的投入与退出，必须根据系统的无功分布以及电压情况决定，并按照当地调度规程执行。此外，当母线电压超过电容器额定电压的 1.1 倍，电流超过额定电流的 1.3 倍，一般根据厂家规定，应将电容器退出运行。事故情况下，当发生下列情况之一时，应立即将电容器停下并报告调度：①电容器爆炸；②接头严重过热或熔化；③套管发生严重放电闪络；④电容器喷油或起火；⑤环境温度超过 40℃。

电容器的投入与切除断路器，600kvar 以下可以使用负载断路器，600kVA 以上应使用油断路器。电容器开关禁止加装重合闸。

（2）新装电容器在投入运行前应做如下检查：①电容器完好，试验合格；②电容器布线正确，安装合格，三相电容之间的差值不超过一相总电容的 50％；③各部件连接严密可靠，电容器外壳和架构均应有可靠的接地；④电容器的各部附件及电缆试验合格；⑤电容器组的保护与监视回路完整并全部投入；⑥电容器的开关状态符合要求。

7-6-22　正常巡视时对电容器检查哪些内容？

答：对电容器的巡视检查每天不得少于一次，巡视中应注意电容器：箱体有无鼓肚、喷油、渗漏油等现象；电容器是否过热；套管的瓷质部分有无松动和发热；接地线是否牢固；放电变压器或放电电压互感器是否完好；三相指示灯是否熄灭。如电容器装在室内，还应检查室温，冬季不得低于 -25℃，夏季不得超过 +40℃。装有通风装置的，还应检查通风装置是否良好。

7-6-23　电容器开关掉闸如何处理？查不出故障怎么办？

答：电容器开关掉闸不准强行试送。值班员必须检查保护动作情况。根据保护动作情况进行分析判断，按顺序检查电容器开关、电流互感器、电力电缆、电容器有无爆炸或严重过热鼓肚及喷油，检查接头是否过热或熔化、套管有无放电痕迹。若无以上情况，电容器开关掉闸是由于外部故障造成母线电压波动所致，经检查后方可试送，否则应进一步对保护做全面通电试验，对电流互感器做特性试验。如果仍查不出故障原因，就需要拆开电容器组。逐台进行试验，未查明原因之前不得送电。

7-6-24　处理故障电容器时要注意哪些安全事项？

答：处理故障电容器应在切开电容器开关，拉开开关两侧隔离开关，电容器组经放电电阻放电后进行。电容器组经放电电阻放电以后，由于部分残存电荷一时放不尽，仍应进行一次人工放电。放电时先将接地端固定好，再用接地棒多次对电容器放电，直至无火花及放电声为止，以后再将接地卡子固定好。由于故障电容可能发生引线接触不良、内部断线或熔断器熔断等，因此有部分电荷可能仍没放出来，所以检修人员在接触故障电容器时，还应戴绝缘手套，用短路线将故障电容器两极短接，然后才可动手拆卸。对于双星形接线的中线，以及多个电容器的串联线，还应单独进行放电。

7-6-25　塞流线圈的作用是什么？其构造和基本原理是怎样的？

答：塞流线圈，也叫高频阻波器，它是电力载波通信设备中心不可缺少的组成部分，它与耦合电容器、结合滤波器、高频电缆、高频通信机等组成电力线路高频通信通道。塞流线圈起到阻止高频电流向水电站或支线的泄漏，达到减小高频能量损耗的作用。

塞流线圈的构造有4个部分：电感线圈、避雷器、强流线圈和调谐电容器。电感线圈和避雷器组成保护元件，防止调谐电容器过电压；电容器和强流线圈组成调谐元件，调谐于工作频率；强流线圈是导通工频电流的。

线圈的电抗大小由两个因素决定：一是电感，二是频率。当频率增大时，电抗增大。对于不同频率的电流，在电感线圈中体现的感抗不同。高频时阻抗大，因而电流小，难以通过线圈。塞流线圈就是由这个原理制造成的。

7-6-26　塞流线圈正常巡视时，应注意哪些项目？

答：塞流线圈正常巡视时，应注意的项目有以下几个方面：①检查导线有无断股，接头是否发热，螺钉是否拧紧。②安装应牢固，不准摇摆。与金属、混凝土架构的距离：110kV不小于1.5m，35kV不小于0.5m。③塞流线圈上部与导线间的绝缘子、瓷质应良好。销子螺钉拧紧。④塞流线圈上不应有杂物，架构应不变形。

第七节　过电压防护及接地装置

7-7-1　雷电是怎样形成的？

答：雷电是一种大气中的自然放电现象，产生于积雨中，积雨云在形成过程中，某些云团带正电荷，某些云团带负电荷。它们对大地的静电感应，使地面或建（构）筑物表面产生异性电荷，当电荷积聚到一定程度时，不同电荷云团之间，或云与大地之间的电场强度可以击穿空气（一般为25～30kV/cm），开始游离放电，我们称之为"先导放电"。云对地的先导放电是云向地面跳跃式逐渐发展的，当到达地面时（地面上的建筑物、架空输电线等），便会产生由地面向云团的逆导主放电。在主放电阶段里，由于异性电荷的剧烈中和，会出现很大的雷电流（一般为几十千安至几百千安），并随之发生强烈的闪电和巨响，这就形成雷电。

7-7-2　雷电对水电站的危害由哪几种情况造成？

答： 雷电对水电站的危害，由以下三种情况造成。

（1）直击雷。即雷云向水电站的电气设备或建筑物直接放电，直击雷过电压将使电气设备的绝缘击穿，巨大的雷电流会造成建筑物的劈裂、倒塌和火灾。

（2）感应雷。它是由静电感应所致。在雷云临近水电站上空时，水电站建筑物和附近地面上将感应产生大量的电荷，如果此时建筑物接地不够良好，则积聚在它上面的感应电荷将与大地形成电位差，这个电位差叫感应过电压。如果它达到足够大数值，应会引起建筑物内部的电线、金属管道、大型金属设备放电，造成火灾、爆炸或人身事故。

（3）雷电侵入波。当输电线路遭到直击雷或感应雷及避雷线反击时，雷电荷将沿着输电线向电站流动，形成巨大的前沿很陡的电流，形成侵入波过电压，造成电站电气设备绝缘的损坏。

7-7-3　什么是过电压？

答： 在电力系统正常运行时，电气设备的绝缘处于电网的额定电压下，但是，由于雷击、操作、故障或参数配合不当等原因，电力系统中某些部分的电压可能升高，有时会大大超过正常状态下的数值，此种电压升高称为过电压。

电气设备的绝缘长期耐受着工作电压，同时还必须能够承受一定幅度的过电压，这样才能保证电力系统安全可靠地运行。研究各种过电压的起因，预测其幅值，并采取措施加以限制，是确定电力系统绝缘配合的前提，对于电气设备制造和电力系统运行都具有重要意义。

7-7-4　什么是大气过电压？它有什么特点？包括哪几类？

答： 大气过电压又称雷电过电压，由大气中的雷云对地面放电而引起的。大气过电压的持续时间约为几十微秒，具有脉冲的特性，它的幅值取决于雷电参数和防雷措施，与电网额定电压无直接关系。大气过电压分为直击雷过电压和感应雷过电压两种。直击雷过电压是雷闪直接击中电气设备导电部分时所出现的过电压。雷闪击中带电的导体，如架空输电线路导线，称为直接雷击。雷闪击中正常情况下处于接地状态的导体，如输电线路铁塔，使其电位升高以后又对带电的导体放电称为反击。直击雷过电压幅值可达上百万伏，会破坏电气设施绝缘，引起短路接地故障。感应雷过电压是雷闪击中电气设备附近地面，在放电过程中由于空间电磁场的急剧变化而使未直接遭受雷击的电气设备（包括二次设备、通信设备）上感应出的过电压。因此，架空输电线路需架设避雷线和接地装置等进行防护。

7-7-5　什么是内部过电压？它有什么特点？包括哪几类？

答： 由于电力系统中某些内部的原因引起的过电压称为内部过电压。它的幅值与电网额定电压有直接关系，通常用系统最大运行相电压幅值 U_{xg} 的倍数来表示。出现过电压的主要原因有：系统中断路器（开关）的操作、系统中的故障（如接地）以及系统中电感、电容在特定情况下的配合不当等。

内部过电压分为操作过电压和暂时过电压两大类,操作过电压是在电网从一种稳态向另一新稳态的过渡过程中产生的,其持续时间较短,而暂时过电压基本上与电路稳态相联系,其持续时间较长。

7-7-6 操作过电压有哪几种?它们产生的原因各是什么?

答:操作过电压主要有 4 种,它们产生的原因如下。

(1)切除空载线路时的过电压的根源是电弧重燃,重燃矛盾的两个方面是开关的灭弧能力和触头间的恢复电压。另一个影响过电压的重要因素是线路上的残余电压。

(2)空载线路的合闸过电压是由于在合闸瞬间的暂态过程中,回路中发生高频振荡过程而产生。

(3)在中性点绝缘的电网中发生单相金属接地将引起健全相的电压升高到线电压,如果单相通过不稳定的电弧接地,即接地点的电弧间歇性地熄灭和重燃,则在电网健全相和故障相上都会产生过电压,一般把这种过电压称为电弧接地过电压,它的产生实质上也是一个高频振荡的过程。

(4)切除空载变压器引起的过电压的原因是当空载变压器空载电流 i_0(电感电流)突然"切断"时,变压器绕组电感中的贮能 $\frac{1}{2}Li_0^2$ 就将全部转化为电能 $\frac{1}{2}CU^2$,它将对变压器等值电容充电,$L_T\frac{\mathrm{d}i}{\mathrm{d}t}$ 可能达到很高的数值,这就是切除空载变压器引起过电压的实质。截流过电压 $U=i_0\sqrt{L/C}$ 同样,切除电感负载如电动机、电抗器等时,有可能在初切除的电器和开关上出现过电压。

7-7-7 什么是雷暴日和雷暴小时?

答:雷暴日是每年中有雷电的日数,雷暴小时是每年中有雷电的小时数(即在 1 天或者 1h 内只要听到雷声就作为一个雷暴日或一个雷暴小时)。我国有关标准建议采用雷暴日作为计算单位。据统计,我国大部分地区雷暴小时与雷暴日的比值大约为 3。

全年平均雷暴日数为 40 的地区为中等雷电活动强度区,如长江流域和华北的某些地区;年平均雷暴日不超过 15 日的为少雷区,如西北地区;超过 40 日的为多雷区,如华南某些地区。

7-7-8 什么叫雷电的反击现象?如何消除反击现象?

答:雷电的反击现象通常指遭受直击雷的金属体(包括接闪器、接地引下线和接地体),在接闪瞬间与大地间存在着很高的电压,该电压对与大地连接的其他金属物品发生放电(又叫闪络)的现象叫反击。此外,当雷击到树上时,树木上的高电压与它附近的房屋、金属物品之间也会发生反击。要消除反击现象,通常采取两种措施:一是作等电位连接,用金属导体将两个金属导体连接起来,使其接闪时的电位相等;二是两者之间保持一定的距离。

7-7-9 水电站直击雷防护的基本原则是什么?

答:水电站直击雷防护的基本原则如下。

(1)所有被保护设备(电气设备、烟囱、冷却塔;水电站的水工建筑;易燃易爆装置等）均应处于避雷针（线）的保护范围之内，以免受到直接雷击。

（2）当雷击避雷针后，它对地电位可能很高，如它们与被保护设备之间的绝缘距离不够，就有可能在避雷针受雷击后，从避雷针至被保护设备发生放电，这种情况叫逆闪络或反击。此时仍能将高电位加至被保护设备，则会造成事故。所以要正确选择避雷针的位置和高度。

7-7-10 防护直击雷和雷电感应的措施有哪些？

答： 直击雷防护是保护建筑物本身不受雷电损害，以及减弱雷击时巨大的雷电流沿着建筑物泄入大地时对建筑物内部空间产生的各种影响。直击雷防护主要采用独立针［矮小建（构）筑物］。建筑物防直击雷措施应采用避雷针、带、网、引下线、均压环、等电位、接地体。

感应雷的防护措施是对雷云发生自闪、云际闪、云地闪时，在进入建筑物的各类金属管、线上所产生雷电脉冲起限制作用，从而保护建筑物内人员及各种电气设备的安全。采取的措施应根据各种设备的具体情况，除要有良好的接地和布线系统，安全距离外，还要按供电线路、电源线、信号线、通信线、馈线的情况安装相应避雷器以及采取屏蔽措施。

7-7-11 电气设备的绝缘水平一般是由什么决定的？

答： 在 220kV 以下的系统中，要求把大气过电压限制到比内部过电压还低是不经济的，因此，在这些系统中电气设备的绝缘水平主要由大气过电压决定，也就是说，对于 220kV 以下具有正常绝缘水平的电气设备而言，应能承受内部过电压的作用。

在超高压系统中，绝缘水平很高，在现有防雷措施下大气过电压一般不如内部过电压的危险大，因此系统绝缘水平主要由内部过电压决定。

7-7-12 避雷针的工作原理是什么？

答： 在雷雨天气，建筑物上空出现带电云层时，避雷针和建筑物顶部都被感应上大量电荷，由于避雷针针头是尖的，而静电感应时，导体尖端总是聚集了最多的电荷，这样，避雷针就聚集了大部分电荷。避雷针又与这些带电云层形成了一个电容器，由于它较尖，即这个电容器的两极板正对面积很小，电容也就很小，也就是说它所能容纳的电荷很少，而它又聚集了大部分电荷，所以，当云层上电荷较多时，避雷针与云层之间的空气就很容易被击穿，成为导体。这样，带电云层与避雷针形成通路，而避雷针又是接地的，避雷针就可以把云层上的电荷导入大地，使其不对建筑物构成危险，保证了它的安全。

7-7-13 什么是避雷器？

答： 避雷器是一种能释放过电压能量限制过电压幅值的保护设备。使用时将避雷器安装在被保护设备附近，与被保护设备并联。在正常情况下避雷器不导通（最多只流过微安级的泄漏电流）。当作用在避雷器上的电压达到避雷器的动作电压时，避雷器导通，通过大电流，释放过电压能量并将过电压限制在一定水平，以保护设备的绝缘。在释放过电压能量后，避雷器恢复到原状态。避雷器分为保护间隙、击穿熔断器、管式避雷器、阀式避雷器等多种型式。

7-7-14　避雷器的作用和分类各有哪些?

答:(1)避雷器是水电站保护设备免遭雷电冲击波袭击的设备。当沿线路传入水电站的雷电冲击波超过避雷器保护水平时,避雷器首先放电,并将雷电流经过良好导体安全地引入大地,利用接地装置使雷电压幅值限制在被保护设备雷电冲击水平以下,使电气设备受到保护。

(2)避雷器按其发展的先后可分为:①保护间隙。是最简单形式的避雷器。②管型避雷器。也是一个保护间隙,但它能在放电后自行灭弧。③阀型避雷器。是将单个放电间隙分成许多短的串联间隙,同时增加了非线性电阻,提高了保护性能。④磁吹避雷器。利用了磁吹式火花间隙,提高了灭弧能力,同时还具有限制内部过电压能力。⑤氧化锌避雷器。利用了氧化锌阀片理想的伏安特性(非线性极高,即在大电流时呈低电阻特性,限制了避雷器上的电压,在正常工频电压下呈高电阻特性),具有无间隙、无续流残压低等优点,也能限制内部过电压,被广泛使用。

7-7-15　安装避雷器有哪些要求?

答:①首先固定避雷器底座,然后由下而上逐级安装避雷器各单元(节)。②避雷器在出厂前已经过装配试验并合格,现场安装应严格按制造厂编号组装,不能互换,以免使特性改变。③带串、并联电阻的阀式避雷器,安装时应进行选配,使同相组合单元间的非线性系数互相接近,其差值应不大于0.04。④避雷器接触表面应擦拭干净,除去氧化膜及油漆,并涂一层电力复合脂。⑤避雷器应垂直安装,垂度偏差不大于2%,必要时可在法兰面间垫金属片予以校正。三相中心应在同一直线上,铭牌应位于易观察的同一侧,均压环应安装水平,最后用腻子将缝隙抹平并涂以油漆。⑥拉紧绝缘子串,使之紧固,同相各串的拉力应均衡,以免避雷器受到额外的拉应力。⑦放电计数器应密封良好,动作可靠,三相安装位置一致,便于观察。接地可靠,计数器指示恢复零位。⑧管型避雷器的排气通道应通畅,安装时应避免其排出气体,引起相间短路或对地闪络,并不得喷及其他设备。

7-7-16　管式避雷器的结构原理是什么?

答:管式避雷器实质上是一只具有较强灭弧能力的保护间隙,其基本元件为装在消弧管内的火花间隙F_1,在安装时再串接一只外火花间隙F_2(见图7-7-1)。内间隙由一棒极和一圆环形电极构成,消弧管的内层为产气管、外层为增大机械强度用的胶木管,产气管所用的材料是在电弧高温下能大量产生气体的纤维、塑料或特种橡胶。管式避雷器在过电压下动作时,内、外火花间隙均被击穿,限制了过电压的幅值,接着出现的工频续流电弧使产气管分解出大量气体,一时之间,管内气压可达数十、甚至上百个大气压,气体从环形电极的开口孔猛烈喷出,造成对弧柱的强烈纵吹,使其在工频续流1~3个周波内,在某一过零点时熄灭。

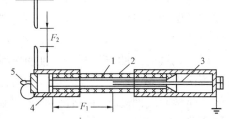

图 7-7-1　管式避雷器

1—产气管;2—胶木管;3—棒电极;

4—圆环形电极;5—动作指示器;

F_1—内火花间隙;F_2—外火花间隙

7-7-17 阀式避雷器的结构原理是什么?

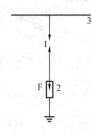

图 7-7-2 阀型避雷
器原理图
1—间隙;2—阀片
电阻;3—工作母线

答:阀式避雷器是用来保护发、变电设备的主要元件。阀型避雷器的基本元件为火花间隙和非线性电阻。间隙元件由多个统一规格的单个放电间隙串联而成。同样,非线性电阻元件也是由多个非线性阀片电阻盘串联而成。间隙与阀片电阻也相互串联,如图 7-7-2 所示。阀片的电阻值与流过的电流有关,电流越大,电阻越小;反之,电流越小,电阻越大。这种电阻称为"阀片"电阻,因此这种避雷器被称为"阀型避雷器"。

阀式避雷器按结构不同,又分为普通型和磁吹型两大类。普通型有 FS 型和 FZ 型;磁吹有 FCZ 型和 FCD 型。阀式避雷器保护性能好,广泛用于交、直流系统,保护发电、变电设备的绝缘。

7-7-18 氧化锌避雷器的工作原理是什么?

答:氧化锌避雷器是 20 世纪 70 年代发展起来的一种新型避雷器,它主要由氧化锌压敏电阻构成(见图 7-7-3)。每一块压敏电阻从制成时就有它的一定开关电压(叫压敏电压),在正常的工作电压下(即小于压敏电压)压敏电阻值很大,相当于绝缘状态,但在冲击电压作用下(大于压敏电压),压敏电阻呈低值被击穿,相当于短路状态。然而压敏电阻被击状态是可以恢复的;当高于压敏电压的电压撤销后,它又恢复了高阻状态。因此,在电力线上如安装氧化锌避雷器后,当雷击时,雷电波的高电压使压敏电阻击穿,雷电流通过压敏电阻流入大地,使电源线上的电压控制在安全范围内,从而保护了电气设备的安全。

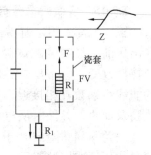

图 7-7-3 带并联间隙的
氧化锌避雷器原理图

7-7-19 氧化锌避雷器较其他避雷器有哪些优点?

答:与传统的有串联间隙的阀式避雷器相比,无间隙氧化锌避雷器具有一系列优点。

(1) 由于省去了串联火花间隙,所以结构大大简化、体积也可缩小很多。适合于大规模自动化生产,造价低廉。

(2) 保护特性优越。由于氧化锌阀片具有优异的非线性伏安特性,进一步降低其保护水平和被保护设备绝缘水平的潜力很大。其次,它没有火花间隙,一旦作用电压开始升高,阀片立即开始吸收过电压的能量,抑制过电压的发展。没有间隙的放电延时,因而有良好的陡波响应特性。

(3) 无续流、动作负载轻、能重复动作实施保护。氧化锌避雷器的续流仅为微安级,实际上可认为无续流。所以在雷电或内部过电压作用下,只需吸收过电压的能量,而不需要吸收续流能量,因而动作负载轻;再加上氧化锌阀片的通流容量远大于碳化硅阀片,所以氧化锌避雷器具有耐受多重雷击和重复发生的操作过电压的能力。

(4) 通流容量大,能制成重载避雷器。氧化锌避雷器的通流能力,完全不受串联间隙被灼伤的制约,仅与阀片本身的通流能力有关。

(5) 耐污性能好。由于没有串联间隙,因而可避免因瓷套表面不均匀污染使串联火花间隙放电电压不稳定的问题,即这种避雷器具有极强的耐污性能,有利于制造耐污型和带电清洗型避雷器。

7-7-20 避雷器特殊巡视项目有哪些?

答：避雷器在运行中应与配电装置同时进行巡视检查，雷电活动后，应增加特殊巡视。巡视检查项目如下：①瓷套是否完整；②导线与接地引线有无烧伤痕迹和断股现象；③水泥接合缝及涂刷的油漆是否完好；④10kV 避雷器上帽引线处密封是否严密，有无进水现象；⑤瓷套表面有无严重污秽；⑥动作记录器指示数有无变化，判断避雷器是否动作并做好记录。

7-7-21 避雷器在运行中爆炸的原因有哪些?

答：避雷器在运行中发生爆炸的事故是经常发生的，爆炸可能由系统的原因引起，也可能由避雷器本身的原因引起，主要有以下几点：①由于中性点不接地系统中发生单相接地，使非故障相对地电压升高到线电压，即使避雷器所承受的电压小于其工频放电电压，而在持续时间较长的过电压作用下，可能会引起爆炸。②由于电力系统发生铁磁谐振过电压，使避雷器放电，从而烧坏其内部元件而引起爆炸。③线路受雷击时，避雷器正常动作。由于本身火花间隙灭弧性能差，当间隙承受不住恢复电压而击穿时，使电弧重燃，工频续流将再度出现，重燃阀片烧坏电阻，引起避雷器爆炸；或由于避雷器阀片电阻不合格，残压虽然降低，但续流增大，间隙不能灭弧而引起爆炸。④由于避雷器密封垫圈与水泥接合处松动或有裂纹，密封不良而引起爆炸。

7-7-22 避雷器运行中内部受潮的原因有哪些?

答：避雷器内部受潮的征象是绝缘电阻低于 2500MΩ，工频放电电压下降。内部受潮的原因可能有：①顶部的紧固螺母松动，引起漏水或瓷套顶部密封用螺栓的垫圈未焊死，在密封垫圈老化开裂后，潮气和水分沿螺钉缝渗入内腔；②底部密封试验的小孔未焊牢、堵死；③瓷套破裂，有砂眼，裙边胶合处有裂缝等易于进入潮气及水分；④橡胶垫圈使用日久，老化变脆而开裂，失去密封作用；⑤底部压紧用的扇形铁片未塞紧，使底板松动，底部密封橡胶垫圈位置不正，造成空隙而渗入潮气；⑥瓷套与法兰胶合处不平整或瓷套有裂纹。

7-7-23 为什么切空载变压器会产生过电压? 一般采取什么措施来保护变压器?

答：变压器是一个很大的电感元件，运行时绕组中储藏电能，当切断空载变压器时，变压器中的电能将在断路器上产生一个过电压，在中性点直接接地电网中，断开 110～330kV 空载变压器时，其过电压倍数一般不超过 $3.0U_{xg}$，在中性点非直接接地的 35kV 电网中，一般不超过 $4.0U_{xg}$，此时应当在变压器高压侧与断路器间装设阀型避雷器，由于空载变压器绕组的磁能比阀型避雷器允许通过的能量要小得多，所以这种保护是可靠的，并且在非雷季节也不应退出。

7-7-24 氧化锌避雷器的试验项目、周期及标准各是什么?

答：金属氧化物避雷器的试验项目、周期和标准见表 7-7-1。

表 7-7-1 金属氧化物避雷器的试验项目、周期和要求

序号	项 目	周 期	要 求	说 明
1	绝缘电阻	发电厂、变电站避雷器每年雷雨季节前，或必要时	(1) 35kV 以上，不低于 2500MΩ； (2) 35kV 及以下，不低于 1000MΩ	采用 2500V 及以上绝缘电阻表

序号	项 目	周 期	要 求	说 明
2	直流 1mA 电压（U_{1mA}）及 0.75U_{1mA} 下的泄漏电流	发电厂、变电站避雷器每年雷雨季前，或必要时	（1）不得低于 GB 11032 规定值； （2）U_{1mA} 实测值与初始值或制造厂规定值比较，变化不应大于±5%； （3）0.75U_{1mA} 下的泄漏电流不应大于 50μA	（1）要记录试验时的环境温度和相对湿度； （2）测量电流的导线应使用屏蔽线； （3）初始值是指交接试验或投产试验时的测量值
3	运行电压下的交流泄漏电流	新投运的 110kV 及以上者投运 3 个月后测量 1 次；以后每半年测量 1 次；运行 1 年后，每年雷雨季节前测量 1 次，或必要时	测量运行电压下的全电流、阻性电流或功率损耗，测量值与初始值比较，有明显变化时应加强监测，当阻性电流增加 1 倍时，应停电检查	应记录测量时的环境温度、相对湿度和运行电压。测量宜在瓷套表面干燥时进行。应注意相间干扰的影响
4	工频参考电流下的工频参考电压	必要时	应符合 GB 11032 或制造厂规定	（1）测量环境温度 20℃±15℃； （2）测量应每节单独进行，整相避雷器有一节不合格，应更换该节避雷器（或整相更换），使该相避雷器为合格
5	底座绝缘电阻	发电厂、变电站避雷器每年雷雨季前，或必要时	自行规定	采用 2500V 及以上绝缘电阻表
6	检查放电计数器动作情况	发电厂、变电站避雷器每年雷雨季前，或必要时	测试 3～5 次，均应正常动作，测试后计数器指示应调到 "0"	

7-7-25 为什么 35kV 及以下的输电线路一般不全线架设避雷线？

答：主要是因为这些线路本身的绝缘水平较低，即使装上避雷线来截住直击雷，往往仍难以避免发生反击闪络，因而效果不好；另外，这些线路均属于中性点非有效接地系统，一相接地故障后果不像中性点有效接地系统中那样严重，因而主要依靠装设消弧线圈和自动重合闸来进行防雷保护。

7-7-26 输电线路的防雷措施有哪些？

答：输电线路的防雷措施有：①架设避雷线；②降低杆塔接地电阻；③加强线路绝缘；④架设耦合地线；⑤管式避雷器；⑥采用不平衡绝缘方式；⑦采用消弧线圈接地方式；⑧装设自动重合闸。

7-7-27 为什么在切除空载长线路时会产生过电压？如何限制？

答：断路器分闸后，断路器触头间可能会出现电弧的重燃，电弧重燃又会引起电磁暂态的过渡过程，从而产生这种切空载线路过电压。切除空载线路时，流过断路器的电流为线路的电容电流，其比起短路电流要小得多。但是能够切断巨大短路电流的断路器却不一定能够不重燃地切断空载线路，这是因为断路器分闸初期，触头间恢复电压值较高，断路器触头间抗电强度耐受不住高幅值恢复电压而引起电弧重燃。所以，产生这种过电压的根本原因是断路器开断空载线路时断路器触头间出现电弧重燃。

目前降低这种过电压的措施主要有：①提高断路器的灭弧能力，采用不重燃断路器；②采用带并联电阻的断路器；③利用避雷器来保护。

7-7-28　电磁式电压互感器引起谐振的主要原因是什么？限制措施有哪些？

答：在中性点不接地系统中，为了监视三相对地电压，在水电站、变电站母线上常接有 Y_0 接线的电磁式电压互感器。如图 7-7-4 所示，$L_1 = L_2 = L_3 = L$ 为电压互感器各相的励磁电感，E_1、E_2、E_3 为三相电源电动势，C_0 为各相导线对地电容。正常运行时，电压互感器的励磁阻抗是很大的，所以每相对地阻抗（L 和 C_0 并联后）呈容性，三相基本平衡，电网中性点 0 的位移电压很小。但当系统中出现某些扰动，使电压互感器各相电感的饱和程度不同时，就有可能出现较高的中性点位移电压，可能激发起谐振电压。

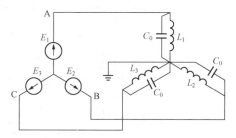

图 7-7-4　带有 Y_0 接线电压互感器
的三相回路的等值电路

限制和消除这种铁磁谐振过电压，可以采取以下措施：①选用励磁特性较好的电压互感器或改用电容式电压互感器；②在母线上加装一定的对地电容，从参数搭配上避开谐振；③采取临时的倒闸措施，如投入消弧线圈，将变压器中性点临时接地以及投入事先规定的某些线路或设备等；④在电磁式电压互感器的开口三角形中加阻尼电阻，阻值 $R \leqslant 0.4X_T$（X_T 为互感器在线电压下单相换算到辅助绕组的励磁电抗），或当中性点位移电压超过一定值时，以零序过电压继电器将电阻投入 1min，然后再自动切除。

7-7-29　什么是接地装置？其作用是什么？它有哪两大类？

答：所谓接地，就是把设备与电位参照点的地球作电气上的连接，使其对地保持一个低的电位差，其办法是在大地表面土层中埋设金属电极，这种埋入地中并直接与大地接触的金属导体，叫作接地体，有时也称接地装置。

防雷接地装置的主要作用是防雷保护中，能迅速将雷电流在大地中扩散泄导，以保持设备有一定的耐雷水平。防雷接地装置性能的好坏将直接影响被保护设备的耐雷水平和防雷保护的可靠性。

接地装置一般可分为人工接地装置和自然接地装置。人工接地装置有水平接地、垂直接地以及既有水平又有垂直的复合接地装置，水平接地一般是作为变电站和输电线路防雷接地的主要方式；垂直接地一般作为集中接地方式，如避雷针、避雷线的集中接地；在变电站和输电线路防雷接地中有时还采用复合接地装置。对钢筋混凝土杆、铁塔基础、发电站、变电站的构架基础等，我们称之为自然接地装置。

7-7-30　什么是接地电阻？什么是土壤电阻率 ρ？它们分别与哪些因素有关？

答：接地电阻是表征接地装置功能的一个最重要的电气参数。严格来说，接地电阻包括 4 个组成部分，即：接地引线的电阻、接地体本身的电阻、接地体与土壤间的过渡（接触）电阻和大地的溢流电阻。不过与最后的溢流电阻相比，前三种电阻要小得多，一般均忽略不计。接地电阻指电流通过接地装置流向大地受到大地的阻碍作用，它就是电力设备的接地体对接地体无穷远处的电压与接地电流之比，即：$R_e = U_j / I_e$，式中：R_e 为接地电阻，Ω；I_e 为接地电流，A；U_j 为接地体对接地体无穷远处的电压，V。影响接地电阻的主要因素有土壤电阻率、接地体的尺寸形状及埋入深度、接地体的连接等。

土壤电阻率是土壤的一种基本物理特性，是土壤在单位体积内的正方体相对两面间在一定电场作用下，对电流的导电性能。一般取 $1m^3$ 的正方体土壤电阻值为该土壤电阻率 ρ，单位为 $\Omega \cdot m$。土壤电阻率与土壤本身的性质、含水量、化学成分、季节等有关。一般来讲，我国南方地区土壤潮湿，土壤电阻率低一点，而北方地区，尤其是土壤干燥地区，土壤电阻率高一些。

7-7-31　对接地装置的接地电阻值有什么要求？

答：对接地装置的接地电阻值的要求是：①大电流接地系统。接地装置的接地电阻值在一年内任何时候都不应超过 0.5Ω。②小电流接地系统。接地装置的接地电阻值一般不宜超过 10Ω。③独立避雷针的接地电阻值一般不大于 25Ω。安装在架构上的避雷针，其接地电阻值一般不大于 10Ω。

7-7-32　接地网的电阻不合规定有何危害？

答：接地网是起着"工作接地"和"保护接地"两重作用。当其接地电阻过大时，则会产生以下危害：①发生接地故障时，使中性点电压偏移增大，可能使健全相和中性点电压过高，超过绝缘要求的水平；②在雷击或雷电波袭击时，由于电流很大，会产生很高的残压，使附近的设备遭受到反击的威胁，并降低接地网本身保护设备带电导体的耐雷水平，达不到设计的要求而损坏设备。

7-7-33　电气设备按接地的目的可分为哪几种形式？

答：电气设备按接地的目的可分为以下 4 类。

（1）工作接地。电力系统将电网某一点接地，其目的是稳定对地电位与继电保护上的需要。

（2）保护接地。为了保护人身安全，防止因电气设备绝缘劣化，外壳可能带电而危及工作人员安全。

（3）静电接地。在可燃物场所的金属物体，蓄有静电后，往往爆发火花，以致造成成火灾。因此要对这些金属物体（如贮油罐等）接地。

（4）防雷接地。导泄雷电流，以消除过电压对设备的危害。

7-7-34　什么是防雷接地？防雷接地装置包括哪几部分？

答：为把雷电流迅速导入大地以防止雷害为目的的接地叫防雷接地。防雷接地装置包括以下部分：①雷电接收装置。直接或间接接受雷电的金属杆，如避雷针、避雷带（网）、架空地线及避雷器等。②接地线（引下线）。雷电接收装置与接地装置连接用的金属导体。③接地装置、接地线和接地体的总和。

7-7-35 接地装置的正常巡视检查项目有哪些？

答：巡视检查的项目主要有：①设备的接地引下线有无损伤、断裂、锈蚀，连接处是否接触良好；②接地装置在引入建筑物的入口处要有明显的标志，明敷的接地引下线表面的涂漆标志是否完好；③用导通法定期检查接地引下线的通断情况；④定期测试接地电阻值是否合格。杆塔接地电阻测量，一般线段每5年一次，发电厂、变电站进出线段1～2km及特殊地点两年一次。测量应在土壤电阻率最高时进行。

7-7-36 电气装置中必须接地或接零的部分分别有哪些？

答：电气装置中必须接地或接零的部分有：①电动机、变压器、电器、携带式或移动用电器具等的金属底座和外壳；②电气设备的传动装置；③屋内外配装置的金属或钢筋混凝土构架以及靠近带电部分的金属遮栏和金属门；④配电、控制、保护用的屏（柜、箱）及操作台等的金属框架和底座；⑤交、直流电力电缆的接头盒、终端头和膨胀器的金属外壳和电缆的金属护层、可触及的电缆金属保护管和穿线的钢管；⑥电缆桥架、支架和井架；⑦装有避雷线的电力线路杆塔；⑧装在配电线路杆上的电力设备；⑨在非沥青地面的居民区内，无避雷线的小接地电流架空电力线路的金属杆塔和钢筋混凝土杆塔；⑩电除尘器的构架；⑪封闭母线的外壳及其他裸露的金属部分；⑫六氟化硫封闭式组合电器和箱式变电站的金属箱体；⑬电热设备的金属外壳；⑭控制电缆的金属护层。

7-7-37 接地体的敷设有什么规定？

答：接地体顶面埋设深度应符合设计规定，当无规定时，不宜小于0.6m。角钢及钢管接地体应垂直配置。除接地体外，接地体引出线的垂直部分和接地装置焊接部位应做防腐处理；在做防腐处理前，表面必须除锈并去掉焊接处残留的焊药。

7-7-38 变压器接地装置如何测试？

答：规程规定，100kVA及以上的变压器，接地电阻值不大于4Ω。100kVA以下的变压器，接电电阻值不大于10Ω。

当测试中，表计不稳定时，主要是由外界干扰所致，如附近有感应电、高压放电等都将会影响表计的摆动，这时，应改变测量位置或改变几种转速以免除外界干扰的影响。

当接地阻值偏高时：①检查表计接线是否正确，接触是否良好；②检查电位探针插入得是否合理；③电流极和电压极的布线尽量垂直于线路或接地体方向；④接地极的引线和接地极本体分别测试（将接地引下线从变压器低压N线端子拆下），对夹线处进行打磨，使其接触良好，很多阻值偏高均发生在此处，由于年久失修、气候变化等，造成接地极与上引线接触处腐蚀、氧化，阻值相差悬殊，起不到安全保护作用，在进行预试时，保证其良好接触。经以上检查后，阻值仍偏高，方可确定不合格，要及时处理或更换。

第八节 厂用电系统及动力与照明设备

7-8-1 什么是厂用电和厂用电系统？

答：水电站在电力生产过程中是完全机械化的，因此需要许多机械为发电厂的主要设备（水轮机、发电机）和辅助设备服务。这些机械称为发电厂自用机械。这些自用机械主要由电动机拖动。由此，我们将发电厂自用机械用电及全厂的照明、运行操作、试验、电热及通风等用电设备的用电统称为自用电，对水电站而言称为厂用电。供给厂用电的配电系统叫厂用电系统。

厂用电的总负载和单机容量都不大，通常均采用400V低压供电，其接线应力求简单清晰。但值得注意的是，部分厂用负载维系着电站的生产和安全，对供电的可靠性有相当的要求。如果较长时间中断供电，不仅电力生产难以继续，还可能威胁电站甚至枢纽建筑的安全。对这些关键性负载，无论在设计和运行中都应给予特别的关注。

7-8-2 水电站厂用电有什么特点？

答：(1) 水电站的厂用负载较小，厂用变压器的容量占电站总装机容量的比例很小。厂用变压器实际负载通常仅为其额定容量的15%～60%。最小负载与最大负载相差达5～7倍，设备容量的年利用小时数是很低的。

(2) 一般无大容量的厂用电动机，通常只需要380/220V电压供电。

(3) 水电站枢纽布置范围一般都比较大，需要供电的范围也较大。因此，厂用电电压的等级数不仅与电站容量有关，往往还取决于电站枢纽布置的型式。

(4) 水电站有50%～70%的厂用设备是不经常运行的，只有少数设备经常处于运行状态，且其中大部分设备所需要的负载是间歇性的。厂用负载的同时率及负载率很低。

(5) 水电站在电力系统中运行方式多变，机组启停频繁，特别是在枯水季节，夜间还可能经常全厂停机。

(6) 水电站运行的自动化水平较高，厂用设备运行的自动化水平也较高。

(7) 水电站大多位于山区农村，地区网络不够发达，为支援农业，还需考虑对附近农村供电，其供电方式宜与高压厂电一并加以考虑。

(8) 水电站建设周期较长，厂用电既能满足电站连续施工或分期建设的要求，又便于可靠、安全地进行用电管理。

7-8-3 厂用电负载是怎样分类的？

答：按照用电设备在厂用电中的作用和突然中断供电对厂用电造成的危害程度，厂用电可分为以下三类。

(1) 一类负载。凡短时停电（包括手动操作恢复电源，也认为是短时停电）会带来设备损坏，危及人身安全，造成主机停运，广泛影响出力的厂用电负载，如水泵、循环水泵、调速器、润滑油泵、空压机等都属于一类负载。这类负载都设有备用，且在短时停电（0.5s）内都不会自动断开，以便在电压恢复时实现自启动。

(2) 二类负载。允许中断供电时间十几分钟至几十分钟，超过时间会造成不良后果的负载为Ⅱ类负载。例如，厂房渗漏排水泵、径流式水电站的溢洪启闭机等，这些负载一般也需设置备用电源，但在因故失去工作电源时，可用人手切换备用电源，或进行紧急抢修抢送。

(3) 三类负载。凡几小时或较长时间停电不致直接影响生产的厂用负载，都属三类负载。如油处理室、机修车间、检修和试验电源、不重要场所的照明电源等。

7-8-4 对水电站厂用电系统的操作，一般有什么规定和要求？

答：厂用电系统的操作规定如下：①厂用电系统的倒闸操作和运行方式的改变，应有值长发令，并通知有关人员。②除紧急操作及事故处理外，一切正常操作均应按规定填写操作票，并严格执行操作监护及复诵制度。③厂用电系统的倒闸操作，一般应避免在高峰负载或交接班时进行。操作当中不应进行交接班。只有当操作全部终结或告一段落时，方可进行交接班。④新安装或进行过有可能变更相位作业的厂用电系统，在受电与并列切换前，应进行核相，检查相序、相位的正确性。⑤厂用电系统电源切换前，必须了解两侧电源系统的连接方式，若环网运行，应并列切换；若开环运行及事故情况下系统不清时，不得并列切换，防止非同期。⑥倒闸操作应考虑环并回路与变压器有无过载的可能，运行系统是否可靠及事故处理是否方便等。⑦厂用电系统送电操作时，应先合电源侧隔离开关，后合负载侧隔离开关；先合电源侧断路器，后合负载侧断路器。停电操作顺序与此相反。⑧断路器拉合操作中，应考虑继电保护和自动装置的投、切情况，并检查相应仪表变化，指示灯及有关信号，以验证断路器动作的正确性。

7-8-5 厂用母线送电的操作原则怎样?

答：厂用母线送电的操作原则如下：①检查厂用母线上所有检修工作全部终结，各部及所属设备均完好，符合运行条件；②将母线电压互感器投入运行，即投入电压互感器高、低熔丝及直流熔丝，合上电压互感器一次隔离开关；③检查母线工作电源断路器和备用电源断路器均断开，并将其置于热备状态；④合上母线工作电源断路器（或合上母线备用电源断路器），检查母线电压正常；⑤投入相应母线备用电源自投装置（由备用电源供电时，此项不执行）。

7-8-6 厂用母线停电的操作原则怎样?

答：厂用母线停电的操作原则如下。
（1）检查厂用母线所属负载均已断开。
（2）断开厂用母线备用电源自投装置。
（3）拉开厂用母线工作电源断路器（操作此项时，应考虑有关保护投、断问题）。
（4）将厂用母线工作电源和备用电源断路器置于检修状态。
（5）拉开厂用母线电压互感器隔离开关，并取下其高、低压熔丝及其直流熔丝。

7-8-7 正常运行中，厂用电系统应进行哪些检查?

答：厂用电系统运行中应进行的检查是：①值班人员应严格监视各厂用母线电压及各厂用变压器和母线各分支电流均正常，不得超过其铭牌额定技术规范；②各断路器、隔离开关等设备的状态符合运行方式要求；③定期检查绝缘监视装置、环量三相对地电压，了解系统的运行状况。

7-8-8 高压厂用电系统发生单相接地时有没有什么危害?

答：高压厂用电系统一般属于中性点不接地系统，当发生单相接地时，接地点的接地电流是两个非故障相对地电容电流的相量和，而且这个接地电流在设计时是不准超过规定的，因此，发生单相接地时的接地电流对系统的正常运行基本上不产生任何影响。

当发生单相接地时，系统线电压的大小和相位差仍维持不变。从而接在线电压上的电气设备的工作，并不因为某一相接地而受到破坏。同时，这种系统中相对地的绝缘水平是根据线电压设计的，虽然无故障相对地电压升高到线电压，对设备的绝缘并不构成危险，但发生接地后也必须迅速查出故障点，以免绝缘薄弱处第二相接地，引起短路，扩大事故。

7-8-9　为什么中性点不接地的高压厂用系统发生单相接地运行不允许超过两个小时？

答：主要是从以下几点考虑。

（1）电压互感器不符合制造标准不允许长期接地运行。根据电压互感器制造标准中"供中性点不接地系统中使用的电压互感器，应能承受 1.9 倍额定电压 8h 而无损伤"的规定，电压互感器每相绕组是能承受线电压且在 8h 之内无问题的。但是，有些无型号的电压互感器是按承受线电压 2h 来设计的，同时，即使是按新标准设计的，也存在着制造质量不符合标准的问题，因此，从电压互感器的安全考虑，应该规定一个承受线电压的时间，因为系统发生单相接地时，电压互感器无故障相的绕组承受线电压，故也可以说从电压互感器的安全考虑，应该规定一个允许一点接地的运行时间。值得指出的是，大量新制造的电压互感器是符合制造标准的，只要接地运行在 8h 之内，对电压互感器本身不会产生威胁。

（2）如果同时发生两相接地将造成相间短路。如果单相接地长期运行，可能引起非故障相绝缘薄弱的地方损坏，造成相间短路，造成事故扩大，这是不允许的。

（3）查找故障点，启动备用机组安排负载，运行人员及调度也需要一定的时间。

鉴于以上原因，必须对单相接地运行时间有个限制。可以考虑装有无型号或不符合新规定的电压互感器的系统，其接地运行时间必须限制在电压互感器允许承受 1.9 倍电压的时间内，这个时间一般为 2h；对于符合制造标准的电压互感器系统，接地运行时间一般可放宽一点，或限制在 8h 之内。至于大多数发电厂仍遵守接地时间不超过 2h 的规定，是执行部颁电气事故处理规程历年延续的结果，是否需要改变，需要电力部来明确。

7-8-10　什么叫备用电源自投装置？对其有何要求？

答：备用电源自投装置就是当工作电源因故障断开之后，能自动而迅速地将备用电源投入工作，从而使用户不至于被停电的一种装置。简称为"BZT"装置。对其要求如下：①装置的启动部分应能反映工作母线失去电压的状态；②工作电源断开后，备用电源才能投入；③备用电源自动投入装置只应动作一次；④备用电源自动投入装置的动作时间以使负载的停电时间尽可能短为原则；⑤电压互感器二次侧的熔断器熔断时，备用电源自动投入装置不应动作；⑥当备用电源无电压时，备用电源自动投入装置不应动作。

7-8-11　厂用母线由工作电源倒换至备用电源供电的操作原则是什么？

答：倒换操作的原则如下：①检查工作厂用变压器与备用厂用变压器高压侧属同一电源，变压器分头基本一致；②检查备用厂用变压器处于热备用状态；③合上备用厂用变压器断路器，其充电正常；④调整厂用工作母线电压与厂用备用母线电压基本一致；⑤合上厂用母线备用电源断路器，检查确已合上；⑥拉开厂用母线工作电源断路器，检查确已断开；⑦断开厂用电母线备用电源自投装置。

7-8-12　厂用母线由备用电源倒换至工作电源供电的操作原则是什么？

答：倒换原则如下：①检查厂用母线工作电源断路器一切正常，并将其置于热备用状态；②检查工作电源与备用电源为同一电源；③检查工作厂用变压器运行正常；④合上厂用母线工作电源断路器，检查确已合上；⑤投入厂用母线备用电源自投装置；⑥拉开厂用母线备用电源断路器，检查确已合上；⑦拉开备用厂用变压器断路器，检查确已断开。

7-8-13　高压厂用电系统发生单相接地时应如何处理？

答：高压厂用电系统发生单相接地时，应按下列方法处理：①根据相应母线段接地信号的发出，切换母线绝缘监视电压表，判断接地性质和组别。②询问相关专业是否启、停接于该母线上的动力负载，有无异常情况。③改变运行方式，倒换低压厂变至低压备变，检查高压母线接地信号是否消失；倒换高压厂变至高压备变，检查高压母线接地信号是否消失。④检查母线及所属设备一次回路有无异常情况。⑤停用母线电压互感器，检查其高压、低压熔丝，击穿熔断器及其一次回路是否完好。停用电压互感器时，须先撤出该段母线"备用电源自投"装置、低电压等有关保护。⑥如经以上检查处理仍无效，可汇报值班长，联系机、炉专业，倒换和拉开母线上的动力负载。⑦高压母线发生单相接地时，该段上的高压电动机跳闸，禁止强送。⑧高压厂用电系统单相接地点的查找，应迅速并做好相应的事故预想。高压厂用电系统单相接地运行时间，最长不得超过 2h。

7-8-14　厂用电源事故处理的原则是什么？

答：发电厂厂用电源中断，将会引起停机甚至全厂停电事故。因此，厂用电源发生事故一般应按下列原则进行处理。

（1）当厂用工作电源因故跳闸，备用电源自动投入时，值班人员应检查厂用母线的电压是否已恢复正常，并应将断路器的操作开关闪光复归至相对应位置，检查继电保护的动作情况，判明并找出故障原因。

（2）当工作电源跳闸，备用电源未自动投入时，值班人员可不经任何检查，立即强送备用电源一次。

（3）备用电源自动投入装置因故停用中，备用电源仍处于热备用状态，当厂用工作电源因故跳闸，值班人员可不经任何检查，立即强送备用电源一次。

（4）厂用电无备用电源时，当厂用电源因故跳闸而由继电保护装置动作情况判明并非厂用电源内部故障，则应立即强送此电源一次。

（5）当备用电源投入又跳闸或无备用电源强投工作电源后又跳闸，不能再次强送电，这证明故障可能在母线上或因用电设备故障而越级跳闸。

（6）询问相关专业有无拉不开或故障没跳闸的设备。

（7）将母线上的负载全部停用，对母线进行外观检查。

（8）母线短时间内不能恢复送电时，应通知相关专业启动备用设备，转移负载。

（9）检查发现厂用母线有明显故障，对于具有两段母线的系统应停用故障段母线，加强对正常段母线的监视防止过载；对于单母线两半段用刀闸双跨的低压系统，应拉开双跨刀闸其中的一组，停用故障的半段母线，恢复正常半段母线的运行。

（10）有些母线故障可能影响某些厂用重要负载造成被迫将发电机与系统解列事故，此时发电机按紧急事故停机处理，待母线故障消除后重新将发电机并列。

（11）母线故障造成被迫停机时，应设法保证安全停机电源的供电，以保证发电机及机组大轴和轴瓦的安全。

7-8-15　绝缘材料的耐温能力是怎样划分的？

答： 我国现分为 6 级，即 A、E、B、F、H、C。

（1）A 级绝缘材料最大允许工作温度为 105℃。

（2）E 级绝缘材料最大允许工作温度为 120℃。

（3）B 级绝缘材料最大允许工作温度为 130℃。

（4）F 级绝缘材料最大允许工作温度为 155℃。

（5）H 级绝缘材料最大允许工作温度为 180℃。

（6）C 级绝缘材料最大允许工作温度为 180℃以上。

7-8-16　简述感应电动机的构造和工作原理。

答： 感应电动机的工作原理是这样的，当三相定子绕组通过三相对称的交流电电流时，产生一个旋转磁场，这个旋转磁场在定子内腔转动，其磁力线切割转子上的导线，在转子导线中感应起电流。由于定子磁场与转子电流相互作用力产生电磁力矩，于是，定子旋转磁场就拖着具有载流导线的转子转动起来。

7-8-17　感应电动机启动时为什么电流大？而启动后电流会变小？

答： 当感应电动机处在停止状态时，从电磁的角度看，就像变压器，接到电源上的定子绕组相当于变压器的一次绕组，成闭路的转子绕组相当于变压器被短路的二次绕组；定子绕组和转子绕组间无电的联系，只有磁的联系，磁通经定子、气隙、转子铁芯成闭路。当合闸瞬间，转子因惯性还未转起来，旋转磁场以最大的切割速度——同步转速切割转子绕组，使转子绕组感应起可能达到的最高的电动势，因而，在转子导体中流过很大的电流，这个电流产生抵消定子磁场的磁能，就像变压器二次磁通要抵消一次磁通的作用一样。定子方面为了维护与该时电源电压相适应的原有磁通，遂自动增加电流。因为此时转子的电流很大，故定子电流也增加很大，甚至高达额定电流的 4～7 倍，这就是启动电流大的缘由。

启动后为什么小：随着电动机转速增高，定子磁场切割转子导体的速度减小，转子导体中感应电动势减小，转子导体中的电流也减小，于是定子电流中用来抵消转子电流所产生的磁通的影响的那部分电流也减小，所以定子电流就从大到小，直到正常。

7-8-18　启动电流大有无危险？为什么有的感应电动机需用启动设备？

答： 一般来说，由于启动过程不长，短时间流过大电流，发热不太厉害，电动机是能承受的，但如果正常启动条件被破坏，如规定轻载启动的电动机作重载启动，不能正常升速，或电压低时，电动机长时间达不到额定转速，以及电动机连续多次启动，都将有可能使电动机绕组过热而烧毁。

电动机启动电流大对并在同一电源母线上的其他用电设备是有影响的。这是因为供给电动机大的启动电流，供电线路电压降很大，致使电动机所接母线电压大大降低，影响其他用电设备的正常运行，如电灯不亮，其他电动机启动不起来，电磁铁自动释放等。

就感应电动机本身来说，都容许直接启动，即可加额定电压启动。由于电动机的容量和其所接的电源容量大小不相配合，感应电动机有可能在启动时因线端电压降得太低、启动力矩不够而启动不起来。为了解决这个问题和减少对其他同母线用电设备的影响，有的容量较大的电动机必须采用启动设备，以限制启动电流及其影响。

需不需要启动设备，关键在于电源容量和电动机容量大小的比较。水电站或电网容量越大，允许直接启动的单台电动机容量也越大。所以现在新建的中、大型电厂，除绕线式外的感应电动机几乎全部采用直接启动，只有老的和小的电厂中，还可见到各种启动设备启动的电动机。

对于鼠笼电动机，采用启动设备的目的不外乎为了降低启动电压，从而达到降低启动电流的结果。而根据降压方法不同，启动方法：①Y/△转换启动法。正常运行时定子绕组接成△的电动机，在启动时接成Y，待启动后又改成△接法。②用自耦变压器启动法。适合于低压电动机。③用电抗器启动法。适合高、低压电动机。④延边三角启动法。适合于有9个接线头的低压电动机。

7-8-19 电动机三相绕组一相首尾接反，启动时有什么现象？怎样查找？

答： 电动机三相绕组一相绕组首尾接反，则在启动时：

（1）启动困难。三相组其中一相接反，电动机内部各相绕组所产生的磁场相互关系起了变化。即互感起了变化，破坏了磁的对称性，使各绕组感抗变得不一样，这样按对称分量法，可以把电流、电压分解成正序、负序、零序分量。正序电流产生正序旋转磁场；负序电流产生负序旋转磁场。两者方向相反，因而在转子上的力矩也相反，启动困难。

（2）一相电流大。由于一相反接，各相绕组三相间的互感起了变化。对绕组首尾颠倒的那一相，当三相通电时，正常情况下其他两相的磁通通过该相，与该相本身电流产生的磁通方向相同的比较多。现在却是方向相反的比较多，这样，就总的来说相当于该相绕组流过单位电流产生的磁通少了。为了维持原有磁通量，该相电流就应较大。

（3）可能产生振动引起声音很大。

一般查找的方法是：①仔细检查三相绕组首、尾标志；②检查三相绕组的极性次序，如果不是N、S交错分布，即表示有一相绕组反接。

7-8-20 感应电动机定子绕组一相断线为什么启动不起来？有什么现象？

答： 三相星形接线的定子绕组，一相断线时，电动机就处于只有两相线圈接电源的线电压上，组成串联回路，流过同一电流，实际上成为单相运行。而单相运行，所产生的磁场，不是旋转磁场，而是脉动磁场。

单相运行时将有以下现象：原来停着的电动机启动不起来，且"唔唔"作响，用手拨一下转子轴，也许能慢慢转动。原来转动着的电动机转速变慢，电流增大，电动机发热，甚至烧毁。

7-8-21 感应电动机定子绕组运行中单相接地有哪些异常现象？

答： 对于380V低压电动机，接在中性点接地系统中，发生单相接地时，接地相的电流显著增大，电动机发生振动并发出不正常的响声，电动机发热，可能一开始就使该相的熔断器熔断，也可能使绕组因过热而损坏。

7-8-22 频率变动对感应电动机运行有什么影响？

答： 频率的偏差超过额定电流的±1%时，电动机的运行情况将会恶化，影响电动机的正常运行。电动机运行电压不变时，磁通与频率成反比，因此频率的变化将影响电动机的磁通。电动机的启动力矩与频率的立方成反比，最大力矩与频率的平方成反比，所以频率的变动对电动机力矩也是有影响的。频率的变化还将影响电动机的转速、出力等。频率升高，定子电流通常是增大的，在电压降低的情况下，频率降低，电动机吸取的无功功率要减小。由于频率的改变，还会影响电动机的正常运行，使其发热。

7-8-23 感应电动机在什么情况下会过电压？

答： 运行中的感应电动机，在开关断闸的瞬间，容易发生电感性负载的操作过电压，有些情况，合闸时也能产生操作过电压。电压超过 3000V 的绕线式电动机，如果转子开路，则在启动时合闸瞬间，磁通突变，也会产生过电压。

7-8-24 电压变动对感应电动机的运行有什么影响？

答： 下面分别说明电压偏离额定值时，对电动机运行的影响。为了简单起见，在讨论电压变化时，假定电源的频率不变，电动机的负载力矩也不变。

（1）对磁通的影响。电动机铁芯中磁通的大小决定于电动势的大小。而在忽略定子绕组漏阻抗压降的前提下，电动势就等于电动机的电压。由于电动势和磁通成正比地变化，所以，电压升高，磁通成正比地增大；电压降低，磁通成正比地减小。

（2）对力矩的影响。无论是启动力矩、运行时的力矩或最大力矩，都与电压的平方成正比。电压越低，力矩越小。由于电压降低，启动力矩减小，会使启动时间增长，如当电压降低 20% 时，启动时间将增加 3.75 倍。需要注意的是，当电压降低到某一数值时，电动机的最大力矩小于阻力力矩，于是电动机会停转。而在某些情况下（如负载是水泵，有水压情况下），电动机还会发生倒转。

（3）对转速的影响。电压的变化对转速的影响较小。但总的趋向是电压降低，转速也降低，因为电压降低使电磁力矩减小。例如，对于具有额定转差为 2% 而最大力矩为两倍额定力矩的电动机，当电压降低 20% 时，转速仅减小 1.6%。

（4）对出力的影响。出力即机轴输出功率。它与电压的关系与转速对电压的关系相似，电压变化对出力影响不大，但随电压的降低出力也降低。

（5）对定子电流的影响。定子电流为空载电流与负载电流的相量和。其中，负载电流实际上是与转子电流相对应的。负载电流的变化趋势与电压的变化趋势相反，即电压升高，负载电流减小，电压降低，负载电流增加。而空载电流（或叫励磁电流）的变化趋势与电压的变化相同，即电压增高，空载电流也增大，这是因为空载电流随磁通的增大而增大。当电压降低时，电磁力矩降低，转差增大，转子电流和定子中负载电流都增大，而空载电流减小。通常前者占优势，故当电压降低时，定子电流通常是增大的。

当电压升高时，电磁力矩增大，转差减小，负载电流减小，而空载电流增大。但这里分两种情况：当电压偏离额定值不大，磁通还增大得不多的时候，铁芯未饱和，空载电流的增加是与电压成比例的，此时负载电流减小占优势，定子电流是减小的；当电压偏离额定值较大，磁通增大得很多时，由于铁芯饱和，空载电流上升得很快，以致它的增大占了优势，此时定子电流增加。所以，当电压增大时，定子电流开始略有减小，而后上升，此时，功率因数变坏。

（6）对吸取无功功率的影响。电动机吸取的无功功率，一是漏磁无功功率，二是磁化无功功率，前者建立漏磁场，后者建立定、转子之间实现电磁能量转换用的主磁场。漏磁无功功率与电压的平方成反比地变化，而磁化功率与电压的平方成正比地变化。但由于铁芯饱和的影响，磁化功率可能不与电压的平方成正比地变化。所以，电压降低时，从系统吸取的总的无功功率变化不大，还有可能减小。

（7）对效率的影响。若电压降低，机械损耗实际上不变，铁耗差不多与电压平方成正比减少；转子绕组的损耗和转子电流平方成正比增加；定子绕组的损耗决定于定子电流的增加还是减少，而定子电流又决定于负载电流和空载电流间的相互关系。总的来说，电动机在负载小时（≤40%），效率增加一些，然后开始很快地下降。

（8）对发热的影响。在电压变化范围不大的情况下，由于电压降低，定子电流升高；电压升高，定子电流降低。在一定的范围内，铁耗和铜耗可以相互补偿，温度保持在容许范围内。因此，当电压在额定值±5%范围内变化时，电动机的容量仍可保持不变。但当电压降低超过额定值的5%时，就要限制电动机的出力，否则定子绕组可能过热，因为此时定子电流可能已升到比较高的数值。当电压升高超过10%时，由于磁通密度增加，铁耗增加，又由于定子电流增加，铜耗也增加，故定子绕组温度将超过允许值。

7-8-25　为什么规定电压对电动机偏高的范围和偏低的范围不一样？

答：规程规定电动机的运行电压可以偏离额定值−5%或+10%而不改变其额定出力，为什么规定偏高的范围和偏低的范围不一样。概括起来说，原因有以下两点。

（1）电压偏高运行对电动机来说比电压偏低运行所处条件要好，造成不利的影响少。电压偏低时，定子、转子电流都增加而使损耗增加，同时转速降低又使冷却条件变坏，这样会使电动机温升增高，此外，由于力矩减小，又使启动和自启动条件变坏。诚然，电压增高由于磁通增多使铁耗增加，升高一点温度对定子绕组温度是有影响的。可是，由于定子电流降低又使定子绕组温度降低一点，据分析，铁芯温度升高对定子绕组温度升高的影响要比定子电流减小引起的温降小一些，因此，总的趋向是使温度降低一些。至于铁芯本身温度升高一点，无关紧要，对电动机没有什么危害。电压升高引起力矩的增加，则极大地改善了启动和自启动的条件。至于从绝缘的角度来说，提高10%的电压，不会有什么危险，因绝缘的电气强度都有一定的余度。

（2）采用电压偏离范围较大的规定，对运行来说，比较易于满足要求，可能因此就可避免采用有载调压的厂用变压器。不然，范围规定得小，即使设计上不采用有载调压厂用变压器，也得要求运行人员频繁地调整发电机电压或主变压器的分接头。

7-8-26　电动机低电压保护起什么作用？

答：当电动机的供电母线电压短时降低或短时中断又恢复时，为了防止电动机启动时使电源电压严重降低，通常在次要电动机上装设低电压保护，当供电母线电压降到一定值时，低电压保护动作将次要电动机切除，使得母线电压迅速恢复，以保证重要电动机的自启动。

7-8-27　感应电动机启动不起来可能是什么原因？

答：主要原因有以下几种：①电源方面。无电：操作回路断线，或电源开关未合上；一相或两相断电；电压过低。②电动机本身。绕组开路；定子绕组开路；定、转子绕组有短路故障。定、转子相擦。③负载方面。负载带得太重；机械部分卡涩。

7-8-28　感应式电动机的振动和噪声是由什么原因引起的?

答:电动机正常运行的声音由两方面引起:铁芯硅钢片通过交变磁通后因电磁力的作用发生振动,以及转子的鼓风作用。这些声音是均匀的。如果发生异常的噪声和振动,可能由以下原因引起。

(1)电磁方面的原因。①接线错误,如一相绕组反接、各并联电路的绕组有匝数不等的情况;②绕组短路;③多路绕组中个别支路断路;④转子断条;⑤铁芯硅钢片松弛;⑥电源电压不对称;⑦磁路不对称。

(2)机械方面原因。①基础固定不牢;②电动机和被拖带机械中心不正;③转子偏心或定子槽楔凸出使定、转子相摩擦(电动机扫膛);④轴承缺油、滚动轴承钢珠损坏、轴承和轴承套摩擦、轴瓦座位移;⑤转子风扇损坏或平衡破坏;⑥所带机械不正常振动引起电动机振动。

7-8-29　鼠笼式感应电动机运行时转子断条对其有什么影响?

答:鼠笼式电动机常因铸铝质量较差或铜笼焊接质量不佳发生转子断条故障。断条后,电动机的电磁力矩降低而造成转速下降,定子电流时大时小,因为断条破坏了结构的对称性,同时破坏了电磁的对称性,使与转子有相对运动的定子磁场,从转子的表面不同部位穿入磁通时,转子的反应不一样,因而造成定子电流时大时小。同时断条也会使机身发生振动,这是因为沿整个定子内膛周围的磁拉力不均匀引起的,周期性的嗡嗡声,也因此产生。

7-8-30　运行中的电动机遇到哪些情况时应立即停止运行?

答:电动机在运行中发生下列情况之一者,应立即停止运行。

(1)遇有危及人身安全的机械、电气事故。

(2)电动机或其启动、调节装置冒烟起火并燃烧,或一相断线运行。

(3)电动机所带动的机械损坏至危险程度时。

(4)电动机发生强烈振动和轴向窜动或静、转子摩擦。

(5)电动机强烈振动及轴承温度迅速升高或超过允许值。

(6)电动机受水淹或电源电缆、接线盒内有明显的短路或损坏的危险时。

7-8-31　运行中的电动机,声音突然变化,电流值上升或低至零,其可能原因有哪些?

答:可能原因如下:①定子回路中一相断线;②系统电压下降;③匝间短路;④鼠笼式转子绕组端环有裂纹或与铜(铝)条接触不良;⑤电动机转子铁芯损坏或松动,转轴弯曲或开裂;⑥电动机某些零件(如轴承端盖等)松弛或电动机底座和基础的连接不紧固;⑦电动机定、转子空气间隙不均匀超过规定值。

7-8-32　电动机启动时,合闸后发生什么情况时必须停止其运行?

答:①电动机电流表指向最大超过返回时间而未返回时;②电动机未转而发生嗡嗡响声或达不到正常转速;③电动机所带机械严重损坏;④电动机发生强烈振动超过允许值;⑤电动机启动装置起火、冒烟;⑥电动机回路发生人身事故;⑦启动时,电动机内部冒烟或出现火花时。

7-8-33　电动机正常运行中的检查项目有哪些？

答：检查项目主要有：①音响正常，无焦味；②电动机电压、电流在允许范围内，振动值小于允许值，各部温度正常；③电缆头及接地线良好；④绕线式电动机及直流电动机电刷、整流子无过热、过短、烧损，调整电阻表面温度不超过 60℃；⑤油色、油位正常；⑥冷却装置运行良好，出入口风温差不大于 25℃，最大不超过 30℃。

7-8-34　怎样改变三相电动机的旋转方向？

答：电动机转子的旋转方向是由定子建立的旋转磁场的旋转方向决定的，而旋转磁场的方向与三相电流的相序有关。这样改变了电流相序即改变旋转磁场的方向，也即改变了电动机的旋转方向。

7-8-35　电动机绝缘电阻值是怎样规定的？

答：（1）6kV电动机应使用 1000～2500V 绝缘电阻表测绝缘电阻，其值不应低于 6MΩ。

（2）380V 电动机使用 500V 绝缘电阻表测量绝缘电阻，其值不应低于 0.5MΩ。

（3）容量为 500kW 以上的电动机吸收比 $R_{60''}/R_{15''}$ 不得小于 1.3，且与前次相同条件比较，不低于前次测得值的 1/2，低于此值应汇报有关领导。

（4）电动机停用超过 7d 以上时，启动前应测绝缘，备用电动机每月测绝缘一次。

（5）电动机发生淋水进汽等异常情况时启动前必须测定绝缘。

7-8-36　在什么情况下可先启动备用电动机，然后再停止故障电动机？

答：遇有下列情况，对于重要的厂用电动机可事先启动备用电动机，然后停止故障电动机：①电动机内发出不正常的声音或绝缘有烧焦的气味；②电动机内或启动调节装置内出现火花或烟气；③静子电流超过运行的数值；④出现强烈的振动；⑤轴承温度出现不允许的升高。

7-8-37　什么叫异步？什么叫异步电动机的转差率？什么叫电腐蚀？

答：异步电动机转子的转速必须小于定子旋转磁场的转速，两个转速不能同步，故称"异步"。

异步电动机的同步转速与转子转速之差叫转差，转差与同步转速的比值的百分值叫异步电动机的转差率。

高压电动机定子线棒槽内部分绝缘的表面，包括防晕层的内、外表面，常有一种蚀伤现象，轻则变色，重则防电晕层变酥，主绝缘出现麻坑，这种现象称为"电腐蚀"。

7-8-38　异步电动机空载电流的大小与什么因素有关？什么原因会造成空载电流过大？

答：主要与电源电压的高低有关。因为电源电压高，铁芯中的磁通增多，磁阻将增大。当电源电压高到一定值时，铁芯中的磁阻急剧增加，绕组感抗急剧下降，这时电源电压稍有增加，将导致空载电流增加很多。

造成异步电动机空载电流过大的原因主要有以下几种：①电源电压太高。这是因为电动机铁芯饱和使空载电流过大。②装配不当或空气隙过大。③定子绕组匝数不够或星形接线误接成三角形接线。④硅钢片腐蚀或老化，使磁场强度减弱或片间绝缘损坏。

7-8-39　什么原因会造成三相异步电动机的单相运行？单相运行时现象如何？

答：原因：三相异步电动机在运行中，如果有一相熔断器烧坏或接触不良，隔离开关、断路器、电缆头及导线一相接触松动以及定子绕组一相断线，均会造成电动机单相运行。

现象：电动机在单相运行时，电流表指示上升或为零（如正好安装电流表的一相断线时，电流指示为零），转速下降，声音异常，振动增大，电动机温度升高，时间长了可能烧毁电动机。

7-8-40　高压厂用电动机综合保护具有哪些功能？

答：电动机（变压器）厂用综合保护，装置采用先进的软硬件技术开发的单片机保护技术，一般采用两相三元件方式，B相由软件产生，一般具备以下功能：①速断保护；②过电流保护；③过载保护；④负序电流保护；⑤零序电流保护；⑥热过载保护。

7-8-41　高压厂用电动机一般装设哪些保护？保护是如何配置的？

答：对于1000V及以上的厂用电动机应装设由继电器构成的相间短路保护装置，通常采用无时限的速断保护，并且一般用两相式，动作于跳闸。容量2000kW及以上的电动机或2000kW以下中性点具有分相引出线的电动机，当电流速断保护灵敏系数不够时，应装设差动保护。当电动机装设差动保护或速断保护时，宜装设过电流保护，作为差动保护或速断保护的后备保护。对于运行中易发生过载的电动机或启动、自启动条件较差而使启动、自启动时间过长的电动机应装设过载保护。低电压保护主要是当电源电压短时降低或中断后的恢复过程中，为了保证主要电动机的自启动，通常应将一部分不重要的电动机利用低电压保护装置将其切除。另外，对于某些负载根据生产过程和技术安全等要求不允许自启动的电动机也利用低电压保护将其切除。

7-8-42　低压厂用电动机一般装设哪些保护？

答：对于1000V以下小于75kW的低压厂用电动机，广泛采用熔断器或低压断路器本身的脱扣器作为相间短路保护。低压厂用电系统中性点为直接接地时，当相间短路保护能满足单相接地短路的灵敏系数时，可由相间短路保护兼作接地短路保护。当不能满足时，应另外装设接地保护。保护装置一般由一个接于零序电流互感器上的电流继电器构成，瞬时动作于断路器跳闸。对易于过载的电动机应装设过载保护。保护装置可根据负载的特点动作于信号或跳闸。电动机操作电器为磁力启动器或接触器的供电回路，其过载保护由热继电器构成。由自动开关组成的回路，当装设单独的继电保护时，可采用反时限电流继电器作为过载保护。但电动机型自动开关也可采用本身的热脱扣器作为过载保护。操作电器为磁力启动器或接触器的供电回路，由于磁力启动器或接触器的保持线圈在低电压时能自动释放，所以不需另设低电压保护。

7-8-43　常见电动机故障和不正常工作状态有哪些？

答：在水电站厂用电动机中，定子绕组的相间短路是电动机最严重的故障，这种故障产生的短路电流，会引起电动机绝缘的严重损坏，同时使供电网络电压显著降低，破坏其他用电设备的正常工作。因此必须装设相间短路保护，无时限地切除故障电动机。

电动机的故障还有单相接地故障以及一相绕组的匝间短路。单相接地对电动机的危害程度取决于供电网络中性点的接地方式。在3～6kV高压厂用电网中，中性点是不接地的，是否装设接地保护，应视电容电流的大小而定。对于380V直接接地系统中的厂用电动机，若发生接地故障会烧损线圈和铁芯，故装设接地保护，无时限地切除故障电动机。

电动机的不正常工作状态，主要是过电流，长时间性过电流运行会使电动机温升超过允许值，加速线圈绝缘老化，甚至将电动机烧坏。

7-8-44　电动机常见的故障原因有哪些？

答：电动机常见的故障原因主要有以下几种：①电动机及其电动回路发生短路等故障，使得保护动作于熔断器熔丝熔断或动作于断路器跳闸；②电动机所带机械部分严重故障，电动机负载急剧增大而过载，使过电流保护动作于断路器跳闸；③电动机保护误动，如纯属此错误原因时，系统无冲击现象；④电动机所带的设备受连锁条件控制，连锁动作。

7-8-45　熔断器能否作为异步电动机的过载保护？为什么？

答：不能。为了在电动机启动时不使熔断器熔断，选用的熔断器的额定电流要比电动机额定电流大1.5～2.5倍，这样即使电动机过载50%，熔断器也不会熔断，但电动机不会到1h就烧坏。所以熔断器只能作为电动机、导线、开关设备的短路保护，而不能起过载保护的作用。只有加装热继电器等设备才能作为电动机的过载保护。

7-8-46　电动机允许启动次数有何要求？

答：电动机启动时，启动电流大，发热多，允许启动的次数是以发热不至于影响电动机绝缘寿命和使用年限为原则确定的。连续多次合闸启动，常使电动机过热超温，甚至烧坏电动机，必须禁止。启动次数一般要求如下：①正常情况下，电动机在冷态下允许启动2次，间隔5min，允许在热态下启动一次。②事故时（或紧急情况）以及启动时间不超过2～3s的电动机，可比正常情况多启动一次。③机械进行平衡试验，电动机启动的间隔时间为：200kW以下的电动机不应小于0.5h；200～500kW的电动机不应小于1h；500kW以上的电动机不应小于2h。

7-8-47　电动机启动时，断路器跳闸如何处理？熔断器熔断又如何处理？

答：当断路器跳闸时，应进行如下检查和处理：①检查保护是否动作，整定值是否正确；②对电气回路进行检查，未发现明显故障点及设备异常时，应停电测量绝缘电阻；③检查机械部分是否卡住，或带负载启动；④检查事故按钮是否人为接通（长期卡住）；⑤电源电压是否过低。通过检查查明原因后，待故障消除，再送电启动。

当熔断器熔断时，应进行如下处理：①对电气回路进行检查，未发现明显故障点及设备异常时，应停电测量绝缘电阻；②检查机械部分是否卡住，或带负载启动；③检查电源电压是否过低；④检查熔断器熔断情况，判断有无故障或熔丝容量是否满足要求。

7-8-48　电动机运行中跳闸如何处理？

答：电动机运行中跳闸，往往不是设备有问题，就是电源有问题，也不排除保护及人员误动。当出现此问题时，应采取如下措施予以处理：①立即启动备用设备投入运行，无备用设备的重要电动机可强送一次。尽量减少电动机跳闸对生产造成的损失及影响。②测量电动机及其回路绝缘电阻。③检查电动机保护是否动作，对于低压电动机，还应检查断路器、熔断器、热继电器是否正常。④检查电动机及其回路有无烟火、短路及损坏的征兆。⑤检查电源是否正常。⑥检查机械部分是否正常，电动机轴承是否损坏抱住大轴。⑦是否有人误动保护或事故按钮。

7-8-49 电动机送电前应检查哪些项目？

答：检查的项目主要有：①电动机及周围清洁、无妨碍运行的物件；②油环油量充足，油色透明，油位及油循环正常；③基础及各部螺钉牢固，接地线接触良好；④冷却装置完好，运行正常；⑤绕线式电动机应检查整流子、滑环、电刷接触良好，启动装置在启动位置，调整电阻无卡涩现象，利用频敏电阻启动的绕线电动机应检查频敏电阻及短路开关正常，且短接开关在断开位置；⑥尽可能设法盘动转子，检查定、转子有无摩擦，机械部分应无卡涩现象；⑦检查连锁开关位置正确，电气、热工仪表完整正确。

7-8-50 运行中的电动机，定子电流发生周期性的摆动，可能是什么原因？

答：（1）鼠笼式转子铜（铝）条损坏。

（2）绕线式转子绕组损坏。

（3）绕线式电动机的滑环短路装置或变阻器有接触不良等故障。

（4）机械负载发生不均匀的变化。

7-8-51 电动机发生剧烈振动，可能是什么原因？电动机轴承温度高，可能是什么原因？

答：运行中的电动机发生剧烈振动时，其原因可能是：①电动机和其所带机械之间的中心不正；②机组失去平衡；③转动部分与静止部分摩擦；④联轴器及其连接装置损坏；⑤所带动的机械损坏。

而电动机轴承温度过高，其原因可能是：①供油不足，滚动轴承的油脂不足或太多；②油质不清洁，油太浓，油中有水，油型号用错；③传动皮带拉得过紧，轴承盖盖得过紧，轴瓦面刮得不好，轴承的间隙过小；④电动机的轴承，轴倾斜；⑤中心不正或弹性联轴器的凸齿工作不均；⑥滚动轴承内部磨损；⑦轴承有电流通过，轴颈磨蚀不光，轴瓦合金溶解等；⑧转子不在磁场中心，引起轴向窜动，轴承敲击或轴承受挤压。

7-8-52 直流电动机励磁回路并接电阻有什么作用？

答：当直流电动机励磁回路断开时，由于自感作用，将在磁场绕组两端感应很高的电动势，此电动势可能对绕组匝间绝缘有危险。为了消除这种危险，在磁场绕组两端并接一个电阻，该电阻称为放电电阻。放电电阻可将磁场绕组构成回路，一旦出现危险电动势，在回路中形成电流，使磁场能量消耗在电阻中。

7-8-53 直流电动机是否允许低速运行？直流电动机不能正常启动的原因有哪些？

答：直流电动机低速运行将使温升增大，对电动机产生许多不良影响。但若采取有效措施，提高电动机的散热能力，则在不超过额定温升的前提下，可以长期运行。

直流电动机不能正常启动的原因可能是：①电刷不在中性线上；②电源电压过低；③励磁回路断线；④换向极线圈接反；⑤电刷接触不良；⑥电动机严重过载。

7-8-54　启动电动机时应注意什么问题？

答：应注意以下问题：①如果接通电源开关，电动机转子不动，应立即拉闸，查明原因并消除故障后，才允许重新启动。②接通电源开关后，电动机发出异常响声，应立即拉闸，检查电动机的传动装置及熔断器。③接通电源开关后，应监视电动机的启动时间和电流表的变化。如启动时间过长或电流表迟迟不返回，应立即拉闸，进行检查。④启动时如果发现电动机冒火或启动后振动过大，应立即拉闸，停机检查。⑤在正常情况下，厂用电动机允许在冷态下启动两次，每次间隔时间不得少于 5min；在热状态下启动一次。只有在处理事故时，以及启动时间不超过 2～3s 的电动机，可以多启动一次。⑥如果启动后发现电动机反转，应立即拉闸停电，调换三相电源任意两相接线后再重新启动。

7-8-55　新安装或大修后的异步电动机启动前应检查哪些项目？

答：重点检查以下各项：①测量电动机定子回路绝缘电阻是否合格；②检查电动机接地线是否良好；③检查电动机各部螺钉是否紧固；④根据电动机铭牌，检查电动机电源电压是否相符，绕组接线方式是否正确；⑤用手扳动电动机转子，转动应灵活，无卡涩、摩擦现象；⑥检查传动装置、冷却系统、联轴器及外罩、启动装置是否完好；⑦检查控制元件的容量、保护及熔断器定值，灯光指示信号、仪表等是否符合要求；⑧电动机本体及周围是否清洁，无影响启动和检查的杂物。

7-8-56　三相异步电动机的小修周期是如何规定的？应包括哪些内容？

答：电动机的小修周期：一般为每年两次。小修项目包括：①清除外部污垢，检查外壳接地是否良好；②各固定部分螺钉是否紧固；③接线盒应完好无损坏；④轴承是否缺油、漏油；⑤轴承有无杂音以及磨损情况；⑥炭刷、滑环是否良好；⑦测量绝缘电阻；⑧启动设备是否良好；⑨电磁开关及电缆应完好。

7-8-57　三相异步电动机的大修周期是如何规定的？应包括哪些内容？

答：电动机的大修周期：①机组压油泵电动机一年一次；②启闭机进水口油泵、尾水闸门、泄洪闸门及天车的电动机 2～3 年一次；③其他电动机 3～4 年一次。

电动机的大修项目：①电动机分解揭盖，抽出转子，进行全面清扫；②电动机定子绕组绝缘是否良好，转子有无断条；③定子、转子有无相擦，扫膛痕迹；④启动、保护装置及测量仪表是否正确完好；⑤联轴器是否牢固，连接螺钉有无松动，皮带松紧程度；⑥试运行时检查各相电压、电流是否正常，是否有不正常振动和噪声。

针对上述检查后存在的问题进行检修。

7-8-58　电动机大修后，应做哪些检查和试验？

答：电动机大修后，应做以下检查和试验。

（1）装配质量的检查。包括出线端连接是否正确，各处螺钉是否拧紧，转子转动是否灵活，轴伸径向摆动是否在允许范围内等。对于绕线式异步电动机还应检查电刷提升短路装置的操动机构是否灵活，电刷与集电环接触是否良好，电刷与刷握的配合情况。

（2）测量绕组的直流电阻。三相绕组的直流电阻应平衡，其电阻差值应小于5%。

（3）绝缘电阻的测量。用500V绝缘电阻表检测，在室温下绕组的绝缘电阻值不得低于0.5MΩ（对低压电动机而言）。

（4）耐压试验。在绕组间和绕组对机壳间进行，试验电压的有效值为额定电压的两倍再加上1000V、50Hz的交流电压，持续一分钟时间。

（5）空载试验。在额定电压下空载运行半小时以上，测量三相电流平衡与否，空载电流与额定电流的百分比是否符合要求。此外，还应检查铁芯、轴承是否过热，运行速度、声音是否正常。绕线式电动机空载试验时，要将转子三相绕组短路。

7-8-59　异步电动机拆卸前应检查哪些项目？

答：异步电动机拆卸前应检查以下项目：①电动机的机座和端盖有无裂缝。②转子轴向窜动。③检查定、转子气隙。用塞尺在4个直径位置上测量气隙，重复三次，每次把转子转动120°，气隙最大值偏差不应超过其算术平均值的10%。④测量定子、转子绕组的直流电阻。测量应在冷状态下进行，同时用酒精温度计测量绕组温度，并保证温度计和被测处的可靠接触。⑤测量定子、转子绕组的绝缘电阻，其值应不低于0.5MΩ。

7-8-60　电动机抽出（或装入）转子时必须遵守哪些规定？

答：电动机抽出（或装入）转子时必须遵守下列规定：①在抽出（或装入）转子时，如使用钢丝绳，则钢丝绳不应碰到转子的滑动面（轴颈）、风扇、滑环和绕组；②应将转子放在硬木衬垫上；③应特别注意不使转子碰到定子，因此，在抽出（或装进）转子时，必须使用透光法，进行监视；④钢丝绳绕转子的部位，必须衬以木垫，以防止损坏转子和防止钢丝绳在转子上打滑。

7-8-61　检修和清洗异步电动机轴承的内容是什么？

答：（1）清除轴承内油污，用洗涤剂（或汽油）清洗各部件，再用干净布擦拭干净。

（2）滑动轴承瓦胎与钨金应紧密结合。钨金表面圆滑光亮，无砂眼、碰伤等现象，与轴的接触部分，用着色法检查，上瓦不承担负载每平方厘米应有一个接触点，下瓦在60°～90°承力圆弧内每平方厘米最少有两个接触点。轴承的油槽、油环和轴颈均应完好。

（3）滚动轴承内、外圆必须光滑，无伤痕、锈迹。用手拨转应转动灵活，无咬住、制动、摇摆及轴向窜动缺陷。

（4）测量轴承的间隙。①整体式滑动轴承间隙用塞尺测量，塞尺插入深度必须大于或等于轴瓦轴向长度，也可用内、外千分尺测量轴颈、轴套之配合间隙求得；②分装式滑动轴承间隙用压铅丝的方法来测量；③滚动轴承间隙，用塞尺或铅丝测量。将塞尺或铅丝插在滚动体中间，拨转机轴，使塞尺或铅丝被夹入座圈与滚动体中间，测出轴承的径向间隙。

（5）轴承内润滑油脂应清洁无杂质，颜色正常，稀稠适当。新添润滑油脂牌号必须正确，添油量应适当。

（6）轴承盖、轴承、放油门以及轴头都要严密，以防油甩到绕组上。

（7）组装滚动轴承时，有型号的一面应朝外。滑动轴承组装要正确，防止转子窜动。

7-8-62　异步电动机的定子绕组断线，如何进行查找和修理？

答：故障的查找：拆开电动机端盖，用电桥测量各相直流电阻（小容量单支路电动机用万用表测量），测得直流电阻明显增大的一相，则有断线故障存在，然后对故障相各极相组、各支路进行测量，找出故障绕组。断线故障一般多发生于电动机线头和出线盒接头的铜鼻子根部，当电动机停止时，应首先检查这些部位。

高压电动机绕组断股，如发生在接头处应重新用银焊接好，如果无法接长，则需更换备用线棒，对于焊接不良而脱焊者，可重新补焊。

此外，有些低压电动机浸漆较多，使槽内、槽外部分黏合成一整体，取出故障线棒时容易损伤其他线棒，检修时应特别注意，处理时将断股导线在两端剪断，用一根绝缘良好的导线穿越铁芯背部，将其两端短接。

7-8-63　异步电动机应如何进行干燥？

答：异步电动机的干燥方法有以下几种。

（1）外部加热法。在异步电动机的定子膛孔内放置红外线灯泡或电阻丝，用石棉布等物把定子盖好，以减少热量的散发。加热要均匀，防止局部过热，一般中、小型电动机，绝缘表面轻微受潮采用此法。

（2）热风法。电动机放置在热风口处，使绕组各部均匀地被吹着，并时常移动电动机。

（3）直流干燥法。将定子绕组互相串联，接通直流电源（可用直流电焊机，或直流发电机等），用可变电阻来调节温度，如图7-8-1所示。

（4）定子铁损干燥法。这种方法比较安全，适合于大型电动机。

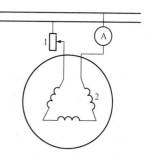

图 7-8-1　直流干燥法
1—变阻器；2—定子绕组

7-8-64　常用的照明灯有哪些类型？

答：常用的照明灯按发光原理可分为两大类：一类是热辐射光源，另一类是气体放电光源。在以上两大类中，又有不同的种类，具体见表7-8-1。

表 7-8-1　　　　　　　　　　荧　光　灯

序号	类别		电光源	说明
1	热辐射光源		白炽灯	这类电光源均以钨丝作为辐射体。通以电流后使钨丝发热达到白炽温度，产生热辐射，发出可见光
			卤钨灯	
2	气体放电光源	低压气体放电灯	荧光灯（日光灯）	气体放电光源是利用气体放电时其原子辐射产生的光辐射。按光源中气体的压力大小，又分为低压气体放电光源和高压气体放电光源。高压气体放电光源的管壁负载较大，灯的表面积较小，但灯的功率较大，因此又称"高强气体放电灯"（HID灯）
			低压钠灯	
		高压气体放电灯	高压钠灯	
			高压汞灯	
			金属卤化物灯	
			氙气灯	

7-8-65 荧光灯的工作原理是什么？

答： 荧光灯即低压汞灯，又称日光灯，如图 7-8-2 所示，它是利用低气压的汞蒸气在放电过程中辐射紫外线，从而使荧光粉发出可见光的原理发光，因此它属于低气压弧光放电光源。荧光灯内装有两个灯丝。灯丝上涂有电子发射材料三元碳酸盐（碳酸钡、碳酸锶和碳酸钙），俗称电子粉。在交流电压作用下，灯丝交替地作为阴极和阳极。灯管内壁涂有荧光粉。管内充有 400～500Pa 压力的氩气和少量的汞。通电后，液态汞蒸发成压力为 0.8Pa 的汞蒸气。在电场作用下，汞原子不断从原始状态被激发成激发态，继而自发跃迁到基态，并辐射出波长 253.7nm 和 185nm 的紫外线

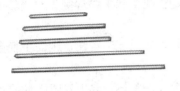

图 7-8-2 荧光灯

（主峰值波长是 253.7nm，占全部辐射能的 70%～80%；次峰值波长是 185nm，约占全部辐射能的 10%），以释放多余的能量。荧光粉吸收紫外线的辐射能后发出可见光。荧光粉不同，发出的光线也不同，这就是荧光灯能够做成白色和各种彩色的缘由。由于荧光灯所消耗的电能大部分用于产生紫外线，因此，荧光灯的发光效率远比白炽灯和卤钨灯高，是目前最节能的电光源。

7-8-66 氙气路灯的工作原理是什么？

答： 氙气路灯可称为大功率氙气金卤灯或氙气路灯，如图 7-8-3 所示。它的原理是在 UV-cut 抗紫外线水晶石英玻璃管内，以多种化学气体填充，其中大部分为氙气与碘化物等惰性气体，然后再通过专用的氙气灯镇流器将 220V 的电源电压瞬间增压至 23000V 的电压，经过高压振幅激发石英管内的氙气电子游离，在两电极之间产生拉弧放电光源，这就是所谓的气体放电。而由氙气所产生的能量大大超越一般的常规气体放电灯的光能，可提高光线色温值和显色指数。光色更接近白昼的太阳光芒。大规模使用在路灯照明上，可以提高行人的视觉效果、降低眼部疲劳。再者氙气路灯能产生比常规路灯（高压钠灯）更高的光效。节能比高达 60%。更加符合国家节能环保的要求。

图 7-8-3 氙气路灯

7-8-67 高压钠灯的工作原理是什么？

答： 高压钠灯如图 7-8-4 所示，当灯泡启动后，电弧管两端电极之间产生电弧，由于电弧的高温作用使管内的钠汞受热蒸发成为汞蒸气和钠蒸气，阴极发射的电在向阳极运动过程中，撞击放电物质有原子，使其获得能量产生电离激发，然后由激发态恢复到稳定态；或由电离态变为激发态，再回到稳定态无限循环，多余的能量以光辐射的形式释放，便产生了光。高压钠灯中放电物质蒸气压很高，也即钠原子密度高，电子与钠原子之间碰撞次数频繁，使共振辐射谱线加宽，出现其他可见光谱的辐射，因此高压钠灯的光色优于低压钠灯。高压钠灯是一种高强度气体放电灯泡。由于气体放电灯泡的负阻特性，如果把灯泡单独接到电网中去，其工作状态是不稳定的，随着放电过程继续，它必将导致电路中电流无限上升，最后直至灯光或电路中的

图 7-8-4 高压钠灯

零、部件被过流烧毁。高压钠灯使用时发出金白色光，具有发光效率高、耗电少、寿命长、透雾能力强和不诱虫等优点。

7-8-68 金属卤化物灯的工作原理是什么？

答： 如图 7-8-5 所示，金属卤化物灯是交流电源工作的，在汞和稀有金属的卤化物混合蒸气中产生电弧放电发光的放电灯。构造上与水银灯相似，但发光管中除水银、氩气外，还封入其他卤化金属化合物作为发光物质，利用这些封入的元素来发光，可说是将高压水银灯之效率及色泽性由发光管内部改善出来的一种高压放电灯。金属卤化物灯有以下三种产品型式：

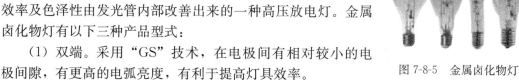

图 7-8-5 金属卤化物灯

（1）双端。采用"GS"技术，在电极间有相对较小的电极间隙，有更高的电弧亮度，有利于提高灯具效率。

（2）单端无外泡壳。具有特殊的基座设计，尽管直径很小也允许热启动，尤其适用于紧凑灯具系统。

（3）单端有外泡壳。具有外泡壳使灯便于携带，且配用电子镇流器时可避免噪声。外层防护提高了调光特性，并且不受燃点位置的限制，可以实现任意位置燃点。

第八章

电 气 二 次 系 统

◉ 第一节 二 次 系 统 概 述

8-1-1 什么是二次设备？什么是二次回路？

答：二次设备是指对一次设备的工作进行监测、控制、调节、保护以及为运行、维护人员提供运行工况或生产指挥信号所需的低压电气设备。如熔断器、控制开关、继电器、控制电缆等。由二次设备相互连接，构成对一次设备进行监测、控制、调节和保护的电气回路称为二次回路或二次接线系统。

8-1-2 哪些回路属于连接保护装置的二次回路？

答：连接保护装置的二次回路有以下几种回路。

（1）从电流互感器、电压互感器二次侧端子开始到有关继电保护装置的二次回路（对多油断路器或变压器等套管互感器，自端子箱开始）。

（2）从继电保护直流分段熔丝开始到有关保护装置的二次回路。

（3）从保护装置到控制屏和中央信号屏的直流回路。

（4）继电保护装置出口端子排到断路器操作箱端子排的跳、合闸回路。

8-1-3 举例说明水电站二次回路的重要性。

答：二次回路的故障常会破坏或影响电力生产的正常运行。例如，若某变电站差动保护的二次回路接线有错误，则当变压器带的负载较大或发生穿越性相间短路时，就会发生误跳闸；若线路保护接线有错误时，一旦系统发生故障，则可能会使断路器该跳闸的不跳闸，不该跳闸的却跳了闸，就会造成设备损坏、电力系统瓦解的大事故；若测量回路有问题，就将影响计量，少收或多收用户的电费，同时也难以判定电能质量是否合格。因此，二次回路虽非主体，但它在保证电力生产的安全，向用户提供合格的电能等方面都起着极其重要的作用。

8-1-4 二次回路电缆芯线和导线截面的选择原则是什么？

答：（1）按机械强度要求。铜芯控制电缆或绝缘导线的芯线最小截面为：连接强电端子的不应小于 1.5mm^2；连接弱电端子的不应小于 0.5mm^2。

（2）按电气性能要求：①在保护和测量仪表中，电流回路的导线截面不应小于 2.5mm^2。②在保护装置中，电流回路的导线截面还应根据电流互感器 10% 误差曲线进行校核。在差动保护装置中，如电缆芯线或导线线芯的截面过小，将会因误差过大导致保护误动作。③在电压回路中，应按允许的电压降选择电缆芯线或导线线芯的截面：电压互感器至计费用电能表的电压降不得超过电压互感器二次额定电压的0.5％；在正常负载下，至测量仪表的电压降不得超过其额定电压的3％；当全部保护装置动作和接入全部测量仪表（即电压互感器负载最大）时，至保护和自动装置的电压降不得超过其额定电压的3％。④在操作回路中，应按在正常最大负载下，至各设备的电压降不得超过其额定电压的10％进行校核。

8-1-5　怎样摇测一路的二次线整体绝缘，应注意什么？

答：摇测项目有电流回路对地、电压回路对地、直流回路对地、信号回路对地、正极对地跳闸回路、各回路间等，如需测所有回路对地应将它们用线连接起来摇测。

摇测时的注意事项如下：①断开本路交直流电源；②断开与其他回路连线；③拆除电流的接地点；④摇测完毕应恢复原状；⑤二次回路中有二极管、三极管、晶体管时应短接。

8-1-6　清扫二次线应注意什么？

答：值班人员清扫二次线时，使用的清扫工具应干燥，金属部分应包好绝缘，工作时应将手表摘下。清扫工作人员应穿长袖工作服，戴线手套。工作时必须小心谨慎，不应用力抽打，以免损坏设备元件或弄断线头。

8-1-7　二次回路工作有什么要求？

答：（1）至少有两人参加工作，参加人员必须明确工作目的和工作方法。

（2）必须用符合实际的图纸进行工作。

（3）若要停用电源设备，如电压互感器或部分电压回路的熔断器等，必须考虑停用后的影响，以防止停用后造成保护的误动或拒动。

（4）切除直流回路熔断器时，应正、负极同时拉开，或先拉开正电源，后拉开负电源；恢复时顺序相反。目的是防止寄生回路发生误动作引起误跳断路器。

（5）测量二次回路电压时，必须使用高内阻的电压表，如万用表。在带电的电压二次回路工作时，应防止电压二次回路短路或接地。

（6）在运行中的电源回路上测量电流，须事先核实电流表及其引线是否良好，要防止电流回路开路而发生人身和设备故障。

（7）工作中使用的工具大小应合适，并应使金属外露部分尽量减小，以免发生短路。

（8）应站在安全及适当的位置进行工作。

（9）如果须停电进行工作时，应事先检查电源是否已断开，确认无电后方可进行工作。在某些没有切断电源的设备处工作时，对有可能触及部分，应将其包扎绝缘或隔离。

（10）工作中需要拆动螺钉、二次线、压板等，应先校对图纸并做好记录。工作完毕后应及时恢复，并进行全面的复查。

（11）需拆盖检查继电器内部情况时，不允许随意调整机械部分。当调整的部位会影响其特性时，应在调整后进行电气特性试验。

（12）二次回路工作结束后，应详细地将结果写在记录上。

8-1-8 二次原理图有什么特点？

答：原理图是表示二次回路构成原理的最基本的图纸，在图上所有的仪表和继电器都是以整体形式的设备符号表示的，不画出其内部接线，而只画出触点的连线，并将二次部分的电流回路、电压回路、直流回路和一次回路图纸绘制在一起。这种接线图的特点，是能够使看图的人对整个装置的构成有一个整体的概念，并可清楚地了解二次回路和各设备间的电气联系和动作原理。

8-1-9 二次展开图有什么特点？

答：展开图和原理图是一种接线的两种形式。展开图的特点如下。

（1）把二次回路的设备展开表示，即分成交流电流回路、交流电压回路、直流回路、信号回路。

（2）把同一设备的线圈和触点分别画在所属回路内；属于同一回路的线圈和触点，按照电流通过的顺序依次从左到右连接，结果就形成各条独立的电路，即所谓展开图的"行"，各行又按照设备动作的先后，由上而下垂直排列。各行从左到右阅读，整个电路图从上而下阅读。

（3）对于同一设备的线圈和触点采用相同的文字符号表示。如果在一个展开图中，同样的设备不止一个，还需加上数字标号。

（4）展开图的右侧以文字说明该回路的用途，以便于阅读。

8-1-10 二次接线端子的用途是什么？二次连接端子有哪几种？

答：接线端子是二次回路接线不可缺少的部件，除了屏内与屏外二次回路的连接，以及同一屏上各安装单位之间的连接必须通过接线端子外，为了走线方便，屏面设备与屏顶设备的连接也要经过端子排各种形式的端子，这可以帮助我们在端子排上进行并头或测量，校验及检修二次回路中的仪表和继电器，许多端子组合在一起构成端子排。

二次连接端子有以下几种：①一般端子；②试验端子；③连接型试验端子；④连接端子；⑤终端端子；⑥标准端子；⑦特殊端子。

8-1-11 熔断器熔丝校验的基本要求是什么？

答：熔断器熔丝校验的基本要求如下。

（1）可熔熔丝应能长时间内承受其铭牌上所规定的额定电流值。

（2）当电流值为最小试验值时，可熔熔丝的熔断时间应大于 1h。

（3）当电流值为最大试验值时，可熔熔丝应在 1h 内熔断（最小试验电流值、最大试验电流值，对于不同型式、不同规格的熔丝，有一定的电流倍数，可查厂家数据和有关规程）。

8-1-12 电压互感器二次回路熔断器的配置原则是什么？

答：（1）在电压互感器二次回路的出口，应装设总熔断器或自动开关，用以切除二次回路的短路故障。自动调节励磁装置及强行励磁用的电压互感器的二次侧不得装设熔断器，因为熔断器熔断会使它们拒动或误动。

（2）若电压互感器二次回路发生故障，由于延迟切断二次回路故障时间可能使保护装置和自动装置发生误动作或拒动；因此应装设监视电压回路完好的装置。此时宜采用自动开关作为短路保护，并利用其辅助触点发出信号。

（3）在正常运行时，电压互感器二次开口三角辅助绕组两端无电压，不能监视熔断器是否断开；且熔丝熔断时，若系统发生接地，保护会拒绝动作，因此开口三角绕组出口不应装设熔断器。

（4）接至仪表及变送器的电压互感器二次电压分支回路应装设熔断器。

（5）电压互感器中性点引出线上，一般不装设熔断器或自动开关。采用 B 相接地时，其熔断器或自动开关应装设在电压互感器 B 相的二次绕组引出端与接地点之间。

8-1-13　对断路器控制回路有哪些基本要求？

答：（1）应有对控制电源的监视回路。断路器的控制电源最为重要，一旦失去电源断路器便无法操作。因此，无论何种原因，当断路器控制电源消失时，应发出声、光信号，提示值班人员及时处理。对于遥控变电站，断路器控制电源的消失，应发出遥信。

（2）应经常监视断路器跳闸、合闸回路的完好性。当跳闸或合闸回路故障时，应发出断路器控制回路断线信号。

（3）应有防止断路器"跳跃"的电气闭锁装置，发生"跳跃"对断路器是非常危险的，容易引起机构损伤，甚至引起断路器的爆炸，故必须采取闭锁措施。断路器的"跳跃"现象一般是在跳闸、合闸回路同时接通时才发生。"防跳"回路的设计应使得断路器出现"跳跃"时，将断路器闭锁到跳闸位置。

（4）跳闸、合闸命令应保持足够长的时间，并且当跳闸或合闸完成后，命令脉冲应能自动解除。因断路器的机构动作需要有一定的时间，跳合闸时主触头到达规定位置也要有一定的行程，这些加起来就是断路器的固有动作时间，以及灭弧时间。命令保持足够长的时间就是保障断路器能可靠地跳闸、合闸。为了加快断路器的动作，增加跳、合闸线圈中电流的增长速度，要尽可能减小跳、合闸线圈的电感量。为此，跳、合闸线圈都是按短时带电设计的。因此，跳合闸操作完成后，必须自动断开跳合闸回路，否则，跳闸或合闸线圈会烧坏。通常由断路器的辅助触点自动断开跳合闸回路。

（5）对于断路器的合闸、跳闸状态，应有明显的位置信号。故障自动跳闸、自动合闸时，应有明显的动作信号。

（6）断路器的操作动力消失或不足时，如弹簧机构的弹簧未拉紧，液压或气压机构的压力降低等，应闭锁断路器的动作，并发出信号。

SF_6 气体绝缘的断路器，当 SF_6 气体压力降低而断路器不能可靠运行时，也应闭锁断路器的动作并发出信号。

（7）在满足上述要求的条件下，力求控制回路接线简单，采用的设备和使用的电缆最少。

8-1-14　断路器的位置信号接线通常有哪几种？

答：断路器的位置信号是专门用来反映断路器所处合闸或跳闸位置的指示信号。目前大都采用指示灯来实现，并以红灯 HD 亮表示它处在合闸位置，而以绿灯 LD 亮表示它处于跳闸位置。

断路器的位置信号接线通常有三种：第一种是利用位置信号灯直接串入跳、合闸的操作回路中。第二种是利用位置继电器 TWJ 和 HWJ 的触点去接通位置信号灯，如图 8-1-1（a）所示。第三种是用断路器的辅助触点，去接通位置信号灯，如图 8-1-1（b）所示。一般认为

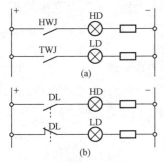

图 8-1-1　断路器的位置信号接线
(a) 由位置继电器触点启动信号灯；
(b) 由断路器辅助触点启动信号灯

前两种接线虽在操作电缆芯数方面比后者要省些，但在可靠性和如实反映断路器的实际位置上要差些。例如，在跳、合闸回路发生断线故障时，不能确切地表示断路器的实际状态。当图8-1-1中的信号灯底座发生短路时，或使用的信号灯功率与原设计值不符，比如变大，操作回路串联电阻值减小，都可能引起断路器的误动作。又如图8-1-1（a）的接线中，继电器TWJ和HWJ发生误动作时，随即将发出错误信号。因此，一般认为采用图8-1-1（b）的接线比较可靠。故当断路器的辅助触点数目有富余时，以采用图8-1-1（b）接线为宜。

8-1-15　水电站信号按其作用分为哪些类型？

答：按照信号的作用不同，水电站的信号有位置信号、事故信号和预告信号三种。

（1）位置信号。它是用来指示设备的运行状态的信号。在水电站中包括开关电器的通、断位置状态，闸门的启、闭位置状态，调节装置调整到极限位置状态和机组所处的状态（准备启动状态、发电状态或调相状态）等的状态信号，所以位置信号又称为状态信号。

（2）事故信号。它是设备发生故障时，由继电保护或自动装置使断路器跳闸或使机组停机的同时所发出的信号。通常是使相应的信号灯发光并同时发出音响信号。为了与预告信号相区别，事故信号用蜂鸣器（电笛）作为发声器具。大中型水电站的事故信号，均采用中央复归（即信号的复归是由值班人员按动中央复归按钮或由继电器自动复归）且能重复动作的事故信号系统接线。

（3）预告信号。它又称为警告信号。它是在机组等主要元件及其他设备发生不正常工作状态时所发出的信号。它可以帮助值班人员及时发现不正常工作状态，以便采取适当的措施加以处理，防止故障的扩大。为与事故信号相区别，预告音响信号采用警铃作为发声器具。

8-1-16　事故信号中采用的冲击继电器有哪几类？

答：目前在信号系统中采用的冲击继电器有两类：一类是反映电流微分而动作，另一类是反映电流积分而动作。ZC-21A型、ZC-23型电磁型冲击继电器和BC-3型晶体管型冲击继电器是反映电流微分而动作的。这类冲击继电器的动作可靠性受到直流操作电源波纹系数的影响和限制。BC-4型晶体管型冲击继电器是反映电流积分而动作的。它的动作可靠性不受波纹系数的影响和限制。目前在大中型水电站中均采用蓄电池组直流操作电源，其波纹系数较小，故信号系统大多采用电流微分型冲击继电器。对采用整流型直流操作电源的电站最好采用晶体管型冲击继电器。

8-1-17　预告信号哪些接瞬时，哪些接延时？

答：发电站或变电站的预告信号分为瞬时动作和延时动作两种。瞬时动作预告信号是由发生异常的元件给出脉冲信号，经光字牌两只并联的信号灯，接通瞬时预告信号小母线，发出灯光和音响的信号。而延时预告信号在中央信号回路中通常是通过分别在各有关回路中加延时继电器来实现。发生异常情况需要及时告知值班员的信号应接于瞬时，如主变压器瓦斯信号、温度信号等。为防止可能误发信号，或瞬时性故障而不需要通知值班人员的信号应接于延时，如主变压器过载信号、直流系统一点接地、直流电压过高或过低等。

8-1-18　水电站设置中央信号的原则是什么？

答： 在控制室应设中央信号装置。中央信号装置由事故信号和预告信号组成。水电站应装设能重复动作并延时自动解除音响的事故信号和预告信号装置。

有人值班的变电站，应装设能重复动作、延时自动或手动解除音响的事故和预告信号装置。

驻所值班的变电站，可装设简单的事故信号装置和能重复动作的预告信号装置。

无人值班的变电站，只设装简单的音响信号装置，该信号装置仅当远动装置停用并转变为变电站就地控制时投入。

单元控制室的中央信号装置宜与热控专业共用事故报警装置。

8-1-19　事故信号装置的功能有哪些？

答： 事故信号装置应具有以下功能。

（1）发生事故时应无延时地发出音响信号，同时有相应的灯光信号指出发生事故的对象。

（2）事故时应立即启动远动装置，发出遥信。

（3）能手动或自动地复归音响信号，能手动试验声光信号，但在试验时不发遥信。

（4）事故时应有光信号或其他形式的信号（如机械掉牌），指明继电保护和自动装置的动作情况。

（5）能自动记录发生事故的时间。

（6）能重复动作，当一台断路器事故跳闸后，在值班人员没来得及确认事故之前又发生了新的事故跳闸时，事故信号装置还能发出音响和灯光信号。

（7）当需要时，应能启动计算机监控系统。

8-1-20　监测系统的作用是什么？

答： 水电站的电气设备在运行过程中，其主要运行参数（如电流、电压、功率和频率等）是经常不断变化的。为使运行人员掌握水电站各种设备（发电机、变压器和线路等）及全电站的运行情况，保证其工作的可靠性及运行的经济性，在各电路中必须装设必要的测量仪表和监视装置。当设备发生故障时，运行人员可根据测量仪表所指示的异常现象，迅速地分析故障并进行处理。水电站二次参数的测量包括电量和非电量的测量。这些工况的测量借助于各种测量仪表或仪器进行，而电气测量仪表又是通过电流互感器和电压互感器接入被测量电路的。

水电站的电气测量大多采用各种测量仪表直接测出被测量的大小，因此，多采用所谓直读式仪表，也即指针式仪表或模拟式仪表。此外，也已有部分测量仪表采用数字式仪表。安装在控制屏上均采用开关板式仪表。在强电测量系统中使用方表，在强电小型化和弱电系统中采用槽形表。

8-1-21　监测系统的测量方式有哪几种？

答： 水电站运行工况参数的测量方式有以下几种。

（1）常规测量方式。这是目前水电站广泛采用的测量方式。它是利用一个仪表测量一个参数，同时，由于其测量回路电压较高（通常为100V），电流较大（通常为5A，也有用1A的），故又称强电一对一测量方式或叫强电一表一参数的测量方式。

（2）进线测量方式。选线测量（简称选测）是指集中多个参数用一个测量仪表进行人工选择指示的测量方式。选测分为强电选测和弱电选测，但一般采用弱电选测。在弱电选测中其测量回路的电压多用50V，电流用1A或0.5A。

（3）巡回检测。这是一种用来实现对电站各测点的运行参数（包括电量和非电量）进行自动巡回测量的测量装置。它除了能巡回测量各测点的运行参数外，还能将测量结果与该测点的规定限值进行比较，实现越限报警，并同时打印记录。此外，还能代替人工定期地将全部测点的测量结果打印成报表。

8-1-22 对电气测量仪表的基本要求有哪些？

答：对电气测量仪表的基本要求如下。

（1）仪表要有一定的准确等级。对于发电机及重要设备回路上交流仪表的准确等级不应低于1.5级；用于其他设备和线路上交流仪表的准确等级不应低于2.5级；用于直流仪表的准确等级不应低于1.5级；对于一般的频率测量，采用指针式频率表，其测量误差的绝对值不应大于0.25Hz；对于监视系统频率点（如调频厂等），为提高测量的准确度，宜采用数字显示式频率表，其测量误差的绝对值不应大于0.02Hz。对于100 000kW及以上的发电机，120 000kVA及以上的变压器，电力系统间的联络变压器和负载容量为2000kVA以上的用户线路，其有功电能表应为0.5级；10 000～100 000kW的发电机，12 500～120 000kVA的变压器，320～2000kVA的用户线路，其有功电能表应为1.0级。各种无功电能表的准确度均应为2.0级。

（2）与测量仪表相连的仪表附件和配件也应有一定的准确等级。通常与仪表相连接的分流器、变流器、互感器和中间变流器的准确等级应不低于表8-1-1所列值。

表 8-1-1　　　　　仪表用分流器、变流器和互感器的准确度要求

仪表的准确度 （级）	分流器和变流器准确度 （级）	相配的互感器和中间互感器的准确度 （级）
1.0	0.5	0.5
1.5	0.5	0.5
2.0	0.5	1.0

（3）测量仪表和互感器应有一定的测量范围。互感器和测量仪表的测量范围的选择宜保证发电机、变压器等电力设备在额定值运行时，其指针指示在标度尺工作部分的2/3以上，并宜留有过载运行的适当指示裕度，对重载启动的电动机和生产过程中有可能出现短时冲击电流的设备，宜装设具有过载标度的电流表；对双向电流的直流回路和双向功率的交流回路，应装设有双向标度的电流表和功率表；对于双向送、受电回路，应采用两只有止逆机构的电能表。

8-1-23 水电站为什么要设置同期点？哪些断路器可以设置同期点？

答：发电机和电力系统之间的并联运行是借助于同期装置来实现的。在小型水电站中采用的同期方式有两种：①准同期方式；②自同期方式。有些电站具有某一种同期方式，也有的电站两种方式都有。

当某一台断路器跳闸后，其两侧都有三相交流电压，如果其两侧电源有可能不同期，这台断路器在进行合闸前必须进行同期操作，也就是说该台断路器必须设置同期点。

下列断路器一般应设置同期点：①发电机回路断路器；②三绕组变压器的各电源侧断路器；③对侧有电源的双绕组变压器的低压侧或高压侧断路器，对接入电网的水电站主变压器宜在低压侧设同期点；④对侧有电源的线路断路器；⑤母线分段断路器；⑥电站与系统各侧电源联络断路器等。

8-1-24　组合式同期表原理及其接线方式是什么？

答：图 8-1-2 为组合式同期表的同期接线图，MZ-10 中，A、B、C 分别通过 STK 接到 TQM_a、YM_b 和 TQM_c 上，A_0 和 A_0' 分别通过 STK 的触点，接到 TQM_a 上，B_0 和 B_0' 也通过 STK 的触点接到 YM_b 上。当发电机须与系统并联运行时，将 STK 转至"粗略同期"位置，这时 A_0、B_0 回路接通，频率差表和电压差表接通，指针开始指示，反映出两边电源的频率差和电压差，当调节机组使频率差和电压差甚小时，将 STK 转至"精确同期"，A_0' 和 B_0' 回路接通，整步表投入工作。

以华自科技的手动同期装置为例，其由整步表、检无压继电器、同期继电器、电压仪表、频率表、转换开关、按钮等组成。使用组合式同期表来进行同期，其优点是体积小，显示直观，操作方便，同期检测精准，价格较同期屏便宜，且安全可靠，在小型水电站使用日趋广泛。它的缺点是指示的电压值和频率值仅是电压差和频率差，不能指示两边电源电压和频率的实际值。

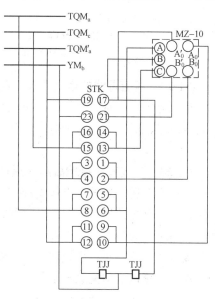

图 8-1-2　组合式同期表及其接线图

8-1-25　为什么交直流回路不能共用一条电缆？

答：交直流回路都是独立系统。直流回路是绝缘系统而交流回路是接地系统。若共用一条电缆，两者之间一旦发生短路就造成直流接地，同时影响交、直流两个系统。平常也容易互相干扰，还有可能降低对直流回路的绝缘电阻。所以交直流回路不能共用一条电缆。

8-1-26　控制回路中防跳跃闭锁继电器的接线及动作原理是什么？

答：控制回路中防跳跃闭锁继电器的接线如图 8-1-3 所示。

防跳跃闭锁继电器回路接线原理中 KCF 为专设的"防跳"继电器。当控制开关 SA5～SA8 接通，使断路器合闸后，如保护动作，其触点 KOM 闭合，使断路器跳闸。此时 KCF 的电流线圈带电，其触点 KCF1 闭合。如果合闸脉冲未解除（如控制开关未复归，其触点 SA5～SA8 仍接通，或自动重合闸继电器触点，SA5～SA8 触点卡住等情况），KCF 的电压线圈自保持，其触点 KCF2 断开合闸线圈回路，使断路器不致再次合闸。只有合闸脉冲解除，KCF 的电压线圈断电后，接线才恢复原来状态。

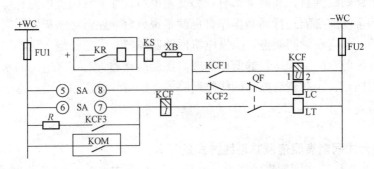

图 8-1-3　防跳跃闭锁继电器接线图

SA—控制开关；KR—自动重合闸继电器；KCF、KCF1～KCF3—防跳跃闭锁继电器；

KOM—保护用出口继电器；KS—信号继电器；QF—断路器的辅助触点；LC—合闸线圈；

LT—跳闸线圈；XB—连接片；R—电阻；FU1、FU2—熔断器

8-1-27　直流母线的电压为何不能过高或过低，其允许范围是多少？

答：电压过高时，对长期带电的继电器、指示灯等容易过热或损坏。电压过低时，可能造成断路器、保护的动作不可靠，允许范围是±10%。

8-1-28　查找直流接地故障的操作步骤和注意事项有哪些？

答：根据运行方式、操作情况、气候影响判断可能接地的处所，采取拉路寻找、分段处理的方法，以先信号和照明部分后操作部分，先室外部分后室内部分为原则。在切断各专用直流回路时，切断时间不得超过 3s，不论回路接地与否均应合上。当发现某一专用直流回路有接地时，应及时找出接地点，尽快消除。

查找直流接地的注意事项如下。

（1）查找接地点禁止使用灯泡寻找的方法。

（2）用仪表检查时，所用仪表的内阻不应低于 $2000\Omega/V$。

（3）当直流发生接地时，禁止在二次回路上工作。

（4）处理时不得造成直流短路和另一点接地。

（5）查找和处理必须由两人同时进行。

（6）拉路前应采取必要措施，以防止直流失电可能引起保护及自动装置的误动。

8-1-29　直流回路两点接地有哪些主要危害？

答：（1）两点接地可能造成断路器误跳闸。如图 8-1-4 所示，当直流接地发生在 A、B 两点时，将电流继电器 KA1、KA2 触点短接，而将 KM 启动，KM 触点闭合而跳闸。A、C 两点接地时短接 KM 触点而跳闸。在 A、D 两点，D、F 两点等接地时同样都能造成断路器误跳闸。

（2）两点接地可能造成断路器拒动。如图 8-1-4 所示，接地发生在 B、E 两点、D、E 两点或 C、E 两点，分别将 KM、KS、LT 线圈短接，断路器可能造成拒动。

（3）两点接地引起熔丝熔断。如图 8-1-4 所示，接地点发生在 A、E 两点，相当于直接将直流正、负极短接，引起熔丝熔断。

当接地点发生在 B、E 和 C、E 两点，保护动作时，也相当于直接将直流正、负极短接，

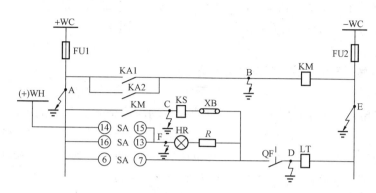

图 8-1-4　直流系统接地情况图

SA—控制开关；KS—信号继电器；KA1、KA2—电流继电器；KM—中间继电器；

LT—跳闸线圈；QF—断路器触点；XB—连接片；HR—红灯；R—电阻；

FU1、FU2—熔断器

不但断路器拒跳，而且引起熔丝熔断，同时有烧坏继电器触点的可能。

8-1-30　怎样测量断路器跳合闸回路中的电压降，怎样算合格？

答：测量跳合闸回路电压降是为了使断路器在跳合闸时，跳、合闸线圈有足够的电压，保证可靠跳、合闸。

跳合闸回路电压降测量方法如下。

（1）测量前应先将合闸熔断器取下。断路器在合闸位置时测量合闸线圈电压降，将合闸回路接通（如有重合闸时应先将重合闸继电器中间元件按住），用高内阻直流电压表与合闸线圈两端并接，然后短接断路器的合闸辅助触点，合闸继电器动作，即可读出合闸辅助线圈的动作电压降。

（2）断路器在跳闸位置时测量跳闸线圈电压降，将保护跳闸回路接通，用高内阻直流电压表（万能表即可）并接在跳闸线圈两端，短接断路器的跳闸辅助触点使跳闸线圈动作，即可读出跳闸线圈电压降。

跳闸、合闸线圈的电压降均不小于电源电压的 90% 才为合格。

第二节　直　流　系　统

8-2-1　什么是直流系统？它由哪些设备组成？直流系统的主要作用有哪些？

答：直流电源及其装置构成了直流系统。直流系统一般由蓄电池组、充放电装置、端电池调整器、绝缘监察装置、闪光装置、电压监察装置、直流母线、交流机组、直流负载等组成。以华自科技的成套直流系统设备为例，其包括高频开关电源模块 HZD200、充电监控装置 HZDK200、综合测量模块 HZDJ200、电池巡检模块 HZDJ210、绝缘监测模块 HZDJ220、开关量模块 HZDJ230 以及其他附件等，能够全自动进行均充、浮充切换，能进行均充、浮充各种数据的设置，能够采集交、直流各种电量数据，能够液晶显示各种数据，能够对各种数据实现网络共享。直流系统的作用主要有以下几点：①在水电站正常运行时，作为保护、信号、自动、远动、通信、断路器跳闸、合闸以及其他机电设备的操作控制电源；②机组、送电线路或其他设备故障，使电站交流电压降低甚至消失时，作为保护动作及机组等其他设备故障时的事故操作电源，以切除故障，保证设备安全和系统的正常运行；③交流自用电源事故中断时，作为载波通信设备的电源和电站的事故照明电源等。

8-2-2 水电站对直流系统有哪些基本要求？

答：水电站对直流系统的基本要求有以下几点：①直流电源必须充分可靠，以保证对重要用户不间断供电。②在水电站正常或事故情况下均应保证各类负载的电压在允许的范围内，即在正常运行时必须保证母线电压在额定值的 $100\%\sim105\%$ 范围内；在事故情况下，不应低于额定值的 90%。③当蓄电池进行充电或核对性放电时，应保证不破坏用户的供电。④能迅速、可靠地找到设备及线路绝缘损坏的地点。⑤运行条件良好，噪声干扰小，使用寿命长，维护工作量少，设备投资省，布置面积小。

8-2-3 水电站有哪些直流负载？它们的主要功用是什么？

答：水电站的直流负载，按其用电特性可分为经常负载、事故负载和冲击负载三种。

（1）经常负载。经常负载是指在所有运行状态下，由直流母线不间断地供电的负载。它包括以下内容：①由直流母线供电的经常带电的继电器、信号灯、位置指示器和经常性的直流照明灯等的功率消耗，以及由直流母线经常供电的自动装置、远动装置的正常直流功率消耗；②当电子计算机、巡回检测装置经常由逆变电源供电时，则该逆变装置的功率消耗应列入经常负载。

（2）事故负载。事故负载是指在水电站失去交流电源后，或全站停电的状态下，应由直流系统供电的负载。它包括机组刹车，阀门关闭，事故照明，润滑系统、冷却系统以及由厂用交流供电的通信载波设备、自动装置、远动装置、计算机、巡检装置等负载，其中以事故照明最多。

（3）冲击负载。冲击负载是指蓄电池所承受的短时冲击电流负载。它包括断路器合闸时的短时冲击电流和此时直流母线所承受电流（包括经常和事故负载在内）的总和。

冲击负载应按全站中合闸电流最大的一台断路器合闸电流进行统计，并考虑同时合闸的断路器合闸的总和，对于采用晶闸管励磁而其启励使用直流电流的水电站，当启励电流大于断路器合闸电流时，则应按启励电流进行统计。

8-2-4 水电站常用的蓄电池有哪几类，它们的构成和原理是什么？

答：蓄电池的种类和型式有多种，水电站常用蓄电池有两种：固定铅酸蓄电池和碱性蓄电池。

铅酸蓄电池安装维护工作比较复杂，寿命短，但是造价低，货源较广，因而一般都采用这类蓄电池。碱性蓄电池维护工作较少，寿命长，但造价高，容量小，一般应用较少。在构造和原理方面，除其组成介质不一样外，其他都差不多。在构造方面，有极板、盛电解液的容器、电解液、绝缘隔板、弹簧和其他一些基础架等；在原理方面，铅酸蓄电池的化学方程式为：$PbO_2+2H_2SO_4+Pb\underset{\text{放电}}{\overset{\text{充电}}{\rightleftharpoons}}PbSO_4+2H_2O+PbSO_4$；碱性铁镍蓄电池的化学方程式是：

$Ni_2O_3+2KOH+Fe\underset{\text{充电}}{\overset{\text{放电}}{\rightleftharpoons}}2NiO+2KOH+FeO$。当充电时将电能变成化学能储存起来，放电时又将化学能转变成电能，充放电手段在蓄电池化学反应中起着催化剂的作用，利用这些物质在充放电条件下会可逆地进行反应，来制成蓄电池。

8-2-5　什么是蓄电池的电动势？它与哪些因素有关？为什么？

答：蓄电池的电动势是两个电极的平衡电极电位之差。蓄电池电动势的大小与极板上的活性物质的电化性质和电解液的浓度有关，与极板的面积无关。当极板活性物质已经固定，则蓄电池的电动势主要由电解液的浓度来决定。此外，电动势的值也受温度影响，一般温度升高，电动势的值也升高，反之，电动势的值降低，故蓄电池不应在过高或过低的温度下工作，一般以 15～25℃最为合适。

8-2-6　什么是蓄电池的容量？它与哪些因素有关？为什么？

答：蓄电池的容量即蓄电池的蓄电能力，通常以充足电的蓄电池在放电期间端电压降低 10%时的放电量来表示。如果蓄电池以恒定电流放电，放电容量就等于放电电流与放电时间的乘积。即 $Q = I \cdot t$。一般以 10h 放电容量作为蓄电池的额定容量。蓄电池的实际容量受下列因素影响。

（1）蓄电池的放电率。即蓄电池每小时放电电流的大小。放电率越大，蓄电池的容量就越小。这是因为放电电流大时，极板上的活性物质与其周围的硫酸迅速起反应，会生成颗粒较大的硫酸铅晶块而堵塞极板的细孔，使硫酸难以进一步扩散到极板的深处。因此，深处的活性物质就不能完全参加化学反应，即蓄电池不能释放全部容量。放电率小即放电电流较小时，电解浓度与极板上活性物质细孔内电解液的浓度相差较小，而且外层硫酸铅形成较慢，生成晶粒也较小，硫酸容易扩散到极板细孔内部，使极板深处的活性物质都能参加化学反应，所以蓄电池实际放出的容量就较大。

（2）电解液的温度。电解液温度越高，电解液黏度就越低，其运动速度就较大，渗透力也较强。因此化学反应增强，从而使电池的容量增大，反之，当电池电解液温度下降时，黏度增大，渗透力减弱，扩散作用也减弱，化学反应滞缓，蓄电池的容量就降低。蓄电池容量与电解液温度的关系可用下式表示：$Q_{25} = (I_f \cdot t)/[1 + 0.08 \times (T - 25)]$，式中：$Q_{25}$ 为电解液的平均温度为 25℃时的蓄电池容量，A·h；T 为放电过程中电解液的实际平均温度，℃；I_f 为电解液的平均温度为 25℃时的放电电流，A；t 为连续放电时间。一般来说，电解液温度每升高 1℃，蓄电池容量可增加 8‰，但当温度超过一定界限时，易使正极板弯曲，同时增大了蓄电池的局部放电。

（3）极板的面积。一定厚度的极板，面积越大，容量也越大。所以在运行中，电解液液面必须高过极板顶部。液面低于极板顶部，就会减小极板的有效面积，降低蓄电池容量。

（4）蓄电池放电前的充电状况。如果长时间欠充，其极板深处有效物质会变成惰性硫酸铅，就会降低蓄电池的容量。

因此，为了保持蓄电池有足够的容量，维护使用均需极为谨慎。

8-2-7　什么是蓄电池的内阻，它与哪些因素有关？

答：蓄电池的内阻是指电池在工作时，电流流过电池内部所受到的阻力。它包括：正、负极板电阻，电解液的电阻，隔离物的电阻，连接物的电阻。

电池的内阻与以下因素有关：①容量。内阻大小与容量大小成反比。②电解液比重。内阻大小与电解液比重成反比，而电解液比重又随温度下降而上升。③充、放电过程。在放电过程中内阻逐渐增加，在充电过程中内阻逐渐减少。

8-2-8　什么是蓄电池的放电率和充电率？如何表示它们？

答：放电至终了电压的快慢称为放电率。放电率可用放电电流的大小表示，也可用放电到达终了电压的时间长短表示。

蓄电池充电的快慢称为充电率，其表示方法与放电率相同，可用充电电流大小表示，也可用充电到终了电压的时间长短表示。常用的充电率是 10h 充电率，即充电时间为 10h 才达到终了电压。

8-2-9　什么是蓄电池的冲击放电电流？

答：蓄电池允许在几秒内负担比长期放电容许值大得多的电流称为冲击放电电流，一般情况下蓄电池不容许用过大电流放电，因此，它可作为电磁操动机构的合闸电源。但连续几次冲击放电时，其间应有一定的时间间隔，以使突降的电压能恢复。每一种蓄电池有其容许最大放电电流值，容许放电时间一般为 5s。

8-2-10　什么叫铅酸蓄电池电解液的层化？层化有何危害？怎样降低层化的程度？

答：铅酸蓄电池在充放电过程中电解液的密度在不断地变化，充电时密度增大，放电时密度降低。对固定式铅酸蓄电池来说，充电时较重的电解液向底部沉降，放电时较轻的电解液浮向顶部。蓄电池在充放电过程中，电解液按密度分层的现象叫作层化。

层化的危害会使极板和不同密度的电解液交界面上形成不同电位，导致自放电增大，温度升高，腐蚀和水损耗加剧，影响蓄电池的寿命。

降低层化的办法：普通铅酸蓄电池利用充电时产生的气泡来搅拌电解液，使其趋于均匀状态。对于阀控密封式铅酸蓄电池来说，则要采用特殊技术手段来解决层化问题。用超细玻璃纤维作为隔板的电池，不同密度的电解液沿隔板微孔扩散。在结构上采用水平卧式布置，在采用立式布置时，把同一极板两端高差压缩到最低限度，以避免层化或使层化过程变慢。

8-2-11　铅酸蓄电池产生自放电的主要原因有哪些？

答：蓄电池在平时有自放电的现象，产生自放电的原因很多，主要有：①电解液中或极板含有杂质，形成局部的小电池，小电池的两极又形成短路回路，短路回路内的电流引起蓄电池的自放电；②由于蓄电池电解液上下的比重不同，极板上下电动势也不等，因而在正负极板上下之间的均压电流也引起蓄电池的自放电。

蓄电池的自放电会使极板硫化。通常一昼夜内，铅酸蓄电池由于自放电而引起容量减小 $0.5\%\sim1\%$。为了抑制自放电现象，通常蓄电池室温度不大于 25℃。因为温度升高，电解液比重增大，电解液内金属杂质增加，自放电也加强。

8-2-12　蓄电池的运行方式一般有哪几种，各有什么特点？

答：蓄电池一般有"充放电"和"浮充电"两种工作方式。按充放电运行方式工作的蓄电池组，在运行中大部分时间处于放电状态（即供给负载）。充电设备定期地（一般 1～2 昼夜一次）给蓄电池充电。充电时充电设备一方面给蓄电池充电，另一方面又供给经常性的直流负载。按这种运行方式工作时，必须频繁地充电，极板的有效物质损耗较快。在运行中若不按时充电，或过充电或充电不足等，将更容易使蓄电池寿命缩短，且运行中操作比较复杂，故很少使用。

浮充电方式则是指蓄电池经常与浮充电设备并列运行，浮充电设备除供给经常负载外，还不断地以较小电流给蓄电池充电，使蓄电池的自放电得到补充。当需要供给断路器操动机构以短时间、大负载合闸电流，事故照明或浮充电设备因故障而停止运行时，则由蓄电池供给负载。由于按浮充电方式工作的蓄电池可使其使用寿命延长，并使蓄电池的运行管理简单，因此，水电站的蓄电池均按浮充电方式运行。

8-2-13　什么是蓄电池的定期充放电和均衡充电？

答：定期充放电也叫核对性充放电，以浮充电运行的电池，经过一定时间要使其极板的物质进行一次比较大量的充放电反应，以检查电池容量，并发现落后电池及时维护处理，以保证电池的正常运行。定期充放电一般是一年不少于一次。

均衡充电，以浮充电运行方式的电池，在长期运行中，由于每个电池的自放电不是相等的，但浮充电流是一致的，结果就会出现部分电池处于欠充状态。为使电池能在正常状态下工作，每 1～3 个月须对电池进行一次均衡充电。具体方法是将浮充电流增大，使电池电压保持在 2.35V，持续一定时间（至少 5h），待比重较低的电池电压升高后，即可恢复正常浮充方式运行。

8-2-14　蓄电池为什么要定期充放电、均衡充电和对个别电池进行补充电？

答：采用浮充电运行方式的蓄电池组，因长期浮充，其负极板上的活性物易钝化。这会影响蓄电池的容量和效率，并且电解液上下层比重也不一致，会因浓度差而造成自放电，即由于电解液和电极有杂质存在，使蓄电池在空载或工作时由杂质导体所构成的无数细小的局部放电回路，而造成的蓄电池内部的局部放电现象。如对铅酸蓄电池，在一昼夜内由于自放电而损失的容量可达 0.5%～1%。因此，每隔半年要对蓄电池进行一次充放电，以检查电池容量，发现和及时处理落后电池，以保证电池的正常运行。

均衡充电就是过充电。采用浮充电方式的电池，虽然充电电流相等，但每个电池的自放电是不等的，这就会使部分电池处于欠充电状态，使各个电池的比重、容量和电压不均衡。为了防止这种现象扩展成为落后电池甚至反极，每 1～3 个月应对电池进行一次均衡充电，以使各电池达到均衡一致的良好状态。

蓄电池在长期使用中，个别电池由于自放电较大，或极板发生短路，会出现电池落后甚至反极现象。落后电池表现为：充电时电压及比重上升很慢，放电时电压及比重下降很快，并且在充电末期气泡冒得较早，电解液温升也较高，极板已有硫酸化现象等。为了不影响全组蓄电池的正常工作，对这些个别电池要进行补充电，使其恢复正常。

8-2-15　铅酸蓄电池在定期充放电过程中，为什么不能用较小电流放电？

答：因为小电流放电在放电过程中，酸与水的置换过程比较慢，正、负极板深层的物质将有可能参与反应而变为硫酸铅，放电时用的电流越小，这一反应就越深透。再次充电时，用较大电流进行，其充电的化学反应比较剧烈，极板深层的硫酸铅就不能还原为二氧化铅和铅绵，这样在正、负极板内部就留有硫酸铅晶块，时间越久，越不易还原，若经常这样充放电，极板深处的硫酸铅晶块会逐渐加大，造成极板有效物质脱落。

另外，定期放电还有检查落后电池的作用，用小电流放电达不到这一目的，所以定期充放电时，一定要用 10h 放电率电流进行，不能用小电流，尤其不能用小电流放电大电流充电。

8-2-16 铅酸蓄电池宜用什么材料连接？

答：铅酸蓄电池之间的连接条，只能用铅连接，绝不能采用其他的普通金属。这是因为铅不会被硫酸溶液腐蚀，而其他金属则易被硫酸腐蚀，所以用铅作为连接蓄电池组最为有利，可以保证蓄电池组的可靠安全运行。

8-2-17 蓄电池串、并联使用时，总容量和总电压如何确定？

答：蓄电池串联使用时，总容量等于单个电池的容量，总电压等于单个电池电压相加；蓄电池并联使用时，总容量等于并联电池容量相加，总电压等于单个电池的电压。

8-2-18 如何判别过充电与欠充电对蓄电池的影响？

答：碱性蓄电池对过充电与欠充电耐性较大，只要不太严重，对其影响不大；但过充电会使酸性电池的极板提前损坏，欠充电将使负极板硫化，容量降低。

电池过充电的现象是：正负极板的颜色较鲜艳，电池室的酸味大，电池内的气泡较多，电压高于 2.2V，电池的脱落物大部分是正极的。

电池欠充电的现象是：正负极板颜色不鲜明，电池室的酸味不明显，气泡少，电压低于 2.1V，脱落物大部分是负极的。

8-2-19 电容器储能式直流装置中，逆止二极管和限流电阻选择的原则是什么？

答：逆止二极管选择的原则是：①使它的额定电流大于等于电容器组最大的冲击电流；②二极管的额定电压能承受最大可能的反向电压，一般取 400V 硅元件。

限流电阻选择的原则是：①应使它通过最大工作电流时，其压降不大于额定电压的 15％；②其数值为 5～1011，容量可按 100～200W 选择。

8-2-20 蓄电池室照明有何规定？

答：蓄电池室照明有如下规定：①蓄电池室照明应使用防爆灯，并至少有一个接在事故照明线上；②开关、插座及熔断器应置于蓄电池室外；③照明线应用耐酸碱的绝缘导线。

8-2-21 水电站为什么有的采用硅整流的直流电源？

答：水电站直流电源是供操作、保护、灯光信号、照明和通信等设备使用的，应有良好的电压质量及足够的输出容量，运行稳定可靠，因此一般多使用固定蓄电池组。但由于蓄电池组造价高、寿命短及维护工作量大等缺点，因而只作备用，而主要采用硅整流来获取直流电源。硅整流克服了蓄电池组的严重缺点，采用浮充电方式保证了直流负荷用电的可靠性。

8-2-22 硅整流运行方式改变时应注意什么？

答：硅整流运行方式改变时应注意以下几点。

（1）正常情况下，硅整流器交流电源应由厂内或所内变压器供电，自投运行。

（2）所或厂用变压器停电时，应先将硅整流器倒至备用电源上。

（3）手动切换交流电源时，操作中应先拉后合，防止所或厂用变压器二次侧合环。

8-2-23　当接通交流电源后，GVA 型硅整流器停止信号灯不亮的主要原因有哪些？

答："停止"信号灯有两个作用：一是监视交流电源，二是表示装置处于停止运行状态。它的电源一般由信号变压器供电，控制方法主要有交流接触器断开和启动回路中的中间继电器失磁，其动断辅助触点闭合使信号灯亮。当接通交流电源后，"停止"信号灯不亮的主要原因有：①交流电源控制的中间继电器在失磁后，其动断触点未闭合或接触不良；②主电路的电源熔断器或信号变压器的电源熔断器已熔断或接触不良；③信号灯泡已损坏；④信号灯控制线路有断线；⑤信号变压器的输入、输出接线端子松动、接触不良等。

8-2-24　端电池调压器使用注意事项是什么？

答：端电池调压器有充电柄和放电柄，充电柄是在充电时将已充好的端电池提前停止充电用的，放电柄是在电池电压变化时调整母线电压用的。

为使调整过程中直流母线不断电及被调电池不短路，调整柄是由主副两个刷子组成通过一个过渡电阻片连在一起的，因此，调节过程中除使刷子与滑片紧密接触外，还应使刷子跨接在两个端电池的时间越短越好。严禁使主副刷子跨接在端子头上，因为这将使被跨接的电池通过电阻片放电，有可能使过渡电阻烧坏，导致直流母线失电。在调节过程中还应注意两柄间不要碰接，以免造成接地或短路。

8-2-25　什么是复式整流？其工作原理是什么？常用的有几种？

答：复式整流装置是由接于电压系统的整流电源和接于电流系统的整流电源，用串联或并联的方式，合理配合组成。能在一次系统各种运行方式下和故障时保证可靠的、质量合格的控制电源。

在正常情况下，复式整流装置由电压源供电，当电网发生故障时，电压源输出电压下降或消失，此时一次系统的电源侧断路器将流过较大的短路电流，利用短路电流，通过磁饱和稳压器或速饱和变压器后，再加以整流，就得到具有稳定电压输出的直流电压，用电流源来补偿电压源电压的衰减，使控制母线电压保持在合格的范围内，以保证继电保护和断路器跳闸回路的可靠动作。

复式整流一般常用的有单相和三相两种，在电力系统中大多采用单相复式整流方式。

8-2-26　单相复式整流装置中电压源和电流源为什么接在同一系统电源上？

答：如果电压源和电流源不接在同一系统电源上，就破坏了它们之间的配合关系。在并联接线中，故障发生在电源系统，可能造成直流无输出；在串联接线中，故障发生在电流源系统上将造成直流电压叠加，发生在电压源系统上将会直流无输出，因此必须接在同一电源上。

单相复式整流只有用同相的电压源与电流源配合使用，才能保证一次系统发生故障时，满足直流负载的需要。例如，一次系统发生三相短路故障时，一相的残压与该相的故障电流是按一定关系相互联系的，装置将按设计与调试的配合关系，提供可靠的输出能量。因此必须装于同相上，否则就不能保证在故障情况下有可靠的输出功率，或造成直流电压叠加现象。

8-2-27 复式整流电压源和电流源采用串联和并联各有什么特点?

答: 并联复式整流:电压源和电流源是采用磁饱和稳压器,所以输出电压平稳,交流分量小,适用于直流电源要求较严格的系统。但与串联式比较,制作调试复杂,运行中稳压器易发热,有噪声,工作效率低。

串联复式整流:电压源采用普通变压器,电流源采用速饱和变压器,所以制作比较简单,运行中不易发热,无噪声。由于直流输出是串联,所以残压也得到充分利用。但输出电压随一次电流变化而变化,且交流分量大,因而它的直流仅在无特殊要求的情况下采用。

8-2-28 直流系统为什么要装设绝缘监察装置?

答: 水电站的厂房和开关站的直流系统是与继电保护、信号装置、自动装置、操动机构

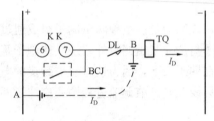

图 8-2-1 两点接地引起误跳闸情况

以及屋内、外配电装置的端子箱等相连接的,因此,直流系统比较复杂,发生接地故障机会较多。当发生一点接地时,无短路电流流过,熔断器不会熔断,所以仍能继续运行。但此时若又发生另一点接地时,有可能引起信号回路、控制回路、继电保护等的不正确动作,如图 8-2-1 所示的控制回路中,当 A 点发生接地后,B 点又发生接地时,则断路器跳闸绕组 TQ 就有电流 I_D 流过,而引起误跳闸。因此,为了防止直流系统两点接地引起误跳闸或拒绝跳闸,必须装设连续工作且足够灵敏的绝缘监察装置。

全部直流系统的正常绝缘电阻通常不应低于 $0.5\sim1M\Omega$。当 220V 直流系统中任一极对地绝缘下降到 $20k\Omega$ 以下,110V 系统下降到 $6k\Omega$ 以下,48V 系统下降到 $1.5k\Omega$ 以下时,绝缘监察装置就发出信号。

8-2-29 直流母线电压监视装置有什么作用? 母线电压过高或过低有何危害?

答: 直流母线电压监视装置的作用是监视直流母线电压在允许范围内运行。当母线电压过高时,对于长期带电的继电器线圈、指示灯等容易造成过热烧毁;母线电压过低时则很难保证断路器、继电保护可靠动作。因此,一旦直流母线电压出现过高或过低的现象,电压监视装置将发出预告信号,运行人员应及时调整母线电压。

母线电压过高或过低的范围一般是 $\pm10\%$。

8-2-30 安装在直流控制盘或硅整流盘上的仪表应符合哪些要求?

答: 对于仪表准确度,直流仪表不应低于 1.5 级,交流仪表不应低于 2.5 级。对于仪表附件的准确度,与仪表连接的分流器、附加电阻和仪用互感器应低于 0.5 级,但仅作电流或电压测量时,1.5 级或 2.5 级仪表可用 1.0 级互感器。

8-2-31 微机控制直流电源装置有哪些特点?

答: 对电网及直流系统的各种运行状态,均汇编为微机执行的程序。运行中出现的各种

问题，微机能自动地做出相应的指令，进行处理。例如，恒流充电、恒压充电、浮充电、交流中断处理、自动调压、自动投切、信号输出、远方控制等，微机均能正确无误地进行处理，全面实现无人值守的要求。

8-2-32　蓄电池运行维护的基本规定是什么？蓄电池室巡视检查项目及规定有哪些？

答：蓄电池运行维护的基本规定是：①蓄电池的检查维护由检修专责负责，充放电时间、电流的大小由蓄电池专责或维护人员决定，运行人员只进行倒闸操作；②蓄电池室严禁烟火，并配备必需的消防器材。

蓄电池室巡视检查的项目及其规定为：①运行人员巡检项目：电瓶是否有裂纹渗液现象，电解液应高于极板 15mm，电解液应透明；铜棒与铅板连接处无腐蚀，分接头接触良好；电池室通风、照明良好，无积水，无灰尘。②蓄电池的检修由专责人负责。③运行、检修班长应定期检查。

8-2-33　直流配电室（屏）巡视检查项目有哪些？

答：直流配电室（屏）巡视检查项目有：①直流母线电压在规定范围内，各表计指示正常；②蓄电池浮充电电流为正值；③用绝缘监察装置测定±220V 直流母线绝缘应良好；④检查直流系统运行方式正确；⑤检查刀闸，保险器接触良好，无过热现象；⑥事故照明装置各元件正常；⑦整流器盘面表计正常，元件运行正常；⑧各馈电开关位置正确。

8-2-34　采用浮充电运行的碱性蓄电池组应注意些什么？

答：注意事项有：①每年进行两次均衡充电；②每 3 个月进行一次核对性放电；③1～2年进行一次全容量放电试验；④浮充电运行的蓄电池组，一旦交流发生故障不能浮充电运行，就要单独给正常的恒定负载、事故照明和可能增加的突然负载供电。这时，单只电池的电压由 1.35V 左右急剧下降到 1.2V，放电可持续到 1.0V。这将会影响到直流系统的安全供电，为此，有必要装设备用蓄电池组。

8-2-35　直流系统的倒闸操作注意事项及规定是什么？

答：直流系统的倒闸操作注意事项及规定如下：①环形供电回路需要在解列点并列时，必须先检查两电源在同一母线；②动力电源切换严禁带负载进行；③直流设备检修后，有可能引起极性错误，在投运前应及时核对极性；④合直流联络刀闸时两侧电压必须相等；⑤两组蓄电池或两台整流器严禁长期并列运行；⑥事故情况下电池可单独接带负载一小时（单电瓶电压不低于 1.93V 可延长）；⑦220V 公用备用段可向单元段提供备用，但不可同时向两机单元段供电；⑧＋24V 系统只能由集控给中控供电，不可逆；⑨逆变器正常运行时，严禁操作主滤波器电容充电、放电按钮。

8-2-36　直流系统发生正极接地和负极接地时对运行有何危害？

答：直流系统发生正极接地时，有可能造成保护误动，因为电磁机构的跳闸线圈通常都接于负极电源，倘若这些回路再发生接地或绝缘不良就会引起保护误动作。直流系统负极接地时，如果回路中再有一点接地时，就有可能使跳闸或合闸回路短路，造成保护装置和断路器拒动，烧毁继电器，或使熔断器熔断。

8-2-37 蓄电池正常巡视和定期检查的项目有哪些？

答： 每班或每天巡视检查蓄电池的项目有：①室内温度、通风和照明情况是否正常；②玻璃缸、盖是否完整；③电解液是否漏出缸外；④电解液面高度是否正常；⑤典型蓄电池的比重和电压是否正常；⑥铜母线与铅板的焊接处有无腐蚀，有无凡士林油；⑦室内是否清洁；⑧各种工具、备品和保安用具是否完整。

对有些免维护的铅酸蓄电池巡视内容：电池外观无变形；各分接头接触良好；连接处无腐蚀。

蓄电池通常在1～2个月进行一次详细检查，检查的内容包括：①每个电池的电压及电解液的比重；②沉淀物的厚度；③极板有无弯曲、硫化和短路；④每个电池的液面高度；⑤蓄电池的绝缘情况；⑥隔板是否完整。

8-2-38 蓄电池组应进行哪些方面的运行维护？

答： （1）蓄电池组每年应进行定期充放电工作。如每三个月进行一次均衡充电；每三个月进行一次核对性放电；每年雷雨季节前进行一次10h容量放电试验。

（2）蓄电池防酸隔爆帽每年取下用纯水冲洗一次，疏通其孔眼，洗净的防酸隔爆帽甩干余水后晾干装回紧固，严禁在无隔爆帽下长时间运行。

（3）充电装置正常运行为"整流"状态，运行中的充电装置严禁带电切换运行方式，调节直流输出时，应缓慢调节，以减小冲击电流。

（4）蓄电池充电时，应投入送、排风机。室内温度保持在10～25℃为宜。

（5）蓄电池室内严禁吸烟、点火。

（6）维护工作时，防止触电，电池短路或开路，清扫时要使用绝缘工具。

8-2-39 防酸蓄电池组有哪些基础方面的运行及维护要求？

答： （1）防酸蓄电池组正常应以浮充电方式运行，使蓄电池组处于额定容量状态。浮充电流的大小应根据所使用蓄电池的说明书确定。浮充电压值一般应控制为 $(2.15\sim2.17V) \times N$（N 为电池个数）。GFD防酸蓄电池组浮充电压值应控制在 $2.23V \times N$。

（2）防酸蓄电池组在正常运行中主要监视端电压值、单体蓄电池电压值、电解液液面高度、电解液密度、电解液温度、蓄电池室温度、浮充电流值等。

（3）防酸蓄电池组的初充电按制造厂规定或在制造厂技术人员指导下进行。

（4）防酸蓄电池组长期浮充电运行中，会使少数蓄电池落后，电解液密度下降，电压偏低。采取均衡充电的方法可使蓄电池消除硫化，恢复到良好运行状态。

8-2-40 镉镍蓄电池组有哪些基础方面的运行及维护要求？

答： 镉镍蓄电池组正常应以浮充电方式运行，高倍率镉镍蓄电池浮充电压值宜取 $(1.36\sim1.39V) \times N$，均衡充电宜取 $(1.47\sim1.48V) \times N$；中倍率镉镍蓄电池浮充电压值宜取 $(1.42\sim1.45V) \times N$，均衡充电宜取 $(1.52\sim1.55V) \times N$，浮充电流值宜取 $2\sim5mA$。

镉镍蓄电池组在运行中主要监视蓄电池组端电压值、浮充电流值，每只单体蓄电池的电压值、电解液液面的高度、电解液的密度、电解液的温度、壳体是否有爬碱、运行环境温度是否超过允许范围等。无论在何种运行方式下，电解液的温度都不得超过35℃。

8-2-41　阀控蓄电池组有哪些基础方面的运行及维护要求？

答：（1）阀控蓄电池组正常应以浮充电方式运行，浮充电压值应控制为$(2.23\sim2.28V)$ $\times N$，一般宜控制在 $2.25V\times N$（25℃时）；均衡充电电压宜控制为$(2.30\sim2.35V)\times N$。

（2）运行中的阀控蓄电池组主要监视蓄电池组的端电压值、浮充电流值、每只单体蓄电池的电压值、运行环境温度、蓄电池组及直流母线的对地电阻值和绝缘状态等。

（3）阀控蓄电池在运行中电压偏差值及放电终止电压值应符合表 8-2-1 规定。

（4）在巡视中应检查蓄电池的单体电压值，连接片有无松动和腐蚀现象，壳体有无渗漏和变形，极柱与安全阀周围是否有酸雾溢出，绝缘电阻是否下降，蓄电池通风散热是否良好，温度是否过高等。

表 8-2-1　　　　　阀控蓄电池在运行中电压偏差值及放电终止电压值的规定

阀控密封铅酸蓄电池	标称电压（V）		
	2V	6V	12V
运行中的电压偏差值	±0.05	±0.15	±0.3
开路电压最大最小电压差值	0.03	0.04	0.06
放电终止电压值	1.80	5.40（1.80×3）	10.80（1.80×6）

8-2-42　充电装置有哪些基础方面的运行及维护要求？

答：充电装置的运行监视：①应定期对充电装置进行如下检查：交流输入电压、交流输出电压、直流输出电流等各表计显示是否正确，运行噪声有无异常，各保护信号是否正常，绝缘状态是否良好。②交流电源中断，蓄电池组将不间断地向直流母线供电，应及时调整控制母线电压，确保控制母线电压值的稳定。当蓄电池组放出容量超过其额定容量的 20% 及以上时，恢复交流电源供电后，应立即手动启动或自动启动充电装置，按照制造厂规定的正常充电方法对蓄电池组进行补充充电，或按恒流限压充电—恒压充电—浮充电方式对蓄电池组进行充电。

维护人员应定期对充电装置进行检查和维护，并应按照有关规定项目进行定期检测：①应定期对充电装置输出电压和电流精度、整定参数、指示仪表进行校对；②宜定期进行稳压、稳流、纹波系数和高频开关电源型充电装置的均流不平衡度等参数测试。

8-2-43　微机监控装置有哪些基础方面的运行及维护要求？

答：（1）运行中直流电源装置的微机监控装置，应通过操作按钮切换检查有关功能和参数，其各项参数的整定应有权限设置和监督措施。

（2）当微机监控装置故障时，若有备用充电装置，应先投入备用充电装置，并将故障装置退出运行。无备用充电装置时，应启动手动操作，调整到需要的运行方式，并将微机监控装置退出运行，经检查修复后再投入运行。

8-2-44　造成铅酸蓄电池极板短路或弯曲的原因有哪些？如何处理？

答：极板短路原因有：①有效物严重脱落引起，应清除脱落物；②隔板损坏引起，应更换隔板；③极板弯曲使极耳短路，用绝缘物隔开；④金属物掉入其内而致使短路。应取出金属物。

极板弯曲原因有：①充电和放电电流过大，应严格按规定进行充放电；②安装不当，重新安装处理；③电解液混入有害物质，应化验电解液有无硝酸盐、醋酸盐、氧化物等存在，如有应用蒸馏水清洗极板，并更换电解液。

8-2-45 蓄电池室内为什么要严禁烟火？

答：蓄电池在充电时，充电电流会使电解液中的水电解为氧气和氢气，并沿正负极板析出，充斥于蓄电池室内，当室内氢气达到一定数量时，一遇明火就会发生爆炸，轻则会使个别蓄电池损坏，重则将使全部蓄电池炸毁。因此蓄电池室内必须严禁烟火，凡是可能发生火花的电器，如断路器、隔离开关、熔断器、插销、电炉等，都不允许装在蓄电池室内。蓄电池室内的照明，一般使用有防爆装置的白炽灯。

在电池的维护工作中，有时须在运行中的电池组上进行焊接，这样只要在停止充电的情况下，用强力通风将空气更换即可。

8-2-46 铅酸蓄电池充电时怎样防止极板损坏？应注意什么？

答：为防止极板损坏，当蓄电池内开始冒气泡时，应逐渐降低充电电流，充电终期，电流减至最大电流的40％。在充电过程中，电压和电解液的温度密度逐渐升高。接至电压切换器上的电池将首先发生气泡，在充电终了时应将这些电池逐渐切出。

在充电过程中应注意：充电时，切换器的手柄应放在终端位置（全部电池均接在回路中），开始充电通风机就启动，在整个充电过程中通风机必须运行；在基本电池发生气泡之后，检查所有电池的沸腾是否均匀，如有落后的电池，则必须检查其电压和密度，如发现有内部短路情况，应迅速消除，不应使电池过热；电解液的温度不应超过 35～40℃；充电完了，通风机还要运行 1.5～2.0h，以便将氢气全部排出去。

8-2-47 阀控密封式铅酸蓄电池在什么情况下应进行补充充电或均衡充电？

答：（1）安装结束后，投入运行前需要进行补充充电。

（2）事故放电后，需要在短时间内充足蓄电池容量。

（3）单格电池的浮充电压低于 2.20V，需要进行均衡充电。

8-2-48 酸性蓄电池隔离物应具备哪些性能？

答：（1）多孔性。疏松多孔，能大量吸收电解液，使电解液在其中容易渗透、对流和扩散。

（2）内电阻低。它对电池内电阻影响相当大。其本身就是绝缘体，而蓄电池的化学反应则发生在隔离物小孔中的电解液内，因此小孔越多，发生化学反应的范围就越大，导电性能就越好，内电阻越小。

（3）耐酸腐蚀、耐氧化、韧性和弹性大、机械强度高。酸性蓄电池在充电和放电过程中受大电流冲击以及极板弯曲变形时，都容易损坏隔离物，因此，隔离物应具有承受这种压力和冲击的机械强度。

8-2-49 对铅酸蓄电池隔离板尺寸有何要求？

答：它的高度应比极板高 20mm，宽度比极板宽 10mm，在安装蓄电池时，为了防止落入杂物造成两极短路，隔离板应高出极板顶部凹面处 10mm。下部伸出的长度，是为了防止脱落的活性物质在下面与极板底部接触造成两极短路。

8-2-50　蓄电池有哪些常见的异常情况需要及时进行检修处理？蓄电池着火如何处理？

答：一旦发现下列情况，应将电池停运并通知检修处理：①极板短路；②极板弯曲；③蓄电池液面太低；④电解液比重降低；⑤极板上有效物脱落。上述情况均注意切换运行方式。

蓄电池着火后应采取如下处理措施：①立即断开蓄电池出口开关；②切换直流方式维持运行；③用泡沫或 CO_2 灭火器灭火，灭火时要带防酸面具，防止硫酸灼伤人体；④蓄电池门窗着火，应停止通风装置。

8-2-51　±220V 直流系统接地故障现象如何，怎样查找和处理？

答：其现象一般是：①母线"接地"光字牌亮；②接地极电压降低或为零，另一极对地电压升高或为全电压。

查找接地的步骤：①确定接地极及绝缘状态；②询问有关单位有无操作，二次回路有无工作，如有工作应停止其工作；③选择可疑的或回路操作过的设备；④选择有关检修过的回路；⑤选择易受潮及室外回路；⑥选择事故照明；⑦选择信号及动力回路；⑧选择操作及保护回路；⑨选择硅整流装置、电池或母线；⑩选至某一回路无法再选时通知检修处理。再查找直流接地时应注意如下事项：①查找接地必须有两人进行，一人操作，一人监护；②查找接地之前应告知值长并与有关人员联系；③选接地方法有瞬间断电法、分割电网法、负载转移法；④遇有事故发生时应停止选择；⑤采用瞬间断电法选择保护回路的接地时应请示值长同意，在断开电源时应做好事故预想。

直流接地的处理：①若接地回路许可停电，经值长许可将接地回路停电，通知保护；②若故障无法消除或者不能停电，应将故障系统与非故障系统解列，以保证良好部分运行；③直流系统有一点接地时，应停止直流回路上其他工作，直流系统接地运行，一般不许超过 2h；④+24V、−24V 系统一旦金属接地即为短路，此时对应负载熔断器熔断（或开关跳闸）自动隔离，值班员应迅速检查设法隔离，以恢复其他段的正常供电。

8-2-52　硅整流器有哪些常见故障？如何处理？

答：硅整流器发生故障时，应先断开交流电源，再进行处理。常见故障及排除方法如下。

（1）硅整流器的交流电源接通后，"停止"信号灯不亮。可能是接触器动断触点接触不良，熔断器熔断或松脱，信号灯泡损坏，线路连接不良，信号变压器的输入、输出的接线头松脱所造成。根据情况，修理接触器触点，更换或拧紧熔断器芯子，接入零线，更换信号灯泡，检查修复线路。

（2）按下"运行"按钮，硅整流器不能投入，且电压表无指示。可能是交流接触器主触点接触不良，"停止"按钮未复位，中间继电器触点接触不良，线路接触不良，熔断器熔断或松脱。此时，应检查及修复主触点，检修"停止"按钮，修复中间继电器触点，拧紧或更换熔断器，并断开交流电源后检查线路是否良好。

（3）硅整流器投入后电压很高，且经调整后也不降低。可能是负载电流过小所致。意味着某些负载电路松脱，应设法增加负载电流。

（4）硅整流器输出电压很低，且转动调压器手柄进行调整后，电压仍未升高。可能是控制变压器线路接头松脱，熔断器熔断或松脱，某一硅元件开断造成，根据具体情况进行相应处理。

（5）硅整流器投入后，带满负载运行时，手动调压，电压不能升高。可能是交流电源电压低于340V，交流电源电压一相熔断器熔断造成。应根据具体情况更换熔断器，或检查交流电源电压降落原因并加以消除。

（6）自动稳流时输出电流突然升高或发生振荡。可能是整流二极管损坏，或电容器损坏，根据具体情况进行处理。

8-2-53　复式整流装置运行时应注意什么？如何对异常情况进行判断处理？

答：并联复式整流装置在运行时应注意以下几点：①对电压源稳压器的温度应注意监视，铁芯温度不得超过95℃。②按照电压源与电流源匹配原则，当运行方式改变时及时倒换整流器的供电电源。③注意监视直流电压是否正常，特别是电流源电压是随一次负载变化而变化的，正常情况下变化指数不大。若指示额定电压，说明谐振电容或止回阀可能有故障，应迅速查明处理。④不是按正常负载谐振工作的稳压器，当负载突变而谐振时，应及时用短接电流互感器方法使其消振，并及时检查谐振电容是否损坏或开焊情况，核对选配的谐振电容是否适当。⑤当电流互感器回路上有工作时，应将该电流互感器连接片取下，防止短路造成复式整流退出运行。⑥正常情况下发现直流电压过低，应检查交流熔断器是否熔断，硅元件是否损坏，并及时查明并处理。⑦复式整流直流输出仅能供给控制回路使用，不能供给较大负载使用，以免故障时不能跳闸。⑧磁饱和稳压器的谐振电容起振后端电压可达1000V，工作时应注意。⑨复式整流所用电流互感器的二次电缆应具备合格的绝缘强度。⑩电流互感器试变化时，工作中应注意采取措施，防止电流源误振和有关保护误动。⑪巡视检查电容器是否有鼓肚、流油现象，磁饱和稳压器应无异声、过热现象。

串联复式整流除应注意以上的第②、⑤、⑥、⑦、⑧、⑨、⑩、⑪条外，还应注意以下两点：①对电压的监视。在正常情况下，电压源与电流源所指示的电压之和接近直流母线电压，电流源电压随负载变化而变化。若电压过低或回零，可能是电流源系统故障。电流源电压过高，可能是止回阀保护动作。②在整流器上工作应注意电压源与电流源输出电流的极性，若接错将造成电压过低，破坏了配合关系。

8-2-54　直流系统绝缘下降怎样进行处理？

答：直流系统绝缘下降时的处理程序：①首先测量正、负极对地电压，判断其故障性质；②根据当时运行方式、检修作业情况、天气情况等判断可能接地的回路，采用瞬时切断负载的方法寻找故障点。

断开负载的原则：先次要负载，后重要负载；先室外，后室内，以及先断经常发生接地的回路。

8-2-55　直流母线出现短路故障后果是什么，如何处理？

答：直流母线短路时，必然导致：①直流信号指示灯全部熄灭；②蓄电池出口总熔断器熔断；③浮充硅整流器或主充硅整流器跳闸。

其处理措施是：①断开直流母线联络隔离开关；②检查母线故障点；③向非故障母线送

电；④将直流负载倒至非故障母线；⑤恢复浮充或主充硅整流器至非故障母线进行浮充；⑥故母线故障排除后，方可投入运行。

8-2-56　维护蓄电池的工作安全事项有哪些？直流系统接地情况下在蓄电池上工作应注意什么？

答： 维护蓄电池工作应注意下列安全事项：①电池的玻璃盖除工作需要外不应挪开；②在调配电解液时，应将硫酸徐徐注入水内，严禁将水快速注入硫酸内；③定期清扫电池和电池室，严禁将水洒入电池；④维护人员应戴防护眼镜；⑤如有溶液溅到皮肤或衣物上，应立即用5％苏打水擦洗，再用清水冲洗；⑥室内严禁烟火；⑦注意电池室内门窗应密封，防止尘土入内，也不要使日光直射电池；⑧维护电池时，要防止触电、电池短路或断路。

当直流系统接地未消除（隔离）前，在电池上的工作一般应立即停止，以免人为引起第二点接地，造成事故。

8-2-57　ZCW-2A 充电装置的相序继电器动作原因有哪些？如何处理？

答： 相序继电器动作的主要原因一般是三相电源相序相反，或三相电源一相或两相消失。应检查三相源的相序是否相反，若相反，则应进行调整；检查电源熔断器是否熔断，如熔断，应检查原因并排除故障后再更换熔断器。

8-2-58　应根据哪些特征来判断铅酸蓄电池是否放电终止？

答： （1）蓄电池是否已输出其保证容量。最好在蓄电池放电到保证容量的75％～80％时，即停止放电，准备充电。

（2）蓄电池的电压降。当电池电压降落到1.8V时，即认为是放电终了的特征。当蓄电池以较小的电流放电时（低于10h放电率），往往在电压尚未降到1.8V以前，蓄电池即已放出了保证容量。此时，虽然蓄电池仍有较高的电压（如1.9V），也应停止放电。

（3）极板的颜色。放电终了时正极板变成褐色，负极板发黑。

（4）电解液的密度降到1.15～1.17时，即可认为放电终了。具体数值应根据放电电流的大小来决定。

8-2-59　蓄电池液面过低时，在什么情况下允许加水？如何加水？

答： （1）对于蓄电池的正常加水（普通的）应一次进行，加水至标准液面的上限，然后将充电电流调至约10h放电率的1/2，进行充电，至绝大部分电池冒出气泡时为止。

（2）对无人值班的变电站，在巡回检查发现电池液面过低时，应先加少量水，使其液面稍高极板，再以10h放电率的1/2电流进行充电，待电池大部分冒出气泡后，再进行普通加水至标准液面，然后充电2h即可。

（3）在一般情况下，定期充放电过程中不允许加水，以免影响电解液密度的测量结果，因为所测量的密度值，是作为判断电池是否充好电的依据（不低于放电前的密度），加水就无法比较了。所以应在充电结束后再进行普通加水，然后充电2h即可。

8-2-60　当运行中的蓄电池出现哪些情况时应及时进行均衡充电？

答： 当运行中的蓄电池出现下列情况之一者应及时进行均衡充电：①被确定为欠充的蓄

电池组；②蓄电池放电后未能及时充电的蓄电池组；③交流电源中断或充电装置发生故障使蓄电池组放出近一半容量，未及时充电的蓄电池组；④运行中因故停运时间长达两个月及以上的蓄电池组；⑤单体电池端电压偏差超过允许值的电池数量达总电池数量的 3%～5% 的蓄电池组。

8-2-61　各类蓄电池的核对性充放电周期如何规定？

答：对于固定防酸隔爆式蓄电池：新安装或大修中更换电解液的防酸蓄电池组，运行第一年，宜每 6 个月进行一次核对性放电；运行一年后的防酸蓄电池组，1～2 年进行一次核对性放电。

对于阀控式密封铅酸蓄电池：安装或大修后应进行全核对性放电试验；投入运行后，2～3 年进行一次；运行了 6 年以后的阀控蓄电池，宜每年进行一次核对性充放电。

8-2-62　防酸蓄电池常见故障及处理有哪些方面？

答：防酸蓄电池常见故障及处理如下。

(1) 防酸蓄电池内部极板短路或开路，应更换蓄电池。

(2) 长期处于浮充运行方式的防酸蓄电池，极板表面逐渐会产生白色的硫酸铅结晶体，通常称为"硫化"。处理方法：将蓄电池组退出运行，先用 I_{10} 电流进行恒流充电，当单体电压上升为 2.5V 时，停充 0.5h，再用 $0.5I_{10}$ 电流充电至冒强烈气泡后，再停 0.5h 再继续充电，直到电解液"沸腾"；单体电压上升到 2.7～2.8V 时，停止充电 1～2h，然后用 I_{10} 电流进行恒流放电，当任一个单体蓄电池电压下降至 1.8V 时，终止放电，并静置 1～2h，再用上述充电程序进行充电和放电，反复数次，极板上的硫酸铅结晶体将消失，蓄电池容量将得到恢复。

(3) 防酸蓄电池底部沉淀物过多，用吸管清除沉淀物，并补充配制的标准电解液。

(4) 防酸蓄电池极板弯曲、龟裂、变形，若经核对性充放电容量仍然达不到 80% 以上，此蓄电池应更换。

(5) 防酸蓄电池绝缘降低，当绝缘电阻值低于现场规定时，将会发出接地信号，且正对地或负对地均能测到电压时，应对蓄电池外壳和绝缘支架用酒精擦拭，改善蓄电池室的通风条件，降低湿度，绝缘将会提高。

8-2-63　阀控密封铅酸蓄电池常见故障及处理有哪些方面？

答：阀控密封铅酸蓄电池常见故障及处理如下。

(1) 阀控密封铅酸蓄电池壳体变形，一般是因为充电电流过大、充电电压超过了 2.4V×N、内部有短路或局部放电、温升超标、安全阀动作失灵等原因造成内部压力升高。处理方法是减小充电电流，降低充电电压，检查安全阀是否堵死；

(2) 运行中浮充电压正常，但一放电，电压很快下降到终止电压值，一般原因是蓄电池内部失水干涸、电解物质变质，处理方法是更换蓄电池。

8-2-64　镉镍蓄电池常见故障及处理有哪些方面？

答：(1) 液面低。镉镍蓄电池的液面高度应保持在中线，当液面偏低时，应注入纯蒸馏水，使整组蓄电池液面保持一致。每三年应更换一次电解液。

(2) "爬碱"。当镉镍蓄电池"爬碱"时，应及时将蓄电池壳体上的"爬碱"擦干净，或者更换为不会产生爬碱的新型大壳体镉镍蓄电池。

（3）容量下降，放电电压低。处理办法是更换电解液，更换无法修复的电池，用 I_5 电流进行 5h 充电后，将充电电流减到 $0.5I_5$ 电流，继续过充电 3～4h，停止充电 1～2h 后，用 I_5 放电至终止电压，再进行上述方法充电和放电，反复 3～5 次，其容量将得到恢复。如果容量仍然不能恢复时，应更换蓄电池。

8-2-65　防酸蓄电池的核对性充放电试验及要求是什么？

答：蓄电池长期处于浮充电运行方式，无法判断蓄电池的现有容量、内部是否失水或干枯。通过核对性放电，可以发现蓄电池容量缺陷。

（1）一组防酸蓄电池组的核对性放电。全站仅有一组蓄电池时，不应退出运行，也不应进行全核对性放电，只允许用 I_{10} 电流放出其额定容量的 50%。当任一单体蓄电池电压下降到 1.9V 时，应停止放电。放电后，应立即用 I_{10} 电流进行恒流充电。当蓄电池电压达到（2.30～2.33V）×N 时转为恒压充电。当充电电流下降到 $0.1I_{10}$ 电流时，应转为浮充电运行。重复几次上述充放电过程后，蓄电池组极板得到了活化，容量可以得到恢复。若有备用蓄电池组替换时，该组蓄电池可进行全核对性放电。

（2）两组防酸蓄电池组的核对性放电。全站若具有两组蓄电池时，则一组运行，另一组退出运行进行全核对性放电。放电用 I_{10} 恒流，当单体蓄电池电压下降到 1.8V 终止放电电压时，停止放电。放电过程中，记录蓄电池的端电压、每个单体蓄电池电压、电解液密度等参数。若蓄电池组第一次核对性放电就放出了额定容量，则不再放电，充满容量后便可投入运行；若放充三次均达不到蓄电池额定容量的 80% 以上，则应安排更换。

（3）防酸蓄电池组的核对性放电周期。新安装或检修中更换电解液的防酸蓄电池组，运行第一年，宜每 6 个月进行一次核对性放电；运行一年后的防酸蓄电池组，1～2 年进行一次核对性放电。

8-2-66　镉镍蓄电池的核对性充放电试验及要求是什么？

答：（1）一组镉镍蓄电池组的放电。全站仅有一组蓄电池时，不能退出运行，也不能进行全核对性放电，只允许用 I_5 电流放出其额定容量的 50%。在放电过程中，每隔 0.5h 记录一次蓄电池端电压值，若蓄电池组端电压下降到 1.17V×N 时，应停止放电。并及时用 I_5 电流充电。反复 2～3 次，蓄电池组的容量可以得到恢复。若有备用蓄电池组替换时，该组镉镍蓄电池可进行全核对性放电。

（2）两组镉镍蓄电池组的核对性放电。全站若具有两组蓄电池时，则一组运行，另一组断开负载进行全核对性放电。放电用 I_5 恒流，终止端电压为 1.1V×N，在放电过程中，每隔 0.5h 记录一次蓄电池组端电压值。每隔 1h 测量一次每个蓄电池的电压值。若放充三次均达不到蓄电池额定容量的 80% 以上，则应安排更换。

（3）镉镍蓄电池组的核对性放电周期。运行中的镉镍蓄电池组，每年宜进行一次全核对性放电。

8-2-67　阀控蓄电池的核对性充放电试验及要求是什么？

答：（1）一组阀控蓄电池组的核对性放电。全站仅有一组蓄电池时，不应退出运行，也不应进行全核对性放电，只允许用 I_{10} 电流放出其额定容量的 50%。在放电过程中，蓄电池组的端电压不应低于 $2V \times N$。放电后，应立即用 I_{10} 电流进行限压充电—恒压充电—浮充电，反复放充 2～3 次，蓄电池容量可以得到恢复。若有备用蓄电池组替换时，该组蓄电池可进行全核对性放电。

（2）两组阀控蓄电池组的核对性放电。全站若具有两组蓄电池时，则一组运行，另一组退出运行进行全核对性放电。放电用 I_{10} 恒流，当蓄电池组电压下降到 $1.8V \times N$ 时，停止放电。隔 1～2h 后，再用 I_{10} 电流进行恒流限压充电—恒压充电—浮充电。反复放充 2～3 次，蓄电池容量可以得到恢复。若经过三次全核对性放充电，蓄电池组容量均达不到其额定容量的 80% 以上，则应安排更换。

（3）阀控蓄电池组的核对性放电周期。新安装的阀控蓄电池在验收时应进行核对性充放电，以后每 2～3 年应进行一次核对性充放电，运行了 6 年以后的阀控蓄电池，宜每年进行一次核对性充放电。

（4）备用搁置的阀控蓄电池，每 3 个月进行一次补充充电。

8-2-68 直流系统绝缘监测及信号报警试验如何规定？

答：（1）直流电源装置在空载运行时，其额定电压为 220V 的系统，用 $25k\Omega$ 电阻；额定电压为 110V 的系统，用 $7k\Omega$ 电阻；额定电压为 48V 的系统，用 $1.7k\Omega$ 电阻。分别使直流母线正极或负极接地，应正确发出声光报警。

（2）直流母线电压低于或高于整定值时，应发出低压或过电压信号及声光报警。

（3）充电装置的输出电流为额定电流的 105%～110% 时，应具有限流保护功能。

（4）装有微机型绝缘监测装置的直流电源系统，应能监测和显示其支路的绝缘状态，各支路发生接地时，应能正确显示和报警。

8-2-69 直流系统的耐压及绝缘试验如何规定？直流母线连续供电试验有什么要求？

答：对于直流系统的耐压及绝缘试验，其规定是：①在做耐压试验之前，应将电子仪表、自动装置从直流母线上脱离开，用工频 2kV，对直流母线及各支路进行耐压 1min 试验，应不闪络、不击穿；②直流电源装置的直流母线及各支路，用 1000V 绝缘电阻表测量，绝缘电阻应不小于 $10M\Omega$。

对于直流母线连续供电试验，对其要求时：交流电源突然中断，直流母线应连续供电，电压波动应不大于额定电压的 10%。

8-2-70 蓄电池组容量试验方法有哪些？

答：不同种类的蓄电池具有不同的充电率和放电率。

（1）防酸蓄电池组容量试验。防酸蓄电池组的恒流充电电流及恒流放电电流均为 I_{10}，只要其中任一个蓄电池达到 1.8V 放电终止电压时，应停止放电。在三次充放电循环之内，若达不到额定容量的 100%，此组蓄电池为不合格。

（2）阀控蓄电池组容量试验。阀控蓄电池组的恒流限压充电电流和恒流放电电流均为 I_{10}，额定电压为 2V 的蓄电池，放电终止电压为 1.8V；额定电压为 6V 的组合式蓄电池，放电终止电压为 5/25V；额定电压为 12V 的组合式蓄电池，放电终止电压为 10.5V。只要其中任一个蓄电池达到了终止电压，应停止放电。在三次充放电循环之内，若达不到额定容量的 100%，此组蓄电池为不合格。

（3）镉镍蓄电池组容量试验。镉镍蓄电池组的恒流充电电流和恒流放电电流均为 I_5，只要其中任一个蓄电池达到 1V 放电终止电压时，应停止放电。在三次充电循环之内，若达不到额定容量的 100%，此组蓄电池为不合格。

8-2-71　直流系统充电装置稳流精度、稳压精度、直流母线纹波系数范围如何规定？

答：对于直流系统充电装置稳流精度范围，其规定是：①磁放大型充电装置，稳流精度应不大于 ±5%；②相控型充电装置，稳流精度应不大于 ±1%（精度Ⅰ类装置）或不大于 ±2%（精度Ⅱ类装置）；③高频开关模块型充电装置，稳流精度应不大于 ±1%。

对于直流系统充电装置稳压精度范围，其规定是：①磁放大型充电装置，稳压精度应不大于 ±2%；②相控型充电装置，稳压精度应不大于 ±0.5%（精度Ⅰ类装置）或不大于 ±1%（精度Ⅱ类装置）；③高频开关模块型充电装置，稳压精度应不大于 ±0.5%。

对于直流系统直流母线纹波系数范围，其规定是：①磁放大型充电装置，纹波系数应不大于 2%；②相控型充电装置，纹波系数应不大于 1%；③高频开关模块型充电装置，纹波系数应不大于 0.5%。

8-2-72　微机直流控制装置"三遥"功能内容有哪些？

答：控制中心通过遥信、遥测、遥控通信接口，监测和控制远方变电站中正在运行的直流电源装置。

（1）遥信内容。直流母线电压过高或过低、直流母线接地、充电装置故障、直流绝缘监测装置故障，蓄电池熔断器熔断、断路器脱扣、交流电源电压异常等。

（2）遥测内容。直流母线电压及电流值、蓄电池组端电压值、蓄电池组或单体蓄电池电压、充放电电流值等参数。

（3）遥控内容。直流电源充电装置的开机、停机、运行方式切换等。

8-2-73　高频开关电源及相控整流装置外观工艺验收，应按什么要求进行检查？

答：（1）设备屏、柜的固定及接地应可靠，门与柜体之间经截面不小于 $6mm^2$ 的裸体软导线可靠连接。外表防腐涂层应完好、设备清洁整齐。

（2）设备屏、柜内所装电器元件应齐全完好，安装位置正确，固定牢固。空气断路器或熔断器选用符合规定，动作选择性配合满足要求。

（3）二次接线应正确，连接可靠，标志齐全、清晰，绝缘符合要求。

（4）用于湿热带地区的屏、柜应具有防潮、抗霉和耐热性能，按《热带电工产品通用技术》（JB/T 4159—2013）要求进行验收。

（5）设备屏、柜及电缆安装后，应做好孔洞封堵和防止电缆穿管积水结冰的措施；

（6）操作及联动试验正确，交流电源切换可靠，符合设计要求。

8-2-74　蓄电池外观验收，应进行哪些检查？

答：主要应进行如下检查：①蓄电池室及其通风、调温、照明等装置应符合设计要求。②组柜安装的蓄电池排列整齐，标识清晰、正确。蓄电池间距符合规定，通风散热设计合理，测温装置工作正常。③安装布线应排列整齐，极性标志清晰、正确。④蓄电池编号正确，应由正极按序排列，蓄电池外壳清洁、完好，液面正常，密封电池无渗液。⑤极板应无弯曲、变形及活性物质剥落。⑥初充电、放电容量及倍率校验的结果应符合要求。⑦蓄电池组的绝缘应良好。⑧蓄电池呼吸装置完好，通气正常。

8-2-75 蓄电池更换工序控制及要求是什么？

答：（1）电解液的配制与注液。①配制电解液所用的器具应用清水洗净，最后用蒸馏水冲洗；②配制电解液时应将硫酸徐徐注入蒸馏水中，并不停地搅拌散热，严禁将蒸馏水倒入硫酸中；③用于搅拌电解液的工具必须符合规定要求，不得用金属和木制材料；④当电解液温度超过80℃时应停止注入，并应采取散热措施，待温度降低后，方可继续配制；⑤在配制电解液的现场应准备碳酸氢钠水溶液或其他防护用品；⑥往蓄电池内注入电解液应加到蓄电池的上、下限位之间；⑦作业人员应穿戴防酸服、防酸靴，配制电解液时还应佩戴护目镜。

（2）蓄电池的充放电。①充电前必须对蓄电池螺钉紧固情况重新检查一遍；②在充电期间应每隔1~2h对蓄电池的电压、电解液密度、温度进行测量并记录，放电期间应每小时测量和记录蓄电池的电压、密度和温度；③充电过程防酸蓄电池电解液温度不应高于40℃，镉镍和阀控蓄电池的温度不应超过35℃，若温度超过规定时应减小充电电流，并采取其他措施；④蓄电池的初充电应严格按制造厂规定进行；⑤充电结束应将蓄电池擦洗干净后方可投入运行；⑥新安装的阀控蓄电池在检查制造厂充放电记录无误后，仍需进行核对性充放电。

（3）具有两组蓄电池时，应将拟更换蓄电池组退出运行；单组蓄电池更换需要进行下列电源倒换工作：①调整充电装置，使临时蓄电池与运行中的直流母线的压差不超过5V；②核对临时蓄电池组与运行中直流母线的正、负极性；③将临时蓄电池接入到直流母线或者备用直流回路；④断开原蓄电池总开关或熔断器；⑤拆除的接线应包扎绝缘，并做好标记。

（4）蓄电池更换。①拆除原蓄电池的接线，包扎绝缘，并做好标记；②拆除原蓄电池，清理现场；③新蓄电池安装就位、接线；④核对蓄电池的"正、负"极性和螺钉紧固情况，防酸蓄电池组还应在极柱上涂抹凡士林；⑤恢复原接线方式。

8-2-76 充电装置的更换工序步骤及要求是什么？

答：充电装置更换的具体工序见表8-2-2。

表8-2-2　　　　　充电装置更换步骤及要求

	项　目	内　容	方法及要求
1	回路检查	原充电装置接线检查	根据图纸、实际接线、电缆标识，查清接线，做好标记，必要时应绘制与实际相符的接线图
2	临时充电装置接入	临时充电装置接线	（1）选择满足实际运行要求的临时充电装置 （2）临时充电装置接入前应核对正、负极性
3	拆除	拆除原充电装置	（1）检查临时充电装置运行正常 （2）断开原充电装置的电源，并验明确无电压后，拆除有关接线
4	安装	新充电装置安装	（1）装置就位、安装、接线、调试、验收、空载试运行 （2）完善屏内设备标识
5	恢复系统运行	拆除临时充电装置	（1）检查新充电装置运行正常 （2）断开临时充电装置的电源，并验明确无电压后，拆除有关接线

第三节 继 电 保 护

8-3-1 什么是继电保护和安全自动装置？各有何作用？

答：当电力系统中的电力元件（如发电机、线路等）或电力系统本身发生了故障或危及其安全运行的事件时，需要向运行值班人员及时发出警告信号，或者直接向所控制的断路器发出跳闸命令，以终止这些事件发展。实现这种自动化措施、用于保护电力元件的成套硬件设备，一般通称为继电保护装置；用于保护电力系统的，则通称为电力系统安全自动装置。继电保护装置是保证电力元件安全运行的基本装备，任何电力元件不得在无继电保护的状态下运行。电力系统安全自动装置则用以快速恢复电力系统的完整性，防止发生和中止已开始发生的足以引起电力系统长期大面积停电的重大系统事故，如失去电力系统稳定、频率崩溃或电压崩溃等。

8-3-2 继电保护的基本任务是什么？

答：（1）当被保护的电力系统元件发生故障时，应该由该元件的继电保护装置迅速准确地给距离故障元件最近的断路器发出跳闸命令，使故障元件及时从电力系统中断开，以最大限度地减少对电力元件本身的损坏，降低对电力系统安全供电的影响，并满足电力系统的某些特定要求（如保持电力系统的暂态稳定性等）。

（2）反映电气设备的不正常工作状态。根据不正常工作状态以及设备运行维护条件的不同（如有无经常值班人员）发出信号，以便值班人员进行处理或由装置自动地进行调整，并将那些继续运行而会引起事故的电气设备予以切除。反映不正常工作状态的继电保护装置容许带一定的延时动作。

8-3-3 电力系统对继电保护的基本要求是什么？

答：对电力系统继电保护的基本性能要求有可靠性、选择性、快速性、灵敏性。这些要求之间，有的相辅相成，有的相互制约，需要针对不同的使用条件，分别进行协调。

（1）可靠性。继电保护可靠性是对电力系统继电保护的最基本性能要求，它又分为两个方面，即可信赖性与安全性。

可信赖性要求继电保护在设计要求它动作的异常或故障状态下，能够准确地完成动作；安全性要求继电保护在非设计要求它动作的其他所有情况下，能够可靠地不动作。

可信赖性与安全性，都是继电保护必备的性能，但两者相互矛盾。在设计与选用继电保护时，需要依据被保护对象的具体情况，对这两方面的性能要求适当地予以协调。例如，对于传送大功率的输电线路保护，一般宜于强调安全性；而对于其他线路保护，则往往宜于强调可信赖性。至于大型发电机组的继电保护，无论它的拒绝动作或误动作跳闸，都会引起巨大的经济损失，需要通过精心设计和装置配置，兼顾这两方面的要求。

提高继电保护安全性的办法，主要是采用经过全面分析论证，有实际运行经验或者经试验确证为技术性能满足要求、元件工艺质量优良的装置；而提高继电保护的可信赖性，除了选用高可靠性的装置外，更重要的还可以采取装置双重化，实现"二中取一"的跳闸方式。

（2）选择性。继电保护选择性是指在对系统影响可能最小的处所，实现断路器的控制操作，以终止故障或系统事故的发展。例如，对于电力元件的继电保护，当电力元件故障时，要求最靠近故障点的断路器动作断开系统供电电源；而对于振荡解列装置，则要求当电力系统失去同步运行稳定性时，在解列后两侧系统可以各自安全地同步运行的地点动作于断路器，将系统一分为二，以中止振荡，等等。

电力元件继电保护的选择性，除了决定于继电保护装置本身的性能外，还要求满足：①由电源算起，越靠近故障点的继电保护的故障启动值相对越小，动作时间越短，并在上下级之间留有适当的裕度；②要具有后备保护作用，如果最靠近故障点的继电保护装置或断路器因故拒绝动作而不能断开故障时，能由紧邻的电源侧继电保护动作将故障断开。在220kV及以上电压的电力网中，由于接线复杂所带来的具体困难，在继电保护技术上往往难以做到对紧邻下一级元件的完全后备保护作用，相应采用的通用对策是：每一电力元件都装设至少两套各自独立工作、可以分别对被保护元件实现充分保护作用的继电保护装置，即实现双重化配置；同时，设置一套断路器拒绝动作的保护，当断路器拒动时，使同一母线上的其他断路器跳闸，以断开故障。

（3）快速性。继电保护快速性是指继电保护应以允许的可能最快速度动作于断路器跳闸，以断开故障或中止异常状态发展。继电保护快速动作可以减轻故障元件的损坏程度，提高线路故障后自动重合闸的成功率，并特别有利于故障后的电力系统同步运行的稳定性。快速切除线路与母线的短路故障，是提高电力系统暂态稳定的最重要手段。

（4）灵敏性。继电保护灵敏性是指对于其保护范围内发生故障及不正常运行状态的反应能力。故障时通入装置的故障量和给定的装置启动值之比，称为继电保护的灵敏系数。它是考核继电保护灵敏性的具体指标，它主要决定于被保护元件和电力系统的参数和运行方式。

继电保护越灵敏，越能可靠地反映要求动作的故障或异常状态；但同时，也越易于在非要求动作的其他情况下产生误动作，因而与选择性有矛盾，需要协调处理。

8-3-4　继电保护的基本内容是什么？

答：对被保护对象实现继电保护，包括软件和硬件两方面的内容：①确定被保护对象在正常运行状态和模拟进行保护的异常或故障状态下，有哪些物理量发生了可供进行状态判别的量、质或量与质的重要变化，这些用来进行状态判别的物理量（如通过被保护电力元件的电流大小等），称为故障量或启动量；②将反映故障量的一个或多个元件按规定的逻辑结构进行编排，实现状态判别，发出警告信号或断路器跳闸命令的硬件设备。

（1）故障量。用于继电保护状态判别的故障量，随被保护对象而异，也随所处电力系统的周围条件而异。使用得最为普遍的是工频电气量。而最基本的是通过电力元件的电流和所在母线的电压，以及由这些量演绎出来的其他量，如功率、相序量、阻抗、频率等，从而构成电流保护、电压保护、阻抗保护、频率保护等。例如，对于发电机，可以通过检测通过发电机绕组两端的电流是否大小相等、相位是否相反，来判定定子绕组是否发生了短路故障；对于变压器，也可以用同样的判据来实现绕组的短路故障保护，这种方式叫作电流差动保护，是电力元件最基本的一种保护方式；对于油浸绝缘变压器，可以用油中气体含量作为故障量，构成气体保护。线路继电保护的种类最多，如在最简单的辐射形供电网络中，可以用反映被保护元件通过的电流显著增大而动作的过电流保护来实现线路保护；而在复杂电力网中，除电流大小外，还必须配以母线电压的变化进行综合判断，才能实现线路保护，而最为常用的是可以正确地反映故障点到继电保护装置安装处电气距离的距离保护；对于主要输电线路，还借助连接两侧变电站的通信通道相互传输继电保护信息，来实现对线路的保护；近年来，又开始研究利用故障初始过程暂态量作为判据的线路保护。对于电力系统安全自动装置，简单的以反映母线电压的频率绝对值下降或频率变化率为负来判断电力系统是否已开始走向频率崩溃；复杂的则在一个处所设立中心站，通过通信通道连续收集相关变电站的信息，进行综合判断，及时向相应变电站发出操作命令，以保证电力系统的安全运行。

（2）硬件结构。硬件结构又叫装置。硬件结构中，有反映一个或多个故障量而动作的继电器元件，组成逻辑回路的时间元件和扩展输出回路数的中间元件等。在 20 世纪 50 年代及以前，它们差不多都是用电磁型的机械元件构成。随着半导体器件的发展，陆续推广了利用整流二极管构成的整流型元件和由半导体分立元件组成的装置。70 年代以后，利用集成电路构成的装置在电力系统继电保护中得到广泛运用。到 80 年代，微型机在安全自动装置和继电保护装置中逐渐应用。随着新技术、新工艺的采用，继电保护硬件设备的可靠性、运行维护方便性也不断得到提高。目前，是多种硬件结构并存的时代。

8-3-5　继电保护可分为哪几种类型？

答：电力系统发生故障时可能引起电流的增大，电压的下降或增大以及电流与电压相位的变化等，因此，绝大多数保护装置都是以反映故障时这些物理量变化为基础，利用正常运行与故障时各物理量的差别来实现。根据所反映的物理量的不同，构成不同类型的保护。例如，反映电流量变化的为电流保护，反映电压量变化的为电压保护，既反映电流又反映相角改变的为电流方向保护，反映电压与电流比值变化的为阻抗（距离）保护，反映电气元件始末端电流大小和相位差别的为纵差动保护以及利用输电线路高频通道来传送被比较电流的信号而构成的高频保护等。

另外，根据保护所采用的继电器不同，保护可分为机电型保护、晶体管保护及微机保护三大类。根据保护的功能不同，它又分为主保护、后备保护和辅助保护三种。

8-3-6　什么是主保护、后备保护、辅助保护、异常运行保护？

答：主保护是指能以较小的动作时限有选择地切除被保护电气元件整个保护范围内故障的保护。它的动作时限应能满足电力系统稳定的要求。

后备保护是指当被保护元件的主保护拒绝动作或退出工作（如调试）时，以及相邻元件的保护或断路器拒绝动作时，能保证带一定延时使断路器跳闸以消除故障的保护。后备保护可分为远后备保护和近后备保护两种：①远后备保护是主保护或断路器拒动时，由相邻电力设备或线路的保护来实现的后备保护；②近后备保护是当主保护拒动时，由本电力设备或线路的另一套保护来实现的后备保护。当断路器拒动时，由断路器失灵保护来实现后备保护。

辅助保护是指能补充主保护的不足或加速其动作，但又不能代替主保护而仅起辅助作用的保护。

异常运行保护是反映被保护电力设备或线路异常运行状态的保护。

8-3-7　继电保护由哪几部分构成？

答：尽管继电保护的种类很多，但其构成一般都有以下几个部分。

（1）传感部分。这部分的主要作用是将电力系统发生故障或不正常工作状态时物理量的变化传递给继电器，使其产生相应的动作。由于电力系统的电压很高，电流很大，所以必须通过中间装置把电压降低，电流减小。电压互感器和电流互感器就可以满足这一要求。此外，还有传感温度和传感气体的装置等。

（2）逻辑判断部分。它的主要作用是根据传感装置反映的物理量数量大小、性质与整定值相比较确定是否需要发出相应的命令。它的命令很简单，一般只有"电路接通"或"电路断开"两种。但数量变化到多大程度以及在什么时机发出命令，却是继电保护的两大重要课题。这两个课题统称为继电保护的"整定"。采用什么"整定值"，就是继电保护"整定"的任务。

（3）执行部分。它是根据逻辑判断部分做出判断，执行保护装置的任务，给出信号和发出跳闸的命令，或者不予动作，这一部分通常由信号继电器及出口中间继电器构成。

（4）操作电源。它作为继电器执行动作的动力。通常采用直流操作电源。

（5）二次接线。它是继电保护的连接线路，使各个独立元件组合成整套的保护装置。

8-3-8　什么是继电器？继电器的作用是什么？

答：继电器是当输入回路中激励量的变化达到规定值时，能使输出回路中的被控电量发生预定阶跃变化的自动电路控制器件。它具有能反映外界某种激励量（电或非电）的感应机构、对被控电路实现"通""断"控制的执行机构，以及能对激励量的大小完成比较、判断和转换功能的中间比较机构。继电器广泛应用于自动控制、遥控遥测、通信、广播和航天技术等领域，起控制、保护、调节和传递信息的作用。

作为控制元件，概括起来，继电器有如下几种作用：①扩大控制范围。例如，多触点继电器控制信号达到某一定值时，可以按触点组的不同形式，同时换接、开断、接通多路电路。②放大。例如，灵敏型继电器、中间继电器等，用一个很微小的控制量，可以控制很大功率的电路。③综合信号。例如，当多个控制信号按规定的形式输入多绕组继电器时，经过比较综合，达到预定的控制效果。④自动、遥控、监测。例如，自动装置上的继电器与其他电器一起，可以组成程序控制线路，从而实现自动化运行。

8-3-9　继电器一般怎样分类？

答：继电器按在继电保护中的作用，可分为测量继电器和辅助继电器两大类，其中，测量继电器能直接反映电气量的变化，按所反映电气量的不同，又可分为电流继电器、电压继电器、功率方向继电器、阻抗继电器、频率继电器以及差动继电器等；辅助继电器可用来改进和完善保护的功能，按其作用的不同，可分为中间继电器、时间继电器以及信号继电器等。

继电器按结构型式分类，目前主要有电磁型、感应型、整流型以及静态型。

8-3-10　电磁式继电器的工作原理和特性是什么？

答：电磁式继电器一般由铁芯、线圈、衔铁、触点簧片等组成的。只要在线圈两端加上一定的电压，线圈中就会流过一定的电流，从而产生电磁效应，衔铁就会在电磁力吸引的作用下克服返回弹簧的拉力吸向铁芯，从而带动衔铁的动触点与静触点（动合触点）吸合。当线圈断电后，电磁的吸力也随之消失，衔铁就会在弹簧的反作用力下返回原来的位置，使动触点与原来的静触点（动断触点）吸合。这样吸合、释放，从而达到了在电路中的导通、切断的目的。对于继电器的"动合、动断"触点，可以这样来区分：继电器线圈未通电时处于断开状态的静触点，称为"动合触点"或"常开触点"；处于接通状态的静触点称为"动断触点"或"常闭触点"。

8-3-11　感应型继电器的工作原理怎样?

答: 感应型继电器分为圆盘式和四极圆筒式两种,其基本工作原理是一样的。

根据电磁感应定律,一运动的导体在磁场中切割磁力线,导体中就会产生电流,这个电流产生的磁场与原磁场间的作用力,力图阻止导体的运动;反之,如果通电导体不动,而磁场在变化,通电导体同样也会受到力的作用而产生运动。感应型继电器就是基于这种原理而动作的。

8-3-12　热敏干簧继电器的工作原理和特性怎样?

答: 热敏干簧继电器是一种利用热敏磁性材料检测和控制温度的新型热敏开关。它由感温磁环、恒磁环、干簧管、导热安装片、塑料衬底及其他一些附件组成。热敏干簧继电器不用线圈励磁,而由恒磁环产生的磁力驱动开关动作。恒磁环能否向干簧管提供磁力是由感温磁环的温控特性决定的。

8-3-13　固态继电器(SSR)的工作原理怎样? 它有哪些类型?

答: 固态继电器是一种两个接线端为输入端,另两个接线端为输出端的四端器件,中间采用隔离器件实现输入输出的电隔离。

固态继电器按负载电源类型可分为交流型和直流型。按开关型式可分为常开型和常闭型。按隔离型式可分为混合型、变压器隔离型和光电隔离型,以光电隔离型为最多。

8-3-14　微机保护硬件系统通常包括哪几个部分?

答: 微机保护硬件系统包含以下4个部分:①数据处理单元,即微机主系统;②数据采集单元,即模拟量输入系统;③数字量输入/输出接口,即开关量输入输出系统;④通信接口。以华自科技的DMP300C保护测控装置为例,由PT/CT插件、DSP插件、开入/开出插件、显示通信等插件组成。PT/CT插件完成交流量采样功能,开入插件完成开关量采集功能,DSP插件完成保护逻辑判断功能,开出插件则是执行部分,驱动开关跳闸或发出告警指示,通信插件完成人机界面的显示及远程通信功能。

8-3-15　微机保护硬件中RAM的作用是什么?

答: RAM常用于存放采样数据和计算的中间结果、标志字等信息,一般也同时存放微机保护的动作报告信息等内容。RAM的特点是对它进行读写操作非常方便,执行速度快,缺点是+5V工作电源消失后,其原有数据、报告等内容也消失,所以RAM中不能存放定值等掉电不允许丢失的信息。

8-3-16　微机保护硬件中E²PROM的作用是什么?

答: E²PROM(电可擦写的只读存储器)的特点是在5V工作电源下可重新写入新的内容,并且+5V工作电源消失后其内容不会丢失,所以E²PROM常用于存放定值、重要参数等信息。E²PROM的缺点是写入一个字节较慢,一般写一个字节要花费几个毫秒,且每一片E²PROM芯片重复擦写的次数有一定限制,一般理论值为几万次左右。E²PROM有串行和并行两种形式。

8-3-17　微机保护硬件中 FLASH 存储器的作用是什么？

答：FLASH 存储器与普通 E^2PROM 一样，也是在 5V 电源下可重新擦写，且掉电不丢失原有内容。它一般也用于存放定值、参数等重要内容，对某些应用，FLASH 存储器也用于存放程序代码。FLASH 存储器相对普通 E^2PROM 而言，其容量更大，写入速度快，一般为几十微秒。从趋势上分析，FLASH 存储器有替代普通 E^2PROM 的可能。

8-3-18　什么是采样、采样中断、采样率？

答：微机保护中，CPU 通过模数转换器获得输入的电压、电流等模拟量（也可以含开关量输入）的过程称为采样。它实际上完成了输入连续模拟量到离散采样数字量的转换过程，它一般通过采样中断来实现，即 CPU 设置一个定时中断。这个中断时间一到，CPU 就执行采样过程，即启动 A/D 转换，并读取 A/D 转换结果。上述定时中断的时间间隔即为采样间隔 T_s，采样率 $f_s = 1/T_s$。例如，每个周波采样 20 点，则采样间隔 $T_s = 1ms$，采样率 $f_s = 1000Hz$。每个周波采样 12 点，则采样间隔 $T_s = 5/3ms$，采样率 $f_s = 600Hz$。

8-3-19　微机保护数据采集系统中共用 A/D 转换器条件下采样/保持器的作用是什么？

答：在上述情况下采样/保持器的作用如下。

（1）保证在 A/D 变换过程中输入模拟量保持不变。

（2）保证各通道同步采样，使各模拟量的相位关系经过采样后保持不变。

8-3-20　电压频率变换（VFC）型数据采集系统有哪些优点？

答：（1）分辨率高，电路简单。

（2）抗干扰能力强。积分特性本身具有一定的抑制干扰的能力；采用光电耦合器，使数据采集系统与 CPU 系统电气上完全隔离。

（3）与 CPU 的接口简单，VFC 的工作根本不需 CPU 控制。

（4）多个 CPU 可共享一套 VFC，且接口简单。

8-3-21　数字滤波器与模拟滤波器相比，有哪些特点？

答：数字滤波用程序实现，因此不受外界环境（如温度等）的影响，可靠性高。它具有高度的规范性，只要程序相同，则性能必然一致。它不像模拟滤波器那样会因元件特性的差异而影响滤波效果，也不存在元件老化和负载阻抗匹配等问题。另外，数字滤波器还具有高度灵活性，当需要改变滤波器的性能时，只需重新编制程序即可，因而使用非常灵活。

8-3-22　辅助变换器的作用是什么？

答：微机保护常用的辅助变换器有两类，即电压变换器和电流变换器。其典型电路如图 8-3-1 所示。图中，U_1 指电压互感器一次输入电压，I_1 指电流互感器一次输入电流，U_2 为变换器输出电压。一般微机保护用模数变换器只能输入 0～10V 的电压信号，所以上述变换器的作用有两方面：一是使电流互感器、电压互感器输入电流、电压

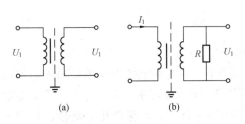

图 8-3-1　辅助变换器电路图

(a) 电压变换器；(b) 电流变换器

经变换后能满足模数变换回路对模拟量输入量程的要求；二是采用屏蔽层接地的变压器隔离，使电流互感器、电压互感器可能携带的浪涌干扰不至于串入模数转换电路，并避免进一步危及微机保护 CPU 系统。

8-3-23　微机保护对程序进行自检的方法是什么？

答：微机保护程序自检常采用以下两种方法。

（1）累加和校验，即将程序功能代码用 8 位或 16 位累加和（舍弃累加进位）求出累加和结果，并作为自检比较的依据。这种方法的特点是自检以字或字节为单位，算法简单，执行速度快，常用于在线实时自检。缺点是理论上漏检的可能性较大。

（2）循环冗余码（CRC）校验，即将程序功能代码与一选定的专用多项式相除得到一个特殊代码。它在理论上可以反映程序代码的每一位变化，即相当于自检以每一个位为单位，特点是漏检的可能性小，但它算法复杂，执行速度慢，常用于确认程序版本。

8-3-24　微机保护硬件电路中译码器的作用是什么？

答：译码器的作用是将 CPU 的地址空间根据需要分成若干个区，使得 CPU 的每一个外设芯片的地址空间处于其中某一个区，这样译码器的每一个输出（一般为低电平有效）就可以作为每个外设芯片的片选/使能信号。CPU 与外设之间的连接只要将地址总线、数据总线并起来，由译码器提供每个外设芯片的片选即可，故连接比较方便。常用的译码器有八选一译码（74LS138）和四选一译码（74LS139）。

8-3-25　光电耦合器的作用和设计参数是什么？

答：光电耦合器常用于开关量信号的隔离，使其输入与输出之间电气上完全隔离，尤其是可以实现地电位的隔离，这可以有效地抑制共模干扰。开关量输入常用电路图如图 8-3-2 所示。光耦的主要设计参数为隔离电压、驱动电流 I_D 和输出电流 I_E。驱动电流 $I_D = E/(R_1 + R_2)$ 为光耦输入侧导通发光电流，I_E/I_D 定义为光耦的传输比，一般光耦的传输比为 $50\% \sim 100\%$。

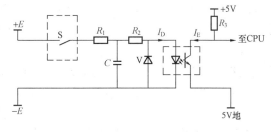

图 8-3-2　开关量输入常用电路

8-3-26　水轮发电机可能发生的故障和不正常工作状态有哪些类型？

答：在电力系统中运行的发电机，小型的为 6～12MW，大型的为 200～600MW。由于发电机的容量相差悬殊，在设计、结构、工艺、励磁乃至运行等方面都有很大差异，这就使发电机及其励磁回路可能发生的故障、故障概率和不正常工作状态有所不同。

（1）可能发生的主要故障：定子绕组相间短路；定子绕组一相匝间短路；定子绕组一相绝缘破坏引起的单相接地；转子绕组（励磁回路）接地；转子励磁回路低励（励磁电流低于静稳极限所对应的励磁电流）、失去励磁。

（2）主要的不正常工作状态：过负荷；定子绕组过电流；定子绕组过电压；三相电流不对称；失步（大型发电机）；逆功率；过励磁；断路器断口闪络；非全相运行等。

8-3-27 水轮发电机应装设哪些保护？它们的作用是什么？

答：对于发电机可能发生的故障和不正常工作状态，应根据发电机的容量有选择地装设以下保护。

（1）纵联差动保护。为定子绕组及其引出线的相间短路保护。

（2）横联差动保护。为定子绕组一相匝间短路保护。只有当一相定子绕组有两个及以上并联分支而构成两个或三个中性点引出端时，才装设该种保护。

（3）单相接地保护。为发电机定子绕组的单相接地保护。

（4）励磁回路接地保护。为励磁回路的接地故障保护，分为一点接地保护和两点接地保护两种。水轮发电机都装设一点接地保护，动作于信号，而不装设两点接地保护。

（5）低励、失磁保护。为防止大型发电机低励（励磁电流低于静稳极限所对应的励磁电流）或失去励磁（励磁电流为零）后，从系统中吸收大量无功功率而对系统产生不利影响。100MW 及以上容量的发电机都装设这种保护。

（6）过载保护。发电机长时间超过额定负载运行时作用于信号的保护。中小型发电机只装设定子过载保护；大型发电机应分别装设定子过载保护和励磁绕组过载保护。

（7）定子绕组过电流保护。当发电机纵差保护范围外发生短路，而短路元件的保护或断路器拒绝动作时，为了可靠切除故障，则应装设反映外部短路的过电流保护。这种保护兼作纵差保护的后备保护。

（8）定子绕组过电压保护。用以切除突然甩去全都负荷后引起定子绕组过电压。

（9）负序电流保护。电力系统发生不对称短路或者三相负载不对称时，发电机定子绕组中就有负序电流。该负序电流产生反向旋转磁场，相对于转子为两倍同步转速，因此在转子中出现 100Hz 的倍频电流，它会使转子端部、护环内表面等电流密度很大的部位过热。造成转子的局部灼伤，因此应装设负序电流保护。中小型发电机多装设负序定时限电流保护；大型发电机多装设负序反时限电流保护，其动作时限完全由发电机转子承受负序发热的能力（过热时间常数 A）决定，不考虑与系统保护配合。

（10）失步保护。大型发电机应装设反映系统振荡过程的失步保护。中小型发电机都不装设失步保护，当系统发生振荡对，由运行人员判断，根据情况用人工增加励磁电流、增加或减少原动机出力、局部解列等方法来处理。

8-3-28 发电机低压过电流保护中低压元件的作用是什么？

答：发电机过电流保护整定动作电流时，要考虑电动机自启动的影响，将使过电流元件整定值提高，降低了灵敏性，为提高过电流元件的灵敏性，采用低电压元件，应躲开电动机的自启动方式下的最低电压。

低压元件作用是更易区别外部故障时的故障电流和正常过载电流；正常过载时，保护装置不会动作。

8-3-29 发电机定子绕组中的负序电流对发电机有什么危害？

答：我们知道，发电机正常运行时发出的是三相对称的正序电流。发电机转子的旋转方向和旋转速度与三相正序对称电流所形成的正向旋转磁场的转向和转速一致，即转子的转动与正序旋转磁场之间无相对运动，此即"同步"的概念。当电力系统发生不对称短路或负载三相不对称时，在发电机定子绕组中就流有负序电流。该负序电流在发电机气隙中产生反向

（与正序电流产生的正向旋转磁场方向相反）旋转磁场，它相对于转子来说为 2 倍的同步转速，因此在转子中就会感应出 100Hz 的电流，即所谓的倍频电流。该倍频电流的主要部分流经转子本体、槽楔和阻尼条，而在转子端部附近沿周界方向形成闭合回路，这就使得转子端部、护环内表面、槽楔和小齿接触面等部位局部灼伤，严重时会使护环受热松脱，给发电机造成灾难性的破坏，即通常所说的"负序电流烧机"，这是负序电流对发电机的危害之一。另外，负序（反向）气隙旋转磁场与转子电流之间，正序（正向）气隙旋转磁场与定子负序电流之间所产生的频率为 100Hz 交变电磁力矩，将同时作用于转子大轴和定子机座上，引起频率为 100Hz 的振动，此为负序电流危害之二。

鉴于以上原因，发电机应装设负序电流保护。负序电流保护按其动作时限又分为定时限和反时限两种。前者用于中型发电机，后者用于大型发电机。

8-3-30　发电机的反时限负序过电流保护的作用是什么？

答： 大容量发电机的特点在于采用内冷却绕组，允许绕组导体上有较大的电流密度，提高了发电机的利用系数。但过热性能差，允许过热的时间常数 A 值小，因此承受不对称运行的能力低，需要采用能与发电机允许的负序电流相适应的反时限负序电流保护。当负序电流数值较大时，保护能以较短的时限跳闸；较小时，以较长的时限跳闸。

反时限负序电流继电器的动作特性有两类：第一类是不对称过载兼作不对称短路的后备保护，动作特性范围为 $(0.15 \sim 2.0)I_{GN}$。将转子的发热看作绝热过程，则其判据为：$t = \dfrac{A}{I_{2*}^2}$，式中允许过热时间常数 A 取 $4 \sim 10$。

第二类是不对称过载保护，动作特性范围为 $(0.05 \sim 1.0)I_{GN}$。当 I_{2*}^2 值较小时，就不能忽略散热的因素，则其判据为：$t = \dfrac{A}{I_{2*}^2 - a}$，式中 a 为与散热条件有关的常数，一般取 0.0015；允许过热时间常数 A 仍取 $4 \sim 10$。具有长延时 $1000 \sim 1800\text{s}$ 跳闸。

第二类继电器由于动作时限太长，延时误差大，较适用于有不对称负载的电力系统（如电气铁道）。

第一类继电器可作为不对称短路的后备保护，为防止由于不平衡电流造成误动作，则：定时限过载信号段整定为

$$I_{2 \cdot op} = 0.1 I_{GN} \text{ 及 } t = 6 \sim 8\text{s}$$

反时限跳闸段整定为

$$I_{2 \cdot op} = (0.15 \sim 0.2)I_{GN}$$

8-3-31　发电机为什么要装设定子绕组单相接地保护？

答： 发电机是电力系统中最重要的设备之一，其外壳都进行安全接地。发电机定子绕组与铁芯间的绝缘破坏，就形成了定子单相接地故障，这是一种最常见的发电机故障。发生定子单相接地后，接地电流经故障点、三相对地电容、三相定子绕组而构成通路。当接地电流较大时，能在故障点引起电弧时，将使定子绕组的绝缘和定子铁芯烧坏，也容易发展成危害更大的定子绕组相间或匝间短路，因此，应装设发电机定子绕组单相接地保护。当发电机单相接地电流不超过允许值时，单相接地保护可带时限动作于信号。

8-3-32 发电机励磁回路接地故障对发电机的危害有哪些？

答： 发电机正常运行时，励磁回路对地之间有一定的绝缘电阻和分布电容，它们的大小与发电机转子的结构、冷却方式等因素有关。当转子绝缘损坏时，就可能引起励磁回路接地故障，常见的是一点接地故障，如不及时处理，还可能接着发生两点接地故障。

励磁回路的一点接地故障，由于构不成电流通路，对发电机不会构成直接的危害，那么对于励磁回路一点接地故障的危害，主要是担心再发生第二个接地故障，因为在一点接地故障后，励磁回路对地电压将有所增高，就有可能再发生第二个接地故障点。发电机励磁回路发生两点接地故障的危害表现在以下 3 个方面。

（1）转子绕组的一部分被短路，另一部分绕组的电流增加，这就破坏了发电机气隙磁场的对称性，引起发电机的剧烈振动，同时无功出力降低。

（2）转子电流通过转子本体，如果转子电流比较大（通常以 1500A 为界限），就有可能烧损转子，有时还造成转子等部件被磁化。

（3）由于转子本体局部通过转子电流，引起局部发热，使转子发生缓慢变形而形成偏心，进一步加剧振动。

8-3-33 水轮发电机为什么要设置匝间短路保护，其特点是什么？

答： 由于纵差动保护不反映发电机定子绕组一相匝间短路，因此，发电机定子绕组一相匝间短路后，如不能及时处理故障，则可能发展成为相间故障，造成发电机的严重损坏。因此，在发电机上（尤其是较大型发电机）应装设定子匝间短路保护。

匝间短路保护的特点是：①发电机定子绕组一相匝间短路时，在短路电流中有正序、负序和零序分量且各序电流相等，同时短路初瞬也出现非周期分量。②发电机不同相匝间短路时，必将出现环流的短路电流。③发电机定子绕组的线圈匝间短路时，由于破坏了发电机 U、V、W 三相对中性点之间的电动势平衡，三相不平衡电动势中的零序分量反映到电压互感器时，开口三角形绕组的输出端就有 $3U_0$，而一次回路中产生的零序电流则会在并联分支绕组两个中点之间的连线形成环流。④由于一相匝间短路时，出现负序分量，它产生反向旋转磁场，因而在转子回路中感应出二倍频率的电流，转子中的电流反过来又在定子中感应出其他次谐波分量，这样，定子和转子反复互相影响，就在定子和转子回路中产生一系列谐波分量。而且由于一相中一部分线圈被短接，就可能使得在不同极性下的电枢反应不对称，也将在转子回路中产生谐波分量。⑤一相匝间短路时的负序功率的方向与发电机其他内部及外部不对称短路时的负序功率方向相反。

8-3-34 水轮发电机失磁时对发电机本身及系统有何影响？

答： 同步发电机失励磁后，对系统的主要影响有：①发电机失磁后，不但不能向系统送出无功功率，而且还要从系统中吸取无功功率，将造成系统电压的下降；②为了供给失磁发电机无功功率，可能造成系统中其他发电机过电流。

同步发电机失励磁后，对发电机自身的影响有：①发电机失磁后，转子和定子磁场间出现了速度差，则在转子回路中感应出转差频率的电流，引起转子局部过热；②发电机受交变的异步电磁力矩的冲击而发生振动，转差率越大，振动也越厉害。

8-3-35 水轮发电机同步发电机失励磁保护有哪几种方式？

答： 失励磁保护方式随着发电机容量、励磁方式和所接系统的特性来决定。

　　容量较大的和采用半导体励磁系统的发电机，一般要装设专用的失磁保护。专用的失磁保护有两种动作方式：一种是检测出失励状态后立即跳发电机断路器，另一种是先发信号，让值班人员进行检查和处理，如故障未消除，经延时后跳闸。由于同步发电机失励磁后异步运行时还能送出相当大的有功功率，所以，当系统无功功率有较大的后备，而有功功率缺乏时，在一定条件下同步发电机失励磁后可允许发电机运行一段时间，在此情况下，失励磁保护可先动作于信号，当系统和发电机不容许在失励磁状态下运行，则失励磁保护作用于跳闸。目前失励磁保护多按以下两种原理构成。

　　（1）反映转子电流。理论上，失励磁进入稳态后，发电机励磁电流强迫分量为零，因此，根据励磁电流是否消失来判断励磁是一个最简单的方法。但是这个最简单的直接办法有两个缺点：首先发电机失励磁后只是转子电流强迫分量为零，转子回路中仍有交流分量存在，这一交流分量电流是在有滑差情况下，由定子感应过来的，它是一个低频电流，当失励磁后发电机以低滑差运行时，频率很低，不易同直流励磁电流分开；其次，大型发电机同步电抗很大，因此为了维持发电机电压近似恒定，自空载到满载之间，励磁电流有很大的变化（如三倍左右的变化），因而不易整定。所以，反映转子电流的失励磁保护在大容量发电机中不能采用。

　　（2）反映发电机机端感受阻抗。这是从发电机定子侧反映失励磁状态的方法。发电机失励磁后，根据机端电压和电流，可测量出发电机等效阻抗，它在一定范围内变化，由此可判断同步发电机的失励磁状态，目前大型同步发电机的失励磁保护多依此原理而构成。

8-3-36　为什么水轮发电机要装设过电压保护？其动作电压如何整定？

　　答：由于水轮发电机的调速系统惯性较大，动作缓慢，因此在突然甩去负荷时，转速将超过额定值，这时机端电压有可能高达额定值的 $1.8 \sim 2$ 倍。为了防止水轮发电机定子绕组绝缘遭受破坏，在水轮发电机上应装设过电压保护。

　　根据发电机的绝缘状况，水轮发电机过电压保护的动作电压应取 1.5 倍额定电压，经 0.5s 动作于出口断路器跳闸并灭磁。对采用晶闸管励磁的水轮发电机，动作电压取 1.3 倍额定电压，经 0.3s 跳闸。

8-3-37　发电机纵差动保护的作用是什么？动作时的现象有哪些？如何处理？

　　答：作用：作为定子绕组及引出线相间和励磁变压器高压侧相间短路的主保护，可瞬时动作跳发电机出口开关、灭磁并停机。

　　现象：①发电机各仪表发生剧烈的摆动冲击，机组有冲击声音，发电机内部可能有短路弧光或冒烟着火；②发电机断路器及灭磁开关跳闸（红灯熄、绿灯亮），上位机"（）＃机组差动保护动作"光字牌亮并语音报警，简报窗口弹出"（）＃机组差动保护动作"；③上位机及机组 LCU 上的各电气参数为零，机组自动停下。

　　处理：①监视机组自动停机过程，若自动停机不灵，立即手动解列停机；②详细检查发电机内部及差动保护范围内所有设备有无损坏或短路痕迹，如发现设备损坏应报告领导，通知检修人员处理，如发电机已着火，应按发电机着火处理，并同时报告领导；③如未发现明显异常情况，断开主机隔离开关，查明差动保护动作原因，检查保护装置动作是否正确，测量定子回路绝缘电阻，如绝缘电阻合格，经请示相关领导同意，可将发电机由零升压至额定，严密监视各表计及参数正常后并入系统带负载运行。

8-3-38　发电机过载保护的作用是什么？动作时的现象有哪些？如何处理？

答：作用：用于发电机对称过载引起的定子绕组过电流，应装设反映一相电流的过负载保护，延时动作于信号。

现象：①定子电流超过额定值；②转子电流升高，可能超过额定值；③上位机"（）＃机组过载保护动作"光字牌亮并语音报警，简报窗口弹出"（）＃机组过载保护动作"，发电机保护屏"发电机过载保护"信号继电器掉牌。

处理：①调整机组之间的负载分配，降低过载发电机定子电流；②如其他机组都在额定工况运行，则应开起备用机组；③无备用机组则汇报地调，控制负载；④如电力系统故障，就遵守发电机事故过载规定，并严格监视定子线圈和冷热风温度，各轴承温度，同时加强对调速器系统的监视检查。

8-3-39　发电机转子一点接地保护的作用是什么？动作时的现象有哪些？如何处理？

答：作用：用于转子一点接地时发出信号。

现象：①上位机"（）＃机组转子一点接地保护动作"光字牌亮并语音报警，简报窗口弹出"（）＃机组转子一点接地保护动作"；②发电机保护屏"转子一点接地保护"信号继电器掉牌。

处理：①检查转子一点接地信号继电器掉牌。②用转子电压表开关测量正、负对地电压，判断接地极性，确已接地时，与调度联系要求停机检查，同时开启备用机组并汇报有关领导。如正、负对地电压相加少于转子电压，为非直接接地（非金属性接地）。此时，应检查灭磁电阻和连线，分流器和引线，晶闸管，整流柜、滑环和连线等有否积灰，积垢，漏水或金属物体相碰等接地现象，并采用清扫和吹风等措施。③转子一点接地后，无功进相，机组剧烈振动，则已由一点接地发展为两点，应紧急停机灭磁。④停机后测转子绝缘，查明接地点。

8-3-40　发电机过电压保护的作用是什么？动作时的现象有哪些？如何处理？

答：作用：发电机突然甩负荷或励磁系统故障等原因产生的定子绕组过电压，装置延时动作于跳发电机出口开关、灭磁、停机。

现象：①发电机机组转速超过额定值，保护装置上发"过电压保护动作"信号，发电机断路器、灭磁开关跳闸；②上位机"（）＃机组过电压保护动作"光字牌亮并语音报警，简报窗口弹出"（）＃机组过电压保护动作"。

处理：①检查发电机断路器及灭磁开关是否跳闸，若不跳闸则手动断开；②保持机组转速，进一步查明引起过电压的原因，并对机组进行外部检查无问题后，复归信号，将发电机并入系统。

8-3-41　发电机复合电压过电流保护的作用是什么？动作时的现象有哪些？如何处理？

答：作用：作为发电机、变压器、母线等各种短路事故的后备保护，防止过电流损坏定子和转子绝缘。保护动作于跳发电机出口开关、灭磁、停机。

现象：①定子电流显著升高；②定子电压显著下降；③机组产生冲击和震动增大；④机组马上紧急停机；⑤并网运行的发电机同时出现上述现象；⑥上位机"（）＃机组复合电压过电流保护动作"光字牌亮并语音报警，简报窗口弹出"（）＃机组复合电压过电流保护动作"。发电机保护屏"复合电压闭锁过电流"信号继电器掉牌。

处理：①将事故经过和结果，汇报调度值班调度员；②确保厂用电正常运行；③调节未跳闸单元机组周波和电压正常；④对跳闸有关设备做全面检查，若未发现异常，摇发电机绝缘合格，对发电机母线、变压器从零升压正常后，恢复运行；⑤如为线路故障，主变压器保护拒动，则在隔离故障线路后，停电单元可恢复送电。

8-3-42　发电机负序过电流保护的作用是什么？动作时的现象有哪些？如何处理？

答：作用：防止电力系统中发生不对称短路或在正常运行情况下三相负载不平衡时产生的负序电流对发电机的损害。保护动作于发电机出口开关、灭磁、停机。

现象：①发电机开关跳闸，机组停机灭磁；②测量表计到零；③上位机"（　）♯机组负序过电流保护动作"光字牌亮并语音报警，简报窗口弹出"（　）♯机组负序过电流保护动作"。发电机保护屏"负序过电流"信号继电器掉牌。

处理：①监视机组转速，停机检查事故机组有无焦味、冒烟等现象，如确系着火，迅速报告值长，经同意按规定灭火；②如未着火，检查定子线圈铁芯等有无短路，绝缘有无击穿、外伤等损坏现象，并用测温装置检测定子线圈温度是否异常升高；③未发现明显故障，测量定子和转子绝缘；④绝缘合格，通知检修人员对事故发电机做试验检查负序保护，如无异常，机组从零升压并网，如有异常，立即停机，并做好安全措施；⑤试验证明定子绝缘损坏，安排停机检修。

8-3-43　发电机失磁保护的作用是什么？动作时的现象有哪些？如何处理？

答：作用：作为转子开路和励磁系统故障引起的励磁电流消失，造成发电机机端电压降低，无功进相和振动并破坏稳定（失步）的保护装置，保护动作于跳发电机出口开关、灭磁、停机。

现象：①转子电流值指示为零或接近零；②定子电压值降低，定子电流值剧烈增大；③有功功率值降低很多或接近零，无功功率值指示进相，发电机保护屏"失磁保护信号"继电器掉牌；④各电气参数发生上下波动，机组转速超过正常值；⑤发电机灭磁开关可能跳闸，上位机"（　）♯机组失磁保护动作"光字牌亮并语音报警，简报窗口弹出"（　）♯机组失磁保护动作"。

处理：①检查灭磁开关是否误动，误碰跳闸，查明励磁消失是否由于灭磁开关误跳引起，并检查灭磁开关是否冒烟和有焦味；②检查调节器是否故障，调节器面板上的信号是否正常，若"自动"故障切为"手动"运行；③检查是否由于晶闸管快速熔断器熔断引起，若系熔断器熔断，通知检修人员处理；④如因调节过程中无功进相运行引起励磁消失保护动作，应检查灭磁开关、转子和励磁系统有无损坏；⑤若无明显故障（如表计未发生变化，机组未发生冲击），测转子绝缘合格分析是否由于励磁失磁保护误动，征得调度值班调度员同意并汇报有关领导同意后，开机从零升压，正常后并网运行。

8-3-44　发电机定子一点接地保护的作用是什么？动作后如何分析判断？现象有哪些？如何处理？

答：作用：作为定子回路发生接地故障时发信号。

现象及判断：发电机发出"定子一点接地"报警后，应判明接地相别和真、假接地。当定子一相为金属性接地时，通过切换定子电压表可测得接地相对地电压为零，非接地相对地电压为线电压，各线电压不变且平衡。定子绝缘电阻测量测得"定子接地"电压表指示为零序电压值。由于"定子接地"电压表接在发电机电压互感器开口三角绕组的两端，因此，正常运行时"定子接地"电压表的指示为零（开口三角形接线的三相绕组相电压相量和为零），当定子绕组出现一相接地时，因开口三角形连接的二次绕组连接的三相绕组相电压为 100/3V，故"定子接地"电压表的指示应为 100/3＝100V。如果一点接地发生在定子绕组的内部或发电机出口，且为电阻性，或接地发生在发变组主变压器低压绕组内，切换测量定子电压表，测得接地相对地电压大于零而小于相电压，非接地相对地电压大于相电压而小于线电压，"定子接地"指示小于 100V。当发电机电压互感器高压侧一相或两相熔断器熔断时，其二次侧开口三角形绕组端电压也要升高。如 U 相熔断器熔断，发电机各相对地电压未发生变化，仍为相电压，但电压互感器的二次侧电压测量值因 U 相熔断发生了变化，即 $U_{UV}U_{WU}$ 降低，而 U_{VW} 仍为线电压（线电压不平衡），各相对地电压 $U_{U0}U_{W0}$ 接近相电压，U_{U0} 明显降低（相对地无电压升高），"定子接地"电压表指示为 100/3V，发"定子接地"信号（假接地）。真假接地的根本区别：真接地时，定子电压表指示接地相对地电压降低（或等于零），非接地相对地电压升高（大于相电压但不超过线电压），而线电压仍平衡。假接地时，相对地电压不会升高，线电压也不平衡。

处理：规程规定，容量在 150MW 及以下的发电机，当接地电容电流小于 5A 时，在未清除故障前允许发电机在电网一点接地的情况下短时运行，但最多不超过 2h；单元接线的发电机变压器组寻找接地的时间不得超过 30min。对于容量或接地电容电流大于上述规定的发电机，当定子电压回路单相接地时，要求立即将发电机解列并灭磁。这是考虑接地发生在发电机内部，接地电弧电流易使铁芯损坏，另外，接地电容电流能使铁芯熔化，熔化的铁芯又会引起损坏区域的扩大，使有效铁芯"着火"，由单相短路发展为相间短路。当接到"定子接地"报警后，应判明真、假接地。若判明为真接地，应检查发电机本体及所连接的一次回路，如接地点在发电机外部，应设法消除。如将厂用电倒为备用电源供电，观察接地是否消失。如果接地无法消除，对于 200MW 以上的机组，应在 30min 内停机。如果查明接地点在发电机内部（在窥视孔能见到放电火花或电弧），应立即减负载停机，并向上级调度汇报。如果现场检查不能发现明显故障，但"定子接地"报警又不消失，应视为发电机内部接地，30min 内必须停机检查处理。若判明为假接地，应检查并判明发电机电压互感器熔断器熔断的相别，视具体情况带电或停机更换熔断器。

8-3-45 发电机并网时必须满足哪三个条件？条件不满足将产生哪些影响？

答：把同步发电机并联至电网的过程称为投入并联，或称为并列、并车、整步。在并车时必须避免产生巨大的冲击电流，以防止同步发电机受到损坏、电网遭受干扰。

必须满足三个条件：①电压相等；②电压相位一致；③频率相等。这三个条件缺一不可。

（1）电压不等的情况下并联后，发电机绕组内出现冲击电流 $I＝\Delta U/X$，因而这个电流相当大。

（2）电压相位不一致，其后果是可能产生很大的冲击电流而使发电机烧毁。相位不一致比电压不一致的情况更为严重。如果相位相差 180°，近似等于机端三相短路电流的两倍，此时，流过发电机绕组内部电流具有相当大的有功成分，这样会在轴上产生力矩，或使设备烧毁，或使发电机大轴扭曲。

（3）频率不等，将使发电机产生机械振动，产生拍振电流，因为两个电压相量相对运动，如果这个相对运动比较小，则发电机与系统之间的自整步作用，使发电机拉入同步，但频率相差较大时，因转子惯性冲力过大而不起作用。

综上所说，我们在实现准同期并网时，要特别注意这三个要素。

8-3-46　实现发电机并列有哪几种方法，其特点和用途如何？

答：实现发电机并列的方法有准同期并列和自同期并列两种。

（1）准同期并列的方法是：发电机在并列合闸前已经投入励磁，当发电机电压的频率、相位、大小分别和并列点处系统侧电压的频率、相位、大小接近相同时，将发电机断路器合闸，完成并列操作。

（2）自同期并列的方法是：先将未励磁、接近同步转速的发电机投入系统，然后给发电机加上励磁，利用原动机转矩、同步转矩把发电机拖入同步。

自同期并列的最大特点是并列过程短，操作简单，在系统电压和频率降低的情况下，仍有可能将发电机并入系统，且容易实现自动化。但是，由于自同期并列时，发电机未经励磁，相当于把一个有铁芯的电感线圈接入系统，会从系统中吸取很大的无功电流而导致系统电压降低，同时合闸时的冲击电流较大，所以自同期方式仅在系统中的小容量发电机及同步电抗较大的水轮发电机上采用。大中型发电机均采用准同期并列方法。

8-3-47　发电机准同期并列有哪几种方式？

答：发电机准同期并列可分为下列三种并列方式。

（1）手动准同期。发电机的频率调整、电压调整以及合闸操作都由运行人员手动进行，只是在控制回路中装设了非同期合闸的闭锁装置（同期检查继电器），用以防止由于运行人员误发合闸脉冲造成的非同期合闸。

（2）半自动准同期。发电机电压及频率的调整由手动进行，同期装置能自动地检验同期条件，并选择适当的时机发出合闸脉冲。

（3）自动准同期。同期装置能自动地调整频率，至于电压调整，有些装置能自动地进行，也有一些装置没有电压自动调节功能，需要靠发电机的自动调节励磁装置或由运行人员手动进行调整。当同期条件满足后，同期装置能选择合适的时机自动地发出合闸脉冲。

8-3-48　怎样利用工作电压通过假同期的方法检查发电机同期回路接线的正确性？

答：假同期，顾名思义就是手动或自动准同期装置发出的合闸脉冲，将待并发电机断路器合闸时，这台发电机并非真的并入了系统，而是一种用模拟的方法进行的假的并列操作。为此，试验时应将发电机母线隔离开关断开，人为地将其辅助触点放在其合闸后的状态（辅助触点接通），这时，系统电压就通过这对辅助触点进入同期回路。另外，待并发电机的电压也进入同期回路中。这两个电压经过同期并列条件的比较，若采用手动准同期并列方式，运行人员可通过对发电机电压、频率的调整，待满足同期并列的条件时，手动将待并发电机出口断路器合上，完成假同期并列操作。若采用自动准同期并列方式，则自动准同期装置就自动地对发电机进行调速、调压，待满足同期并列的条件后，自动发出合闸脉冲，将其出口断路器合上。若同期回路的接线有错误，其表计将指示异常，无论手动准同期或者是自动准

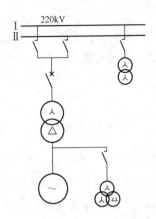

图 8-3-3　发电机直接升压后接至 220kV Ⅰ母线进行同期回路检查的示意图

同期都无法捕捉到同期点，而不能将待并发电机出口断路器合上。

8-3-49　怎样用工作电压定相的方法检查发电机同期回路接线的正确性？

答：试验前由运行人员进行倒闸操作，腾出发电厂升压变电站的一条母线（图 8-3-3 中的 220kV Ⅰ母线），然后合上该母线的隔离开关和发电机出口断路器，直接将发电机升压后接至这条母线上。由于通过 220kV 母线电压互感器和发电机电压互感器加至同期回路的两个电压，实际上都是发电机电压，因此同期回路反映发电机和系统电压的两只电压表的指示应基本相同，组合式同步表的指针也应指示在同期点上不动。否则，同期回路的接线则认为有错误。

8-3-50　变压器的不正常工作状态和可能发生的故障有哪些？

答：变压器的故障可分为内部故障和外部故障两种。变压器的内部故障是指变压器油箱里面发生的各种故障，其主要类型有：各相绕组之间发生的相间短路，单相绕组部分线匝之间发生的匝间短路，单相绕组或引出线通过外壳发生的单相接地故障等。其外部故障是指变压器油箱外部绝缘套管及其引出线上发生的各种故障，其主要类型有：绝缘套管闪络或破碎而发生的单相接地（通过外壳）短路，引出线之间发生的相间故障等。

变压器的不正常工作状态包括：由于外部短路或过载引起的过电流、油箱漏油造成的油面降低、变压器中性点电压升高、由于外加电压过高或频率降低引起的过励磁等。

8-3-51　变压器一般应装设哪些保护？

答：为了防止变压器在发生各种类型故障和不正常运行时造成不应有的损失，保证电力系统连续安全运行，变压器一般应装设以下继电保护装置。

（1）防御变压器油箱内部各种短路故障和油面降低的瓦斯保护。

（2）防御变压器绕组和引出线多相短路、大接地电流系统侧绕组和引出线的单相接地短路及绕组匝间短路的（纵联）差动保护或电流速断保护。

（3）防御变压器外部相间短路并作为瓦斯保护和差动保护（或电流速断保护）后备的过电流保护（或复合电压启动的过电流保护、负序过电流保护）。

（4）防御大接地电流系统中变压器外部接地短路的零序电流保护。

（5）防御变压器对称过载的过载保护。

（6）防御变压器过励磁的过励磁保护。

8-3-52　变压器差动保护的不平衡电流是怎样产生的？

答：变压器差动保护的不平衡电流产生的原因如下。

（1）稳态情况下的不平衡电流：①由于变压器各侧电流互感器型号不同，即各侧电流互感器的饱和特性和励磁电流不同而引起的不平衡电流。它必须满足电流互感器的 10% 误差曲线的要求。②由于实际的电流互感器变比和计算变比不同引起的不平衡电流。③由于改变变压器调压分接头引起的不平衡电流。

（2）暂态情况下的不平衡电流：①由于短路电流的非周期分量主要为电流互感器的励磁电流，使其铁芯饱和，误差增大而引起不平衡电流；②变压器空载合闸的励磁涌流，仅在变压器一侧有电流。

8-3-53　变压器励磁涌流有哪些特点？差动保护中防止励磁涌流影响的方法有哪些？

答：励磁涌流有以下特点：①包含很大成分的非周期分量，往往使涌流偏于时间轴的一侧。②包含大量的高次谐波分量，并以二次谐波为主。③励磁涌流波形出现间断，如图 8-3-4 所示的 θ 角。

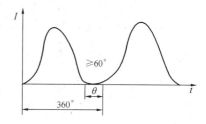

图 8-3-4　励磁涌流波形的间断角

防止励磁涌流影响的方法有：①采用具有速饱和铁芯的差动继电器；②鉴别短路电流和励磁涌流波形的区别，要求间断角为 $60°\sim65°$；③利用二次谐波制动，制动比为 $15\%\sim20\%$；④利用波形对称原理的差动继电器。

以华自科技的 DMP371C 差动保护装置为例，其比率差动保护利用三相差动电流中的二次谐波作为励磁涌流闭锁判据。

8-3-54　变压器瓦斯保护的基本工作原理是什么？

答：瓦斯保护是变压器的主要保护，能有效地反映变压器内部故障。

轻瓦斯保护的气体继电器由开口杯、干簧触点等组成，作用于信号。重瓦斯保护的气体继电器由挡板、弹簧、干簧触点等组成，作用于跳闸。

正常运行时，气体继电器充满油，开口杯浸在油内，处于上浮位置，干簧触点断开。当变压器内部故障时，故障点局部发生高热，引起附近的变压器油膨胀，油内溶解的空气被逐出，形成气泡上升，同时油和其他材料在电弧和放电等的作用下电离而产生气体。当故障轻微时，排出的气体缓慢地上升而进入气体继电器，使油面下降，开口杯产生以支点为轴的逆时针方向转动，使干簧触点接通，发出信号。

当变压器内部故障严重时，将产生强烈的气体，使变压器内部压力突增，产生很大的油流向油枕方向冲击，因油流冲击挡板，挡板克服弹簧的阻力，带动磁铁向干簧触点方向移动，使干簧触点接通，作用于跳闸。

8-3-55　为什么变压器的差动保护不能代替瓦斯保护？

答：瓦斯保护能反映变压器油箱内的任何故障，如铁芯过热烧伤、油面降低等，但差动保护对此无反应。又如变压器绕组发生少数线匝的匝间短路，虽然短路匝内短路电流很大会造成局部绕组严重过热产生强烈的油流向油枕方向冲击，但表现在相电流上其量值并不大，因此差动保护没有反应，但瓦斯保护对此却能灵敏地加以反应，这就是差动保护不能代替瓦斯保护的原因。

8-3-56　Y，d11 接线变压器差动保护的三相原理接线图怎样？

答：Y，d11 接线变压器差动保护的三相原理接线图，如图 8-3-5 所示。

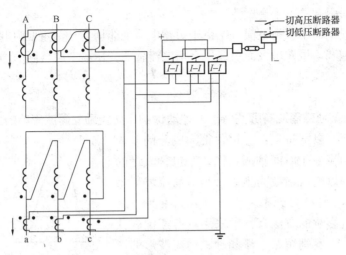

图 8-3-5　Y，d11 接线变压器差动保护的三相原理接线图

8-3-57 变压器差动保护用的电流互感器，在最大穿越性短路电流时其误差超过 **10%**，此时应采取哪些措施来防止差动保护误动作？

答：应采取下列措施。

(1) 适当地增加电流互感器的变流比。

(2) 将两组电流互感器按相串联使用。

(3) 减小电流互感器二次回路负载。

(4) 在满足灵敏度要求的前提下，适当地提高保护动作电流。

8-3-58 对新安装的变压器差动保护在投入运行前应做哪些试验？

答：对其应做如下检查。

(1) 必须进行带负载测相位和差电压（或差电流），以检查电流回路接线的正确性：①在变压器充电时，将差动保护投入；②带负载前将差动保护停用，测量各侧各相电流的有效值和相位；③测各相差电压（或差电流）。

(2) 变压器充电合闸 5 次，以检查差动保护躲励磁涌流的性能。

8-3-59 变压器差动保护的作用是什么？动作时有哪些现象？如何处理？

答：作用：差动保护作为变压器内部以及套管引出线相间短路的保护以及中性点直接接地系统侧的单相接地短路保护。

现象：①变压器有关表计指示为零；②变压器高、低侧开关跳闸；③上位机"（）#变压器差动保护动作"光字牌亮并语音报警，简报窗口弹出"（）#变压器差动保护动作"，主变压器保护屏信号继电器掉牌。

处理：①差动保护动作，应对故障变压器和差动保护范围内的一次设备进行全面检查，如有明显故障，应将故障设备停电隔离检修；②如未发现明显故障，通知检修人员测量变压器绝缘电阻和直流电阻，检查二次回路，查明动作原因后，如变压器正常则请求生产领导，取得同意后，应零起升压正常后将变压器投入电网运行。

8-3-60　变压器重瓦斯保护的作用是什么？动作时有哪些现象？如何处理？

答：作用：瓦斯保护能反映变压器内部的绕组相间短路、中性点直接地系统侧的单相接地短路、绕组匝间短路、铁芯或其他部件过热或漏油等各种故障。

现象：①主变压器两侧开关跳闸；②变压器有关表计指示为零；③上位机"（）♯变压器重瓦斯保护动作"光字牌亮并语音报警，简报窗口弹出"（）♯变压器重瓦斯保护动作"，主变压器保护屏信号继电器掉牌。

处理：①检查变压器各侧开关是否跳闸，如有一侧开关因故未跳开，而故障变压器表计有不正常摆动时，应立即手动跳开；②检查厂用电是否消失，备自投开关联动合闸是否成功，迅速恢复厂用电；③监视与调整运行机组的负载；④检查故障变压器外壳有无喷油、冒油，油色、油位升高等明显迹象，如发生喷油、冒烟或变压器已着火，按规定处理；⑤检查气体继电器内有无气体，并用气体取样，送化验室色谱分析，并以气体量多少和颜色、气味、可燃性初步判别故障性质；⑥检查故障变压器差动保护有否动作，如差动保护及重瓦斯保护因故动作，未查出原因禁止送电；⑦将故障变隔离，通知高压试验人员测量变压器绝缘电阻和直流电阻等；⑧经各种试验和化验鉴定为内部故障时，应将变压器送入检修；⑨事故处理后，变压器要投入运行，应经生产领导批准，并以零起升压方式正常投入运行，投入所有保护装置，零起升压时重瓦斯保护连片断开，经试运 4h 后，再将重瓦斯投跳闸，连片连上；⑩复归信号。

8-3-61　变压器过载保护的作用是什么？动作时有哪些现象？如何处理？

答：作用：为了反映在异常状态下因过载而引起的过电流。

现象：①变压器高、低压侧电流表超过额定值；②上位机"（）♯变压器过载保护动作"光字牌亮并语音报警，简报窗口弹出"（）♯变压器过载保护动作"，主变压器保护屏信号继电器掉牌。

处理：①检查分析主变压器过载原因；②监视主变压器负载电流，将负载的大小按时间记在运行记录本中；③监视主变压器温度上升情况，断开不重要的近区负载。

8-3-62　什么叫变压器复合电压过电流保护？它有什么优点？

答：复合电压过电流保护是由一个负序电压继电器和一个接在相间电压上的低电压继电器共同组成的电压复合元件，两个继电器只要有一个动作，同时过电流继电器也动作，整套装置即能启动。

该保护较低电压闭锁过电流保护有下列优点：①在后备保护范围内发生不对称短路时，有较高的灵敏度；②在变压器发生不对称短路时，电压启动元件的灵敏度与变压器的接线方式无关；③由于电压启动元件只接在变压器的一侧，故接线比较简单。

8-3-63　变压器复合电压过电流保护的作用是什么？动作时有哪些现象？如何处理？

答：作用：防御变压器外部相间短路并作为瓦斯保护和差动保护的后备保护。

现象：①主变压器高、低压两侧开关跳闸；②变压器有关表计指示为零；③上位机"（）♯变压器复合电压过电流保护动作"光字牌亮并语音报警，简报窗口弹出"（）♯变压器复合电压过电流保护动作"，主变压器保护屏信号继电器掉牌。

处理：①检查变压器两侧开关是否跳闸，否则应迅速跳开事故变压器两侧开关；②检查变压器母线线路等是否有不对称短路事故现象发生；③检查厂用电是否消失，备自投开关联动合闸是否成功，迅速恢复厂用电；④隔离事故变压器，通知检修人员测量变压器绝缘电阻和直流电阻等；⑤查明变压器短路事故原因后，零起升压并入系统；⑥复归信号。

8-3-64　变压器带复合电压闭锁过电流保护的负序电压定值一般是按什么原则整定的？

答：系统正常运行时，三相电压基本上是正序分量，负序分量很小，故负序电压元件的定值按正常运行时负序电压滤过器输出的不平衡电压整定，一般取 5～7V。

8-3-65　变压器中性点间隙接地的接地保护是怎样构成的？

答：变压器中性点间隙接地的接地保护采用零序电流继电器与零序电压继电器并联方式，带有 0.5s 的限时构成。

当系统发生接地故障时，在放电间隙放电时有零序电流，则使设在放电间隙接地一端的专用电流互感器的零序电流继电器动作；若放电间隙不放电，则利用零序电压继电器动作。当发生间歇性弧光接地时，间隙保护共用的时间元件不得中途返回，以保证间隙接地保护的可靠动作。

8-3-66　为防止变压器、发电机后备阻抗保护电压断线误动应采取什么措施？

答：必须同时采取下列措施。

（1）装设电压断线闭锁装置。

（2）装设电流突变量元件或负序电流突变量元件作为启动元件。

8-3-67　什么叫变压器的过励磁保护？

答：根据变压器的电压表达式 $U=4.44fNBS\times10^{-8}$，可以写出变压器的工作磁密 B 的表达式为：$B=(10^8/4.44 \cdot NS)\times(U/f)=K \cdot (U/f)$，式中：$f$ 为频率，Hz；N 为绕组匝数；S 为铁芯截面积，m²；对于给定的变压器，K 为一常数。

由上式可以看出，工作磁密 B 与电压、频率之比 U/f 成正比，即电压升高或频率下降都会使工作磁密增加。现代大型变压器，额定工作磁密 $B_N=1.7\sim1.8$T，饱和工作磁密为 $B_S=1.9\sim2.0$T，两者相差不大。当 U/f 增加时，工作磁密 B 增加，使变压器励磁电流增加，特别是在铁芯饱和之后，励磁电流要急剧增大，造成变压器过励磁。过励磁会使铁损增加，铁芯温度升高；同时还会使漏磁场增强，使靠近铁芯的绕组导线、油箱壁和其他金属构件产生涡流损耗，发热，引起高温，严重时将造成局部变形和损伤周围的绝缘介质。因此，对于现代大型变压器，应装设过励磁保护。反映比值 U/f 的过励磁继电器已得到应用。

以华自科技的 DMP372C 保护测控装置为例，该装置具备二段过励磁保护功能，动作延时可设定为定时限或反时限方式。

8-3-68　变压器微机保护装置有什么特点？其设计要求是什么？

答：变压器微机保护装置较常规保护有下列特点：①性能稳定，技术指标先进，功能全，体积小；②可靠性高，自检功能强；③灵活性高，硬件规范化、模块化，互换性好，软件编制可标准化、模块化，便于功能的扩充；④调试、整定、运行维护简便；⑤具有可靠的通信接口，接入厂、站的微机，可使信息分析处理后集中显示和打印。

变压器微机保护装置的设计要求：①220kV 及以上电压等级变压器配置两套独立完整的保护(主保护及后备保护)，以满足双重化的原则；②变压器微机保护所用的电流互感器二次侧采用 Y 接线，其相位补偿和电流补偿系数由软件实现，在正常运行中显示差流值，防止极性、变比、相别等错误接线，并具有差流超限报警功能；③气体继电器保护跳闸回路不接入微机保护装置，直接作用于跳闸，以保证可靠性，但用触点向微机保护装置输入动作信息显示和打印；④设有液晶显示，便于整定、调试、运行监视和故障异常显示；⑤具备高速数据通信网接口及打印功能。

8-3-69　变压器微机差动保护的比率制动特性曲线的测试方法怎样？

答：常规保护测试制动特性曲线可在差动绕组与制动绕组分别通入动作电流及制动电流，但微机差动保护只能在高、低压侧模拟区外故障通入电流测试，因此需要经过计算求得动作电流和制动电流。其试验接线如图 8-3-6 所示。

为简化计算，在变压器接线组别为 Y，y0，电流互感器变比的电流补偿系数为 1 的条件下测试。

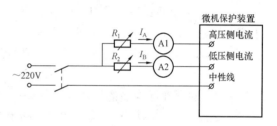

图 8-3-6　变压器微机差动保护比率制动特性测试接线

第一类两绕组制动特性纵差，设高压侧电流为 I_A，低压侧电流为 I_a，模拟区外故障，首先调整 R_1 及 R_2，使 $I_A = I_a$，即 $I_{op} = 0$，然后固定 I_a，调整 R_1 使 I_A 改变以增大差电流 I_{op}，冲击加电流，使继电器动作。此时动作电流 $I_{op} = I_A - I_a$，制动电流 $I_{res} = I_A + I_a$，则制动系数（斜率）$K_b = (I_{op} - I_{op.min}) / (I_{res} - I_{res.min})$，式中：$I_{op.min}$ 为最小动作电流（$I_a = 0$）；$I_{res.min}$ 为拐点电流。

重复上述调整，固定不同的 I_a 值，然后调整不同的 I_A，冲击加电流使继电器动作，计算 I_{op} 和 I_{res}，可得出折线，当 $I_a \leqslant I_{res.min}$，则 $I_A = I_{op.min}$。要求测试的 K_b 与整定的 K_b 相符。

第二类多绕组制动特性纵差，各侧电流同极性相加组成动作电流，取各侧电流中的最大值电流为制动电流。区外故障，差电流为不平衡电流，制动电流为最大侧的故障电流。设高压侧电流为 I_A，低压侧电流为 I_a，模拟区外故障，制动曲线测试方法与第一类差动继电器相同，此时减少电流 I_A 以增大差电流 I_{op}，但计算方法不同。此时动作电流 $I_{op} = I_a - I_A$，制动电流 $I_{res} = I_a$。

8-3-70　什么是线路的距离保护，距离保护的特点是什么？

答：距离保护是以距离测量元件为基础构成的保护装置。其动作的选择性取决于本地测量参数（阻抗、电抗、方向）与设定的被保护区段参数的比较结果，而阻抗、电抗又与输电线的长度成正比，故名距离保护。距离保护是主要用于输电线的保护，一般是三段式或四段式。第一、二段带方向性，作本线段的主保护。其中，第一段保护线路的 80%～90%，第二段保护余下的 10%～20% 并作相邻母线的后备保护。第三段带方向或不带方向，有的还设有不带方向的第四段，作本线段及相邻线段的后备保护。

以华自科技的 DMP362C 距离保护装置为例，本装置设有三阶段式相间、接地距离继电器。继电器由正序电压极化，有较大的测量故障过渡电阻的能力；当用于短线路时，为了进一步扩大测量过渡电阻的能力，还可将Ⅰ、Ⅱ段阻抗特性向第Ⅰ象限偏移；接地距离继电器设有零序电抗特性，可防止接地故障时继电器超越。正序极化电压较高时，由正序电压极化的距离继电器有很好的方向性；当正序电压下降至 $10\%U_n$ 以下时，进入三相低压程序，由正序电压记忆量极化，Ⅰ、Ⅱ段距离继电器在动作前设置正的门槛，保证母线三相故障时继电器不会失去方向性。

8-3-71　距离保护一般由哪几部分组成，各部分的作用是什么？

答：为使距离保护装置动作可靠，距离保护装置应由以下5部分组成。

（1）测量部分。用于对短路点的距离测量和判别短路故障的方向。

（2）启动部分。用来判别系统是否处在故障状态。当短路故障发生时，瞬时启动保护装置。有的距离保护装置的启动部分还兼起后备保护的作用。

（3）振荡闭锁部分。用来防止系统振荡时距离保护误动作。

（4）二次电压回路断线失电压闭锁部分。用来防止电压互感器二次回路断线失电压时，由于阻抗继电器动作而引起的保护误动作。

（5）逻辑部分。用来实现保护装置应具有的性能和建立保护各段的时限。

8-3-72　对距离继电器的基本要求有哪些？

答：距离保护在高压及超高压输电线路上获得了广泛的应用。距离继电器是距离保护的主要测量元件，应满足以下基本要求：①在被保护线路上发生直接短路时，继电器的测量阻抗应正比于母线与短路点间的距离。②在正方向区外短路时不应超越动作。超越有暂态超越和稳态超越两种：暂态超越是由短路的暂态分量引起的，继电器仅短时动作，一旦暂态分量衰减继电器就返回；稳态超越是由短路处的过渡电阻引起的。③应有明确的方向性。正方向出口短路时无死区，反方向短路时不应误动作。④在区内经大过渡电阻短路时应仍能动作（又称动作特性能覆盖大过渡电阻），但这主要是接地距离继电器要考虑的问题。⑤在最小负载阻抗下不动作。⑥能防止系统振荡时的误动。

8-3-73　距离保护有哪些闭锁装置？各起什么作用？

答：距离保护的闭锁装置包括以下两个方面。

（1）电压断线闭锁。电压互感器二次回路断线时，由于加到继电器的电压下降，好像短路故障一样，保护可能误动作，所以要加闭锁装置。

（2）振荡闭锁。在系统发生故障出现负序分量时将保护开放（0.12～0.15s），允许动作，然后再将保护解除工作，防止系统振荡时保护误动作。

8-3-74　电压互感器和电流互感器的误差对距离保护有什么影响？

答：电压互感器和电流互感器的误差会影响阻抗继电器距离测量的精确性。具体说来，电流互感器的角误差和比误差、电压互感器的角误差和比误差以及电压互感器二次电缆上的电压降，将引起阻抗继电器端子上电压和电流的相位误差以及数值误差，从而影响阻抗测量的精度。

8-3-75　什么是测量阻抗、整定阻抗和动作阻抗？

答：阻抗继电器的测量阻抗是指它所测量（感受）到的阻抗，即加入到继电器的电压、电流的比值。例如，在正常运行时，它的测量阻抗就是通过被保护线路负载的阻抗。

整定阻抗是指编制整定方案时根据保护范围给出的阻抗。发生短路时，当测量阻抗等于或小于整定阻抗时，阻抗继电器动作。

动作阻抗是指能使阻抗继电器动作的最大测量阻抗。

8-3-76　什么是距离保护的时限特性？

答： 距离保护一般都做成三段式，其时限特性如图 8-3-7 所示。图中 Z 为保护装置。其第 Ⅰ 段的保护范围一般为被保护线路全长的 $80\%\sim85\%$，动作时间 t_{I} 为保护装置的固有动作时间。第 Ⅱ 段的保护范围需与下一线路的保护定值相配合，一般为被保护线路的全长及下一线路全长的 $30\%\sim40\%$，其动

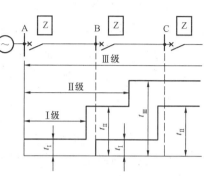

图 8-3-7　距离保护的时限特性

作时限 t_{II} 要与下一线路距离保护第 Ⅰ 段的动作时限相配合，一般为 0.5s 左右。第 Ⅲ 段为后备保护，其保护范围较长，包括本线路和下一线路的全长乃至更远，其动作时限 t_{III} 按阶梯原则整定。

8-3-77　什么是方向阻抗继电器？

答： 所谓方向阻抗继电器，是指它不但能测量阻抗的大小，而且能判断故障方向。换句话说，这种阻抗继电器不但能反映输入到继电器的工作电流（测量电流）和工作电压（测量电压）的大小，而且能反映它们之间的相角关系。由于在多电源的复杂电网中，要求测量元件应能反映短路故障点的方向，所以方向阻抗继电器就成为距离保护装置中的一种最常用的测量元件。

从原理上讲，不管继电器在阻抗复平面上是何种动作特性，只要能判断出短路阻抗的大小和短路故障点的方向，都可称为方向阻抗继电器。但是，习惯上则是指在阻抗复平面上过坐标原点并具有圆形特性的阻抗继电器。

8-3-78　方向阻抗继电器引入第三相电压的作用是什么？

答： 第三相电压是指非故障相电压。例如，对直接接入 $\dot{U}_{\mathrm{AB}}$ 的阻抗继电器而言，$\dot{U}_{\mathrm{C}}$ 就是第三相电压。第三相电压是经一个高阻值电阻接入继电器的记忆回路。下面以整流型方向阻抗继电器为例，分析第三相电压的作用。

（1）消除继电器安装处正方向相间短路时继电器的动作死区。例如，当继电器安装处正方向发生 A、B 两相金属性短路时，安装处 $\dot{U}_{\mathrm{AB}}=0$，但由于第三相（非故障相）电压 $\dot{U}_{\mathrm{C}}$ 的作用，使安装处故障相与非故障相间电压为 1.5 倍相电压，该电压使记忆回路中电阻 R 上的电压降正好与短路前的电压 $\dot{U}_{\mathrm{AB}}$ 同相位，这就是说继电器电压端子上仍保留有与短路前电压同相位的电压，因此，能保证继电器动作。

（2）防止继电器安装处反方向两相短路时继电器的误动作。例如，当继电器安装处反方向发生 A、B 两相金属性短路时，同一项所述一样，安装处故障相与非故障相间的电压 $\dot{U}_{\mathrm{AC}}$、$\dot{U}_{\mathrm{BC}}$（均为相电压的 1.5 倍）会使电压互感器二次侧的故障相与非故障相间的负载中有

电流 $\dot{I}_{ac}$、$\dot{I}_{bc}$ 流过。在实际运行中，由于电压互感器二次侧的三相负载不对称，这就造成 $\dot{i}_{ac}$、$\dot{i}_{bc}$ 的幅值和相位均不相等，从而引起继电器电压端子上仍有电压（$\dot{I}_{ac}$、$\dot{I}_{bc}$ 引起的干扰电压）。此干扰电压的相位是任意的，与电压互感器二次侧三相负载的不对称度有关，在"记忆"作用消失后，此干扰电压有可能使继电器误动作。引入第三相电压后，同一项的分析一样，能使继电器电压端子上保留有与短路前电压 $\dot{U}_{AB}$ 同相位的电压，从而保证继电器在安装处发生反方向两相短路时不动作。

（3）可改善保护的动作性能。

8-3-79 什么是方向阻抗继电器的最大灵敏角？对其有什么要求？

答：方向阻抗继电器的最大动作阻抗（幅值）的阻抗角，称为它的最大灵敏角。被保护线路发生相间短路时，短路电流与继电器安装处电压间的夹角等于线路的阻抗角，即方向阻抗继电器测量阻抗的阻抗角等于线路的阻抗角。为了使继电器工作在最灵敏状态下，要求继电器的最大灵敏角等于被保护线路的阻抗角。

8-3-80 什么是"阻抗分析的电压相量图法"？其分析步骤有哪些？

答：所谓"电压相量图"法，就是求出故障时电网各点的三相电压相量以及通入继电器的距离测量电压 U'_{ph} 与极化量的相量关系，并直接代入继电器的相位动作条件来研究继电器的动作行为。其步骤如下。

（1）按给定的系统运行方式，给出故障前三相电压的电压全图（对某些对称方式，可以用单相方式代表）。

（2）按给定的故障点及故障方式，求出故障点的各相电压或相间电压的相量位置（需要时同时求出）。

（3）由电源电压与故障点电压的相对相量关系，求得继电器安装处的各相电压或相间电压的相量位置（要求同时求出）。

（4）利用公式分别求得各相或相间的距离测量电压及各极化量的相量位置。

（5）以继电器的极化量为标准，画出继电器的 U'_{ph} 动作区域。

（6）判定在这样的系统与故障情况下，距离继电器的动作特性。

8-3-81 为什么失电压有可能造成距离保护误动作？

答：对模拟式保护从原理上可以按以下两种情况来分析失电压误动。

（1）距离元件失压。任何距离元件都包括两个输入回路，一是作距离测量的工作回路，另一是极化回路。对于阻抗特性包括阻抗坐标原点在内的非方向距离继电器，当元件失去输入电压时，本来必然要动作。对于方向距离继电器，如图 8-3-8（a）所示的情况，当输入电压被断开时，由于负载电流通过电抗变压器 TL 在二次侧产生电压，此电压加在工作回路使整定变压器 TS 二次有电压，同时感应到 TS 的一次侧，而 TS 一次侧的负载就是极化回路，结果等于给极化回路输入一个对继电器为动作方向的电压。如果负载电流有一定的数值，使继电器获得的力矩大于其启动值，即发生误动作。

对微机型保护装置，当其失去电压时，只要装置不启动，不进入故障处理程序就不会误动。若失电压后不及时处理，遇有区外故障或系统操作使其启动，则只要有一定的负载电流

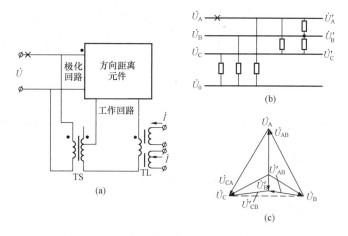

图 8-3-8　距离元件及装置失电压时有关回路
(a) 电压反馈有关回路；(b) 单相断开；
(c) 单相断开后故障相电压的重新分配

仍将误动。

（2）距离保护装置失电压。当距离保护装置三相（或两相）失电压，则同时失电压的每套距离保护都向电压回路的负载反馈。如断开电压互感器一次侧隔离开关造成失电压，则由各线路负载电流反馈到整定变压器一次侧所连接的电压回路，负载主要就是电缆电阻（因从二次侧看电压互感器相当于短路），反馈的电压虽然少些，但也可能造成误动作。

当电压回路一相断开时，由于电压回路连接有负载阻抗，通过这些负载阻抗会迫使已断开相重新分配电压。图 8-3-8（b）、（c）表示 A 相断开时，如三相负载平衡，则断开后的 A 相电压 $\dot{U}'_A$ 与原有电压 $\dot{U}_A$ 相位相差 180°，$\dot{U}'_{AB}$ 及 $\dot{U}'_{CA}$ 幅值稍大于原有的一半，相位分别领前及落后原有相位，稍小于 60°，在负载情况也可能引起误动作。

8-3-82　如何做好相间距离保护的相量检查？

答：相间距离保护的检查方法如下。

（1）在保护屏端子排处测三相电流相位，功率送受状况应与盘表指示相符。

（2）将方向阻抗元件切换成方向元件。对模拟式距离保护装置实现的方法，是将整定变压器第一段插头均置于"0"的位置。此时阻抗元件动作方程变为

$$动作量\ E_1 = |\dot{U}_P + K\dot{I}_P|；制动量\ E_2 = |\dot{U}_P - K\dot{I}_P|$$

式中：$\dot{U}_P$ 为极化电压，它是由极化谐振变压器产生的，$\dot{U}_P$ 与加于整定变压器上的电压同相位。$K\dot{I}_P$ 为电流在电抗变压器二次感应的电压，它超前外加电流 80°。当加于整定变压器上的电压和继电器灵敏角确定后，继电器动作区随之确定，最大灵敏线在落后 $\dot{U}_P$ 80° 的位置，电流超前 $\dot{U}_P$ 10° 和落后 $\dot{U}_P$ 170° 时为动作区。

在端子排上将电流回路进行切换，继电器动态随之改变，动作情况应与表 8-3-1 相符（动作方向指向线路 $\varphi_{sec} = 180°$）。做此项试验也可固定电流切换电压，动作情况应与表 8-3-2 相符。

表 8-3-1   切换电流回路继电器的动态变化

功率送受状况		$+P+Q$	$+P-Q$	$-P-Q$	$-P+Q$
A相阻抗元件	通入 I_{AB}	$+$	0	$-$	0
	通入 I_{BC}	0	$+$	0	$-$
	通入 I_{CA}	$-$	0	$+$	0

注　1. $+$动作；$-$不动；0不定。

　　2. B、C相阻抗元件分析方法同 A 相。

表 8-3-2   切换电压回路继电器的动态变化

功率送受状况		$+P+Q$	$+P-Q$	$-P-Q$	$-P+Q$
A相阻抗元件	通入 U_{AB}	$+$	0	$-$	0
	通入 U_{BC}	$-$	0	$+$	0
	通入 U_{CA}	0	$+$	0	$-$

注　1. $+$动作；$-$不动；0不定。

　　2. B、C相阻抗元件分析方法同 A 相。

8-3-83　大短路电流接地系统输电线路接地保护方法主要有哪几种？

答：大短路电流接地系统中输电线路接地保护方式主要有：纵联保护（相差高频、方向高频等）、零序电流保护和接地距离保护等。

8-3-84　什么是零序保护？零序保护的作用是什么？

答：在大短路电流接地系统中发生接地故障后，就有零序电流、零序电压和零序功率出现，利用这些电量构成保护接地短路故障的继电保护装置统称为零序保护。三相星形接线的过电流保护虽然也能保护接地短路故障，但其灵敏度较低，保护时限较长。采用零序保护就可克服这些不足。这是因为：①系统正常运行和发生相间短路时，不会出现零序电流和零序电压，因此零序保护的动作电流可以整定得较小，这有利于提高其灵敏度；②Y，d 接线的降压变压器，三角形绕组侧以后的故障不会在星形绕组侧反映出零序电流，所以零序保护的动作时限可以不必与该种变压器以后的线路保护相配合而取较短的动作时限。

8-3-85　线路零序电流保护在运行中需要注意哪些问题？

答：线路零序电流保护在运行中需注意以下问题。

（1）当电流回路断线时，可能造成保护误动作。这是一般较灵敏的保护的共同弱点，需要在运行中注意防止。就断线概率而言，它比距离保护电压回路断线的概率要小得多。如果确有必要，还可以利用相邻电流互感器零序电流闭锁的方法防止这种误动作。

（2）当电力系统出现不对称运行时，也要出现零序电流，如变压器三相参数不同所引起的不对称运行，单相重合闸过程中的两相运行，三相重合闸和手动合闸时的三相断路器不同期，母线倒闸操作时断路器与隔离开关并联过程或断路器正常环并运行情况下，由于隔离开关或断路器接触电阻三相不一致而出现零序环流（见图 8-3-9），以及空投变压器时产生的不平衡励磁涌流，特别是在空投变压器所在母线有中性点接地变压器在运行中的情况下，可能

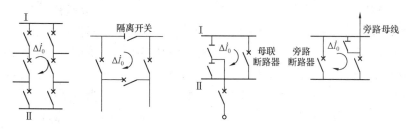

图 8-3-9　出现零序环流的接线示例

出现较长时间的不平衡励磁涌流和直流分量等，都可能使零序电流保护启动。

（3）地理位置靠近的平行线路，当其中一条线路故障时，可能引起另一条线路出现感应零序电流，造成反方向侧零序方向继电器误动作。如确有此可能时，可以改用负序方向继电器，来防止上述零序方向继电器误判断。

（4）由于零序方向继电器交流回路平时没有零序电流和零序电压，回路断线不易被发现，当继电器零序电压取自电压互感器开口三角绕组时，也不易用较直观的模拟方法检查其方向的正确性，因此较容易因交流回路有问题而使得在电网故障时造成保护拒绝动作和误动作。

8-3-86　线路采用接地距离保护有什么优点？有哪几种构成方式？

答： 接地距离保护的最大优点，是瞬时段的保护范围固定，还可以比较容易获得有较短延时和足够灵敏度的第二段接地保护，特别适合于短线路的一、二段保护。

对短线路来说，一种可行的接地保护方式，是用接地距离保护一、二段再辅之以完整的零序电流保护。两种保护各自配合整定，各司其责：接地距离保护用以取得本线路的瞬时保护段和有较短时限与足够灵敏度的全线第二段保护；零序电流保护则以保护高电阻故障为主要任务，保证与相邻线路的零序电流保护间有可靠的选择性。

常用的接地距离继电器有以下几种构成方式。

（1）相阻抗继电器。这种继电器按 $\dfrac{\dot{U}_{\mathrm{ph}}}{\dot{I}_{\mathrm{ph}}+\dot{K}\dot{I}_0}$ 接线，是第 Ⅰ 类距离继电器。

（2）以零序电抗继电器为基础构成的各种接地距离继电器。零序电抗继电器以零序电流为极化量，测量相补偿电压 $\dot{U}'=\dot{U}-Z_{\mathrm{ph}}(\dot{I}_{\mathrm{ph}}+\dot{K}\dot{I}_0)$ 的相位变化，是第 Ⅱ 类距离继电器。

（3）电压补偿型零序电抗继电器。这种继电器以 $\dot{U}_{\mathrm{sen}}=\dot{U}_{\mathrm{ph}}-Z_{\mathrm{ph}}(\dot{I}_{\mathrm{on}}-\dot{I}_0)$ 为制动量，以 $\dot{U}_{\mathrm{op}}=\dot{U}_{\mathrm{ph}}-2\dot{I}_0 X_{0\mathrm{y}}$ 为动作量。式中：$X_{0\mathrm{y}}$ 是保护区线路的零序电抗。这种继电器也是第 Ⅱ 类距离继电器。

（4）相序分量比较式接地距离继电器。这种继电器以零序补偿后电压 U'_0 为动作量，以正序和负序补偿后电压之和 $U'_{12}=U'_1+U'_2$ 为制动量，是第 Ⅱ 类距离继电器。

8-3-87　在中性点直接接地系统中，变压器中性点接地的选择原则是什么？

答： 其选择原则如下：①发电厂及变电站低压侧有电源的变压器，若变电站中只有单台变压器运行，其中性点应接地运行，以防止出现不接地系统的工频过电压状态。如事前确定不能接地运行，则应采取其他防止工频过电压的措施。②自耦型和有绝缘要求的其他型变压器，其中性点必须接地运行。③T 接于线路上的变压器，以不接地运行为宜。当 T 接变压器低压侧有电源时，则应采取防止工频过电压的措施。④为防止操作过电压，在操作时应临时将变压器中性点接地，操作完毕后再将其断开。⑤从保护的整定运行出发，还应作如下考虑：变压器中性点接地运行方式的安排，应尽量保持同一厂（所）内零序阻抗基本不变。如有两台及以上变压器时，一般只将一台变压器中性点接地运行，当该变压器停运时，将另一台中性点不接地变压器改为直接接地；有三台及以上变压器的双母线运行的厂（所），一般正常按两台变压器中性点直接接地运行，并把它们分别接于不同的母线，当其中的一台中性点直接接地变压器停运时，将另一台中性点不接地变压器直接接地。

8-3-88　电力载波高频通道有哪几种构成方式？各有什么特点？

答： 目前广泛采用输电线路构成的高频通道。它有以下两种构成方式：

（1）相—相制通道。利用输电线路的两相导线作为高频通道。虽然采用这种构成方式高频电流衰耗较小，但由于需要两套构成高频通道的设备，因而投资大、不经济，所以很少采用。

（2）相—地制通道。即在输电线路的同一相两端装设高频耦合和分离设备，将高频收发信机接在该相导线和大地之间，利用输电线路的一相（该相称加工相）和大地作为高频通道。这种接线方式的缺点是高频电流的衰减和受到的干扰都比较大，但由于只需装设一套构成高频通道的设备，比较经济，因此在我国得到了广泛的应用。

8-3-89　什么是微波保护？用微波通道作为继电保护的通道时具有哪些优缺点？

答： 所谓微波保护，就是一种利用微波通道来传送线路两端比较信号的继电保护装置，它的基本原理与高频保护相同，也就是说是高频保护的发展。目前，微波保护采用的是波长为 $1\sim10\mathrm{cm}$（频率为 $30000\sim3000\mathrm{MHz}$）的微波。

利用微波通道作为继电保护的通道具有下列优点：①不需要装设与输电线路直接相连的高频加工设备，在检修有关高压电器时，无须将微波保护退出运行，在检修微波通道时也不影响输电线路的正常运行。②微波通道具有较宽的频带，可以传送多路信号，这就为超高压线路实现分相的相位比较提供了有利条件。③微波通道的频率较高，与输电线路没有任何联系，因此，受到的干扰小、可靠性高。④由于内部故障时无须通过故障线路传送两端的信号，因此它可以采用传送各种信号（闭锁、允许、直接跳闸）的方式来工作，也可以附加在现有的保护装置上来提高保护的速动性和灵敏性。

微波通道存在的缺点是：①当变电站之间的距离超过 $40\sim60\mathrm{km}$ 时，需要架设微波中继站；又由于微波站和变电站不在一起，增加了维护的困难。②价格较贵：实际上，只有当电力系统的继电保护、通信、自动化和远动化技术综合在一起考虑，需要解决多通道的问题时，应用微波保护才有显著优点。

8-3-90　阻波器的特性及对它的基本要求是什么？

答： 阻波器由一个电感量不大的强流线圈和调谐元件组成。它对工频电流的阻抗极小，可认为是短路的，不产生损失，而对某些给定的高频频率或频段将是高阻抗。用它可以阻止高频电流流入变电站和短支线，不但可以减小通道衰耗，而且能起到均匀通道衰耗特性的作用。

对阻波器的要求：①继电保护高频通道对阻波器接入后的分流衰耗在阻塞频带内一般要求不大于 2dB；②必须保证工频电流通向变电站，所以要求阻波器对工频呈现的阻抗必须很小；③阻波器须能够长期承受这条输电线路最大工作电流所引起的热效应和机械效应；④阻波器须具有足够的承受过电压的能力，因此阻波器内要装设避雷器和防护线圈；⑤能短时承受这条输电线路的最大短路电流引起的热效应和机械效应。

8-3-91 如果高频通道上衰耗普遍过高，应着重检查什么？

答： 应着重检查以下各项。

（1）检查终端和桥路上的各段高频电缆的绝缘是否正常，或桥路电缆有否断线现象；当桥路电缆断线，衰耗会增加 20dB 以上的衰耗值。

（2）检查结合滤波器的放电器是否因多次放电而烧坏，致使绝缘下降。

（3）阻波器调谐元件是否损坏或失效，运行中可用测量跨越衰耗的方法进行检查，或线路停电，阻波器不吊下耦合电容接地方法检查阻波器的特性。

（4）通道中各部分连接的阻抗是否有严重失配而引起较大的反射损耗。

（5）在桥路上是否因变电站母线的跨越衰耗降低而产生了相位补偿。

8-3-92 为什么高频通道的衰耗与天气条件有关？

答： 当输电线被冰层、霜雪所覆盖时，高频通道的衰耗就会增加，这是因为高频信号是一种电磁波，其电磁能量是在导线之间的空间内传播的。在靠近导线表面的地方，电磁能量密度最大，因此，当导线表面被冰雪覆盖时，电磁波将在不均匀的介质中传播，而消耗掉一部分能量。由于冰层所形成的覆盖物最密，故有冰层时损耗最大。冰层里的损耗是由覆盖物中的介质损耗引起的，而介质损耗则和冰的介质损失角的正切、覆盖物的厚度以及信号频率成反比。冰的介质损失角在频率为 15kHz 时达最大值。超过此频率后，其介质损失角和频率成正比。因此，信号频率越高，因冰层引起的衰耗越小。

8-3-93 如何进行高频通道传输总衰耗和输入阻抗测试？

答： 该项测试在两侧分别轮流进行，即一侧向线路发送高频信号，另一侧接收，接收侧将高频电缆接 100Ω 负载电阻（将收发信机输出与电缆相接处连片断开），每一侧所测试的传输衰耗都不允许超过 27dB，且两侧的测试结果应基本相同，最大差值不应大于 3dB。

测试接线发信端如图 8-3-10 所示，只是 C 为实际耦合电容器，400Ω 电阻为实际线路电阻，则

$$b_t = 10\lg\left(\frac{U_1 I_1}{U_2^2} \times 100\right) \quad \text{dB}$$

$$Z_i = \frac{U_1}{I_1} \quad \Omega$$

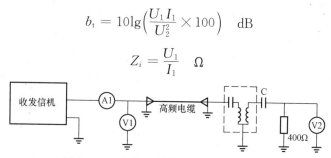

图 8-3-10 高频通道传输衰耗测试接线图

8-3-94 线路高频保护运行时，为什么运行人员每天要交换信号以检查高频通道？

答：我国常采用电力系统正常时高频通道无高频电流的工作方式。由于高频通道涉及两个厂站的设备，其中输电线路跨越几千米至几百千米的地区，经受着自然界气候的变化和风、霜、雨、雪、雷电的考验，以及高频通道上各加工设备和收发信机元件的老化和故障，都会引起衰耗的增加。高频通道上任何一个环节出问题，都会影响高频保护的正常运行。系统正常运行时，高频通道无高频电流，高频通道上的设备有问题也不易发现，因此每日由运行人员用启动按钮启动高频发信机向对侧发送高频信号，通过检测相应的电流、电压和收发信机上相应的指示灯来检查高频通道，以确保故障时保护装置的高频部分能可靠工作。

8-3-95 什么是自动重合闸？电力系统中为什么要采用自动重合闸？

答：自动重合闸装置是将因故障跳开后的断路器按需要自动投入的一种自动装置。电力系统运行经验表明，架空线路绝大多数的故障都是瞬时性的，永久性故障一般不到10%。因此，在由继电保护动作切除短路故障之后，电弧将自动熄灭，绝大多数情况下短路处的绝缘可以自动恢复。因此，自动将断路器重合，不仅提高了供电的安全性和可靠性，减少了停电损失，而且还提高了电力系统的暂态稳定水平，增大了高压线路的送电容量，也可纠正由于断路器或继电保护装置造成的误跳闸。所以，架空线路要采用自动重合闸装置。

8-3-96 对自动重合闸装置有哪些基本要求？

答：对自动重合闸有以下几个基本要求。

(1) 在下列情况下，重合闸不应动作：①由值班人员手动跳闸或通过遥控装置跳闸时；②手动合闸，由于线路上有故障，而随即被保护跳闸时。

(2) 除上述两种情况外，当断路器由继电保护动作或其他原因跳闸后，重合闸均应动作，使断路器重新合上。

(3) 自动重合闸装置的动作次数应符合预先的规定，如一次重合闸就只应实现重合一次，不允许第二次重合。

(4) 自动重合闸在动作以后，一般应能自动复归，准备好下一次故障跳闸的再重合；

(5) 应能和继电保护配合实现前加速或后加速故障的切除。

(6) 在双侧电源的线路上实现重合闸时，应考虑合闸时两侧电源间的同期问题，即能实现无压检定和同期检定。

(7) 当断路器处于不正常状态（如气压或液压过低等）而不允许实现重合闸时，应自动地将自动重合闸闭锁。

(8) 自动重合闸宜采用控制开关位置与断路器位置不对应的原则来启动重合闸。

以华自科技的 DMP311C 线路保护测控装置为例，其内部集成重合闸元件，具备加速跳、检同期、位置不对应启动重合闸等功能。

8-3-97 重合闸合于永久性故障时对系统有何不利影响，哪些情况不能采用重合闸？

答：当重合闸重合于永久性故障时，主要有以下两个方面的不利影响：①使电力系统又一次受到故障的冲击；②使断路器的工作条件变得更加严重，因为断路器要在短时间内，连续两次切断电弧。

只有在个别的情况，由于受系统条件的限制，不能使用重合闸。例如，断路器遮断容量不足、防止出现非同期情况时，不允许使用重合闸；有的特大型机组，在第一次切除线路多相故障后，在故障时它所承受的机械应力衰减要带较长延时，为了防止重合于永久性故障，由于机械应力叠加而可能损坏机组时，也不允许使用重合闸。

8-3-98　选用重合闸的原则是什么？

答： 选用重合闸一般原则如下：①重合闸方式必须根据具体的系统结构及运行条件，经过分析后选定。②凡是选用简单的三相重合闸方式能满足具体系统实际需要的线路，都应当选用三相重合闸方式。特别对于那些处于集中供电地区的密集环网中，线路跳闸后不进行重合闸也能稳定运行的线路，更宜采用整定时间适当的三相重合闸。对于这样的环网线路，快速切除故障是第一重要的问题。③当发生单相接地故障时，如果使用三相重合闸不能保证系统稳定，或者地区系统会出现大面积停电，或者影响重要负载停电的线路上，应当选用单相或综合重合闸方式。④在大机组出口一般不使用三相重合闸。

8-3-99　自动重合闸启动方式有哪几种？各有什么优缺点？

答： 自动重合闸共有两种启动方式：断路器控制开关位置与断路器位置不对应启动方式和保护启动方式。经比较，这两种重合闸的优缺点如下。

（1）使用单相重合闸时会出现非全相运行，除纵联保护需要考虑一些特殊问题外，对零序电流保护的整定和配合产生了很大影响，也使中、短线路的零序电流保护不能充分发挥作用。例如，一般环网三相重合闸线路的零序电流一段都能纵续动作，即在线路一侧出口单相接地而三相跳闸后，另一侧零序电流立即增大并使其一段动作。利用这一特点，即使线路纵联保护停用，配合三相快速重合闸，仍然保持着较高的成功率。但当使用单相重合闸时，这个特点不存在了，而且为了考虑非全相运行，往往需要抬高零序电流一段的启动值，零序电流二段的灵敏度也相应降低，动作时间也可能增大。

（2）使用三相重合闸时，各种保护的出口回路可以直接动作于断路器。使用单相重合闸时，除了本身有选相能力的保护外，所有纵联保护、相间距离保护、零序电流保护等，都必须经单相重合闸的选相元件控制，才能动作于断路器。

（3）当线路发生单相接地，进行三相重合闸时，会比单相重合闸产生较大的操作过电压，这是由于三相跳闸，电流过零时断电，在非故障相上会保留相当于相电压峰值的残余电荷电压，而重合闸的断电时间较短，上述非故障相的电压变化不大，因而在重合时会产生较大的操作过电压。而当使用单相重合闸时，重合时的故障相电压一般只有 17% 左右（由于线路本身电容分压产生），因而没有操作过电压问题。然而，从较长时间在 110kV 及 220kV 电网采用三相重合闸的运行情况来看，对一般中、短线路操作过电压方面的问题并不突出。

（4）采用三相重合闸时，最不利的情况是有可能重合于三相短路故障。有的线路经稳定计算认为必须避免这种情况时，可以考虑在三相重合闸中增设简单的相间故障判别元件，使它在单相故障时实现重合，在相间故障时不重合。

8-3-100　在检定同期和无压重合闸装置中，为什么两侧都要检定同期和无压继电器？

答： 其原因如下：如果采用一侧投无电压检定，另一侧投同期检定这种接线方式，那么，在使用无电压检定的那一侧，当其断路器在正常运行情况下由于某种原因（如误碰、保护误动等）而跳闸时，由于对侧并未动作，因此线路上有电压，因而就不能实现重合，这是一个很大的缺陷。为了解决这个问题，通常都是在检定无压的一侧也同时投入同期检定继电器，两者的触点并联工作，这样就可以将误跳闸的断路器重新投入。为了保证两侧断路器的工作条件一样，在检定同期侧也装设无压检定继电器，通过切换后，根据具体情况使用。

但应注意：一侧投入无压检定和同期检定继电器时，另一侧则只能投入同期检定继电器，否则，两侧同时实现无电压检定重合闸，将导致出现非同期合闸。在同期检定继电器触点回路中要串接检定线路有电压的触点。

8-3-101　单侧电源送电线路重合闸方式的选择原则是什么？

答：选择原则如下。

(1) 在一般情况下，采用三相一次重合闸。

(2) 当断路器遮断容量允许时，在下列情况下可采用二次重合闸：①由无经常值班人员的变电站引出的、无遥控的单回线路；②供电给重要负载且无备用电源的单回线路。

(3) 经稳定计算校核，允许使用重合闸。

8-3-102　对双侧电源送电线路的重合闸有什么特殊要求？

答：除满足对自动重合闸装置的基本要求外，双侧电源送电线路的重合闸还应满足以下要求：①当线路上发生故障时，两侧的保护装置可能以不同的时限动作于跳闸，因此，线路两侧的重合闸必须保证在两侧的断路器都跳开以后，再进行重合；②当线路上发生故障跳闸以后，常常存在着重合时两侧电源是否同期，以及是否允许非同期合闸的问题。因此双侧线路上的重合闸，应根据电网的接线方式和运行情况，在单侧电源重合闸的基础上，采取一些附加措施，以适应新要求。

第四节　励　磁　系　统

8-4-1　什么叫同步发电机的励磁系统？主要由哪几部分组成？

答：与同步发电机励磁回路电压建立、调整及在必要时使其电压消失的有关设备和电路总称为励磁系统。同步发电机的励磁系统主要由励磁电源和励磁自动调节两大部分组成。励磁电源的主体是励磁机或励磁变压器，主要向同步发电机励磁绕组提供直流励磁电流。励磁自动调节是指同步发电机的励磁系统中除励磁电源以外的对励磁电流能起控制和调节作用的电气调控装置。它包括励磁自动调节回路、功率整流回路和灭磁回路等三部分。励磁装置则根据不同的规格、型号和使用要求，分别由调节控制屏、整流屏和灭磁屏几部分组合而成。

8-4-2　水电站自动调节励磁装置的作用有哪些？

答：水电站自动调节励磁装置的作用主要有以下几个方面。

(1) 电力系统正常运行时，维持发电机的机端电压；当发电机无功负载变化时，机端电压要发生相应变化，此时，励磁调节应能自动调节励磁电流，维持机端电压的稳定。

(2) 控制无功功率的分配，在并列运行发电机之间，合理分配机组间的无功负载，同时可以调节无功功率的输出。

(3) 提高输送功率，有利于系统的静态稳定运行；通过增大发电机的励磁电流，可以提高发电机的静稳定极限。

（4）提高系统的动态稳定，加快系统电压的恢复；在系统发生故障时通过强励的作用提高带时限继电保护的灵敏度，在故障切除后通过励磁调节迅速恢复系统电压。

（5）发电机故障或发电机—变压器组单元接线的变压器故障时，对发电机实行快速灭磁，以降低故障的损坏程度。

8-4-3　电力系统对同步发电机自动励磁调节装置的基本要求有哪些？

答： 为使同步发电机自动励磁调节装置充分发挥其作用，电力系统对同步发电机自动励磁调节装置的基本要求如下。

（1）有足够的调整容量。以保证在正常运行情况下，能按机端电压变化自动地调节励磁。维持发电机电压值在给定的水平。在并列运行发电机组间，能稳定分配机组间的无功负载。

（2）有很快的响应速度和足够大的强励顶值电压。电力系统发生事故，导致电压降低时，励磁系统应有很快的响应速度和足够大的强励顶值电压，以实现强行励磁作用。为了提高励磁系统的响应速度，应提高自动励磁调节器和励磁机的响应速度。

（3）有很高的运行可靠性。系统要求简单可靠，动作要迅速，调节过程要稳定，调节系统应无失灵区。

8-4-4　励磁调节对单机运行的发电机和与系统并联运行的同步发电机各有哪些影响？

答： 对于单机运行的发电机，在励磁电流不变的情况下，无功负载的变化是造成机端电压变化的主要原因，因此要保持发电机端电压的不变，同步发电机的励磁电流必须随无功电流的变化而不断地调整，才能满足对电能质量的要求。

对与系统并联运行的同步发电机，调节与有限容量系统并列的发电机励磁电流时，发电机的端电压和发出的无功功率均要有相应的变化，而调节与无限容量系统并列的发电机励磁电流时，只可改变发电机无功功率的输出数值。

8-4-5　为什么励磁系统可以提高输送功率，有利于系统的静态稳定运行？

答： 从同步发电机的功率特性图中可知，当发电机的功角 δ 小于 $90°$ 时，发电机是静态稳定的。当功角 δ 大于 $90°$ 时（图 8-4-1 中的 b 点），发电机不能稳定运行。当 $\delta=90°$ 时为稳定的极限情况，即静稳定极限功率 P_{max} 为：$P_{max}=E_G U_G / X_d$，式中：E_G 为发电机的空载电动势；U_G 为发电机的机端电压；X_d 为发电机的直轴同步电抗。

静态稳定极限功率 P_{max} 与发电机空载电动势 E_G 成正比，而 E_G 又与励磁电流成正比，所以，增大励磁电流时，就提高了发电机的静稳定极限。

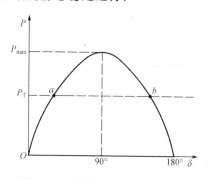

图 8-4-1　同步发电机的功角特性

8-4-6　为什么说提高励磁系统的强励能力可以提高系统的暂态稳定？

答： 因为当电力系统发生故障时，发电机电压将大幅度降低，此时励磁装置迅速增大励磁电流，实现强行励磁，提高了电力系统的动态稳定性。因励磁电流增大后，引起短路电流的增大，从而提高了带时限继电保护的灵敏度。电力系统故障排除后，同样，励磁电流的自动调节，加速了系统电压的恢复，因此励磁的强励能力可以提高系统的暂态稳定。

8-4-7 水轮发电机根据供电电源的不同，有哪几种励磁方式？

答：水轮发电机的励磁方式及调节励磁装置的种类繁多，励磁系统的发展与调节装置的发展是相互联系的。目前，我国应用的主要有直流励磁机励磁，交流励磁机（发电机）经半导体整流器供电和静止电源供电三种励磁方式。

8-4-8 同步发电机励磁自动调节的基本框图主要包括哪几部分？

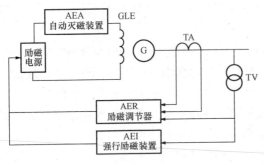

图 8-4-2 同步发电机励磁自动调节框图

答：同步发电机励磁自动调节的基本框图如图 8-4-2 所示，通常包括励磁调节器（AER）、强行励磁装置（AEI）、自动灭磁装置（AEA）等。励磁调节器用于在正常运行或电力系统发生事故时调节励磁电流，以满足运行的需求。强行励磁装置作为励磁调节器强行励磁作用的后备措施，并作为某些不能满足强行励磁要求的励磁调节器补充措施，用于电力系统发生事故时，使励磁电压迅速升到最大值，保证电力系统稳定运行的装置。自动灭磁装置用于发电机或发电机—变压器组中的变压器发生故障时，为防止继续向故障点供给短路电流，加大故障的损坏程度，使发电机转子回路的励磁电流尽快降到零的一种装置。

8-4-9 画出直流励磁机供电的励磁方式的原理接线图，并加以说明。

答：直流励磁机供电的励磁方式按励磁绕组供电方式的不同，可分为自励式和他励式两种。图 8-4-3（a）是自励式的原理接线图。发电机励磁绕组 GLE 由同轴的直流励磁机 GD 供电，励磁机励磁绕组 ELE 除由 GD 通过 R_m 供给的自励电流外，还由励磁调节器供给的电流 I_{AER}。前者通过 R_m（手动）调整，后者按预定要求自动调整。

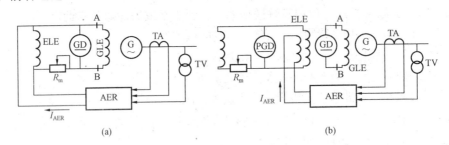

图 8-4-3 直流励磁机供电的励磁方式原理示意图

（a）自励直流励磁机原理接线图；（b）他励直流励磁机原理接线图

他励式的原理接线图如图 8-4-3（b）所示，发电机励磁绕组 GLE 由同轴的直流励磁机 GD 供电，励磁机的励磁电流除由励磁调节器供给 I_{AER} 外，还有与发电机和励磁机 PGD 供给的他励电流。

8-4-10 采用直流发电机作为励磁机有何优缺点？

答：采用直流发电机作为励磁机具有不受电网运行情况干扰的特点，可以在任何条件下保证同步发电机的励磁。但由于碳刷和换向器容易磨损、维护工作量大、调节速度较慢等缺点，已慢慢被调节性能更为完善的晶闸管励磁所取代。

8-4-11   交流励磁机经半导体整流器供电的励磁方式有哪几种?

答: 目前我国普遍采用交流励磁机经半导体整流器供电的励磁方式，根据整流器（二极管或晶闸管）及工作状态（静止或旋转）的不同，可分为以下几种。

（1）交流励磁机经静止二极管整流的励磁方式。

（2）交流励磁机经静止晶闸管整流的励磁方式。

（3）交流励磁机经旋转二极管整流的励磁方式。

（4）交流励磁机经旋转晶闸管整流的励磁方式。

交流励磁机经半导体整流器供电的励磁方式也有自励和他励两种供电方式。

8-4-12   画出交流励磁机经半导体整流器供电的励磁方式的原理接线图，并加以说明。

答:（1）交流励磁机经静止二极管整流的励磁方式典型的原理接线图如图 8-4-4 所示，同步发电机 G 的励磁电源由交流主励磁机 GE 经二极管整流供电，主励磁机 GE 的励磁电源由副励磁机 PGE（永磁发电机）供电。

（2）交流励磁机经静止晶闸管整流的励磁方式典型的原理接线图如图 8-4-5 所示，这种励磁方式的晶闸管直接作用于发电机主磁场回路，励磁调节不经交流励磁机。

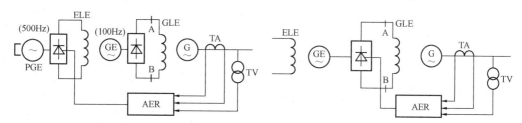

图 8-4-4   交流励磁机经静止二极管整流   图 8-4-5   交流励磁机经静止晶闸管整流的
的励磁方式原理接线图（A、B 为转子滑环）   励磁方式原理接线图（A、B 为转子滑环）

（3）交流励磁机经旋转二极管整流的励磁方式典型的原理接线图如图 8-4-6 所示，发电机励磁绕组和主励磁机与永磁机（PGE）之间没有电的直流联系，而是只有磁的联系。

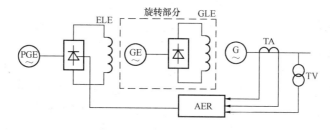

图 8-4-6   交流励磁机经旋转二极管整流的励磁方式

（4）交流励磁机经旋转晶闸管整流的励磁方式典型的原理接线图如图 8-4-7 所示，这种方式将晶闸管的控制触发脉冲以无触点的方式可靠正确地传送到转子上，一般可通过旋转变压器或控制励磁机来实现。

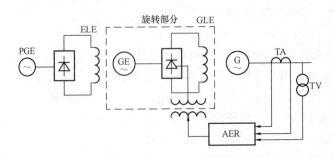

图 8-4-7　交流励磁机经旋转晶闸管整流的励磁方式

8-4-13　什么是静止励磁系统（发电机自并励系统）？

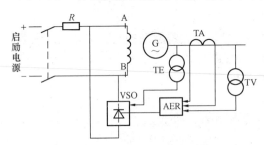

图 8-4-8　自并励系统原理框图

答：静止励磁系统（发电机自并励系统）中发电机的励磁电源不用励磁机，而由机端励磁变压器供给整流装置。这类励磁装置采用大功率晶闸管元件，没有转动部分，故称静止励磁系统。由于励磁电源是发电机本身提供，故又称为发电机自并励系统。

静止励磁系统如图 8-4-8 所示，它由机端励磁变压器供电给整流器电源，经三相全控整流桥直接控制发电机的励磁。

8-4-14　发电机自并励系统的优点有哪些？

答：（1）励磁系统接线和设备比较简单，无转动部分，维护费用省，可靠性高。

（2）不需要同轴励磁机，可缩短主轴长度，这样可减少基建投资。

（3）直接用晶闸管控制转子电压，可获得很快的励磁电压响应速度，可近似认为具有阶跃函数那样的响应速度。

（4）由发电机机端取得励磁能量。机端电压与机组转速的一次方成正比，故静止励磁系统输出的励磁电压与机组转速的一次方成比例。而同轴励磁机励磁系统输出的励磁电压与转速的平方成正比。这样，当机组甩负荷时静态励磁系统机组的过电压就低。

8-4-15　自并励系统主要由哪几部分组成？

答：发电机自并励系统主要由电源部分、控制部分、功率整流部分和灭磁装置等组成。电源部分包括用于为功率整流桥提供电源的励磁变压器，还有用来给启励装置、系统启动及电制动供电的电厂辅助电源。所有这些电源可以向发电机磁场绕组提供励磁电流；控制部分按系统要求自动调节励磁电压和电流，包括发电机定子电压和定子电流测量，调节器（PID 控制器）和晶闸管的门极控制单元；功率整流部分可将交流输入电压转变为发电机磁场绕组所需的直流电压；灭磁装置用于机组快速灭磁，包括磁场开关、灭磁电阻和磁场过电压保护回路（跨接器）等。

8-4-16　自并励系统中励磁变压器的作用是什么？

答：正常运行期间，励磁系统由发电机机端电压经过励磁变压器供电。励磁变压器将发电机电压转变为整流桥的输入电压，并在电气上将发电机电压与发电机磁场绕组之间隔离。

8-4-17　励磁调节器经过哪些发展过程？其分类有哪些？

答： 最初出现的励磁调节器为机电型电压调节器。它的任务只是调节电压，其调节线圈中的电流与发电机电压成正比，由于它需要克服摩擦，因此具有不灵敏区。20 世纪 50 年代电力系统广泛采用由磁放大器组成的电磁型调节器，各单元皆由电磁元件构成，具有较大的时间常数。60 年代初期半导体励磁调节器开始在中型发电机上采用后，由于半导体元件的优越性，发展非常迅速，到 70 年代初就已得到广泛的应用，并一直沿用至今。如今以电子计算机为核心的数字式电压调节器已非常普及。

如果按调节原理来划分调节器，可分为反馈型和补偿型两类。反馈型励磁调节器是按被调量与给定量的偏差进行调节，使被调量接近于给定值，因此能较好维持电压水平；补偿型励磁调节器是补偿某些因素所引起被调量的变动，使被调量维持在所要求的定值附近。

8-4-18　什么是半导体励磁系统？现代励磁调节器的特点有哪些？

答： 所谓半导体励磁系统，就是采用大功率的硅整流器或晶闸管组成的整流电路，用电子整流方式将交流变换成直流，以取代直流励磁机用机械整流方式获得直流励磁电源。以华自科技的 PWL 型励磁系统为例，功率整流单元采用三相全控桥结构，支持双桥或多桥结构，多桥均流系数可达 0.95 以上。控制调节器采用微机数字式双励磁调节单元，具备自动控制、故障保护、运行自检、远程通信等多种功能，支持恒压、恒流、恒无功、恒功率因数等多种调节方式，具备过电流、过电压、失磁等多种保护功能，具备 RS485 和以太网远程通信接口。

现代励磁调节器的特点有：①调节器的功能比较完善，除具有维持电压恒定、强励、强减这些基本功能外，还有其他功能，如：防止系统产生低频振荡的电力系统稳定器、过励限制、欠励限制、最大励磁限制、最小励磁限制、手动/自动切换跟踪、双通道控制、并联运行发电机的联合控制、低频限制，等等。由于调节器功能齐全，可以挖掘发电机的无功潜力，因而取得了一定的经济效益。②采用新器件。如一些大功率器件。③微型计算机在励磁系统中的应用，已逐渐广泛，采用微机励磁调节器后，使励磁控制的功能扩展，调节精度提高，励磁装置的电路简化，可靠性也提高。④设计制造考虑周到。根据调节功能和用户要求，做了很多模块和标准器件，配套较灵活，设计裕度也较大。

8-4-19　半导体励磁调节器的基本环节及构成有哪些？

答： 它由基本控制和辅助控制两大部分组成，如图 8-4-9 所示。基本控制部分由调差、

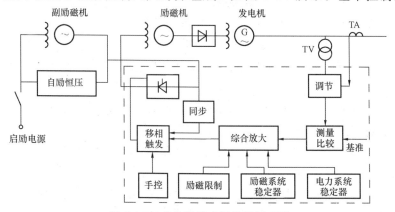

图 8-4-9　半导体励磁调节器原理图

测量比较、综合放大和移相触发单元组成，实现电压调节和无功功率分配等最基本的调节功能。其中，调差单元又称无功补偿单元，通过它可以对机组间的无功功率进行合理分配；电压测量比较单元的作用是测量发电机电压并转换为直流电压，与给定的基准电压相比较，得出电压的偏差信号；综合放大单元对测量单元输出的信号起综合和放大的作用。为了得到调节系统良好的静态和动态性能，除了由电压测量比较单元来的电压偏差信号外，有时还根据要求综合来自其他装置送来的信号，如励磁系统稳定器、最大或最小限制信号等；综合放大后的控制信号输出到移相触发单元，移相触发单元包括同步、移相、脉冲形成和脉冲放大等环节。

而辅助控制是为满足发电机不同的工况，改善电力系统稳定性，改善励磁控制系统动态性能而设置的单元——励磁系统稳定器、电力系统稳定器和励磁限制器等。

8-4-20　自动励磁调节器（数字式励磁系统）比模拟式的优越性在哪些方面？

答： 自动励磁调节器比传统的模拟调节器优越性体现在以下几个方面。

（1）构成。数字式以微处理机为核心的硬件及功率部分组成硬件系统，测量及运算由软件进行数字控制；而模拟式使用 IC 模拟控制部件以及功率部件构成。

（2）功能。数字式由软件扩展实现高功能化，AVR 功能可以一体化或分散化；而模拟式只能靠增加硬件实现多功能化，AVR 的功能及其他功能是分散的。

（3）可靠性。数字式运算回路的特性经久无变化，并易于实现多重化控制及高可靠性（自诊断功能可检测故障及进行自动切换），由于多重化，除非全系统异常，否则其功能作用不会终止；模拟式需对检测运算部分的特性进行定期的检查，另外多重化在控制回路方面较复杂（自诊断故障检测较复杂），在运算回路中，故障部分相应功能将中止。

（4）维护性。数字式的跟踪及自诊断功能在特定点设定比较容易；而模拟式为确定各工作点，需对各部分特性进行检验。

（5）操作性。数字式改变控制功能，由软件处理设定值易于实现；而模拟式改善控制功能时必须改变硬件及设定值，改动不方便。

8-4-21　作为现代水电站监控系统的一部分，对微机励磁调节器有哪些新的要求？

答： 随着水电站实时监控技术的发展和实施，励磁已不再被看作独立的系统，而被当成监控系统的一个执行机构。因此对微机励磁调节器提出了新的要求。

（1）必须具备与上位机的通信能力。水电站实时监控改变了传统的中控室集中控制模式，原则上中控室与机组之间不再有控制电缆和信号电缆，取代它们的是通信电缆。一方面可以简化接线，另一方面可以增加可靠性。所交换的信息包括控制命令、给定值、运行方式及一些状态量。

（2）应有多种运行方式可供选择。水电站根据其容量及季节，在电力系统中安排不同的任务。传统上由运行人员用增、减把手调整，实现监控后，励磁装置需增设几种常见的调节方式，如恒机端电压调节、恒励磁电流调节、恒无功调节和恒功率因数调节等。供监控选择。

（3）应具有多种完善的励磁限制功能。由于水电站实现无人值班，各种励磁限制必须齐备，如过励限制、低励限制、伏赫限制、顶值限制、快速熔断器熔断限制等。

8-4-22　微机励磁调节器的主要技术性能要求有哪些？

答：（1）调节精度。数值上用给定值与被控量之差值比给定值的百分数表示。

（2）静差率。无功补偿单元切除、原动机转速和功率因数在规定范围内变化，发电机负载从额定变化到零时，端电压的变化率一般为±1％。

（3）电压调差率。功率因数等于零的情况下，无功负载从零变化到额定值时，发电机端电压的变化率，一般在±10％内可调整。

（4）超调量和调节时间。发电机在空载额定工况下，突然改变电压给定值，发电机端电压的最大值与稳态值之差再与阶跃量之比的百分数为超调量；从阶跃信号开始到发电机端电压与新的稳态值的差值对阶跃量之比不超过2％时，所需时间为调节时间。

（5）零起升压时的超调量和调节时间。零起升压超调量一般不大于15％，调节时间不大于10s，摆动次数不超过3次。

（6）响应时间。在规定条件下，励磁系统达到顶值电压与额定负载时磁场电压之差的95％所需时间的秒数，叫响应时间。

（7）调节范围。指稳态电压调节的范围。自动电压调节器应保证能在发电机空载额定电压的70％～110％范围内进行稳定、平滑的调节。

（8）频率特性。指频率在47～52Hz变化时，电压的变化率。频率变化10％时，电压变化应小于0.25％。

（9）调节速率。发电机在空载运行状态下，自动电压调节器和手动控制单元的给定值每秒的变化速度不大于发电机额定值的1％，不小于0.3％。

（10）强行切除率。在计算的间隔时间内，用百分数来表示的励磁系统强行切除小时与投运小时数之比为强行切除率，一般不高于0.2％。

8-4-23　微机励磁调节器有哪几种类型？它们的特点是什么？

答：（1）单微机带模拟通道励磁调节器。这是最早的微机励磁调节器模式，现在在中小型机组上仍然使用。两通道有主从之分，微机通道为主，模拟通道为从。自动切换是单向的，只能从微机通道切向模拟通道。

（2）双微机励磁调节器。这是一种比较成熟的方案，目前主要用于大中型发电机。双通道完全相同，无主从之分，可双向切换。从理论上讲，双通道同时出故障的概率很小，但工程上，因为双微机励磁调节器故障而引起机组被迫停机的事故常有发生，其主要原因是切换不可靠。目前双通道切换均采用自诊断方式，即软件设有自检程序，硬件设有看门狗电路，运行通道出现故障时自动退出运行，由备用通道顶上。这种方式对硬件损坏性故障是行之有效的，但对介于损坏与未损坏之间的临界状况却无法判断。因此有些厂家提出三通道方案。

（3）三微机励磁调节器。三微机励磁调节器是在双微机励磁调节器的基础上增设一路微机通道。该通道具有全部测量功能，但不输出。三通道之间用通信联络，由第三通道裁决是A机还是B机工作。

（4）外部总线式微机励磁调节器。有些厂家为保持自身产品的兼容性，各自定义有外部总线。不论是模拟励磁调节器，还是微机或可编程励磁调节器，都按相同的接口与外部总线连接。用户可以任意选择两套励磁调节器组成双通道。

8-4-24　什么是励磁调节器的静态工作特性？对它的要求有哪些？

答： 同步发电机励磁控制系统的静态工作特性是指在没有人工参与调节的情况下，发电机机端电压与发电机电流的无功分量之间的静态特性。此特性通常称为发电机外特性或电压调节特性，也称为电压调差特性。

对励磁调节器静态特性进行调整，主要是为了满足运行方面的要求，这些要求是：①发电机投入和退出运行时，能平稳地改变无功负载，不致发生无功功率的冲击；②保证并联运行的发电机组间无功功率的合理分配。

8-4-25　什么是发电机的电压变化率？励磁调差有几种方式？

答： 发电机在额定负载时（$I = I_N$），得到额定电压所需的励磁电流称为额定励磁电流 I_{fN}。若保持 I_{fN} 和转速 n_N 不变，卸去负载，即得到外特性上 $I = 0$ 对应电电压 E_0，这一过程中端电压升高的百分数，就称为发电机的电压变化率，即

$$\Delta U\% = \frac{E_0 - U_N}{U_N} \times 100\%$$

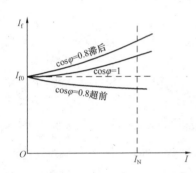

图 8-4-10　同步发电机的电压调节特性
〔发电机在 $n = n_N$，$U = U_N$，$\cos\varphi = $ 常数时，$I_f = f(I)$ 曲线〕

自然调差系数是不可调的固定值，不能满足发电机的运行要求。所以在自动励磁调节器中设置了调差单元，实现对调差系数的调整。当励磁调节器加入调差单元之后，调整调差系数使其可以为正、为负、为零（如图 8-4-10所示），这样发电机外特性斜率可以调节，就使得发电机机端电压的调节更加灵活，保证了发电机机端电压的稳定。

8-4-26　常规励磁 PID 调节的含义是什么？

答： 励磁调节器对发电机端电压偏差 ΔU_t 进行比例、积分、微分控制，简称 PID 调节。比例就是按比例放大；积分是对微小偏差进行累计求和，以达到消除这些偏差，提高调压精度；微分将动态的输入信号相位超前，使调节器能做出快速的反应。

8-4-27　什么是励磁系统的最小励磁限制？为什么要设置它？它的工作原理是什么？

答： 为确保发电机安全运行，在励磁调节器中设置了最小励磁限制器，它可根据发电机不同运行状态，对发电机励磁电流实施与该运行状态相适应的最小励磁限制。若发电机运行状态超过限制线，最小励磁限制器就输出正电压，通过综合放大器正竞比电路闭锁正常的电压自动控制，由正竞比电路控制励磁，即由最小励磁限制器与综合放大器构成调节器，使最小励磁电流自动维持在图 8-4-11 所示的限制线上。

8-4-28　什么是励磁系统的瞬时电流限制？为什么要设置它？它的工作原理是什么？

答： 由于电力系统稳定的要求，大容量发电机组的励磁系统必须具有高起始响应的性能。而如交流励

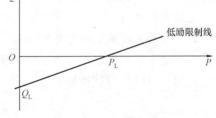

图 8-4-11　低励限制线

磁机—无刷励磁唯有采用高励磁电压顶值的方法才能提高励磁机输出电压的起始增长速度。但是高值励磁电压将会危及励磁机及发电机的安全，为此，当励磁机电压达到发电机允许的励磁顶值电压倍数时，应立即对励磁机的励磁电流加以限制，以防止危及发电机的安全运行。

励磁调节器内设置的瞬时电流限制器检测励磁机的励磁电流，一旦该值超出发电机允许的强励顶值，限制器输出立即由正变负。通过信号综合放大器的负竞比门闭锁正常的电压控制，由负竞比门控制励磁，即瞬时电流限制器与信号综合放大器构成调节器，使励磁机强励顶值电流自动限制在发电机允许的范围内。图 8-4-12 是其控制框图。

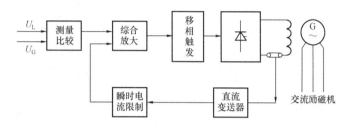

图 8-4-12　瞬时电流限制控制图

由于瞬时电流限制器的工作与发电机、励磁机的安全密切相关，因此其工作可靠性非常重要。为此，瞬时电流限制器必须设置多级，一般为三级，其限制定值分别为 1.0、1.05、1.1 倍顶值电流，以此来确保发电机、励磁机的运行安全。

8-4-29　什么是励磁系统的最大励磁限制？为什么要设置它？它的工作原理是什么？

答：最大励磁限制是为了防止发电机转子绕组长时间过励磁而采取的安全措施。按规程要求，当发电机端电压下降 80%～85% 额定电压时，发电机励磁应迅速强励到顶值电流，一般为 1.6～2 倍额定励磁电流。由于受发电机转子绕组发热的限制，强励时间不允许超过规定值。制造厂给出的发电机转子绕组在不同励磁电压时的允许时间见表 8-4-1。

表 8-4-1　　　　　　　　　　　　　不同励磁电压时的允许时间

转子电压标幺值	允许时间 (s)	转子电压标幺值	允许时间 (s)	转子电压标幺值	允许时间 (s)	转子电压标幺值	允许时间 (s)
1.12	120	1.25	60	1.46	30	2.08	10

为了使机组安全运行，对过励磁应按允许发热时间运行，若超过允许时间，励磁电流仍将不能自动降下来，则应由最大励磁限制器执行限制功能。它具有反时限特性，如图 8-4-13 所示。

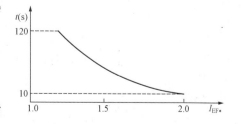

图 8-4-13　最大励磁限制器反时限特性

8-4-30　V/F 限制的作用是什么？其动作后结果怎样？

答：V/F 限制是为了防止机组在低速运行时，过多地增加励磁，造成发电机和变压器铁芯磁密度过大而损坏设备。V/F 限制的动作结果就是机端电压随频率的下降而下降，当频率下降到很低时，励磁装置就逆变灭磁。

8-4-31 什么是励磁的强行励磁？它有什么作用？

答：电力系统短路故障时，从提高系统稳定性的角度出发，当发电机电压降低到80%～85%额定值时，希望同步发电机的励磁能迅速上升到顶值，通常将这措施称为强行励磁，简称强励。这种励磁的迅速增大作用有：①增加电力系统的稳定度；②在短路切除后，能使电压迅速恢复；③提高带时限的过电流保护动作的可靠性；④改善事故时电动机的自启动条件。因此，这种机端电压降低时迅速将励磁电压加到顶值的措施对电力系统安全运行有着重要意义。

8-4-32 什么是强励电压？

答：强励电压也称为顶值电压，指在规定的条件下励磁系统可以输出的最大电压。"规定的条件"对自并励系统是指规定的机端电压，对励磁机励磁系统是指额定转速。

强励电压包括励磁系统空载顶值电压和励磁系统负载顶值电压。励磁系统空载顶值电压指励磁系统空载时从励磁系统端部可能提供的最大直流电压；励磁系统负载顶值电压指提供励磁系统顶值电流时从励磁系统端部可能提供的最大直流电压。

8-4-33 什么是励磁系统的额定电流、额定电压？

答：励磁系统的额定电流是指在确定的运行条件下，考虑到发电机大多数的励磁要求（通常根据发电机的电压与频率偏差），励磁系统能够提供的在其输出端的直流电流。

励磁系统的额定电压是指在确定的运行条件下，励磁系统给出额定电流时，励磁系统能够提供的在其输出端部的直流电压。这个电压起码要满足发电机的大多数励磁要求（通常根据发电机的电压与频率偏差）。

8-4-34 什么是电力系统稳定器（PSS）？什么是励磁系统稳定器（ESS）？

答：改变发电机励磁电流可以改变转子与定子间的相角，即通过励磁调节，可以改善系统的稳态状况，称为电力系统稳定器，简称 PSS。其算法是把转速的变化量当作偏差量，其基准值取 50Hz，进行 PID 运算，运算结果与电压 PID 叠加。

对于带励磁机的发电机组，必须对励磁机输出电压进行控制，称为励磁系统稳定器，简称 ESS，空载时投入，机组并入系统后切除。其算法是以励磁机输出电压为偏差量作 PID 计算，运算结果与发电机电压 PID 叠加。

8-4-35 什么是励磁调节的恒无功控制方式、恒功率因数控制方式？

答：恒无功控制方式就是监控装置设定一个机组需要带的无功值，如果无功值大于设定值，则给励磁装置减磁信号；如果无功值小于设定值，则给励磁装置增磁信号。在机组正常升负载的过程中采用恒无功的调节方式，可以保证无功的稳定性，减少运行人员的工作量，这种方式一般适用于机组没有监控装置的水电站。

恒功率因数控制方式就是监控装置设定一个机组固定的功率因数值，如果功率因数改变，则进行相应的增减磁操作。在起机的开始阶段采用恒功率因数调节方式，增加机组有功时自动增加无功，有利于无功调节的自动化，有利于系统稳定。

8-4-36　励磁系统有哪几种起励方式？

答：在中小型水电站中，发电机的励磁系统已广泛采用晶闸管自动励磁装置。目前晶闸管励磁系统起励的方式有两种：一种是起励电源直接利用发电机残压起励，即从发电机直接取出剩磁电压作为起励电源。另一种是利用外电源助磁起励，称为他励。采用外电源起励方式，即利用外部直流电源，直接给转子绕组励磁，在发电机电压升高至能使晶闸管触发导通，整个励磁系统进入正常工作状态时，外加起励电源即退出。通常，外部起励电源有两种方式：一种由蓄电池组作为发电机的起励电源，这种方式需要增加蓄电池的容量；另一种由厂用交流电源整流成相应的直流电源作为发电机的起励电源。

8-4-37　什么是残压起励？励磁调节器起励的前提条件是什么？

答：对于低压机组的小型发电机，发电机直接取出剩磁电压作为起励电源，在发电机起励前能产生足以使晶闸管导通的脉冲信号，进而励磁系统为转子提供励磁电流，使发电机电压能建立起来，这个过程就叫残压起励。

励磁调节器起励的前提条件有以下几方面：①励磁开关在合位；②无分闸命令和跳闸信号；③发电机转速应当大于额定转速的95％；④如果励磁变直接由发电机端供电，必须有起励磁电源。

8-4-38　励磁调节器双通道是如何通信的？

答：励磁调节器从通道自动跟踪主通道被调节量的参考值和输出的控制值。

正常运行中，一个自动通道为主通道运行，另一个自动通道为从通道运行，为保证通道间切换时无扰动，从通道通过双机通信，交换控制信息，自动跟踪主通道的工况。基本原理为：主通道将本通道的被调节量的参考值和输出的控制值由通信口发出，从通道接收双机通信来的参考值和输出控制值，再通过容错处理，作为从通道的控制信息。通过双机通信，从通道不间断地跟踪主通道的运行工况和控制信息，实现在任何方式下进行主从通道切换，发电机工况均无波动。

8-4-39　微机励磁调节器一般需采集哪几种模拟量，它们取自于哪里？

答：微机励磁调节器一般采集4种模拟量，它们是母线电压、机端电压、发电机定子电流和转子电流。母线电压信号取自母线电压互感器TV3，仅作跟踪母线电压起励用，可只取单相。机端电压是重要的模拟量，通常取两路，以防电压互感器断线引起强励。一路取自机端励磁专用调节变压器（TV1），一路取自励磁电压互感器或取自机端仪表用电压互感器（TV2）。仪表信号仅用作电压互感器断线判断用，可只取单相。定子电流信号取自定子电流互感器TA1，与TV1信号一起计算有功、无功和功率因数。转子电流信号可取励磁变压器低压侧的电流互感器TA2，也可用霍尔元件在转子回路中直接测取。母线电压、励磁电流、TV2电压一般采用直流采样，即先把三相交流信号隔离降压，整流滤波，再由A/D通道读入。

8-4-40　微机励磁调节器一般采集哪些主要开关量？

答：微机励磁调节器一般采集以下开关量：①升压令。给定值自动置额定，可以增减。②降压令。给定值置0，不可修改。③增磁操作。给定值增加。④减磁操作。给定值减少。

⑤断路器位置。断路器关合，灭磁及空载限制无效；断路器开断，恒功率和恒功率因数方式无效。定子电流做断路器位置的辅助判据，以防触点误动。⑥快速熔断器熔断。熔断时限励磁。⑦恒功率方式。以功率为调节目标值。⑧恒功率因数方式。以功率因数为调节目标值。⑨工作机。适用于双微机，从机跟踪工作机。

8-4-41　什么是微机励磁系统的静态调差？

答： 为实现并联机组间无功稳定合理分配，模拟励磁调节器设有调差电路。微机励磁调节器沿用了此概念，只是实现的方法不同而已。其计算是在偏差中减去无功功率的百分比；物理意义则是改变给定值。可实现正负调差。调差系数调整范围可达±15%。

8-4-42　微机励磁系统的软件移相触发器由哪些环节组成？各有什么特点？

答： 软件移相触发器与模拟式移相触发器比较类似，主要由以下几个环节组成。

（1）同步环节。同步信号的采集一般有两种方式：一种方式是只采集单相同步信号，其他几个同步点由计算机算出；另一种方式是由硬件实现 6 个同步点。

（2）移相环节。软件移相也分为线性移相和余弦移相。它也设有最大控制角限制和最小控制角限制，以防止晶闸管在过零点失控。最小控制角一般为 $15°$，最大控制角为 $170°$。

（3）脉冲形成环节。微机励磁调节器脉冲形成比较简单，即开关量输出。对于全控桥一般用双脉冲触发，可由硬件实现，也可由软件实现。脉冲信号需经光电隔离。

（4）脉冲放大环节。脉冲放大电源必须有较大的容量，功放管通常选用 MOS 管。脉冲变则选用专用材料制作。

8-4-43　微机励磁调节器有哪些辅助功能和励磁限制功能？

答： 微机励磁调节器因为软件的灵活性，比模拟励磁调节器增设了许多辅助功能，各种限制也比较完善：①恒励磁电流运行方式；②恒无功功率方式；③恒功率因数方式；④跟踪母线电压起励方式；⑤低励限制；⑥顶值限制；⑦过励限制按反时限启动；⑧V/F 限制；⑨快速熔断器熔丝熔断限制；⑩停风限励磁。

8-4-44　什么是微机开关式励磁调节器？它的基本构成和工作原理是什么？

答： 绝缘栅晶体管（IGBT）器件结合了双极型晶体管的功率特性和场效应晶体管控制简单的优点，将其应用于励磁领域可使功率部分简化，也消除了晶闸管可控整流方式的一些弊病。使系统的经济性和可靠性得到了提高。

开关式励磁调节器原理是将 IGBT 管与直流励磁机磁场变阻器并联。IGBT 由一组控制脉冲控制，改变脉冲的占空比即可控制励磁机磁场回路的等效电阻，从而达到控制励磁机直流输出电压的目的。根据开关管的续流方式可分为电阻续流方式和二极管续流方式，如图 8-4-14、图 8-4-15 所示。

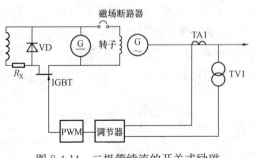

图 8-4-14　二极管续流的开关式励磁调节器主回路

8-4-45 **可编程励磁调节器与微机励磁调节器的区别是什么？画出它的基本原理图。**

答：与微机励磁调节器相比，可编程励磁调节器的中断响应慢，定时器定时精度低，实现交流采样和软件移相较难，均采用硬件实现，另外，功率测量和频率测量均与微机励磁调节器不同，其中功率测量有功率变送器和相角变换电路两种。频率测量则用频率/电压转换电路实现。都是把交流信号转换变成直流量通过 A/D 通道采集。

可编程励磁调节器的基本构成和原理如图 8-4-16 所示。

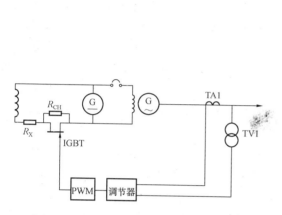

图 8-4-15 电阻续流的开关式励磁调节器

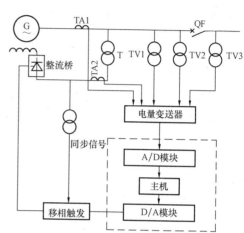

图 8-4-16 可编程励磁调节器框图

8-4-46 **什么是微机励磁系统的"看门狗"，它有什么作用？**

答：看门狗电路是微机故障检测常用的手段。励磁系统运行中，由于各种难以预测的原因导致 CPU 系统偏离正常程序设计的轨道，或进入某个死循环，由看门狗经一个事先设定的延时将 CPU 系统硬件（或软件）强行复位，重新拉入正常运行的轨道，这就是工作原理。它能有效地检测各种常见故障，诸如死机、程序跑飞，不仅能自动切换到备用通道运行，而且能自动复位，重新启动软件运行。

8-4-47 **微机励磁调节器一般有几组电源？各有什么作用？**

答：微机励磁调节器一般包括以下 4 组电源。

（1）数字电源。电压等级 5V，稳压范围±0.5V，该电源容量要求大，该回路应尽可能减少线损。与模拟电路只有一个共地点。与其他回路则应可靠隔离。

（2）模拟电源。电压等级+12V 和−12V，稳压范围±0.5V。该电源必须配备单独的稳压电路，其稳压精度直接影响采样结果。

（3）开关量输入输出电源。一般选用 12V，也有选择 24V 的。主要用于驱动光电隔离器、信号继电器、光字显示等。该回路应与其他回路可靠隔离。

（4）脉冲电源。可选择 12V 或其他等级。

由于水电站一般处在电力系统末端，厂用电源可能不可靠。微机励磁调节器的电源一般同厂用 400V 交流电源、励磁变压器低压侧电源、厂用直流电源三方面供电。三种电源之间应有良好的隔离措施。

多微机励磁调节器各通道各自配备电源，相互独立。

8-4-48　功率整流单元的作用是什么？

答：采用晶闸管或整流二极管构成功率整桥，用于提供转子电流的整流装置。并具有完善的对晶闸管的保护装置。

8-4-49　什么是晶闸管，它有什么作用？

答：晶闸管是晶体闸流管的简称，又可称为晶闸管整流器，以前被称为可控硅。1957年美国通用电器公司开发出世界上第一晶闸管产品，并于1958年使其商业化。晶闸管是PNPN四层半导体结构，它有三个极：阳极、阴极和门极。晶闸管工作条件为：加正向电压且门极有触发电流。其派生器件有：快速晶闸管、双向晶闸管、逆导晶闸管、光控晶闸管等。它是一种大功率开关型半导体器件，在电路中用文字符号为"V""VT"表示（旧标准中用字母"SCR"表示）。

晶闸管具有硅整流器件的特性，能在高电压、大电流条件下工作，且其工作过程可以控制，被广泛应用于可控整流、交流调压、无触点电子开关、逆变及变频等电子电路中。原理如图8-4-17所示。

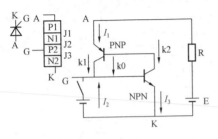

图8-4-17　晶闸管原理图

8-4-50　什么是晶闸管的控制角？它的作用是什么？

答：晶闸管从开始承受正向电压起到开始导通这一角度称为控制角，以 α 表示。这样，只要改变控制角 α 的大小，即改变触发脉冲出现的时刻，就改变了直流输出电压的平均值，实现了可控整流。

8-4-51　什么是晶闸管的换流现象？什么是换流角及换流压降？

答：在三相桥式整流电路中，A、B、C各相回路通常都存在电感，因此相间换流不可能在瞬间完成，存在一个换流过程，称为换流现象。

在换流过程中，两个相邻的同组晶体管元件同时导通，且前一相的电流由负载电流逐渐降到零，而后一相的电流则由零逐渐上升到负载电流。与这一过程相对应的电角度称为换流角 γ。一般为 $15°\sim20°$。

既然在换流过程中相邻两相的电流是变化的，那么该变化电流就必然会在相应回路的电感内电抗上产生内压降，称为换流压降。

8-4-52　晶闸管的过电流保护和过电压保护有哪些措施？

答：晶闸管在工作过程中，因各种原因会产生过电压或过电流，其保护措施如下。

过电压保护：①阻容吸收回路。通常过电压均具有较高的频率，因此常用电容作为吸收元件，为防止振荡，常加阻尼电阻，构成阻容吸收回路。阻容吸收回路可接在电路的交流侧、直流侧，或并接在晶闸管的阳极与阴极之间。吸收电路最好选用无感电容，接线应尽量短。②由硒堆及压敏电阻等非线性元件组成吸收回路。上述阻容吸收回路的时间常数RC是固定的，有时对时间短、峰值高、能量大的过电压来不及放电，抑制过电压的效果较差。因此，一般在变流装置的进出线端还并有硒堆或压敏电阻等非线性元件。硒堆的特点是其动作电压与温度有关，温度越低耐压越高；另外是硒堆具有自恢复特性，能多次使用，当过电压动作后硒基片上的灼伤孔被熔化的硒重新覆盖，又重新恢复其工作特性。压敏电阻是以氧化锌为基体的金属氧化物非线性电阻，其结构为两个电极，电极之间填充的粒径为 $10\sim50\mu m$ 的不规则的 ZnO 微结晶，结晶粒间是厚约 $1\mu m$ 的氧化铋粒界层。这个粒界层在正常电压下呈高阻状态，只有很小的漏电流，其值小于 $100\mu A$。当加上电压时，引起了电子雪崩，粒界层迅速变成低阻抗，电流迅速增加，泄漏了能量，抑制了过电压，从而使晶闸管得到保护。浪涌过后，粒界层又恢复为高阻态。

晶闸管过电流保护方法最常用的是快速熔断器。由于普通熔断器的熔断特性动作太慢，在熔断器尚未熔断之前晶闸管已被烧坏，所以不能用来保护晶闸管。快速熔断器由银制熔丝埋于石英砂内，熔断时间极短，可以用来保护晶闸管。

8-4-53　三相桥式全控整流电路有何特点，其触发脉冲有何要求？

答：三相桥式全控整流电路，六个桥臂元件全都采用晶闸管。它既可工作于整流状态，将交流变成直流；也可工作于逆变状态，将直流变成交流。其触发脉冲的宽度均大于 60°，即所谓"宽脉冲触发"，或者采用"双脉冲触发"。

8-4-54　什么叫逆变角？整流桥的逆变作用是什么？

答：整流器工作在逆变状态时，常将控制角 α 改用 β 表示，将 β 称为逆变角，规定以 $\alpha=180^\circ$ 处作为计量 β 角的起点，β 角的大小由计量起点向左计算。α 和 β 的关系为 $\alpha+\beta=180^\circ$，如 $\beta=30^\circ$ 时，对应的 $\alpha=150^\circ$。

整流桥的逆变作用主要表现为：①控制角大于 90°，全控桥输出负电压；②由于转子电感的原因，转子也是负电压；③转子电压的负电动势大于全控桥的负电动势，能量由转子侧向全控桥传送；④电流方向不变，电流流过励磁变压器，使得能量向交流侧传递；⑤逆变能量除了在交流回路发热，大部分在发电机上做功。

8-4-55　什么是励磁系统的逆变工作状态？

答：逆变工作状态是指将三相桥式全控整流电路的控制角 α 限制在 $90^\circ\sim180^\circ$ 内，而输出平均电压则为负值。此时，电路是将直流电能变换为交流电能，并反馈回到交流电网中去。在同步发电机的晶闸管系统中，利用逆变原理可将储存在发电机转子绕组中的磁场能量变换为交流电能并馈回到交流电源，以迅速降低发电机的定子电动势，实现快速灭磁，从而减轻事故情况下发电机的损坏程度。

8-4-56　什么叫逆变失败？造成逆变失败的原因有哪些？

答：晶闸管变流器在逆变运行时，一旦不能正常换相，外接的直流电源就会通过晶闸管形成短路，或者使变流器输出的平均电压和直流电动势变成顺向串联，形成很大的短路电流，这种情况叫逆变失败，或叫逆变颠覆。

造成逆变失败的原因主要有：①触发电路工作不可靠，如脉冲丢失、脉冲延迟等；②晶闸管本身性能不好在应该阻断期间晶闸管失去阻断能力，或在应该导通时而不能导通；③交流电源故障如突然断电、缺相或电压过低；④由于逆变时换相的越前触发角 β 过小，或因直流负载电流过大，交流电源电压过低使换相重叠角增大，或因晶闸管关断时间对应的关断角 δ 增大，使换相裕度角不够，前一元件关断不了，后续元件不能开通。

8-4-57 什么是灭磁系统? 画出其原理图框图。

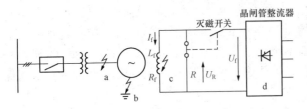

图 8-4-18 发电机灭磁系统原理图

答：灭磁系统的作用是当发电机内部及外部发生诸如短路及接地等事故时迅速切断发电机的励磁，并将储存在励磁绕组中的磁场能量快速消耗在灭磁回路中。灭磁系统原理如图 8-4-18 所示。

8-4-58 励磁调节器的灭磁装置由哪几部分组成? 励磁调节器灭磁有哪几种灭磁方式?

答：励磁调节器的灭磁装置是由灭磁开关、灭磁电阻、转子过电压保护组成的，在正常停机或事故停机时对发电机转子绕组进行快速灭磁，在运行中抑制转子中过电压的综合设备。

发电机灭磁按灭磁电阻划分可以分为氧化锌（ZnO）非线性电阻灭磁、碳化硅（SiC）非线性电阻灭磁、线性电阻灭磁；按灭磁开关划分可以分为直流开关移能灭磁、交流开关移能灭磁、跨接器移能灭磁、耗能型灭磁开关灭磁。

8-4-59 同步发电机灭磁系统的基本要求是什么?

答：自动灭磁系统应该满足以下几点要求。

（1）灭磁时间最短。为减少故障范围的扩大，要求灭磁时间迅速。灭磁时间越短，短路电流造成的损害越小。

（2）过电压值。当灭磁开关断开励磁绕组回路时，转子两端产生的过电压应该在转子绕组绝缘允许的范围内，即滑环间允许的过电压值。

（3）可靠性。自动灭磁的电路和结构型式应该简单可靠，灭磁开关应该有足够的热容量，能够把发电机磁场中的能量全部转移给灭磁电阻，而且不会因为过热而烧坏。自动灭磁装置应该使保护装置可靠动作，不会引起误动。灭磁电阻容量应该大于最恶劣工况下的转子磁场储存的能量，一般认为该工况出现在空载误强励时。

（4）无灭磁触头时（非线性灭磁），灭磁动作值应该超过转子绕组正常反向电压一定比例（安全系数）。通常取发电机额定工况下励磁电压的 3～5 倍。

（5）自动灭磁装置动作后，定子残压应尽可能地小。

8-4-60 发电机的自动灭磁装置有什么作用?

答：自动灭磁装置是在发电机开关和励磁开关跳闸后，用于消除发电机磁场和励磁机磁场，为的是在发电机切开后尽快降低发电机电压至零，以便在下列几种情况下不导致严重后果：①发电机内部故障时，只有去掉电压才能使故障电流停止；②发电机甩负荷时，只有自动灭磁起作用才不致使发电机电压大幅度地升高；③转子两点接地引起跳闸时，只有尽快灭磁才能消除发电机的振动。

总之，在事故情况下，尽快灭磁可以减轻故障的后果。

8-4-61 表征灭磁开关性能的参数有哪些?

答：表征灭磁开关性能的参数有以下几种。

（1）额定工作电压。灭磁开关额定工作电压大于发电机强行励磁电压，保证发电机强励时灭磁的安全性。

（2）最大分断电流。灭磁开关最大分断电流大于发电机强励电流，保证能分断极限励磁电流。

（3）灭磁能容。灭磁开关在发电机灭磁时，不论采用哪种灭磁方式，灭磁开关必须具备一定的灭磁容量，直流电流不可能自行消失，灭磁容量越大越好。

（4）灭磁弧压。这是区别灭磁开关与普通直流开关的重大特征，灭磁开关灭磁时，必须产生足够的灭磁弧压，才能保证发电机磁场能量快速转移至灭磁电阻中消耗，避免灭磁开关灭磁能容超过允许而损坏。

8-4-62　灭磁开关是如何分类的？怎样选择灭磁开关？

答： 灭磁开关有耗能型和移能型两种，前者在灭磁时将磁场储存的部分能量消耗在燃弧过程中，并通过短弧将电压限制在合适的范围内，属于非线性灭磁。后者则通过先期闭合的动断触点将磁场电流转移至线性灭磁电阻，或通过建立足以使非线性灭磁电阻呈现低阻特性的电压，将磁场能量转移至灭磁电阻。它本身也具有一定的灭磁能力。

在移能型灭磁开关中目前国内最好的当属 DMX 系列灭磁开关，由于采用电动合闸、永磁保持、反磁跳闸、后备跳闸、永磁吹弧等先进技术，其断开大电流、小电流的能力均超出一般灭磁开关，拒动和误跳率低，耐压高，适应性广。

灭磁开关的选择与励磁系统的型式有关。当采用机端自并励磁系统时，建议使用移能型灭磁开关，这主要是考虑到灭磁开关应该能分断空载误强励时的励磁电流，该电流可能达到额定励磁电流的 3 倍，选用耗能型灭磁开关是不合适的。

8-4-63　灭弧栅灭磁系统的灭磁过程是什么？其有什么缺点？

答： 灭弧栅灭磁系统的灭磁过程是：灭磁开关的主触头断开产生电弧，在开关的横向磁场作用下，将电弧吹入灭弧栅片中形成串联分段短弧，电弧受轴向磁场作用不断旋转，其释放的热能为金属栅片所吸收，直至电弧熄灭。为防止励磁电流突然中断产生过电压，在各组栅片间分段并联接入限压电阻，以便使较早熄弧的栅片两端仍可流过电流。

灭弧栅灭磁系统的缺点是：发电机励磁系统逆变灭磁，逆变所产生的负励磁电压与灭磁弧压是相加的，使转子绕组承受的反向励磁电压高达数千伏；当发电机的励磁电流较小时，使开关的横向磁场减弱不易断弧。

8-4-64　线性电阻灭磁与非线性电阻灭磁的区别是什么？

答： 线性电阻灭磁是用线性电阻作为耗能器件，随着转子电流的降低，电阻上的电压也降低，电阻上的耗散功率成倍地降低，相对来讲，灭磁时间较长。

非线性电阻（目前有 SiC、ZnO）的电阻特性不同，电流降低时，电阻上的电压不是成比例地下降（降低很少或者基本不降低，取决于非线性系数），在非线性电阻上耗散的功率相对线性电阻就要大一些，灭磁时间较短。

线性电阻耐用、可靠，维护工作少；非线性电阻维护工作相对较多。

两种灭磁方式相比较，灭磁初始时候，效果差不多（转子电流下降较快）。随着电流的下降，降低的速度就有区别了。

在评价非线性电阻特性时，通常以非线性电阻系数 β 来表征，此系数仅与电阻阀片的材质有关。SiC 非线性电阻系数 $\beta=0.25\sim0.5$；ZnO 非线性电阻系数 $\beta=0.025\sim0.05$。

线性电阻灭磁时，存在过电压问题；非线性电阻灭磁，可以有效牵制住电压的上升高度。

8-4-65　SiC 灭磁电阻和 ZnO 灭磁电阻有何区别？

答：非线性电阻主要包括 SiC 灭磁电阻和 ZnO 灭磁电阻，两者有以下两点显著不同。

（1）伏安特性不同，SiC 灭磁电阻较软，非线性系数 β 为 0.25 左右；ZnO 灭磁电阻较硬，非线性系数 β 为 0.04 左右。

（2）由于伏安特性的特点，SiC 灭磁电阻的阀片有最大电压限制，以防止阀片边缘爬电燃弧。最大电压限制值对应有最大电流限制值，因此，设计时必须规定灭磁过程最大电流值小于最大电流限制值。

8-4-66　发电机灭磁为什么要采用灭磁电阻转移能量？

答：发电机灭磁就是把转子磁场强度减小到零，即转子电流减小到零，最直接的办法是将励磁回路断开，强迫转子电流到零。但励磁绕组具有很大的电感，电流不能突变。跳开开关时，一方面，因强迫电感性电流分断，在转子绕组两端感应出较高的过电压，施加在磁场开关上，阻止磁场开关切断电流；另一方面，开关强行分断，产生断口，但转子电流仍然经开关断口上的电弧而流通。这一过程能够维持的原因是转子磁场存储了一定的能量，能量不能消失，只能转移，如果没有其他转移能量的措施，转子储能全部转化为开关断口电弧热能，不是专用开关，难以承受电弧能量，开关将被断口电弧烧损。

灭磁回路中独立承担灭磁任务的开关必须是特种开关，即灭磁开关（能够维持电弧燃烧，消耗磁场能量，并控制电弧电压在安全的范围内），但对大型机组，转子储能大，灭磁开关难以满足灭磁要求，因此，一般均设置灭磁电阻或其他耗能装置来吸收磁场能量，在断开磁场开关的同时，投入灭磁电阻，把磁场中储存的能量迅速消耗掉。

8-4-67　发电机在什么情况下会产生转子过电压？

答：当发生三相短路时，水轮发电机不会出现转子过电压，汽轮发电机虽会出现过电压，但其值较小。而两相短路时，所产生的转子过电压值比三相短路时大得多，且该值同电动机的运行方式和类型有关，电动机运行方式时比发电机运行方式时要大；水轮发电机的转子过电压比大型汽轮发电机要大。

发电机失磁导致异步运行时，由于转子对定子磁场有相对运动，在整流器闭锁期间，转子绕组两端也会出现感应电压，对于大型汽轮发电机来说，此电压值不会很高，但对水轮发电机，特别是有叠片磁极的水轮发电机，该电压值可能很大。

在过渡过程中励磁电流变负时，由于整流器不能使励磁电流反向流动，励磁回路与开路相似，这能导致转子绕组两端产生过电压。该过电压的数值，可达转子额定电压值的 10 倍以上。

8-4-68　励磁控制系统过电压的抑制措施有哪些？

答：过电压产生的原因主要是：雷击、操作、换相、拉弧、失步、非全相合闸等。励磁控制系统产生的过电压主要出现在励磁变二次侧和转子侧，即整流装置的交流侧和直流侧。

整流装置的交流侧过电压可以设置压敏电阻尖峰电压抑制器，抑制操作、雷击过电压；采用集中阻断式过电压吸收装置，抑制晶闸管整流桥的换流、反向恢复的过电压。

整流装置的直流侧过电压可以在灭磁开关两侧分别放置一套过电压保护装置，过电压保护主要是抑制能量比较小的瞬间过电压。

其中，集中阻断式阻容保护不仅接线简单，减轻晶闸管开通的负担，增强晶闸管的过电压保护可靠性，而且能够缩短整流桥换相重叠时间，加速换流过程。

8-4-69　阻容电路的作用是什么？

答：阻容电路不仅能抑制整流元件正向阻断期间的正向电压上升率 du/dt，以防止整流元件被高的 du/dt 误导通；还能将整流器阳极和直流的尖峰毛刺过电压限制在合理水平内。

8-4-70　什么是励磁跨接器？跨接器灭磁方案的优、缺点是什么？

答：励磁跨接器就是转子过电压保护装置，其基本电路及其原理是：一组正反向并联的晶闸管串联一个放电电阻后再并联在励磁绕组两端，当晶闸管的触发器电路检测到转子过电压后，立即发出触发脉冲使晶闸管导通，利用放电电阻吸收过电压能量。

跨接器灭磁方案的优点是：主回路无开关，结构简单，可靠性高。其缺点是：跨接器回路的最大导通电压不能高于交流线电压的峰值，灭磁时间相对较长。

8-4-71　励磁变压器按绝缘方式分类有几种类型？

答：目前对应用在励磁系统中的励磁变压器，就绝缘方式而言，主要有 4 种型式。
（1）以环氧树脂为绝缘材料的环氧浇注干式变压器。
（2）无碱玻璃纤维缠绕浸渍的干式变压器。
（3）MORA 型干式变压器。
（4）油浸变压器。

8-4-72　环氧干式励磁变压器铁芯的基本工艺要求是什么？其绕组的绝缘结构怎样？

答：环氧干式励磁变压器铁芯材质采用优质冷轧晶粒配向硅钢片，45°全斜接缝结构。芯柱用绝缘带全扎，表面用特殊树脂密封以防潮防锈。

环氧干式励磁变压器绝缘结构主要有两种型式：浇注式和缠绕式。对于浇注式绝缘干式变压器，高压绕组用树脂，在模具内浇注，低压绕组端部用树脂封装。浇注干式变压器为防止绝缘层中存有气泡，以及绝缘树脂与导线膨胀系数的不同而开裂，多采用复合树脂；对于采用无碱玻璃纤维缠绕浸渍的变压器线圈绕制工艺，可在绕制绕组的同时完成绕组层间绝缘的处理和绕组的浸渍。这一工艺的出发点是为了取消浇注工艺中的模具。但是这一工艺要求树脂黏度更小，绕组在高温固化过程中要不停地旋转，以保证绕组表面树脂的光洁和均匀。

8-4-73　环氧干式励磁变压器绕组的材质是什么？

答：环氧干式励磁变压器绕组的材质原则上可采用铜线、铜箔或铝线、铝箔。解决不同绕组材质热膨胀系数不同的问题，也可采用复合型环氧树脂来解决，如石英粉环氧树脂和玻璃纤维环氧树脂等。环氧树脂与玻璃纤维复合材料的线膨胀系数与铜线相接近，为此，由玻璃纤维与环氧树脂组成的复合绝缘材料和铜导线构成的绕组，具有明显的抗冲击、抗温度变化和抗裂性能。

8-4-74 什么是励磁变压器的短路阻抗、负载损耗？

答：励磁变压器的短路阻抗是指在额定频率和参考温度下，一对绕组中某一绕组端子之间的等效串联阻抗，此时另一绕组的端子短路。短路阻抗通常用百分数表示，此值等于短路试验中为产生相应额定电流所施加的电压和额定电压之比。

对于三相变压器，励磁变压器的负载损耗是指当额定电流流过高压绕组时，且低压绕组短路，在额定频率及参考温度下所吸收的有功功率，又称为铜损，一般参考温度为 $75℃$，其数值反映励磁变压器负载时，电流流过绕组时绕组电阻所消耗的功率，负载损耗与参考温度有关。

8-4-75 对于励磁变压器的接线组别有何特点和要求？

答：对于三相双绕组电力变压器的接线组别，我国有关标准规定为：Y，yn12、Y，d11、Yn，d11、Yn，y12 和 Y，y12 5 种接线方式。对于励磁变压器接线组别的选择，我国也多沿用电力变压器的标准，一般都选用 Y，d11 接线方式，其原因为当励磁变压器的一次绕组接成星形接线时，一次绕组的相电压仅为线电压的 $1/\sqrt{3}$，降低了一次绕组的耐压水平。二次绕组三角形连接，可为三次谐波短路电流提供一支路，用以抵消 3 次谐波磁通，改善了相电压波形。

特别应指出的是，对于水轮发电机组静止自励系统，出于励磁变压器与发电机封闭母线连接上的方便以及防止相间短路的考虑，励磁变压器多采用由 3 个单相变压器组成的三相变压器组。此时，由于三相铁芯的磁路各自独立，使主磁通和 3 次谐波磁通沿同一磁路闭合，同时，由于各相磁路的磁阻很小，故 3 次谐波的磁通较大，由 3 次谐波引起的 3 次谐波电动势也很高，其幅值可达基波幅值的 $45\%\sim60\%$，结果造成相电动势波形畸变，使相电压升高而危及变压器的安全运行。为此，对于由三相变压器组构成的励磁变压器。一、二次绕组中必须有一侧按三角形接线，利用通过三角形接线绕组中流过的 3 次谐波电流来抵消 3 次谐波磁通。

此外，当励磁变压器采用 Y，d 接线，如 Y，d11 接线时，二次相电压在相位上滞后一次相电压 $30°$，为此，在选择晶闸管触发回路的同步变压器接线时应考虑这一因素。

8-4-76 对于励磁变压器的绝缘等级及温升有何要求？

答：目前，国外供货的励磁变压器绝缘等级多为 F 级或 F/H 级，国内产品多为 F 级或 F/B 级。绝缘等级的温升按 IEC 726-1982 标准规定，见表 8-4-2。

励磁变压器中涉及温升的部件有：绕组、铁芯及附加紧固件。

表 8-4-2 励磁变压器温升极限

绝缘等级	绝缘系统温度（℃）	绕组热点温度（℃）		额定电流绕组平均温升值（K）（$\Delta\theta_{WT}$）
		额定值（θ_c）	最高允许值（θ_{cc}）	
A	105	95	140	60
E	120	110	155	75
B	130	120	165	80
F	155	145	190	100
H	180	175	200	125
C	200	210	250	150

8-4-77　励磁变压器的中性点为什么不能接地？

答： 主变压器中性点接地是为了避免三相负载不平衡时导致"中性点"偏移致使相间电压不平衡。而自并励系统本身是三相平衡负载，为了抑制谐波，大多数励磁系统的励磁变压器均采用 Y/D 接线方式。一次侧虽然是 Y 接线，但与发电机机端相连，而发电机多是不接地、经消弧线圈或接地变压器接地系统。

如果励磁变压器中性点接地，发电机励磁绕组则经过一个变压器阻抗接地。当发电机单相故障发生时将有大电流流过，烧毁励磁变压器，所以励磁变压器中性点一般是不接地的。励磁变压器只有铁芯可以接地。

8-4-78　什么是同步变压器？励磁装置中同步变压器的作用是什么？

答： 晶闸管如果用在交流回路中，其触发脉冲只有在正半波发出时才能进行有效的控制，否则这个晶闸管将无法导通。设计一个用于交流回路的晶闸管的触发脉冲，首先必须将这个交流电源通过一个变压器引入到设计电路中，并通过一定的手段来区别其波形，也就是说对于这个晶闸管，什么时候是正半波，什么时候是负半波，以保证触发脉冲的正确性。通常，我们将这个变压器称为同步变压器。

在励磁装置中，对于模拟励磁调节器来说，同步变压器的作用就是找出交流电源的正半波区间；对于数字励磁调节器来说，同步变压器的作用就是找出交流电源由负半波变为正半波的过零点。

8-4-79　脉冲变压器的主要作用是什么？脉冲变压器与普通变压器有何区别？

答： 脉冲变压器的主要作用就是隔离作用，因为脉冲变压器的一次侧是低压电，二次侧是高压电，二者必须隔离。

脉冲变压器传递脉冲或方波，功率小，频率高，选用高导磁材料；普通变压器传递正弦波，功率大，频率低。脉冲电压一般按照脉冲电流的能力选择，保证脉冲的强触发能力。标准电压为 24、36、48V。

脉冲变压器是连接一次侧（晶闸管）与二次侧（脉冲触发回路）的纽带，是阻断一次、二次的关键元件。一旦脉冲变压器击穿，轻者会烧坏二次侧的电路板，引起励磁调节器故障；重者对调试人员人身造成伤害。

8-4-80　脉冲变压器绝缘不良对励磁装置有何影响？

答： 脉冲变压器绝缘不良时，脉冲变压器一次侧的高压电会窜入二次侧控制回路，将造成调节器或脉冲回路器件损坏，严重的会引起励磁装置误强励。

8-4-81　励磁系统投入运行应具备哪些基本条件？

答： 励磁系统投入运行应具备下列条件：①设备有关技术文件及备件已齐；②设备的标志齐全、正确、清晰，各部开关、连片、熔断器等完好，接线正确；③所需工作电源、操作电源、备用电源等均正常可靠，并能按规定要求投入或自动切换；④所有设备在检修调试完毕后达到规定的性能和质量要求；⑤现场安全设施齐备，具备安全运行条件。

8-4-82 发生哪些情况时即为励磁系统的特殊运行方式?

答:发生下列情况之一即为励磁系统的特殊运行方式:①自动励磁调节器自动调节通道退出运行或微机型自动励磁调节器主机退出运行,以手动方式运行或双套自动励磁调节器仅有一套能正常运行;②两个以上调节通道的自动励磁调节器有部分调节通道退出运行,或改由转子电流闭环方式运行(微机型自动励磁调节器改由备用主机运行);③整流功率柜部分并联支路故障或部分整流功率柜退出运行;④整流功率柜交流电源由备用电源代替;⑤由于励磁系统原因发生发电机限制无功功率或限制转子电流运行;⑥自动励磁调节器双重工作电源由单一电源供电运行;⑦最大励磁电流限制、励磁过电流限制、欠励磁电流限制、过电压保护等任一必设辅助功能退出运行,或根据电力系统运行方式要求投入的辅设功能退出运行;⑧微机励磁调节器发生软件、硬件故障不能恢复;⑨灭磁电阻的损坏总数超过 20%;⑩主励装置因故障退出而改由备励装置运行;⑪冷却系统故障,励磁系统限制负载运行。

8-4-83 在什么情况时励磁系统应退出运行?

答:出现下列任一种情况时励磁系统应退出运行:①励磁系统绝缘下降不能维持正常运行;②励磁装置及设备温度明显升高,采取措施后仍超过允许值;③灭磁开关或磁场断路器等转子回路直流开关的触头过热;④转子过电压保护因故障而退出;⑤自动励磁调节器失控或自动励磁调节器工作通道故障而备用通道不能自动切换或投入;⑥整流功率柜大面积故障;⑦冷却系统故障短时间内不能恢复;⑧设有备励系统的机组主励装置故障,备励系统因故不能投运。

8-4-84 励磁调节器通电前应进行哪些检查?

答:在通电前应进行以下几方面的检查:①通电前应确认励磁控制回路的绝缘已经检查,最起码要用万用表检查一下绝缘电阻,防止短路和接地;②通电前应确认对外回路的安全措施,解开那些还不能送电或不能接受外部命令的回路;③采取逐步通电方式送电,通电前应该知晓正常结果,并做好异常情况下的处理方法;④每次送电后,要记录电压值,确认电源正常,对于有互相闭锁的回路,应该分别送电,并观察相切换过程;⑤直流 220V 回路的送电后,要测对地电压,检查是否接地;⑥分别投入励磁调节器的稳压电源,用万用表检测稳压电源的输出值并记录,检查结果应符合装置设计要求;⑦投入励磁设备全部工作电源,检查励磁设备各器件的状态,发现问题及时断电检查。

8-4-85 自动或手动开机时励磁系统的投入操作步骤怎样?

答:操作步骤如下:①检查发电机组一次、二次设备具备开机升压条件;②根据运行方式要求投入励磁系统相关设备,置切换开关或连片于需要的位置;③投入励磁系统操作电源、工作电源及辅助电源;④投入励磁冷却系统;⑤合上整流功率柜阳极交流电源输入开关、直流输出开关,合上整流功率柜的脉冲电源开关;⑥合上主励直流开关、灭磁开关(或磁场断路器);⑦合上机组起励电源开关;⑧机组自动或手动启动,当达到规定起励转速时自动或手动起励升压。机组建压后应检查励磁系统工作状态,无异常则允许并网运行。

8-4-86 如何调节发电机的电压及无功功率?

答:发电机电压及无功功率的调节应根据电力系统的需要进行,可以直接在励磁装置的控制面板上进行，也可以在发电厂中控室的操作台上进行。设有计算机 AVC 系统的发电厂应尽量投用计算机 AVC 装置。

8-4-87　对励磁系统的日常巡视制度有什么要求？励磁系统巡视的主要内容有哪些？

答：励磁系统的运行、检修人员应坚持对励磁设备的定期巡视，其要求如下：有人值班的电站运行人员巡视每班不少于 1 次；无人值班（少人值守）的电厂值守人员每周至少巡视 3 次。巡视人员应做好巡视记录，发现问题应及时通知检修人员处理；有人值班的电站检修人员巡视每周不少于 1 次；无人值班（少人值守）的电厂检修人员每周至少巡视 1 次。巡视人员应做好巡视记录，发现问题应及时处理。

励磁系统巡视的主要内容有：①励磁系统各屏柜电压表、电流表表计指示是否正常，信号显示与实际工况是否相符；②冷却风机运行是否正常；③各屏柜内的开关及相关设备是否在运行要求的状态；④功率整流柜内晶闸管有无过热等异常现象，上、下桥均流无较大偏差；⑤励磁变压器运行声音等是否异常；⑥灭磁柜内灭磁开关无异常声音，灭弧罩内无弧光；⑦调节柜内各通道运行状态及稳压电源工作状态正常；⑧调节器各种显示参数是否与实际工况相符等。

8-4-88　励磁系统的日常维护有哪些？

答：励磁系统的日常维护由励磁系统检修人员负责。其日常维护工作主要有：①检查励磁系统各表计、灯具，发现损坏应及时修理或更换；②定期清洗励磁冷却系统的过滤网；③定期检查励磁变压器、整流功率柜的运行工况、温度及各开关触头、电缆有无过热现象；④定期检查励磁系统的绝缘状况；⑤定期分析励磁系统及装置的健康状况；⑥励磁系统及装置运行中发现的缺陷应尽快组织检修人员抢修处理，防止故障范围扩大；⑦各发电厂根据具体情况规定的其他检查、维护项目及内容。

8-4-89　空载误强励有哪些危害？

答：空载最大励磁电流限制的主要目的是有效防止发电机空载误强励情况发生。发电机空载误强励危害很大，一方面易造成发电机及变压器（主变压器或励磁变压器）过电压损坏，尤其是机端励磁变励磁系统，励磁变过电压又进一步提高误强励倍数；另一方面空载误强励致使发电机磁场深度饱和，磁场绕组储存能量极大，容易造成灭磁系统故障损坏，延长误强励持续时间，使事故扩大。

8-4-90　励磁系统功率柜故障信号报出的条件是什么？

答：机组运行时，励磁系统中的功率单元的故障，包括：①冷却风机坏或失电；②主回路有快熔熔断；③阻容吸收回路有快熔熔断。

调节器收到功率单元的故障信号并报出后，会同时进行检测判断，判断发电机的转子电流是否达到或超过设定的限制值，如果超过，调节器会自动将转子电流调整到设定值。限制值的设定公式一般为

$$设定值＝功率单元的机柜数×故障柜的带载能力×均流系数$$

8-4-91　励磁调节器脉冲丢失会造成什么后果？

答： 励磁调节器的三相全控整流回路如果脉冲消失一相，相对应的晶闸管不导通，励磁整流装置输出电压波形由一周期 6 个波头变为 4 个，励磁变压器运行噪声变大，发电机及励磁系统可以继续运行。

如果脉冲消失两相，相对应的晶闸管不导通，励磁整流装置输出电压波形由一周期 6 个波头变为 2 个，励磁变压器运行噪声很大，发电机以及励磁系统应该退出运行。

如果脉冲消失三相，三相全控桥的晶闸管全部不导通，励磁整流装置输出电压波形由直流变为交流并逐步减小，发电机失磁。

8-4-92　同步电压的某相熔丝烧坏对励磁电压和电流有何影响？

答： 同步电压为励磁调节装置提供产生晶闸管触发脉冲的相位及相别，同步电压缺相运行是比较严重的故障，影响如下：①直接影响晶闸管整流输出电压，一个周期内至少会影响两个波头，调节器会将角度向强励角调节，以增加励磁电流，励磁系统强励倍数降低，严重时，直接导致发电机失磁；②晶闸管元件工作不均衡，励磁变压器三相电流不平衡，严重时会引起励磁变压器过热损坏。

为提高励磁调节器的可靠性，对于多通道励磁调节器，通常要求每个励磁调节装置必须配置独立的同步回路，一套故障时，可以切换至另一套工作。如果同步回路有公用部分，那么公用部分故障时即使切换也解决不了问题，也会导致发电机故障停机。

8-4-93　励磁调节器起励后，发电机升不起电压的原因有哪些？

答： 励磁调节器起励后，发电机升不起电压的原因主要有：①残压起励的发电机剩磁不足，原因可能是发电机停机时间过长；②外加起励电源容量不足或起励磁场与剩磁方向相反；③晶闸管触发回路或晶闸管故障；④高压或低压熔断器故障；⑤励磁调节器故障，起励程序不能继续进行或触发脉冲不能发出；⑥发电机有问题，如转子内部开路或短路；⑦灭磁开关不合、转子绝缘太低、起励回路接触不良、启动起始给定电压太低等。

8-4-94　励磁调节器如何控制并联运行机组无功功率合理分配？

答： 励磁调节器控制并联运行机组无功功率合理分配的方法有：增减励磁，调节发电机输出无功功率；含有无功调差的机组等效为含有内阻的电压源；多机并联时，设定合理的调差率，合理分配无功功率。

8-4-95　励磁调节器如何提高发电机和电力系统静态稳定的能力？

答： 励磁系统通过调节励磁电流，维持发电机机端电压的恒定，从而改变了实际的功角特性曲线，增加了一个"人工稳定区"。

8-4-96　励磁调节器如何进行无功功率补偿？

答： 将发电机电压给定值与一个和稳态有功功率和无功功率成正比的信号相加，可补偿单元变压器或传输线上由于输送有功或无功功率而引起的压降。

相反，如果将发电机电压给定值减去一个与稳态无功功率成正比的信号，则可保证两台或多台并联发电机组间无功功率的合理分配，实现调差功能。可调补偿范围为±20％额定机端电压。

8-4-97　励磁调节器如何判断发电机是否并网运行？

答：微机励磁装置的并网发电状态是通过发电机出口开关位置及发电机定子电流来判断的，若出口开关位置辅助节点没有正确接入调节器，只要满足机端电压大于80%，定子电流大于10%，调节器判断发电机状态为并网态；若出口开关位置辅助节点正确接入调节器，只要满足机端电压大于80%，定子电流大于3%，调节器判断发电机状态为并网状态；并网发电状态的双重判断条件使得调节器对发电机负载状态能够正确识别和判断。

在并网（负载）状态下，如果发电机出口断路器节点信号换位，励磁调节器一般不会逆变灭磁。

8-4-98　励磁调节器如何改善电力系统及发电机的运行状况？

答：故障时，励磁调节器能够提高继电保护动作可靠性；故障切除后，自动调节快速恢复电压水平；正常时平衡发电机无功分配，合理分担无功功率；根据需要，做恒无功或恒功率因数运行，提高经济性；提供各种附加限制功能，保证机组工况在正常安全的范围内；提高系统之间的阻尼，抑制系统之间的低频振荡（PSS功能）。

8-4-99　功率整流装置的检修如何分类？

答：功率整流装置的检修主要分为以下三类。

（1）离线检修。功率整流装置故障后，发电机必须停止运行，励磁系统停运后，方能对整流装置进行修复。检修等级最低，安全性能最高。

（2）在线隔离。功率整流装置故障后，可以在线操作，将故障装置与工作回路隔离，保证发电机安全运行，等待励磁系统停运后，对整流装置进行修复。

（3）在线检修。功率整流装置故障后，可以在线检修，级别最高。

8-4-100　自并励系统发生励磁整流功率柜故障时，如何处理？

答：（1）允许分柜运行的整流功率柜发生单柜故障，可以减负载运行，退出故障的整流功率柜进行处理。

（2）不能分柜运行的整流功率柜发生故障时，有备励系统者倒备励运行；无备励系统者可向调度申请停机处理。

（3）整流功率柜发生多桥臂故障时，可做如下处理：①若励磁电流可以调节，立即倒换至备励运行；无备励系统者可向调度申请机组解列，灭磁后处理。②若励磁电流无法调节，经调度同意可将机组解列，灭磁后处理。③多桥臂故障引起机组失步，应立即将机组解列灭磁。④多桥臂故障造成误强励的，应立即减少励磁电流。若能减到正常运行电流值，可倒换至备励运行；若无备励或减磁无效应立即灭磁或停机。

8-4-101　小电流试验时输出电压异常波动的现象如何，其原因是什么，怎样处理？

答：其现象是：断开励磁调节器与励磁变压器的连接，采用调压器升压作为励磁系统的输入电源，把转子绕组用 $2k\Omega$ 的电阻代替，使励磁调节器主回路流过小电流。当励磁调节器输出电流为0.5A时，直流输出电压波动较大，调压器出现电磁噪声。

其原因通常是由于负载电流小于部分晶闸管的维持电流，使得部分晶闸管不能有效导通。晶闸管不能有效导通引起励磁调节器输出电压波动较大，造成三相输入电流不平衡，使得调压器发出的声音非常奇特。

处理措施：①改变励磁调节器的导通角，增大励磁调节器的输出电流，当输出电流为 0.65A 时故障现象消失；②整流桥晶闸管触发后要保持稳定导通，其通过的电流一般要求至少在 1A 以上，因此励磁系统在静态小电流试验时，要根据交流侧电压幅值进行负载电阻的选择，参照算式估算：$R < 0.7U_{ac}$，即可保证触发角度小于 90°时，晶闸管整流桥输出波形平稳。

8-4-102　励磁电流及无功负载异常应如何处理？

答：①若机组进相过深但尚未失步，立即降有功负载至空载，同时增加励磁电流。②若励磁电流调节无效应倒备励运行或将机组解列。③励磁系统误强励造成无功过载及励磁电流异常，应立即减少励磁电流。若能减到正常运行电流值，可倒换至备励运行；若无备励或减磁无效应立即灭磁或停机。

8-4-103　励磁系统起励失败如何检查处理？发生误强励又该如何处理？

答：当励磁系统起励失败时，应进行如下检查处理：①检查励磁系统的阳极开关（刀闸）、直流输出开关（刀闸）是否合上，灭磁开关合闸是否到位；②检查起励电源、脉冲电源、稳压电源等是否投入，熔断器是否完好；③检查励磁操作控制回路是否正常；④检查自动励磁调节器的各种反馈调节信号是否接入；⑤检查微机励磁调节器是否进入监控状态；⑥原因不明时通知检修人员处理。未查明原因之前不得再次起励。

发生励磁系统误强励时应立即减少励磁电流。若能减到正常运行电流值，可倒换至备励运行；若无备励或减磁无效应立即灭磁或停机。

8-4-104　启机试验引起转子过电压导致转子击穿事故，其现象如何，如何分析和处理？

答：事故现象：水电站采用三机励磁系统，在检修期间更换励磁调节器，启动时进行励磁调节器试验，A 套励磁调节器先进行升压试验、调试，以确定励磁控制定值，之后对 B 通道按照 A 通道定值进行整定（整定需要重新下载程序），在 B 通道进行升压试验，发电机电压急剧升高，发电机一变压器组过电压保护跳闸，再次升压后发现发电机转子短路，随后的检查发现发电机转子滑环出现击穿短路故障。

事故分析：发电机转子滑环出现击穿短路应该是发电机过电压事故造成的，应该是 B 通道升压过程中出现误强励事故，由于是三机励磁系统，励磁系统时间常数较长，在发电机定子出现过电压时，发电机转子过电压应该持续较长时间，才导致发电机转子出现击穿短路事故。根据励磁生产厂家技术人员分析，因为该励磁调节器在保存定值时必须重新编译程序，并将程序重新下载至 CPU 板中，由于现场调试人员的疏漏，在编译程序中误将自并励程序（50Hz）作为三机励磁程序（400Hz）下载至 B 通道励磁调节器中，导致励磁调节器输出误强励电压，且逆变灭磁功能失效，致使发电机转子及定子出现长时期过电压。

事故处理及反措：①将 B 通道程序换成三机励磁程序后，重新进行升压试验，试验结果正常；②励磁生产厂家要加强程序管理及完善，调试中应杜绝调试人员现场更换程序，工作人员在调试时容易出现因情绪紧张导致错误，应该保证调试人员整定定值时不需更换程序，才能杜绝类似事故发生；③励磁产品功能进一步完善，应该具有误强励保护功能。

8-4-105　励磁调节器脉冲丢失事故原因有哪些？会造成什么后果？

答： 对于晶闸管三相全控整流回路，脉冲丢失分为以下几种。

（1）脉冲消失一组，其对应的晶闸管不导通，励磁整流装置输出电压波形由一周期 6 个波头变为 4 个，励磁变压器运行噪声变大，发电机及励磁系统可以继续运行。

（2）脉冲消失两组，则对应的晶闸管不导通，励磁整流装置输出电压波形由一周期 6 个波头变为 2 或 3 个，励磁变压器运行噪声很大，发电机及励磁系统应该退出运行。

（3）脉冲消失三组，则三相全控桥的晶闸管全部不能触发，脉冲消失前的两臂晶闸管保持导通，励磁整流装置输出电压波形由直流变为交流，励磁电流逐步减小，直至发电机失磁，发电机及励磁系统应该退出运行。

因此，一方面励磁调节装置要有完备的晶闸管触发脉冲检测功能，脉冲丢失后进行通道切换，提高励磁调节装置运行可靠性；另一方面对于多个晶闸管整流桥并列运行的励磁系统，其触发脉冲连接尽量避免串联接法，增加脉冲回路的可靠性。

8-4-106　机组励磁过电压保护动作的原因有哪些，如何予以分析和处理？

答： 引起励磁过电压的因素可能有三种：①运行过程中励磁系统故障出现的过电压；②励磁开关跳闸后励磁绕组出现的反向过电压；③保护元件损坏或元件特性变坏致使励磁过电压保护动作。

对于运行过程中励磁系统故障出现的过电压，可从运行记录盘表及打印系统运行结果来看有没有存在过电压；对于励磁开关跳闸后励磁绕组出现的反向过电压，可查询同型号机组以往录波数据图表，看在发电机带有功甩负荷时灭磁开关跳闸后，励磁调节器有没有过电压信号发出；对于保护元件损坏或元件特性变坏致使励磁过电压保护动作，可在不带电的情况下，用万用表测试各个元件参数，看励磁过电压保护元件正向过电压保护的高压稳压管参数型号是否有误，参数的偏差是否使正向过电压保护的晶闸管触发电压分压值偏高，即差值使过电压保护误动作。另外发现：将励磁过电压保护的直流电源送上，检查"±15V"电源，发现在某一电流电压传感器上的电压出现严重偏差，+15V 下降到 +8V，−15V 下降到 −22V。在这一参数下，当有一定的励磁电压后，保护的动作信号得到加强，从而导致保护误动作。

事故处理：更换高压稳压管和电流电压传感器后，发电机投入运行，观察各参数状态正常，不再有误动现象发生。

8-4-107　非同期运行导致发电机转子过电压事故现象有哪些？如何予以分析和处理？

答： 事故现象：水电站机组正常运行中，励磁灭磁柜发出爆炸声音，发电机失磁保护动作，发电机解列。

事故分析：事故发生后检查励磁灭磁柜，与氧化锌非线性灭磁电阻串联的熔断器几乎全部熔断，其中 5 个快速熔断器发生爆炸，柜内有许多类似电弧灼烧造成的小斑点，检查故障录波显示：计算机监控系统在发电机运行中突发解列命令，导致出口断路器跳闸，但之后发出出口断路器合闸命令，形成非同期合闸，非同期合闸后不足 2s，又发出跳闸命令，其间发电机转子出现很高过电压（超出量程）。

根据故障录波分析，计算机监控系统出现错误操作，造成发电机非同期合闸后快速跳闸，其间出现非同期运行工况。非同期运行致使定子出现负序电流，定子负序电流产生的反转磁场以两倍同步转速切割转子绕组并在转子绕组中感应出很大的电动势，反转磁场的感应电动势在转子绕组中产生剧烈的过电压，如果过电压没有回路释放能量则可能击穿转子绕组，转子绕组击穿后短路，则会产生巨大电流。同时来源于电网的电能和转子轴上的机械能传递到转子中，该能量随运行时间呈线性增加，将会远超过通常灭磁装置的能容，因此灭磁装置的氧化锌阀片将损坏并使与之串联的熔断器熔断，当灭磁装置氧化锌阀片的熔断器全部熔断时，如果仍没有中止故障，则会产生过电压并击穿转子绕组绝缘。事故中，当与灭磁电阻串联的熔断器熔断时，由于有几个熔断器发生爆炸，爆炸产生的电弧引起柜内多点发生电弧击穿，致使灭磁电阻发生电弧短路，即发电机转子发生电弧短路，这在某种程度上保护了发电机转子安全。

事故处理及反措：更换全部灭磁电阻及熔断器，更新计算机监控系统程序，发电机升压并网运行。建议励磁系统增加误上电保护设备，采用过电压跨接器和线性电阻，在发电机非全相及大滑差异步运行时，保护发电机安全。

8-4-108 自动励磁调节器测量信号（电压互感器）断线如何处理？

答：处理措施如下：①只有一个自动调节通道或以手动控制作为备用调节通道的自动励磁调节器应切至手动运行；②多调节通道自动励磁调节器应自动或手动切换至备用调节通道运行；③运行中处理断线的电压互感器二次回路故障时，应采取防止短路的措施。无法在运行中处理的应提出停机申请。

8-4-109 失磁保护动作或灭磁开关（磁场断路器）发生跳闸应如何处理？

答：①检查是否励磁装置故障引起失磁，如短时不能处理好，在转子绝缘电阻值及回路正常情况下可用备励升压并网；②检查转子回路及整流功率柜功率电源回路是否存在短路故障点；③灭磁开关（磁场断路器）跳闸应查明原因，消除故障原因以后方可升压并网；④如果是误碰、误动引起失磁保护动作，可立即升压并网。

8-4-110 自用变压器短路引起飞弧导致母排短路事故原因有哪些？如何分析和处理？

答：事故现象：水电站机组正常运行中，励磁整流柜发出故障信号，励磁变压器过电流保护动作，发电机解列跳闸。

事故分析：事故发生后，对励磁系统进行检查发现，励磁系统中一个晶闸管整流柜内部发生爆炸，保护晶闸管元件的快速熔断器全部熔断，两个快速熔断器爆炸，晶闸管元件散热器（铝型材）严重烧坏、熏黑，还有两个整流柜内快速熔断器熔断（没有爆炸），辅助柜（与损坏整流柜相邻布置）内自用变压器烧损，柜内交流母排损坏严重，端部已烧熔，两柜（整流柜和辅助柜）间交流母排下方的柜体被烧出一个直径近0.5m的洞。

从故障现场可以看出，烧损最严重的地方为辅助柜内的交流母排，端部已多半烧熔，熔化的铜汁流下在自用变压器上，自用变压器损坏主要为铜汁从外部的损坏，自用变压器本身没有损坏，另外从另一台相同机组的励磁系统检查发现，自用变压器高压侧接线取自交流母排，且接线从交流母排表面布置。

经初步分析，事故过程如下：自用变压器高压侧接线布置于交流母排表面上，机组运行时交流母线排温度变高，长期与该接线摩擦后，可能引起该接线绝缘损坏，当绝缘击穿后，引起交流母线排经该接线短路，巨大的短路电流流过引起放电电弧，发展为交流母排三相短路，电弧还引起母排端部熔化，熔化的铜汁烧坏自用变压器，交流短路引起整流柜内快速熔断器熔断，由于一个整流柜内快速熔断器爆炸，进而造成整流柜内部短路爆炸，烧毁晶闸管整流组件，最终励磁变压器低压侧完全短路，励磁变压器过电流保护动作跳闸。

事故处理及反措：①更换损坏的全部设备（整流柜、自用变压器、母排）后，发电机正常投入运行，同时更换自用变压器高压侧接线布置方式；②由于交流母排是高压带电体，且温度较高，因此常规设计时，裸露的母排不宜与导线布置在一起；③整流柜内快速熔断器设计标准应能熔断励磁变压器二次绕组金属短路电流，保证功率柜故障时能切断故障电流，防止故障扩大。

8-4-111 整流柜直流开关未合导致励磁机误强励事故的现象如何？如何分析和处理？

答： 事故现象：发电机起励升压，中控室发出励磁升压命令后，发电机电压没有上升，励磁调节器发出 TV 断线信号和故障信号，灭磁开关突然跳闸，发电机升压失败。

事故分析：事故发生后，对励磁系统进行检查，检查发现主励磁机出口的二极管整流柜直流出口开关未合，励磁调节器故障录波中显示在中控室发出升压命令后，主励磁机励磁电流很快上升，但发电机电压维持残压不变，励磁调节器报出 TV 断线信号后（励磁调节器故障信号即是 TV 断线原因），励磁调节器转至电流闭环运行，维持主励磁机励磁电流接近 50% 额定电流不变，灭磁开关跳闸信号有三组：发电机—变压器组保护、中控室操作把手和整流柜内励磁机定子过电压继电器，由于发电机—变压器组保护没有跳闸信号记录，分析为励磁机定子过电压继电器发出。

经初步分析，事故过程如下：中控室发出升压命令后，励磁调节器按照电压闭环进行调节，增加主励磁机励磁电流，主励磁机定子电压上升，由于二极管整流柜直流侧开关未闭合，整流柜直流输出电流为零，发电机励磁电流为零，发电机定子电压维持残压不变，在励磁调节器电压闭环调解作用下，主励磁机励磁电流很快上升，励磁调节器软件内由冗余法判断 TV 断线的功能（三机励磁系统中，当主励磁机励磁电流大于 50% 额定电流，发电机定子电压小于 10% 额定电压时，判断 TV 断线），励磁调节器发出 TV 断线信号，并将电压闭环调节切换至电流闭环调节，维持主励磁机励磁电流为 50% 额定电流（定值）不变，但此时主励磁机定子电压已至过电压继电器动作值，经过一定延时后，发出灭磁开关跳闸命令。

事故处理及反措：①检查主励磁机绝缘良好后，合上整流柜直流开关和灭磁开关，发电机正常升压并网运行；②三机励磁系统应有防止开关未合（整流柜开关和灭磁开关）不能升压的措施；③由于励磁调节器及时切换至励磁电流闭环，主励磁机励磁电流才没有进一步上升，三机励磁调节器均应配置此功能。

8-4-112 发电机定子 TA 反向造成发电机误强励事故的现象如何？如何分析和处理？

答： 事故现象：水电站检修中更换励磁调节器，检修结束时进行启机试验，发电机空载试验顺利完成，进行并网试验，发电机刚并网，励磁调节器发出低励限制信号，发电机—变压器组发出过电压保护跳闸。

事故分析：事故发生后，检查励磁调节器的内部录波，录波显示：发电机并网后，发电机无功功率小于 0，达到无功功率低励限制曲线，励磁调节器低励限制功能动作，励磁调节器开始自动增加励磁，励磁电流不断上升，发电机定子电压不断上升，但无功功率继续下降，4s后，发电机解列跳闸。根据发电机发变组保护录波显示，解列前发电机无功功率为正值，且并网后持续增加直至发电机解列。

针对上述现象，检查发电机定子TA的连接情况，发现在更换励磁调节器工作中，重新连接定子TA时，由于同名端定义的差异，致使定子TA接入励磁调节器方向相反，致使励磁调节器测量得到的无功功率与实际方向相反，在励磁调节器低励动作调节过程中，实际无功功率在持续上升，但励磁调节器测得的无功功率却持续下降，最终导致发电机误强励故障。

事故处理及反措：①将TA方向更改后，重新开启发电机，发电机正常并网发电；②建议发电机检修后，如果对励磁调节器接入的定子TA进行更改，或者更换新励磁调节器，首先并网前，闭锁励磁调节器中有关无功功率的所有限制功能，并将无功调差系数置为0，并网后检查励磁调节器无功功率测量正确后，再投入所有限制功能及无功调差系数；③建议励磁调节器内部有在线切换TA方向的功能，这样发电机并网后，即使发生TA方向相反，不需要对TA接线进行更换。

8-4-113　励磁变压器需要做哪些常规试验？又需做哪些特殊性能试验？

答：励磁变压器需要做的常规试验包括绕组连同套管的直流电阻测量、电压比和电压相量关系的校定、阻抗电压测量、短路阻抗和负载损耗测量、空载电流和空载损耗测量、绝缘电阻测定、外施耐压试验、感应耐压试验、重复绝缘试验等。

GB/T 3859.3—2013《半导体变流器　通用要求和电网换相变流器　第1-3部分：变压器和电抗器》指出，励磁整流变压器特殊性能部分的试验有三项试验内容：换相电抗测量、短路试验和温升试验。换相电抗测量相对于三相整流电路已经导出换相电抗与整流变压器短路电抗的关系，因此通过常规试验就能得到换相电抗。短路试验对于三相全波整流电路规定的短路点与常规变压器试验相同，并且以相同有效值的正弦波电流进行试验。

8-4-114　励磁变压器感应耐压试验有何要求？

答：励磁变压器并联于发电机机端，要经受与发电机相同的过电压。DL/T 489—2006《大中型水轮发电机静止整流励磁系统及装置试验规程》指出，整流变压器要进行1.3倍额定电压下的工频感应过电压试验，其耐压持续时间为3min。

8-4-115　什么是灭磁开关的空载操作性能试验？

答：发电机灭磁开关空载操作性能试验的试验目的是检查灭磁开关的工作性能，主要包括以下3个试验项目。

（1）测量发电机灭磁开关合、分闸线圈的直流电阻。

（2）在最小操作电压下发电机灭磁开关分别进行5次合闸和5次分闸操作，DL/T 843—2010《大型汽轮发电机励磁系统技术条件》要求灭磁开关在操作电压额定值的80%时应可靠动作，在65%时应能可靠分闸，低于30%应不动作。在短时间内灭磁开关动作次数不宜过多，因分、合闸线圈均为短时工作制，连续带电会使线圈发热、不容易在低压情况下可靠动作。

（3）在最大操作电压下发电机灭磁开关分别进行5次合闸和5次分闸操作，最大操作电压为产品规定的或者励磁系统标准规定的最大直流操作电压（110％额定值）。

8-4-116　什么是灭磁开关的重合闸闭锁试验？

答：灭磁开关的重合闸闭锁功能是指灭磁开关分闸后不能自动重新合闸。其试验包括以下两步。

（1）在已合闸状态下保持合闸操作指令和合闸操作电源。

（2）在上述条件下，下达分闸命令后，电路虽保持有合闸命令但仍应保持分闸状态，不会再重合闸。

8-4-117　什么是励磁系统的静态试验？它的试验目的和内容是什么？

答：励磁系统静态试验就是在励磁调节器已带电而主回路还未带电的情况下，在生产现场对励磁调节器进行的试验。

励磁系统静态试验的目的是检查励磁调节器各个部件是否完好，在运输过程中内部接线是否松动及外围回路接线是否正确等。

励磁系统的静态试验内容主要包括外观检查、磁场电阻测量、主回路绝缘检查、电源检查、变送器检查、控制回路检查、保护装置检查、外回路检查、小电流试验等。

8-4-118　励磁系统的外观检查包括什么内容？

答：励磁系统的外观检查包括检查柜体、系统部件、母线排等，并清理灰尘；检查各紧固件的螺钉有无松脱现象，确认本设备在运输过程中没有受到损坏，并且设备安装情况良好；核对励磁调节器接线是否正确。

8-4-119　励磁设备各带电回路之间绝缘有何要求？

答：GB/T 50150—2016《电气装置安装工程　电气设备交接试验标准》和DL/T 596—1996《电力设备预防性试验规程》规定交接试验和大修试验时，使用2500V绝缘电阻表测得的励磁主回路绝缘电阻不低于$0.5M\Omega$；使用500V或1000V绝缘电阻表测得的直流操作回路、交流回路、低压电器及其回路、二次回路的绝缘电阻应不低于$1M\Omega$，比较潮湿的地方可以不小于$0.5M\Omega$。

8-4-120　发电机励磁设备交流耐压试验有哪些注意事项？

答：发电机励磁设备交流耐压试验必须注意以下事项：①试验变压器的铁芯和外壳必须妥善可靠接地；②对于有可能串电的相关回路也必须接地，防止串电伤人；③电压表应根据试验电压的要求和变比选择合适的量程，试验前首先不接负载升压1次，以判断回路正确性；④根据工作内容和条件，允许用相应的绝缘检查的方式替代交流耐压试验，但时间应不少于1min；⑤绝缘测试应分别在耐压试验前、后各进行1次；⑥在机组小修期间，励磁装置检修一般不进行交流耐压试验，设备或回路的绝缘允许用绝缘电阻表按绝缘检查的方式和要求进行。

8-4-121　功率整流柜整体耐压试验如何进行？

答：功率整流柜整体耐压试验包括以下几个步骤：①将功率柜内三相输入和两相输出回

路短接，保护柜内器件；②将功率柜三相和两相开关的外部回路对地短接，防止串电伤人；③断开 6 个脉冲变压器一次绕组与调节器的连接回路并对地短接，对脉冲变压器进行耐压试验；④先用 1000V 绝缘电阻表测绝缘，然后进行耐压试验，最后用 1000V 绝缘电阻表测绝缘验证绝缘的良好性。

8-4-122　励磁调节器测量信号如何进行校验？

答：励磁调节器测量信号包括定子电气参数和转子电气参数，其校验工具为继电保护测试仪，校验步骤如下。

（1）发电机定子电气参数测量校验。先将励磁调节器测量 TV 和 TA 外部接线从端子上断开，然后外接继电保护测试仪，改变继电保护测试仪三相电压 U_g 和三相电流 I_g 的输出值以及相位关系，观察并记录励磁调节器的定子电气参数计算和显示值，包括有功功率 P、无功功率 Q、机端电压 U_g（U_{g1}/U_{g2}）、定子电流 I_g、频率和功率因数。

（2）部分励磁调节器需要同步信号 U_t 才能进入发电机定子电气参数的计算，同时还要将 U_t 的外部接线从端子上断开，将继电保护测试仪的 U_g 信号接到 U_t 回路，让励磁调节器的同步中断程序运行起来。

（3）发电机转子电气参数测量校验。先将励磁调节器测量励磁电压 U_f 和励磁电流 I_f 外部接线从端子上断开，然后外接信号源仪器，改变信号源输出，观察并记录励磁调节器的转子电气参数计算和显示值。由于不同励磁调节器转子电气参数测量方法不同，外接信号源仪器各不相同，但一般都可以使用继电保护测试仪。

8-4-123　什么是励磁系统的小电流试验？它的作用是什么？

答：励磁系统的小电流试验就是利用厂用电 6kV 作为励磁系统的输入电源，使励磁变压器、励磁调节柜、功率整流装置、励磁电压互感器带电，励磁输出接小负载，用改变移相触发的控制信号方式检查励磁输出与控制信号的对应关系。

励磁系统小电流试验的目的是创造一个模拟的环境检查励磁调节器的基本控制功能、脉冲可靠触发的能力、晶闸管完好性等。检查同步信号回路的相序和相位，主要是看调节器的脉冲触发是否正确；检查晶闸管功率桥均能可靠触发；检查晶闸管输出波形。

8-4-124　如何进行励磁系统小电流试验？

答：励磁系统小电流试验是励磁系统静态试验的重要试验项目之一，其试验步骤如下：首先断开功率输出与发电机转子线圈的连接，将试验模拟负载（60Ω/4kW）接入整流屏的输出侧；然后通过准备好的厂用 6kV 段备用间隔，向励磁变送电，作为试验用的功率电源，送电后在二次侧测量相序；最后进行励磁投入操作，观察整流屏的输出电流、电压应上升平稳，检查整流屏及调节器屏的脉冲触发情况和晶闸管的导通情况。

8-4-125　什么是励磁系统的动态试验？其试验目的是什么？

答：励磁系统的动态试验就是发电机空载或并网条件下，对励磁调节器进行的各项检查的试验。

励磁系统动态试验的试验目的是整体检查励磁调节器空载条件下调节电压，负载下调节无功功率的控制性能，为机组正式投运奠定基础。

励磁系统动态试验包括空载试验和负载试验两个部分：空载试验主要有手动起励、自动起励、手动调整范围检查、手—自动切换、自动调整范围检查、通道切换、±5％阶跃、逆变灭磁、开关灭磁、V/Hz限、TV断线试验等。负载试验主要有励磁电流限制、检查无功调节范围、整流柜均流检查、低励限制试验、调差特性检查、甩负荷试验等。

8-4-126　什么是开机起励试验？

答： 发电机开机起励试验分为手动起励试验和自动起励试验。第一次开机起励一般采用手动方式起励，首先设置发电机过电压保护动作值为115％～125％额定值，无延时动作，然后设置调节器工作通道、手动起励方式和起励电压值，最后通过操作开机起励按钮，励磁系统应可靠起励，记录手动起励方式下发电机建压过程波形。

自动起励试验是励磁调节器起励方式为自动方式的起励试验，第一次自动起励一般将电压给定值设为最小值。

8-4-127　自并励静止励磁系统通过自并励方式能否进行空载和短路试验？

答： 对于自并励静止励磁系统，发电机空载状态下，发电机定子回路通过励磁变压器阻抗及转子绕组构成回路，定子绕组中会有电流产生，所以有很多电厂总是愿意通过自并励的方式来做发电机空载试验，这是不允许的，因为通过自并励方式定子绕组中产生的电流会对气隙磁场产生去磁作用，使发电机空载特性曲线比正常曲线偏低，无法准确判断发电机是否发生匝间短路。

在发电机短路状态下，发电机机端电压为零，无法为励磁变压器提供电源，因此采用自并励方式进行发电机短路试验也是无法做到的。

8-4-128　什么是励磁系统参数测试试验？其试验目的和项目是什么？

答： 发电机励磁系统参数是电力系统四大参数（发电机参数、励磁系统参数、调速器参数、负载参数）之一，励磁系统参数测试试验就是测定励磁系统比例系数、微分系数、积分系数、灭磁时间常数等参数的试验。

励磁系统参数测试试验是励磁系统建模的一个重要环节。对未知环节或者系统，通过一些方法获取其模型参数；对已知环节或系统，通过一些手段来验证其模型参数，最后得到符合实际的规格化的励磁系统或部件的数学模型参数，这就是励磁系统参数测试试验的目的。

发电机励磁系统参数测试试验项目主要包括发电机空载试验、发电机空载特性参数计算、励磁系统放大倍数的计算、发电机空载5％阶跃试验、发电机时间常数的测量、发电机灭磁时间常数测试、励磁系统PID参数计算、全控整流回路移相范围校核等。

8-4-129　发电机空载阶跃试验的意义是什么？

答： 发电机空载阶跃试验是验证励磁控制系统PID参数的重要手段之一，空载阶跃响应的上升时间、调节时间、超调量等指标可以与标准要求核对，如果不在规定的指标内，需要调整调节器参数。

8-4-130　励磁机空载时间常数如何测量？

答： 在三机励磁系统中，励磁机空载时间常数测量有以下两种方法。

（1）定角度阶跃法。试验方法：①使机组转速达到额定；②调节器置定角度控制方式；③增大励磁调节器输出使励磁机电枢电压不超过 50％额定值，以便不进入励磁机饱和区；④进行定角度 30％下阶跃试验，记录励磁机电枢电压、励磁电压和励磁电流。

励磁机空载时间常数读取方法：当励磁机励磁电压阶跃特性良好时，可以读取励磁机励磁电流或电枢电压上升到最终稳态值与初值差的 0.632 倍的时间即为励磁机空载励磁绕组时间常数。

（2）开关灭磁法。试验方法：①使机组转速达到额定；②调节器置定角度控制方式；③增大励磁调节器输出使励磁机电枢电压不超过 50％额定值；④切除调节器输出断路器或备励输出断路器，励磁机励磁电流流经续流二极管衰减，记录励磁机电枢电压、励磁电压和励磁电流。

励磁机空载时间常数读取方法：当励磁机励磁电流达到前稳定值的 0.368 倍的时间即为励磁机空载励磁绕组时间常数。

8-4-131　电力系统稳定器的作用及其试验的目的是什么？

答：电力系统稳定器的作用是：①电力系统稳定器不仅可以补偿励磁调节器的负阻尼，而且可以增加正阻尼，使发电机有效提高遏制系统低频振荡能力；②电力系统稳定器可以提高静稳定的功率极限；③电力系统稳定器有利于暂态稳定。

电力系统稳定器试验是发电机励磁系统试验的常规试验之一，其试验目的主要有：①设计 PSS，使之满足在整个低频振荡频率段上均能提供良好的正阻尼，而且还不会对电网内的其他振荡模式和运行方式产生副作用；②进行电网典型运行方式下 PSS 的频域和时域验证计算，筛选出用于现场试验用的参数组；③在前期计算分析的基础上，通过现场试验进一步优化 PSS 的各参数，以便使其能够有效地抑制与本机强相关的振荡模式，提高系统的动态稳定性；④通过试验检验 PSS 环节的性能及在工况调整和转换过程中的适应能力；⑤通过试验使得所设计的 PSS 满足国内的有关规定和标准；⑥为发电机及励磁系统以后的运行、维护提供记录和依据；⑦为安全生产和运行调度提供一个新的手段。

8-4-132　发电机为什么要采用进相方式运行？

答：超高压远距离输电网络不断扩大，导致系统无功功率增多，如 220kV、330kV 和 500kV 级的架空线路，每千米对地的容性无功功率分别为 130kvar、400kvar 和 1000～1300kvar，加上为弥补系统高峰负载时的无功功率不足，在电网中还装设了一定数量的电容器，这些电容器有时难以适应系统调节电压的需要而及时投切。因此，在节假日或午夜等系统负载处于低谷时，其过剩无功功率就会导致电网电压升高，甚至超过运行电压容许的规定值，不仅影响供电的电压质量，还会使电网损耗增加，经济效益下降。

发电机进相运行能吸收网络过剩的无功功率，降低系统电压。发电机进相运行是结合电力生产需要而采用的切实可行的运行技术，它可使发电机改变运行工况从而达到降压的目的。发电机进相运行是利用系统现有设备的一种调压手段，可扩大系统电压的调节范围，改善电网电压的运行状况。该方法操作简便，在发电机进相运行限额范围内运行可靠，其平滑无级调节电压的特点，更显示了它调节电压的灵活性，发电机进相运行是改善电网电压质量最有效而又经济的必要措施之一。

8-4-133　发电机的进相试验的试验目的是什么？

答：同步发电机进相运行相对迟相运行，其励磁电流大幅度减少，发电机电动势 E_q 也相应降低。从功角特性看，在有功不变的情况下，功角必将相应增大，发电机静态稳定性下降。其稳定极限与发电机短路比、外接电抗、自动励磁调节器性能及其是否投运等有关。

进相运行时发电机定子端部漏磁较迟相运行时增大。特别是大型发电机线负载高，正常运行时端部漏磁比较大，端部铁芯压指连接片温升高。进相运行时发电机端部电压降低，厂用电电压也相应降低，如果超出 10％，将影响厂用电运行。

因此，同步发电机进相运行要通过试验确定进相运行深度。即在供给一定有功功率的状态下，吸收多少无功功率才能保持系统静态稳定和暂态稳定，各部件温升不超限，并能满足电压的要求。

第九章

计算机监控系统

第一节 基 础 知 识

9-1-1 什么是计算机，什么又是计算机硬件和软件？它们之间有什么联系？

答：计算机的全称为电子计算机，早期称作微机，它是由早期的电动计算器发展而来的，它是一种能够按照事先存储的程序，自动、高速地进行大量数值计算和各种信息处理的现代化智能电子设备。电子计算机的学名为电脑。

不论何种计算机，它们都是由硬件和软件所组成，两者是不可分割的。硬件是指构成计算机的物理设备，即是指计算机系统中所使用的电子线路和物理设备，是看得见、摸得着的实体，如中央处理器（CPU）、存储器、外部设备（输入输出设备、I/O 设备）及总线等；而软件是指计算机系统中的程序、数据以及开发、使用和维护程序所需文档的集合。硬件是计算机系统的基础，软件是计算机系统的"灵魂"。如果没有软件，计算机就不能工作，人们通常把不配备任何软件的计算机称为"裸机"。在计算机技术发展进程中，计算机的硬件和软件是相互依赖、相互支持、缺一不可的。

9-1-2 计算机的类型有哪些，各有什么特点？

答：计算机的类型按照运行方式、构成器件、操作原理、应用状况等划分，有多种分类。从数据表示来说，计算机可分为数字计算机、模拟计算机以及混合计算机三类；数字计算机按构成的器件划分，曾有机械计算机和机电计算机，现用的电子计算机，正在研究的光计算机、量子计算机、生物计算机、神经计算机等。电子计算机就其规模或系统功能而言，可分为巨型、大型、中型、小型、微型计算机和单片机。综合起来说，计算机的分类如下。

（1）按照性能指标分类。①巨型机：高速度、大容量；②大型机：速度快、应用于军事技术科研领域；③小型机：结构简单、造价低、性能价格比突出；④微型机：体积小、重量轻、价格低；⑤单片机。

（2）按照用途分类。①专用机：针对性强、特定服务、专门设计；②通用机：科学计算、数据处理、过程控制解决各类问题。

（3）按照原理分类：①数字机：速度快、精度高、自动化、通用性强；②模拟机：用模拟量作为运算量，速度快、精度差；③混合机：集中前两者优点、避免其缺点，处于发展阶段。

9-1-3　计算机的硬件系统由哪几部分组成？各部件有什么功能？

答：构成计算机的硬件系统通常有五大功能部件：输入设备、输出设备、存储器、运算器和控制器。其结构如图 9-1-1 所示。各部件功能如下。

（1）输入设备。将数据、程序、文字符号、图像、声音等信号输送到计算机中。常用的输入设备有：键盘、鼠标、数码照相机、光笔、光电阅读器和扫描仪以及各种传感器等。

（2）输出设备。将计算机的运算结果或者中间结果打印或显示出来。常用的输出设备有：显示器、打印机、绘图仪等。

（3）存储器。将输入设备接收到的信息

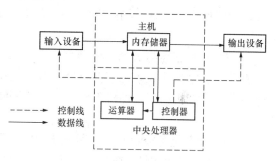

图 9-1-1　计算机硬件基本结构

以二进制的数据形式存放在存储器中。存储器有两种，分别叫作内存储器和外存储器。内存储器是主机的一部分，它用来存放正在执行的程序和数据，可与中央处理器直接交换数据。外存储器属于外部设备，用来存放运算的原始数据和运行结果。

（4）运算器。运算器是完成各种算术运算和逻辑运算的装置，能做加、减、乘、除等数学运算，也能做比较、判断、查找、逻辑运算。

（5）控制器。控制器是计算机指挥和控制其各部件工作的机构，其工作过程与人的大脑指挥和控制人的各器官一样。

上述五大部件通过系统总线形式互联，传递数据、地址和控制信号。这些系统总线按信号类型分成了三类，分别称为数据总线、地址总线和控制总线。

通常，我们把运算器和控制器合在一起称为中央处理器（Central Processing Unit），简称 CPU，将中央处理器和存储器合在一起称为主机。输入设备和输出设备简称 I/O 设备，I/O 设备和外存储器合在一起称为外部设备。

9-1-4　计算机的软件系统由哪几部分组成？它们各有什么功能？

答：根据计算机软件的作用，计算机软件通常分为系统软件、数据库软件、应用支持软件、应用软件以及工具软件等。

（1）系统软件。系统软件完成从输入设备取得数据，向输出设备送出数据，向外存写数据，从外存读数据，对数据的常规管理等基础工作，这些基础工作由一系列指令来完成。人们把这些指令集中组织在一起，形成专门的软件，称为系统软件。系统软件除了完成上述基本工作外，还进行着对硬件的管理，使在一台计算机上同时或先后运行的不同应用软件有条不紊地合用硬件设备。常用的系统软件有 Windows 和 Linux 两种。

（2）数据库软件。数据库软件能够有组织地、动态地存储大量数据，使人们能方便、高效地使用这些数据。现在比较流行的数据库软件有 FoxPro、Oracle、DB-2、Access、SQL-server 等。

（3）应用支持软件。应用支持软件对应用软件起到支持的作用，如各种驱动程序、接口程序、编解码程序等都属于应用支持软件。

（4）应用软件。应用软件是专门为某一应用目的而编制的软件。水电站微机监控系统中的上位机软件就属于应用软件。

（5）工具软件。工具软件专门为其他软件提供工具性服务。例如，VC、VB、Delphi 等可以开发计算机监控的上位机软件；PLC 梯形图编程软件、组态软件可以编译现地控制程序；除 VC、VB、Delphi、PLC 梯形图编程软件、组态软件以外，在水电站计算机监控中应用较多的辅助设计软件、测试软件、调试软件等都属于工具软件。

9-1-5 适用于水电站监控的典型微型计算机有哪几种？

答： 在水电站监控系统中微机处于核心地位，适用于水电站监控的典型微型计算机有：工业级微型计算机（即工控机 IPC）、可编程序控制器 PLC 和单片机。

9-1-6 什么是工控机？它应用于水电站计算机监控中的作用是什么？

答： 工控机是面向控制的计算机，工控机的应用软件运行在 DOS 操作系统平台上或 Windows 操作系统平台上或网络平台上。应用软件采用高级语言编程为主，也有采用高级语言和汇编语言混合编程技术的。像水电站计算机监控系统这种复杂的控制系统，工控机的应用软件通常是由开发研究单位根据被监控的水电站设备的要求而设计、编制的。

工控机在水电站计算机监控系统中主要作为上位机、前置计算机，因其数据存储、管理能力较强，人机界面好，电站运行人员容易掌握使用。从工控机的性能来看，工控机也可以作为现地控制单元计算机。

9-1-7 工控机硬件有哪几种结构？各自的特点是什么？

答： 工控机是工业级的微型计算机，构成其硬件的元素基本与个人微型计算机相同，工控机的硬件结构可以分为 3 种：第一种类似于普通的台式个人微型计算机，称为普通型工控机；第二种是一体化工控机；第三种是模块化工控机。

（1）普通型工控机。普通型工控机的硬件组成一般有：机箱、CPU 卡、显示卡、硬盘、软盘驱动器、电子盘卡、数据采集卡、控制输出卡、通信卡、显示器、键盘等，这些组成部分中除机箱、CPU 卡外，其他部分不一定是每台工控机都必须具备的，是根据工控机的使用场合来组合选用的。

（2）一体化工控机。一体化工控机的硬件特征是显示器、薄膜键盘、CPU 卡、软盘驱动器、硬盘等与机箱组成为一体，结构紧凑。

（3）模块化工控机。模块化工控机的各种插件卡做成模块，机箱为插件架，通常不配显示器和键盘。

9-1-8 什么是可编程控制器（PLC)？

答： 可编程控制器，英文称 Programmable Logic Controller，简称 PLC。可编程控制器是采用微机技术的通用工业自动化装置，专为在工业现场应用而设计，它采用可编程序的存储器，用以在其内部存储执行逻辑运算、顺序控制、定时/计数和算术运算等操作指令，并通过数字式或模拟式的输入、输出接口，控制各种类型的机械或生产过程。PLC 是微机技术与传统的继电接触控制技术相结合的产物，它克服了继电接触控制系统中的机械触点的接线复杂、可靠性低、功耗高、通用性和灵活性差的缺点，充分利用了微处理器的优点，又照顾到现场电气操作维修人员的技能与习惯，特别是 PLC 的程序编制，不需要专门的计算机编程语言知识，而是采用了一套以继电器梯形图为基础的简单指令形式，使用户程序编制形象、直观、方便易学；调试与查错也都很方便。用户在购到所需的 PLC 后，只需按说明书的提示，做少量的接线和简易的用户程序的编制工作，就可灵活方便地将 PLC 应用于生产实践。

9-1-9　可编程控制器有哪几种类型？各有什么特点？

答：可编程控制器 PLC 一般可按 I/O 点数和结构型式来分类。

（1）按 I/O 点数分类。PLC 按 I/O 总点数可分为小型、中型和大型三类。小于 512 点为小型 PLC（其中小于 64 点为超小型或微型 PLC）；512～2048 点为中型 PLC；2048 点以上的为大型 PLC（超过 8192 点为超大型 PLC）。这个分类界限不是固定不变的，它会随 PLC 的发展而改变。

（2）按结构型式分类。PLC 按结构型式可分为整体式和模块式。①整体式 PLC。整体式 PLC 又称单元式或箱体式 PLC。整体式 PLC 是将电源、CPU、I/O 部件都集中装在一个机箱内。其结构紧凑、体积小、价格低，一般小型 PLC 采用这种结构。整体式 PLC 由不同 I/O 点数的基本单元和扩展单元组成。基本单元内有 CPU、I/O 和电源。扩展单元内只有 I/O 和电源。基本单元和扩展单元之间一般用扁平电缆连接。整体式 PLC 一般配备有特殊功能单元、位置控制单元等，使 PLC 的功能得以扩展。②模块式 PLC。模块式 PLC 是将 PLC 各部分分成若干单独的模块，如 CPU 模块、I/O 模块、电源模块（有的包含在 CPU 模块中）和各种功能模块。模块式 PLC 由框架和各种模块组成，模块插在插座上。有的 PLC 没有框架，各种模块安装在地板上。模块式 PLC 配置灵活，装配方便，便于扩展和维修。一般大、中型 PLC 采用模块式结构，有的小型 PLC 也采用这种结构。

有的 PLC 将整体式和模块式结合起来，称为叠装式 PLC。它除基本单元和扩展单元外，还有扩展模块和特殊功能模块，配置比较灵活。

9-1-10　可编程控制器的工作原理是什么？

答：可编程控制器 PLC 是采用"顺序扫描，不断循环"的方式进行工作的。即在 PLC 运行时，CPU 根据用户按控制要求编制好并存于用户存储器中的程序，按指令步序号（或地址号）作周期性循环扫描，如无跳转指令，则从第一条指令开始逐条顺序执行用户程序，直至程序结束。然后重新返回第一条指令，开始下一轮新的扫描。在每次扫描过程中，还要完成对输入信号的采样和对输出状态的刷新等工作。

PLC 的扫描一个周期必经输入采样、程序执行和输出刷新三个阶段。

PLC 在输入采样阶段：首先以扫描方式按顺序将所有暂存在输入锁存器中的输入端子的通断状态或输入数据读入，并将其写入各对应的输入状态寄存器中，即刷新输入。随即关闭输入端口，进入程序执行阶段。

PLC 在程序执行阶段：按用户程序指令存放的先后顺序扫描执行每条指令，经相应的运算和处理后，其结果再写入输出状态寄存器中，输出状态寄存器中所有的内容随着程序的执行而改变。

输出刷新阶段：当所有指令执行完毕，输出状态寄存器的通断状态在输出刷新阶段送至输出锁存器中，并通过一定的方式（继电器、晶体管或晶闸管）输出，驱动相应输出设备工作。

9-1-11 可编程控制器的主要特点有哪些？

答：（1）可靠性高。由于采取了一系列的保证 PLC 高可靠性的措施，PLC 的平均无故障时间一般可达 3 万～5 万 h。PLC 环境适应性强，它能在工业环境下可靠地工作。保证 PLC 高可靠性的主要措施有：良好的综合设计（综合考虑整体的可靠性）；选用优质元器件；采用隔离、滤波、屏蔽等抗干扰技术；采用先进的电源技术；采用实时监控技术和故障诊断技术；采用冗余技术；采用良好的制造工艺。

（2）编程简单。PLC 最常见的编程语言是梯形图语言。梯形图与继电器原理图相类似，这种编程语言形象直观，容易掌握，不需要专门的计算机知识，便于广大现场工程技术人员掌握。当生产流程需要改变时，可以现场改变程序，使用方便、灵活。在大型 PLC 中还有 Basic 等高级编程语言，以便满足各种不同控制对象和不同使用人员的需要。

（3）通用性强。各个 PLC 的生产厂家都有各种系列化产品，各种模块供用户选择。用户可以根据控制对象的规模和控制要求，选择合适的 PLC 产品，组成所需的控制系统。在做应用设计时，一般不需要用户制作任何附加装置，从而使设计工作简化。

（4）体积小、结构紧凑，安装、维护方便。PLC 体积小，重量轻，便于安装。PLC 具有自诊断、故障报警、故障种类显示功能，便于操作和维修人员检查，可以通过更换模块插件，迅速排除故障。PLC 的结构紧凑，它与被控制对象的硬件连接方式简单，接线少，便于维护。

9-1-12 可编程控制器在水电站监控系统中应用在哪些方面？

答：水电站中很多机电设备的控制均采用顺序控制，而 PLC 特别适用于顺序控制，因此从某种程度上讲 PLC 已经成为微机监控系统的核心。PLC 主要应用在水轮发电机自动控制、励磁系统控制、调速器系统控制和附属设备控制等场合中。

9-1-13 什么是单片机？

答：单片机因将其主要组成部分集成在一个芯片上而得名，具体来说就是把中央处理器 CPU（Central Processing Unit）、随机存储器 RAM（Random Access Memory）、只读存储器 ROM（Read Only Memory）、中断系统、定时器/计数器以及 I/O（Input/Output）接口电路等主要微型机部件，集成在一块芯片上。虽然单片机只是一个芯片，但从组成和功能上看，它已具备了计算机系统的特点，为此称为单片微型计算机 SCMC（Single Chip Micro Computer），简称单片机。单片机主要应用于控制领域，用以实现各种测试和控制功能，为了强调其控制属性，也可以把单片机称为微控制器 MCU（Micro Controller Unit）。在国际上，"微控制器" 的叫法似乎更通用一些，而在我国则比较习惯于 "单片机" 这一名称。

由于单片机在应用时通常是处于被控系统的核心地位，以嵌入的方式进行使用，为了强调其 "嵌入" 的特点，也常常将单片机称为嵌入式微控制器 EMCU（Embedded Micro Controller Unit），在单片机的电路和结构中有许多嵌入式应用的特点。

9-1-14 单片机有哪些类型？

答：根据控制应用的需要，单片机可分为通用型和专用型两种类型。

通用型单片机是一种基本芯片，它的内部资源比较丰富，性能全面且适用性强，能覆盖多种应用需求。用户可以根据需要设计成各种不同应用的控制系统，即通用单片机有一个再设计的过程，通过用户的进一步设计，才能组建一个以通用单片机芯片为核心再配以其他外围电路的应用控制系统。

在单片机的控制应用中，有许多是专门针对某个特定产品的，如电能表和 IC 卡读写器上的单片机等，这种单片机称为专用型单片机。

9-1-15　单片机在水电站微机监控系统中的主要应用有哪些方面？

答：单片机已经在水电站微机监控系统中获得广泛的应用，如应用在温度巡检、故障诊断等方面。例如，某些励磁调节器中，就专门配置了一块单片机用于调节器的电源故障、脉冲故障、软件故障的检测和通道间的自动切换。

9-1-16　计算机监控方式的演变有哪几个过程？

答：由于计算机监控设备在水电站的推广应用，并随着计算机技术的发展，计算机系统在水电站监控系统中的作用及其与常规设备的关系也发生了变化，其演变过程大致如下：①以常规控制装置为主、计算机为辅的监控方式；②计算机与常规控制装置双重监控方式；③以计算机为基础的监控方式；④取消常规设备的全计算机控制方式。

9-1-17　计算机监控系统有哪些主要功能？

答：水电站计算机监控系统主要有以下功能。

（1）数据的采集和处理。水电站各运行设备的电量和非电量参数需要检测、监视、校核、处理，如机组各轴承的油温及部分瓦温，机组的部分定子绕组和铁芯温度，机组冷却器的部分冷风和热风温度，机组的流量、振动、摆度，主变压器油温，上、下游水位和需监视启闭过程或位置的闸门开度等。

（2）开关量监视记录和事件顺序记录。监控系统需要监视记录的开关量有机组运行工况（停机、发电、调相、抽水等）、各断路器和隔离开关的位置信号、主要设备的事故和故障信号、监控系统的故障信号。

（3）事故追忆和故障录波。发生事故时，对一些与事故有关的参数历史值和事故期间的采样值进行显示和打印，主要有重要线路的电压、电流、频率和机组的电压、电流。

（4）正常的控制和操作。对全厂主要机电设备和风、水、油、厂用电等辅助系统的各种设备进行控制和操作。

（5）紧急控制和恢复控制。机组发生事故和故障时应能自动跳闸和紧急停机。

（6）自动发电控制。水电厂自动发电控制的任务是：在满足各项限制条件的前提下，以迅速、经济的方式控制整个水电厂的有功功率来满足电力系统的需要。

（7）自动电压控制。在满足水电厂和机组各种安全约束条件下，改变联络变压器分接头有载调节位置，以维持高压母线电压的设定值，并合理分配厂内各机组的无功功率，尽量减少水电厂的功率消耗。

（8）人机接口。人机接口是运行人员对全厂生产过程进行安全监控，维修人员对监控系统进行管理、维修、开发的必需手段。

（9）通信。监控系统应能与网调、梯调、水情测报系统、溢洪闸门控制系统、大坝安全监测系统、航运管理系统、厂内技术管理系统等实现通信。监控系统内部通信，包括水电厂级与现地控制单元级之间及现地控制单元与调速器、励磁调节器、同步并列装置之间的通信。

(10) 自诊断。应具备完善的自诊断能力，及时发现自身故障，并指出故障部位。另外，当监控系统出现程序死锁或失控时，能自动恢复到原来正常运行状态。

(11) 仿真培训。仿真培训功能是在不涉及水电厂生产设备的情况下，对水电厂运行和检修人员进行基本知识技能、模拟操作和事故处理等方面的培训，以提高水电厂人员的素质，保证水电厂安全运行。

(12) 自动处理水电厂事故。水电厂发生事故后往往需要在极短时间（几秒或几十秒）内对事故情况做出正确判断，及时采取有效措施，防止事故扩大，并转入安全工况运行。

9-1-18　计算机监控系统的基本要求和主要性能指标的内容是什么？

答：计算机监控系统的基本要求和主要性能指标的内容有：①实用性（即响应速度）；②可靠性/可利用率；③可维修性；④系统安全性；⑤可适应性或可扩展性；⑥简单性和经济性；⑦使用寿命。

9-1-19　实现计算机监视与控制可取得哪些方面的效益？

答：水电站实现计算机监控后可取得以下几个主要的效益。

(1) 提高安全运行水平。安全运行是水电厂最重要的任务。为保证水电厂的安全运行，必须对水电厂的运行工况和设备进行经常的严密监测。

(2) 实现经济运行。水电厂实现自动发电控制以后，可以使其经常处于优化工况下运行，达到多发电、少耗水的目的。

(3) 减少运行值班人员。水电厂采用计算机监控以后，监测和操作大多由计算机系统进行，运行值班人员只是在旁进行监视以及进行少量的键盘和鼠标操作，工作量大大减少，劳动强度大大减弱。因此，可以大大减少运行值班人员，有的水电厂甚至可以实现无人值班。

9-1-20　怎样理解"无人值班"或"少人值守"的含义？

答：无人值班是指水电站内没有经常值班人员，即不是全天24h内都有运行值班人员。一般又有两种方式：①在家值班和远方集中值班；②运行值班人员定期前往厂内巡视或有事应召前往厂内处理问题。

"无人值班"（少人值守）值班方式引入了"值班"和"值守"两个不同的概念。"值班"是指对水电站运行的监视、操作调整等有关的运行值班工作。主要包括运行参数及状态的监视，机组的开、停、调相、抽水等工况转换操作，机组有功功率、无功功率的调整及必要时的电气接线操作切换等工作。"值守"则指一般的日常维护、巡视检查、检修管理、现场紧急事故处理及上级调度临时交办的其他有关工作。

"无人值班"（少人值守）的值班方式是指，水电站内不需要经常（24h）都有人值班（一般在中控室）。其运行值班工作改由厂外的其他值班人员（一般是上级调度部门）负责，但在厂内仍保留少数24h在值守的人员，负责上述"值守"范围的工作。这是一种介于少人值班和无人值班之间的特殊值班方式。

9-1-21　水电站实现"无人值班"和"少人值守"的条件和方式是什么？

答：实现"无人值班"（少人值守）的条件主要有：①电站主辅设备安全可靠，能长期稳定运行；②电站的基础自动化系统完善可靠；③已建立全站自动化系统，通常是计算机监控系统，能实现监控、记录、调整控制等功能；④有一支素质良好的运行人员队伍，熟悉水电站生产，勇于负责，能正确处理各种可能出现的事故；⑤有一套完整的科学管理制度。

实现"无人值班"（少人值守）的主要方式有：①由梯级调度所（或集中控制中心）实现对梯级水电站或水电站群的集中监控，各被控电站可以实现"无人值班"（少人值守），如梯级调度所（或集中控制中心）就设在其中一个水电站，则该厂为少人值班水电站；②由上级调度所（如网调、省调、地调）直接监控的水电站，也可以实现"无人值班"（少人值守）；③有些较小的水电站可以按水流（水位）或日负载曲线自动运行，不需要水电站值班人员，也不需要上级调度值班人员的直接干预。因此，这些水电站也可实现"无人值班"（少人值守）。

9-1-22 水电站计算机监控系统的结构经过哪几个基本过程的演变？

答：自 20 世纪 70 年代水电站采用计算机监控系统以来，它的系统结构经历了以下演变过程：①集中式监控系统。早期，计算机比较贵，一般只能设一台计算机对全站进行集中监控，称作集中式监控系统。这种系统的基本特点是不分层。缺点是故障率高、可靠性差。②功能分散式监控系统。计算机实现的各种功能不再由一台计算机来完成，而由多台计算机分别完成。各台计算机只负责完成某一项或一项以上的任务，可靠性明显提高。③分层分布式监控系统。此系统在地域上是分散的，即按控制对象进行分散。它分为现地控制级（层）和电站控制级（层），由于控制单元的故障不影响全站，且不必敷设过多电缆至中控室等，它已取代其他两种类型而成为水电站监控系统的主要类型。

9-1-23 水电站分层分布式监控系统的优点是什么？

答：水电站分层分布式监控系统有下列优点。

（1）凡是不涉及全系统性质的监控功能可安排在较低层实现，这不仅加速了控制过程的实现，即提高了响应性能，而且减轻了控制中心的负担，减少了大量的信息传输，也提高了系统的可靠性。

（2）在分层控制系统中，即使系统的某个部分因发生故障而停止工作，系统的其他部分仍能正常工作，分层之间还可以互为备用，从而大大地提高了整个系统的可靠性。

（3）采用分层控制方式时，对控制设备和信息传输设备的要求可适当降低，需要传送的信息量减少，敷设的电缆也大大减少，主计算机的负担也减轻，这些均导致监控系统设备投资的减少。

（4）可以灵活地适应被控制生产过程的变更和扩大，可实施分阶段投资，这些都提高了系统的灵活性和经济性。

（5）由于分层控制方式通常采用多机系统，各级计算机容量和配置可以与要实现的功能更为紧密地配合，使最低一层的计算机更为实用，整个系统的工作效率更加提高。

9-1-24 水电站分层分布式监控系统的缺点是什么？

答：水电站分层分布式监控系统有以下缺点。

（1）采用分层控制方式时，整个系统的控制比较复杂，常常需要实行迭代式控制。迭代式控制指的是：达到最终需要实现的工况（最优工况）往往不能仅靠一次计算控制，而要依靠多次迭代计算来完成。因而降低了整个控制的实时性，这是指全局性控制而言。

（2）多机系统的软件相当复杂，需要很好地协调。

总的来说，分层控制方式的优点还是主要的。现在，除了一些小规模的控制系统外，大都采用分层控制方式。

9-1-25　什么是数据库？计算机数据库有哪些特点？

答： 数据库系统是在文件管理系统的基础上发展起来的，它能够实现有组织地动态地存储大量关联数据，为多种应用服务，方便用户访问数据管理系统。

数据库系统的管理对象是大量数据集合，数据能长久地可靠地保留，提供给若干用户共享。与文件系统相比，数据库系统有如下特点。

（1）数据的结构化。在文件系统中，在整体上不存在结构化，不能使用公用的可控方式进行数据存取。而数据库系统不仅考虑数据项之间的联系，而且考虑记录型之间的联系，不仅考虑一种应用的数据结构，而且考虑相关应用的整体要求的数据结构。

（2）数据冗余度小。数据库的数据描述是面向整个系统的结构化组织，因而大大减少了数据冗余度，既节省存储空间，降低存取时间，又避免数据之间的不相容和不一致。同时，为适应用户需要变化要求，也易于扩充和修改。

（3）具有较高的数据和程序的独立性。数据库系统把数据的定义和描述从应用程序中分离出去。数据库系统提供了两方面的映象功能，一是数据的存储结构与逻辑结构之间的映象或转换功能，二是数据总体逻辑结构与某类应用所涉及的局部逻辑结构之间的映象或转换功能，这是数据和程序的独立性基本条件。数据的存取管理交由数据库管理系统程序负责，用户不必考虑存取细节，从而简化了应用程序的编制。

（4）统一的数据控制功能。数据库是各用户共享的资源，共享必然伴随着公用可控方式和并发操作处理要求。数据库系统提供安全性（Security）控制，防止不合法的使用所造成的数据破坏；提供数据完整性（Integrity）控制，保证数据的正确性、有效性和相容性，提供并发（Concurrency）控制，使用户并发存取、修改数据库的操作能够正确地加以控制和协调。

9-1-26　什么是 GPS？它有什么特点和分哪几种类型？

答： GPS 称为全球导航定位系统。GPS 的主要特点包括全天候、全球覆盖、三维定速定时、高精度、快速省时、高效率和应用广泛、多功能等方面。以华自科技的 HZG1000 卫星时钟装置为例，其利用模块化、单元化设计，功能扩展灵活方便，具备 GPS 和北斗时钟的自动切换，可以通过串口、网络口、B 码等方式进行系统对时。GPS 通常采用无源工作方式，凡有 GPS 接收设备的用户，都可使用此系统。用户设备种类很多，可分别在海上、陆地、空中和空间场合使用。

GPS 卫星接收机种类很多，根据型号可以分为测地型、全站型、定时型、手持型、集成型；根据用途又可分为车载式、船载式、机载式、星载式、弹载式等。

9-1-27　GPS 卫星时钟的结构和工作原理是什么？

答： 通常将用于对时方面的 GPS 称为 GPS 卫星时钟，其结构和工作原理如下。

（1）GPS 卫星时钟结构。GPS 卫星时钟结构是利用全球定位系统卫星发送的协调世界时（UTC）信号，为各种自动化装置用户提供全球统一同步准确的时钟信号源，并可直接接入计算机网络作为一级时间服务器，使大范围、跨地区的计算机及网络系统获得准确的标准同步时间。该型卫星时钟采用专用GPS接收器作为时间标准，精确计算闰年、闰秒。具有精度高、可靠性高、全天候的特点，可广泛使用于航空、交通、电力、化工、军事、电信、金融等行业。

（2）GPS卫星时钟原理。GPS信号接收模块接收多颗GPS卫星发送的频率1575.42MHz的UTC信号，经处理输出NMEA0183格式或其他标准的信息。微处理单元（MCU）对上述信息进行后续处理，并换算成北京时间等信息后输送液晶显示，并按照一定格式和方式经接口电路输出。一旦短时间发生GPS不同步，系统将自动进行精确的时钟守时；精确的GPS接收机可以接收到可用于授时的、准确至纳秒级的时间信息。

9-1-28　GPS在水电站中主要应用在哪些方面？

答： 随着水电站及电力系统中各种新技术的应用，由于对水电站及电力系统中，事故发生的先后顺序的判断要求越来越高，因此对事故发生的先后顺序的时间记录精度要求也越来越高。所以GPS系统也逐步被用在水电站和电力系统中，主要用于统一对时方面；此外，也应用在对线路的巡回检测定位方面。

如图9-1-2所示，需要说明的是，GPS对时系统在安装时，其用于接收空间卫星信号的接收器的安装位置，必须是使得其能够完全接收空间卫星发射出的信号，在其周围不得有其他干扰其接收空间卫星信号的遮挡物。也即其接收面应是能够在180°范围内，对空间卫星传递的信号进行顺利接收。

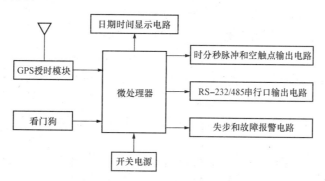

图9-1-2　GPS对时系统结构示意图

第二节　数据采集和处理

9-2-1　计算机监控系统采集的数据有哪些类型？

答： 在计算机监控系统中，数据采集主要是实现现场过程和系统有关环境的监视和控制信号的收集、处理和传输。以华自科技的HZA208综合数据采集装置为例，其利用模块化、单元化设计，功能扩展灵活方便。能进行开关量、模拟量、电气量等的采集，同时对采集的数据进行软件分析，实现综合控制输出；对采集的各种数据能实现网络共享。其所含数据大致可包含如下类型。

（1）模拟输入量。它是指将现场的电气量和非电气量直接或经过变换后输入到计算机系统的接口设备的模拟量，适合水电站计算机监控系统的模拟输入量参数范围包括 0～5V（dc）、0～10V（dc）、0～20mA、±5V（dc）、±10V（dc）、±20mA、4～20mA 等几种。

（2）模拟输出量。它是计算机系统接口设备输出的模拟量，水电站中适用的典型参数为 4～20mA 或 0～10V（dc）。

（3）数字输入状态量。它是指过程设备的状态或位置的指示信号输入到计算机系统接口设备的数字量（开关量），此类数字输入量一般使用一位"0"或"1"表示两个状态，在电力系统中为了安全可靠，还采用了双位"10"或"01"表示两个状态。

（4）数字输入脉冲量。它是指过程设备的脉冲信息输入到计算机系统接口设备，由计算机系统进行脉冲累加的一位数字量，但其处理和传输又属模拟量类型。

（5）数字输入 BCD 码。它是将 BCD 码制数字型的模拟输入量输入到计算机系统接口设备，一个 BCD 码模拟输入量一般要占用 16 位数字量输入通道。

（6）数字输入事件顺序记录 SOE（Sequence Of Events）量。它是指将数字输入状态量定义成事件信息量，要求计算机系统接口设备记录输入量的状态变化及其变化发生的精确时间，一般应能满足 5ms 分辨率要求。

（7）数字输出量。它是指计算机系统接口设备输出的监视或控制的数字量，在电厂控制中为了安全可靠，一般数字输出量是经过继电器隔离的。

（8）外部数据报文。它是将过程设备或外部系统的数据信息以异步或同步报文通过串行接口与计算机系统交换的数据。

9-2-2　计算机监控系统数据的采集有哪些方面的要求？

答：为实现水电站计算机监控，水电站数据采集应该满足下列几方面的要求：①实时性；②可靠性；③准确性；④简易性；⑤灵活性。

9-2-3　在计算机监控系统中一个数字状态输入量的数据处理一般应包括哪些内容？

答：一个数字状态输入量的数据处理一般应包括下列内容：①地址/标记名处理；②扫查速率处理；③扫查允许/禁止处理；④状态变位处理；⑤输入抖动处理；⑥报警处理。

9-2-4　在计算机监控系统中一个模拟状态输入量的数据处理一般应包括哪些内容？

答：一个模拟输入量的数据处理一般应包括下列内容：①地址标记名处理。②扫查速率处理。数据采集处理根据模拟输入量的类型和数量可以考虑选取不同的扫查速率。③扫查允许/禁止处理。数据采集处理根据被测模拟输入量或输入通道的正常/异常状况，应能对其实现扫查允许/禁止处理。④工程量变换处理。当模拟输入量变换成二进制码后，还须按实际工程量进行变换计算。⑤测量零值处理。当模拟输入量为零值，其输入变送器或模数转换模件的精度使测量值不为零时，经数据处理后测量值应为零。⑥测量死区处理。在数据采集中被测量变化小到可以忽视时，往往采取设立测量死区，将被测量在测量死区范围内的变化视为无变化。⑦测量上、下限值处理。测量上、下限值通常有二级，即上限、下限；上上限、下下限。当被测量超过限值时，应该进行报警。⑧测量合理限值处理。测量合理限值一般取传感器上、下限值。当传感器或通道故障，被测量超过合理限值时，该点应禁止扫查。⑨测量上、下限值死区处理。当被测量超过限值后，若其仍在限值上下很小范围内变化，将会造成频繁报警。设立测量上、下限值死区，使被测量只有返回到限值死区以外才能退出报警状态。⑩越限报警处理。根据被测量各类越限报警的重要程度，设定不同的报警级别，以及建立报警时间标记。

9-2-5　在计算机监控系统中一个数字事件顺序记录 SOE 输入量的数据处理有哪些内容？

答：一个数字 SOE 输入量的数据处理一般包括下列内容：①地址标记名处理；②扫查速率/中断处理；③扫查允许/禁止处理；④防触点抖动处理；⑤状态变位处理；⑥时间标记处理；⑦报警处理。

9-2-6　计算机监控系统采用的非电量传感器或变送器有哪几种类型？

答：计算机监控系统采用的非电量传感器和变送器有如下几种类型：①温度传感器和温度变送器；②压力传感器和压力变送器；③液位传感器和液位变送器；④流量传感器和流量变送器；⑤转速信号器；⑥振动摆度传感器；⑦位移传感器。

9-2-7　什么是开关量？它有哪些类型？

答：开关量是指生产过程运行设备的状态信号，又称为状态量。主要是反映电路中开关的"通"或"断"，阀门的"开"或"闭"，电动机的"运行"或"停止"等运行状态。以上这些设备的状态都只是具有两种可能，可以由电平的"高"和"低"表示。在计算机中即可用一个二进制位数的逻辑值为"1"，或"0"来表征。对于具体设备的状态和计算机的逻辑值可以事先约定，即电平"高"为"1"，电平"低"为"0"，或者相反。因此，开关量输入通道的任务就是把设备的状态转变为二进制逻辑送入计算机，以供计算机判别。在计算机监控系统中，有几种类型的开关输入量，主要包括以下 3 个方面。

（1）普通开关输入量。计算机在软件控制下，每隔一段时间对此类输入点扫描一次，以获得设备的运行状态。在计算机监控系统中多数开关输入量属于此类。

（2）中断开关量。对于实时性要求高或当监控系统不仅要知道开关量的状态，而且要实时和精确地知道开关量状态发生变化的时间时，就需要使用中断开关量。其特点是当所监测的开关量状态发生变化时，由 I/O 接口向主机申请中断，主机在接受中断申请后，立即将状态的变化情况和发生的时间记下，并进行相应的处理。在监控系统中的事故记录一般就是采用这种方法。

（3）输入脉冲量。它的特点是其输入信号为一维持时间很短的窄脉冲，为使得监控系统能准确探测到该脉冲，一般也采用中断的方法。脉冲量输入点一般用于对电度量的记录，也可用于记录如涡轮流量计、脉冲式转速（频率）计输出的电脉冲等。

9-2-8　计算机监控系统采集的原始数据为什么要进行检测？其方法有哪些？

答：在对水电站生产过程进行数据采集和传输时，由于各种原因（如干扰）使得采集系统所采集的数据可能包含一些不真实的数据，需要对这些数据进行检查和适当处理，以保证监控系统操作控制的可靠性和准确性。

数据采集系统对数据的处理可分为一次处理和二次处理。一次处理的内容包括剔除数据奇异项、去除数据趋势项、数据的数字滤波、标度变换等。二次处理则是根据控制系统的各项功能要求，对采集的数据做进一步加工处理，如采集数据的累积值和平均值的计算，差值、变化率的计算，专题计算，以及根据运行情况对报警值进行计算等。

判断采集数据正确性的方法可有以下几种：①以采集对象参数最大可能变化范围为依据。当发现某项输入信号超出最大或最小范围时，即判断此数据错。②以相关参数相对关系为依据。当相关参数的相对关系不符合运行规律时，即判断此数据错。③以同一参数前后周期所测值为依据。当无法采用前述方法判断，又已知其参数变化缓慢时，可将前后两个周期的数值进行比较，当差值大于某一极限值时，即判断此数据错。④采用冗余技术。在系统结构上采用冗余技术以提高可靠性。

9-2-9　A/D 转换器的工作原理是什么？

答：常用的 A/D 转换器的工作原理可分为逐位比较（逼近）式和双积分式两种，其中逐位比较式 A/D 转换器用得比较普通，其原理如图 9-2-1 所示。

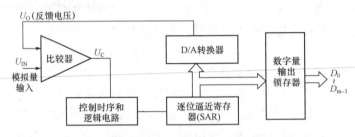

图 9-2-1　A/D 转换器原理框图

逐位逼近寄存器 SAR 输出的二进制编码送至 D/A 转换器，D/A 转换器的输出电压 U_O（反馈电压）与模拟量输入电压 U_{IN} 经比较器进行比较后，再控制 SAR 数字逼近。逐位逼近式 A/D 转换器采用类似于天平称重量的原理，从 SAR 的最高位开始逐位进行比较，并逐位确定其数码取"1"不是取"0"，比较完毕应把 SAR 状态送到数字量输出锁存器。

9-2-10　采样保持器的工作原理是什么？

答：采样保持器 S/H 集成电路由输入放大器 A1、逻辑开关 S、保持电容器 CH 和输出放大器 A2 构成，如图 9-2-2 所示。在采样期间，开关 S 闭合，输入放大器 A1 给保持电容器 CH 快速充电，输出电压 U_O 跟随输入电压 U_I。在保持期间，开关 S 断开，由于输出放大器 A2 的输入阻抗很高，理想情况下电容器 CH 将保持充电时的最终值电压。在采样期间，不

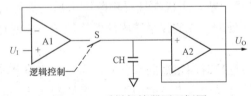

图 9-2-2　采样保持器原理框图

启动 A/D 转换器，一旦进入保持期间，立即启动 A/D 转换器，从而保证 A/D 转换的模拟输入电压恒定，提高了 A/D 转换的精度。

常用的 S/H 集成电路芯片有 AD582、LF198 等。它按采样期和保持期交替工作，采样保持信号要与 A/D 转换相配合，该信号既可以由控制电路产生，也可以由 A/D 转换器提供。

9-2-11　D/A 转换器的工作原理是什么？

答：D/A 转换器主要由基准电压 U_R、R-2R 权电阻网络、位切换开关 BSi（$i=0$，…，n-1）和运算放大器 A 四部分组成，原理框图如图 9-2-3 所示。

D/A 转换器输入的二进制数从低位到高位（$D_0 \sim D_{n-1}$）分别控制对应的位切换开关

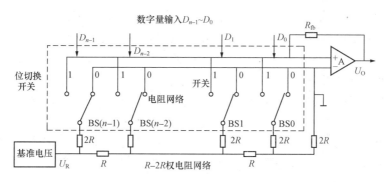

图 9-2-3　D/A 转换器原理框图

[BS0～BS（n-1）]，它们通过 R-$2R$ 权电阻网络，在各 $2R$ 支路上产生与二进制数各位的权成比例的电流，再经运算放大器 A 相加，并按比例转换成模拟电压 U_O 输出。D/A 转换器的输出电压 U_O，与输入二进制数 D_0～D_{n-1} 的关系式为：

$$U_O = -\frac{U_R}{2^n}(D_0 2^0 + D_1 2^1 + \cdots + D_i 2^i + \cdots + D_{n-1} 2^{n-1})$$

式中：$D_i = 0$ 或 1（$i = 0$，1，$\cdots$，$n-1$），n 表示 D/A 转换器的位数。

第三节　通　信　技　术

9-3-1　什么是计算机的数据通信？

答：计算机之所以进行数据通信，是因为一个计算机通信系统由三个基本元素组成的：发送器、接收器和介质。这三个基本元素协同工作，组成一个有效的计算机通信系统。从广义的角度来看，发送器和接收器是进行数据通信的两台计算机。发送器是发送数据或信息的计算机，数据或信息在这里形成并被准备发送。接收器是准备接收数据的计算机，是数据或信息到达的目的计算机。介质是发送器和接收器之间的通信信道，通过介质按照一定的通信协议则可以将报文从发送器传到接收器。介质可以是载波通信、微波通信、光纤通信、无线通信及电话通信通道等；信息可以是一个数据文件，也可以是一个数据文件的一部分或几个数据文件的组合。

9-3-2　计算机数据通信在水电站中的作用有哪些方面？

答：计算机数据通信的作用归纳起来主要有以下几个方面。

（1）信息共享。计算机进行数据通信就可以实现信息共享。水电站计算机监控系统现地控制单元与上位机进行计算机数据通信后，现地控制单元采集的运行状态、运行参数除用于在现地控制单元的立即显示外，在上位机上也可以用于显示，并可保存用于以后查询等，实现了数据信息的共享。

（2）使现地控制单元具有最佳性能。在水电站计算机监控系统中，利用数据通信，可以更自由地选择各种设备，以充分发挥各种设备的特点及长处。这些设备通过计算机数据通信连接为一个有机整体，协调工作。如在机组现地控制单元中，有可编程控制器 PLC、智能交流电参数测量仪、数字温度巡检仪等，这些设备通过通信网络组合在一起，能充分发挥这些设备的特点和长处，如可编程控制器 PLC 特别适用于顺序控制（如机组开停机逻辑控制等）；智能交流电参数测量仪适用于发电机三相交流参数的采集和显示等；数字温度巡检仪适用于机组轴承、发电机定子绕组温度的巡查。这些设备通过通信网络将数据送到前置机或上位机，进行统一指挥、统一控制、统一调度，使现地控制单元具有最佳性能。

（3）可以共享硬件设备。使用计算机数字通信可以共享计算机硬件设备、外设等。在水电站计算机监控系统中，现地控制单元的存储能力有限，在现地控制单元中通常也不配置打印机，通过现地控制单元与上位机之间的数字通信，现地控制单元可以通过上位机的硬盘来保存现地控制单元的运行状态、运行参数等数据；现地控制单元也可以利用上位机所配置的打印机来打印现地控制单元的运行状态、运行参数，实现共享计算机硬件设备和外设。

（4）远距离通信。计算机数字通信可以实现远距离通信。当水电站所在的电网有调度自动化系统时，水电站计算机监控系统的上位机可以通过载波、微波、光纤、无线等通信方式进行远距离数字通信，将水电站的运行状态、运行参数送到电网调度端，并接收调度端的调度指令。另外，当一个电站内的设备分布较为分散时，如电站的闸门离厂房较远，计算机监控系统通过远距离数字通信来完成对其监测与控制。

9-3-3 水电站的通信包括哪些方面？

答：水电站的通信包括内部通信和外部通信。其中，内部通信主要用来实现计算机监控系统内部工作站、服务器、现地控制单元等相互之间的通信，由于调速系统、励磁系统、继电保护等都实现了微机化，它们都成了与监控系统通信的一部分。而外部通信主要用来与上级调度系统（网调或省调）、水情测报系统、水库调度系统及泄洪闸门控制系统、船闸控制系统等通信。

9-3-4 数据通信中常用的术语有哪些？

答：数据通信中常用的术语有：①规约。规约或称协议，是数据通信双方为实现信息交换而做的一组约定，它规定了数据交换的帧格式和传输规则，其中传输规则是规约的核心内容，它确定了一个规约区别与其他规约的独特的工作方式。②波特率。它是信号频率每秒钟变化的次数，若只有两个信号级，则波特率等于比特率，即每秒钟可传输的比特数。③帧。它是按照一定的规则和顺序组成的信文，并且具有特定的含义。④校验。进行差错检测和纠正的方法，如奇（偶）校验、累加和校验、循环冗余校验等。⑤主站。从子站获得各类现场数据、向子站发出控制命令。⑥子站。向主站提供各类现场数据、接受主站下发的控制命令并执行。⑦TCWIP参考模型。由网络接口层、互联网层、传输层和应用层组成的计算机网络参考模型，其中互联网层对应于OSI参考模型的网络层。

9-3-5 数据通信的载体有哪些？

答：数据通信的载体主要有：①双绞线及双绞屏蔽电缆。双绞线由两条互相绝缘的铜线组成，这两条线像螺纹一样拧在一起，可以减少邻近线对电气的干扰。②同轴电缆。同轴电缆以硬铜线为芯，外包一层绝缘材料。同轴电缆具有高带宽和极好的噪声抑制特性。有两种广泛使用的同轴电缆：一种是 50Ω 电缆，用于数字传输；另一种是 75Ω 电缆，用于模拟传输。③光纤。光纤的中心是光传播的玻璃芯，外面是封套和外套。光纤分为两种：单膜光纤和多膜光纤。光纤可以提供比铜线高得多的带宽，传输距离远，不受发动机转动、电磁干扰和电源故障的影响，也不受空气中腐蚀性化学物的侵蚀，适用于恶劣的工作环境。④无线传输。利用无线电、微波、红外线、光波等实现无线通信。

9-3-6　数据通信中的串行接口方式有几种？它们各有哪些特点和作用？

答：（1）RS-232-C。RS-232-C（有时写为 RS-232C 或 RS232C）是美国电子工业协会 FLA（Electronic Industries Associations）制定的一种串行物理接口标准。RS 是 Recommended Standard 的缩字，232 为标识号，C 表示修改次数。RS-232-C 总线标准设有 25 条信号线，包括一个主通道和一个辅助通道，在多数情况下主要使用主通道，对于一般双工通信，仅需三条信号线就可实现发送线、接收线及地线。

（2）RS-485。RS-232-C 的通信距离受限于 15m，当通信距离为几十米到上千米时，广泛采用 RS-485 串行总线标准。RS-485 采用平衡发送和差分接收，因此具有抑制共模干扰的能力。RS-485 采用半双工工作方式，任何时候只能有一点处于发送状态，因此，发送电路须由使能信号加以控制。RS-485 可以联网构成分布式系统，其允许最多并联 32 台设备。RS-485 用一对双绞线进行数据通信，适用于主/从方式下的多点、中长距离、中速数据通信。

（3）RS-422。电气原理与 RS485 相似，用两对双绞线进行数据通信，最多可接 10 个节点，其最大传输距离为 4000 英尺（约 1219m），最大传输速率为 10Mb/s，其平衡双绞线的长度与传输速率成反比，在 100Kb/s 速率以上，才可能达到最大传输距离。RS-422 主要用于中长距离的点对点数字通信，也可用于多点通信。

9-3-7　什么是 IEEE-488 总线？它的特点是什么？

答：IEEE-488 总线是并行总线接口标准，用来连接系统，如微机、数字电压表、数码显示器等设备。它按照位并行、字节串行双向异步方式传输信号，连接方式为总线方式，仪器设备直接并联于总线上而无须中介单元，总线上最多可连接 15 台设备，最大传输距离为 20m，信号传输速度一般为 500Kb/s，最大传输速度为 1Mb/s。

9-3-8　什么是 USB 总线？它有哪些特点和作用？网络接口方式的作用是什么？

答：通用串行总线 USB（Universal Serial Bus）是由 Intel、Compaq、Digital、IBM、Microsoft、MEC、Northern Telecom 等 7 家著名的计算机和通信公司共同推出的一种新型接口标准。它基于通用连接技术，实现外设的简单、快速连接，达到方便用户、降低成本、扩展 PC 连接外设范围的目的。它可以为外设提供电源，而普通的使用串、并口的设备往往需要单独的供电系统。USB 技术的突出特点是快速，USB 的最高传输率可达 12Mb/s，比串口快 100 倍，比并口快近 10 倍，并且 USB 还能支持多媒体。

现在一般采用 RJ45 或光纤接口连接计算机网络，用于各种距离的高速数据通信。

9-3-9　什么是 TCP/IP 协议？

答：TCP/IP 是用于计算机通信的一组协议，通常称之为 TCP/IP 协议族。它是 20 世纪 70 年代中期美国国防部为其 Arpanet 广域网开发的网络体系结构和协议标准，以它为基础组建的 Internet 是目前国际上规模最大的计算机网络，正因为 Internet 的广泛使用，使得 TCP/IP 成了事实上的标准。之所以说 TCP/IP 是一个协议族，是因为 TCP/IP 协议包括 TCP、IP、UDP、ICMP、RIP、TELNETFTP、SMTP、ARP、TFTP 等许多协议，这些协议一起称为 TCP/IP 协议。

9-3-10　什么是计算机网络？它的主要特点是什么？

答：计算机网络是指将地理位置不同的具有独立功能的多台计算机及其外部设备，通过通信线路连接起来，在网络操作系统、网络管理软件及网络通信协议的管理和协调下，实现资源共享和信息传递的计算机系统。简单地说，计算机网络就是通过电缆、电话线或无线通信将两台以上的计算机互联起来的集合。

计算机网络的特点是通过通信介质把各个独立的计算机连接起来成为一个系统，并实现计算机与计算机之间的数据通信和网络资源共享。具体表现为：①能实现数据信息的快速传输和集中处理；②可共享计算机系统资源；③提高了计算机的可靠性及可用性；④能均衡负载，互相协作；⑤能进行分布处理；⑥能实现差错信息的重发；⑦提供了性能价格比，计算机网络系统容易扩充，便于维护。

9-3-11　计算网络的拓扑结构有哪些类型？各有什么优缺点？

答：网络拓扑结构分为以下几种。

（1）星形拓扑。星形拓扑是由中央节点和通过点到通信链路接到中央节点的各个站点组成。其优点：①控制简单；②故障诊断和隔离容易；③方便服务。其缺点：①电缆长度和安装工作量可观；②中央节点的负担较重，形成瓶颈；③各站点的分布处理能力较低。

（2）总线拓扑。总线拓扑结构采用一个信道作为传输媒体，所有站点都通过相应的硬件接口直接连到这一公共传输媒体上，该公共传输媒体即称为总线。其优点：①总线结构所需要的电缆数量少；②总线结构简单，又是无源工作，有较高的可靠性；③易于扩充，增加或减少用户比较方便。其缺点：①总线的传输距离有限，通信范围受到限制；②故障诊断和隔离较困难；③分布式协议不能保证信息的及时传送，不具有实时功能。

（3）环形拓扑。环形拓扑网络由站点和连接站的链路组成一个闭合环。其优点：①电缆长度短；②增加或减少工作站时，仅需简单的连接操作；③可使用光纤。其缺点：①节点的故障会引起全网故障；②故障检测困难；③环形拓扑结构的媒体访问控制协议都采用令牌传达室传递的方式，在负载很轻时，信道利用率相对来说就比较低。

（4）树形拓扑。树形拓扑从总线拓扑演变而来，形状像一棵倒置的树，顶端是树根，树根以下带分支，每个分支还可再带子分支。其优点：①易于扩展；②故障隔离较容易。其缺点：各个节点对根的依赖性太大。

9-3-12　计算机网络分为哪几类，各自主要特点是什么？

答：（1）局域网（LAN）。通常我们常见的"LAN"就是指局域网，这是我们最常见、应用最广的一种网络。这种网络的特点就是：连接范围窄、用户数少、配置容易、连接速率高。

（2）城域网（MAN）。这种网络一般来说是在一个城市，但不在同一地理小区范围内的计算机互联。MAN 与 LAN 相比扩展的距离更长，连接的计算机数量更多，在地理范围上可以说是 LAN 网络的延伸。在一个大型城市或都市地区，一个 MAN 网络通常连接着多个 LAN 网。

（3）广域网（WAN）。这种网络也称为远程网，所覆盖的范围比城域网（MAN）更广，它一般是在不同城市之间的 LAN 或者 MAN 网络互联，地理范围可从几百千米到几千千米。因为距离较远，信息衰减比较严重，所以这种网络一般是要租用专线，通过 IMP（接口信息处理）协议和线路连接起来，构成网状结构，解决循径问题。

（4）互联网（Internet）。它可以是全球计算机的互联，这种网络的最大特点就是不定性，整个网络的计算机每时每刻都随着人们网络的接入在不变地变化。

9-3-13　局域网分为哪几种？

答： 我们所能看到的局域网主要是以双绞线为代表传输介质的以太网，那只不过是企、事业单位的局域网，在网络发展的早期或在其他各行各业中，因其行业特点所采用的局域网也不一定都是以太网，目前在局域网中常见的有：以太网（Ethernet）、令牌网（Token Ring）、FDDI 网、异步传输模式网（ATM）、无线局域网（WLAN）等几类。

9-3-14　什么是以太网？

答： 以太网是当今现有局域网采用的最通用的通信协议标准，组建于 20 世纪 70 年代早期。Ethernet（以太网）是一种传输速率为 10Mbps 的常用局域网（LAN）标准。在以太网中，所有计算机被连接在一条同轴电缆上，采用具有冲突检测的载波感应多处访问（CSMA/CD）方法，采用竞争机制和总线拓扑结构。基本上，以太网由共享传输媒体，如双绞线电缆或同轴电缆和多端口集线器、网桥或交换机构成。在星形或总线型配置结构中，集线器/交换机/网桥通过电缆使得计算机、打印机和工作站彼此之间相互连接。

9-3-15　什么是现场总线？

答： 现场总线是连接智能现场设备和自动化系统的数字式、双向传输、多分支结构的通信网络，它的关键标志是能支持双向、多节点、总线式的全数字通信。

现场总线是安装在生产过程区域的现场设备/仪表与控制室内的自动控制装置/系统之间的一种串行、数字式、多点通信的数据总线，其中，"生产过程"包括断续生产过程和连续生产过程两类；或者，现场总线是以单个分散的数字化、智能化的测量和控制设备作为网络节点，用总线相连接，实现相互交换信息，共同完成自动控制功能的网络系统与控制系统。

在过程控制领域内，现场总线是从控制室延伸到现场测量仪表、变送器和执行机构的数字通信总线。它取代了传统模拟仪表单一的 4～20mA 传输信号，实现了现场设备与控制室设备间的双向、多信息交换。

9-3-16　现场总线的优点有哪些？

答： 由于现场总线的特点，特别是现场总线系统结构的简化，使控制系统的设计、安装、投运到正常生产运行及其检修维护，都体现出优越性。

（1）节省硬件数量与投资。由于现场总线系统中分散在设备前端的智能设备能直接执行多种传感、控制、报警和计算功能，因而可减少变送器的数量，不再需要单独的控制器、计算单元等，还可以用工控 PC 机作为操作站，从而节省了一大笔硬件投资，由于控制设备的减少，还可减少控制室的占地面积。

（2）节省安装费用。现场总线系统的接线十分简单，由于一对双绞线或一条电缆上通常可挂接多个设备，因而电缆、端子、槽盒、桥架的用量大大减少，连线设计与接头校对的工作量也大大减少。当需要增加现场控制设备时，可就近连接在原有的电缆上，既节省了投资，又减少了设计、安装的工作量。据有关典型试验工程的测算资料，可节约安装费用60%以上。

（3）节省维护开销。由于现场控制设备具有自诊断与简单故障处理的能力，并通过数字通信将相关的诊断维护信息送往控制室，用户可以查询所有设备的运行，诊断维护信息，以便早期分析故障原因并快速排除。缩短了维护停工时间，同时由于系统结构简化，连线简单而减少了维护工作量。

（4）用户具有高度的系统集成主动权。用户可以自由选择不同厂商所提供的设备来集成系统。使系统集成过程中的主动权完全掌握在用户手中。

（5）提高了系统的准确性与可靠性。由于现场总线设备的智能化、数字化，与模拟信号相比，它从根本上提高了测量与控制的准确度，减少了传送误差。

第四节 计算机同步装置

9-4-1 水电站为什么要采用计算机同步装置？

答： 在水电站中，同步发电机经常要投入或退出系统，将同步发电机的投入电力系统并列运行的操作称为并列操作。同步发电机组的并列操作是水电站的一项重要操作，任何不恰当的并列操作，都可能会给发电机组造成损害，甚至引起系统的不稳定运行。以华自科技的WTQ-3A自动准同期装置为例，其利用液晶界面显示电压、频率、相位等各种数据，同时可以设置同期检测角，同期延时时间等，操作方便，功能全面。应用计算机同步装置可以极大提高并列操作的准确度和可靠性，对于电力系统的可靠运行具有极大的现实意义。

9-4-2 计算机自动准同期的特点是什么？

答： 计算机自动准同期可以克服模拟自动准同期装置存在的问题，具有以下特点。

（1）高可靠性。自动准同期装置的原理和判据正确，采用先进、可靠的微机装置。在软件和硬件上具备较大的冗余度，确保不存在误动的可能。

（2）高精度。装置的高精度是发电机及系统安全的保证，并列操作是系统的经常性操作，远比短路出现的概率高，因此自动准同期装置的精度是保证并列质量的关键之一。同期装置应确保在相角差为零度时并列操作。捕获零相角差需要有严格的数学模型，需要考虑到并列过程中机组的各种因素，如水头变化及调速器的扰动等。同时能自动地测量合闸回路的合闸时间（即固有合闸时间）。

（3）高速度。同期装置的并列速度关系到系统的运行稳定性及电能质量，也关系到水电站的运行经济性。同期操作是基于系统的需求，尽快接入发电机有利于系统功率的平衡，同时快速完成并列操作可节约空载能耗。以优化的控制算法确保同期装置能快速又平稳地将发电机的电压和频率调整到给定值；以精确的算法确保在电压差和频率差满足要求值后，能捕捉到第一次出现的零相角差将发电机平滑地并入系统。

（4）能融入分布式计算机监控系统。同期装置应是分布式控制系统的一个智能终端，通过与上位机的通信完成开机过程的全自动化。上位机也需获得同步装置的表态定值、动态参数及并列过程状况的信息。

（5）操作简单、方便，有清晰的人机界面。同期装置的面板应能提供运行人员在并列过程中所需的全部信息，如重要定值、压差、频差及相角差的动态显示等。也可将这些信息通过现场总线传送到上位机，但制造商应提供装置的通信协议。

（6）二次线设计简单清晰。同期装置接入 TV 二次电压、断路器操动机构合闸线圈、水轮机调速装置、励磁调整装置等回路的接线正确明晰。

（7）调试方便。装置调试方便，引出线方便，电压差、频率差、相位差、合闸时间的整定在面板上进行，有明显的标识。

9-4-3　计算机自动准同期原理是怎样的？

答： 同期并列时，必须对电压差、频率差和相位差进行测量。电压测量比较简单，只要求 A/D 转换有高的精度和较快的速度。相位差的测量采用两电压正弦波过零点的时间，通过计算该时间间隔中所记录的基准时钟频率的脉冲数来得到。脉冲记数越多，相位差就越大。如果脉冲记数为零，则表示相位差为零。过零点的测量是非常重要的，一种方法是通过检零把正弦波变换成方波，记录方波跳沿（上跳或下跳）发生的时刻，这时相位差的测量精度取决于对两电压波过零检测的准确性。为达到尽可能高的相位差测量精度，常采用确保并列两电压过零测量满足相同的检零条件。另一方法是对正弦波在过零前后波形连续测量数点值，然后用直线来拟合，用线性插值法算出过零点。

在频率差和电压差超过允许值的情况下，要求对机组的转速和电压进行调整。简单的方法是对被调量的控制执行部件发出调整脉冲，并测量被高层量，达到要求为止。为了加速调速过程，有的采用更为复杂的控制规律，其中 PID 控制规律是最常用的。

微机型自动准同步装置形式较多，但其功能及原理是相似的，逻辑框图如图 9-4-1 所示。

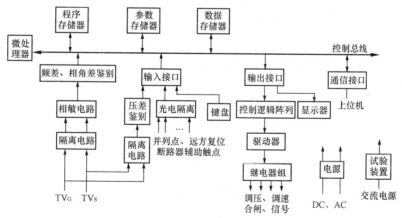

图 9-4-1　微机自动准同期装置原理框图

9-4-4　计算机同步装置电压差如何测量？

答： 最简单的办法是将发电机电压和系统电压分别整流，再将整流后的值相减，即可得电压差。这种方法比较简单，但要有相应的整流电路，还带来一定的延时。新的测量方法是直接测电压的波形，即多点采样电压的瞬时值，这样可以省去整流电路，消除整流电路的延时。其工作原理为：根据采样得到的电压波形瞬时值，采用逐个比较的方法求出其最大值，这个最大值就是电压的幅值。这实质上是采用软件的方法测量电压的幅值。此时，要有一个高频的采样频率，一般取 8kHz 左右，可能产生的最大理论误差约为 0.04%。

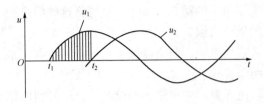

图 9-4-2　同步过程中脉冲计数测相位差

t_1—开始计算时刻；t_2—停脉冲计数时刻；

u_1—系统电压；u_2—机组母线电压

9-4-5　计算机同步装置的相位差如何测量？

答：相位差的测量可采用脉冲计数法，其基本原理可用图 9-4-2 说明。

系统与待并列机组之间电压的相位差是通过计算两个电压波正向过零点之间的高频基准脉冲数获得。这一高频基准脉冲可取自计算机内部的时钟脉冲。通过的脉冲数越多，相位差越大，如果脉冲数为零，表示相位差为零。

9-4-6　计算机同步装置的频率差如何测量？

答：直接测量相应电压的频率，再求它们之间的差，即为频率差。测频率采用软件鉴零的方法测量电压正弦波的周期，具体做法可用图 9-4-3 说明。为了提高精度，测量 4 个周期。采样频率可取 8kHz。第一次电压正向过零时，计算器开始计数，直至电压第 5 次正向过零时终止。此时，被测频率可用下式计算：

$$f = \frac{采样频率 \times 周期数}{N} = \frac{8000 \times 4}{N} = \frac{32\,000}{N}$$

式中：N 为计数器的存留数。

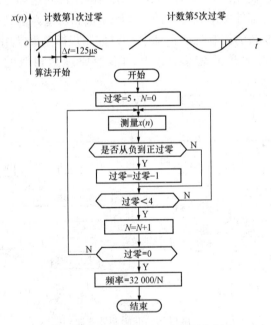

图 9-4-3　根据电压正弦波形测定频率

当 $N=640$，f 正好等于 50Hz。此法的误差为 1 位最低位，$\pm 1/640$，相当于 $\pm 0.2\%$ 误差。

第五节　机组的顺序操作

9-5-1　水轮发电机组顺序操作的功能和任务是什么？

答：水轮发电机组的顺序操作功能是机组现地控制单元中自动控制的组成部分，是实现水电厂计算机监控的基础，其任务是按照给定的运行命令自动地按规定的顺序控制机组的调速器、励磁设备、同步装置和机组的自动化元件，实现机组各种工况的转换。常规机组通常有停机、发电和调相三种运行状态。机组的顺序操作实际上是机组三种运行状态的转换。

9-5-2　以竖轴反击式水轮发电机组为例，其开机流程是怎样的?

答：流程图如图 9-5-1 所示。

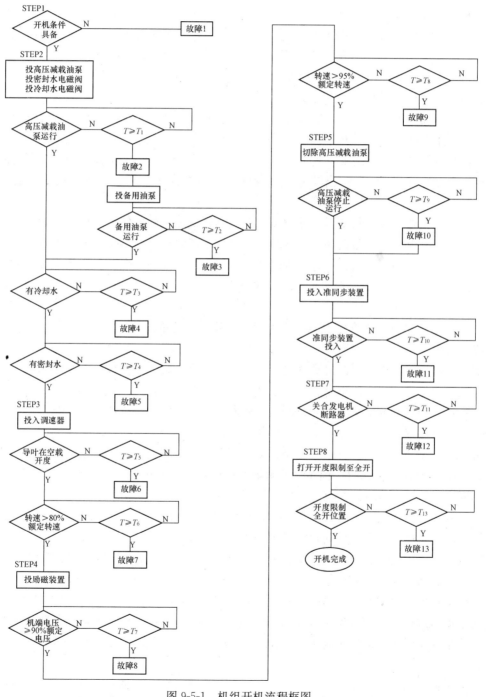

图 9-5-1　机组开机流程框图

T，T_1，…，T_{12}—各设备故障判断时间

第一步：开机准备。操作人员发出发电命令后，微机首先判断机组是否满足开机准备条件。若开机准备条件具备，自动进入停机转发电操作程序。机组开机准备状态的条件如下：①进水口闸门全开；②机组无事故；③导叶锁定拔除；④断路器在开断位置；⑤制动闸落下。

当以上开机条件具备后，程序自动解除对第二步操作的闭锁，为第二步操作做准备。

第二步：开辅机。①开启高压减载油泵，当高压减载工作油泵故障出现时，经延时后，启动备用油泵，若两台油泵均故障，则自动转入停机程序；②打开冷却水电磁阀，若出现冷却水中断信号，经过延时，仍无冷却水信号，发出冷却水中断故障信号；③打开密封水电磁阀，若开启密封水电磁阀并经过延时后无密封水信号，发出密封水故障信号。当高压减载油泵运行、冷却水正常及密封水正常，程序自动解除对第三步操作的闭锁。

第三步：启动调速器。启动调速器，将开度限制开至空载开度。当导叶位置在空载位置时，程序自动解除对第四步操作的闭锁。

第四步：投励磁装置。导叶打开后，机组转速上升。如机组选用准同步方式，当转速升至80%额定转速时，投入励磁装置，给发电机机端升压。

第五步：停高压减载油泵。当机组转速升至95%额定转速时，切除高压减载油泵。

第六步：投准同步装置。当发电机端电压为90%额定电压时，投入准同步装置。准同步装置投入后，程序自动解除对第七步操作的闭锁。

第七步：关合发电机断路器。准同步装置检测到机组并列条件满足后，机组以准同步方式并入系统。发电机断路器在关合位置时，程序自动解除对第八步操作的闭锁。

第八步：打开开度限制至全开。调速器自动打开开度限制至全开，为机组带负载创造条件。至此，停机转发电操作过程完成，机组为发电状态。

9-5-3 以竖轴反击式水轮发电机组为例，其停机流程是怎样的？

答：流程图如图9-5-2所示。

第一步：减负载。调速器自动减机组有功功率和励磁装置自动减无功功率为最小。当机组有功功率和无功功率为最小时，程序自动解除对第二步操作的闭锁。

第二步：开断发电机断路器。开断发电机断路器，使机组与系统解列。当发电机断路器在开断位置时，程序自动解除对第三步操作的闭锁。

第三步：关开度限制。调速器关闭开度限制至全关位置。当导叶为全关位置、机组转速下降到小于90%额定转速时，程序自动解除对第四步操作的闭锁。

第四步：启动高压减载油泵。开启高压减载油泵。当高压减载工作油泵故障出现时，经延时后，启动备用油泵，若两台油泵均故障，则自动打开开度限制，使机组恢复正常转速。当高压减载油泵运行，程序自动解除对第五步操作的闭锁。

第五步：投入电气制动。当机组转速下降至60%额定转速，且发电机内部无电气故障时投入电气制动。

第六步：投入机械制动。当机组转速下降至15%额定转速，开启制动电磁阀，压力空气进入制动闸进行制动。若程序判断未采用电气制动，机组转速下降至35%额定转速，则立即开启制动电磁阀。机组转速下降至5%以下并经过延时后，程序自动解除对第七步操作的闭锁。

第七步：停辅机。①关闭制动电磁阀；②关闭冷却水电磁阀；③关闭密封水电磁阀；④开启围带充气电磁阀；⑤投入导叶锁定；⑥切除高压减载油泵。

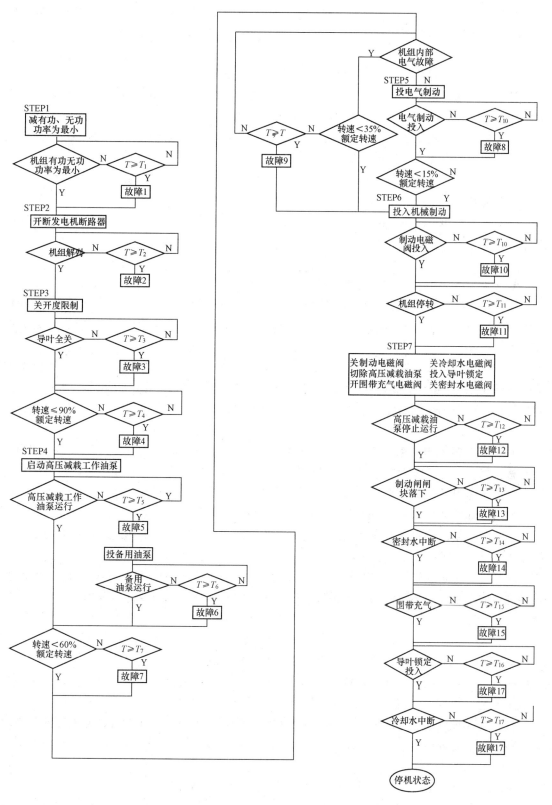

图 9-5-2　机组停机流程框图

$T，T_1，\cdots，T_{17}$—各设备故障判断时间

763

当制动闸块落下、无冷却水、无密封水、围带充气、导叶锁定投入时，机组处于停机状态，解除对其他控制的闭锁。

9-5-4 强迫油循环式机组润滑系统自动化的要求是什么？

答：（1）为保证润滑系统的正常工作，至少设两套轴承油泵，以主备方式工作，并能自动轮流切换。如果两套轴承泵都发生故障，应立即停机。

（2）在高位油箱至各个轴承的供油管路上设一电动阀，当机组处于停机状态时，应自动关闭电动阀，以避免高位油箱的油全部漏损。

（3）高位油箱至回油箱之间设溢流管路，当高位油箱油位过高时通过溢流管溢出，并发出油位过高信号。

（4）推力轴承、导轴承油槽内的油位通过油位信号器进行监视，当油位不正常时，发出故障报警信号。

9-5-5 水轮发电机组轴承冷却系统自动化的要求是什么？

答：（1）在冷却器水管装设示流信号器，实时监视冷却水供给情况。当冷却水中断时，示流信号器触点动作，发出冷却水故障信号，并投入备用水源，若仍无冷却水，则立即停机。

（2）在推力轴承、发电机导轴承、水轮机导轴承处分别设置温度信号器和温度传感器RTD以监视以上轴承各部位的温度。当轴承的温度超过生产厂家规定的故障温度时，发故障报警信号；当轴承的温度超过生产厂家规定的事故温度时，应立即停机。

9-5-6 水轮发电机密闭式自循环空冷系统自动化的要求是什么？

答：（1）为保证水轮发电机定、转子绕组和铁芯有良好的冷却，在开机时，投入冷却水电磁阀，通过设置的冷却水示流信号器实时监视冷却水流量。当冷却水中断时，投入备用水源，并发冷却水故障信号；机组停机时，为节省用水，应关闭冷却水。

（2）为了使冷却系统有良好的热交换，应监视冷却系统进出口的风温，当风温超过生产厂家规定的允许范围时，立即发故障信号。

（3）发电机定、转子绕组及铁芯等部位均设置温度信号器和温度传感器RTD，实时监视各部位的温度。当各部位的温度超过生产厂家给定的允许范围时，立即发出事故或故障报警信号。

9-5-7 水轮发电机水冷却式冷却系统自动化的要求是什么？

答：（1）因水内冷式冷却系统对冷却水的水质、水压、流量以及进出口温度、导电率和负载上升速度等要求严格，因此要加强对冷却水各方面的监视。

（2）为保证水泵工作的可靠性，至少设两台水泵，互为备用，并能自动轮流切换。当两台泵故障，应立即停机。

9-5-8 水轮机密封装置中围带式密封自动化的要求是什么？

答：（1）对主轴密封，要求在开机过程中开启主轴密封水电磁阀，停机过程中关闭主轴密封水电磁阀。

（2）对检修密封，要求在开机过程中围带排气，停机过程中围带充气。

9-5-9　水轮发电机组制动系统有哪几种方式？各是如何实现自动控制的？

答：水轮发电机组的制动方式主要有机械制动和电气制动两种。

（1）机械制动。机械制动是各种水轮发电机普遍采用的一种制动方式。制动装置主要由制动器、管路和控制元件组成。在停机过程中，当机组转速下降到 25%～35% 额定转速时，自动投入制动器，用压缩空气或压力油将制动闸顶起，利用制动闸与转子制动环之间的摩擦而制动。制动闸通常装设在发电机下机架或水轮机顶盖油池支架上。

（2）电气制动。机械制动是国内外普遍采用的制动方式，但它具有制动闸磨损、制动环龟裂、制动中产生的粉尘污染发电机内部、影响发电机冷却效果等缺点。20 世纪 60 年代开始出现了电气制动。电气制动是当发电机与系统解列，发电机灭磁后，机组停机过程中，在发电机出口端进行三相短路，利用外加电源给转子绕组加入大于额定电流的恒定电流，使发电机转子产生一个强大的制动转矩，加快机组减速，直至停止转动。电气制动具有足够的可靠性，无闸瓦磨损、污染发电机等缺点，但在发电机内部故障时不能使用，此时需要机械制动作备用。目前国内外认为机械制动和电气制动互相配合使用是一种理想的制动方式。其自动化要求是：停机过程中，转速在 60%～70% 额定转速时，投入电气制动，当转速降至 5%～10% 额定转速时再打开机械制动电磁阀。

而对于冲击式水轮发电机，则还设置有水力制动，即设置专门的制动喷嘴，停机时打开制动喷嘴，将水流射到水斗背面进行制动。其自动化要求是：在停机开始时，打开制动喷嘴，停机后，关闭制动喷嘴。

9-5-10　对机组压水调相系统的自动化有什么要求？

答：（1）打开调相压水给气阀，将压缩空气送入转轮室，将转轮室水位压下，当转轮室水位下降至下限水位时，关闭调相压水给气阀，停止送入压缩空气。因转轮室可能漏气，运行中水位可能又上升到上限水位以上，则需再次打开调相压水给气阀，将转轮室水位压至下限水位。

（2）为避免调相压水给气阀频繁操作，在给气管路上设置调相压水补气阀，在调相过程中一直补气，使转轮室水位保持在上限水位以下。

9-5-11　在水电站计算机监控系统中应设哪些对机组的保护？

答：机组的保护划分为水力机械事故保护、紧急事故保护和水力机械故障保护。

（1）水力机械事故保护。①机组各轴承温度过高、油压事故降低等事故发生时，进入事故停机。对机组各轴承温度过高事故应先作用于减机组负载，待负载减至空载或最小时，再断开发电机断路器，使机组与系统解列；②在机组运行过程中，如果调速器和控制系统中的机械设备发生事故，直接动作于调速器事故电磁阀，切换油路，直接关闭导叶，并作用于事故停机；③如果发电机内部发生事故，首先开断发电机断路器，加速停机，并作用于事故停机。

（2）紧急事故保护。在机组转速超过机组过速整定值以及转速达 110% 额定转速以上的事故停机过程中，当剪断销剪断时，作用于关闭进水口闸门或机组进水阀。

（3）水力机械故障保护。当推力轴承、发电机导轴承和水导轴承及发电机定、转子绕组、定子铁芯等温度升高超过故障限值、油槽油位不正常、冷却水中断时，发出水力机械故障信号。

第六节 现地控制单元

9-6-1 什么是现地控制单元 LCU？它有什么作用？

答： 现地控制单元（LCU）为水电站计算机监控系统的一个重要组成部分，它构成了分层结构中的现地级。现地级一般包括机组现地控制单元、开关站现地控制单元、公用设备现地控制单元等。LCU 的作用和任务，主要就是在现场对机组运行实现监视和控制。它需要直接与水电站的生产过程接口，对发电机生产过程进行监控，运行中要实现数据采集、处理和设备运行监视，同时通过局域网和监控系统其他设备进行通信，以及完成自诊断功能等需要完成调速、调压、调频以及事故处理等快速控制的任务，实时性要求提高。在上位机系统出现故障或退出运行时，LCU 应仍能正常运行和实现对水轮发电机组发电的基本控制。

9-6-2 现地控制单元 LCU 的工作原理是什么？

答： 水电站计算机监控系统的现地控制单元主要包括机组现地控制单元和升压站及公用设备现地控制单元。机组现地控制单元主要完成对水电站水轮发电机组的计算机监控，而升压站及公用设备现地控制单元主要完成对升压站以及公用设备的计算机监控。

目前，在水电站中广泛应用的计算机监控系统现地控制单元是以可编程控制器（PLC）和工控机为控制核心的。PLC 的输入输出原理如图 9-6-1 所示。从图可知，PLC 一般由 CPU、开关量输入单元（DI）、模拟量输入单元（AD）、开关量输出单元（DO）、模拟量输出单元（DA）、脉冲量输入单元、脉冲量输出单元、电源单元以及通信接口单元等组成。开关量输入单元（DI）采集机组各种开关（ON/OFF）信号，如事故信号、断路器分合信号

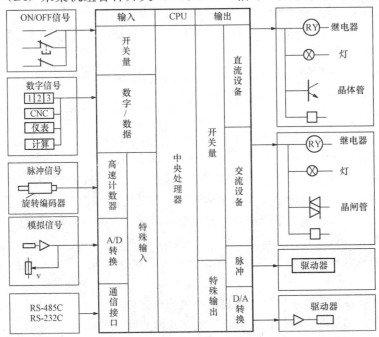

图 9-6-1 PLC 的输入输出原理简图

以及重要继电保护的动作信号等；模拟量输入单元（AD）采集电站的电压、电流、水压、油压、水位等模拟信号，如机组励磁电压、励磁电流、调速器油压、蜗壳水压等；开关量输出单元（DO）用来执行各类操作控制指令，如机组的自动开停机控制、事故紧急停机控制等；模拟量输出单元（DA）用来执行各类调节指令，如机组有功和无功的调节、发电机出口电压的调整、系统频率的调节等。由于 PLC 通信单元的 RS-485 或 RS-232 通信接口只能与上位机进行串行通信，而不能通过以太网进行通信，所以 PLC 对各种采集的信号通过程序进行分析和处理后，需要经现地工控机上网，最终把数据传送到电站主控层的上位机。由于 PLC 的模拟量输入单元价格比较贵，因此可以采用 PLC 的模拟量输入单元和现地工控机的微机装置共同采集模拟量信号，以减少 PLC 的模拟量输入单元的投资。现地工控机一般接显示器或触摸屏作为现地控制的人机接口。

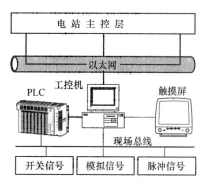

图 9-6-2　机组现地控制单元的工作原理简图

图 9-6-2 即为某水电站计算机监控系统的现地控制单元工作原理简图。

9-6-3　采用现地控制单元有哪些优点？

答：采用现地控制单元的优点有：①硬件接线的简化及计算机的模块化结构设计使可靠性及可维护性大大提高。②功能强，具有计算处理和存储功能。③可变性及可扩充性功能增强。功能的修改和扩充可以通过改变程序的方法实现，而不像采用布线逻辑装置那样更换许多硬件，重新设计电路。在编辑和修改程序方面，不论源程序采用的是梯形逻辑图还是其他高级语言，修改起来均十分方便。④由于微处理器特别是可编程控制器在恶劣条件下运行的适应能力越来越强，可以直接布置在靠近生产过程设备的附近，这样，便可大大减少控制电缆的数量，节省投资。⑤可以实现自诊断，及时发现控制系统中的故障，以便采取措施并加以排除，从而提高了系统的可靠性，保证电厂设备的安全运行。⑥机组的正常开/停具有很大的灵活性，如在执行停机操作时，技术供水系统中的某些水阀就可以不关，这样就可以节省下一次开机的时间。⑦可以根据轴承瓦温或油槽油温的趋势分析，决定是否停机。⑧在开机时，可根据相关的统计数据，对冗余设备实现自动选择和操作。在机组运行过程中，当冗余设备中正在运行的设备故障时，能自动切换到备用设备上运行，不需要人工干预。

9-6-4　现地控制单元 LCU 的主要控制对象有哪几部分？

答：（1）水电站发电设备，主要有主机、辅机、变压器等。

（2）开关站，主要有母线、断路器和隔离开关。

（3）公用设备，主要有站用电系统、油水风系统、蓄电池直流系统等。

（4）闸门设备，主要有球阀和泄洪闸门等。

9-6-5　现地控制单元级硬件设备配置有哪几种类型？

答：目前，水电站计算机监控系统的现地控制单元级硬件设备配置大致可以分为以下几种设备构成的结构类型。

（1）以高性能可编程控制器为基础。

（2）以工控机或微处理器为基础（带一般 I/O 或智能 I/O）。

（3）工业微机加可编程控制器（或称 PLC）。

在水电站中，以华自科技的各种成套现地控制单元设备为例，可编程控制器、触摸屏、温度巡检仪、转速信号装置、自动准同期装置、电量采集装置、通信设备以及其他附件等，都是现地控制单元级硬件设备。

9-6-6　目前主流 LCU 中的 PLC 有哪几家？主要特点是什么？

答：目前生产 PLC 的厂家较多。但能配套生产，大、中、小、微型均能生产的不算太多。较有影响的，在中国市场占有较大份额的公司有以下 11 家。

（1）德国西门子公司。它有 S5 系列的产品。有 S5-95U、100U、115U、135U 及 155U。135U、155U 为大型机，控制点数可达 6000 多点，模拟量可达 300 多路。最近还推出 S7 系列机，有 S7-200（小型）、S7-300（中型）及 S7-400 机（大型）。性能比 S5 大有提高。

（2）日本 OMRON 公司。它有 CPM1A 型机，P 型机，H 型机，CQM1、CVM、CV 型机，Ha 型、F 型机等，大、中、小、微均有，特别在中、小、微方面更具特长，在中国及世界市场，都占有相当的份额。

（3）美国 GE 公司、日本 FANAC 合资的 GE-FANAC 的 90-70 机也是很吸引人的。据介绍，它具有 25 个特点。诸如，用软设定代硬设定，结构化编程，多种编程语言，等等。它有 914、781/782、771/772、731/732 等多种型号。另外，还有中型机 90-30 系列，其型号有 344、331、323、321 多种；还有 90-20 系列小型机，型号为 211。

（4）美国莫迪康公司（施奈德）的 984 机也是很有名的。其中，E984-785 可安 31 个远程站点，总控制规模可达 63535 点。小的为紧凑型的，如 984-120，控制点数为 256 点，在最大与最小之间，共 20 多个型号。

（5）美国 AB（Alien-Bradley）公司创建于 1903 年，在世界各地有 20 多个附属机构，10 多个生产基地。可编程控制器也是它的重要产品。它的 PLC-5 系列是很有名的，其下有 PLC-5/10，PLC-5/11，…，PLC-5/250 多种型号。另外，它也有微型 PLC，SLC-500 即为其中一种。有三种配置，20、30 及 40I/O 配置选择，I/O 点数分别为 12/8、18/12 及 24/16 三种。

（6）日本三菱公司的 PLC 也是较早推到我国来的。其小型机 FI 前期在国内用得很多，后又推出 FXZ 机，性能有很大提高。它的中、大型机为 A 系列，如 AIS、AZC、A3A 等。日本日立公司也生产 PLC，其 E 系列为箱体式的。基本箱体有 E-20、E-28、E-40、E-64。其 I/O 点数分别为 12/8、16/12、24/16 及 40/24。另外，还有扩展箱体，规格与主箱体相同，其 EM 系列为模块式的，可在 16～160 组合。

（7）日本东芝公司也生产 PLC，其 EX 小型机及 EX-PLUS 小型机在国内也用得很多。它的编程语言是梯形图，其专用的编程器用梯形图语言编程。另外，还有 EX100 系列模块式 PLC，点数较多，也是用梯形图语言编程的。

（8）日本松下公司也生产 PLC。FPI 系列为小型机，结构也是箱体式的，尺寸紧凑。FP3 为模块式的，控制规模也较大，工作速度也很快，执行基本指令仅 $0.1\mu s$。

（9）日本富士公司也有 PLC。其 NB 系列为箱体式的小型机。NS 系列为模块式。

（10）美国 IPM 公司的 IP1612 系列机，由于自带模拟量控制功能，自带通信口，集成度又非常高，虽点数不多，仅 16 入，12 出，但性价比还是高的，很适合于系统不大，但又有模拟量需控制的场合。新出的 IP3416 机，I/O 点数扩大到 34 入、12 出，而且还自带一个简易小编程器，性能又有改进。

（11）国内 PLC 厂家规模多不大。最有影响的算是无锡的华光。它也生产多种型号与规格的 PLC，如 SU、SG 等，发展也很快，在价格上很有优势。

9-6-7　PLC 的编程语言之一的标准语言——梯形图语言的特点是什么？

答：（1）它是一种图形语言，沿用传统控制图中的继电器触点、线圈、串联等术语和一些图形符号构成，左右的竖线称为左右母线。

（2）梯形图中接点（触点）只有常开和常闭，接点可以是 PLC 输入点接的开关，也可以是 PLC 内部继电器的接点或内部寄存器、计数器等的状态。

（3）梯形图中的接点可以任意串、并联，但线圈只能并联不能串联。

（4）内部继电器、计数器、寄存器等均不能直接控制外部负载，只能做中间结果供 CPU 内部使用。

（5）PLC 是按循环扫描事件，沿梯形图先后顺序执行，在同一扫描周期中的结果留在输出状态暂存器中，所以输出点的值在用户程序中可以当作条件使用。

9-6-8　PLC 网络中常用的通信方式有哪几类？

答：在 PLC 及其网络中存在两类通信：一类是并行通信，另一类是串行通信，并行通信一般发生在可编程控制器的内部，它指的是多处理器 PLC 中多台处理器之间的通信，以及 PLC 中 CPU 单元与智能模板的 CPU 之间的通信。前者是在协处理器的控制与管理下，通过共享存储区实现多处理器之间的数据交换；后者则是经过背板总线（公用总线）通过双口 RAM 实现通信。PLC 的并行通信由于发生在 PLC 内部，对应用设计人员不必多加研究，重要的是了解 PLC 网络中的串行通信。

9-6-9　机组现地控制单元数据采集功能的内容有哪些？

答：（1）应能自动（定时和随机）采集各类实时数据，数据类型包括模拟量、数字输入状态量、数字输入脉冲量、数字输入 BCD 码、数字输入事件顺序量（SOE）、外部链路数据。

（2）在事故或故障情况下，应能自动采集事故、故障发生时刻的各类数据。

9-6-10　机组现地控制单元数据处理功能有哪些？

答：数据处理应对不同设备和不同数据类型的数据处理能力和方式加以定义。

（1）模拟量数据处理，应包括模拟数据的滤波、数据合理性检查、工程单位变换、数据改变（是否大于规定死区）和越限检测、A/D 变换越限检查、RTD 断线和趋势检查等，并根据规定产生报警和报告。

（2）状态数据处理，应包括防抖滤波、状态输入变化检测，并根据规定产生报警和报告。

（3）SOE 数据处理，应记录各个重要事件的动作顺序、动作发生时间（年、月、日、时、分、秒、毫秒)、事件名称、事件性质，并根据规定产生报警和报告。

(4) 数据统计，包括主/备设备动作次数累计、主/备设备运行时间累计。

(5) 事故故障记录。现地控制单元应具有一定的存储容量，用于存储相关的事故故障信息。有了这些信息之后，即使在电厂级计算机故障退出运行期间，如果本现地控制单元所辖设备出现事故或故障时，运行人员仍可根据这些信息进行相应的事故故障分析和处理。

(6) 通道板故障处理。当某一输入通道或输入板故障时，该通道或板应立即禁止扫查；当某一输出通道或输出板故障时，该通道或板应立即禁止输出。对于输入通道或板故障还应有自恢复功能。上述功能应含有报警和显示处理的相关部分。

9-6-11 LCU 有几种冗余结构，分别介绍？

答：LCU 的冗余结构有三种，即异构型冗余、同构型冗余和交叉型冗余。

(1) 异构型冗余。是指由两个性能、型号、功能、原理等不尽相同的设备构成的冗余系统，其中一台处于运行状态，另一台处于备用状态，且不要求其逆状态。一般冗余系统中常处运行状态的设备性能较好，功能齐全，而常作备用的设备往往只具备部分功能，如顺控功能等，因此这种冗余结构又称为不完全冗余，如图 9-6-3 所示。

(2) 同构型冗余。是指两台性能、型号、原理、功能均相同的设备且能以任意组合的方式构成主、备关系，即这种主、备关系完全是可逆的，应该说是这一种完全的冗余结构，可以实现理想的冗余效果，这种冗余的实质是以双倍的投资换取高的可靠性，如图 9-6-4 所示。

(3) 交叉型冗余。是指两个相邻 LCU（或控制子系统）之间实现冗余，此时构成冗余系统的两设备的性能、原理、功能等均完全。与非冗余结构相比，某些部分，如测点数据库的容量此时要加倍，但与全冗余结构双倍的投资相比，这却是一种节省的方案。在现代冗余理论的研究中，曾有人提出 m：n 的备用方案，作为交叉冗余的特例是全厂公用的 1～2 个备用设备，但这仅在输入输出信号量很少时才适用，如备用励磁系统。这种 1～2 台公用备用设备的特例，在监控系统中不常用，如图 9-6-5 所示。

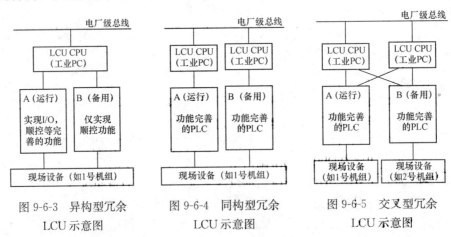

图 9-6-3　异构型冗余　　　图 9-6-4　同构型冗余　　　图 9-6-5　交叉型冗余
LCU 示意图　　　　　　　 LCU 示意图　　　　　　　 LCU 示意图

9-6-12　机组现地控制单元软件有哪些，它们各自的作用是什么？

答：(1) 操作系统。现地控制单元根据硬件配置不同而采用不同的操作系统。对于采用工控机或微处理器的一般采用 UNIX、iRMX for WINDOWS、WINDOWS NT 和 MTOS 多任务实时操作系统中的一种。对于只采用可编程控制器结构的，则一般不存在操作系统。

（2）数据库。由工控机或微处理器构成的现地控制单元，可配置比较完善的数据库功能，而仅由可编程构成的现地控制单元，则一般仅配置与过程有关的必不可少的数据库。

（3）编程语言。由工控机加可编程或微处理器构成的现地控制单元，一般可采用 C 语言或 Fortran 语言编程。对于顺控软件，采用可编程的一般采用梯形图语言编程；采用微处理器的则一般采用由过程控制公司专门开发的编程软件包（顺控语言或功能块图形语言）进行编程。直接由可编程构成的现地控制单元，可采用由可编程控制器厂家或过程控制公司提供的编程软件包进行编程。

（4）组态软件。人机接口设备中的组态软件，应尽可能采用商用组态软件。如果对现地控制单元人机接口功能要求不是太高，则可以直接通过高级语言编程，产生简单的人机界面。

（5）通信软件。应尽量采用满足 ISO 标准的 OSI 或 TCP/IP 网络通信协议。应用层通信规约子系统，也可由监控系统生产厂家专门定义。

（6）开发维护工具。现地控制单元应配置完善的开发维护工具，包括如下内容：①应用程序的编辑、编译、链接、下装软件；②数据库的编辑、生成下装软件；③周期性在线诊断软件；④离线诊断软件；⑤Debug 软件；⑥专用的安装拆卸工具。

9-6-13　什么是计算机的自动巡回检测？其原理是什么？

答： 水电站中的计算机自动巡回检测，就是使用计算机及相关设备来实现对水电站运行中各个运行参数进行自动检测的技术。微机自动检测技术的核心技术是传感技术、数据采集技术、微机技术（包括软件、硬件设计技术）、接口技术、系统组合设计和集成技术；相关技术是数据通信技术、总线技术、抗干扰与可靠性技术、显示技术、自动控制技术、电子线路设计技术等。

计算机自动检测系统典型结构如图 9-6-6 所示。整个系统包括计算机基本子系统（包括 CPU、RAM、ROM 或 EPROM、EEPROM 等）、数据采集子系统及接口、数据通信子系统及接口、数据分配子系统及接口、基本输入输出（I/O）子系统及接口。

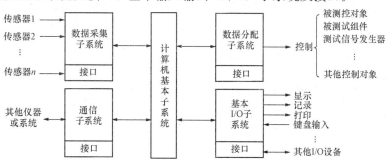

图 9-6-6　计算机自动检测系统典型结构

9-6-14　水电站温度巡回检测装置的作用是什么？

答： 在水电站中，温度巡回检测装置负责检测的温度有发电机定子温度、主变压器温度、厂变压器温度、坝变压器温度、机组冷却水供水温度、空冷器热风温度、空气冷却器排水温度、发电机组合轴承正反推力轴瓦温度、发电机推力轴承油槽温度、发电机径向轴承轴瓦温度、水轮机导轴承轴瓦温度、机组润滑油回油箱、高位油箱和增压高位油箱油温等。由于被测点数众多，且没必要在控制屏上同时定点显示全部被测点温度，故通常采取的方法是通过巡回检测的方法，即对每台机组的被测点根据一定的时间间隔（一般 5s 显示一点）按顺序周期性地显示，构成这样的多点测量装置即为温度巡回检测装置。

9-6-15　温度传感器构成的温度检测装置的原理是什么？

答：在水电站的水轮机运行过程中，需监测其运转过程中的温度变化状况，通常是通过测定预埋在定子绕组、轴瓦或油槽中的 Pt100 或 Cu50 热电阻传感器的电阻变化量来实现的。以华自科技的 WSX-3A 温度巡检装置为例，其采样液晶屏可显示各种数据，能设置各个测温点的报警以及关机的温度值，并能通过触点输出报警、关机信号，能通过网络实现对温度巡检点的温度值的共享。

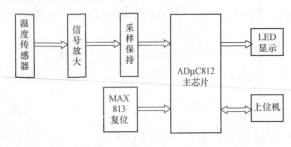

温度检测系统的基本结构如图 9-6-7 所示，该系统以美国模拟器件公司推出的 ADμC812 单片机为处理核心，分为温度传感、信号处理（信号放大、采样保持）、系统复位（MAX813 复位）、LED 显示、串行数据通信、上位机控制等 6 个功能模块。传感器将温度（物理量）转化为电量（电压），然后通过差分放大模块将信号先放大再保持处理，接着将两路模拟信号

图 9-6-7　温度检测系统框图

（电压）送至 ADμC812 的 P1.0、P1.1 管脚进行内部 A/D 转换器采样得到相应的数据，最后通过芯片内部处理由 LED 串行显示模块将具体值显示出来，并发送给上位机。其中，串行通信（RS-232C）既可以保证上位机与单片机主芯片之间数据通信的顺利进行，又可以作为单片机芯片的下载工具的数据线，为程序的在线调试提供便利。

9-6-16　什么是转速检测装置？它有什么作用？

答：转速检测装置是水电站整个巡回检测装置的一个部分，水电站主要的检测对象就是机组转速。转速检测装置有两部分：一部分是调速器本身需要检测机组转速的实时信号，并控制导水叶以及轮叶开度，实现对机组转速的调节；另一部分是机组自动化需要检测的机组转速信号，如开机自动投励磁、自动投同期装置、停机自动投制动的转速信号、机组过速信号等，此类信号为开关信号。转速继电器有用单片机制作的，但现在较多采用 PLC 制作的。

在水电站的生产过程中，需要对机组的转速进行实时检测，以便及时了解机组频率的变化情况，并通过对导叶的开度进行调整，以实现对转速的实时控制。以华自科技的 WWJ-3B 转速信号装置为例，其采样液晶屏可显示各种数据，可以利用残压测速、齿盘测速，能设置各个转速点的转速，能利用触点输出各个转速点的信号，能利用通信传输转速的实时值。

9-6-17　压力检测装置的作用是什么？

答：压力检测装置也是水电站整个巡回检测装置的一部分，主要的检测对象包括油压、水压等。其检测方式通常也是利用压力传感器或压力变送器，对有关的压力进行自动巡回检测后，再显示并记录测量结果。

9-6-18 LQJ-2 型流量监测装置特点及工作原理怎样？

答：该装置是以微处理器为核心的智能仪器，适应性强；内置差压测量流量计算公式；提供与显示量程对应的标准信号输出；数字化设定仪器参数；与计算机的结合是未来发展的趋势。

采用差压法测量流量，即用差压变送器输出蜗壳内外侧或管道节流孔板前后侧的差压 Δp，并根据计算公式 $Q=K$ 计算出流量，式中：K 为机组的流量系数。该装置安装时，通常是将差压流量变送器高压侧接入蜗壳差压法测量流量所要求的高压管路，低压侧接入蜗壳差压法测量流量所要求的低压管路。安装完成管路充水后，旋开变送器的放气阀，直到干净的水溢出为止，旋紧放气阀。在安装管路时，由于管路中有安装过程中杂物或水中含泥沙等杂质，应注意防止测压管路堵塞现象的出现。

如果将测压管装反，将流量变送器的低压侧接入高压管，将流量变送器高压侧接入低压管，将会导致变送器无法测量。

该装置在安装前和安装过程中，应保证变送器的参数是按照技术参数要求设置的；变送器与流量监视仪表之间的接线必须正确；流量监视仪设置参数必须正确；在运输过程中，避免损坏仪器。

9-6-19 转速检测装置的结构和原理怎样？

答：转速检测装置的系统结构框图如图 9-6-8 所示，主要由单片机 8031、测速传感器、多路选择器 CT1150M、RAM6264、EPROM2732、键盘显示器接口 8279、6 位 8 段 LED 显示器、键盘、时钟电路和抗干扰电路等组成。

该系统可巡回检测 16 路的转速。测速传感器采用常用的光电传感器和磁电传感器，在待检测的机组转轴上安装传感器，将转轴的转速变换为与之对应的一组电脉冲，然后送至由多路选择器 CT1150M 组成 16 路选 1 的切换电路。16 路检测通道由 CPU 控制选择，实现分时切换，使巡回采集的 16 路电脉冲送入 8031 中单片机的 T1 端进行计数，其单位时间的计数值与被测转速信号相对应，经软件处理后送到 RAM 存储，并送到显示器进行显示，再送到打印机打印输出。

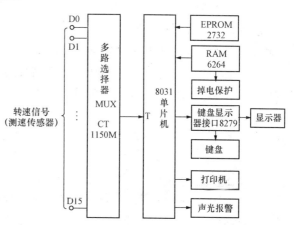

图 9-6-8 转速检测装置系统结构框图

在实际生产中，可按照转速和测速传感器电脉冲的比例关系，设计信号采集和数据处理程序，并固化于 EPROM 中。水电站一般采用定期检测方式，即根据要求设置定时时间，单片机在设定的时间内自动连续地进行各种数据的采集和处理，再按指定的周期自动地进行数据的显示或打印。

9-6-20 位移检测装置的作用是什么？

答：位移检测装置是水电站整个巡回检测装置的一部分，主要的检测对象就是调速器的行程位移。其检测方式通常也是利用位移传感器或电位器进行检测，对位移进行自动巡回检测后，再显示并记录测量结果。目前对调速器行程位移进行检测应用最多、最可靠、最简单的方法是采用电位器。

9-6-21 位移检测装置的原理是什么？

答：图 9-6-9 为位移检测装置原理框图。放大的传感器信号送至模拟开关，经模拟开关后输入 A/D 转换器。此方案的优点是每一路信号通道是独立的，调整放大倍数不会相互影响。接口电路中采用了高稳定度的振荡器作为激励源，激励电压取得比通常仪器低，以提高传感器的温度稳定性。同时又采用高速、低噪声运算放大器构成前置放大器以与电感式传感器的特点相适应的相敏放大器，进一步降低了电路噪声，抑制传感器零位残余电压。这些措施保证了检测仪具有优良的噪声性能、高的稳定度与通用性。只要配以不同量程的电感式传感器，就能适合不同的测量范围。

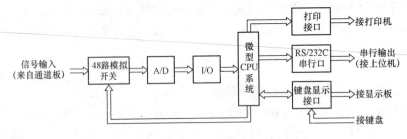

图 9-6-9　位移检测装置原理框图

9-6-22 触摸屏的功能是什么？

答：传统的工业控制系统一般使用按钮和指示灯来操作和监视系统，但很难实现系统工艺参数的现场设置和修改，也不方便对整个系统的集中监控。触摸屏的主要功能就是取代传统的控制面板和显示仪表，通过控制单元（如 PLC）通信，实现人与控制系统的信息交换，更方便地实现对整个系统的操作和监视。触摸屏由于操作简便、界面美观、人—机交互好等优点，将在控制领域得到广泛的应用。

9-6-23 触摸屏接收操作指令的原理是什么？

答：为了操作上的方便，人们用触摸屏来代替鼠标或键盘。工作时，必须首先用手指或其他物体触摸安装在显示器前端的触摸屏，然后系统根据手指触摸的图标或菜单位置来定位选择信息输入。触摸屏由触摸检测部件和触摸屏控制器组成，触摸检测部件安装在显示器屏幕前面，用于检测用户触摸位置，接收信息后送触摸屏控制器；而触摸屏控制器的主要作用是从触摸点检测装置上接收触摸信息，并将它转换成触点坐标，再送给 CPU，它同时能接收 CPU 发来的命令并加以执行。

9-6-24 触摸屏有哪些种类？

答：按照触摸屏的工作原理和传输信息的介质，把触摸屏分为 4 种，它们分别为电阻式、电容式、红外线式及表面声波式。

(1) 电阻式触摸屏。电阻式触摸屏的屏体部分是一块与显示器表面非常配合的多层复合薄膜，由一层玻璃或有机玻璃作为基层，表面涂有一层透明的导电层（ITO，氧化铟），上面再盖有一层外表面硬化处理、光滑防刮的塑料层，它的内表面也涂有一层 ITO，在两层导电层之间有许多细小（小于千分之一英寸）的透明隔离点把它们隔开绝缘。当手指接触屏幕时，两层 ITO 导电层出现一个接触点，因其中一面导电层接通 y 轴方向的 5V 均匀电压场，使侦测层的电压由零变为非零，控制器侦测到这个接通后，进行 A/D 转换，并将得到的电压值与 5V 相比，即可得出触摸点的 y 轴坐标，同理得出 x 轴的坐标，这就是电阻技术触摸屏共同的最基本原理。

（2）电容式触摸屏。电容式触摸屏的构造主要是在玻璃屏幕上镀一层透明的薄膜体层，再在导体层外加上一块保护玻璃，双玻璃设计能彻底保护导体层及感应器。用户触摸屏幕时，由于人体电场，手指与导体层间会形成一个耦合电容，四边电极发出的电流会流向触点，而电流强弱与手指到电极的距离成正比，位于触摸屏幕后的控制器便会计算电流的比例及强弱，准确算出触摸点的位置。

（3）红外线式触摸屏。它由装在触摸屏外框上的红外线发射与接收感测元件构成，在屏幕表面上，形成红外线探测网，任何触摸物体都可改变触点上的红外线，从而实现触摸屏的操作。

（4）表面声波式触摸屏。表面声波是一种沿介质表面传播的机械波。该种触摸屏由触摸屏、声波发生器、反射器和声波接收器组成，其中声波发生器能发送一种高频声波跨越屏幕表面，当手指触及屏幕时，触点上的声波即被阻止，由此确定坐标位置。

9-6-25　触摸屏的使用方法怎样？

答：触摸屏的使用方法如图 9-6-10 所示，基本包括以下步骤。

（1）明确监控任务要求，选择适合的触摸屏产品。

（2）在 PC 上用画面组态软件编辑"工程文件"。

（3）测试并保存已编辑好的"工程文件"。

（4）将 PC 连接到触摸屏硬件，下载"工程文件"到触摸屏中。

（5）连接触摸屏和工业控制器（如 PLC、仪表等），实现人—机交互。

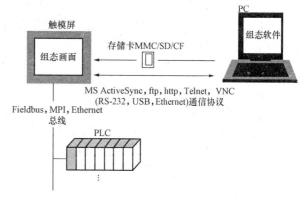

图 9-6-10　触摸屏的使用方法

9-6-26　触摸屏在连接外部设备上的应用方式有几种？

答：一般而言，触摸屏在连接外部设备上的应用方式主要有以下 4 种。

（1）一般应用触摸屏提供多种 PLC 等硬件设备的驱动程序，能与绝大多数 PLC 进行通信，并且无须转接器。

（2）多口通信。有些触摸屏可以提供两个通信口，且可同时使用，可以和任何开放协议的设备进行通信，且大部分触摸屏支持 Modbus 总线协议，可非常简单地与 Modbus 设备通信。

（3）网络通信。触摸屏具有丰富灵活的组网功能，可以接入现场总线和 Internet 网络，使用户设备的成本降到最低，便于将不同协议的多种电气设备共同接入到同一总线中去，实现网络通信的功能。

(4) 集中监控。可在上位 PC 中使用编程软件或组态软件，或客户按照触摸屏开放的协议自行编写监控软件，实现对整个车间、不同设备的集中监控。

9-6-27　触摸屏在水电站 LCU 中是如何应用的？

答：LCU 都带有操作面板（液晶显示触摸屏）作为现地人机联系手段，触摸屏与 LCU 中的 PLC 通信，这样可以实现所有数据的实时动态显示，同时可以实现现地开、停机等顺控流程操作。

9-6-28　升压站及公用设备控制单元的作用是什么？

答：升压站及公用设备现地控制单元主要由工控机、可编程控制器（PLC）、智能电参数测量仪、微机同期装置、微机保护装置、稳压电源、后备设备、测量表计和机柜等组成。这些设备完成了主变压器、厂变压器以及线路的断路器控制、升压站设备的监控、公用辅助设备的监控以及电站事故和安全报警等功能。

9-6-29　升压站及公用设备控制单元数据的采集与预处理内容有哪些？

答：升压站的数据采集与处理主要有升压站电气量的采集与预处理和升压站中断量的采集与预处理。升压站电气量一般由 PLC 或微机电量测量装置采集和预处理，经 RS-232 或 RS-485 串行通信口输入到现地工控机（IPC）。微机电量测量装置可测得的电量包括：线路电压/电流、有功/无功功率、有功/无功电度和频率等。升压站中断量采用高速中断输入模块，事件顺序记录点分辨率需要达到的实时性要求，并与系统时钟同步。

厂用变压器电气量也由 PLC 或微机电量测量装置进行采集和预处理，并经过串行口输入到现地工控机（IPC）。可测量的量包括：厂用变压器电压/电流、有功功率/无功功率、有功电度/无功电度和频率等。

9-6-30　升压站及公用设备控制单元的控制与调节的对象是什么？

答：升压站现地控制主要包括线路断路器控制、主变压器断路器控制、隔离开关控制、微机自动同期等部分。公用设备现地控制主要包括厂用电系统、厂内检修排水系统、渗漏排水系统、气系统等的自动控制与单步操作、厂用电备用电源自动切换以及安全故障报警等。

🌑 第七节　上位机控制系统

9-7-1　上位机控制系统的工作原理是怎样的？

答：在水电站上位机控制系统安装有水电站计算机监控系统的实时数据库、历史数据库、历史数据库管理平台、实时数据库管理平台、上位机（工作站中的工控机）软件系统和人机接口界面等。现地控制单元层的数据首先采集进实时数据库，一方面，上位机软件根据设定的时间，通过实时数据库管理平台定时访问实时数据库的数据，并定时刷新人机接口界面（如每 5s 刷新一次），这样便于操作运行人员了解整个电站的运行情况；另一方面，实时数据库的数据定时存储入历史数据库，历史数据库可以由历史数据库管理平台进行管理，操作运行人员可以依次通过人机接口界面、上位机软件和历史数据库管理平台对历史数据进行管理、修改和查询等操作。此外，实时数据库的数据可以通过上位机中的远程通信软件与电网层进行数据交换。电站主控层的工作原理简图参见图9-7-1。

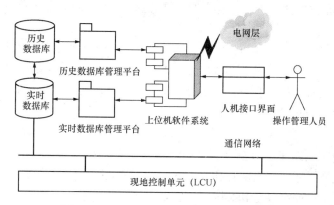

图 9-7-1 电站上位机系统的工作原理简图

9-7-2 功能分布式的水电站上位机的结构是怎样的？

答：随着计算机监控系统的自动化水平不断提高，需要处理的信息量都相当多，故现在的中小型水电站都采用多台计算机来承担电站级的功能任务，即采用功能分布式的水电站上位机控制系统结构，如图9-7-2所示。

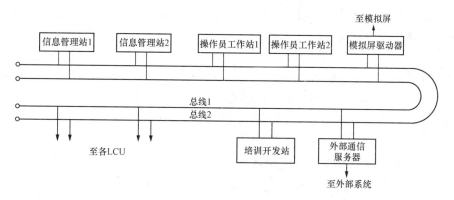

图 9-7-2 功能分布式的水电站上位机控制系统结构图

9-7-3 上位机控制系统中对中央处理器（CPU）有何要求？

答：中央处理器是计算机的核心部件，由它执行各种运算和指令，并统一指挥和控制计算机各个部件进行操作，控制程序的执行并完成对数据的处理。CPU的性能参数在选择应用中主要考虑的是CPU位数（字长）、时钟频率、中断级和高速缓冲存储能力等。

（1）CPU字长。CPU字长（位数）是以CPU的数据总线的根数来描述，它反映了中央处理器和计算机的其他部件每次交换数据的位数（并行传递数据的位数）。因此，CPU的字长直接影响计算机的运算速度。上位机控制系级各功能节点计算机要求其CPU字长应有32位（含准32位）或更高。

（2）CPU时钟频率。指CPU的时钟脉冲发生器中的晶体振荡器频率（MHz），它是计算机的时序脉冲的最高频率，在一定程度上反映了计算机的速度。对相同体系结构的计算机，CPU 时钟频率（也称主频）越高，计算机速度越快。

（3）中断级。当发生与计算机工作有关的需立即处理的事件时，立即将计算机 CPU 当前正执行的程序暂停或挂起，转向另一服务程序去处理这一事件，并在处理完毕后再返回原程序，这样的一个过程称为中断。水电站计算机监控系统，一般要求硬件中断分级应有 16 级或以上。

（4）高速缓冲存储器（Cache）。它是设在 CPU 与主存储器之间的存储速度高但容量较小的高速存储器，用以解决高速运算的 CPU 与读写速度较慢的主存储之间的不匹配的矛盾，以提高计算机的速度。一般而言，Cache 存储容量大，所主存储的拷贝内容也多些，更有利于 CPU 运算速度的发挥。

9-7-4 上位机控制系统中对主存储器有何要求？

答：主存储器是用来存放当前正执行的程序以及被程序所使用的数据（包括运算结果），主存的技术参数主要是存储容量和读写时间。

存储容量是指存储器存放信息的总量，以字节为单位。存储器一般采用半导体存储器，存取周期一般为几十至几百纳秒，并有随机存储器（RAM）和只读存储器（ROM）。随机存储器是构成主存的主要部分，存储器的存储内容可根据需要读出或写入，读出时不改变存储器内容，写入后取代存储器中的原数据，断电后存储器内容消失。程序要运行必须将其送入随机存储器以便 CPU 取指令和数据，并将运行结果送到随机存储器。只读存储器是一种以特殊设备写入内容后在计算机运行时只能读出存储内容而不能写入的存储器，其存储内容在断电后不会被破坏。这种存储器在主存中占比例少，它主要用来存放固定的程序和数据，一般被计算机系统程序所占用，用户不能存入程序，如微机中的诊断程序、引导程序等均存在只读存储器中。

由于程序必须送入主存储器中才能运行，因此主存储器容量应能满足计算机各种程序运行所需容量的要求，并有足够的裕度。根据我国电力行业标准 DL/T 578—2008《水电厂计算机监控系统基本技术条件》，主存储器容量的储备应在 40% 以上。

9-7-5 上位机控制系统中对辅助存储器有何要求？

答：辅助存储器用来存放当前不需立即使用的信息（程序或数据），这些信息在需要时再与主存储器成批地交换，故它是主存的后备和补充。辅助存储器的特点是存储容量大、可靠性高、价格低，在脱机情况下可以永久地保存信息。常用的辅助存储器可有磁表面存储器（硬磁盘、软磁盘和磁带存储器）和光存储器两种形式。

上位机控制系统各功能节点计算机一般均应配备存储大量的硬盘磁存储器或可重写光盘存储器，作为存储计算机的系统软件、应用软件和各种数据，以支持系统的实时性。

9-7-6 上位机控制系统中对输入、输出接口有什么要求？

答：计算机与外部设备的输入、输出接口依各功能节点的功能要求可有不同的配置。除一般均应有显示器、鼠标和键盘的接口外，尚需根据功能节点的结构配置，配备诸如计算机与上位机控制系统网络的接口、打印机接口、时钟同步脉冲输入接口、双机切换和外部通信接口、外接辅助存储器接口、调试外接接口等。

输入、输出接口按输入、输出控制卡与外部设备驱动电路之间交换数据方式可分为串行接口和并行接口。并行接口用于高速的输入、输出设备与主机交换信息，如并行打印机、磁存储器等，一般为短距离的传送。串行接口用于远程通信和低速输入、输出的设备，如外部通信的调制/解调器、串行打印机、键盘、鼠标接口等。

硬盘磁存储器的接口标准一般采用 SCSI、SCSI-2、SCSI-3 通用标准，传输速率可达 10Mbps 以上。这些接口标准还可用于软盘磁存储器、磁带存储器、光盘存储器等。另有 ST506、ESDI 等接口标准，前者用于低档温盘，传输速率 5～7Mbps；ESDI 用于高档温盘、磁带机或光盘存储器等，传输速率可达 10Mbps。串行通信可有同步和异步通信方式，一般采用 RS-232C 标准接口，传输速率为 150～19 200bps。

计算机的网络接口和显示器接口一般在主机内已配置相应的接口卡（网卡和显示卡），这些卡插入主机总线槽中。显示卡提供专用接口并以专用电缆接至显示器，显示卡应与显示器和显示模式相匹配。网卡应根据网络型式配置，与总线连接的介质有同轴电缆（粗缆或细缆）、光缆或双绞线。

对要求有语音报警或电话查询的水电站，当采用单独功能节点结构时，可选一台配有语音卡或电话语音卡的工业微机完成此项功能，电话语音卡提供与行政电话和调度电话的接口。

9-7-7　上位机控制系统中对操作系统的要求有哪些？

答：操作系统是计算机系统的一种用于管理计算机资源和控制程序执行的系统软件。

操作系统按功能可分成单用户操作系统、批处理操作系统、实时操作系统、分时操作系统、网络操作系统、分布式操作系统等。

上位机的操作系统，一般应采用实时多任务操作系统或分时操作系统或批处理多道操作系统，操作系统应具有对虚拟存储器进行管理的能力。操作系统可有分时或实时多任务调度或两者兼有，任务调度优先级不应小于 32 级，以保证监控系统对执行多重任务的实时性。操作并应符合开放系统要求，应提供网络支持、窗口图形支持、汉字支持、高级语言应用和用户程序开发所需的系统支持软件，提供系统软件（包括诊断和故障处理软件）。

9-7-8　上位机控制系统对供电电源有何要求？

答：水电站应配置不间断电源（UPS），以便为上位机控制级计算机系统设备提供可靠、稳定、干净的交流电源。

计算机内一般不配置带蓄电池的电源系统，在外供交流电源消失后，一般仅能维持几毫秒的工作。水电站的厂用电虽设有备用电源投入，但是采用快速开关的备用电源快速投入系统，工作电源消失至备用电源投入的时间间隔（停电时间），一般也在几十毫秒以上，远超过保证计算机可连续工作的时间。另外，由电厂高压大电流设备所产生的电磁干扰，使厂用交流电源可能出现电噪声，特别是在电气设备事故或故障、运行操作等情况下，电噪声的短时尖峰电压可达数千伏。当采用厂用电对计算机直接供电时，将会影响计算机的正常工作甚至使器件永久性损坏。因此，上位机控制级设备应由不间断电源供电，并要求 UPS 带有隔离变压器，以便与电厂交流电源隔离，UPS 的输入回路应设有抑制电噪声的滤波器，此外尚应满足下列技术要求：①在供电电压的下列变化范围内可正常工作和不遭损坏：交流 220/380V±％，50Hz±2％；直流 $220V^{+15\%}_{-20\%}$；②输出电压：交流 220V±2％，正弦波 50Hz±1％，波形失真小于 5％；③瞬态响应：当负载突变 50％时，电压超调量小于额定输出电压的 10%；④不间断电源切换时间：不大于 4ms；⑤效率：大于 70%；⑥噪声：距 UPS 柜 1m 处为 40～60dB；⑦具有承受过载和短路能力，并有内部故障报警信号。

9-7-9 UPS 有哪些类型？它们各有什么优缺点？

答：常用的 UPS 电源有后备式和在线式两种类型，在线式有串联型和三端口两种型式。

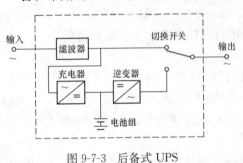

图 9-7-3 后备式 UPS

（1）后备式 UPS。后备式 UPS 结构如图 9-7-3 所示。市电正常时，市电经滤波和抗浪涌电路后直接输出给负载，同时经充电器给蓄电池充电，逆变器不工作。市电停电后，切至逆变器供电，转换时间取决于开关切换时间和逆变器启动时间。后备式 UPS 接线较简单，价格便宜。主要缺点是正常由市电供电，无隔离变压器，输出仍受市电波动和污染影响。

（2）在线式 UPS。①串联型在线式 UPS 如图 9-7-4 所示。市电正常时，经滤波和抗浪涌后的交流，由整流器（带隔离变压器）整流后供给逆变器，逆变器向负载输出稳频、稳压的交流电。市电断电后，由蓄电池供给逆变器电源。逆变器故障停运或过载时，旁路开关自动切至市电供电。充电器作为蓄电池的充电装置。串联型在线式 UPS 的输出对市电有隔离，不受市电波动或污染影响，输出为无切换连续不间断供电，是该型 UPS 的优点，但价格比后备式高。②三端口在线式 UPS 结构如图 9-7-5 所示。逆变器为双方向逆变器，带有两个控制电路，电路 1 使输出电压保持恒定，电路 2 使逆变输出交流电压、频率、相位与市电同步。市电正常时，逆变器由隔离变供电，整流后向蓄电池充电；市电不正常时，逆变器将交流向输出端供电并使输出电压恒定。当交流供电和逆变器均故障时，旁路开关自动切至市电供电。蓄电池可采用外附方式。三端口式有与串联型相同的优点，由于它输出与市电同步，允许数台并列运行。

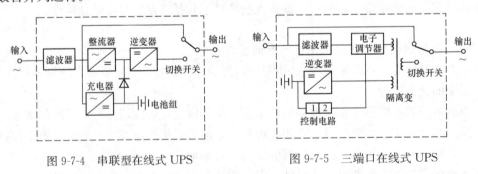

图 9-7-4　串联型在线式 UPS　　　　图 9-7-5　三端口在线式 UPS

9-7-10 上位机控制系统 UPS 电源配置要求是什么？

答：随着水电站对计算机监控技术的依赖，上位机控制级供电系统一般均采用双 UPS 供电，两台 UPS 按主备方式运行，一台故障退出时自动切至另一台运行。每台 UPS 可按 1.5～2 倍的正常负载容量考虑。UPS 电池容量按交流输入停电后可维持 30min 配置，对"无人值班"（少人值守）水电站应考虑更长一些的维持时间，一般应采用免维护的阀控式密封铅酸蓄电池。

9-7-11 什么是 OSI，它的功用有哪些？

答：OSI 是国际标准化组织 ISO 于 1998 年以 ISO7498 文件公布的"信息处理系统—开放系统—基本参数模型"的国际标准，即 OSI 七层参考模型（由低至高分别为物理层、链路层、网络层、传送层、会话层、表示层、应用层）。该标准是用来协调现有的和将来的系统互联标准的开发，它并不规定开发系统互联的业务和协议。只规定了互联系统的层次结构及每层的功能。在参考模型中，每一层的作用都是为它的更高的层次提供某种服务，而这些更高层次不必过问这些服务在较其低的层次中如何实际执行。七层参考模型最低层的物理层的任务是提供传递信息比特流的物理介质，传送电信号并对数据电路的物理连接进行控制；链路层提供透明的（内容、格式和编码无限制）、可靠的数据传送的基本服务；网络层功能是在节点间传送数据分组；传送层是实现网络中点对点的可靠的信息传递；会话层功能是为实现用户之间的数据交换提供手段；表示层是向应用层提供如何使用信息的表示方法；应用层是支持终端用户的应用进程（程序）。OSI 七层参考模型的各层均制定有相应的协议，这些协议也规定了每层向其更高一层所提供的服务。

9-7-12 水电站计算机监控系统受到干扰的途径有哪些？

答：从水电站计算机监控系统的工作现场来看，监控系统干扰来源主要为三个方面：电源干扰、输入输出接口通道干扰以及电磁场干扰。干扰通常以脉冲形式进入计算机。

（1）电源干扰。因小水电站的厂用电源来自电网和发电机组的机端。随着工业生产的发展，一些大功率的设备在启停过程中对电网形成很大的干扰，产生电压相对较高的尖峰脉冲电压，叠加在交流正弦电压上，有时达 1000V 以上。这种尖峰脉冲对计算机的正常工作危害很大。据资料统计，90％以上的计算机故障是由电源问题引起的。

（2）输入输出接口通道干扰。水电站计算机监控系统与电站设备的接入数量众多，相应的接口通道数量多。这些接口通道就成为干扰计算机监控系统的途径。信号、数据在传输过程中会出现延时、畸变、衰减，这就属于一种干扰。另外，由于外界电磁场的影响，在输入输出接口通道的传输线路上会感应耦合干扰信号，严重时将使计算机无法工作。

（3）电磁场干扰。电磁场干扰来自计算机监控系统外部和内部两个方面。在强电磁场环境下工作的计算机监控系统，其壳体、输入输出接口、通道都将感应电压，形成干扰源。另外，系统内部，由于计算机采用大规模集成电路元件组成的，线路通常设计很密集，则这些元器件和线路之间电磁干扰就不能被忽略。另外在水电站的干扰信号中，不能忽视的还有噪声、震动干扰。噪声与直流输出有一定关系，随直流输出的增大而增大。

9-7-13 水电站计算机监控系统供电系统的抗干扰措施有哪些？

答：（1）提高电源的抗干扰能力。为避免因电网电压不稳引起对计算机的直接干扰，主要采用交流稳压器、低通滤波器用于滤除电源系统中的高次谐波，减少电源系统中的尖峰电压。隔离变压器在其一次和二次之间使用屏蔽隔离，减少它的分布电容，以提高共模抗干扰能力。通常就是我们所设的不间断电源 UPS，它是将交流电压稳压器、低通滤波器、隔离变压器等组合在一起。在选择不间断电源 UPS 的容量时，应使得 UPS 的容量大于供电总容量的 30％，供电时间大于 2h。采用分散独立电源，利用多个独立电源供电，可以避免一个电源故障，而影响整个监控系统的工作。同时减少了各种干扰在电源系统上的耦合，这样大大提高了供电可靠性。

（2）提高输入输出接口通道的抗干扰能力。在开关量输入输出接口通道上采用光电隔离元器件，可以隔离计算机内部与计算机外部的电气连接，有效地防止尖峰脉冲电压干扰和其他各种干扰，提高输入输出通道上的信噪比。再次，光电隔离器件的输入输出被密封在一块芯片中，它不受外界光线的干扰。

在开关量输出通道上采用返校技术。返校能提高控制输出的可靠，特别是对一些重要的断路器的控制，可避免拒动或误动。

在模拟量输入通道上采用滤波器，这是当干扰信号混入有效信号以后采取的补偿措施，同时也是拟制噪声的重要手段。

为防止磁场及连接线间的互相干扰，在输入输出接口的外部引线一律采用双线。使各个小环路的电磁感应干扰互相抵消，也是最经济方便的办法。

另外，利用 RC 阻容电路可以吸收各元件中的触点动作时产生的电火花对计算机设备产生的干扰。

（3）提高抗电磁场干扰能力。消除或抑制电磁干扰可针对电磁干扰的三要素进行。可在系统中采取一些必要的措施加以消除，主要利用屏蔽、隔离技术、布线技术，以及接地技术。

屏蔽隔离：电磁场干扰是一种空间干扰，可以利用屏蔽技术。在水电站计算机监控系统屏蔽柜外部的连接电缆使用屏蔽电缆，防止电磁场对输入输出接口的干扰。对一些设备，可使用金属外壳加以屏蔽，而且屏蔽层必须安全接地，防止高频信号通过分布电容进入计算机监控系统的相应部件。

布线要求：在回路布线时，就考虑隔离，减少互感耦合，避免干扰由互感耦合侵入。在屏柜内部布线时，应尽量将交流电源线、直流电源线、开关量、输入输出信号线与模拟量输入信号线、继电器等感性负载控制线分开，使各线路之间的电磁干扰降到最小。屏柜外部布线时，计算机监控系统的有关电缆应避开高层电缆、母线、动力电缆布置，强弱信号电缆不应使用同一根电缆。信号电缆尽可能避开电力电缆，尽量增大与电力电缆的距离，并尽量减少平行长度。

接地：在计算机监控系统屏柜与外部连接的屏蔽电缆的接地，通常要求一点接地。多个电路共用接地线时，其阻抗应尽量减少。由多个电子器件组成的系统，各电子器件的工作接地应连在一起，通过一点与安全接地网相连。

工作接地网各点的电位应尽量保持一致。处于雷害较多的地区，计算机防雷问题也不能忽视，采用电磁与静电的双重屏蔽和在架空设置的计算机线路上方 1.2m 处，设置避雷线等。

其次，设备的合理布置也可以减少干扰的影响，甚至不需要采取其他额外的技术措施就可消除干扰的影响，如上位工控机布置的位置和方向的不同，电磁干扰的影响就不同，有的可以消除干扰的作用。另外，在软件上加强抗干扰能力也可以提高监控系统的可靠性。

9-7-14　水电站自动发电控制的任务是什么？AGC 要求水电站控制功能有哪些？

答：自动发电控制（Automatic Generation Control，AGC）的任务是：在满足安全发电的各项限制条件下，以快速、经济的方式控制整个水电站的有功功率，以满足系统的需要。

AGC 要求水电站控制功能归结为：①控制整个水电站的有功功率。根据系统要求对各运行机组有功功率的调整，控制水电站机组的合理启停；②运行机组间有功功率的经济分配。运行机组有功功率的经济分配归结为在满足各项限制条件下，用最小的流量来发出所需的水电站功率。

9-7-15　水电站自动发电控制是如何实施的？

答： 水电站计算机控制系统多采用分层分布式处理系统，常分为两级，上层为电站级，下层为机组级。水电站自动发电控制也常分为两级。电站级完成自动发电控制的计算，将计算结果输出到终端（LCU）控制水轮发电机组，终端机又将各机组信息回送给电站级计算机，进行实时控制监督，实现 AGC 功能。常见的做法是站级计算机产生命令信号，而现地控制单元与机组构成功率闭环，实现功率控制。当然，也可在站级计算机上形成直接闭环控制，但这一方面加重了站级计算机的负担，另一方面控制的速度也受到了影响。其典型的AGC 控制结构图如图 9-7-6 所示。

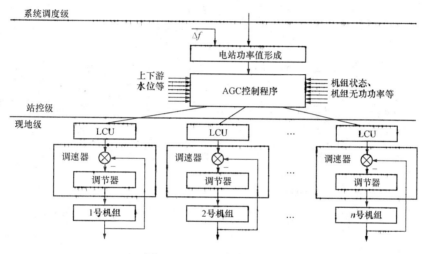

图 9-7-6　AGC 控制结构图

9-7-16　水电站自动电压控制的任务是什么？AVC 的内容是什么？

答： 水电站自动电压控制（Automatic Voltage Control，AVC）的主要任务是：通过水电站计算机控制系统对正常运行中高压母线电压和全站的无功功率进行控制，在全面保证机组安全运行的条件下为系统提供充分可利用的无功功率。

AVC 有两方面内容：调节母线电压以满足整定条件要求；合理分配机组间无功功率。

9-7-17　水电站自动电压控制是如何实施的？

答： 水电站自动电压控制通常由电站级计算机与现地控制单元共同实现。例如，站控级可通过 AVC 程序下达无功功率或机端电压的给定值，由现地控制单元、机组励磁系统的闭环实现机组无功功率或机端电压的自动控制。当然，在有些情况下，如高压母线电压的控制就必须在站控级实现闭环。图 9-7-7 为 AVC 控制结构示意图，用于说明以 AVC 为目的的系统结构简图。

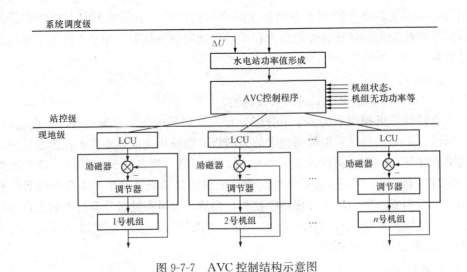

图 9-7-7　AVC 控制结构示意图

第八节　计算机监控系统的运行维护、典型故障处理和部分试验

9-8-1　运行值班人员和维护人员经过专业培训，应具备哪些计算机监控系统业务知识？

答：运行值班人员经过专业培训，应具备如下业务素质：①熟悉水电厂生产过程和发电设备运行专业知识；②熟练掌握运行规程；③掌握计算机基础知识；④掌握监控系统的控制流程及操作方法。

维护人员经过专业培训，应具备如下业务素质：①熟悉水电厂生产过程和相关专业知识；②熟悉计算机专业知识；③熟悉维护规程；④熟悉监控系统的控制流程、编程及设计原则。

9-8-2　运行人员对于计算机监控系统值班要求的一般规定是什么？

答：（1）运行值班人员应通过计算机监控系统监视机组的运行情况，确保机组不超过规定参数运行。

（2）运行值班人员在正常监视调用画面或操作后应及时关闭相关对话窗口。

（3）监控流程在执行过程中，运行操作人员应调出程序动态文本画面或顺控画面，监视程序执行情况。

（4）监控系统所用电源不得随意中断，发生中断后应由维护人员按监控系统重新启动相关规定进行恢复。如需切换一路电源，则必须先确认其他至少一路电源供电正常。

（5）正常情况下。运行值班人员不得无故将现地控制单元与厂站层设备连接状态改为离线。运行值班人员发现现地控制单元与厂站层设备连接状态为离线时，先投入一次，当投入失败后应立即报告值班负责人，值班负责人应查找原因并联系处理；主机或操作员工作站与现地控制单元通信中断时，禁止在操作员工作站进行操作，应改为现地控制单元监视和操作。

（6）监控系统运行中的功能投、退应按现场运行规程执行并做好记录。

（7）对监控报警信息应及时确认，必要时应到现场确认或及时报告值班负责人与维护人员。

（8）对于监控系统的重要报警信号，如设备掉电、CPU 故障、存储器故障、系统通信中断等，应及时联系维修人员进行处理。

（9）运行值班人员不得无故将报警画面及语音报警装置关掉或将报警音量调得过小。

（10）监控系统运行出现异常情况时，运行值班人员应按现场运行规程操作步骤处理，在进行应急处理的同时应及时通知维护人员。

（11）运行中发生调节异常时，应立即退出调节功能，发现设备信息与实际不符时，应通知维护人员处理。

（12）当运行值班人员确认计算机监控系统设备异常或异常调整威胁机组运行须紧急处理时，应及时采取相应措施，同时汇报值班负责人并联系维护人员处理。

（13）监控系统故障，发生危及电网、设备安全情况时，可先将相关网控或梯控或站控功能退出，然后汇报。

（14）运行值班人员应及时补充打印纸及更换硒鼓（色带、墨盒），并确认打印机工作正常，不得无故将打印机停电、暂停或空打。

9-8-3　运行值班人员对计算机监控系统的画面巡回检查有哪些内容？

答： 运行值班人员对计算机监控系统中画面的巡回检查至少包括：①监控系统拓扑图；②主接线及相应主设备实时数据；③公用系统运行方式与实时数据；④厂用电系统运行方式；⑤非电量监测系统与相关分析；⑥事件报警一览表；⑦故障报警一览表；⑧机组各部温度画面；⑨机组油、水、气系统运行画面；⑩机组振动与摆度等非电量监测画面。

9-8-4　运行值班人员对上位机的监控项目有哪些？

答： 应明确运行值班人员在操作员工作站对被控设备进行监视的项目。监视的项目应包括以下内容：①设备状态变化、故障、事故时的闪光、音响、语音等信号；②设备状态及运行参数；③监控系统自动控制、自动处理信息；④需要获取的信号、状态、参数、信息等清单及时限；⑤获取信号、状态、参数、信息后的人工干预措施和跟踪监视；⑥同现场设备或表计核对信号、状态、参数、信息的正确性。

9-8-5　运行值班人员对计算机监控系统的检查、试验项目有何规定？

答： 应明确运行值班人员对监控系统的检查、试验项目和周期。检查、试验项目应包括：①操作员工作站时钟正确刷新；②操作员工作站输入设备可用；③操作员工作站、主机、各现地控制单元及与上级调度计算机监控系统之间通信正常；④操作员工作站、主机、显示设备正常，其环境温度、湿度、空气清洁度符合要求；⑤语音、音响、闪光等报警试验正常；⑥打印输出设备可用。

9-8-6　发出机组工况转换、断路器、隔离开关的分合、机组功率调整命令或设置、修改给定值、限值之前，除非紧急情况，应检查哪些设备处于正常状态？

答： 应检查以下设备处于正常状态。

（1）操作员工作站及相关执行判据显示值。

（2）监控系统主机。

（3）相关现地控制单元。

（4）操作员工作站、主机及相关现地控制单元通信。

9-8-7 运行人员参加仿真培训有哪些内容和要求？

答：（1）运行人员应定期参加仿真培训，培训时间不应少于 40h/（人·年）。

（2）仿真培训的内容至少应包括开机、停机、辅助设备、调速系统压油装置、控制流程、油水气系统、主接线上的一次设备与母线的倒闸操作、自动发电控制、自动电压控制、有功功率、无功功率、软连片及相关定值的投退与设定、趋势曲线分析、正常运行与故障查询、事故运行状态查询、报警等功能的使用。

（3）在仿真培训系统上进行的任何培训操作，不应对运行设备产生影响。

（4）仿真培训站与监控系统必须确保数据的单向流动和隔离。

（5）仿真培训站应有专人维护管理。并按相关要求做好病毒防护与应用更新。

9-8-8 对计算机监控系统的维护有哪些基本规定？

答：（1）监控系统的维护采取授权方式进行。权限分为系统管理员和一般维护人员。

（2）系统管理员负责监控系统的账户、密码管理和网络、数据库、系统安全防护的管理。监控系统中的其他维护工作，可由一般维护人员完成。

（3）所有账户及其口令的书面备份应密封后交上级部门保存，以备紧急情况下使用。

（4）对监控系统模拟量限值、模拟量量程、保护定值的修改，应持技术管理部门审定下发的定值通知单进行。

（5）对监控系统所做的维护、缺陷处理、技术改进等工作应设置专用台账并及时记录相关内容。

（6）对监控系统软件的修改，应制订相应的技术方案并经技术管理部门审定后执行。修改后的软件应经过模拟测试和现场试验，合格后方可投入正式运行。实施软件改进前，应对当前运行的应用软件进行备份并做好记录。改进实施完成后，应做好最新应用软件的备份。及时更新软件功能手册及相关运行手册。若软件改进涉及多台设备，且不能一次完成时，宜采用软件改进跟踪表，以便跟踪记录改进的实施情况。

（7）遇有硬件设备需要更换时，应使用经通电老化处理检测合格的备件。

（8）更换硬件设备时，应采取防设备误动、防静电措施，并做好相关记录，更新相关台账。

（9）当与对外通信及与调度高级应用软件相关的硬、软件需要更新时，应取得对方的许可后方可进行。

9-8-9 对监控系统设备的巡检有哪些内容？

答：设备巡检每周至少应进行一次。检查的主要内容：①检查计算机房空调设备运行情况和机房、设备盘柜内（运行中不允许开启的除外）的温度、湿度是否在规定的范围内；②检查监控系统各设备工作状态指示是否正常；③检查监控系统网络运行是否正常；④检查监控系统时钟是否正常，各设备的时钟是否同步；⑤检查监控系统 UPS 电源的输入电压、输出电压、输出电流、频率等是否正常；⑥检查设备、盘柜冷却（通风）风机（扇）运行是否正常；⑦消除清扫监控系统设备外表灰尘；⑧监控系统内部通信及系统与外部通信是否正常；⑨检查自动发电控制、自动电压控制软件工作是否正常；⑩检查画面调用、报表生成与打印、报警及事件打印、拷屏等功能是否正常；⑪检查实时数据刷新、事件、报警是否正常；⑫检查由监控系统驱动的模拟显示屏显示是否正常；⑬审计、分析、检查操作系统、数据库、安全防护系统日志是否正常，有无非法登录或访问记录；⑭检查数据备份装置是否工作正常（如磁带机、磁光盘等）；⑮检查计算机设备的磁盘空间，及时清理文件系统，保持足够的磁盘空间裕量；⑯检查计算机设备 CPU 负载率、内存使用情况、应用程序进程或服务的状态。

9-8-10　对监控系统的维护，除了完成运行巡检的内容外，还应包括哪些内容？

答：对监控系统的维护，除了完成定期巡检的内容外，还应包括以下内容：①主、备用设备的定期轮换；②对设备进行停电清灰除尘；③检查磁盘空间，清理文件系统；④软件、数据库及文件系统备份；⑤数据核对；⑥病毒扫查及防病毒代码库升级。

9-8-11　上位机设备维护的内容有哪些？

答：（1）对上位机控制系统计算机主机及网络设备应每年进行停电除尘一次。

（2）对冗余配置的上位机控制系统设备宜每半年冷启动一次，以消除因为系统软件的隐含缺陷对系统运行产生的不利影响。对于未作冗余配置的厂站层设备，在做好完备的安全措施以后方可冷启动。

（3）对计算机附属的光盘驱动器、软盘驱动器、磁带机等应使用专用清洁工具进行清洁；对显示器、键盘、鼠标（跟踪球）的清洁宜每月进行一次。

（4）检查通信软件的运行情况，进行数据核对，以确保数据通信的正确。

（5）检查机组运行监视程序工作的正确性（如设备自动故障切换、设备定时倒换等运行监视功能）。

（6）检查语音报警功能的工作情况（含 SMS 短信功能、电话语音报警功能）。

（7）定期做好应用软件的备份工作。软件改动后应立即进行备份，在软件无改动的情况下，宜每年备份一次，备份介质应实行异地存放。

（8）应做好软件版本的管理工作，确保保存最近三个版本的软件。固化类软件应确保无误后再投入运行。

（9）检查计算机监控系统运行监视与保护程序的限（定）值的设置情况。

（10）对数据库、文件系统进行备份，若备份工作由计算机自动完成，则应检查自动备份完成情况。

（11）对上位机控制系统计算机系统进行病毒扫查。防病毒系统代码库的升级每周应进行一次，并采用专用的设备和存储介质，离线进行。

（12）检查 UPS 系统，宜每年对蓄电池进行一次充放电维护。

9-8-12　现地控制单元维护内容有哪些？

答：现地控制单元的维护应包含以下内容。

（1）现地控制单元设备应每年进行停电除尘一次，并定期备份现地控制单元软件，无软件修改的备份一年一次，有软件修改的，修改前后各备份一次。

（2）冗余配置的现地控制单元（含冗余配置的 CPU 模件）应每半年进行一次主备

切换。

（3）现地控制单元随被监控的设备定检进行相应的检查和维护，主要内容包括：①现地控制单元工作电源检测并试验；②电源风机、加热除湿设备检查和处理；③模拟量输入模件通道校验；④模拟量输出模件通道校验；⑤开关量输入模件通道校验；⑥开关量输出模件校验；⑦事件顺序记录模件通道校验；⑧脉冲计数模件检查校验；⑨各类通信模件配置检查、测试；⑩网络连接线缆、现场总线的连通性和衰减检测；⑪光纤通道（含备用通道）衰减检测；⑫现地控制单元与远程I/O柜的连接、通信检查与处理；⑬现地控制单元与厂站层通信通道的检查与处理；⑭现地控制单元与其他设备的通信检查与处理；⑮I/O接口连线检查、端子排螺钉紧固；⑯I/O接口连线绝缘检查；⑰控制流程的检查与模拟试验；⑱监视与控制功能模拟试验；⑲时钟同步测试；⑳事件顺序记录模块事件分辨率测试。

9-8-13　发现监控设备故障、事故时，运行人员应如何处理？

答：发现监控设备故障、事故时，应查阅事件顺序记录、事故追忆记录及相关监视画面，进行综合分析判断，依据现场规程进行处理。监控系统的语音、闪光报警、弹出的事故处理指导画面，应予以记录，经过值班负责人同意方可复归或关闭。

发现监控设备事故时，应及时打印事件顺序记录、事故追忆记录及相关工况日志，为事故分析提供依据。

9-8-14　发现测点数据值异常突变、频繁跳变等情况时，应如何处理？

答：发现测点数据值异常突变、频繁跳变等情况，应立即退出该测点，并采取必要措施，防止设备误动或监控系统资源占用；对与机组功率测量有关的电气模拟量，应立即退出相应的功率调节控制功能，并通知监控系统维护人员进行检查。

9-8-15　当上位机出现事故确认延时时，应如何处理？

答：当操作员工作站出现事件确认延时时，应分析是否有频繁的报警信号，对于频繁的报警信号，应暂时不予确认；同时对于重复报警的信号，应及时分析问题并通知维修人员进行处理。此时如引起画面短时黑屏，而现地层现地控制单元运行均正常，运行值班人员应尽量少作画面切换，并停止报警确认。

对于部分重复出现的信号，经值班负责人同意，在采取相关措施后，可对此类报警信号进行屏蔽，同时通知相关人员进行处理，并应做好记录，处理后要及时解除屏蔽。

9-8-16　运行负责人在什么情况下有权启动计算机监控系统紧急停机流程？

答：当机组发生严重危及人身、设备安全的重大事故，又遇保护拒动时，值班负责人有权启动监控系统紧急停机流程。

9-8-17　当发生上位机出现死机时，应如何处理？

答：当操作员工作站发生死机时，运行值班人员应立即检查其控制网运行情况与现场现地控制单元是否运行正常，并完整记录事故现象与处理过程，报告上级调度，并及时通知相关维护人员。

9-8-18　当上位机与现地控制单元模拟量或开关量单点数据异常时，应如何处理？

答： 模拟量或开关量单点数据异常处理如下：①在上位机设备侧退出与该异常数据点相关的控制与调节功能；②检查对应现地控制单元的数据采集模件；③检查变送器、模拟量采集板、I/O板、通道光隔等硬件设备；④必要时，做好相关安全措施后在现地控制单元侧重启通信进程。

9-8-19　当出现上位机与现地控制单元数据通信中断故障时，应如何处理？

答： 上位机设备与现地控制单元通信中断处理如下：①退出与该现地控制单元相关的控制与调节功能；②检查厂站与对应现地控制单元通信进程；③检查现地控制单元工作状态；④检查现地控制单元网络接口模件及相关网络设备；⑤检查通信连接介质；⑥必要时，做好相关安全措施后，在厂站层设备和现地控制单元侧分别重启通信进程。

9-8-20　当上位机与调度部分遥测和遥信信号出现异常时，应如何处理？

答： 部分遥信、遥测数据异常处理如下：①调度值班人员应立即通知对侧运行值班人员，两端应分别联系维护人员共同进行处理；②退出与异常数据点相关的控制与调节功能；③检查对应现地控制单元数据采集通道情况；④检查相关数据通信进程及通信数据配置表；⑤必要时，做好相关安全措施后在现地控制单元侧重启通信进程。

9-8-21　当水电站与调度数据通信中断时，应如何处理？

答： 电站与调度数据通信中断处理如下：①发现电站与调度数据通信中断，调度值班人员应立即通知对侧运行值班人员，两端应分别联系维护人员共同进行处理；②在调度侧退出与该厂站数据通信相关的控制与调节功能；③检查数据通信链路，包括通信处理机，网关机，路由器，防火墙，光、电收发器，通信线路等工作状况；④在两侧分别检查通信进程所在机器的操作系统、通信进程、通信协议的工作状态和日志；⑤必要时，做好相关安全措施后在两侧重启通信进程。

9-8-22　当计算机监控系统命令发出后现场设备拒动时，应如何处理？

答： 计算机监控系统控制命令发出后现场设备拒动处理如下：①检查开关量输出模件是否故障；②检查开关量输出继电器是否故障；③检查开关量输出工作电源是否未投入或故障；④检查柜内接线是否松动，控制回路电缆或连接是否故障；⑤检查被控设备本身是否故障（含控制、电气、机械）。

9-8-23　当机组有功、无功功率调节出现异常时，应如何处理？

答： 机组有功、无功功率调节异常处理如下：①退出该机组自动发电控制、自动电压控制，退出该机组的单机功率调节功能；②检查调节程序保护功能（如负载差保护、调节最大时间保护、定子电流和转子电流保护等）是否动作；③检查现地控制单元有功、无功功率控制调节输出通道（包括I/O通道和通信通道）是否工作正常；④检查调速器或励磁调节器工作是否正常。

9-8-24 当机组自动退出自动发电控制和自动电压控制时，应如何处理？

答：机组自动退出自动发电控制和自动电压控制处理如下：①检查调速器是否故障；②检查励磁装置是否故障；③检查机组给定值调节是否失败或超调；④检查是否因测点错误而出现机组状态不明的现象；⑤检查机组现地控制单元是否故障；⑥检查机组现地控制单元与厂站层设备之间的通信是否中断。

9-8-25 当部分现地控制单元报警事件显示滞后时，应如何处理？

答：部分现地控制单元报警事件显示滞后如理如下：①检查事件列表，确认其他节点的事件正常；②检查对应现地控制单元时钟是否同步；③检查对应现地控制单元是否出现事件、报警异常频繁；④检查对应现地控制单元CPU负载率；⑤检查对应现地控制单元网络节点网络通信负载。

9-8-26 对计算机监控系统备品备件应如何管理？

答：（1）建立完整的计算机监控系统备品备件库，对厂家可能要停产的主机、服务器、核心交换机的备品备件储备，至少要保证5～8年的使用（从投产之日算起）。

（2）对于需原厂商提供的备品备件，其储备定额标准不得少于10%（至少为1个），对于可以采用替代品的备品备件，可以降低定额标准，但不得少于5%（至少为1个）。

（3）备品备件应统一管理，对于备品备件的使用，应及时进行登记。管理人员应根据备品备件的消耗情况，每月定期对照备品备件的库存和定额标准，及时提出库存补充计划，进行及时的采购。

（4）备品备件的储存环境，应符合厂家的储存要求。

（5）备品备件宜每半年进行通电测试，不合格时应及时处理。

9-8-27 对计算机监控系统回路绝缘电阻的测试方法和要求是什么？

答：根据被试回路额定绝缘电压，用绝缘电阻表（参照表9-8-1所示的电压等级）对装置不直接接地的带电部分和非带电金属部分及外壳之间，以及电气上无联系的各电路之间的绝缘电阻进行测试，测量时间不小于5s。对直接接地的带电回路，还应在断开接地或拔出有关模块的情况下，进行上述测试。测量结果应满足交流回路外部端子对地的绝缘电阻不小于10MΩ，不接地直流回路对地绝缘电阻不小于1MΩ，或满足受检产品技术条件规定。

表 9-8-1　　　　　　　　　　　绝缘电阻表电压等级（V）

额定绝缘电压	绝缘电阻表电压等级	额定绝缘电压	绝缘电阻表电压等级
<60	250	≤60	500

9-8-28 如何对计算机监控系统设备回路进行介电强度的试验？

答：根据被试回路额定绝缘电压，按受检产品技术条件或对60V以下回路施加交流500V、对60V及以上至500V以下回路施加交流2000V的试验电压进行介电强度试验。试验电压从零开始，在5s内逐渐升到规定值并保持1min，随后迅速平滑地降到零值。测试完毕后用地线对被试验回路进行放电。被试设备应无击穿、闪络及元器件损坏现象。

如果被试回路间跨接有电容器时（如射频滤波电容器），则建议用直流电压试验。该直流试验电压值等于规定的交流试验电压峰值。

9-8-29　计算机监控系统调节有功功率的试验内容有哪些？

答： 有功功率调节试验如下：①检查与有功功率调节有关的各项限值及保护参数，应确保无误；②退出有功功率及无功功率自动调节流程；③执行机组"发电"流程，使机组开机、并网；④手动将机组有功功率带至振动区以外；⑤投入有功功率调节流程；⑥在避开振动区的前提下，有功功率给定值突变±10％或其整数倍，直至运行中可能出现的最大突变值，改变有功功率调节参数，使有功功率调节品质满足现场运行要求；⑦根据电厂水头变化情况，必要时应在不同水头时重复本项试验，以确定各种水头下对应的最佳有功功率调节参数；⑧在试验过程中监视并手动调整机组无功功率，以满足运行需要。

9-8-30　计算机监控系统调节无功功率的试验内容有哪些？

答： 无功功率调节试验如下：①检查与无功功率调节有关的各项限值及保护参数，应确保无误；②退出有功功率及无功功率调节流程；③执行机组"发电"流程，使机组开机、并网；④投入无功功率调节流程；⑤在机组运行条件允许的前提下，无功功率给定值突变±10％或其整数倍，直到运行中可能出现的最大突变值，改变无功功率调节参数，使无功功率调节品质满足现场运行要求；⑥在试验过程中监视并手动调整机组有功功率，以满足运行需要。

9-8-31　计算机监控系统人机接口功能检查内容有哪些？

答： 计算机监控系统人机接口功能检查内容有：①检查画面显示和拷贝的正确性；②通过改变从生产过程接口输入的数据及状态，检查画面动态显示的正确性；③检查控制命令的正确性、唯一性、可靠性；④检查参数、状态设置或修改的正确性、可靠性；⑤检查报警、提示、音响、声音、登录、授权的正确性；⑥检查各种报表、打印的正确性；⑦检查历史资料查询的正确性；⑧操作未定义的键，系统不得出错或出现死机；⑨受检产品技术条件规定的其他人机接口功能的检查。

上述各项人机接口功能应符合受检产品技术条件要求。

9-8-32　计算机监控系统自诊断及自恢复功能测试内容有哪些？

答： 计算机监控系统自诊断及自恢复功能测试内容主要有：①系统加电或重新启动，检查系统是否能正常启动；②模拟应用系统故障，检查系统是否自恢复；③模拟各种功能模件、外围设备、通信接口等故障，检查相应的报警和记录是否正确；④对热备冗余配置的设备（如主机、网络、现地控制单元等），模拟工作设备故障，检查备用设备是否自动升为工作设备、切换后数据是否一致、各项任务是否连续执行，不得出现死机。

9-8-33　水电站计算机监控系统试验、验收项目有哪些？

答： 水电站计算机监控系统一般应有下列试验、验收：①型式试验；②工厂试验和检验；③出厂验收；④现场试验和验收。

（1）型式试验。有下列情况之一时应进行型式试验：①产品定型（设计定型、生产定型）时；②正式生产后，如结构、材料、工艺有重大改变，可能影响产品性能时（可只做相应部件）；③质量监督机构提出要求时。

试验中若有任何一项不符合受检产品技术条件规定者，必须消除其不合格原因。

（2）工厂试验和检验。①与产品配套的器件应按有关规定进行质量控制；②产品在生产过程中必须进行全面的检查、试验，并应有详细、完整的记录；③产品在出厂前必须通过制造单位质量检验部门负责进行的检验，检验中若有任何一项不符合受检产品技术条件规定者，必须消除其不合格原因，检验合格后由质量检验部门签发合格证。

（3）出厂验收。若受检产品技术条件规定产品出厂前需进行出厂验收者，则制造单位在完成相关的工厂试验和检验后，应按受检产品技术条件规定的日期提前通知用户。出厂验收由制造单位和用户共同负责进行。

出厂验收过程中，双方的责任一般为：

制造单位的责任：①向用户汇报系统配置、工厂试验和检验结果；②起草出厂验收大纲（草稿）；③提供验收所需的仪器设备及有关文件、资料；④负责进行验收大纲中规定的各项试验。

用户的责任：①对出厂验收大纲（草稿）进行讨论、审查、修改，最后确定出厂验收大纲；②对出厂验收试验进行监督、审查。

出厂验收结束后，双方应签署出厂验收纪要，对出厂验收的结果做出评价。如产品还存在不满足受检产品技术条件的缺陷时，应在出厂验收纪要中提出处理要求及完成期限，由制造单位负责处理。

（4）现场试验和验收。现场试验和验收是在产品到现场后，由用户和制造单位共同负责进行的安装投运的试验和验收。

现场试验和验收过程中双方的责任一般为：

制造单位的责任：①起草现场试验和验收大纲（草稿）；②负责产品在现场的有关检查和投运试验；③提交现场投运试验报告。

用户的责任：①对现场试验和验收大纲（草稿）进行讨论、修改，并补充涉及现场设备及安全等有关的内容，最后由用户负责审查、批准现场试验和验收大纲；②配合现场投运试验，负责完成可能危及现场主、辅设备及人身安全的安全措施；③组织、监督现场投运工作的进行。

通过现场投运试验，如产品还存在不满足受检产品技术条件的缺陷时，应在阶段性现场验收纪要中提出处理要求及处理期限，由制造单位负责处理。

现场试验和验收如果是分阶段进行的，则每阶段试验、验收合格后，双方应签署阶段性现场验收纪要；现场试验和验收全部结束后，双方应签署最终的现场验收文件。

投运设备的保修期同，从签署有关该设备现场验收纪要或文件之日起算。

第十章

安 全 知 识

第一节 基 本 安 全 知 识

10-1-1 什么是安全生产和电力生产全过程安全管理，电力安全生产的方针和原则怎样？

答： 安全生产是指生产经营单位在劳动生产过程中的人身安全、设备安全、产品安全和交通运输安全等。

电力生产全过程安全管理是指在规划、设计、制造、施工、安装、调试、生产运行、抢修等各个阶段中都必须从人员、设备、规章制度、技术标准等方面加强全面的安全管理，贯彻"安全第一，预防为主，综合治理"的方针，落实安全生产责任制。

电力工业安全生产的方针是：安全第一，预防为主，综合治理。

电力工业的安全生产原则是：坚持保人身、保电网、保设备的原则。

10-1-2 进入水电站工作，为什么要进行安全规程教育，安全规程包含哪些内容？

答： 进入水电站工作，为了保证人身和设备安全，必须进行安全规程教育。以国家电网公司电力安全工作规程为例。

《国家电网公司电力安全工作规程（第3部分：水电厂动力部分）》（Q/GDW 1799.3—2015）的内容有：范围、规范性引用文件、术语和定义、总则、保证安全的组织措施、保证安全的技术措施、一般安全措施、水轮机（水泵）的工作、水轮发电机（电动机）的工作、热工元器件的工作、水工金属结构、水电站公用辅助设备、水工工作、起重与运输、高处作业、焊接切割和热处理作业、附录。

《国家电网公司电力安全工作规程（变电部分）》（Q/GDW 1799.1—2013）的内容有：范围、规范性引用文件、术语和定义、总则、高压设备工作的基本要求、保证安全的组织措施、保证安全的技术措施、线路作业时变电站和发电厂的安全措施、带电作业、发电机同期调相机和高压电动机的检修维护工作、在六氟化硫电气设备上的工作、在低压配电装置和低压导线上的工作、二次系统上的工作、电气试验、电力电缆工作、一般安全措施、起重与运输、高处作业、附录等。

10-1-3 在水电站中，工作人员进入现场应注意哪些事项？

答： 在水电站中，工作人员进入现场应符合《国家电网公司电力安全工作规程》中的要求，并注意以下事项。

（1）着装上，要穿棉制品，不穿化纤服，不穿高跟鞋，女同志不穿裙子，若到现场工作，还要规范戴好安全帽。

（2）设备四周画有安全线，或放置有遮栏的，不得进入安全线或移动、拆除遮栏。

（3）身体不舒适，不宜进入现场。

（4）到现场工作的人员，必须具备必要的电气知识，按其职务和工作性质，熟悉《国家电网公司电力安全工作规程》的有关部分，并经考试合格。

（5）工作人员要学会紧急救护法，首先学会触电解救法和人工呼吸法。

10-1-4 在水电站中，对作业现场的基本条件有什么要求？

答：在 Q/GDW 1799.3—2015《国家电网公司电力安全工作规程（第 3 部分：水电厂动力部分）》总则的 4.2 条中，对作业现场的基本条件规定如下：①作业现场的生产条件和安全设施等应符合有关标准、规范的要求，工作人员的劳动防护用品应合格、齐备；②经常有人工作的场所及施工车辆上应配备急救箱，存放急救用品，并应指定专人经常检查、补充或更换；③现场使用的安全工器具应合格并符合有关要求；④各类作业人员应被告知其作业现场和工作岗位存在的危险因素、防范措施及事故紧急处理措施。

10-1-5 在水电站中，对作业人员的基本条件有什么要求？

答：对于作业人员的基本条件，根据机械工作和电气工作的区别，略有不同，具体见表 10-1-1。

表 10-1-1　　　　　　　　　　　　　作业人员的基本条件

	机 械 工 作	电 气 工 作
作业人员的基本条件	（1）经医师鉴定，无妨碍工作的病症（体格检查每两年至少一次）； （2）具备必要的相关知识和业务技能，且按工作性质，熟悉本规程的相关部分，并经考试合格； （3）具备必要的安全生产知识，学会紧急救护法； （4）特种作业人员应持证上岗； （5）进入作业现场应正确佩戴安全帽，现场作业人员应穿全棉长袖工作服、绝缘鞋	（1）经医师鉴定，无妨碍工作的病症（体格检查每两年至少一次）； （2）具备必要的电气知识和业务技能，且按工作性质，熟悉本规程的相关部分，并经考试合格； （3）具备必要的安全生产知识，学会紧急救护法，特别要学会触电急救； （4）进入作业现场应正确佩戴安全帽，现场作业人员应穿全棉长袖工作服、绝缘鞋

10-1-6 在机械和电气工作中，保证安全的组织措施和技术措施分别有哪些？

答：为了保证水电站中各项工作的安全开展，在《国家电网公司电力安全工作规程》中对工作开展施行了保证安全的组织措施和技术措施，根据机械工作和电气工作的区别，对其要求各有不同，具体见表 10-1-2。

表 10-1-2　　　　　　　　　　　保证安全的组织措施和技术措施

	机械工作部分	电气工作部分
保证安全的组织措施	（1）现场勘察制度； （2）工作票制度； （3）工作许可制度； （4）工作监护制度； （5）工作间断、试运和终结制度； （6）动火工作票制度； （7）操作票制度	（1）现场勘察制度； （2）工作票制度； （3）工作许可制度； （4）工作监护制度； （5）工作间断、试运和终结制度

	机械工作部分	电气工作部分
保证安全 的技术措施	(1) 停电； (2) 隔离； (3) 泄压； (4) 通风； (5) 加锁、悬挂标示牌和装设遮栏（围栏）	(1) 停电； (2) 验电； (3) 接地； (4) 悬挂标示牌和装设遮栏（围栏）

10-1-7 在水电站工作，对工作人员的工作服有什么具体要求？

答：在《国家电网公司电力安全工作规程（第 3 部分：水电厂动力部分）》（Q/GDW 1799.3—2015）的一般安全措施中，对工作人员的工作服做了明确要求：工作人员的工作服不应有可能被转动的机器绞住的部分；工作时应穿着工作服，衣服和袖口应扣好；禁止戴围巾和穿长衣服。工作服禁止使用尼龙、化纤或棉与化纤混纺的衣料制作，以防工作服遇火燃烧加重烧伤程度。工作人员进入生产现场禁止穿拖鞋、凉鞋、高跟鞋，禁止女性工作人员穿裙子。辫子、长发应盘在工作帽内。做接触高温物体的工作时，应戴手套和穿专用的防护工作服。以上要求只对机械工作人员，但为了安全起见，电气工作人员也应遵照此要求执行。

10-1-8 在金属容器内进行焊接时，应采取哪些防止触电的措施？

答：在蜗壳、钢管、尾水管、油箱、油槽以及其他金属容器内进行焊接工作时，应有下列防止触电的措施：①电焊时焊工应避免与铁件接触，要站立在橡胶绝缘垫上或穿橡胶绝缘鞋，并穿干燥的工作服；②容器外面应设有可看见和听见焊工工作的监护人，并应设有开关，以便根据焊工的信号切断电源；③应设通风装置，内部温度不得超过 40℃，禁止用氧气作为通风的风源，并且不准同时进行电焊及气焊工作。

另外，有关规程中还规定：①容器内使用的行灯，电压不准超过 12V。行灯变压器的外壳应可靠地接地，不准使用自耦变压器；②行灯用的变压器及电焊变压器均不得携入锅炉及金属容器内。为了安全起见，在实际工作中，对这些安全注意事项也应根据实际情况予以遵守。

10-1-9 使用行灯时，应注意哪些事项？

答：行灯是在水电站中进行维护和检修工作时，需要经常使用的工具之一，在使用时，应注意以下事项：①手持行灯电压不准超过 36V。在特别潮湿或周围均属金属导体的地方工作时，如在蜗壳、钢管、尾水管、油槽、油罐以及其他金属容器或水箱等内部，行灯的电压不准超过 12V；②行灯电源应由携带式或固定式的隔离变压器供给，变压器不准放在蜗壳、钢管、尾水管、油槽、油罐等金属容器的内部；③携带式行灯变压器的高压侧，应带插头，低压侧带插座，并采用两种不能互相插入的插头；④行灯变压器的外壳应有良好的接地线，高压侧宜使用单相两极带接地插头。此外，对于进入水轮机工作的行灯变压器和行灯线要有良好的绝缘、接地装置和漏电保护装置，尤其是拉入引水管、蜗壳、转轮室、尾水管内等工作场地的行灯电压不得超过 12V。

10-1-10 日常所使用的各种气瓶，对其颜色和字样有什么规定？

答：在水电站中，常用的气瓶主要有氧气瓶和乙炔瓶，其他的气瓶使用较少。在《国家电网公司电力安全工作规程（第3部分：水电厂动力部分）》（Q/GDW 1799.3—2015）中，为了保证各种气瓶的安全使用，对其颜色和字样，都做了明确规定。具体如下：氧气瓶应涂天蓝色，用黑色标明"氧气"字样；乙炔气瓶应涂白色，并用红色标明"乙炔"字样；氮气瓶应涂黑色，并用黄色标明"氮气"字样；二氧化碳气瓶应涂铝白色，并用黑色标明"二氧化碳"字样；氢气瓶应涂灰色，并用绿色标明"氢气"字样。其他气体的气瓶也应按规定涂色和标字。气瓶在保管、使用中，禁止改变气瓶的涂色和标志，以防止表层涂色脱落造成误充气。

10-1-11 进入发电机内进行检修工作，应做好哪些安全措施，有哪些注意事项？

答：发电机（电动机）检修应做好下列安全措施：①执行《国家电网公司电力安全工作规程（变电部分）》（Q/GDW 1799.1—2013）中10.3条有关内容，同时切断有关保护装置的交直流电源；②钢管无水压或做好防转有关措施；③切断检修设备的油、水、气来源。

而进入发电机（电动机）内部工作，其注意事项有：①进入内部工作的人员，无关杂物应取出，不得穿有钉子的鞋子入内；②进入内部工作的人员及其所携带的工具、材料等应登记，工作结束时要清点，不可遗漏；③不得踩踏磁极引出线及定子绕组绝缘盒、连接梁、汇流排等绝缘部件；④在发电机（电动机）内部进行电焊、气割等工作时应备有消防器材、做好防火措施，并采取防止电焊渣、铁屑等掉入发电机内部的措施；⑤在发电机（电动机）内凿下的金属、电焊渣、残剩的焊头等杂物应及时清理干净。

10-1-12 对油库设备的安全措施应注意哪些事项？

答：在水电站中，油库是重点的防火防爆区域，对其安全措施应格外重视，主要应注意以下事项：①发电厂内应划定油区。油区照明应采用防爆型，油区周围应设置围墙，其高度不低于2m，并挂有"严禁烟火"等明显的安全标示牌，动火要办理动火工作票。②油区应制定油区出入制度，进入油区应进行登记，交出火种，不准穿钉鞋和化纤衣服。③烘箱、加热器、微波炉等电器设备不得放置于储油罐室内。④作业人员离开储油罐室、油处理室和柴油发电机房前应切断滤油机、烘箱等电器设备的电源。⑤储油罐室、油处理室和柴油发电机房内应保持清洁，无油污，禁止储存其他易燃物品和堆放杂物。⑥储油罐室、油处理室和柴油发电机房的一切电气设施（如开关、刀闸、照明灯、电动机、电铃、自启动仪表接点等）均应为防爆型。电力线路应是暗线或电缆。不准有架空线。⑦油区内一切电气设备的维修，都应停电进行。⑧储油罐室、油处理室和柴油发电机房内应有符合消防要求的消防设施，应备有足够的消防器材，并经常处在完好的备用状态。⑨油区周围应有消防车行驶的通道，并经常保持畅通。⑩事故油池应保证足够容积。⑪储油罐室、油处理室和柴油发电机房内应保证良好的通风，地面应采用防滑材料。

10-1-13 风速对哪些工作有要求，在进行这些工作时，其具体要求如何？

答：在水电站的各项工作中，风速主要是对起重、高处作业、搭建脚手架、焊接和气割等其他室外工作有影响。在进行以上工作时，为了保证安全，《国家电网公司电力安全工作规程（第3部分：水电厂动力部分）》（Q/GDW 1799.3—2015）中对各种工作的风速要求如下。

（1）起重工作。对遇有 6 级以上的大风时，禁止露天进行起重工作，当风力达到 5 级以上时，受风面积较大的物体不宜起吊。

（2）高处作业。在 5 级及以上的大风以及暴雨、雷电、大雾等恶劣天气下，应停止露天高处作业。电力线路按 Q/GDW 1799.2—2013 的规定执行。

（3）搭拆脚手架。当有 5 级及以上大风和雾、雨、雪天气时，应停止脚手架搭设与拆除作业。

（4）焊接和气割。在风力超过 5 级时禁止露天进行焊接和气割。但风力在 5 级以下、3 级以上进行露天焊接和气割时，应搭设挡风屏以防火星飞溅引起火灾。

10-1-14　何为违章作业，什么叫习惯性违章，习惯性违章的主要表现形式有哪些？

答：在电力生产、施工中，凡是违反国家、部或上级主管制定的有关安全的法规、规程、条例、指令、规定、办法、有关文件，以及违反本单位制定的现场规程、管理制度、规定、办法、指令而进行的工作，称为违章作业。

习惯性违章则是指固守旧有的不良作业传统和工作习惯，工作中违反有关规章制度，违反操作规程、操作方法的行为。这是一种长期沿袭下来的违章行为，不是在一代人而是在几代人身上反复发生过；也不是在一个人身上偶尔出现，而是经常表现出来的违章行为。其表现形式主要有：不按规定穿戴工作服；进入施工作业现场不佩戴或不正确佩戴安全帽；高处作业时不系安全带和防坠器；工作时抽烟、喝酒、嚼槟榔；使用有缺陷的工器具；管理人员违规指挥等。

10-1-15　习惯性违章有哪些种类？造成违章主观心理因素和客观因素表现有哪些？

答：习惯性违章的种类按照其性质的不同分为：作业性违章、装置性违章、指挥性违章等三类。其中，作业（行为）性违章是指在电力生产过程中，不遵守国家、行业以及电厂颁发的各项规定、制度，违反保证安全的各项规定、制度及措施的一切不安全行为。通俗地讲，就是工作时违章。

装置性违章是指工作现场的环境、设备及工器具等不符合国家、行业的有关规定，以及反事故措施和保证人身安全的各项规定及技术措施，不能保证人身和设备安全的一切不安全状态。

指挥性违章是指班组长（含工作负责人、监护人等）及以上管理人员指挥或默许工作人员无票作业、使用有错误的作业指导书进行作业或擅自扩大工作范围，对需培训考试合格才能上岗的人员，未取得合格证书前就上岗工作等这些情况，视为指挥性违章。

而造成习惯性违章的主观心理因素有：①因循守旧，麻痹侥幸；②马虎敷衍，贪图省事；③自我表现，逞能好强；④玩世不恭，逆反心理。造成习惯性违章的客观因素主要有：①操作技能不熟练；②制度不完善；③安全监督不够等。

10-1-16　习惯性违章有什么特征，如何防止习惯性违章？

答：习惯性违章主要有三大特征：普遍性、反复性、顽固性。

对于如何防止习惯性违章，一般采用 3E 对策叠加法，即安全教育、安全措施、安全管理叠加使用。其具体内容是：用安全教育让员工明白哪些是违章行为，引导职工认识习惯性违章的危害；用安全检查去查找存在违章行为，排查习惯性违章行为，制定反习惯性违章措施；用考核去杜绝违章行为的再发生，加强对习惯性违章的处罚，引进纠正习惯性违章的激励机制。三者结合可大大降低违章行为的存在。另外，班组长及各级领导要起好模范带头作用。

10-1-17 什么叫误操作，误操作有哪些危害，什么是四不伤害原则？

答：误操作是指人员在执行操作指令和其他业务工作时，思想麻痹，违反《国家电网公司电力安全工作规程》和现场作业的具体规定，不履行操作监护制度，看错或误碰触设备造成的违背操作指令意愿的错误结果或严重后果。误操作是违章操作的典型反映，也是电力生产中恶性事故的综称。

所谓四不伤害原则，即指不伤害他人、不伤害自己、不被他人伤害、保护他人不受伤害。

10-1-18 何为特种作业及特种作业人员，在水电厂中的特种作业及人员范围有哪些？

答：根据国家安全生产监督管理局相关文件规定，特种作业是指容易发生人员伤亡事故，对操作者本人、他人及周围设施的安全可能造成重大危害的作业。直接从事特种作业的人员称为特种作业人员。

在水电厂中，特种作业及人员范围包括：①电工作业。含发电、送电、变电、配电工，电气设备的安装、运行、检修（维修）、试验工，矿山井下电钳工。②金属焊接、切割作业。含焊接工，切割工。③起重机械（含电梯）作业。含起重机械（含电梯）司机，司索工，信号指挥工，安装与维修工。④企业内机动车辆驾驶。含在企业内码头、货场等生产作业区域和施工现场行驶的各类机动车辆的驾驶人员。⑤登高架设作业。含 2m 以上登高架设、拆除、维修工，高层建（构）物表面清洗工。⑥锅炉作业（含水质化验）。含承压锅炉的操作工、锅炉水质化验工。⑦压力容器作业。含压力容器罐装工、检验工、运输押运工、大型空气压缩机操作工。

另外，制冷作业、矿山通风作业、矿山排水作业、采掘作业、矿山救护作业、危险物品作业，以及经国家安全生产监督管理局批准的其他作业等也属于特种作业范围。

10-1-19 起重设备"十不吊"的内容是什么，起重设备为什么要进行技术检验？

答：在进行起重工作时，为了遵照起重工作规范，保证起重工作安全，对起重工作列出了"十不吊"，其主要内容有：①斜吊不吊；②超载不吊；③散装物装得太满或捆扎不牢不吊；④指挥信号不明不吊；⑤吊物边缘锋利无防护措施不吊；⑥吊物上站人不吊；⑦埋在地下的构件不吊；⑧安全装置失灵不吊；⑨光线阴暗看不清吊物不吊；⑩6 级以上强风不吊。

起重设备一般是用来起吊重物并在空间进行移动的一种设备，由于其受力复杂，承载量大，万一发生故障，将导致严重后果，因此对新装、经过大修或改变重要性能的起重设备，在使用前必须进行技术检验。技术检验的主要内容包括：无负载试验、静负载试验和动负载试验。

10-1-20 什么叫事故？事故的等级如何划分？

答：事故是发生于预期之外的造成人身伤害或财产或经济损失的事件。按照《生产安全事故报告和调查处理条例》的规定，根据生产安全事故（以下简称事故）造成的人员伤亡或者直接经济损失，事故一般分为以下等级：

（1）特别重大事故，是指造成 30 人以上死亡，或者 100 人以上重伤（包括急性工业中毒，下同），或者 1 亿元以上直接经济损失的事故；

（2）重大事故，是指造成 10 人以上 30 人以下死亡，或者 50 人以上 100 人以下重伤，或者 5000 万元以上 1 亿元以下直接经济损失的事故；

（3）较大事故，是指造成 3 人以上 10 人以下死亡，或者 10 人以上 50 人以下重伤，或者 1000 万元以上 5000 万元以下直接经济损失的事故；

（4）一般事故，是指造成 3 人以下死亡，或者 10 人以下重伤，或者 1000 万元以下直接经济损失的事故。

10-1-21　在水电站中，什么是电力事故和事件？其有哪些类别？各是如何定义的？

答：参照《中国南方电网有限责任公司电力事故（事件）调查规程（试行）》（Q/CSG 210026—2011）中的定义。所谓电力事故是指在电力行业或系统中发生于预期之外的造成人身伤害或财产或经济损失的事件。电力事件是指未构成电力事故的人员受伤、设备损坏造成的直接经济损失、影响电力系统安全稳定运行或影响电力正常供应的事件。其包括电力人身伤亡事故（事件）、设备事故（事件）和电力安全事故（事件）等几类。

电力人身伤亡事故是指电力生产或电力建设中发生的人身伤亡事故。主要包括三种情形：员工在从事电力安全生产有关的工作过程中，发生人身伤亡（含生产性急性中毒造成的人身伤亡）的；员工在从事电力安全生产有关的工作中，发生本企业负有同等以上责任的交通事故，造成人员伤亡的；在电力生产区域内，外单位人员从事与电力安全生产有关的工作过程中，发生本企业负有责任的人身伤亡（含生产性急性中毒造成的人身伤亡）的。

设备事故是指在电力生产、电网运行过程中发生的发电设备或输变电设备损坏造成直接经济损失的事故。

电力安全事故是指电力生产、电网运行过程中发生的影响电力系统安全稳定运行或者影响电力（或热力）正常供应的事故（包括热电厂发生的影响热力正常供应的事故）。

10-1-22　在事故和事件中的"本企业负有责任"是指哪些情况？

答：在事故和事件中所指的"本企业负有责任"是指以下相关情况：

（一）资质审查不严，项目承包商不符合要求；

（二）在开工前未对承包商项目负责人、工程技术人员和安监人员进行全面的安全技术交底，或者没有完整的记录；

（三）对危险性生产区域内作业未事先进行专门的安全技术交底，未要求承包商制定安全措施，未配合做好相关的安全措施（包括有关设施、设备上未设置安全警告标志等）；

（四）未签订安全生产管理协议，或者协议中未明确各自的安全生产职责和应当采取的安全措施。

10-1-23　在电力事故（事件）中，对人身事故、设备事故的等级标准是如何划分的？

答：按照《生产安全事故报告和调查处理条例》的规定，并参照《中国南方电网有限责任公司电力事故（事件）调查规程（试行）》（Q/CSG 210026—2011）中的规定，对人身事故、设备事故的等级标准划分为特大事故、重大事故、较大事故、一般事故、一级事件、二级事件、三级事件、四级事件，具体划分标准见表 10-1-3。

表 10-1-3　　　　　　　　　　　　　电力事故（事件）划分标准

类型 / 等级		特大事故	重大事故	较大事故	一般事故	一级事件	二级事件	三级事件	四级事件
人身事故（事件）	一次事故造成人员死亡、重伤或轻伤	30 人以上死亡	10 人以上 30 人以下死亡	3 人以上 10 人以下死亡	3 人以下死亡	5 人以上轻伤	3 至 4 人轻伤	2 人轻伤	1 人轻伤
		100 人以上重伤	50 人以上 100 人以下重伤	10 人以上 50 人以下重伤	10 人以下重伤				
设备事故（事件）	一次事故造成直接经济损失	1 亿元以上	5000 万元以上 1 亿元以下	1000 万元以上 5000 万元以下	100 万元以上 1000 万元以下	50 万元以上 100 万元以下	25 万元以上 50 万元以下	10 万元以上 25 万元以下	电力生产设备、厂区建筑发生火灾，直接经济损失达 5 万元以上，10 万元以下

10-1-24　事故调查"四不放过"的原则是什么？事故调查报告应包括哪些内容？

答：事故调查"四不放过"的原则是：①对事故的原因没有查清不放过；②责任人员没有受到处理不放过；③整改措施没有落实不放过；④有关人员没有受到教育不放过。

事故调查报告的内容应包括：事故经过、基本事实、原因分析、结论意见、责任分析、处理意见、预防措施等。

10-1-25　什么是直接责任、次要责任、领导责任？

答：直接责任也就是主要责任，是指违章指挥、违章作业、过失和失职，直接导致事故发生、发展，在事故过程中起主导作用者。

次要责任是指由于过失、疏忽，在安全组织措施、安全技术措施等方面安排、布置不严密，未能及时制止事故的发生、发展。

领导责任指各级领导人员在其职责范围内未履行，或未正确履行安全生产责任制，或因工作计划、安排、组织、技术措施不落实，督促、检查、指导不够，对安全生产方针政策贯彻不力，对职工安全思想教育不够等，导致或影响了事故的发生、发展。

第二节　防火防爆与安全用电

10-2-1　什么是火灾，火灾的标准有哪几个等级，各是如何划分的？

答：火灾是一种造成国家、集体和人民财产损失，以及危及人民生命安全的失火灾害。火灾的标准根据其损失的不同，分为火警、火灾、重大火灾、特大火灾，其具体划分情况如下。

（1）火警。凡个人烧毁财物，直接损失折款不超过 50 元；国家和集体单位烧毁财物，直接损失折款不超过 100 元，并且没有发生人员死亡和重伤的均属火警。

（2）火灾。凡是烧毁个人财物，直接损失折款达 50 元以上；烧毁国家和集体单位财物，直接损失折款达 100 元以上；失火造成死亡或重伤一人的称为火灾。

（3）重大火灾。一次火灾损失折款达一万元以上；死亡三人以上或死伤五人；烧伤 10 人以上以及一次受灾居民达 30 户以上的称为重大火灾。

（4）特大火灾。一次火灾损失折款达 30 万元以上；死亡 10 人以上；受灾居民达 50 户以上的称为特大火灾。

10-2-2 火灾发生的原因有哪些？

答： 火灾发生的原因根据其产生原因的不同，分为直接原因和思想、管理上的原因。

（1）直接原因。①明火。指敞开外露的火焰、火星及灼热的物体等。明火有很高的温度和很大的热量，是引起火灾的主要火源。②电火花。是引起易燃气体、蒸气和粉尘着火爆炸的主要火源之一。电火花的来源有：开关断开、熔丝熔断、电气短路等。③雷电。雷击时，强大的电压、电流所产生的热量以及电火花。④化学能。有些化学反应放出热量、引起反应物自燃或导致其他物质的燃烧。

（2）思想、管理上的原因。①领导重视不够，缺乏必要的安全规章制度或执行制度不严，缺乏定期的安全检查以及经常的教育工作；②操作人员责任心不强，思想麻痹，违章作业或缺乏安全操作知识，不懂防火、灭火知识；③设计或工艺方法不妥当，不符合防火安全技术要求。

10-2-3 防止火灾的基本方法有哪些，其防火原理是什么？具体施用方法有哪些？

答： 根据物质燃烧的原理和灭火实践经验，防止火灾的基本方法是：控制可燃物、隔绝空气、消除着火源、阻止火势及爆炸波的蔓延等几种，其防火原理和具体施用方法见表10-2-1。

表 10-2-1　　　　　　　　　　防火原理和具体施用方法

防火方法	防火原理	具体施用方法举例
控制可燃物	破坏燃烧的基础，或缩小燃烧范围	（1）限制单位储运量 （2）加强通风，降低可燃气体、粉尘的浓度于爆炸下限以下 （3）用防火漆涂料浸涂可燃材料 （4）及时清除散漏在地面或染在车船体上的可燃物等
隔绝空气	破坏燃烧的助燃条件	（1）密封有可燃物的容器设备 （2）将钠存放在煤油中，黄磷存放在水中，二硫化碳用水封存，镍储存在酒精中
消除着火源	破坏燃烧的激发能源	（1）危险场所禁止吸烟、穿带钉子的鞋、用油气灯照明，应采用防爆灯及开关 （2）经常润滑轴承，防止摩擦生热 （3）玻璃涂白漆，防日光直射 （4）接地防静电 （5）安装避雷针防雷击等
阻止火势、爆炸波的蔓延	不使新的燃烧条件形成，防止火灾扩大，减少火灾损失	（1）在可燃气体管路上安装阻火器、安全水封 （2）有压力的容器设备装防爆膜、安全阀 （3）在建筑物之间留放火间距，筑防火墙 （4）危险货物车厢与机车隔离

10-2-4 灭火的基本方法有哪些，其原理是什么？施用方法又有哪些？

答： 一切灭火措施，都是为了破坏已经燃烧的某一个或几个燃烧必要条件，从而使燃烧停止，所以，根据燃烧的条件，灭火的基本方法有隔离法、窒息法、冷却法等，其具体情况见表10-2-2。

表 10-2-2 灭火的基本方法

灭火方法	灭火原理	具体施用方法举例
隔离法	使燃烧物和未燃烧物隔离，限定灭火范围	(1) 搬迁未燃烧物 (2) 拆除毗邻燃烧处的建筑物、设备等 (3) 断绝燃烧气体、液体的来源 (4) 放空未燃烧的气体 (5) 抽走未燃烧的液体或放入事故槽 (6) 堵截流散的燃烧液体等
窒息法	稀释燃烧区的氧量，隔绝新鲜空气进入燃烧区	(1) 往燃烧物上喷射氮气、二氧化碳 (2) 往燃烧物上喷洒雾状水、泡沫 (3) 用砂土埋燃烧物 (4) 用石棉被、湿麻袋捂盖燃烧物 (5) 封闭着火的建筑物和设备孔洞等
冷却法	降低燃烧物的温度于燃点之下，从而停止燃烧	(1) 用水喷洒冷却 (2) 用砂土埋燃烧物 (3) 往燃烧物上喷泡沫 (4) 往燃烧物上喷二氧化碳等

10-2-5 在电力系统中，为什么要重视防火（防爆）工作？

答：在电力系统中，防火（防爆）工作是一项十分重要的工作，各企业常把防止火灾事故当作反事故斗争的重点来对待，这是因为：

(1) 在电力系统中有大量燃料，如煤、原油、天然气等都是可燃物。若不遵守防火要求，随时都有发生火灾的危险。例如，原煤及煤粉的自燃着火、煤粉系统的爆炸、油罐爆炸、天然气调压站爆炸、锅炉炉膛爆炸以及燃油锅炉尾部再燃烧等。

(2) 电力系统的主要设备，如汽轮机、变压器及油开关等，其中都有大量的油；氢冷发电机组的氢气系统内有大量的氢气，这些都是易燃和易爆物，容易引起火灾。

(3) 在电力系统中，使用的电缆数量相当大，一个发电厂使用的电缆可达几十万米。电缆的绝缘材料易着火燃烧。

(4) 火灾一旦发生，其危害是非常严重的。火灾往往会把设备烧坏，以致全厂或系统停电，需较长时间才能修复，进而造成大批工矿企业停电停产，损失非常严重。

10-2-6 消防安全工作要经常化、制度化，使全体职工达到哪"三懂、三会、三能"？

答：在水电站中，消防安全工作已形成制度化，一般应每年定期进行演习或培训，使全体职工达到"三懂、三会、三能"。

所谓"三懂"，即懂得本岗位生产过程中或商品性质存在什么火灾危险；懂得怎样预防火灾的措施；懂得扑救火灾方法。

所谓"三会"，即会使用消防器材；会处理危险事故；会报警。

所谓"三能"，即能自觉遵守消防规章制度；能及时发现火灾；能有效扑救初起火灾。

10-2-7 在水电站中，防止火灾的基本措施有哪些？

答：在水电站中，根据其本身特点，对于防止火灾，一般有两大基本措施：一是基于消防水泵管网系统的自动喷水灭火系统；二是配备常用的如灭火器、砂箱等灭火设备。

其中，基于消防水泵管网系统的自动喷水灭火系统，它是按适当的间距和高度，装置一定数量喷头或喷嘴的喷水灭火系统。它利用火灾发生时产生的光、热及压力信号传感而自动启动，将水或以水为主的灭火剂喷向着火区域，扑灭火灾或控制火灾蔓延。自动喷水灭火系统是由水源、加压送水设备（水泵）、报警阀、管网、喷头及火灾探测系统等组成，其中加压送水设备一般为水电站供水系统的消防水泵。它广泛地适用于各种可用水灭火的场所，在水电站中，所布置的设备区和工作场所主要有：主厂房、水轮机层、电缆层、油库、主变厂、开关站、检修场、发电机内等处。喷水灭火系统按组成部件和工作原理的不同，分为 6 种类型，主要是湿式系统、干式系统、预作用系统、雨淋系统、水喷雾系统和水幕系统等。

10-2-8 在水电站中，常备的灭火器有哪几种，其性能及使用情况如何？

答：在水电站中，常用的灭火器有二氧化碳灭火器、干粉灭火器、泡沫灭火器等，各种灭火器的性能及使用情况见表 10-2-3。

表 10-2-3   常备的灭火器

种类	二氧化碳灭火器	四氯化碳灭火器	干粉灭火器	泡沫灭火器
规格	2kg 以下，2～3kg；5～7kg	2kg 以下，2～3kg；5～8kg	8kg；50kg	10L；65～130L
药剂	瓶内装有压缩成液态的二氧化碳	瓶内装有四氯化碳液体并加有一定压力	钢筒内装有钾盐或钠盐干粉，并备有盛装压缩气体的小钢瓶	钢筒内装有碳酸氢钠发泡剂和硫酸铝溶液
用途	不导电，扑救电气、精密仪器、油类和酸类火灾，不能扑救钾、钠、镁、铝等物质火灾	不导电，扑救电气设备火灾，不能扑救钾、钠、镁、铝、乙炔、二硫化碳等火灾	不导电，可扑救电气设备火灾，不宜扑救旋转电动机火灾，可扑救石油、石油产品、有机溶剂、天然气和天然气设备火灾	有一定导电性，扑救油类或其他易燃液体火灾，不能扑救带电物体火灾
效能	接近着火点，保持 3m 远	3kg 喷射时间 30s，射程 7m	8kg 喷射时间 14～18s，射程 4.5m；50kg 喷射时间 50～55s，射程 6～8m	10L 喷射时间 60s，射程 8m；65L 喷射时间 170s，射程 13.5m
使用方法	一手拿好喇叭筒对着火源，另一只手打开开关	只要打开开关，液体就可以喷出	提起圈环干粉即可喷出	倒过来稍加摇动或打开开关药剂即喷出
保养方法	置于取用方便的地方；注意使用期限；防止喷嘴堵塞；冬季防冻，夏季防晒	（同二氧化碳灭火器）	置于干燥、通风处，防受潮日晒	置于干燥处，避免曝晒、风吹、雨淋，冬季防冻
检查方法	每月测量一次，当低于原重 1/10 时，应充气	每月检查压力情况，少于规定压力时应充气	每年抽查一次干粉是否潮或结块，小钢瓶内气体压力每半年检查一次，如重量减少 1/10 应换气	一年检查一次重量，泡沫发生倍数低于 4 倍时应换药

10-2-9 油罐发生火灾后应如何扑救？

答：油罐火灾的扑救方法需根据油罐着火以后的燃烧情况而定。

（1）如罐顶敞口处出现稳定燃烧火焰，顶盖未被破坏，则应立即启动泡沫灭火系统扑救。也可以用水封法扑救，即用强力的水流封住罐顶的敞口，断绝油气，从而割切灭火，如

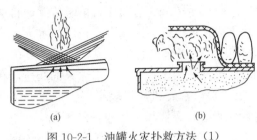

图 10-2-1 油罐火灾扑救方法（1）

(a) 水封法灭火；(b) 覆盖法

图 10-2-1（a）所示。还可以用覆盖法灭火：首先判别火焰情况，如火色发蓝、发白，说明油罐随时有爆炸的可能，扑救人员不能登上罐顶；如火色暗红，浓烟滚滚，说明缺氧，暂不具备爆炸的条件，扑救人员应抓紧有利时机登上罐顶，用浸湿的被褥、麻袋或石棉毡覆盖（在消防队员的水枪掩护下），火便因缺氧而熄灭。覆盖时如果油罐内的油气体压力太大，可以用沙袋或其他重物压住覆盖物而灭火，如图 10-2-1（b）所示。

（2）当油气体爆炸、油罐顶掀掉时，应立即启用泡沫泵向油罐内喷射泡沫。若是钢板油罐，则应同时启用淋水泵，冷却油罐的罐壁；如果泡沫产生器已遭破坏，可在罐壁旁挂上泡沫钩管，接通空气泡沫混合液向油罐内喷射泡沫，如图 10-2-2（b）所示。

（3）如果罐顶炸开以后没有飞掉，有部分浸没在油面以下，另一部分在油面以上，被顶盖遮住的那部分火焰不易被扑灭，这时可以采用提高液面的方法，使液面高于罐盖，然后再予以扑灭，如图 10-2-2（a）所示。

（4）油罐爆炸以后，有时油品外溢在防火堤内燃烧。为防止油品流淌到堤外，应关闭防火堤下水道上的防火闸门。如有安全地带，可临时将油排走。扑救油品外溢火灾时，应先扑救防火堤内的油火。

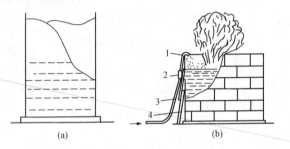

图 10-2-2 油罐火灾扑救方法（2）

(a) 提高液面扑救灭火；(b) 泡沫挂钩灭火器示意

1—钩管；2—泡沫产生器；3—水带；4—拉梯

（5）可以使用喷雾水枪进行油罐灭火。根据火场范围的大小，尽可能用多支水枪同时喷射，扑救人员站在上风处，把火焰逐步赶到一边加以扑灭，效果较好。

10-2-10　遇有电缆着火时如何处理？

答：在电力系统发供电单位中，使用的电缆很多。当电缆起火时，火势会沿着线路迅速蔓延，扩大到控制室或机房，引起严重的火灾和停电事故。同时，着火会产生大量的浓烟和有毒气体，对人体危害很大。当遇到电缆着火时，其扑救方法和注意事项如下。

（1）电缆着火燃烧时，不论什么情况，都应立即切断电源，并认真检查和找出起火电缆的故障点，同时迅速组织人员进行扑救。

（2）当敷设在沟中的电缆发生燃烧时，如果与其并排敷设的电缆有明显的燃烧可能，也应将这些电缆的电源切断。电缆若是分层排列的，则应先把起火电缆上面的受热电缆电源切断，再把和起火电缆并排的电缆电源切断，最后把起火电缆下面的电缆电源切断。

（3）在电缆起火时，为了避免空气流通以利迅速灭火，应将电缆沟的隔火门关闭或将两端堵死，采用窒息法进行扑救，这对电缆间隔小而电缆布置稠密的电缆沟较为有效。

（4）扑救电缆沟道等处的电缆火灾时，扑救人员应尽可能戴上防毒面具及橡皮手套，并穿绝缘靴。

（5）扑救电力电缆火灾时，可采用手提式干粉灭火器、1211 灭火器或二氧化碳灭火器灭火，也可用黄土和干砂进行覆盖灭火。如果用水灭火，则使用喷雾水枪也十分有效。

（6）在扑救电力电缆火灾时，禁止用手直接接触电缆铠甲，也不准移动电缆。

10-2-11 当变压器发生火灾时应如何扑救？

答：变压器一旦起火爆炸，顷刻之间便能蔓延成灾，而且不易扑救，其后果非常严重。因此，一旦变压器发生火灾，要迅速组织人员进行扑救，其方法如下。

（1）变压器起火后，应立即切断变压器各侧断路器，并向值班长和有关领导报告，迅速组织人员到现场扑救；同时赶快打火警电话，使消防人员尽快赶到现场进行扑救。

（2）若变压器油溢在变压器顶盖上着火，则应设法打开变压器下部的放油阀，使油流入蓄油坑内，油面低于着火处；当变压器内确实有直接燃烧的危险或外壳有爆炸的可能时，则必须把变压器的油全部放到蓄油坑里去。操作放油阀时，为保证操作人员的安全，最好用喷雾水枪隔离火源。

（3）在通向火区的通道上，应临时设立值勤保卫人员。扑救火灾要统一指挥，以免现场混乱。为预防变压器爆炸伤人，无关人员严禁靠近。

（4）对起火的变压器应使用干粉灭火器、1211灭火器或推车式泡沫灭火器进行灭火。一旦专业消防队赶到，则应以消防队为主进行灭火。在不得已的情况下，可用砂子覆盖灭火，严禁带电使用泡沫灭火器灭火，以防触电伤人。

（5）当火势继续蔓延扩大，可能波及其他设备时，应采取适当的隔离措施，必要时可用砂土堵挡油火；同时要防止着火油料流入电缆沟内。

（6）当变压器着火并威胁到装设在其上部的电气设备或当烟灰、油脂飞落到正在运行的设备和架空线上（如露天的升压站或开关站）时，必须设法切断此类设备的电源。

（7）对于大型变压器的火灾，可用设置的固定式自动水喷雾灭火系统或1211灭火系统进行灭火，其效果甚佳。对一般的变压器火灾，也可使用喷雾水枪进行灭火。

10-2-12 遇有电气设备着火时，应如何进行灭火处理？

答：在《安规（水电厂动力部分）》一般安全措施的一般电气安全规定4.3.7中，对遇有电气设备着火时如何处理，做了明确说明，其具体内容为：遇有电气设备着火时，应立即将有关设备的电源切断，然后进行救火。对可能带电的电气设备以及发电机、电动机等，应使用干式灭火器、二氧化碳灭火器灭火；对油开关、变压器（已隔绝电源），可使用干式灭火器等灭火，不能扑灭时再用泡沫式灭火器灭火，不得已时可用干砂灭火；地面上的绝缘油着火，应用干砂灭火。扑救可能产生有毒气体的火灾（如电缆着火等）时，扑救人员应使用正压式消防空气呼吸器。

10-2-13 什么是动火作业，动火作业区的级别有哪几级，各是怎样规定的？

答：所谓动火作业，是指在禁火区进行焊接与切割作业及在易燃易爆场所使用喷灯、电钻、砂轮等可能产生火焰、火花和炽热表面的临时性作业。在发电厂中，根据防火区的重要性，动火区分为一级动火区和二级动火区。其中，一级动火区，是指火灾危险性很大，发生火灾时后果很严重的部位或场所；二级动火区，是指一级动火区以外的所有防火重点部位或场所以及禁止明火区。

10-2-14　在发电厂中，其一级动火区和二级动火区的范围各是如何划分的？

答：根据动火级别的不同，对发电厂一级动火范围和二级动火范围的划分如下。

一级动火范围：油区和油库围墙内；油管道及与油系统相连的汽水管道、油箱；制氢储氢设备及氢管道，制氢室内，氢系统 10m 范围内；锅炉制粉系统的粉仓内、粉仓上方明火作业有可能造成粉尘爆炸的、绞笼、细粉分离器等区域（除此之外的部位列为二级动火区域）；危险品仓库及汽车加油站、液化气站内；变压器等注油设备、蓄电池室；其他需要纳入一级动火管理的部位。

二级动火范围：与燃油系统能加堵板隔离的汽水管道；油管道支架及支架上的其他管道；动火地点有可能火花飞溅落至易燃易爆物体附近；氢系统 10m 范围外；电缆沟道（竖井）内、隧道内、电缆夹层；调度室、控制室、通信机房、电子设备间、计算机房、档案室；其他需要纳入二级动火管理的部位。

10-2-15　电流对人体的伤害会怎样，伤害的形式有哪些？

答：电流对人体会造成多种伤害，如伤害呼吸、心脏和神经系统，使人体内部组织破坏，乃至最后死亡。当电流流经人体时，人体会产生不同程度的刺痛和麻木，并伴随不自觉的肌肉收缩。触电者会因肌肉收缩而紧握带电体，不能自主摆脱电源。此外，胸肌、膈肌和声门肌的强烈收缩会阻碍呼吸，甚至导致触电者窒息死亡。

人体触及带电体时，电流通过人体，对人体造成伤害，其伤害的形式主要有电击和电伤两种。其中，电击是当人体直接接触带电体时，电流通过人体内部，对心脏、呼吸和神经系统等内部组织造成的伤害。电击是最危险的触电伤害，多数触电死亡事故是由电击造成的。

而电伤是指电流对人体外部（表面）造成的局部创伤，电伤往往在肌肤上留下伤痕，严重时，也可导致人的死亡。电伤根据其产生伤害的不同，分为灼伤、电烙印、皮肤金属化等三类。

10-2-16　电伤对人体所造成的几种伤害各有什么特征？

答：电伤分为灼伤、电烙印、皮肤金属化三类。其特征各有不同，具体如下。

（1）灼伤。是指电流热效应产生的电伤。最严重的灼伤是电弧对人体皮肤造成的直接烧伤。例如，当发生带负载拉刀闸、带地线合刀闸时，产生的强烈电弧会烧伤皮肤。灼伤的后果是：皮肤发红、起泡，组织烧焦并坏死。

（2）电烙印。是指电流化学效应和机械效应产生的电伤。电烙印通常在人体和带电部分接触良好的情况下才会发生。其后果是：皮肤表面留下和所接触的带电部分形状相似的圆形或椭圆形的肿块痕迹。电烙印有明显的边缘，且颜色呈灰色或淡黄色，受伤皮肤硬化。

（3）皮肤金属化。是指在电流作用下，产生的高温电弧使电弧周围的金属熔化、蒸发并飞溅渗透到皮肤表层所造成的电伤。其后果是皮肤变得粗糙、硬化，且呈现一定颜色。根据人体表面渗入金属的不同，呈现的颜色也不同，一般渗入铅为灰黄色，渗入紫铜为绿色，渗入黄铜为蓝绿色。金属化的皮肤经过一段时间后会逐渐剥落，不会永久存在而造成终身痛苦。

10-2-17　影响电流对人体伤害程度的主要因素有哪些？

答：电流对人体伤害的程度与以下因素有关。

（1）电流大小。通过人体的电流越大伤害也越严重。一般来说，通过人体的交流电（50Hz）超过 10mA（毫安）、直流电超过 50mA 时，触电者自己难以摆脱电源，这时就有生命危险。

（2）人体电阻。皮肤如同人的绝缘外壳，在触电时起着一定的保护作用。当人体触电时，流过人体的电流与人体的电阻有关，人体电阻越小，通过人体的电流越大，也就越危险。

（3）通电时间长短。电流通电时间越长，对人体组织的破坏越厉害，后果也越严重。通常可用触电电流大小与触电时间的乘积（称为电击能量）来反映触电的危害程度。

（4）电流频率。常用的 50～60Hz 工频交流电对人体的伤害最为严重，而频率偏离工频越远，对人体的伤害就越轻，即 50～60Hz 电流最危险；小于或大于 50～60Hz 的电流，危险性降低。

（5）电压高低。其接触的电压越高，通过人体的电流越大。所以电压越高越危险。

（6）电流途径。电流通过心脏会引起心室颤动，甚至使心脏停止跳动，这两者都会使血液循环中断而导致死亡；电流通过中枢神经系统会引起中枢神经强烈失调而导致死亡。经研究表明：最危险的途径是从手到胸部到脚；较危险的途径是从手到手；危险较小的途径是从脚到脚。

（7）人体状况。人体状况与触电伤害程度关系密切。①性别。女性对电的敏感性比男性高，触电后，更难以摆脱。②年龄。在遭受电击后，小孩的伤害程度要比成年人重。③健康状况。健康状况较差的人比健康人更易受电伤害。④精神状态。精神状态欠佳会增加触电伤害程度。

10-2-18　什么是感知电流、摆脱电流、致命电流，其大小大概各为多少？

答：根据电流的大小对人体所产生的反应不同，将电流分为感知电流、摆脱电流、致命电流等几种，其定义与数值见表 10-2-4。

表 10-2-4　　　　　　　　　感知电流、摆脱电流和致命电流

名称	定义	对成年男性（mA）		对成年女性（mA）
感知电流	引起人有感觉的最小电流	工频	1.1	0.7
		直流	5.2	3.5
摆脱电流	人体触电后能自主地摆脱电源的最大电流	工频	16	10.5
		直流	76	51
致命电流	在较短时间内危及生命的最小电流	工频	30～50	
		直流	1300（0.3s）、50（3s）	

10-2-19　人体电阻是不是固定不变的，它与哪些因素有关？

答：人体电阻不是固定不变的，它的数值随着接触电压的升高而下降，见表 10-2-5；又随皮肤的条件不同而在很大范围内变动，见表 10-2-6。皮肤潮湿、多汗、有损伤、带有导电性粉尘，以及电极与皮肤的接触面积加大、接触压力增加等情况下，人体电阻都会降低。不同类型的人，其人体电阻也不同，一般认为人体电阻为 1000～2000Ω（欧）（不计皮肤角质层电阻）。

表 10-2-5　　　　　　　　　不同条件下人体电阻

接触电压（V）	人体电阻（Ω）			
	皮肤干燥	皮肤潮湿	皮肤湿润	皮肤浸入水中
10	7000	3500	1200	600
25	5000	2500	1000	500
50	4000	2000	875	440
100	3000	1500	770	375
250	1500	1000	650	325

表 10-2-6　　　　　　　　　　随电压变化的人体电阻

接触电压（V）	12.5	31.3	62.5	125	220	250	380	500	1000
人体电阻（Ω）	16 500	11 000	6240	3530	2222	2000	1417	1130	640

10-2-20　什么是安全电流和安全电压，其值各是多少？

答：一般情况下，可以把摆脱电流看作是人体允许的电流，只要流过人体的电流小于摆脱电流，即可把摆脱电流认为是安全电流。通过试验得知，通常把 50～60Hz、10mA 及直流 50mA 确定为人体的安全电流值。当通过人体的电流低于这个数值时，一般是不会受到伤害的。

在各种不同环境条件下，人体接触到有一定电压的带电体后，其各部分组织（如皮肤、心脏、呼吸器官和神经系统等）不发生任何损害，该电压称为安全电压。它是为了防止触电事故而采用的由特定电源供电的电压系列，是制定安全措施的依据。安全电压是以人体允许通过的电流与人体电阻的乘积来表示的。国际电工委员会规定接触电压的限定值为 50V，即低于 50V 的对地电压为安全电压。并规定在 25V 以下时，不需考虑防止电击的安全措施。

10-2-21　安全电压有哪些等级，如何根据实际情况选用？

答：根据我国具体条件和环境，我国规定的安全电压等级是：42，36，24，12，6V 等 5 个等级。当电气设备的额定电压超过 24V 安全电压等级时，应采取直接接触带电体的保护措施。

电气设备的安全电压应根据使用场所、操作人员条件、使用方式、供电方式和线路状况等多种因素进行选用，我国对此还无具体规定，一般可结合实际情况选用。目前我国采用的安全电压以 36V 和 12V 较多。发电厂生产场所以及变电站等处使用的行灯电压一般为 36V，在比较危险的地方或工作地点狭窄、周围有大面积接地体、环境湿热场所，如电缆沟、煤斗、油箱等地，所用行灯的电压一般规定不准超过 12V。

10-2-22　人体的触电方式有几种？哪种最危险，什么是接触电压？

答：人体触电的基本方式有三种，分别为：单相触电；两相触电；跨步电压、接触电压和雷击电压触电。单相与两相触电都是人体与带电体的直接接触触电，其中两相触电最危险。

接触电压是指人站在发生接地短路故障设备的旁边，触及漏电设备的外壳时，其手、脚之间所承受的电压。由接触电压引起的触电称为接触电压触电。在发电厂和变电站中，一般电气设备的外壳和机座都是接地的，正常时，这些设备的外壳和机座都不带电。但当设备发生绝缘击穿、接地部分破坏，设备与大地之间产生电位差（即对地电压）时，人体若接触这些设备，其手脚之间便会承受接触电压而触电。

10-2-23　什么是跨步电压，为什么跨步电压触电会造成不良后果？

答：当电气设备发生接地故障（绝缘损坏）或线路发生一相带电导线断线落在地面时，故障电流（接地电流）就会从接地体或导线落地点向大地流散，形成如图 10-2-3 所示的对地电位分布。由图看出，电流入地点的距离越小，电位越高；电流入地点的距离越大，电位越低；在远离电流入地点 20m 以外处，电位近似为零。如果有人进入 20m 以内区域行走，其两脚之间（人的跨步一般按 0.8m 考虑）的电位差就是跨步电压。由跨步电压引起的触电，就称为跨步电压触电。如高压架空导线断线或支持绝缘子绝缘损坏而发生对地击穿时，在导线落地点或绝缘对地击穿点处的地面电位异常升高，在此附近行走或工作的人员，就会发生跨步电压触电。

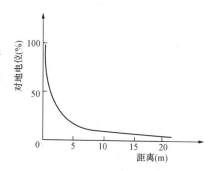

图 10-2-3　对地电位分布

人体承受跨步电压时，电流一般是沿着人的下身，即从脚到腿到胯部到脚流过，与大地形成通路，电流很少通过人的心脏等重要器官，看起来似乎危害不大，但是，跨步电压较高时，人就会因双脚抽筋而倒在地上，这不但会使作用于身体上的电压增加，还有可能改变电流通过人体的路径而经过人体重要器官，因而大大增加了触电的危险性。经验证明，人倒地后即使电压持续作用 2s，也会发生致命的危险。

10-2-24　防止人身触电的技术措施有哪些，什么是工作接地，它有什么作用？

答： 人身触电事故的发生一般有下列两种情况：一是人体直接触及或靠近电气设备的带电部分；二是人体触碰平时不带电、因绝缘损坏而带电的金属外壳或金属构架。为防止人身触电事故，除思想上重视、认真执行《安规》之外，还应该采取必要的技术措施，一般有保护接地、保护接零、工作接地等几种，通过这些措施可以减小或是消除触电给人所带来的伤害。

对于工作接地，则是将电力系统中的某一点（通常是中性点）直接或经特殊设备（如消弧线圈、电抗、电阻等）与地作金属连接，称为工作接地。其作用有：①降低人体的接触电压。②迅速切断电源。在中性点绝缘系统中，当一相碰地时，由于接地电流很小，故保护设备不能迅速动作切断电源，因此接地故障将长时间持续下去，这对人身是很不安全的，在中性点接地系统中，情况就不同了，当一相碰地时，接地电流成为很大的单相短路电流，它能使保护装置迅速动作而切断电源，从而保护人体免于触电。③降低电气设备和输电线路的绝缘水平。④满足电气设备运行中的特殊需要，如减轻高压窜入低压的危险性。

10-2-25　什么是保护接地，什么是保护接零，其各自的含义和适用范围怎样？

答： 保护接地和保护接零的含义和适用范围见表 10-2-7。

表 10-2-7　　　　　　　　　保护接地和保护接零的含义和适用范围

	含义	适用范围	备注
保护接地	为防止人身因电气设备绝缘损坏而遭受触电，将电气设备的金属外壳与接地体连接，称为保护接地	保护接地适用于中性点不接地的低压电网中。在中性点直接接地的低压电网中，电气设备不采用保护接地是危险的。采用了保护接地，仅能减轻触电的危险程度，但不能完全保证人身安全	中性点不接地系统的保护接地原理图 （a）无保护接地时；（b）有保护接地时

含义	适用范围	备注
为防止人身因电气设备绝缘损坏而遭受触电，将电气设备的金属外壳与电网的零线（变压器中性线）相连接，称为保护接零	适用于三相四线制中性点直接接地的低压电力系统中。当采用保护接零时，除电源变压器的中性点必须采取工作接地外，零线要在规定的地点采取重复接地	接零保护原理示意图 （a）未采用接零措施；（b）已采用接零措施

（左侧栏标题：保护接零）

10-2-26 在保护接零中，对接零装置有什么要求？

答： 为了使保护接零能够起到较好的保护作用，对接零装置有如下要求。

（1）零线上不能装熔断器和断路器，以防止零线回路断开时零线出现相电压而引起触电事故。

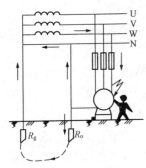

图 10-2-4 重复接地

（2）在同一低压电网中（指同一台变压器或同一台发电机供电的低压电网），不允许将一部分电气设备采用保护接地，而另一部分电气设备采用保护接零，否则接地设备发生碰壳故障时，零线电位升高，接触电压可达到相电压的数值，这就增大了触电的危险性。

（3）在接三眼插座时，不准将插座上接电源零线的孔与接地线的孔串接，否则零线松掉或折断就会使设备金属外壳带电；若零线和相线接反，也会使外壳带电；正确的接法是接电源零线的孔同接地的孔分别用导线接到零线上。

（4）除中性点必须良好接地外，还必须将零线重复接地，如图 10-2-4 所示。所谓重复接地，就是指零线的一处或多处通过接地体与大地再次连接。重复接地可降低漏电设备外壳的对地电压，减小零线断线时的触电危险，缩短碰壳或接地短路持续的时间。

10-2-27 什么是漏电保护器，其作用与空气开关有什么区别？

答： 漏电保护器是以检测漏电电流而动作的保护装置。在规定的条件下，当漏电电流达到或超过额定值时，能自动切断电路。它在反映触电和漏电方面具有较高的灵敏度和快速性。因此，漏电保护器不但能有效地保护人身和设备安全，而且还能监督电气线路、设备的绝缘情况。

空气开关的正确名称叫作空气断路器。空气断路器一般为低压，即额定工作电压为 1kV。空气断路器是具有多种保护功能，能够在额定电压和额定工作电流状况下切断和接通电路的开关装置。其保护功能的类型及保护方式由用户根据需要选定。如短路保护、过电流保护、分励控制、欠电压保护等。其中，前两种保护为空气断路器的基本配置，后两种为选配功能。所以空气断路器能在故障状态（负载短路、负载过电流、低电压等）下切断电气回路。

由此可见，漏电保护器与空气开关的保护功能各有不同。漏电保护器主要是在有漏电电流时动作（自动断开），起漏电保护；而空气开关则是在短路、过电流、欠电压时动作。

10-2-28 漏电保护器有哪些类型，其主要技术参数是什么，对其使用有什么要求？

答： 漏电保护器根据其检测信号可分为电压型和电流型；按脱扣形式可分为电磁式和电子式；按其保护功能和结构特征又分为漏电开关、漏电断路器、漏电继电器、漏电保护插座等。

漏电保护器的主要技术参数是动作电流和动作时间。按漏电动作电流可分为：30mA 及以下属高灵敏型；30mA 以上至 100mA 及以下属中灵敏型；100mA 以上属低灵敏型。漏电保护器动作时间决定于保护要求，一般有以下几类：快速型，动作时间不超过 0.1s；延时型，动作时间不超过 0.1～1s；反时限型，漏电电流为动作电流时，动作时间不超过 1s；2 倍动作电流时不超过 0.2s；5 倍动作电流时动作时间不超过 0.03s。

为保证人身安全和线路、设备的正常运行，防止事故的发生，在以下用电场所，按规定一般需安装漏电保护器：①触电、防火要求较高的场所均应安装漏电保护器；②对新制造的低压配电柜、动力柜、开关柜、操作台、试验台以及机床、起重机械、各种传动机械等机电设备的配电箱，在考虑设备过载、短路、失电压、断相等保护的同时，必须考虑漏电保护；③建筑施工场所、临时线路的用电设备必须安装漏电保护器。因此，一般在每个配电箱的插座回路上和全楼总配电箱的电源进线上都安装有漏电保护器，后者则主要用于防电气火灾。

第三节 紧 急 救 护 法

10-3-1 什么是紧急救护法，它包含哪些内容？

答： 紧急救护法，就是指各种紧急情况下的救护方法。其内容包括：触电急救；心肺复苏法；外伤救护；烧伤急救；中暑、中毒、溺水急救；冻伤急救等。

10-3-2 现场紧急救护的通则是什么？

答： 根据国家电网公司发布的 2005 版《国家电网公司电力安全工作规程（变电站和发电厂电气部分）》的规定，现场紧急救护的通则要求如下。

（1）紧急救护的基本原则是：在现场采取积极措施保护伤员生命，减轻伤情，减少痛苦，并根据伤情需要，迅速联系医疗部门救治。急救的成功条件是动作快，操作正确。任何拖延和操作错误都会导致伤员伤情加重或死亡。

（2）要认真观察伤员全身情况，防止伤情恶化。发现呼吸、心跳停止时，应立即在现场就地抢救，用心肺复苏法支持呼吸和循环，对脑、心等重要脏器供氧。应当记住在心脏停止跳动后，只有分秒必争地迅速进行抢救，救活的可能性才较大。

（3）现场工作人员都应定期进行培训，学会紧急救护法，即学会正确解脱电源，会心肺复苏法，会止血、会包扎，会转移搬运伤员，会处理急救外伤或中毒等。

（4）生产现场和经常有人工作的场所应配备急救箱，存放急救用品，并应指定专人经常检查、补充或更换急救用品。

10-3-3 触电急救的基本原则是什么？

答： 其基本原则是：①当发现有人触电时，切不可惊慌失措，应设法尽快将触电人所接触的带电设备的开关或其他断路设备断开，使触电者脱离电源。这是减轻伤害和救护触电者的关键和首要工作。②当触电者安全脱离电源后，救护者要熟悉救护方法，施行人工呼吸和胸外心脏按压时，一定要按照规定动作进行操作，只有动作准确，救治才会有效。③抢救触电者一定要在现场或附近就地进行，千万不要长途护送到医院或本部门去进行抢救，这样会延误抢救，影响救治效果。④救治要分秒必争，坚持不懈地进行，要有信心、耐心，不要因一时抢救无效而放弃抢救。⑤救护人员在救治他人的同时要切记注意保护自己，如在触电者未脱离电源之前，救护人员在尚未采取任何安全措施的情况下千万不能用手直接去拉触电人，防止发生救护人触电事故。⑥若触电人所处的位置较高，必须采取一定的安全措施，以防断电后，触电者从高处摔下。⑦救护时应保持头脑冷静清醒，应观察场地和周围环境，要分清是高压还是低压触电，以便做到忙而不乱，并采取相应的正确措施使触电者脱离电源，而救护人又不致触电。⑧夜间发生触电事故，为救护触电伤员而切除电源时，有时照明会同时失电，因此应考虑事故照明、应急灯等临时照明，以利救护。

10-3-4　有的人触电"死亡"后，为什么还能救活，其关键在哪里？

答：人的生命终止分为濒死、临床死亡、生理死亡三个阶段。濒死，就是生命处于血压下降、呼吸困难、心跳微弱的危险阶段；临床死亡，就是呼吸、心跳停止；生理死亡，就是组织细胞逐渐死亡。人体触电后，虽然有的心跳、呼吸停止了，但是可能属于濒死或临床死亡。如果抢救正确及时，一般还是有可能救活的。

触电者的生命能否获救，其关键在于能否迅速脱离电源和进行正确的紧急救护。经验证明：触电后 1min 内急救，有 $60\%\sim90\%$ 的救活可能；$1\sim2$min 内急救，有 45% 左右的救活可能；如果经过 6min 才进行急救，则只有 $10\%\sim20\%$ 的救活可能；超过 6min，救活的可能性就更小，但是还有救活的可能。

10-3-5　触电急救的程序如何，如何进行？

答：当发生触电事故时，触电急救的程序主要分为以下两大步。

（1）脱离电源。要根据触电现场的具体情况（是低压电还是高压电），选择正确脱离电源的方法，以最快的速度将电源脱离。

（2）对症抢救。当触电者脱离电源后，应马上判断其意识，并进行呼救，同时将伤员旋转至适当体位，然后根据不同情况进行相应的抢救。

10-3-6　使触电者迅速脱离低压电源的方法有哪些？

答：对于低压触电，使触电者脱离低压电源的主要方法有以下几种。

（1）切断电源。如果电源开关或者插座就在附近，应迅速拉开开关或者拔掉插头等。

（2）割断电源线。如果电源开关或插座离触电地点很远，则可用带绝缘柄的电工钳或者用装有干燥木柄的斧头、锄头、铁锹等利器把电源侧的电线砍断。割断点最好选在靠电源侧有支持物处，以防被砍断的电源线触及他人或救护人。

（3）挑、拉电源线。如果电线断落在触电人身上或压在触电人身下，并且电源开关又不在触电现场附近时，救护者可用干燥的木棍、竹竿、扁担等一切身边可能拿到的绝缘物把电线挑开，或用干燥的绝缘绳索套拉导线或触电者，使其脱离电源。

（4）拉开触电者。如果救护人身边什么工具也没有，在场救护人员可戴上绝缘手套或用干燥的衣服、帽子、围巾等物把一只手缠包起来，去拉触电人的干燥衣服。当附近有干燥的木板、木凳时，则可站在其上去拉更好（可增加绝缘）。但要注意：为使触电者与导电体解脱，救护人最好用一只手去拉，切勿碰触电者触电的金属物体或裸露身躯。

（5）采取相应措施救护。如果电流通过触电者入地，并且触电者紧握电线，则可设法用干木板塞到触电人身下使其与地隔离，然后用绝缘钳或其他绝缘器具（如干木把斧头等）将电线剪（切）断，救护人员在救护过程中也要尽可能站在干木板上或绝缘垫上。

10-3-7　使触电者脱离高压电源的方法有哪些？

答： 脱离高压电源的方法和低压不同，高压电源情况下使用低压工具是不安全的，当发生高压触电时，可采用下列方法之一使触电者脱离电源：①立即通知有关供电单位或用户停电；②戴上绝缘手套，穿上绝缘靴，用相应电压等级的绝缘工具按顺序拉开电源开关或熔断器；③抛掷裸金属线使线路短路接地，迫使保护装置动作，断开电源。注意抛掷金属线之前，应先将金属线的一端固定可靠接地，然后另一端系上重物抛掷，抛掷的一端不可触及触电者和其他人。另外，抛掷者抛出线后，要迅速离开接地的金属线8m以外或双腿并拢站立，防止跨步电压伤人。在抛掷短路线时，应注意防止电弧伤人或断线危及人员安全。

10-3-8　当触电者脱离电源后，如何根据不同情况进行对症抢救？

答： 触电者脱离电源以后，现场救护人员应迅速对触电者的伤情进行判断，要根据触电伤员的不同情况，对症抢救。同时设法联系急救中心的医生到现场接替救治。

（1）触电者神志清醒、有意识，心脏跳动，但呼吸急促、面色苍白，或曾一度昏迷、但未失去知觉。此时不能用心肺复苏法抢救，应将触电者抬到空气新鲜、通风良好的地方躺下，安静休息1～2h，让他慢慢恢复正常。天凉时要注意保温，并随时观察呼吸、脉搏变化。

（2）触电者神志不清，判断意识无，有心跳，但呼吸停止或极微弱时，应立即用仰头抬颏法，使气道开放，并进行口对口人工呼吸。此时切记不能对触电者施行心脏按压。如此时不及时用人工呼吸法抢救，触电者将会因缺氧过久而引起心跳停止。

（3）触电者神志丧失，判定意识无，心跳停止，但有极微弱的呼吸时，立即用心肺复苏法抢救。不能认为尚有微弱呼吸，只需做胸外按压，因为这种微弱呼吸已起不到人体需要的氧交换作用，如不及时进行人工呼吸即会发生死亡，若能立即施行人工呼吸法和胸外按压，就能抢救成功。

（4）触电者心跳、呼吸停止时，应立即进行心肺复苏法抢救，不得延误或中断。

（5）触电者和雷击伤者心跳、呼吸停止，并伴有其他外伤时，应先迅速进行心肺复苏急救，然后再处理外伤。

（6）发现杆塔上或高处有人触电，要争取时间及早在杆塔上或高处开始抢救。触电者脱离电源后，应迅速将伤员扶卧在救护人的安全带上（或在适当地方躺平），然后根据伤者的意识、呼吸及颈动脉搏动情况来进行前五项不同方式的急救。应提醒的是，高处抢救触电者，迅速判断其意识和呼吸是否存在是十分重要的。若呼吸已停止，开放气道后立即口对口（鼻）吹气2次，再测试颈动脉，如有搏动，则每5s继续吹气1次；若颈动脉无搏动，可用空心拳头叩击心前区2次，促使心脏复跳。若需将伤员送至地面抢救，应再口对口（鼻）吹气4次，然后立即用绳索参照《安规》中的正确下放方法，迅速放至地面，并继续按心肺复苏法坚持抢救。

（7）触电者衣服被电弧光引燃时，应迅速扑灭其身上的火源，着火者切忌跑动，可利用衣服、被子、湿毛巾等扑火，必要时可就地躺下翻滚，使火扑灭。

10-3-9 什么情况下应视为"假死"，假死有哪些类别？

答： 人触电以后，往往会出现神经麻痹、昏迷不醒，甚至呼吸中断、心脏停止跳动等症状，从外表看好像已经没有恢复生命的希望了，但只要没有明显的致命内外伤，一般并不是真正的死亡。一般来说，触电者死亡后有以下 5 个特征：①心跳、呼吸停止；②瞳孔放大；③尸斑；④尸僵；⑤血管硬化。如果以上 5 个特征中有一个尚未出现，都应视为"假死"。

根据临床表现，"假死"分成三类：①心跳停止，但尚能呼吸；②呼吸停止，心跳尚存在，但脉搏很微弱；③心跳呼吸均停止。对于以上假死状态的伤员，还应坚持抢救。如果触电者在抢救过程中出现面色好转、嘴唇逐渐红润、瞳孔缩小、心跳和呼吸逐渐恢复正常，即可认为抢救有效。至于伤员是否真正死亡，只有医生才能有权做出诊断结论。

10-3-10 什么是心肺复苏法，其支持生命的三项基本措施是什么？

答： 心肺复苏法就是根据伤员心跳和呼吸突然停止的不同情况，分别采取的一种支持心跳和呼吸的措施，用以对病人实施急救。呼吸和心脏跳动是人存活的基本特征，一旦呼吸停止，肌体则不能建立正常的气体交换而死亡。同样，心脏一旦停止跳动，机体则因血液循环中止、缺乏氧气和养料而丧失正常功能，也会死亡。在现场若发现伤员心跳和呼吸突然停止，则应采用现场心肺复苏法来进行抢救。只要抢救及时，复苏成功率还是很高的。

在进行心肺复苏法时，其支持生命的三项基本措施是：通畅气道（清理口腔异物）、人工呼吸和胸外心脏按压。

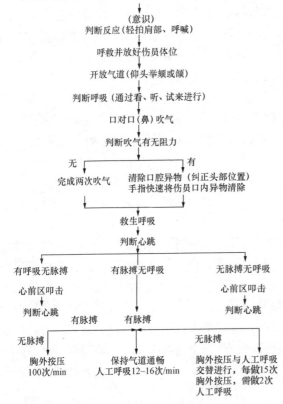

图 10-3-1 现场心肺复苏的抢救程序

10-3-11 现场心肺复苏法的抢救步骤怎样，其有效指标有哪些？

答： 心肺复苏法的抢救步骤，视其情况不同，程序也有所区别，具体如图 10-3-1 所示。并注意在持续进行心肺复苏情况下，应由专人护送医院进一步抢救。在急救中判断心肺复苏法是否有效，其有效指标主要有以下几个方面。

（1）瞳孔。复苏有效时，可见伤员瞳孔由大变小。如瞳孔由小变大、固定、角膜混浊，则说明复苏无效。

（2）面色（口唇）。复苏有效，可见伤员面色由紫色转为红润，如若变为灰白，则说明复苏无效。

（3）颈动脉搏动。按压有效时，每一次按压可以摸到一次搏动，如若停止按压，搏动也消失，应继续进行心脏按压；如若停止按压后，脉搏仍然跳动，则说明伤员心跳已恢复。

（4）神志。复苏有效，可见伤员有眼球活动，睫毛反射与对光反射出现，甚至手脚开始抽动，肌张力增加。

（5）出现自主呼吸。伤员自主呼吸出现，并不意味可以停止人工呼吸。如果自主呼吸微弱，仍应坚持口对口呼吸。

第四节 安 全 用 具

10-4-1 安全用具的作用是什么，它们有哪些类别？

答：安全用具是防止触电、坠落、电弧烧伤等工伤事故，保障工作人员安全的各种专用工具和用具。安全用具的分类根据其作用的不同，分为绝缘（电气）安全用具和一般防护安全用具两大类。绝缘安全用具根据其功用不同，又分为基本安全用具和辅助安全用具两大类。

（1）绝缘（电气）安全用具。①基本安全用具。是指那些绝缘强度大、能长时间承受电气设备的工作电压，能直接用来操作带电设备或接触带电体的用具。属于这一类的安全用具有：高压绝缘棒、高压验电器、携带型接地线、绝缘夹钳等。②辅助安全用具。是指那些绝缘强度不足以承受电气设备或线路的工作电压，而只能加强基本安全用具的保安作用，用来防止接触电压、跨步电压、电弧灼伤对操作人员伤害的用具。属于这一类的安全用具有：绝缘手套、绝缘靴（鞋）、绝缘垫、绝缘台等。使用时，不能用辅助安全用具直接接触高压电气设备的带电部分。

（2）一般防护安全用具。一般防护安全用具主要是指那些本身没有绝缘性能，但可以起到防护工作人员发生事故的用具。这种安全用具主要用作防止检修设备时误送电，防止工作人员走错隔间、误登带电设备，保证人与带电体之间的安全距离，防止电弧灼伤、高处坠落等。这些安全用具尽管不具有绝缘性能，但对防止工作人员发生伤亡事故是必不可少的。属于这一类的安全用具主要有：防护眼镜、安全帽、安全带、标示牌、临时遮栏等。此外，登高用的梯子、脚扣、站脚板等也属于这类安全用具的范畴。

10-4-2 什么是绝缘棒，其主要用途是什么，结构怎样？

答：绝缘棒又称绝缘杆、操作杆，其主要是用来接通或断开带电的高压隔离开关、跌落开关，安装和拆除临时接地线以及带电测量和试验工作。在使用时要求其具有良好的绝缘性能和机械强度。绝缘棒的结构主要由工作部分、绝缘部分和握手部分构成，如图10-4-1所示。

（1）工作部分一般由金属或具有较大机械强度的绝缘材料（如玻璃钢）制成，一般不宜过长。在满足工作需要的情况下，长度不应超过5～8cm，以免操作时发生相间或接地短路。

（2）绝缘部分和握手部分是用浸过绝缘漆的木材、硬塑料、胶木等制成，两者之间由护环隔开。绝缘棒的绝缘

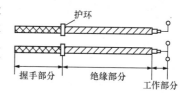

图10-4-1 绝缘棒结构

部分须光洁、无裂纹或硬伤。绝缘部分和握手部分的长度应根据工作需要、电压等级和使用场所而定，如110kV电气设备使用的绝缘棒，其绝缘部分的长度为1.3m，握手部分的长度为0.9m。其他的具体见表10-4-1。

表10-4-1 　　　　　　　　　绝缘棒绝缘部分和握手部分的最小长度

电压等级（kV）	10	35	63（66）	110	220	330	500
绝缘部分最小长度	0.7	0.9	1.0	1.3	2.1	3.1	4.0
握手部分最小长度	0.3	0.6	0.7	0.9	1.1	1.4	4.0

　　另外，为了便于携带和保管，往往将绝缘棒分段制作，每段端头有金属螺钉，用以相互镶接，也可用其他方式连接，使用时将各段接上或拉开即可。

10-4-3　绝缘棒的使用需注意什么，对其检查有什么要求，在保管时又需注意什么？

　　答：绝缘棒的使用注意事项：①使用前，应先检查绝缘棒是否超过有效试验期，检查绝缘棒的表面是否完好，各部分的连接是否可靠；②操作前，棒表面应用清洁的干布擦拭干净，使棒表面干燥、清洁；③操作者的手握部分不得越过护环；④绝缘棒的规格必须符合被操作设备的电压等级，切不可任意取用；⑤为防止因绝缘棒受潮而产生较大的泄漏电流，危及操作人员安全，在使用绝缘棒时，工作人员应戴绝缘手套，以加强绝缘棒的保安作用；⑥在下雨、下雪天用绝缘棒操作室外高压设备时，绝缘棒应有防雨罩，以使罩下部分的绝缘棒保持干燥，另外还应穿绝缘靴（鞋）；⑦当接地网接地电阻不符合要求时，晴天操作也应穿绝缘靴，以防止接触电压、跨步电压的伤害；⑧使用绝缘棒时要注意防止碰撞，以免损坏表面的绝缘层。

　　绝缘棒的保管注意事项：①绝缘棒应存放在干燥的地方，以防止受潮；②绝缘棒应统一编号，存放在特制的架子上或垂直悬挂在专用挂架上，以防弯曲变形；③绝缘棒不得直接与墙或地面接触，以防碰伤其绝缘表面；④绝缘棒一般应每三个月检查一次。检查时要擦净表面，检查有无裂纹、机械损伤、绝缘层损坏。

10-4-4　绝缘夹钳的主要用途是什么，结构如何，在使用和保管时，需注意什么？

　　答：绝缘夹钳是用来安装和拆卸高压熔断器或执行其他类似工作的工具，主要用于35kV及以下电力系统。绝缘夹钳由工作钳口、绝缘部分（钳身）和握手部分（钳把）组成，如图10-4-2所示。各部分所用材料与绝缘棒相同，只是它的工作部分是一个强固的夹钳，并有一个或两个管形的钳口，用以夹紧熔断器。其绝缘部分和握手部分的最小长度不应小于表10-4-2数值，主要以电压和使用场所而定。

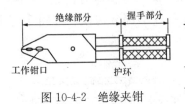

图10-4-2　绝缘夹钳

表10-4-2　　　　　绝缘夹钳各部分的最小长度

电压 (kV)	户内设备用		户外设备用	
	绝缘部分	握手部分	绝缘部分	握手部分
10	0.45	0.15	0.75	0.20
35	0.75	0.20	1.20	0.2

　　使用和保管注意事项：①使用前，应测试绝缘夹钳的绝缘电阻；②绝缘夹钳上不允许装接地线，以免在操作时，由于接地线在空中游荡而造成接地短路和触电事故；③在潮湿天气只能使用专用的防雨绝缘夹钳；④作业人员工作时，应戴护目眼镜、绝缘手套和穿绝缘靴（鞋）或站在绝缘垫上，手握绝缘夹钳要精力集中并保持平衡；⑤绝缘夹钳要保存在专用的箱子里或匣子里，以防受潮和磨损。

10-4-5 **验电器有哪些种类，低压验电器的结构怎样，使用时有哪些注意事项？**

答： 验电器是检验电气设备、电器、导线上是否有电的一种专用安全用具。根据电压等级的不同，分为高压和低压两类。

对于低压验电器又称电笔、验电笔或试电笔。为了工作和携带方便，常做成钢笔式或螺丝刀式，其结构都是由一个高值电阻、氖管、弹簧、金属触头和笔身组成，如图 10-4-3 所示。使用时，应注意如下事项。

（1）验电时，笔尖金属体应触到被测设备上，手握笔尾（手要接触笔尾金属体），看氖管灯泡是否发亮，如果被测设备有电，微小的电流通过氖管和人体入地，从验电笔的小窗孔可以看到氖管发光（如图 10-4-4 所示），即使操作人员穿上绝缘鞋或站在绝缘垫上，氖灯也会发光。根据发光的程度，可以判断电压的高低。灯泡越亮，说明电压越高。

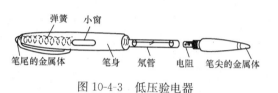

图 10-4-3 低压验电器   图 10-4-4 验电笔的使用

（2）低压验电器在使用前，应先在有电的部位试一下，检查验电器是否完好，以防因验电器故障造成误判断而导致触电事故。

（3）低压验电笔因无高压验电器的绝缘部分，故绝不允许在高压电气设备或线路上进行验电，以免发生触电事故，只能在 100～500V 范围内使用。

10-4-6 **高压验电器的结构怎样，有哪些类型？**

答： 高压验电器也是检验高压电气设备、电器、导线上是否有电的一种专用安全器具。当设备断电后，在装设携带型接地线前，必须用验电器验明设备确实无电后，方可装设接地线。

高压验电器的结构由指示部分、绝缘部分和握柄部分组成，如图 10-4-5 所示。指示部分包括金属工作触头和指示器（由氖泡和电容器等组成）。绝缘部分和握手部分（握柄）一般是用环氧玻璃布管、胶木或硬橡胶等制成，在两者之间标有明显的标志或装设护环。高压验电器的最小有效绝缘长度和最小握柄长度见表 10-4-3。

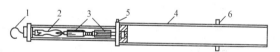

图 10-4-5 高压验电器结构
1—工作触头；2—氖泡；3—电容器；4—支持器；
5—接地螺钉；6—隔离护环

表 10-4-3 高压验电器绝缘部分和握手部分的长度

电压等级（kV）	10 以下	35	63（66）	110	220	330	500
绝缘部分最小长度	0.7	0.9	1.0	1.3	2.1	3.1	4.0
握柄部分最小长度	0.12	0.15	0.25	0.3	0.5	0.6	0.8

目前常用的高压验电器主要有声、光型和回转带声、光型两种。①声、光型验电器。当声、光型验电器的金属电极接触带电体时，验电器流过的电容电流，发出声、光报警信号；②回转带声、光型验电器。它是利用带电导体尖端放电产生的电风来驱使指示器叶片旋转，

同时发声、光信号。

10-4-7 高压验电器在使用时，需注意哪些事项？

答：高压验电器在使用时，应注意如下事项：①使用验电器前，应先检查验电器的工作电压与被测设备的额定电压是否相符，验电器是否超过有效试验期。并检查其绝缘部分有无污垢、损伤、裂纹，检查指示氖泡是否损坏、失灵。②利用验电器的自检装置，检查验电器的指示器叶片是否旋转以及声、光信号是否正常。③验电时工作人员必须戴绝缘手套，且须握在绝缘棒护环以下的握手部分，不得超过护环。④验电时，应将验电器的触头逐渐靠近被测设备，一旦验电器开始正常回转，且发出声、光信号，即说明该设备有电。应立即将金属接触电极离开被测设备，以保证验电器的使用寿命。⑤验电时，若指示器的叶片不转动，也未发出声、光信号，则说明验电部位已确无电压。⑥在停电设备上验电前，应先在有电设备上验电，验证验电器功能正常。⑦在停电设备上验电时，必须在设备进出线两侧各相分别验电，以防在某些意外情况下，可能出现一侧或其中一相带电而未被发现。⑧验电时，验电器不应装接地线，除非在木梯、木杆上验电，不接地不能指示者才可装接地线。⑨验电器应按电压等级统一编号，每个电压等级的验电器现场至少保持 2 支。⑩验电器在用后应装匣放入柜内，保持干燥，避免积灰和受潮。

10-4-8 高压核相器的作用是什么，结构如何，在使用和保管时，需注意什么？

答：核相器用于额定电压相同的两个系统核相定相，以使两个系统具备并列运行条件。

核相器由长度和内部结构基本相同的两根测量杆配以带切换开关的检流组成。测量杆用环氧玻璃布管制成，分为工作、绝缘和握柄三部分。有效绝缘长度与绝缘操作杆相同。握柄与绝缘部分交接处应有明显标志或装设护环。

使用及保管注意事项：①使用核相器前，应检查核相器的工作电压与被测设备的额定电压是否相符，是否超过试验有效期；②使用核相器前，应检查核相器的测量杆绝缘是否完好；③使用核相器时，应戴绝缘手套；④户外使用核相器时，须在天气良好时进行；⑤核相器应存放在干燥的柜内。

10-4-9 低压钳型电流表的作用是什么，其结构如何，怎样使用和维护？

答：低压钳型电流表又称夹钳电流表，它是在低压线路上，用来在不断开导线情况下测量导线电流的工具。钳型电流表由可以开合的钳型铁芯互感器和绝缘部分组成。上面装有用转换开关来变更量程的电流表。

其使用与维护事项如下：①使用钳型电流表时，操作人员应戴干燥的线手套；②测量前，应将钳口处擦净；③使用时，应先估计电流数值，选择适当的量程，若对被测电流值心中无数，应把量程放在最大挡，然后根据测得结果，再选择合适的量程测量；④测量时，张开钳形铁芯，套入带电导线后，钳口应紧密闭合，以保证读数准确；⑤测完后，应把量程放在最大挡；⑥在潮湿和雷雨天气，禁止在户外使用钳型电流表进行测量；⑦钳型电流表应存放在专用的箱子或盒子内，放在室内通风、干燥处。

10-4-10 绝缘手套的作用是什么，有哪些规格，在保管、使用时应注意哪些问题？

答：绝缘手套是在高压电气设备上进行操作时所使用的辅助安全用具，如用来操作高压

隔离开关、高压跌落开关、油开关等；在低压带电设备上工作时，
把它作为基本安全用具使用，即使用绝缘手套可直接在低压设备上
进行带电作业。绝缘手套可使人的两手与带电物绝缘，是防止同时
触及不同极性带电体而触电的安全用品。绝缘手套一般是用特种橡
胶制成，其式样如图 10-4-6 所示。绝缘手套的式样和规格，按照其
电压的不同，一般分为 12kV 和 5kV 两种，且都是以其试验电压而
命名。

图 10-4-6 绝缘手套

其使用及保管注意事项如下：①每次使用前应进行外部检查，
查看表面有无损伤、磨损或破漏、划痕等。如有砂眼漏气情况，应
禁止使用。检查方法是，将手套朝手指方向卷曲，当卷到一定程度时，内部空气因体积减
小、压力增大，手指鼓起，为不漏气者，即为良好。②使用绝缘手套时，里面最好戴上一双
棉纱手套，这样夏天可防止出汗而操作不便，冬天可以保暖。戴手套时，应将外衣袖口放入
手套的伸长部分。③绝缘手套使用后应擦净、晾干，最好撒上一些滑石粉，以免粘连。④绝
缘手套应存放在干燥、阴凉的地方，并应倒置在指形支架上或存放在专用的柜内，与其他工
具分开放置，其上不得堆压任何物件。⑤绝缘手套不得与石油类的油脂接触，合格与不合格
的绝缘手套不能混放在一起，以免使用时拿错。

10-4-11 绝缘鞋的作用是什么，有哪些规格，在保管和使用中应注意哪些问题？

答：绝缘鞋的作用是使人体与地面绝缘。它是高压操作时用来与地保持绝缘的辅助安全
用具，也可用于低压系统中，作为防护跨步电压的基本安全用具。绝缘靴（鞋）也是由特种
橡胶制成，通常不上漆，这是和涂有光泽黑漆的橡胶水靴在外观上所不同的，其式样及规格
一般有：37～41 号，靴筒高 230mm±10mm；41～43 号，靴筒高 250mm±10mm。

在使用及保管中所要注意的事项有：①绝缘靴（鞋）不得当作雨鞋或作其他用，其他非
绝缘靴（鞋）也不能代替绝缘靴（鞋）使用。②为了使用方便，一般在现场至少配备大、中
号绝缘靴各两双，以便大家都有靴穿用。③绝缘靴（鞋）如试验不合格，则不能再穿用。其
使用情况可从其大底面磨损程度作初步判断。当大底面磨光并露出黄色面胶（绝缘层）时，
就不能再穿用了。④绝缘靴（鞋）在每次使用前应进行外部检查，查看表面有无损伤、磨损
或破漏、划痕等。如有砂眼漏气，应禁止使用。⑤绝缘靴（鞋）应存放在干燥、阴凉的地
方，并应存放在专用的柜内，要与其他工具分开放置，其上不得堆压任何物件。⑥不得与石
油类的油脂接触，合格与不合格的绝缘靴（鞋）不能混放在一起，以免使用时拿错。

10-4-12 在水电站中，绝缘垫一般用在哪些地方，其规格有哪些，如何使用和保管？

答：绝缘垫的保安作用与绝缘靴基本相同，因此可把它视为一种固定的绝缘靴。绝缘垫
一般铺在配电装置室等地面上以及控制屏、保护屏和发电机、调相机的励磁机等端处，以便
带电操作开关时，增强操作人员的对地绝缘，避免或减轻发生单相短路或电气设备绝缘损坏
时，接触电压与跨步电压对人体的伤害；在低压配电室地面上铺绝缘垫，可代替绝缘鞋，起
到绝缘作用，因此在 1kV 及以下时，绝缘垫可作为基本安全用具；而在 1kV 以上时，仅作
辅助安全用具。

绝缘垫也是由特种橡胶制成的，表面有防滑条纹或压花，有时也称它为绝缘毯（见图
10-4-7）。绝缘垫的厚度有 4、6、8、10、12mm 5 种，宽度常为 1m，长度为 5m，其最小尺

图 10-4-7　绝缘垫

寸不宜小于 0.75m×0.75m。

其使用及保管注意事项：①在使用过程中，应保持绝缘毯干燥、清洁，注意防止与酸、碱及各种油类物质接触，以免受腐蚀后老化、龟裂或变黏，降低其绝缘性能。②绝缘毯应避免阳光直射或锐利金属划刺，存放时应避免与热源距离太近，以防急剧老化变质，绝缘性能下降。③使用过程中要经常检查绝缘毯有无裂纹、划痕等，发现有问题时要立即禁用并及时更换。

10-4-13　如何对绝缘垫进行绝缘试验？

答：按照要求，绝缘垫应每两年试验一次。其试验接线如图 10-4-8 所示。试验方法为：试验时使用两块平面电极板，电极距离可以调整，以调到与试验品能接触时为止。把一整块绝缘垫划分成若干等份，试了一块再试相邻的一块，直到所划等份全部试完为止。试验时先将要试的绝缘垫上下铺上湿布，布的大小与极板的大小相同，然后再在湿布上下面铺好

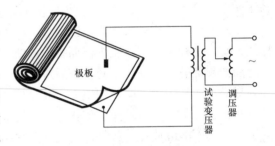

图 10-4-8　绝缘垫试验接线

极板，中间不应有空隙，然后加压试验，极板的宽度应比绝缘垫宽度小 10～15cm。其试验标准为：在 1kV 及以上场所使用的绝缘毯，其试验电压不低于 15kV。试验电压依其厚度的增加而增加；使用在 1kV 以下者，其试验电压为 5kV，试验时间都为 2min。

10-4-14　对各种绝缘安全工器具的试验项目、周期和要求有什么规定？

答：对各种绝缘安全工器具试验项目、周期和要求的规定见表 10-4-4，具体参照《安规》。

表 10-4-4　　　　　　　对各种绝缘安全工器具试验项目、周期和要求

序号	名称	电压等级 (kV)	周期	交流耐压 (kV)	时间 (min)	泄漏电流 (mA)	附注
1	绝缘棒	6～10	一年	44	5		
		35～154		四倍相电压			
		220		三倍相电压			
2	绝缘夹钳	35 及以下	一年	三倍线电压	5		
		110		260			
		220		400			
3	验电器	6～10	半年	40	5		发光电压不高于额定电压的 25%
		20～35		105			
4	核相器	6	半年	6	1	1.7～2.4	
		10		10		1.4～1.7	
5	绝缘手套	高压	半年	8	1	≤9	
		低压		2.5		≤2.5	

序号	名称	电压等级 （kV）	周期	交流耐压 （kV）	时间 （min）	泄漏电流 （mA）	附注
6	绝缘靴	高压	半年	15	1	≤7.5	
7	绝缘鞋	1 及以下	半年	3.5	1	≤2	
8	绝缘垫	6	两年	20	2		
		8		25			
		10		30			
		12		35			
9	绝缘台		三年	40	2		
10	绝缘罩	35	一年	80	5		
11	绝缘隔板	6～10	一年	30	5		
		35		80			
12	绝缘绳	高压	半年	105 /0.5m	5		

10-4-15　携带型接地线的作用是什么，其结构组成怎样？

答： 当对高压设备进行停电检修或进行其他工作时，接地线可防止设备突然来电和邻近高压带电设备产生感应电压对人体的危害，还可用以放尽断电设备的剩余电荷。因此要按安全工作要求正确选择短路接地线悬挂数量，正确选择悬挂地点，正确使用短路接地线，采取这些措施后，可避免危险电压和电弧的影响。携带型接地线一般由以下几部分组成。

（1）专用夹头（线夹）。它包含连接接地线到接地装置的专用夹头 4、连接短路线到接地线部分的专用夹头 5 和短路线连接到母线的专用夹头 1 等几个部分组成，如图 10-4-9 所示。

（2）多股软铜线。其中相同的三根短的软铜线 2 是接向三根相线用的，它们的另一端短接在一起；一根长的软铜线 3 是接向接地装置端的。多股软铜线的截面应符合短路电流的要求，即在短路电流通过时，软铜线不会因产生高热而熔断，且应保持足够的机械强度，故该软铜线截面不得小于 $25mm^2$。软铜线截面的选择应视该接地线所处的电力系统而定。电力系统比较大的，短路容量也大，这时应选择较大截面的短路软铜线。

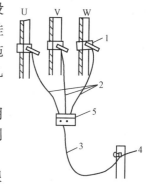

图 10-4-9　接地线的组成
1、4、5—专用夹头（线夹）；
2、3—软铜线

10-4-16　携带型接地线在使用和保管中应注意哪些事项？

答： 携带型接地线在使用和保管中应注意如下事项：①使用时，接地线的连接器（线卡或线夹）装上后接触应良好，并有足够的夹持力，以防短路电流幅值较大时，由于接触不良而熔断或因电动力的作用而脱落。②应检查接地铜线和三根短接铜线的连接是否牢固，一般应由螺钉栓紧后，再加焊锡焊牢，以防因接触不良而熔断。③装设接地线必须由两人进行，装、拆接地线均应使用绝缘棒和戴绝缘手套。④接地线在每次装设以前应经过详细检查，损坏的接地线应及时修理或更换，禁止使用不符合规定的导线作接地线或短路线之用。⑤接地线必须使用专用线夹固定在导线上，严禁用缠绕的方法进行接地或短路。⑥每组接地线均应编号，存放在固定的地点，存放位置也应编号。接地线号码与存放位置号码必须一致，以免在较复杂的系统中进行部分停电检修时，发生误拆或忘拆接地线而造成事故。⑦接地线和工作设备之间不允许连接刀闸或熔断器，以防它们断开时，设备失去接地，使检修人员发生触电事故。

10-4-17 对携带型接地线的试验项目、周期和要求是如何规定的？

答：对携带型接地线的试验项目、周期和要求的规定见表10-4-5。

表10-4-5　　　　　　　　　　　对携带型接地线的试验项目、周期和要求

序号	项目	周期	要　求				说　明
1	成组直流电阻试验	不超过5年	在各接线鼻之间测量直流电阻，对于25、35、50、70、95、120mm² 的各种截面，平均每米的电阻值应分别小于0.79、0.56、0.40、0.28、0.21、0.16mΩ				同一批次抽测，不少于2条，接线鼻与软导线压接的应做试验
2	操作棒的工频耐压试验	4年	额定电压（kV）	试验长度（m）	工频耐压（kV）1min	工频耐压（kV）5min	试验电压加在护环与紧固头之间
			10		45		
			35		95		
			66		175		
			110		220		
			220		440		
			330			380	
			500			580	

10-4-18 安全带的作用是什么，其结构怎样，有哪些类型，对其质量标准有什么要求？

答：安全带是预防高处作业人员坠落伤亡最有效的防护用品，只有在系好安全带后，两只手才能同时进行作业工作，否则工作既不方便，而且危险性很大，极有可能发生坠落事故。

图10-4-10　安全带类型
（a）围杆作业安全带；（b）悬挂作业安全带

安全带由腰带、护腰带、围杆带、绳子和金属配件组成。安全带的材料一般用锦纶、维尼纶等材料制成，围杆带可用黄牛革制作，金属配件用普通碳素钢或铝合金钢制作。根据作业性质的不同，其结构型式也有所不同，主要有围杆作业安全带和悬挂作业安全带两种，如图10-4-10所示。其中围杆作业安全带适用于电工、电信工等杆上作业；悬挂作业安全带适用于建筑、安装等工作。

安全带的质量标准主要是破坏强度，即要求安全带在一定静拉力试验时不破断为合格；在冲击试验时，以各配件不破断为合格。安全带的带、绳和金属配件的破断拉力见表10-4-6。

表 10-4-6　　　　　　　　　带、绳、金属配件的破断拉力

名　称	破断拉力（kgf）			
	电工	电信工	架子工	高处作业
腰带	1200	1200	—	1200
围杆带和绳	1200	1200	1500	—
围腰带	—	1500	—	—
背带	—	—	700	1000
吊、胸、腿带	—	—	—	700
安全绳	—	—	1500	1500
挂钩、圆环	1200	1200	1200	1200
固定卡子	—	—	600	600
三角挂环	1120	—	—	—

10-4-19　安全带的使用和保管应注意哪些事项？

答：安全带的使用和保管应注意如下事项：①安全带使用前，必须做一次外观检查，如发现破损、变质及金属配件有断裂者，应禁止使用，平时不用时也应一个月做一次外观检查。②安全带应高挂低用或水平拴挂。高挂低用就是将安全带的绳挂在高处，人在下面工作；水平拴挂就是使用单腰带时，将安全带系在腰部，绳的挂钩挂在和带同一水平的位置，人和挂钩保持差不多等于绳长的距离。切忌低挂高用，并应将活梁卡子系紧。③安全带使用和存放时，应避免接触高温、明火和酸类物质，以及有锐角的坚硬物体和化学药物。④安全带可放入低温水中，用肥皂轻轻擦洗，再用清水漂干净，然后晾干，不允许浸入热水中，以及在日光下曝晒或用火烤。⑤安全带上的各种部件不得任意拆掉，更换新绳时要注意加绳套，带子使用期一般为 3～5 年，发现异常应提前报废。

10-4-20　安全帽的作用是什么，有哪些类型，其结构怎样？

答：安全帽是用来保护使用者头部或减缓外来物体冲击伤害的个人防护用品，预防从高处坠落物体（器材、工具等）对人体头部的伤害，广泛应用于电力系统、基建修造等工作场所。其类型根据用途不同，分为普通型和电报警型两种，而式样则略有区别。

其结构组成为：①帽壳。安全帽的外壳，包括帽舌、帽檐。帽舌位于眼睛上部的帽壳伸出部分，帽檐是指帽壳周围伸出的部分。②帽衬。帽壳内部部件的总称，由帽箍、顶衬、后箍等组成。帽箍为围绕头围部分的固定衬带，顶衬为与头顶部接触的衬带，后箍为箍紧后枕骨部分的衬带。③下颊带。为戴稳帽子而系在下颊上的带子。④吸汗带。包裹在帽箍外面的吸汗材料。⑤通气孔。使帽内空气流通而在帽壳两侧设置的小孔。帽壳和帽衬之间有 2～5cm 的空间，帽壳呈圆弧形，其式样如图 10-4-11 所示。帽衬做成单层的和双层的两种，双层的更安全。而对于电报警型的安全帽还带有电报警装置。安全帽的质量一般不超过 400g。帽壳用玻璃钢、高密度低压聚乙烯（塑料）制作，颜色一般以浅色或醒目的白色、

图 10-4-11　安全帽

红色、蓝色和浅黄色为多。

10-4-21　安全帽应具备哪些技术性能才能确保安全？

答：（1）冲击吸收性能。用 5kg 重的钢锤自 1m 高度落下，打击木质头模（代替人头）上的安全帽，进行冲击吸收试验，头模所受冲击力的最大值不应超过 4.9kN。

（2）耐穿透性能。用 3kg 重的钢锥自 1m 高处落下进行耐穿透试验，钢锥不与头模接触为合格。

（3）电绝缘性能。用交流 1.2kV 试验 1min，泄漏电流不应超过 1.2mA。

此外，还有耐低温、耐燃烧、侧向刚性等性能要求。冲击吸收试验的目的是观察帽壳和帽衬受冲击力后的变形情况；穿透试验是用来测定帽壳强度，以了解各类尖物扎入帽内时是否对人体头部有伤害。安全帽的使用期限应视使用状况而定，若使用、保管良好，可使用 5 年以上。

10-4-22　什么是脚扣，有什么作用，其结构如何，在使用中应注意什么？

答：脚扣一般是用钢或合金铝材料制作的近似半圆形、带皮带扣环和脚登板的轻便登杆

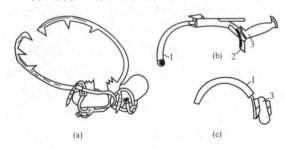

图 10-4-12　脚扣的结构型式
（a）木杆用；（b）水泥杆用可变大小式；
（c）水泥杆用固定大小式
1—橡胶套；2—橡胶垫；3—脚登板

工具。根据其用途不同，有木杆用和水泥杆用的两种形式，如图 10-4-12 所示。木杆用脚扣的半圆环和根部均有突起的小齿，以便登杆时刺入杆中起到防滑的作用；水泥杆用脚扣的半圆环和根部装有橡胶套或橡胶垫来防滑。脚扣有大小号之分，以适应电杆粗细不同之需要。使用脚扣较方便，攀登速度快，易学会，但易于疲劳，适于短时间作业。

在使用脚扣时应注意以下几点：①在使用前，应按电杆和规格选择适合的脚扣，不得用绳子或电线代替脚扣系脚皮带。②在使用脚扣前进行外观检查，查看各部分是否有裂纹、断裂等现象。③登杆前，应对脚扣做人体冲击试蹬以检查其强度。其方法是：将脚扣系于电杆上离地 0.5 左右处，借人体重量猛力向下蹬踩，此时查看脚扣应无变形及任何损伤，方可使用。④脚扣不得随意从高处往下摔扔，以防损坏，同时，作业前后应轻拿轻放并妥善保管，存放在工具柜里。

10-4-23　什么是升降板，其作用是什么，如何使用，在使用时又需注意哪些事项？

答：升降板也称踏板、登高板等，是一种常用的攀登电杆的用具。升降板由踏脚板和吊绳组成。踏脚板一般采用坚韧的木板制成，木板上刻有防滑纹路，规格有 630mm×75mm×25mm 或 640mm×80mm×25mm。踏脚板和吊绳采用 3/4in 白棕绳或 1/2in 锦纶绳，呈三角形状，底端两头固定在踏脚两端，顶端上固定有金属挂钩，绳长应适合使用者的身材，一般应为一人一手长。

使用升降板作业前，必须学会使用登高杆的技巧。登高杆时通常使用两副升降板，先将一副背在肩上，用另一副的绳绕电杆一周并挂在钩上，作业人员登上这副板上，再把肩上的

升降板挂在电杆上方，作业人员登上后，弯腰将下面升降板的挂钩脱下，这样反复操作，攀到预定高度。下杆时，操作顺序相反。

在使用升降板时应注意以下几点：①使用前必须进行外观检查，看踏脚板是否有裂纹、断裂现象，绳索是否有断股，若有，则不能使用。②登杆前也应对升降板做人体冲击试验，以检验其强度。检验方法是：将升降板系于电杆上离地 0.5m 处，人站在踏脚板上，双手抱杆，双脚腾空猛力向下蹬踩冲击，此时，绳索不应发生断股，踏脚板不应折裂，方可使用。③使用升降板时，要保持人体平稳不摇晃，其站立姿势如图 10-4-13 所示。④升降板不能随意从杆上往下扔，以免摔坏，用后应妥善保管，存放在工具柜内。

图 10-4-13 升降板的使用

10-4-24 梯子有哪些种类？

答：梯子一般有靠（直）梯和人字梯两种，其中直梯通常用于户外登高作业，根据其是否具有可伸缩性，又分为可伸缩梯和不可伸缩梯；人字梯一般用于户内登高作业。直梯的两脚应各绑扎胶皮之类防滑材料；人字梯应在中间绑扎两道防自动滑开的防滑拉绳。梯子可用木料、竹料及合金铝制作，强度应能承受作业人员携带工具时的总重量。直梯和人字梯的规格，根据其长度（高度）的不同，分别有 2.0、2.5、3.0、3.5、4.0、4.5、5.0、5.5、6.0m 等多种规格。

10-4-25 登梯作业时应注意哪些事项？

答：登梯作业时应注意：①登梯前应检查梯子各部分完好，无损坏，梯脚上的防滑胶套必须完整，否则地面应放胶垫，在光滑坚硬的地面上使用时，更应注意防滑动。若在泥土地面上使用时，梯脚最好加铁尖。②使用直梯作业时，为防止直梯翻倒，其梯脚与墙之间的距离不得小于梯子长度的 1/4；同时为了避免打滑，其间距离也不得大于梯长的 1/2。③使用人字梯作业前，必须将防滑拉绳绑好，且梯子之间距离不能太小，以防梯子不稳。登在人字梯上操作时，切不可采取骑马方式站立，以防不小心摔下造成伤害。④在直梯上工作时，梯顶一般不应低于作业人员的腰部，或作业人员应站在距梯子顶部不小于 1m 的横档上作业，切忌站在梯子的最高处或靠最上面一、二横档上，以防朝后仰卧而摔下造成伤害。⑤梯子应每半年试验一次。同时，每个月应对其外表检查一次，看是否有断裂、腐蚀等现象。梯子不用时，应保管在库房的固定地点。

10-4-26 安全绳、安全网的作用是什么，有哪些规格？

答：安全绳和安全网都是高处作业人员作业时必须具备的防护用具。安全绳通常与护腰式安全带配合使用，工作人员在高处作业时，将其绑在同一平面处的固定点上，安全绳广泛应用于架空线路等高处作业中，用以防止作业人员不慎跌下摔伤。为了保证安全，安全绳一般选用锦纶丝捻制而成，它具有质量轻、柔性好、强度高等优点。根据使用情况的不同，目前常用的安全绳分为 2、3、5m 三种规格。

安全网是防止高处作业人员坠落和高处落物伤人而设置的保护用具。安全网一般是用直径 3mm 的锦纶绳编制而成，它的形状如同渔网，其规格有 4m×2m、6m×3m、8m×4m 三种，每张安全网中间都有网杠绳，这样当作业人员坠入网内时能被兜住。

10-4-27 对于安全绳、安全网的使用和维护，应注意哪些事项？

答：①每次使用前必须详细进行外观检查。安全绳或安全网绳均应完好无损，若有断股现象，禁止使用。②使用的安全绳必须按规程规定进行定期静荷试验，并做好合格标志。③分解、组塔时，当塔身下段已组好，即可将安全网设置在塔身内部的水平铁件的位置上，距地面或塔身内断面的距离不小于 3m，四角用直径 10mm 的锦纶绳牢固绑在主铁和水平铁上，并拉紧。安全网一般应按塔身断面的大小设置。如果安全网不够大，可以接起来使用。④安全绳、安全网用完后应放置在专用柜中，切勿接触高温、明火及酸类物质。

10-4-28 临时遮栏有哪些使用形式？

答：临时遮栏是根据检修工作需要而设立的临时安全措施。正确使用临时遮栏可以确保电气作业人员与带电设备保持足够的安全距离。特别对于部分停电的工作，使用它能够阻止工作人员走错间隔发生失误。临时遮栏是临时的，因而也是灵活的和实用的。临时遮栏由于使用场合不同，一般有以下三种形式：①可以和电气设备直接接触的绝缘挡板。它只用于 35kV 及以下电压等级，用干燥木材、橡胶及其他坚韧绝缘材料制成。②栅栏状遮栏。其特点是安装固定方便，移动也简便，对其要求是界隔明显、标色醒目，高度可根据实际情况确定。③绳索围栏。在围绕界隔场地时使用绳索围栏。它上面一般串有红色三角小旗，检修工作时可在其上朝向围栏里面（高压试验时应朝外）挂上适当数量的"止步，高压危险！"的标示牌。它可以使用专门的活动式铁栏杆架设，适用于室外高压设备或单元设备检修、高压试验时使用。

10-4-29 对于各种登高工器具，其试验标准各有什么要求？

答：在一般防护安全用具中，安全带、安全帽、脚扣、升降板、梯子等属于登高工器具，其各自的试验标准见表 10-4-7。

表 10-4-7 登高工器具的试验标准

序号	名称	项目	周期	要求			说明
				种类	试验静拉力（N）	载荷时间（min）	
1	安全带	静负载试验	1 年	围杆带	2205	5	牛皮带试验周期为半年
				围杆绳	2205	5	
				护腰带	1470	5	
				安全绳	2205	5	
2	安全帽	冲击性能试验	按规定期限	受冲击力小于 4900N			使用寿命从制造之日起，塑料帽≤2.5 年，玻璃钢帽≤3.5 年
		耐穿刺性能试验	按规定期限	钢锥不接触头模表面			

序号	名称	项目	周期	要求	说明
3	脚扣	静负载试验	1 年	施加 1176N 静压力，持续时间 5min	
4	升降板	静负载试验	半年	施加 2205N 静压力，持续时间 5min	
5	竹（木）梯	静负载试验	半年	施加 1765N 静压力，持续时间 5min	

10-4-30　防坠器有什么作用，有哪些规格，其特点如何？

答：防坠器又称速差器，一般与安全带配合使用，在匀速时可自动伸缩，而当工作人员在高处作业发生突然坠落时（有较大速差时），它可在限定距离内快速制动锁定坠落人员，以此来保护高处作业人员的安全。其式样如图 10-1-14 所示，常用规格见表 10-4-8。其特点：①防坠器能在限定距离内快速制动锁定坠落物体；②工作人员发生突然坠落时，安全绳拉出距离一般不超过 0.2m；③防坠器破坏试验冲击力是大于等于额定载荷的 4 倍；④控制系统采用合金钢，质轻，耐磨，抗冲击；⑤安全载重绳采用优质航空钢丝绳。

表 10-4-8　　防坠器规格表

防坠质量（kg）	有效长度（m）	钢丝绳直径（mm）
300	5、10、15、20、30	5
500	5、10、15、20、30	7
1000	5、10、15、20	9
1500	5、10、15、20	11
2000	5、10、15、20	13
3000	5、10、15	16
4000	5、10	19

图 10-1-14　防坠器

10-4-31　脚手架的用途是什么，其结构组成怎样？

答：脚手架是支承高处操作台的构架，是现场设备维修、基建施工过程中供工人操作和堆置材料不可缺少的临时辅助设施。其结构由立杆、大横杆、小横杆、斜撑等组成，具体如下：①立杆。又称站杆、冲天杆、立柱，与地面垂直。其作用是将脚手架上的荷载垂直地传递到地基上，是脚手架中的主要受力构件。②大横杆。又称顺杆、牵杠。其作用是与立杆连成整体，将脚手板上的荷载传递到立杆上。③小横杆。又称排木，是与墙面垂直的杆子。小横杆直接承受脚手板上的载荷，并将其传递到大横杆上。④斜撑。支搭在脚手架的拐角处，紧贴外排立杆，与地面成 45°斜角，下端埋入土中的深度不小于 30cm。主要是防止架子沿纵长方向倾斜。⑤抛撑。支搭在脚手架周围的一种斜杆，用以增加脚手架的横向稳定性。防止架子向外倾斜。⑥十字撑。绑在脚手架外侧，成十字交叉的斜杆，主要是增加脚手架的整体性，使脚手架更加稳固。

10-4-32　钢管扣件脚手架的各部件需符合什么安全标准？

答：钢管扣件脚手架由钢管、扣件、底座组合而成，具有强度高、安全性好、费用低、搭拆方便等优点。为了确保钢管扣件脚手架使用的安全性，其各部件需符合以下安全标准：①为保证脚手架用钢管应有的强度，脚手架用钢管应保证：外径为 48～51mm，壁厚为 3～

3.5mm，长度为 4～6.5m 和 2.1～2.3m；②脚手架用钢管应涂防锈漆，不允许有锈蚀、弯曲、压扁、裂纹等缺陷；③扣件必须用可锻铸铁铸造而成，并有合格证。扣件螺栓用 A3 钢制成并做镀锌处理，以防生锈。脆裂、变形和滑丝的扣件禁止使用。

10-4-33 对脚手架的搭设安全技术有什么要求？

答： 脚手架搭设的安全技术要求：①脚手架的搭设高度一般不大于 15m；允许载荷不大于 2.7kN/m^2。②脚手架斜道上的脚手板，必须平坦、密实、钉牢，铺板支点两端探出部分不大于 0.2m；斜道板铺设宽度不小于 1.5m；坡度不大于 1：3；防滑条的间距不大于 300mm；拐弯平台面积不小于 6m^2。③脚手架外侧、斜道、平台应设防护栏杆，高度不小于 1m，挡脚板高度不小于 0.18m。④脚手架高度在 7m 以上无法设支杆时，应竖向每隔 4m 同建筑连接牢固，连接距离水平隔距为 7m。

参 考 文 献

[1] 史振声. 水轮机[M]. 北京：中国水利水电出版社，1991.

[2] 左光璧. 水轮机[M]. 北京：中国水利水电出版社，1995.

[3] 刘启钊. 水电站[M]. 第三版. 北京：中国水利水电出版社，1998.

[4] 水利电力部第十二工程局等. 水轮机的安装[M]. 水利电力出版社，1978.

[5] 陈造奎. 水力机组安装与检修[M]. 第二版. 北京：中国水利水电出版社，1987.

[6] 沙锡林. 贯流式水电站[M]. 北京：中国水利水电出版社，1999.

[7] 单文培，等. 水轮发电机组及辅助设备运行与检修[M]. 北京：中国水利水电出版社，2006.

[8] 刘国选. 灯泡贯流式水轮发电机组运行与检修[M]. 北京：中国水利水电出版社，2006.

[9] 于海文，李克健. 水电厂设备安装、运行、维护、检修与标准规范全书[M]. 北京：当代中国音像出版社，2003.

[10] 金少士，王良佑. 水轮机调节[M]. 第二版. 北京：中国水利水电出版社，1996.

[11] 蔡燕生. 水轮机调节[M]. 郑州：黄河水利出版社，2003.

[12] 常兆堂，等. 水轮机调节系统原理试验与故障处理[M]. 北京：中国电力出版社，1995.

[13] 李启荣. 水电站机电设备运行与检修技术问答[M]. 北京：中国电力出版社，1996.

[14] 机械工程师手册第二版编辑委员会. 机械工程师手册[M]. 第二版. 北京：机械工业出版社，2002.

[15] 徐灏. 机械设计手册[M]. 第二版. 北京：机械工业出版社，2003.

[16] 魏守平. 现代水轮机调节技术[M]. 武汉：华中科技大学出版社，2002.

[17] 同济大学、上海交通大学等院校机械制图编写组. 机械制图[M]. 第三版. 北京：高等教育出版社，1988.

[18] 邓文英. 金属工艺学[M]. 第三版. 北京：高等教育出版社，1991.

[19] 刘云. 水轮发电机故障处理与检修[M]. 北京：中国水利水电出版社，2002.

[20] 陈存祖，吕鸿年. 水力机组辅助设备[M]. 北京：中国电力出版社，1995.

[21] 范华秀. 水力机组辅助设备[M]. 第二版. 北京：水利电力出版社，1987.

[22] 余维张. 起重机械检修手册[M]. 北京：中国电力出版社，1999.

[23] 任煜峰. 水轮发电机组值班[M]. 北京：中国电力出版社，2003.

[24] 陈秀芝. 水轮发电机机械检修[M]. 北京：中国电力出版社，2003.

[25] 袁蕊，田子勤. 水轮机检修[M]. 北京：中国电力出版社，2004.

[26] 华北电业管理局. 变电运行技术问答[M]. 第二版. 北京：中国电力出版社，1997.

[27] 华北电业管理局. 电气运行技术问答[M]. 北京：中国电力出版社，1997.

[28] 左武. 五金常识百问百答[M]. 北京：中国建材工业出版社，1996.

[29] 中国电力企业联合会标准化部. 电力工业标准汇·水电卷——机电及自动化[M]. 北京：中国电力出版社，1995.

[30] 华北电业管理局. 实用五金手册[M]. 第四版. 北京：中国电力出版社，1997.

[31] 王定一，等. 水电厂计算机监视与控制[M]. 北京：中国电力出版社，2001.

[32] 方辉钦. 现代水电厂计算机监控技术与试验[M]. 北京：中国电力出版社，2004.

[33] 黄少敏，周德平. 水电站计算机监控技术[M]. 北京：中国电力出版社，2008.

[34] 赵智大. 高电压技术[M]. 北京：中国电力出版社，1999.

[35] 孟凡超，吴龙. 发电机励磁技术问答及事故分析[M]. 北京：中国电力出版社，2008.

[36] 季一峰. 水电站电气部分[M]. 第二版. 北京：水利电力出版社，1987.

[37] 范锡普. 发电厂电气部分[M]. 第二版. 北京：中国电力出版社，1995.

[38] 李基成. 现代同步发电机励磁系统设计及应用[M]. 北京：中国电力出版社，2002.

[39] 国家电力调度通信中心. 电力系统继电保护实用技术问答[M]. 第二版. 北京：中国电力出版社，2000.

[40] 王浩，李高合，武文平. 电气设备试验技术问答[M]. 北京：中国电力出版社，2000.

[41] 陈天翔，王寅仲. 电气试验[M]. 北京：中国电力出版社，2005.

[42] 许正亚. 电力系统自动装置[M]. 北京：水利电力出版社，1990.

[43] 毕胜春. 电力系统远动及调度自动化[M]. 北京：中国电力出版社，2000.

[44] 周鹗. 电机学[M]. 第三版. 北京：中国电力出版社，1995.

注：另有些内容参考于网络，由于出处不详，不便注明，特此说明。